Vegetation und Klima

Siegmar-W. Breckle · M. Daud Rafiqpoor

Vegetation und Klima

Siegmar-W. Breckle
Department of Ecology
Bielefeld, Deutschland

M. Daud Rafiqpoor
Nees-Institut für Biodiversität der Pflanzen
Universität Bonn
Bonn, Deutschland

ISBN 978-3-662-59898-6   ISBN 978-3-662-59899-3 (eBook)
https://doi.org/10.1007/978-3-662-59899-3

Die Deutsche Nationalbibliothek verzeichnet diese Publikation in der Deutschen Nationalbibliografie; detaillierte bibliografische Daten sind im Internet über http://dnb.d-nb.de abrufbar.
Springer Spektrum
© Springer-Verlag GmbH Deutschland, ein Teil von Springer Nature 2019
Das Werk einschließlich aller seiner Teile ist urheberrechtlich geschützt. Jede Verwertung, die nicht ausdrücklich vom Urheberrechtsgesetz zugelassen ist, bedarf der vorherigen Zustimmung des Verlags. Das gilt insbesondere für Vervielfältigungen, Bearbeitungen, Übersetzungen, Mikroverfilmungen und die Einspeicherung und Verarbeitung in elektronischen Systemen.
Die Wiedergabe von allgemein beschreibenden Bezeichnungen, Marken, Unternehmensnamen etc. in diesem Werk bedeutet nicht, dass diese frei durch jedermann benutzt werden dürfen. Die Berechtigung zur Benutzung unterliegt, auch ohne gesonderten Hinweis hierzu, den Regeln des Markenrechts. Die Rechte des jeweiligen Zeicheninhabers sind zu beachten.
Der Verlag, die Autoren und die Herausgeber gehen davon aus, dass die Angaben und Informationen in diesem Werk zum Zeitpunkt der Veröffentlichung vollständig und korrekt sind. Weder der Verlag, noch die Autoren oder die Herausgeber übernehmen, ausdrücklich oder implizit, Gewähr für den Inhalt des Werkes, etwaige Fehler oder Äußerungen. Der Verlag bleibt im Hinblick auf geografische Zuordnungen und Gebietsbezeichnungen in veröffentlichten Karten und Institutionsadressen neutral.

Einbandabbildung: Breckle & Rafiqpoor/ deBlik
Planung/Lektorat: Stephanie Preuß

Springer Spektrum ist ein Imprint der eingetragenen Gesellschaft Springer-Verlag GmbH, DE und ist ein Teil von Springer Nature.
Die Anschrift der Gesellschaft ist: Heidelberger Platz 3, 14197 Berlin, Germany

- Begleitworte zum Buch
- Vorwort der Autoren
- Inhalt
- Physikalische Einheiten
- Abkürzungen
- Vorbemerkungen

Anbau von Sonnenblumen (*Helianthus annuus*) als Monokultur im Osten von Nordrhein-Westfalen (Foto: Breckle)

Begleitwort

Prof. em. Dr. Michael Succow
Professor für Geobotanik und Landschaftsökologie; Träger des „Right Livelihood Award" („Alternativer Nobelpreis"); Ehrenpreis der Deutschen Bundesstiftung Umwelt; Vorsitzender der Michael Succow Stiftung zum Schutz der Natur
https://de.wikipedia.org/wiki/Michael_Succow

Die Vegetationsdecke – das Pflanzenkleid unserer Erde – ist gegenwärtig weltweit in starkem Wandel begriffen. Nicht mehr durch natürliche Prozesse, sondern durch uns Menschen, durch unsere Zivilisation! Die sich abzeichnenden, dramatischen Veränderungen des Klimas, der Verlust der natürlichen Fruchtbarkeit unserer Böden, des Humus, der Verlust der Lebensfülle, der Biodiversität, zwingt unseren Umgang mit der Natur – die auch in Zukunft unsere Lebensgrundlage ist – neu zu denken und neu zu handeln. Das verlangt Wissen, verbunden mit Verantwortung.

Wissen über die Vielfalt und Funktion, d.h. den Naturhaushalt „unserer" Erde, ihrer Ökosysteme und deren Zusammenspiel. Aber auch Wissen, wie es die Natur vermag – von den Prinzipien der Evolution vorangetrieben – sich immer weiter zu vervollkommnen, zu optimieren. Nicht zu maximieren und damit oft genug zu scheitern, wie es unser tägliches Handeln im Umgang mit der Natur immer wieder zeigt.

Das Dilemma unserer Zeit lässt sich in drei Sätze zusammenfassen: Lassen wir die Natur unverändert, können wir nicht existieren. Zerstören wir sie, gehen wir zugrunde. Der schmale, sich weiter verengende Gratweg zwischen Verändern und Zerstörung kann nur einer Gesellschaft gelingen, die sich mit ihrem Wirtschaften in den Naturhaushalt einfügt und die sich in ihrer Ethik als Teil der Natur empfindet.

Naturwissen, Naturberührung, Naturerfahrung, Naturliebe und daraus resultierende Naturverantwortung bilden die Basis für das notwendige Reformieren, ein Umdenken im Umgang mit unserer Biosphäre, dieser so dünnen belebten Haut unserer Erde. Dabei geht es heute mehr denn je um unsere eigene Zukunftsfähigkeit, das heißt, die Zukunftsfähigkeit der menschlichen Zivilisation! Das Projekt Natur, dessen können wir sicher sein, wird weiter gehen, möglicherweise aber ohne uns!

Warum schreibe ich diese Gedanken im Vorwort gerade für dieses Buch: Weil ich über sein Erscheinen – nun mehr in der auf den neuesten Stand gebrachten Auflage – sehr glücklich und dankbar bin. Dieses Lehrbuch, einst von Heinrich Walter konzipiert und umgesetzt, dann von Siegmar Breckle weitergeführt, begleitete mein Leben. Es faszinierte mich schon als Biologiestudent an der Universität Greifswald und war später unerlässlich für das Begreifen der großen Ökosysteme in den verschiedensten Teilen der Welt. Heute ist diese Zusammenschau für die Arbeit meiner Stiftung beim Schutz und zur nachhaltigen Nutzung von Ökosystemen auf weltweiter Ebene nach wie vor eine wichtige Erkenntnisquelle. Dieses vom Inhalt so komprimierte Buch schafft es, ökosystemares Wissen, das „Zusammenspiel" der einzelnen Bio- und Geokomponenten aufzuzeigen, beginnend beim einzelnen Organismus, der Autökologie, und dann weitergeführt auf ökosystemarer Ebene, der Synökologie. Es hilft, das so wunderbar ökologisch gebaute Haus Erde zu verstehen, seine Verwundbarkeit zu begreifen und zum nachhaltigen Handeln zu führen. Bewundernswert das Zusammenführen, Verknüpfen eines sich gerade in jüngster Zeit enorm verbreiternden Wissens über Funktion und Funktionstüchtigkeit der uns tragenden Ökosysteme. Hoffnung gibt uns dabei das Erfahren der Regenerationskraft vieler Ökosysteme, wenn wir ihnen denn Zeit und Raum geben.

Inzwischen erreicht dieses Universitätstaschenbuch viele Studenten in aller Welt, aber nicht nur sie, sondern auch Landnutzer, Umweltbewegte, Politiker, … Besonders erfreut bin ich, dass die von Siegmar-W. Breckle und dem namhaften afghanischen Vegetationsökologen M. Daud Rafiqpoor völlig überarbeitete Neuauflage nun auch in Dari erschienen ist. Wünschen wir uns, dass dieses „Standardwerk" noch in viele weitere Sprachen übersetzt wird, denn überall auf unserem Globus brauchen wir mehr denn je an unseren Hochschulen und Universitäten Lehrbücher, die Naturwissen und ökosystemares Denken befördern, die über das „Wunder der Natur" in seiner Komplexität aufklären. Denn nur so wird es gelingen, im Umgang mit der „uns anvertrauten" Natur zukünftig verantwortungsbewusster, nachhaltiger auch zukunftsfähiger umzugehen und auch die Selbstheilungskräfte der Natur besser zu verstehen und zu nutzen.

Prof. em. Dr. Michael Succow
Michael Succow-Stiftung zum Schutz der Natur
Greifswald, im Juli 2019
http://www.succow-stiftung.de

Begleitwort

Prof. em. Dr. Wilhelm Barthlott, Professor für Botanik der Universität Bonn, langjähriger Direktor des Nees-Instituts für Biodiversität der Pflanzen und der Botanischen Gärten der Universität Bonn, Mitglied mehrerer wissenschaftlicher Akademien, Träger des Deutschen Umweltpreises und weiterer Auszeichnungen.
https://de.wikipedia.org/wiki/Wilhelm_Barthlott

Wir sind mit Beginn des 21. Jahrhunderts endgültig im Zeitalter des Anthropozäns angekommen: vom Menschen bestimmte globale Änderungen verändern dramatisch fortschreitend unsere **Umwelt** (z.B. Klimawandel, Artensterben) und durch die digitalen Medien, 'Influenzer', Werbung ebenso unsere **Inwelt** und Gedanken. Viele der klassischen Aussagen der Philosophie der Aufklärung, die einmal für eine leere Welt gedacht waren, sind für eine volle Welt mit beinahe acht Milliarden Menschen möglicherweise nicht mehr gültig. Die jahrhundertlange Maxime „Wachstum ist Fortschritt" gilt nur noch sehr eingeschränkt. In einer vernetzten bisher eurozentrischen aber kosmopolitischen Welt ist Europa mit seinen Ideologien und Wertevorstellungen zum ersten Mal seit dem späten Mittelalter nicht mehr das Maß aller Dinge für den Rest der globalisierten Erde.

Der eindeutig messbare derzeitige Klimawandel ist von existentieller Bedeutung für uns. Ein paar scheinbar lächerliche Celsius-Grade Durchschnittstemperatur verändern unsere Umwelt und unsere Lebensgrundlagen dramatisch. Von nur noch wenigen wird der Verweis auf die planetaren Grenzen als 'Alarmismus' abgetan. Häufig fehlt dabei das naturwissenschaftliche Wissen, das in den Disziplinen Geographie und Biologie in ihrem umfassenden Sinne gut erforscht ist.

Die Meeresspiegel steigen mit der Konsequenz Massen-Migration und vermutlich Kriege, die Vegetation und damit auch die Landwirtschaft ändern sich. Wir Menschen hängen vollkommen von Pflanzen ab: sie liefern direkt (Getreide, Gemüse, Obst) oder indirekt (Fleischproduktion beruht auf Pflanzenfressern) unsere gesamte Nahrung, liefern uns aber auch Materialien (Holz, Kohle, sogar das fossile Erdöl, Baumwolle, Wolle, Arzneimittel) und sogar die Luft zum Atmen: der Sauerstoff wird ausschließlich von Pflanzen produziert.

Weit mehr als 10 Millionen verschiedene Lebewesen (wissenschaftlich bekannt sind bis heute nur 1,8 Millionen Spezies) besiedeln unseren Planeten und sind die Grundlage unserer Ökosysteme und damit unseres Lebens. Durch die exponentiell steigenden Bevölkerungszahlen und den hohen Verbrauch an natürlichen Ressourcen sind diese Systeme heute weltweit bedroht. Global Change ist der Begriff, der beginnende Klimawandel die Vorzeichen. Die Prognosen sind schlecht: allein die Meeresspiegelerhöhung wird vermutlich bis zum Ende dieses Jahrhunderts viele Millionen Klima-Flüchtlinge aus den Küstengebieten der Erde verursachen. Wir stehen auch bezüglich der Artenvielfalt am Beginn einer Aussterbekatastrophe von erdgeschichtlicher Dimension.

Wir können unsere Zukunft immer noch gestalten. Daten liefern die Naturwissenschaften – aber die Entscheidungen bestimmen Politik, Wirtschaft und Medien, Kultur, Religion, und oft Emotionen, Bildung und Ausbildung sind die Grundlage.

Mit dem Lehrbuch „Vegetation und Klima" liegt nun von renommierten und erfahrenen Autoren eine moderne, gut lesbare Übersicht – ohne aufdringlich auf die beginnenden Änderungen einzugehen – der grundlegenden Zusammenhänge zwischen Pflanzenwelt, Ökologie und Klima vor.

Vegetation, Boden und Klima sind die wichtigsten Komponenten ökologischer Systeme. Das Buch stellt eine kompakte Synthese unseres aktuellen Wissens über die Ökologie der Erde dar und ist damit die Basis für das Verständnis der großen Zusammenhänge in globaler Sicht. Bildung und Ausbildung sind der Schlüssel für unsere Zukunft: davon hängt es ab, wie wir sie gestalten. Hier liegt nun mit der völlig überarbeiteten und aktuellen Neuauflage des Lehrbuch-Klassikers „Vegetation und Klimazonen von H. Walter & S.-W. Breckle (1999)" ein umfassendes modernes Lehrbuch für Studierende vor. Es bleibt zu wünschen, dass „Vegetation und Klima" vielen jungen Menschen eine Basis für das Verständnis der komplexen ökologischen Zusammenhänge für die Gestaltung der Zukunft vermittelt.

Prof. Dr. Wilhelm Barthlott, Universität Bonn
Bonn, im Juli 2019

Vorwort der Autoren

Dieses reich bebilderte Lehrbuch hat eine lange Geschichte. Als Taschenbuch erschien 1970 die erste Auflage von H. WALTER mit dem Titel „Vegetationszonen und Klima" im Ulmer-Verlag. Sie stellte eine kurze Zusammenfassung des großen zweibändigen Werkes „Vegetation der Erde" dar (WALTER: Band I, 2. Aufl., 1964; Band II, 1968). In den folgenden Auflagen wurden die ökologischen Prinzipien immer stärker herausgearbeitet. Parallel dazu erfuhr auch die „Vegetation der Erde" eine umfassende und umfangreiche Neu-Bearbeitung mit Betonung ökologischer Gesichtspunkte und mit einer sehr konsistenten Gliederung. Sie wurde dann vierbändig als „Ökologie der Erde" (WALTER & BRECKLE, Band I, 1983, Band II, 1984; Band III, 1986; Band IV, 1991) herausgegeben. Inzwischen ist auch die „Ökologie der Erde" teilweise in 2. oder 3. Auflage erschienen. Die 6. Auflage des Taschenbuches „Vegetationszonen und Klima" hat H. WALTER 1989 kurz vor seinem Tode fertiggestellt. Die 7. Auflage von „Vegetation und Klimazonen" 1999 von S.-W. BRECKLE neubearbeitet und veröffentlicht.

In der Folgezeit hat sich die Verlagslandschaft erheblich verändert. Viele neue Lehrbücher sind erschienen. Inzwischen dominiert das Internet vielfach nun auch den Lehrbuchmarkt. Gleichwohl können das zerstückelte Wissen und die Mischung mit „Fake-News" ein gutes Lehrbuch immer noch nicht ersetzen.

Die völlige Neu-Bearbeitung von „Vegetation und Klima" steht im Zusammenhang zu der Übersetzung des Taschenbuches in Dari als Grundlage für ein modernes Ökologie-Lehrbuch für Afghanistan. Damit kam die Idee auf, eine Übersetzung der 7. Auflage der „Vegetation und Klimazonen" in die Landessprache (Dari) zu erstellen, aber angepasst an die ökologischen und vegetationskundlichen Gegebenheiten des Landes. Dies allerdings - so zeigte es sich bald - war nur möglich, wenn zuvor die deutsche Auflage völlig überarbeitet und mit passendem, farbigem Bildmaterial ergänzt würde; erst dann ist eine gute Übersetzung machbar. So stellt diese reich bebilderte Neu-Bearbeitung zugleich die Grundlage für ein neues, modernes Ökologie-Lehrbuch in Afghanistan dar.

Fast überall fehlt es im Lande immer noch an einfachsten Lehrbüchern; schlecht lesbare, kopierte Seiten sind oft das einzige, was es gibt. Oder es sind ausländische Lehrbücher, die wörtlich übersetzt wurden und kaum auf die Gegebenheiten vor Ort eingehen. An den Universitäten Afghanistans findet der Unterricht nach wie vor frontal statt. Die Studenten sind auf ihre Mitschriften während der Vorlesungen angewiesen; es gibt keine guten und modernen Standard-Lehrbücher für Studenten und für die Lehrkräfte zur Vorbereitung von Unterricht und Prüfungen. Daher war die Übersetzung dieses Taschen-Buches so wichtig. Auch ermöglicht es auf einige Begriffe einzugehen, die in der Biologie auf Dari falsch oder nicht eindeutig geklärt sind. In den bisherigen wenigen dari-sprachlichen Büchern gibt es keine adäquaten Übersetzungen für wissenschaftliche Begriffe; sie wurden hier in der Dari-Übersetzung selbst geprägt und alle in einem Glossar gesammelt.

Die intensive Beschäftigung mit dem Naturraum Afghanistan hatte die Herausgabe eines Foto-Übersichtsbandes mit umfangreicher landeskundlicher Einführung zur Flora und Vegetation dieses Landes (BRECKLE & RAFIQPOOR 2010) und eine Inventur der Flora als Checkliste (BRECKLE et al. 2013) ermöglicht; sie ergab etwa 5.000 Arten und einen Endemismus von 25%. Beide Bücher sind bilingual, Englisch und Dari. Beide Bücher wurden aus den Mitteln des Auswärtigen Amtes zu Frieden stiftenden Maßnahmen in Afghanistan durch den Deutschen Akademischen Austauschdienst (DAAD) gefördert. Sie gingen zur kostenlosen Verteilung an Schulen, Hochschulen und Institutionen in das Land.

Dieses Ökologie-Lehrbuch „Vegetation und Klima" wird nun getrennt als deutsche Ausgabe und als Dari-Ausgabe erscheinen. Die Deutsche Gesellschaft für Internationale Zusammenarbeit GmbH (GIZ) hat dankenswerteweise die Kosten für Druck und Transport der Dari-Ausgabe für die kostenlose Verteilung in Afghanistan übernommen. Für das von jahrzehntelangen Kriegen und Bürgerkriegen gebeutelte Land ist dies ein weiterer Baustein für eine bessere Ausbildung, die in den letzten Jahren überall gewisse Fortschritte verzeichnete. Vielleicht ist dies auch ein gutes Beispiel für andere Länder.

Im Gegensatz zu der heutzutage meist technisch orientierten und analytischen biologischen Forschung bis in die kleinsten Details der Gen-Funktion strebt die Ökologie die Synthese an, die Darstellung der großen Zusammenhänge. Die Ergebnisse der analytischen Forschung sind die vielen, auch wichtigen Bausteine, die man, bildlich gesprochen, zu einem Bauwerk oder Mosaikbild zusammenfügen muss. Deswegen benötigt der Ökologe ein umfassendes **interdisziplinäres Wissen**. Noch so gute Kenntnisse in einem Spezialgebiet genügen nicht. Daher sind in diesem Buch viele Erfahrungen und wissenschaftliche Erkenntnisse eigener Forschungsreisen in alle Florenregionen und Klimazonen der Erde und wesentliche Ergebnisse aus der wissenschaftlichen Literatur zusammengetragen, um Vergleichsmöglichkeiten im globalen Maßstab zu erhalten. Dieses von Heinrich Walter gelehrte Prinzip, das er sinngemäß in dem Leitsatz *„das Laboratorium des Ökologen ist Gottes Natur und sein Arbeitsfeld die ganze Welt"* zusammengefasst hat, war auch für diese Ausgabe maßgeblich. Mit zahlreichen zusätzlichen Farbbildern werden anschaulich viele Beispiele der „Natur" vorgestellt und die natürliche Vegetation als Basis in den verschiedenen Klimazonen herausgestellt. Die Aktivitäten des Menschen können nur randlich gestreift werden, auch wenn die anthropogenen Veränderungen und Zerstörungen der Naturräume heute ein bedrohliches Ausmaß angenommen haben.

Die neue Bearbeitung des Lehrbuches „Vegetation und Klima" ist besonders durch eine konsequente Gliederung gekennzeichnet. Nach den einleitenden Kapiteln, die die grundlegenden Kenntnisse der wissenschaftlichen Ökologie vermitteln, werden die Großräume der Erde, die Zonobiome abgehandelt. Die Einleitungskapitel legen die Grundlage zum Verständnis der geobotanischen und ökologischen Bearbeitung der natürlichen Großräume der Erde. Die Zonobiome, die durch das Klima bedingten Großräume, werden vergleichend dargestellt; zahlreiche farbige Graphiken und Fotos vermitteln ein anschauliches Bild der Zonobiome. Die Besonderheiten werden herausgestellt und bestimmte Schwerpunkte ausführlicher besprochen. Im letzten Teil werden einige Schlussfolgerungen im Hinblick auf die Aktivitäten des Menschen gezogen, die vielfach nur durch Aktionismus gesteuert sind ohne nachhaltig zu sein. Die Folgen lassen wenig Hoffnung. Dem kann am besten eine gute Ausbildung gegensteuern und neben der heute allgegenwärtigen wichtigen Digitalisierung muss die Technisierung auf das Überleben und Wohlergehen der Menschen und auf eine nachhaltige Landnutzung ausgerichtet werden. Die Grundlagen zum ökologischen Verständnis kann dieses Lehrbuch bereitstellen.

Viele Kollegen, vor allem Wilhelm Barthlott, Bonn; Hans Breckle, Karlsbad; Eberhard Fischer, Koblenz; Helmut Freitag, Göttingen; Reinhard Fritsch, Gatersleben; Jürgen Homeier, Göttingen; Frank Joisten, Stettiner Hof; Michael Keusgen, Marburg; Ernst Kluge, Frankfurt/M; Georg Miehe, Marburg; Stefan Porembski, Rostock; Christian Opp, Marburg; Khaled Rafiqpoor, Roermond; Michael Richter, Erlangen; Michael Succow, Greifswald; Kim Vanselow, Erlangen; Karsten Wesche, Görlitz haben uns unterstützt und auch zusätzliches Bildmaterial zur Verfügung gestellt, dafür sei allen herzlichst gedankt.

Die deutsche Ausgabe erscheint beim Springer Verlag. Für die sehr gute Zusammenarbeit, das große Entgegenkommen und die Hilfe sei dem Verlag besonders gedankt.

Uta Breckle und Sadeka Rafiqpoor danken wir ganz besonders für ihre Mithilfe, aber auch für ihre unerschöpfliche Geduld.

Bielefeld und Bonn, im Juli 2019

Inhaltsverzeichnis

Vorworte..11
Inhalt..13
Physikalische Einheiten, Umrechnungsfaktoren..19
Abkürzungen, Symbole...21

Vorbemerkungen..25
  1   **Die wissenschaftliche Ökologie**...25
  2   **Bedeutung der Systematik und Taxonomie für die Biologie**..26
  3   **Bedeutung der naturwissenschaftlichen Dokumentation (z.B. in Museen)**.................27
  4   **Bedeutung der Exkursionen in Bio- und Geowissenschaften**.......................................27
  5   **Literatur**...27

I   Allgemeiner Teil..29

Teil A - Ökologische Grundlagen (Autökologie)...33
1   **Ökologische Faktoren**..33
    1.1   Strahlung, Licht..33
        1.1.1   Strahlung und Pflanze...34
        1.1.2   Aufnahme der Strahlung durch die Blätter..34
    1.2   Temperatur, Frost, Hitze...35
    1.3   Wasser...38
        1.3.1   Globales Wasserangebot..38
        1.3.2   Wasserhaushaltstypen und Dürreresistenz..38
        1.3.3   Bodenwasser..39
        1.3.4   Wasserzustand der Zelle...41
        1.3.5   Xerophyten...42
    1.4   Chemische Faktoren und der Boden...44
        1.4.1   Nähr- und Spurenelemente, Mineralstoffversorgung................................44
        1.4.2   Salz: Halophyten und Salzböden, Halobiome..49
    1.5   Mechanische Faktoren..54
        1.5.1   Wind, Tritt..54
        1.5.2   Feuer...56
2   **Das Klima**...56
    2.1   Allgemeine Fragen..56
    2.2   Der Strahlungshaushalt und astronomische Grundlagen.......................................57
    2.3   Der Wärmehaushalt..62
    2.4   Der Wasserhaushalt..63
    2.5   Die Öko-Klimate der Erde (Klimaklassifikation)..66
    2.6   Klimadarstellung (Thermoisoplethendiagramme, ökologische Klimadiagramme)...............68
3   **Literatur**...74

Teil B - Ökologische Grundlagen (Synökologie)...75
  1   **Umwelt und Wettbewerb**..77
  2   **Bestäubung und Befruchtung (Blüten, Samen und Früchte)**..79
  3   **Ausbreitung und Verbreitung**...75
  4   **Ökotypen und Biotopwechsel**..81
  5   **Historische Dimension**...82
  6   **Koevolution und Symbiosen**..85
  7   **Populationsökologie**...87
  8   **Biodiversität**...88
        8.1   Die ungleiche Verteilung der Biodiversität...89
        8.2   Vom Wert der bedrohten Vielfalt...91
  9   **Zonale, Azonale und Extrazonale Vegetation**...93
10   **Literatur**...95

Teil C - Ökologische Systeme und Ökosystembiologie........97
1 Geo-Biosphäre und Hydro-Biosphäre........99
2 Die Hydro-Biosphäre........99
3 Gliederung der Geo-Biosphäre in Zonobiome........99
4 Zono-Ökotone........101
5 Ökologische Systeme........103
6 Orobiome und Pedobiome........103
7 Biome........105
8 Kleine Einheiten des ökologischen Systems: Biogeozön und Synusien........105
9 Ökosystem-Biologie und das Wesen der Ökosysteme........107
10 Hochproduktive Ökosysteme........113
11 Besonderheiten der Stoffkreisläufe verschiedener Ökosysteme........115
12 Die Bedeutung des Feuers für Ökosysteme........116
13 Die einzelnen Zonobiome und ihre Verbreitung........117
14 Literatur........120

II Spezieller Teil........127

Teil D - ZB I: Zonobiom des immergrünen tropischen Regenwaldes bzw. des äquatorialen humiden Tageszeitenklimas........133
1 Typische Ausbildung des Klimas im ZB I........133
2 Böden und Pedobiome........135
3 Vegetation........137
   3.1 Struktur der Baumschicht, Blühperiodik........137
   3.2 Mosaikstruktur der Bestände........141
   3.3 Krautschicht........144
   3.4 Lianen........144
   3.5 Epiphyten, Hemi-Epiphyten und Würger........146
   3.6 Epiphylle........152
   3.7 Biodiversität........153
4 Abweichende Vegetationstypen im ZB I um den Äquator........156
5 Orobiom I - tropische Gebirge mit Tageszeitenklima........160
   5.1 Waldstufe........160
   5.2 Waldgrenze........164
   5.3 Alpine Stufe........167
6 Die Biogeozöne des Zonobioms I als Ökosysteme........172
7 Tierwelt und Nahrungsketten im ZB I........173
8 Der Mensch im Zonobiom I........173
9 Zonoökoton I/II - Halbimmergrüner Wald........176
10 Literatur........178

Teil E - ZB II: Zonobiom der Savannen, laubwerfenden Wälder und Grasländer des tropischen Sommerregengebietes........177
1 Allgemeines........185
2 Klima, Böden und Zonale Vegetation........185
3 Savannen (Bäume und Gräser)........190
4 Parklandschaften........199
5 Beispiele großflächiger Savannengebiete........201
   5.1 Llanos am Orinoco........201
   5.2 Campos Cerrados........204
   5.3 Das Chaco-Gebiet........204
   5.4 Savannen und Parklandschaften Ostafrikas........205
   5.5 Monsunwälder in Indien........206
   5.6 Vegetation des australischen ZB II........209
6 Ökosystemforschung – Beispiel........209
   6.1 Lamto-Savanne........209
   6.2 Tierwelt........210
7 Tropische Hydrobiome im ZB I und ZB II........211

8	Mangroven als Halo-Helobiome im ZB I und ZB II	212
9	Strandformationen - Psammobiome	215
10	Orobiom II - tropische Gebirge mit einem Jahresgang der Temperatur	217
11	Der Mensch in der Savanne	218
12	Zonoökoton II/III	219
	12.1 Sahelzone	219
	12.2 Thar- oder Sindwüste, Baluchistan	221
	12.3 Caatinga	223
	12.4 Tropisches Ostafrika	224
	12.5 SW-Madagaskar	224
13	Literatur	227

Teil F - ZB III: Zonobiom der heißen Wüsten bzw. des subtropischen ariden Klimas ... 233

1	Klimatische Sub-Zonobiome	233
2	Die Böden und ihr Wasserhaushalt	235
3	Substratabhängige Wüstentypen	236
	3.1 Steinwüste (Hamada)	237
	3.2 Kieswüste (Serir bzw. Reg)	237
	3.3 Sandwüste (Erg bzw. Areg)	238
	3.4 Trockentäler (Wadis bzw. Oueds)	238
	3.5 Pfannen (Sabkhas, Dayas oder Schotts) und Takyre	239
	3.6 Oasen	239
4	Wasserversorgung der Wüstenpflanzen	240
5	Ökologische Typen der Wüstenpflanzen	242
6	Produktivität der Wüstenvegetation	244
7	Die Wüstenvegetation in den verschiedenen Florenreichen	245
	7.1 Sahara	245
	7.2 Negev und der Sinai	246
	7.3 Arabische Halbinsel	246
	7.4 Sonora	247
	7.5 Australische Wüsten	250
	7.6 Namib und Karoo	252
	7.7 Atacama	259
8	Orobiom III - die Wüstengebirge der Subtropen	262
9	Der Mensch in der Wüste	262
10	Das Zonoökoton III/IV - die Halbwüsten	262
11	Literatur	263

Teil G - ZB IV: Zonobiom der Hartlaubgehölze bzw. der mediterranen Winterregengebiete . 265

1	Allgemeines, Klima und Böden	269
2	Über die Entstehung des ZB IV und ihre Beziehungen zum ZB V	271
3	Das Mediterrangebiet	273
4	Bedeutung der Sklerophyllie im Wettbewerb	277
5	Arides mediterranes Sub-Zonobiom, N-Afrika, Anatolien, Iran	278
6	Kalifornien und Nachbarregionen	279
7	Mittelchilenisches Winterregengebiet mit den Zono-Ökotonen	281
8	Das Kapland in Südafrika	284
9	SW- und S-Australien	290
10	Mediterrane Orobiome	294
11	Klima und Vegetation der Kanarischen Inseln	295
12	Afghanistan am Ostrand des Winterregengebietes	301
	12.1 Irano-Turanische Florenelemente	303
	12.2 Sino-Japanische Florenelemente	308
	12.3 Saharo-Sindische und andere Florenelemente	308
	12.4 Floristische Elemente der Hochgebirge	309
13	Der Mensch in den Mediterrangebieten	311
14	Literatur	313

Teil H - ZB V: Zonobiom der Lorbeerwälder bzw. des warmtemperierten humiden Klimas..317
1 **Allgemeines, Klima und Böden**..........321
2 **Tertiärwälder, Lauriphyllie und Sklerophyllie**..........322
3 **Sub-Zonobiom an den Westseiten der Kontinente**..........323
    3.1 Nord-Amerika, Wälder mit Coniferen-Riesen..........323
    3.2 Valdivianischer Regenwald in Süd-Chile..........325
    3.3 West-Australien..........325
    3.4 West-Europa..........325
    3.5 Kolchis und Hyrkanien..........327
4 **Humides Sub-Zonobiom an den Ostseiten der Kontinente**..........328
    4.1 Ost-Asien, China, Japan..........328
    4.2 Südöstliches Nord-Amerika..........330
    4.3 Araucarien-Wälder Südost-Brasiliens..........330
    4.4 Südafrika..........331
    4.5 Biome der *Eucalyptus-Nothofagus*-Wälder in Südost-Australien und Tasmanien..........332
    4.6 Warmtemperierte Biome Neuseelands..........333
5 **Literatur**..........336

Teil I - ZB VI: Zonobiom der winterkahlen Laubwälder bzw. des gemäßigten nemoralen Klimas..........337
1 **Laubabwurf als Anpassung an die Winterkälte**..........337
2 **Bedeutung der Winterkälte für die Arten der nemoralen Zone**..........342
3 **Verbreitung des ZB VI**..........343
4 **Atlantische Heidegebiete**..........343
5 **Der Laubwald als Ökosystem**..........347
    5.1 Allgemeines..........347
    5.2 Der Buchenwald im Solling als Ökosystem..........349
    5.3 Ökophysiologie der Baumschicht..........350
    5.4 Ökophysiologie der Krautschicht (Synusien)..........354
    5.5 Wasserhaushalt..........357
    5.6 Der lange Kreislauf (Konsumenten)..........358
    5.7 Destruenten in der Streu und im Boden..........361
    5.8 Ökosystem Solling..........362
6 **Orobiom VI - die Nordalpen und die alpine Wald- und Baumgrenze**..........363
    6.1 Höhenstufen..........363
    6.2 Waldgürtel..........364
    6.3 Alpine und Nivale Stufe..........366
7 **Zonoökoton VI/VII - die Waldsteppe**..........370
8 **Literatur**..........371

Teil J - ZB VII: Zonobiom der Steppen und kalten Wüsten bzw. des ariden gemäßigten Klimas..........373
1 **Klima**..........377
2 **Böden der Steppenzone Osteuropas**..........377
3 **Wiesensteppen auf Mächtiger Schwarzerde und die „Federgrassteppen"**..........380
4 **Nordamerikanische Prärie**..........381
5 **Ökophysiologie der Steppen- und Präriearten**..........385
6 **Asiatische Steppen**..........386
7 **Tierwelt der Steppen**..........387
8 **Steppen der südlichen Erdhalbkugel**..........387
9 **Sub-Zonobiom der Halbwüsten**..........389
    9.1 Verbreitung..........389
    9.2 Vegetation in Afghanistan..........392
        9.2.1 *Calligonum-Stipagrostis* Gesellschaften der Sandwüsten..........392
        9.2.2 *Haloxylon salicornicum* Gesellschaften in Kieswüsten..........393
        9.2.3 Andere strauchige und halbstrauchige Chenopodiaceen-Wüsten und Halbwüsten..........393
        9.2.4 Ephemeren-Halbwüste auf Lößböden..........393

		9.2.5 Strauchige *Amygdalus* Halbwüste	394
10		Sub-Zonobiom der Mittelasiatischen Wüsten	394
11		Die Karakum-Sandwüste	396
12		Die Aral-kum-Wüste	399
13		Orobiom VII (r III) in Mittelasien	401
	13.1	Tienschan	401
	13.2	Die Hochgebirge Afghanistans	401
		13.2.1 Alpine Halbwüsten, Steppen und Wiesen	403
		13.2.2 Nivale Stufe	403
		13.2.3 Ökophysiologische Daten aus afghanischen Gebirgen	403
14		Sub-Zonobiom der Zentralasiatischen Wüsten	405
15		Sub-Zonobiom der kalten Hochplateauwüsten von Tibet und Pamir (sZB VII, tIX)	406
16		Der Mensch in der Steppe und kalten Wüste	408
17		Zonoökoton VI/VIII - Boreo-nemorale Zone	408
18		Literatur	410

Teil K - ZB VIII: Zonobiom der Taiga bzw. des kalt-gemäßigten borealen Klimas ... 413

1	Klima und Böden	417
2	Die Nadelholzarten der borealen Zone	417
3	Die ozeanischen Birkenwälder im ZB VIII	418
4	Die europäische boreale Waldzone	419
5	Zur Ökologie des Nadelwaldes	420
6	Die sibirische Taiga	423
7	Extrem kontinentale Lärchenwälder Ostsibiriens mit den Thermokarsterscheinungen	423
8	Orobiom VIII – Gebirgstundra	426
9	Moortypen der borealen Zone (Peinohelobiome)	427
	9.1 Ökologie der Hochmoore	429
	9.2 Die Westsibirische Niederung, das größte Moorgebiet der Erde	432
10	Der Mensch in der Taiga	433
11	Zonoökoton VII/IX (Waldtundra) und die polare Wald- und Baumgrenze	433
12	Literatur	435

Teil L - ZB IX: Zonobiom der Tundra bzw. des arktischen Klimas ... 437

1	Klima und Böden	441
2	Die Vegetation der Tundra	441
3	Ökophysiologische Untersuchungen	442
4	Tierwelt der Arktischen Tundra	443
5	Der Mensch in der Tundra	444
6	Arktische Kältewüste und die Solifluktion	445
7	Antarktis und subantarktische Inseln	446
8	Literatur	448

Teil M - Zusammenfassung, Schlussfolgerungen ... 449

1	Phytomasse und Primärproduktion der einzelnen Vegetationszonen und der gesamten Biosphäre	453
2	Schlussfolgerung aus ökologischer Sicht	456
3	Die Bevölkerungsexplosion	456
4	Die Übertechnisierung	458
5	Nachhaltige Landnutzung	460
6	Bekenntnisse	462
7	Literatur	463

III   Finaler Teil ... 465

1	Taxonomisches Register	467
2	Sachregister	471

Goldener Tempel und ausgeklügelte, traditionelle Garten- und Landschaftsarchitektur im warm gemäßigten Klima des Zonobioms V in Kyoto, Japan (Foto Breckle)

Physikalische Einheiten und Umrechnungsfaktoren

Basis-Einheiten

Länge	Meter	m
Masse	Kilogramm	kg
Zeit	Sekunde	s
Temperatur	Kelvin	K
Lichtstärke	Candela	cd
Stoffmenge	Mol	mol

Weitere Einheiten

Kraft — Newton — N

$1\ N = 1\ kg \cdot m \cdot s^{-2} = 0{,}102\ kp$

Druck — Pascal — Pa

$1\ Pa = 10^5\ Pa = 0{,}9869\ at = 750\ Torr = 750\ mm\ Hg$

Energie — Joule — J

$1\ J = 1\ N \cdot m = 10^7\ erg$

Wärmemenge

$1\ kcal = 4{,}187\ kJ = 1{,}163\ Wh$

$1\ J = 0{,}102\ kp \cdot m = 2{,}29 \cdot 10^{-4}\ kcal = 2{,}78 \cdot 10^{-7}\ kWh$

Leistung — Watt — W

$1\ W = 1\ J \cdot s^{-1} = 1\ N \cdot m \cdot s^{-1}$
$= 0{,}102\ kp \cdot m \cdot s^{-1} = 0{,}236\ cal \cdot s^{-1}$
$= 0{,}86\ kcal \cdot h^{-1}$

Strahlung, Beleuchtungsstärke — Lux — lx

$1\ lx = 1\ lm \cdot m^{-1} = ca.\ 10^{-2}\ W \cdot m^{-2}$

Lichtstrom — Lumen — lm

Lichtstärke — $cd \cdot m^{-2}$

$1\ lx\ (Rotlicht) = ca.\ 4 \cdot 10^{-3}\ W \cdot m^{-2}$

$1\ lx\ (Blaulicht = Weißlicht) = ca.\ 10^{-2}\ W\ m^{-2}$

$1\ W \cdot m^{-2}\ (PhAR) = 3\text{-}5\quad Einstein \cdot m^{-2} \cdot s^{-1}$

$1\ Einstein = 1\ mol\ Photonen = 75\ kcal\ (blau) = 3 \cdot 10^5\ J$

Weitere Umrechnungen

$1\ g\ TG \cdot m^{-2} = 10^{-2}\ t \cdot ha^{-1}$

$1\ g\ organische\ Masse = 0{,}45\ g\ C = 1{,}5\ g\ CO_2$

Transformationsenergien für Änderungen des Aggregatzustandes von Wasser:

fest ↔ flüssig (Schmelzen; Gefrieren): 0,3337 MJ·kg^{-1} (79,5 cal·g^{-1})

flüssig ↔ gasfärmig (Verdampfen, Verdunsten; Kondensieren): 2,26 MJ·kg^{-1} (539 cal·g^{-1})

gasfärmig ↔ fest (Sublimieren): 2,86 MJ kg^{-1} (684 cal·g^{-1})

International festgelegte Vorsilben für Einheiten und die zugehörigen Faktoren (engl. Bezeichnungen *kursiv*):

10^1	Zehn (*ten*)	Deka	da	
10^2	Hundert (*hundred*)	Hekto	h	
10^3	Tausend (*thousand*)	Kilo	k	
10^6	Million (*million*)	Mega	M	
10^9	Milliarde (*billion*)	Giga	G	
10^{12}	Billion (*trillion*)	Tera	T	
10^{15}	Billiarde (*quadrillion*)	Peta	P	
10^{18}	Trillion (*quintillion*)	Exa	E	
10^{-1}	Dezi		d	(Zehntel)
10^{-2}	Zenti		c	(Hundertstel)
10^{-3}	Milli		m	(Tausendstel)
10^{-6}	Mikro		μ	(Millionstel)
10^{-9}	Nano		n	
10^{-12}	Piko		p	
10^{-15}	Femto		f	
10^{-18}	Atto		a	

Abkürzungen und Symbole

a	Jahr
A	A-Horizont bei Böden (mit überwiegend organischem Anteil)
B	B-Horizont bei Böden (Übergangshorizont zwischen organischer Auflage und verwittertem Muttergestein)
BHD	**B**rust**H**öhen**D**urchmesser von Baumstämmen in Zentimeter
C	C-Horizont bei Böden (Unterboden: verwittertes Muttergestein im Bodenprofil)
°C	Grad Celsius
cal	Kalorie
CAM	Diurnaler Säurestoffwechsel bei der Photosynthese (*Crassulaceen Acid Metabolism*)
CEC	Kationen Austausch Kapazität (*Cation Exchange Capacity*)
d	Tag (24 h)
E	Einstein (Lichtquantenmenge)
E	Ost
E_a	Aktuelle Evaporation
E_p	Potentielle Evaporation
ET	Evapotranspiration (Gesamtverdunstung)
FG	Frischgewicht
FK	Feldkapazität
g	Gramm
G	G-Horizont bei Böden (staunasser, sauerstoffarmer Gley-Horizont)
h	Stunde
ha	Hektar (10^4 m²)
J	Joule
K	Kelvin
kg	Kilogramm
kW	Kilowatt
l	Liter
LAI	Blattflächenindex (*leaf area index*)
LG	Lichtgenuß
lx	Lux
m	Meter
M	Masse (Stoffproduktion)
mg	Milligramm
min	Minute
ml	Milliliter
mm	Millimeter
mNN	Meter über Normalnull (Meereshöhe) (a s l = above sea-level)
mol	Mol
µm	Mikrometer
N	Newton
N	Nord
P	Niederschlag
Pa	Pascal (1Pa = 10^{-5}bar)
pF	Wasserpotential
pH	Negativer dekadischer Logarithmus der Wasserstoffionenkonzentration (Säurestärke)

Ph	Photosynthese
PhAR	Photosynthetisch aktive Strahlung
ppb	Teile pro Milliarde (*parts per billion*)
ppm	Teile pro Million (*parts per million*)
π^*	potentieller osmotischer Druck
R	Atmung (*respiration*)
RF	Relative Feuchte
RQ	Respirationsquotient (Kohlenhydrate = 1, Fette = 0,7)
s	Sekunde
S	Süd
sZB	Subzonobiom
t	Zeit
t	Tonne (10^3 kg)
T	Transpiration
TG	Trockengewicht
Torr	= mm Hg, veraltetes Druckmaß (= 10^5Pa)
UV	Ultraviolett (kurzwelliges Licht)
W	West
WG	Wassergehalt
WSD	Wassersättigungsdefizit
ZB	Zonobiom
ZÖ	Zonoökoton

Vorbemerkungen

1 Die wissenschaftliche Ökologie

2 Bedeutung der Systematik und Taxonomie für die Biologie

3 Bedeutung der naturwissenschaftlichen Dokumentation (z.B. in Museen)

4 Bedeutung der Exkursionen für den naturwissenschaftlichen Nachwuchs

5 Literatur

Nomadenzelte einer Kochi-Familie in der Umgebung von Mazare Sharif, N-Afghanistan (Foto: F. Joisten)

1 Die Wissenschaftliche Ökologie

Die Ökologie ist eine biologische Wissenschaft und damit ebenso wie das Leben (nach unseren heutigen Kenntnissen) in unserem Sonnensystem auf die Erde beschränkt. Leben als Ganzes ist mit offenen Kreisläufen und Energiedurchfluss verbunden - also einem Aufbau von Stoffen mit Bindung der Sonnenenergie sowie einem Abbau mit Freisetzen der gebundenen Energie meist in Form von Wärme.

Die kleinste selbständige Einheit des Lebens ist die **Zelle**, mit deren Kompartimenten, deren Struktur und Funktion sich Molekularbiologie, Biochemie und Physiologie befassen. Dabei spielt die Ultrastrukturforschung mit neuesten Techniken heute eine große Rolle, ebenso wie die Erfassung und Manipulation des Erbguts.

Die Einzeller bilden vor allem das Studienobjekt der Mikrobiologie. Die nächsthöhere lebende Einheit ist der Organismus mit seinen vielzelligen Geweben und Organen. Wir unterscheiden pflanzliche, pilzliche und tierische Organismen, die morphologisch, anatomisch und funktionell sehr verschiedenartig sind. Mit den ersteren beschäftigt sich die Phytologie (Botanik), mit den letzteren die Zoologie. Die grünen Pflanzen sind autotroph und aufbauend, die farblosen sowie die tierischen Organismen heterotroph und um- oder abbauend. Heterotroph sind auch die Pilze, die heute als eigene Organismengruppe angesehen wird und mit der sich die Mykologie befasst.

Die ökologischen Faktoren wirken auf unterschiedlichen Komplexitäts-Ebenen, natürlich auch schon im molekularen Bereich (◘ Tab. 1). Sie verursachen bestimmte Wirkungen und Interaktionen. Auf der Ebene der Individuen erfolgt dabei die Anpassung über Modifikationen, Mutationen und Selektion. Dies ist unter anderem das Arbeitsgebiet des Teilbereichs der **Autökologie**. Auf der Ebene der Ökosysteme bedeuten diese Anpassungen und sich ständig ändernde Populationsstrukturen eine immer wieder veränderte Dynamik etwa für Stoffkreisläufe und Energieflüsse. Populationen werden durch die **Demökologie** erfasst, die **Synökologie** untersucht Lebensgemeinschaften und ihre Zusammensetzung (statische Betrachtung), die **Ökosystembiologie** erforscht die Dynamik in Lebensgemeinschaften und damit auch die Eigenschaften, die die Energieflüsse und die Stoffkreisläufe bedingen.

Die höchsten lebenden Einheiten sind die Lebensgemeinschaften der pflanzlichen und tierischen Organismen, jeweils aus Populationen aufgebaut, die zusammen mit den abiotischen Umweltfaktoren (Klima und Boden) Ökosysteme bilden, die durch einen ständigen Stoffkreislauf und Energiefluss ausgezeichnet sind. Die Untersuchung dieser Ökosysteme von den kleinsten bis zum globalen - der Biosphäre - ist die Aufgabe der Ökologie im weitesten Sinne.

Dieses Buch gibt eine kurze, verständliche Einführung in diese globale Ökologie.

Heinrich Walter, der Begründer dieses Lehrbuches (BRECKLE 2002a), hat die Zusammenhänge zwischen Menschen und Biosphäre folgendermaßen ausgedrückt:

"Die Biosphäre bildet die natürliche Welt, in die der Mensch hineingestellt ist und die er dank seiner geistigen Fähigkeiten objektiv zu betrachten vermag - wodurch er sich aber auch über sie hinausheben kann. Einerseits ist er ein Kind dieser Außenwelt, abhängig von der Natur, andererseits wird er durch seine Innenwelt mit dem Göttlichen verbunden. Nur wenn er sich dieser Bindungen nach unten und nach oben bewusst ist, kann er sich zu einem harmonischen, weisen Wesen entwickeln, das mit dem Tode seine Vollendung im Göttlichen findet. Der Mensch ist nicht nur berufen, die Natur zu nutzen, sondern sie auch in ihrem ökologischen Gleichgewicht zu verstehen, zu erhalten und sie nach Kräften zu bewahren."

◘ **Tab. 1** Die verschiedenen Komplexitätsebenen und Beispiele für Einwirkungen

Komplexitätsebene	Beispiele für Reaktionen und mögliche Wirkungen (z.B. bei Salzeinwirkung)
Interaktionen und Wirkungen in Biomen, in der Biosphäre (Großökosysteme)	Salz- und andere Stoffkreisläufe, Stoffbilanzen, Energieflüsse, Sedimentation, Akkumulation in Erosionsbecken, geomorphologische Langzeitprozesse
Interaktionen und Wirkungen in Ökosystemen	Salz- und Mineralstoffkreisläufe, Massengleichgewicht, Akkumulationen, Stoffbilanzen, Energieausbeute, Artenzusammensetzung (Frequenz und Dominanz)
Wirkungen auf Populationen	Reproduktion, Altersverteilung, Konkurrenzkraft, Selektion
Interaktionen mit intakten, ganzen Pflanzen, Individuen	Mineralstoffwechsel, Vitalität, Wasserhaushalt, Anpassungen des Wachstums, der Entwicklungsstadien, Hormongleichgewicht
Interaktionen mit Zellen	Formative Effekte, veränderte Differenzierungen, verfrühte Seneszenz
Interaktionen mit Geweben	Formative Effekte, Defektbildungen, osmotischer Stress, Ioneneffekte
Effekte auf Zellorganelle	Atmung, Photosynthese, Biosynthesen sekundärer Pflanzenstoffe
Effekte an Biomembranen	Permeabilitäts-, Potentialänderungen
Bioeffekte an Makromolekülen	Genregulation, Enzymaktivitäten, DNA-Veränderungen

Um diese Aufgabe zu erfüllen und keinen Raubbau zu betreiben, der letztlich seine eigene Existenz in Frage stellt, muss der Mensch die ökologischen Gesetzmäßigkeiten der Natur erkennen und sie berücksichtigen, auch wenn es immer noch und immer wieder Menschen gibt, die glauben, die Natur abschaffen zu können und ganz auf die Technik zu bauen, oder umgekehrt, Menschen, die sich völlig kritiklos und in erschreckender Weise dogmatischen oder fundamentalistischen Strömungen anschließen.

Wir werden uns vor allem mit den natürlichen ökologischen Verhältnissen beschäftigen, denn es würde den Rahmen dieser Kurzfassung sprengen, auch noch die sekundären, durch den Menschen geschaffenen Ökosysteme und die verschiedenen Degradationsstadien ausführlich zu behandeln, zumal die ökologischen Gesetzmäßigkeiten der Natur bei natürlichen Ökosystemen, die also in einem dynamischen Gleichgewicht sind, am besten erkennbar werden. Natürliche Ökosysteme sind die Bezugsgröße der Nachhaltigkeit. Sie haben Vorbildfunktion. Sie haben sich in mehr als jahrmillionenlanger Evolution entwickelt und optimiert.

2 Bedeutung der Systematik und Taxonomie für die Biologie

Die Vernichtung tropischer Ökosysteme vergrößert nicht nur degradierte Flächen und macht sie durch Erosion völlig unfruchtbar, viel schwerwiegender ist der Verlust an Artenvielfalt (BOERBOOM & WIERSUM 1983, MUTKE & BARTHLOTT 2008, BARTHLOTT et al. 2014, BARTHLOTT & RAFIQPOOR 2016). Diese Vernichtung führt zu einem überproportional großen Verlust an Pflanzen- und Tierarten des Erdballs und entsprechend aufeinander abgestimmter Lebensgemeinschaften. Der Artenschwund durch Urwaldsterben geht um ein Vielfaches rascher vor sich als etwa das Aussterben der Saurier oder die Veränderungen während der Glazialzeiten. Weltweite ökologische Feldforschung ist nach wie vor dringend geboten (BRECKLE et al. 2004).

Derzeit sind etwa 1,8 Millionen Tier- und Pflanzenarten beschrieben, also wissenschaftlich dokumentiert. Dies ist aber, wie man heute annehmen muss, nur ein Bruchteil der auf dem Erdball vorkommenden Arten. Die Diversität bestimmter Räume und bei Vergleich verschiedener Erfassungsmethoden lässt sich durch Extrapolation abschätzen, dabei gelangt man zu Zahlenwerten von fünf bis zehn Millionen Arten. Andere Ansätze, etwa durch Fraktalgeometrie, ergeben Artzahlen bis 30 Millionen. Die realen Zahlen sind sehr unsicher abzuschätzen, aber jedes neue Expeditionsmaterial aus den Tropen erbringt stets eine Fülle neuer Arten. Die wissenschaftliche Bearbeitung des Materials hinkt oft Jahre nach. Die Zahl der Spezialisten für viele Tiergruppen ist so gering, dass sie mit der Bearbeitung des Materials nicht nachkommen, und das meiste unbearbeitet liegen bleibt. Die systematische Zugehörigkeit, die taxonomisch-nomenklatorisch einwandfreie Benennung, oder erst recht die phylogenetischen Zusammenhänge sind in vielen Tiergruppen nur ganz grob oder noch gar nicht bekannt. Bei den Höheren Pflanzen sieht der Bearbeitungsstand deutlich besser aus, aufgrund der geringeren Artzahlen. Aber bereits bei den Algen und erst recht bei den Pilzen sind noch so viele unbekannte neue Arten zu erwarten, dass es dringlich geboten wäre, den Unterricht, also Lehre und Forschung, in Systematik an den Hochschulen und Forschungszentren nicht nur erheblich zu forcieren, sondern ihn wenigstens überhaupt wieder einmal einzuführen. Eigentlich arbeiten fast alle Biologen mit Organismen - manche Biochemiker, Physiologen, Genetiker scheinen aber oft gar nicht mehr zu wissen, mit welchen Organismen sie tatsächlich arbeiten.

HELMUT GAMS: "Alle Erkenntnisse der verschiedenen Teildisziplinen der Biologie, also möglichst alle Merkmale, sollten letztlich genutzt werden, um zu einer ständigen Verbesserung des natürlichen Systems der Organismen zu kommen" (mündl. Mitt.).

Die Systematik ist die biologische Wissenschaft der Zukunft, sie ordnet die Vielfalt, die Biodiversität, deren Erhaltung ja heute als fundamentales Problem erkannt ist (BRECKLE 1999).

Box 1 Die Aufgaben von Systematik und Taxonomie

Systematik und Taxonomie sind wesentliche Grundlagen bei der Verständigung zwischen den biologischen Disziplinen. Die Systematik bringt Ordnung in die Vielfalt. Sie muss einerseits konservativ der Verständigung dienen, andererseits progressiv die Erkenntnisfortschritte der Phylogenetik auch in der Nomenklatur zum Ausdruck bringen. Ohne fundierte Systematik und Taxonomie hängt nicht nur die Ökologie, sondern auch die ganze Biologie in der Luft.

Box 2 Die Dokumentation

Museen haben neben der Aufgabe wissenschaftliche Sachverhalte, Prozesse und Strukturen in Ausstellungen der Öffentlichkeit eingängig zu präsentieren, vor allem die wichtige Aufgabe der wissenschaftlichen Dokumentation.

3 Bedeutung der naturwissenschaftlichen Dokumentation (z.B. in Museen)

Bei der systematisch-taxonomischen Bearbeitung der Artenvielfalt kommt der Dokumentation eine entscheidende Bedeutung zu. Typusmaterial, anhand dessen die Artdiagnosen beschrieben sind, müssen als wesentliche Dokumentationsgrundlage in Museen, bzw. in den großen Herbarien, als den wesentlichen Dokumentationszentren sicher für die Zukunft aufbewahrt werden.

Mit Hilfe der neuen Möglichkeiten des Informationsaustausches lassen sich Kataloge und taxonomische Übersichten, Bestimmungsschlüssel, Arealkarten im Internet hinterlegen, und sie können so allen Nutzern zugänglich gemacht werden. Aber auch hierfür fehlen ausreichend viele fähige Nachwuchsbiologen und erst recht die politische Einsicht zur richtigen zukunftsorientierten Prioritätensetzung.

Es gibt noch immer viele Amateurwissenschaftler, die sich in ihrer Freizeit mit einer bestimmten Organismengruppe beschäftigen, ganz abgesehen von den vielen Ornithologen. Dies hat sich bei der floristischen Kartierung Mitteleuropas gezeigt. Viele dieser privaten Sammler haben besondere Spezialkenntnisse und besitzen wertvolle kleine Sammlungen. Die Museen müssen in die Lage versetzt werden, solches Material als Schenkung oder als Nachlass oder auch käuflich zu erwerben. Heute scheitert dies oft an Einsicht und mangelnden finanziellen, personellen oder räumlichen Ressourcen und wertvolles, vielleicht unwiederbringliches Material landet im Müll.

4 Bedeutung der Exkursionen für den naturwissenschaftlichen Nachwuchs

Der studentische Nachwuchs kann sich in organismischer Biologie nur zurechtfinden, wenn ihm die Möglichkeiten geboten werden, im Gelände Organismen in ihrer Umwelt kennenzulernen. In den letzten Jahren haben Universitäten ihr Pflichtprogramm für Anfängerexkursionen zum Beispiel von mageren fünf auf unverantwortliche drei Nachmittage reduziert. Manche verlangen gar keine Exkursionen mehr. Zuschüsse für mehrtägige Exkursionen wurden drastisch gekürzt.

Offensichtlich gibt es mehr und mehr Biologen, die nie das Glück hatten an einer guten Großen Exkursion teilzunehmen und zu erkennen, dass dies die intensivste Art des Lernens, des Erfassens nicht nur biologischer, sondern allgemein wissenschaftlicher Zusammenhänge ist. Nicht nur **sehen**, wie vor der "Glotze" einem etwas präsentiert wird, sondern zu **schauen** und synthetisch Zusammenhänge zu **erfassen**, zum Beispiel über die geologische, die geomorphologische Situation, die natürlichen Ressourcen als Grundlage für die Möglichkeiten der Land- und Forstwirtschaft im betrachteten Gebiet, die Pflanzen- und Tierwelt und ihre gegenseitige Abhängigkeit, die raum-zeitliche Dynamik der Produzenten, der Konsumenten und der Abbauprozesse, die Phänologie, die historischen Grundlagen der Landschaftsentstehung, die Möglichkeiten der nachhaltigen Erhaltung, all dies kann man auf einem Hügel stehend, den Studenten erläutern, aber ob Fakultäten (oder Ministerien) dies heute noch wollen oder dazu überhaupt noch fähig sind? Biologie ohne gebührenden Anteil an Freilandbiologie ist eine amputierte Biologie. Bei Exkursionen steht der Teilnehmer mitten im Geschehen. Nur dann kann er auch möglichen Gefahren begegnen, nur dann sind auch entsprechende Vorsichtsmaßnahmen ohne ängstliche Hysterie (zum Beispiel gegen Zecken) eine selbstverständliche Vorbeugung, und nur dann lernt er auch in der Natur sich naturgerecht zu bewegen.

Gerade auch für andere Fachrichtungen sind Exkursionen heute von ausschlaggebender Wichtigkeit. Erstaunlicherweise und erfreulicherweise haben dies manche studentische Fachschaften schneller erfasst, als mancher mehrfach reformierte und sogenannte moderne und modulierte Fächer lehrende Lehrkörper.

Box 3 Die Bedeutung von Exkursionen

Exkursionen sind die intensivste Form des Lernens. Durch analytisches Erfassen und synthetisches Verknüpfen von Zusammenhängen lernt man richtiges Schauen und Verstehen unter Einsatz aller Sinne

5 Literatur

BARTHLOTT, W. & RAFIQPOOR, M.D. 2016: Biodiversität im Wandel – Globale Muster der Artenvielfalt. In: LOZÁN, J.L., BRECKLE, S.-W., MÜLLER, R. & RACHOR, E. (Hrsg.): Warnsignal Klima: Die Biodiversität: 44-50. In Kooperation mit GEO-Verlag. Wissenschaftliche Auswertungen. www.warnsignal-klima.de

BARTHLOTT, W., ERDELEN, W. & RAFIQPOOR, M.D. 2014: Biodiversity and Technical Innovations: Biomimicry from the Macro- to the Nanoscale. In: LANZERATH, D. & M. FRIELE (eds.): Concept and Value in Biodiversity. Routledge Studies in Biodiversity Politics and Management, 2014: 300-315. ISBN 978-1-415-66057-0

BOERBOOM, J.H.A., & WIERSUM, K.F. 1983: Human impact on tropical moist forest. In: HOLZNER, W., WERGER, M.J.A., & IKUSIMA, I. (eds.): Man's impact on vegetation. Junk, The Hague: 83-106

BRECKLE, S.-W. 1999: Wie wichtig ist Systematik für Biologen und Ökologen? Cour. Forsch.-Inst. Senckenberg **215**: 49-54

BRECKLE, S.-W. 2002a: Salinity, halophytes and salt affected natural ecosystems. In: LÄUCHLI, A. & LÜTTGE, U. (eds.): Salinity: Environment – Plant – Molecules. Kluwer Acad. Publ. Dordrecht: 35-77

BRECKLE, S.–W. 2004: Flora, Vegetation und Ökologie der alpin-nivalen Stufe des Hindukusch (Afghanistan). In: BRECKLE, S.–W., SCHWEIZER B, FANGMEIER, A. (eds.): Proceed. 2nd Symposium AFW Schimper–Foundation: Results of worldwide ecological studies. Stuttgart–Hohenheim: 97–117

MUTKE, J. & BARTHLOTT, W. (2008): Biodiversität und ihre Veränderungen im Rahmen des Globalen Umweltwandels. In: LANZERATH D., MUTKE, J., BARTHLOTT, W., BAUMGÄRTNER, S., BECKER, C. & SPRANGER, T.M. (Hrsg.): Biodiversität. [Ethik in den Biowissenschaften - Sachstandsberichte des DRZE, 5]. Freiburg i.B.: 25-74

I Allgemeiner Teil

Teil A - Ökologische Grundlagen (Autökologie)

Teil B - Ökologische Grundlagen (Synökologie)

Teil C - Ökologische Systeme und Ökosystembiologie

Die Systematik der Pflanzen beginnt mit dem Sammeln im Gelände. Auf diesem Bild ist der norwegische Botaniker Per Wendelbo (mit nacktem Oberkörper) und der dänische Botaniker Lars Eckberg (gegenüber Wendelbo) mit ihrem afghanischen Helfer während der Sammelarbeit in Nordafghanistan im Frühjahr 1969 zu sehen (Foto: I. Hedge).

Durch Wind und Frost geformte Felsskulpturen in 4.700 m Höhe auf dem bolivianischen Altiplano, dem ariden Orobiom II (Foto: Breckle)

I Allgemeiner Teil

Teil A - Ökologische Grundlagen (Autökologie)

1 Ökologische Faktoren
1.1 Strahlung
1.2 Temperatur, Frost, Hitze
1.3 Der Wasserfaktor
1.4 Chemische Faktoren
1.5 Mechanische Faktoren

2 Das Klima
2.1 Allgemeine Fragen
2.2 Der Strahlungshaushalt und astronomische Grundlagen
2.3 Der Wärmehaushalt
2.4 Der Wasserhaushalt
2.5 Die Öko-Klimate der Erde (Klimaklassifikation)
2.6 Klimadarstellung (Thermoisoplethendiagramme, ökologische Klimadiagramme)
2.7 Literatur

Teil der Chinesischen Mauer nördlich von Peking im Staubsturm mit Löss (Foto: Breckle)

1 Ökologische Faktoren

Das Konzept der Landschaftsgliederung in Zonobiome verlangt klare ökologische Kriterien, die die Wechselbeziehungen von ökologischen Faktoren berücksichtigen. Die ökologischen Faktoren bestimmen für die Organismen ihre Umwelt, in der sie eine ihrer grundlegenden Daseinsfunktionen, nämlich die Fortpflanzung, verwirklichen. Der Fortbestand von Organismen in einem Ökosystem wird bestimmt durch Wettbewerb und Anpassung. In einem floristisch einheitlichen Gebiet wird im System „**Klima-Boden-Pflanze**" die Gliederung der Vegetation durch Umweltfaktoren vorgezeichnet und das vor allem indirekt über eine Beeinflussung der Konkurrenzkraft der in dem Gebiet vorkommenden Arten. In diesem Zusammenspiel ergänzen sich die einzelnen ökologischen Faktoren in ihrer auslesenden Wirkung oft sehr unterschiedlich. (Abb. A-1) verdeutlicht die gegenseitigen Beziehungen der ökologischen Faktoren.

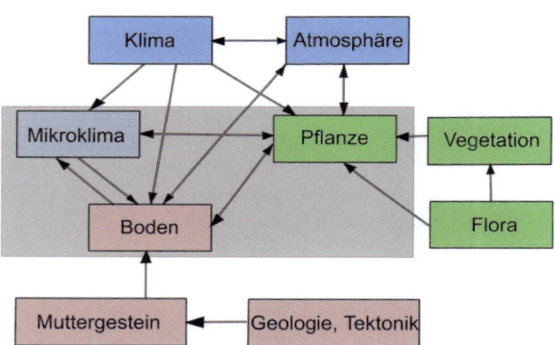

Abb. A-1 Schema der Wechselwirkungen zwischen verschiedenen Umweltbereichen und den pflanzlichen Organismen.

Der Bodentyp und der Vegetationstyp werden durch das Klima geprägt, aber für die Vegetation ist die Flora (und sekundär die Fauna) und für den Boden das Muttergestein und die Vegetation (sowie das Edaphon) von großer Bedeutung. Zwischen Boden und Vegetation bestehen so enge Wechselbeziehungen, dass man fast von einer Einheit sprechen darf. Einen gewissen Einfluss üben sowohl der Boden als auch die Vegetation ihrerseits auf das Klima aus, unmittelbar aber doch nur im Bereich der bodennahen Luftschicht; das heißt, sie beeinflussen das Mikroklima. Die Gesamtheit der auf die Pflanzen oder allgemein auf einen Organismus wirkenden Faktoren bildet ihre Umwelt, wobei man die physikalisch-chemischen Faktoren (ohne Wettbewerb) als ihren **Standort** bezeichnet, während die Stelle, an der sie wachsen, **Wuchsort**, **Biotop** oder **Ökotop** genannt wird. Die für das Wachstum und die Entwicklung der Pflanze maßgebenden Faktoren kann man in fünf Gruppen von Primärfaktoren einteilen:

1. **Strahlung**: Lichtintensität und Tageslänge – der Lichtfaktor
2. **Wärme:** Temperaturverhältnisse - der Temperaturfaktor
3. **Wasser**: Hydraturverhältnisse - der Wasserfaktor
4. **Chemische Faktoren**: Nähr- oder Giftstoffe
5. **Mechanische Faktoren**: Wind, Feuer, Tierverbiss und Tritt.

Es ist dabei für die Pflanzen gleichgültig, ob zum Beispiel die günstigen Wärmeverhältnisse durch das Großklima bedingt werden oder durch den Wuchsort an einem geschützten Südhang. Ebenso macht es für die Pflanze keinen Unterschied, ob die notwendige Bodenfeuchtigkeit auf eine günstige Niederschlagsverteilung oder die geringe Verdunstung an einem Nordhang oder schließlich durch die Bodenstruktur und Grundwassernähe zustande kommt; die Hauptsache ist, dass die Pflanze nicht unter Wassermangel leidet.

Die fünf Gruppen von Faktoren bedingen in ihrer wechselseitigen Wirkung die Ausprägung von komplexen Standortsfaktoren (Sekundärfaktoren, Komplexfaktoren), nämlich klimatische, orographische, edaphische (Boden) und biotische, wie dies im Schema (Abb. A-2) mit einigen wesentlichen Standortsparametern dargestellt ist.

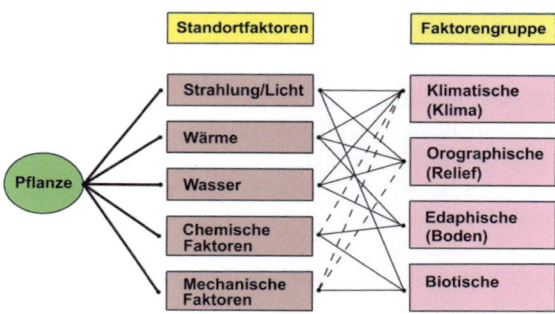

Abb. A-2 Schema der verschiedenen ökologischen Faktoren und ihren Wirkungen auf die Pflanze.

1.1 Strahlung, Licht

Alles Leben auf der Erde wird durch den Energiestrom, der von der Sonne ausgestrahlt und der Biosphäre zugeführt wird, in Gang gehalten (abgesehen vom Sonderfall der Schwarzen Raucher der Tiefsee mit Chemosynthese). Durch Photosynthese der Pflanze wird Strahlungsenergie in Form von latenter chemischer Energie gebunden. Sie kommt allen Gliedern der Nahrungskette für den Betrieb der Lebensprozesse zugute. Die Strahlung ist in aller Regel die primäre Energiequelle für den Aufbau organischer Substanz. Sie schafft durch die Regulierung des Wärme- und Wasserhaushalts der Erde die energetische Voraussetzung für die Erfüllung der Lebensansprüche der Organismen. Strahlung ist aber für die Pflanze nicht nur eine Energiequelle, sondern kann auch ein Belastungsfaktor sein. Die Strahlungswirkungen werden durch die Aufnahme von Lichtquanten ausgelöst und jeder strahlungsabhängige Vorgang wird durch ganz bestimmte Photorezeptoren vermittelt. Sie weisen ein typisches Absorptionsspektrum auf. Wichtig sind dabei Zeitpunkt, Dauer, Exposition zur Sonnenstrahlung und die spektrale Zusammensetzung der Beleuchtung.

1.1.1 Strahlung und Pflanze

Auf die oberirdischen Teile der Pflanze trifft von allen Seiten Strahlung auf: direktes und gestreutes Sonnenlicht (Himmelsstrahlung), diffuse Strahlung bei bedecktem Himmel und schließlich die vom Boden reflektierte Strahlung. Viele Pflanzen ordnen ihre Assimilationsflächen so an, dass möglichst wenige Blätter ständig der direkten Strahlung ausgesetzt sind. Die meisten Blätter befinden sich im Halbschatten, wo sie mit Streulicht versorgt werden (LARCHER 2001). Steilstehende Blätter (z.B. von vielen Monokotylen und Kugelpolstern), Blätter in Profilstellung (z.B. von *Iris*- und *Lactuca*-Arten), herabhängende Blätter (z.B. von *Eucalyptus*) sowie Assimilationsorgane mit gewölbter Oberfläche (Rundblätter, Schuppenblätter, Nadelblätter, Assimilationssprossachsen) werden im spitzen Winkel von den Sonnenstrahlen tangiert. Dadurch sind die Blätter vor Starklichtschäden und Überhitzung geschützt, erhalten aber morgens und abends mehr Licht. In den Kronen einzelner Bäume und Sträucher bildet sich ein Helligkeitsgefälle vom Kronensaum bis ins Kroneninnere aus. Je nach artabhängiger Fähigkeit ausgesprochene Schattenblätter zu entwickeln, unterscheidet man zwischen **Lichtkronen** (Föhre, Lärche, Birke, Schirmakazien) und **Schattenkronen** (viele Koniferen, Buche, immergrüne Breitlaubbäume). In Lichtkronen empfangen die innersten Blätter im Schnitt 10-20% der Freilandhelligkeit, in Schattenkronen findet man noch Blätter bei einem Lichtgenuss von 1-3% (LARCHER 2001).

1.1.2 Aufnahme der Strahlung durch die Blätter

Von der Strahlung, die auf ein Blatt fällt, wird ein Teil remittiert (d.h. diffus reflektiert → **Remission**), ein Teil wird absorbiert (**Absorption**), der Rest wird durchgelassen (**Transmission**). Das vom Blatt zurückgehaltene Licht (**Remission**) besteht aus dem von der Oberfläche reflektierten Licht und aus der Streustrahlung aus dem Innern des Blattes (◘ Abb. A-3).

Das Reflexionsvermögen hängt von der Oberflächenbeschaffenheit der Blätter ab. Filzbehaarung erhöht die Reflexion beträchtlich. Im sichtbaren Bereich remittieren Blätter im Mittel nur 6-10% der Strahlung. Hochglänzende Blätter können sichtbares Licht bis zu 12-15% zurückwerfen. Durch dieses Streulicht wird das Innere von solchen „Glanzlichtwäldern" etwas aufgehellt. **Grünes** Licht wird stärker (10-20%), **oranges** und **rotes** am wenigsten (3-10%) remittiert. **Ultraviolette** Strahlung wird von Blättern wenig reflektiert (nicht mehr als 3%); im **infraroten** Bereich hingegen reflektieren die Blätter 70% der auffallenden Strahlung (LARCHER 2001).

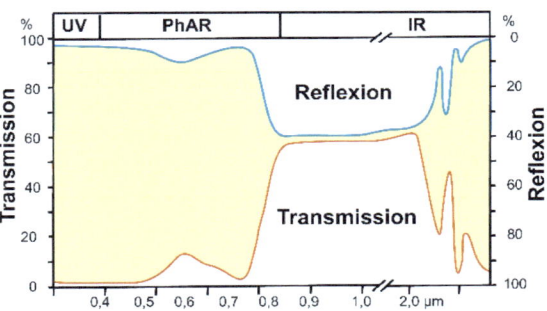

◘ **Abb. A-3** Relative Reflexion, Transmission und Absorption eines Pappelblattes (*Populus deltoides*) in Abhängigkeit von der Wellenlänge der auftreffenden Strahlung. Nach GATES 1965. Optische Parameter von Blättern verschiedener Pflanzenarten sind in GAUSMANN & ALLEN (1973) enthalten (verändert nach LARCHER 2001).

Die in das Blatt eindringende Strahlung wird weitgehend absorbiert (**Absorption**). Beim Durchgang durch das Blatt wird die Strahlung so abgeschwächt, dass der Strahlungsgewinn hintereinander liegender Zellschichten exponentiell abfällt. Je nach Blattbau und Ausstattung der Mesophylzellen mit Chloroplasten absorbieren Blätter in der Regel 60-80% der photosynthetisch aktiven Strahlung (PhAR). Die Blätter mancher krautigen Arten, die im tiefen Schatten tropischer Regenwälder vorkommen, enthalten in ihrer oberseitigen Epidermis linsenförmigen Zellen (Ocellen → von Latein. *Ocellus* = Äuglein), die das schwache Licht auf die im Mesophyll kontrahiert angeordneten Chloroplasten bündeln. Die Absorption im **sichtbaren** Bereich ist vor allem durch die Chloroplastenpigmente bedingt. Die **ultraviolette** Strahlung wird zum größten Teil durch kutikuläre und verkorkte Außenschichten der Epidermis sowie durch phenolische Verbindungen im Zellsaft der äußersten Zelllagen zurückgehalten, so dass in die tieferen Blattschichten höchstens 2-5%, meist aber weniger als 1% der UV-Strahlung eintreten kann. Die Epidermis und die Haare sind wirksame UV-Filter für das Assimilationsparenchym: z.B. Schildhaare auf *Elaeagnus*-Blättern absorbieren 40% des UV-B (LARCHER 2001). Flechten lagern in die oberen Rindenschichten farbige Verbindungen („Flechtenstoffe") ein, die sowohl UV- als auch Lichtfilter sind. **Infrarot** wird von Blättern im Bereich bis 2000 nm wenig, im Bereich der langwelligen Temperaturstrahlung über 7000 nm dagegen fast vollständig (97%) absorbiert. Dementsprechend verhält sich die Pflanze gegenüber der Wärmestrahlung wie ein schwarzer Körper (LARCHER 2001).

Die Strahlungsdurchlässigkeit (**Transmission**) der Blätter hängt von Bau und Dicke des Blattes ab. Weichlaubige Blätter lassen 10-20% der Sonnenstrahlen durchtreten, sehr dünne Blätter bis zu 40%, dicke und derbe Blätter sind fast undurchlässig für die Strahlung (<3%). Die beste Durchlässigkeit besteht im Grün, besonders aber im nahen Infrarot. Durch das Laubwerk gefiltertes Licht ist daher besonders reich an Wellenlängen um 500 nm und >800 nm. Unter einem Blätterdach herrscht ein Rot-Grün-Schatten, im Waldesdunkel nur noch Dunkelrot- und Infrarotschatten. Durch Kronenhüllen und durch die Rinde dünner Zweige dringen bis zu 0,5-2% des auftreffenden Lichtes, vor allem langwelliges Licht, sowohl ins Innere des Waldes als auch in das Innere der Pflanzen ein, also in den Blättern und Meristemen, wo das Phytochromsystem wirkt. Apikalmeristeme in Knospen empfangen mehr dunkelrote Strahlung (700-840 nm) als hellrote (600-690 nm), wobei sich das Hellrot/Dunkelrot-Verhältnis mit der Ausbildung der Knospen und jahreszeitlich ändert. Diese Signale werden vom Phytochromsystem perzipiert, worauf über Genaktivierung die entsprechenden Umstimmungen im Entwicklungsverhalten und Differenzierungen veranlasst werden (LARCHER 2001).

Die Pflanzen passen sich an das standörtliche Strahlungsklima, an die vorherrschende Quantität und Qualität des Strahlungsangebotes auf ihrem Wuchsort modulativ (kurzfristig), modifikativ und evolutiv an. **Modulative Adaptationen** erfolgen rasch und sind reversibel; nach Rückkehr zur Ausgangssituation stellt sich das Ausgangsverhalten alsbald wieder ein. Beispiele für Photomodulationen sind: nastische Bewegungen wie die Schließzellenbewegungen; Blattbewegungen, die eine günstige Exposition der Blattspreite zum Lichteinfall bewirken; das tagesperiodische und witterungsbedingte Öffnen und Schließen der Blüten. Modulative Strahlungsanpassungen, die sich unmittelbar auf die Photosynthese auswirken, verlaufen über Veränderungen in den Chloroplasten (LARCHER 2001).

Modifikativ passen sich die Pflanzen an die durchschnittlichen Strahlungsbedingungen während des Heranwachsens über Wochen oder Monate an. Phänotypische Differenzierungen der Organe und Gewebe sind in der Regel nicht rückführbar. Ändern sich später die Lichtverhältnisse, dann treiben neue Sprosse aus und die ursprünglich angelegten, nun unangepassten Blätter altern und werden abgestoßen. Pflanzen, die sich im hellen Licht entwickeln, bilden ein kräftiges Achsensystem aus. Ihre Blätter besitzen ein mehrfach gestaffeltes Mesophyll, chloroplastenreiche Zellen und ein dichtes Adernetz. Als Folge der strukturellen Anpassung und der aktiveren Stoffwechselvorgänge erbringen starklichtadaptierte Pflanzen einen größeren Trockensubstanzzuwachs, höheren Energiegehalt der Trockensubstanz und bessere Fertilität (Blühhäufigkeit, Blütenansatz, Fruchtertrag). Schwachlichtadaptierte Pflanzen bilden längere Internodien und dünne Blätter mit großer Oberfläche aus. Sie werden dadurch in die Lage versetzt, auf Standorten mit geringer Energiezufuhr zurechtzukommen (LARCHER 2001).

Evolutive Anpassungen an das Strahlungsangebot sind erblich verankert und bestimmen die Standortpräferenz verschiedener Pflanzenarten und Photo-Ökotypen. Die Einteilung der Pflanzen in Dämmerlichtpflanzen, Schattenpflanzen (Heliophyten) und Starklichtpflanzen (die auf schattenlosen Plätzen wachsen, z.B. im Hochgebirge, in Wüsten und an Meeresküsten) spiegelt die ökologische Differenzierung durch Selektion und Anpassungsfähigkeit wider. Erblich festgelegt ist die Reaktionsnorm der Pflanze. So sind Sonnenpflanzen zwar schattenadaptierbar, jedoch nicht in gleichem Ausmaß wie genetisch programmierte Schattenpflanzen; analoges gilt in umgekehrter Richtung (LARCHER 2001).

Modulative, modifikative und evolutive Adaptationen überlagern sich und geben so den Pflanzen die Möglichkeit, durch feinabgestufte Anpassung das Strahlungsangebot möglichst weitgehend zu nutzen. Durch die Vielfalt der Wuchsformen werden lichtökologische Nischen in den mehrstöckigen Kronenhorizonten der Baumschicht dichter Wälder durch Lianen und Epiphyten ausgenützt. Im Übrigen spielen bei allen Anpassungen an die Standorthelligkeit noch Sekundärwirkungen der Strahlung (z.B. Wärme und Einflüsse auf den Wasserhaushalt) mit. Sonnenpflanzen sind daher auch immer an höhere Temperaturen, trockene Luft und eine zeitweise Belastung des Wasserzustandes angepasst (LARCHER 2001).

1.2 Temperatur, Frost, Hitze

Das Strahlungsangebot ist auch für die Temperaturverhältnisse ein wichtiger Faktor. Ökologisch sind die thermischen Verhältnisse für die Vegetation an einem **Standort** von großer Bedeutung, da sich das Leben nur in bestimmten Temperaturbereichen abspielt. Temperaturextreme werden von verschiedenen Organismen unterschiedlich gut toleriert. Die Hitzeresistenzgrenze der meisten Pflanzenarten liegt zwischen 50 und 60 °C (◘ Tab. A-1). Bis zu einem gewissen Grad können sich Pflanzen durch Strahlungsreflexion, durch Transpirationskühlung oder auch physiologisch (Hitzeschockproteine) vor Hitzestress schützen.

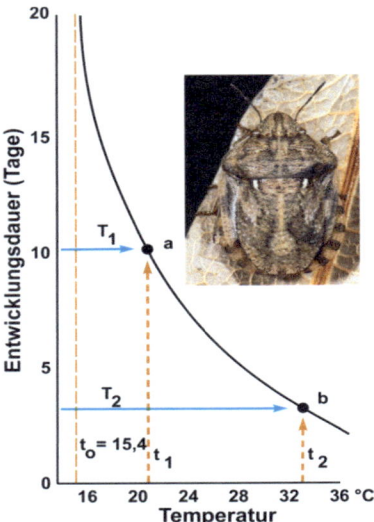

Abb. A-4 Temperaturabhängigkeit der Dauer der Embryonalentwicklung der Wanze *Eurygaster maura* (Pentatomidae) (verändert nach TISCHLER 1984).

begnügen müssen, die Lufttemperatur anzugeben.

Bei den meisten poikilothermen Tieren ist die Entwicklung sehr von der Temperatur abhängig (▫ Abb. A-4), meist aber noch modifiziert vom Wasserfaktor, zum Beispiel der Luftfeuchtigkeit. Die Entwicklungsdauer lässt sich dabei oft sehr präzise durch eine entsprechende mathematische Funktion (▶ Abb. A-4), zum Beispiel durch eine Hyperbelfunktion angeben. Das Beispiel in ▫ Abb. A-5 gibt neben der Dauer der Embryonalentwicklung auch die Mortalität der Eier in Abhängigkeit von Lufttemperatur und relativer Feuchte an. Aus ▶ Abb. A-5 erkennt man außerdem, dass ein bestimmter Temperaturbereich bei relativ hoher Feuchtigkeit den Optimal-Bereich darstellt. Dementsprechend kann man sich leicht vorstellen, wie unterschiedlich, je nach Außenbedingungen, die Vermehrungsraten und damit der Einfluss mancher Insektenarten in bestimmten Biotopen von Jahr zu Jahr sein kann, auch ohne sonstige biotische Interaktionen.

Viel bedeutender ist aber die Kälte (**Frost**). Die Kälteresistenzgrenze ist nicht so scharf wie die Hitzeresistenzgrenze. Neben den **abkühlungs**- oder **erkältungsempfindlichen** Pflanzen (meist tropischer Herkunft) gibt es die **gefrierempfindlichen** (die Eisbildung in den Geweben vermeiden, zum Beispiel durch Erhöhung der Zellsaftkonzentration) und die **gefriertoleranten** Pflanzen, die statt einer großen Zentralvakuole oft viele kleine Vakuolen bilden, in denen Membranschäden durch Eiskristalle klein gehalten werden.

Hinsichtlich der Temperatur unterscheiden wir unter den tierischen Organismen einerseits die Kaltblüter oder **poikilothermen** Arten (wie z.B. Amphibien), deren Körpertemperatur von der Außentemperatur abhängt und sich mit dieser gleichsinnig ändert; andererseits die Warmblüter oder **homoiothermen** Arten (wie z.B. Menschen), die eine eigene, von der Außentemperatur weitgehend unabhängige und ziemlich konstante Körpertemperatur besitzen. Bei diesen Organismen ist es unsinnig, die Außentemperatur zu messen, um sie in direkte Beziehung zu dem Ablauf der Lebensfunktionen zu setzen.

Alle Pflanzen sind poikilotherme Organismen, auch wenn gelegentlich, wie bei den Aronstabgewächsen (Araceae), die Blütenkolben Eigenwärme erzeugen können (BARTHLOTT et al. 2009). Die Temperatur der umgebenden Luft gibt deshalb einen Anhaltspunkt für die maßgebenden Temperaturverhältnisse im Plasma. Gewisse rein physikalisch bedingte kleinere Abweichungen kommen namentlich bei starker Strahlung vor. Bei ökophysiologischen Untersuchungen muss man sie unbedingt berücksichtigen, schließlich können zum Beispiel die Chloroplasten oder Mitochondrien tagsüber im Blatt oft über 10 K Übertemperatur gegenüber der Umgebungsluft aufweisen. Bei ökologischen Übersichten wird man sich meistens damit

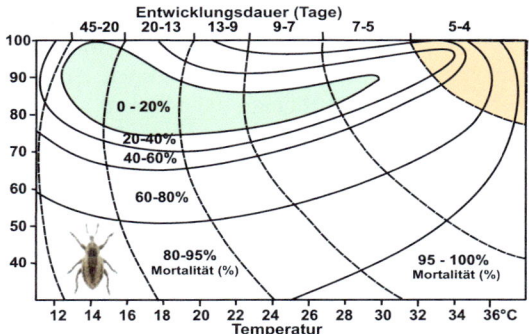

Abb. A-5 Abhängigkeit der Dauer der Embryonalentwicklung und der Mortalität der Eier des Luzerne-Rüsslers (*Hypera postica*, Curculionidae) von der Temperatur und der Relativen Luftfeuchte (verändert nach TISCHLER 1984).

Gefrieren ist eng gekoppelt mit dem Verhalten des Gewebe- bzw. Zellwassers in der Zelle. Gefrieren der Vakuole bedeutet in aller Regel ein starkes Zerreißen der Membranen und damit erhebliche Zellschäden. Dazu kommt die Blockierung der Nachlieferung von Wasser, so dass bei längerer Frosteinwirkung oft eher ein Vertrocknen der Pflanzen auftritt (Frosttrocknis), weniger ein echter Gefrierschaden.

Die verschiedenen Zonobiome sind einerseits durch Wasserverfügbarkeit, andererseits aufgrund des Temperaturfaktors gekennzeichnet. Dabei sind weniger die Mittelwerte der Temperatur, als vielmehr die Extreme von Bedeutung. Und es kommt darauf an, ob Fröste in einem Gebiet regelmäßig im Wechsel der Jahreszeiten oder ob sie episodisch auftreten. Einmal Frost in 20 Jahren in den Kaffeeanbaugebieten Brasiliens lässt den Weltmarktpreis des Kaffees steigen.

Ökologische Grundlagen

Tab. A-1: Temperaturresistenz der Blätter von Sprosspflanzen verschiedener Klimagebiete. Grenztemperatur bei 50% Schädigung (TL50 in °C) nach zweistündiger oder längerer Kälteeinwirkung und halbstündiger Hitzebehandlung (aus LARCHER 2001)

Pflanzengruppe	Kälteschäden im abgehärteten Zustand	Hitzeschäden während der Vegetationszeit
Tropen		
Bäume	+5 bis -2	45-55
Waldunterwuchs	+5 bis -3	45-48
Hochgebirgspflanzen	-5 bis -15(-20)	um 45
Subtropen		
Immergrüne Holzpflanzen	-8 bis -12	50-60
Saisongrüne Holzpflanzen	(-10 bis -15)*	
Subtropische Palmen	-5 bis -14	55-60
Sukkulenten	-5 bis -10(-15)	58-67
C$_4$-Gräser	-1 bis -5(-8)	60-64
Winterannuelle Wüstenkräuter	-6 bis -10	50-55
Gemäßigte Zone		
Immergrüne Holzpflanzen wintermilder Küstengebiete	-7 bis -15(-20)	46-50(55)
Reliktarten tertiärer Baumflora	-8 bis -20(-15 bis -30)*	
Zwergsträucher atlantischer Heiden	-20 bis -25	45-50
Sommergrüne Bäume und Sträucher mit weiter Verbreitung	(-25 bis -35)*	um 50
Krautige Pflanzen sonniger Standorte	-10 bis -20(-30)	47-52
Krautige Pflanzen schattiger Standorte	-10 bis -20(-30)	40-45
Steppengräser	(-30 bis N$_2$**)*	60-65
Halophyten	-10 bis -20	
Sukkulenten	-10 bis -25	(42)55-62
Wasserpflanzen	-5 bis -12	38-44
Homoihydre Farne	-10 bis -40	46-48
Winterkalte Gebiete		
Immergrüne Coniferen	-40 bis -90	44-50
Boreale Laubbäume	(bis N$_2$)*	42-45
Arktisch-alpine Zwergsträucher	-30 bis -70	48-54
Krautige Pflanzen des Hochgebirges und der Arktis	(-30 bis N$_2$)*	44-54

* Vegetative Knospen   ** Temperatur flüssigen Stickstoffs (-196 °C)

Auf alljährlich wiederkehrende Winterkälte bereiten sich die Pflanzen vor. Die wesentlichen Frostkategorien sind für die ganze Erde auf Abb. A-6 gezeigt. Da Wasser definitionsgemäß bei 0 °C gefriert und dabei an Volumen zunimmt, hat dies für Lebewesen ganz besondere Bedeutung. Die Nullgradgrenze, d.h. das Auftreten von Frost, prägt daher die verschiedenen Biome ganz entscheidend (Tab. A-1).

Für die einzelnen Zonobiome gilt: Zonobiom I bis III sind frostfrei (außer in den höheren Lagen der Gebirge). Im Zonobiom IV und V können gelegentlich leichte (episodische, zum Teil periodische) Fröste auftreten. Zonobiom VI weist bereits regelmäßig einen typischen, wenn auch kurzen und wenig strengen Winter mit Frost auf. Im Zonobiom VII hingegen sind die Winter, bei kontinentalem Klima, sehr ausgeprägt und teilweise sehr streng (kalte Halbwüsten und Wüsten). Im Zonobiom VIII in der Taiga kann der Winter bereits mehrere oder viele Monate lang und sehr streng sein; das ZB IX der Tundra ist gekennzeichnet durch den Winter; es ist die bei weitem die längste Saison im Jahresablauf. Das Auftreten von Frost bestimmt das Vorkommen unterschiedlich resistenter Pflanzentypen. In der äquatorialen Zone mit Minima nicht unter +5 °C überwiegen kälteempfindliche Pflanzen. In der Zone D (Abb. A-6) hingegen können nur völlig gefrierbeständige Pflanzen durchhalten, während in Zone C und B auch begrenzt gefriertolerante Pflanzen und Bäume vorkommen, die zumindest durch Gefrierdepression und gute Unterkühlung geschützt sind.

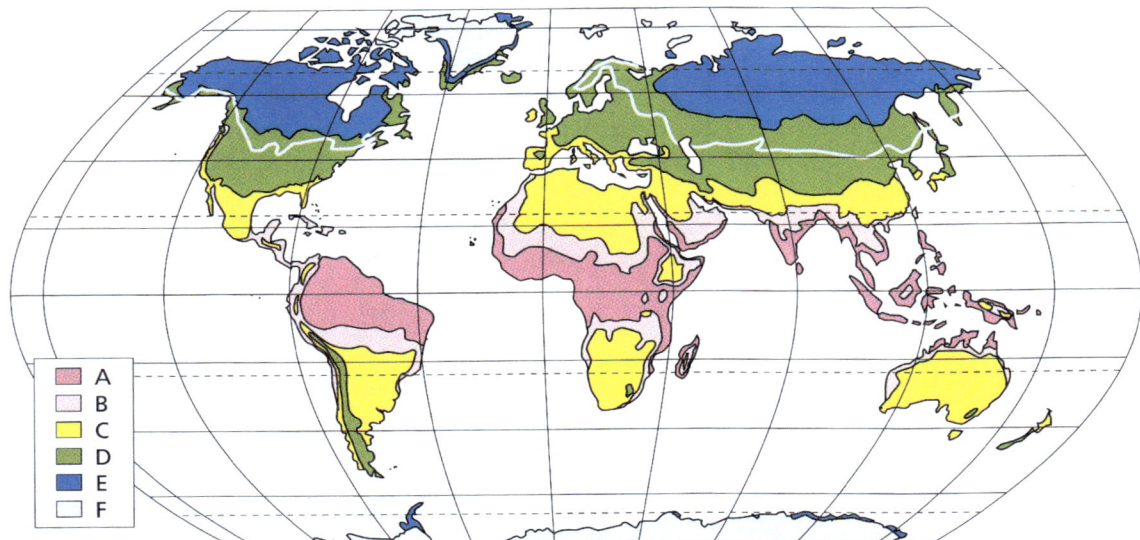

Abb. A-6 Das Auftreten von Frost auf der Erde. **A-C** frostfrei außer Hochgebirge; von **D-F** zunehmende Frosthäufigkeit und -intensität in den höheren Breiten. **A** = frostfreie Gebiete; **B** = Frostfrei, aber bis +5 °C Jahresminimum möglich; **C** = episodische Fröste bis -10 °C; **D** = winterkalte Gebiete mit mittlerem Jahresminimum zwischen -10 und -40 °C; weiße Linie = -30 °C Jahresminimum-Isotherme; **E**: lange Winter, mittleres Jahresminimum unter -40 °C sinken; **F** = Polareis und Permafrostgebiete (aus LARCHER 2001).

Nur etwa 30% der Landfläche der Erde sind frostfrei, 42% dagegen weisen regelmäßig strengen Frost auf mit mittlerem Jahresminimum unter -20 °C.

1.3 Wasser

Für die Gliederung der Biosphäre sind von allen Standort- oder Umweltfaktoren die Wärme- und die Wasserverhältnisse von hauptsächlicher Bedeutung. Licht ist nirgends im Minimum, denn die lange Polarnacht trifft die Pflanzen im Winterruhezustand an. Der Lichtfaktor spielt daher für die großräumige Gliederung der Erde keine Rolle.

1.3.1 Globales Wasserangebot

Die Wärme oder Temperatur nimmt ziemlich stetig von den Tropen zu den Polen ab. Wichtig ist hierbei, wie kurz besprochen, die Frostgrenze zwischen den tropischen und außertropischen Gebieten. Noch viel stärker differenzierend wirkt der Wasserfaktor. Die Niederschläge sind sehr ungleichmäßig auf der Erde verteilt (▫ Abb. A-7).

Die Höhe der mittleren Jahresniederschläge schwankt zwischen über 10.000 mm (▫ Abb. A-8, links: Cherrapunji, Indien) und praktisch Null (▫ Abb. A-8, rechts: Iquique, Chile) in den extremen Wüsten.

Die ▫ Abb. A-9 zeigt die großen Vegetationszonen, für die außer den Verteilungen der Niederschläge auch die Temperaturverhältnisse von besonderer Bedeutung sind, was in der stärker zonalen Anordnung parallel zu den Breitengraden zum Ausdruck kommt (▶ Abb. A-50).

Aber nicht nur im Großen, sondern ebenso im Kleinen wirken Temperatur und Wasser durch die wechselnde Feuchtigkeit der Biotope auf die Pflanzendecke stark differenzierend. Überhaupt spielt das Wasser im Leben der Pflanze ökologisch eine ganz besondere Rolle, eine viel größere als bei den Tieren, weil die Pflanzen ortsgebunden sind. Sowohl auf der Ebene der Zelle sowie der Gesamtpflanze, als auch auf der Ebene der Ökosysteme lässt sich der Wasserhaushalt jeweils auch quantitativ beschreiben.

1.3.2 Wasserhaushaltstypen und Dürreresistenz

Je nach Wasserangebot am Standort unterscheidet man Hygrophyten, Mesophyten und Xerophyten. Die Hygrophyten als Besiedler gleichmäßig feuchter oder nasser Standorte (wie auch manche schattenliebenden Kräuter im Walde) haben kaum Wassermangel. Die Mesophyten sind schon besser an gewisse trockene Zeitperioden angepasst. Zu ihnen gehören die meisten Arten der gemäßigten Breiten. Die Xerophyten haben vielerlei Anpassungen an den mehr oder weniger starken und langandauernden Wassermangel an ihrem Standort entwickelt. Für die Mechanismen der Dürreresistenz hat LEVITT (1972) verschiedene Möglichkeiten gekennzeichnet: die meisten Pflanzen meiden Dürre (drought avoidance) durch räumliches oder zeitliches Ausweichen; für eine echte Dürretoleranz (drought tolerance) braucht es spezielle Anpassungen, wie wir bei einigen Beispielen von Xerophyten noch sehen werden.

1.3.3 Bodenwasser

Die Verfügbarkeit von Wasser für die Pflanzen hängt nicht allein vom Wassergehalt des Bodens ab. Auch die Korngrößenverteilung und damit das Porenvolumen und die Größe der Kapillarräume im Boden haben großen Einfluss. Maximal kann ein Boden so viel Wasser aufnehmen, wie das Porenvolumen umfasst, allerdings ist dann keine Bodenluft, also auch kein Sauerstoff mehr im Boden vorhanden. Aufgrund der Schwerkraft sickert aber ein Teil des Wassers in die Tiefe. Die Feldkapazität (FK) ist stark von der Korngrößenverteilung abhängig, wie ◘ Abb. A-10 demonstriert.

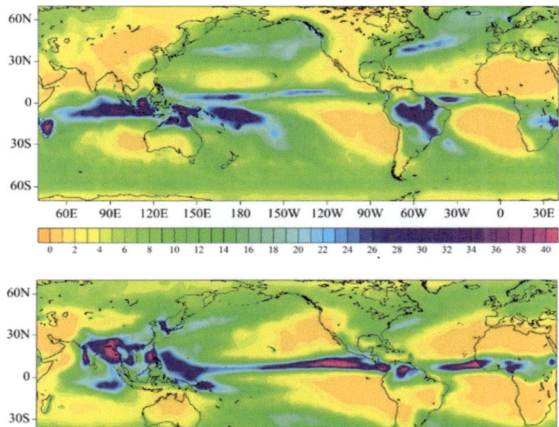
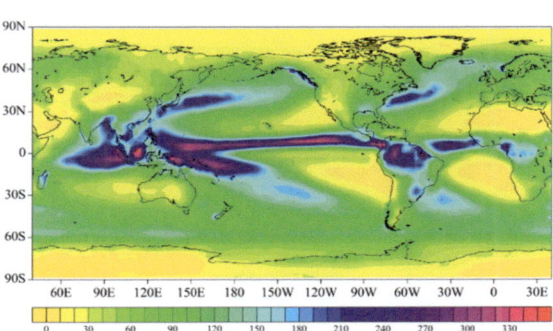

◘ **Abb. A-7** Globale jahreszeitliche Verteilung der Niederschläge (in cm/Monat) im Vergleich der Monate Januar (oben), Juli (Mitte) und Jahr (unten) (Quelle: NASA 2011; http://is.gd/h916at).

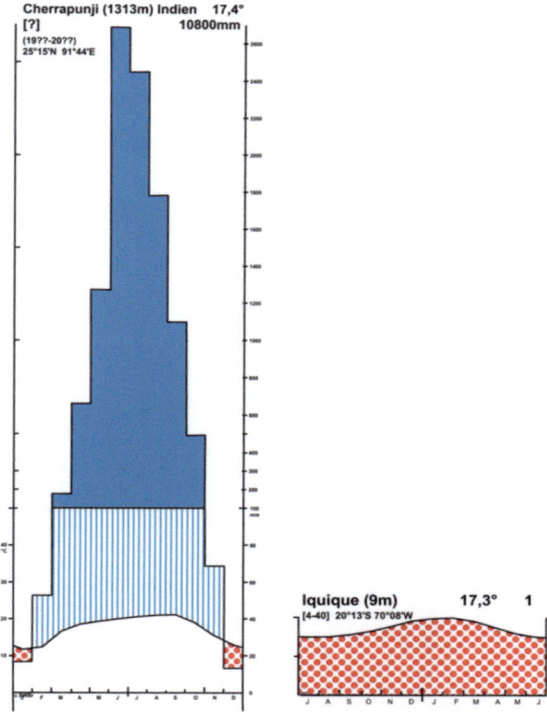

◘ **Abb. A-8** Klimadiagramme Cherrapunchi in Indien und Iquique in Chile: eine der feuchtesten und eine der trockensten Klimastationen.

Über die FK hinaus gibt es einen Anteil an Bodenwasser, der durch Adsorptionskräfte sehr fest an die Bodenteilchen gebunden ist (durch elektrostatische, sowie durch Absorptions- und Kohäsionskräfte) in den sehr kleinen Porenräumen. Diese Fraktionen sind den Pflanzenwurzeln nicht zugänglich. Enthält ein Boden nur noch diese festgebundenen Anteile an Wasser, so spricht man vom „Permanenten Welkepunkt" (PWP), (▶ Abb. A-10). Bei besonders feinkörnigen Tonböden kann der Wassergehalt mehr als 20% betragen, trotzdem ist davon nichts für die Pflanzenwurzel verfügbar aufgrund der Feinkörnigkeit des Bodens. Dementsprechend ist die Wasserspannung (Wasserpotential, cm Wassersäule, als Logarithmus pF; 10) eines großen Wasseranteils besonders hoch. Der PWP liegt im Mittel etwas über pF = 4 (=10^4 cm Wassersäule), ist aber variabel.

Allerdings ist auch die Verfügbarkeitsgrenze an Wasser nicht für alle Pflanzen gleich. Xerophyten und Halophyten, die sehr hohe Saugkräfte durch ihre Wurzeln entwickeln können, sind durchaus in der Lage, noch etwas Wasser aufzunehmen, das heißt der Permanente Welkepunkt ist für verschiedene Pflanzentypen verschieden.

So sind hinsichtlich des Wasserfaktors die Verhältnisse bei den Pflanzen ähnlich kompliziert wie bei den Tieren in Bezug auf die Temperatur.

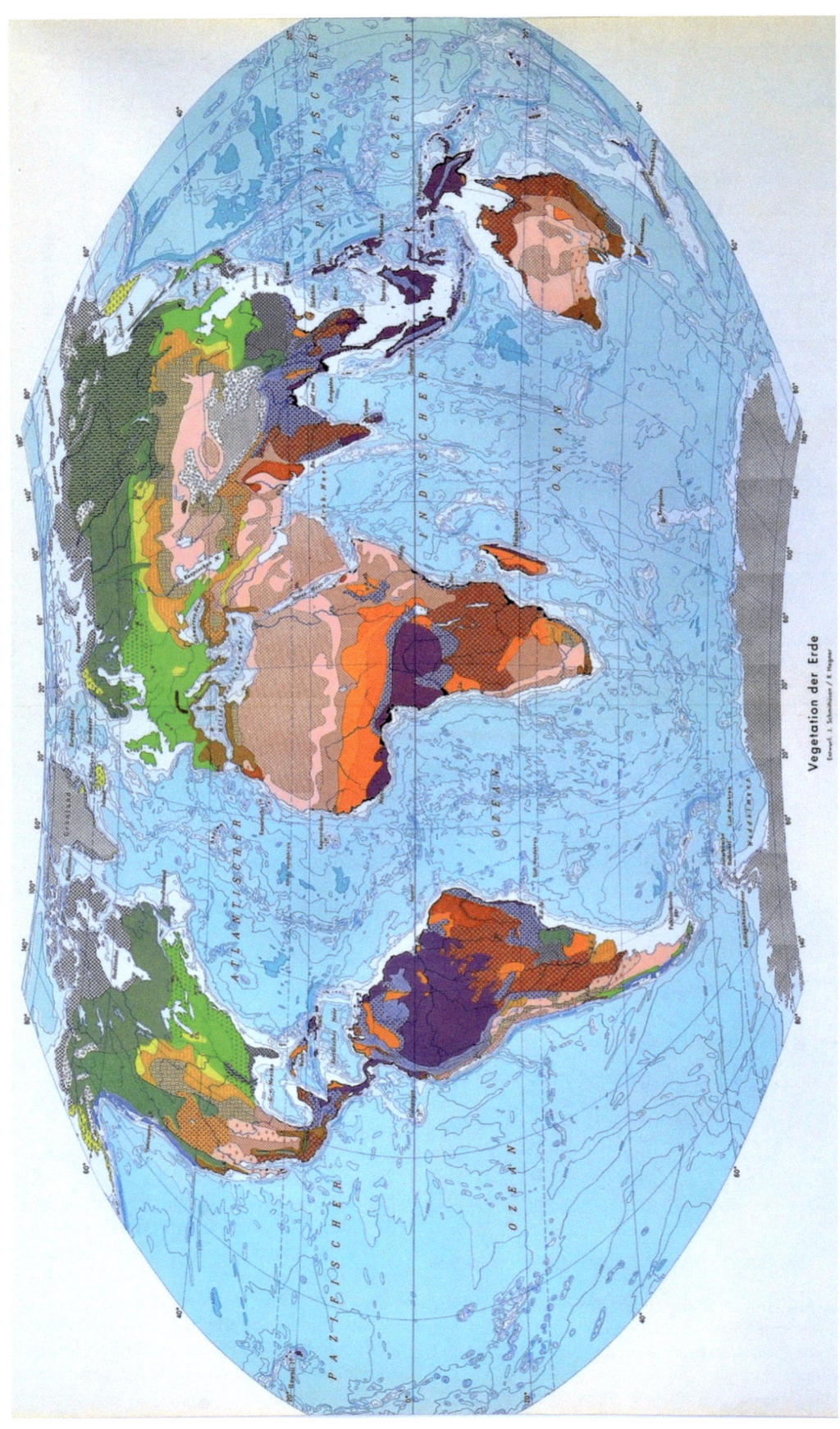

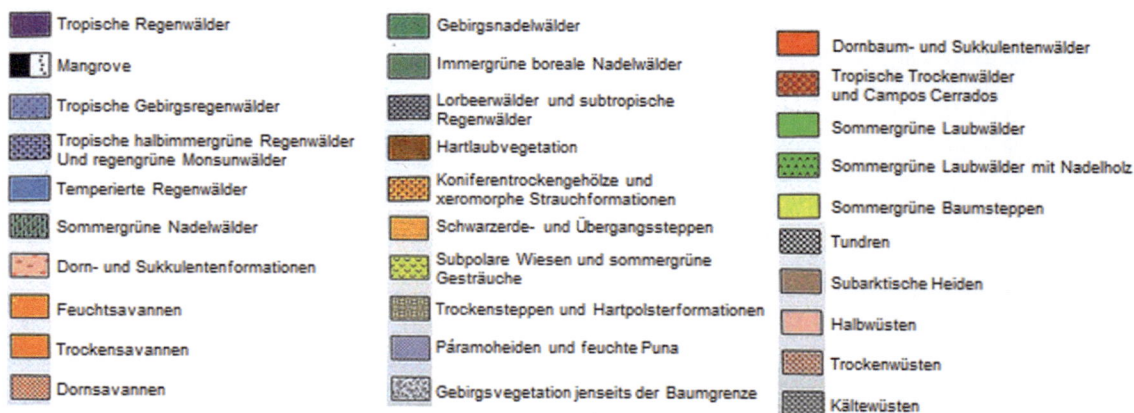

◘ **Abb. A-9** Die Vegetationszonen der Erde (ohne edaphische oder anthropogene Abwandlungen) (aus SCHMITHÜSEN-Atlas 1976).

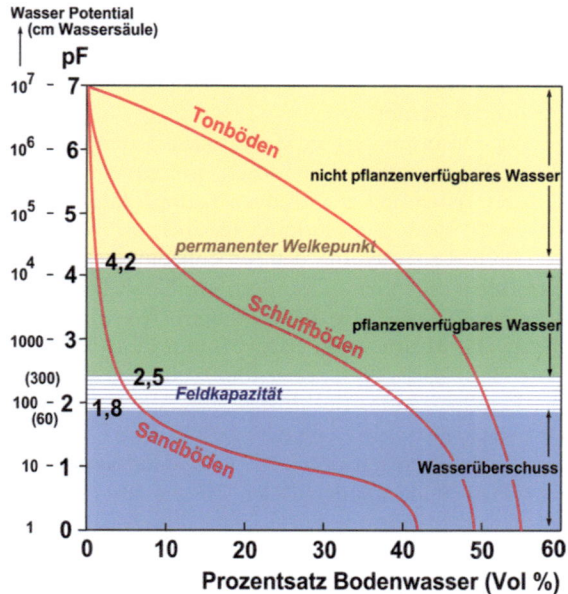

◘ **Abb. A-10** Beziehung zwischen Wasserpotential und Wassergehalt (pF-Kurven) bei drei verschiedenen Bodenarten (Sandboden, Schluff-(Löß-)boden und Tonboden), mit logarithmischer Ordinate (nach SCHEFFER & SCHACHTSCHABEL 1992). Beim Sandboden sind 2%, beim Schluffboden ca. 10% und beim Tonboden 35-40% des Bodenwassers nicht pflanzenverfügbar.

1.3.4 Wasserzustand der Zelle

Man muss zunächst zwischen wechselfeuchten (poikilohydren) und eigenfeuchten (homoiohydren) Pflanzen unterscheiden.

Das Plasma ist nur im stark wasserhaltigen, das heißt gequollenen oder hydratisierten Zustand physiologisch aktiv. Trocknen Zellen aus, dann geht das Plasma in einen latenten Lebenszustand über (d.h., es weist keine messbaren Lebenserscheinungen auf) oder es stirbt ab. Die Thermodynamik der Quellkörper lehrt uns, dass der Quellungszustand von der relativen Aktivität des Wassers (a) abhängt, wobei $a = p/p_o$ ist, also der relativen Dampfspannung gleichgesetzt werden kann.

Reines Wasser hat definitionsgemäß eine Hydratur von 100% (d.h., es steht der Pflanze uneingeschränkt zur Verfügung). Die Hydratur entspricht der Luftfeuchtigkeit (auch in % angegeben). Über Salzlösungen stellt sich ein bestimmter Wasserdampfdruck ein, der niedriger ist als der über reinem Wasser, dementsprechend ist die Hydratur niedriger.

Da die Lebensfunktionen in starkem Ausmaß vom Quellungszustand des Protoplasmas abhängen, ist es wichtig, dessen Hydratur (bzw. Aktivität des Wassers) zu kennen. Bei den poikilohydren Pflanzen hängt die Hydratur, soweit diese Pflanzen außerhalb des Wassers vorkommen, ganz von der Feuchtigkeit der umgebenden Luft ab. Zu ihnen gehören die Niederen Pflanzen (Bakterien, Algen, Pilze und Flechten). Stehen sie mit Wasser in Berührung oder ist die umgebende Luft dampfgesättigt, so ist das Protoplasma dieser Arten fast maximal gequollen und aktiv. In trockener Luft dagegen tritt eine starke Entquellung ein, und das Plasma geht ohne abzusterben in den latenten Zustand über. Die Zellen dieser Organismen haben keine oder nur sehr kleine Vakuolen, die Volumenänderungen des Zellinhalts sind deshalb beim Austrocknen gering und die Plasmastruktur wird nicht geschädigt. Die untere Hydraturgrenze (Luftfeuchtigkeit), bei der noch Wachstum nachzuweisen ist, liegt bei den meisten Bakterien sehr hoch, meist bei 98 bis 94%, bei den einzelligen Algen und Schimmelpilzen sehr verschieden hoch, und nur bei wenigen sinkt sie bis auf 70%, einen Wert, der dem absoluten Hydraturminimum der Lebenserscheinungen entspricht.

Die Produktivität der poikilohydren Organismen ist gering, ihr Anteil an der Vegetationsmasse auf dem Lande heute klein. Man hat sie deshalb bisher wenig beachtet, obgleich sie an der Bodenoberfläche, namentlich auch in den Wüsten, oft sehr viel verbreiteter sind als man annimmt. Sie dürften vor der Eroberung des Landes durch Höhere Pflanzen bereits auf periodisch befeuchteten Flächen weit verbreitet gewesen sein, wie heute auf periodisch überschwemmten Tonflächen in den Wüsten (Takyre). Diese sind für Höhere Pflanzen unbesiedelbar, weil sie keinen Wurzelraum bieten. Da jedoch von Niederen Pflanzen fossile Reste nur ausnahmsweise erhalten bleiben, findet man sie in den ältesten Gesteinen nur relativ selten.

Die homoiohydren Landpflanzen spielen eine viel größere Rolle. Zu ihnen gehören alle Kormophyten, die sich ursprünglich aus Grünalgen entwickelt haben. Ihre Zellen zeichnen sich durch eine große zentrale Vakuole aus. Infolgedessen grenzt das Plasma direkt an den Zellsaft in der Vakuole an, und die Hydratur des Plasmas steht mit der des Zellsaftes weitgehend im Gleichgewicht, ist somit nicht direkt von den Wasserverhältnissen außerhalb der Zellen abhängig. Der Zellsaft der Vakuolen stellt bei den Höheren Pflanzen, wie erwähnt, ein „inneres wässriges Medium" dar, die Zellwand aus Zellulose ein „äußeres wässriges Medium", das ihnen im Laufe der phylogenetischen Entwicklung den Übergang vom Leben im Wasser zum Landleben und eine immer bessere Anpassung an aride Verhältnisse ermöglichte. Solange es den Landpflanzen gelingt, die Konzentration des Zellsaftes im Vakuom niedrig zu halten, bleibt das Plasma stark gequollen, das heißt es besitzt eine hohe Hydratur, unabhängig von der Feuchtigkeit der umgebenden Luft. Das ist umso eher der Fall, je sicherer der Wassernachschub aus dem feuchten Boden durch das Wurzel- und Leitungssystem ist. Bei den Moosen sind diese Einrichtungen nur unvollkommen entwickelt, sie sind deshalb im Allgemeinen an sehr feuchte Standorte gebunden. Auch bei den Farngewächsen ist das Leitungssystem noch wenig leistungsfähig. Sie meiden deshalb trockene Standorte, erst recht aufgrund der noch stark von Feuchtigkeit abhängigen Entwicklung der Gametophyten. Soweit Moose und einzelne Farne (*Ceterach, Notholaena, Cheilanthes* und andere sowie *Selaginella*-Arten) in Wüstengebiete vorgedrungen sind, mussten sie sekundär zur poikilohydren Lebensweise übergehen, das heißt sie vertragen das Austrocknen während der Dürrezeit, ohne abzusterben ("Auferstehungspflanzen"). Sie erlangten diese Austrocknungsfähigkeit wieder, die den Pflanzen mit stark vakuolisierten Zellen sonst abgeht, durch eine Zellverkleinerung mit Reduktion der Vakuolen, die sich schon bei geringen Wasserverlusten verfestigen, wodurch eine Deformation und Schädigung des Plasmas beim Austrocknen verhindert wird.

1.3.5 Xerophyten

Die vollkommenste Anpassung des Wasserhaushalts an das Landleben ist den Angiospermen gelungen. Sie sind bis in extreme Wüsten vorgedrungen. Die Messung ihrer Zellsaftkonzentration zeigt, dass sie trotzdem fähig sind, eine niedrige Zellsaftkonzentration und damit eine hohe Hydratur des Plasmas aufrechtzuerhalten, ohne den für die Photosynthese notwendigen Gaswechsel zu stark zu bremsen. Eine Erhöhung der Zellsaftkonzentration und damit Entquellung des Plasmas und erhöhte osmotische Anpassung durch entsprechende Substanzen (compatible solutes) ist für Wüstenpflanzen in aller Regel keine nützliche Anpassung, sondern das Zeichen einer gestörten Wasserbilanz und einer Gefährdung ihrer Existenz. Für die Kenntnis der Wasseraktivität im Plasma, das heißt dessen Hydratur- und Quellungszustand, genügt die Messung der Außenfaktoren (Niederschlag, Luftfeuchtigkeit, Bodenwasser etc.) ebenso wenig wie die Messung der Außentemperatur bei den Warmblütlern.

Die Bestimmung der Zellsaftkonzentration (und damit des potentiellen osmotischen Potentials), die in direkter Beziehung zur relativen Dampfspannung (= Hydratur) steht, gibt Auskunft darüber, ob die Pflanze durch die Änderung der Außenbedingungen, insbesondere durch eine Dürrezeit, im Hinblick auf den Quellungszustand des Plasmas betroffen wird oder nicht. Die Messung der Saugspannung (des Wasserpotentials) ist dagegen notwendig, wenn man sich mit der Durchströmung der Pflanze von den Wurzeln zu den transpirierenden Organen beschäftigt. Dies lässt sich am einfachsten durch die Charakterisierung der einzelnen Widerstände in der Pflanze im hydraulischen Durchströmungsmodell (◘ Abb. A-11) veranschaulichen.

Einige dieser Durchströmungswiderstände sind konstant, andere mehr oder weniger variabel. Insbesondere der stomatäre Widerstand ist hervorzuheben, da er ja in weiten Grenzen eine Regulierung der Wasserverluste ermöglicht. Entsprechend dem Ohm'schen Gesetz hängt auch hier der Wasserdurchfluss (Strom) von den Widerständen und der Spannung ab. Die gesamte "Spannung" entspricht der Saugkraftdifferenz zwischen Boden und Atmosphäre. Diese Differenz im Wasserpotential ist fast stets sehr groß, selbst in gemäßigten Klimaten. Über den Hydraturzustand des Plasmas, von dem der Ablauf aller Lebenserscheinungen abhängt, sagt die Saugspannung (Wasserpotential) nichts aus. Beide stehen, wie die osmotische Zustandsgleichung es beschreibt, in enger Beziehung.

Man muss zur Standortscharakterisierung zwar die üblichen Angaben über die Außenfaktoren machen, aber zusätzlich auf die Zellsaftkonzentration und ihre Änderung zur Charakterisierung der Hydratur des Protoplasmas hinweisen, insbesondere bei der Besprechung der ariden Gebiete, in denen der Wasserfaktor eine überragende Rolle spielt. Daher muss man die Anpassungen an Dürre genauer betrachten und auf die osmotischen Zustandsgrößen hinweisen.

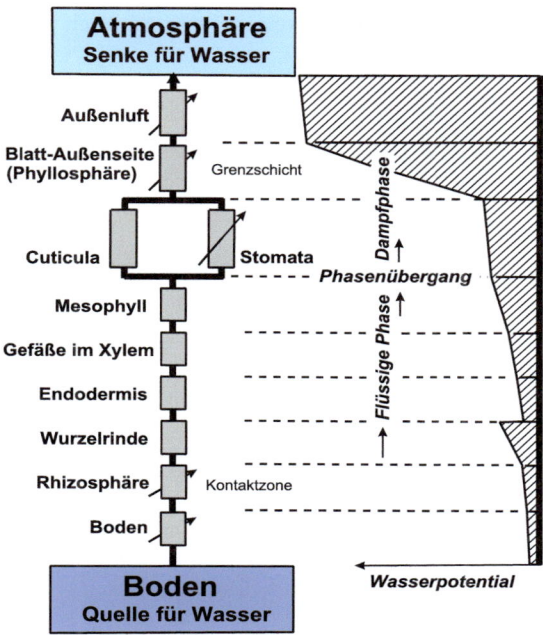

◘ **Abb. A-11** Der Wasserstrom durch eine Pflanze vom Boden in die Atmosphäre ist mit einem Schema vergleichbar, das der Elektrotechnik entlehnt ist. Der Strom (**I**) wird angetrieben durch die Spannung (**U**), hier die Wasserpotentialdifferenz zwischen Boden und Atmosphäre und begrenzt durch die Summe der Widerstände (**R**) in der Pflanze, die teils konstant, teils variabel (Stomatawiderstand als Regelungsmöglichkeit für die Pflanze) sind. Das Ohm'sche Gesetz (**U = R·I**) ist hier anwendbar (nach HILLEL 1980).

Untersuchte Arten werden im Experiment als stabile Einheiten betrachtet, aber sie sind bei längerer Beobachtung doch sehr veränderlich. Jede Pflanze passt sich dauernd auch morphologisch an die jeweiligen Umweltbedingungen an. Das ist notwendig, um zu überleben. Diese Erscheinungen sind mit Wachstum verbunden und machen sich erst nach Wochen oder Monaten bemerkbar. Ökologisch sind sie besonders bedeutsam und in ariden Gebieten sehr auffallend, wenn man eine Pflanze nach einer Regenzeit, also während der Dürrezeit bis zum Beginn der nächsten Regenzeit untersucht.

Bei den Anpassungen an Wassermangel sind die verschiedenen osmotischen Zustandsgrößen der Pflanzenteile zu berücksichtigen:

Die Saugspannung (**S**) = - Wasserpotential (**Φ**), der potentielle osmotische Druck (π^*) = - osmotisches Potential (Φ_s) und der Turgordruck (**P**). Es gelten die Gleichungen:

$$S = \pi^* - P \quad \text{oder} \quad \Phi = \Phi_s + P$$

Die Zustandsgrößen werden im Druckmaß gemessen (heute in MPa). **S** und **Φ** sowie π^* und Φ_s sind numerisch immer gleich und unterscheiden sich nur durch das Vorzeichen (**Φ** und Φ_s sind immer negativ).

Wichtig ist, dass man sich über die Bedeutung der verschiedenen Größen für den Wasserhaushalt der Pflanzen im Klaren ist: Wenn man sich nur mit dem mehr physikalischen Vorgang der Wasserdurchströmung der Pflanze vom Boden bis zur Atmosphäre beschäftigt, dann muss man **S** bzw. **Φ** messen. Hat man es dagegen mit den biologischen Vorgängen der Anpassungen, die mit Wachstum verbunden sind, zu tun, wie es hier der Fall ist, dann ist π^* bzw. Φ_s die maßgebende Größe, weil sie in direkter Beziehung zur Hydratur des Plasmas, also dessen Quellungszustand steht, wie oben schon erwähnt, und von letzterem die Lebensvorgänge der Pflanzen gesteuert werden.

Die erst nach einem längeren Zeitraum erkennbaren Anpassungen der Pflanzen kann man als rückgekoppelte Regelkreise betrachten, die für die Aufrechterhaltung eines bestimmten Gleichgewichts unter veränderten Bedingungen, in unserem Falle einer ausgeglichenen Wasserbilanz, notwendig sind. Diese ist die Regelgröße. Die Störgröße ist die zunehmende Trockenheit während der Dürre, der Sollwert ist eine ausgeglichene Wasserbilanz (also Wasseraufnahme = Wasserabgabe). Als Fühler fungiert das lebende Plasma, denn bei einer Störung der Wasserbilanz tritt eine Erhöhung von π^* (Abnahme von Φ_s) infolge Zunahme der Zellsaftkonzentration ein, und das zieht eine Abnahme der Hydratur des Plasmas nach sich, auch der Hydratur des Plasmas der meristematischen Zellen am Spross- und Wurzelscheitel, die man als Stellgröße ansehen muss. Ihre Veränderung hat im Rahmen einer Signalkette zur Folge, dass die neugebildeten Organe morphologisch besser angepasst sind: Die Internodien werden kürzer, die Blätter kleiner und xeromorpher, was eine reduzierte Transpiration bedingt und den Ausgleich der Wasserbilanz ermöglicht (WALTER & KREEB 1970).

Ein erstes Beispiel aus der Sonora-Wüste soll das Gesagte erläutern: Der etwa 50 cm hohe Compositen-Halbstrauch *Encelia farinosa* hat während der Regenzeit große weiche, hygromorphe Blätter, die grünlich und schwach behaart sind; ihr π^* beträgt 2,2 bis 2,3 MPa. In der Dürrezeit wird die Wasserversorgung erschwert, wobei π^* auf 2,8 MPa ansteigt; dies bewirkt auch eine leichte Hydraturabnahme des Protoplasmas der Meristemzellen. Die dann vom Meristem neugebildeten Blätter sind kleiner, mesomorpher sowie stärker behaart und lösen die hygromorphen ab. Bei Fortdauer der Dürre steigt π^* auf 3,2 MPa und die nächsten Blätter sind noch kleiner, dicklich und dicht weiß behaart, was eine weitere Transpirationsreduktion ermöglicht. Bei extrem langer Dürrezeit werden sämtliche Blätter abgeworfen, sobald 4,0 MPa erreicht sind. Es verbleiben nur die Endknospen mit sich nicht weiter entwickelnden kleinen Blattanlagen. Die Wasserabgabe der Pflanze ist dann so gering, dass selbst bei minimaler Wasseraufnahme aus dem Boden die Wasserbilanz ausgeglichen bleibt. Sobald die nächste Regenzeit einsetzt, sinkt der potentielle osmotische Druck (π^*) wieder auf den Ausgangswert von wenig über 2,0 MPa, die Hydratur der Meristemzellen steigt und die neugebildeten Blätter werden groß und hygromorph; infolge der intensiven Photosynthese setzt ein starkes Wachstum bei starker Transpiration, aber nach wie vor ausgeglichener Wasserbilanz ein. Dieser Zyklus wiederholt sich immer wieder. In ähnlicher Weise gilt dies für viele Kleinsträucher und tiefwurzelnde Wüstenpflanzen. In ◘ Abb. A-12 haben die sukkulenten Blätter von *Zygophyllum dumosum* in der Negevwüste noch beide Fiederblätter und sind grün und turgeszent (links). Diese Frühjahrsblätter schrumpfen im Sommer und werden braun, die sukkulente Blattmittelrippe verbleibt länger grün (rechts). Schließlich welkt sie ebenfalls und fällt ab. Dann verbleibt nur noch das holzige Geäst des Kleinstrauchs, das aber sehr wenig Wasser verbraucht und damit die lange sommerliche Dürrezeit übersteht.

Generell muss man festhalten, dass höherer π^*, also niedrigeres osmotisches Potential, den Übergang vom vegetativen Wachstum zum generativen fördert. Das ist auch bei den Ephemeren der Fall; denn Zwergpflanzen mit höherer Zellsaftkonzentration blühen immer zuerst. Das bestätigt die Erfahrung der Gärtner, dass bei erschwerter Wasserversorgung die Pflanzen stärker blühen, während sie bei guter Wasserversorgung hauptsächlich vegetativ wachsen.

1.4 Chemische Faktoren und der Boden

1.4.1 Nähr- und Spurenelemente, Mineralstoffversorgung

Die Nähr- und Spurenelemente und damit die Mineralstoffversorgung sind ein weiterer ökologischer Faktor, der das Vorkommen von Pflanzen steuern kann. Neben den Haupt-Elementen C, H und O, spielen etliche weitere chemische Elemente als Bio-Elemente durch ihre Beteiligung am Aufbau der Organismen eine Rolle. In ◘ Tab. A-2 sind die Bio-Elemente der Pflanzen aufgelistet.

◘ **Abb. A-12** Verschieden gestaltete Blätter von *Zygophyllum dumosum*. **a**: hygromorphe Blätter; **b**: xeromorphe Blätter bei Austrocknung als Folge von Wassermangel. Die noch existierenden teilweise mesomorphen Blätter tragen eine graue Behaarung (Fotos: Breckle).

◘ **Tab. A-2** Bio-Elemente in Pflanzen (Makro- und Mikro-Nährstoffe, Spurenelemente und Essentialität. Neben C, O und H sind folgende Elemente in Pflanzen bedeutsam

Element	Aufnahme als...	Anreicherung in ...	Umlagerbarkeit	Mangelsymptome
N	NO_3^- NH_4^+	Junge Triebe, Blätter, Samen	Gut, in organ. Form (Aminosäuren)	Kümmerwuchs, vorzeitiges Vergilben (hellgrün)
P	HPO_4^{2-} $H_2PO_4^-$	Reprodukt. Organe	Gut, in organ. Form (Aminosäuren)	Blühverzögerung, Spitzendürre, Bronzeverfärbung
S	SO_4^{2-}	Blätter, Samen	Gut, in organ. Form (Aminosäuren), kaum als Sulfat	Ähnlich N, intercostalchlorotische Blätter
K	K^+	Teilungsgewebe	Sehr gut	Blattrandwelke, Wurzelfäule
Mg	Mg^{2+}	Blätter	Ziemlich gut	Kümmerwuchs, intercostalchlorot. ältere Blätter
Ca	Ca^{2+}	Blätter, Rinde	Sehr schlecht	Gestörtes Teilungswachstum, Spitzendürre, Blattdeformationen
Fe	Fe^{2+} FeIII-Chelat	Blätter	Schlecht	Chlorosen junger Blätter, kaum Knospenansatz
Mn	Mn^{2+} Mn-Chelate	Blätter	Mehr oder weniger schlecht	Wachstumshemmung, Chlorosen, Nekrosen junger Blätter
Zn	Zn^{2+} Zn-Chelat	Wurzeln, Sprosse	Ziemlich Schlecht	Zwergwuchs, weißgrüne alte Blätter, Fruktif.- Störungen
Cu	Cu^{2+} Cu-Chelate	Verholzte Achsen	Schlecht	Spitzendürre, Welketracht, Fleckchlorosen junger Blätter
Mo	MoO_4^{2-}	Wurzeln, Blätter	schlecht	Wachstumsstörungen, Sprossdeformationen, Blattrandbräunung
B	HBO_3^{2-} $H_2BO_3^-$	Blätter, Sprossspitzen, Vegetationskegel	Schlecht	Meristem-, Phloem-Nekrosen, Korksucht
Ni	Ni^{2+} Ni-Chelate	Grasblätter	Schlecht	Fruktif.-Störungen bei Gräsern
Cl	Cl^-	Blätter	Gut	z. T. Welketracht, Wurzelverdickungen
Na	Na^+	Blätter, Xylemparenchym	Gut	Wachstumsstörungen (bei C4-Pflanzen)
Se	SeO_4^{2-}	?	Schlecht	?
Al	$H_xAlO_y^{(+,-)}$	Holz, Rinde (Blätter)	Sehr gering	? (Farne)
Si	$H_xSiO_y^{(+,-)}$	Holz, Rinde, Nadelblätter	Sehr gering, fast null	Blattkrümmungen bei Gräsern, Palmen, Nadelhölzern, *Equisetum*
Co	Co^{2+} Co-Chelate	Blätter?	Schlecht	?? (Leguminosen-Knöllchen)
V	VO_3^-	?	?	??
F	F^-	Blätter	Ziemlich gut	??

Bei den Tieren kommt noch Jod als essentielles Element hinzu. Essentielle Elemente sind generell gekennzeichnet dadurch, dass sie 1. für ganz bestimmte Funktionen im Stoffwechsel der Pflanzen erforderlich sind und 2. durch kein anderes Element dabei ersetzt werden können. 3. erzeugt ein Mangel des jeweiligen Elements ein ganz bestimmtes Mangelsymptom, das nur durch Zugabe dieses Elements und keines anderen beseitigt werden kann. Allerdings ist die Schwankungsbreite zwischen Überangebot und Mangelernährung für jedes Element sehr verschieden und auch für jede Pflanzenart unterschiedlich. Demgemäß sind die Ansprüche der Pflanzen an die Nährstoffe im Boden artspezifisch; manche Pflanzen zeigen durch ihr Vorkommen die Verfügbarkeit der Nährelemente an: z.B. Stickstoffzeigerpflanzen, wie *Urtica, Rubus* etc.

Die Verfügbarkeit der Nähr- und Spurenelemente ist je nach Bodenart sehr verschieden. Durch die Pflanzen werden bestimmte Mengen aufgenommen, die bei landwirtschaftlichen Kulturen durch die Ernte entzogen werden und damit meist bei weitem die natürliche Nachlieferung durch Verwitterung der Bodenminerale und des Muttergesteins übertreffen. Dies ist der Grund, dass in der Landwirtschaft gedüngt werden muss. Ganz allgemein stellt der Bodenfaktor (also die edaphische Grundlage der Mineralstoffversorgung der Pflanzen) eine wichtige Voraussetzung für das Gedeihen der Pflanzen und damit für die normale Entwicklung und Ausbildung von Ökosystemen dar und prägt damit den Charakter derselben. Die Bereitstellung der wesentlichen Nährstoffe für die Pflanzen übt einen großen Einfluss auf das Gedeihen aus, vor allem dadurch, dass über die Wasserverfügbarkeit für die Pflanzen am Standort die Nährstoffzufuhr sehr unterschiedlich sein kann.

Die notwendigen, also essentiellen Mineralstoffe für Pflanzen (und Tiere) stammen letztlich aus dem Muttergestein, aus dem durch Verwitterung die einzelnen Mineralien freigesetzt werden. Durch Vergrößerung der Oberflächen und durch Umbau werden die Nährstoffe verfügbar. Im Laufe der Prozesse der Bodenbildung (im Wechselspiel mit den Pflanzen) werden die Stoffkreisläufe im Ökosystem gespeist. Laufende Verluste durch Austrag ins Grundwasser (◘ Abb. A-13) oder Staubauswehung etc. müssen durch Nachschub, im Wesentlichen eben durch Verwitterung, ergänzt werden. Nur dann bleibt das Ökosystem nachhaltig, erhält sich also über lange Zeit. Das Stoffgleichgewicht im System Boden-Pflanze wird langfristig durch Einträge und Verwitterung und durch die Austräge ausbalanciert (► Abb. A-13).

Aber auch Staubeintrag ist bekannt. So dürfte ein nicht unerheblicher Teil der Nährstoffe des amazonischen Regenwaldes auch über Ferntransport von Feinstaub (zum Beispiel aus der Sahara) stammen.

Auf dem Erdball spielt sich insgesamt gesehen ständig ein ganz erheblicher Transport von Feinmaterial ab. Bei besonderen Wetterlagen kann so auch Saharastaub nach Mitteleuropa gelangen (◘ Abb. A-14). Die bei der Verwitterung freiwerdenden und zerkleinerten Gesteinsteilchen, Mineralien etc. sedimentieren zeitweise oder werden weiter verfrachtet, bis sie schließlich im Weltmeer landen oder zum Beispiel große Flussdeltas aufbauen. Die Sedimentfracht (◘ Abb. A-15) aus den verschiedenen Gebieten der Erde hängt einerseits von der Reliefenergie und den Höhenunterschieden ab, andererseits von der Struktur des Materials; so wird der leicht erodierende Löss aus China in großen Mengen verfrachtet (über den Gelben Fluss ins Gelbe Meer). Die Staubstürme aus diesen Lößteilchen verursachen in Peking nicht selten im Zusammenhang mit zunehmender Feinstaubbelastung durch den zunehmenden Verkehr erhebliche gesundheitliche Schäden für die Bevölkerung. Der Feinstaubaustrag ist aber manchmal tausende von Kilometern entfernt nachweisbar (z.B. in Hawaii).

Die Verfrachtung des durch Verwitterung zerkleinerten Materials erfolgt entweder durch Wind oder durch fließendes Wasser. Dabei sind die Fließ- bzw. Windgeschwindigkeit und die Korngröße der zu verfrachtenden Teilchen von großer Bedeutung. Mit zunehmender Teilchengröße überwiegt der Sedimentationsvorgang immer stärker, und er kann nur noch durch sehr hohe Fließgeschwindigkeiten überwunden werden (◘ Abb. A-16).

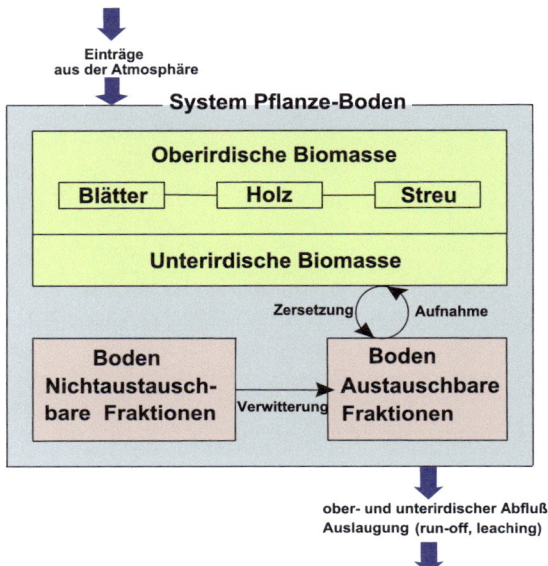

◘ **Abb. A-13** Das System Pflanze-Boden mit der engen Verflechtung der Kompartimente.

◘ **Abb. A-14** Staubpartikel auf den Blättern der Seerose, die durch die atmosphärische Zirkulation aus der Sahara nach Deutschland verfrachtet und abgelagert worden sind und durch Regentropfen zusammengezogen wurden (Foto: Breckle).

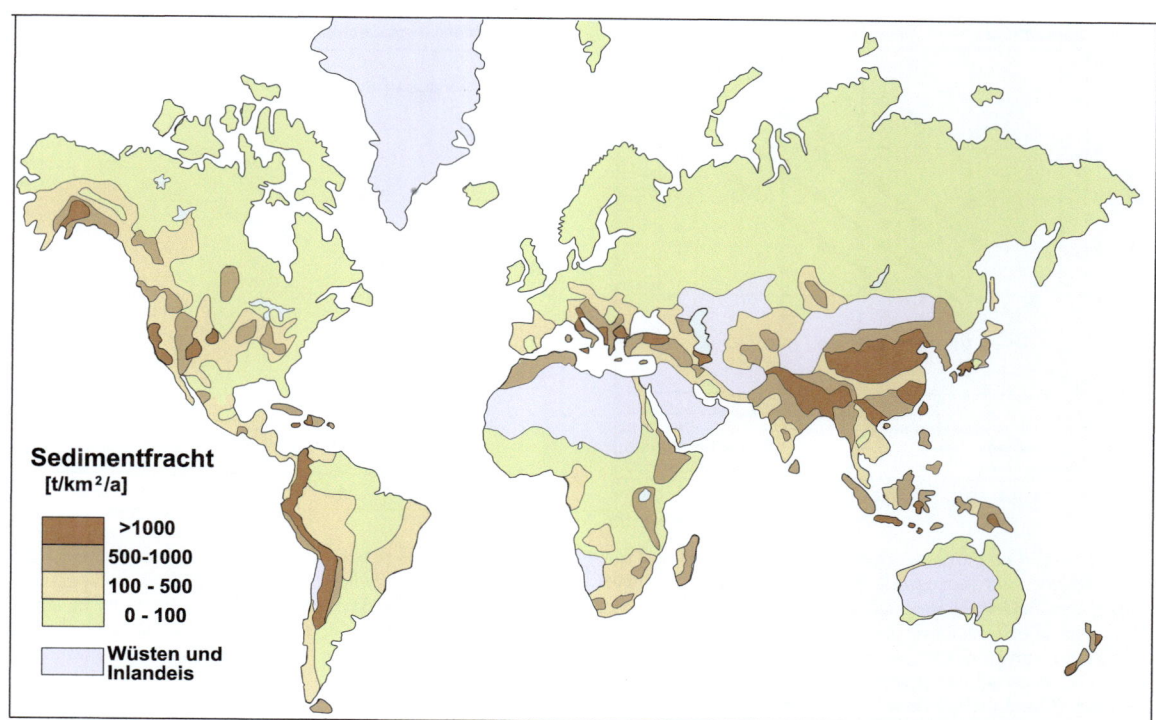

Abb. A-15 Globale Übersicht über die Sedimentfrachten mittelgroßer Abflussbecken (verändert nach WHITE et al. 1992).

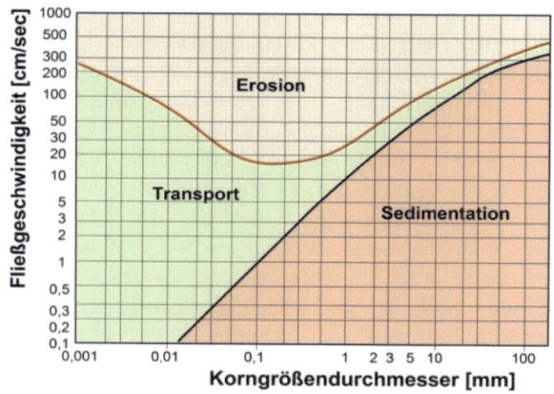

Abb. A-16 Die Partikel-Verfrachtung durch fließendes Wasser und ihre Abhängigkeit von der Korngröße (in mm) und der Fließgeschwindigkeit des Wassers (in cm·sec^{-1}) (verändert nach KUNTZE et al. 1994).

Durch den Wind werden vor allem Korngrößen um 0,1 mm am Boden entlang bewegt und sedimentiert. Diese haben eine besonders niedrige kritische Schubspannungsgeschwindigkeit (Abb. A-17), so dass Saltation (Springen, Hüpfen der Körner) erleichtert ist, was zur Bildung der großen Sanddünen führt. Generell spielen die Prozesse der Erosion und der Akkumulation langfristig gesehen eine bedeutende Rolle bei der Veränderung der Standortseigenschaften von Ökosystemen. Auch der stark gesteigerte Abtrag von Bodenmaterial auf Kulturflächen führt zu raschen Veränderungen und unter Umständen zu einer Degradierung, die weitere Kulturen nicht zulässt.

Tab. A-3 gibt für ein humides Gebiet in den USA die Abtragungsraten an. Danach ist erkennbar, dass eine geschlossene Vegetationsdecke der beste Bodenschutz ist. Rechnet man die Menge an abgespültem wertvollem Boden aus, so ergeben sich bei diesem Beispiel für eine nur 1 ha große Fläche in 10 Jahren 1500 t, die verloren gehen. Etwas geringer sind die Bodenverluste in Deutschland, da die Niederschläge meist weniger stark sind und diese hohen Werte für Hanglagen bestimmt wurden.

Tab. A-3 Abtragung einer Bodenschicht von sandigem Lehm durch Erosion. Angegeben ist die Zeitdauer in Jahren zum Abtrag einer 10 cm Schicht in den südöstlichen USA bei 10 Grad Hangneigung

Vegetationsdecke, Nutzung	Zeit (in Jahren)
Natürliche, intakte Laubwaldvegetation	320 000
Dichter Rasen	46 000
Ackerbau mit Fruchtwechsel	60
Baumwollanbau	25
Maisanbau	20
Unbewachsener, nackter Boden	10

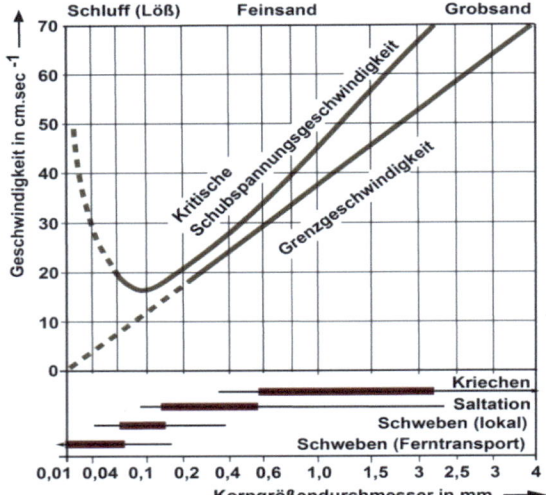 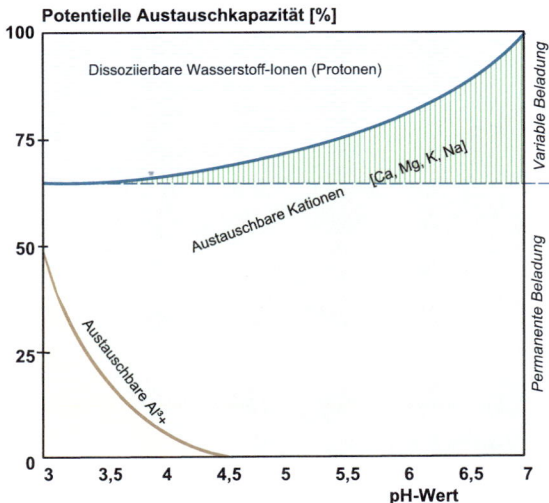

◾ **Abb. A-17** Die Partikelverfrachtung durch Wind und ihre Abhängigkeit von Korngröße (in mm) und der Geschwindigkeit der Bodenteilchen (in cm·sec^{-1}). Korngrößen unter 0,01 mm (Löß) bleiben länger suspendiert und können durch Ferntransport weit verfrachtet werden. Feinsand mit Korngrößen zwischen 0,1 und 0,5 mm wird vor allem durch Saltation (Dünen, Rippelmarken) am Boden entlang transportiert (verändert nach WHITE et al. 1992).

◾ **Abb. A-18** Die prozentualen Anteile verschiedener Kationen an der potentiellen Austauschkapazität (bezogen auf pH 7 = 100%) in Abhängigkeit vom pH-Wert, in einem Boden mit 20-30% Ton, vorwiegend Dreischichtminerale und 2-3% Humusgehalt (verändert nach SCHEFFER & SCHACHTSCHABEL 1992).

Die Mineralienausstattung und die durch langfristige Bodenbildung im System verfügbaren Nährstoffe bestimmen ganz wesentlich die Produktivität der Ökosysteme. Die Muttergesteine spielen allerdings bei Ökosystemen höheren Alters mit reifen, tiefgründigen Böden kaum mehr eine Rolle, aber auf jüngeren Standorten kann man sehr wohl die verschiedenen Vegetationseinheiten (und damit Ökosysteme) auf Kalk, auf Kristallin, auf Gips etc. unterscheiden.

Die Verfügbarkeit der Nährstoffe ist einerseits von der inneren Oberfläche der Bodenmineralien (und des Humus) abhängig, andererseits natürlich von der vorhandenen Belegung der an den großen inneren Oberflächen befindlichen Ionenaustauscherplätze. Diese Belegung steht teilweise im Gleichgewicht mit dem pH-Wert; bei sauren Böden ist ein zunehmender Teil der Ionenaustauscherplätze mit Protonen belegt (◾ Abb. A-18). Dadurch nimmt der Anteil an austauschbaren mineralischen Nährstoffen (Ca, Mg, K) ab.

Bei stärker sauren Böden kommt noch nachteilig hinzu, dass das dreiwertige Al^{3+} weitere Plätze blockiert und damit, zum Beispiel bei pH 3 kaum noch Nährstoffkationen in einem solchen Boden vorhanden sind. In kühlen, feuchten Klimaten tendiert die Bodenbildung zu solchen sauren, nährstoffverarmten Böden (Taiga, ZB VIII).

In heißen, feuchten Klimaten läuft die Verwitterung des Muttergesteins und die Bildung und Umsetzung von Tonmineralien sehr viel rascher ab (◾ Abb. A-19). Während in gemäßigten Klimabereichen die Tone meist als Dreischichtminerale im Boden auftreten (und damit eine relativ große Kationenaustauschkapazität bereitstellen), sind tropische Böden oft durch das Zweischichttonmineral Kaolinit gekennzeichnet, das nur 5 bis 10% an Ionenaustauschkapazität gegenüber Dreischichttonmineralien aufweist. Diese extreme Kationenarmut ist einer der wichtigsten Gründe für die „ökologische Benachteiligung der Tropen" (WEISCHET 1980).

In Trockengebieten führen die Anreicherungen an der Bodenoberfläche oder im Boden in bestimmten Bodentiefen zu Ablagerungen, die sehr fest sein können und die als Kalk- oder Gipskrusten oder auch als Laterite (Eisen-, Aluminium-Oxide) etc. auftreten können. In humiden Gebieten führen Auswaschungsprozesse allmählich zu einer Verarmung und Versauerung (Podsolierung) der Böden. Beide Vorgänge prägen entscheidend die Ausbildung der einzelnen Ökosysteme in den entsprechenden Zonobiomen. Die Haupttypen an Böden sind schematisch im Ökogramm bestimmten Klimafaktoren zugeordnet (◾ Abb. A-20).

Die Bodengenese ist aber ein sehr langandauernder Prozess. Schematisch sind einige wichtige Vorgänge in ◾ Abb. A-21 erläutert. Die Unterscheidung zwischen den klimatypischen Ökosystemen und solchen, die stärker durch pedologische Vorgänge geprägt sind, ist nur unscharf möglich, weil bestimmte pedologische Prozesse selbst zonobiomspezifisch sind. Manche Pedobiome sind daher eigentlich zonobiom-spezifische Biome (zum Beispiel im Zonobiom II, wo Krustenbildungen, Laterite etc. auftreten).

Aus dem Muttergestein erfolgt die Bodenbildung in Wechselwirkung mit der sich entwickelnden Vegetation. Die Bodenbildungsprozesse führen dabei, beeinflusst vom Klima, zu bestimmten Bodentypen oder Gruppen von Böden. Man erkennt, dass auch bei den Böden der historische Aspekt bedeutsam ist.

Natürliche Ökosysteme schaffen sich ganz allmählich ihren spezifischen Bodentyp, der dann im Einklang steht mit den langfristigen Klimabedingungen und der zonalen Vegetation am Standort.

1.4.2 Salz: Halophyten und Salzböden, Halobiome

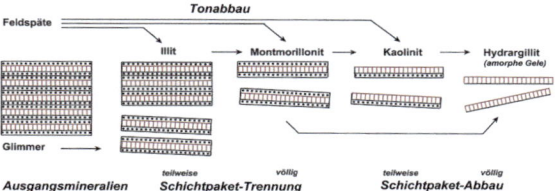

◻ **Abb. A-19** Die Bildung und der Zerfall von Tonmineralien. Illit und Montmorillonit sind Dreischicht-Tonmineralien, Kaolinit ist ein Zweischicht-Tonmineral (verändert nach LERCH 1991).

Eine in vielen Wüsten sehr wichtige Gruppe sind die Salzpflanzen oder Halophyten. Sie sind an das Auftreten von Salzböden gebunden. Viele Halophyten sind sukkulent, trotzdem dürfen sie nicht mit den echten Sukkulenten zusammengefasst werden. Ihre Sukkulenz ist die Folge einer starken Kochsalz-, bzw. Chloridspeicherung; aus diesem Grunde ist ihre Zellsaftkonzentration oft sehr hoch und kann 5 MPa überschreiten. Neben der Wirkung von Salz (NaCl) müssen auf Salzstandorten auch immer die Wirkungen anderer Ionen mitbedacht werden, zum Beispiel Hydrogenkarbonat (Alkaliböden, Sodaböden), Sulfat, Borat. Nicht nur der speziellere Fall der Belastung mit Salz (NaCl) im Boden der Trockengebiete führt also zur Vegetationsdifferenzierung.

Die Halophyten oder Salzpflanzen besiedeln die Salzböden an den Meeresküsten und in den Wüsten. Die Salzböden dürften evolutiv erst relativ spät von Pflanzen erobert worden sein. Denn auf diesen mussten die Landpflanzen nicht nur das Wasserproblem, sondern auch das der physiologischen Wirkung der Salze lösen.

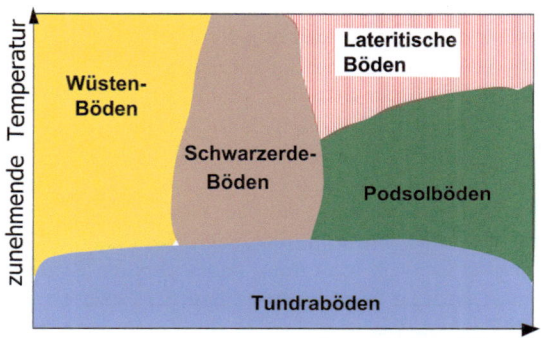

◻ **Abb. A-20** Die Hauptgruppen der Böden im Ökogramm von Feuchtigkeit und Temperatur.

Es ist angebracht, bei der Definition der Halophyten von den Pflanzen selbst auszugehen: Echte Halophyten sind Pflanzen, die in ihren Organen größere Mengen von Salzen anreichern und durch diese nicht geschädigt, sondern bei nicht extrem hohen Konzentrationen sogar gefördert werden; die entsprechenden Salze sind meistens NaCl, zuweilen auch Na_2SO_4 oder organische Na-Salze.

Die Konzentration des Zellsaftes in den Vakuolen kann nicht niedriger sein als die der Bodenlösung, die bei Salzböden meist sehr hoch ist. Wenn im Zellsaft zusätzlich osmotisch wirksame Substanzen gebildet würden, wie zum Beispiel Zucker, müsste die Hydratur des Plasmas sehr stark absinken, was ungünstig wäre. Die Lösung des Problems erfolgt deshalb auf andere Weise: Es werden aus dem Boden so viele Salze in die Zellen aufgenommen, dass die Konzentration der Bodenlösung äquilibriert wird. Durch diese aufgenommenen Elektrolyte (Na^+, Cl^-) erfolgt keine Dehydrierung des Plasmas, sondern eher eine zusätzliche Hydratation, was eine Sukkulenz der Organe bedingt. Umgekehrt werden im Cytoplasma zusätzlich Substanzen synthetisiert, die dort den osmotischen Ausgleich herstellen, aber plasmaverträglich sind ('compatible solutes'). Diese Substanzen können

◻ **Abb. A-21** Schema der Genese von Böden auf Silikat in Abhängigkeit verschiedener Einflussfaktoren.

aus recht verschiedenen Stoffklassen stammen. Oft sind sie typisch für bestimmte Pflanzenfamilien oder Gattungen, also taxonspezifisch (POPP 1995).

In größerer Konzentration sind Salze toxisch. Die Halophyten müssen also salzresistent sein, was jedoch nur bis zu einem gewissen Grade möglich ist, so dass sehr stark versalzte Böden vegetationslos bleiben (◘ Abb. A-22, zum Beispiel am Salzseeufer).

Aufgrund des unterschiedlichen Verhaltens der Pflanzen gegenüber hoher Salzbelastung aus dem Boden, kann man verschiedene Anpassungstypen unterscheiden.

Die **Nichthalophyten (Halophobe)** (▶ Abb. A-22 **N**) - die Mehrzahl der Pflanzen - gehen wegen fehlender osmotischer Anpassung bei Salzeinwirkung an Wassermangel ein. Salze sind für salzempfindliche Arten toxisch. Diese können deshalb nicht auf Salzböden wachsen.

Die **fakultativen Halophyten (Pseudo-Halophyten)** (▶ Abb. A-22 **P**) sind zu einem gewissen Grade befähigt, ihr Aufnahmesystem in der Wurzel durch Salzaufnahme osmotisch zu adaptieren, das Salz aber im Wurzelbereich festzulegen und dadurch den Spross relativ salzarm zu halten. Solche salztoleranten Pflanzen halten eine nicht zu hohe Salzkonzentration aus, entwickeln sich jedoch besser auf nicht salzigen Böden.

Für alle Halophyten gilt, worauf auch bei den Mangroven hingewiesen wird, dass die Wurzeln wie ein Ultrafilter wirken, also aus der salzigen Bodenlösung praktisch nur fast reines Wasser aufnehmen und dieses durch die Leitbahnen den Blättern zuführen. In den Gefäßen der Halophyten wurden hohe Kohäsionsspannungen nachgewiesen.

Auch bei den **Euhalophyten** wirkt das Wurzelsystem wie ein Ultrafilter, das nur wenige Salze in das Leitsystem durchlässt. Diese Salze reichern sich aber allmählich doch im Sprosssystem an und rufen durch formative Differenzierungsvorgänge deren Halosukkulenz hervor: Blattsukkulenz (▶ Abb. A-22 **L**) (zum Beispiel *Suaeda*) oder/und Sprosssukkulenz (▶ Abb. A-22 **S**) (zum Beispiel *Salicornia*). Die Euhalophyten werden durch eine gewisse Salzanreicherung im Wachstum stimuliert. Auf gewöhnlichen Böden, die nur Spuren von NaCl enthalten, reißen sie diese an sich, so dass ihr Salzgehalt auch dann relativ hoch ist. Diese Stimulation kommt durch das Chlorid-Ion zustande, das auf Eiweißkörper quellend wirkt. Die Folge davon ist eine Hypertrophie der Zellen durch starke Wasseraufnahme, das heißt eine Sukkulenz der Organe. Die Sukkulenz ist umso ausgeprägter, je höher der Chloridgehalt des Zellsaftes ist. Diese Wirkung hat nur das Chlorid-Ion, nicht dagegen das auf Eiweißstoffe entquellend wirkende Sulfat-Ion. Es gibt Halophyten, die neben Chloriden auch größere Mengen an Sulfaten im Zellsaft speichern; diese Halophyten sind nicht oder nur schwach sukkulent. Man muss also zwischen **Chloridhalophyten** und **Sulfathalophyten** unterscheiden. Sie können nebeneinander auf ein und demselben Boden wachsen. Die Salzaufnahme ist meist artspezifisch (BRECKLE 1976). Bei den Untersuchungen über das Halophytenproblem genügt es deshalb nicht, die Böden auf ihren Salzgehalt zu untersuchen; denn für die Pflanze sind nur die Salze von Bedeutung, mit denen das Plasma in Berührung kommt. Man muss dabei stets die Konzentration und die Zusammensetzung der Salze im Zellsaft kennen. Wie verschieden die Zusammensetzung des Zellsaftes von Halophyten und Nichthalophyten ist, soll ◘ Abb. A-23 zeigen.

Auch für die Euhalophyten besteht eine obere Grenze der Salzkonzentration im Zellsaft, die von Art zu Art verschieden ist. Wird diese zu hoch, so kümmern die Pflanzen, was bei den Chenopodiaceen

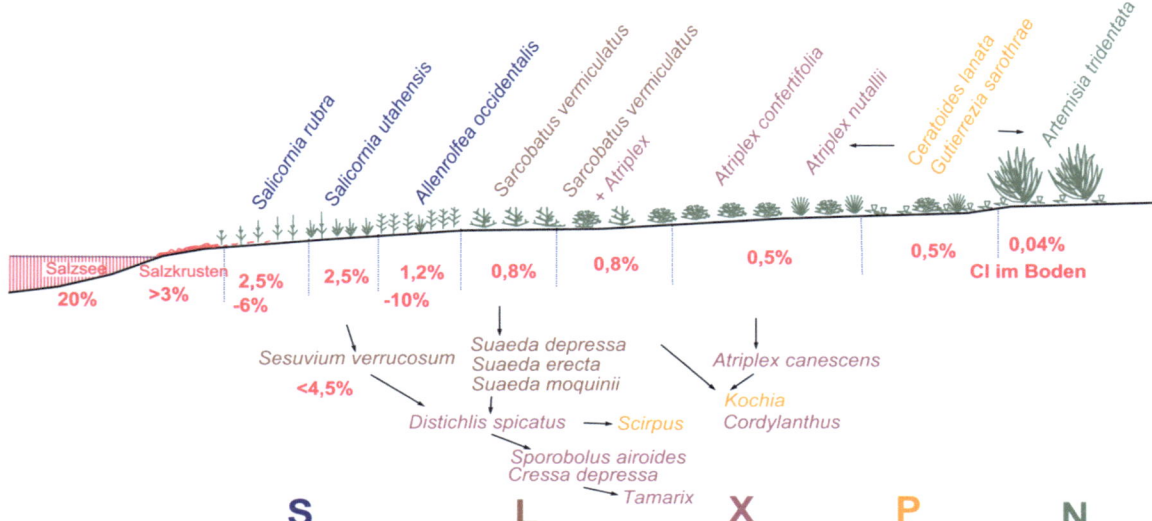

◘ **Abb. A-22** Vegetationsprofil am Großen Salzsee (Utah, USA) mit Angabe der Chloridgehalte im Boden (TG) in den einzelnen Vegetationsgürteln (verändert KEARNEY et al. 1914, BRECKLE 1976).

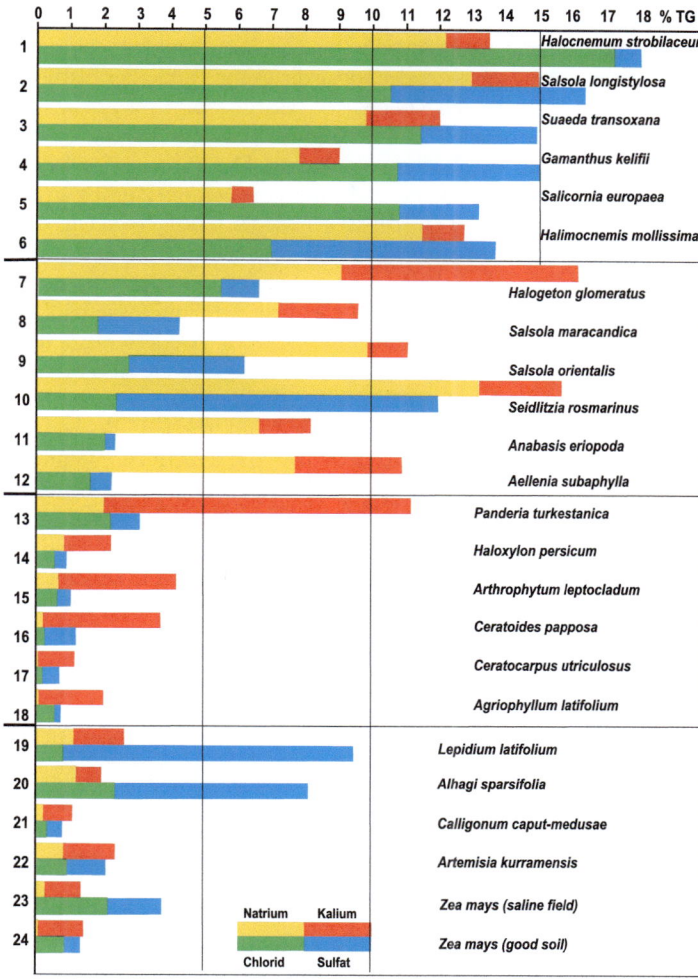

■ **Abb. A-23** Gehalt anorganischer Ionen im Zellsaft der grünen Organe verschiedener Halophyten und Nicht-halophyten aus Nord- und Zentral-Afghanistan (nach Breckle, 1986). Die Arten 1-18 sind Chenopodiaceen. Die Arten 1-6 sind Chlorid-Halophyten, blatt- oder stammsukkulent; die Anionengehalte (Cl$^-$ + SO$_4^{2-}$) übertreffen die Kationengehalte (Na$^+$+K$^+$). Die Arten 7-12 sind Alkali-Halophyten mit deutlich geringeren anorganischen Anionengehalten, hier sind im Zellsaft größere Mengen organischer Anionen nachweisbar, ebenfalls deutlich blatt- oder stammsukkulent. Die Arten 13 - 18 sind Pseudo-Halophyten, die auf salzärmeren Standorten vorkommen und weniger sukkulent sind. Kalium überwiegt gegenüber Natrium. Die Arten 19-24 sind Nicht-Chenopodiaceen; 19 und 20 sind Sulfat-Halophyten, halten etwas Salz aus. Die anderen sind Nicht-Halophyten mit geringer Salztoleranz. 23 + 24 zeigt im Vergleich die Analysenwerte von Maisblättern eines salzbelasteten und eines unbelasteten Feldes; bei 23 bereits mit deutlich vergilbten Blättern und Salzschäden.

■ **Abb. A-24** Farb-Veränderung durch Betalain-Einlagerung in *Salicornia europaea* zu Beginn (**a**, Foto: Breckle) bei zunehmender Dürre und bei völliger Salzanreicherung über die Konzentrationsgrenze hinaus auf dem jüngst ausgetrockneten Seeboden des Aralsees (**b**, Foto: Wucherer).

meistens durch eine Rotfärbung (N-haltige Farbstoffe: Betalaine ■ Abb. A-24 angezeigt wird, bis sie schließlich absterben. Es gibt noch eine weitere Gruppe von Halophyten, in deren Zellsaft Na$^+$ in einer bedeutend höheren Äquivalentkonzentration vorkommt, als Cl$^-$ und SO$_4^{2-}$ zusammengenommen. Es müssen also Na-Ionen durch Anionen der organischen Säuren äquilibriert werden. Nach dem Absterben dieser

Pflanzen werden bei der Verwesung die organischen Säuren zu Carbonaten abgebaut. Das Natrium gelangt als Na_2CO_3 (Soda) in den Boden, wodurch dieser alkalisch wird. Wir bezeichnen diese Halophyten als **Alkalihalophyten**.

Unter den Halophyten gibt es auch mit Salzdrüsen versehene, meist nicht sukkulente Arten. Diese **Rekretohalophyten** (▶ Abb. A-22 X) sind Arten, die das aufgenommene Salz laufend wieder ausscheiden, wie *Limonium, Reaumuria, Frankenia, Glaux, Spartina* und andere halophile Gräser. Salzdrüsen hat auch ein wichtiger Baum, die Tamariske *(Tamarix)*, die in ariden Gebieten durch viele Arten vertreten ist. Wenn man die Zweige dieses Baumes schüttelt, fällt Salzstaub von ihnen ab. Da *Tamarix* vorwiegend NaCl ausscheidet, überwiegen im Zellsaft die Sulfate und die Blattorgane sind nicht sukkulent.

Salzausscheidung ist auch durch Einlagerung in isolierte Blasenhaare *(Atriplex* etc.) möglich, die einen Überzug bilden oder auch abgeworfen werden können. Auch durch Abwurf zum Beispiel salzreicher, alter Blätter ist eine Entledigung von Salz möglich. Letzteres ist auch bei fakultativen Halophyten bekannt, wie zum Beispiel bei *Juncus*, wo die Blätter früh vergilben, oder bei Rosettenpflanzen *(Limonium* etc.), wo laufend neue Blätter gebildet werden. Neben dieser mehr autökologischen Kennzeichnung der Halophyten (◻ Abb. A-25) wird auch eine verbreitungsökologische Charakterisierung der verschiedenen Halophytentypen verwendet: obligate Halophyten - fakultative Halophyten - standortsindifferente Halophyten - Nichthalophyten, die sich natürlich größerenteils mit der autökologischen Typenbildung deckt.

Entlang eines Salzgradienten im Gelände, etwa um einen Salzsee herum, treten die Halophyten meist in einer bestimmten Zonierung auf. Ganz innen überwiegen stammsukkulente Euhalophyten, nach außen schließen sich blattsukkulente an, dann gibt es oft eine Zone mit besonders vielen Rekretohalophyten, weiter außen folgen die Pseudohalophyten und außen dann (ohne Salzbelastung) die Nichthalophyten. Eine solche Halo-Catena ist in den Gebieten, wo es floristisch sehr viele verschiedene Halophytenarten gibt, wie in Zentral- und Mittelasien, am besten ausgebildet (BRECKLE 1986, 2002a).

Für viele Halophyten der ariden Gebiete ist, wie schon erwähnt, nicht das Wasser das Problem, weil sie auf nassen Salzböden der Salzpfannen (Hygrohalophyten) wachsen, sondern der Salzhaushalt. Aber es gibt auch solche, die auf trockenen Salzböden vorkommen und oft unter Wassermangel leiden, ungeachtet einer starken Salzspeicherung (Xerohalophyten); zu diesen gehören *Atriplex-, Haloxylon-, Zygophyllum*-Arten und andere, bei denen man oft eine präzise, auf die Wasserverfügbarkeit abgestimmte Reduktion der transpirierenden Oberfläche während der Dürrezeit beobachten kann; zum Beispiel wirft *Zygophyllum dumosum* zuerst die Fiederblättchen ab, dann die Blattstiele (▶ Abb. A-12), andere die jungen Endsprosse oder sogar die grüne Rinde der blattlosen vorjährigen Triebe.

In allen Trockengebieten besteht ständig die Gefahr der **Bodenversalzung**. Der Eintrag von Regenwasser bedeutet zwar nur eine geringe Zufuhr an Salz (im Mittel enthält Regenwasser 0,001 % NaCl), doch auf die Dauer akkumuliert sich eine erhebliche Menge, wenn kein entsprechender Austrag erfolgt, wie dies in allen ariden Gebieten (definitionsgemäß: potentielle Verdunstung übertrifft Niederschlag) mehr oder weniger der Fall ist. Aride Gebiete sind dementsprechend auch geomorphologisch gekennzeichnet (▶ Abb. A-46). Sie weisen endorheische Becken auf, der Abfluss erreicht in aller Regel nicht das Weltmeer, sondern führt nur in lokale Becken, die die Erosionsbasis darstellen. Dort wird das Salz des Niederschlagswassers und Salz, das durch Auslaugung der umgebenden Gesteine freigesetzt wird, angereichert (Salzpfannen oder Salzseen, zum Beispiel Totes Meer, Aralsee, Großer Salzsee in Utah, Tschadsee, Dashte-Nawor, Hamune-Puzak etc.).

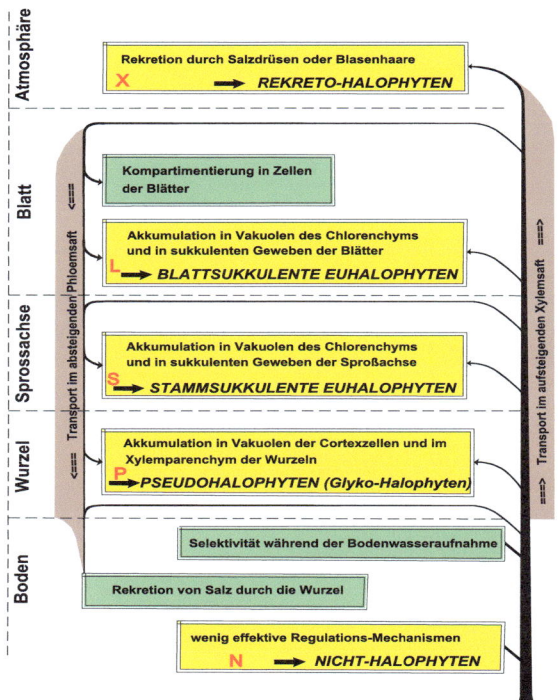

◻ **Abb. A-25** Schematische Gliederung der verschiedenen Halophytentypen aufgrund der Regulation des internen Salzgehalts (nach BRECKLE 1976).

In allen ariden Gebieten führt Bewässerung (auch mit einem Bewässerungswasser, das zum Beispiel nur

0,02 % NaCl [= 200 ppm] enthält und damit beste Qualität hat) zur langsamen Versalzung (BRECKLE 2009), wenn man nicht dafür sorgt, dass das angereicherte Salz immer wieder aus den Feldern ausgewaschen wird, so wie der Nil in Ägypten mit seinen jährlichen Überschwemmungen - vor Errichtung des Assuan-Staudammes ! - seit Jahrtausenden im Niltal für Entsalzung gesorgt hat.

In ariden Gebieten ist das Vegetationsmosaik stark von den Salzgehalten im Boden beeinflusst. Die verschiedenen Biome sind dort gekennzeichnet durch ihre Salzbelastung. Nicht selten findet man ausgeprägte Gradienten zunehmender Salzbelastung (und sinkender Bodenkorngröße) in Richtung auf die Beckenlandschaften hin. Ein Beispiel aus dem Gebiet des Großen Salzsees ist in ► Abb. A-22 angegeben. Weitere Beispiele hierzu werden bei der Besprechung der ariden Zonobiome III und VII gebracht.

Die langen Dürrezeiten in ariden Gebieten führen dazu, dass die Flüsse nur periodisch oder sogar nur episodisch fließen. Da die potentielle Evaporation höher ist als der Jahresniederschlag, existieren in ariden Gebieten abflusslose Senken, in denen alles Wasser verdunstet, das durch die Zuflüsse in dieselben gelangt. Die im Wasser gelösten Salze reichern sich, wie schon ausgeführt, im Laufe der Zeit immer mehr an. Es kann eine gesättigte Lösung entstehen und das Salz auskristallisieren. Salzseen oder Salzbecken sind Kennzeichen für aride Klimate. Letztendlich ist auch das Weltmeer ein Endsee, in den im Laufe der Jahrmilliarden alles Lösliche hineintransportiert wurde. Der größte Teil der löslichen Salze besteht aus NaCl, denn die Hydrocarbonate werden frühzeitig nach Verlust von CO_2 als $CaCO_3$, die Sulfate etwas später als Gips (= $CaSO_4$) ausgefällt. Die Kalisalze kristallisieren, wenn überhaupt, am spätesten aus; so entsteht eine typische Abfolge dieser Evaporite als Sedimentfolge.

Natrium-Ionen werden durch Verwitterung aus Silikaten frei, dagegen sind Chlorid-Ionen zwar im Meerwasser in einer Menge von fast 20 g/Liter (Sulfat nur 2,7 g) enthalten, aber chlorhaltige Mineralien sind selten. Durch Verwitterung von Mineralien können somit nur wenig Chlorid-Ionen frei werden. Trotzdem lässt sich NaCl im Flusswasser stets nachweisen. Es dürfte auch durch HCl-haltige Exhalationen der Vulkane im Laufe der langen Erdgeschichte angereichert worden sein.

Das NaCl der Salzböden arider Gebiete kann verschiedenen Ursprungs sein:

1. Es handelt sich um Meersalz, das in Gesteinen eingeschlossen ist, die als Meeressedimente (Evaporite) abgelagert wurden. Bei der Verwitterung dieser Gesteine wird das Salz vom Regenwasser gelöst und in die abflusslosen Senken transportiert. Stark verbrackt sind deshalb die Wüsten mit anstehenden Meeressedimentgesteinen (jurassische, kretazische, tertiäre) zum Beispiel die nördliche Sahara und die Ägyptische Wüste, während aride Gebiete mit anstehenden magmatischen Gesteinen oder terrestrischen Sandsteinen viel weniger Salzböden aufweisen.
2. Verbrackt sind ebenfalls die ariden Gebiete, die in jüngster geologischer Vergangenheit See- oder Meeresbecken waren, die langsam austrockneten, zum Beispiel die Gebiete um den Great Salt Lake (Utah; Lake Bonneville als glazialer See), um den Kaspi- und Aralsee (Mittelasien), um den TuzGölü (Zentralanatolien), Totes Meer im Nahen Osten (Lisansee als glazialer See), Lago Enriquillo (Hispaniola), Dascht-e Nawor (Afghanistan) und andere.
3. Wenn an ariden Meeresküsten eine starke Brandung herrscht, so wird Meerwasser fein zerstäubt, die Salzwassertröpfchen trocknen aus und der Salzstaub wird viele Kilometer landeinwärts verweht. Er kommt entweder als solcher zur Ablagerung oder wird dem Boden durch Regen oder Nebel zugeführt. Dieser Vorgang findet auch in humiden Gebieten statt, aber in diesen wird das abgelagerte Salz ständig ausgewaschen und durch die Flüsse wieder dem Meer zugeführt (zyklisches Salz). In ariden Gebieten ohne Abfluss reichert sich dagegen das Salz an. Auf diese Ursache ist die Verbrackung der Äußeren Namib und der ariden Teile W-Australiens zurückzuführen. Sind in den Senken Salzflächen entstanden, so kann der Wind Salzstaub von diesen weiter verwehen. Aber auch fernab der Küsten bringt Regen (mit 10 bis 20 ppm NaCl) stetig Spuren von Salz mit sich.
4. Eine Verbrackung kann auch eintreten, wenn mit Salz beladenes Quellwasser an die Oberfläche tritt, zum Beispiel in der nördlichen Kaspi-Niederung. In diesem Falle handelt es sich um Salz von in früheren geologischen Zeiten ausgetrockneten Meeresbecken (Perm, Muschelkalk), das in größeren Tiefen Lagerstätten bildet. In ariden Gebieten sammelt sich dieses Salz an, in humiden Gebieten (Salzquellen zum Beispiel in Bad Salzuflen, Salzdetfurth, Salzgitter, Salzburg) wird es wiederum rasch zum Meer abgeführt.

In den Wüsten findet nach jedem Regen eine Verlagerung des Salzes von den Höheren Stellen des Reliefs zu den tieferen statt, so dass die Senken verbracken. Sind die anstehenden Sedimentgesteine sehr salzhaltig und die Niederschläge sehr gering, wie zum Beispiel um Kairo-Heluan oder im Zentralen Iran, so kann auch der Boden der Plateaustandorte Salz enthalten. In der regenlosen Zentralsahara findet keine Salzverlagerung statt, somit fehlt eine Salzanreicherung in Senken ganz.

Für die Pflanzen ist nicht der Salzgehalt des Bodens - auf das Trockengewicht berechnet - von Bedeutung, sondern die Salzkonzentration der Bodenlösung in der Wurzelregion. In schwach salzigen Böden, die zugleich trocken sind, ist die Konzentration oft höher als in stark verbrackten, aber nassen Böden.

Eine Salzverlagerung wird auch durch Verdunstung von der Bodenoberfläche herbeigeführt, wenn das Grundwasser weniger als 1 m unter der Oberfläche steht, so dass es kapillar bis zur Bodenoberfläche aufsteigen kann; es bildet sich an der Oberfläche eine Salzkruste (◘ Abb. A-26), selbst wenn das Grundwasser nur sehr geringe Salzmengen enthält (◘ Abb. A-27). Das Salz scheidet sich immer dort aus, wo der kapillare Wasserstrom sein Ende findet; das sind die höchsten Stellen des Mikroreliefs (◘ Abb. A-28).

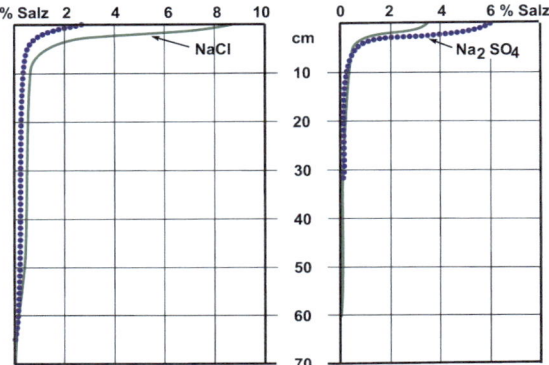

◘ **Abb. A-26** Salzgehalt in verschiedener Bodentiefe bei einem bewässerten Beet (links) mit Grundwasseranstieg und einem unbewässerten Beet im Swakop-Tal (Namibia). NaCl = ausgezogene, Na_2SO_4 = gestrichelte Linie. Die Salze reichern sich nur an der Oberfläche an (verändert nach WALTER 1990).

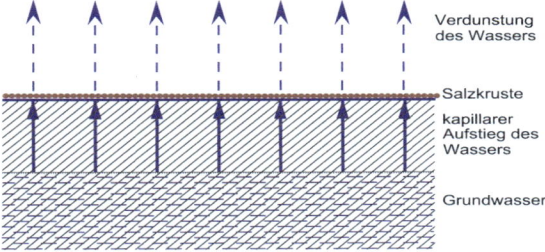

◘ **Abb. A-27** Bildung einer Salzkruste durch kapillaren Aufstieg (ausgezogene Pfeile) des Grundwassers (horizontal gestrichelt) und Verdunstung des Wassers (gestrichelte Pfeile); Salzanreicherung an der Bodenoberfläche (verändert nach WALTER 1990).

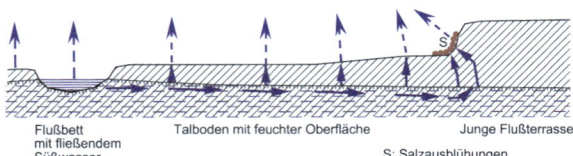

◘ **Abb. A-28** Salzanreicherung im Swakop-Tal (Namibwüste). Die Pfeile geben Richtung und Stärke der Wasserströmung im Boden an, die gestrichelten Pfeile die Verdunstung. Die Salzkonzentration steigt zum Rande des Tales an; das Salz blüht bei S am Fuße der Terrasse aus, wo der Wasserstrom aufhört (verändert nach WALTER 1990).

Wo die Regel „*keine Bewässerung ohne Entwässerung*" nicht befolgt wird, brechen die Kulturen wegen Versalzung in wenigen Jahrzehnten zusammen, wie dies viele "kurzlebige" Entwicklungsprojekte zeigen und gezeigt haben. Ein besonderes Beispiel ist das Helmand-Projekt bei Kandahar, SW-Afghanistan.

Das Auftreten einer Salzkruste in den Dürrezeiten behindert das Wachstum der Pflanzen nicht unbedingt, wenn diese in dem nicht brackigen Grundwasser wurzeln. In der Pampa de Tamarugal in der Atacama-Wüste wachsen *Prosopis*-Bäume in Löchern einer halbmeterdicken Salzkruste nur deswegen, weil ihre Wurzeln Grundwasserströme mit Süßwasser erreichen.

Jeder Acker, der in ariden Gebieten bewässert wird, ohne dass eine gewisse Entwässerung erfolgt, stellt ein abflussloses Becken dar und muss mit der Zeit auch dann verbracken, wenn das zur Bewässrung verwendete Wasser nur sehr kleine Salzmengen enthält. Auf diese Weise sind weite Kulturflächen in Mesopotamien und im Indusgebiet zur Salzwüste geworden. Bei den nicht dränierten Baumwollfeldern der Gezira im Sudan ist das bis jetzt nicht der Fall, weil das zum Bewässern benutzte Wasser des Blauen Nils besonders salzarm ist. Kleine Salzmengen werden vom Acker jedes Mal mit der geernteten Pflanzenmenge entfernt.

1.5 Mechanische Faktoren

1.5.1 Wind, Tritt

Wind und Sturm, Reifbildung, Schneetreiben und Lawinen, Sandverwehungen und Bodenbewegungen an Hängen, all dies sind mechanische Einflüsse auf Organismen. Aber auch Tritt und Verbiss muss man dazu zählen. Ein weltweit auch natürlich vorkommender Faktor ist das Feuer, das letztlich Ökosysteme mechanisch vernichtet und damit auf viele Organismen einwirkt.

Auf Wind- und Schneebruch sind im Gebirge viele Pflanzen angepasst, sie haben sehr elastische Zweige und neigen sich am Hang (◘ Abb. A-29).

Bei Sandschüttungen in Dünengebieten, auch da gibt es gute Anpassungen der Dünenpflanzen, die mit der Sandschüttung nach oben wachsen, aber auch Freiblasen des oberen Wurzelbereichs gut aushalten, da sie sehr weit streichende Wurzeln ausbilden. *Calligonum* ist eine solche Gattung mit zahlreichen Arten in den asiatischen Wüsten (◘ Abb. A-30).

Regelmäßige Trittpfade in Rasen oder Wiesen erkennt man daran, dass trittfeste Pflanzen, oft mit am Boden anliegenden Rosetten, bevorzugt auftreten (◘ Abb. A-31).

Die Herbivorie, also die Beweidung von Pflanzen, ist ein wesentlicher Prozess in Ökosystemen, darauf wird noch eingegangen im Rahmen der

Stoffkreisläufe. Aber jede Beweidung bedeutet eine mechanische Schädigung der Pflanzen. Dies lässt sich sehr gut erkennen bei Bäumen, die auf Weiden stehen oder Bäumen am Waldrand. Die unteren 1-2 m sind praktisch frei gehalten durch die Beweidung (Abb. A-32), höhere Äste werden nicht erreicht, abgesehen von manchen kletternden Ziegen.

◻ **Abb. A-29** Die mechanische Einwirkung des Windes auf den Baumkronen im Küstengebirge bei Carácas (Venezuela) (**a**, Foto: Breckle) und in den *Pinus pinaster*-Wäldern an der SW-Küste der Insel Sardinien (**b**, Foto: Rafiqpoor).

◻ **Abb. A-30** In den Wüstengebieten Zentral–Asiens werden die Wurzeln von *Calligonum* durch den Wind vom Dünensand freigelegt. Die Wasserversorgung der Pflanze erfolgt in diesem Zustand durch die Hauptwurzel und das feine noch nicht vom Sand freigelegte Wurzelsystem (Foto: Breckle).

◻ **Abb. A-31** *Plantago major* leistet auf den Trampelpfaden weltweit Widerstand gegen mechanischen Druck durch Trittschäden (Foto: U. Breckle).

◻ **Abb. A-32** Die unteren Bereiche der Bäume am Waldrand wurden durch Viehverbiss bis zu einer bestimmten Höhenebene kahlgefressen (**a**; Foto: Breckle). Die Ziegen steigen sogar in den Bäumen hoch und fressen die Blätter in allen Höhenniveaus (**b**: *Argania spinosa* in Marokko; Foto: Breckle). Andernfalls bleiben die Bäume oberhalb einer bestimmten Höhe, die von anderen Tieren nicht erreicht werden, unversehrt.

1.5.2 Feuer

Etwas ausführlicher muss man den Faktor Feuer besprechen. Es gibt in allen trockeneren Klimaten eine Reihe von Pflanzenarten, die an Feuer angepasst sind. Besonders deutlich ist dies in Australien, aber auch in allen mediterran geprägten Ländern. In Australien spricht man von Pyrophyten (Feuerpflanzen) dann, wenn diese Arten für ihr weiteres Gedeihen auf Feuer geradezu angewiesen sind. Die Früchte entlassen z.B. die Samen nur nach einem darüber gegangenen Feuer (◘ Abb. A-33) und auch nur dann sind diese keimfähig.

Dies hängt damit zusammen, dass ein Feuer die harten holzigen Bestandteile der Frucht- bzw. Samenschale anbrennt und damit mechanisch lockert. Beim nächsten Regen kann das Wasser besser eindringen und der Quellungsdruck öffnet dann die Fruchtwand bzw. Samenschale. Dies kann man bei etlichen Arten der Gattung *Eucalyptus*, aber auch bei vielen Proteaceen beobachten. Im Mittelmeergebiet ist die Korkeiche (*Quercus suber*) besonders feuerresistent. Ihre dicke Borke schützt das Kambium (◘ Abb. A-34). Nach einem Feuer treiben neue Zweige daraus hervor. Aber auch viele andere Pflanzen treiben, durch die Asche gut gedüngt, neue Triebe aus unterirdischen Speicherorganen.

◘ **Abb. A-33** *Banksia*-Bäume stellen ein gutes Beispiel für Pyrophyten dar. Ihre Samen in den Kolben im mittleren Bild werden erst durch die Einwirkung des Feuers frei (**c**) und keimfähig (Fotos: **a** Breckle; **b** und **c**: Rafiqpoor).

2 Das Klima

2.1 Allgemeine Fragen

Im Alltag spricht man generell von Regen, Schauer, Hagel, Nebel- und Tauwetter, Hoch- und Tiefdruckgebiet oder von Treibhauseffekt und Erderwärmung. Was ist **Wetter** und was ist **Klima**? Wer in weiten Teilen Afghanistans aus dem Fenster schaut, stellt möglicherweise über die meiste Zeit des Jahres hinweg fest, dass die Sonne von einem strahlend blauen Himmel scheint. Im Winter und in den Übergangsjahreszeiten könnte man auch bedeckten Himmel, Schnee, Regenschauer, Gewitter mit oder ohne Hagel beobachten. Normalerweise wird dann bei diesen kurzfristigen Beobachtungen von schlechtem Wetter geredet, aber nicht von Klima. Im Radio und Fernsehen kommen auch täglich nur Wetterberichte, keine Klimaberichte. Diese knappen Bemerkungen lassen erkennen, dass bei der Feststellung ob **Wetter** oder **Klima**, von einer zeitlichen Dimension die Rede ist. **Wetterumschwung** (z.B. Wechsel vom Regenschauer zu Sonnenschein) und **Klimaänderung** sind also zwei unterschiedliche Dimensionen in der Klimatologie. Das erste passiert schnell, gelegentlich sogar mehrmals täglich (sog. „Aprilwetter"), das zweite langsam und kann nur über Jahre oder besser über Jahrzehnte hinweg festgestellt werden. Wetter ist also etwas, was gerade geschieht. Man kann es deuten, analysieren und in Daten fassen. Die Datensammlung erfolgt immer an Klimastationen, die in manchen Ländern ein dichtes, in anderen (wie in Afghanistan) ein weniger dichtes Netz aufweist. In den gesammelten Klima-Messreihen sind meistens Daten zu Strahlung, Bewölkung, Temperatur, Niederschlag, relative Feuchtigkeit,

Abb. A-34 In den Mediterranregionen Eurasiens gewinnt man aus der Rinde von *Quercus suber* (**a**) (Hier in Algarve, Portugal, Foto: Rafiqpoor) Kork. Der schwarze Boden und die Verbrennungsspuren an den Zweigen der Bäume zeugen von Feuereinwirkung während des Brandes im Sommer 2017 im Bergland von Monchique in der Region Algarve, Süd-Portugal. Gerade die relativ dicke Korkschicht schützt das Kambium des Baumes gegen Feuereinwirkung (**b**, Foto: http://bit.do/bJDAo).

Luftdruck, Wind etc. enthalten, also Daten zu den auch für Organismen wichtigen ökologischen Faktoren. Aus diesen langen Messreihen lässt sich errechnen, wie das Klima der letzten Jahre war. Und je weiter die ersten Messungen in einem Land zurückliegen und umso mehr Daten vorhanden sind, desto genauer kann man auch das Klima dort rekonstruieren.

Das Klima ist also, statistisch gesehen, etwas Längerfristiges. Um das zu verstehen, muss man die räumlichen und zeitlichen Skalen berücksichtigen und sinnvollerweise vom kleinen (oder kurzfristigen) zum großen (also langfristigen) vordringen.

Das **Wetter** ist das **Kurzfristige** in diesem System. Als Wetter wird der momentane physikalische Zustand der Atmosphäre bezeichnet, der durch die meteorologischen Elemente und ihr Zusammenwirken zu einem bestimmten Zeitpunkt an einem bestimmten Ort (oder Gebiet) entsteht. Die **Witterung** ist das **Mittelfristige** in diesem System. Sie umschreibt den allgemeinen, durchschnittlichen oder auch vorherrschenden Charakter des Wettergeschehens eines bestimmten Zeitraums von mehreren Tagen oder Wochen, selten auch Monaten. Dabei werden charakteristische Witterungstypen oder Witterungsverläufe unterschieden, die jeweils durch vorherrschende Wetterlagen bestimmt werden.

Das **Klima** ist das **Langfristige** in diesem System. Es ist definiert als die Zusammenfassung der Wettererscheinungen, die den mittleren Zustand der Atmosphäre an einem bestimmten Ort oder in einem mehr oder weniger großen Gebiet charakterisieren mit all seinen periodischen Schwankungen im Jahreslauf. Es wird repräsentiert durch die statistischen Gesamteigenschaften (Mittelwerte, Extremwerte, Häufigkeiten, Andauerwerte etc.) über einen genügend langen Zeitraum. Im Allgemeinen wird ein Zeitraum von 30 Jahren als Referenzperiode zugrunde gelegt. Generell muss man aber sagen: Je länger die Messperiode, umso zuverlässiger ist die Aussage über den Klimacharakter eines Gebietes! Für die Erstellung von Klimadiagrammen benützt man möglichst die gesamten zur Verfügung stehenden Messreihen der meteorologischen Stationen.

Das Klima ist also das Ergebnis des Zusammenwirkens mehrerer **Klimaelemente**, von denen die Strahlung die fundamentalste ist.

2.2 Der Strahlungshaushalt und astronomische Grundlagen

Die **treibende Kraft** für alle das Klima bestimmenden Vorgänge ist die Sonnenstrahlung. Durch das Zusammenwirken von **solaren** (Stellung der Erde als Planet im Sonnensystem), **meteorologischen** (physikalischen und chemischen Vorgänge in der Atmosphäre) und **geographischen** (Land/Wasser-Verteilung, Reliefgestaltung, Meeresströmungen etc.) Bedingungen entsteht im Grunde das Klima.

Die von der Sonne auf die Erde einfallende Strahlung ist als Primärenergiequelle auch die Voraussetzung für nahezu alle **Lebensvorgänge** auf der Erde, wenn man einmal von den „Schwarzen Rauchern" der Tiefseegräben und ihrer Lebewelt absieht. Die auf einem senkrecht der Sonne zugewandten cm² an der oberen Grenze der Atmosphäre ankommende Sonnenstrahlung beträgt 8,4 J (Joule) pro Sekunde; das entspricht im Mittel 1.367 Watt/m²/sec. Diese als **Solarkonstante** bezeichnete Strahlungsmenge schwankt im Jahresverlauf um ca. ± 3,4% je nach dem Stand der Erde zur Sonne. Zur Zeit der Sonnennähe (**Perihel**: derzeit 3. Januar: je nach Schaltjahr 2.-5.) erhöht er sich auf 1.420 W/m²/sec und beträgt bei Sonnenferne (**Aphel**: 5. Juli: je nach Schaltjahr 3.-6.) 1.325 W/m²/sec. Die leicht elliptische Umlaufbahn der Erde um die Sonne mit einem sonnenfernen und einem sonnennahen Punkt, vor allem aber die Neigung der Erdachse zur Erdbahn um die Sonne (◨ Abb. A-35) erklären auch die Abfolge der Jahreszeiten und ihre Entstehung in den verschiedenen Breitenlagen und die Unterschiede zwischen Nord- und Südhalbkugel. Von der Strahlungsmenge an der Atmosphärenobergrenze kommt auf der Erdoberfläche im Durchschnitt nur noch etwa die Hälfte an.

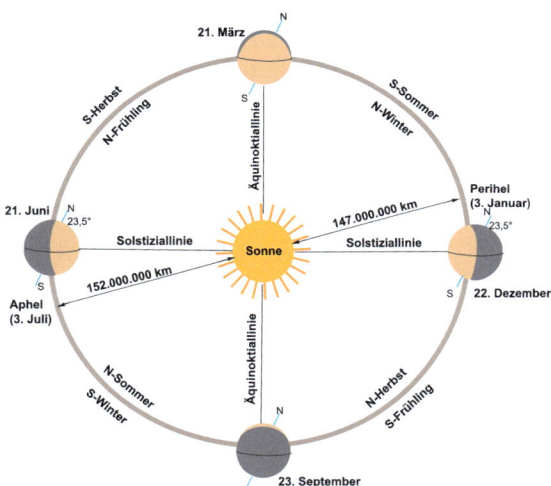

◨ **Abb. A-35** Schema zur Erklärung der Jahreszeiten aufgrund der astronomischen Gegebenheiten der Erdbahn und der Erdachsenneigung gegenüber der Umlaufebene (Ekliptik) (Solstiziallinie: Sommer- bzw. Winterpunkt; Äquinoktiallinie: Tag- und Nachtgleichen, Frühlings- bzw. Herbstpunkt) (verändert aus SCHÖNWIESE 1994).

In ◨ Abb. A-36 ist die Strahlungsbilanz für das vertikal gerichtete Energie-System **Erde-Atmosphäre-Weltraum** schematisch dargestellt mit drei Bilanzbereichen: Die **Erdoberfläche**, die **Troposphäre** bis zur Tropopause und die **Stratosphäre** bis zur Mesopause. Im Mittel des Gesamtsystems ist die Strahlungsbilanz **Erde-Weltraum** ausgeglichen. Die Strahlungsbilanz (**S**) ergibt sich aus der Differenz zwischen der absorbierten Globalstrahlung und der effektiven Ausstrahlung und kann ausgedrückt werden in:

$$S = (I + D)(1-\alpha) - (A-G) \pm L \pm V$$

S = Strahlungsbilanz
I = Direkte Sonnenstrahlung
D = Diffuse Himmelsstrahlung
G = Atmosphärische Gegenstrahlung
A = Ausstrahlung der Erde
V = Latente Wärme im Austausch zwischen Erde und der unteren Atmosphäre
L = Fühlbare Wärme im Austausch zwischen Erde und der unteren Atmosphäre
α = Planetarischer Albedo: Ungebrauchter Energieverlust als diffuse und direkte Reflexion (26 + 3 + 2 + 2 = 33%: ▶ Abb. A-36).

Die einzelnen Energieflüsse in diesem System sind in Prozent der ankommenden Sonnenstrahlung am oberen Rand der Atmosphäre (100%) dargestellt. Aus der Summe der einzelnen Komponenten ergeben sich Gewinne und Verluste des Systems Erde-Atmosphäre-Weltraum. Grundsätzlich gilt: Die auf der Erde ankommende Sonnenstrahlung abzüglich des reflektierten Anteils ist gleich der von der Erde abgestrahlten Wärmestrahlung. Wird von der Erde mehr Wärme abgestrahlt als Folge des anthropogenen Treibhauseffektes, kommt es zur Wärmeüberschuss in der Atmosphäre und folglich zu einer Klimaerwärmung.

Das Diagramm (◨ Abb. A-37) zeigt die räumliche Verteilung der extraterrestrischen Sonneneinstrahlung auf der Erde in Abhängigkeit der geographischen Breite. Dabei fällt auf, dass vor allem die Äquatorialgebiete zwischen 10°N und 10°S im Jahresverlauf mit 30–35·10⁶ J·m⁻²·d⁻¹ im Vergleich zu den Randtropen deutlich weniger Sonnenstrahlung empfangen, weil hier wegen der nahezu ständigen Bewölkung und der daraus resultierenden hohen Reflexion und Absorption in der Atmosphäre die Gebiete maximalen Strahlungsgenusses zu den Randtropen hin um den 30. Breitengrad im Bereich der subtropischen Trockengebiete verlagert werden. Andererseits ist mit einer Strahlungsmenge von >45·10⁶ J·m⁻²·d⁻¹ der Strahlungsgenuss in den Polarregionen zur Zeit der kurzen Sommer (Polartag = 24 Stunden) überraschend hoch. Dies hat Konsequenzen für den generativen Zyklus (die Fruktifizierung und Reifeprozesse) der Vegetation der Tundra und Taiga unter strahlungsklimatischen Langtagsbedingungen.

Trotz der strahlungsmindernden Wirkung der Bewölkung ist die Summe der sommerlichen und winterlichen Einstrahlung am Äquator am höchsten wegen des nahezu ganzjährigen Hochstands der Sonne.

Ökologische Grundlagen

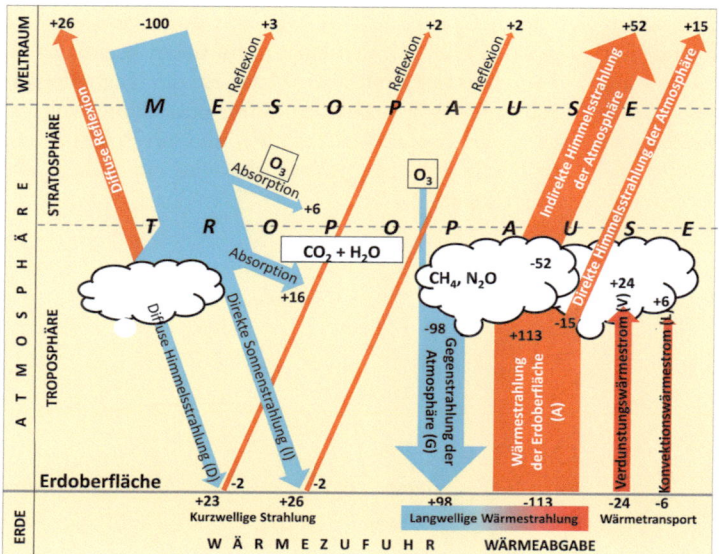

Abb. A-36 Schema der Strahlungsbilanz des Systems Erde-Atmosphäre-Weltraum (verändert nach LAUER 1999).

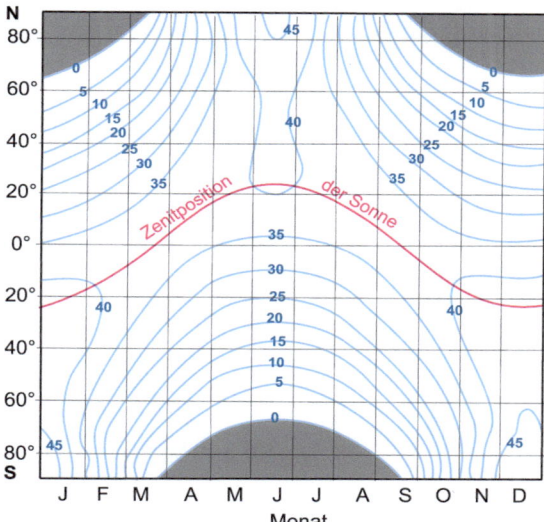

Abb. A-37 Die extraterrestrische Sonneneinstrahlung auf die Erde im Jahreslauf in Abhängigkeit von der geographischen Breite (Zahlenwerte in 10^6 J·m^{-2}·d^{-1}) (verändert nach SCHÖNWIESE 1994).

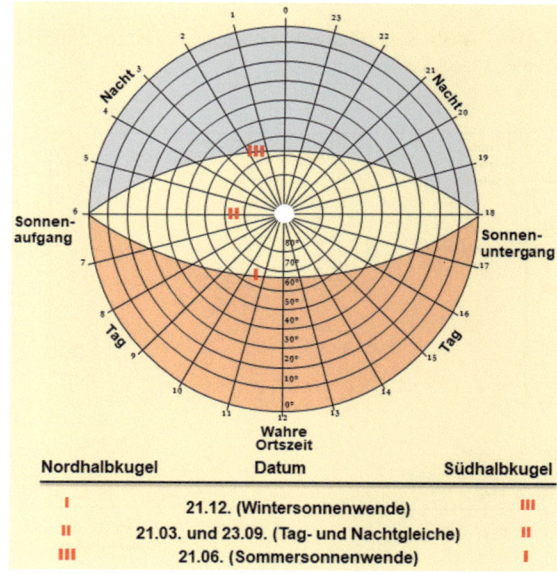

Abb. A-38 Diagramm der theoretischen täglichen Sonnenscheindauer (aus JUNGHANS 1969, verändert n. LAUER & FRANKENBERG 1986).

Der Sonnenhöchststand (im Zenit) im Sommer liegt im Bereich der jeweiligen Wendekreise (ca. 23½°, Solstitien: Sommer- bzw. Winterpunkt: ▪ Abb. A-38 **I** & **III**). Umgekehrt erreicht die Tageslänge im Sommer vom Polarkreis (ca. 66½°) bis zu den Polen den Maximalwert von 24 Stunden (Polartag), aufgrund der Neigung der Erdachse gegen die Erdbahn. Diese und die im Folgenden erläuterten astronomischen Gegebenheiten sind für das Verständnis der Jahreszeiten als auch der ökologischen Grundlagen der Geobotanik und Biogeographie unverzichtbar.

Die Kennziffern (**I, II, III**) ▶ Abb. A-38 beziehen sich auf die Stichtage der Tages- und Nachtgleichen und der Winter- und Sommersonnenwende. Genau genommen ist nur am Frühjahrs- und Herbstpunkt, wenn die Sonne über dem Äquator steht, die Tageslänge zwölf Stunden lang (Äquinoktien: ▶ Abb. A-38 **II**). Von der Erde aus gesehen, erscheint der **Tag/Nachtwechsel** aufgrund der astronomischen Gegebenheit (Erdbahn um die Sonne mit 365¼ Tagen und Neigung der Erdachse mit 24 Stunden Rotation) je nach geographischer Breitenlage ganz unterschiedlich. Die Tageslängenschwankungen ergeben sich für die beiden Hemisphären aus der Differenz zwischen der Tageslänge zur Sommersonnenwende und der Tageslänge zur Wintersonnenwende. Die Zeitpunkte von Sonnenaufgang und Sonnenuntergang sind in ▶ Abb. A-38 sehr leicht vom Äquator bis zu den Polen für ausgewählte Termine ablesbar. Die Anzahl der astronomisch möglichen Sonnenscheinstunden entspricht der Tageslänge. Die scheinbare Bahn der Sonne am Himmel (◘ Abb. A-39) ist am Äquator stets fast genau zwölf Stunden lang, in mittleren Breitenlagen, zum Beispiel Frankfurt/Main, ist die Tageslängenschwankung zwischen Sommer und Winter mit ca. 11 Stunden schon beträchtlich und am Pol ist es ein halbes Jahr Nacht (Polarnacht) und ein halbes Jahr Tag (Polartag).

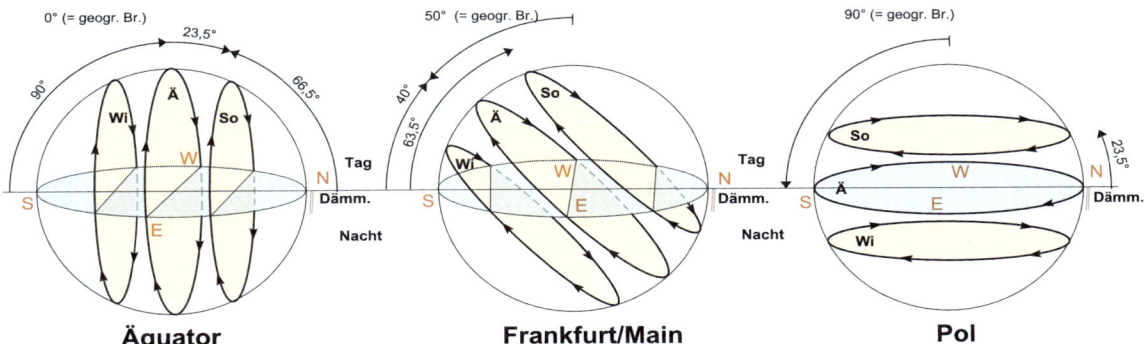

◘ **Abb. A-39** Scheinbare Bahn der Sonne am Himmel in verschiedenen geographischen Breiten (verändert nach SCHÖNWIESE 1994).

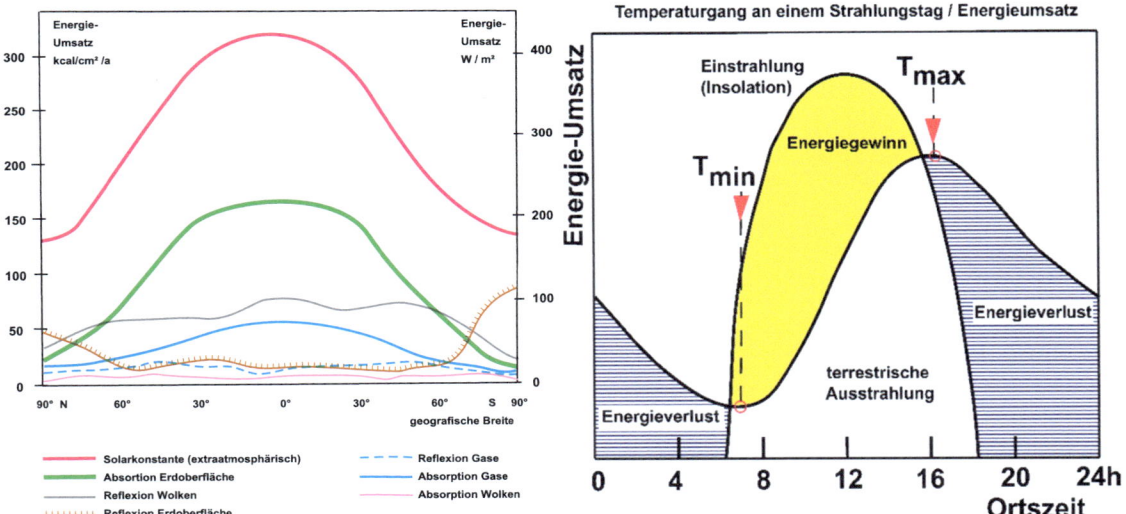

◘ **Abb. A-40** Der Umsatz an Einstrahlungsenergie der Sonne in der Atmosphäre und an der Erdoberfläche und die Solarkonstante in Abhängigkeit von der geographischen Breite (verändert nach SCHÖNWIESE 1994).

◘ **Abb. A-41** Schema des Tagesgangs der Sonneneinstrahlung und der terrestrischen Ausstrahlung. Die Sinus-Kurve entspricht zugleich dem Temperaturgang an klaren Tagen (verändert nach SCHÖNWIESE 1994).

Die atmosphärischen Prozesse und die jeweiligen breitenabhängigen Einstrahlungswinkel bedingen letztlich das, was an der Erdoberfläche noch an Strahlung übrigbleibt (◘ Abb. A-40).

Generell führt der Tagesgang der Einstrahlung zu ständigen Änderungen der Lufttemperatur als Resultat der verschiedenen Komponenten von Ein- und Ausstrahlung in der Strahlungsbilanz (s.o.). Der relative Energieumsatz erreicht sein Maximum an Energiegewinn um die Mittagszeit, die Energieverluste sind unmittelbar nach Sonnenuntergang besonders groß (◘ Abb. A-41).

Der Anteil der Globalstrahlung ist in den randtropischen Trockengebieten der Erde, insbesondere in den Wüsten (Sahara) am größten (◘ Abb. A-42), die Strahlungsbilanz hingegen am geringsten, da die

Bilanzwerte wegen der hohen effektiven Ausstrahlung und sehr niedrigen Wassergehalte in der Luft äußerst niedrig sind. Maximalwerte der Strahlungsbilanz treten in den Tropen (rot), dort insbesondere über den Meeren auf (dunkel rot).

Aus ▫ Abb. A-43 geht hervor, dass die äquatorialen Regenwälder >1,6% der Globalstrahlung zur photosynthetischen Kohlenstofferwerb nutzen, während diese Werte in der Sahara, wo das Maximum der Globalstrahlung auftritt, nahezu gegen Null gehen.

Die Werte der Strahlungsnutzung durch die Pflanzendecke koinzidieren mit einer hohen Photosyntheseleistung der Vegetationsformationen in den niederen Breiten (LAUER & RAFIQPOOR 2002). Dementsprechend sind die Phytomasse (▶ Abb. A-16)

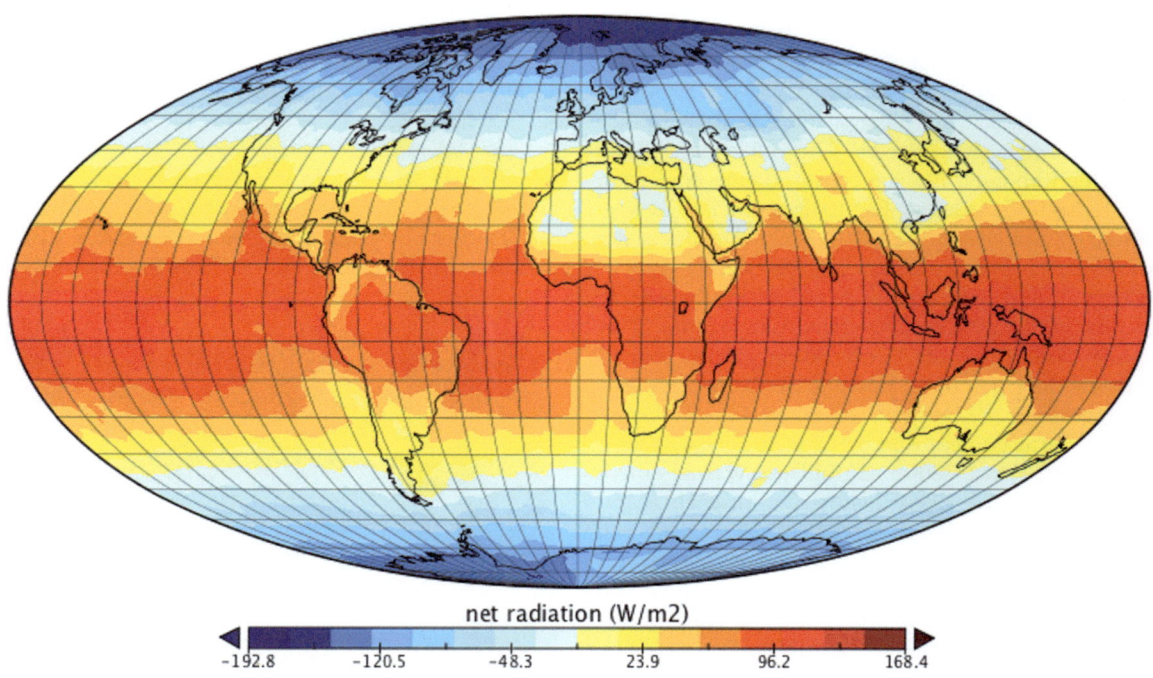

▫ **Abb. A-42** Netto-Strahlung an der Erdoberfläche als Differenz zwischen der ankommenden Einstrahlung und von der Erde reflektierten Ausstrahlung für den Monat März (Zenitstand der Sonne) für die Periode 1985-1989 erstellt durch David BICE, Professors of Geosciences, College of Earth and Mineral Science, The Pennsylvania State University im Rahmen des NASA ERBE-Experiments (Quelle: http://bit.do/bUMme)

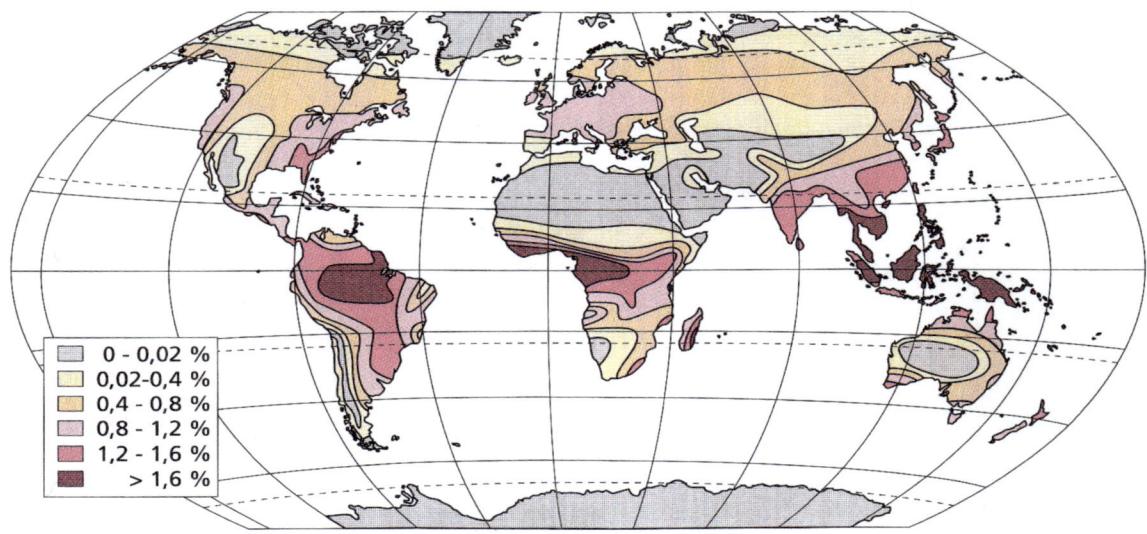

▫ **Abb. A-43** Räumliche Verteilung der prozentualen Strahlungsnutzung durch die Pflanzendecke (aus LARCHER 2001).

und die Nettoproduktion (▶ Abb. A-15) in den Tropen besonders hoch.

2.3 Der Wärmehaushalt

Die von der Sonne emittierte kurzwellige Strahlung wird an der Erdoberfläche in langwellige Wärmestrahlung (fühlbare Wärme) umgesetzt. Die Temperatur ist daher als Maß für den Wärmezustand der Luft eine wichtige klimatologische Größe, die im Wesentlichen durch die Wärmeabgabe der Erdoberfläche bestimmt wird. Sie gibt nur den augenblicklichen Wärmezustand wieder. Die mit einem **Thermometer** an einer beschatteten und gut ventilierten Wetterhütte gemessene Lufttemperatur ist die sog. fühlbare (**sensible**) Wärme (L) als Ausdruck der molekularen Bewegungsenergie. Sie besorgt die Erwärmung und wird durch turbulente Luftbewegung (Konvektion) weitertransportiert. Die **latente** Wärme (V), oder auch die Verdunstungswärme, charakterisiert die potentielle Energie, die beim Verdunstungsvorgang verbraucht, d.h. aus der fühlbaren Wärme entnommen, durch Kondensationsprozesse wieder freigesetzt und in die fühlbare Wärme erneut übergeführt wird. Diese beiden thermischen Komponenten, die durch den vertikalen Massenaustausch umgesetzt werden, sind zwei wichtige Glieder des Wärmehaushaltes der Erde. Sie verbrauchen den größten Teil der Energie aus der Strahlungsbilanz. Da 72% der Erdoberfläche von Meer bedeckt sind, spielt der Transport von latenter Verdunstungswärme für den globalen Wasserhaushalt eine große Rolle (s.u.) und nimmt mit 80-85% am Wärmehaushalt der Erde teil (LAUER 1999).

Für die thermische Differenzierung der Zonobiome der Erde ist die ökophysiologisch wichtige Länge der thermischen Vegetationszeit als Ausdruck des Wärmehaushaltes eines Gebietes von erheblicher Bedeutung. Ein kalendarischer Monat gilt als thermisch günstig, wenn in diesem die in einem Gebiet dominierende natürliche und „kultürliche" Pflanzenwelt – vom Wärmehaushalt her – einen deutlichen Stoffgewinn erzielt bzw. fruktifiziert. Dies geschieht in den verschiedenen Zonobiomen pflanzenbestandstypisch bei verschiedenen Wärmeniveaus. WALTER (1960) definiert die Dauer der thermischen Vegetationszeit in den Außertropen als die frostfreie Periode des Jahres auf Monatsbasis, die durch das Erreichen bzw. Unterschreiten bestimmter Temperaturschwellenwerte limitiert ist. Die Vegetationszeit, in der die Holzpflanzen mit Stoffproduktion beginnen, setzt nach ihrem Ergrünen ein, bei vielen Arten, wenn die Tagesmittel die 10 °C-Marke erreicht haben. Beim Unterschreiten eines speziellen Wärmeniveaus im Herbst setzt Laubverfärbung und damit der Abschluss der Assimilationstätigkeit ein.

Der optimale Temperaturbereich zwischen Anfang und Ende der Vegetationszeit ist bei den meisten Pflanzen in der Regel nicht breiter als 10-25 °C (LARCHER 1980). ◘ Tab. A-4 gibt die Schwellenwerte für verschiedene Formationen der natürlichen Vegetation in den Außertropen und ◘ Tab. A-5 für die Kulturpflanzen wieder.

Aus solchen Datenreihen haben LAUER & RAFIQPOOR (2002) die Länge der thermischen Vegetationszeit auf globaler Ebene ermittelt. Die Werte für die Länge der thermischen Vegetationszeit variiert zwischen 0 und 12 Monaten. Man kann diese Werte nach landschaftsökologischen Gesichtspunkten in Klassen aufteilen: 0 = *hekistotherm*, 1-2 = *oligotherm*, 3-4 = *mikrotherm*, 5-6 = *mesotherm*, 7-9 = *makrotherm*, 10-12 = *megatherm*. Die räumliche Darstellung der Linien gleicher Länge der thermischen Vegetationszeit (Isothermomenen) ergibt ein differenziertes Bild des thermischen Klimas auf der Erde (◘ Abb. A-44).

◘ **Tab. A-4** Temperaturschwellenwerte für den Stoffgewinn verschiedener Formationen der natürlichen Vegetation und Kulturpflanzen der Subtropen und Mittelbreiten (n. LAUER & RAFIQPOOR 2002)

Vegetationsformation	Thermischer Schwellenwert (°C)
Borealer Nadelwald	5
Nadelfeuchtwald	5
Temperierter Laubwald	7
Laub-Mischwald	10
Steppen (Subtropen)	10
Patagonische Steppe	7
Halbwüsten (Subtropen)	10
Wüsten (Subtropen)	10
Hochgebirgsformation	11
Subtropischer Feuchtwald	12
Montaner Nadelwald	10
Sommergrüner Laubwald	10
Hartlaubgehölze	12
Steppen (Mittelbreiten)	11
Pampa	11
Halbwüsten (Mittelbreiten)	11
Wüsten (Mittelbreiten)	11
Hochgebirgsformation	10
Tundra	5
Subpolare Frostschutzone	3

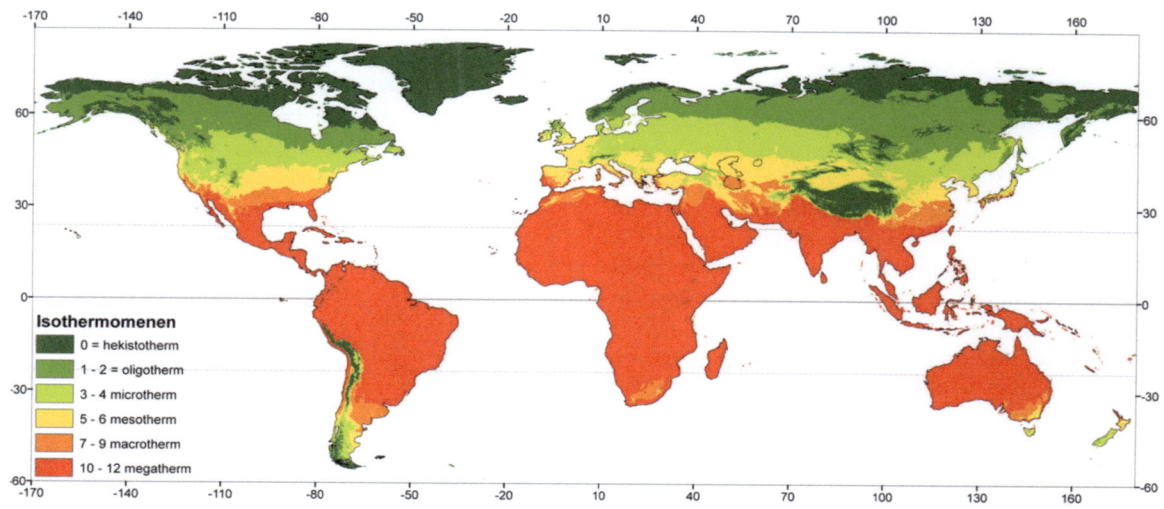

Abb. A-44 Länge der thermischen Vegetationszeit auf der Erde.

Tab. A-5 Schwellenwerte des minimalen und optimalen Temperaturanspruchs wichtiger Kulturpflanzen in den Subtropen (verändert n. LAUER & RAFIQPOOR 2002)

Kulturpflanzen	Minimaler Temperaturbereich (°C)	Optimaler Temperaturbereich (°C)
Kokospalme	24	26-27
Yams	20	25-30
Zuckerrohr	18-20°C, bei 15°C stellt Wachstum ein	25-28
Maniok	20	>27
Kakao	>20	>27
Kaffee	18	>22
Ananas	>18	>20
Tee	18	28
Hirse	12-15	32-37
Süßkartoffel	10	26-30
Tabak	15-20	25-30
Reis	12-18	30-32
Oliven	12-15	18-22
Sesam	12-15	25-27
Kürbis	10-15	37-40
Baumwolle	18	30
Erdnuss	15	30
Mais	12-15	30-35
Kartoffel	8-10	16-24
Winterweizen	4-6	15-30
Sommerweizen	6-8	20-30
Roggen	4-6	15-25
Gerste	4-6	15-25
Hafer	4-6	20-30
Zucker- und Beta-Rüben	4-5	20-30
Wiesengräser	3-4	c. 25

2.4 Der Wasserhaushalt

Wasser ist die unabdingbare Voraussetzung allen Lebens auf der Erde. Nur etwa 0,001% des gesamten Wassers auf der Erde befindet sich in der Atmosphäre. Dennoch ist Wasser für die klimatischen Vorgänge in der Atmosphäre ungeheuer wichtig und kann in allen drei Aggregatzuständen (fest, flüssig, gasförmig) existieren. Es gelangt in die Atmosphäre auf dem Wege der Verdunstung (Evaporation und Transpiration = Evapotranspiration, ET). Die Verdunstung erfolgt sowohl über den Ozeanen als auch durch die Evapotranspiration über dem Land. Der Motor für diesen Vorgang ist die latente Wärme (s.o.), die durch den Wechsel des Aggregatzustandes (vom flüssigen in gasförmigen Zustand) den Verdunstungsvorgang initiiert.

Durch den Aufstieg der Luft in die Atmosphäre über die turbulenten Austauschvorgänge kondensiert das gasförmige Wasser in Wolken (Wassertröpfchen oder Eiskristalle) auf dem Wege der Abkühlung. Bei höherer Kondensation und millionenfache Vergrößerung der Wassertröpfchen oder Eiskristalle um einen Kondensationskern kommt es zum Niederschlag (Regen, Schnee oder Hagel …etc.).

Der Dampfdruck des Wassers hängt von der Temperatur ab. Die Dampfdrucksättigung ist dabei nicht linear, sondern mit steigender Temperatur steilansteigend, wie die Kurve des Sättigungsdampfdruckes in Abhängigkeit von der Temperatur (▶ Abb. A-45) zeigt. Für trockene Luft, beispielsweise mit einem Dampfdruck wie Punkt **X** bei der Temperatur **Ta** und einem Dampfdruck von **ea** lässt sich die relative Feuchtigkeit als Anteil von **Y** angeben. Reduziert man die Temperatur, steigt – bei gleicher absoluter Feuchtigkeit – die relative Feuchtigkeit an, z.B. bis auf 100% bei Punkt **Z** bei einer Temperatur **Td**; man bezeichnet diese **Td** als Taupunkt. Bei Temperaturen unter 0 °C ist der Sättigungsdampfdruck sehr niedrig (Ordinate vergrößert, ▶ Abb. A-45). Er ist über Eis etwas geringer als über Wasser. Kühlt die Luft von **Tb** bis auf **Ti** ab, so ist die Luft noch etwas ungesättigt in Bezug auf Wassertröpfchen z.B. in unterkühlten Wolken. Das bedeutet, dass diese bei gleicher Temperatur Wasser an Eiskristalle abgeben, ein bedeutender Vorgang für Niederschläge aus Wolken (WHITE et al. 1992). Insgesamt bedeutet dies aber auch, dass bei hohen Temperaturen, wie in den Tropen, sehr viel ergiebigere Niederschläge fallen können als in kalten Regionen. 30 °C warme Luft enthält bei Wasserdampfsättigung etwa 45 mbar Wasserdampf, also 9x so viel Wasser im Vergleich zu 0 °C warmer Luft mit 5 mbar, oder gar -20 °C Luft mit nur noch 1 mbar.

Der Niederschlag ermöglicht das Leben auf der Erde und ist regional sehr ungleichmäßig verteilt (humide und aride Gebiete). In einem **ariden** Gebiet überwiegt in der hydrologischen Wasserbilanz die Verdunstung. Es wird sich also im Gegensatz zu einem humiden Gebiet kein geschlossenes, permanentes Flusssystem ausbilden. Beckenlandschaften enthalten dort nur kleine Endseen, die versalzen (Totes Meer, Großer Salzsee in Utah, Aralsee, Lop-Nor, Hamune-Puzak, Dashte-Nawor) (▶ Abb. A-46).

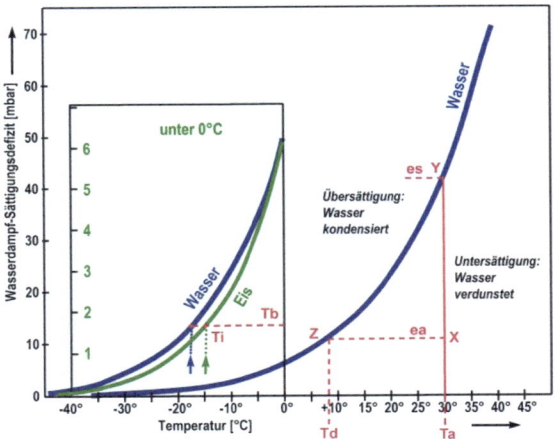

▪ **Abb. A-45** Veränderungen der Wasserdampfsättigung der Luft in Abhängigkeit von Temperatur (verändert nach Fa. Lambrecht, Göttingen).

▪ **Abb. A-46** Dashte-Nawor ist ein trockenes versalztes Hoch-Becken in Zentral-Afghanistan mit deutlich ausgebildeten Gürteln aus Halophyten-Vegetation (Foto: Breckle).

In **humiden** Gebieten haben solche Beckenlandschaften (zum Beispiel Bodensee, Deutschland) einen Überlauf und sind "randvoll" mit Wasser gefüllt. Der interne Wasserkreislauf größerer Regionen ist also, je nachdem, ob diese humid oder arid sind, sehr unterschiedlich.

BAUMGARTNER & REICHEL (1975) haben die Wasserbilanz für die Erde berechnet und in Karten dargestellt. Ein neues Modell der Wasserbilanz hat das Max-Plank-Institut für Meteorologie in Hamburg erstellt und der Öffentlichkeit zur Verfügung gestellt (▶ Abb. A-47).

Danach beträgt die jährliche Niederschlagsmenge über den Weltmeeren im Schnitt 386 km³ und die Verdunstung 469 km³ und somit ca. 97 km³ mehr als die Niederschlagsmenge. Von den insgesamt 469 km³ Wasser, das über die Ozeane verdunstet wird, werden etwa 40 km³ auf das Festland verfrachtet. Diese Menge wird durch die ober- und unterirdischen Wasserströme (40 km³) den Ozeanen wieder zugeführt. Der Hauptanteil des Niederschlags über dem Festland entstammt aus dem kleinen Wasserkreislauf (81 km³) durch die Evapotranspiration (ET). Aus der Summe der ET über dem Festland (81 km³) und dem Wasserdampftransport von den Ozeanen auf die Festländer (40 km³) ergibt sich die jährliche Gesamtniederschlagsmenge (121 km³) des Festlandes. Die gemessenen Daten von Niederschlag und Verdunstung stehen in guter Kongruenz zu den Daten, die sich aus den Modellrechnungen ergeben (▶ Abb. A-47).

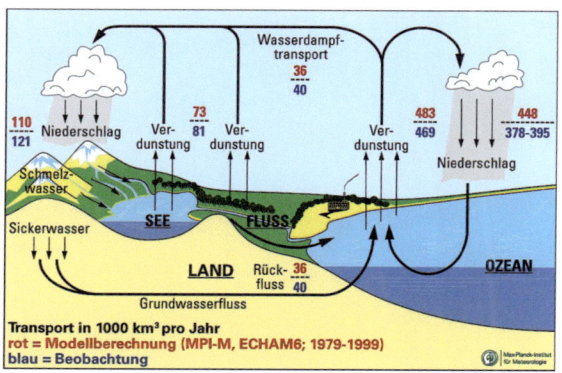

▫ **Abb. A-47** Schema des Wasserkreislaufs auf der Erde mit den gemessenen und modellierten Anteilen von Niederschlag, Abfluss und Verdunstung verschiedener Systeme auf der Erde (Quelle: Max-Plank-Institut für Meteorologie, Hamburg: http://bit.do/bcLxQ).

Allgemein lassen sich die Wasserverhältnisse einer Biogeozönose, eines bestimmten Gebiets, eines ganzen Landschaftsausschnittes oder eines ganzen Landes mit der Wasserhaushaltsgleichung quantifizieren. Danach ist die Eintragsgröße in das System der Niederschlag **N**.

Wasserhaushaltsgleichung eines Ökosystems:
$$N = \pm \Delta W + (E + I + T) + (A + S)$$
N = Niederschlag   E = Evaporation
I = Interzeption   T = Transpiration
A = Oberflächenabfluss   S = Versickerung
ΔW = gespeicherter Wasservorrat im System

Der Austrag kann auf verschiedene Weise erfolgen, einerseits durch Evaporation **E** (vom Boden) und durch Transpiration **T** (durch die Pflanzen), dazu kommt die Interzeption **I** (oberflächliche Befeuchtung der Blätter und Verdampfen), ferner ist Austrag durch Oberflächenabfluss **A** und durch Versickerung **S** in den Boden (unterirdischer Abfluss zum Grundwasser) möglich. Der Boden selbst, bzw. das ganze Ökosystem hat einen gewissen Wasservorrat als Speichergröße **ΔW**, die zu- (**+**) oder abnehmen (-) kann.

Häufig werden **E** und **T** zusammen (mit **I**) als Evapotranspiration (**ET**) bezeichnet. Der Überschuss an Wasser, der nicht wieder durch **ET** an die Atmosphäre abgegeben wird, kommt dem Grundwasser und damit der Speisung benachbarter Quellen zugute und damit schließlich der Ausbildung eines Bach- und Flusssystems.

An grundwasserbeeinflussten Standorten kann allochthone Wasserzufuhr in das System erfolgen, so dass außer dem Niederschlag auch noch aufsteigendes Wasser dazukommt und die Verlustgröße Sickerwasser sich umkehrt.

In Trockengebieten wird das meiste Wasser durch ET verlorengehen, eine Speisung des Grundwassers erfolgt nicht mehr (aride Gebiete).

Von besonderer Bedeutung für das Überleben in Trockengebieten ist die Ausbildung eines ausreichend großen Wurzelsystems. Ist das durchwurzelbare Bodenvolumen groß genug, so können von den mehrjährigen Pflanzen unter Umständen mehrere Trockenjahre überstanden werden, wenn Wasser in tieferen Schichten erreichbar ist. Manche Pflanzen, die besonders tief wurzeln, scheinen sogar in der Lage zu sein, dieses Wasser so zu heben ("hydraulic lift"), dass davon sogar andere Pflanzen profitieren können, wie CALDWELL et al. (1991) zeigen konnten.

Das durchwurzelte Bodenvolumen ist zum Beispiel bei Ölbäumen umso größer, je trockener das Gebiet ist. In Tunesien sind aus Erfahrung der Bauern heraus die Abstände zwischen den gepflanzten Bäumen im Süden viel größer als im Norden (▫ Abb. A-48).

▫ **Abb. A-48** In Tunesien vergrößern die Bauern in den Oliven-Plantagen die Abstände zwischen den einzelnen Bäumen von Nord nach Süd, damit trotz des trockeneren Klimas und geringerer verfügbarer Wassermenge ein ausreichender Ernteertrag erzielt wird (Foto: Breckle).

Für die großräumige Landschaftsgliederung der Erde in Zonobiome ist die Ermittlung der humiden und ariden Monate als Ausdruck der **hygrischen Vegetationszeit** über eine hinreichend lange Zeitreihe ein effektives Hilfsmittel. Die hygrische Vegetationszeit ist definiert durch die Länge der feuchtigkeitsbestimmten Wachstumsperiode, ausgedrückt durch die Anzahl der humiden Monate (Isohygromenen) (LAUER & RAFIQPOOR 2002). Ein Monat gilt als humid, wenn in diesem das Niederschlagsaufkommen die potentielle Evapotranspiration (ET) der standörtlichen Pflanzenwelt mindestens erreicht (N ≥ ET) bzw. übersteigt. Die methodischen Grundlagen der Berechnung der potentiellen Evapotranspiration sind in LAUER & RAFIQPOOR (2002) ausführlich diskutiert. Die Wasserbilanz in zeitlich aufgelöster Form ergibt eine 12er Skala der Anzahl der humiden Monate von perarid (12 aride Monate) bis perhumid (12 humide Monate). Man kann diese in 6 Humiditätsstufen von ökologischer Relevanz unterteilen: 0 = perarid, 1-2 = arid, 3-4 = semiarid, 5-6 = semihumid, 7-9 = humid, 10-12 = perhumid. Die räumliche Darstellung der Linien gleicher Länge der hygrischen Vegetationszeit (Isohygromenen) ergibt ein differenziertes Bild des hygrischen Klimas auf der Erde (◘ Abb. A-49).

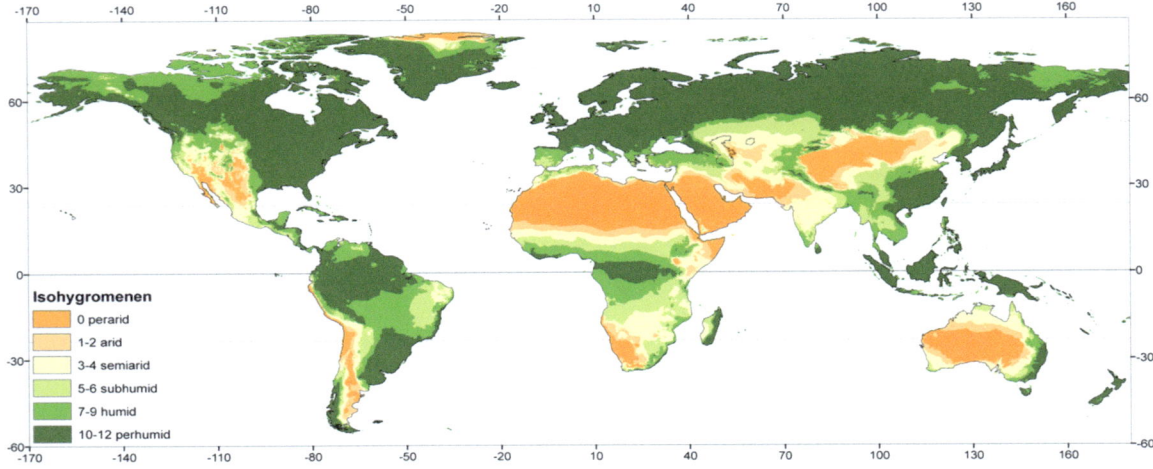

◘ **Abb. A-49** Länge der hygrischen Vegetationszeit auf der Erde (Isohygromenen).

2.5 Die Öko-Klimate der Erde (Klimaklassifikation)

LAUER & RAFIQPOOR (2002) haben ein System der Ökoklimaklassifikation entwickelt, in der sie für die Klimatypisierung der Erde die Länge der thermischen und hygrischen Vegetationszeit auf Monatsbasis verwenden. Sie analysierten die Daten von über 2000 Klimastationen und entwarfen Karten für Isothermomenen (Länge der thermischen Vegetationszeit auf Monatsbasis) (► Abb. A-44) und Isohygromenen (Länge der hygrischen Vegetationszeit auf Monatsbasis) (► Abb. A-49). Aus der Verschneidung dieser beiden Karten entwickelten sie eine Karte der Öko-Klimatypen der Erde, deren Grenzen eindeutig empirisch bestimmt werden können (◘ Abb. A-50). Zur Gliederung der großen Klimazonen wurden die solaren **Strahlungsgürtel** verwendet. Diese erfolgt über die Schwellenwerte der jährlichen Tageslängenschwankung, die durch die geographische Breite determiniert ist. Basierend auf dieser klaren mathematischen Einteilung der Erde, ergeben sich fünf Hauptklimazonen [Tropen (A), Subtropen (B), kühle Mittelbreiten (C), kalte Mittelbreiten (Boreale Zone D), Polarregionen (E)]. Sie stellen das Grundgerüst für die Einteilung der Erde in Zonobiome, die das Grundkonzept dieses Buches darstellen.

Aus der Gegenüberstellung der Ökoklimatypen (► Abb. A-50) und den Zonobiomen auf der Erde (► Abb. C-22 bis Abb. C-27) ergibt sich eine klare Kongruenz der Zonierung der beiden Systeme:

ZB I =   Megatherme, perhumide Klimate der inneren Tropen
ZB II =   Megatherme, humide Klima der äußeren Tropen
ZB III =   Megatherme-makrotherme, peraride Wüstenklimate der Rand- und Subtropen
ZB IV =   Makrotherme, humide-semihumide Klimate der mediterranen Winterregengebiete
ZB V =   Makrotherme, perhumide-humide subtropischen Klimate der Ostseiten der Kontinente
ZB VI =   Mesotherme, perhumide-semihumide Klimate der kühlen Mittelbreiten
ZB VII =   Mesotherme, semiaride-aride Klimate der kühlen Mittelbreiten
ZB VIII = Mikrotherme, perhumide-semihumide Klimate der kalten Mittelbreiten
ZB IX =   Oligotherme, perhumide-semihumide Klimate der Subpolarregionen

Diese Zonobiome werden nach dem Grad der Kontinentalität und der kleinräumigen regionalen Unterschiede in Zonoökotone und nach den Höhenunterschieden in verschiedene Orobiome zusätzlich differenziert. Alle diese Einheiten sind auf der Karte der Ökoklimate der Erde (► Abb. A-50) wieder zu finden.

Ökologische Grundlagen

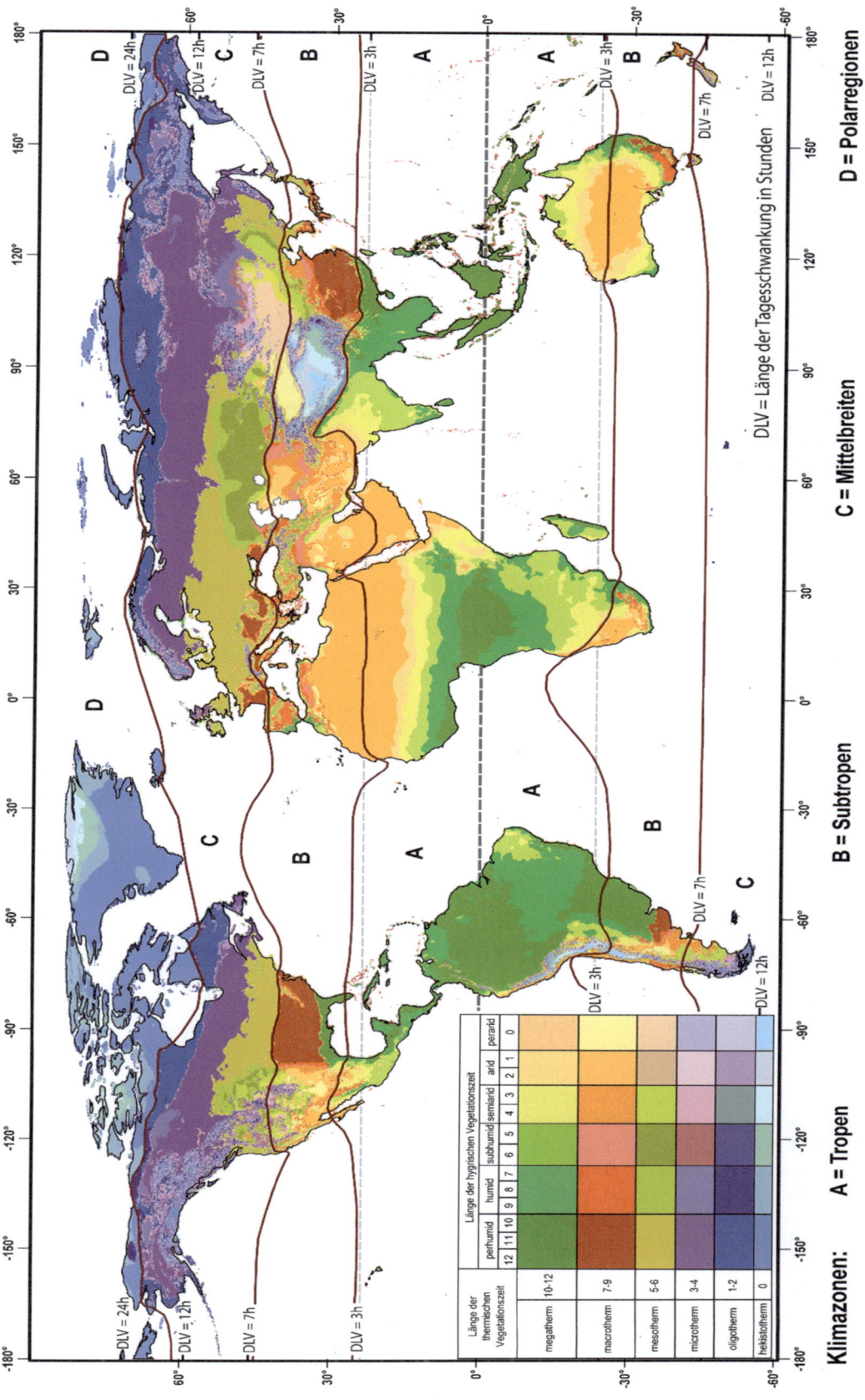

Abb. A-50 Die Öko-Klimate der Erde.

2.6 Klimadarstellung: Thermoisoplethendiagramme, ökologische Klimadiagramme

Die Temperatur kann in Form von Maxima und Minima, Mittel- und Andauerwerte sowie als Tages- und Jahresschwankung erfasst und in Diagrammen und Karten dargestellt und daraus die typischen Klimaeigenschaften der einzelnen Zonobiome gekennzeichnet werden. Das thermische Klima eines Gebietes lässt sich aber am leichtesten anhand von Thermoisoplethen-Diagrammen auf der Basis von Tages- und Jahresschwankungen der Lufttemperatur ablesen (TROLL 1943).

Thermoisoplethen-Diagramme (◘ Abb. A-51) vermitteln ein quasi-dreidimensionales Bild der **thermischen** Bedingungen an einer Klimastation. In einem Thermoisoplethen-Diagramm sind auf der Abszisse die Monate des Jahres und auf der Ordinate die Tagesstunden aufgetragen und mit Linien gleicher Temperatur (zu einem Isoplethen-Diagramm) miteinander verbunden. Das Kurvenbild ist außerordentlich aussagekräftig. Es können nicht nur die Einzelwerte des Tages- und des Jahresganges, sondern zugleich auch die Schwankungsgröße und durch den Kurvenverlauf auch das Verhältnis der Schwankungswerte zueinander sichtbar gemacht werden. Beim Vergleich einzelner Diagramme ist auf einen Blick die Zugehörigkeit zu entsprechenden Klimazonen sichtbar. Es sind damit geeignete Instrumente zur Charakterisierung der thermischen **Homoklimate** (d.h. im Typ ähnliche Klimate) auf der Erde.

In den tropischen und randtropischen, maritimen Gebieten zeigen die Isolinien eine Streckung in Richtung der Abszisse (► Abb. A-51: Belem). Das bedeutet, dass hier die jahreszeitlichen Schwankungen nur gering bleiben, da an jedem Tag des Jahres zu einer bestimmten Stunde nur wenig unterschiedliche Temperaturwerte auftreten (**Tageszeitenklima**). Die Diagramme außertropischer Stationen zeigen hingegen eine Streckung der Isolinien in Richtung der Ordinate (► Abb. A-51: Helsinki, Eismitte), was auf größere jahreszeitliche Schwankungen hinweist (**Jahreszeitenklima**). Die dichte Scharung der Linien vor allem in den Polarregionen (► Abb. A-51: Eismitte) gibt den raschen Wechsel der Temperatur am Tag oder in einer Jahreszeit wieder, wodurch der Grad der Kontinentalität eines Gebietes sichtbar wird. Bilder der Stationen der subtropischen Übergangsgebiete (► Abb. A-51: Kairo) machen deutlich, dass der Kurvenverlauf im Sommer und bei Tag mehr dem tropischen Typ ähnelt, wohingegen im Winter und bei Nacht der Grundzug des Kurvenverlaufs eher außertropische Verhältnisse anzeigt.

Das **hygrothermische** Verhalten der Räume kann man am einfachsten auch Hilfe von **ökologischen Klimadiagrammen** veranschaulichen. Es ist eine bildliche Darstellung des Gesamtklimas im bodennahen Bereich. Eine solche Darstellung muss aber übersichtlich sein, also nur die für Ökosysteme wichtigsten Angaben enthalten. Das sind die Temperatur- und Niederschlagsverhältnisse im Laufe eines Jahres. Fast 9.000 Klimadiagramme von meteorologischen Stationen der ganzen Erde sind bereits im Klimadiagramm-Weltatlas von WALTER & LIETH (1960-1967) enthalten.

Die Erläuterung einiger typischer Diagramme bringt ◘ Abb. A-52. Die dort angeführten Klimadiagramme sind Beispiele für die neun Zonobiome, jeweils von Stationen in geringer Meereshöhe.

Zusätzlich sind in ◘ Abb. A-53 Klimadiagramme von Orobiomen (OB) gezeigt. OB I mit Tageszeitenklima (Páramo) und die weiteren Orobiome II-IX. Orobiom IX (Wostok, in der Antarktis) ist mit einer mittleren Jahrestemperatur von -56 °C wohl eine der kältesten Stationen auf der Erde.

Aus den Klimadiagrammen sind nicht nur die Temperatur- und Niederschlagswerte zu ersehen, auch die Dauer und die Intensität einer relativ humiden und relativ ariden Jahreszeit, ebenso wie die Dauer und Intensität eines kalten Winters und die Möglichkeit des Auftretens von Spät- oder Frühfrösten.

Mit der schematischen Darstellung der Klimagramme erhält man die Grundlage für die Beurteilung des Klimas in ökologischer Hinsicht. Der Hinweis auf die Aridität bzw. Humidität der Jahreszeiten kommt auf dem Klimadiagramm durch die Anwendung des Ordinaten-Maßstabes 10 °C ≅ 20 mm Niederschlag zustande. Die Temperaturkurve ersetzt dabei annäherungsweise die Kurve der potentiellen Evaporation (deren Werte meist nicht bekannt sind) und kann somit zur Darstellung der Wasserbilanz im Vergleich mit der Niederschlagskurve in Beziehung gesetzt werden. Die vertikale Erstreckung der punktierten Fläche, das heißt der Dürrezeit, ist ein Maß ihrer Intensität, die horizontale Erstreckung ein Maß ihrer Dauer. Dasselbe gilt auch für die Humiditätsfläche. Das Verhältnis 10 °C ≅ 20 mm Regen hat GAUSSEN für das Mediterrangebiet als besonders gut mit den tatsächlichen Witterungsbedingungen im Einklang stehend gefunden. Für Steppen- und Präriediagramme ist es allerdings zweckmäßig, außerdem noch den Maßstab 10 °C ≅ 30 mm zu verwenden (Odessa, ► Abb. A-52), um eine Trockenzeit zur Darstellung zu bringen, die weniger extrem ist als die Dürrezeit.

Die in ► Abb. A-52 dargestellten Klimadiagramme gehören zu folgenden Zonobiomen:

ZB I (humides, äquatoriales Tageszeitenklima): Yangambi am mittleren Kongo; Bogor auf Java

ZB II (tropisches Sommerregenklima): Harare in Simbabwe

ZB III (subtropisches Wüstenklima): Kairo am unteren Nil

ZB IV	(mediterranes Winterregenklima): Tunis im mediterranen Nordafrika
ZB V	(warmtemperiertes Klima): Cheju im Süden von Süd-Korea
ZB VI	(gemäßigtes, nemorales Klima mit kurzer kalter Jahreszeit): Essen in Deutschland
ZB VII	(gemäßigtes semiarides Steppenklima mit langer Trockenzeit und geringer Dürre): Odessa am Schwarzen Meer
ZB VIIa	(gemäßigtes arides Halbwüstenklima mit ausgesprochener Dürrezeit): Astrachan an der unteren Wolga
ZB VII (rIII)	(Extrem arides Wüstenklima mit kalten Wintern): Nukuss in Mittelasien
ZB VIII	(kaltes, gemäßigtes Klima mit sehr langen Wintern): Archangelsk in der borealen Taigazone
ZB IX	(arktisches Tundrenklima mit Julimittel unter +10 °C): Karskije Vorota (Insel Vaigatsch).

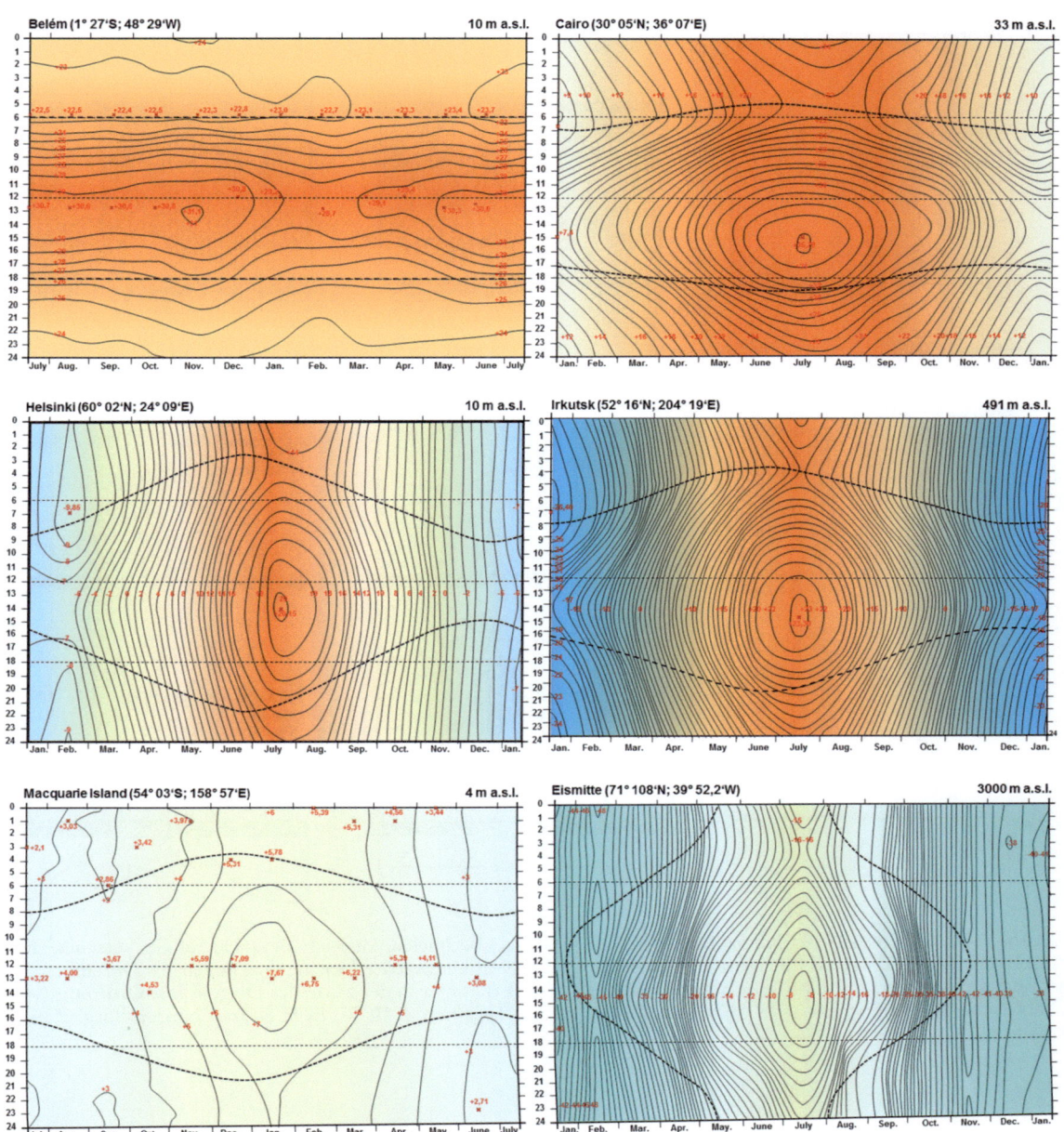

■ **Abb. A-51** Thermoisoplethendiagramme ausgewählter Stationen der Tropen (Belem), Subtropen (Kairo), Mittelbreiten (Helsinki), Kontinentalregion (Irkutsk), Südpazifik (Macquarie Island) und Polarregion (Eismitte) (verändert n. TROLL 1943).

70 Autökologie

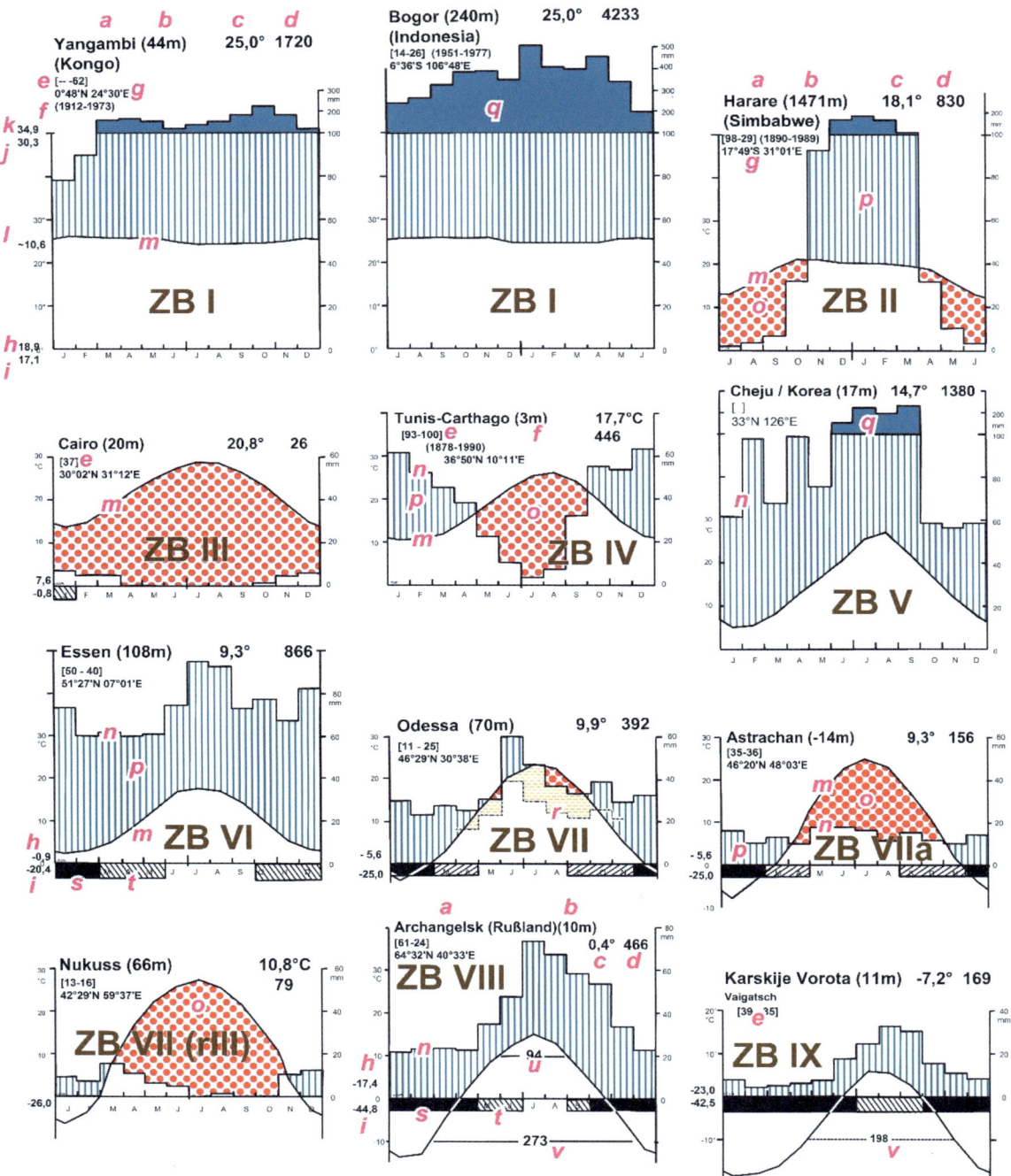

■ **Abb. A-52** Erläuterung der Klimadiagramme mit typischen Beispielen, zugleich Beispiele für die verschiedenen Zonobiome (s.u.). **Abszisse (horizontale Achse):** Auf der Nordhemisphäre Monate von Januar bis Dezember, auf der Südhemisphäre von Juli bis Juni (warme Jahreszeit liegt also immer in der Mitte des Diagramms. **Ordinate (vertikale Achsen):** Temperatur in °C, Niederschläge in mm. 1 Teilstrich = 10 °C, bzw. 20 mm Niederschlag (Zahlen werden oft weggelassen).

Die Bezeichnungen und Zahlenwerte auf den Diagrammen bedeuten:

- **a** = Station (Region);
- **b** = Höhe über dem Meer;
- **c** = mittlere Jahrestemperatur;
- **d** = mittlere jährliche Niederschlagsmenge;
- **e** = Zahl der Beobachtungsjahre (eventuell erste Zahl für Temperatur und zweite Zahl für Niederschläge);
- **f** = Beobachtungszeitraum;
- **g** = geographische Koordinaten;
- **h** = mittleres tägliches Minimum des kältesten Monats;
- **i** = absolutes Minimum (tiefste gemessene Temperatur);
- **j** = mittleres tägliches Maximum des wärmsten Monats;
- **k** = absolutes Maximum (höchste gemessene Temperatur);
- **l** = mittlere tägliche Temperaturschwankung (bei tropischen Stationen).
- **m** = Kurve der mittleren Monatstemperaturen;
- **n** = Kurve der mittleren monatlichen Niederschläge (1 Skalenteil = 20 mm, also im Verhältnis 10 °C = 20 mm);
- **o** = für das betreffende Klimagebiet relative Dürrezeit (rot punktiert);
- **p** = entsprechend relativ humide Jahreszeit (vertikal blau schraffiert);
- **q** = mittlere monatliche Niederschläge, die 100 mm übersteigen (Maßstab auf 1/10 reduziert, blaue Fläche = perhumide Jahreszeit;
- **r** = Niederschlagskurve, erniedrigt, im Verhältnis 10 °C = 30 mm, darüber horizontal gelb gestrichelte Fläche = relative Trockenzeit (nur bei Steppenstationen);
- **s** = Monate mit mittlerem Tagesminimum unter 0 °C (schwarz) = kalte Jahreszeit;
- **t** = Monate mit absolutem Minimum unter 0 °C (schräg schraffiert), d. h. Spät- oder Frühfröste können auftreten;
- **u** = Zahl der Tage mit Mitteltemperaturen über +10 °C (Dauer der Vegetationszeit);
- **v** = Zahl der Tage mit Mitteltemperaturen über -10 °C.

Nicht für alle Stationen liegen sämtliche Daten vor. Wenn sie fehlen, bleiben die entsprechenden Stellen im Diagramm frei.

Die im Klimadiagramm angezeigte aride Jahreszeit (Dürrezeit) ist nur als relativ arid im Vergleich zur humiden Jahreszeit des betreffenden Klimatyps anzusehen. Denn die Temperaturkurve, die wir an Stelle der Kurve der potentiellen Evaporation benutzen, ist nicht mit dieser identisch, sondern verläuft zu derselben nur mehr oder weniger parallel. Sie bleibt hinter derselben quantitativ umso mehr zurück, je arider oder auch windreicher (zum Beispiel Patagonien) das betreffende Klima ist. Genauer konstruierte Hydroklimadiagramme hat HENNING (1994), und ökologische LAUER et al. (1996) und LAUER & RAFIQPOOR (2002) zusammengestellt. Absolut genommen ist die aride Jahreszeit im ökologischen Klimadiagramm umso arider, je größer die Aridität des Gesamtklimas ist, das heißt eine aride Jahreszeit zum Beispiel auf dem Klimadiagramm einer Station in der Steppe ist nicht so extrem wie die einer Mittelmeerstation oder gar einer in der Sahara. Das ist vom ökologischen Standpunkt günstig, weil die Empfindlichkeit der Pflanzen gegen Trockenheit umso mehr abnimmt, je trockener das Klima ist, in dem sie beheimatet sind. Für die Arten des tropischen Regenwaldes ist schon ein nicht perhumider Monat (weniger als 100 mm Regen) relativ trocken, die an trockenen Standorten Mitteleuropas wachsenden **Xerophyten** würden in den Wüsten eher als **Hygrophyten** eingestuft werden.

Wir werden bei der Besprechung der Vegetationsgebiete die entsprechenden Diagramme beifügen, da wir auf diese Weise auf lange Tabellen verzichten können und damit ein schneller Überblick möglich ist.

Die Klimadiagramme sind besonders geeignet, um **Homoklimate** herauszufinden, was bei Verwendung von umfangreichen Klimatabellen äußerst langwierig ist.

Man braucht nur das gegebene Klimadiagramm mit solchen im Klimadiagramm-Weltatlas aus Gebieten zu vergleichen, in denen Homoklimate vermutet werden. ◘ Abb. A-54 zeigt die Homoklimate von Karachi (Pakistan) aus Zonobiom III (leichter Übergang zu ZB II) und von Bombay (sehr typisch für ZB II) in einem anderen Teil der Erde. Die Kenntnis der Homoklimate ist für die Neueinführung von Kulturpflanzen in Gebiete, in denen sie noch nicht bekannt sind, sehr wichtig.

Will man eine rasche Übersicht der Klimagliederung von größeren Teilgebieten erhalten, so greift man zu Klimadiagrammkarten. Man erhält diese, wenn man auf großen Wandkarten von einzelnen Kontinenten oder Ländern die Klimadiagramme aus dem Klimadiagramm-Weltatlas auf die geographisch richtige Stelle einfügt. Die Übersichtlichkeit wird erhöht, wenn man die Fläche der Dürrezeiten im Diagramm rot und die der humiden Zeiten blau kennzeichnet. Dann ist die Gliederung mit einem Blick zu übersehen. Solche Klimadiagrammkarten aller Kontinente im großen Format (schwarz-weiß) wurden an anderer Stelle veröffentlicht (WALTER et al. 1975). Hier können wir als Beispiel nur die Klimadiagramm-Karte von Afrika auf ◘ Abb. A-55 in kleinem Format mit nur wenigen Klimadiagrammen bringen (von Afrika enthält der Weltatlas über 1.000 Diagramme).

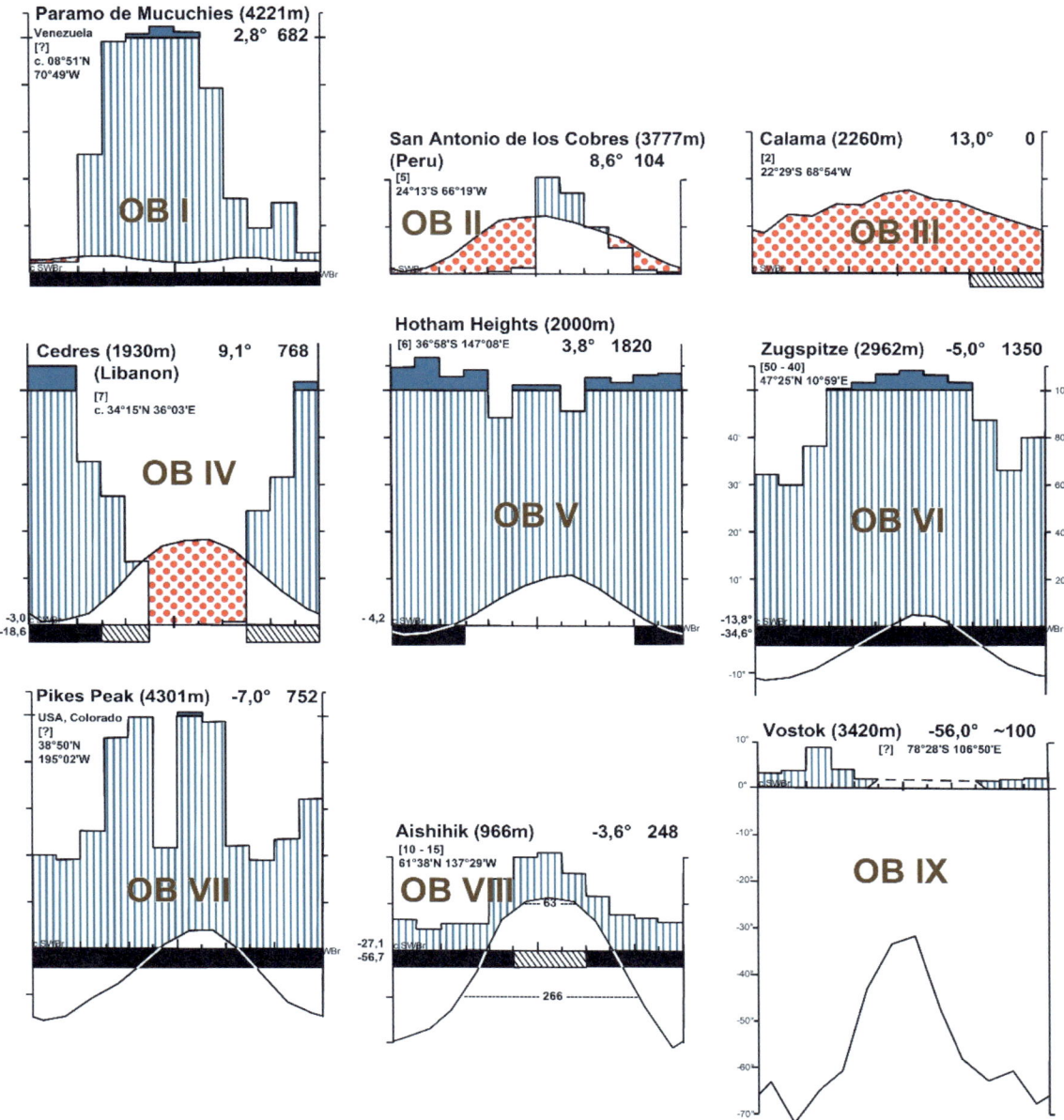

■ **Abb. A-53** Beispiele von Gebirgsstationen der verschiedenen Orobiome: OB I: Páramo de Mucuchies in Venezuela; OB II: San Antonio de Los Cobres in der peruanischen Puna; OB III: Calama in der nord-chilenischen Wüstenpuna; OB IV: Cedres im Libanon; OB V: Hotham Heights in den Snowy Mountains (Australien); OB VI: Zugspitze in den Nord-Alpen; OB VII: Pikes Peak in den Rocky Mountains über den Great Plains von Nordamerika; OB VIII: Aishihik in Südalaska; OB IX: Wostok auf der Eiskappe der Antarktis.

Ökologische Grundlagen

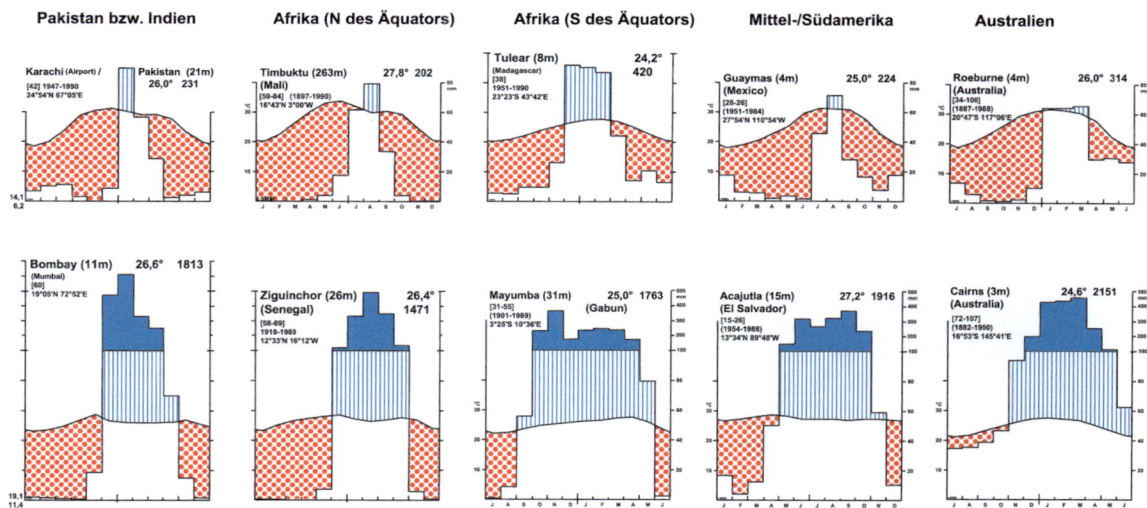

Abb. A-54 Homoklimate der beiden Stationen Karachi (Pakistan) und Bombay (Indien) in anderen Kontinenten.

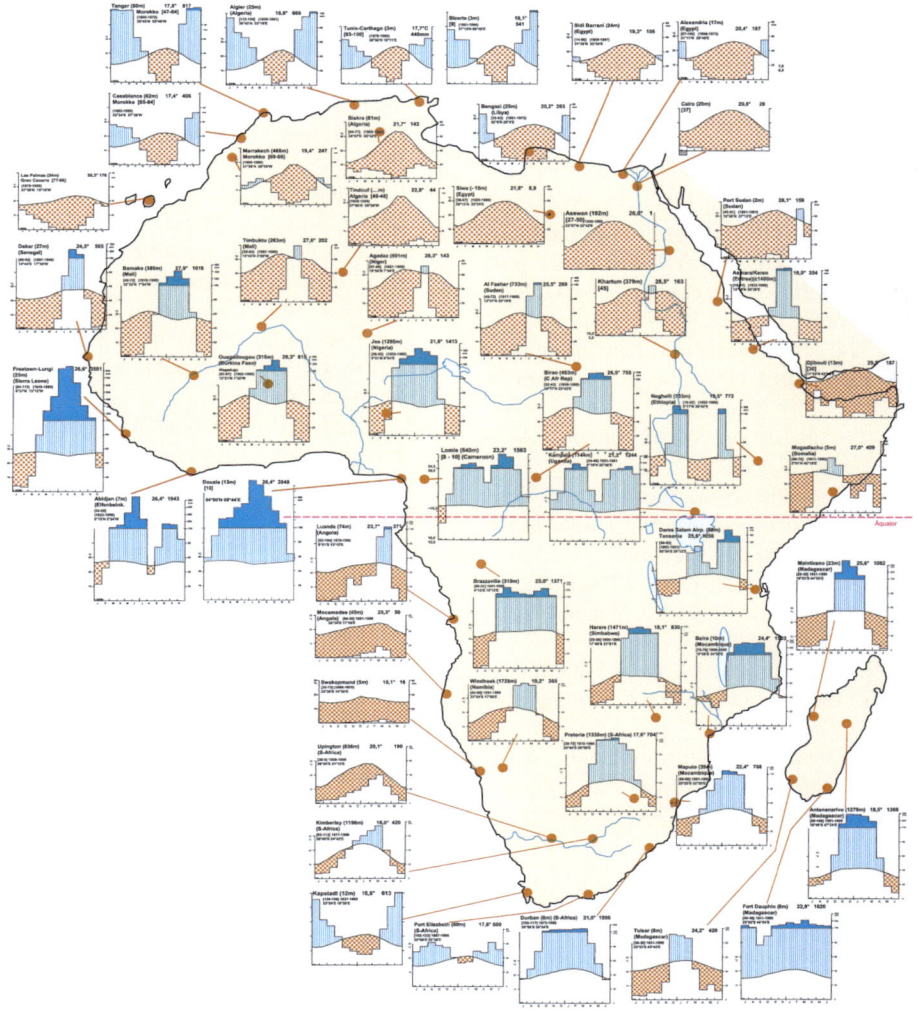

Abb. A-55 Beispiel einer Klimadiagrammkarte mit 66 Stationen. Zonobiome von Nord nach Süd: IV-III-II-I-II-III-IV, aber nördlich vom Äquator ist der Osten relativ zu trocken (Monsun), südlich dagegen relativ zu feucht (SE-Passat).

3 Literatur

BARTHLOTT, W., SZARZYNSKI, J., VLEK, P., LOBIN, W. et al. 2009: A torch in the rainforest: thermogenesis of the Titan arum (*Amorphophallus titanum*). Plant Biol. **11** (4): 499-505. Doi: 10.1111/j.1438-8677.2008.00147.x

BAUMGARTNER, A. & REICHEL, E. 1975: Die Wasserbilanz. Niederschlag, Verdunstung und Abfluss über Land und Meer sowie auf der Erde im Jahresdurchschnitt. Oldenburg-Verlag, München

BRECKLE, S.-W. 1976: Zur Ökologie und zu den Mineralstoffverhältnissen absalzender und nichtabsalzender Xerohalophyten. Habil.-Schr. Bonn, 170 S., Cramer (Diss. Bot.)

BRECKLE, S.-W. 1986: Studies on halophytes from Iran and Afghanistan. II. Ecology of halophytes along salt gradients. Proceed. Roy. Soc. Edinburgh **89B**: 203-215

BRECKLE, S.-W. 2002a: Walter's Vegetation of the Earth. The Ecological System of the Geo-Biosphere. Springer Verlag, Heidelberg, 527 p.

BRECKLE, S.-W. 2009: Is sustainable agriculture with seawater realistic? In: ASCHRAF, M., OZTURK, M. & ATHAR, H.R, (eds.): Tasks for Vegetation Science, Vol. **44**: 187-196

CALDWELL, M.M., RICHARDS, J.H. & BEYSCHLAG, W. 1991: Hydraulic lift: ecological implications of water efflux from roots. In: ATKINSON, D. (ed.): Plant root growth - an ecological perspective. Blackwell, Oxford

HENNING, I. 1994: Hydroklima und Klimavegetation der Kontinente. Münstersche Geogr. Arbeiten **37**: 144 S.

HILLEL, D. 1980: Applications of soil physics. Acad. Press, New York

JUNGHANS, H. 1969: Sonnenscheindauer und Strahlungsempfang geneigter Ebenen. Abhandlungen des Meteorologischen Dienstes der DDR **85**, Berlin.

KEARNEY, T.H., BRIGGS, L.J. et al. 1914: Indicator significance of vegetation in Tooele Valley, Utah. J. Agric. Res. **1**: 365-417

KUNTZE, H., ROESCHMANN, G. & SCHWERDTFEGER, G. 1994: Bodenkunde. 5. Aufl., Ulmer, Stuttgart 424 S.

LARCHER, W. 1980: Klimastress im Gebirge – Adaptationstraining und Selektionsfilter für Pflanzen. Rheinisch-Westfälische Akad. Wiss., N **291**: 49-88

LARCHER, W. 2001: Ökologie der Pflanzen. 5. Aufl., Ulmer, Stuttgart

LAUER, W. 1999: Klimatologie. Das Geographische Seminar. Westermann Verlag Braunschweig

LAUER, W. & FRANKENBERG, P. 1986: Eine Karte der hygrothermischen Klimatypen von Europa. Erdkunde **40**: 85-94

LAUER, W. & RAFIQPOOR, M.D. 2002: Die Klimate der Erde – eine Klassifikation auf der ökophysiologischen Grundlage der realen Vegetation. Erdwissenschaftliche Forschung, Bd. XL. Franz Steiner Verlag, Stuttgart

LAUER, W., RAFIQPOOR, M.D. & FRANKENBERG, P. 1996: Die Klimate der Erde. Erdkunde **50**: 275-300

LERCH, G. 1991: Pflanzenökologie. Akad.-Verlag, Berlin 535 S.

LEVITT, J. 1972: Responses of plants to environmental stresses. Vol. 1+2; (1980: 2nd. edit.) Acad. Press, New York 497 + 606 p.

POPP, M. 1995 Salt resistance in herbaceous halophytes and mangroves. Progress in Botany **56**: 416-429

SCHEFFER, P. & SCHACHTSCHABEL, P. 1992: Lehrbuch der Bodenkunde. Enke, Stuttgart 491 S.

SCHMITHÜSEN, J. 1956: Die räumliche Ordnung der chilenischen Vegetation. Bonner Geogr. Abh. **17**, 86 S.

SCHÖNWIESE, C.-D. 1994: Klimatologie. UTB1793, Ulmer, Stuttgart 436 S.

TISCHLER, W. 1984: Einführung in die Ökologie. 3. Aufl. Fischer, Stuttgart, 437 S.

TROLL, C. 1943: Thermische Klimatypen der Erde. In: Petermanns Mitteilungen **89**: 81-89

WALTER, H. 1960: Standortslehre. 2. Aufl., Ulmer, Stuttgart. 566 S.

WALTER, H. 1975: Über ökologische Beziehungen zwischen Steppenpflanzen und alpinen Elementen. Flora **164**: 339-346

WALTER, H. 1990: Vegetationszonen und Klima. 6. Aufl., Ulmer/Stuttgart 382 S.

WALTER, H. & KREEB, K. 1970: Die Hydratation und Hydratur des Protoplasmas der Pflanzen. Protoplasmatologia, Bd. II C **6**, Wien. 306 S.

WALTER, H. & LIETH, H. 1967: Klimadiagramm-Weltatlas. Fischer, Jena

WEISCHET, W. 1980: Die ökologische Benachteiligung der Tropen. 2. Aufl., Teubner, Stuttgart

WHITE, I.D., MOTTERSHEAD, D.N. & HARRISON, S.J. 1992: Environmental Systems. Chapman & Hall. London 616 p.

I Allgemeiner Teil

Teil B - Ökologische Grundlagen (Synökologie)

1. Umwelt und Wettbewerb
2. Bestäubung und Befruchtung (Blüten, Samen und Früchte)
3. Ausbreitung und Verbreitung
4. Ökotypen und Biotopwechsel
5. Historische Dimension
6. Koevolution und Symbiosen
7. Populationsökologie
8. Biodiversität
9. Zonale, Azonale und Extrazonale Vegetation
10. Literatur

Tundra mit Zwergsträuchern wie *Vaccinium myrtillus, V. vitis-idaea* und *Loiseleuria procumbens* an schneearmen Stellen der Tundra (Zonobiom IX) in Nord-Finnland (Foto: Breckle)

1 Umwelt und Wettbewerb

Das Klima eines Standorts bedingt dessen Vegetation. Aber die häufig gemachte Annahme, dass die Verbreitung der Pflanzenarten direkt durch die Standortsverhältnisse verursacht wird, ist fast nie richtig. Diese sind nur von indirekter Bedeutung, indem sie die Wettbewerbsfähigkeit der Arten verändern. Nur an den absoluten Verbreitungsgrenzen in der Trocken- und Kältewüste, am Rande der Salzwüste, also dort wo die Einzelpflanzen isoliert stehen, sind die Standortsfaktoren (meistens ein gewisser extremer Faktor) direkt bestimmend. Sieht man von diesen Ausnahmefällen ab, so können die Pflanzenarten noch weit außerhalb ihres Areals wachsen, wenn man sie vor der Konkurrenz der anderen Arten schützt. Zum Beispiel verläuft die nordöstliche Verbreitungsgrenze der Buche durch das Weichselgebiet (Fluss in Polen), aber die Buche wächst noch in den botanischen Gärten von Kiew und Helsinki. Die mediterrane, immergrüne Steineiche (*Quercus ilex*) erreicht im südlichen Rhône-Tal ihre Arealnordgrenze, kultivierte Bäume halten noch in den Botanischen Gärten von Bonn, Leipzig oder Kopenhagen durch.

Die natürliche Verbreitungsgrenze einer Art ist dort erreicht, wo durch die sich ändernden Umweltbedingungen ihre Wettbewerbsfähigkeit oder Konkurrenzkraft so stark herabgesetzt wird, dass sie von anderen Arten verdrängt werden kann. Sie hängt also vor allem vom Vorhandensein bestimmter Konkurrenten (oder einer bestimmten Fauna) ab. Diese sind für die Buche an der Ostgrenze die Hainbuche, an der Nordgrenze die Eiche und im Gebirge die Fichte.

Wenn die nordöstliche Buchengrenze einen ähnlichen Verlauf zeigt wie die Januar-Isotherme von -2 °C, oder die Nordgrenze des Eichenareals mit der Temperaturlinie von vier Monaten über +10 °C, bzw. die nördliche Fichtengrenze mit der Juli-Isotherme von +10 °C zusammenfällt, so brauchen dabei keine direkten kausalen Zusammenhänge zu bestehen. Man könnte höchstens daraus schließen, dass bei der Buche wahrscheinlich der nach Osten zunehmend kältere Winter und bei der Eiche und Fichte der nach Norden hin kürzere Sommer die Wettbewerbsfähigkeit dieser Arten stark herabsetzt.

Wenn wir als ökologisches Optimum die Bedingungen bezeichnen, unter denen eine Art in der Natur am häufigsten vorkommt und als physiologisches Optimum die Bedingungen, unter denen sie im Laboratorium (Klimakammer) oder in Einzelkultur am besten gedeiht, so entsprechen sich diese Optima oft nicht (◘ Abb. B-1).

Aus der Verbreitung einer Art kann man somit nicht ohne weiteres ihre physiologischen Ansprüche erkennen. Wenn zum Beispiel die Kiefer in der gemäßigten Zone unter natürlichen Verhältnissen nur an trockenen Kalkhängen, aber auch auf sehr trockenen, sauren Sandhängen oder gar auf übernässten sauren Moorböden anzutreffen ist (◘ Abb. B-2), so kommt dies, weil sie von den für sie günstigeren Standorten durch stärkere Konkurrenten verdrängt wird. Andererseits gibt uns die Kenntnis der in Klimakammern ermittelten physiologischen Ansprüche einer Art noch nicht die Möglichkeit, ihre Verbreitung in der Natur vorauszusagen oder im Einzelnen zu erklären. Ob sie den ihren physiologischen Ansprüchen nach besiedelbaren Standort einnimmt oder nur teilweise, darüber entscheiden neben dem historischen Faktor eben meist die Mitbewerber. Im Ökogramm lässt sich für bestimmte ökologische Faktorenkombinationen darstellen, welche Arten dominant auftreten und wo ihre jeweiligen ökologischen Optima liegen. In ▶ Abb. B-2 ist dies für mitteleuropäische Baumarten gezeigt.

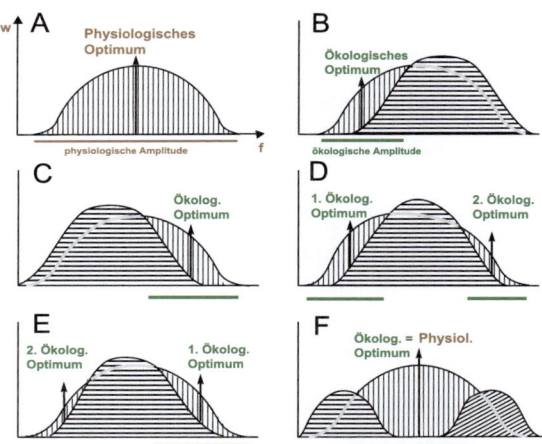

◘ **Abb. B-1** Wachstumskurven (vertikal schraffiert) einer Art ohne (**A**) oder unter (**B-F**) Konkurrenzdruck (horizontal schraffiert). Ordinate: Wachstumsintensität bzw. Stoffproduktion; Abszisse: Standortfaktor.

Wettbewerb ist kein direktes Abhängigkeitsverhältnis zwischen Arten. Man erkennt es daran, dass isoliert stehende Pflanzen sich üppiger entwickeln als die in einer Pflanzengemeinschaft. Die Hemmung beim Wettbewerb ist meistens auf Entzug von Licht durch oberirdische Organe oder von Wasser bzw. von Nährstoffen bei Wurzelkonkurrenz zurückzuführen. Ob außerdem noch gewisse durch die Pflanzen ausgeschiedene Hemmstoffe eine wichtige Rolle im Konkurrenzkampf spielen (Allelopathie), ist unter natürlichen Bedingungen schwer nachweisbar. Nur in einigen Fällen scheint dies zuzutreffen. In anderen Fällen gibt es wohl auch gegenseitige Förderung, insbesondere durch Stoffaustausch über das Pilzhyphengeflecht im Boden, das die Mykorrhiza verschiedener Bäume miteinander verbinden und jungen Sämlingen zusätzlich Nährstoffe zuführen kann (Ammensystem). In

Ökosystemen überwiegen aber die Prozesse der Konkurrenz diejenigen einer solchen Kooperation bei weitem.

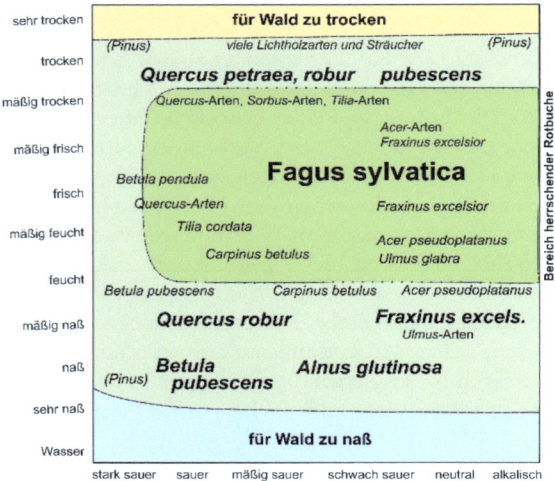

Abb. B-2 Ökogramm der wichtigsten waldbildenden Baumarten Mitteleuropas der submontanen Stufe bei gemäßigt-subozeanischem Klima. Die Schriftgröße drückt ungefähr den Anteil an der Baumschicht aus, wie er als Ergebnis des natürlichen Konkurrenzkampfes zu erwarten wäre (verändert nach ELLENBERG 1996).

Beim Wettbewerb unterscheidet man zwischen dem **intraspezifischen**, der sich unter Individuen derselben Art abspielt, und dem **interspezifischen** zwischen verschiedenen Arten. Der erste fördert das Überleben der kräftigsten Individuen und dient der Erhaltung der Art. Beim interspezifischen Wettbewerb kann eine Art die Vorherrschaft erlangen und die andere verdrängen oder es bildet sich ein Gleichgewicht in Mischbeständen aus, je nach der Konkurrenzkraft der einzelnen Partner. In den Gebirgen Mitteleuropas kann man zum Beispiel an der Buchen-Fichtengrenze beobachten, dass an Südhängen die Buche vorherrscht, an den Nordhängen die Fichte, während an Ost- und Westhängen beide sich mehr oder weniger die Waage halten und Mischbestände bilden. Diese werden sich auch dann ausbilden, wenn sich die Sämlinge einer Art unter fremden Arten besser entwickeln als unter Individuen der gleichen Art, was im tropischen Urwald zuzutreffen scheint, vielleicht, weil der Herbivoren- und Parasitendruck oder andere hemmende Faktoren entsprechend abgestuft sind.

Die Konkurrenzkraft einer Art ist ein sehr kompliziertes und schwer erfassbares Phänomen insbesondere, wenn man bedenkt, dass sie sich stark mit dem Entwicklungsstadium ändern kann. Sie ist am schwächsten bei Keim- und Jungpflanzen und nimmt mit dem Alter insbesondere bei Bäumen zu. Sie gilt immer nur für ganz bestimmte Umweltbedingungen. Die Gesamtheit aller morphologischen und physiologischen Eigenschaften einer Art ist dabei von Bedeutung. Bienne Arten sind konkurrenzkräftiger als annuelle, weil sie im zweiten Jahr das Wachstum mit größeren, während des ersten Jahres aufgespeicherten Reserven beginnen. Aus demselben Grunde sind vom dritten Jahr ab die perennen Kräuter den biennen überlegen. Holzarten tragen gegenüber perennierenden Kräutern den Sieg davon, wenn sie nicht in den ersten Lebensjahren unterdrückt werden, wenn es ihnen also gelingt, verholzte Achsenorgane zu bilden, die sich über die Krautschicht erheben.

Durch den Wettbewerb kommen an ähnlichen Standorten in einem begrenzten Gebiet immer wieder ähnliche Kombinationen von Pflanzenarten zustande, die man als Pflanzengemeinschaften (Phytozönosen) bezeichnet. Als Beispiel seien in Mitteleuropa genannt: Buchenwälder auf Kalkböden mit ihrer Krautflora oder Auenwälder, bestimmte Moortypen oder Röhrichte etc.

In einer stabilen Pflanzengemeinschaft befinden sich die Arten in einem gewissen ökologischen Gleichgewicht untereinander und mit ihrer Umwelt. Sie bilden mit den tierischen Organismen eine Biozönose. Für dieses Gleichgewicht sind maßgebend (wenn man von der Einwirkung der Tiere absieht):

1. der Wettbewerb der Arten untereinander
2. die Abhängigkeit der jeweiligen Arten vom Vorhandensein anderer (zum Beispiel Schattenarten)
3. das Vorkommen von komplementären Arten, die sich räumlich oder zeitlich ergänzen, so dass jede ökologische Nische ausgefüllt wird.

Die natürliche Gemeinschaft ist somit einigermaßen „abgesättigt" und fremde, eingeschleppte Arten können kaum eindringen, während sie bei gestörtem Gleichgewicht viel eher die Möglichkeit dazu haben. Aus diesem Grund spielt der Ferntransport von Samen für die Verbreitung der Pflanzen nur bei noch nicht besiedelten Flächen eine bedeutsame Rolle, zum Beispiel bei jungen vulkanischen Inseln.

Das Gleichgewicht einer Pflanzengemeinschaft ist kein statisches, sondern ein dynamisches Phänomen. Individuen sterben ab, andere keimen und wachsen heran. Dabei findet zwischen den einzelnen Arten meistens ein ständiger Platzwechsel statt. Gerade in unbeeinflussten Beständen, in Mooren, mehr noch in Urwäldern tritt ein ständig wechselndes Mosaik verschiedener Entwicklungsphasen nebeneinander auf. In Urwäldern sind diese Prozesse offenbar sehr langfristig; sie führen dazu, dass auf größeren Flächen alle Phasen vertreten sind. Die dabei unterscheidbaren Phasen stehen in einem Abhängigkeitsverhältnis und können in unterschiedlicher Weise mit bestimmten Zyklen ineinander übergehen (Abb. B-3).

Mengenmäßig zeigt die Artenzusammensetzung gewisse oder auch erhebliche Schwankungen. Auch die Artengarnitur bleibt nicht dieselbe; erst recht, wenn die Außenbedingungen von Jahr zu Jahr wechseln, auf Regenjahre z.B. Trockenperioden folgen etc. Dadurch werden bald die einen Arten im Wettbewerb begünstigt, bald die anderen. Ändern sich die Stand-

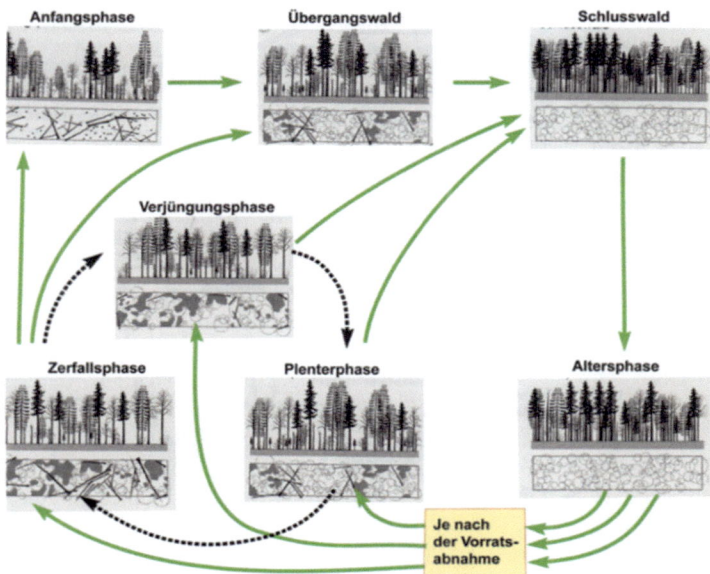

Abb. B-3 Schema der verschiedenen Phasen und ihrer Übergänge bei Urwäldern, abgeleitet aus Erhebungen im Rothwald bei Lunz am See (Niederösterreich, verändert nach ZUKRIGL et al. 1963). Entsprechend lassen sich auch die in Bialowiecz (Ostpolen) feststellbaren Phasen und Mosaikbestände in ein solches zyklisches Schema einordnen.

ortsbedingungen dauernd in einer bestimmten Richtung, zum Beispiel, wenn der Grundwasserspiegel viele Jahre hindurch langsam ansteigt, so verändert sich auch die Artenkombination: Gewisse Arten werden verschwinden, andere dringen von außen ein, bis schließlich eine neue Pflanzengemeinschaft entsteht.

Erfolgen die Eingriffe des Menschen lange Zeit hindurch auf gleiche Weise, so bildet sich ein anthropogen bedingtes Gleichgewicht aus, und es entstehen Pflanzengemeinschaften, die man als Kulturformationen bei intensiver Nutzung oder als Halbkulturformationen bei mehr extensiver Nutzung bezeichnet. Aus ihnen besteht die Vegetation der von Menschen dichtbesiedelten Gebiete. Die wesentlichen Kulturformationen werden durch bestimmte Maßnahmen erhalten, die Sukzessionsfolge kommt bei einem Wechsel der Nutzung immer wieder in Gang (Abb. B-4).

Die **Abfolge der Sukzession** ist meist zufallsbedingt, je nachdem welche Samen (Diasporen) zuerst oder in größerer Menge auf der Fläche ankommen und wie dann gerade die Keimungsbedingungen der Samen und Etablierungsmöglichkeiten der Keimlinge sind.

2 Bestäubung und Befruchtung (Blüten, Samen, Früchte)

Da die Etablierung und die Bestandserhaltung der Arten von ihrer Vermehrung abhängt und diese von den Bestäubungs- und Befruchtungsprozessen, wie auch von den Ausbreitungsmöglichkeiten der Samen und Früchte, muss kurz auf deren biologische Grundlagen eingegangen werden. Damit lässt sich allerdings noch nicht die jeweilige Verbreitung einer Art, also ihr derzeitiges geographisches Areal erklären, denn diese ist das Ergebnis eines langen historischen Prozesses.

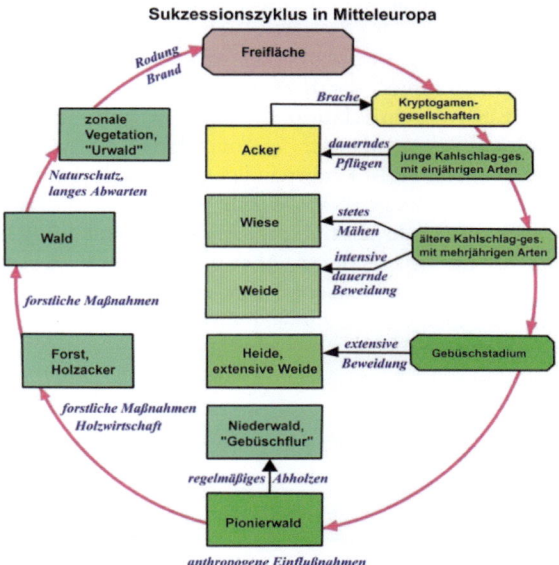

Abb. B-4 Schema des Sukzessionszyklus der anthropogenen Formationen in Mitteleuropa, mit Angabe der wesentlichen Einflussfaktoren.

Die Blütenpflanzen sind durch zoogame oder anemogame Blüten gekennzeichnet. Die meist farbigen Blüten der zoogamen Arten dienen der Anlockung von Insekten (entomogame Arten), manchmal sind dies vor allem Käfer (Coleopterogamie) oder Schmetterlinge (Lepidopterogamie), abends blühende Arten locken speziell Schwärmer an (sphingophile Arten), besonders wichtig sind aber die Hautflügler

(Hymenopteren: Bienen, Hummeln, Wespen) als Bestäuber, auch bei wichtigen Nutzpflanzen. In tropischen Regionen gibt es einige auf Fledermaus-Bestäubung angepasste Arten (chiropterogame Arten), deren Blüten meist hängen, fahlgelb sind und nachts geöffnet sowie durch Vögel bestäubte Arten (ornithogame) z.B. durch Kolibris in der Neuen Welt und Nektarvögel in der Alten Welt (◘ Abb. B-5). In den subtropischen Dornstrauchfluren im SE Afghanistans erreichen solche Arten vom indischen Subkontinent her gerade noch die Grenze Afghanistans.

Unter dem Vorgang der **Bestäubung** versteht man die Übertragung von Pollen (Blütenstaub) von einer Blüte auf die Narbe einer anderen Blüte. Diese Übertragung kann durch Wind erfolgen (anemogame Arten): Deren Blüten sind sehr pollenreich aber unscheinbar und klein. Die zoogamen Arten, sind wie oben erwähnt, sehr viel auffälliger. Sie sind teilweise extrem an die Bestäuber im Rahmen der **Koevolution** angepasst. Bei Orchideen werden nur noch einzelne Pollinien ausgebildet, die speziell von bestimmten Bienen oder Wespen übertragen werden („Einschreibsendung"), umgekehrt ist die Zahl der Samen riesig groß, die staubförmigen Samen werden ungezielt durch den Wind verfrachtet („Postwurfsendung").

Die Bestäubung ist Voraussetzung für die **Befruchtung**. Sie erfolgt durch Auswachsen des Pollenschlauches auf der Narbe bis zu den Samenanlagen im Fruchtknoten der bestäubten Blüte. Dort findet die **Kernverschmelzung** statt, und es entsteht eine diploide Zygote, die sich teilt und dann weiterwächst und letztlich einen Embryo bildet, der im Samen von mehr oder weniger Nährgewebe umgeben und durch die Samenschale geschützt ist. Aus dem Fruchtknoten wächst die Frucht heran. Aber genau wie die riesige Zahl an unterschiedlichen Strukturen im Blütenbereich ist auch die Variationsbreite der Früchte und der in ihnen enthaltenen Samen immens.

3 Ausbreitung und Verbreitung

Die ausgereiften Samen müssen zum Erhalt der Art in die Umgebung verfrachtet werden. Dies kann erfolgen dadurch, dass die Samen aus der Frucht entlassen werden oder dass die Frucht selbst als Ausbreitungseinheit dient.

Die Ausbreitung kann durch Wind (anemochore Arten) erfolgen, hierfür sind die Samen entweder staubfein oder sie bzw. die Früchte entwickeln Flugorgane (Flügel, Schirmchen). Die Ausbreitung kann aber auch durch Tiere geschehen (zoochore Arten). In diesen Fällen gibt es auch wieder unterschiedliche Anlockungsmöglichkeiten für Tiere. Früchte können gefressen werden, viele Samen sind aber unverdaulich und nach der Darmpassage (in Vögeln oder auch Säugetieren) sogar besser keimfähig (endozoochore Arten). Andere Arten haben haftende Fortsätze an den Früchten, die dann im Fell hängen bleiben und so weiter ausgebreitet werden (exozoochore Arten).

Der Erfolg der Ausbreitung hängt von mehreren Faktoren ab. Die Zahl der von den Pflanzen jährlich gebildeten Samen spielt eine große Rolle. Viele Samen, die weit verfrachtet werden, gleichen eine hohe Verlustquote aus. Wenige Samen, die gezielt an gute Standorte gelangen, sind ebenso eine erfolgreiche Strategie; so werden manche Nüsse durch Nagetiere gezielt gesammelt und gebunkert, wo dann manche auskeimen können. Die Verlustrate ist allerdings im allgemeinen riesig groß. Bei Altbuchenwäldern (*Fagus sylvatica*) in Mitteleuropa fallen in Mastjahren im Herbst bis oder über 100 Millionen Bucheckern auf 1 ha. Davon keimen je nach Winter und Herbivorendruck 10-20%. Dabei entsteht ein dichter Teppich von Keimlingen. Am Ende der ersten Vegetationsperiode sind davon meist nur noch 1-10% übrig. Im zweiten und dritten Jahr gehen durch Wassermangel, Fraß, Schattierung nochmals mehr als die Hälfte ein. Damit verbleiben immer noch etwa 5-10 Jungbäumchen pro m², die einen dichten Gebüschbestand bilden können, sobald sie etwas mehr Licht erhalten. Die starke Konkurrenz führt aber in den kommenden Jahren dazu, dass zu den ca. 500-700 Altbäumen auf einem ha (mehr haben mit ihren breiten Kronen keinen Platz) nur in entstehenden Lücken wenige Jungbäume hochwachsen können. Dies sind dann alle paar Jahre einige Dutzend Jungbäumchen, dies reicht völlig aus, um den Bestand zu erhalten.

Die **Verbreitung** einer Art ist das geographische Areal, das die Art besiedelt. Die Verbreitung ist für manche Arten sehr ähnlich, man spricht dann von einem Geo-Element, zu dem diese Arten gehören (z.B. mediterrane Arten, zentralasiatische Arten). Die Arealgröße kann sehr unterschiedlich sein. Das eine Extrem sind die kosmopolitischen Arten; sie kommen weltweit in allen Kontinenten vor. Das andere Extrem sind eng begrenzte Vorkommen, z.B. nur in einem Tal oder nur in einer Gebirgsregion; man bezeichnet diese als Endemiten. Man muss dabei allerdings immer die geographische Region, die man meint, genau kennzeichnen. man spricht oft von Landes-Endemiten, obwohl natürlich Ländergrenzen meist politisch sind und keine Naturgrenzen darstellen. So spricht man von Endemiten Afghanistans. Von den rund 5000 Arten Höherer Pflanzen in Afghanistan sind etwa 25% Endemiten (BRECKLE et al. 2013). Hierbei werden allerdings direkt benachbarte Regionen (mit gleichem Klima etc., Chitral, Kurram-Tal) mitgerechnet (subendemische Arten).

Die meisten Arten in Afghanistan haben eine irano-turanische Verbreitung. Aber auch Arten mit östlichem Areal (himalayisch, sino-japanisch) kommen in Ost-Afghanistan vor. Im Hochgebirge reichen Arten der borealen und sogar arktischen Region

Abb. B-5 Kolibri-Bestäubung der Blüte einer *Stachytarpheta*-Pflanze (Verbenaceae) (**a**, Foto: H. Breckle) in der Neuen Welt und einer Strelitzie durch einen Nektarvogel in der Alten Welt (**b**, Foto: Rafiqpoor). Die rote Farbe der Blüte ist eine Anpassung an die Tier-Bestäubung dieser Pflanze.

Euro-Sibiriens bis nach Afghanistan herein. Im Becken von Jalalabad oder bei Khost treten sogar einige saharo-sindische und sudanisch verbreitete (subtropisch-tropische) Arten auf, ebenso in Süd-Afghanistan einige saharo-sindische Wüstenarten.

4 Ökotypen und Biotopwechsel

Viele Pflanzenarten oder Phytozönosen (Pflanzengemeinschaften) haben eine sehr weite Verbreitung und wachsen, wenn man ihre Areale (Wohnbezirke) auf einer Karte betrachtet, anscheinend unter ganz verschiedenen Klimabedingungen. Diese Tatsache kann auf zwei Ursachen beruhen.

1. Die Art als taxonomische Einheit ist ökophysiologisch oft stark differenziert, zum Beispiel im Hinblick auf ihre Kälte- oder Dürreresistenz oder ihren Klimarhythmus. So kommt die Kiefer, *Pinus sylvestris*, von Lappland bis Spanien vor und nach Osten bis in die Mongolei, wobei höchstens ihre Wuchsform taxonomisch unwesentliche Unterschiede aufweist. Aber die spanische Kiefer kann nicht in Lappland wachsen, weil sie zu kälteempfindlich ist, die lappländische nicht in Spanien, weil sie eine lange Winterruhe braucht. Deswegen muss der Forstwirt stets sehr genau auf die Provenienz (Herkunft) des Saatguts achten. Die meisten taxonomisch einheitlichen Arten bestehen aus vielen solcher Ökotypen (Rassen, Varietäten).
2. Die zweite Möglichkeit einer weiten Verbreitung beruht auf einem Biotopwechsel der Art oder Phytozönose, wenn sich ihr Areal in ein klimatisch anderes Gebiet hinein erstreckt. Wird zum Beispiel das Klima am Nordrand des Areals kälter, so findet man die Art nicht mehr in der Ebene, sondern auf den kleinklimatisch wärmeren Südhängen, das heißt es tritt ein Biotopwechsel ein, durch den die Klimaänderung kompensiert wird, so dass die Standorts- oder Umweltbedingungen für die Pflanzen sich kaum ändern, also relativ konstant bleiben. Diese Gesetzmäßigkeit (Gesetz der relativen Standortkonstanz) kann man überall beobachten: Im Südteil des Areals gehen die Pflanzen immer mehr auf die Nordhänge, in tiefe feuchte Schluchten oder hinauf ins Gebirge. Wird das Klima feuchter, so suchen die Pflanzen trockene Kalk- oder Sandböden auf. Im trockenen Klima dagegen findet man sie entsprechend auf schweren, nassen Böden oder auf solchen mit hohem Grundwasserstand.

Natürlich muss man berücksichtigen, dass auf der Südhemisphäre die Nordhänge warm sind und am Äquator die Ost- und Westhänge. Ebenso weisen in ariden Gebieten die Sandböden die günstigste Wasserversorgung für die Pflanzen auf.

Dies gilt nicht nur für die Wasserverhältnisse in ariden Gebieten, sondern ganz allgemein für alle Faktoren, die durch das Klima mitbestimmt werden.

Das Gesetz des Biotopwechsels muss auch in den Gebirgen bei der Festlegung der Höhenstufen berücksichtigt werden: Schon die Unterschiede der Höhengrenzen bei verschiedener Exposition deuten diese Gesetzmäßigkeit an. Viel extremer sind Sondernischen mit intensiver Einstrahlung und Kälteabfluss, die es kleinen Baumbeständen erlauben, über der Waldgrenze schon innerhalb der alpinen Stufe zu wachsen. Einzelne Bäume fand man im Westpamir in durchblasenen Schluchten ohne Kaltluftstau noch bei 4000 m NN, und Sträucher in dem wilden Gelände sogar bei 5000 m NN; im Hindukusch fanden wir in sehr geschützten Nischen an Südflanken solche auf 5100 m. Andererseits fehlt in Kaltluftdolinen der Ostalpen eine Waldvegetation schon bei 1270 m NN, wobei bei Lunz (Niederösterreich) die tiefste Temperatur in West-Europa mit -51 °C gemessen wurde.

Auch Bodenfaktoren spielen eine Rolle. Auf schwer verwitterndem Dolomit findet man Fragmente der alpinen Vegetation in den Ostalpen inmitten der

Buchenstufe. Sondernischen sind auch die Lawinenzüge, auf denen die Konkurrenz der Baumarten ausgeschaltet ist, so dass sich die Krummholzarten der subalpinen Stufe in tiefen Lagen der Waldstufe zu behaupten vermögen. Auf solchen Sonderbiotopen findet man oft Relikte der Arten, die früher unter anderen klimatischen Bedingungen eine weitere Ausdehnung des Areals besaßen. Doch sollten für die Reliktnatur eines Vorkommens möglichst auch historische Beweise erbracht werden.

5 Die historische Dimension

Die heutige Geo-Biosphäre ist aufs engste mit der Erdgeschichte verknüpft. Sie ist das Ergebnis einerseits einer langen Entwicklung des Pflanzen- und Tierreichs, andererseits einer langen geotektonischen Geschichte der festen Erdoberfläche. Deswegen muss man in der Ökologie stets die historische Entwicklung berücksichtigen. Die Kontinente waren früher in der heutigen Form nicht vorhanden, auch nahmen sie eine andere Lage zu den Polen und dem Äquator ein. Diese WEGENERsche Kontinentalverschiebungstheorie ist heute fortentwickelt als Theorie der Plattentektonik. Die Bewegungen der Landmassen werden durch die Großschollentektonik und Konvektionsströmungen im Erdmantel erklärt. Die Bewegung der Platten von einigen Zentimetern pro Jahr führt zu sehr langsamen Veränderungen der Platten zueinander. Die heutige Lage der Platten ist in Abb. B-6 gezeigt. Aufgrund der magmatischen Aufquellgebiete (zum Beispiel Öffnung, Erweiterung des Atlantiks) muss es an anderer Stelle zum "Untertauchen" von Plattenmaterial kommen, dies erfolgt im Bereich der Subduktionszonen. In ihrer Nähe sind meist besonders aktive vulkanische Gebiete, die für die Evolutionsvorgänge von Flora und Fauna von Bedeutung sind.

Gegenüber den sich verschiebenden Kontinentalplatten erscheint offenbar das atmosphärische Windsystem mit den Klimazonen ein sehr stabiles System, das in dieser Ausprägung, zumindest in vergleichbarer Form, wohl weit ins Mesozoikum zurückreicht. Das Klimasystem als solches erscheint als der mehr stabile, die Kontinente als Lithosphäre schwimmen unter ihm hindurch und sind der mehr veränderliche Teil im sehr langfristigen Gesamtsystem der Biosphäre (KRUTZSCH 1992).

Das Leben begann im Wasser. Die ersten Landpflanzen sind seit der Wende Silur/Devon als Fossilien bekannt. Aus der Tatsache, dass NaCl, Hauptbestandteil des Meersalzes, von Kormophyten nicht benötigt wird und auf alle Pflanzen mit Ausnahme der Halophyten toxisch wirkt, muss man wohl schließen, dass die Vorfahren der Landpflanzen Süßwasseralgen waren, die vielleicht in Küstenlagunen unter feucht-tropischem Klima lebten. Die Halophyten unter den Angiospermen sind junge sekundäre Anpassungen an Salzböden im Küstenbereich oder in Salzwüsten.

Die Eroberung des Landes wurde durch große Zellvakuolen ermöglicht, die in ihrer Gesamtheit, dem Vakuom, ein inneres wässriges Medium für das Cytoplasma bilden. Um das Plasma bildet die Zellwand ein wassergesättigtes, schwammartiges Außenmedium, das die Zelle umhüllt. Zur Außenwelt hin haben sich die Landpflanzen durch die Ausbildung einer Cuticula vor dem Austrocknen geschützt. Die Erfindung der Stomata ermöglicht die kontrollierte CO_2-Aufnahme für die Photosynthese, das Wurzel- und Leitungssystem sorgt für den Ausgleich der Transpirationsverluste (WALTER 1967) und dient gleichzeitig als Transportsystem für mineralische Nährstoffe.

Durch die größere Isolierung der Kontinente nach der Ausbildung der Angiospermen im ausgehenden Mesozoikum schlug ihre Entwicklung verschiedene Wege ein, was zur Ausbildung von sechs Florenreichen führte (Abb. B-7), die im Wesentlichen auch den Faunenreichen entsprechen.

Bei der phylogenetisch relativ alten Gruppe der Nadelhölzer (Coniferen) zeigt es sich, dass die Podocarpaceen und vor allem die Araucarien nur auf der Südhemisphäre vorkommen, während die große Familie der Pinaceen und fast alle Taxodiaceen eine nordhemisphärische Verbreitung aufweisen, die Cupressaceen findet man dagegen über alle Kontinente verstreut.

Eine viel stärkere Differenzierung zeigt die Verbreitung der Blütenpflanzen (Angiospermen), des jüngsten Zweiges des Pflanzenreichs. Ursprüngliche Formen, teilweise Relikte, findet man vor allem noch in Südostasien (z.B. Neukaledonien). Die ältesten Familien dieser Pflanzengruppe sind erst aus der frühen Kreidezeit bekannt, aber ihre Hauptentwicklung erfuhren die Blütenpflanzen im Tertiär, als sich bereits die Gondwana-Landmasse in die einzelnen Kontinente aufgespaltet hatte. Auf der Nordhemisphäre war das nur in geringerem Maße der Fall; erst im Pleistozän trat eine endgültige Trennung zwischen N-Amerika mit Grönland und Euroasien ein. Deshalb sind die floristischen Unterschiede in diesem Bereich gering, so dass man diese Kontinente zu einem Florenreich, der Holarktis, zusammenfasst. Schon sehr viel stärker unterscheiden sich die tropischen Floren der sogenannten Neuen und Alten Welt. Man rechnet sie deshalb zu zwei verschiedenen Florenreichen, der Neotropis einerseits und der Paläotropis andererseits. Noch weniger Gemeinsames haben die Floren der südlichsten Teile von S-Amerika und Afrika sowie des sehr isoliert liegenden Australiens und Neuseelands. Die Differenzierung führte zur Ausbildung von drei Florenreichen: der Antarktis, die die Südspitze Süd-Amerikas und die subantarktischen Inseln mit umfasst, der Australis, die mit dem Kontinent Australien räumlich identisch ist, und der Capensis, dem kleinsten, aber besonders artenreichen Florenreich an der äußersten Südwestecke Afrikas (Abb. B-7).

Ökologische Grundlagen

Box B-1 Plattentektonik

Plattentektonik: Die heutige Lage der Platten ist geotektonisch gesehen nur eine bestimmte Momentaufnahme. Für das Verständnis der heutigen Verbreitung der Organismen ist die frühere Lage der Platten zueinander und der Ablauf der Evolution eine wichtige Grundlage

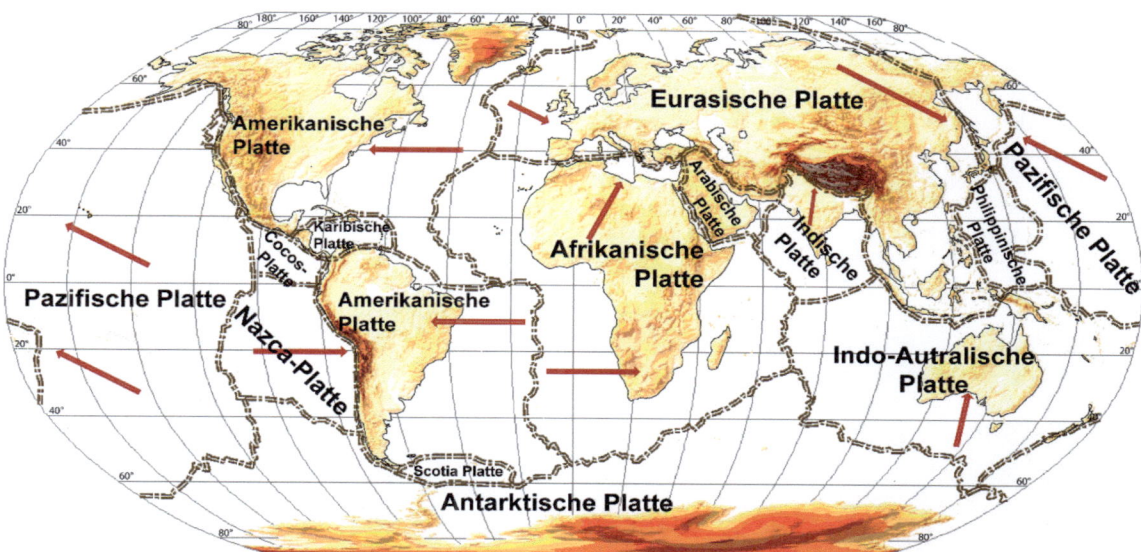

Abb. B-6 Übersicht über die wesentlichen tektonischen Platten der Erdkruste. Angegeben sind ferner die Bewegungsrichtung der Platten (Pfeile) sowie die mittelozeanischen Rücken, entlang denen Material aus dem Erdmantel an die Oberfläche gefördert wird.

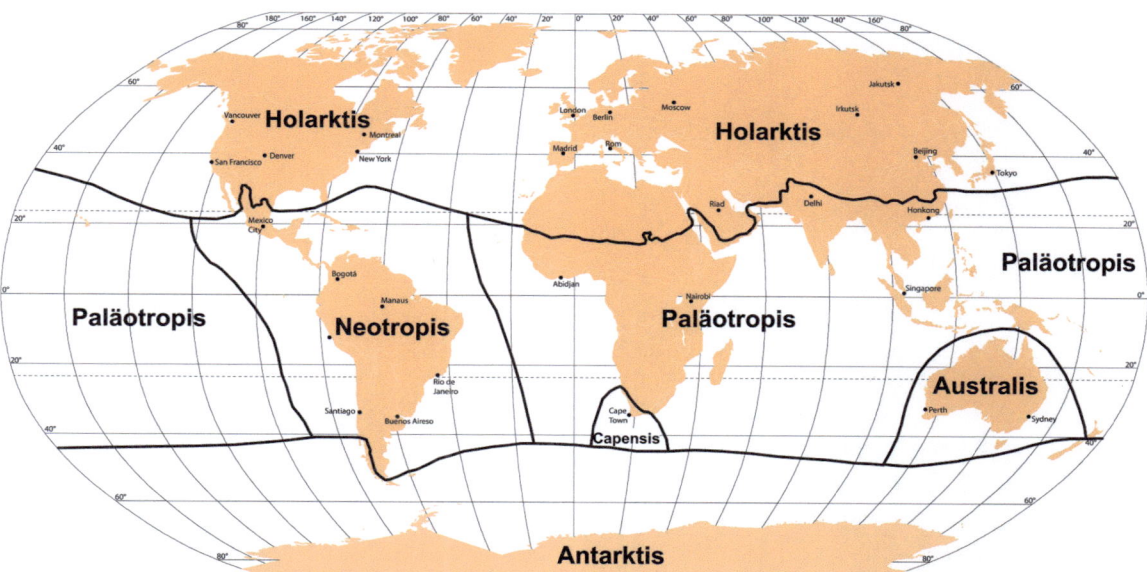

Abb. B-7 Die Florenreiche der Erde. Auf Neuseeland und Tasmanien kommen sowohl antarktische als auch paläotropische bzw. australische Florenelemente vor.

Diese sechs Florenreiche sind nicht scharf abgegrenzt. Einzelne Florenelemente können aus einem Florenreich weit in das benachbarte einstrahlen. Auf Neuseeland findet man sowohl paläotropisch-melanesische Elemente als auch antarktische, die sich oft mosaikartig durchdringen. Deshalb ist die Zurechnung dieser Inseln zu einem der beiden Florenreiche eine Ermessensfrage.

Mit den Florenreichen stimmen die Tierregionen der Zoologen weitgehend überein, nur die Capensis zeichnet sich nicht durch eine besondere Fauna aus.

Die Floren liefern die Bausteine, das heißt die Pflanzenarten bestimmen den Aufbau der Pflanzengemeinschaften, aus denen sich die Vegetation der einzelnen Gebiete zusammensetzt. Sind diese Bausteine verschieden, so können unter bestimmten extremen Außenbedingungen trotzdem ähnliche Lebensformen entstehen, man spricht dann von Konvergenzen. Diese sind jedoch mehr die Ausnahmen. Als ein bekanntes Beispiel führen wir die Stammsukkulenten an, die in den ariden, das heißt trockenen Gebieten Amerikas überwiegend zur Familie der Cactaceen gehören, in Afrika aber vor allem zur Gattung *Euphorbia* (Wolfsmilch) (◘ Abb. B-8). In Australien dagegen gibt es in klimatisch ähnlichen Trockengebieten überhaupt keine Sukkulenten, obgleich Australien sonst besonders reich an anderen Konvergenzen ist, die man von den übrigen Kontinenten nicht kennt. Im gemäßigten Klima Neuseelands fehlen laubwerfende Wälder, die in der Holarktis weit verbreitet sind. Der gesamte durch die historische Entwicklung bestimmte Genbestand der einzelnen Floren ist begrenzt, so dass sich nicht überall dieselben Lebensformen ausbildeten. Das gilt in besonderem Maße für das australische Florenreich, dessen Vegetation sich physiognomisch stark von der anderer Kontinente unterscheidet, auch die dortige ursprüngliche Säugetierfauna ist sehr eigentümlich.

◘ **Abb. B-8** Konvergente Lebensformen aus der Alten Welt **a**: *Euphorbia resinifera*, aus Marokko (Foto: Rafiqpoor); **b**: *Trichocaulon pedicellatum* (Asclepiadaceae) aus SW-Afrika, (Foto: Breckle); **c**: *Didierea madagascariensis* aus Madagaskar (Foto: E. Fischer) und aus der Neuen Welt: **d**: Kakteen (*Cereus macrostibas*) aus der Atacama-Wüste S-Peru (Foto: Rafiqpoor).

Tab. B-1 Endemismus auf Inseln (Prozentsatz endemischer Arten der heimischen Flora)

Inseln	Grad des Endemismus (%)
Hawaii	97,5
Neuseeland	72
Fidschi-Inseln	70
Juan Fernandez	68
Madagaskar	66
Galapagos-Inseln: in der Trockenstufe	64
Galapagos-Inseln: in der feuchten Bergstufe nur	Nur 8-27
Galapagos-Inseln: in Küstengebieten	12
Neukaledonien	76
Kanaren	50-55
Inseln in Küstennähe	0-12

Starke Spuren durch die mehrfachen Eiszeiten hinterließ das Pleistozän vor allem auf der Nordhemisphäre. Die Flora in Europa verarmte. Viele Gattungen starben aus, während sie in Nordamerika und Ostasien heute noch vorkommen. Dort war ein N-S-Ausweichen leichter möglich. In Europa hingegen blockierte der W-E-verlaufende Alpenriegel ein Ausweichen und Zurückwandern.

In Teilen der Sahara machten sich die Eiszeiten zeitweise durch Regen, also als Pluvialzeiten, bemerkbar in den Tropen dagegen eher als Trockenzeiten.

Aus diesem Grunde muss bei der Behandlung der Vegetation von Zonobiomen, die sich über mehrere Florenreiche erstrecken, der historische Faktor unbedingt berücksichtigt werden. Das gilt ganz besonders für das Zonobiom IV mit Winterregen, das aus Teilgebieten in der Holarktis, Neotropis, Australis und Capensis besteht. Es ist zweckmäßig, dieses in fünf vegetationshistorisch bedingte Biomgruppen zu gliedern (mediterrane, kalifornische, mittelchilenische, australische und capensische, die sich durch den Florenbestand trotz ähnlicher Lebensformen stark unterscheiden.

Auch die Inseln zeichnen sich infolge ihrer Isolierung oft durch einen starken Endemismus aus, das heißt durch viele Arten, die nur auf ihnen und sonst nirgends vorkommen. In Prozenten der Gesamtflora werden für die einzelnen Inseln oder Inselgruppen die in Tab. B-1 angegebenen Zahlen genannt.

Der Endemismus ist umso ausgeprägter, je weiter die Inseln vom Festland entfernt und je länger sie bereits isoliert sind, doch spielen auch Meeresströmungen eine Rolle.

6 Koevolution und Symbiosen

Biologische Systeme stehen in Interaktion miteinander mit dem Ergebnis der Evolution der daran beteiligten Organismen (**Koevolution**). Die Ausprägung der verschiedenen Ökosysteme ist nicht verständlich ohne die Vorgänge der Koevolution im Laufe der historischen Entwicklung. In vielen Ökosystemen ist die Verzahnung, d.h. die gegenseitige Abhängigkeit zwischen bestimmten Pflanzen und Tieren so eng, dass man von einem obligaten Verhältnis sprechen muss. Es steht inzwischen fest, dass in der langen Evolution von Lebewesen für viele Radiationsereignisse die Interaktion mit anderen Organismen wesentlich wichtiger war als mit der unbelebten Welt. In Abb. B-9 ist die Evolution von Blütenpflanzen und Bestäubern demonstriert.

Die Radiation von Zweiflüglern (Diptera) und Hautflüglern (Hymenoptera) fand gleichzeitig mit der Radiation von Angiospermen statt. DARWIN hat bereits bei den Beobachtungen langer Sporne tropischer Orchideen (z.B. *Angraecum sesquipedale*) auf Madagaskar vermutet (Abb. B-10), dass für ihre Bestäubung Schmetterlinge mit ähnlich langen Rüsseln existieren müssen. 1987 wurde schließlich für die madagassische *Angraecum* die passende Art (*Panogena lingens*) gefunden und beschrieben (NILSSON et al. 1987). Das ist ein Ergebnis der Koevolution, wobei sich der lange Sporn im Zusammenspiel von Nektarräubern und Bestäubern entwickelt hat. Die Koevolution ist also einer der Schlüssel zur Entstehung neuer Arten. Bei der Koevolution sind nicht selten Vernetzungen zwischen Bestäubern, Herbivoren und bestimmten Pflanzenarten gegeben, die im Jahreslauf wechseln, was aber nur in einem großflächigen Bestand aufrechterhalten werden kann. Im Laufe der Evolution sind solche engen Abhängigkeiten durch die Verstärkung von gegenseitigen Wirkmechanismen zustande gekommen. Dies gilt in gleicher Weise für zahlreiche Beziehungen zwischen den unterschiedlichsten Organismen. Ein solches enges Beziehungsgeflecht ist besonders vielfältig in jenen Ökosystemen, die eine besonders lange Entwicklungszeit (im und seit dem Tertiär) hinter sich haben, wie im tropischen Regenwald. Enge funktionelle Verknüpfungen von Organismen machen es schwieriger in einer Ökosystemanalyse die funktionalen Kompar-

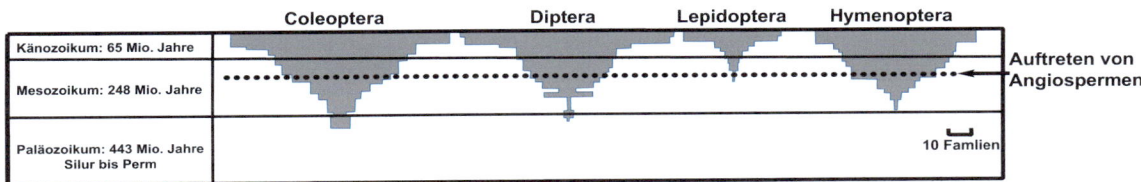
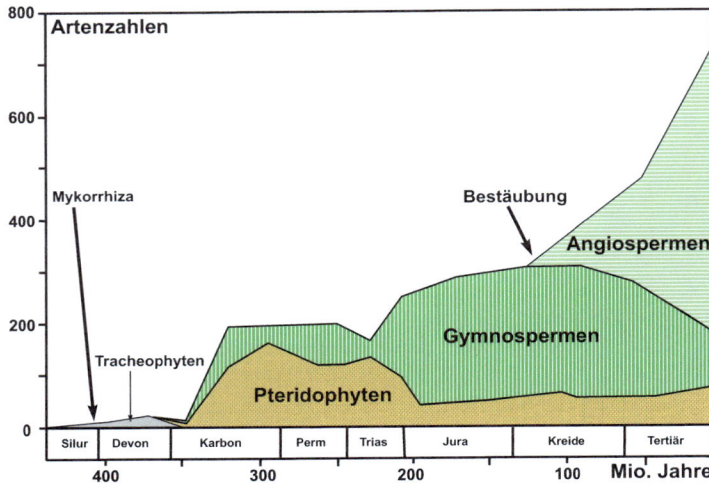

Abb. B-9 Evolution von Blütenpflanzen und ihren Bestäubern. Diversität der fossilisierten Insekten-Ordnungen in den geologischen Epochen. Ein kleiner Teil der fossilen Insekten sind in den Ablagerungen des Paläozoikums dokumentiert. Der Großteil entwickelte sich jedoch mit dem Aufkommen der Blütenpflanzen, von denen Zweidrittel der Fossilen ab dem Mesozoikum in den Ablagerungen dokumentiert sind (unten) (verändert nach LABANDEIRA et al. 1993 und NIKLAS et al. 1983).

Abb. B-10 *Angraecum sesquipedale* (rechts) mit dem langen Sporn. Links *Panogena lingens* mit dem langen Rüssel (Foto: Barthlott).

timente noch klar auseinanderzuhalten.

Hervorgehoben werden sollen vor allem die verschiedenen **Symbiosen** (ein enges Zusammenleben, bei dem sozusagen zwei Partner gegenseitig aufeinander "parasitieren": im Gleichgewicht liefert jeder dem anderen etwas Lebensnotwendiges). Symbiosen, die allgegenwärtig auftreten, sind zum Beispiel die verschiedenen Mykorrhizaformen, auf die wir noch genauer hinweisen werden. Aber auch die stickstoffbindenden Symbionten, die nicht nur an Leguminosen in Form von Knöllchen mit *Rhizobium*, sondern auch an einer Reihe anderer Arten auftreten (zum Beispiel *Frankia* an Erle), verbessern die Wettbewerbsfähigkeit der Arten, oder die Symbiosen ermöglichen gar erst die Eroberung bestimmter, eigentlich lebensfeindlicher Räume, wie im Falle der Flechten, die dadurch die dominanten primärproduzierenden Organismen in der Antarktis (Abb. B-11) oder in der nivalen Höhenstufe der Gebirge sind.

Die besonders enge Verzahnung außerordentlich vieler verschiedener Organismen untereinander führte im Laufe langer Evolutionszeiten zu einem unglaublich vielfältigen Beziehungsnetz und zu einem Funktionalgefüge im Falle des tropischen Regenwaldes, das in sich unter den gleichmäßigen Klimabedingungen am Äquator sehr stabil ist. Nach einer Zerstörung aber ist dieses rückgekoppelte Netzwerk in überschaubarer Zeit nicht wieder regenerierbar. Der meist artenärmere Sekundärwald weist daher ein sehr viel weiteres, lockeres funktionales Netzwerk auf.

◻ **Abb. B-11** In der Antarktis wachsen die Flechten auf Felsen und offenem Gelände, die im Sommer aus der Schneedecke herausragen (Foto: http://is.gd/Oe5qIj).

7 Populationsökologie

Eine Population ist eine Gruppe von Individuen einer Art, die gleichzeitig im selben Raum vorkommen. Die **Populationsökologie** beschäftigt sich mit dem Studium der Größe (und Verbreitung) von Populationen und der Prozesse (vor allem der biologischen), die diese Parameter festlegen (BEGON et al. 1996). Vor allem die Dynamik von Populationen – d.h. die zeitlichen Änderungen in den absoluten Zahlen von Individuen und relativen Anteilen von verschiedenen Alters- bzw. Entwicklungsstadien in der Population – sind von großem Interesse, da ein Verständnis der Populationsdynamik Voraussagen zur zukünftigen Populationsentwicklung erleichtert.

In hoch diversen Systemen ist die Frage nach der Regeneration der zahlreichen Arten meist schwer oder gar nicht zu beantworten. Die Schwankungen in den Populationsgrößen der vielen beteiligten Arten (Samenbank → Keimling → Sämling → Jungwuchs → Adultpflanze; bzw. Ei → Larve → Puppe → Imago etc.) sind häufig nicht erfassbar, Geburts- und Sterberaten nur für wenige Organismen in ihrem zeitlichen Ablauf bekannt, noch weniger die Einflussgrößen, die die Populationsgrößen steuern. Das hängt auch damit zusammen, dass Eintrag und Austrag von Samen (bzw. Diasporen) räumlich und zeitlich sehr variabel sein können und dass zudem in manchen Ökosystemen einige Arten eine sehr große Samenbank aufweisen, die unter veränderten Bedingungen (zum Beispiel Wiese wird zur umgebrochenen Brachfläche) schnell noch nach Jahren wieder aktiviert werden kann. Dies gibt das allgemeine Schema in ◻ Abb. B-12 für die Reproduktion bei Pflanzen wieder. Nicht selten führen bestimmte einschneidende Ereignisse zu neuen Entwicklungsanstößen von Arten. Die stetige Entwicklung von Populationen wird also weniger durch periodische als durch episodische Schadensereignisse (Feuer, Sturm, Überschwemmung) immer wieder unterbrochen und von neuem angeregt.

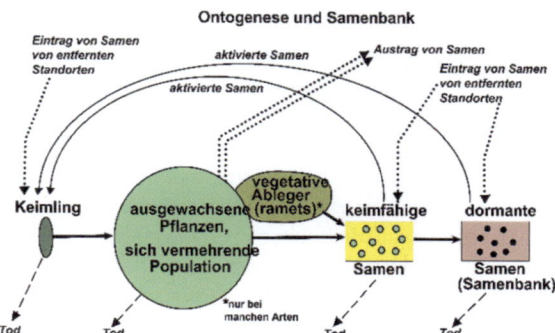

◻ **Abb. B-12** Einzelne Komponenten zur Regeneration einer Pflanzenart bzw. der Aufrechterhaltung ihrer Population an einem bestimmten Standort (verändert nach BURROWS 1990).

Periodische Ereignisse sind vorhersagbar, treten regelmäßig ein (→ Winter im ZB VII; die Tiden an der Küste, etc.). Episodische Ereignisse sind nicht vorhersagbar, sie treten in unregelmäßigen, meist größeren Abständen auf (→ Gewitter im ZB III, El Niño, Fröste im Kaffeeanbau Brasiliens, etc.).

Besonders auffällig ist dies im tropischen immergrünen Regenwald, wo die Bestandesstruktur sehr heterogen ist, und wo durch Astfall oder Baumfall immer wieder unterschiedlich große Lücken ("gaps"; ► Abb. D-16) gerissen werden, die rasch von schnellwachsenden Arten gefüllt werden, wo sich aber die Bestandesarten ebenfalls verjüngen. Wahrscheinlich sind in viel mehr Ökosystemen, als wir bisher gedacht haben, solche episodischen Ereignisse Voraussetzung für ihren langfristigen Erhalt durch sukzessive Erneuerung ihrer Strukturen. Dies führt dann aber auch zu einer unterschiedlich langen zyklischen Erneuerung, die überwiegend stochastisch (zufallsbedingt) und weniger deterministisch ist; einzelne Teile eines Bioms sind jünger, andere älter; der Mosaikcharakter und die zeitliche Dynamik natürlicher Ökosysteme ist schon vor Jahrzehnten von AUBREVILLE (1938) gekennzeichnet worden. Es ist ein wichtiges Prinzip der Erhaltung hoher Artenzahlen in einem dynamischen Neben- und Miteinander.

8 Biodiversität

Die Biodiversität umfasst die unterschiedlichen Lebensformen (Pflanzen- und Tier-Arten, Pilze, Bakterien), die unterschiedlichen Lebensräume, in denen diese Arten leben (z.B. Ökosysteme wie der Wald oder die Steh- und Fließgewässer etc.) und die genetische Vielfalt innerhalb der Arten (z.B. Unterarten, Varietäten, und Rassen) (http://is.gd/iirae3). Die Biodiversität umfasst auf diese Weise das auf der Erde existierende Leben in seiner gesamten Vielfalt und ist damit auch Grundlage und Potenzial sämtlicher Lebensprozesse und Ökosystemleistungen auf unserem Planeten. Biodiversität ist das Ergebnis von „Versuch und Irrtum" in der Jahrmillionen während den Evolution, jüngst zusätzlich geprägt durch den Einfluss der Jahrhunderte bis Jahrtausende alten menschlichen Nutzungsformen (Jagd, Sammeltätigkeit, Rodungen, Landwirtschaft, Siedlung, etc.). Die Biodiversität kann ein Maß sein für die Ursprünglichkeit und Natürlichkeit von Ökosystemen. Unter extremen ökologischen Bedingungen allerdings kann ein völlig intaktes und unberührtes Ökosystem artenarm sein, auch dann, wenn nur noch besonders angepasste Spezialisten durchhalten können (BRECKLE 2000, 2006). Bei sehr hoher Diversität ist die Frage nach der Regeneration von zahlreichen Arten meist nicht zu beantworten.

Leben mit seiner ungeheuren Artenvielfalt ist die einzige spezifische Qualität unseres Planeten. Umso überraschender ist die Tatsache, dass unsere Kenntnis dieser Biodiversität erschreckend gering ist. Etwa 1,8 Millionen verschiedener Lebewesen sind wissenschaftlich erfasst - aber alle Hochrechnungen zeigen, dass mindestens 8,6 Millionen, wahrscheinlich aber weit mehr als 10 Millionen verschiedene Arten auf der Erde existieren (MORA et al. 2011).

Basierend auf einer eher konservativen Schätzzahl von 10 Millionen Arten zeigt ▫ Abb. B-13, dass die unterschiedlichen Großgruppen von Organismen höchst ungleiche Anteile der globalen Biodiversität stellen. Die rot eingezeichneten Gliedertiere (Arthropoden) stellen mit geschätzt fünf Millionen Arten den größten Anteil. Neben den rund 1,8 Mio. Arten sind etwa 90% aller Arten unbekannt. Die artenreichste Gruppe innerhalb der Arthropoden sind die Insekten (z.B. Käfer, Hautflügler (Hymenoptera), Schmetterlinge). Wissenschaftlich beschrieben sind allein rund 350.000 Käferarten aus 179 Familien: welch ein Kontrast zu den auffälligen Wirbeltieren (z.B. Säugetiere, Vögel, Reptilien), die nur etwa 62.000 Arten umfassen, aber schon wegen ihrer Körpergröße recht gut bekannt sind (Kenntnisstand über 83%) (BARTHLOTT et al 2014).

Landlebende Pflanzen (Höhere Pflanzen oder Gefäßpflanzen, d.h. Blütenpflanzen, Nacktsamer und Farnartige) sind mit geschätzt 370.000 (PIM et al. 2014) Arten eine relativ artenarme Gruppe. Aber im Vergleich zu Insekten sind es ebenfalls große und auffällige Lebewesen, die zudem "sessil" sind, also nicht davonlaufen: der triviale Grund, warum der Kenntnisstand mit rund 90% sehr hoch ist (► Abb. B-13).

Wer sich aber mit der globalen Biodiversität in einer sich ständig wandelnden Umwelt beschäftigt, sollte sich weitgehend mit Gliedertieren beschäftigen, die doch mehr als die Hälfte der globalen Artenvielfalt stellen? Ökosystemar gesehen wäre dies ein fataler Fehlschluss. Arthropoden und die anderen Tiere sind die Konsumenten innerhalb des Systems. Sie alle basieren auf den Produzenten, dem gewaltigen globalen Kraftwerk, das als weltweiter grüner Sonnenkollektor den Planeten überzieht: die Höheren Pflanzen

Die ▫ Abb. B-14 verdeutlicht die Verhältnisse in der Darstellung als Pyramiden, basierend auf Artenzahl (links, Annahme 10 Mio.) und geschätzte Masse (rechts). Die Konsumenten umfassen mit ihrer hohen Diversität etwa 69% der Arten, die Pflanzen dagegen nur etwa 5%. Letztere sind aber die wichtigsten Strukturelemente in allen terrestrischen Lebensgemeinschaften. Unsere eigene Ernährung, Kleidung und medizinische Versorgung stützt sich zu einem erheblichen Teil ebenfalls auf Pflanzen (BARTHLOTT et al 2014).

Das wichtige normative Instrument im Bereich der Biodiversität ist die „Convention on Biological Diversity (CBD)", die auf der „UN Conference on Environment and Development" im Jahr 1992 in Rio de Janeiro verabschiedet wurde. Gegenwärtig sind 192 Länder (einschließlich Afghanistan und die Europäische Union) Mitglied dieser Konvention. Alle UN-Mitgliedstaaten, mit Ausnahme von den USA, Somalia und Nordkorea, haben die Konvention international verbindlich ratifiziert. Die Konvention beinhaltet drei Hauptziele: a) Schutz der biologischen Vielfalt, b) Nachhaltige Nutzung ihrer Komponenten, c) gerechter Vorteilsausgleich beim Zugang zu den genetischen Ressourcen: die sog. „Access and Benefit-Sharing (ABS)". Die Biodiversität steht vor einer ständigen Bedrohung trotz der weltweiten Anstrengungen, wie z.B. den globalen Vertrag 2002 zur Reduzierung des Biodiversitätsverlustes bis 2010 (die s.g. '2010 Target'), der nicht erreicht wurde; oder der Nagoya-Gipfel der CBD-Konvention im Jahr 2010, der auch einen strategischen Plan einschloss, und die sog. „20 Aichi-Target" (näheres dazu siehe ERDELEN 2014). Große Hoffnungen werden gegenwärtig verknüpft mit der Etablierung der IPBES (Intergovernmental Science-Policy Platform on Biodiversity and Ecosystem Services) im Jahr 2012, der wie die IPCC (Intergovernmental Panel on Climate Change) die globalen Aktivitäten im Bereich der Biodiversität koordiniert. Zusätzlich könnte ein Paradigmenwechsel im Bereich der „Green Global Agenda" unsere Bemühungen beschleunigen, um den Biodiversitätsverlust zu reduzieren (BARTHLOTT & RAFIQPOOR 2016).

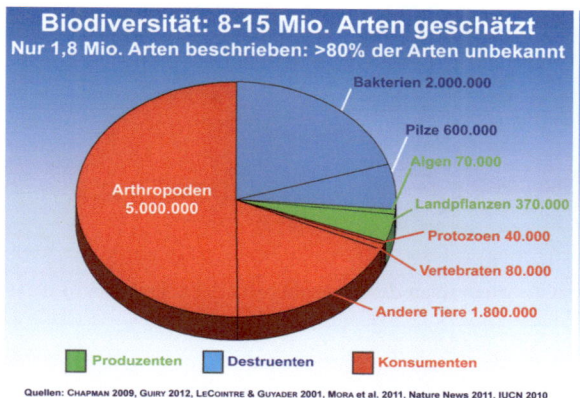

■ **Abb. B-13** Geschätzte Artenzahlen. 10 Mio. unterschiedliche Arten werden auf der Erde geschätzt, aber nur 1,8 Mio. davon sind wissenschaftlich erfasst und beschrieben: (80% der Arten auf unserem Planeten sind unbekannt (aus BARTHLOTT & RAFIQPOOR 2016).

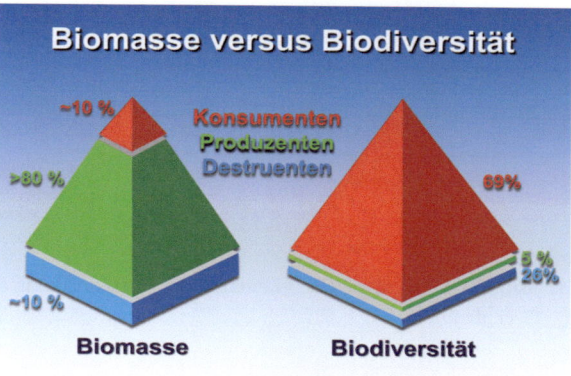

■ **Abb. B-14** Prozentuale Anteile der Produzenten, Konsumenten und Destruenten im Hinblick auf ihre Biomasse und ihre Biodiversität (aus BARTHLOTT & RAFIQPOOR 2016).

8.1 Die ungleiche globale Verteilung der Biodiversität

Erstaunlich sind die außerordentlichen Unterschiede der Artenzahlen pro Flächeneinheit in den unterschiedlichen geographischen Regionen der Erde. Auf einem Hektar Fläche einer sibirischen Taiga wird der Wald unter Umständen von nur einer einzigen Baumart gebildet. Auf der gleichen Fläche eines Regenwaldes im amazonischen Ecuador können bis zu über 300 Baumarten mit BHD >10 cm wachsen (VALENCIA & BALSLEV 1994) (▶ Abb. B-36). Zum Vergleich sei bemerkt, dass in der ganzen Bundesrepublik Deutschland (Fläche 375.121 km²) nur 40 Baumarten heimisch sind.

Bei unseren Betrachtungen beziehen wir uns immer auf die relativ gut bekannten Landpflanzen. Aber ähnliche Relationen würden wir auch bei Tieren und in marinen Ökosystemen vorfinden: der Vergleich eines nordatlantischen Felsriffes mit einem tropischen Korallenriff führt zu ähnlichen Ergebnissen (BARTHLOTT et al. 2014). Karten globaler terrestrischer Diversität kann man am besten nur basierend auf Pflanzen aufstellen. Bei Tieren ist der Kenntnistand zu gering (z.B. Arthropoden), und nur wenige nicht repräsentative Gruppen (z.B. Vögel oder Schmetterlinge) sind hinreichend untersucht; d.h. allgemein stößt die Bestimmung der Biodiversität oft auf große Schwierigkeiten. Man kann sie nur für bestimmte Organismengruppen angeben, und es gibt außerdem viele unterschiedliche Verfahren und Indices etc. (HUMPHRIES et al. 1995, BARTHLOTT et al. 2005). Die großräumige Biodiversität der einzelnen Regionen der Erde wurde erstmalig von BARTHLOTT et al. (1996) in einer Weltkarte mit Diversitätsstufen zusammengestellt. Diese Karte wurde durch die Vergrößerung der Datengrundlage und Verbesserung der Analysemethoden ständig verfeinert und aktualisiert (BARTHLOTT et al. 2005, 2007, 2014).

Die hier verwendete Weltkarte der globalen Biodiversität von BARTHLOTT et al. (2014) (■ Abb. B-15) basiert auf der Analyse von mehreren tausend Florenwerken, Checklisten und Datenbanken (zur Methode der Generierung der Karte siehe BARTHLOTT et al. 1996, 1999, 2005, 2007, 2014).

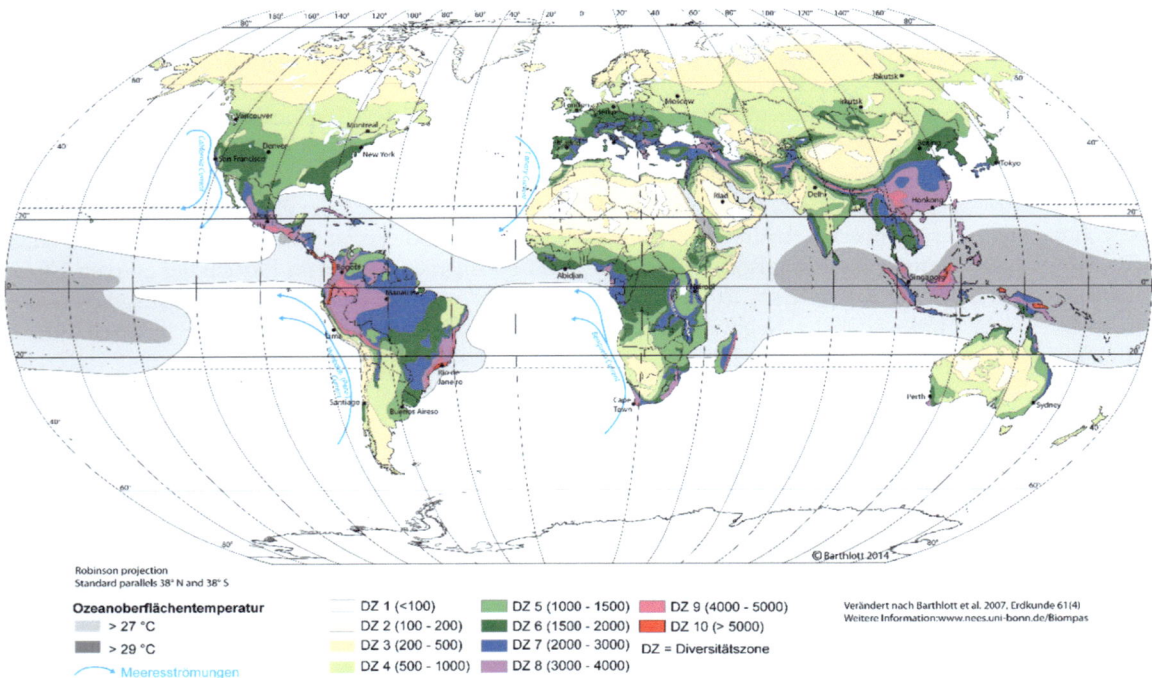

Abb. B-15 Die ungleiche Verteilung der globalen Biodiversität: Artenzahlen der Pflanzen pro 10.000 km² (aus Barthlott et al. 2014).

Die Karte gibt mit der methodisch besten zurzeit erreichbaren hohen Auflösung die räumliche globale Verteilung der Artenvielfalt wieder. Auf dieser Karte sind Gebiete hoher Biodiversität mit rot und jene mit geringer Biodiversität mit hellen Farben (blau → grün → gelb) dargestellt. Gebiete hoher Biodiversität mit mehr als 3.000 Arten pro 10.000 km² sind demnach vor allem in den Tropen und Subtropen, und hier speziell in den Gebirgsregionen konzentriert. Räume geringer Diversität sind die warmen (Sahara, arabische Wüste, Atacama-Wüste etc.) und kalten (Polargebiete, tibetisches Hochplateau etc.) Wüsten der Erde mit <100 Arten pro 10.000 km². Dieser latitudinale Gradient ist seit langem bekannt. Grund ist die zunehmende Gunst der hygrothermischen Parameter in Richtung des Äquators. Eine Wassertemperatur von mehr als 26 °C der Meeresoberfläche zeigt eine erstaunlich gute Korrelation mit den hochdiversen tropischen Gebieten. Dort, wo zu wenig Wasser (z.B. Sahara) zur Verfügung steht oder bei ungünstigen edaphischen Bedingungen (z.B. Nährstoffarmut der Gran Sabanah in Venezuela) können auch in tropischen und subtropischen Gebieten artenarme Systeme existieren. Offensichtlich sind die Nährstoffe im Boden für die Entwicklung einer hohen Biodiversität aber nicht verantwortlich.

Im Gegenteil weisen gerade uralte, sehr nährstoffarme Gebiete in Südwestaustralien oder in der Kap-Region mit extrem armen Quarzsanden oft eine unglaubliche Biodiversität auf.

Bei der Suche nach den kausalen Abhängigkeiten für die Diversitätsmuster lassen sich eine Reihe von prinzipiellen Beziehungen erkennen. Es wird deutlich, dass eine hohe Biodiversität keinesfalls nur an tropische Regionen gekoppelt ist: der Kaukasus ist vergleichsweise artenreicher als Teile des Kongo-Tieflandregenwaldes. Hier spielt ein zweiter grundlegender Faktor die ausschlaggebende Rolle: die Biodiversität eines gegebenen Raumes ist stark abhängig von der Habitatheterogenität (Kreft & Jetz 2007, Kreft et al. 2008), also der Diversität der abiotischen Faktoren (Klima, Geologie, Geomorphologie, Böden, Wasserverfügbarkeit) innerhalb dieses Raumes, die wir unter dem Begriff ‚Geodiversität' subsummieren (Mutke & Barthlott 2005) im Gegensatz zu Gray (2004), der unter Geodiversität nur die geologisch-geomorphologischen Strukturen und Prozesse zusammenfasst. Höchste Diversitäten finden wir beinahe immer in Gebirgsräumen (Agakhanjanz & Breckle 2002). Das legt nahe, dass bei der Betrachtung der Schutzmaßnahmen auf globaler Ebene den Gebirgsregionen der Erde höhere Aufmerksamkeit zu widmen ist. Sie können vor allem im Zuge des globalen Klimawandels Rückzugsgebiete und Genpools für Arten darstellen.

Wenn wir nun Gebiete mit über 3.000 Arten pro 10.000 km² in einer Karte zusammenfassen, erhalten wir insgesamt 20 Zentren der Biodiversität auf der Erde (Abb. B-16). Diese Zentren fallen eindeutig mit den Gebirgsräumen der Tropen und Subtropen zusammen in den sogenannten Megadiversitätsländern der Erde, die vor allem Entwicklungs- und Schwellenländer darstellen. Afghanistan ist mit seiner Lage im Diversitätszentrum „Caucasian-SW-Asian" eines dieser Megadiversitätsländer (Barthlott et al. 2014).

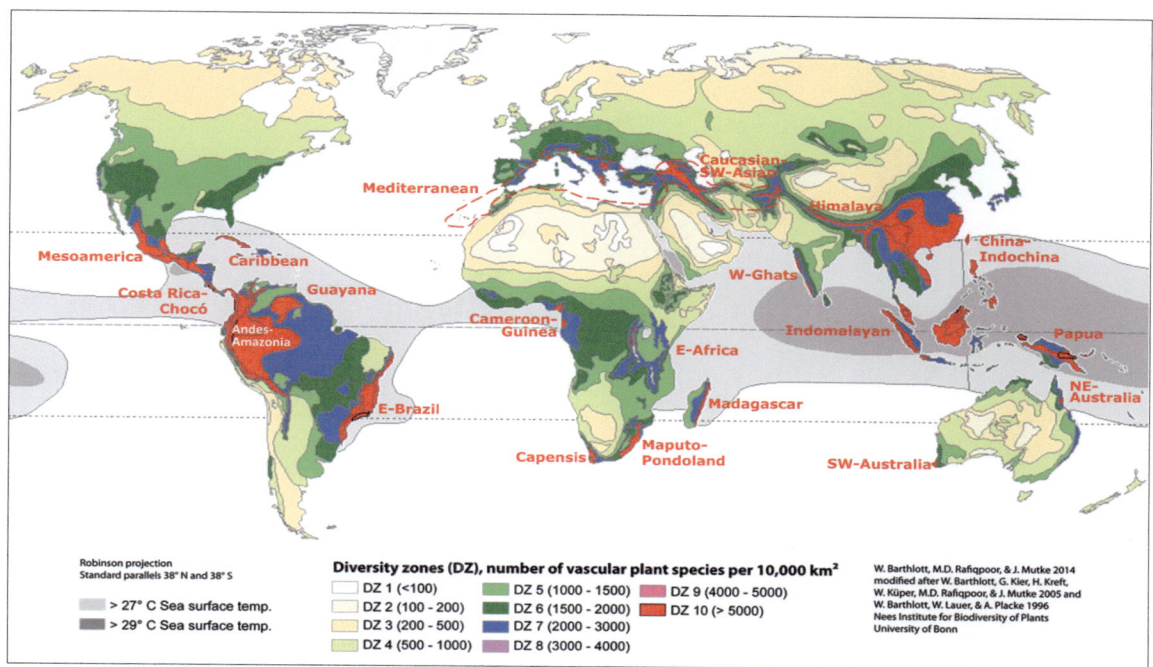

■ **Abb. B-16** Globale Zentren der Biodiversität, die jeweils über 3000 Arten pro 10000 km² beherbergen, decken sich weitgehend mit den Gebirgsräumen der Tropen und Subtropen (aus BARTHLOTT et al. 2014).

Eine weitere Dimension der Biodiversität ist der Grad des Endemismus, der für ein Land oder ein bestimmtes Gebiet berücksichtigt werden muss. KIER et al. (2009) konnten zeigen, dass neben den quantitativen, vor allem auch qualitative Aspekte der Biodiversität wie Endemismusgrad, also gewissermaßen die "spezifische Qualität" eines Gebietes, eine bedeutende Rolle spielen. Ein Vergleich zwischen Hawaii und dem Bundesland Thüringen im Osten der Bundesrepublik Deutschland würde dies deutlich machen: Das Bundesland Thüringen beherbergt auf einer Fläche von 16.200 km² insgesamt 1.570 Pflanzenarten, davon ist keine einzige endemisch für dieses Bundesland. Auf Hawaii mit gleicher Flächengröße wie Thüringen (16.600 km²) wachsen hingegen 1.140 heimische Arten, von denen 977 für diese Insel endemisch sind. Wenn bei einer Katastrophe die gesamte Flora von Thüringen vernichtet werden würde, würde für die globalen genetischen Ressourcen kein Nachteil entstehen. Eine solche Katastrophe auf Hawaii würde hingegen einen erheblichen Teil der genetischen Ressourcen für die Menschheit unwiederbringlich vernichten. Dies reflektiert gleichzeitig die Sonderrolle von Inselsystemen, die auf der Biodiversitätskarte aber nicht dargestellt sind. KIER et al. (2009) und WEIGELT et al. (2013) haben an anderer Stelle gezeigt, dass die ozeanischen Inseln nur 3% der Landoberfläche umfassen, aber 25% der bekannten Pflanzenarten beherbergen. Unter den 10 endemitenreichsten Gebieten der Erde sind sechs davon Inseln: Neukaledonien, Polynesien-Mikronesien, Atlantische Inseln, Karibische Inseln, Ost-Melanesische Inseln, Madagaskar und Taiwan (BARTHLOTT et al. 2005, 2014).

Ein interessanter, aber keinesfalls überraschender Aspekt ist der Kontrast zwischen den Mega-Diversitätszentren der Tropen und Subtropen und den "Mega-Research-Zentren" der Industrienationen vorwiegend gemäßigter Regionen. In ■ Abb. B-17 werden - ohne Anspruch auf Vollständigkeit - große Forschungsinstitutionen, die sich mit Biodiversität beschäftigen, auf die Biodiversitätskarte (BARTHLOTT et al. 2014) projiziert. Es wird ein N-S-Gefälle deutlich. Afghanistan ist im Bereich der Biodiversitätsforschung nicht vertreten (kein roter Punkt). Aus dem ungleichen Nord-Süd-Gefälle der Forschungsintensität und der Biodiversität erwächst für die Industrienationen eine große Verantwortung hinsichtlich des „capacity building", um das Bewusstsein für die nachhaltige Nutzung der Biodiversität in den Megadiversitätsländern zu schärfen und um die Naturressourcen für die nachkommenden Generationen nachhaltig und eigenverantwortlich zu schützen.

8.2 Vom Wert der bedrohten Vielfalt

Der Verlust der Biodiversität seit Beginn des Industriezeitalters, aber in voller Stärke wohl erst seit den 1960er Jahren, ist alarmierend (HAMMOND 1995, PERRINGS et al. 1997, DUFFY 2003). Er scheint wie das Wachstum der Weltbevölkerung exponentiell zu

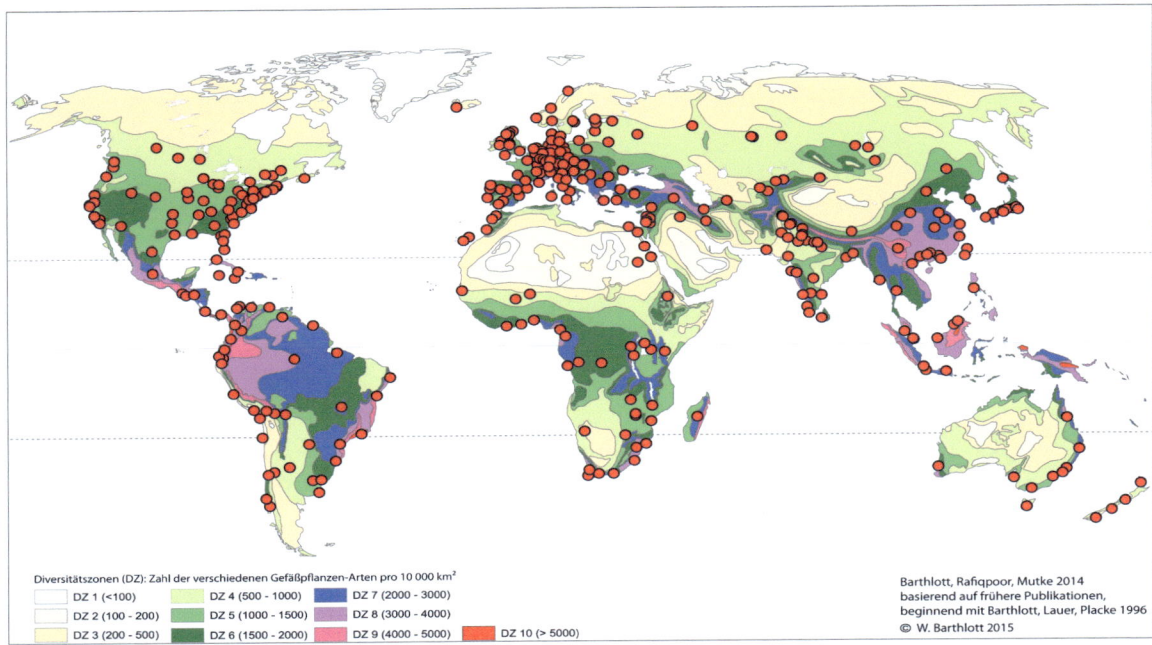

◘ **Abb. B-17** Die Disparität der „Mega-Divers" und „Mega-Research" Länder (Rote Punkte) auf globaler Ebene (aus BARTHLOTT et al. BARTHLOTT & RAFIQPOOR 2016).

verlaufen. Trotz aller internationalen Konventionen seit „Rio 1992" und aller politischen Absichtserklärungen hat sich, wie die Ergebnisse von „Rio 2012" erschreckend zeigten, nichts grundlegend geändert (BARTHLOTT et al. 2014). Die Vernichtung von Lebensräumen bis hin zum Abholzen tropischer Regenwälder geht mit unveränderter, oder sogar erhöhter Geschwindigkeit weiter. Gleichzeitig steigen als Globalisierungsphänomen die Artenzahlen lokal an (Bundesrepublik Deutschland und USA haben durch invasive Arten eine höhere Diversität als je zuvor), global nehmen sie aber ab. Bioglobalisierung wird zu einem zentralen Thema. Bei Untersuchungen zu den Gründen für das Aussterben von Arten spielen auch konkurrenzfähige invasive Arten eine große Rolle (ESSL et al. 2008; KLINGENSTEIN & OTTO 2008; NEHRING et al. 2010). Ein herausragendes Beispiel der Bedrohung und Extinktion der biologischen Vielfalt ist das Aussterben von Vogel Roc (◘ Abb. B-18) in Madagaskar (http://t1p.de/uqk1).

Der Erhalt der globalen Biodiversität ist nur mit einer Änderung unseres Wirtschaftssystems möglich, und dies stößt vor allem in Industrienationen, aber auch in vielen Schwellenländern auf keine Akzeptanz. Es ist zudem außerordentlich schwer zu vermitteln, warum wir eine hohe Biodiversität erhalten wollen (BARTHLOTT et al. 2014). Die wichtigen ethischen Aspekte sollen hier gar nicht berücksichtigt werden - es sind vor allem utilitaristische Überlegungen, die für einen Erhalt ins Feld geführt werden müssen (Überblick in TEEB 2010): Zwei Bereiche spielen dabei eine Rolle:

1. Der ökosystemare Wert der Biodiversität (Stabilität von Ökosystemen, für Klima, Böden etc.), der sich indirekt in Zahlen und als wirtschaftlicher Nutzen fassen lässt.
2. Der direkte Nutzen von Pflanzen und Tieren: als Nahrungsmittel (z.B. Reis), Medikamente, Baumaterialen (z.B. Holz) oder Faserlieferanten (z.B. Baumwolle, Hanf).

◘ **Abb. B-18** Beispiel für die Bedrohung der Biodiversität auf Inseln: Ein fossiles Ei des Elefantenvogels (*Aepyornis maximus*), der bis vor wenigen hundert Jahren auf Madagaskar heimisch war. Die bis zu 3 m großen und 400 kg schweren Elefantenvögel wurden nach der Besiedlung Madagaskars durch den Menschen ausgerottet und überlebten als **Vogel Roc** in „1000 und einer Nacht" und vielen anderen arabischen Märchen (Foto: Barthlott).

Über 20.000 Pflanzenarten werden vom Menschen direkt genutzt. Allein aus 100.000 unterschiedlichen marinen Organismen werden 200.000 Extrakte gewonnen, deren pharmazeutische Nutzung derzeit geprüft wird (http://is.gd/vgiCZ7). Dennoch hängt die Ernährung von Milliarden Menschen zu über 50% von nur **vier Grasarten** ab: Weizen (vorwiegend Vorderer Orient), Reis (vorwiegend Südostasien), Mais (vorwiegend die Neue Welt) und Hirse (vorwiegend Afrika). Die Vielfalt unterschiedlicher Arten und Sorten ist dabei eine wichtige Lebensgrundlage für den Menschen. Nur eine von über 6.200 untersuchten Reissorten war gegen ein Virus resistent, das in den 1970er Jahren die gesamte Reisernte Südostasiens bedrohte. Wenn alle so delikate, aber auch einzigartige Apfelsorten in Afghanistan durch eine etwas ertragreichere – eingeführt Anfangs der 1970er Jahren durch Dr. Abdul Wakil – und derzeit sehr weit verbreitete „Red Delicious" Sorte ersetzt würde, würde in Afghanistan durch einen einzigen Virusbefall der neueingeführten Sorte die gesamte Apfelernte unwiederbringlich vernichtet. Man muss dann nach den resistenten heimischen Sorten in den entlegenen Tälern Afghanistan suchen, um diesen Verlust einigermaßen wieder wettzumachen. Die Erhaltung der Artenvielfalt ist allein für die menschliche Existenz von hohem „utilitaristischen" Wert.

Jedes Jahr werden neue medizinische Wirkstoffe in Pflanzen und Tieren entdeckt. Aus dem Madagaskar-Immergrün (*Catharanthus roseus*) werden beispielsweise Medikamente gegen Leukämie und Hodenkrebs gewonnen. Diese Pflanze ist kultiviert und verwildert auch aus Ost-Afghanistan bekannt (BRECKLE et al. 2013). Auch bei den heute neu eingeführten antibakteriellen Wirkstoffen handelt es sich zu fast 80% um Naturprodukte oder von diesen abgeleitete Inhaltsstoffe. Das Gleiche gilt auch für etwa 60% der im gleichen Zeitraum eingeführten neuen Inhaltsstoffe im Bereich der Krebstherapeutika.

2010 war das UN-Jahr der Biodiversität. Die unzähligen im Bereich der Biodiversität forschend tätigen Institutionen verbreiteten aus diesem Anlass Informationen zum Schutz und zur nachhaltigen Nutzung der Biodiversität. Es wurden viele Organisationen, Institutionen, Firmen und Einzelpersonen vom UN-Sekretariat zum Schutz der Biologischen Vielfalt (UN-CBD) aufgefordert, an diesem wichtigen Anliegen teilzunehmen, um in der Öffentlichkeit für den anhaltenden Verlust der globalen Biodiversität Bewusstsein zu schaffen. In diesem Schlüssel-Jahr wurde auch der „Field Guide Afghanistan – Flora and Vegetation" mit einem Vorwort des Generalsekretärs der UN-CBD Dr. Ahmed DJOGHLAF (BRECKLE & RAFIQPOOR 2010, S. 7) zur Bedeutung und Wert dieses Werkes veröffentlicht als ein kleiner Beitrag für Afghanistan als Partner im Verbund der Vertragsstaaten, die die Konvention für Biologische Vielfalt unterzeichnet haben.

Die Flora von Afghanistan ist wegen der hohen Geodiversität des Landes sehr vielfältig. Die Wüsten- und Halbwüsten-Regionen Nord- und SW-Afghanistans fallen in die Diversitätsstufe DZ-3 der Weltkarte (▶ Abb. B-15) mit 200-500 Arten pro 10.000 km². Es gibt einen starken Gradienten von den Niederungen in Richtung der Gebirge bis zur Diversitätsstufe DZ-7 (mit 3000-4000 Arten pro 10.000 km²) in den artenreichen humiden Gebirgsabdachungen des Hindukusch, des Kohe Baba und des Safed-Koh in Ost-Afghanistan.

GROOMBRIDGE (1992) hat die Artenzahlen nach Ländern aufgelistet. Demnach beherbergt Brasilien etwa 55.000 Arten gefolgt von Kolumbien (35.000 Arten) und China (30.000 Arten). Indien (15.000 Arten) und Türkei (8.000 Arten) bekleiden jeweils die Ränge 12 bzw. 13. GROOMBRIDGE (1992) gibt für Afghanistan schätzungsweise 3.500 Arten an, wovon etwa 30-35% endemisch sind, d.h. nur in Afghanistan vorkommen. Etwa 5-10% harren nach Groombridge der Neuentdeckung. Nach unserer früheren Schätzung (BRECKLE & RAFIQPOOR 2010) sollten in Afghanistan etwa 4.100 Arten vorkommen, wovon etwa 30% endemisch sein sollten. Nach Ausarbeitung aller bis dato für Afghanistan beschriebenen Pflanzenarten (BRECKLE et al. 2013) kommen in Afghanistan nunmehr rund 5.000 Arten vor, von denen etwa 25% endemisch sind. In vielen Teilen Afghanistans ist nicht gezielt gesammelt worden. Wir schätzen, dass noch eine erhebliche Anzahl an Pflanzenarten neuentdeckt werden könnte. Nach unseren Befunden gilt Afghanistan mit etwa 5.000 Arten nach den Mittelmeerländern Italien mit 5.600 Arten (PIGNATTI 1982) und Griechenland mit 5.700 Arten (STRID & KIT TAN 1997) als ein wichtiger Hotspot der Biodiversität im Vorderen Orient.

9 Zonale, Azonale und Extrazonale Vegetation

Die dem Klima entsprechende zonale Vegetation trifft man nur auf Flächen an, auf denen sich das typische Regionalklima voll auswirkt. Man nennt solche Biotope Euklimatope (russ. Plakorflächen). Es sind ebene, leicht erhöhte Flächen mit tiefgründigen Böden, die weder zu durchlässig (wie Sand) sind, noch zur Vernässung durch Wasserstau neigen.

Wenn wir die Vegetation auf den Euklimatopen als zonale Vegetation bezeichnen, so handelt es sich nach erfolgtem Biotopwechsel um eine **extrazonale Vegetation**, für die nicht mehr das Großklima maßgebend ist, sondern die lokalen Bedingungen. Wenn sich zum Beispiel die Wälder längs der Flüsse als Galeriewälder weit in ein arides Klimagebiet hinein erstrecken, so sind diese Galeriewälder eine extrazonale Vegetation; sie sind oft Grundlage für bewässertes Kulturland (▪ Abb. B-19). In gleicher Weise sind die Auen der Flüsse und Bäche (▪ Abb. B-20) ebenso

◘ **Abb. B-19:** Galeriewaldstreifen entlang des breit mäandrierenden (tajikischen) Pamir-Flusses kurz vor der Einmündung des (afghanischen) Wakhan-Flusses (im Hintergrund) als Beispiel azonaler Vegetation (Foto: C. Naumann).

◘ **Abb. B-20:** Bachaue mit dichter azonaler Wiesenvegetation nördlich von Almaty (Kazakhstan), umgeben von Offenwald und Steppe (Foto: Breckle).

azonale Vegetation in Waldgebieten aber auch in Steppen oder Halbwüsten. Die extrazonale Vegetation kann Auskunft geben über die zonale Vegetation einer humideren oder kälteren bzw. einer arideren oder wärmeren Zone, wenn dort die zonale Vegetation vernichtet worden ist.

Der Begriff der zonalen Vegetation sollte nur bei großräumigen Betrachtungen für die Gliederung der natürlichen Vegetation großer Gebiete oder ganzer Kontinente verwendet werden. Nur dann macht sich der Einfluss des Klimas deutlich bemerkbar, und die lokalen durch Boden, Relief und Exposition bedingten Unterschiede treten in den Hintergrund.

Andererseits kann unter natürlichen Verhältnissen die zonale Vegetation auch auf großen Flächen weitgehend fehlen, wenn zum Beispiel das Grundwasser so hoch ist, dass Sümpfe und Moore alles bedecken (W-Sibirien, Sudd-Sümpfe im Sudan, tropische Sümpfe im Kongo) oder in den Alluvionen der großen Flüsse. Auch auf ausgedehnten Lavadecken (Idaho) oder auf Salzböden weiter abflussloser Becken (Aralsee) wächst ein Vegetationsmosaik, das der zonalen Vegetation unähnlich ist. In diesen Fällen haben wir es mit Pedobiomen, also mit einer **azonalen Vegetation** zu tun, die viel stärker durch die speziellen Bodeneigenschaften beeinflusst wird und auf die das Klima sich nur in schwachem Maße auswirkt. Dies heißt nicht, dass azonale Biotope weltweit gleich aussehen würden; auch sie sind vom Klima beeinflusst, wie die doch sehr verschiedenen Zonierungen zum Beispiel an Meeresküsten zeigen.

10 Literatur

AGAKHANJANZ, O.E. & BRECKLE, S.-W. 2002: Plant diversity and endemism in High Mountains of Central Asia, the Caucasus and Siberia. In: KÖRNER, C. & SPEHN, E. (eds.): Mountain Biodiversity – A global assessment. Parthenon Publ. Group, Boca Raton, New York etc., Chapter **9**: 117-127

AUBREVILLE, A. 1938: La forêt équatoriale et les formations forestières tropicales africaines. Scientia (Como) **63**: 157

BARTHLOTT, W. & RAFIQPOOR, M.D. 2016: Biodiversität im Wandel – Globale Muster der Artenvielfalt. In: LOZÁN, J.L., BRECKLE, S.-W., MÜLLER, R. & RACHOR, E. (Hrsg.): Warnsignal Klima: Die Biodiversität: 44-50. In Kooperation mit GEO-Verlag. Wissenschaftliche Auswertungen. www.warnsignal-klima.de

BARTHLOTT, W., BIEDINGER, N., BRAUN, G., FEIG, F. et al. 1999: Terminological and methodological aspects of the mapping and analysis of the global biodiversity. Acta Bot. Finnica vol. **162**: 103-110

BARTHLOTT, W., ERDELEN, W. & RAFIQPOOR, M.D. 2014: Biodiversity and Technical Innovations: Biomimicry from the Macro- to the Nanoscale. In: LANZERATH, D. & M. FRIELE (eds.): Concept and Value in Biodiversity. Routledge Studies in Biodiversity Politics and Management, 2014: 300-315. ISBN 978-1-415-66057-0

BARTHLOTT, W., HOSTERT, A., KIER, G., KÜPER, W. et al. 2007: Geographic patterns of vascular plant diversity at continental to global scales. Erdkunde **61** (4): 305-315

BARTHLOTT, W., LAUER, W. & PLACKE, A. 1996: Global distribution of species diversity in vascular plants: towards a world map of phytodiversity. Erdkunde **50**: 317-328

BARTHLOTT, W., MUTKE, J., RAFIQPOOR, M.D., KIER, G. et al. 2005: Global centres of vascular plant diversity. Nova Acta Leopoldina **92** (342): 61-83

BEGON, M., HARPER, J.L. & TOWNSEND, C.R. 1996: Ökologie. Spektrum/Heidlleberg 750 p.

BRECKLE, S.-W. 2000: Biodiversität von Wüsten und Halbwüsten. Ber. d. Reinh. Tüxen-Ges. (Hannover) **12**: 207-222

BRECKLE, S.-W. 2006: Desert and biodiversity – is it area- or resource-related? J. of Arid Land Studies **16**: 61-74

BRECKLE, S.-W. & RAFIQPOOR, M.D. 2010: Field Guide Afghanistan – Flora and Vegetation. Scientia Bonnensis, Bonn, Manama, New York, Florianópolis, 868 S.

BRECKLE, S.-W., HEDGE, I.C. & RAFIQPOOR, M.D. 2013: Vascular Plants of Afghanistan – an augmented Checklist. Scientia Bonnensis, Bonn, Manama, New York, Florianópolis, 598 S.

BURROWS, C. J. 1990: Processes of vegetation change. U. Hyman/London 551 S.

DUFFY, J.E. 2003: Biodiversity loss, tropic skew and ecosystem functioning. Ecology Letters **6** (8): 680-687

ELLENBERG, H. 1996: Vegetation Mitteleuropas mit den Alpen in ökologischer, dynamischer und historischer Sicht. 5. Aufl., Ulmer, Stuttgart 1096 S.

ERDELEN, W.R. 2014: The future of biodiversity and sustainable development. In: LANZERATH, D. & FRIELE. M. (eds.): Concept and Value in Biodiversity. Routledge Studies in Biodiversity Politics and Management: 149-161. ISBN 978-1-415-66057-0

ESSL, F., KLINGENSTEIN, F., NEHRING, S., OTTO, C. et al. 2008: Schwarze Listen invasiver Arten – ein Instrument zur Risikobewertung für die Naturschutzpraxis. Natur und Landschaft **83** (9/10): 418-424

GRAY, M. 2004: Geodiversity – Valuing and conserving abiotic nature. J. Willey & Sons Ltd. UK. ISBN 0-470-84895-2

GROOMBRIDGE, B. (ed.) 1992: Global biodiversity. Status of the earth's living resources. Chapman & Hall/London 585 p.

HAMMOND, P.M. 1995: The current magnitude of biodiversity. In: HAYWOOD, V.H. and WATSON,

R.T. (eds.): Global biodiversity assessment. Cambridge University Press: 113-138
- HUMPHRIES, C.J., WILLIAMS, P.H. & VANEWRIGHT, R.I. 1995: Measuring biodiversity value for conservation. Ann. Rev. Ecol. Syst. Vol. **26**: 93-111
- KIER, G, KREFT, H., LEEB, T.M., JETZ, W. et al. 2009: A global assessment of endemism and species richness across island and mainland regions. PNAS **106** (23): 9322-9327. Doi:10.1073_pnas.0810306106
- KLINGENSTEIN, F. & OTTO, C. 2008: Zwischen Aktionismus und Laisserfaire: Stand und Perspektiven eines differenzierten Umgangs mit invasiven Arten in Deutschland. Natur und Landschaft **83** (9/10): 407-411
- KREFT, H. & JETZ, W. 2007: Global patterns and determinants of vascular plant diversity. PNAS **104** (14): 5925-5930. Doi: 10.1073_pnas.0608361104
- KREFT, H., JETZ, W., MUTKE, J., KIER, G. et al. 2008: Global diversity of Islands flora from a macroecological perspective. Ecology Letters **11**: 116-127. Doi: 10.111& j.1461/0248.2007. 01129.x
- KRUTZSCH, W. 1992: Paläobotanische Klimagliederung des Alttertiärs (Mitteleozän bis Oberoligozän) in Mitteldeutschland und das Problem der Verknüpfung mariner und kontinentaler Gliederungen (klassische Biostratigraphien - paläobotanisch-ökologische Klimastratigraphie - Evolutions-Stratigraphie der Vertebraten). N. Jb. Geol. Paläont. Abh. **186**: 137-253
- LABANDEIRA, C.C. & SEPKOSKI, J.J. 1993: Insect diversity in fossil records. Science, New Series **261** (5119): 310-315
- MORA, C., TITTENSOR, D.P., ADL, S., SIMPSON, A.G.B. et al. 2011: How Many Species Are There on Earth and in the Ocean? PloS Biology. DOI:10.1371/journal.pbio.1001127
- MUTKE, J. & BARTHLOTT, W. 2005: Patterns of vascular plant diversity at continental to global scale. Biol. Skr. **55**: 521-531
- NEHRING, S., ESSL, F., KLINGENSTEIN, F. et al. 2010: Schwarze Liste invasiver Arten: Kriteriensystem und Schwarze Listen invasiver Fische für Deutschland und für Österreich. BfN-Skripten **285**. Bundesamt für Naturschutz, 185 S.
- NIKLAS, K.J., TIFFNEY, B.H. & KNOLL, A.H. 1983: Patterns in vascular land plant diversification. Nature **303**: 614-616
- NILSSON, L.A., JONSSON, L. & RANDRIANJOHANY, E. 1987: Angrecoid orchid and hawmoths in Central Madagascar: specialised pollination systems and generalist foragers. Biotropica **19**: 310-318
- PERRINGS, C., MÄHLER, K.-G., FOLKE, C., HOLLING, C.S. & JANSSON, B.-O.1997: Biodiversity loss - Economic and ecological issues. Cambridge University Press, Cambridge, UK.
- PIGNATTI, S. 1982: Flora d'Italia I, Edagricola. Bologna
- PIMM, S.L., JENKINS, C.N., ABELL, R., BROOKS, T.M. et al. 2014: The biodiversity of species and their rates of extinction, distribution, and protection. Science **344**: 6187. DOI: 10.1126/science.1246752
- STRID, A. & KIT TAN 1997: Flora of Greece, vol. **1**, Königstein
- TEEB 2010: The Economics of Ecosystems and Biodiversity: Mainstreaming the Economics of Nature: A synthesis of the approach, conclusions and recommendations of TEEB. Online available http://is.gd/aL5MWf (accessed 12 Feb 2014)
- VALENCIA, R. & BALSLEV, H. 1994: High tree alpha diversity in Amazonian Ecuador. Biodiversity and Conservation **3**: 21-28
- WALTER, H. 1967: Die physiologischen Voraussetzungen für den Übergang der autotrophen Pflanzen vom Leben im Wasser zum Landleben. Z. f. Pflanzenphys. **56**: 170-185
- WEIGELT, P., JETZ, W. & KREFT, H. 2013: Bioclimatic and physical characterization of the world's islands. Proc. Natl. Acad. Sci. **110**: 15307–15312
- ZUKRIGL, K., ECKHARDT, G. & NATHER, J. 1963: Standortskundliche und waldbauliche Untersuchungen in Urwaldresten der niederösterreichischen Kalkalpen. Mitt. Forstl. Bundesversuchsanst., Mariabrunn **62**, 244 S.

I   Allgemeiner Teil

Teil C - Ökologische Systeme und Ökosystembiologie

1. Geo-Biosphäre und Hydro-Biosphäre
2. Die Hydro-Biosphäre
3. Gliederung der Geo-Biosphäre in Zonobiome
4. Zono-Ökotone
5. Ökologische Systeme
6. Orobiome und Pedobiome
7. Biome
8. Kleine Einheiten des ökologischen Systems: Biogeozön und Synusien
9. Ökosystem-Biologie und das Wesen der Ökosysteme
10. Hochproduktive Ökosysteme
11. Besonderheiten der Stoffkreisläufe verschiedener Ökosysteme
12. Die Bedeutung des Feuers für Ökosysteme
13. Die einzelnen Zonobiome und ihre Verbreitung
14. Literatur

Felsenmauer mit einem komplizierten Mosaik aus Wasserfällen und Resten des tropischen Regenwaldes (Zonoökoton I/II) bei Helbourg, Réunion (Foto: Breckle)

1 Geo-Biosphäre und Hydro-Biosphäre

Die Biosphäre umfasst die dünne Schicht an der Erdoberfläche, in der sich alle Lebenserscheinungen abspielen, also auf dem Lande die unterste Schicht der Atmosphäre, soweit sich die lebenden Organismen in ihr dauernd aufhalten und die Pflanzen hineinragen, sowie die durchwurzelte Schicht der Lithosphäre, die als Boden bezeichnet wird. Daneben finden wir Leben in allen Gewässern bis in die Tiefsee hinunter. Aber in diesem wässrigen Medium spielt sich der Stoffkreislauf auf andere Weise ab als auf dem Lande, und die Organismen sind so verschieden (zum Beispiel Plankton), dass die Ökosysteme getrennt behandelt werden müssen. Wir gliedern deshalb die Biosphäre in:

1. Geo-Biosphäre, die terrestrischen Ökosysteme umfassend, und
2. Hydro-Biosphäre mit den aquatischen Ökosystemen, mit denen sich die Hydrobiologie (und auch Ozeanographie) beschäftigt.

Zur Erfassung der wesentlichen Prozesse in der Biosphäre sind heute zahlreiche Ergebnisse aus anderen Wissenschaften erforderlich. Die Betrachtung großräumiger ökologischer Zusammenhänge ist nur durch interdisziplinäre Auswertung von Ergebnissen möglich, dementsprechend ist die Ökologie heute eine sehr interdisziplinäre Wissenschaft geworden, die über den ursprünglichen Bereich in der Biologie hinausgreift, wie dies in ◘ Abb. C-1 schematisch dargestellt ist.

2 Die Hydro-Biosphäre

Die Hydrosphäre umfasst das gesamte auf der Erde vorkommende feste, flüssige und gasförmige Wasser von Gletschern und Eiskappen, Weltmeeren, Seen, Flüssen, Boden- und Grundwasser sowie der Wasserdampf in der Atmosphäre. Sie ist damit Bestandteil der Geo-, Litho-, Bio-, Pedo- und Atmosphäre.

Der Erdball wird zu 71% von Wasser bedeckt, trotzdem soll hier in diesem Rahmen die Hydrosphäre nur sehr kurz behandelt werden.

Eine quantitative Übersicht der Verteilung des Wassers auf dem Erdball (◘ Tab. C-1) auf die verschiedenen Kompartimente zeigt, dass auf dem gesamten Festland lediglich 3,5% des gesamten Wassers vorkommen (► Tab. C-1). Das meiste Wasser ist das Salzwasser der Ozeane. Auch die Mengen an Wasser, die die Seen und Sümpfe ausmachen, sind insgesamt gesehen verschwindend gering. Die Menge des Wassers in der Atmosphäre übertrifft, trotz der kurzen Verweildauer von wenigen Tagen, die des gesamten in der Biosphäre in Lebewesen gebundenen Wassers um das Dreizehnfache.

Berücksichtigt man nur das Süßwasser, so sind davon ⅔ als Eis gebunden. Gefrorenes Wasser, also Eis, tritt in den polaren Eiskappen, in den Permafrostböden der Subpolarregionen und in den Gletschern der Hochgebirge auf der Erde in großem Maße auf. Es wird dabei unterschieden zwischen kompaktem Eis, das in verschiedenen Formen in den einzelnen Kompartimenten auftritt (Kryosphäre) und dem weniger permanenten Schnee, den man separat als Chionosphäre auffassen kann. Die Verteilung auf bestimmte Teile der Erde ist in ◘ Tab. C-2 angegeben. Hier kommt in der Verteilung auf den beiden Hemisphären das sehr große Ungleichgewicht zwischen Land und Meer zum Ausdruck, das sich letztlich auch wieder in der Verteilung der Zonobiome zeigt.

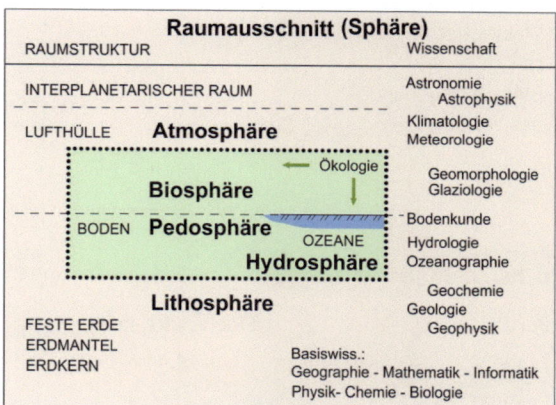

◘ **Abb. C-1** Die einzelnen Raumausschnitte auf der Erde und der Bereich der Ökologie im Kontext anderer Wissenschaften.

3 Gliederung der Geo-Biosphäre in Zonobiome

Unser Untersuchungsobjekt ist nur die Geo-Biosphäre, die den Hauptlebensraum des Menschen bildet und uns deshalb besonders interessiert. Zu ihrer Untergliederung bietet sich als primär unabhängiger Umweltfaktor das Großklima an. Denn von diesem hängt sowohl die Bodenbildung als auch die Vegetation ab, es ist noch kaum (oder nur leicht, aber immer mehr) durch den Menschen verändert und lässt sich durch das immer dichter werdende Netz der meteorologischen Stationen überall einwandfrei erfassen (über die Prinzipien der Gliederung vgl. WALTER 1976 und LAUER & RAFIQPOOR 2002).

◘ Tab. C-1 Quantitative Angaben zur Hydrosphäre in globaler Sicht (Daten aus SCHÖNWIESE 1994)

Bereich	Fläche (10⁶ km²)	Volumen (10⁶ km³)	prozentualer Anteil am Gesamtwasservolumen der Erde	prozentualer Anteil bezogen auf das Süßwasser
Weltmeer	361,30	338,00	96,50	-
Festland	148,40	47,97	3,50	
Grundwasser	134,80	23,40	1,70	
davon Süßwasser	(134,8)	10,53	0,76	30,10
Bodenfeuchtigkeit	82,00	0,015	0,001	0,05
Polareis, Schnee	16,23	24,064	1,74	68,70
Antarktis	13,98	21,60	1,56	61,70
Grönland	1,80	2,34	0,17	6,68
Gebirge	0,224	0,041	0,003	0,12
Permafrost	21,00	0,300	0,022	0,86
Süßwasserseen	1,236	0,091	0,007	0,26
Salzwasserseen	0,822	0,085	0,006	-
Sümpfe, Moore	2,683	0,0115	0,008	0,03
Wasserläufe		0,0021	0,0002	0,006
Wasser der Atmosphäre	(510)	0,0129	0,001	0,04
Biologisch gebundenes Wasser	(510)	0,0011	0,0001	0,003

◘ Tab. C-2 Quantitative Angaben zur Kryosphäre und Chionosphäre (nach SCHÖNWIESE 1994)

Bereich		Fläche (10⁶ km²)	Volumen (10⁶ km³)	Meeresspiegeläquivalent (in m)*
Landeis		14,44	32,44	81,2
Antarktis		12,2	29,32	73,3
Grönland		1,7	3,0	7,6
Gletscher		0,54	0,12	0,3
Permafrost (ohne Antarktis)				
beständig		7,6	0,03	0,08
maximal		17,3	0,07	0,18
Meereis				
arktisch	Winter	14,0	0,05	-
	Sommer	7,0	0,02	-
antarktisch	Winter	18,4	0,06	
	Sommer	3,6	0,02	
Schnee				
Nordhemisphäre	Winter	46,3	0,002	Vernachlässigbar
	Sommer	3,7	<0,0001	Vernachlässigbar
Südhemisphäre	Winter	0,85	Vernachlässigbar	Vernachlässigbar
	Sommer	0,07	Vernachlässigbar	Vernachlässigbar

*Potentieller Anstieg des Meeresspiegels bei völligem Abschmelzen. Daten aus SCHÖNWIESE (1994)

Aus klimatischer Sicht sollte eine Einteilung der Erde in Zonobiome auf einer effektiven, d.h. auf den ökophysiologischen Merkmalen der Vegetation basierenden Klimaklassifikation beruhen, da sich eine solche Klimaklassifikation auf reale Vegetation bezieht, die Orobiome am besten umschreiben kann und den Ökologen in erster Linie das Klima innerhalb der Geo-Biosphäre interessiert (BRECKLE 2011). Die hier ebenfalls verwendete Klimaklassifikation (▶ Abb. C-50) teilt die Erde nach der Länge der thermischen und hygrischen Vegetationszeit in fünf Hauptzonen auf: A) Tropen, B) Subtropen, C) kühle Mittelbreiten, D) kalte Mittelbreiten, E) Polarregionen.

Das Klima innerhalb der Geo-Biosphäre kann anschaulich durch das ökologische Klimadiagramm gekennzeichnet werden. Es erweist sich dabei als zweckmäßig, die sehr große Zone der Mittelbreiten weiter zu untergliedern und die subpolare sowie hochpolare zu einer arktischen zusammenzufassen. Es ergeben sich dann neun ökologische Klimazonen, die wir im ökologischen Sinne als Zonobiome (ZB) bezeichnen (WALTER 1976, WALTER & BRECKLE 1999, SCHULTZ 2008, OLSEN & DINERSTEIN 2002, WITTIG & NIKISCH 2014), denn unter einem Biom versteht man einen großen, klimatisch einheitlichen Lebensraum innerhalb der Geo-Biosphäre. Als **humid** bezeichnet man ein feuchtes (regenreiches) Klima, als **arid** ein trockenes (regenarmes). Bei Doppelbezeichnungen bezieht sich die erste auf den Sommer, die zweite auf den Winter.

Die neun Zonobiome (▶ Abb. A-9):

ZB I	Äquatoriales ZB mit Tageszeitenklima, humides tropisches ZB
ZB II	Tropisches ZB mit Sommerregen, humido-arides tropisches ZB
ZB III	Subtropisches ZB mit Wüstenklima, heiß-arides ZB; spärliche Regen
ZB IV	ZB mit Sommerdürre und Winterregen, arido-humides (mediterranes) ZB
ZB V	Warmtemperiertes (ozeanisches), humides ZB; mild-maritimes ZB
ZB VI	Typisch gemäßigtes ZB mit kurzer Frostperiode, nemorales ZB
ZB VII	Arid-gemäßigtes ZB mit kalten Wintern, kontinentales ZB
ZB VIII	Kalt-gemäßigtes ZB mit kühlen Sommern und langen Wintern, boreales ZB
ZB IX	Arktisches einschließlich antarktisches, mit sehr kurzen Sommern, polares ZB.

Die Zonobiome sind die wesentlichen Groß-Einheiten der Biosphäre. Es gibt in der Literatur sehr viele Gliederungsmodelle mit unterschiedlichen Bezeichnungen. Für die Großgliederung in ökologische Einheiten hat sich die Zonobiom-Gliederung bewährt. Die jeweilige Umgrenzung und die Größe der Übergangsräume (Zono-Ökotone) ist nicht selten eine Frage der subjektiven Anschauung. An die beiden Polkappen – Arktis und Antarktis – schließen sich äquatorwärts mehr oder weniger gürtelförmig die Zonobiome an. Dabei ist der Unterschied zwischen der Nord- und Südhemisphäre durch die ungleiche Verteilung der Landmasse erheblich. Unsinnig ist daher von „antiboreal" zu sprechen, einer Zone, die es im Westwindgürtel der Südhemisphäre – wo kein Land, nur winzige Inseln zu finden sind – nicht gibt, im Gegensatz zur Nordhemisphäre, wo auf dieser Breite fast nur Landmasse zu finden ist mit der stärksten Ausprägung an Kontinentalität.

Antiboreal sollte nur als tiergeographische Region der Schelfgebiete der Südhälfte der Südkontinente verstanden werden. Niemand spricht schließlich von der Nordwüste als „antisubtropische" Wüste oder den *Nothofagus*-wäldern Chiles von „antinemoralen" Wäldern.

Die Unterschiede zwischen den West- und Ostküsten an den Kontinenten sind aufgrund der warmen bzw. kalten Meeresströmungen verantwortlich für das Auskeilen bestimmter Gürtel oder für das kleinräumige Auftreten der Zonobiome.

Die Zonobiome sind eindeutig durch Klimadiagrammtypen definiert, zudem entsprechen ihnen weitgehend, wenn auch nicht immer, jeweils bestimmte zonale Boden- und Vegetationstypen, wie es die Übersicht in ▫ Tab. C-3 zeigt

4 Zonoökotone

Die Klimazonen und damit auch die Zonobiome sind gegeneinander nicht scharf abgegrenzt, sondern oft durch sehr breite Übergangszonen - die Zonoökotone (ZÖ) - miteinander verbunden.

Ökotone sind zum Beispiel kleinräumig: ein Wald mit Waldrand wird mit Mantel und Saum von Wiesen abgelöst, oder großräumig zum Beispiel in Osteuropa: der Laubwald geht allmählich in die Steppe über.

Im Zonoökoton kommen beide Typen nebeneinander unter gleichen großklimatischen Verhältnissen vor und stehen miteinander in scharfem Wettbewerb. Den Ausschlag für das Auftreten des einen oder des anderen Vegetationstypus geben das reliefbedingte Kleinklima oder die Böden.

Box C-1 Ökotone als Übergangszonen

Ökotone sind ökologische Spannungsräume; Übergangsbereiche, in denen ein Vegetationstyp durch einen anderen mehr oder weniger allmählich abgelöst wird.

Tab. C-3 Die Boden- und Vegetationstypen der einzelnen Zonobiome

Zonobiom (ZB)	Zonale Bodentypen	Zonale Vegetationstypen
I	Äquatoriale Braunlehme (ferrallitische Böden, Latosole)	Immergrüner tropischer Regenwald ohne Jahreszeitenwechsel
II	Rotlehme, Roterden (fersiallitische Böden)	Tropischer laubwerfender Wald oder Savannen
III	Seroseme, Syroseme (Grau- oder Roterden, Rohböden, Salzböden)	Subtropische Wüstenvegetation (Gesteinslandschaften)
IV	Mediterrane Braunerden (fossile Terra rossa)	Hartlaubgehölzvegetation (Sklerophylle), (bodenfrostempfindlich)
V	Gelbe oder Rote Waldböden, leicht podsolig	Temperierter immergrüner Wald (Lauriphylle), (frostempfindlich)
VI	Wald-Braunerden und Graue Waldböden	Nemoraler winterkahler Laubwald (frostresistent)
VII	Tschernoseme bis Seroseme (Rohböden)	Steppen bis Wüsten mit kalten Wintern (frostresistent), kurze, heiße Sommer
VIII	Podsole (Rohhumus-Bleicherden)	Boreale Nadelwälder (Taiga), (sehr frostresistent)
IX	Humusreiche Tundraböden mit Solifluktion (Permafrostböden)	Tundravegetation (baumfrei)

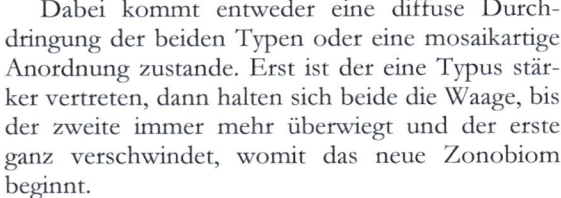

Abb. C-2 Horizontal-räumliche Größenordnungen in der Biologie, Geographie und Meteorologie. Man beachte den logarithmischen Maßstab (verändert nach SCHÖNWIESE 1994).

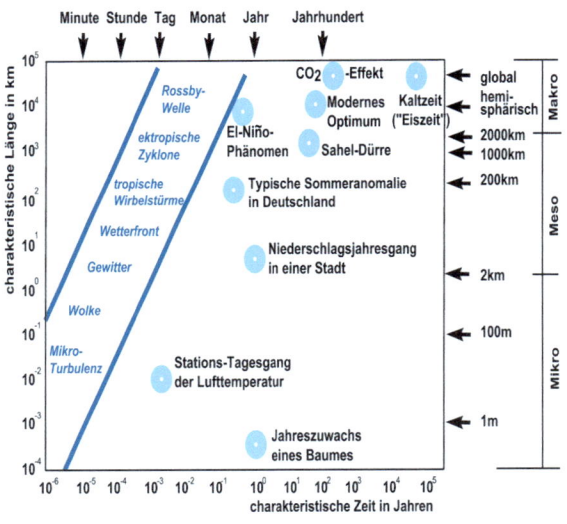

Abb. C-3 Atmosphärische und klimatologische Phänomene im Längen-Zeit-Diagramm. Man beachte die logarithmischen Achsen (verändert nach SCHÖNWIESE 1994).

Dabei kommt entweder eine diffuse Durchdringung der beiden Typen oder eine mosaikartige Anordnung zustande. Erst ist der eine Typus stärker vertreten, dann halten sich beide die Waage, bis der zweite immer mehr überwiegt und der erste ganz verschwindet, womit das neue Zonobiom beginnt.

Die Bezeichnung der Zonoökotone erfolgt nach den Zonobiomen, die sie verbinden, das heißt wir unterscheiden die Zonoökotone: ZÖ I/II, ZÖ II/III, ZÖ III/IV, ZÖ IV/V etc.

Es können auch Dreieckszonoökotone vorkommen, wenn drei Zonobiome aneinanderstoßen (zum Beispiel Pannonische Tiefebene: ZÖ VI/VII/IV). Wir behandeln die wesentlichen Zonoökotone in kurzen eigenen Abschnitten jeweils am Schluss der zugehörigen Zonobiome.

Die geographische Verbreitung der einzelnen Zonobiome und Zonoökotone geht aus der schematischen Weltkarte (▶ Abb. A-9) bzw. aus den Karten für die einzelnen Kontinente ▶ Abb. C-22 bis ▶ Abb. C-26 hervor.

… Ökologische Grundlagen

5 Ökologische Systeme

Aufgrund unserer bisherigen Ausführungen können wir ein Schema für die Rangstufen sowohl der größeren als auch der kleineren ökologischen Einheiten aufstellen. Neben der klimatischen Hauptreihe werden dabei die durch die Gebirge einerseits (OB) und die durch spezifische Bodenbedingungen andererseits (PB) abgewandelten Biome als entsprechende orographische bzw. pedologische Nebenreihen gekennzeichnet. Dieses hierarchische Schema der Raumeinheiten der Ökosysteme wird der Gliederung der Geo-Biosphäre zugrunde gelegt.

In diesem Zusammenhang soll hier nochmals an die sehr unterschiedlichen Skalengrößen erinnert werden, um die man sich bei der Charakterisierung der Ökosysteme kümmern muss (▪ Abb. C-2). Dies gilt nicht nur für die räumlichen Größenordnungen der Strukturen, sondern auch für die zeitlichen Skalen. Insbesondere atmosphärische bzw. meteorologische Phänomene sind es, die dabei die Skalengröße bestimmen. In ▶ Abb. C-2 sind die hier verwendeten Rangstufen ökologischer Systeme denen meteorologischer Prozesse gegenübergestellt. Aufgrund der riesigen Größenunterschiede lässt sich ein solcher Vergleich nur im logarithmischen Maßstab darstellen. Dies gilt zum zweiten auch für die Zeitskala, in der sich bestimmte Phänomene abspielen (▪ Abb. C-3).

Für die Behandlung der einzelnen Biome spielen dabei die bodennahen Luftschichten mit ihrer Dynamik und den atmosphärisch-biosphärischen Wechselwirkungen die entscheidende Rolle, darauf hat schon 1927 GEIGER hingewiesen.

6 Orobiome und Pedobiome

Die Geo-Biosphäre ist nicht nur in horizontaler Richtung gegliedert, sondern durch die Gebirge auch in vertikaler. Sie muss also dreidimensional betrachtet werden. Die Gebirge heben sich klimatisch aus den Klimazonen heraus und werden deshalb gesondert von den Zonobiomen behandelt. Wir bezeichnen sie als **Orobiome** (OB).

Charakteristisch ist für alle Orobiome, dass die mittlere Jahrestemperatur mit der Höhe abnimmt. Diese Abnahme ist pro 100 m Höhenunterschied etwa ebenso groß wie die in der euro-nordasiatischen Ebene auf einer Entfernung von 100 km in der Richtung von Süden nach Norden. Deswegen sind die Höhenstufen im Gebirge etwa 1000-mal schmaler als die Vegetationszonen in der Ebene von Süden nach Norden.

Gewisse Ähnlichkeiten der Höhenstufen und der Vegetationszonen der Höheren Breiten fallen in Europa und Nordamerika bei flüchtiger Betrachtung auf, aber Unterschiede sind stets vorhanden. Denn bis auf die Temperaturabnahme und die Verkürzung der Vegetationszeit mit der Höhe ist das Gebirgsklima anders als das in der Ebene. Zum Beispiel ändert sich die Tageslänge ebenso wie der Sonnenstand mit der Höhe nicht, dagegen nimmt die Tageslänge im Sommer von Süd nach Nord zu, während die Höhe des Sonnenstands mittags abnimmt. Die direkte Sonnenstrahlung verstärkt sich mit der Höhe, die diffuse wird schwächer, in der Ebene ist es in nördlicher Richtung umgekehrt. Die Niederschläge nehmen im Gebirge mit der Höhe meist sehr rasch zu, im arktischen Gebiet sind sie dagegen gering.

Außerdem sind die beiden Flanken eines Gebirges fast nie symmetrisch, sondern auch klimatologisch, zum Beispiel durch Föhnwirkung verschieden. Dadurch ist der Temperaturgradient aus physikalischen Gründen (▶ Abb. C-7) auch nicht mehr gleich groß, weil sich feuchtadiabatische und trockenadiabatische Erwärmung (Abkühlung) energetisch unterscheiden. Bei einer Abkühlung der Luft durch Hebung (und Volumenausdehnung bei geringer werdendem Luftdruck) wird irgendwann der Taupunkt erreicht, dies ist das Kondensationsniveau, bei dem Wolken entstehen ('Wolkenwald') und Feuchtigkeit 'ausregnet'. Auf der anderen Seite des Gebirges, wenn beim Absinken der Luft (mit Druckanstieg) nur noch trockenadiabatische Erwärmung erfolgt, ist die Luft letztlich bei gleicher Tallage wärmer und trockener geworden: Föhnwirkung (▪ Abb. C-4), verursacht durch die freigewordene Kondensationswärme (2,26 MJ·kg^{-1}, ▶ physikalische Größen) beim Aufstieg der Luft.

Jedes Gebirge innerhalb eines Zonobioms ist eine ökologische Einheit mit typischer Höhenstufenfolge, deren Stufen allgemein als kollin, montan, alpin und nival bezeichnet werden. Sie sind im Einzelnen jedoch in Abhängigkeit von der Zone, in der das Gebirge liegt, sehr verschieden. So haben zum Beispiel die Höhenstufenfolgen bei den Gebirgen im Zonobiom I, IV oder VI kaum etwas Gemeinsames.

Die weitere Unterteilung der Orobiome erfolgt deshalb nach den Zonobiomen, zu denen sie gehören. Wir sprechen deshalb vom Orobiom I, Orobiom II etc. Außerdem werden unterschieden uni-, inter- und multizonale Orobiome (Gebirge), je nachdem, ob sie innerhalb eines Zonobioms liegen oder zwischen zwei Zonobiomen oder sich durch viele erstrecken, wie der Ural (von IX bis VII) oder die Anden (von I bis IX). Interzonale Gebirge sind die Alpen, der Kaukasus oder der Himalaja. Sie sind meist scharfe Klimagrenzen und die Höhenstufenfolge am Nord- und Südrand muss getrennt behandelt werden. Bei einem multizonalen Gebirge ist es notwendig, dasselbe den Zonen entsprechend in einzelne Abschnitte mit besonderen Höhenstufenfolgen zu gliedern. Die Anden sind sowohl multizonal als auch interzonal (West- und Ostabfall verschieden). Anders sind auch die Höhenstufenfolgen bei inneren Gebirgstälern mit geringen Niederschlägen und kontinentalen Verhältnissen (Intragebirgs-Höhenstufenfolgen).

Box C-2 Orobiome und die Höhenstufen der Gebirge

Orobiome sind Gebirgslebensräume, die nach Höhenstufen gegliedert sind. Die einzelnen Höhenstufen werden auch als hypsozonale oder orozonale Vegetation bezeichnet. Es ist die dritte Dimension, die sich aus dem zugehörigen Zonobiom heraushebt.

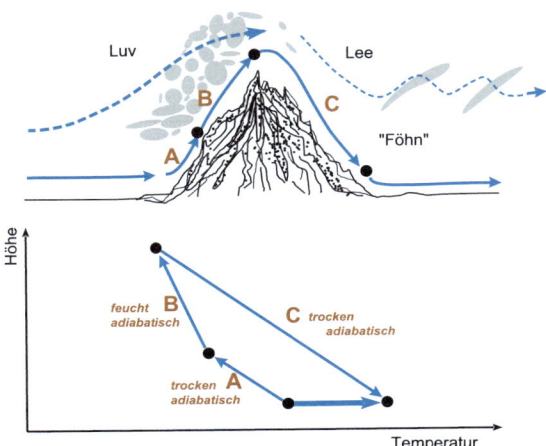

◻ **Abb. C-4** Schema der Föhnwirkung. Auf der Luvseite kommt es zur Hebung der Luftmassen (A), dann zur Wolkenbildung (B) evtl. mit Niederschlag. Auf der Leeseite (C) kommt es zu Erwärmung, Trockenheit und Turbulenzen. Die Erwärmung ist auf den Unterschied zwischen dem feuchtadiabatischen Temperaturgradienten (B) (Kondensationswärme) bei Hebung und dem trockenadiabatischen Gradienten (C, A) beim Absinken (mit zusätzlicher Einstrahlung bei klarer Luft) zurückzuführen (verändert nach SCHÖNWIESE 1994). Im Foto rechts sieht man das Kondensationsniveau auf der Luv-Seite des Gebirges in den Ostalpen (Foto: Breckle).

Box C-3 Höhenstufen und Klimazonen

Höhenstufen im Gebirge sind nur oberflächlich gesehen eine kurzgestauchte Wiederholung der planetarischen Vegetationszonen in den Ebenen zu den Polen hin.

Nicht nur die Orobiome heben sich aus den Zonobiomen heraus, sondern auch bestimmte Flächen mit extremen Böden und einer azonalen Vegetation verhalten sich abweichend. Wir bezeichnen sie als **Pedobiome** (PB), das heißt an bestimmte Böden gebundene Lebensräume. Durch den Menschen sind die Böden nur dort stark verändert, wo eine Bodenerosion, das heißt Abtragung der oberen Bodenschicht oder des gesamten Bodens, verursacht wurde, bzw. wo der Boden bearbeitet oder überbaut ist. Das Großklima wirkt sich auf die Vegetation unverändert nur auf den Euklimatopen (russisch als „Plakor" bezeichnet) aus, also auf ebenen Flächen mit Böden, die nicht zu schwer und nicht zu leicht sind, so dass die Niederschläge nicht oberflächlich abfließen, sondern in den Boden eindringen und von diesem als Haftwasser zurückgehalten werden, das heißt nicht zu rasch zum Grundwasser absinken, sie stehen somit der Vegetation voll zur Verfügung. Bei extremen Kalkböden ist das nicht der Fall, sie sind zu trockene und zugleich zu warme Biotope im Vergleich zum Großklima. Andererseits können die Böden schädliche Stoffe enthalten, wie Salze (NaCl, Na_2SO_4), oder die Böden sind extrem nährstoffarm, so dass die Vegetation ebenfalls von der normalen des Zonobioms abweicht. Die Vegetation der Pedobiome, die weniger durch das Großklima beeinflusst wird, sondern viel stärker durch den Boden und deshalb in fast gleicher Ausbildung auf gleichen Böden in mehreren Zonen auftreten kann, bezeichnen wir als azonale Vegetation.

Die Pedobiome werden unterteilt nach den Böden, die für sie typisch sind: Lithobiome (Steinböden), Psammobiome (Sandböden), Halobiome (Salzböden), Helobiome (Moor- oder Sumpfböden), Hydrobiome (mit Wasser bedeckte Böden), Peinobiome (Mangelböden oder nährstoffarme Böden, von peine auf Griechisch = Hunger, Mangel), Amphibiome (= wechselfeuchte Böden) und andere.

Die Pedobiome können oft riesige Flächen einnehmen, zum Beispiel das Lithobiom der Basaltdecken in Idaho (USA), das Psammobiom der südlichen Namib, der Rub-al-Khali in Saudi-Arabien oder der Karakum-Wüste in Mittelasien mit 35.000 km², das Helobiom des Sudd-Sumpfgebietes am Nil (150.000 km²), das Moorgebiet Westsibiriens (über 1 Million km², ▶ Abb. L-19). Auch ihre Ökologie ist gesondert von der der Zonobiome zu behandeln.

> **Box C-4** Was sind Biome?
>
> Biome sind Lebensräume, die einer konkreten einheitlichen Landschaft entsprechen.

7 Biome

Unter Biom (ohne Vorsilbe) verstehen wir die Grundeinheit der großen ökologischen Systeme.

Biome sind entweder Untereinheiten von Zonobiomen (□ Abb. C-5) oder gehören zu bestimmten Orobiomen oder Pedobiomen, zum Beispiel ist der mitteleuropäische Laubwald ein Biom des Zonobioms VI, der Kilimandscharo ein Biom des Orobioms I, die Salt Desert in Utah (USA) ein Biom des Pedo-Halobioms VII, etc.

In dieser globalen Übersicht werden vorwiegend Biome als kleinste Einheiten einer Region behandelt.

In der anglo-amerikanischen Literatur wird der Begriff "biom" sehr viel breiter und weniger scharf definiert gebraucht.

8 Kleine Einheiten des ökologischen Systems: Biogeozön und Synusien

Hat man eine globale Gliederung der gesamten Landoberfläche der Erde innerhalb der neun Zonobiome in die nächst kleineren Einheiten (Biome) vorgenommen, dann kann man diese jeweils dem Kenntnisstand entsprechend in kleinere Einheiten aufgliedern, was in dem Falle, wenn keine genaueren Unterlagen vorliegen, einfach unterbleibt.

Für die Abgrenzung der kleinen ökologischen Einheiten ist es am zweckmäßigsten von Vegetationseinheiten auszugehen. In einem begrenzten, landschaftlich-geographisch einheitlichen Gebiet, das einem Biom entspricht, sind schon geringe Unterschiede der Wasser- und Bodenverhältnisse für die Ausbildung der Vegetation und damit der Ökosysteme von Bedeutung. So entsteht das typische Ökosystemmosaik einer Landschaft. Die maßgeblichen Umweltfaktoren, die ständige jahreszeitliche Veränderungen aufweisen, direkt zu messen und in ihrer Zusammenwirkung zu erfassen, ist kaum möglich. Dagegen können wir davon ausgehen, dass die natürliche Vegetation, die sich im dynamischen Gleichgewicht mit ihrer Umwelt befindet, die Wirkung der Umweltfaktoren integrierend wiederspiegelt. Selbst kleine Unterschiede eines Umweltfaktors bedingen eine qualitative oder zumindest eine quantitative Veränderung in der Zusammensetzung der Vegetation.

Da sich jedoch heute menschliche Eingriffe fast überall in stärkerem oder schwächerem Maße bemerkbar machen, ist Vorsicht geboten. Es gilt, durch eine kritische Analyse die Wirkung von natürlichen und anthropogen bedingten Faktoren sorgfältig auseinander zu halten und bei letzteren auch menschliche Eingriffe in der Vergangenheit zu berücksichtigen.

Bei Waldgesellschaften wirken sich menschliche Eingriffe selbst nach Jahrhunderten aus (Kahlschlag, Verjüngungsart, Beweidung, Streunutzung etc.). Zwar glaubt man häufig, dass die Krautschicht im Walde für die Beurteilung der natürlichen Verhältnisse besser geeignet sei, aber sie hängt doch in besonders hohem Grade von der Zusammensetzung und Struktur der Baumschicht ab (Beschattung, höhere Konkurrenzkraft der Baumwurzeln, Laubstreu) und wurzelt weniger tief als die Bäume, so dass für sie nur die oberen Bodenhorizonte maßgebend sind. Jede Veränderung der Baumschicht durch den Menschen wirkt sich auch auf die Krautschicht aus. Schon die Entfernung von alten hohlen Bäumen und der am Boden verwesenden Stämme ist ein schwerer Eingriff in das Ökosystem.

In den dicht besiedelten Gebieten wird man sich aber damit abfinden müssen, dass nur menschlich beeinflusste Ökosysteme vorhanden sind.

Die Stellung der Biogeozönose in der Größenhierarchie der ökologischen Systeme geht aus ▶ Abb. C-5 hervor.

In einem Ökosystem werden der Stoffkreislauf, der Energiefluss und die Phytomasse sowie die Produktion vor allem durch die **Dominanten** bestimmt, im Walde zum Beispiel durch die dominierenden Baumarten. Seltene und in wenigen Exemplaren vorkommende Charakterarten haben zwar für die Erkennung der Gemeinschaft einen Indikatorwert, aber auf das Ökosystem üben sie unter Umständen nicht den geringsten Einfluss aus. Deshalb muss die Ökosystemforschung die Übereinstimmung der Dominanten innerhalb eines Ökosystemtypus fordern.

Eigentlich hat die Abgrenzung der Pflanzengemeinschaften im Gelände nach gründlicher Orientierung über die Vorgeschichte der einzelnen Bestände und nach genauer Durchforschung des gesamten Gebietes sowie unter Berücksichtigung der Standortsverhältnisse und des Bodenprofils bis zur unteren Grenze der Durchwurzelung zu erfolgen. Der Ökologe kann nur reale (in aller Regel heterogene) Bestände untersuchen und nicht die abstrakt definierten Assoziationen (Pflanzengesellschaften) der Pflanzensoziologie.

Das Biogeozön ist zwar die Grundeinheit der Ökosysteme, aber nicht ihre kleinste Einheit. Innerhalb eines Biogeozöns kann man eine Reihe von **Synusien** unterscheiden. Es sind '**Arbeitsgemeinschaften**' von Arten mit ähnlicher Entwicklung und ähnlichem ökologischen Verhalten. Wir dürfen jedoch die Synusien nicht als Ökosysteme bezeichnen; denn es sind nur Teilsysteme, die nicht über einen eigenen Stoffkreislauf verfügen. Dieser fügt sich vielmehr in den Stoffkreislauf des gesamten Ökosystems ein, und die Produktion der Synusien ist nur ein kleiner Teil der Gesamtproduktion des Ökosystems; er ist jedoch von Bedeutung, weil der Umsatz in den Synusien meist viel rascher verläuft als im Gesamtökosystem.

Ein typisches **Beispiel für Synusien** sind die verschiedenen Artengruppen mit einem gleichen Entwicklungsrhythmus und gleichen Ansprüchen an die Umweltfaktoren, wie zum Beispiel die **Frühlingsgeophyten des Laubwaldes** (*Allium ursinum*, *Corydalis*, *Anemone*, *Ficaria* und andere), die die Lichtphase am Waldboden vor der Belaubung ausnutzen (◘ Abb. C-6), oder die Kräuter, die während der Schattenphase im Sommer durchhalten, bzw. die Kräuter mit immergrünen Blättern. Synusien aus niederen Pflanzen sind die **Flechten an den Baumstämmen** (◘ Abb. C-7) oder die **Moose am Stammgrund** (◘ Abb. C-8).

Zwischen den Biomen einerseits und den Biogeozönen andererseits besteht eine große Kluft, die durch Einheiten mittlerer Rangordnung ausgefüllt werden muss. Es handelt sich um Biogeozönkomplexe, die oft mit gewissen Landschaftsformen zusammenfallen und auf einer gemeinsamen Entstehung beruhen, oder die durch dynamische Vorgänge miteinander in Verbindung stehen. Als Beispiel nennen wir eine Biogeozönreihe an einem Hang mit lateralem Stofftransport (oft mit einer Bodencatena, also einer Abfolge bestimmter, voneinander abhängiger Bodentypen) bzw. gesetzmäßig angeordnete Biogeozöne in einem Flusstal oder in einem abflusslosen Becken etc. Man kann auch an Biogeozönkomplexe mit Biogeozönen denken, die zeitlich aufeinander folgen, wie bei einer sekundären Sukzession, bzw. an Biogeozöne, die nebeneinander zu einer ökologischen Reihe gehören, die bei einem sich stetig ändernden Standortsfaktor entsteht (sinkender Grundwasserspiegel oder zunehmende Tiefgründigkeit des Bodens) etc. Die Flächenausdehnung von solchen Biogeozönkomplexen kann sehr verschieden sein. Die Bezeichnungen für die einzelnen Typen divergieren sehr. Wir wollen uns damit begnügen, den neutralen Ausdruck, **Biogeozönkomplexe** zu verwenden.

> **Box C-5** Biogeozön als Grundeinheit der Ökosysteme
>
> Die Grundeinheit der kleineren Ökosysteme ist das Biogeozön (Biogeozönose). Es entspricht einer konkreten Pflanzengemeinschaft im Range einer Assoziation, es ist sozusagen das begehbare Ökosystem mit zum Beispiel 20 x 20 m Größe.

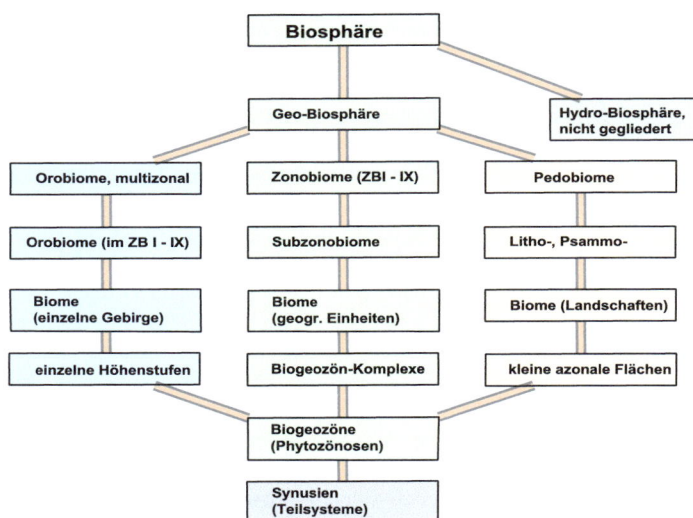

◘ **Abb. C-5** Schema der hierarchischen Gliederung der ökologischen Systeme der Geo-Biosphäre.

> **Box C-6** Reale und theoretische Pflanzengemeinschaften
>
> Die Pflanzengemeinschaft (→ Biogeozön als reale Raumeinheit) ist etwas anderes als die Pflanzengesellschaft (→ theoretisch definiertes Konstrukt), die Assoziation als syntaxonomische Grundeinheit der Pflanzengesellschaften - es ist ein Typus, die darüberliegenden Typuskategorien sind: Allianz, Ordnung, Klasse.

Ökologische Grundlagen

◘ **Abb. C-6** Frühlingsgeophyten in einem noch nicht grünen Laubwald im Baybachtal im unteren Mosel-Tal. Bevor der Wald sich begrünt, nutzen die Frühlingsgeophyten (hier *Corydalis cava*) die Lichtphase im Waldboden und können bis zum völligen Begrünung des Waldes ihren gesamten generativen Zyklus abschließen (Foto: E. Fischer).

◘ **Abb. C-7** Flechten an einem Baumstamm als eine besondere Synusie (Foto: Rafiqpoor).

◘ **Abb. C-8** Moose wachsen insbesondere in den Laubwäldern an Baumstämmen und Steinen, da der Waldboden unter den Bäumen mit einer dicken Schicht von totem Laub bedeckt wird; Ostabdachung des Mt. Kinabalu auf Saba, Malaysia (Foto: Rafiqpoor).

Alle ökologischen Einheiten sind real. Ebenso wie ein Arzt nur reale Menschen untersuchen und behandeln kann und nicht Menschentypen, genauso ist auch der Ökologe nur imstande, seine Messungen und Studien ausschließlich an realen Ökosystemen durchzuführen und nicht an abstrakten Einheiten. Nur ausreichend umfangreiche reale Datenerhebungen können zur Formulierung theoretischer Modelle dienen. Diese am Schreibtisch auf Grund der gemachten Erfahrungen entworfene Zusammenfassungen müssen von bestimmten Voraussetzungen ausgehen. Sie werden deshalb niemals den realen Ökosystemen ganz entsprechen, können uns aber durch ihre Übersichtlichkeit und in vergleichender Betrachtung das Verständnis der Ökosysteme und der darin ablaufenden Prozesse erleichtern. Sofern sie auf genügenden Erfahrungen und ständigen Evaluierungen basieren, können sie sogar Prognosen über zukünftige Entwicklungen ermöglichen (Wissel mündl. Mitt.).

9 Ökosystembiologie und das Wesen der Ökosysteme

Nachdem wir auf die kleinen ökologischen Einheiten hingewiesen haben, müssen wir die prinzipiellen Strukturen und Prozesse in Ökosystemen genauer kennen lernen. Dabei nimmt man als Beispiel oft einen einheitlichen Laubwaldbestand des Zonobioms VI, der eine überschaubare Größe hat und gut 'begehbar' ist.

Umfasst der Bestand eine ganz bestimmte, begrenzte und homogene Gesellschaft, zum Beispiel einen Wald, ein Moor etc., dann bezeichnet man es zweckmäßigerweise als eine Biozönose. Eine Einheit von Pflanzen und Tieren, unter Einschluss des durchwurzelten Bodens und der bodennahen Luftschicht, in die die Pflanzenorgane hineinragen, nennen wir Biogeozönose (kurz: **Biogeozön**). Die Biogeozönose 'Laubwald' beschreibt das statische Bild, die Raumstruktur, die Organismen. In einer solchen Pflanzengemeinschaft findet aber ständig ein Stoffkreislauf und ein Energiefluss statt. Die Pflanzen bilden mit den tierischen Organismen und der anorganischen Umwelt zusammen ein dynamisches Gefüge, ein Ökosystem, das nicht in sich geschlossen ist, weil eine Energiezufuhr von außen durch die Sonnenbestrahlung und eine Stoffzufuhr durch Niederschläge, Gaswechsel, Staubablagerung etc. stattfindet, zugleich aber auch eine Abgabe der Energie in Form von ungeordneter Wärmeenergie und von Stoffen (abfließendes oder versickerndes Wasser, durch Gaswechsel etc.) erfolgt. Das dynamische Bild eines solchen Raumausschnittes, also die wesentlichen Strukturen und Prozesse wird durch die **Ökosystembiologie** untersucht.

Die Gesamtheit der pflanzlichen Trockensubstanz in einem Biogeozön ist ihre **Phytomasse**, die der Tiere ihre **Zoomasse**. Zusammen bilden sie die **Biomasse**. Hinsichtlich der Rolle, die die einzelnen Gruppen von Organismen im Ökosystem spielen, unterscheidet man:

1. **Produzenten**: es sind autotrophe Pflanzen, die bei der Photosynthese die Lichtenergie als chemische Energie speichern, indem sie aus CO_2 und H_2O organische Verbindungen bilden und mineralische Nährstoffe und Wasser dem Boden entnehmen.
2. **Konsumenten**: es sind heterotrophe tierische Organismen, die als Phytophagen die Pflanzen als Nahrung verwenden und einen kleinen Teil derselben in tierische Substanz umbilden. Auch Raubtiere, welche die Phytophagen fressen (Nahrungskette, Nahrungsnetz) gehören hierzu.
3. **Destruenten** (Mineralisierer): Sie befinden sich zum größten Teil im Boden (Saprophagen, Bakterien, Pilze) und bauen alle pflanzlichen und tierischen Reste im Endeffekt zu CO_2 und H_2O ab. Sie mineralisieren das organische Material, wodurch der Stoffkreislauf geschlossen wird.

Als einfachstes Ökosystem kann man sich das Wechselspiel von Produzenten und Destruenten (ohne Konsumenten) vorstellen (◘ Abb. C-9). In der Tat gibt es terrestrische Ökosysteme, in denen die Konsumenten nur eine sehr untergeordnete Rolle spielen.

Die jährlich bei der Photosynthese der Pflanzen insgesamt erzeugte organische Substanz wird als **Bruttoproduktion** bezeichnet, die nach Abzug der von den Pflanzen veratmeten Menge verbleibende Substanz als **Nettoproduktion** oder **Primärproduktion**; die von den tierischen Organismen gebildete Substanz nennt man **Sekundärproduktion**. Letztere ist sehr viel kleiner. In der Regel werden nur wenige Prozent der Primärproduktion von den Konsumenten verzehrt (Langer Kreislauf, ◘ Abb. C-9), der größte Teil gelangt in den Boden und wird von den Destruenten fast vollständig abgebaut (Kurzer Kreislauf, ▶ Abb. C-9, ◘ Abb. C-10), wobei H_2O, CO_2 und mineralische Salze entstehen. Die tote organische Masse (Streu) wird zuvor durch Niedere Tiere - die Saprophagen oder Moderfresser - beim Fraßvorgang zerkleinert. Das aus dem Boden entweichende CO_2 wird als **Bodenatmung** bezeichnet. Der Kurze Kreislauf spielt bei terrestrischen Ökosystemen quantitativ die Hauptrolle (▶ Abb. C-10).

Der Lange Kreislauf verläuft über die Konsumenten, also über die Herbivoren oder Phytophagen, und über die Zoophagen oder Raudorganismen bzw. über die Omnivoren, die sowohl Pflanzen als auch Tiere fressen. Dazu kommen Konsumenten 2. oder gar 3. Ordnung, deren Stoffumsatz aber verschwindend gering ist (▶ Abb. C-10). Auch die Parasiten der Pflanzen müssen wir zu den Konsumenten rechnen.

Die Ausscheidungen und Leichen der Tiere gelangen auch wieder in den Boden und werden dort durch tierische Organismen (Koprophagen, Nekrophagen) für den Abbau durch die Mikroorganismen vorbereitet.

Der Lange Kreislauf ist zwar quantitativ nur von geringer Bedeutung, eine umso größere Rolle spielt er jedoch für die Regulierung der Gleichgewichte im gesamten Ökosystem. Man könnte deshalb die Konsumenten auch als Regulatoren bezeichnen. Sobald eine bestimmte Pflanzenart im Ökosystem unverhältnismäßig stark zunimmt, vergrößert sich meist auch die

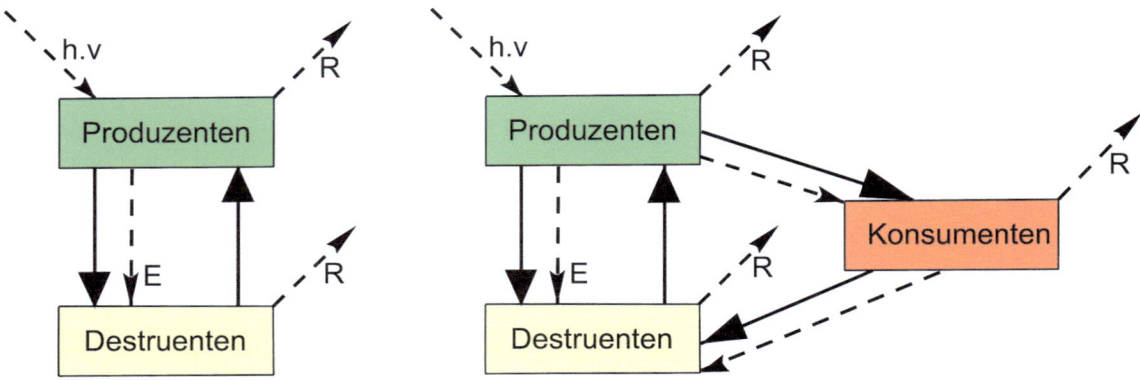

◘ **Abb. C-9** Schema des einfachsten Ökosystems (links) mit Stoffkreislauf und Energiefluss (**E**: Energiefluss; Energie = Fähigkeit Arbeit zu leisten); **R**: Respiration, Atmungsenergie; dasselbe mit dem Kompartiment der Konsumenten (rechts).

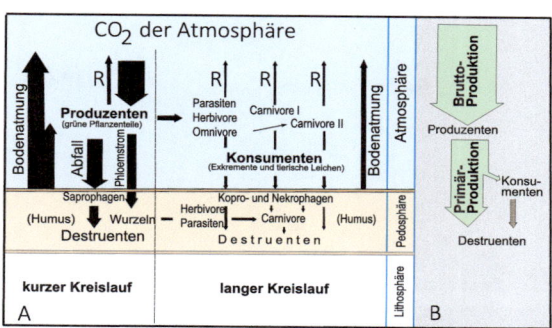

Abb. C-10 A: Schema des kurzen und des langen Stoffkreislaufs in einem Laubwald Biogeozön. **R**: Respiration (Atmung). Die Dicke der Pfeile gibt ungefähr die Umsatzraten wieder. **B**: Schema des Energieflusses.

Zahl der sie konsumierenden Tiere. Dadurch wird die Populationsdichte der Pflanzenart reduziert, was dann auch eine Abnahme der Phytophagen nach sich zieht. Das Einpendeln auf ein Gleichgewicht ist aber selten konstant. Vielmehr beobachtet man meist zyklische Oszillationen der Populationsdichten, jeweils mit typischen Phasenverschiebungen. Eine solche besteht wieder zwischen den Phytophagen und ihren zoophagen Feinden. Durch diese kybernetisch als Regelkreise mit Rückkopplung zu bezeichnenden Regulationsvorgänge wird erreicht, dass das Ökosystem in einem dynamischen Gleichgewicht (steady state) gehalten wird. Zwar werden die Populationsdichten stets eine gewisse Schwankung aufweisen, aber nur in gewissen Grenzen. Solche Fluktuationen sind auch durch wechselnde Witterungsverhältnisse der einzelnen Jahre bedingt, wodurch bald die eine, bald die andere Pflanzenart im Wettbewerb begünstigt wird.

Die ineinandergreifenden Regelkreise beruhen einerseits auf direkten Steuerungsvorgängen durch Tiere wie der Bestäubung (Zoogamie) oder Frucht- und Samenverbreitung (Zoochorie), andererseits jeweils auf Nahrungsketten, die mit der Herbivorie beginnen. Der Lange Kreislauf besteht aus einer ganzen Reihe von solchen Nahrungsketten, die man meist genauer als **Nahrungsnetze** bezeichnen müsste und die trotz aller Fluktuationen dem Ökosystem im Mittel eine große Stabilität verleihen. Durch Vernichtung der Raubtiere oder weitergehende Eingriffe stört der Mensch gerade diese Nahrungsketten, wodurch das ganze Ökosystem in Unordnung gerät oder sogar zusammenbricht (GIGON 1974), bzw. durch ein anderes ersetzt wird.

Es wird auch in Zukunft eine wichtige Aufgabe der Zoo-Ökologen sein, weniger die quantitativen Verhältnisse der sekundären Produktion, als vielmehr die verschiedenen Nahrungsketten in allen Einzelheiten aufzuklären. Denn die Phytophagen und die Räuber sind oft streng auf bestimmte Arten spezialisiert, von denen sie sich ernähren. Trotz ihrer geringen Dichte haben sie große regulatorische Bedeutung. Dabei spielt eine Fülle verschiedenster Anpassungen eine Rolle.

Ein weiteres von vielen erstaunlichen Beispielen aus den Tropen sind die engen Abhängigkeiten zwischen Ameisen und Pflanzen. Einerseits sind es die Blattschneiderameisen, die Blattstückchen in ihr Nest eintragen und dort darauf Pilze züchten (also Landwirtschaft treiben), die ihre Hauptnahrungsgrundlage sind (◘ Abb. C-11). Zu erwähnen ist auch die enge Abhängigkeit mancher Ameisen von den *Cecropia*-Arten (der Neotropis) bzw. den *Macaranga*-Arten (der Paläotropis) (◘ Abb. C-12). Die hohlen Stämme der rasch wachsenden Pionierbäume werden durch von der Pflanze vorgebildete Eingangslöcher von der Ameisenkönigin besiedelt. Mit dem Wachstum der Jungbäume wächst der Ameisenstaat und besiedelt ständig neue Internodien. An den Blattbasen werden zusätzlich von der Pflanze protein- oder fettreiche Futterkörperchen gebildet, die die Ameisen zusätzlich anlocken. Die Investition lohnt sich für die Pflanzen, denn die Ameisen halten, sozusagen als Schutzpolizei, die Pflanzen frei von anderen Herbivoren.

Wie man daraus erkennt, sind nicht nur die quantitativen Größen bestimmter Prozesse, sondern auch die qualitative Bedeutung mancher Vorgänge für die Stabilität der natürlichen Ökosysteme durch Vernetzung der Prozesse ganz wesentlich.

Parallel zu den Stoffkreisläufen vollzieht sich der Energiefluss. Die Sonnenenergie wird bei der Photosynthese der Produzenten in chemische Energie umgewandelt, die von ihnen selbst, von den Konsumenten und den Destruenten für die Unterhaltung der Lebensvorgänge verwendet wird. Dabei geht bei der Atmung und den Gärungen der Mikroorganismen ständig chemische Energie als Wärme verloren, bis sie schließlich nach völligem Abbau gänzlich verbraucht ist. Dieser Energiefluss gibt ▶ Abb. C-10 wieder.

Den Aufbau eines Ökosystems und seine Strukturen kann man immer nur modellhaft darstellen, dazu gibt es zahlreiche Möglichkeiten der Darstellungsform. Ein weiteres Beispiel ist hierfür in ◘ Abb. C-13 gezeigt, wo vor allem die funktionellen Kompartimente und ihre Verknüpfung hervorgehoben sind.

Box C-7 Regulatorische Bedeutung von Phytophagen in Ökosystemen

Als ein ausgefallenes Beispiel soll *Witheringia solanacea* aus dem tropischen Regenwald Costa Ricas erwähnt werden. Die Beeren enthalten ein natürliches Abführmittel, so dass die Vögel in weniger als zehn Minuten den Darm entleeren und so die Samen auf den Waldboden verteilen. Nach dieser kurzen Darmpassage sind noch 70% der Samen keimfähig, bei längerdauernder Darmpassage sinkt die Quote auf 20%.

◘ **Abb. C-11** Eine Straße der Blattschneider-Ameisen im Tiefland von Tena, Ecuador (Foto: Rafiqpoor) und einzelne Exemplare dieser Ameisen beim Transport eines Blattabschnittes (Taxi!) auf einem Baumstamm, Costa Rica (Foto: Breckle).

Für einen Vergleich sind quantitative Angaben der verschiedenen Ökosysteme hilfreich. ◘ Tab. C-3 gibt für einen Eichenwald wesentliche ökosystemare Parameter wieder.

Die Phytomasse der Waldgemeinschaften (► Tab. C-3) ist deswegen so hoch, weil in den Stämmen tote Holzmasse gespeichert wird (Kernholz 150 t·ha^{-1}). Aber selbst ohne diese ist die Phytomasse mehr als 1000-mal höher als die Zoomasse.

Für letztere werden in europäischen Wäldern folgende Zahlen genannt: Reptilien 1,7 kg·ha^{-1}, Vögel 1,3 kg·ha^{-1}, Säugetiere (überwiegend kleine Arten, Nager) 7,4 kg·ha^{-1}. Viel größer ist die Masse der Wirbellosen, vor allem die unterirdische (bis 14 kg·ha^{-1} TG, zu 90% Dipterenlarven). Zahlen liegen für einen amerikanischen Laubwald mit *Liriodendron* vor (REICHLE 1970) als TG (je in kg·ha^{-1}): Oberirdisch: Phytophage Arthropoden 2,43, räuberische A. 0,61. In der Streu: Größere Wirbellose 8,42, kleinere W. 3,42. Im Boden: Regenwürmer (*Octalasium*) 140, kleinere Wirbellose 2,2.

In den Eichenmischwäldern Osteuropas wurde festgestellt, dass nach Kahlfraß der Eichen durch Raupen der Holzzuwachs der Eschen und Linden durch die besseren Lichtverhältnisse zunahm und eine Überkompensation eintrat, in den vier Jahren nach der Raupenepidemie ergab sich ein Plus des gesamten Holzzuwachses von 10%.

Selbst in einem verschiedenaltrigen Kiefernreinbestand trat nach Befall mit *Dendrolimus pini* mit der Zeit eine Kompensation durch die Förderung der unterdrückten und weniger befallenen Bäume ein. Der Holzzuwachs im 2. Jahr verringerte sich auf 76% und im 3. Jahr auf 56%, aber er stieg im 4. bzw. 5. Jahr auf 150% bzw. 194% an (► WALTER & BRECKLE 1999). Auch eine mäßige Beweidung von Grasland regt das vegetative Wachstum der Gräser so stark an, dass die gesamte Jahresproduktion unter Berücksichtigung der gefressenen Menge zunimmt (► WALTER & BRECKLE 1999). Ähnliches gilt wohl auch für die Stoffbilanz in tropischen Wäldern, wenn einzelne Bäume durch Blattschneiderameisen fast ganz kahl geschnitten werden.

Für das Ökosystem ist die **Primärproduktion** von besonderer Bedeutung. Die Höhe derselben hängt, wie Produktionsanalysen zeigen, weniger von der Intensität der Photosynthese ab, noch vom Blattflächenindex bzw. von der gesamten vorhandenen Blattfläche, sondern vor allem vom Assimilathaushalt der Produzenten (WALTER 1960), das heißt von der Art, wie die Assimilate im Laufe der Vegetationszeit verwendet werden. Werden sie produktiv eingesetzt, indem dauernd neue assimilierende Blätter zur Ausbildung kommen, dann nimmt das Wachstum exponentiell zu. Werden sie unproduktiv für den Aufbau von verholzenden Organen verwendet, deren Nutzen sich erst nach Jahren bemerkbar macht, dann entspricht dies einer Langzeitstrategie. Allerdings ist dies sehr unterschiedlich in einzelnen Biotopen und von den jeweiligen Lebensformen abhängig.

Ökologische Grundlagen

Abb. C-12 Die *Cecropia*-Bäume fallen in den Regenwäldern der Neuen Welt von Ferne durch die silbern schimmernden Blätter auf. Die hohlen Stämme von *Cecropia* werden von Ameisen bewohnt, die in einer Symbiose mit *Cecropia* leben (Foto: links: Rafiqpoor, rechts: Barthlott).

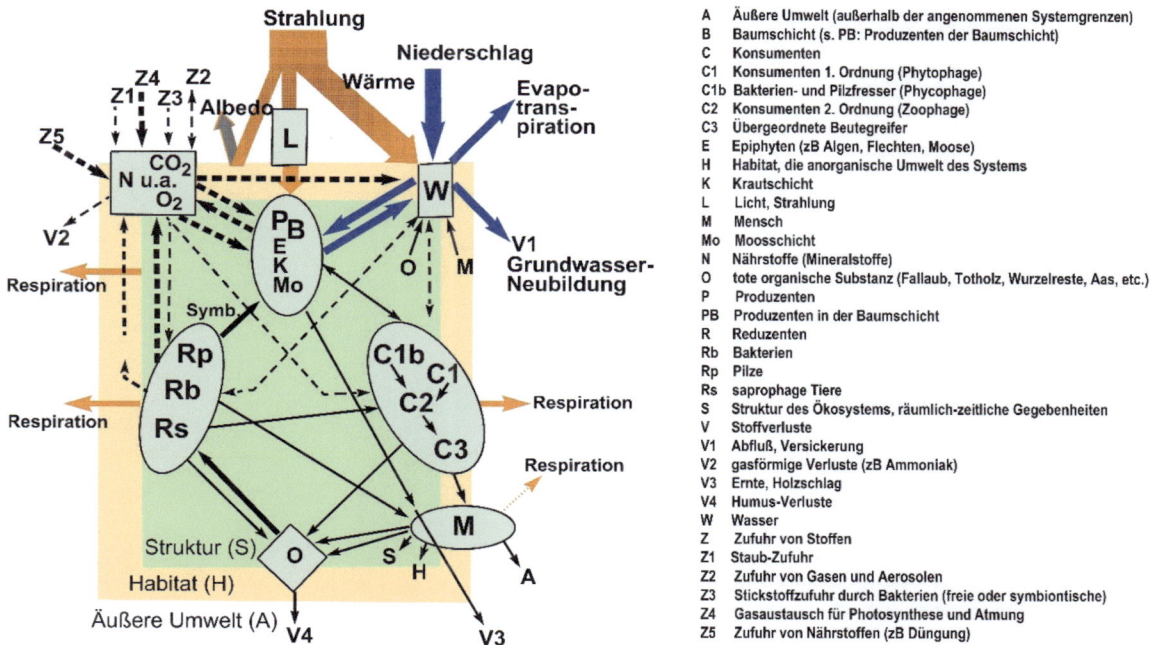

A	Äußere Umwelt (außerhalb der angenommenen Systemgrenzen)
B	Baumschicht (s. PB: Produzenten der Baumschicht)
C	Konsumenten
C1	Konsumenten 1. Ordnung (Phytophage)
C1b	Bakterien- und Pilzfresser (Phycophage)
C2	Konsumenten 2. Ordnung (Zoophage)
C3	Übergeordnete Beutegreifer
E	Epiphyten (zB Algen, Flechten, Moose)
H	Habitat, die anorganische Umwelt des Systems
K	Krautschicht
L	Licht, Strahlung
M	Mensch
Mo	Moosschicht
N	Nährstoffe (Mineralstoffe)
O	tote organische Substanz (Fallaub, Totholz, Wurzelreste, Aas, etc.)
P	Produzenten
PB	Produzenten in der Baumschicht
R	Reduzenten
Rb	Bakterien
Rp	Pilze
Rs	saprophage Tiere
S	Struktur des Ökosystems, räumlich-zeitliche Gegebenheiten
V	Stoffverluste
V1	Abfluß, Versickerung
V2	gasförmige Verluste (zB Ammoniak)
V3	Ernte, Holzschlag
V4	Humus-Verluste
W	Wasser
Z	Zufuhr von Stoffen
Z1	Staub-Zufuhr
Z2	Zufuhr von Gasen und Aerosolen
Z3	Stickstoffzufuhr durch Bakterien (freie oder symbiontische)
Z4	Gasaustausch für Photosynthese und Atmung
Z5	Zufuhr von Nährstoffen (zB Düngung)

Abb. C-13 Vereinfachte schematische Darstellung der Strukturen und Prozesse in einem Ökosystem (verändert nach ELLENBERG et al. 1986).

> **Box C-8** Einfluss von Tieren auf die Biomasse in einem Wald
>
> Bei Raupenepidemien des Schwammspinners (*Lymantria dispar*) in Eichenwäldern kann die Masse stark ansteigen: Bei einer Zahl von 10^6 bis 10^7 Raupen pro Hektar beträgt ihre Trockenmasse 75-150 kg•ha^{-1}, wobei 1-2 t•ha^{-1} an trockener Blattmasse vernichtet und 500-1000 kg•ha^{-1} an Exkrementen ausgeschieden werden. Dadurch wird das ganze Ökosystem aus dem Gleichgewicht gebracht. Doch gilt das nur für die forstlichen gleichaltrigen Monokulturen. Laubwälder erholen sich meist wieder, Nadelwälder können sogar absterben.

Tab. C-3 Wichtige ökosystemare Parameter eines Eichenwaldes der belgischen Ardennen mit einer Haselstrauchschicht (Querceto-Coryletum) und einer spärlichen Krautschicht (nach DUVIGNEAUD 1974)

Blattflächenindex	Baumschicht		3,87
	Strauchschicht		1,83
	gesamt		5,70
Phytomasse (t•ha^{-1})			
	Oberirdische:		260,8
	davon	Baumblätter	3,5
		Zweige und Äste	58,3
		Stämme	180,2
		Strauchschicht	18,1
		Krautschicht	0,7
	Unterirdische:		55,4
	Gesamte Phytomasse:		316,2
Primäre Produktion pro Jahr (t•ha^{-1}•a^{-1})			
	Oberirdische:		15,3
	davon	Gesamtstreu	6,2
		Durch Fraß verloren	0,5
		Baumzuwachs	5,9
		Strauchzuwachs	2,1
		Kräuterzuwachs	0,6
	Unterirdische:		2,3
	Gesamte Produktion:		17,6
Tote organische Substanz im Boden (t•ha^{-1})			122

Die unterschiedliche Investitionsstrategie lässt sich verdeutlichen: Sät man zum Beispiel einsamige Früchte der Buche (*Fagus sylvatica*, Bucheckern) und der Sonnenblume (*Helianthus annuus*) (◘ Abb. C-14) unter gleichen Bedingungen in Mitteleuropa in gutem Boden aus, so produziert der Buchenkeimling im ersten Jahr nur 1,5 g an Trockensubstanz, die Sonnenblume dagegen, selbst unter dem für sie nicht günstigen Klima, etwa 800 g. Denn sie bildet fortlaufend neue große assimilierende Blätter aus, während der Buchenkeimling sich mit zwei bis drei kleinen Blättern begnügt, um dann die Assimilate für den Aufbau einer langen Primärwurzel und eines holzigen Stängels zu verwenden. Zwar ist die Intensität der Photosynthese bei der Sonnenblume etwa doppelt so hoch wie bei der Buche, aber das erklärt nicht, die 500-mal größere Produktion. Hier spielt also der 'Zinseszins'-Effekt der Investition in Produktionsorgane die entscheidende Rolle. Darin unterscheiden sich die wesentlichen Lebensformtypen grundlegend.

◘ **Abb. C-14** Früchte der Sonnenblume (oben) und der Buche (unten). Die Keimlinge beider Pflanzensamen produzieren im ersten Jahr wegen unterschiedlicher Wachstumsstrategien sehr unterschiedliche Mengen an Trockensubstanz (Foto: Breckle).

Für die verschiedenen Wälder lassen sich die Zusammenhänge zwischen der Nettoprimärproduktion und den wesentlichen ökologischen Faktoren, wie Temperatur und Feuchtigkeit darstellen (▶ Abb. C-15).

Dies gilt natürlich nur für einen begrenzten Bereich; in beiden Abhängigkeiten gibt es typische Obergrenzen, wie die ▫ Abb. C-15**A** und ▫ Abb. C-15**B** zeigen; dazu kommt, dass die Beziehungen nicht besonders ausgeprägt sind.

Im globalen Maßstab erkennt man im Falle der Nettoprimärproduktion (NPP) die hohe Produktivität der warm-feuchten Zonobiome, bei denen die Vegetationsperiode mehr oder weniger ganzjährig sein kann. Je kürzer die Wachstumszeit und je kälter und trockener ein Gebiet ist, desto geringer ist auch die NPP. Der mittlere Wert von 10 bis 15 t·ha^{-1}·a^{-1} für den mitteleuropäischen Buchenwald ist im weltweiten Vergleich ein relativ hoher Wert, die meisten Trockengebiete liegen weit darunter. In den Tropen allerdings werden bis 25 t·ha^{-1}·a^{-1} erreicht (▫ Abb. C-16).

Die stehende, oberirdische Phytomasse (▫ Abb. C-17) erreicht in den Tropen teilweise weit über 500 t·ha^{-1}, die unterirdische Phytomasse bringt nochmals weitere 20 bis 30% dazu. In den humiden gemäßigten Breiten ist die Gesamtphytomasse oft genauso hoch, die unterirdische ist dabei meist sogar noch deutlich größer als in den Tropen. Die bewaldeten Gebiete der Erde bringen in der Regel über 50 t·ha^{-1}, in den Wüsten und Halbwüsten ist allerdings der Bestandesvorrat oft unter 10 t·ha^{-1} (▶ Abb. C-17-C).

10 Höchst produktive Ökosysteme

Großflächig erreicht die NPP in den heißen Feuchttropen mittlere Werte bis 25 t·ha^{-1}·a^{-1}, wie im vorigen Abschnitt gezeigt. Durch eine besonders hohe Primärproduktion zeichnen sich aber auch die Pflanzengemeinschaften der Hochstauden aus. Ebenso wie die einjährigen Pflanzen bilden die Hochstauden während der ganzen Vegetationszeit vorwiegend assimilierende Blätter und erst zum Schluss der Vegetationsperiode Blütenorgane und Früchte. Da ihnen jedoch im Gegensatz zu einem Keimling im Frühjahr beim Austreiben viel größere, im Jahr vorher angelegte Reserven zur Verfügung stehen, können sie den reich beblätterten Spross in kürzester Zeit aufbauen, während der Keimling der Annuellen dazu eine lange Anlaufzeit benötigt, bis die Blattfläche ihre maximale Größe erreicht hat. Deshalb braucht das Sommergetreide zur Erzeugung des ersten Viertels des gesamten Trockenertrages zehn Wochen, für das zweite Viertel noch zwei Wochen, für die letzte Hälfte jedoch nur eine Woche (entsprechend der üblichen exponentiellen Wachstumskurve).

Demgegenüber können die Hochstauden fast die ganze Vegetationszeit sehr produktiv nutzen, was die sehr groß ausgebildete oberirdische Phytomasse und die beträchtlichen, im Herbst fürs nächste Jahr angelegten unterirdischen Reserven erklärt.

Eine genaue Produktionsanalyse eines Hochstaudenbestands zeigt ▫ Tab. C-5 Die Primärproduktion konnte durch monatliche Bestimmung der ober- und unterirdischen Phytomasse ermittelt werden.

Die jährliche Nettoprimärproduktion von rund 18 t·ha^{-1} liegt in der gleichen Größenordnung wie die eines westeuropäischen Eichenmischwaldes, aber etwas unter der eines immergrünen 50-jährigen *Castanopsis cuspidata*-Waldes im warmtemperierten Klima Japans mit einer oberirdischen Primärproduktion von im Mittel 18,3 t·ha^{-1}·a^{-1}.

Noch größer ist nach Untersuchungen von MOROZOV & BELAYA (▶ in WALTER 1981) die Produktion der natürlichen Riesenhochstauden auf den immer

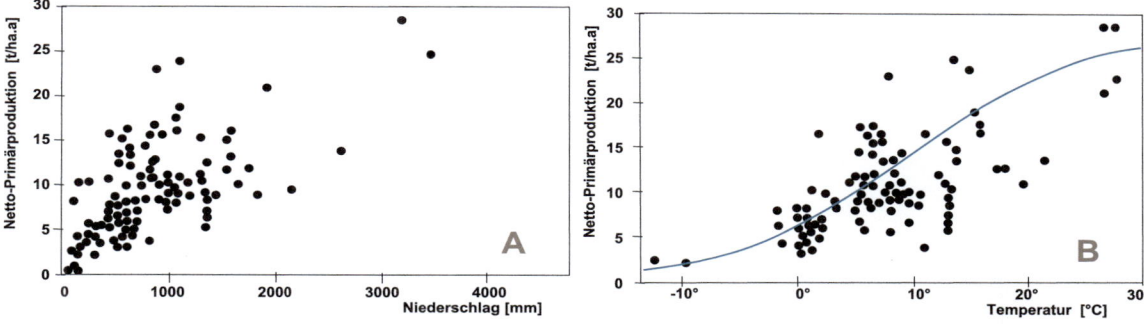

▫ **Abb. C-15** Die Nettoprimärproduktion von Wäldern in Abhängigkeit vom Jahresniederschlag (**A**) und der Jahresmitteltemperatur (**B**) (verändert nach EHLERS 1996).

Box C-9 Einfluss von ökologischen Faktoren auf die Produktivität

Faustregel: Je höher die Temperatur, desto höher ist die Produktivität. Je höher der Niederschlag, desto höher ist die Produktivität (▫ Abb. C-15)

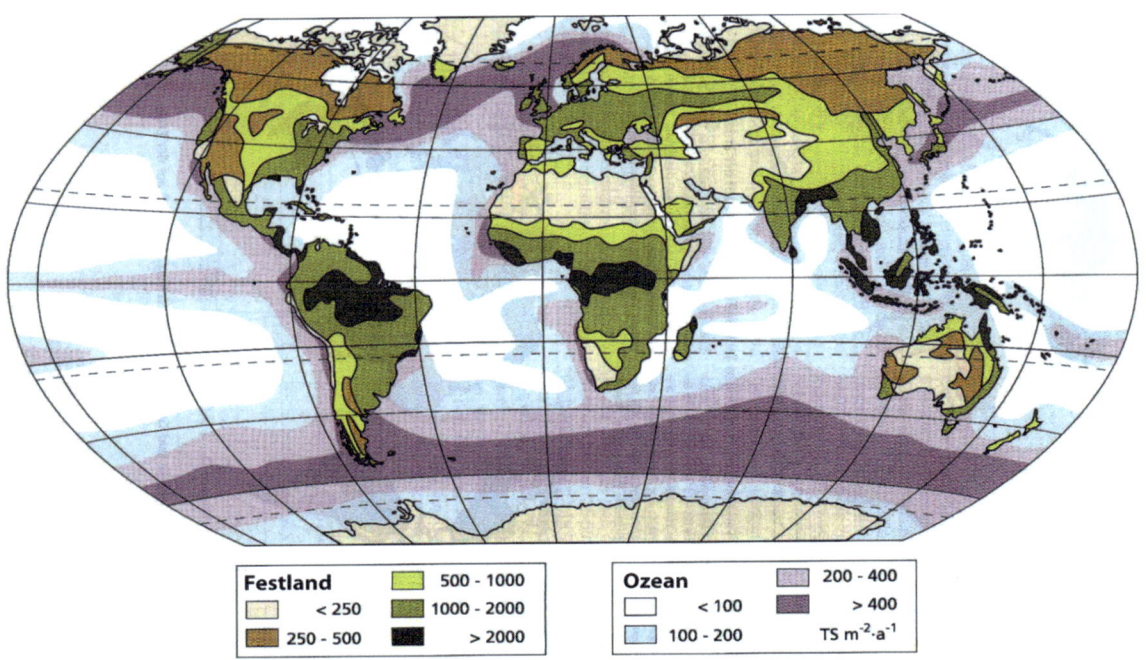

Abb. C-16 Die Nettoprimärproduktion (Trockensubstanz pro m$^{-2}\cdot$a^{-1}) auf der Erde (nach LARCHER 2001).

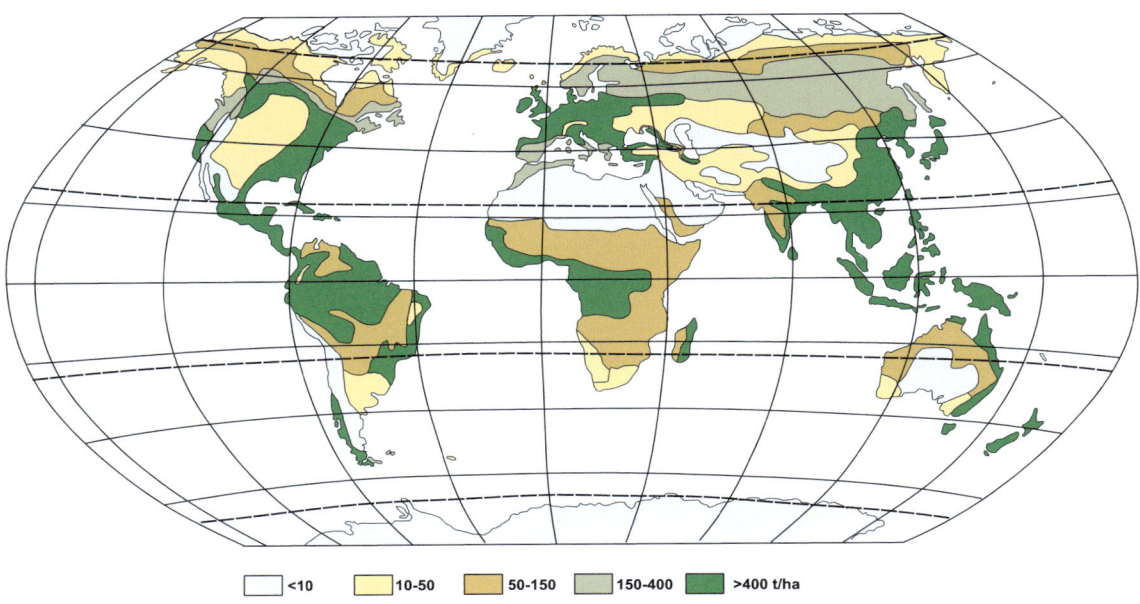

Abb. C-17 Die Phytomasse (t·ha^{-1}) auf der Erde (verändert nach SCHULZ 1995; Original von BAZILEVICH & RODIN 1971).

Tab. C-5 Produktionswerte eines Reinbestands (in t·ha^{-1}·a^{-1}) der adventiven Goldrute *Solidago altissima* in einer Flussaue in Japan (IWAKI et al. 1966, vgl. WALTER 1979); Vegetationszeit von April bis Oktober

Zuwachs der oberirdischen Teile	12,01
Zuwachs der Rhizome und Wurzeln	2,94
Während der Vegetationszeit abgestorbene Teile	2,83
Gesamte Produktion	17,78

feuchten und nährstoffreichen Böden der Flussauen auf Kamchatka und Sachalin.

Kamchatka gehört zur subarktischen Zone mit niedrigen *Betula ermanii*-Wäldern. Die Vegetationszeit ist 90 bis 110 Tage (mittlere frostfreie Periode nur 64 Tage), die mittleren Temperaturen sind im Mai 3,5, Juni 10,6, Juli 14,3, August 13,3 und September 7,2 °C. Die Hochstauden erreichen eine Höhe von 3,5 m, wobei *Filipendula camtschatica*, *Senecio cannabifolium* und *Heracleum dulce* dominieren (◘ Abb. C-18). Nach HULTEN (1932) schlafen in ihnen am Tage die Bären, die im Fluss die Lachse fangen. Die maximale stehende Phytomasse erreicht 31 t·ha^{-1} (davon sind 10 t·ha^{-1} unterirdisch). Da ein Teil der Sprosse während der Vegetationszeit abstirbt, ist die Primärproduktion höher als die maximale krautige Phytomasse und dürfte trotz der Kürze der Vegetationszeit über 16 bis 20 t·ha^{-1}·a^{-1} betragen. Die Hochstauden werden als Viehfutter in Form von Silage verwendet. Auf Südsachalin, das viel südlicher liegt (etwa 45°N), mit einem wärmeren Klima und Mischwäldern aus Laub- und Nadelholzarten wurden noch höhere Werte ermittelt. Die frostfreie Periode beträgt auf Sachalin 145 bis 155 Tage und die mittlere Temperatur des wärmsten Monats 18°C. Die Hochstauden werden hier bis zu 4,5 m hoch, ihre Zusammensetzung ähnelt der auf Kamtschatka, doch sind sie heterogener, da unterschiedliche Arten lokal dominieren. Für Bestände mit dominierender *Filipendula* wird ein Blattflächenindex von 13 bis 14 angegeben, bei Dominanz von *Polygonum sachalinense* sogar 18 bis 21, was nur möglich ist, wenn die Hochstauden zusätzlich Seitenlicht, zum Beispiel von der Flussseite, erhalten. Das dürfte die enorme jährlich erzeugte oberirdische Phytomasse erklären, die bei Dominieren von *Polygonum* 30 t·ha^{-1} (gesamte Phytomasse 70 t·ha^{-1}) erreicht wird. Die Primärproduktion könnte somit kleinflächig den Rekordwert von über 38 t·ha^{-1}·a^{-1} erreichen.

Ob die Primärproduktion von hohen *Papyrus*-Beständen in den Tropen noch höher liegt, ist nicht bekannt. Man muss bedenken, dass in den Tropen die Atmungsverluste infolge der hohen nächtlichen Temperaturen sehr groß sind, so dass trotz der hohen Werte der Bruttoproduktion die Nettoproduktion stark erniedrigt wird.

Sehr üppige Hochstauden sind auch aus dem westlichen Kaukasus-Gebirge (▶ Abb. C-18, rechts) aus der subalpinen Stufe bekannt (WALTER 1974) und nicht ganz so hohe in den Alpen im Bereich der ebenfalls subalpinen *Alnus viridis*-Bestände, die indirekt Luftstickstoff assimilieren, was auch dem Boden zugutekommt. Genaue Produktionswerte liegen in beiden Fällen jedoch wohl nicht vor.

Hohe perenne Gräser an feuchten, nährstoffreichen Standorten erzeugen jährlich ebenfalls eine große Phytomasse, zum Beispiel werden für die 2,3 m hohen Schilfbestände *(Phragmites)* am unteren Amu-Darja etwa 35 t·ha^{-1} an Phytomasse (Jahresproduktion 18 t·ha^{-1}) angegeben.

11 Besonderheiten der Stoffkreisläufe verschiedener Ökosysteme

Aquatische Ökosysteme weisen, wenn man von der schmalen Uferzone, dem Litoral absieht, im Wasser schwebende, autotrophe Algen als Produzenten auf. Sie stellen einen Teil des Planktons dar. Durch Teilung können sie sich sehr rasch vermehren. Da sie Licht für die Photosynthese brauchen, kommen sie nur in den oberen Schichten der Gewässer vor. Sie dienen als Nahrung für die tierischen Organismen des Mikro- und Makroplanktons, diese wiederum größeren Tieren bis hinauf zu den Fischen und den im Wasser lebenden Säugern, aber auch Raubvögeln, die ihre Nahrung aus dem Wasser holen. Alle toten organischen Abfälle werden von Destruenten im Wasser

◘ **Abb. C-18 a**: Oberer Kamchatka Fluss mit Aue. Unmittelbar am Flussufer (Grasstreifen) verläuft ein enger Bärenpfad, dahinter wachsen Hochstauden aus *Filipendula camtschatica* vor dem Galeriewald aus *Salix sachalinensis* mit dürren Stämmen. Auf der Anhöhe stockt Wald aus *Betula ermanii* (Foto: Breckle); **b**: Hochstaudenformation mit *Delphinium* und *Heracleum* an der oberen Waldgrenze in Georgien (Foto: E. Fischer).

oder in der Schlammschicht am Grunde der Gewässer mineralisiert.

Die in den Gewässern vorhandene Phytomasse ist klein, trotzdem ist die Primärproduktion unter Umständen sehr hoch, aufgrund der raschen Vermehrungsrate der Algen. Da diese Primärproduktion den Tieren als Nahrung dient und dann zu einem erheblichen Teil in deren Körpersubstanz eingebaut wird (Sekundärproduktion) ist die Zoomasse im Vergleich zur Phytomasse sehr groß. Ganz anders sind die Verhältnisse, wie wir gesehen haben, bei terrestrischen Ökosystemen. Die entsprechenden mittleren Verhältniszahlen sind im Vergleich in ◘ Tab. C-6 angegeben.

◘ **Tab. C-6** Verhältniszahlen von Phytomasse und Primärproduktion terrestrischer und aquatischer Ökosysteme

Ökosystemtypen	Phytomasse	Primärproduktion
Terrestrische Ökosysteme	10-20	1
Aquatische Ökosysteme	1	300-400

In terrestrischen Ökosystemen ist viel unproduktive Biomasse in den Produzenten angehäuft, in aquatischen Ökosystemen ist Biomasse stärker in Konsumenten akkumuliert.

Auch das Schema des Laubwaldökosystems (▶ Abb. C-13) ist durchaus nicht allgemeingültig. Es kommen verschiedene Abweichungen vor, so dass ihrer großen Bedeutung wegen im Folgenden noch Beispiele genannt werden müssen.

Fast alle Waldbäume und die meisten krautigen Pflanzenarten (bis auf die Brassicaceen), insbesondere aber die Ericaceen und Orchideen bilden mit Pilzen eine Mykorrhiza, die funktionell als starke Verlängerung und Auffächerung des Wurzelsystems aufgefasst werden kann. Die Aufnahme von mineralischen Nährsalzen aus humusreichen Böden wird dadurch erleichtert. Die Mykorrhizapilze vermögen ihre Wirtspflanzen auch mit organischen Stoffen zu versorgen. Das beweisen Holosaprophyten unter den Orchideen (*Neottia, Corallorhiza* und andere), Pyrolaceen (*Monotropa* und andere) und weiteren Familien. Dazu kommen sicher auch hormonelle Wirkungen. Ob die Mykorrhizapilze den Waldbäumen und den Ericaceen ebenfalls organische Verbindungen zuführen, ist wohl noch nicht nachgewiesen, könnte aber bei Beständen auf extrem armen Sanden mit einer Rohhumusschicht möglich sein. In diesem Falle wäre der kurze Kreislauf noch stärker verkürzt, weil die Streu nicht mineralisiert zu werden braucht.

Ein besonders merkwürdiger Fall von einem Ökosystem ohne Produzenten wurde im Dünengebiet der Namib-Nebelwüste entdeckt: Die organische Masse, die eine Voraussetzung für den Stoffkreislauf ist, wird in dieses fast vegetationslose Dünengebiet durch den Wind aus den Nachbargebieten hereingeweht und reichert sich auf dem Leehang der Dünen oder in Sandmulden an. Sie dient als Nahrung für die Saprophagen (Käferarten und andere), diese werden von kleinen Räubern (Reptilien und andere) gefressen, die ihrerseits die Nahrung größerer Räuber sind. Auf diese Weise hat sich ein reiches Tierleben mit sehr merkwürdigen Anpassungen an das Leben im beweglichen Sande auch ohne Pflanzen entwickelt, also ein offenes Ökosystem ohne Produzenten.

12 Die Bedeutung des Feuers für Ökosysteme

Gut gesichert ist die Tatsache, dass das Feuer oft die Destruenten ersetzen kann und eine sehr rasche Mineralisierung der angereicherten Streu erreicht wird. Insofern stellt Feuer auch eine besondere Einwirkung auf den Stoffkreislauf der Ökosysteme dar. Natürliche durch Blitzschlag ausgelöste Brände hat es immer gegeben, schon in den Wäldern der Steinkohlenzeit (Karbon). Sie sind für Gebiete mit einer Dürrezeit, also für alle Grasländer der Tropen und Subtropen, für die Steppen der gemäßigten und kalten Regionen, für die Gehölzfluren der Winterregengebiete und für sämtliche Nadelwaldgebiete auch ohne Zutun des Menschen typisch und sogar für die Vegetation notwendig, wenn die Destruenten nicht die gesamte tote Streu zu zersetzen vermögen. Im Grand Teton National Park (USA) wurden lange Zeit alle Brände unterdrückt, die Folge war eine Borkenkäfer-Katastrophe in den *Pinus*-Wäldern, weil sich die Käfer im angereicherten toten Holz stark vermehren konnten. Seitdem die natürlichen Feuer nicht mehr gelöscht werden, bleibt das Gleichgewicht im Ökosystem erhalten. Dabei treten immer wieder größere und großflächige Brände unterschiedlichster Intensität auf, die ein Brandmosaik in der Landschaft verursachen. Auch völlig vor Feuer geschützte Steppen oder Prärien (ebenso Grasländer und Savannen) und Naturparks degenerieren, wenn sich die Streu ansammelt, die sonst periodisch bei natürlichen Bränden mineralisiert wird. In bestimmten australischen Heiden kommt der Stoffkreislauf zum Stillstand, wenn die toten organischen Pflanzenteile nicht mindestens alle 50 Jahre abbrennen, denn sonst werden die mineralischen Nährstoffe in der sich ansammelnden Streu, in den großen holzigen Früchten der *Banksia*, aber auch in den harten toten Blättern der Grasbäume mehr und mehr gespeichert. Viele *Eucalyptus*-, *Banksia*-, *Grevillea*- und *Hakea*-Arten in Australien erneuern sich nur nach Feuerereignissen. Auch viele Annuelle nutzen nach dem Regen den offenen, durch Asche frisch gedüngten Boden und keimen. Auch viele Geophyten treiben plötzlich gleichzeitig aus, und aus vielen abgebrannten Stümpfen entstehen fast synchron neue Sprosse (Abb. C-19).

 Abb. C-19 *Macrozamia* im Unterwuchs eines hochwüchsigen *Eucalyptus*-Waldes nördlich Melbourne (Australien) mit frischem Austrieb nach Waldbrand (Foto: Breckle).

Nach einem Feuer wird der Stoffkreislauf durch die Aschenbestandteile wieder angeregt. Ähnlich sind die Verhältnisse in den großen *Protea*-Beständen um Kapstadt, im Fynbos, wo natürlicherweise sogar kürzere Feuerperioden auftreten, wie zum Beispiel auf den Hängen um Junkershoek, wo man dieses untersucht hat. Dort tritt im Mittel alle zwei bis drei Jahrzehnte, also relativ häufig auch unter natürlichen Bedingungen ein Feuer auf. In dieser Zeit hat sich noch nicht so viel Streu und Totmasse angesammelt, so dass die Feuer an vielen Stellen nicht zu heiß und daher nicht sehr verheerend sind. Die Cupressacee *Widdringtonia* kann sich dadurch immer wieder regenerieren; sie ist nur unter Feuereinwirkung gegen andere Strauch- und Baumarten konkurrenzkräftig genug. Der Fynbos (Abb. C-20) bleibt dadurch ein artenreiches Mosaik unterschiedlichster Altersstadien.

Feuer ist somit sehr häufig ein wichtiger natürlicher Umweltfaktor zur Aufrechterhaltung des Gleichgewichts in Ökosystemen. Für die Jahre 1961 bis 1970 liegt eine genaue Statistik der in den USA durch Blitzschlag entstandenen Wald- oder Graslandbrände vor. Es waren in den pazifischen Staaten 34.976 = 37% aller Brände, in den Rocky Mountains-Staaten 51.703 = 57%, in den südöstlichen Staaten 13.733 = 2%, dagegen im humiden Nordwesten nur 1167 = 1% (TAYLOR 1973).

Allerdings haben heute die vom Menschen gelegten Feuer für Brandrodung etc. vor allem in den Tropen derart verheerend überhandgenommen, dass im Satellitenbild in jeder Nacht Tausende von Feuern geortet werden können.

Die Arbeitsgruppe 'Fire Information for Resource Management System' (FIRMS) an der Universität von Maryland, USA sammelt ständig umfassende Daten des Satelliten MODIS, GIS-Daten, Google Earth-Daten etc. über die Feuerfrequenz in den Wäldern weltweit. Die NASA erstellt wöchentliche Bilder der Waldbrände und macht es auf einer Plattform der Öffentlichkeit zugänglich (für nähere Information ▶ Archiv von NASA: http://x-Co/7sjhw). Wir bringen zur Veranschaulichung des Ausmaßes der Waldvernichtung vier Weltkarten der Waldbrände in Abb. C-21. Aus diesen Bildern kann man den saisonalen Wandel der Waldbrände entnehmen und feststellen, dass sich die Feuer nicht nur auf die Wälder der Tropen beschränken, sondern auch in den Wäldern der Taiga ebenso verheerende Spuren hinterlassen. Die Rauchpartikel sind in der gesamten Atmosphäre verteilt, sie tragen damit einen schwer abschätzbaren Anteil zur Veränderung der Strahlungsabsorption und damit zum Weltklima bei.

13 Die einzelnen Zonobiome und ihre Verbreitung

Die Abfolge der Zonobiome ordnet sich zu beiden Seiten des Äquators an, aber nicht ganz symmetrisch, weil die Landmassen auf der Südhalbkugel geringer sind und das Klima ozeanischer sowie kühler ist. Man beachte dabei, dass die Zonobiome VI bis IX auf der Südhemisphäre kleinräumig sind. Zonobiom VI und VII sind auf der Südhemisphäre schwach ausgebildet, ZB VIII fehlt ganz, und ZB IX ist nur durch die subantarktischen Inseln und die Südspitze von Südamerika vertreten, wenn man von der vereisten und fast vegetationslosen Antarktis absieht.

Die Abfolge vom Äquator zu den Polen entspricht nicht immer der numerischen Reihenfolge, so ist ZB VII in Eurasien zum Teil zwischen ZB V und ZB VI eingeschoben und stellt eine sehr trockene Abwandlung dar (KRUTZSCH 1992 nennt dies Klimafaziesgebiete), die sogar oft einen Niederschlagsgang des ZB IV aufweist, aber mit kalten Wintern und großer Kontinentalität. Die großen Zonobiome werden auf Grund von bestimmten Abweichungen meist weiter in Subzonobiome (sZB) unterteilt.

Als Grundlage der genaueren Besprechung der einzelnen Zonobiome, wird auf den Abb. C-22 bis Abb. C-27 deren Verbreitung auf den Kontinenten dargestellt. Durch zusätzliche Signaturen wird auf kleinere Abwandlungen innerhalb der Zonobiome hingewiesen.

Box C-10 Die Bedeutung des Feuers bei den Pyrophyten
Pflanzenarten, die in einem Ökosystem episodische Feuer zum Erhalt bzw. zur Reproduktion benötigen, bezeichnet man als obligat pyrochore Pflanzen. Ihre Reproduktion ist an Feuerereignisse gebunden.

◘ **Abb. C-20** Proteoider Fynbos am Kap der Guten Hoffnung (Südafrika) mit Hartlaubgebüsch verschiedener Proteaceen und *Widdringtonia* (Cupressaceae), die sich nur nach Bränden verjüngen kann (Fotos: Rafiqpoor).

- Abb. C-22: Australien und Neuseeland mit den Zonobiomen I-V.
- Abb. C-23: Nord- und Mittelamerika mit den Zonobiomen I-IX.
- Abb. C-24: Südamerika mit den Zonobiomen I-VII und IX.
- Abb. C-25: Afrika mit den Zonobiomen I-V.
- Abb. C-26: Europa mit den Zonobiomen IV-IX, dazu Vorderasien.
- Abb. C-27: Asien mit den Zonobiomen I-IX (Vorderasien s. Abb. C-26).

In Westeuropa verlaufen die Zonobiome infolge der Einwirkung des Golfstromes mehr von Norden nach Süden, in Osteuropa lässt sich dagegen die normale West-Ost-Erstreckung erkennen. Es sind von Norden nach Süden: Das Zonobiom IX (Tundrazone) mit dem Zonoökoton VIII/IX (Waldtundra), das Zonobiom VIII (boreale Nadelwaldzone), das Zonoökoton VI/VIII mit dem Zonobiom VI, die aber beide nach Osten auskeilen (Mischwald- und Laubwaldzone) und schließlich das Zonobiom VII (Steppenzone). Die Zonobiome IX, VIII und VII finden ihre unmittelbare Fortsetzung nach Osten in Asien (◘ Abb. C-26). Südeuropa gehört zum Zonobiom IV (mediterranes Hartlaubgebiet), das sich noch schwach im Iran und in Afghanistan bemerkbar macht. Das Zonobiom III fehlt Europa ganz. Nur das Zonoökoton IV/III nimmt im Südosten von Spanien, dem trockensten Teil von Europa, eine kleine halbwüstenhafte Fläche ein. In Mitteleuropa wird die Zonierung durch die Alpen und die anderen Gebirge stark verändert. Auch die gebirgige Balkanhalbinsel ist kompliziert gegliedert.

In ◘ Abb. C-22 bis ◘ Abb. C-27 ist die ökologische Großgliederung der Kontinente (verändert nach WALTER et al. 1975) dargestellt. Die Signaturen I-IX entsprechenden Zonobiome (ZB); zwischen diesen sind die Zonoökotone (überlappende Schraffuren) und Gebirge (gerastert) dargestellt.

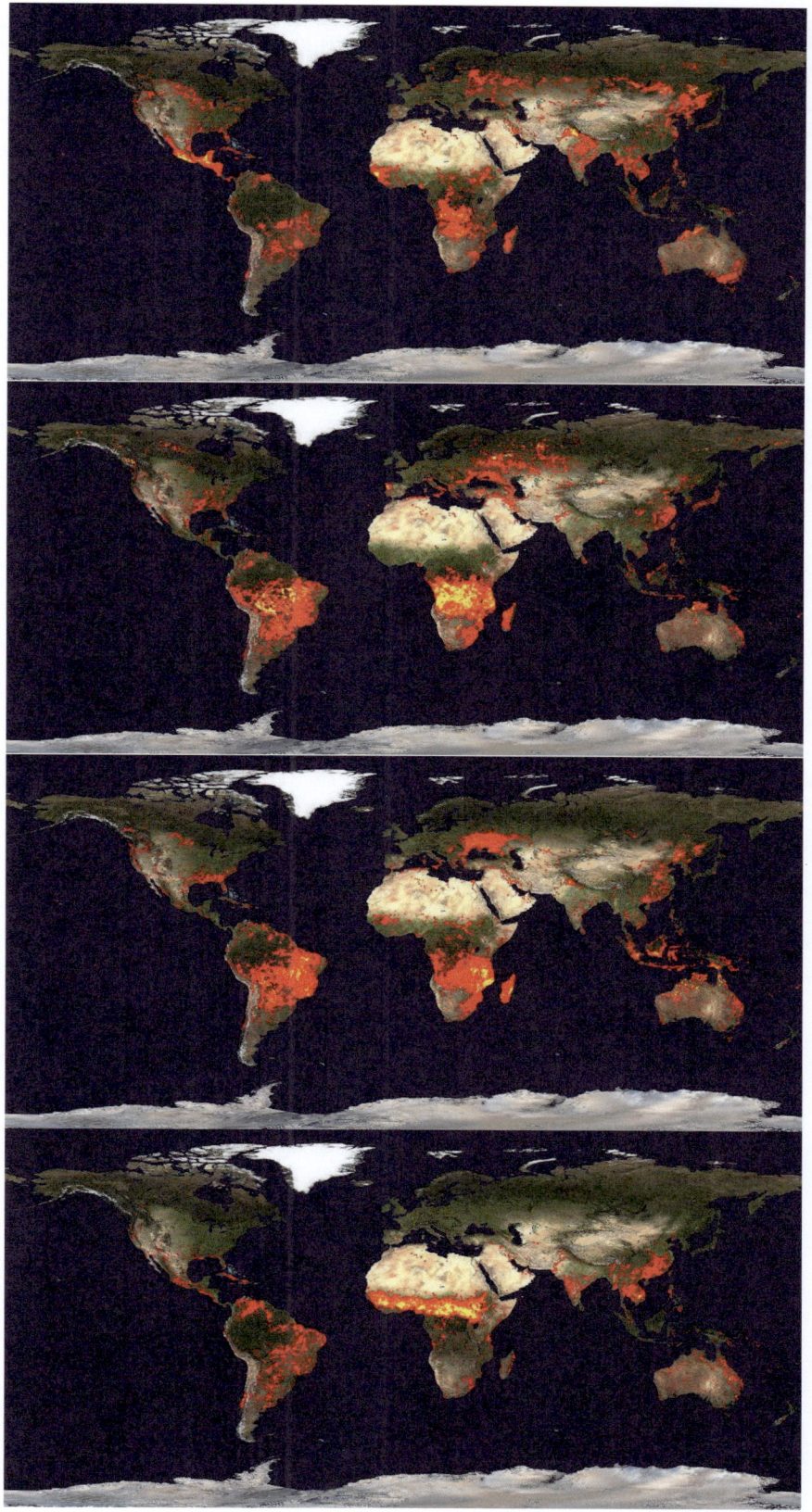

■ **Abb. C-21** Das Ausmaß der Waldbrände in verschiedenen Jahreszeiten für 2014 (von oben nach unten: Frühjahr, Sommer, Herbst, Winter) im Vergleich anhand der nächtlichen Satellitenbilder von NASA (übernommen aus: https://lance.modaps.eosdis.nasa.gov/firemaps/).

14 Literatur

BAZILEVICH, N.I. & RODIN, L.E. 1971: Geographical regularities in productivity and the circulation of chemical elements in the earth's main vegetation types. Soviet Geogr. - Transl. American Geogr. Soc., New York

BRECKLE, S.-W. 2011: Vegetationszonen und Klima – gestern, heute und morgen. In: ANHUF, D., FICKERT. T., GRÜNINGER, F. (eds.): Ökozonen im Wandel. Passauer Kontaktstudium Geographie **11**: 27-36

EHLERS, W. 1996: Wasser in Boden und Pflanze. Ulmer, Stuttgart 272 S.

ELLENBERG, H., MAYER, R. & SCHAUERMANN, J. 1986: Ökosystemforschung, Ergebnisse des Sollingprojektes 1966-1986. Ulmer, Stuttgart 507 S.

GEIGER, R. 1928 und 1972: Das Klima der bodennahen Luftschicht. Braunschweig.

GIGON, A. 1974: Ökosysteme. Gleichgewichte und Störungen. In: LEIBUNDGUT, H. (Hrsg.) Landschaftsschutz und Umweltpflege. Huber, Frauenfeld: 16-39

HULTEN, E. 1932: Süd-Kamtschatka. Vegetationsbilder **23**. Reihe, Heft 1/2, Jena

IWAKI, H., MONSI, M. & MIDORIKAWA, B. 1966: Dry matter production of some herb communities in Japan. 11th Pacific Science Congress, Tokyo

KRUTZSCH, W. 1992: Paläobotanische Klimagliederung des Alttertiärs (Mitteleozän bis Oberoligozän) in Mitteldeutschland und das Problem der Verknüpfung mariner und kontinentaler Gliederungen (klassische Biostratigraphien - paläobotanisch-ökologische Klimastratigraphie - Evolutions-Stratigraphie der Vertebraten. N. Jb. Geol. Paläont. Abh. **186**: 137-253

LARCHER, W. 1994, 2001: Ökologie der Pflanzen. 5. Aufl., Ulmer, Stuttgart

LAUER, W. RAFIQPOOR, M.D. 2002: Die Klimate der Erde – eine Klassifikation auf der ökophysiologischen Grundlage der realen Vegetation. Erdwissenschaftliche Forschung, Bd. XL. Fran Steiner Verlag, Stuttgart

OLSEN, DM. & DINERSTEIN, E. 2002: The Global 2000: Priority ecoregions for global conservation. Annals Missouri Bot. Garten **89**: 199-224

REICHLE, D.E. 1970: Analysis of temperate forest ecosystems. Ecol. Stud. **1**, 304 p.

SCHÖNWIESE, C.-D. 1994: Klimatologie. UTB1793, Ulmer, Stuttgart 436 S.

SCHULTZ, J. 2008: Die Ökozonen der Erde. 4. Aufl. Ulmer, Stuttgart

TAYLOR, A.R. 1973: Ecological aspects of lightning in forests. Ann. Proc. Tall Timber Fire Ecol., Tallahassee **13**: 455-482

WALTER, H. 1960: Standortslehre. 2. Aufl., Ulmer, Stuttgart. 566 S.

WALTER, H. 1974: Die Vegetation Osteuropas, Nord- und Zentralasiens. Vegetationsmonographien, Fischer, Stuttgart. 452 S.

WALTER, H. 1976: Die ökologischen Systeme der Kontinente (Biogeosphäre). Prinzipien ihrer Gliederung mit Beispielen, Fischer, Stuttgart 131 S.

WALTER, H. 1981: Höchstwerte der Produktion von natürlicher Riesen-Staudenvegetation in Ostasien. Vegetatio **44**: 37-41.

WALTER, H. & BRECKLE S.-W. 1999: Vegetationszonen und Klima. 7. Aufl., Ulmer/Stuttgart 382 S.

WITTIG, R. & NIEKISCH, M. 2014: Biodiversität: Grundlagen, Gefährdung, Schutz. Springer-Spektrum. Springer Verlag Berlin, Heidelberg

Ökologische Grundlagen

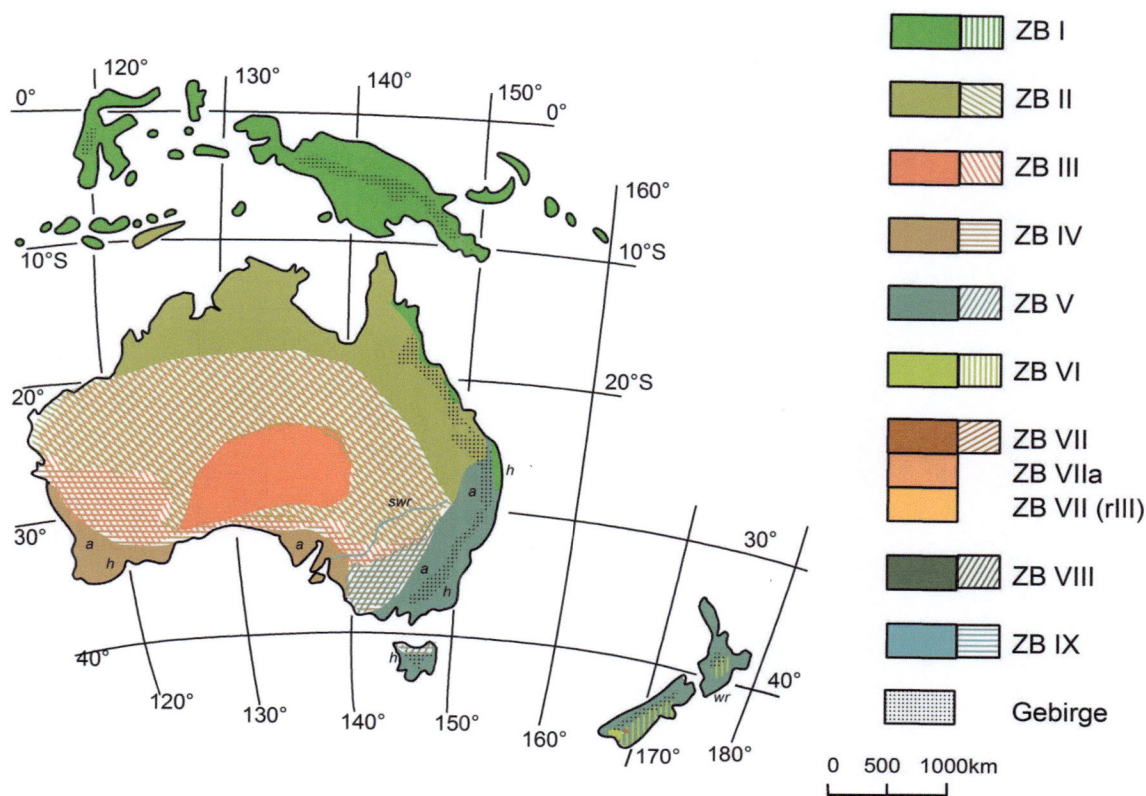

Abb. C-22 Australien und Neuseeland mit den Zonobiomen I-V.

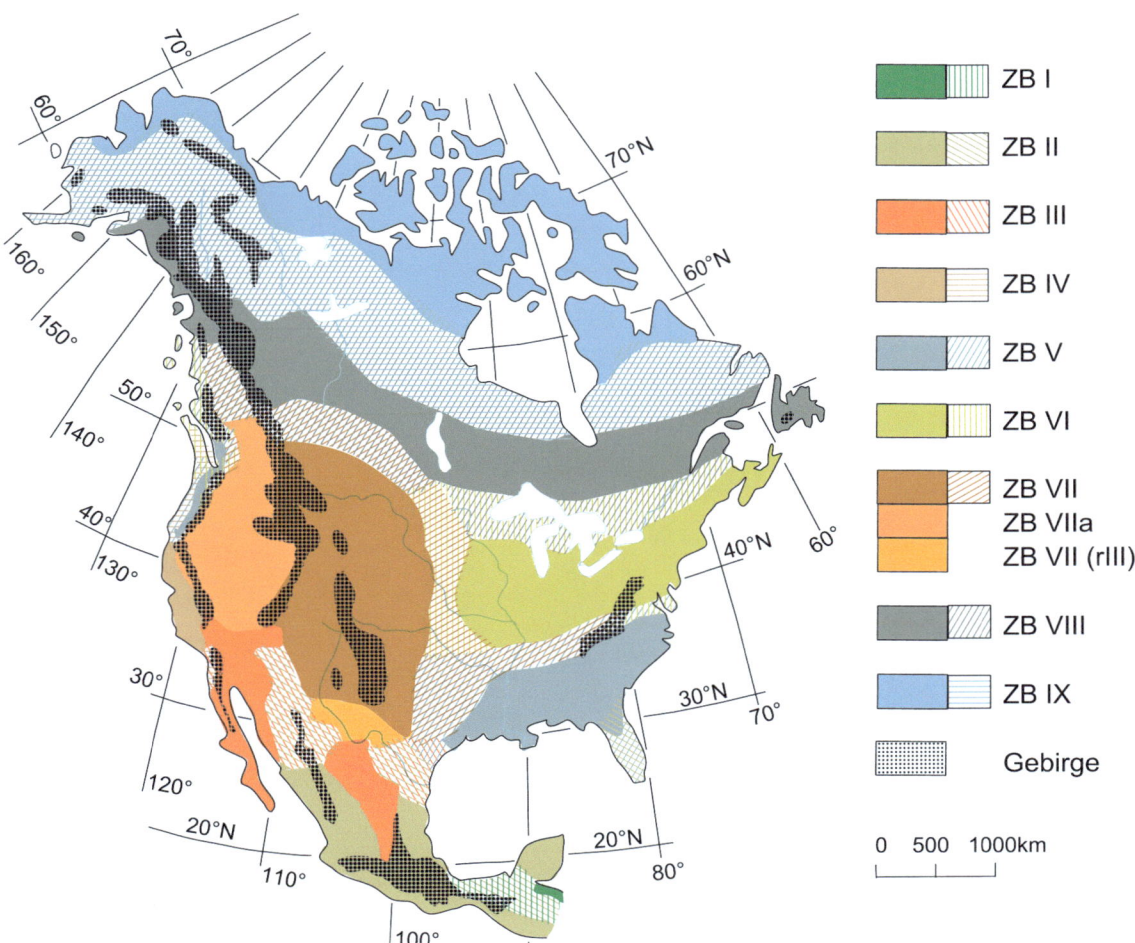

Abb. C-23 Nord- und Mittelamerika mit den Zonobiomen I-IX.

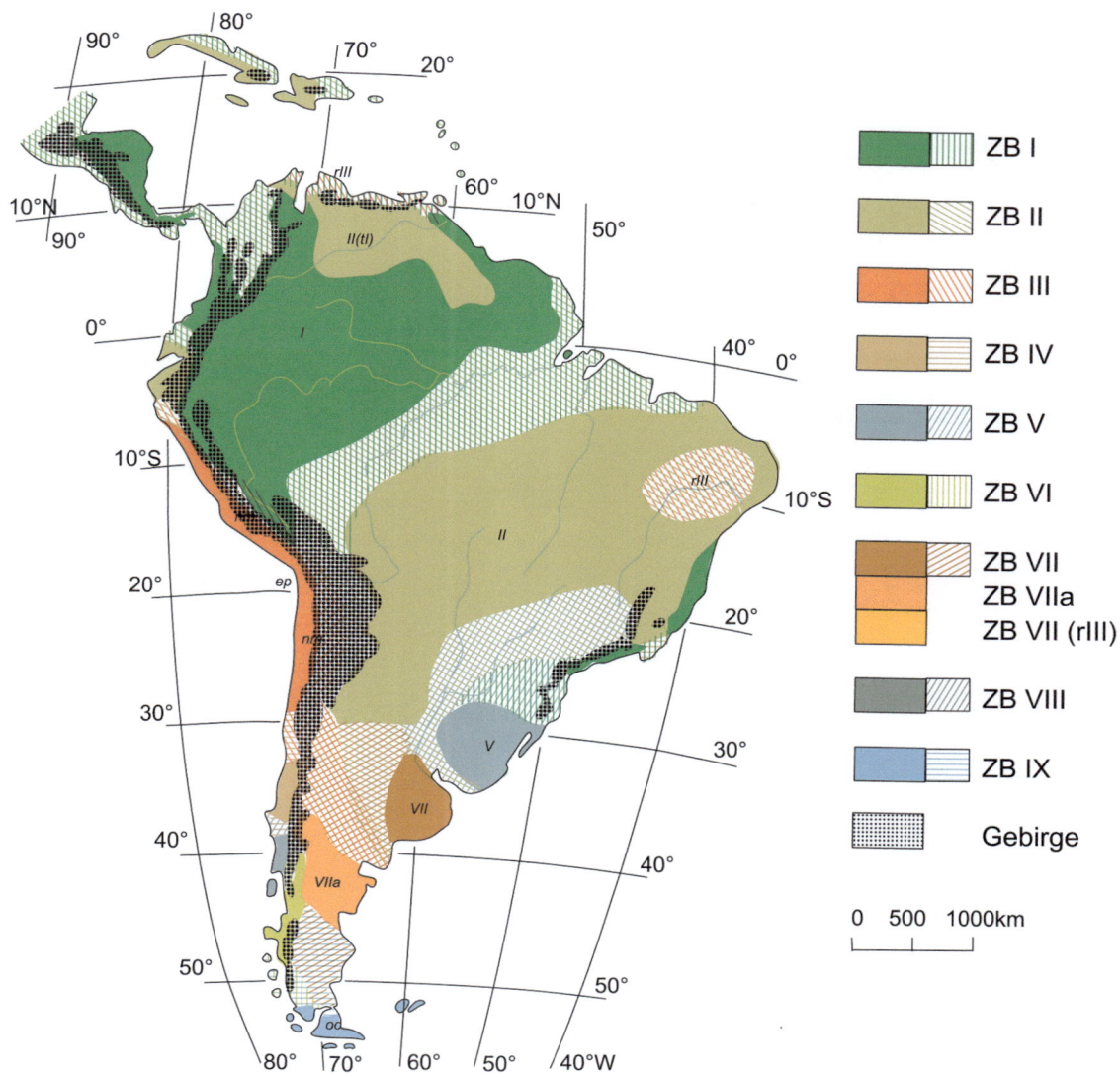

Abb. C-24 Südamerika mit den Zonobiomen I-VII und IX.

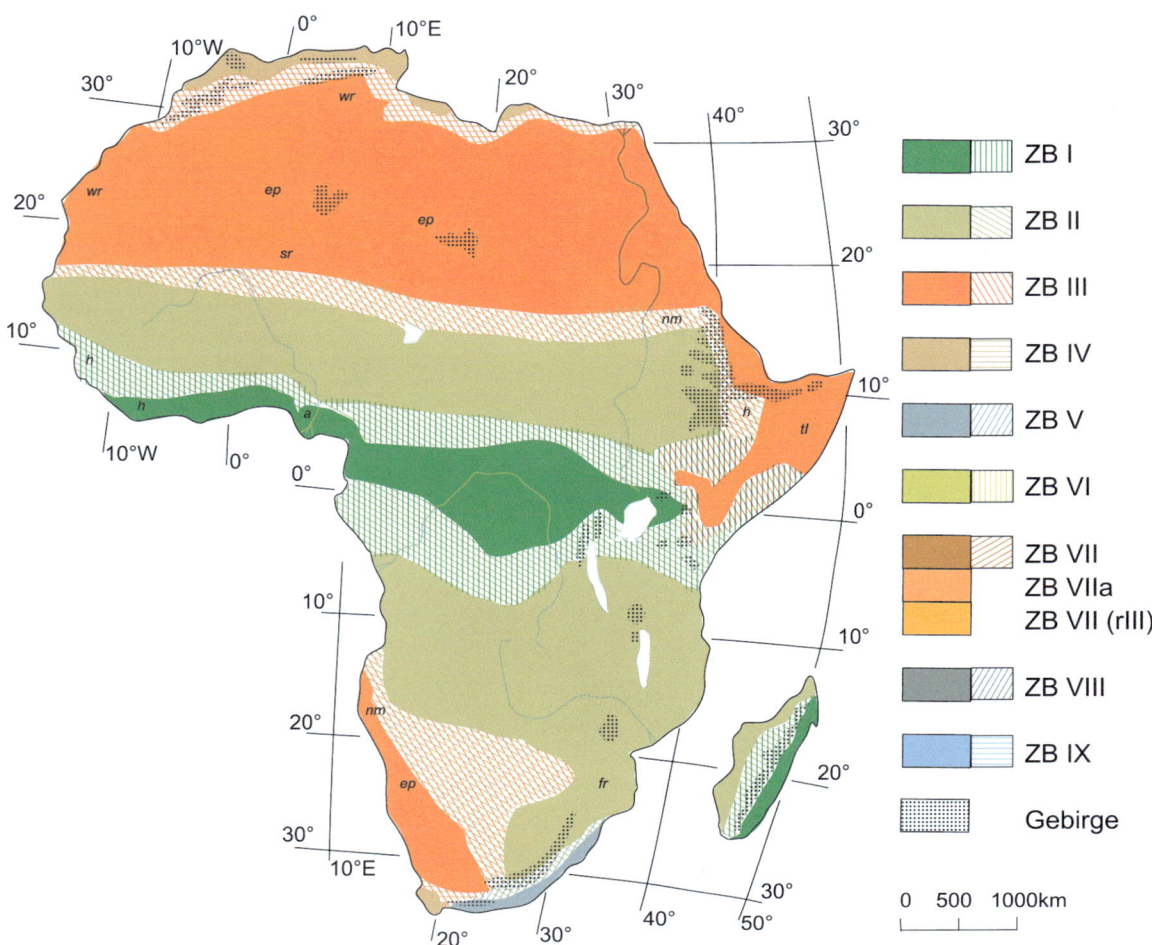

Abb. C-25 Afrika mit den Zonobiomen I-V.

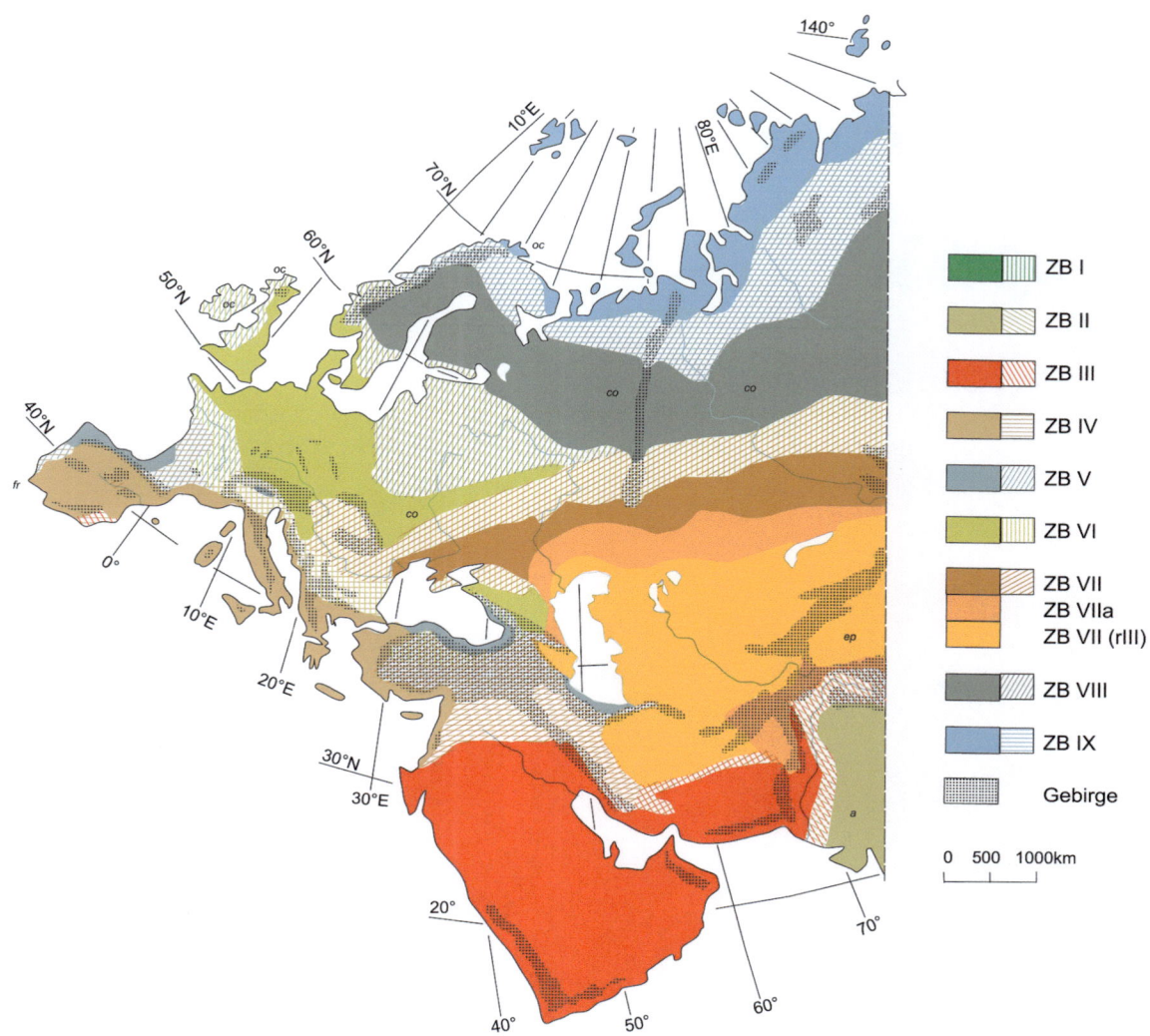

Abb. C-26 Europa mit den Zonobiomen IV-IX, dazu Vorderasien.

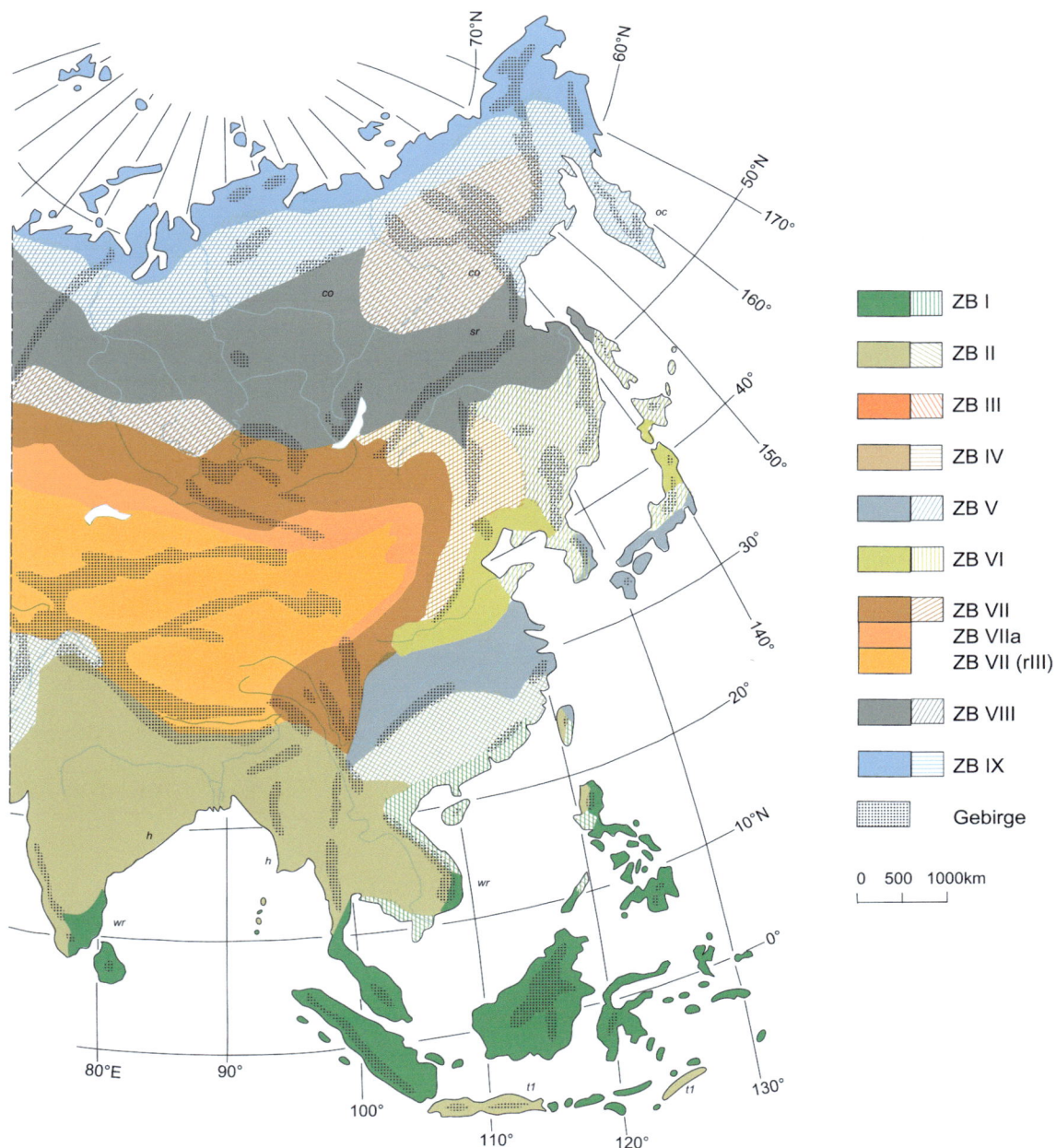

Abb. C-27 Asien mit den Zonobiomen I-IX (Vorderasien s. Abb. C-69).

II Spezieller Teil

Teil D - ZB I: Zonobiom des immergrünen tropischen Regenwaldes bzw. des äquatorialen humiden Tageszeitenklimas

Teil E - ZB II: Zonobiom der Savannen, laubwerfenden Wälder und Grasländer des tropischen Sommerregengebietes

Teil F - ZB III: Zonobiom der heißen Wüsten bzw. des subtropischen ariden Klimas

Teil G - ZB IV: Zonobiom der Hartlaubgehölze bzw. der mediterranen Winterregengebiete

Teil H - ZB V: Zonobiom der Lorbeerwälder bzw. des warmtemperierten humiden Klimas

Teil I - ZB VI: Zonobiom der winterkahlen Laubwälder bzw. des gemäßigten nemoralen Klimas

Teil J - ZB VII: Zonobiom der Steppen und kalten Wüsten bzw. des ariden gemäßigten Klimas

Teil K - ZB VIII: Zonobiom der Taiga bzw. des kaltgemäßigten borealen Klimas

Teil L - ZB IX: Zonobiom der Tundra bzw. des arktischen Klimas

Rafflesia arnoldii im tropischen Regenwald Borneos (Zonobiom I) lockt als diözischer Vollparasit auf Lianenwurzeln schmarotzend mit seinem Aasgeruch Fliegen als Bestäuber an (Foto: Rafiqpoor)

Tropischer Regenwald (Zonobiom I) am Abhang des Ambohitsitondroina-Gebirges auf der Halbinsel Masoala in NE-Madagaskar (Foto: E. Fischer)

Submontaner tropischer Regenwald (Zonobiom I) im Morgennebel in der Sierra de Tilarán in Costa Rica (Foto: Breckle)

II Spezieller Teil

Teil D - ZB I: Zonobiom des immergrünen tropischen Regenwaldes bzw. des äquatorialen humiden Tageszeitenklimas

1 Typische Ausbildung des Klimas im ZB I
2 Böden und Pedobiome
3 Vegetation
4 Abweichende Vegetationstypen im ZB I um den Äquator
5 Orobiom I - tropische Gebirge mit Tageszeitenklima
6 Die Biogeozöne des ZB I als Ökosysteme
7 Tierwelt und Nahrungsketten im ZB I
8 Der Mensch im ZB I
9 Zonoökoton I/II - Halbimmergrüner Wald
10 Literatur

Dipterocarpaceen-Baumriesen mit ihren gewaltigen Höhen von über 60 m in den immergrünen Regenwäldern SE-Asiens (Zonobiom I), z.B. in Borneo, Saba, überragen das unregelmäßige Kronendach der Wälder (Foto: Rafiqpoor)

1 Typische Merkmale des Klimas im ZB I

Die gesamten Tropen sind generell Strahlungsüberschuss-Gebiete der Erde wegen der gleich günstigen Einstrahlungsverhältnisse im Gebiet zwischen den Wendekreisen. Sie geben durch die atmosphärische Zirkulation Energie in die hohen Breiten ab. Gleichwohl gibt es strahlungsklimatische Unterschiede zwischen den feuchten und trockenen Tropen. Letztere weisen, vor allem die ausgedehnten Wüstenregionen (z.B. die Sahara) am Übergang zu den Subtropen, wegen der nächtlichen Ausstrahlungsmaxima eine negative Strahlungsbilanz auf. Die gleichmäßige Einstrahlung bedingt trotz dieser Unterschiede, dass die Tropen in erster Linie die **Wärmegürtel** der Erde sind. Sie sind ein Gebiet thermischer **Uniformität** mit 12 thermischen Vegetationsmonaten (◘ Abb. D-1 **A**) und eine Zone ohne merkliche Temperaturjahreszeiten in allen Höhenstufen vom Meeresspiegel bis in die Gipfelregionen der Hochgebirge (LAUER 1975, BRECKLE 2004).

Die deutlich ausgeprägte Tagesschwankung der Temperatur ist die Folge der größeren Temperaturgegensätze zwischen Tag und Nacht (**Tageszeitenklima**). Die Abnahme der Temperatur mit der Höhe erfolgt kontinuierlich von den **Warmtropen** der Niederungen zu den **Kalttropen** der Hochgebirge.

Man kann den **thermischen Tropen** die **hygrischen Tropen** gegenüberstellen, da die Jahreszeiten durch Regen- und Trockenzeit verschiedener Länge und Intensität und von ganzjähriger Humidität bis ganzjähriger Aridität gegliedert werden können. Da die Regenmengen und die zeitliche Dauer von den inneren zu den randlichen Tropen abnehmen, lassen sich **feuchte Tropen** von den **trockenen Tropen** (◘ Abb. D-1, **B**) unterscheiden (LAUER 1975, 1999).

Im **Zonobiom I** schwanken die Monatsmittel der Temperatur oft nur um 2-3 K. Aber die Tagesschwankungen der Temperatur können an sonnigen Tagen über 9 K erreichen (**Tageszeitenklima**); an trüben Tagen sind sie mit nur 2 K unbedeutend. Dementsprechend ändert sich auch die Luftfeuchtigkeit nur wenig (◘ Abb. D-2). Frost tritt nie auf, nur in den hohen Gebirgen, aber auch dort herrscht jahraus jahrein ein tropisches Tageszeitenklima.

Ein ausgesprochen dauerfeuchtes Regenwaldklima besitzt zum Beispiel Bogor (Buitenzorg) auf Java. Die Monatsmittel der Temperatur schwanken dort nur zwischen 24,3 °C (Februar) und 25,3 °C (Oktober), der mittlere Jahresniederschlag beträgt 4.370 mm, der regenreichste Monat weist 450 mm Regen auf, der regenärmste 230 mm. Ein Monat mit weniger als 100 mm Regen gilt in diesem regenreichen Zonobiom schon als relativ trocken. Nur auf der Malayischen Halbinsel und in Indonesien findet man größere Gebiete, die ganzjährig feucht sind; im Amazonasbecken ist es nur ein Teilgebiet am Rio Negro, in Zentralamerika sind es wenige kleine, regenzugewandte Berggebiete. Im Kongobecken machen sich meist zwei regenärmere Zeiten bemerkbar (◘ Abb. D-3).

Auch im südlichen Indien gibt es stets eine oder zwei trockenere Perioden im Jahr. Ein ausgesprochen dauerfeuchtes Regenwaldklima besitzt Bogor (Buitenzorg) auf Java (▸ Abb. A-52).

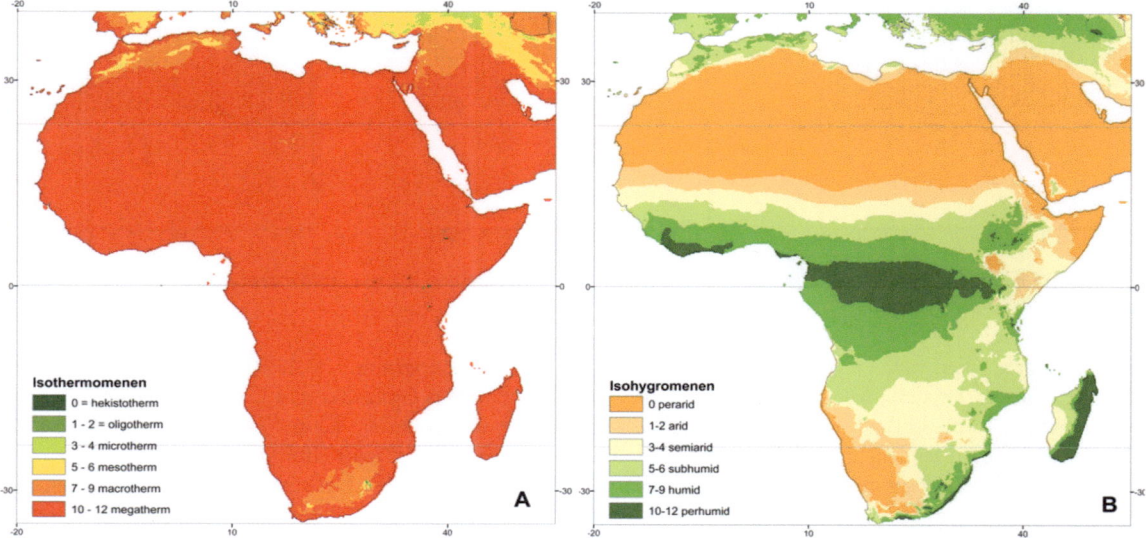

◘ **Abb. D-1** Der hygrothermische Charakter des Klimas der Tropen am Beispiel von Afrika: thermische Uniformität (**A**), hygrische Differenzierung (**B**).

Box D-1 Die Tropen als Gebiete mit Tageszeitenklima

Das Zonobiom I (der tropische Regenwald) weist ein ausgesprochenes Tageszeitenklima auf: Die Tagesamplituden der Lufttemperatur sind wesentlich größer als die Jahresamplituden der Monatsmittelwerte.

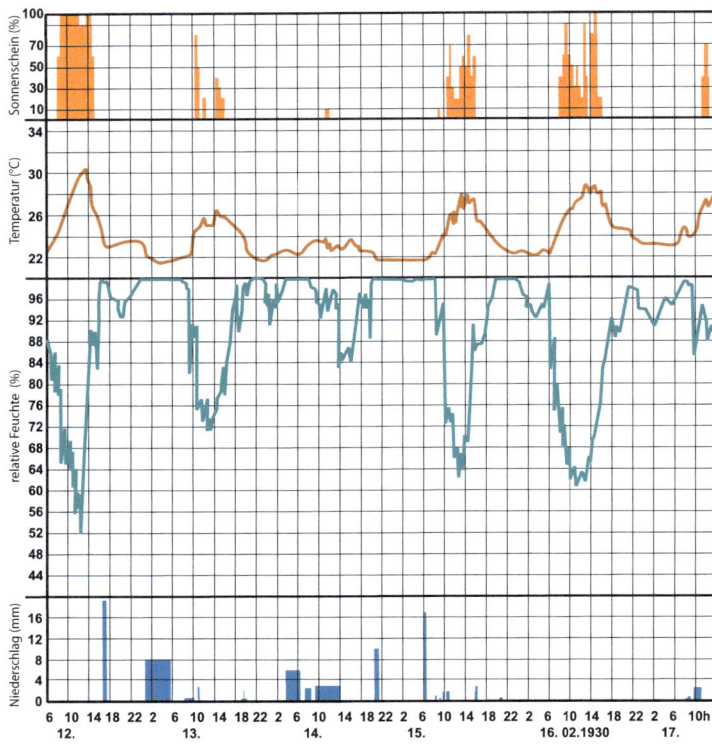

● **Abb. D-2** Historischer Tagesgang der Witterungsfaktoren in Bogor (Java) während der Regenzeit (vgl. den sonnigen 12. Februar, an dem die Luftfeuchtigkeit bis auf fast 50 % absank, mit dem trüben 14. Februar). Zahlen bei Regen geben absolute Regenmengen in mm an (Daten n. STOCKER, verändert nach WALTER 1990).

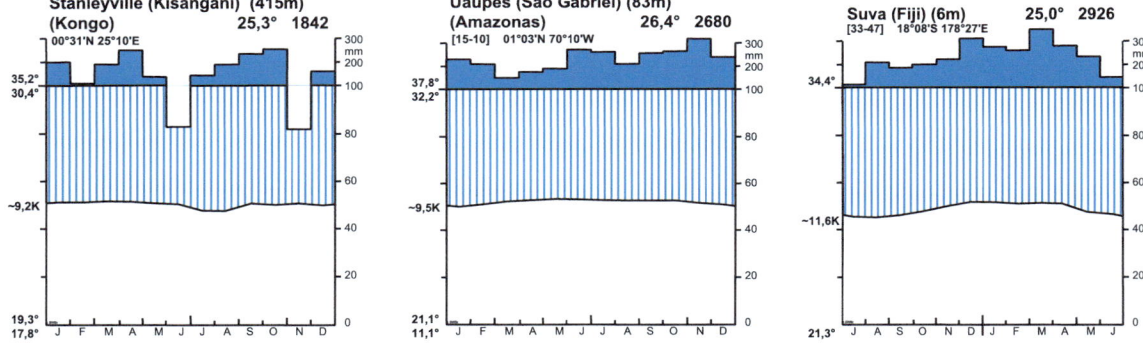

● **Abb. D-3** Klimadiagramme von Stationen im tropischen Regenwaldgebiet: Kongo, Amazonasbecken und Neuguinea.

Die Regen fallen meist am Nachmittag als kurze, schwere Güsse, in den Abendstunden scheint die Sonne wieder. Ihre Strahlung ist, wenn sie im Zenit steht, sehr stark. Das hat zur Folge, dass sich der Strahlung direkt ausgesetzte Blätter (z.B. im Kronenbereich) um mehrere Grad (bis 10 K) über die schon sehr hohe Lufttemperatur erhitzen. Deshalb treten an der Blattoberfläche selbst bei dampfgesättigter Luft hohe Wasserdampfsättigungsdefizite auf (● Abb. D-4). Übertemperaturen von 10 bis 15 K sind an nicht beschatteten *Coffea*-Blättern an klaren Tagen in Kenya gemessen worden. Klare Tage kommen selbst im dauerfeuchten Bogor (Buitenzorg) nicht so selten vor (► Abb. D-2). Dabei sinkt die Luftfeuchtigkeit auf fast 50%, und die Temperatur steigt auf über 30 °C, wodurch sich das Sättigungsdefizit bei um 10 K überhitzten Blättern auf fast 6 kPa erhöht, das heißt die Blätter sind selbst in den feuchtesten Tropen stundenweise einer extremen Trockenheit ausgesetzt. Der Mensch, der eine eigene Körpertemperatur besitzt, empfindet demgegenüber die Luft dauernd als schwül (muggy).

Forscher, die jahrelang im Urwald arbeiteten, betonen, dass selbst im perhumiden Gebiet auf Borneo immer wieder Wochen ohne Regen vorkommen, die für die Urwaldbäume eine Trockenperiode bedeuten. Die langjährigen Monatsmittel der Niederschläge lassen das nicht erkennen. Dies gilt in gleichem Maße für Amazonien.

Es ist deshalb verständlich, dass die Blätter hohe Transpirationswiderstände und außerdem eine sehr dicke Kutikula besitzen. Sie sind ledrig, aber nicht völlig xeromorph (vgl. den Gummibaum *Ficus elastica*, *Philodendron*, *Anthurium* und andere); sie können bei Spaltenschluss ihre Transpiration stark einschränken und eine hohe Hydratur des Plasmas dauernd aufrechterhalten. Sie sind oft lauriphyll, aber nicht sklerophyll. Die Zellsaftkonzentration beträgt meistens nur 1,0 bis 1,5 MPa. Und es ist bezeichnend, dass manche dieser Arten als Zimmerpflanzen die trockene Luft in beheizten Wohnräumen gut aushalten.

tropft ab und benetzt die Blätter der unteren Schichten. Wichtig für die Waldpflanzen sind die Lichtverhältnisse. Durch die unregelmäßige Kontur des Kronendachs und durch die stark reflektierenden, ledrigen Blätter dringt das Licht tief in das Waldinnere ein, aber am Boden ist die mittlere Intensität sehr gering. Allerdings spielen die kurzzeitigen Sonnenflecken am Boden eine wichtige Rolle für die Lichtausbeute. Je nach der Struktur des Waldes erreichen im Tagesmittel 0,5 bis 2% des Tageslichtes (wie bei unseren Laubwäldern), seltener auch nur 0,1% die Kraut- und Bodenschicht. Rechnet man die zahlreichen Lücken im Bestand, die eine sehr heterogene Struktur bedingen, mit hinzu, integriert also die Lichtausbeute auf eine größere Fläche, so erhält man Werte deutlich über 2%; es dringt im Mittel also doch mehr als nur 2% des Lichtes bis zum Boden durch. Dies liegt an der sehr uneinheitlichen Struktur der Bestände. Die Einzelpflanze erhält aber teilweise weniger als 1% Lichtgenuss. Manche der sehr zarten Kräuter sind mit bläulich reflektierenden Unterseiten ausgestattet.

2 Böden und Pedobiome

Wenn wir von den jungen vulkanischen Böden und den Alluvionen absehen, sind die Böden der Regenwaldgebiete meistens sehr alt. Sie reichen oft bis ins Tertiär zurück. Die Verwitterung dringt bei silikatischen Gesteinen viele Meter in die Tiefe. Es findet eine Auswaschung der Basen und der Kieselsäure statt; was verbleibt, sind die Sesquioxide (Al_2O_3, Fe_2O_3), das heißt, es tritt eine Lateritisierung ein, und es bilden sich rotbraune bis gelbrote Lehme (ferrallitische Böden oder Latosole) ohne sichtbare Gliederung in Horizonte. Vergleicht man die große Vielfalt der Bodentypen, so stellt man fest, dass etwa ⅔ der Böden in den Tropen zu den Oxisolen und Ultisolen gehören; dies sind Böden mit nur sehr mäßiger bis sehr geringer Fruchtbarkeit. Etwa 7% der tropischen Böden sind quarzsandreiche Schwemmlandterrassen oder andere stark verwitterte, ausgelaugte Flächen (Psammente oder Spodosole) mit extremer Nährstoffarmut. Nur auf etwa 20% der tropischen Böden kann mit den heutigen Verfahren Ackerbau betrieben werden, es sind die jüngeren vulkanischen Böden (Alfisole) und die reichen Schwemmlandflächen in großen Flussebenen (Fluvente, Aquepte).

Die Verwesung der Streu geht sehr rasch vor sich. Das Holz wird von Termiten zerstört, die im Urwald nicht auffallen, weil ihre Bauten unterirdisch sind. Gewöhnlich steht unter einer ganz dünnen Streu- und dunklen Humusschicht (1 bis 3 cm) sofort der rotbraune Boden an. Die typischen Böden findet man auf leicht geneigtem Gelände, weil sich auf ebenen Flächen bei den großen Regenmengen leicht Staunässe mit Versumpfung bemerkbar macht. Die Böden

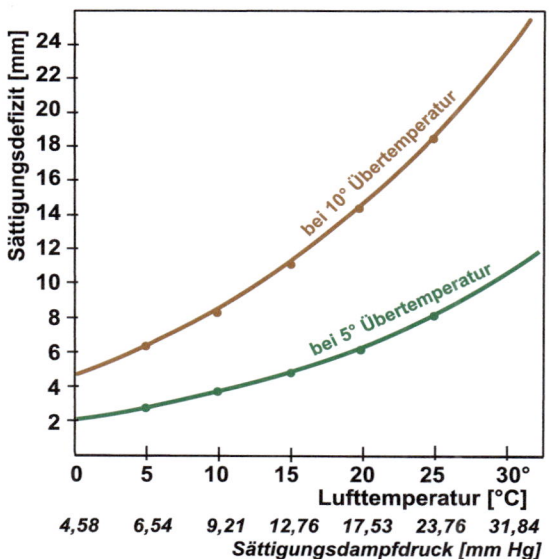

■ **Abb. D-4** Kurven der Sättigungsdefizite in mm Hg an der Blattoberfläche bei Übertemperaturen von 5 K bzw. 10 K in Abhängigkeit von der Lufttemperatur in dampfgesättigter Luft.

Anders sind die Bedingungen für die Arten, die im Waldschatten wachsen. Im Inneren des Regenwaldes ist das Mikroklima sehr viel ausgeglichener, insbesondere am Boden, auf den fast kein direktes Sonnenlicht fällt. Hier hören die Temperaturschwankungen fast auf, und die Luft ist dauernd wasserdampfgesättigt. Bei der hohen Luftfeuchtigkeit kommt es selbst bei der geringen nächtlichen Abkühlung regelmäßig zu einem Tauniederschlag auf die Baumkronen. Er

sind in aller Regel sehr nährstoffarm und sauer (pH = 4,5 bis 5,5). Dies scheint im Widerspruch zu der äußerlich so üppigen Vegetation zu stehen. Aber nahezu der gesamte vom Wald benötigen Nährstoffvorrat ist in der oberirdischen Phytomasse enthalten, fast nichts im Boden. Jährlich stirbt ein Teil der Biomasse ab, wird rasch mineralisiert, und die freigewordenen Nährstoffe können von den Wurzeln sofort wieder aufgenommen werden (stets über Mykorrhiza). Trotz der hohen Niederschläge tritt daher beinahe kein Verlust an Nährstoffen durch Auswaschung ein. Dies zeigt sich daran, dass das Wasser in den Bächen dieser Gebiete eine elektrische Leitfähigkeit aufweist, die der von destilliertem Wasser fast entspricht. Es ist höchstens durch Humussole (kolloidale Dispersion) leicht braun gefärbt.

Nährstoffe werden sogar schon vor der Mineralisierung der Streu wieder aufgenommen. Im Tieflandsregenwald bei Manaus am Amazonas besitzen die Saugwurzeln der Bäume auf sehr armen Sandböden in nur 2 bis 15 cm Tiefe eine Mykorrhiza. Durch die Pilzhyphen ist diese unmittelbar mit der Streuschicht verbunden; durch die Pilze können die Bäume die Nährstoffe in organischer Form direkt aus der Streu erhalten (kurzgeschlossener Kreislauf), ähnlich wie saprophytische Blütenpflanzen. Eine Auswaschung der Nährstoffe durch den Regen und damit Verlust aus dem Ökosystem wird dadurch verhindert. Die Menge der täglich abfallenden Blätter beträgt 4,5 bis 12,6 g an Trockenmasse pro m². Der Blattwechsel bewegt sich zwischen 0,9 und 2,2 Jahren.

Infolge des raschen Kreislaufs der Stoffe kann der Urwald Jahrtausende auf demselben Boden stocken. Aber sobald er gerodet und alles Holz verbrannt oder entfernt wird, findet eine starke Auswaschung des durch das Feuer plötzlich mineralisierten gesamten Nährstoffkapitals statt. Nur ein kleiner Teil wird von den Bodenkolloiden adsorbiert und kann von Kulturpflanzen nur wenige Jahre ausgenutzt werden.

Nach Auflassen der Kulturen, wie es beim Wanderackerbau ('shifting cultivation') der Fall ist, wächst ein Sekundärwald heran, der jedoch längst nicht die Üppigkeit und Vielfalt des Urwaldes erreicht. Nach dessen erneuter Rodung beim Wanderackerbau treten wieder Verluste an Nährstoffen durch Auswaschung ein, bis nach mehrmaligen Nutzungen nur noch der Adlerfarn *(Pteridium)* oder *Gleichenia*-Arten zu gedeihen vermögen. Werden diese Flächen abgebrannt, so tritt oft eine Vergrasung durch Alang-Alang-Gras *(Imperata)* oder andere anspruchslose und für die Beweidung wertlose Arten ein.

Auf den völlig degradierten Flächen kann wieder Urwald entstehen, wenn durch einsetzende Bodenerosion der ganze Boden bis zum anstehenden Gestein abgetragen wird, dieses verwittert und eine neue Primärsukzession einsetzt, die natürlich erhebliche Zeit erfordert und entsprechende Diasporeneinträge aus der Umgebung voraussetzt. Ist dagegen das Muttergestein von vornherein sehr nährstoffarm, zum Beispiel, wenn es sich um verwitterte arme Sandsteine oder alluviale Sande handelt, so reichen die Nährstoffe nur für den Aufbau sehr armer Baum- oder Heidebestände bzw. lichter Savannen aus. Es handelt sich um Pedobiome, speziell **Peinobiome** (Mangelböden oder nährstoffarme Böden), die sehr weite Flächen bedecken können. Sie stocken auf Podsolböden mit 20 cm dicken Rohhumus- (pH = 2,8) und Bleichhorizonten oder sogar auf Torfböden. Diese sind aus Thailand und Indomalaya bekannt, ebenso wie aus Guayana (*Humiria*-Busch, *Eperua*-Wald) und der Amazonasniederung im Einzugsgebiet des Rio Negro, der 'schwarzes Wasser' (reich an Humussäurenkolloiden) führt. Auch in Afrika werden sie für das Kongobecken und die Heiden auf der Insel Mafia vor der Küste Tansanias angegeben. Am eingehendsten untersucht wurden die Torfböden jedoch in NW-Borneo. Man findet dort ausgedehnte (14.600 km²) gewölbte Waldhochmoore (Helobiome) mit *Shorea alba* und andere, die gleich hinter der Mangrovengrenze beginnen und bis zu 15 m mächtige Torfablagerungen (pH um 4,0) aufweisen. Auch Heidewälder (*Agathis, Dacrydium,* und andere) auf Rohhumusböden mit *Vaccinium* sowie *Rhododendron* kommen dort vor. Die Gesamtfläche der tropischen Podsolböden wird auf sieben Millionen Hektar geschätzt.

Das andere Extrem sind die tropischen Kalkböden, also **Lithobiome**, die mit sehr auffälligen Reliefformen verbunden sind und von Jamaica und Cuba beschrieben wurden. Im feuchten tropischen Klima wird Kalk leicht gelöst. Es bilden sich Karren, der weichere Kalkstein verschwindet und nur die härtesten Teile bleiben als messerscharfe Rippen stehen (▶ Abb. D-5). Das ganze Gebiet verkarstet und wird durch Dolinen, die als Einbruchtrichter entstehen, rund und teils bis 150 m tief sind, in ein Netz von Rücken (die Reste der früheren Plateaufläche) zerlegt. Geht die Erosion noch weiter, wie auf Kuba, dann bleiben nur noch einzelne, nicht miteinander verbundene aus den Rücken herausmodellierte Türme oder Kegelkarstberge mit fast senkrechten Wänden stehen, wie die 'Mogotes' (Orgelberge) auf Kuba oder die 'Moros' in N-Venezuela. Der Boden der Dolinen ist mit bauxitischer Roterde aufgefüllt, auf ihr entwickelt sich ein feuchter immergrüner Wald. Die Kalkrücken dagegen bilden einen sehr heterogenen Standort, je nachdem, ob sich alkalischer Boden (pH = 7,7) in einzelnen Vertiefungen ansammeln kann oder nicht. Deshalb findet man meist eine sehr interessante Flora mit Vertretern vom Regenwald bis zur Kakteenwüste. In den genannten Gebieten handelt es sich um ein Klima mit wenig über 1000 mm Regen. In NW-Madagaskar sind außerhalb der Karstgebiete üppige tropische Regenwälder verbreitet. Auf der Karstlandschaft selbst ist die Vegetationsdecke spärlich entwickelt mit meist sommergrünen Baumarten (▶ Abb. D-5).

Auf die Halobiome (Mangroven) kommen wir später noch zurück.

■ **Abb. D-5** Eindrucksvolle Karstlandschaft mit Karren-Bildung auf jurassischen Kalksteinen an der NW-Spitze Madagaskars mit einem Jahresniederschlag von >2000 mm. In Dolinen mit Böden wächst Waldvegetation (Foto: E. Fischer).

3 Vegetation

3.1 Struktur der Baumschicht, Blühperiodik

Das auffallendste Merkmal des tropischen Regenwaldes ist die große Zahl der Holzarten, aus denen sich die Baumschicht zusammensetzt (HOMEIER et al. 2010). Man findet oft über 100 bis zu 300 Arten pro Hektar mit einem BHD von >10 cm (VALENCIA & BALSLEV 1994). Aber es gibt auch Wälder mit nur wenigen Baumarten: In Indomalaya dominieren häufig Dipterocarpaceen und auf Trinidad wird die obere Baumschicht von *Mora excelsa* (Fabaceae) gebildet. Die floristischen Unterschiede zwischen den Wäldern Südamerikas, Afrikas und Asiens sind sehr groß (■ Abb. D-6). Entsprechend verschiedenartig sind auch die Waldtypen; wir können aber nur die Eigenschaften besprechen, die allen mehr oder weniger gemeinsam sind. Palmen fehlen den afrikanischen Regenwäldern fast ganz, sind dagegen in den mittel- und südamerikanischen (besonders an nassen Standorten) häufig. Die Baumschicht erreicht eine Höhe von 50 bis 55 m, vereinzelt auch 60 m.

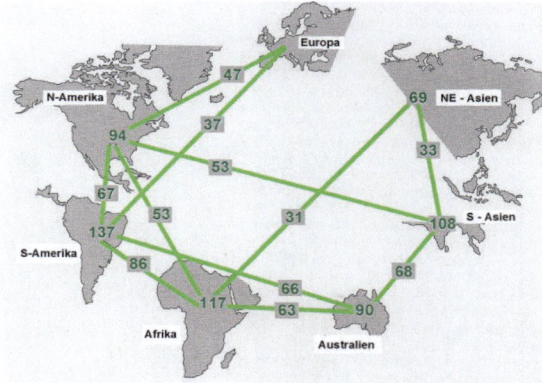

■ **Abb. D-6** Anzahl der Blütenpflanzenfamilien in den einzelnen Kontinentregionen (Zahl in jeder Region) und prozentuale Ähnlichkeit (Zahl zwischen den Großregionen), ohne kosmopolitische Pflanzenfamilien (verändert nach TERBORGH 1991).

Zuweilen unterscheidet man drei Baumschichten, eine obere, mittlere und untere; meist ist aber eine Schichtung nicht erkennbar. Die obere Baumschicht ist nicht geschlossen; es sind einzelne Riesen, die über die anderen Bäume hinausragen. Erst die mittlere oder untere Schicht bildet ein dichtes Blätterdach; in diesem Falle ist aus Lichtmangel der untere Stammraum ziemlich frei, so dass eine Fortbewegung leicht möglich ist. Doch ist der Aufbau des Waldes im Einzelnen sehr verschieden; mit Verallgemeinerungen muss man vorsichtig sein. Beispiele von Profilen der Bestandesstruktur sollen dies verdeutlichen (◘ Abb. D-7, ◘ Abb. D-8, ◘ Abb. D-9).

Was die Baumform anbelangt, so sind die Stämme im Allgemeinen schlank und dünnrindig, die Kronen setzen hoch an und sind relativ klein und unregelmäßig im Umriss, was dem dichten Stand entspricht. Das Alter der Bäume ist, da Jahresringe meist fehlen, schwer zu bestimmen. Schätzungen auf Grund von Zuwachsmessungen ergaben 200 bis 250 Jahre für die dicken Altbäume. Die Wurzeltiefe ist größer als man annahm. 21 bis 47% der Wurzeln sind in den oberen 10 cm, die meisten übrigen darunter bis 30 cm Tiefe, aber 5 bis 6% gehen bis 1,3 bis 2,5 m tief (HÜTTEL 1975).

Die Wurzelmasse wurde zu 23 bis 25 t·ha^{-1} ermittelt (nach anderer Methode 49 t·ha^{-1}). Die großen Baumriesen erreichen ihre Standfestigkeit durch mächtige Brettwurzeln (◘ Abb. D-10), die pfeilerförmig bis zu 9 m am Stamm hinauf reichen können und bei nur geringer Dicke eben so weit von der Stammbasis radial nach außen laufen; von ihrer Basis entspringen viele vertikal in den Boden wachsende Wurzeln (VARESCHI 1980), die bei Bodenauswaschungen zu Stelzwurzeln (◘ Abb. D-11) werden können.

◘ Abb. D-7 Regenwaldprofil durch den Shasha-Schutzwald (Nigeria). Der dargestellte Waldstreifen ist 61 m lang und 7,6 m breit. Alle über 4,6 m hohen Bäume sind eingezeichnet. Die Buchstaben bedeuten verschiedene Baumarten (Daten nach RICHARDS, aus WALTER 1973). AB-*Pausinystalia* or *Corynanthe* spec.; Ak-Ako ombe (not determind); Eb-*Casearia bridelioides*, EK-*Lophira procera*, Ep-*Rinorea* spec.(cf. *dentata*); Er-*Picralima umbellata*, Es-*Diospyros confertiflora*, Ip-*Stromosia* spec.; It-*Stromosia pustulata*, Od-*Scottellia kamerunensis*, Om-*Rinorea* spec (cf. *oblongifolia*); Op-*Xylopia guintasii*, Os- *Diospyros insculpata*, Te-*Casearia* spec.; Y-*Parinarium* spec. (cf. *excels*).

◘ Abb. D-8 Schematisches Profil durch den Dipterocarpaceen-Regenwald auf Borneo, Länge 33 m, Breite 10 m (1 Bäume; 2 Epiphyten; 3 Lianen; 4 *Pandanus*), Kräuter fehlen (nach WALTER 1973).

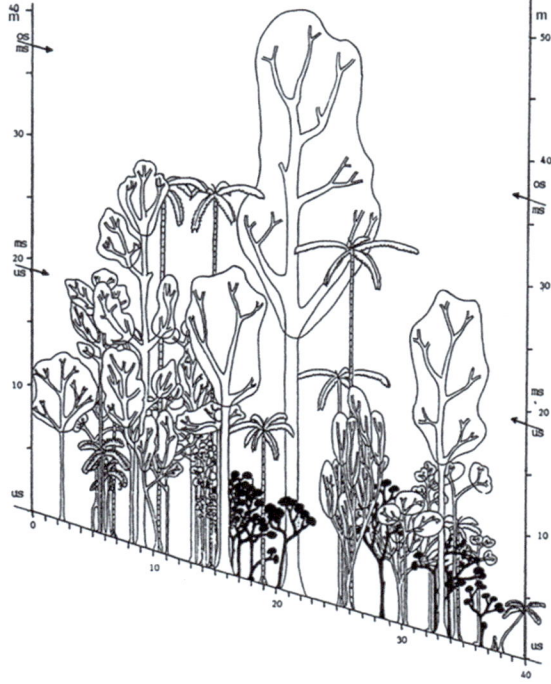

◘ Abb. D-9 Schematisches Profil durch den tropischen Bergregenwald in der Sierra de Tilaran (Costa Rica) (aus SPRENGER & BRECKLE 1997).

Abb. D-10 Die Entwicklung von Brettwurzeln in den tropischen Regenwäldern der Erde ist eine wichtige Strategie für die großen Regenwaldbäume: Sie verleihen Stabilität (Foto: E. Fischer, Regenwald Makokou-Ipassa, Gabun).

Abb. D-11 Von der Stammbasis einiger Regenwaldbäume entspringen viele vertikal in den Boden wachsende Wurzeln, die bei Bodenauswaschungen zu Stelzwurzeln werden können (Foto: Breckle, Regenwald in Rancho Grande, Venezuela)

Die Blätter der Bäume sind umso größer, je feuchter und wärmer das Klima ist, doch sind die dem Licht exponierten Blätter bei ein und derselben Baumart stets viel kleiner. Im ostafrikanischen Regenwald tritt bei *Myrianthus arboreus* zum Beispiel ein Verhältnis von 8:1 (größtes Blatt 48 x 19 cm, kleinstes 16 x 7 cm), und bei *Anthocleista orientalis* sogar 28:1 (größtes Blatt 162 x 38 cm, kleinstes 22 x 10 cm) auf. Beides sind Bäume der unteren Baumschicht. Bei *Elaeagia auriculata* im Bergwald Costa Ricas, eine Art, die immer sehr große Blätter aufweist, sind die Unterschiede aber geringer.

Ein Knospenschutz ist bei Bäumen des Regenwaldes nicht notwendig. Die jungen Blattanlagen werden zuweilen durch Haare, Schleim oder saftige Schuppen bzw. von besonders ausgebildeten Nebenblättern eingehüllt. Obgleich die Wachstumsbedingungen dauernd günstig sind, erfolgt der Sprosszuwachs doch schubweise. Dabei zeigen die austreibenden Zweigenden häufig die Erscheinung des **Schüttellaubes** (◘ Abb. D-12). Bei dem raschen Streckungswachstum wird zunächst kein Stützgewebe ausgebildet, so dass die jungen Triebe mit den Blättern schlaff herabhängen; sie sind weiß oder leuchtend rot gefärbt und ergrünen erst später, wenn sie erstarken. Die rasche Ausdifferenzierung der Blattspitze führt bei einigen Arten zur Bildung einer **Träufelspitze** (◘ Abb. D-13). Man findet sie in Ghana bei 90% der Arten im Unterwuchs. Versuche im Wald zeigten, dass Blätter mit Träufelspitzen in 20 Minuten nach Regen trocken waren, solche ohne aber nach 90 Minuten noch nass blieben (LONGMAN & JENIK 1974).

Ein besonderes Problem ist die Periodizität der Entwicklung und des Wachstums der Pflanzen in den immerfeuchten Tropen ohne Jahresgang der Temperatur. Dass eine Periodizität des Sprosswachstums zu beobachten ist, wurde bereits erwähnt. Viele Bäume weisen in ihrem Holz Zuwachsringe auf, meist mehrere pro Jahr, die also keine Jahresringe sind. Ähnliches gilt auch für die Rhythmik des Blühens. Bei den stets gleichmäßigen Außenbedingungen sind periodische Erscheinungen meist nicht an eine bestimmte Jahreszeit gebunden.

In Malaysia sollen bei feuchtem Wetter die alten Blätter nach dem Austreiben der jungen abfallen, bei trockenem Wetter fallen sie vorher. Auf diese Weise sind laubabwerfende Holzarten in der Klimazone mit einer Dürrezeit entstanden. Es kann sogar ein Baum eine kurze Zeit blattlos sein. Dann lässt sich bei Individuen derselben Art beobachten, dass nebeneinander belaubte und unbelaubte Bäume stehen. Bei anderen verhalten sich sogar die Äste ein und desselben Baumes verschieden, das heißt sie treiben nicht gleichzeitig aus. Ähnliches gilt auch für die Blütezeit. Verschiedene Individuen derselben Art oder verschiedene Äste desselben Baumes blühen zu verschiedenen Zeiten (◘ Abb. D-14).

◘ **Abb. D-12** Der Prozess von 'Schüttellaub' ist die Besonderheit einiger Regenwaldbäume (Foto: Breckle).

◘ **Abb. D-13** Einige Regenwaldbäume bilden Träufelspitze in ihren Blättern. Dadurch trocknen die Blätter schneller nach einem Regenereignis (Foto: Breckle).

Es handelt sich somit in allen diesen Fällen um eine autonome Periodizität, die nicht an die Zwölf-Monate-Periode gebunden ist. Es kommen Perioden von zwei bis vier Monaten, von neun Monaten, aber auch von 32 Monaten vor. Die Folge davon ist, dass man im Regenwald keine allgemeine Blütezeit hat. Es blühen immer nur einzelne Bäume und ihre Blüte fällt im vorherrschenden Grün nur wenig auf, so schön und groß die Blüten auch sein mögen. Man hat europäische Baumarten (Buche, Eiche, Pappel, Apfel, Birne, Mandel) in tropischen Gebirgen ohne Jahreszeiten angepflanzt. Die allgemeine Erfahrung war, dass sie zunächst ihre Jahresperiodizität des Blattfalls, Austreibens und der Blütezeit beibehielten. Mit der Zeit traten Störungen in der Blütenstandsentwicklung auf, die einzelnen Zweige reagierten verschieden, und schließlich konnte man an einem Baum alle Jahreszeiten sehen, das heißt blattlose, austreibende, blühende und fruchtende Äste.

◘ **Abb. D-14** An einem Kaffeebaum mit Blüten, grünen nicht reifen und roten reifen Früchten ist die Saisonalität ausgelöscht (Foto: http://bit-Do/brNss).

Mitteleuropäische Arten sind meistens Langtagpflanzen, das heißt sie kommen nur zur Blüte, wenn sie Langtagen (>14 h Sonnenlicht), wie im Sommer in der gemäßigten Zone, ausgesetzt sind. Deshalb blühen sie in den Tropen im Allgemeinen nicht, doch können tiefere Temperaturen den Langtag ersetzen: *Primula veris* wächst in Indomalaya in 1.400 m Höhe nur vegetativ, in 2.400 m Höhe blüht und fruchtet sie reichlich.

Fragaria-Arten blühen in tiefen Lagen der Tropen nicht, bilden aber viele Ausläufer; im Gebirge blühen und fruchten sie nur, während die Ausläuferbildung unterdrückt wird (zum Beispiel in Sri Lanka) (ZELLER 1973).

Pyrethrum-Pflanzungen findet man in Kenia in einer Höhenlage von 1.500 bis 2.500 m, wo man die Blüten erntet, die sich in tieferen Lagen nicht entwickeln. Die endogene Rhythmik dieser Pflanzen gleicht sich aber sofort an die Klimarhythmik an, sobald eine solche vorhanden ist, zum Beispiel auch in den feuchten Tropen mit einer nur kurzen, wenig

> **Box D-2** Die Tageslänge in den Tropen
>
> Die Tropen unterscheiden sich von den gemäßigten Breiten durch die ständig kurzen Tage mit zwölf Stunden Tageslicht.

trockeneren Jahreszeit, was übrigens in vielen Gebieten der Fall ist, so dass meist doch ein Jahreszeitgeber vorhanden ist. Beim überall in den Tropen kultivierten Mangobaum sind die einzelnen hellen austreibenden Zweige in der sonst sehr dunklen Krone besonders auffallend (◘ Abb. D-15). Sobald aber eine deutliche Trockenzeit vorhanden ist, passen sich das Austreiben und die Blüte aller Zweige und Bäume an diese an. Der Teak- oder Djattibaum *(Tectona grandis)* wird im stets feuchten West-Java niemals kahl, während er in Ost-Java während der Trockenzeit alle Blätter abwirft. Aber selbst in den feuchten Tropen gibt es Arten, wie die Täubchen-Orchidee *(Dendrobium crumenatum)*, die in einem größeren Gebiet an ein und demselben Tage aufblüht. Sie bildet die Knospen zwar aus, aber zu deren Entfaltung ist zur Synchronisierung eine plötzliche Abkühlung zum Beispiel nach besonders starken Gewittern notwendig. Auch der Kaffeebaum öffnet die Knospen erst nach einer kurzen Dürre. Bambusarten entwickeln Fortpflanzungsorgane oft nur nach einem Trockenjahr, dann blühen alle synchron und sterben danach ab. In dem sehr gleichmäßigen Klima sind eben gewisse Arten sehr empfindlich gegen kleine Witterungsabweichungen.

◘ **Abb. D-15** Die neuen Triebe des Mango-Baumes in einer Mango-Plantage in der Umgebung von Guayaquil, Ecuador, fallen durch die hell-rote Färbung von weiten auf (Foto: Rafiqpoor).

Eine bei tropischen Baumarten häufige Erscheinung ist die Kauliflorie, das heißt die Ausbildung der Blütenstände am alten Holz, zum Beispiel am Stamm (◘ Abb. D-16). Man findet sie bei etwa 1.000 tropischen Arten. Sie tritt bei Baumarten der unteren Schicht auf und zwar oft bei solchen, die chiropterogam oder chiropterochor sind, das heißt, bei denen Fledermäuse oder Flughunde die Bestäuber der Blüten oder die Verbreiter der Samen sind. Sie können die kaufloren Blüten und Früchte besonders bequem anfliegen. Kauliflorie kommt auch bei dem heute mediterran weit verbreiteten Johannisbrotbaum *(Ceratonia siliqua)* und dem Judasbaum *(Cercis griffithii)* vor.

3.2 Mosaikstruktur der Bestände

Eine schwierig zu untersuchende Frage ist die Verjüngung der Urwaldbestände. Wenn ein Baumriese umfällt, bildet sich eine große Lücke im Wald. Fällt ein großer Ast ab, gibt es eine kleinere Lücke. In diesen Lücken ('gaps') entwickeln sich des Öfteren zunächst raschwüchsige Arten des Sekundärwaldes (Balsabaum = *Ochroma lagopus* und *Cecropia* in Zentral- und S-Amerika, *Musanga* und *Schizolobium* in Afrika, *Macaranga* in Malaya). *Ochroma* bildet Jahrestriebe von 5,5 m Länge mit leichtem Holz, *Musanga* von 3,8 m und *Cedrela* von 6,7 m Länge. Diese Bäume werden dann mit der Zeit von den Arten der oberen Baumschicht allmählich wieder verdrängt (◘ Abb. D-17).

Man hat festgestellt, dass unter den Baumarten des Urwalds oft eigener Nachwuchs fehlt und daraus geschlossen, dass sich der Urwald mosaikartig zusammensetzt, das heißt, dass jede Baumart bei der Verjüngung durch eine andere ersetzt wird und erst nach mehreren Generationen wieder dieselbe Stelle einnehmen kann. Die Ursache kann sehr verschieden sein. Oft allerdings liegt es am Herbivoren- oder Parasitendruck in direkter Nähe des Elternbaumes. Die Samen, Keimlinge oder Sämlinge sind dann in der Nähe des Elternbaumes einem höheren Fraßdruck ausgesetzt als in größerem Abstand; umgekehrt nimmt die Zahl der Samen in größerem Abstand natürlicherweise ab. Es bildet sich daher in gewisser Entfernung nicht selten ein Maximum der besten Etablierung der Sämlinge (◘ Abb. D-18). Es spielen aber oft auch andere Faktoren eine Rolle; verallgemeinert kann man dies durch den Grad der Störung kennzeichnen.

In ◘ Abb. D-19 ist dies erläutert, extrapoliert auch auf Tiergemeinschaften, die anders reagieren. Allerdings muss betont werden, dass darüber hinaus auch noch andere Prozesse eine Rolle spielen. Das Modell ist daher nicht für alle Tropenwälder gültig. Die zugrundeliegende Ausbreitungs- und Etablierungsdynamik führt aber meist dazu, dass die einzelnen Arten in einem komplexen Mosaik von Generation zu Generation fast völlig ihren Platz wechseln.

Etwas Ähnliches hat man auch bei Wiesen der gemäßigten Breiten, in ungestörten Primärwäldern der Taiga und in Urwaldgebieten in Ostpolen beobachtet.

> **Box D-3** Die Verjüngung der Bäume in tropischen Regenwäldern
>
> In tropischen Wäldern findet eine Rotation oder zyklische Verjüngung der Baumarten statt.

◘ **Abb. D-16** Kauliflorie ist eine der Besonderheiten vor allem der Bäume der feuchten Tropen. Dabei wachsen die Blüten auf den alten Stämmen der Bäume (Fotos: **a** *Ixora cauliflora*, Neukaledonien, Breckle; **b** *Cola* spp., Cameroon, Rafiqpoor; **c** Kakao, Elfenbeinküste, Barthlott; **d** Bignoniaceae, Madagaskar, E. Fischer).

Spezieller Teil

> **Box D-4** Die Mosaikstruktur der Pflanzengesellschaften
>
> Der zyklische Platzwechsel der Arten und heterogene Mosaikbildung ist ein allgemein gültiges Prinzip für alle artenreichen, ursprünglichen, sich in einem dynamischen Gleichgewicht befindlichen Pflanzengesellschaften. Dies erklärt, warum keine der Arten im Wettbewerb zur absoluten Vorherrschaft gelangt, sondern langfristig artenreiche Mischbestände die Regel sind.

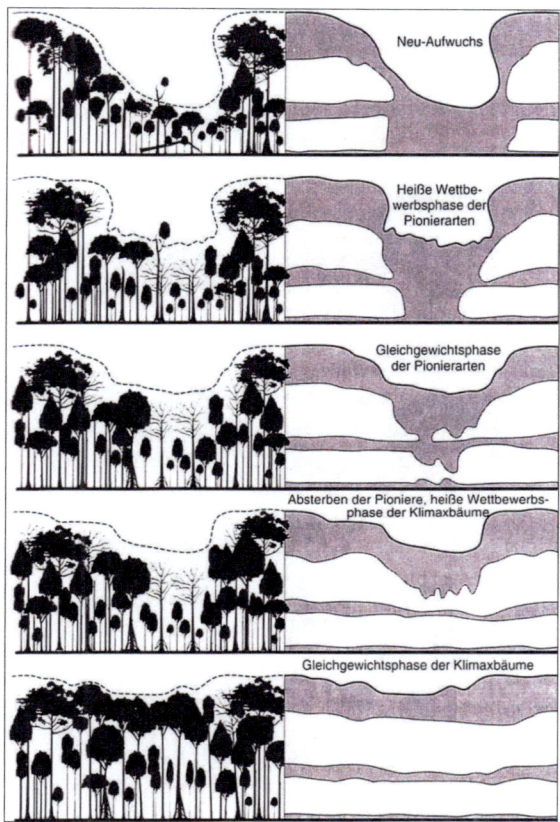

Abb. D-17 Die Bildung eines 'gaps' (oben) und der konkurrenzstarke Aufwuchs bis zum Schließen der Lücke (unten) (nach TOMLINSON & ZIMMERMANN 1976).

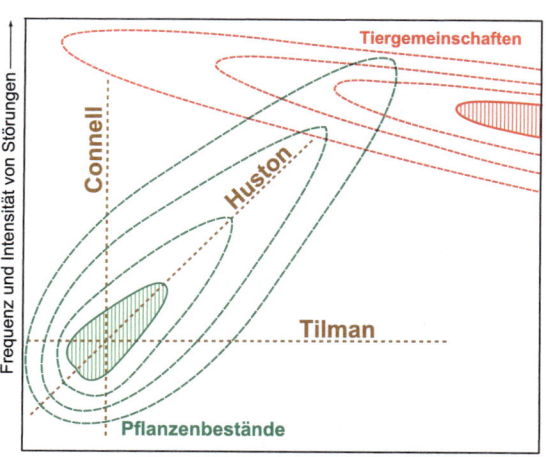

Abb. D-19 Hohe Biodiversität bei Pflanzen- und Tiergemeinschaften haben unterschiedliche Maxima in Abhängigkeit von der Verfügbarkeit von Ressourcen bzw. maximalem Pflanzenwachstum und der Störungshäufigkeit. Danach ergeben sich unterschiedliche Muster der Linien gleicher Artendichte (Isotaxen). Die Artendichte bei Pflanzen hängt von der Frequenz bzw. Intensität von Störungen im Bestand ab (JANZEN-Hypothese 1978) oder von einer bestimmten maximalen Wachstumsrate und Ressourcenverfügbarkeit (TILMAN's Hypothese 1982), zusammengefasst in der Hypothese von HUSTON (1980). Tiere, auch Arthropoden haben ihren größten Artenreichtum in gestörten Habitaten, insbesondere wenn die Ressourcenverfügbarkeit groß ist (verändert nach BEGON et al. 1996).

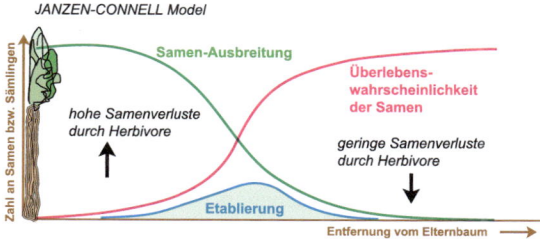

Abb. D-18 Das räumliche Auftreten des Jungwuchses folgt oft der JANZEN-Hypothese; sie beschreibt das Wechselspiel von Störungen (z.B. Herbivorie) und Samenmenge in Abhängigkeit der Entfernung vom Elternbaum. Bei mittlerer Entfernung ist oft die beste Etablierung zu beobachten, was letztlich zu einem Platzwechsel der Art von Generation zu Generation führt.

Für tropische Wälder hat man versucht das 'Rotations'-Verfahren der Arten durch die Herbivorenhypothese von JANZEN (1978) zu erklären. Nur in der Nähe von Altbäumen werden ausreichend viele Samen, Früchte und Jungpflanzen zu bestimmten Zeiten vorhanden sein, so dass dort die Vermehrung von Herbivoren, das flächige Auftreten von Parasiten, die Hemmung durch Mykorrhizapilze oder andere Faktoren die Dichte des Jungwuchses erheblich einschränken kann, auftritt. Bei Palmen konnte man beobachten, dass das Abfallen der bis zu 10 m langen und viele Kilogramm schweren Blätter viele Jungpflanzen erschlägt und erdrückt. Durch diese Vorgänge kommt es zu einer Dichteminderung an Individuen der Keimlinge und Jungpflanzen, die besonders stark in der Nähe des Altbaums ist. Nur in einer bestimmten Entfernung vom Altbaum bildet sich dann unter Umständen ein Dichtemaximum aus. Dies ist tatsächlich des Öfteren gefunden worden.

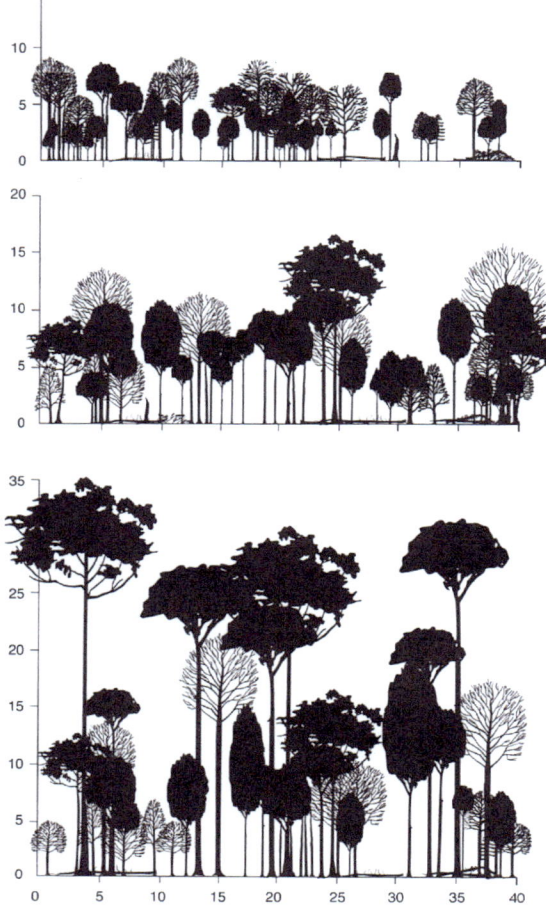

Abb. D-20 Profildiagramme von drei Transekten des tropischen subalpinen Eichenwaldes aus der Cordillera de Talamanca (Costa Rica), verschieden alte Sekundärwaldphasen und Primärwaldstruktur im Vergleich (nach KAPELLE 1995).

3.3 Krautschicht

Etwa 70% aller im Regenwald vorkommenden Arten sind Phanerophyten, das heißt Bäume. Sie sind auch massenmäßig absolut dominant. Die Strauch- und Krautschicht lassen sich schwer trennen, denn die Kräuter können mehrere Meter hoch werden, wie Bananen, Heliconien (◘ Abb. D-21), Scitamineen und andere. Oft fehlt ein Unterwuchs selbst bei relativ guten Lichtverhältnissen am Boden, was vielleicht durch die Konkurrenz der oberflächennahen Baumwurzeln um Stickstoff oder andere Nährstoffe bedingt wird. Die niedrigen Kräuter müssen mit wenig Licht auskommen. Dies halten sie auch als Zimmerpflanzen unter sehr geringer Beleuchtung aus (*Aspidistra*, *Chlorophytum*, *Saintpaulia* = Usambaraveilchen).

Merkwürdig ist das häufige Auftreten von samtartig matten Blättern oder von Buntblättrigkeit, wobei weiße oder rote Felder oder Metallglanz vorkommen.

Bei der hohen Luftfeuchtigkeit spielt die Guttation eine große Rolle, entsprechend ist die Hydratur des Plasmas sehr hoch (Zellsaftkonzentration nur 0,4 bis 0,8 MPa). Bei den Farnen mit wenig leistungsfähigen Leitbahnen beträgt die Zellsaftkonzentration 0,8 bis 1,2 MPa. Heterotrophe Blütenpflanzen, Saprophyten oder Parasiten kommen vor, spielen jedoch nur eine unwesentliche Rolle. Es existieren sicher in Abhängigkeit von Licht- und Wasserverhältnissen viele verschiedene Synusien, doch liegen entsprechende Untersuchungen der Verknüpfung der Teilsysteme noch kaum vor. Typische verschiedenartige Synusien bilden die im Folgenden erwähnten Gruppen und Lebensformen.

Für etwas artenärmere montane tropische Eichenwälder in Costa Rica hat KAPELLE (1995) genaue Untersuchungen der Sukzessionsfolgen durchgeführt. Aus den Transekten in ◘ Abb. D-20 lässt sich einerseits die große Heterogenität der Bestände mit ihrer nur sehr undeutlichen Schichtung, die unruhige obere Kronenschicht, aber auch die 'Klumpung' bestimmter Arten (▶ Abb. D-20) erkennen, die dann im weiteren Verlauf aufwachsen, dazu kommen viele kleinere oder größere Lücken im Bestand ('gaps'). Die Zahl der Stämme pro Hektar (ab 3 cm BHD) verringert sich anfangs nur wenig. Der Ausdünnungsprozess während der späten Sukzession ist ein Zeichen besonders großer Konkurrenz, währenddessen einige Stämme dominant werden, sie konkurrieren die anderen aus.

3.4 Lianen

Im dichten tropischen Urwald geht der Kampf der autotrophen Pflanzen vor allen Dingen um das Licht. Je höher ein Baum ist, desto mehr Licht erhalten seine Blätter, desto höher kann die Produktion an organischer Masse sein. Aber um zum Licht in der Baumschicht zu gelangen, muss zunächst im Laufe von vielen Jahren ein Stamm ausgebildet werden, was eine erhebliche Investition von organischer Substanz voraussetzt. Die Lianen und Epiphyten gelangen in den günstigen Lichtgenuss auf einfachere Weise. Erstere bilden keinen festen Stamm aus, sondern benutzen die Bäume als Stütze für ihren rasch in die Höhe wachsenden biegsamen Spross (◘ Abb. D-22).

Die Epiphyten hingegen verlegen ihren Keimungsort von Anfang an auf die oberen Äste der Bäume, die ihnen nur als Unterlage dienen (◘ Abb. D-23).

Das Festhalten der Lianen an den Stützbäumen erfolgt auf verschiedene Weise: Bei den **Spreizklimmern** (◘ Abb. D-24) sind es spreizende Zweige, die in das Zweigsystem hineinwachsen, wobei das Abrutschen durch Dornen oder Stacheln verhindert wird, zum Beispiel bei der Kletterpalme *Calamus* (Rotang), bei *Smilax* oder den *Rubus*-Lianen. Die **Wurzelkletterer** (◘ Abb. D-25) bilden Wurzeln, die in den Rissen der Rinde haften oder den Stamm umschlingen (viele Araceen).

■ **Abb. D-21** Die verschiedenen *Heliconia*-Arten (**a**) können im Amazonas-Becken von Ecuador (Foto: Rafiqpoor) und die *Musa*-Arten (**b**) (Foto: Breckle) in Asien zusammen mit anderen krautigen Pflanzen die Krautschicht der Regenwälder bilden.

Die **Rankkletterer** (■ Abb. D-26), auch Blattstielranker genannt, entwickeln kleine korkenzieherförmig gewundene Halteorgane, mit denen sie die Äste der Wirtpflanze (die Kletterhilfe) umwickeln. Die Kletterhilfe für die Rankkletterer darf einen Durchmesser von 8 mm nicht übersteigen, da sonst die Umwicklung nicht mehr möglich ist. Die **Winder** (■ Abb. D-27) besitzen rasch wachsende, windende Astspitzen mit sehr langen Internodien, an denen die Blätter zunächst unentwickelt bleiben. Zum Wachsen brauchen die Lianen Licht. Sie entwickeln sich deshalb in den Lichtungen des Waldes und wachsen gleichzeitig mit den Bäumen in die Höhe; dabei erreichen sie mit der Zeit das Kronendach.

Die tropischen Lianen sind im Gegensatz zu denen der Außertropen langlebig. Ihre Achsenorgane besitzen sekundäres Dickenwachstum; da sie jedoch biegsam bleiben müssen, um den Bewegungen der Stützbäume zu folgen, wird kein kompakter Holzkörper gebildet, sondern ein durch Parenchymgewebe und breite Markstrahlen in einzelne Stränge zerklüfteter Holzteil (anomales Dickenwachstum). Die Gefäße sind auf dem Querschnitt sehr groß, daher mit bloßem Auge gut erkennbar. Sie haben keine Querwände, so dass die Krone der Liane ungeachtet des geringen Durchmessers des biegsamen Stammes doch mit

■ **Abb. D-22** Lianen im tropischen Regenwald von Arroyo Blanco, Dominikanische Republik (Foto: Breckle).

◘ **Abb. D-23** Zahlreiche Bromelien wachsen epiphytisch auf Bäumen in einem Bergregenwald an der Ostabdachung der Anden von Ecuador (Foto: Breckle).

genügend Wasser versorgt werden kann. Wenn die als Stütze dienenden Blätter absterben und vermodern, bleiben die Lianen trotzdem am Kronendach anderer Bäume befestigt, und die Lianenstämme hängen frei wie Seile herunter. Oft rutschen sie teilweise ab und liegen dann mit dem unteren Ende in Schlingen am Boden. Die Sprossspitze arbeitet sich jedoch wieder empor. Wiederholt sich das mehrmals, so kann der Lianenstamm eine große Länge erreichen. Bei *Calamus* (▶ Abb. D-24) wurde eine Gesamtlänge von 240 m gemessen!

◘ **Abb. D-24** *Calamus*-Lianen gehören zu den 'Scrambling lianas'. Das Exemplar hier durchwuchert einen Bestand im Regenwald von Kamerun (Foto: Rafiqpoor).

Besonders günstig für die Lianenentwicklung sind große Kahlschläge. Lianen sind deshalb in Sekundärwäldern viel zahlreicher als in unberührten Urwäldern, bei denen sie mehr die Waldränder überziehen. 90% aller Lianenarten sind auf die Tropen beschränkt; in Zentralamerika sind 8% aller Arten Lianen. Dass die Lianen hauptsächlich auf die feuchten Tropen beschränkt sind, dürfte mit der Wassernachleitung zusammenhängen. Im trockenen Klima entstehen in den Blättern starke Saugspannungen (tiefe Wasserpotentiale), wodurch die für die Wasserleitung notwendigen langen Wasserfäden durch Überwindung der Kohäsion in den weiten Gefäßen reißen. Auch im gemäßigten Klima sind die holzigen Lianen am häufigsten in den feuchten Auewäldern zu finden. Hier gibt es nur wenige holzige Lianen: den Wurzelkletterer Efeu *(Hedera helix)*, spreizend und rankend die Waldrebe *(Clematis vitalba)* und die Weinrebe *(Vitis silvestris)* sowie die windenden *Lonicera*-Arten. Die Brombeerarten *(Rubus* spec.*)* erheben sich in Europa nicht hoch über den Boden, während sie in Neuseeland armdick werden und die Baumwipfel erreichen.

3.5 Epiphyten, Hemi-Epiphyten und Würger

Für die tropischen Regenwälder gelten die epiphytischen Farne und Blütenpflanzen als besonders charakteristisch. Aber das gilt nur für die Wälder, in denen benetzendes Wasser (Nebel) oft verfügbar ist; hohe Luftfeuchtigkeit genügt also nicht. Es gibt viele Typen mit interessanten Anpassungen (▶ Abb. D-23). 153 Arten wurden in Liberia ökologisch untersucht (JOHANNSSON 1974).

Die Keimung hoch oben auf den Ästen der Bäume kann die günstigen Lichtverhältnisse nutzen, aber umso schwieriger wird die Wasserversorgung; es fehlt das ständige Wasserreservoir des Bodens, aus dem die Wasseraufnahme erfolgt. Der epiphytische Standort lässt sich mit einem Felsstandort vergleichen. Tatsächlich können die Epiphyten meist ebenso gut auf Felsen wachsen, wenn diese günstige Lichtverhältnisse aufweisen. Die Wasseraufnahme ist für die Epiphyten nur während des Regens möglich. Deshalb ist für sie die Benetzungshäufigkeit wichtiger als die absolute Regenmenge. Die Regenhäufigkeit ist an den Gebirgshängen, wo es durch Aufwinde zu Steigungsregen kommt, größer als im Flachland; aus diesem Grunde sind montane Wälder meist reicher an Epiphyten, insbesondere der Nebelwald, in dem es ständig von den Blättern tropft (◘ Abb. D-28).

Um größere Pausen zwischen den Regen überstehen zu können, müssen die Epiphyten entweder vorübergehendes Austrocknen ohne Schaden ertragen - das ist bei vielen epiphytischen poikilohydren Farnen der Fall, oder sie müssen Wasser in ihren Trichtern (Bromelien) speichern, wie die Sukkulenten der Trockengebiete; eine Reihe von Kakteen ist zum Beispiel zur epiphytischen Lebensweise übergegangen (*Rhipsalis, Phyllocactus, Cereus*-Arten) (◘ Abb. D-29). Ebenso wie die Sukkulenten geben die Epiphyten das Wasser sehr sparsam ab. Blattknollen als Wasserspeicher besitzen viele Orchideen, Holzknollen manche Ericaceen, sukkulente Blätter haben die meisten Orchideen entwickelt, aber auch Bromeliaceen, Peperomien und andere. Besondere Einrichtungen zur raschen Wasseraufnahme während der Benetzung

Spezieller Teil

◘ **Abb. D-25** Araceen als Wurzelkletterer in einem Regenwald in Ecuador (Fotos: Rafiqpoor).

◘**Abb. D-26** Die *Flagellaria* aus Neukaledonien ist ein gutes Beispiel für die Rank-Kletterer (Foto: Breckle).

◘ **Abb. D-27** Die Winder schlingen sich um den Wirtsbaum und klettern nach oben, um das Licht zu erreichen. In mitteleuropäischen Wäldern, wie hier dargestellt, kann *Hedera helix* diese Aufgabe übernehmen (Foto: Breckle).

◘ **Abb. D-28** Die Nebelwälder (**a**) in der montanen Höhenstufe der tropischen Gebirge sind reich an epiphytischen Blütenpflanzen (**b**). In diesen Wäldern ist zwar die Niederschlagsmenge gegenüber den Wolkenwäldern etwas geringer, doch die immer hohe Luftfeuchtigkeit versorgt die Epiphyten ständig mit genügend Wasser (Fotos: Rafiqpoor, Mt. Kinabalu).

◘ **Abb. D-29** Beispiele einiger Epiphyten-Typen aus den tropischen Wolken- und Nebelwäldern: **a**: *Guzmannia* spec. (Bromeliaceae) (Fotos: Rafiqpoor); **b**: *Epiphyllum phyllanthus* (Cactaceae); **c**: *Rhipsalis aff. crispata; Schlumbergera orsichiana* (Cactaceae), **d**: *Rhipsalis pilocarpa* (Cactaceae) (Fotos: Barthlott).

durch Regen sind die Luftwurzeln der Orchideen mit dem das Wasser aufsaugenden Velamen sowie die Saugschuppen der Bromeliaceen, die das Wasser aus den durch die Blattbasen gebildeten, das Regenwasser sammelnden Trichtern aufnehmen oder es kapillar durch die dichte Beschuppung der Blätter festhalten und dann einsaugen.

Die Wurzeln sind bei den epiphytischen Bromeliaceen nur Haftorgane (◘ Abb. D-30) und Fehlen der an Bartflechten erinnernden *Tillandsia usneoides* sowie anderen Tillandsien etc. sogar ganz. Besondere, zum Teil von Ameisen bewohnte hohle Organe bilden *Myrmecodia-*, *Hydnophytum-* und *Dischidia*-Arten. Farne, die das Austrocknen nicht vertragen, können ihren eigenen Boden bilden, indem sie zwischen den trichterförmig stehenden Blättern *(Asplenium nidus)* oder mit Hilfe besonderer Nischenblätter *(Platycerium)* abfallende Streu und Detritus ansammeln (◘ Abb. D-31). Es bildet sich somit ein humusreicher, wasserhaltiger Boden, in den die Wurzeln hineinwachsen. Aber auch bei vielen anderen Arten lässt sich dies beobachten.

◘ **Abb. D-30 a:** *Usnea barbata* (gelblich) zusammen mit einer Bromelien-Art an einem Baum in den Nebelwäldern des unteren Charazani-Tales (Bolivien) (Foto: Rafiqpoor); **b**: ein anderer Baum ist völlig mit *Tillandsia usneoides* überwuchert (Foto: Breckle).

◘ **Abb. D-31** Im Trichter von *Asplenium nidus* an einem Baumstamm im Regenwald von Ecuador ist totes organisches Material akkumuliert worden. Das stellt der epiphytischen Pflanze die notwendigen Nährstoffe zur Verfügung und hält auch das Regenwasser zurück (Foto: Rafiqpoor).

Abb. D-32 Verschiedene Techniken zur Erfassung von Epiphyten in den Baumkronen tropischer Regenwälder. **a** und **b** in Gabun (Fotos: Szarzynski); **c** in Mt. Kinabalu Malaysia (Foto: Rafiqpoor) und **d** in Venezuela (Foto: Barthlott).

Bei dichter Ansiedlung von Epiphyten kann der Epiphytenhumus viele Tonnen pro Hektar ausmachen. Es entsteht auf diese Weise ein neues Biotop hoch über dem Erdboden, das man sogar als ein fast geschlossenes Ökosystem betrachten kann. Erst jetzt versucht man durch Einsatz neuer Techniken (Seilbahnsystem, Kräne) in der Erforschung dieses Ökosystems die bisherigen ziemlich destruktiven (Hubschrauber, Ballonnetze etc.) oder unzureichenden Methoden ('canopy walk ways', Klettertechniken etc.) zu ergänzen (Abb. D-32).

Dem Kronendach werden Stickstoff und Nährstoffe durch abtropfendes Wasser und Staub zugeführt. Ameisen können sich ansiedeln und ihre Nester bauen. Sie schleppen Samen herbei, die keimen und zu blühenden Pflanzen auswachsen. Solche 'Blumengärten oder Ameisengärten' (Abb. D-33) werden aus Südamerika geschildert. Sie beherbergen auch eine besondere Fauna und Mik-

Abb. D-33 Auf den Regenwaldbäumen im Amazonas-Tiefland von Ecuador stellen die Ameisengärten kleine Ökosysteme dar (Foto: Rafiqpoor).

roflora; Moskitolarven, Wasserinsekten und Protisten leben in den Trichtern der Bromeliaceen, die oft erhebliche Dimensionen erreichen (Phytotelmen). Dazu kommt eine enorme Vielfalt an Insektenarten.

Erwähnt sei, dass die Insektivore *Nepenthes* (Kannenpflanze) (◘ Abb. D-34) auch epiphytisch wachsen kann, ebenso verschiedene *Utricularia*-Arten. Verbreitet werden die Epiphyten durch Sporen (Farngewächse), durch staubförmige Samen (Orchideen) oder durch Diasporen mit hautrandigen Anhängseln für die Windverbreitung oder durch Beerenfrüchte (Cacteen, Bromeliaceen), die von Vögeln gefressen werden, so dass die Samen mit den Exkrementen weit entfernt leicht auf die Äste der Bäume gelangen. Viele Epiphyten können eine längere Trockenzeit überdauern, zum Beispiel Orchideen, wobei manche ganz einziehen, oder dicht beschuppte Tillandsien, poikilohydre Farne und andere. Sie kommen auch in den trockenen tropischen Wäldern vor. COUTINHO (1982) fand bei einigen Epiphyten in Brasilien diurnalen Säurestoffwechsel (CAM), das heißt die Aufnahme von CO_2 in der Nacht bei geöffneten Stomata und die Bindung als organische Säure (meist Malat). Letztere wird dann am Tage abgebaut und gleich bei geschlossenen Stomata assimiliert. Es handelt sich um einen Vorgang, bei dem Wasserverluste durch die Transpiration am Tage vermieden werden, der sich bei Sukkulenten trockener Gebiete häufig findet. MEDINA untersuchte in dieser Beziehung bereits 1974 die Bromeliaceen.

Moose und Hymenophyllaceen (Hautfarne) setzen dauernde Nässe voraus und sind deswegen die typischen Epiphyten des Páramo, ebenso die epiphyllen Arten.

Eine Zwischenstellung zwischen Lianen und Epiphyten nehmen die Hemi-Epiphyten ein. Viele Araceen keimen am Boden und wachsen dann als Lianen aufwärts (▶ Abb. D-25), meist als Wurzelkletterer. Mit der Zeit stirbt der untere Teil des Stammes ab, sie sind dann Epiphyten, die jedoch durch Luftwurzeln mit dem Boden in Verbindung bleiben können.

Interessanter sind die Würgerbäume, von denen die vielen Würgerfeigen (*Ficus*-Arten) am bekanntesten sind. Es gibt jedoch in vielen verschiedenen Familien solche Würgerbäume, zum Beispiel die *Clusia*-Arten (Guttiferae) in Südamerika, *Metrosideros* (Myrtaceae) in Neuseeland, Hawaii und andere mehr. Diese Arten keimen als Epiphyten in einer Astgabel und bilden zunächst nur einen kleinen Spross, aber eine lange Wurzel, die rasch am Stamm des Tragbaumes abwärts wächst und dabei diesen netzförmig umschlingt.

◘ **Abb. D-34** Die *Nepenthes*-Arten leben am Mount Kinabalu (**a**, Foto: Rafiqpoor) sowohl terrestrisch als auch epiphytisch in den Regenwäldern unterschiedlicher Höhenstufen. Auch in Neukaledonien kommt eine endemische *Nepenthes*-Art (**b**: *Nepenthes viellardii*, Foto: Breckle) vor, die z.T. auf Extremstandorte wie z.B. Schwermetallböden wächst.

Abb. D-35 a: Wie ein Wald aussehendes Areal aus einem einzigen Feigenbaum (Foto: Barthlott). **b:** Schematische Darstellung (nach Barthlott's Vorlesung „Vegetation der Erde") der Entwicklung eines Würgerbaumes (rot) von der Initialphase bis zum Aussterben des Wirtsbaumes (grün) und seine komplette Ersetzung durch den Epiphyten (voll rot), der dann sein Leben anstelle des Wirtsbaumes fortsetzt.

Erst wenn die Wurzel den Boden erreicht hat, wächst der Spross heran, zugleich verdicken sich die Wurzeln immer mehr und verhindern das sekundäre Dickenwachstum des Tragbaumes, das heißt der Baum wird erwürgt; er stirbt ab und sein Holz vermodert. Das Wurzelnetzwerk des Würgers schließt sich zu einem richtigen Stamm, der eine breite Krone trägt (▶ Abb. D-35b). Diese Bäume können riesige Dimensionen erreichen, und man sieht es ihnen nicht an, dass sie als Epiphyten ihr Dasein begannen. Die Entwicklungsstrategie der Würger von der Keimung bis zum völligen Erwürgen des Wirtsbaumes ist in einem Schema dargestellt (▶ Abb. D-35b). Palmen ohne sekundäres Dickenwachstum werden nicht erwürgt und bleiben länger am Leben, bis schließlich die Würgerkrone ihre Blätter zu sehr beschattet. In den gemäßigten Breiten ist lediglich Efeu (*Hedera*) als Würger bekannt (▶ Abb. D-27).

3.6 Epiphylle

Epiphylle sind Pflanzen, die auf der Oberfläche von Blättern anderer Pflanzen wachsen. Dies sind mikroskopische Algen (Cyanophyceen und andere Bakterien; *Azotobacter*, die N binden können, Grünalgen), Hefen und Pilze, Flechten und Moose, (vor allem Lebermoose, aber auch Laubmoose), dann *Selaginella*, ja sogar kleine Samenpflanzen, die auf Blättern wachsen, kommen vor (▶ Abb. D-36).

Epiphylle treten vor allem in den besonders feuchten Ausprägungen des tropischen Regenwaldes auf. Die Beleuchtung, die Benetzbarkeit der Blätter und deren Langlebigkeit sind grundlegend für die Besiedlung der Blätter durch Epiphylle. Die Blätter erleiden dadurch zusätzlichen Lichtverlust. Manche Epiphylle wachsen aber sogar in das Blattgewebe ein.

◘ **Abb. D-36 a**: Überzug von Epiphyllen auf einem großen Blatt von *Cyclanthus*, zusammengesetzt aus verschiedenen Blaualgen, Grünalgen, Moosen und Flechten, Hymenophyllaceen, *Selaginella* und sogar einer Begonie; im Primärwald (Reserva Biol. San Ramón, Costa Rica) (Foto: Breckle); **b**: Ausschnitt eines Blattes mit dem epiphyllen Lebermoos *Aphanolejeunea* im Gisakura, Nyungwe Nationalpark, Rwanda (Foto: E. Fischer).

3.7 Bio-Diversität

Mitteleuropäische Wälder weisen meist nur fünf bis zehn Baumarten auf, davon sind dann ein bis zwei dominant, stellen also mehr als 90% der Stämme. Nicht ganz so artenarm sind entsprechende gemäßigte Wälder in Nordamerika oder Ostasien, aber noch immer kommen pro Hektar nur 15 bis 40 Baumarten zusammen. In den Tropen ist die Artenzahl ungleich größer. Auf der Insel Barro Colorado in Panama kommen auf ein 15 km² großes Forschungsschutzgebiet etwa 1.400 Höhere Pflanzen vor, darunter 365 Baumarten. Im Bergregenwald im Biologischen Reservat nördlich San Ramón in Costa Rica sind es allein 94 Baumarten pro Hektar (Brust-Höhendurchmesser DBH 10 cm und größer), die sehr verschiedenen Familien angehören (WATTENBERG & BRECKLE 1995), im ecuadorianischen Yasuni-Nationalpark >300 Baumarten mit >10 cm BHD pro ha (VALENCIA & BALSLEV 1994), dies sind bis heute die 'Diversitätsrekorde'. Über ein Drittel dieser Arten ist dabei nur mit einem einzigen Stamm vertreten, das heißt das Minimum-Areal zur Erfassung der Artengarnitur ist also weit höher als 1 ha (◘ Abb. D-37); es lässt sich nicht bestimmen. Auch von anderen Stellen, zum Beispiel in Peru (Yanamono-Gebiet), sind von einem Hektar fast 300 Baumarten beschrieben worden. Dort sind 63% der Arten nur mit einem einzigen Stamm pro Hektar vertreten. Allerdings ist die Artengarnitur größerer Flächen bislang noch kaum bekannt, da es jahrelange Anstrengungen erfordert, alle Arten zu identifizieren.

Die Tendenz, dass die Zahl der Arten pro Fläche zum Äquator hin zunimmt, gilt nicht nur für Höhere Pflanzen oder Bäume, sie gilt ebenso für Reptilien, Amphibien und Vögel, Insekten etc. (Ausnahmen: Salamander und Blattläuse). Für Vögel hat MACARTHUR (1972) auf einer Karte Nord- und Mittelamerikas (◘ Abb. D-38) den großen Unterschied in den Artenzahlen gezeigt. So hat das kleine Costa Rica mehr brütende Landvogelarten als USA und Canada zusammen, obwohl die Landmasse nur einen winzigen Bruchteil ausmacht (◘ Abb. D-39).

Die größere strukturelle Vielfalt der tropischen Regenwälder, die engere Vernetzung mit sehr viel mehr unterschiedlichen Nahrungsquellen, die ganzjährige Aktivität der Organismen, ihre engere Einnischung und Spezialisierung und die dadurch mögliche riesige Vielfalt an gegenseitigen Abhängigkeiten (Symbiosen) ist eine Erklärungsmöglichkeit für die höhere Diversität.

Eine wichtige Tatsache ist die enge funktionale Vernetzung sehr vieler Organismen. Als noch relativ einfaches Beispiel kann die zeitliche Einnischung der Blütezeiten von *Heliconia*-Arten über das Jahr hinweg gelten (◘ Abb. D-40). Für die verschiedenen Kolibri-Arten (◘ Abb. D-41) ist damit fast stets eine Nahrungsquelle vorhanden. Allerdings erfordert dieses enge Geflecht der Beziehungen zwischen mehreren Heliconien und mehreren Kolibris ausreichend große Flächen. Werden diese zu sehr isoliert, dann bricht an einer Stelle das Beziehungsgefüge zusammen mit weitreichenden Folgen für die anderen Kolibris und wiederum für weitere Heliconien.

Box D-5 Diversität der tropischen Regenwälder

In den Tropen kommen bis zu >300 verschiedene Baumarten mit einem BHD von >10 cm pro Hektar vor; in ganz Europa nördlich der Alpen bis zum Ural sind insgesamt kaum 50 Baumarten heimisch.

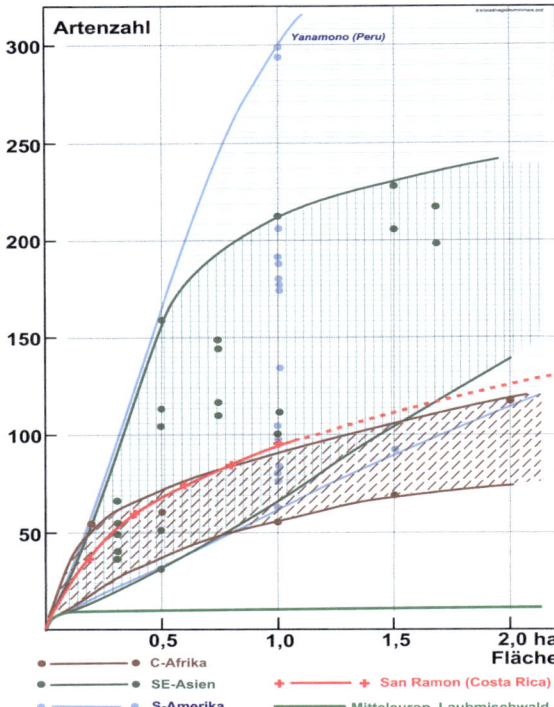

Abb. D-37 Mit der Untersuchungsfläche zunehmende Artenzahl der Baumarten (10 cm DBH) im montanen Regenwald in der Sierra de Tilaran (Costa Rica). Ein Minimum-Areal gibt es nicht. Bei Vergrößerung der Fläche von 1 auf 2 ha kommen 30 neue Baumarten hinzu: gestrichelte rote Linie, sowie für den tropischen Regenwald in Zentralafrika (brauner Bereich), SE-Asien (grüner Bereich) und S-Amerika (blauer Bereich) (verändert nach WATTENBERG & BRECKLE 1995, z.T. nach TERBORGH 1991).

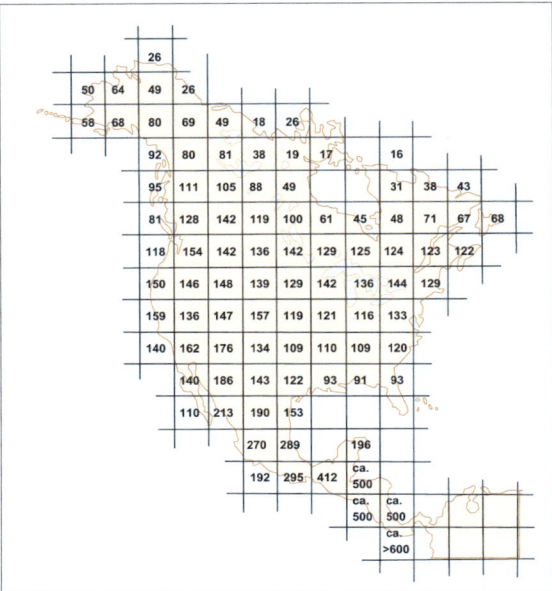

Abb. D-38 Die Anzahl der Brutvogelarten im nördlichen Amerika in Rasterflächen von 0,31 Mio. km². Trotz der winzigen Fläche brüten in Costa Rica mehr Landvogelarten als in USA und Kanada zusammen, vgl. mit ▶Abb. D-39 unten (nach TERBORGH 1991, aus MACARTHUR 1972).

Während der Glaziale waren die Regenwaldgebiete teilweise trockener als heute, die Wüsten feuchter: **Pluvialzeiten**. In früheren Epochen war die Ausdehnung der amazonischen Regenwälder wohl stark eingeschränkt und wahrscheinlich in Rückzugsgebiete zerstückelt. Die heutige Niederschlagsverteilung gibt die Karte in ▫ Abb. D-42 wieder. Man muss davon ausgehen, dass Gebiete, die heute mehr als 3.000 mm Jahresniederschlag aufweisen, vor etwa 15.000 Jahren ebenfalls genügend Regen (über 2.000 mm) für die Aufrechterhaltung geschlossener Tropenwälder erhalten haben.

Diese Gebiete decken sich ganz gut mit bestimmten Rückzugsgebieten, in denen sowohl die Vogelwelt, die Schmetterlingsfauna, Eidechsen, aber auch Blütenpflanzen besonders reich an endemischen Arten sind (▫ Abb. D-43). Aus diesen Hinweisen kann man schließen, dass die Regenwälder abwechselnd schrumpften und sich wieder ausdehnten und dass die Schwerpunkte des Artenreichtums und des Endemismus den Stellen entsprechen, die dauernd von Regenwald bedeckt waren. Dazwischen waren wahrscheinlich große Gebiete mit trockenerem, saisonalem Regenwald bedeckt. Diese Veränderungen haben sich allerdings sehr langsam abgespielt,

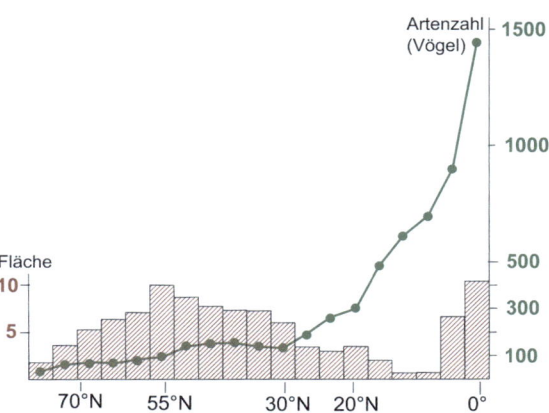

Abb. D-39 Der Nord-Süd-Gradient der Landvogel-Arten im nördlichen Amerika (Punktsymbol) und im Vergleich dazu die Landfläche entlang der Breitengrade bis zum Äquator (verändert nach REICHHOLF 1990).

während die heutige anthropogene Zerstörung mit rasender Geschwindigkeit abläuft, an die sich die Organismen nicht adaptieren können.

Auch in den afrikanischen Wäldern, zum Beispiel in Oberguinea, Kamerun/Gabun und in Ost-Zaire, hat man endemismusreiche Rückzugsgebiete ausmachen können. Nur dort sind auch baumartenreiche Wälder bekanntgeworden, bei denen bis zu 140 Baumarten pro Hektar auftreten, während in allen anderen Regionen in Afrika die Zahl immer unter 100 liegt, in Nigeria zum Beispiel 23.

Etwas anders ist die Vegetationsgeschichte der Malayischen Regenwälder. Dort war während des Pleistozäns ein großer Teil des Schelfmeeres mit Regenwald bedeckt. Vermutlich blieben die heute oberhalb des Meeresspiegels liegenden perhumiden Regenwälder erhalten, was ihren extremen Artenreichtum (mit bis 180 Baumarten pro ha) und das Fehlen geographisch-geologischer Hinweise auf frühere Jahreszeitenklimate erklären würde. Am Mt. Kinabalu in Nordborneo kommen so viele Farnarten vor wie auf dem ganzen afrikanischen Kontinent.

> **Box D-6** Die funktionalen Netzwerke und Diversität von Lebensformen
>
> Die Erhaltung des funktionalen Netzwerks mit der immensen Vielfalt tropischer Lebensformen erfordert ungleich größerflächige Schutzgebiete als in den gemäßigten Breiten.

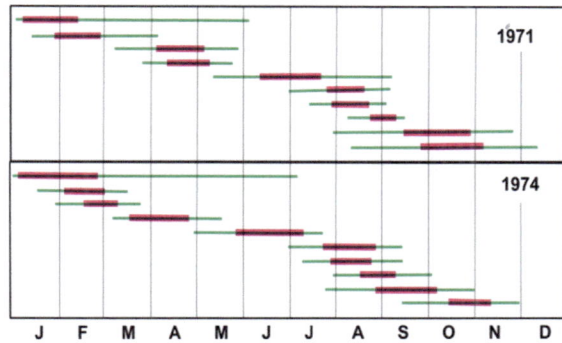

Abb. D-40 Die Blütezeiten von Heliconien im Regenwald in Costa Rica sind über das ganze Jahr verteilt und in den einzelnen Jahren ähnlich. Sie gewährleisten ein ständiges Nektarangebot an die Kolibris (verändert nach TERBORGH 1991).

Abb. D-41 *Kolibri*, der seine Flügel derart schnell bewegt, dass er vor der Nektarpflanze fast still schwebend erscheint (Foto: Barthlott).

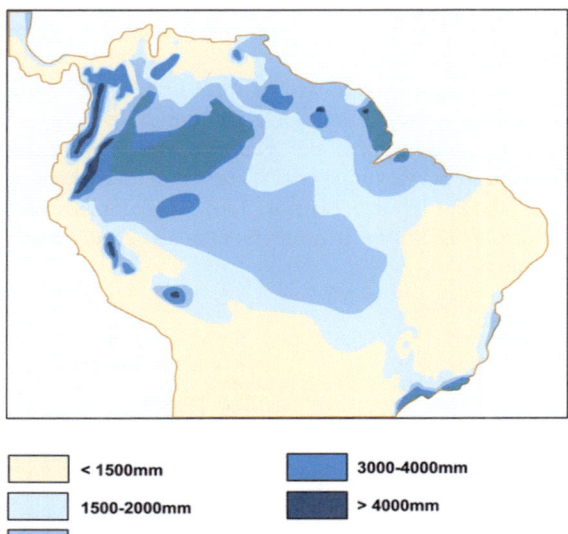

Abb. D-42 Die heutige Verteilung der Jahresniederschläge im tropischen Südamerika. Gebiete mit mehr als 3000 mm im Jahr haben wahrscheinlich auch vor 15.000 Jahren ebenfalls genügend Regen erhalten (wenigstens über 2000 mm), so dass dort geschlossene Regenwälder überdauert haben (verändert nach SIMPSON & HAFFER 1978).

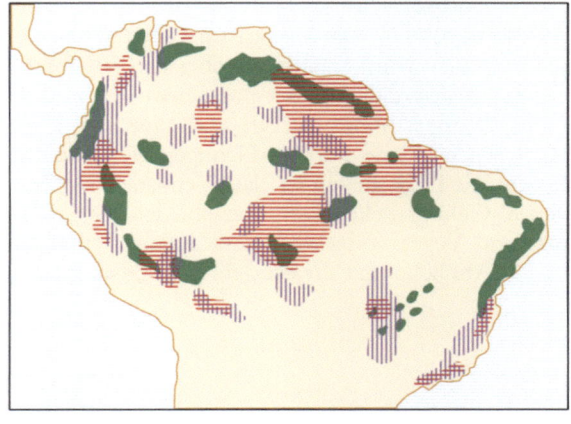
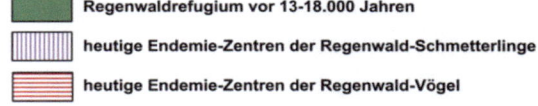

Abb. D-43 Die Verbreitung einstiger Regenwaldrefugien (vor ca. 10.000 Jahren) und der heutige Endemismus bei Schmetterlingen und Vögeln (verändert nach BROWN & AB'SABER 1978).

4 Abweichende Vegetationstypen im Zonobiom I um den Äquator

Für das Zonobiom I sind Klimadiagramme mit einem perhumiden Tageszeitenklima typisch (▶ Abb. D-3), das zwei äquinoxiale Regenmaxima aufweist, die mit dem Zenitstand der Sonne um die Mittagszeit zusammenfallen. Ein solches Klima ist jedoch nicht überall in der äquatorialen Zone vorhanden. Gebiete mit feuchten Monsunwinden (Guinea, Indien, Südost-Asien) weisen nur ein besonders ausgeprägtes Regenmaximum im Sommer auf, dafür macht sich jedoch eine kurze Trockenzeit oder gar Dürrezeit bemerkbar (Tendenz zu ZB II). Die Vegetation besteht noch aus Regenwäldern, doch sind Laubfall und Blüte deutlich an eine bestimmte Jahreszeit gebunden. Man spricht von **Saisonregenwäldern**. An der Goldküste (um Ghana), die vom Monsun nicht getroffen wird, hat man noch zwei Regenmaxima mit Dürrezeiten dazwischen, ähnlich wie in Ostafrika, wo die Monsunwinde trocken sind und der Regen in der Zeit des Windwechsels fällt, wobei eine große und eine kleine Regenzeit unterschieden werden. In Somalia nimmt die Regenmenge so stark ab, dass auf dem Klimadiagramm zum Teil keine humide Jahreszeit zu erkennen ist und die Vegetation wüstenhaft wird: Es handelt sich um ein Zonoökoton I/III.

Auch die Passatwinde verändern den Klimacharakter, vor allem an den Ostseiten der Kontinente. Der Südostpassat ist feucht und erzeugt in Südost-Brasilien, auf Ost-Madagaskar und in Nordost-Australien vom Äquator bis über den 20° S hinaus ein Regenwaldklima mit nur einem Regenmaximum. Dagegen bringt der NE-Passat im Süden des Karibischen Meeres nur den Gebirgen bei Windstau Regen. Die Folge davon ist, dass Venezuela mit den vielen Gebirgsrücken sehr verschiedenartige Klima- und Vegetationsverhältnisse aufweist (▣ Abb. D-44). Ähnliches gilt für das gebirgige Costa Rica.

Venezuela liegt zwischen dem Äquator und 12° N. Es sind alle Höhenstufen vom Meeresniveau bis zum vergletscherten Pico Bolivar (5.007 m) vorhanden. Die nördliche Hälfte des Landes steht von November bis März unter der Einwirkung des starken Passats; es regnet in den Niederungen nur während der windstillen sieben Sommermonate mit aufsteigenden Luftmassen und häufigen Gewittern. Nur im Süden des Landes, im Amazonasbecken, hat kein Monat unter 200 mm Regen. Die jährlichen Regenmengen schwanken zwischen 150 mm auf der Insel La Orchila und über 3.500 mm im Süden. In den Gebirgen nehmen auf der Luvseite die Niederschläge bis zur Wolkenstufe rasch zu und werden darüber wieder geringer. Zugleich sinken die Temperaturen im Mittel um 0,57 K pro 100 m Höhenzunahme. Die innerandinen Täler, die im Regenschatten liegen, sind sehr trocken (▣ Abb. D-45). Die Veränderung der Vegetation von Nord nach Süd mit zunehmender Regenhöhe sowie die Höhenstufen zeigt schematisch ▣ Abb. D-46.

In den trockensten Teilen dominiert eine Kakteenhalbwüste (▣ Abb. D-47). Die Sukkulenten speichern so viel Wasser, dass sie eine Trockenzeit von einem halben Jahr und länger leicht überdauern. Nehmen die Niederschläge etwas zu, so finden sich Dornbüsche und Erdbromelien ein. Es entstehen undurchdringliche Dickichte, die der Caatinga im Trockengebiet NE-Brasiliens oder den Trockenformationen der Trockentäler Ecuadors entsprechen. Erreichen die Niederschläge 500 mm im Jahr, dann herrschen die Dornsträucher mit Schirmkrone *(Prosopis, Acacia)* vor. Zu ihnen gesellen sich *Bursera, Guaiacum, Capparis-* und *Croton*-Arten sowie *Agave, Fourcroya* und andere.

Auch *Peireskia guamacho* (▣ Abb. D-48), die baumförmige Cactacee, die noch richtige Blätter besitzt und der Stammform der Kakteen wohl nahesteht, kommt in der Caatinga vor. Während der Trockenzeit sind diese Gehölze blattlos. Die Kakteenhalbwüste und der Dornbusch werden nur als Ziegenweide genutzt.

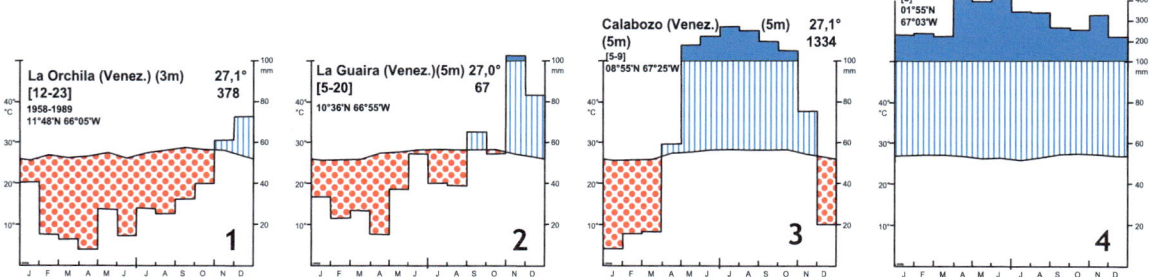

▣ **Abb. D-44** Klimadiagramme entlang eines Nord-Süd-Profils durch Venezuela (nach WALTER & MEDINA 1971). **1** vorgelagerte Insel, **2** Küstenstation, **3** typisches Passatklima (Regenzeit 7 Monate), **4** immerfeuchtes Klima im Amazonasbecken.

◘ **Abb. D-45** Nord-Süd-Abfolge der Vegetationsformationen in Venezuela, klimatisch angeordnet nach Klimadiagrammen in ▶ Abb. D-44. **a**: Sandwüsten-Vegetation an der Nordküste Venezuelas u.a. mit *Melochia, Suriana, Jatropha, Sporobolus* und vielen anderen Arten; **b**: Halbwüste nördlich von Mérida mit Säulenkakteen und zahlreichen Tillandsien; **c**: Feuchtsavanne mit zahlreichen Palmen in der Sierra d'Avila bei Caracas; **d**: Tropischer Regenwald in Rancho Grande mit Epiphyten, Lianen, Stelzwurzelpalmen, Araceen, Melastomataceen und sehr vielen anderen Arten (Fotos: Breckle).

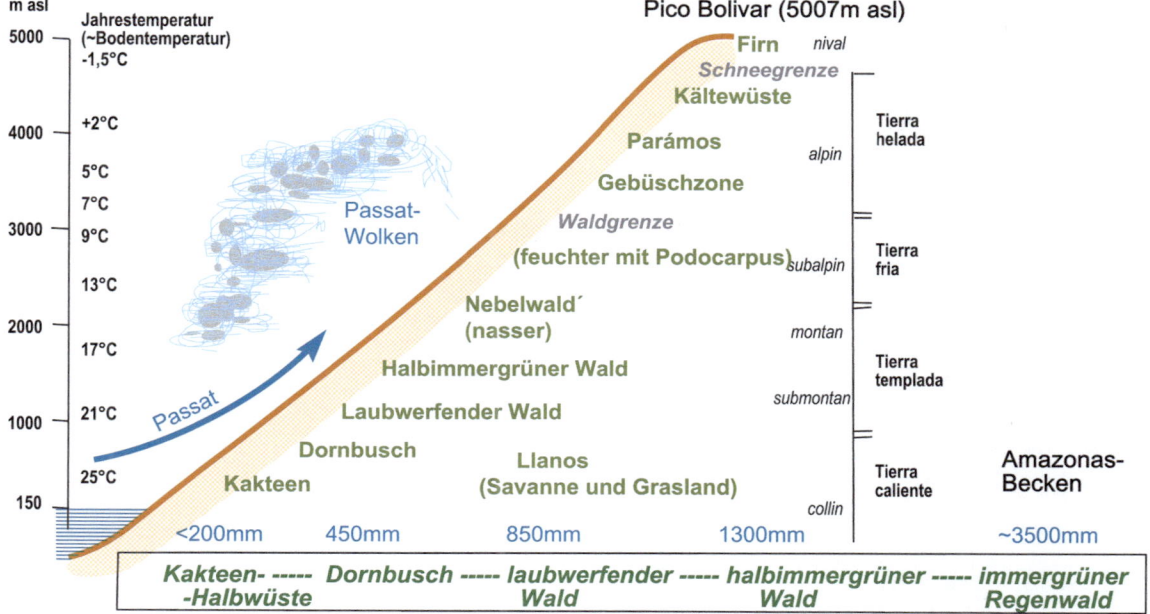

◘ **Abb. D-46** Schematische Darstellung der Vegetationszonen in Venezuela von Norden nach Süden mit Angabe der Jahresniederschläge in mm und der Höhenstufen sowie der mittleren Jahrestemperatur in °C (links).

◘ **Abb. D-47** Kakteen-Dornbusch Halbwüste mit *Cereus*-Arten an der windexponierten Abdachung der Küstenkordillere von Venezuela (Foto: Breckle).

◘ **Abb. D-48** *Peireskia guamacho* (Cactaceae) hat die Form eines Laubbaumes (**a**) mit prächtigen Blüten (**b**); sein Stamm ähnelt aber Kakteen (Fotos: Barthlott).

Steigt die Regenmenge weiter an, so nimmt die Zahl der verschiedenen Baumarten zu, und es beginnen richtige laubabwerfende Wälder, die sehr artenreich sind. Die Baumschicht wird 10 bis 20 m hoch, nur die Bombacaceen (*Ceíba*) und Malvaceen (◘ Abb. D-49), mit dicken als Wasserspeicher dienenden Stämmen, und die schön blühenden *Erythrina*- oder *Tabebuia*-Arten (◘ Abb. D-50) ragen darüber hinaus. Während der Trockenzeit sieht ein solcher Wald ähnlich wie in den gemäßigten Breiten ein Laubwald im Winter aus. Allerdings beginnen einige Baumarten schon in dieser Jahreszeit zu blühen. Man unterscheidet unter anderem trockene tropische laubabwerfende Wälder und feuchte bei einer Niederschlagshöhe bis zu 2.000 mm. Letztere erreichen eine Höhe von über 25 m und enthalten forstlich wertvolle Hölzer, wie *Swietenia* (Mahagoni), *Cedrela* und viele andere Arten.

◘ **Abb. D-49 a:** *Adansonia fony* (Malvaceae), SW-Madagaskar, **b:** *Cavanillesia arborea* (Malvaceae) im Staat Bahia, Brasilien, sind zwei Beispiele von Bäumen, die in ihren flaschenartigen Stämmen Wasser speichern (Fotos: Barthlott).

◘ **Abb. D-50** *Tabebuia* eine gelbblühende Art aus den saisonalen tropischen Wäldern Ecuadors, die in der Trockenzeit, wenn der Baum noch kahl ist, blüht (Foto: Breckle).

Die laubabwerfenden Wälder werden für die Anlage von Kaffeekulturen unter Schattenbäumen gerodet. Auch Zuckerrohr, Mais, Ananas und vieles andere kann man hier anbauen. Viehweiden lassen sich nach Aussaat von *Panicum maximum* anlegen. Die Wälder sind arm an Lianen, aber Epiphyten (dürreresistente Farne, Kakteen, Bromeliaceen und Orchideen) sind verbreitet.

In noch regenreicheren Gebieten mit noch kürzerer Trockenzeit tritt der halbimmergrüne Wald auf, bei dem nur die untere Strauch- und Baumschicht aus immergrünen Arten besteht. Schließlich beginnt der tropische immergrüne Regenwald (VARESCHI 1980).

Eine Besonderheit von **Venezuela** ist, dass im Bereich der Llanos des Orinoko-Beckens, die sich weit nach Kolumbien hinein erstrecken, anstelle der laubabwerfenden Wälder plötzlich ein Grasland mit eingestreuten kleinen Waldbeständen oder einzelnen Bäumchen auftritt. Es handelt sich um Savanne oder auch reines Grasland. Klimatisch ist es ein Gebiet der laubabwerfenden Wälder. Das Gras, das heute als Weideland dient, wird zwar regelmäßig abgebrannt, aber hier kann nicht das Feuer die primäre Ursache für die Waldlosigkeit sein, vielmehr ist es der Boden. Auf die besonderen Bodenverhältnisse in diesem Gebiet kommen wir noch zurück. Nicht klimatisch, sondern edaphisch (Pedobiome) oder durch das Relief sind auch noch folgende Vegetationsformationen in Venezuela bedingt: Die Mangroven, an der Meeresküste und in den Flussmündungsgebieten, die Strand- und Dünenvegetation, die Süßwassersümpfe und die Wasserpflanzengesellschaften sowie die Auenwälder und die Vegetation trockener flachgründiger Felsböden.

Die laubabwerfenden Wälder sind in Venezuela ein extrazonales, durch den trockenen Passatwind bedingtes Vorkommen, das näher im Rahmen des ZB II besprochen wird.

Auch die Orobiome müssen getrennt behandelt werden, da die Höhenstufen des Orobioms bestimmte Besonderheiten aufweisen. Sehr mannigfaltig ist auch das äquatoriale gebirgige Ostafrika.

5 Orobiom I – tropische Gebirge mit Tageszeitenklima

5.1 Waldstufe

In vielen tropischen Gebieten erheben sich aus den Tieflandsregenwäldern Gebirge oder Vulkane (◘ Abb. D-51).

Die tropischen Orobiome sind die besonderen Lebensräume, in denen vor allem in den lateinamerikanischen Andenstaaten (Mexico, Venezuela, Kolumbien, Ecuador, Peru, Bolivien) die Hauptmasse der Bevölkerung lebt und durch die Diversität der Lebensräume entlang der Höhenstufen eine günstige Lebensgrundlage findet. Die Klimate der tropischen Orobiome (Hochgebirge) sind durch eine Höhenstufung der Temperatur und des Niederschlags gekennzeichnet. Ihnen ist eine Höhenstufung der Vegetation zugeordnet. Der thermische Höhengradient beträgt 0,5–0,7K/100 m. Die Abstufung der Wärme mit der Höhe ist nicht nur von klimatologischer, sondern auch von vegetationsgeographischer und wirtschaftlicher Relevanz, denn daraus ergibt sich eine vertikale Gliederung der Lebenszonen sowohl für die Pflanzen und Tiere als auch für den Menschen und seiner wirtschaftlichen Aktivität. Da die Temperaturen von einem hohen Niveau am Meeresspiegel ausgehen (27 °C im Mittel), ist die vertikale Erstreckung des Lebensraumes in den Orobiomen der tropischen Zonobiome sehr ausgedehnt. Die mittleren Höhenlagen zwischen 1.000–3.000 m entsprechen zugleich auch dem günstigsten Temperaturintervall zwischen 24–12 °C für den menschlichen Organismus.

◘ **Abb. D-51** Der erloschene Vulkan Mt. Kinabalu in Saba (**a**) und der Antisana (Ostkordillere Ecuador, **b**) sind zwei gute Beispiele für Gebirge (Orobiome), die aus den Regenwäldern der tropischen Niederungen herausragen. An diesen Bergen sind nach physikalischen Vorgaben alle Höhenstufen des Klimas und der Vegetation ausgebildet (Fotos: Rafiqpoor).

Es ist daher nicht verwunderlich, dass sich in Lateinamerika einige der Mega-Cities (Mexico-City, Mérida, Bogotá, Quito, La Paz) in den Gebirgen entwickelt haben. Jenseits der Wald- und Baumgrenze, d.h. im subnivalen Höhenbereich zwischen 4.000 und 5.000 m, gibt es kaum eine Schneedecke, die mehr als einen Tag überdauert. Auch Fröste sind hier an den Rhythmus der Tageszeiten (nächtliche Abkühlung, täglich Erwärmung) gebunden.

Das Thermoisoplethendiagramm von Quito zeigt (◘ Abb. D-52), dass die innertropischen Höhengebiete klimatologisch zu den Tropen gerechnet werden müssen, da die Isothermie der Jahreszeiten bis zu den Gipfeln der Hochgebirge bestehen bleibt. Die Jahresschwankung der Temperatur beträgt an der innertropischen Station Quito in 2.850 m Höhe nur 0,4 K. Gegen die Wendekreise hin wächst diese Schwankung sukzessive an, und es macht sich auch die Jahresschwankung allmählich bemerkbar (Mexico-City: Tagesschwankung = 16 K, Jahresschwankung = 13,5 K). LAUER (1995) hat in einem Schema die Gliederung der tropischen Orobiome beispielhaft für Südamerika veranschaulicht (◘ Abb. D-53).

Auch die Niederschläge haben in den tropischen Orobiomen eine charakteristische vertikale Verteilung, wobei hier einer kontinuierlichen thermischen Abnahme mit der Höhe eine meist diskontinuierliche Stufung des Niederschlagsgeschehens gegenübersteht. Obwohl der absolute Wasserdampfgehalt der Luft bei konvektiven Vorgängen mit der Höhe exponentiell abnimmt, kommt es durch das mehrfache Erreichen von Stufen völliger Wasserdampfsättigung (100% rel. Feuchte) auch zur Ausbildung mehrfacher Kondensationsniveaus mit entsprechenden Niederschlagsereignissen in verschiedenen Höhenstufen der tropischen Gebirge (LAUER 1975).

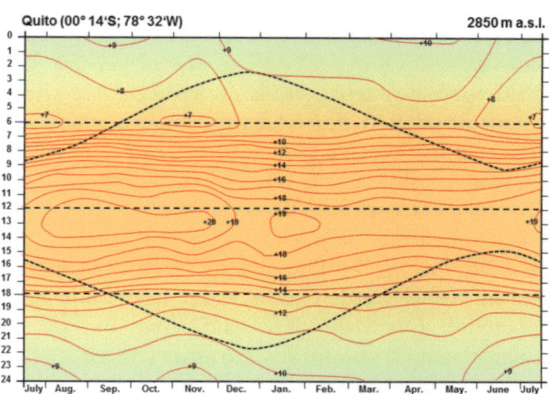

◘ **Abb. D-52** Das Thermoisoplethendiagramm von Quito (verändert nach TROLL 1943).

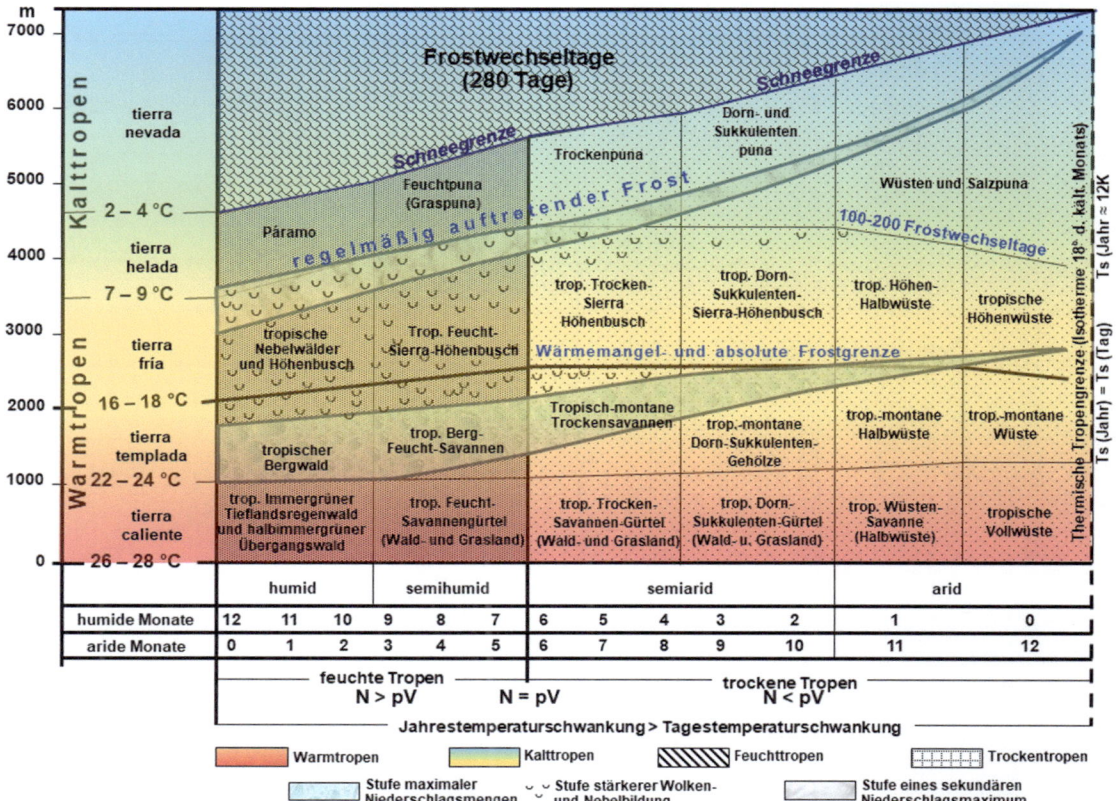

◘ **Abb. D-53** Dreidimensionale Anordnung der Tropen nach klimatischen Kriterien (verändert nach LAUER 1995).

Die ◨ Abb. D-54 zeigt ein synthetisches Bild der Höhenstufen des Klimas und der Vegetation am Ostabhang der Ostkordilleren Ecuadors mit einer Stufe maximaler Niederschläge in ca. 1.500 m NN (◨ Abb. D-55) und ein zweites, aber etwas schwaches Kondensationsniveau im Bereich der Nebelwälder in 3.200-3.800 m NN. Im Bereich der Wolkenwälder in ca. 1.500 m Höhe erreichen die epiphytischen Pflanzen ihre maximale Abundanz und Diversität (◨ Abb. D-56). In der *tierra fría*, wo das zweite Kondensationsniveau als sog. *Ceja de la montaña* (Augenbraue des Waldes, ▶ Abb. D 27) die Ausbildung von Nebelwäldern ermöglicht, sind die Äste und Zweige der Bäume mit epiphytischen Moosen und Flechten bedeckt (◨ Abb. D-57). Der Wald wirkt hier feuchter als im Wolkenwald weiter unten, da hier in der wasserdampfgesättigten Nebelatmosphäre feine Wassertröpfchen schweben, die nur bei Berührung mit Gegenständen als Niederschlag ausfallen. Die Pflanzen kämmen die Feuchtigkeit aus dem wassergesättigten Nebel aus (▶ Abb. D-55). Bei Durchgang durch den triefend nassen Nebel werden die Kleider nass, ohne dass es regnet. Oberhalb der Waldgrenze kommt im äquatorialen Orobiom der **Páramo** vor, eine überaus exotisch anmutende Vegetationsformation aus Gräsern (Poaceen), Espeletien (Asteraceae) (◨ Abb. D-58), Bromelien (*Puya*) etc. In der nivalen Stufe kommen Gletscher vor, allerdings mit kurzen Zungen, da hier rasch die ganzjährig konstante Frostgrenze erreicht wird (◨ Abb. D-59).

Die Gebirge weisen somit oft sehr verschiedene Höhenstufen auf. Trifft der Passat auf einen Gebirgsrücken, der quer zur Windrichtung steht, so kommt es durch die Abkühlung der zum Aufstieg gezwungenen Luftmassen zur Kondensation, das heißt zur Wolkenbildung und zu Steigungsregen. Da die Stärke des Passatwindes am späten Abend nachlasst, sind die Nächte und die frühen Morgenstunden klar; in der übrigen Zeit liegt die Wolkendecke in einer bestimmten Höhe, so dass diese Höhenstufe am Tage in Nebel gehüllt ist. Zu den Steigungsregen kommt hier noch die Kondensation der Nebeltröpfchen an den Zweigen der Bäume und die fehlende Transpiration, weil die Atmosphäre wasserdampfgesättigt ist (▶ Abb. D-57).

Das extrem feuchte und infolge der Höhenlage auch kühlere Klima bedingt die Entwicklung des hygrophilen, tropischen Páramo, der für alle den Winden ausgesetzten tropischen Gebirge bezeichnend ist. Die Höhenstufenfolge wird durch die zunehmende Niederschlagshöhe bestimmt, während die abnehmende Temperatur sich erst ab 2.000 m NN deutlich bemerkbar macht.

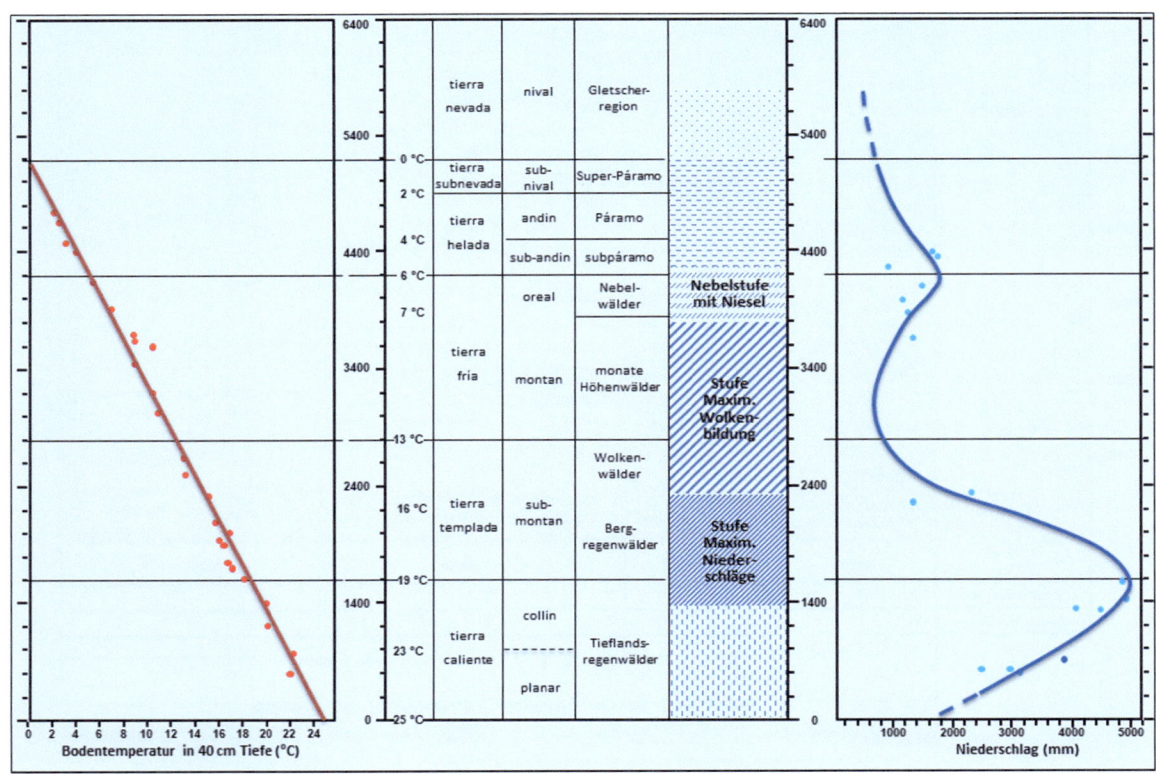

◨ **Abb. D-54** Schema der dreidimensionalen Anordnung der Höhenstufen des Klimas und der Vegetation an der feuchten Ostabdachung der Ostkordillere von Ecuador (verändert nach LAUER 1995).

◘ **Abb. D-55** Bildung des ersten Kondensationsniveaus in ca. 1.500 m NN im Höhengürtel der tropischen Bergregenwälder am Westabhang der Westkordillere Ecuadors oberhalb von Machala (Foto: Rafiqpoor).

◘ **Abb. D-57** In den tropischen Nebelwäldern sind die Äste und Zweige der Bäume mit Moosen und Flechten bedeckt. In der Luft schweben feine Wassertröpfchen, die von den Pflanzen bei Berührung ausgekämmt werden (Mount Kinabalu, Saba, Borneo) (Foto: Rafiqpoor).

◘ **Abb. D-56** In den Wolkenwäldern im Bereich des ersten Kondensationsniveaus (▶ Abb. D-55) sind Abundanz und Frequenz der epiphytischen Blütenpflanzen am höchsten. Das Bild zeigt eine Epiphytenuntersuchung in Gabun (Foto: Barthlott).

◘ **Abb. D-58** In der Höhenstufe des Páramo in den Anden (hier Páramo del Angel in Ecuador) wachsen exotische Schopfblattpflanzen (Espeletien) in einem Grasmeer (Foto: Rafiqpoor).

◘ **Abb. D-59** In der nivalen Höhenstufe der feuchten Tropen gibt es Gletscher, sie bilden aber nur kurze Zungen, wie hier am Vulkan Cotopaxi (5.600 m NN) in Ecuador (Foto: Breckle).

In N-Venezuela tritt folgende Höhenstufenabfolge auf:

> Firnflächen
> ----------- *klimatische Schneegrenze* -----------
> Kältewüste
> Andine (alpine)Stufe (Páramos)
> ----------- *potentielle Waldgrenze* -----------
> Hochmontane Wälder mit viel *Podocarpus*
> Nebelwälder
> Halbimmergrüne Wälder
> Laubabwerfende Wälder
> Dornbusch
> Kakteenhalbwüste

Der immer tropfnasse kühle Nebelwald unterscheidet sich vom heißen tropischen Regenwald durch die große Zahl der Baumfarne und der epiphytischen Moose, die von allen Ästen herunterhängen ebenso wie durch die Hymenophyllaceen (Hautfarne), die alle Äste und Stämme bedecken. Im häufig über der Wolkendecke befindlichen, nicht so feuchten hochmontanen Wald herrschen mehr die epiphytischen Flechten vor.

Durch die Steigungsregen nehmen die Niederschläge an den Gebirgshängen, soweit sie nicht im Windschatten liegen, mit der Höhe zu. Eine eventuell in den Niederungen auftretende Trockenzeit wird mit der Höhe immer kürzer oder verschwindet. Die montanen Wälder sind deshalb besonders üppig und reich an Epiphyten, die häufig benetzt werden. Da die Hänge in den Tropen meist sehr steil sind, werden die Böden gut dräniert und die Versumpfungserscheinungen der Niederungen fehlen. Die Abnahme der Temperatur macht sich zunächst kaum bemerkbar. Schließlich wird die Wolkenstufe erreicht, an die die Páramos mit maximaler Feuchtigkeit gebunden sind. Je feuchter die Luft am Gebirgsfuß ist, desto niedriger liegt die Wolkendecke; bei einem Klima mit Regenzeit und Trockenzeit ist die Lage der Wolken während der letzteren höher. Die Nebelwälder können zwischen 1.000 und 2.500 m und selbst höher auftreten und verschiedene Temperaturverhältnisse aufweisen, was floristische Unterschiede bedingt. Auch die Höhe der Baumschicht nimmt im Gebirge aufwärts ab.

In sehr hoch gelegenen Nebelwäldern kommen nur noch windgeformte, niedrige Bäume vor. Mit zunehmender Höhe wird auch die Zahl der wärmeliebenden epiphytischen Blütenpflanzen geringer, die der Farne, Lycopodien und vor allen Dingen der Hymenophyllaceen und der Moose aber größer. Der Boden ist oft mit einem leuchtend grünen Teppich von *Selaginella*-Arten bedeckt. In vielen tropischen Gebirgen ist die feuchteste Höhenstufe durch Palmen (S-Amerika) oder dichte Bambusbestände (E-Afrika) gekennzeichnet. Mit der Höhe ändern sich auch die Böden: Die roten Lehme der unteren Stufe gehen in mehr gelbliche oder braune über; zugleich bildet sich ein Mullhorizont und der Tongehalt nimmt ab. Noch höher macht sich eine leichte Podsolierung bemerkbar und schließlich entstehen richtige Podsole mit Rohhumus und Bleichhorizont (◘ Abb. D-60); in der perhumiden Wolkenstufe kann man Gleyböden finden.

◘ **Abb. D-60** Gebirgs-Podsol unter einer dichten Grasschicht aus *Calamagrostis effusa* (Poaceae) über Cangahua im Páramo de Papallacta, Ostkordillere Ecuador (Foto: Rafiqpoor).

5.2 Waldgrenze

Über der Wolkenstufe (meist oberhalb 2.500 bis 3.000 m) nehmen die Niederschläge rasch ab. Erstreckt sich der Wald noch höher am Hang aufwärts, so wird das Laubwerk der Bäume kleiner und xeromorpher. In Venezuela treten Coniferen, und zwar *Podocarpus*-Arten auf, die keine Nadeln, sondern harte, schmale, blattförmige Gebilde besitzen. Die Moose werden durch Bartflechten (*Usnea barbata*, Parmeliaceae) abgelöst. Schließlich wird die Waldgrenze erreicht, die in eine Gebüschzone übergeht und in den Tropen tiefer liegt als in den Subtropen. Aus den Anden von Venezuela wird eine Höhenlage von 3.100 bis 3.250 m NN angegeben, aus Costa Rica 3.200 bis 3.300 m (◘ Abb. D-61), in Venezuela findet man die Gebüsche im Schutz von Felsen noch bei 3.600 m NN; in N-Ecuador liegt die Waldgrenze bei etwa 4.100 m (LAUER et al. 2001), in S-Ecuador liegt sie etwas tiefer (ca. 3500 m).

◘ **Abb. D-61** Eichenwald auf 2.500 m NN nördlich Cerro de la Muerte (Central Costa Rica) mit kleinen *Puya*-Mooren in der Mitte. Die Eichen dominieren, einige andere Baumarten sind ebenfalls beigemischt. Die Waldgrenze liegt aber etwa 800 m höher (Foto: Breckle).

Die Gebüschzone ist schmal, aber auch die Büsche werden weiter aufwärts niedriger (◘ Abb. D-62); in Costa Rica wird dann *Escallonia, Weinmannia, Myrrhodendron* (strauchige Apiaceen) etc. durch Bambus (*Chusquea*-Arten) ersetzt als Zeichen anthropogenen Eingriffes.

◘ **Abb. D-62** Die Höhenstufe des Gebüsch-Páramo in Ecuador liegt zwischen 3.700-4.100 m und ist aufgebaut aus verschiedenen Arten der Gattungen *Bacharis, Loricara, Chuquiraga, Ribes* etc. Sie werden von Horstgräsern (*Calamagrostis effusa, Festuca subulifolia* etc. begleitet. (Foto: Rafiqpoor).

Aus der zentralen Kordillere in Costa Rica (Sierra de Talamanca), die bis auf fast 3.800 m (am Chirripó) aufsteigt, liegen von KAPELLE (1995) sehr genaue Untersuchungen der Bergwälder vor. In den meisten Fällen dominieren Eichenarten (◘ Abb. D-63) und Bambus (*Chusquea*), so dass eine Charakterisierung nach den dominanten Arten möglich ist. Die Artenvielfalt nimmt mit zunehmender Höhe ab, für die verholzten Arten ergibt sich dabei auch ein erheblicher Wandel in der Bedeutung, so nehmen die Rubiaceen von 2.000 m mit 31 Arten auf zwei Arten in 3.200 m ab (◘ Tab. D-1).

Die Frage, welche Faktoren für die Baumgrenze in den Tropen ausschlaggebend sind, ist schwer zu beantworten. Die ab einer bestimmten Höhe nach oben wieder abnehmenden Niederschläge ließen es möglich erscheinen, dass es sich um eine Trockengrenze handelt. Andererseits könnte es auch eine Frostgrenze sein, weil etwa in dieser Höhe schon Fröste auftreten können. Untersuchungen in Venezuela (WALTER & MEDINA 1969) und Ecuador (LAUER et al. 2001, BENDIX & RAFIQPOOR 2006) sowie weltweit, (KÖRNER 2012) machen es jedoch wahrscheinlich, dass die Bodentemperatur von ausschlaggebender Bedeutung ist, wenn auch stets bei solchen Phänomenen die verschiedensten Faktoren zusammenwirken. Das Tageszeitenklima in der äquatorialen Zone hat zur Folge, dass die Temperaturschwankungen sehr wenig tief in den Boden eindringen. Bei beschattetem Boden ist die Temperatur in ca. 30 cm Tiefe das ganze Jahr hindurch konstant (WALTER & MEDINA 1969, KÖRNER 2007) und gleich der mittleren Jahrestemperatur der Luft, welche die Meteorologen auf Grund ihrer Messungen errechnen. Mit einigen Spatenstichen und einem Thermometer kann man somit in den Tropen an einer beliebigen Stelle in wenigen Minuten die Jahrestemperatur bestimmen (LAUER 1982, LAUER et al. 2001).

In dichten Wäldern ist die Temperatur schon gleich unter der Oberfläche konstant. Sie ist für das Wurzelsystem maßgebend. Zwar kennen wir die Temperaturminima für das Wurzelwachstum der tropischen Bäume nicht, aber es ist bekannt, dass die Enzyme, die für die in Wurzeln stattfindenden Stoffwechselprozesse maßgebend sind, bei tropischen Arten ein weit über 0 °C liegendes Temperaturminimum besitzen; tropische Arten können sich deshalb schon bei Temperaturen über dem Gefrierpunkt 'erkälten' und sterben langsam ab. *Ceíba*-Keimlinge wachsen erst bei Temperaturen über 15 °C. Wenn wir annehmen, dass an den Wurzeln der Bäume an der Baumgrenze das Temperaturminimum bei 6 bis 8 °C liegt, so würde das gerade der Bodentemperatur in Venezuela an der Baumgrenze entsprechen. Letztere wird durch typische tropische Arten gebildet, holarktische Arten fehlen vollkommen. Trifft unsere Annahme zu, so wäre damit auch die höhere Lage der Baumgrenze in den Subtropen erklärt. Dort tritt schon ein Jahresgang der Temperatur auf, so dass der Boden sich während der Sommerzeit wesentlich über die Jahrestemperatur erwärmt und die Baumarten diese günstige Jahreszeit, die im Tageszeitenklima fehlt, ausnutzen können.

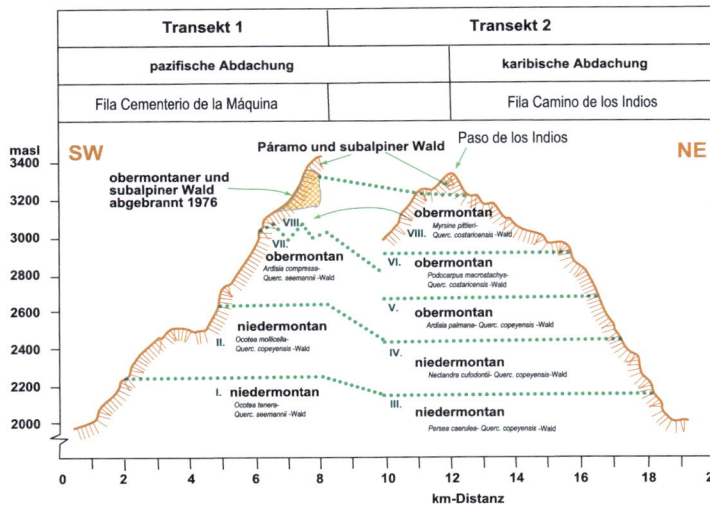

Abb. D-63 Schematisches Gebirgsprofil der oberen Stufen mit montan-subalpinem tropischem Eichenwald im Bereich des Chirripó-Nationalparks (Costa Rica) auf beiden Gebirgsflanken (verändert nach KAPELLE 1995).

Tab. D-1 Die Pflanzenfamilien mit verholzten Arten, angeordnet nach deren Artenzahl (in Klammern angegeben), aus fünf verschiedenen Höhenlagen der montanen Eichenwälder der Sierra de Talamanca in Costa Rica (nach KAPPELLE 1995)

2000 m	2300 m	2600 m	2900 m	3200 m
Rubiaceae (31)	Lauraceae (20)	Ericaceae (14)	Ericaceae (9)	Asteraceae (11)
Lauraceae (27)	Melastomataceae (14)	Melastomataceae (11)	Rosaceae (9)	Ericaceae (9)
Melastomataceae (27)	Asteraceae (12)	Myrsinaceae (11)	Poaceae (8)	Rosaceae (6)
Asteraceae (15)	Myrsinaceae (12)	Loranthaceae (9)	Asteraceae (6)	Clusiaceae (5)
Myrsinaceae (14)	Araliaceae (11)	Poaceae (9)	Clusiaceae (6)	Poaceae (5)
Araliaceae (11)	Ericaceae (11)	Araliaceae (8)	Cunoniaceae (6)	Cunoniaceae (3)
Solanaceae (11)	Rubiaceae (10)	Asteraceae (8)	Loranthaceae (6)	Scrophulariaceae (3)
Ericaceae (10)	Solanaceae (10)	Lauraceae (8)	Araliaceae (5)	Clethraceae (2)
Euphorbiaceae (9)	Rosaceae (9)	Rosaceae (8)	Lauraceae (5)	Lauraceae (2)
Piperaceae (9)	Fagaceae (6)	Solanaceae (8)	Myrsinaceae (5)	Loranthaceae (2)
Rosaceae (9)	Poaceae (5)	Cunoniaceae (7)	Solanaceae (5)	Melastomataceae (2)
Loranthaceae (7)	Celastraceae (5)	Rubiaceae (7)	Caprifoliaceae (4)	Rubiaceae (2)
Myrtaceae (7)	Cunoniaceae (5)	Aquifoliaceae (4)	Aquifoliaceae (3)	
Poaceae (7)	Loranthaceae (5)	Caprifoliaceae (4)	Fagaceae (3)	
Clusiaceae (6)	Aquifoliaceae (4)	Chloranthaceae (4)	Melastomataceae (3)	
Moraceae (6)	Acanthaceae (3)	Fagaceae (4)	Rubiaceae (3)	
Celastraceae (5)	Caprifoliaceae (3)	Myrtaceae (4)	Clethraceae (2)	
Cyatheaceae (5)	Chloranthaceae (3)	Celastraceae (3)	Myrtaceae (2)	
Fagaceae (5)	Clusiaceae (3)	Clethraceae (3)	Polygalaceae (2)	
Smilacaceae (5)	Cyathaeceae (3)	Clusiaceae (3)	Rhamnaceae (2)	
Urticaceae (5)	Myrtaceae (3)	Loganiaceae (3)	Rutaceae (2)	
Cunoniaceae (4)	Onagraceae (3)	Rutaceae (3)	Scrophulariaceae (2)	
Flacourtiaceae (4)	Rhamnaceae (3)	Symplocaceae (3)	Symplocaceae (2)	
Mimosaceae (4)	Rutaceae (3)			
Theaceae (4)	Theaceae (3)			
14 Familien (3)	11 Familien (2)	14 Familien (2)		
17 Familien (2)	35 Familien (1)	23 Familien (1)	25 Familien (1)	22 Familien (1)
26 Familien (1)				
82 Familien	**71 Familien**	**60 Familien**	**48 Familien**	**34 Familien**
349 Species	**226 Species**	**197 Species**	**125 Species**	**74 Species**

5.3 Andine (alpine) Stufe

Die andine Höhenstufe der feuchten Tropen wird als **Páramo** bezeichnet. Sie ist beinahe dauernd feucht und neblig, unwirtlich und kalt. In den inneren Tropen von Ecuador folgt oberhalb der oberen Waldgrenze in ca. 3.500-3.700 m die Höhenstufe des Páramo. Ganzjährig niedrige Temperaturen bei hoher interdiurnaler Veränderlichkeit, Nachtfröste, ständige Bewölkung, häufiger Nebel, gelegentliche kurze Schneefälle und verminderte Evapotranspiration sind die klimaökologischen Eigenschaften des Páramo. An den häufigen Nebeltagen steigt das Temperaturniveau nicht maßgeblich an. Daraus resultiert eine ausgeglichene Tag-/Nacht-Differenz der Luft- und Bodentemperatur meist unter Ausschluss von Nachtfrost bis etwa 4.200 m NN. An solchen Tagen findet praktisch keine Verdunstung statt. Während einer 14-tägigen Schlechtwetterperiode vom 12.-25.11.1988 wurden im Páramo de Papallacta (Ecuador) in 4.200 m mit Hilfe eines Piche-Rohrs nur 1,8 mm Verdunstung registriert (◘ Tab. D-2).

Die Höhenstufenanordnung des Páramo de Papallacta (Ostkordillere Ecuador) ist in ◘ Tab. D-3 dargestellt. Der Páramo verbreitet sich in der feuchten Ostkordillere Ecuadors oberhalb der heutigen Waldgrenze ab 3.700 m im Anschluss an den Ceja-Wald, bestehend vorwiegend aus *Tournefortia, Miconia, Senecio, Vallea, Podocarpus*, Farne, und zahlreichen epiphytischen Moosen und Flechten. Der Grasparamo zwischen 3.700-4.100 m besteht hauptsächlich aus *Festuca subulifolia* und *Calamagrostis intermedia* (◘ Abb. D-64e) und ist mit kleinen Waldinseln aus *Polylepis, Gynoxys, Escallona, Hesperomelis* etc. durchsetzt. LAUER et al. (2001) gehen davon aus, dass der gesamte Grasparamo einst völlig mit einem dichten, mittelhohen Wald bedeckt gewesen sein dürfte und erst nach der Besiedlung und durch anthropogene Entwaldung mit Feuer-Rodung aufgelichtet und zur offenen Landschaft umgestaltet worden ist. Die potentielle Waldgrenze wird in 4.100 m durch die *Polylepis-Gynoxys*-Wäldchen markiert (◘ Abb. D-64f) (KEßLER 2002).

Darüber beginnt zwischen 4.100-4.200 ein bis ca. 100 m breiter Gürtel aus Strauch-Gras-Páramo, in der *Loricaria ilinissae, Diplostephium rupestre* und *Chuquiraga jussieui* zusammen mit *Festuca subulifolia* dominieren (◘ Abb. D-64c). Zwischen 4.200-4.600 m ist die Höhenstufe des Polsterparamo ausgebildet. Hier ist die Oberfläche fast vollkommen bedeckt mit polsterbildenden *Xenophyllum humile, Plantago rigida, Azorella compacta* und *Huperzia crassa*, durchsetzt mit kleinen Sträuchern aus *Diplostephium rupestre* und *Gentiana sedifolia* etc. (◘ Abb. D-64d). Diese Stufe wird schließlich im oberen Bereich durch die Einwirkung des täglichen Frostwechsels lückiger (◘ Abb. D-64a). In der Stufe des 'Super-Páramo' herrschen schließlich Frostmusterböden mit einzelnen Exemplaren von *Werneria crassa* und *Azorella compacta* (◘ Abb. D-64b), sehr scharf nach oben abgegrenzt gegen die nivale Stufe, die fast keine Höheren Pflanzen aufweist wegen des Dauerfrostes im Tageszeitenklima. Die Höhenstufen sind auf den beiden Seiten des Gebirges wegen unterschiedlicher hygrischer Ausstattung (Ostseite feucht, Westseite trocken) asymmetrisch aufgebaut.

In den Páramos von Venezuela regnet es während der Passatzeit (November bis März) nur sehr wenig. Man kann im Januar eine ganze Woche mit wolkenlosem Himmel erleben. Die Wolkendecke liegt tiefer. Die Stundenwerte der Temperatur für Tage während der Regenzeit bzw. während der Trockenzeit spiegeln die fehlende Strahlung, bzw. die starke Strahlung (10. Februar) oder starke Ausstrahlung nachts (12. Februar) wider (◘ Abb. D-65). Der kälteste Tag des Jahres 1967 folgte fast unmittelbar auf den wärmsten. Während der Trockenzeit erwärmt sich die Luft in 3.600 m Höhe am Tage meist bis auf 10 °C, während es nachts friert. Die Pflanzen sind natürlich viel stärkeren Extremen ausgesetzt als das Thermometer in der Hütte. Aber dieser ständige Frostwechsel schadet den Pflanzen nicht, gerade zu dieser Jahreszeit ist die Hauptblüte. Um diese Zeit erwärmen sich auch die oberen Bodenschichten, in denen die Páramo-Pflanzen

◘ **Tab. D-2** Messungen der Verdunstung mit Hilfe eines Piche-Rohrs im Páramo de Papallacta (Ecuador) in 4.100 m NN zwischen 12.-25. November 1988 (Daten aus LAUER et al. 2001)

Datum	Verdunstung [mm]	Wettersituation
12.-19. Nov. 1988	1,4	Wolkig, Nebel
19.-20. Nov. 1988	0,0	Regen, Nebel
20.-22. Nov. 1988	0,3	Regen, Nebel
22.-25. Nov. 1988	0,1	Regen, Nebel
Gesamt	1,8 mm in 14 Tagen	

wurzeln, am Tag über die Jahrestemperatur. Felsstandorte scheinen günstiger zu sein als nasse Böden. Die Jahrestemperatur wurde durch Messungen im Boden festgestellt: in 3.600 m Höhe 5,0 °C (entspricht den meteorologischen Angaben), in 3.950 m 3,9 °C, in 4.250 m 2,0 °C und im Firnschnee in 4.765 m -1,5 bis -3,5 °C.

Mit der Abnahme der Temperatur sind die Pflanzen gezwungen, immer flacher zu wurzeln. Damit wird die Pflanzendecke immer offener, bis schließlich eine vegetationslose Stufe unterhalb der Firn- und Schneezone entsteht. Diese Stufe der Kältewüste mit Frostschutt- und -musterböden (Abb. D-66) infolge dauernder Frostwechseltage ist für die tropischen Gebirge bezeichnend. Die Höhengrenze des Vorkommens von Gefäßpflanzen in tropischen Gebirgen ist viel schärfer als in gemäßigten Gebirgen. In Bolivien liegt sie bei ziemlich genau 5.200 m, z.B. am Chacaltaya. In höheren Breiten (Alpen) können Pflanzen selbst in der Nivalstufe die günstigste Jahreszeit an nicht von Schnee bedeckten Stellen zum Wachstum ausnutzen. Der Boden der Páramos ist auch während der Trockenzeit feucht, so dass die Vegetation nicht unter Trockenheit leidet und einen hygromorphen Eindruck macht. In Kolumbien wurden neben Páramos mit Trockenzeit auch dauernd nasse Böden mit Polsterpflanzen, Zwergbambus, Gräsern und Moosen untersucht.

Der Florenbestand der Páramos in S-Amerika, Afrika und Indonesien ist sehr verschieden und jedes Gebiet besitzt seine Besonderheiten. Auffallend ist jedoch, dass außer den dem Boden angepressten Pflanzen auch hohe Pflanzen, meist Compositen, vorkommen, mit einem richtigen Stamm und schopfförmig stehenden großen Blättern, die einen dicken weißen Haarfilz besitzen. In den Anden

Tab. D-3 Höhenstufen des Klimas und der Vegetation im Páramo de Papallacta, Ost-Cordillere von Ecuador (nach Daten aus LAUER et al. 2001).

Höhe ü. NN [m]	Klima		Vegetation
	Höhenstufe	Temperatur [°C]	
>4800	tierranevada	< 0°	Gletscher-Region
4800	tierra subnevada	1°	Frostschuttstufe (Super-Páramo) einzelne *Werneria crassa*-Polster
4600	tierra helada	2° dritte Nebelstufe	Polster-Páramo mit *Distichia muscoides, Xenophyllum humile, Plantago rigida, Azorella compacta, Gentiana sidifolia*
4200	tierra helada	5°	Zwergstrauch-Páramo mit *Loricaria ilinissae* potentielle Waldgrenze
4100	tierra helada	6°	echter Páramo mit *Polylepis*-Waldinseln dominiert von *Polylepis pauta, P. incana, Gynoxis acostae, G. halii, Escallonia myrtilloides, Hesperomeles heterophylla, Plantago rigida* heutige Waldgrenze
3700	tierra fría II	7,5°	„Ceja de la montaña" mit *Miconia salicifolia*
3500	tierra fría II	zweite Nebelstufe	Nebelwälder aus *Tournefortia fuliginosa, Miconia latifolia, M. bracteolata, Senecio onae, Vallea stipularis* mit Farnen, und vielen epiphytischen Moosen und Flechten
3100	tierra fría I	10°	immergrüne Höhenwälder mit zahlreichen *Miconia*-Arten
2100	tierra templada	16° erste Wolkenstufe	Immergrüne Bergwälder mit *Geonoma, Prestoea, Nectandra, Cestrum, Solanum, Boehmeria, Urea* und zahlreichen epiphytischen Blütenpflanzen (Orchideen, Bromelien)
1000	tierra templada	22°	

Spezieller Teil

□ **Abb. D-64** Bilder der Höhenstufen der Vegetation im Páramo de Papallacta, Ostkordillere Ecuador. **a**: ein Doppelpolster aus *Xenophyllum* und *Azorella* umgeben mit Frostmusterböden; **b**: einzelne Polsterpflanzen im Superpáramo mit hauptsächlich Frostmusterbodenformen; **c**: Gebüschpáramo mit *Loricaria*, *Diplostephium* und einzelnen *Gynoxys*-Sträuchern; **d**: Polsterpáramo mit *Xenophyllum*, *Azorella* und *Lycopodium*; **e**: *Calamagrostis*-Graspáramo, **f**: Graspáramo mit *Polylepis*-Waldinseln (Fotos: Rafiqpoor).

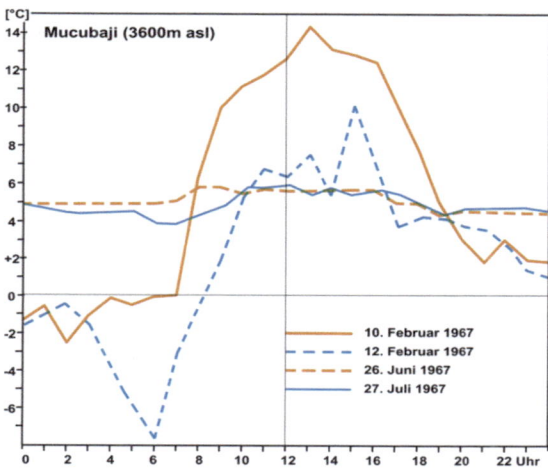

□ **Abb. D-65** Tagesgang der Temperatur in der meteorologischen Hütte (Páramo-Stufe in 3600 m NN in Venezuela) am 26. Juni sowie 27. Juli während der Regenzeit (Schwankung nur 1,6 bzw. 2,0 °C) und am 10. Februar (heißester Tag) sowie am 12. Februar (kältester Tag) während der Trockenzeit mit einer Schwankung von 17,0 bzw. 17,5 °C, einem t-Maximum von 14,5 und einem t-Minimum von -7,5 °C.

sind es Espeletien (27 Arten) (□ Abb. D-67**a,b**), in den äquatorialen afrikanischen Gebieten die Baum-*Senecio*-Arten (□ Abb. D-67**c**), in Indonesien *Anaphalis*-Arten. Neben der Schopfbaumform ist auch die Wollkerzenformen von *Lupinus* (□ Abb. D-67**g**), *Lobelia* (□ Abb. D-67**h**) und *Puya*-Arten (□ Abb. D-

67**d,e,f**) als spezielle Lebensform zu nennen. Sehr stark behaart sind auch die vielen *Helichrysum*-Arten am Kilimandscharo, am Mt. Kenia oder am Mt. Elgon, die bis über 4.400 m hinauf vorkommen. Dass diese Behaarung (◘ Abb. D-67**f**) der Wärmeisolierung und damit als Schutz gegen plötzlich extreme Schwankungen der Blatttemperatur dient, scheint wahrscheinlich zu sein. An Strahlungstagen hat in diesen Höhen der Durchzug einer Wolke immer einen Temperatursturz zur Folge. Die obere, meist sehr scharfe Vegetationsgrenze liegt bei etwa 4.400 bis 4.600 m und dürfte mit einer Jahrestemperatur von etwa +1 °C zusammenfallen. In dieser Höhenlage tritt täglich einmal Frost auf.

Besonders merkwürdig ist jedoch, dass in den Anden Venezuelas auch mitten in der alpinen Stufe in einer Höhe von etwa 4.200 m, also bei einer Jahrestemperatur von 2 °C, kleine Baumbestände der Rosaceae *Polylepis* auftreten. Sie sind stets an steile Blockhalden in Ost- oder Westexposition gebunden, die vor- bzw. nachmittags von der Sonne bestrahlt werden. Die Wurzeltiefe von *Polylepis* kann 1,5 m erreichen.

Die Erklärung für dieses Auftreten von Bäumen 1.000 m über der Waldgrenze ist, dass Blockhalden besonders günstige Temperaturverhältnisse aufweisen. Bei Einstrahlung erwärmt sich die bodennahe Luftschicht über der Blockhalde sehr stark; die kalte Luft in der Blockhalde ist spezifisch schwerer und dürfte im unteren Teil der Blockhalde herausfließen, wodurch die warme Luft im oberen Teil hereingesaugt werden müsste. Für diese Erklärung spricht die Tatsache, dass der untere Teil der Blockhalde nicht bewaldet und oft ganz kahl ist.

◘ **Abb. D-66** Kammeis (**a, b**), Streifenböden (**c**), Zellenböden bzw. Miniaturpolygone (**d**) und Erdknospen oder Lehmflecken (**e**) als kleine Frostmusterboden-Formen in der subnivalen Höhenstufe der tropischen Gebirge, an Beispielen aus den Anden in Bolivien (Fotos: Rafiqpoor).

◻ **Abb. D-67** Konvergente Lebensformen in verschiedenen Páramos. **a**: *Espeletia hartwegiana* im Páramo de Mucubaji, Venezuela (Foto: Breckle), **b**: *Espeletia hartwegiana* im Páramo del Angel, Ecuador (Foto: Rafiqpoor); **c**: *Senecio keniodendron* in der afroalpinen Stufe des Mt. Kenia im Teleki-Tal (Foto: Breckle); **d**: *Anaphalis triplinervis* als Vertreter des Páramos von Java (Foto: BotGart Berlin-Dahlem: http://bit.ly/2maGin1); **e, f**: *Puya clava-hercules* im Páramo del Angel, Ecuador (Fotos: Rafiqpoor). **g**: *Lupinus humilis* im Páramo de Pichincha, Ecuador (Fotos: Rafiqpoor); **h**: *Lobelia deckenii* ssp. *kenyensis* (Foto: Breckle). Alle Bilder (mit Ausnahme von **d**) in ca. 4.200 m ü. NN.

Genaue Temperaturmessungen an Blockhalden mexikanischer Gebirge haben das gleiche Phänomen gezeigt. Auch in Ecuador finden sich zahlreiche, derart hochgelegene *Polylepis*-Waldparzellen. Sie werden heute auch im Zusammenhang mit Feuerrodungsereignissen diskutiert (s.o. und Keßler 2002).

Abb. D-68 Die von weitem rot schimmernden *Huperzia saururus* (*Lycopodium crassum*) (**a**) in der Höhenstufe des Polster-Páramo (**b**) in Papallacta ist eine der beherrschenden Lebensformen in den feuchten Páramos der Ostkordillere Ecuadors (Fotos: Rafiqpoor).

Etwas weniger humid ist die Höhenstufenfolge bei den afrikanischen Vulkanen (Mt. Elgon, Mt. Kenia, Kilimandscharo), die sich aus einer Feuchtsavannenzone erheben. Die Bodentemperatur an der Waldgrenze (mit *Hagenia*-, *Podocarpus*-Arten) ist ähnlich wie in Venezuela. In der unteren alpinen Stufe spielt *Erica arborea* eine große Rolle, darüber Schopfbaum-Senecioneen (▶ Abb. D-67) und Kerzen-Lobelien. Eingestreut liegen aber auch Moore mit staunassen Böden, auf denen Cyperaceen, *Alchemilla*- bzw. *Lachemilla*-Arten, Gentianaceen und der südhemisphärisch verbreitete dickliche *Huperzia saururus* (Lycopodiaceae) vorkommen (▪ Abb. D-68).

6 Die Biogeozöne des Zonobioms I als Ökosysteme

Der tropische immergrüne Regenwald gehört zu den kompliziertesten Pflanzengemeinschaften. Die einzelnen Biogeozöne sind noch weitgehend unbekannt, wahrscheinlich lassen sie sich überhaupt nicht plausibel abgrenzen. Die Schwierigkeit der Gliederung in Ökosysteme ist somit außerordentlich groß.

Die Üppigkeit der Vegetation und ihre hohe Biodiversität verführt dazu, eine sehr große primäre Produktion anzunehmen. Die ersten Schätzungen lagen bei 100 t·ha^{-1}·a^{-1} (Trockengewicht), waren aber viel zu hoch gegriffen. Man muss bedenken, dass die Phytomasse im tropischen Urwald sich durch einen sehr großen Wassergehalt auszeichnet (bei krautigen Teilen 75 bis 90%). Die grünen Blätter können zwar das ganze Jahr hindurch CO_2 assimilieren, doch sind die Atmungsverluste nachts infolge der hohen Temperatur auch besonders groß. Die Phytomasse an Holz und Blättern ist im tropischen Wald zwei- bis dreimal höher, die Kosten diese Masse zu erhalten, die Atmungsverluste, sind aber im Holz viermal, in den Blättern sechsmal höher. Tropenwälder sind bei den hohen Temperaturen zu stärkeren Stoffwechselumsätzen gezwungen, daher kann auch relativ weniger in die Produktion von Holz investiert werden.

Von sehr großer Bedeutung für die Stoffproduktion eines Biogeozön ist der Blattflächenindex (BFI), das heißt das Verhältnis der gesamten Blattfläche eines Bestandes zu der vom Bestand bedeckten Bodenoberfläche. Er war sehr niedrig an der Elfenbeinküste. Doch kann diese Versuchsparzelle nicht als repräsentativ gelten. Die Bruttoproduktion ist zwar sehr hoch; aber durch die Atmung gehen 75% der produzierten organischen Substanz wieder verloren, beim mitteleuropäischen Buchenwald nur 43% der Bruttoproduktion.

Wir verstehen es deshalb, dass die primäre Produktion des tropischen Urwaldes in diesem Falle nicht höher war als die eines gut bewirtschafteten Buchenwaldes in Mitteleuropa:

Tropischer Urwald	13,4 t·ha^{-1}
Buchenwald	13,5 t·ha^{-1}

Die Holzerträge bei den Forstplantagen in den Tropen erreichen 13 t·ha^{-1}. Sie sind nur etwa doppelt so hoch wie bei einem guten europäischen Buchenwald, was auch auf die doppelt so lange Vegetationszeit zurückzuführen ist. Ein in Thailand untersuchter Wald bei 2.700 mm Regen und einer Jahrestemperatur von 27,2 °C besitzt eine oberirdische Phytomasse von 325 t·ha^{-1}, was einer gesamten Phytomasse von 360 t·ha^{-1} entsprechen dürfte. Sie nahm in den drei

---

Box D-7 Umsatzraten in den Tropenwäldern

Tropenwälder haben aufgrund der dauernd hohen Temperaturen hohe Umsatzraten. Die sehr hohe Produktivität wird durch besonders hohe Atmungsverluste aber mehr als kompensiert.

Beobachtungsjahren noch um 5,3 t·ha⁻¹ pro Jahr zu. Es betrugen: BFI = 12,3, Bruttoproduktion = 124 t·ha⁻¹, Atmungsverlust 95 t·ha⁻¹ (= 76%), somit Primärproduktion rund 30 t·ha⁻¹ im Jahr.

Man muss bei Urwäldern drei Phasen unterscheiden, die ein Kleinmosaik bilden: Eine **Jugendphase** mit Bestandsverjüngung und positivem Phytomassenzuwachs, eine **Optimalphase** mit maximaler Phytomasse, die unverändert bleibt, und eine **Alterungsphase** mit abnehmender Phytomasse. Der Bestand an der Elfenbeinküste war wohl eine lichte Jugendphase. Aber alle drei Phasen treten normalerweise als Mosaik gemischt auf.

Man kann nach den vorliegenden Daten für die Optimalphase eines üppigen tropischen Regenwaldes im ZB I folgende Mittelwertsangaben machen:

Gesamte Phytomasse 350 bis 450 t·ha⁻¹ und bei einem Blattflächenindex von 12 bis 15 eine Bruttoproduktion von 120 bis 150 t·ha⁻¹ im Jahr, was einer Primärproduktion von 30 bis 35 t·ha⁻¹ entsprechen würde, wobei 10 bis 12 t·ha⁻¹ auf den Streufall kämen.

Die Bodenatmung entspricht etwa der Streumenge, doch dürfte ein erheblicher Teil der Primärproduktion bereits über dem Boden mineralisiert werden (stehende tote Bäume, Epiphyten). Durch die Streu erhält der Boden im Amazonasgebiet jährlich 106 kg·ha⁻¹ an Stickstoff zurück, aber nur 2,2 kg·ha⁻¹ an Phosphor. Die Verarmung der Sekundärwälder dürfte hauptsächlich ein Phosphorproblem sein, zumal P im Boden rasch an Fe und Al gebunden wird und dann nicht mehr für die Pflanzen verfügbar ist. Stickstoff wird bei den häufigen starken Gewittern auch aus der Atmosphäre zugeführt.

7 Tierwelt und Nahrungsketten im Zonobiom I

Dazu können hier nur ganz wenige Bemerkungen angeführt werden. Die organismische Vielfalt und auch die Kenntnislücken sind noch immer sehr groß. Die Vernetzung der Organismen ist im tropischen Regenwald sehr eng, auf die dadurch bedingte Sensibilität gegenüber Eingriffen wurde bereits hingewiesen.

Es gibt inzwischen viele allgemein verständliche Bücher und eine umfangreiche Literatur, auch mit umfassenden Übersichten zum tropischen Regenwald und seiner Fauna. Darin wird jeweils die enge Verknüpfung der Organismen betont. Auf wenige Beispiele an allgemeinen Werken sei hingewiesen (TERBORGH 1991, RICHARDS 1996, SCHOLZ 2003, GERMANWATCH 2004, REICHHOLF 2011, etc.).

Für die Tierwelt ist wie auch für viele Pflanzen bezeichnend, dass der Kronenraum ein wichtiger Aktionsraum ist. Über die Hälfte der Säugetiere lebt in den Baumkronen und besitzt einen Greifschwanz; sehr groß ist die Zahl der Vögel, wiederum mit einem Aktivitätsschwerpunkt im Kronenraum. Die Zahl der Arten ist bislang nur grob abschätzbar und insbesondere die Zahl der Wirbellosen über und unter der Erde ist bislang eigentlich unbekannt, ebenso wie die funktionalen Beziehungen.

Am meisten weiß man über die Vogelarten, z.B. über ihre funktionalen Gilden in Vogelgemeinschaften. Als Beispiel im Vergleich mit einer Region aus den gemäßigten Breiten der USA (ZB VI) sei in Tab. D-4 eine solche Übersicht der Gilden angeführt. Es wird deutlich, dass die Zahl der Arten einerseits, als auch die der Gilden in den Tropen erheblich größer ist. In gemäßigten Breiten fehlen manche Gilden völlig. Leicht einzusehen ist auch, dass die Samen- und Fruchtverbreitung oder -vernichtung durch die Vögel von großer Bedeutung für die Verjüngung und damit zukünftige Struktur des Waldes ist.

Von besonderer Bedeutung für ökosystemare Prozesse sind ferner die Termiten und Ameisen, sie setzen doch einiges an Biomasse um, aber ihre Zoomasse ist, trotz ihrer Vielfalt, nicht groß.

Typische Tiere der Baumkronen sind in der Neotropis die Faultiere *(Cholopus, Bradypus)*, deren Lebensweise eingehend untersucht wurde (MONTGOMERY et al. 1975). Die gesamte Zoomasse der Tiere war 23 kg·ha⁻¹, die jährlich gefressene Blattmasse 53 kg·ha⁻¹; dies entspricht 0,63% der Blattproduktion. Die Exkremente verwesen langsam und stellen eine Nährstoffreserve im Boden dar.

Die Blattschneiderameisen *(Atta)* (▶ Abb. C-11) üben durch selektiven Befall einen besonders starken Einfluss aus (HAINES 1975). Sie vergrößern den Lichtgenuss im Bestand bis zu 7%. Ihr Material von Baumarten des Sekundärwaldes schleppen sie bis 180 m zum unterirdischen Nest mit einem Durchmesser von 10 m, wo sie Pilzgärten auf den geschnittenen Blättern anlegen. Die geschnittene Blattfläche kann 4.000 m² erreichen. Die Pilze liefern den Ameisen die Nahrung. Es sind also perfekte Staaten mit 'mikrobiologischer Landwirtschaft'. Die Zahl der anderen Ameisenarten, die dort auf einem einzigen Baum leben, übertrifft nicht selten die Zahl aller Ameisenarten in einem Land der gemäßigten Breiten Mitteleuropas (WILSON 1988).

8 Der Mensch im Zonobiom I

Der tropische Regenwald auf armen Böden ist siedlungsfeindlich und wird meist von Menschen gemieden. Er ist oft das Refugium von urtümlichen Stämmen. In Afrika sind es die Pygmäen, in Lateinamerika die ursprünglichen Indianerstämme. Auch in Südostasien leben noch Reste der Ureinwohner. Im Gegensatz dazu sind die früheren Urwaldgebiete auf nährstoffreichen, jungen vulkanischen Böden heute dicht besiedeltes Kulturland (Java, Mittelamerika und andere). Nur dort ist eine einigermaßen nachhaltige Landwirtschaft möglich. Auf allen ärmeren Böden führt die Rodung zu katastrophalen Nährstoffverlusten. Die 'ökologische Benachteiligung der Tropen' (WEISCHET 1980) kommt hierbei besonders deutlich zum Ausdruck. Gerodete Flächen sind nach wenigen Jahren wertlos und fallen der Erosion zum Opfer oder bedecken sich mit wertlosen *Gleichenia*- oder *Imperata*-Dickichten.

Dabei gibt es heute gute Gründe, den wirtschaftlichen Wert tropischer Regenwälder realistisch abzuschätzen. Auch ohne die völlig unschätzbaren genetischen Ressourcen einer unglaublichen, bis heute noch nicht klar erkannten Biodiversität, ist der tropische Regenwald stets viel mehr wert als das darauf stehende Holz, wie die simple Rechnung in Tab. D-5 zeigt. Welch entsetzlicher Raubbau die Abholzung darstellt, wird aus diesen Zahlen deutlich. Dabei ist der Verlust an Artenvielfalt nicht berechenbar, die gewaltige Fülle und der Wert an möglichen sekundären Inhaltsstoffen in solchen Rechnungen ist unberücksichtigt.

Die Entwaldung hat die letzten Jahrzehnte eine unglaubliche Beschleunigung erfahren. Als Beispiel soll Costa Rica angeführt werden: Die Waldfläche hat dort in wenigen Jahrzehnten (zwischen 1940 und 1987) erschreckend abgenommen (Abb. D-69). Erst nach 1987 hat aufgrund von wirksamen Schutzmaßnahmen und der Steigerung des Umweltbewusstseins in der Bevölkerung die bewaldete Fläche erneut zugenommen (FONAFIO 2012: http://bit.ly/2vnPtau).

Heute stehen in Costa Rica zwar 21% der Landesfläche unter Schutz (Nationalparks, Reservate etc.), doch ist der Druck auf diese Flächen groß, da kaum sonst noch Wald mit größeren Holzvorräten verfügbar ist. In der Dominikanischen Republik auf Hispaniola ist die Primärwaldfläche in einem halben Jahrhundert von über 70% auf weniger als 6% gefallen, in Haiti ist alles abgeholzt.

Die Prognosen für den Erhalt der Regenwälder sehen Schlimmes voraus. Von den heute noch bestehenden etwa sechs Millionen Quadratkilometer an

Tab. D-4 Die Vogelgemeinschaften eines Waldes der gemäßigten Breiten (Congaree-Aue, USA) und des tropischen Regenwaldes (Peru), aufgegliedert nach Gilden (funktionalen Einheiten) (aus TERBORGH 1993)

Vogelgemeinschaft Gilde	Artenzahl im tropischen Regenwald Peru	Artenzahl im Gemäß. Auwald Congaree-Aue USA
Aasfresser	2	1
Säugetierräuber	7	1
Vogelräuber	4	1
Andere Raubvögel	7	1
Eulen	5	2
Ziegenmelker	1	0
Terrestrische Samenfresser	5	2
Baumbewohnende Samenfresser	8	0
Terrestrische Fruchtfresser	3	0
Baumbewohnende Fruchtfresser	18	1
Nektarfresser	8	1
Terrestrische Insektenfresser	10	2
Spechte	8	5
Blattrückseite absuchende Insektenfresser	9	1
Laubabsuchende Insektenfresser	19	15
Ausfälle unternehmende Insektenfresser	27	3
Im Luftraum jagende Insektenfresser	4	1
Ameisen folgende Insektenfresser	6	0
Tote Blätter absuchende Insektenfresser	7	0
Schlingpflanzen absuchende Insektenfresser	7	0
Fruchtfresser, Räuber	6	2
Baumbewohnende substratablesende Frucht- und Insektenfresser	12	1
Baumbewohnende, Ausfälle unternehmende Frucht- und Insektenfresser	13	0
Frucht-, Insekten- und Nektarfresser	11	0
Summe	**197**	**40**

◘ **Tab. D-5** Holzwert vermarktungsfähiger Stämme pro Hektar auf einer Versuchsfläche in Amazonien (Regenwald von Misana am Rio Nanay in Peru) bei irreversibler einmaliger Abholzung und gegenübergestellt der jährliche Ertrag und Marktwert von Früchten, Rohgummi, Harzen und anderer laufend nutzbarer Produkte pro Jahr (PETERS et al. 1989, REICHHOLF 1990)

	Einmaliger Holzwert	Laufende Nutzung (**pro Jahr!**)
Anzahl an Arten	27	12
Holzvolumen (m³)	94	-
Holzwert ($)	1001	-
kg Rohprodukte	-	160
Anzahl Früchte	-	5500
Marktwert($)	-	**698**

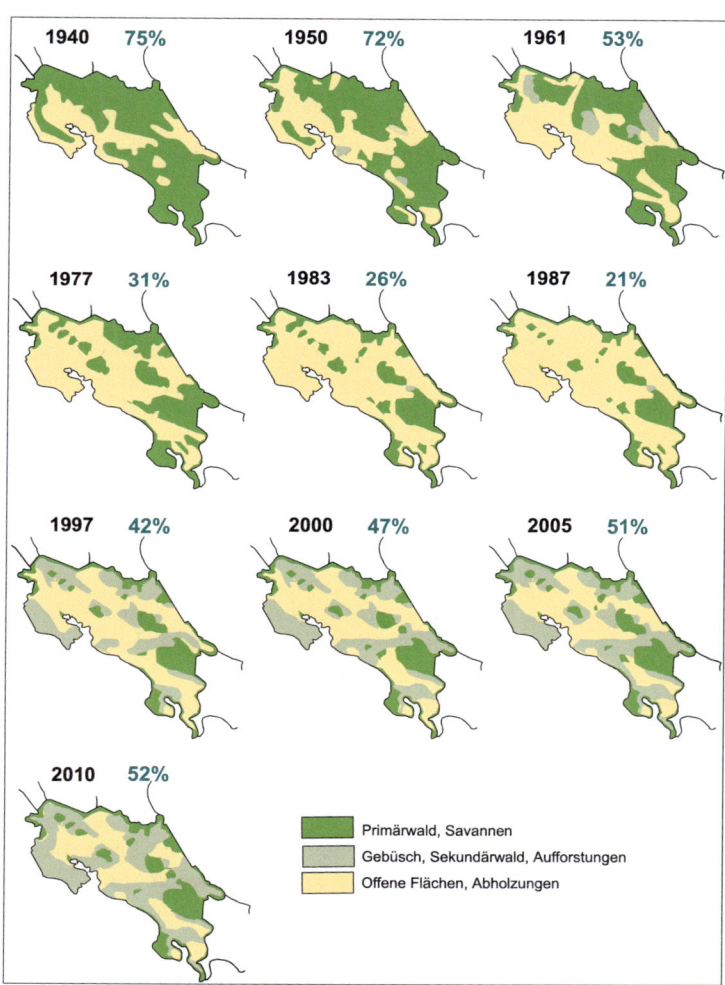

◘ **Abb. D-69** Rückgang der prozentualen Anteile der Waldbedeckung in Costa Rica bis 1987 infolge der Entwaldung und Wiederzunahme der bewaldeten Flächen bis 2010 infolge der Schutzmaßnahem der letzten Jahre (nach Daten von FONAFIFO 2012; http://bit.ly/2vnPtau).

Box D-8 Zum Schutz der tropischen Regenwälder

Die enge Kopplung mit dem globalen Kreislauf, die einmalige, unglaublich hohe Biodiversität mit ihren entsprechenden unersetzlichen genetischen Ressourcen, die sensiblen Böden, die irreversible Schädigung der Landschaften bei Abholzung machen eine sofortige, globale Anstrengung zur Rettung der Regenwälder erforderlich.

feuchten Tropenwäldern sind nach heutiger Entwaldungsrate im Jahre 2040 alle abgeholzt, nach anderen Prognosen tritt dieser katastrophale Zustand bereits 2025 ein, da aufgrund der Überbevölkerung und Verarmung die Entwaldungsrate noch steigen wird (▶ Abb. D-70). Dies ist nicht nur ein regionales oder nationales Problem, sondern ein globales. Auch wenn in den USA oder in Mitteleuropa ebenfalls fast alle Wälder und Prärien vernichtet sind und durch eintönige Forste oder Maisäcker ersetzt sind, so ist dort die Ausstattung der Landschaften und das Klima so günstig, dass man eine leistungsfähige Land- und Forstwirtschaft aufbauen kann und auf eine weitgehend nachhaltige Nutzung hoffen kann. In den Tropen sieht dies völlig anders aus (▶ Box D-8). Es ist schlimmer, statt besser.

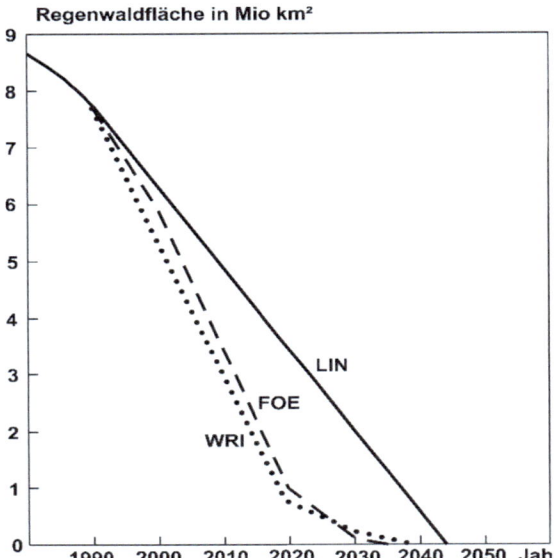

■ **Abb. D-70** Der tropische Regenwald verliert ständig an Fläche. Die Gerade zeigt die Prognose bei konstanter Abholzung, also bei jährlich gleichbleibender Rodungsfläche ab 1990. Die beiden anderen Kurven beruhen auf Hochrechnungen verschiedener Organisationen und berücksichtigen den noch ansteigenden Bedarf (nach TERBORGH 1991).

Heute brennen jede Nacht Tausende von Feuern (▶ Abb. C-20). Noch hemmt der Qualm den Treibhauseffekt. Die Brandrodung darf so nicht weitergehen. Natürliche Brände kommen im ZB I in den Regenwäldern fast nicht vor.

9 Zonoökoton I/II - Halbimmergrüner Wald-Dornsavanne

Das Zonoökoton zwischen dem ZB I mit dem immergrünen Regenwald und dem ZB II des tropischen Sommerregengebiets mit laubabwerfenden Wäldern ist der halbimmergrüne tropische Regenwald, also eine Übergangszone mit diffuser Mischung der beiden Vegetationstypen.

Kleinräumig ist dies auch lokal als Vegetationsmosaik ausgebildet, manchmal ein Flickenteppich der verschiedensten Vegetationstypen, modifiziert je nach Grundwasser, Bodenstruktur, Wasser- und Nährstoffverfügbarkeit. Auf sehr armen Sandböden in Venezuela und Guayana wächst als Pedobiom der periodisch überflutete Igapo-Wald in Flussnähe. Höher auf Sandauflagen folgt die Caatinga, die bei mächtigen Sandauflagen zur niedrigen Caatinga oder gar zur kümmerlichen 'Bana' wird, obwohl die Niederschläge hoch sind (3.300 mm). Der Sandboden weist aber keinerlei Nährstoffe auf und das Wasserspeichervermögen während der Trockenzeit ist sehr gering. Großräumiger betrachtet kann man bei abnehmendem Jahresniederschlag und bei einer zunehmenden Dauer der Trockenzeit in Venezuela folgende Reihe erkennen (▶ Abb. D-45 bzw. ▶ Abb. D-44):

Immergrüner Regenwald - Halbimmergrüner Wald - Laubabwerfender Wald

Innerhalb der Äquatorialen Klimazone ist diese Reihe selten zu beobachten, da eine solche Abstufung der Regenmengen wie in Venezuela eine Ausnahme bildet. Diese Reihe lässt sich jedoch allgemein beobachten, wenn man sich vom Äquator zu den Wendekreisen hinbewegt; denn wir gelangen dabei immer mehr in die tropische Klimazone der zenitalen Sommerregen, wobei die absolute Regenmenge ständig abnimmt, die Regenzeit sich verkürzt und die Trockenzeit sich verlängert. Der Unterschied gegenüber Venezuela ist, dass dabei der Jahresgang der Temperatur allmählich erkennbar und immer ausgeprägter wird, wobei die Trockenzeit die kühle Jahreszeit ist. Da letztere jedoch für die Vegetation eine Ruhezeit bedeutet, spielen Temperaturunterschiede für die Vegetation keine wesentliche Rolle.

Es wurde bereits erwähnt, dass sich im sehr feuchten tropischen Gebiet beim Auftreten einer kurzen Trockenzeit die endogene Rhythmik der Baumarten an die Klimarhythmik anpasst. Der allgemeine Charakter des Waldes ändert sich zwar nicht, aber viele Baumarten verlieren ihre Blätter etwa zur gleichen Zeit, bzw. treiben und blühen gleichzeitig. Die Vegetation weist dadurch eine deutlich synchronisierte jahreszeitliche Aspektfolge auf (Saisonregenwald).

Nimmt die Dauer der Trockenzeit weiter zu, dann ändert sich der Waldtypus: Die oberste Baumschicht wird von laubwerfenden Baumarten gebildet; in S-Amerika sind es die großen, dickstämmigen Bombacaceen und schönblühenden *Erythrina*-Arten (■ Abb. D-71), während die unteren Schichten noch immergrün bleiben. Wir sprechen deshalb vom halbimmergrünen tropischen Wald.

◘ **Abb. D-71** Ein halbimmergrüner tropischer Regenwald mit *Erythrina*-Bäumen, die durch die rote Farbe seiner Blüten von weitem auffallen. Dieser Wald ist an den Leeseiten der ecuadorianischen Küstenkordillere beheimatet (Fotos: Rafiqpoor).

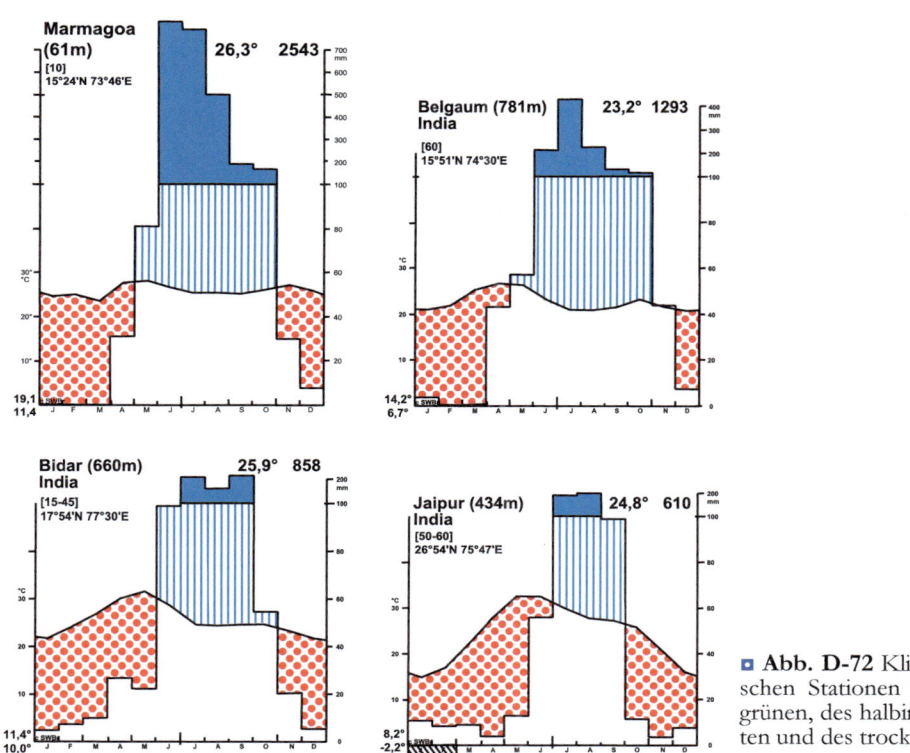

◘ **Abb. D-72** Klimadiagramme von indischen Stationen im Gebiet des immergrünen, des halbimmergrünen, des feuchten und des trockenen Monsunwaldes.

Verringern sich die Niederschläge und verlängert sich die Trockenzeit noch mehr, dann werfen alle Baumarten die Blätter ab, so dass der Wald kürzere oder längere Zeit kahl ist, das heißt, es handelt sich um feuchte, bzw. trockene laubwerfende sommergrüne, tropische Wälder. Dieser scharfe Übergang ist vom zentralen Costa Rica zum Nordwesten (Guanacaste) hin und in Ecuador an der Anden-Westabdachung bei Loja in einer sehr kurzen Entfernung verwirklicht.

Die Klimadiagramme für entsprechende Waldtypen in Indien, wo im Bereich der Monsunniederschläge im Sommer dieser Übergang sich besonders gut beobachten lässt, zeigt ◘ Abb. D-72.

Es erhebt sich dabei die Frage, was die Struktur des Waldes bestimmt, die Höhe der Niederschläge oder die Dauer der Trockenzeit. Das Diagramm ◘ Abb. D-73 zeigt, dass beides ökologisch von Bedeutung ist. Man darf nicht einen der beiden Faktoren allein berücksichtigen. Aus dem Verlauf der Grenzlinien (Steigung) sieht man, dass bei den feuchten Waldtypen die Dauer der Dürrezeit wichtiger ist, bei den trockenen Typen dagegen die Regenmenge.

In Afrika ist die erwähnte Reihe nicht so deutlich zu beobachten. Durch die stärkere Besiedlung und die Ausübung des Wanderackerbaus ('shifting cultivation') ist gerade das Gebiet der halbimmergrünen Wälder und der feuchten laubwerfenden Wälder weitgehend gerodet worden. Diese Wälder lassen sich leichter roden als die Regenwälder, weil man sie auch früher schon während der Trockenzeit abbrennen konnte; die Niederschläge sind aber noch so hoch, dass man beim Ackerbau jährlich mit einer Ernte rechnen kann.

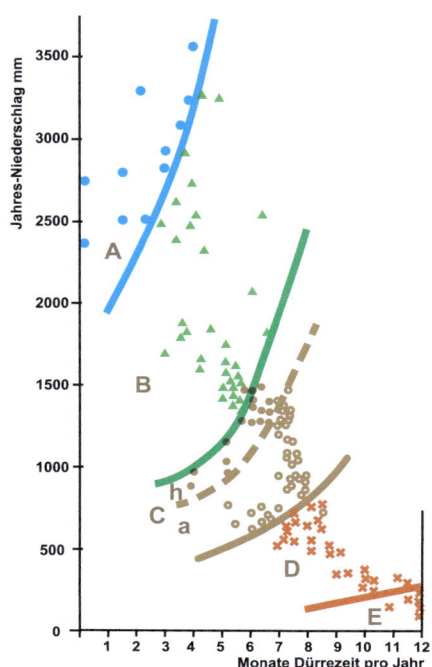

■ **Abb. D-73** Die Beziehungen zwischen der Waldvegetation und der Jahresniederschlagshöhe (Ordinate) sowie der Dauer der Dürrezeit in Monaten (Abszisse) in Indien. **A** immergrüner und **B** halbimmergrüner tropischer Regenwald, **C** Monsunwald (**h** feuchter, **a** trockener), **D** Savanne (Dornbuschwald), **E** Wüste (nach WALTER, aus einer Arbeit im Auftrag der UNESCO).

10 Literatur

BEGON, M., MORTIMER, M. & THOMPSON, D.J. 1996. Population Ecology: A Unified Study of Animals and Plants. Third Ed. Blackwell Science Ltd., Oxford, UK, 247 p. ISBN 0-632-03478-5

BENDIX, J. & RAFIQPOOR, M.D. 2001: Studies on the Thermal Conditions of Soils at the Upper Tree Line in the Páramo of Papallacta (Eastern Cordillera of Ecuador). Erdkunde **7**: 257-276

BRECKLE, S.-W. 2004: Flora, Vegetation und Ökologie der alpin-nivalen Stufe des Hindukusch (Afghanistan). In: BRECKLE, S.-W., SCHWEIZER B., FANGMEIER, A. (eds.): Proceed. 2nd Symposium AFW Schimper–Foundation: Results of worldwide ecological studies. Stuttgart–Hohenheim: 97–117

BROWN, K.S.J. & AB'SABER, A.N. 1978: Ice age refuges and evolution in the neotropics: correlation and paleoclimatological, geomorphological and pedological data with modern biological endemism. Paleoclimas (Sao Paulo) **5**: 1-30

COUTINHO, L.M. 1982: Ecological effect of fire in Brazilian Cerrado, 273-291. In: HUNTLEY, B. J. & WALKER, B.H. (eds.) s. there

GERMANWATCH 2014: Die Bedrohung der tropischen Regenwälder und der internationale Klimaschutz. Arbeitsblätter zum globalen Klimawandel. http://bit.ly/2eSyeXe

HAINES, B. 1975: Impact of leaf-cutting ants on vegetation development at Barro Colorado Island. Ecol. Stud. **11**: 99-111

HOMEIER, J., BRECKLE, S.-W., GÜNTER, S., ROLLENBECK, R.T. et al. 2010: Tree diversity, forest structure and productivity along altitudinal and topographical gradients in a species-rich Ecuadorian montane rain forest. Biotropica **42**: 140-148

HÜTTEL, Cl. 1975: Root distribution and biomass in three Ivory Coast rain forests plots. Ecol. Stud. **11**: 123-130

JANZEN, D.H.1978: Seeding patterns of tropical trees. In: TOMLINSON, P.B. & ZIMMERMANN, M.H. (eds.): Tropical trees as living systems. Cambridge Univ. Press: 83-128

JOHANSSON, D. 1974: Ecology of vascular epiphytes in West African rain forest. Acta Phytogeogr. Suecica **59**: 129 p.

KAPELLE, M. 1990: Ecology of mature and recovering Talamancan montane *Quercus* forests, Costa Rica. Acad. Proefschrift, Amsterdam 270 p.

KEßLER, M. 2002: The „*Polylepis*-Problem": where do we stand? Ecotropica **8**: 97-110

KÖRNER, Ch. 2007: Alpine ecosystems. Encyclopedia of Life Sciences, John Wiley

KÖRNER, Ch. 2012: Alpine treelines. Springer-Verlag, Basel

LAUER, W. 1975: Vom Wesen der Tropen. Klimaökologische Studien zum Inhalt und zur Abgrenzung eines irdischen Landschaftsgürtels. Abh. d. Akad. d. Wiss. u. d. Lit. Mainz, Math.-nat. Kl., Nr. **3**

LAUER, W. 1982: Zur Ökoklimatologie der Kallawaya-Region (Bolivien). Erdkunde **36**: 223-248.

LAUER, W. 1995: Die Tropen – Klimatische und landschaftsökologische Differenzierung. Rundgespräche der Kommission für Ökologie. Bay. Akad. der Wiss.: „Tropenforschung", Bd. **10**: 43-60.

LAUER, W. 1999: Klimatologie. Das Geographische Seminar. Westermann Verlag Braunschweig

LAUER, W. RAFIQPOOR, M.D. & THEISEN, I. 2001: Physiogeographie, Vegetation und Syntaxonomie des Páramo de Papallacta (Ostkordillere Ecuador). Erdwissenschaftliche Forschung, Bd. **39**, Franz Steiner Verlag, Stuttgart

LONGMAN, K.A. & JENIK, J. 1974: Tropical forest and its environment (Ghana), Thetford, Norfolk, 196 p.

MACARTHUR, R.H. 1972: Geographical ecology: patterns in the distribution of species. Harper & Row, New York

MEDINA, E. 1974: Dark CO_2-fixation, habitat preference and evolution within the Bromeliaceae. Evolution **28**: 677-686

MONTGOMERY, G.G. & SUNQUIST, M.E. 1975: Impact of sloths on neotropical forest. Energy and nutrient cycling. Ecol. Stud. **11**: 69-98

REICHHOLF, J.H. 1990: Der unersetzbare Dschungel. Leben, Gefährdung und Rettung des tropischen Regenwaldes. BLV, München 207 S.

REICHHOLF, J.H. 2011: Der Tropische Regenwald: Die Ökobiologie des artenreichsten Naturraums der Erde. Fischer Taschenbuch Verlag, Frankfurt.

RICHARDS, P.W. 1996: The tropical Rain Forest: An Ecological Study. Cambridge Uni. Press, 450 p.

SCHOLZ, U. 2003: Die feuchten Tropen. Das Geographische Seminar. Braunschweig.

SIMPSON, B.B. & HAFFER, J. 1978: Speciation patterns in the Amazonian forest biota. Ann. Rev. Ecol. Syst. **9**: 497-518

SPRENGER, A. & BRECKLE, S.-W. 1997: Ecological studies in a submontane rainforest in Costa Rica. Bielefelder Ökologische Beiträge **11** (Contributions to tropical ecology research in Costa Rica): 77-88

TERBORGH, J. 1991: Lebensraum Regenwald, Zentrum biologischer Vielfalt. Spektrum Akad. Verl., Heidelberg 253 S.

TOMLINSON, P.B. & ZIMMERMANN, M.H. 1976: Tropical trees as living systems. Cambridge Univ. Press, UK

TROLL, C. 1943: Thermische Klimatypen der Erde. In: Petermanns Mitteilungen **89**: 81-89

VALENCIA, R. & BALSLEV, H. 1994: High tree alpha diversity in Amazonian Ecuador. Biodiversity and Conservation **3**: 21-28

VARESCHI, V. 1980: Vegetationsökologie der Tropen. Ulmer, Stuttgart, 253 S.

WALTER, H. 1973: Die Vegetation der Erde, Bd. I: Tropische und subtropische Zonen. 3. Aufl., Fischer, Jena, Stuttgart, 743 S.

WALTER, H. 1990: Vegetationszonen und Klima. 6. Aufl., Ulmer/Stuttgart 382 S.

WALTER, H. & MEDINA, E. 1969: Die Bodentemperatur als ausschlaggebender Faktor für die Gliederung der subaplinen Stufe in den Anden Venezuelas. Ber. Dt. Bot. Ges. **82**: 275-281

WALTER, H. & MEDINA, E. 1971: Caracterizacion climatica de Venezuela sobre la base de climadiagramas de estaciones particulares. Bol. Socied. Venez. de Cienc. Natur. **29**: 211-240

WATTENBERG, I. & BRECKLE, S.-W. 1995: Tree species diversity of a pre-montane rain forest in the Cordillera de Tilaran, Costa Rica. Ecotropica **1**: 21-30

WEISCHET, W. 1980: Die ökologische Benachteiligung der Tropen. 2. Aufl., Teubner, Stuttgart

WILSON, E.O. 1988: Biodiversity. National Academy Press, Washington D.C. ISBN 0-309-03783-2

ZELLER, O. 1973 Blührhythmik von Apfel und Birne im tropischen Hochland von Ceylon. Gartenbauwissenschaften **38**: 322-342

Savannenlandschaft im Serengeti-Nationalpark (Zonobiom II), Tansania, zu Beginn der sommerlichen Regenzeit (Foto: Breckle)

Regengrüne Trockensavannen mit *Acacia* spec. im Pendjari-Nationalpark, Benin, W-Afrika (Foto: A. Erpenbach)

Der große, alte Löwe hält Ausschau. Großtierwelt in der Savanne von Tansania (Zonobiom II) im Serengeti Nationalpark (Foto: Breckle)

II Spezieller Teil

Teil E - ZB II: Zonobiom der Savannen bzw. laubwerfenden Wälder und Grasländer bzw. des tropischen Sommerregengebietes

1. Allgemeines
2. Klima, Böden und Zonale Vegetation
3. Savannen (Bäume und Gräser)
4. Parklandschaften
5. Beispiele großflächiger Savannengebiete
6. Ökosystemforschung (ein Beispiel)
7. Tropische Hydrobiome im ZB I und ZB II
8. Mangroven als Halo-Helobiome im ZB I und ZB II
9. Strandformationen - Psammobiome
10. Orobiom II - tropische Gebirge mit einem Jahresgang der Temperatur
11. Der Mensch in der Savanne
12. Zonoökoton II/III
13. Literatur

Savanne mit *Acacia xanthophloea* (Hintergrund) und ausgetrockneter Grasdecke (Zonobiom II) im Serengeti-Nationalpark, Tansania, zu Beginn der sommerlichen Regenzeit (Foto: Breckle)

1 Allgemeines

Das durch eine 12 Monate lange thermische Vegetationszeit gekennzeichnete tropische **Zonobiom II** ist wie ZB I im Tiefland frostfrei, aber weist bereits einen merklichen Jahresgang der Temperatur auf. In der warmen, meist perhumiden Jahreszeit fallen starke zenitale Regen, die kühlere Jahreszeit ist arid. Das hygrische Klima des ZB II ist durch eine ausgeprägte hygrische Saisonalität mit einer Regen- und einer Trockenzeit gekennzeichnet, wobei die Länge der hygrischen Vegetationszeit, d.h. die Anzahl der humiden und ariden Monate über den hygrischen Charakter der jeweiligen Savannenlandschaft entscheidet. Demgemäß kann man das ZB II in **semihumide** (7-9 humide Monate) regengrüne Feuchtwälder und Feuchtsavannen, **semiaride** (4-6 humide Monate) regengrüne Trockenwälder und Trockensavannen und **aride** (1-3 humide Monate) regengrüne Dornwälder und Dornsavannen unterteilen (▶ Abb. D-52).

In Amerika nimmt dieses Zonobiom klimatisch eine große Fläche südlich vom Amazonasbecken ein, dazu kleinere Flächen bis über den 20. Breitengrad nach Norden in Mittelamerika und teilweise extrazonale in Venezuela. In Afrika bedeckt das ZB II zu beiden Seiten des Äquators riesige Flächen. Südlich des Äquators, auf der Hochfläche vom Sambesi werden in kalten Jahren zum Teil starke Frostschäden beobachtet, durch die die Verbreitung des ZB II nach Süden begrenzt wird. Die kalte Hochebene um Johannesburg ist schon vorwiegend ein Grasland. In Asien sind Indien und SE-Asien die Hauptverbreitungsgebiete, während es sich in Australien auf den nördlichen Teil beschränkt (▶ Abb. C-22 bis ▶ Abb. C-27). Dem humido-ariden Klima des ZB II entsprechen auf den ebenen Flächen die zonalen Böden. Diese speichern während der Regenzeit so viel Wasser, dass sie in der Dürrezeit nicht ganz austrocknen. Das ist eine Voraussetzung für das Wachstum der zonalen laubabwerfenden Wälder, die zwar in der Dürrezeit durch den Abwurf des Laubes die Transpirationsverluste stark herabsetzen, aber auch während der Dürrezeit eine gewisse Wassermenge aus dem Boden aufnehmen müssen. Denn selbst die blattlosen Zweige und Äste verlieren doch noch so viel Wasser, dass die im Stamm gespeicherten Wassermengen nicht für die ganze Dürrezeit ausreichen.

2 Klima, Böden und zonale Vegetation

Eine Besonderheit des ZB II ist, dass die zonale offene Waldvegetation vielerorts fehlt und durch den Vegetationstyp der **Savannen** ersetzt wird. Die Ursachen dafür sind verschiedener Art. Eine besonders wichtige ist jedoch das Vorhandensein von wasserundurchlässigen Staukörpern (Lateritkrusten und andere) im Boden in verschiedener Tiefenlage. Ihre Anwesenheit ist zwar bekannt, doch ihre außerordentlich weite Verbreitung wurde erst von TINLEY (1982) auf einem 200 km langen Profil durch sehr genaue Bodenprofiluntersuchungen in Ostafrika nachgewiesen. Er stellte die Lage der Stauschichten mit 7 m tiefen Gruben fest. Diese wasserundurchlässigen Krusten verändern die Wasserbilanz des Bodens so stark, dass die Ausbildung der zonalen Waldvegetation verhindert wird (▫ Abb. E-1).

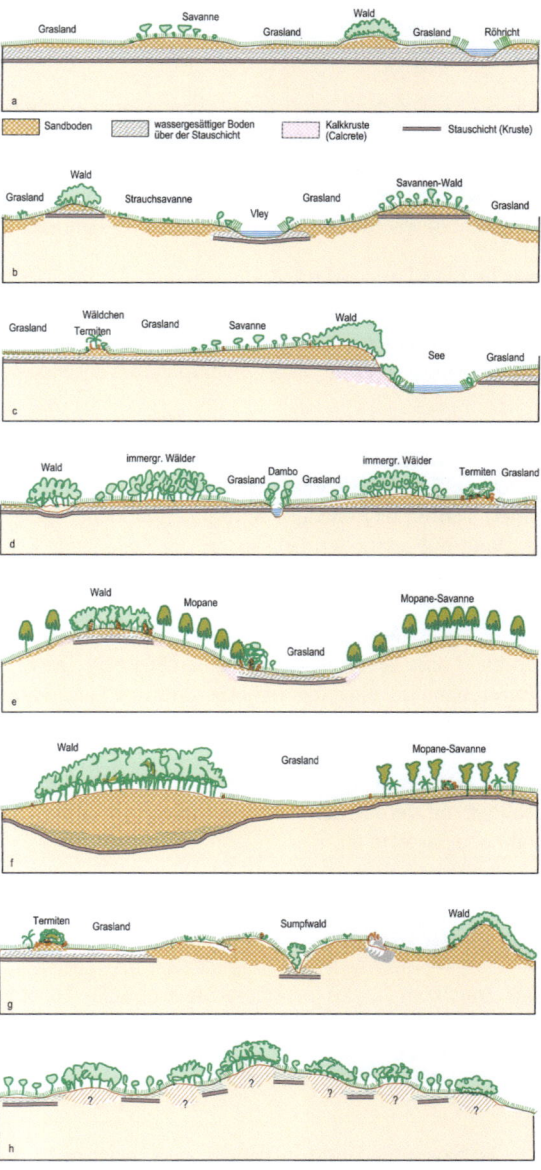

▫ **Abb. E-1** Vegetation in Abhängigkeit von der Lage der Stauschicht. Signaturen ▶ Abb. E-1a. Weitere Erläuterungen auf ▶ Seite 194 f. und bei den Einzel-Legenden (verändert nach TINLEY aus WALTER & BRECKLE 2004).

Legende zur Abb. E-1:

Abb. E-1a: Sandfläche mit hohem Grundwasserstand über einem durchgehenden Stauhorizont; der Boden ist wassergesättigt. Zur Entwicklung kommt dadurch ein nasses Grasland. Auf sandigen, dränierten flachen Erhebungen entwickelt sich eine Baumsavanne, auf höheren Erhebungen mit mehr Wurzelraum stockt Wald, der während der Dürrezeit Wasser aus tieferen Schichten entnehmen kann. In Senken tritt das Grundwasser zutage, es bildet sich ein See oder Sumpf mit Röhrichtvegetation am Rande.

Abb. E-1b: Hügelige Sandablagerungen mit unterbrochener, undurchlässiger Kruste auf verschiedenem Niveau, die nur am Hang an die Oberfläche tritt. Dort tritt Wasser aus, der vernässte Boden ist mit Grasland bedeckt. Auf den Erhebungen wächst Savanne oder Wald, je nach Wasserverfügbarkeit in der Trockenzeit. In Senken bildet sich ein Vley (periodisches Wasserbecken) oder ein See mit Grasland am Rande und einzelnen galerieartigen Baumreihen.

Abb. E-1c: Über einer durchgehenden, leicht geneigten Stauschicht (Kruste) ist der Boden ständig wassergesättigt, dräniert aber dem Gefälle nach, wo in einer Senke Wasseraustritt, zT verdunstet und Kalkkrusten (Calcrete) bildet. Dort wo das Grundwasser bis fast an die Oberfläche reicht, wächst Grasland, nur herausragende Termitenhaufen können Holzpflanzen tragen. Steht das Grundwasser tiefer, kann sich Savanne oder gar ein Wald entwickeln. An Quellen und Sickerhorizonten wachsen Gehölze und um den See Röhrichte.

Abb. E-1d: Auf der Cheringoma- Küstenebene tritt ebenfalls eine durchgehende Stauschicht auf, so dass sich meist nur Grasland entwickeln kann. Auf Erdhügeln oder Termitenhaufen wachsen Gehölze, auf größeren Erhebungen sind die Wasserverhältnisse auch während der Trockenzeit noch so gut, dass sich ein extrazonaler, edaphisch bedingter immergrüner Wald entwickeln kann, der randlich in einen laubwerfenden Wald übergeht. Im tief eingeschnittenen Tal (Dambo) wächst ein Galeriewald über fließendem Grundwasser.

Abb. E-1e: Im Urema-Tal des Grabenbruchs (Rift-Valley) verläuft die Kruste in sehr verschiedener Tiefe und ist bis 1,5m dick. Wo sie tief liegt, wird Regenwasser im durchwurzelten Boden gespeichert, so dass sich ein laubwerfender Wald entwickeln kann, während auf stark aufquellenden alkalischen (vergleyten) Böden die besondere Gehölzformation mit Mopane (*Colophospermum mopane*) entwickelt.

Abb. E-1f: Im westlichen Caprivi-Gebiet als Teil der nördlichen Kalahari treten oft tiefgründige aber grobkörnige Sande auf mit geringer Wasserspeicherfähigkeit. Dann wächst nur eine sehr offene Baumsavanne; ist aber eine Stauschicht in der Tiefe vorhanden, so kann der zonale, laubwerfende Wald (mit *Baikiaea*) wachsen. Bei flacher Kruste bilden sich basengesättigte schwarze tonreiche Böden mit tiefen Trockenrissen in der Trockenzeit, sie tragen nur Grasland mit annuellen Gräsern in der Regenzeit. Etwas erhöht stockt Mopane-Savanne, auf Termitenhaufen auch andere Gehölze.

Abb. E-1g: In den Küstendünen in Mozambik findet man je nach Wasserverfügbarkeit des Dünensandes einen niedrigen Wald oder Grasland mit einzelnen Büschen. Die Kruste ist nicht durchgehend, begünstigt wiederum Grasland; auf Termitenhaufen einzelne Gehölze und am Fuße Palmen. In tiefen Rinnen über undurchlässigem Ton wächst ein Sumpfwald.

Abb. E-1h: Im Strandbereich der Tongaküste (S-Mozambik) haben sich durch Meeresrückzug parallele Sandrücken gebildet mit verhärteten Feinstaubschichten dazwischen. Entsprechend der Wasserversorgung wechseln hier wieder Wald und Savanne ab.

Box E-1 Das humido-aride tropische Zonobiom

Das Zonobiom II, das humido-aride tropische Zonobiom, ist gekennzeichnet durch den scharfen Wechsel von Regen- und Trockenzeit. Bei kurzer Trockenzeit treten laubwerfende Wälder oft flächendeckend auf, bei längerer Trockenzeit überwiegen Gasländer und Dornsavannen.

Die Savannen und Graländer sind meist nicht nur klimatisch, sondern edaphisch, das heißt durch den Boden bedingt und können somit großenteils als Pedobiome betrachtet werden. Eine detaillierte Beschreibung der Verhältnisse bringen wir auf weiter unten.

Die Lateritisierung erfolgt einerseits durch langsame Lösung der Kieselsäure, durch Anhäufung und Verbackung von runden Pisolithknollen, die oft weitgehend aus Aluminium-, Eisen- und Manganoxid bestehen können und allmählich zu einer harten Kruste zementiert werden können, andererseits spielen Auslaugungsprozesse und Bodenerosion eine große Rolle (vgl. die einzelnen Stadien in ◘ Abb. E-2). Es verbleibt eine wellige betonharte Oberfläche, auf der kaum Pflanzenwuchs möglich ist (◘ Abb. E-3).

Die Auslaugung über lange Zeiten ergibt ein weiteres edaphisches Kennzeichen: die oft sehr große Nährstoffarmut der Böden im Bereich des ZB II. Die Landoberfläche in Afrika, aber ebenso in Australien, in Vorderindien sowie vor allem die brasilianische Platte in Südamerika sind Teile des Gondwana-Schildes, also des Urfestlandes, das sich vor vielen Jahrmillionen (im Mesozoikum) in die entsprechenden Kontinente aufspaltete. Die Landoberfläche wurde nie vom Meer überdeckt; die Böden sind uralt und ihre Verjüngung durch Meeressedimente fand niemals statt. Die anstehenden Gesteine wurden dauernd ausgelaugt und abgetragen. Die den Boden bildenden Verwitterungsprodukte sind deshalb überall, wo junge vulkanische Gesteine fehlen, an für Pflanzen wichtigen Nährstoffelementen (Phosphor, Spurenelemente) stark verarmt, so dass sich kein Wald entwickeln kann (Campos Cerrados).

Auf großen Verebnungen werden die kaum merklichen tieferen Reliefteile während der Regenzeit überschwemmt und die Böden sind staunass. Waldinseln wachsen nur auf den etwas höheren nicht überschwemmten Flächen, während auf den nassen Flächen sich ein tropisches Grasland entwickelt (◘ Abb. E-4). Es entsteht somit eine mosaikartige Parklandschaft mit Waldparzellen und Grasflächen, die ökologisch keine Savannen sind. Denn unter Savannen versteht man eine ökologisch homogene Pflanzengemeinschaft von zerstreut stehenden Holzpflanzen inmitten eines relativ trockenen Graslandes. Viele Geographen fassen allerdings den Savannenbegriff weiter.

Man hat es somit im ZB II mit drei Vegetationstypen zu tun:
1. mit zonalen laubabwerfenden Wäldern
2. mit relativ trockenen Savannen und
3. mit den in der Regenzeit nassen Parklandschaften.

Viele Lateritkrusten sind fossil, das heißt sie entstanden im Pleistozän, der geologischen Periode, die sich durch mehrere Vergletscherungsphasen auszeichnet. Diese Eiszeiten wirkten sich in der Wüstenzone der Sahara (ZB III), nicht ganz zeitparallel, als Pluvialzeiten mit ±starken Regen aus, in der tropischen Zone (ZB II) dagegen, wie neuere pollenanalytische Untersuchungen beweisen, bis in das ZB I als Trockenperioden, die zur Ausbildung von Lateritkrusten und noch heute vorhandenen Reliktsavannen selbst inmitten von immergrünen Regenwäldern führten.

Box E-2 Die Gondwana-Reste in ZB II

Im Zonobiom II sind auf den alten Gondwanaschildflächen oft Peinobiome entwickelt: Biome, die durch die starke Nährstoffarmut der alten Böden geprägt sind.

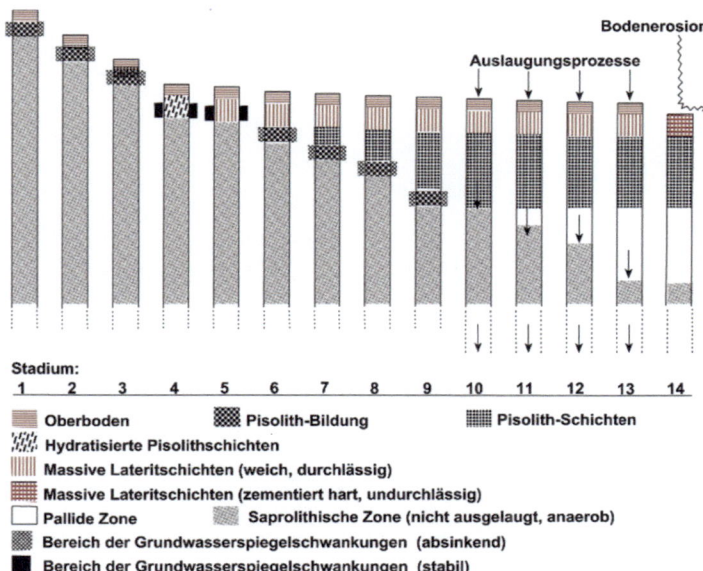

◘ **Abb. E-2** Schema der einzelnen Stadien und Prozesse der Lateritisierung im wechsel-feuchten Savannenklima durch Auslaugungsprozesse und Bildung einer betonharten Lateritkruste mit Bodenerosion.

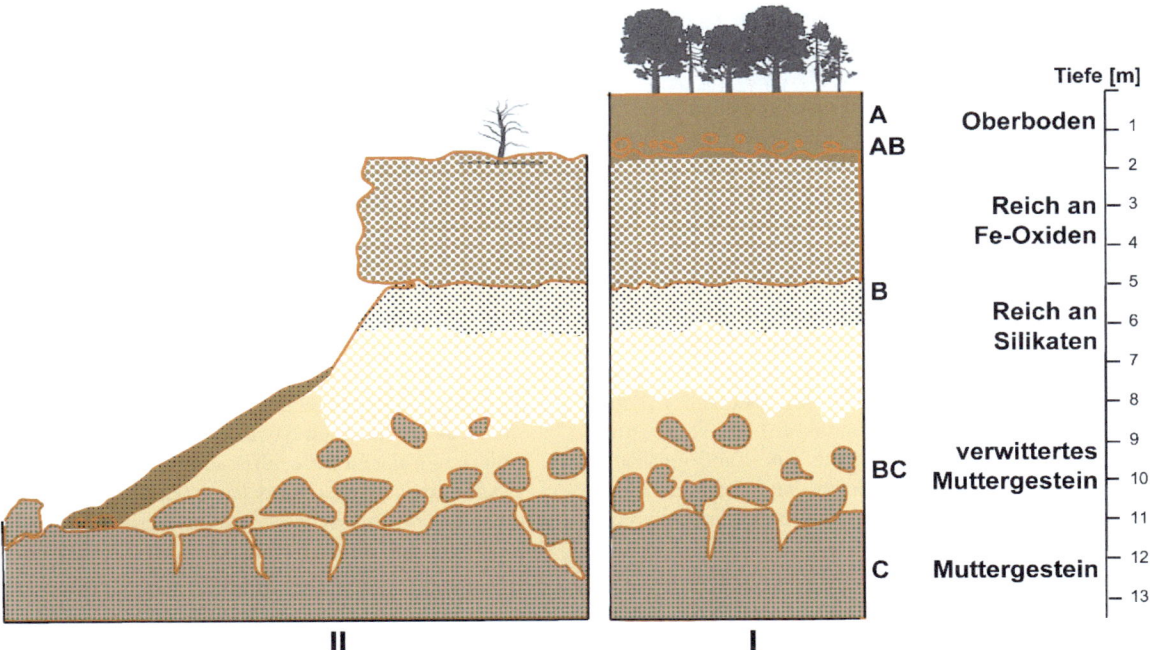

■ **Abb. E-3** Durch wiederholtes Austrocknen des **B**-Horizonts und Abtragung des Oberbodens verhärtet die eisenoxidreiche Schicht (Plinthit) irreversibel zu 'Ironstone' (Laterit) (verändert nach SCHULTZ 1995, aus THOMAS 1974). Die harten Lateritkrusten können Spülflächen 'zementieren' und tragen so zur Stufenbildung an Berghängen bei (Tafelbergbildung).

■ **Abb. E-4** Eine breite Ebene in Zentralaustralien mit unmerklichen Reliefteilen, bedeckt mit Grasland und Waldinseln. Sie wird während der Regenzeit überschwimmt; es können sich dann staunasse Böden ausbilden. Im Hintergrund die Olga-Mountains, ca. 35 km entfernt (Foto: Breckle).

Die Artenvielfalt in den Savannen ist wesentlich geringer als in den tropischen Regenwäldern. Einige Beispiele neotropischer Gebiete werden in ◘ Tab. E-1 angegeben.

Klimatisch kann das ZB II nach der Dauer der thermischen und hygrischen Vegetationszeit in zwei Subzonobiome eingeteilt werden, und zwar in ein feuchtes und in ein trockenes. Die entsprechenden Klimadiagramme für Indien wurden auf ▶ Abb. D-73 gezeigt. Es ist nicht zweckmäßig, für alle Kontinente bestimmte klimatische Grenzwerte anzugeben, dazu sind die Verhältnisse im Einzelnen zu verschieden.

Dem Klima entsprechend werden auch feuchte und trockene zonale tropische laub-abwerfende Wälder unterschieden. Die zonalen Böden sind wohl noch zu wenig untersucht oder die Ergebnisse oft nicht allgemeingültig, um generelle Unterscheidungsmerkmale für die feuchten und trockenen anzugeben. Sie gehören ebenso wie die von ZB I zur Gruppe der rotgefärbten ferrallitischen Böden, doch geht die SiO_2-Auswaschung in diesen Böden, die nur während der warmen Regenzeit nass sind, nicht so weit. Während das Verhältnis SiO_2/Al_2O_3 bei ZB I unter 1,3 liegt, beträgt es beim ZB II 1,7 bis 2. Auch die Sorptionskraft der zonalen Böden ist etwas größer, das heißt sie halten die für die Ernährung der Pflanzen wichtigen Ionen durch Adsorption besser fest aufgrund einer größeren Kationenaustauschkapazität (CEC) und sind deshalb nicht ganz so nährstoffarm.

Der auffallendste Unterschied der zonalen Vegetation des ZB II gegenüber ZB I ist der Laubabwurf, als jahresperiodische Rhythmik. Es zeigt sich, dass in allen Klimazonen von den Baumarten stets der Blattbautypus ausgebildet wird, der die größte Produktion unter den jeweiligen Klimabedingungen gewährleistet. Die Blattorgane sind immer kurzlebige Gebilde, denn sie altern sehr rasch, das heißt sie verlieren bald die Fähigkeit, CO_2 zu assimilieren, was ihre Hauptaufgabe ist. Die Ursache dafür ist wahrscheinlich die Anhäufung von Ballaststoffen, die im Transpirationsstrom gelöst dem Blatt zugeführt werden, ebenso wie von Stoffwechselnebenprodukten (Gerbstoffe, Alkaloide, Terpene etc.), die allerdings fast immer auch noch eine abwehrende Rolle gegen Herbivoren haben.

Auch die immergrünen Bäume des ZB I werfen die alten Blätter bald ab, wenn die jungen funktionsfähig geworden sind. Bei einigen Arten hat man sogar im ZB I beobachtet, dass sie in guten Regenjahren immergrün sind, dagegen beim Auftreten einer ungewöhnlichen Dürrezeit die Blätter bereits vor dem Austreiben der Blattknospen verlieren, also die Bäume eine kurze Zeit kahl sind. Im ZB II ist eine lange Dürrezeit normal, die Regenzeit dagegen sehr feucht. Entsprechend bilden die Baumarten erst zu Beginn der Regenzeit sehr dürreempfindliche große und dünne Blätter aus, für deren Aufbau sie weniger Baustoffe pro Blattflächeneinheit benötigen als für die dicken ledrigen Blätter der Arten des ZB I. Obgleich die dünnen Blätter nur während der feuchten Jahreszeit CO_2 assimilieren, ist doch durch das Einsparen von organischem Material die Jahresbilanz der Produktion günstiger. Für die CO_2-Assimilation, also die Produktion organischer Substanz, ist neben der Blattfläche die Assimilationsintensität ausschlaggebend. Letztere ist beim dünnen Blatt höher.

Der Wasserhaushalt der Bäume im ZB II ist während der Regenzeit sehr ausgeglichen. Denn der Tagesgang der Transpirationskurve verläuft parallel zur Evaporationskurve und weist kaum mittägliche Depressionen auf, die immer ein Anzeichen von beginnendem Wassermangel sind. Auch die osmotischen Zellsaftpotentiale der Blätter sind bei allen Arten relativ tief im Bereich von -0,7 bis -1,9 MPa. Zu Beginn der Dürrezeit macht sich eine Zunahme der Zuckerkonzentration in den Zellen der Blätter auf das Sechsfache bemerkbar (absolut um 0,2 MPa). Bald darauf tritt Vergilben oder Austrocknen der Blätter ein.

Frostschäden wurden an der Südgrenze des ZB II in Afrika in ungünstigen Jahren beobachtet (ERNST & WALKER 1973). Das Austreiben der Jahrestriebe und die Entfaltung der Blätter erfolgt erst nach dem Einsetzen der Regen (◘ Abb. E-5). Aber es ist auffallend, dass die Blütenknospen vieler Baumarten sich schon vor dem ersten Regen öffnen. Da die Blütenblätter nur eine kutikuläre, äußerst geringe Transpiration besitzen, so ist das mit einem kaum merkbaren größeren Wasserverlust verbunden, dagegen wird die Bestäubung der Blüten durch Insekten in dem noch kahlen Wald erleichtert.

◘ **Tabelle E-1** Floristischer Reichtum einiger neotropischer Savannengebiete (nach SARMIENTO 1996)

Gebiet	Fläche (km²)	Artenzahlen			Gesamte Artenzahl
		Gräser	Halbsträucher und Kräuter	Bäume und Sträucher	
Llanos in Kolumbien	150 000	44	174	88	306
Llanos in Venezuela	250 000	43	312	200	555
Cerrados in Brasilien	2 000 000	429	181	108	718

◘ **Abb. E-5** Zu Beginn der Regenzeit ergrünender *Colophospermum mopane* Wald in Nord-Namibia (großes Bild). In dieser Zeit beginnen auch die Bäume zu blühen (Fotos: Breckle).

Der auslösende Faktor für den Blühbeginn dürfte das Maximum der Temperatur sein, das gegen Ende der Dürrezeit, aber schon vor Beginn des Regens, eintritt.

Die ausgedehntesten Waldbestände des ZB II findet man in den wenig besiedelten Teilen Afrikas südlich des Äquators. Es sind die 'Miombo'-Wälder auf der Wasserscheide zwischen Indischem und Atlantischem Ozean und auf der Lunda-Schwelle südlich des Kongobeckens, wo es in der Dürrezeit kein für die Siedlungen notwendiges Trinkwasser zur Verfügung steht. An der Trockengrenze des ZB II ist das Auftreten des Baobabs oder Affenbrotbaumes (*Adansonia digitata*) sehr auffallend, in dessen unförmigem Stamm, der einen Umfang von 20 m erreicht (◘ Abb. E-6), bis zu 120.000 Liter Wasser gespeichert werden kann. Man kann deshalb annehmen, dass er in blattlosem Zustand die Dürrezeit ohne Wasseraufnahme aus dem Boden überdauert. Auch in Südamerika und Australien treten zur selben Familie der Bombacaceae gehörende **Flaschenbäume** auf.

MEDINA (1968) hat in Venezuela in einem laubabwerfenden Wald in 100 m NN (Jahrestemperatur 27,1°C, Jahresniederschlag 1334 mm) die Bodenatmung bestimmt. Sie war während der Regenzeit dreimal intensiver als in der Dürrezeit. Sie entsprach einer jährlich abgebauten organischen Substanzmenge von im Mittel 11,2 t·ha^{-1}. Der jährliche Streufall betrug 8,2 t·ha^{-1}. Die Differenz könnte der Wurzelatmung entsprechen.

Über die Produktion findet man einige Angaben bei CANNEL (1982) (◘ Tab. E-2).

In Thailand untersuchten OGAWA et al. (1961):
1. Einen lichten Dipterocarpaceen-Trockenwald in 300 m Höhe mit licht stehenden etwa 20 m hohen Bäumen und einer 20 bis 30 cm hohen Grasschicht.
2. Einen feuchten gemischten laubabwerfenden Wald mit 20 bis 25 m hohen Bäumen und spärlichem Graswuchs.

Es wurden folgende Werte für die Phytomasse (t·ha^{-1}) und die Primärproduktion (t·ha^{-1}·a^{-1}) erhalten:

Waldtyp	Phytomasse	Produktion	(BFI)
1	65,9	7,8	4,3
2	77,0	8,0	4,2

Die laubabwerfenden Wälder werden von der Bevölkerung für den Wanderackerbau ('shifting cultivation') jeweils drei bis fünf Jahre lang genutzt. Auf den aufgelassenen Flächen wächst nach 10 bis 20 Jahren ein Sekundärwald heran. Älter als 100 Jahre scheinen die Bäume nicht zu werden.

3 Savannen (Bäume und Gräser)

Wie erwähnt, versteht man unter Savannen tropische Ökosysteme, in denen in einem tropischen Grasland zerstreut stehende Holzarten im Wettbewerb mit den Gräsern stehen (◘ Abb. E-7).

Gräser und Holzarten sind zwei ökologisch antagonistische Pflanzentypen, die sich meistens gegenseitig ausschließen. Nur in den Tropen mit Sommerregen und auf tiefgründigen lehmigen Sanden stehen sie miteinander in einem ökologischen Gleichgewicht. Der Antagonismus wird durch die Verschiedenheit 1. des Wurzelsystems und 2. des Wasserhaushalts bedingt.

1. Die **Gräser** besitzen ein sehr feinverzweigtes **intensives Wurzelsystem**, das ein kleines Bodenvolumen sehr dicht durchwurzelt. Es ist besonders geeignet für feinsandige Böden mit einer genügenden Wasserkapazität in Sommerregengebieten, in denen der Boden während der Vegetationszeit viel Wasser enthält. Die **Holzarten** haben dagegen ein

Tab. E-2 Quantitativer Vergleich zweier Trockenwälder

1   Lichter Miombo-Wald in Zaire (11°37'S, 27°29'E, 1244 m NN)

Baumarten: *Brachystegia, Pterocarpus, Marquesia* und andere

Böden: Latosole

BFI: 3,5

Phytomassen oberirdisch: 144,8 t·ha^{-1} (davon Blätter 2,6 t·ha^{-1})

Phytomassen unterirdisch: 25,5 t·ha^{-1} (geschätzt)

Nettoproduktion: Streufall 4-6 t·ha^{-1}·a^{-1}

Holzproduktion: nicht bestimmt

2   Trockener Monsunwald in Indien (24° 54'N, 83°E, 140-180 m NN)

Baumarten: *Anogeissus, Diospyros, Budenania, Pterocarpus* und andere

Boden: Rotbrauner, lessivierter sandiger Lehm

Phytomasse oberirdisch: 66,3 t·ha^{-1} (davon Blätter 4,7 t·ha^{-1})

Phytomasse unterirdisch: 20,7 t·ha^{-1} (geschätzt)

Jährliche Nettoproduktion:
Stämme und Zweige: 4,40 t·ha^{-1}·a^{-1}
Blätter: 4,75 t·ha^{-1}·a^{-1}
Unterwuchs: 0,35 t·ha^{-1}·a^{-1}
Wurzeln: (geschätzt) 3,40 t·ha^{-1}·a^{-1}

Abb. E-6 Sehr großer Baobab (*Adansonia digitata*) östlich Tsumeb (Namibia) (Foto: Breckle) ▶ Abb. E-49.

extensives Wurzelsystem. Die groben Wurzeln streichen sehr weit horizontal sowie in die Tiefe und durchwurzeln ein großes Bodenvolumen, aber nicht so dicht. Dieses Wurzelsystem bewährt sich besonders in steinigen Böden, in denen das Wasser unregelmäßig verteilt ist, nicht nur in Sommerregengebieten, sondern auch in Winterregengebieten, wenn das Wasser versickert und im Sommer aus größerer Bodentiefe durch die Wurzeln aufgenommen werden muss. In den Winterregengebieten spielen die Gräser deshalb keine Rolle.

2. Hinsichtlich des Wasserhaushalts zeichnen sich die typischen Gräser dadurch aus, dass sie bei günstiger Wasserversorgung sehr stark transpirieren, eine intensive Photosynthese besitzen und viel organische Masse in kurzer Zeit produzieren. Wenn nach Abschluss der Regenzeit Wassermangel eintritt, wird die Transpiration nicht abgebremst, sondern sie geht weiter, bis die Blätter und meistens die ganzen oberirdischen Teile vertrocknen. Am Leben bleiben nur das Wurzelsystem und die Sprossvegetationskegel, wobei deren Meristemgewebe, geschützt durch viele Hüllen von trockenen Blattscheiden, eine lange Trockenzeit zu überdauern vermag. Der Boden kann dabei fast austrocknen. Erst nach den ersten Regen setzt neues Wachstum ein.

Die Holzpflanzen dagegen, die ein großes Spross-System mit vielen Blättern besitzen, haben einen ausgeglichenen Wasserhaushalt. Bei den ersten Anzeichen von Wassermangel werden die Stomata geschlossen und damit wird die Transpiration stark reduziert. Verschärft sich der Wassermangel, so findet ein Blattabwurf statt. Während der Trockenzeit bleibt nur das Achsengerüst mit den Knospen erhalten. Obgleich diese gegen Wasserverluste gut geschützt sind, haben Messungen doch ergeben, dass auch blattlose Zweige zwar eine sehr geringe, im Laufe von Stunden aber messbare Wasserabgabe aufweisen. Die Wasservorräte im Holz reichen nicht aus, um die Wasserverluste während einer längeren Trockenzeit auszugleichen, das heißt die Holzpflanzen sind auch während der Trockenzeit darauf angewiesen, eine gewisse, wenn auch sehr geringe Wassermenge aufzunehmen. Sie vertrocknen und sterben ab, wenn der Boden kein aufnehmbares Wasser mehr enthält.

Berücksichtigt man diese Unterschiede, so kann man das ökologische Gleichgewicht in der Savanne verstehen. Als Beispiel seien die Verhältnisse in SW-Afrika bei allmählich zunehmenden Sommerniederschlägen in einem Gebiet mit ausgeglichenem Relief und feinsandigen Böden gewählt, die alles Regenwasser aufnehmen und den größten Teil speichern (◘ Abb. E-8). Es handelt sich um das Zonoökoton

◘ **Abb. E-7** *Kigelia africana*-Savanne (Bignoniaceae) in Kenia. Die Grasschicht verdorrt nach der Regenzeit. Man hat den Eindruck, als ob an den Hängen der Hügel der Baumbestand dichter wird, aber es ist immer dieselbe Savanne (Foto: Breckle).

II/III, das heißt um das Übergangsgebiet zwischen dem ZB II und den Wüsten mit Sommerregen. Hier treten klimatische Savannen bei Niederschlägen von 500 mm bis 300 mm im Jahr auf und einer etwa acht Monate langen Dürrezeit.

Wenn der Jahresniederschlag nur 100 mm beträgt (◘ Abb. E-8a), wird das Wasser nicht sehr tief in den Boden eindringen. In den durchfeuchteten Bodenschichten wurzeln die kleinen Horstgräser, die alles gespeicherte Wasser verbrauchen und dann nach der Regenzeit vertrocknen; am Leben bleibt nur das Wurzelsystem mit den Sprossvegetationskegeln. Holzpflanzen können sich nicht halten, weil während der Dürrezeit kein für die Pflanzen aufnehmbares Wasser im Boden vorhanden ist (Halbwüste). Bei einer Regenmenge von 200 mm sind die Verhältnisse ähnlich (◘ Abb. E-8b); der Boden wird tiefer durchfeuchtet, die Horstgräser sind größer, aber auch sie verbrauchen alles Wasser (Grasland). Erst wenn die Niederschlagsmenge auf 300 mm ansteigt (◘ Abb. E-8c), werden die Gräser am Ende der Regenzeit etwas Wasser im Boden übriglassen; diese kleine Wassermenge genügt nicht, um die Grasschicht grün zu erhalten, sie ermöglicht es jedoch kleinen Holzpflanzen die Dürrezeit zu überstehen, es bildet sich eine **Strauchsavanne**. Beträgt der Jahresniederschlag 400 mm (◘ Abb. E-8d), dann sind die am Ende der Sommerregenzeit im Boden verbleibenden Wassermengen größer, so dass sich einzelne Bäume einstellen und eine **Baumsavanne** zustande kommt.

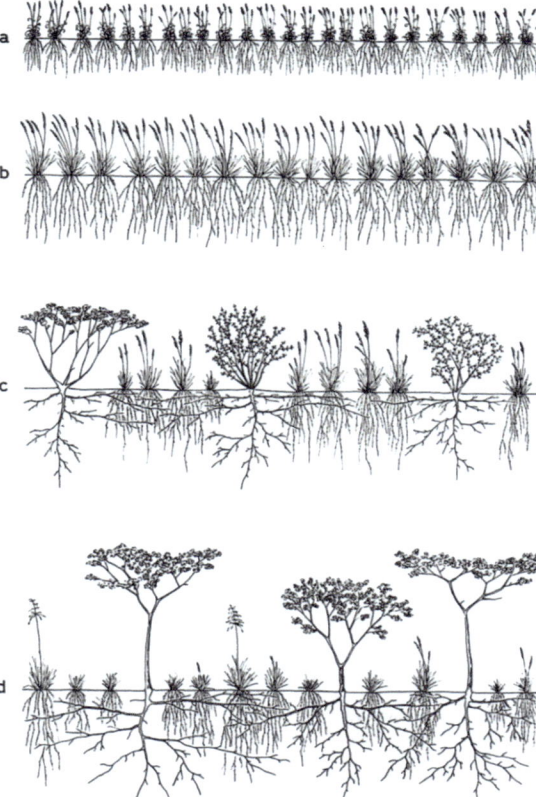

◘ **Abb. E-8** Schematische Darstellung des Übergangs vom Grasland (**a** und **b**) zur Strauch- (**c**) und zur Baumsavanne (**d**). Erläuterung im Text.

Aber auch in dieser sind die Gräser noch der überlegene Partner. Von ihnen hängt es ab, wie viel Wasser für die Holzpflanzen übrigbleibt, wobei dieser Anteil von Jahr zu Jahr stark schwanken kann.

Erst wenn die Niederschläge so hoch sind, dass die Baumkronen zusammenrücken und durch die Beschattung der Grasschicht diese an der vollen Entfaltung hindern, kehrt sich das Wettbewerbsverhältnis um. In den Savannenwäldern oder regengrünen tropischen Trockengehölzen werden die Holzpflanzen dann zum bestimmenden Wettbewerbspartner, und die Gräser müssen sich an die Lichtverhältnisse am Boden anpassen.

Dieses labile Wettbewerbsgleichgewicht in der Savanne wird jedoch sehr leicht gestört, wenn der Mensch durch Beweidung eingreift. Die Gräser werden abgefressen, damit hören die Wasserverluste durch deren Transpiration auf, es verbleibt nach der Regenzeit mehr Wasser im Boden und dieses kommt den Holzpflanzen (meist *Acacia*-Arten) zugute, die sich üppig entwickeln, reich fruchten. Manche Arten bilden zusätzlich Wurzelschösslinge. Die Baumkeimlinge leiden nicht unter der Konkurrenz der Graswurzeln; die Baumsamen werden mit dem Kot des Viehs, das die Hülsen frisst, verbreitet und die meist dornigen Sträucher wachsen so dicht heran, dass eine Verbuschung eintritt, das heißt die Weide wird wertlos.

Die Verbuschung ist eine schwere Gefahr in allen nicht rationell beweideten Gebieten. Deswegen ist der Dornbusch als Ersatzgesellschaft heute weiter verbreitet als die klimatische Savanne (Dornsavanne), zum Beispiel auch in den ariden Teilen Indiens, in N-Venezuela und auf den vorgelagerten Inseln (Curacao, Dominikanische Republik und andere) (◘ Abb. E-9). Ist das Gebiet dichter besiedelt und werden die Holzpflanzen als Brennholz oder für dornige Umhegung der Vieh-Krale gegen Raubwild verwendet, so entsteht meistens eine anthropogene Wüste mit allen Zeichen der Desertifikation, die sich nur während der Regenzeit mit annuellen Gräsern bedeckt. Während der Trockenzeit hungert das Vieh, denn es hat nur die strohigen Reste der Gräser als schlechtes Futter zur Verfügung. Solche Verhältnisse herrschen zum Beispiel im Sudan, aber auch in N-Kenia.

Auf steinigen Böden sind die Holzpflanzen den Gräsern absolut überlegen; Gräser fehlen fast ganz. Mit abnehmenden Niederschlägen werden die Holzpflanzen immer kleiner und rücken weiter auseinander, weil jeder Strauch mehr Wurzelraum benötigt, und die Wurzeln flach verlaufen; denn nur die oberen Bodenschichten werden befeuchtet.

An der Grenze zum ZB III verbleiben nur wenige kleine Zwergsträucher mit xerophilen Anpassungen (Zwergstrauchhalbwüste).

Besondere Verhältnisse herrschen auf zweistöckigen Böden (siehe unten), wie zum Beispiel in Namibia, wo dann bei einem Jahresniederschlag von nur 185 mm noch eine Buschsavanne wächst (◘ Abb. E-10).

◘ **Abb. E-9** Kakteenwald mit *Opuntia moniliformis* und *Neobootia paniculata* bei Jimani, Dominikanische Republik (Foto: Breckle).

Bei dieser Regenmenge wäre auf tiefgründigem sandigem Boden reines Grasland zu erwarten; doch zeigt das Bodenprofil unter einer 10 bis 20 cm mächtigen Sandschicht anstehenden Sandstein der Fischflussformation, der entweder feingeschichtet ist mit kleinen Spalten oder grobgebankt mit größeren Spalten. Die obere Sandschicht hält nicht das ganze Regenwasser zurück, ein Teil versickert in die Spalten des Sandsteins. Die Gräser nutzen das Wasser in der Sandschicht aus, die Wurzeln der Büsche dringen dagegen in den tieferen Sandstein ein und verbrauchen das in den Spalten enthaltene Wasser. Die Wasservorräte in den Spalten des feinschichtigen Sandsteins reichen nur für den kleinen *Rhigozum*-Busch. Mit den Wurzeln in den Spalten des großgebankten Sandsteins kann der größere *Catophractes*-Strauch gedeihen (◘ Abb. E-11). Die Verteilung der Sträucher spiegelt also die Struktur des Sandsteins wider und findet sich in ähnlicher Weise dort, wo die deckende Sandschicht fehlt. Zwischen den Büschen besteht ein Wettbewerb. In größeren Spalten können beide Arten keimen, aber die größere verdrängt mit der Zeit die kleinere, von der nur die toten Reste übrigbleiben. Ein Wettbewerb zwischen Gräsern und den Holzarten findet in diesem Falle nicht statt.

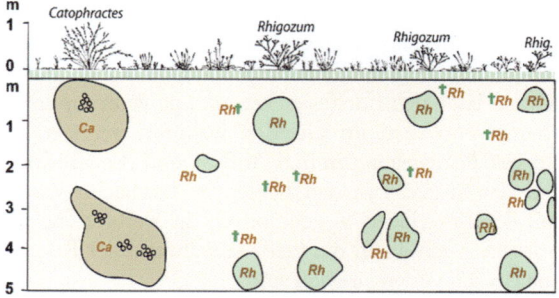

◘ **Abb. E-10** Linienprofil (1 m breit) durch eine typische Vegetationsfläche bei Voigtsgrund (SW-Afrika). Gräser während der Trockenzeit dürr. Darunter Pflanzendecke im Grundriss (ohne Gräser). **Ca** = *Catophractes*, **Rh** = *Rhigozum* († abgestorben).

◻ **Abb. E-11** *Catophractes alexandri*-Savanne in Namibia. In den kleinen Spalten der Sandsteine der Fisch-Formation wachsen Sträucher, in den größeren sogar Bäume (Foto: N. Derber).

Im ZÖ II/III treten zonale Savannen anstelle der laubabwerfenden Wälder auf, wenn die Jahresniederschläge für letztere zu gering sind. Im ZB II dagegen, wo trotz genügend hoher Niederschläge der Boden zu wenig Wasser während der Dürrezeit für das Überleben eines Waldes enthält, breiten sich zonale Savannen aus. Andererseits schließt auch ein Zuviel an Wasser während der Regenzeit, das heißt Staunässe, ein Wachstum der Holzpflanzen aus. Es bildet sich dann ein reines Grasland, das in der Dürrezeit austrocknen kann und das für die Parklandschaften typisch ist. In ▶ Abb. E-1**a-h** haben wir dies erläutert. An einigen Beispielen wird gezeigt, wie die im Boden in unterschiedlicher Tiefe entstandene Kruste das Vegetationsmosaik beeinflusst. Die Wirkung der Kruste lässt sich nur feststellen und genauer untersuchen, wenn man im Gelände während der starken Regenfälle arbeitet, um den Abfluss und das Eindringen des Wassers in den Boden zu beobachten und mit dem jeweiligen Vegetationstyp in Verbindung zu bringen (auch wenn die Gebiete während der Regenzeit oft schwer zugänglich sind).

Bei der ▶ Abb. E-1**e** handelt es sich um ein leicht hügeliges Gebiet der nördlichen Kalahari mit tiefgründigem Sand. Das Haftwasser bei Feldkapazität ist relativ gering, so dass ein großer Teil des Regenwassers versickert und das Haftwasser nur für eine Savannenvegetation ausreicht. Aber stellenweise verhindern Lateritkrusten ein Versickern des Wassers. Je nach Tiefe der Kruste kann sich über dem feuchten Sand ein dichtes Gehölz oder ein Trockenwald entwickeln. Bei geringer Tiefenlage der Kruste in einer Niederung ist der Boden darüber staunass, und es wächst nur Grasland.

Auf ▶ Abb. E-1**f** ist eine durchgehende Lateritkruste im Sandboden vorhanden, die links eine Mulde bildet, über der sich auch seitlich zufließendes Sickerwasser sammelt. Der Boden ist gut durchlüftet und in der Tiefe feucht, so dass der zonale Laubwald günstige Verhältnisse vorfindet; in der Mitte ist eine Niederung mit Grasland, die während der Regenzeit überschwemmt wird, rechts auf etwas höheren Reliefteilen mit tonigen, basengesättigten Böden ist das Grasland mit einigen an schwere Böden angepassten Holzarten (Mopane, *Balanites,* Flötenakazien) durchsetzt (◻ Abb. E-12).

▶ Abb. E-1**b** zeigt die Vegetationsgliederung wieder in einem wenig Wasser haltenden Sandgebiet mit einer Savanne, in der die Holzpflanzen während der Dürre bis zum Boden abtrocknen und in der Regenzeit wieder von der Stammbasis oder als Wurzelschösslinge austreiben. Dort wo Lateritkrusten in verschiedener Tiefe liegen, entwickelt sich auf den Erhebungen je nach den Wasserverhältnissen ein Gehölz oder ein Savannenwald bzw. in der Niederung ein seichter kleiner See (Vley) mit Sumpfvegetation, der während der Dürrezeit austrocknen kann. Über seitlich abfließendem Überschusswasser am Rande der Kruste kann auch etwas Baumwuchs auftreten. Man erkennt somit, wie je nach Lage der Krusten Wald und Savanne abwechseln oder bei staunassen Böden Parklandschaften entstehen.

◻ **Abb. E-12** *Acacia drepanolobium*-Gebüsch (Flöten-Akazie) mit Gallen (Ameisennester) über schweren Böden in den Gras-Savannen von Nord-Kenya (Foto: Breckle).

Im Gegensatz zu ▶ Abb. E-1**f** liegt die durchgehende Kruste bei ▶ Abb. E-1**a** überall gleich tief und der darüberlegende Boden ist in der Regenzeit wassergesättigt und mit Grasland bewachsen, nur auf kleinen Erhebungen ist der Boden besser dräniert und trägt eine Baumsavanne (links) oder bei größerem Wurzelraum ein Gehölz. Ganz rechts ist eine Vertiefung mit offenem Grundwasserspiegel; am Rand des Wasserbeckens entwickelt sich ein Röhricht.

Die verhärtete Schicht des **B**-Horizonts wird an Hängen nicht selten durch Erosion freigelegt. Sie führt zur Bildung von Tafelbergen. Am Rande dieser Berge führt die Stufenbildung zu Steilhängen, wie dies in der Entwicklung in ▶ Abb. E-3 gezeigt ist.

Es gibt noch weitere Faktoren, die eine Savannenvegetation begünstigen, wie zum Beispiel Feuer (◻ Abb. E-13), die Großwildherden (◻ Abb. E-14) und die verschiedenen Eingriffe des Menschen mit ihren Viehherden. Im Nationalpark von Pendjari in Benin, West-Afrika zum Beispiel, wird durch das Parkmanagement alljährlich zu Beginn der Trockenzeit kleinflächige kontrollierte Feuer gelegt, um die Anhäufung größerer Trockenmasse zu vermeiden. Diese Brände gelten als 'kühl', und sobald sie aus der Topkill-Höhe heraus sind, töten Bäume und Sträucher nicht und verhindern unkontrollierbare großflächige 'heiße' Brände (▶ Abb. E-13).

Das Feuer ist im Klimagebiet des ZB II als ein natürlicher Faktor lange vor dem Erscheinen des Menschen wirksam gewesen. Gewitter leiten meistens die Regenzeit ein; da um diese Zeit viel trockenes Gras vorhanden ist, kann durch Blitzschlag leicht ein Brand entstehen. Die Häufigkeit solcher Brände beweisen die vielen Pyrophyten, das heißt Holzarten, die gegen Feuereinwirkung widerstandsfähig sind. Die Baum- oder Straucharten besitzen oft eine dicke Borke, die nur angekohlt wird und

◻ **Abb. E-13** Feuer in der Savanne im Nationalpark Pendjari in Benin, West-Afrika (Foto: A. Erpenbach).

Abb. E-14 Großwild-Herden im National-Park im Ngorongoro-Krater (Tansania) im Bereich der Grassavanne (Foto: Breckle).

das Kambium schützt, oder die Sträucher haben über dem Wurzelhals im Boden schlafende Knospen, die austreiben, wenn die oberirdischen Sprossteile verbrennen. Viele Arten haben unterirdische Speicherorgane, die verholzen können (Lignotuber, ▶ Abb. E-54) und eine rasche Regeneration ermöglichen.

Grasbrände hat schon der primitive Mensch der Urzeit angelegt, um sich und seine Siedlungsplätze vor der Gefahr überraschender durch Blitzschlag verursachter Feuer zu schützen. Denn bei dem hohen Wuchs der Gräser in den feuchteren Zonen breiten sich die Brände mit großer Geschwindigkeit und Gewalt aus. Heute ist das Abbrennen während der Trockenzeit zur allgemeinen Unsitte geworden, um die Jagd auf Großwild zu erleichtern, oder um Ungeziefer (Schlangen etc.) zu vernichten. Nach einem Grasbrand treiben die Gräser früher aus, was für die Beweidung anfangs günstig ist.

Die Grasbrände können nur in Trockenwälder mit Grasunterwuchs eindringen, aber sie drängen auch den Feuchtwald am Rande zurück. Vor allem verhindern sie jedoch, dass der Wald verlorengegangenes Gelände wie auch die gerodeten und nachträglich vergrasten Flächen wieder zurückerobert.

Auch im Norden Venezuelas spielt neben der Wasserversorgung und den Nährstoffverteilungen das Feuer eine wichtige Rolle beim Gleichgewicht zwischen *Byrsonima crassifolia* (mit sehr niedriger Dichte) und den ausdauernden C4-Gräsern *Trachypogon vestitus* und *Axonopus canescens* (▶ Abb. E-26). Aber auch zwischen den beiden Gräsern besteht ein sehr labiles Gleichgewicht, das INCHAUSTI (1995) durch Verpflanzungsversuche untersucht hat. Nur unter absolutem Schutz ersetzt *Axonopus* allmählich *Trachypogon*.

Ein sehr wesentlicher Faktor für die Savannen ist die Beweidung durch Großwild (ANDERSON et al. 1973) (▪ Abb. E-15). Der Baumjungwuchs wird durch Verbiss und Tritt vernichtet. Ganz besonders waldfeindlich sind die Elefanten. Sie reißen Bäume aus oder entrinden die Stämme. Elefantenfährten lichten den Wald und erlauben den Grasbränden, in den Wald einzudringen. Ein Elefant kann im Mittel vier Bäume pro Tag vernichten. Die Baumverluste in Miombo-Wäldern erreichen bis 12,5 % pro Jahr. In den Naturschutzgebieten nimmt die Zahl der Elefanten rasch zu. Der Murchison-Park am Albert-See (in Uganda) wird durch Elefanten mit der Zeit immer mehr entwaldet. In der Serengeti (in Tansania) scheint dagegen ein Gleichgewicht zwischen Wildschäden und Vegetationsregeneration zu bestehen (▪ Abb. E-16).

Es ist auffallend, dass in dem wildreichen Afrika viele Holzpflanzen der Savannen dornig sind (◘ Abb. E-17; ◘ Abb. E-18), während das im wildarmen Südamerika und Australien nicht der Fall ist. Das spricht für eine Auslese von vor Wildverbiss geschützten Arten.

Eine indirekte Beeinflussung der Vegetation kommt durch Wildpfade zustande, die leicht eine Furchenerosion einleiten. Das gilt vor allem für Nilpferde, die nachts aus dem Wasser die Flussufer hinaufklettern, um auf den Grasflächen zu weiden.

Durch die Erosionsfurchen kann eine nasse Grasfläche dräniert werden, was wiederum ein Vordringen der Gehölze ermöglicht. Eine Zusammenfassung dieser vielfachen Einwirkungen des Großwildes findet man bei CUMMING (1982). Noch größer ist die Einwirkung des Menschen, sowohl der Tierzüchter als auch der Ackerbauern.

Die Beweidung der Savannen nördlich vom Äquator begann mindestens vor 7.000 Jahren. Wälder sind in diesem Gebiet nur noch in kleinen Resten vorhanden; ein großer Teil der Savannen dürfte deshalb sekundärer Natur sein (HOPKINS 1974).

Zusammenfassend werden folgende Savannentypen nach ihrer Genese unterschieden:

1. **Fossile Savannen**, die unter früher anderen Verhältnissen entstanden im Bereich des ZB I
2. **Klimatische Savannen** im Bereich des ZÖ II/III bei Jahresniederschlägen unter 500 mm
3. **Edaphische Savannen**, das heißt durch die Bodeneigenschaften bedingte Savannen des ZB II:
   a. Auf Böden, deren Wasserbilanz durch Staukörper (Lateritkrusten, Lehmschichten, verdichtete Schluff- oder Sandschichten) ungünstiger ist als es der Regenmenge nach sein sollte.
   b. Auf Böden, die primär so nährstoffarm sind, dass Wälder auf ihnen nicht wachsen können.
   c. Innerhalb von Parklandschaften mit vernässten Böden während der Regenzeit als besonderer Typus der Palmsavannen.
4. **Sekundäre Savannen** als Folge von Bränden, Einwirkung von Großwild und den verschiedenen Eingriffen des Menschen.

Um was für einen Savannentypus es sich im Einzelfall handelt, lässt sich nicht durch Augenschein feststellen, sondern erfordert eine eingehende Untersuchung.

> **Box E-3** Menschliche Eingriffe gegen Wälder
>
> Alle Eingriffe, wie Brand, Beweidung, Rodungen im Rahmen des Wanderackerbaues (shifting cultivation) oder Brennholzgewinnung richten sich gegen den Wald.

◘ **Abb. E-15** Die Vulkangebiete in Ostafrika sind mit fruchtbaren Böden gesegnet. Hier ist eine Savannenlandschaft mit hohem Artenreichtum an Großwild zu finden (Foto: E. Fischer).

Abb. E-16 Akazien-Savanne in Massai-Land der Serengeti in Tansania (Foto: Breckle).

Abb. E-17 Inselberg und Dornbuschsavanne in der Olduvai-Schlucht in Tansania, westlich des Ngorongoro, dem Tal der Urmenschen mit zahlreichen pleistozänen Fossilfundstellen von Hominiden (Foto: Breckle).

◧ **Abb. E-18** Dorn- und Sukkulenten-Buschsavanne mit baumförmigen Euphorbien am Hang des Ngorongoro-Kraters (Foto: Breckle).

4 Parklandschaften

Bei sehr ebenem Gelände bilden sich im ZB II meist Parklandschaften aus. Bedingt wird diese Landschaft durch im Gelände kaum auffallende Unterschiede des Reliefs, die man während der Dürrezeit nicht wahrnimmt. Bei starken Regenfällen im Sommer werden alle tieferen Reliefteile überschwemmt, weil das Wasser erst nach Monaten abfließt. Diese Biotope werden von Grasland eingenommen; die Böden sind grau, während auf den höheren nicht überschwemmten Teilen, auf denen die Gehölze stocken, die Böden tiefgründige, rote sandige Lehme sind. Das Flusssystem beginnt hier auf der Wasserscheide mit kaum eingesenkten und mit Rasen bewachsenen Streifen, die sich unterwärts vereinigen und allmählich bei stärkerem Gefälle in eingeschnittene Bach- und Flussbetten übergehen (vom Flugzeug gut zu erkennen).

Eine besondere Ausbildung ist die **Termitensavanne**, unter der man weite mit Gras bedeckte Senken versteht, aus denen als Inseln breite, verlassene Termitenhaufen herausragen, die nicht überschwemmt werden und die sich deshalb mit Baumwuchs bedecken können. Es handelt sich also um ein Mosaik von zwei verschiedenen Gesellschaften (◧ Abb. E-19), also keine eigentliche Savanne. Allerdings hängt dies ganz von der jeweiligen Termitenart ab und ihren artspezifischen Bauten. In N-Australien finden sich Savannen mit zahlreichen kleinen säulenförmigen Bauten. Mächtige turmförmige Bauten in der *Catophractes*-Savanne in Namibia und Uganda bleiben für Jahrzehnte erhalten (◧ Abb. E-20).

◧ **Abb. E-19** Trockenbusch mit jungen Baobab-Bäumen, Dornsträuchern und *Sansevieria* im Unterwuchs in der Serengeti, Tansania (Foto: Breckle).

Die tieferen Senken mit schwarzen Tonen als 'Mbuga' bezeichnet, sind ein besonderes **Amphi-**

◘ **Abb. E-20** „Termiten-Savanne", zeitweise überschwemmtes Grasland mit Baumwuchs auf alten Termitenhaufen westlich Georgetown, Murchison Falls, Uganda (Foto: E. Fischer).

◘ **Abb. E-21** Polygonförmige Trockenrisse der Tonschicht in einem Amphibiom, im Trockental der Rio Chota in Ecuador (Foto: Rafiqpoor).

biom mit wechselfeuchten Böden und einer harten Eisenkonkretionsschicht in 50 cm Tiefe. Da die potentielle Evaporation die über 1.000 mm betragende Regenmenge bei weitem übertrifft, trocknet der Tonboden im August bis Dezember bis zu 50 cm tief aus und wird durch tiefe Spalten in Polygone zerteilt (◘ Abb. E-21). Solche Biotope sind für Baumarten ungeeignet. Bäume wachsen nur dort, wo der Grundwasserspiegel stets unter 3 m liegt. In dieser Tiefe befindet sich auch die Lateritkruste und ebenso tief reichen die Wurzeln der Bäume.

Im Gegensatz zu der Termitensavanne ist die **Palmsavanne** eine homogene Pflanzengemeinschaft. Palmen besitzen als verholzende Monokotyledonen ein büscheliges Wurzelsystem aus gleichen, sich kaum verzweigenden Wurzeln, die sich radial weit ausbreiten, so dass die Palmen einzeln im Grasland stehen. Sie vertragen eine zeitweise Überschwemmung. Die Böden der Palmsavannen dürften während der Dürrezeit weniger stark austrocknen als die der reinen Graslandflächen, doch liegen keine Untersuchungen über die Wettbewerbsverhältnisse zwischen Palmen und Gräsern vor (▶ 'Palmares').

In sehr offenen Savannen stehen die Bäume weit auseinander als isolierte Einzelbäume. BELSKY & CANHAM (1994) haben diese Situation mit der der Baumlücken (gaps) in Wäldern verglichen (◘ Abb. E-22). Die durch einen Baumwurf im Wald beeinflusste Fläche und ihre Dynamik bis zum Kronenschluss und andererseits die durch den Einzelbaum dominierte Fläche im Grasland und ihre Entwicklung zu einer Baumgruppe oder zu baumfreiem Grasland werden in ◘ Tab. E-3 als gegensätzliche Strukturelemente verglichen.

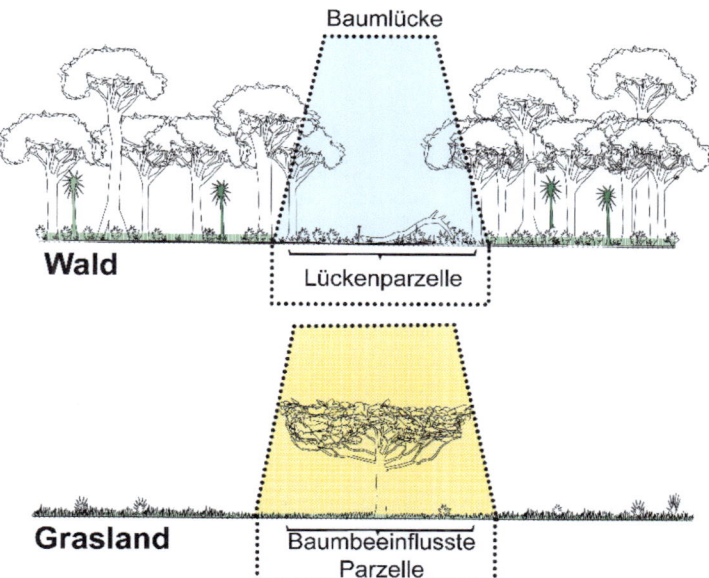

Abb. E-22 Im Vergleich zwischen Einzelbaum in der Savanne und der Baumfalllücke im Regenwald gibt es bemerkenswerte Parallelen in der Ausprägung des 'Inselbiotops' oder 'Idiotop' (verändert nach BELSKY & CANHAM 1994).

Tab. E-3 Vergleich einiger Prozesse in Waldlücken eines geschlossenen Waldes und bei Einzelbäumen im Grasland (nach BELSKY & CANHAM 1994)

	Waldlücke (gap)	isolierter Baum in der Savanne
Entstehung	meist plötzlich (episodisches Sturmereignis)	langsam (Keimung, Sämlingsetablierung)
Vergrößerung	selten durch Astfall oder Stammwurf benachbarter Bäume	graduell durch Vergrößerung der Krone
Verschwinden	meist rasch durch Zuwachsen durch benachbarte Bäume	unter Umständen sehr plötzlich durch Absterben des Baumes
Zeitdauer	kurz (5-30 Jahre)	lang (Lebenszeit des Baumes, meist weit über 50 Jahre)
Resourcendynamik	meist nur kurze, zusätzliche Nährstofffreisetzung	meist ständige Bevorzugung durch Wild und Eintrag von außen (Detritus)
Sekundärsukzession	nur in großen Waldlücken	selten erkennbar
Ökologische Wirkung in die Umgebung	kurze Reichweite (5-20 m)	größere Reichweite (50-100 m)

5 Beispiele großflächiger Savannengebiete

In Südamerika sind sehr weite savannenartige Vegetationstypen am Orinoko, in Zentral- und Ostbrasilien und im Chaco-Gebiet verbreitet.

Entlang des Gradienten vom perhumiden tropischen Regenwald bis zur extrem trocken tropischen Wüste ändert sich der Aufbau der Vegetationsbestände grundlegend; auch die Bedeutung der jeweiligen Lebensformen ist sehr unterschiedlich. ELLENBERG (1975) hat dies in einem allgemeinen Schema (Abb. E-23) zusammengestellt, das für die Tieflagen der Anden gilt, aber prinzipiell auch übertragbar ist auf andere Gebiete mit ähnlichen Gradienten.

Im Folgenden werden einige Beispiele großflächiger Savannen herausgegriffen.

5.1 Llanos am Orinoco

Die Llanos liegen in Venezuela in 100 m NN in einer Beckenlandschaft, die noch im Tertiär ein Meer war. Sie nehmen auf dem linken Ufer des unteren Orinoko eine Breite von 400 km ein und setzen sich noch 1.000 km bis Kolumbien fort. Dieses Becken wurde von den Flüssen mit den Verwitterungsprodukten der Anden zugeschüttet. Das Klima der zentralen Llanos um Calabozo (▶ Abb. E-44) ist für das Zonobiom II sehr typisch: Jahresniederschlag über 1.300 mm, Regenzeit sieben Monate, Dürrezeit fünf Monate. Es

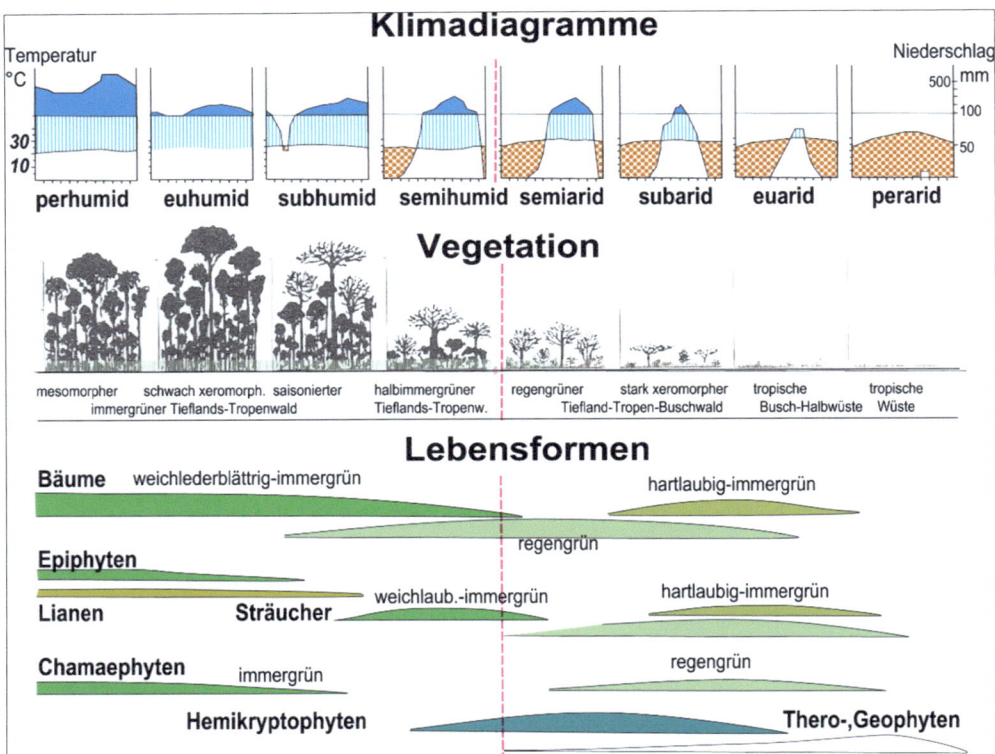

◘ **Abb. E-23** Formationsgliederung und Lebensformenverteilung in den Tieflagen des Andenvorlandes entlang eines Klimagradienten (verändert nach ELLENBERG 1975).

wäre somit ein feuchter laubabwerfender Wald in diesem Gebiet zu erwarten. Er ist auch in typischer Ausbildung vorhanden, aber nur in Form von vereinzelten sehr kleinen Wäldchen - den „Matas". Die tiefen Llanos, die an den Fluss grenzen und während der Regenzeit überschwemmt werden, sind, wie in ZB II üblich, ein reines Grasland (Bäume nur auf den Uferwällen als Galeriewald: ◘ Abb. E-24). Sonst ist die Fläche von einem etwa 50 cm hohen Grasland bedeckt mit zerstreut stehenden kleinen Bäumchen *(Curatella, Byrsonima, Bowdichia)*, also eine typische Savanne. Da diese nicht klimatisch bedingt sein kann (dazu sind die Niederschläge zu hoch), kommen nur edaphische Ursachen, also die Bodenverhältnisse, in Frage.

Die oft geäußerte Annahme, dass es sich um eine durch Feuer aus Wald entstandene anthropogene Savanne handelt, ist die einfachste, aber auch unkritischste. Die Savanne bestand schon vor der Ankunft der Weißen. Die Indianer hatten sie weder als Acker- noch als Weideland genutzt. Brände kommen in Grasländern durch Blitzschlag immer vor. Sicher werden die Indianer das trockene Gras öfters angezündet haben, aber das konnten sie nur, weil natürliches Grasland schon vorhanden war. Das Feuer hat die Savanne mitgeformt, indem nur feuerresistente Holzarten im Grasland und am Rande der Matas wachsen, jedoch war es nicht die primäre Ursache für diese riesigen Grasflächen. In den zentralen Llanos wurde nachgewiesen, dass zu einer Zeit, als das Grundwasser in der Beckenlandschaft noch sehr hoch stand, eine Lateritkruste entstand, die durch Eisenhydroxid zementiert wurde. Man bezeichnet sie dort als ‚Arecife' (◘ Abb. E-25). Sie zieht sich in wechselnder, aber geringer Tiefe (am häufigsten 30 bis 80 cm tief) unter der Bodenoberfläche hin, sinkt selten unter 150 cm, tritt aber auch an die Oberfläche oder wird herauserodiert.

◘ **Abb. E-24** Beispiel für Galeriewälder: hier aus Westafrika entlang eines Flusses in den Savannengebieten des Comoé-Nationalparks (Elfenbeinküste) (Foto: Barthlott).

Die Undurchlässigkeit der Arecife für Wasser stimmt in diesem Falle nicht; denn während der Sommerregenzeit fallen in drei Monaten 750 mm.

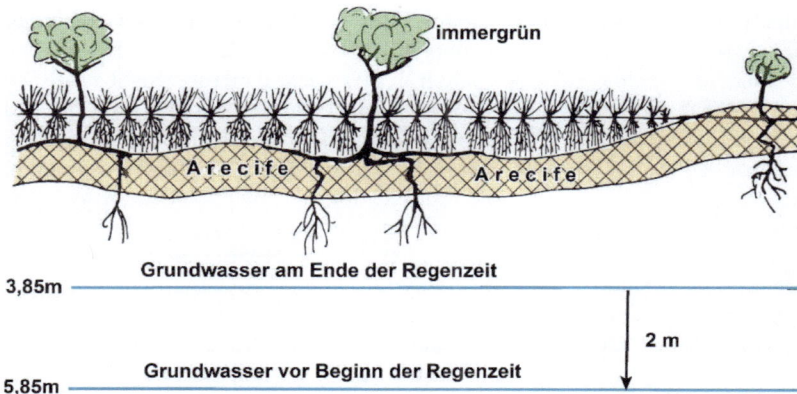

◻ **Abb. E-25** Schema zur Deutung der Wasserverhältnisse in den Llanos nördlich des Orinoko. Unter der Arecife ist der wechselnde Grundwasserspiegel nur für Tiefwurzler erreichbar (verändert nach WALTER 1990).

Regen. Diese Mengen kann der Boden über der Arecife nicht aufnehmen; es müsste also eine Überschwemmung der tischebenen Fläche eintreten, was nicht der Fall ist. Auch die rote Färbung des Bodens spricht gegen lange Staunässe. Dafür wurde ein Grundwasseranstieg unter der Arecife von -575 cm bis auf -385 cm (▶ Abb. E-25), also um fast 2 m, am Ende der Regenzeit festgestellt. Nimmt man ein Porenvolumen der alluvialen Ablagerungen von etwa 50% an, so würde das bedeuten, dass etwa 300 mm vom Boden über der Arecife zurückgehalten werden und 1.000 mm durchsickern. An einer durch Erosion am Flussufer freigelegten Arecife konnte man deutlich erkennen, dass ganz unregelmäßige Gänge an einzelnen Stellen durch die harte Kruste hindurchführen.

Die Gräser wurzeln in dem feinkörnigen Boden über der Arecife und verbrauchen etwa 300 mm Regenwasser für ihre Entwicklung. Die Holzpflanzen aber stehen dort, wo ihre an der Arecife-Oberfläche entlang wachsenden Wurzeln einen Gang durch die Arecife finden und durch diesen dann in die darunterliegenden feuchten Gesteinsschichten gelangen. Dort steht ihnen Wasser in genügender Menge zur Verfügung. Sind die Gänge sehr groß oder liegen sie dicht beieinander, so kann darüber eine Baumgruppe wachsen; kleine Waldbestände findet man dagegen nur dort, wo stellenweise die Arecife ganz fehlt oder sehr tief liegt, so dass die dem Klima entsprechende Vegetation sich entwickelt, das heißt ein laubwerfender Wald. Man muss somit diese Savanne als eine stabile, natürliche Pflanzengemeinschaft betrachten, bei der die Baumverteilung die Arecife-Struktur widerspiegelt. Dafür sprechen folgende Tatsachen:

1. Dort, wo die Arecife oberflächlich ansteht, fehlt die Grasdecke, aber vereinzelte Bäumchen in größeren Abständen wachsen auf ihr; in diesem Falle müssen die Wurzeln durch die Arecife in den Boden darunter reichen.
2. *Curatella* bleibt während der Trockenzeit, im Gegensatz zu dem sonstigen Verhalten der Holzpflanzen in der typischen Savanne grün, ein Zeichen, dass ihre Wasserversorgung das ganze Jahr gut ist. Transpirationsmessungen ergaben, dass ein Bäumchen in der Dürrezeit etwa 10 Liter pro Tag transpiriert; da der Boden über der Arecife in dieser Zeit trocken ist, muss das Wasser aus den Bodenschichten unter der Arecife stammen. Dasselbe gilt auch für die anderen Holzarten.
3. Wo die Wäldchen ('Matas') wachsen, fehlt lokal die Arecife, so dass die Baumwurzeln ungehindert tief in den Boden eindringen können.

Den endgültigen Beweis könnten nur Wurzelausgrabungen auf größeren Flächen erbringen, die jedoch sehr schwierig auszuführen sind. Ein Sprengen der Arecife mit Dynamit müsste zur Ausbreitung der Gehölze führen. In den Savannen der Llanos sind leichte Senken eingestreut, in die das Wasser nach starken Regengüssen (1961: 38 mm in 20 Minuten) abfließt und in denen graue Tone zur Ablagerung kommen, so dass das Wasser in den Senken während der Regenzeit etwa 30 cm tief steht. Gegen Ende der Dürrezeit trocknet der graue Boden völlig aus.

Diese Wechselfeuchtigkeit halten gewisse Gräser (*Leersia*, *Oryza*, *Paspalum* und andere) gut aus, nicht dagegen die Baumarten, mit Ausnahme der Palmen. Es bilden sich dann die 'Palmares', Grasland mit der Palme *Copernicia tectorum*, also Palmsavannen, die auch im tropischen Afrika weit verbreitet sind. Auch diese Flächen brennen oft ab, aber Palmen halten das Feuer gut aus (ebenso wie Baumfarne), denn sie haben kein Kambium, das beschädigt werden könnte. Die toten, den Stamm umhüllenden Blätter der Palmen verbrennen, die äußeren Leitbündel verkohlen; diese Kohleschicht wirkt bei späteren Bränden isolierend. Der von jungen Blättern umgebene Vegetationskegel bleibt erhalten. Fehlen alte Blätter am Stamme ganz, so ist es ein Zeichen, dass erst vor kurzem die Palmsavanne abbrannte; umhüllen sie den Stamm bis zum Boden, so war die Palme noch keinem Brand ausgesetzt gewesen; ist nur der untere Stammteil kahl, so ist die Palme seit dem letzten Brand eine Reihe von Jahren in die Höhe gewachsen.

Ein Teil des Wassers muss von den mit Palmen bestandenen Flächen abfließen; denn sonst würden die Böden verbracken, da einer Regenmenge von 1.300 bis 1.500 mm eine potentielle Evaporation von

2.428 mm gegenübersteht, das heißt die hydrologische Wasserbilanz ist negativ. Bei einer dauernden Vernässung der Böden tritt die *Mauritia minor*-Palme auf. Es bilden sich schwarze, saure torfige Böden mit einigen Gräsern, *Rhynchospora, Jussieua, Eriocaulon* und den insektivoren *Drosera*-Arten (Sonnentau) und andere. Auch diese Flächen sind, ebenso wie das bereits erwähnte wechselfeuchte Grasland, eine besondere Form der Helobiome und Amphibiome.

Heute werden viele dieser Flächen jährlich abgebrannt, um die Weideflächen zu verbessern. Dies synchronisiert natürlich die verschiedenen Grasarten in ihrem Wachstum. Die zeitliche Einnischung der Biomassenproduktion ist dann besonders deutlich (◘ Abb. E-26).

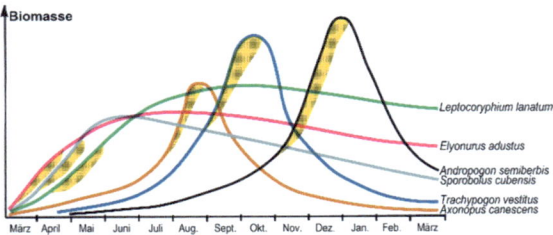

◘ **Abb. E-26** Der Jahresrhythmus grüner Biomasse von sechs dominanten Grasarten der venezolanischen Llanos nach dem dort üblichen Brand im März zeigt eine enge zeitliche Einnischung der Grasarten (gelb gerastert: Blütezeit) (verändert nach SARMIENTO 1996).

Weiter im Osten gehen die Llanos in eine Ebene über mit sandigen Ablagerungen des Orinoko, der früher hier nach Norden umbog und durch die Unare-Niederung ins Karibische Meer mündete.

Die oft ganz weißen Quarzsande sind Verwitterungsprodukte der quarzitischen Sandsteine der Guayana-Tafelberge, die denen des brasilianischen Schildes entsprechen und ebenso fast nährstofffrei sind. Ähnliche ausgelaugte Quarzböden kommen auf anderen alten Gondwana-Flächen ebenfalls vor. Die Savannen, zum Teil auch reine Grasflächen, dürften auf ähnliche Ursachen zurückzuführen sein, wie die Campos Cerrados.

5.2 Campos Cerrados

Es handelt sich bei diesen um eine savannenähnliche Vegetation, die eine Fläche von zwei Millionen Quadratkilometer (= 23% der Gesamtfläche Brasiliens, RUGGIERO et al. 2002) in Zentralbrasilien bedeckt (EITEN 1982) (◘ Abb. E-27). Der Deckungsgrad des 4 bis 9 m hohen Baumbestandes schwankt von 3% bis zu 30%. Das Klima mit Jahresniederschlägen von 1.100 bis 2.000 mm zeichnet sich durch eine fünfmonatige Dürrezeit aus. RAWITSCHER (1948) hat sich als erster mit dem Wasserhaushalt dieser Savannen befasst und nachgewiesen, dass der tiefgründige Boden schon in 2 m Tiefe dauernd feucht bleibt, so dass die tiefer wurzelnden Holzarten stets genügend Wasser zur Verfügung haben, immergrün bleiben und auch während der Dürrezeit stark transpirieren. Nur die Gräser und flachwurzelnden Arten vertrocknen während der Dürre oder werfen die Blätter ab. Die Böden sind Verwitterungsprodukte der Granite und Sandsteine des brasilianischen Schildes und sehr nährstoffarm vor allem an Phosphor, aber auch an Kalium, Zink und Bor. Das ergaben Kulturen von Baumwolle, Mais und Soja mit verschiedenen Düngergaben. Dass nicht der Wasserfaktor, sondern die Nährstoffarmut die Ausbildung der zonalen laubabwerfenden Wälder verhindert, zeigt die Tatsache, dass in der Nähe von Sao Paulo auf Basaltböden ein zonaler halbimmergrüner Wald wächst. Die Campos Cerrados wurden regelmäßig abgebrannt. Das Vorhandensein vieler Pyrophyten zeigt, dass Feuer auch hier ein natürlicher Faktor seit Urzeiten war. Brände verringern die Dichte der Bestände, aber sie sind nicht die eigentliche Ursache für das Fehlen einer geschlossenen Waldvegetation (COUTINHO 1982).

◘ **Abb. E-27** Campos Cerrados umfassen in Minas-Gereis, SE-Brasilien mit Baumhöhen von 3-4 m große Areale. Sie bilden eine zum Teil undurchdringliche Buschformation (Foto: Denis A.C. Conrado, HTTPS://PT.WIKIPEDIA.ORG/WIKI/FICHEIRO:BONFIM_047.JPG).

5.3 Das Chaco-Gebiet

Es handelt sich um den westlichsten Teil des ZB II in Südamerika, eine riesige Ebene zwischen dem brasilianischen Schild im Osten und den vorandinen Gebirgsketten im Westen. Der zentrale Teil dieser Ebene liegt nur etwa 100 m über dem Meeresspiegel. Die Ebene erstreckt sich von S-Bolivien, den größten Teil von Paraguay und weit nach W-Argentinien hinein über 1.500 km von Norden nach Süden bei einer mittleren Breite von 750 km (HUECK 1966).

Während der starken Sommerregen werden große Teile der Ebene namentlich im östlichen Teil überschwemmt (Jahresniederschlag 900 bis 1.200 mm). Es handelt sich um eine Parklandschaft mit Wald, weiten periodisch überschwemmten Grasflächen, Palmsavannen oder Sümpfen (◘ Abb. E-28). Im mittleren Teil treten neben der Parklandschaft auch trockene Savannen auf. Der westliche Teil in Argentinien ist stark verbuscht, und es kommen auch Salzpfannen mit den Halophyten *Allenrolfea* und *Heterostachys* vor. Der südliche Chaco leitet zur Pampa über. Das Relief ist sehr flach, im Boden kommen wasserundurchlässige Schichten vor; die Vegetation ist vorwiegend eine *Prosopis*-Savanne mit einer Grasschicht aus *Elionurus muticus* und *Spartina argentinensis*. Die Hauptbaumarten der Chaco-Wälder sind stark gerbstoffhaltige Quebracho-Arten *Aspidosperma quebracho-blanco* (*Schinopsis quebracho-colorado* und *S. balansae* und andere). Von den Palmen ist *Trithrinax campestris* häufig, während für feuchte Senken *Copernicia alba* typisch ist.

◘ **Abb. E-28** Chaco in Paraguay umfasst etwa 60% der Landfläche in Paraguay und Teile des bolivianischen Tieflandes. In den feuchten Teilen hat der Chaco den Charakter einer Parklandschaft wie hier im Bild dargestellt. Die trockenen Teile sind aber eine Dornsavanne (Foto: Iiosuna, http://t1p.de/av1l).

Die Säugetierfauna ist nicht artenreich. Termitenfresser sind *Myrmecophaga tridactyla* und *Tamandua tetradactyla*. Von Raubtieren sind oder waren der Jaguar (*Leo onca*), Puma (*Felis concolor*) und viele kleinere Arten vertreten. Zahlreich sind die Nagetiere; auf Bäumen findet man das Faultier *Bradypus boliviensis*, drei Affenarten (*Cebidea*), das Baumstachelschwein (*Coenda spinosus*) und die Mustelide *Eira barbara*, dazu kommen viele Insectivore oder sich von Früchten und Blüten ernährende Fledermäuse sowie der blutsaugende Vampir *Desmodus rotundus*.

Von den Vögeln sei der große Laufvogel *Rhea americana* genannt, die Reptilien sind durch zwei selten gewordene Kaimanarten, drei Schildkrötenarten, einige Giftschlagen (insgesamt 25 Schlangenarten) und verschiedene Eidechsen vertreten; von Anuren kennt man bisher 30 Arten. Dazu kommen zahllose Wirbellose.

Ökosystemforschungen wurden wohl noch nicht in Angriff genommen. Die Haupteingriffe des Menschen entstehen durch Abholzung und Beweidung, die zur Verbuschung führen kann.

Eine kurze Zusammenfassung mit Literaturangaben liegt von BUCHER (1982) vor.

5.4 Savannen und Parklandschaften Ostafrikas

Dieses am Fuße der großen Vulkane liegende Gebiet mit dem Riesenkrater Ngoro-Ngoro (◘ Abb. E-29), dem ostafrikanischen Grabenbruch und der weiten Serengeti-Fläche ist in weiten Kreisen bekannt, vor allem durch den Wildreichtum (▶ Abb. E-14; Abb. E-15), der vielleicht auch mit den nährstoffreichen vulkanischen Böden und damit besserem Pflanzenfutter zusammenhängt. Aber in diesem äquatorialen Gebiet mit Tageszeitenklima und einem Monsunklima treten zwei Regenzeiten auf, eine kleine und eine große. Meist sind diese nur durch eine kurze Dürrezeit getrennt, was hydrologisch günstiger ist. Sie wirken sich ähnlich wie eine Sommerregenzeit aus, so dass man hier bei Jahresniederschlägen um 800 mm ähnliche Savannen und Parklandschaften antrifft wie im ZB II.

◘ **Abb. E-29** Blick auf den Vulkan Kilimanjaro (5.890 m NN, Tansania) in Ostafrika. Die Schneekappe des Vulkans ist bis auf einen kleinen Rest komplett geschmolzen (Klimawandel!) (Foto: Breckle).

Rodung, jährliche Brände und Überweidung haben die Pflanzendecke stark beeinflusst; infolgedessen sind verschiedene Degradationsstadien verbreitet. Oft wird von einer 'Obstgartensteppe' gesprochen, die aber eine typische Baumsavanne ist. Wenn das Klima trockener wird, bzw. an trockenen Felsstandorten, treten große Kandelaber-Euphorbien (▶ Abb. E-18) und *Aloe*-Arten auf (◘ Abb. E-30).

◘ Abb. E-30 *Aloe* in Bereich des Serengeti-Nationalparks in Tansania mit geringen Sommerniederschlägen (ZÖ II/III) (Foto: Breckle).

5.5 Monsunwälder in Indien

Indien liegt im Süden der größten kontinentalen Landmasse – Asien – und wird ob seiner großen Ausdehnungen, ca. 3.220 km in Nord-Süd- und ca. 2.980 km in Ost-West-Richtung, zu Recht als Subkontinent bezeichnet. Bis vor ca. 180 Mio. Jahren mit Afrika, Antarktis und Australien über Landbrücken verbunden, bewegt er sich seither nordwärts und faltet dabei den Himalaya auf, der zugleich die natürliche Grenze im Norden bildet. Dieses Hochgebirge befindet sich immer noch im Werden; das Erdbeben im Mai 2015 mit seinen verheerenden Folgen in Nepal ist ein Bewies für die aktuelle Geomorphodynamik in dieser Region.

Bestimmender Faktor des indischen **Klimas** ist der regenbringende Sommermonsun. Er wird durch die sommerliche Erwärmung der innerasiatischen Landmasse mit Ausbildung der innerasiatischen Tiefdruckzone hervorgerufen. Diese saugt aus dem sommerlichen Hochdruckgebiet über dem, relativ zur Landmasse gesehen, kühleren Indischen Ozean Luft an. Die entstehende südwestliche Luftströmung (SW-Monsun) führt viel Feuchtigkeit aus dem Indischen Ozean heran und regnet sich an den ihr zugekehrten Bergflanken der Westghats mit durchschnittlich 2.500 mm bis 3.000 mm Regen pro Jahr (auch mit Höchstwerten bis zu 10.000 mm z.B. in Chirrapunchi: ▶ Abb. A-8) sowie am Himalaya ab.

Das Klima Indiens entspricht dem des Zonobioms II und im trockenen NW dem des Zono-Ökotons II-III. Es reicht randlich bis an die afghanische Grenze.

Obwohl die indische **Flora** zweifellos zur Paläotropis zählt, weist sie doch viele, ihr eigene Besonderheiten auf. Ursache hierfür ist die gewisse Isolation des Subkontinentes durch die abschirmende Wirkung der Gebirgsketten im Norden, die lange Küstenlinie im Süden und die ariden Gebiete im Nordwesten. Dennoch finden sich deutliche holarktische Einflüsse, die in den höheren Lagen des Nordens vollkommen dominieren. Vereinzelte Elemente des Gondwanalandes (z.B. die Podocarpaceae) weisen auf die ehemalige Landverbindung zu Afrika, Antarktis und Australien hin. Die relative Isolation, die Einwanderungen neuer Arten nur langsam und überwiegend von den nordöstlichen Flanken her ermöglichte, führte über Radiation aus vorhandenen Sippen zu zahlreichen endemischen Gattungen und Arten. Wiederum greifen einige Arten gerade noch über die afghanische Grenze herüber in den subtropischen Dornsavannen des Beckens von Khost und in Nangrahar.

CHAMPION & SETH (1968) klassifizieren die **Vegetation** des indischen Subkontinentes anhand der dominierenden Holzgewächs-Lebensformen. Der jeweilige Vegetationstypus hängt vorrangig von der Gesamtmenge der örtlichen Niederschläge, deren jahreszeitlicher Verteilung und dem Verhältnis von Niederschlag und Verdunstung ab.

Die Dreiteilung der Wälder des indischen Subkontinents ist in ◘ Abb. E-31 wie folgt zusammengefasst: Nr. **2** bis **7** sind die eigentlichen Monsunwälder, Nr. **8** bis **11** kennzeichnet Wälder der Hügel- und niedrigen Bergregionen und Nr. **12** bis **14** die der Gebirgsregionen des Himalaya.

Als Beispiel soll hier der besonders weit reichende Wechselgrüne Tropenwald (**4**) beschrieben werden (◘ Abb. E-32**c**).

Dieser Typ bedeckt das größte Areal Indiens und ist sowohl im nördlichen Teil des Dekkan-Hochlandes bis zum Rand des Ganges-Beckens als auch im südlichen Teil weit verbreitet. Das äußere Kronendach erreicht 20m, wird aus nur wenigen, überwiegend in der Trockenzeit blattlosen Baumarten aufgebaut und ist nicht vollständig geschlossen. Die mittlere Kronenschicht ist nahezu komplett wechselgrün und lässt genügend Licht für eine lückige Strauchschicht mit hohem Anteil an Gräsern und Bambus hindurchtreten. In der Trockenzeit ist daher dieser Wald recht kahl (◘ Abb. E-32**d**).

Vertreter sind: *Tectona grandis* (= Teakholz; Verbenaceae), *Diospyros tomentosa* (Sapotaceae), *Aele marmelos* (Rutaceae), *Butea monosperma, Anogeissus latifolia, Adina cardifolia, Buchanania langan* etc.. Höchstwahrscheinlich hat die Nutzung durch den Menschen (Beweidung) auch diesen Waldtyp erheblich verändert und vermut-

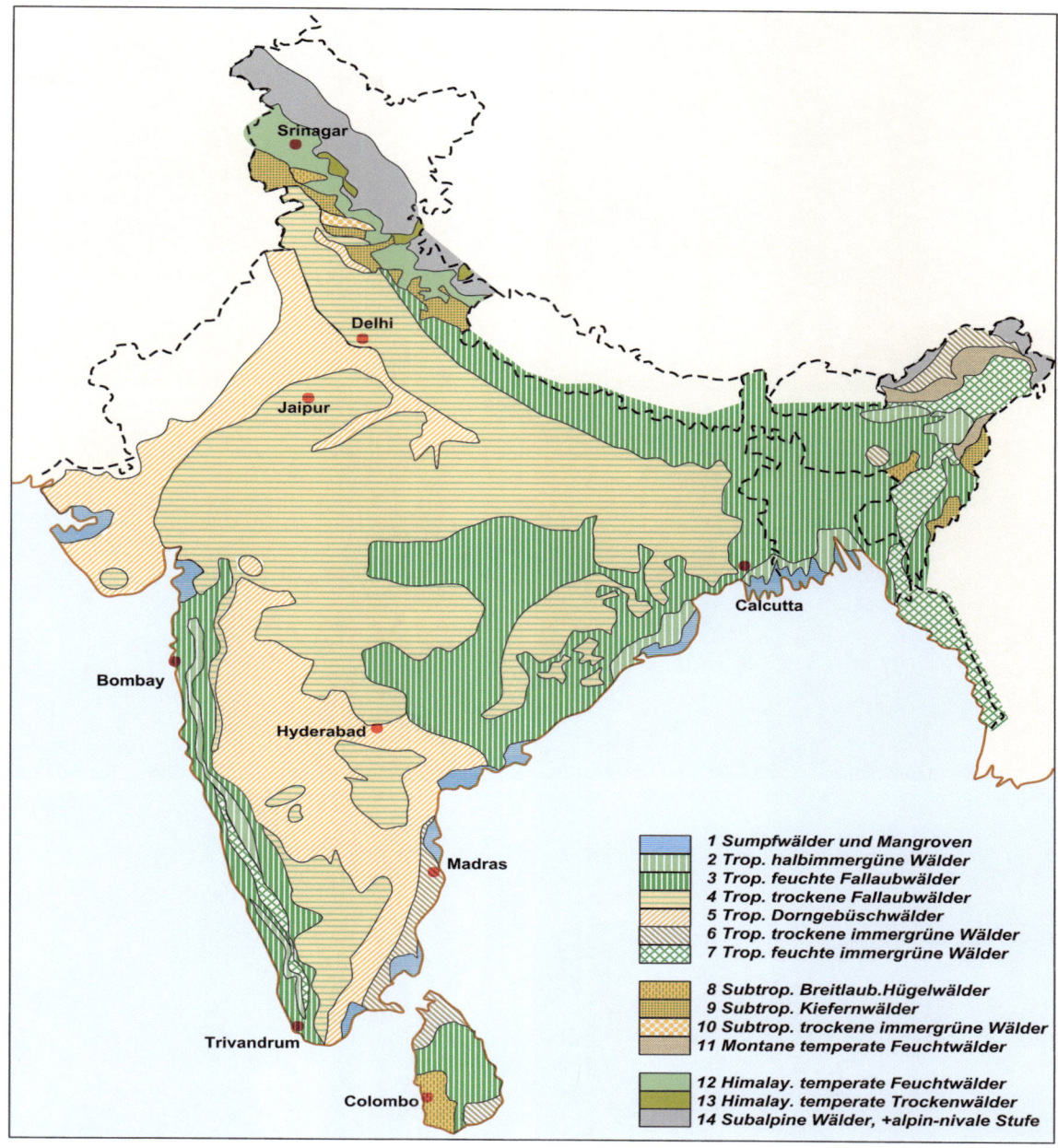

◘ **Abb. E-31** Räumliche Differenzierung der Vegetationseinheiten des Indischen Subkontinents (verändert nach CHAMPION & SETH 1968).

lich das Vorkommen von Gräsern begünstigt. Meist ist dieser Waldtyp durch die intensive Beweidung zu offenem Gebüsch degradiert (◘ Abb. E-32e).

Das zweite Beispiel ist der Feuchte, Wechselgrüne Tropische Regenwald, der oft als eigentlicher Monsunwald bezeichnet wird (◘Abb. E-32b). Ein Waldtyp, in weiten Gebieten Indiens mit 1.000-2.000 mm Niederschlag anzutreffen, wäre er nicht durch Jahrtausende dauernde Nutzung stark zurückgedrängt und heute durch offene Agrarlandschaft, Teeplantagen und angepflanzte Nutzholzwälder ersetzt. Er findet sich in Teilen Assams, im Becken des Ganges und des Godavari, im Osten Sri Lankas und an der Westflanke der Westghats. Allein in diesem Gebirgszug finden sich 4.000 Arten mit 1.500 Endemiten (► HENRY et al. 1987, 1989, NAI & HENRY 1983, PASCAL 1988). Mit irregulärer äußerer, wechselgrüner Kronenschicht erreicht der Wald ebenfalls 40 m und mehr. Die zweite, niedrigere Kronenschicht wird vermehrt von immergrünen Arten gebildet, eine Strauchschicht ist ausgebildet. Es finden sich *Pterocarpus dalbergoides, Shorea dalbergoides, S. robusta* = „Salbaum" (Pterocarpaceae), *Terminalia bilata, T. procera* (Combretaceae), *Albizzia lebbeck* (Mimosaceae), *Erythrina indica* (Fabaceae) mit ihren spektakulären roten Blüten, *Bauhinia purpurea* (= Or-

◘**Abb. E-32a**: Lianen, Epiphyten und hängende Luftwurzeln kennzeichnen im Nordosten Indiens (z.B. bei Siliguri) den tropischen immerfeuchten Tieflandsregenwald, der aber auch noch stark vom Monsun beeinflusst ist; **b**: Tropischer feuchter Falllaubwald im Kambalkonda Wildlife Sanctuary in Visakhapatnam, SE-Indien (Foto: Adityamadhav, http://t1p.de/6qwr); **c**: Tropischer trockener Falllaubwald im Monsungebiet in Mandhya Pradesh (Foto: L.R. Burdak, http://t1p.de/25lf); **d**: In Tälern halbimmergrüner, an den Hängen artenreicher trockener Falllaubwald bei Ajanta und Ellora (mit alten Tempelhöhlen) und Jahrtausende alter Nutzung; **e**: Schichtrippen bei Nowgong mit offenem tropischem Falllaub-Gebüsch oder Dorngebüsch, die Talsohlen sind bewirtschaftet; **f**: Große Termitenhügel im trockenen Falllaubwald, dem typischen Monsunwald, hier in Orissa (östliches Indien) beim Laubfall in der Trockenzeit im Februar (Fotos **a,d,e,f**: Breckle).

chideenbaum"; Caesalpiniaceae), die über mehrere Hektar weit verzweigte Bengalische Feige = *Ficus benghalensis* (Moraceae), *Lagerstroemia parviflora, Adina cardifolia*. Bambus-Arten sind als Spreizklimmer weit verbreitet. Mächtige Termitenhügel (◘ Abb. E-32f) sind in diesen Trockenwäldern häufig.

Auf dem indischen Subkontinent kommen praktisch alle Ökosysteme, die aus den tropisch-feuchten, tropisch-ariden, aus feucht- und trockentemperierten bis alpinen Gebieten bekannt sind – vom Tieflandregenwald (◘ Abb. E-2a), Sumpfwald und den Mangroven zu den Trockenwäldern, Dornbusch- und Dornsavannen (◘ Abb. E-2e) bis zu den Halbwüsten (◘ Abb. E-32f) und Wüsten, von wechselgrünen Laub- und immergrünen Hartlaub- und Nadelwäldern bis zu Hochgebirgs-Tundren vor. Es ist sicher, dass diese große Vielfalt der Ökosysteme zu der hohen Biodiversität (▶ WILSON 1988) des Subkontinents geführt hat.

Wegen der großen Reliefenergie sind auch nahezu alle Ökosysteme der Orobiome vertreten, sowohl aus dem tropisch-subtropischen Bereich als auch aus den gemäßigten Breiten. Für die tropischen Orobiome insbesondere im Osten der Himalaya-Gebirgsflanke trifft die weltweite Besonderheit zu, dass sie durch extrem hohe Monsunregen geprägt werden. Es fehlt ein Páramo, da – abweichend von den tropischen Anden oder den tropischen Hochgebirgen Afrikas – im Himalaya Jahreszeiten deutlich ausgeprägt sind.

Die Einflüsse des Menschen auf die Vegetation haben besonders in Indien mit seinen frühen Hochkulturen eine lange Tradition. Frühzeitige Wanderungen führten dazu, dass völlig verschiedene Rassen mit völlig verschiedenen Sprachen und Religionen in unterschiedlichen Wellen den Kontinent besiedelten und nutzten. Aus diesem Grunde ist es oftmals schwer, überhaupt eine ursprüngliche, potentielle Vegetation anzusprechen, obwohl Indien eine hohe, eigenständige Biodiversität mit vielen endemischen Arten aufweist.

5.6 Vegetation des australischen ZB II

Mit Ausnahme von wenigen kleinen Relikten von laubabwerfenden Wäldern in NE-Australien mit indomalaischen Florenelementen und einigen laubabwerfenden *Eucalyptus*-Arten in N-Australien, die jedoch fast bedeutungslos sind, gibt es diesen Vegetationstypus nicht. Aber Parklandschaften auch mit Palmen sind im Bereich des ZB II verbreitet, doch mit immergrünen *Eucalyptus*-Arten. Etwas südlicher kommen bei geringeren Jahresniederschlägen Savannen mit deckender Grasschicht aus *Heteropogon contortus* (ebenfalls mit immergrünen Eukalypten) vor.

In der ausführlichen Vegetationsmonographie von BEADLE (1981) kommt die Bezeichnung 'Savanne' nicht vor. Im Gegensatz dazu rechnen die australischen Forscher (WALKER & GILLISON 1982) zu Savannen alle lichten Wälder, wenn die Gräser der Krautschicht eine Deckung von über 2% haben, wozu man die meisten lichten *Eucalyptus*-Wälder rechnen müsste.

6 Ökosystemforschung - Beispiele

Eines davon, die Lamto-Savanne, liegt in Westafrika und ist eine Reliktsavanne im Regenwaldgebiet, das andere, die Nylsvley-Savanne in Südafrika. Sie grenzt im Westen an die Kalahari. Gräser und Bäume sind die Komponenten in der Savanne. Die Artenzahl der Gräser ist relativ gering, bedeutsamer ist ihre Biomasse, bei den Leguminosen ist es umgekehrt (◘ Abb. E-33). Dazu kommen dann aber noch zahlreiche weitere seltenere Arten (etwa 25%), deren Biomasse aber nur etwa 1,5% ausmacht.

6.1 Die Lamto-Savanne

Diese Savanne liegt in der Guinea-Waldzone (Gebiet Elfenbeinküste) bei 5° W und 6° N, also noch im ZB I. Sie wird jedes Jahr abgebrannt, so dass der an sie angrenzende Regenwald nicht vorrücken kann, selbst wenn die Bodenverhältnisse es erlauben würden. Der mittlere Jahresniederschlag beträgt 1.300 mm. Auf dem Klimadiagramm ist eine Dürrezeit von nur einem Monat – im August – zu erkennen, aber der Witterungsablauf schwankt von Jahr zu Jahr stark; die Regenmenge liegt im Bereich von 900 bis 1.700 mm pro Jahr. Auf dem Höheren Teil des Reliefs wächst eine Baum- oder Strauchsavanne auf roten Savannenböden mit Lateritkonkretionen. In tieferen Teilen des Reliefs dagegen wachsen Palmsavannen auf staunassen Böden.

Die verschiedenen Pflanzengemeinschaften wurden von MENAULT & CESAR (1982) untersucht (◘ Tab. E-4).

Mit den Konsumenten und Destruenten dieser Savanne beschäftigte sich LAMOTTE (1975): Großwild kommt nur sporadisch vor. Die Zoomasse (je in kg·ha^{-1}) der Vögel beträgt 0,2 bis 0,5; die von zwölf Nagetierarten 1,2; die der Regenwürmer 0,4 bis 0,6. Die Masse der Termiten (gras-, humus- oder holzfressende) konnte ebenso wie die anderer Wirbelloser nicht bestimmt werden.

Die Bodenatmung, die als Maß der Mikroorganismenaktivität dient, wurde mit 8 t CO_2·ha^{-1} im Jahr ermittelt. Der Versuch, den Energiefluss beim Abbau festzustellen (LAMOTTE 1982), ergab folgendes:

1. Durch das jährliche Feuer wird etwa 1/3 der Primärproduktion mineralisiert. Von den Konsumenten gefressen wird wahrscheinlich weniger als

1 % der Primärproduktion; auch der Abbau der Detritusfresser mit der Hauptgruppe der Regenwürmer ist wenig wirksam.
2. 80 % der Primärproduktion wird durch Mikroorganismen abgebaut, so dass die Darstellung des Energieflusses als Pyramide sehr fraglich erscheint. Damit bestätigt sich, dass der lange Kreislauf über die Konsumenten quantitativ fast bedeutungslos ist.
3. Viele faunistische Angaben für die einzelnen in den Savannen vertretenen Tiergruppen findet man in dem von BOURLIÈRE (1983) herausgegebenen Band.

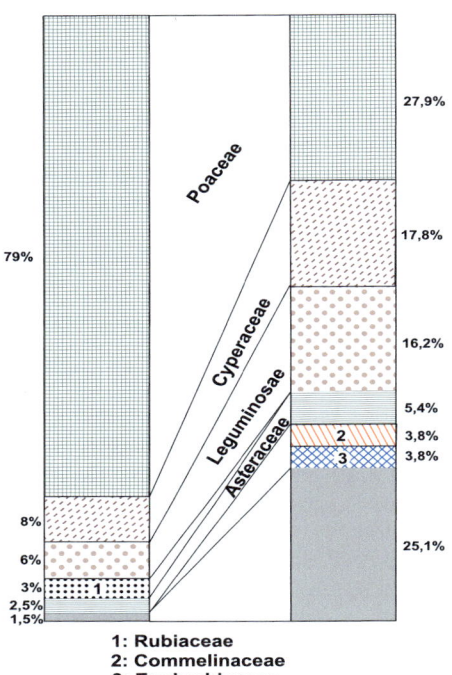

■ **Abb. E-33** Die relative Biomasse (linke Säule) und die prozentualen Artenzahlen (rechte Säule) der wichtigsten Pflanzenfamilien in der afrikanischen Savanne (verändert nach MÜLLER 1991).

6.2 Die Tierwelt

Die Fauna der *Burkea*-Baumsavanne und die der *Acacia*-Dornbuschsavanne weist sowohl für die Wirbeltiere als auch für die Wirbellosen auffallend große Unterschiede auf.

Im gesamten Schutzgebiet kommen 18 Amphibienarten vor (in der Nyl-Flussniederung), im Versuchsgelände sind es elf Arten; weit vom Wasser entfernt findet man sowohl die Kröte *Bufo garmani*, als auch die Frösche *Breviceps mosambicus* und *Kassina senegalensis*. An Reptilien wurden auf der Versuchsfläche 3 Schildkröten-, 19 Eidechsen- und 26 Schlangenarten festgestellt.

Die Zahl der Vogelarten im gesamten Schutzgebiet ist 325, davon 197 ständige. Im Versuchsgebiet sind es 120 Arten (14 Raubvögel, 71 Insektenfresser, 4 Beerenfresser, 10 Körnerfresser und 26 Omnivore). Von den 62 Säugetierarten des Schutzgebietes wurden 46 auf der Versuchsfläche registriert. Am zahlreichsten sind die Nagetierarten, dazu kommen je eine Art der Stachelschweine, der Warzenschweine sowie der Schakale und zwei Affenarten.

Von den besonders wichtigen Paarhufern seien genannt: Kudu *(Tragelaphus strepsiceros)*, Impala *(Aepyceros melampus)*, Deuker *(Sylvicapra grimmia)* und Steinböckchen *(Raphicerus campestris)*.

Die Bestimmung der Individuenzahl bzw. der lebenden Zoomasse ist schwierig und gelang nur in wenigen Fällen annähernd. An Schlangen werden drei Tiere pro Hektar angegeben, das häufigste Reptil, der Gecko *(Lygodactylus capensis)*, ist mit 195 bis 262 Tieren pro Hektar vertreten, die gemeine Eidechse *(Ichnotropis capensis)* mit 7 bis 11 Tieren pro Hektar.

Die lebende Zoomasse der Vögel beträgt auf 100 ha in der *Burkea*-Savanne 40 kg, doch nimmt die Zahl der Vögel im Winter, wenn die Zugvögel das Gebiet verlassen, um 25 bis 30 % ab.

Bei Säugetieren waren die Fangergebnisse so gering und schwankend, dass die Angaben wenig besagen. So ergaben die monatlichen Fänge bei *Dendromus melantois* etwa 5 (0 bis 15) Tiere pro ha, für andere Nager nur 2 Tiere pro Hektar.

Für Paarhufer werden folgende Mittelwerte (Anzahl Tiere pro 100 ha) angegeben: Impala 13, Kudu 2, Warzenschwein 1, Deuker 2 und Steinböckchen 1 bis 2 (Riedbock selten).

Der frühere Besitzer von Nylsvley gab an, dass er in den letzten 40 Jahren das Gebiet in den Monaten Januar bis April beweiden ließ, weil sonst Verluste durch die giftige Art *Dichopetalum cymosum*, einem den Euphorbiaceen nahestehenden Geophyten eintraten. Die Rinderbiomasse betrug in den vier Monaten etwa 150 kg·ha^{-1}, doch machte sich 1975 Überweidung bemerkbar, so dass der Viehbestand in den nächsten Jahren auf die Hälfte reduziert wurde.

Die Zahl der Wirbellosen ist so groß, so dass nur bestimmte, für das Ökosystem wichtige Arthropodengruppen angegeben sind: Holzfressende Coleopteren, Lepidopteren, soziale Insekten, Wurzelfresser und Spinnen.

Die Zoomasse der Wirbellosen als Trockenmasse betrug auf den Holzpflanzen im Mittel 135 g·ha^{-1} (Minimum im August = 60 g·ha^{-1}, Maximum im März = 300 g·ha^{-1}). Die Trockenmasse der Insekten in der Grasschicht ist größer.

Vereinzelt traten auf der Grasart *Cenchrus ciliaris* Raupenmassen *(Spodoptera exempla)* oder Käferlarven auf *(Astylus atromaculatus)*. Der Dung wird in der warmen Jahreszeit zu 77 % an einem Tage durch Mistkäfer (Coprinae, Aphodiinae) entfernt, indem sie ihn direkt unter der Ablagestelle vergraben, während die Pillendreher *(Pachilomera* spp.) ihn über eine größere Fläche ausbreiten. Diese Koprophagen leiten bereits zu der nächsten Gruppe über.

Tab. E-4 Ökosystemare Kenngrößen (Extremwerte) einer niedrigen Strauchsavanne und einer dichten Baumsavanne

	Strauchsavanne	Baumsavanne
Zahl der Holzpflanzen pro ha	120	800
Deckung der Holzpflanzen	7%	45%
Blattflächenindex (BFL)	0,1	1,0
Phytomasse oberirdisch (t·ha^{-1})	7,4	54,2
Phytomasse unterirdisch (t·ha^{-1})	3,6	26,6
Nettoholzproduktion (t·ha^{-1}·a^{-1})		
dto., oberirdisch	0,12	0,76
dto., unterirdisch	0,05	0,37
Nettoproduktion der Blätter und grünen Sprosse	0,43	5,53
Nettoproduktion der Grasschicht (t·ha^{-1}·a^{-1})		
dto., oberirdisch	14,9	14,5
dto., unterirdisch	19,0	12,2

Box E-4 Biomasse der *Burkea*-Savanne

Folgende Zahlen bedeuten die Trockenmasse in kg·ha^{-1} für die *Burkea*-Savanne und in Klammern für die *Acacia*-Dornsavanne:

Acridoidea 0,76 (2,32), andere Orthopteren 0,06 (0,02), Lepidopteren 0,05 (0,03), Hemipteren 0,08 (0,08), sonstige 0,05 (0,05), also insgesamt 1,00 (2,50) kg·ha^{-1}.

Zu den Destruenten werden die saprophagen Kleintiere im Boden und in der Streuschicht gerechnet, die tote Pflanzenteile und Tierreste fressen und sie gleichzeitig zerkleinern, sowie die Protozoen, Pilze und Bakterien, durch die schließlich eine vollständige Mineralisation erfolgt.

Die wichtigsten Saprophagen sind die Termiten. Oligochaeten, Myriapoden und Isopoden sind von geringer Bedeutung. Acarinen und Collembolen ernähren sich von Bakterien und Pilzen.

Termiten sind durch 15 Arten vertreten, die häufigsten Arten sind *Aganotermes oryctes, Microtermes albopartitus, Cubitermes pretorianus* und *Microcerotermes parvum*. Von den 15 Arten sind 4 Humusfresser, die übrigen ernähren sich von totem Holz oder Blattstreu. Im Boden fand man unter 1 m² Fläche im Mittel 2.540 Termiten (Maximum im November 8.204, Minimum im Juli 596).

Die Tierwelt der übrigen Savannengebiete in Afrika ist im Vergleich zu den Savannen und Grasländern auf den anderen Erdteilen besonders reich an Großsäugern. Allerdings weiß man, dass in den anderen Kontinenten die Säugerfauna vor 11-15 Tausend Jahren ebenfalls noch erheblich reichhaltiger war.

Bei den Herbivoren lassen sich meist folgende funktionellen Gruppen unterscheiden:
- Grasfresser (Weidetiere; 'grazers').
- Laubfresser (Strauch- und Baum-Blätter; 'browsers').
- Körnerfresser (Samenfresser; 'granivores').
- Nektarfresser ('nectivores').
- Fruchtfresser ('frugivores').

7 Tropische Hydrobiome im ZB I und ZB II

Bei der relativ geringen potentiellen Verdunstung führen die hohen Niederschläge in den feuchten Tropen zu großen Wasserüberschüssen. Als Beispiel sei San Carlos de Rio Negro in S-Venezuela mit einem Niederschlag von 3.521 mm und einer potentiellen Verdunstung von nur 520 mm genannt. Sofern also bei ebenem Gelände der Abfluss erschwert ist, entstehen ausgedehnte Sumpfgebiete.

In Uganda nehmen solche Sumpfgebiete 12.800 km² ein, etwa 6% der gesamten Fläche. Die Einzugsgebiete der Flusssysteme sind dort nicht durch Wasserscheiden voneinander getrennt, sondern netzartig durch Sümpfe miteinander verbunden. Auf dem Flug von Livingstone nach Nairobi sieht man die großen Lukango-Sümpfe und weiterhin die um den Kampolombo- und Bangweulu-See. Aber das größte Sumpfgebiet bildet der Weiße Nil im S-Sudan. Mit seinem linken Nebenfluss, dem Bar-el-Ghasal, füllt er das große auf 400 m NN gelegene Becken mit Wasser aus. Es ist das als „Sudd" bezeichnete Sumpfgebiet, dessen größte Erstreckung von Nord nach Süd und von West nach Ost 600 km erreicht; die Gesamtfläche wird auf 150.000 km² geschätzt; sie schwankt, je nachdem, ob Hoch- oder Niedrigwasser ist. Durch die Verdunstung im Sudd-Gebiet verliert der Nil die Hälfte seines Wassers. Es handelt sich nicht um eine freie Wasserfläche mit kleinen, kaum über das Wasser herausragenden Inseln, sondern um einen grünen Teppich aus Schwingrasen und schwimmenden Inseln, die durch an der Wasseroberfläche liegende Sprosse des Grases *Vossia* sowie *Papyrus* gebildet werden.

Auch Rasen von schwimmenden Pflanzen, der aus Südamerika eingeschleppten *Eichhornia* sowie *Pistia* spielen eine Rolle. Dazwischen erkennt man vom Flugzeug aus einzelne freie Wasserläufe und kleinere Wasserflächen. Ein Teil des Landes taucht bei Niedrigwasser auf und bildet ein Grasland mit der hohen *Hyparrhenia rufa* und *Setaria incrassata*. Die feuchtesten Teile sind mit *Echinochloa*-Arten, *Vetiveria* und Schilf *(Phragmites)* bedeckt.

Man nahm früher an, dass das „Große Pantanal" im Mato Grosso (Brasilien) an der Grenze von Bolivien und Paraguay ein ähnlich großes Sumpfgebiet ist, von dem aus die südlichen Nebenflüsse des Amazonas und die rechten Nebenflüsse des oberen Paraná entspringen, aber dieses Gebiet wird nur während der Regenzeit überschwemmt, während der Trockenzeit wird es jedoch als Weideland genutzt, wobei viele ringförmige Seen mit Uferwäldern verbleiben.

Sumpfgebiete und Wasserbecken sind auch in den übrigen feuchten Tropen verbreitet. Die Wasservegetation besteht aus einigen Kosmopoliten und pantropischen Arten mit für jedes Gebiet eigentümlichen floristischen Besonderheiten.

8 Mangroven als Halo-Helobiome in ZB I und ZB II

Wer sich einer durch Korallenriffe geschützten tropischen Küste vom Meer aus nähert, dem fallen die Mangroven auf, deren Baumkronen bei Hochwasser kaum aus dem Meerwasser herausragen. Nur bei Niedrigwasser werden die unteren Teile der Stämme mit den Atemwurzeln sichtbar (◘ Abb. E-34). Diese Wälder wachsen in der Gezeitenzone im Salzwasser, dessen Konzentration etwa 35 g·l^{-1} beträgt, was einem potenziellen osmotischen Druck von 2,5 MPa entspricht.

Über 30 Arten holziger Mangroven sind bekannt. Man unterscheidet die artenreichere östliche Mangrove an den Küsten des Indischen sowie den Westküsten des Pazifischen Ozeans und die artenärmere westliche Mangrove an den Küsten Amerikas und der Ostküste des Atlantischen Ozeans. Die optimale Entwicklung erreicht die Mangrove um den Äquator in Indonesien, Neuguinea und auf den Philippinen. Mit zunehmenden Breitegraden verarmt sie immer mehr, bis schließlich nur eine *Avicennia*-Art verbleibt. Die äußersten Vorposten findet man bei 30°N und 33°S (Sinai, E- Afrika), bei 37 bis 38°S (Australien und Neuseeland) und bei 29°S in Brasilien sowie 32°N auf den Bermuda-Inseln. Man erkennt somit, dass die Mangrove in der äquatorialen Zone zwar am besten entwickelt ist, sich aber durch die tropische und subtropische Zone bis fast an das Winterregengebiet oder bis zur warm-gemäßigten Zone erstreckt (CHAPMAN 1976).

◘ **Abb. E-34** Die Mangroven-Zone mit *Avicennia* (Acanthaceae) mit Atemwurzeln an der Küste von Neukaledonien (Foto: Breckle).

Die wichtigsten Gattungen der Mangroven sind *Rhizophora* mit Stelzwurzeln (◘ Abb. E-35) und viviparen Keimlingen und *Avicennia* mit dünnen, aus dem Boden herauswachsenden Atemwurzeln (nicht vivipar) (▶ Abb. E-35). Zur westlichen Mangrove gehört noch *Laguncularia,* während *Conocarpus* nur bei geringer Salzkonzentration wächst. In der östlichen Mangrove kommen außerdem Arten der Gattungen *Bruguiera* und *Ceriops* (beide vivipar und mit Kniewurzeln), *Sonneratia* (nicht vivipar mit dicken Atemwurzeln) vor, dazu *Xylocarpus-, Aegiceras-, Lumnitzera*-Arten und andere. Die einzelnen Mangrovenarten wachsen meistens in deutlichen Zonen, seltener in Mischbeständen. Die Zonierung hängt mit den Gezeiten zusammen. Je näher zum Außenrand der Mangroven eine Art wächst, desto länger und desto tiefer steht sie im Salzwasser (◘ Abb. E-36).

Die Gezeiten oder Tiden haben an den einzelnen Küsten einen verschiedenen Tidenhub (Höhenunterschiede zwischen Niedrig- und Hochwasser); dieser ändert sich periodisch mit dem Mond- und dem Sonnenstand. Er ist am größten jeweils zur Zeit des Neu- und Vollmonds (Springtiden) und am kleinsten dazwischen (Nipptiden). Am allerhöchsten sind die Springtiden zweimal im Jahr bei der Tagundnachtgleiche (äquinoxiale Springtiden).

Man unterscheidet **Küstenmangroven**, die an flachen Küsten ohne Wasserzufuhr vom Lande wachsen und oft viele Kilometer breit sind, die **Flussmündungsmangroven**, die namentlich im Deltabereich der Flüsse sehr ausgedehnt sein können, und **Riffmangroven** auf aus dem Wasser tauchenden toten Korallenriffen, die eine geringere Rolle spielen. Gut untersucht sind die Salzverhältnisse bei der Küstenmangrove E-Afrikas (◘ Abb. E-37).

Die Küste von E-Afrika bei Tanga hat ein relativ trockenes Monsunklima. Die potentielle Verdunstung dürfte gleich oder höher sein als die Jahresregenmenge. Neben einer kleinen Trockenzeit ist eine ausgeprägte Dürrezeit vorhanden. Das hat zur Folge, dass die Salzkonzentration des Bodens im Gezeitenbereich landeinwärts umso stärker ansteigt, je kürzere Zeit der Boden überschwemmt wird.

Extrem sind die Verhältnisse am Innenrand der Mangrovenzone, bis zu dem nur die äquinoktialen Springtiden reichen (◘ Abb. E-38). Das in den Boden eindringende Salzwasser wird hier während der Dürrezeit durch die Verdunstung stark konzentriert, während der Regenzeit kann dagegen der Boden völlig ausgelaugt werden.

Diesen starken Konzentrationsschwankungen ist keine Pflanzenart gewachsen, so dass diese Flächen vegetationslos sind. Solche Flächen findet man überall am Innenrand der Küstenmangroven, wenn das Klima sich durch eine Dürrezeit auszeichnet. In N-Venezuela treten auf den offenen Flächen stellenweise kleine Bestände von Säulenkakteen und Opuntien oder Bromelien auf, obgleich es sich um sehr salzempfindliche Pflanzen handelt. Offenbar nehmen die Bromelien das Wasser durch die Blätter auf und sitzen hier dem Boden ganz locker auf. Die Kakteen dagegen nehmen das Wasser durch flachstreichende Wurzeln auf. Sie wachsen hier immer auf kleinen Sandanhäufungen, wurzeln also in diesen, aus denen das Salz während der Regenzeit ausgewaschen wird. Der darunter liegende Salzboden stört sie also nicht.

> **Box E-5** Mangroven als azonale Vegetation
>
> Bei der Mangrove handelt es sich um eine azonale Vegetation, die an das Salzwasser im Gezeitenbereich gebunden ist. Sie wächst stets auf sehr feinkörnigen Böden, brandungsgeschützt und frostfrei.

◘ **Abb. E-35** Die Mangrovenwälder aus *Rhizophora mangle* (Rhizophoraceae) an der Küste von Tulear (SW-Madagaskar). *Rhizophora* ist vivipar und wächst im Schlamm der Gezeitenzone (Fotos: E. Fischer).

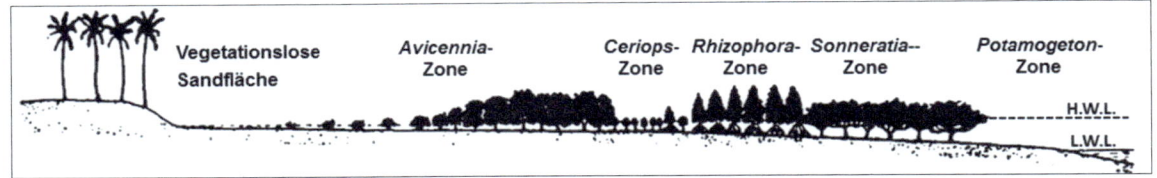

■ **Abb. E-36** Zonierung der ostafrikanischen Küstenmangrove. H.W.L. = Hochwassergrenze, L.W.L. = Niedrigwassergrenze (aus WALTER & STEINER 1936).

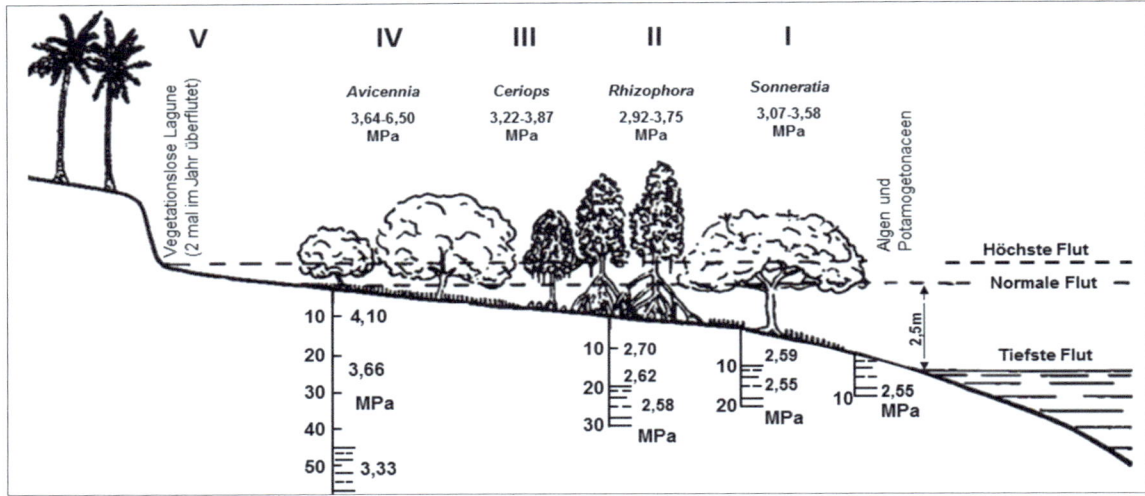

■ **Abb. E-37** Konzentration des Zellsaftes in bar (bzw. MPa) (geringste und höchste) der Blätter von Mangroven-Arten und der Bodenlösungen in verschiedener Tiefe (in cm). Küstenmangrove E-Afrikas (arider Typus) (aus WALTER & STEINER 1936).

■ **Abb. E-38** Innenrand der Mangrovenzone an der Gezeitenküste bei Maracaibo (Venezuela) mit starken Schwankungen der Salzkonzentration im Boden während der Trocken- (hohe) und Regenzeit (geringe Konzentration wegen Auswaschung). Hinter den Mangroven sind kaum mehr Tiden, aber ständige Verdunstung im Boden. Wegen hoher Salzkonzentration teilweise vegetationsfrei. Von rechts Ausläufer von *Sesuvium* (Foto: Breckle).

Weder die Kakteen noch die Bromelien enthalten in ihren Geweben Salze; sie sind also keine Halophyten - wieder ein Beispiel dafür, dass man die ökologischen Eigenschaften der Pflanzen und die Bodenverhältnisse jeweils sehr genau untersuchen muss. Anders liegen die Verhältnisse im stark humiden Gebiet.

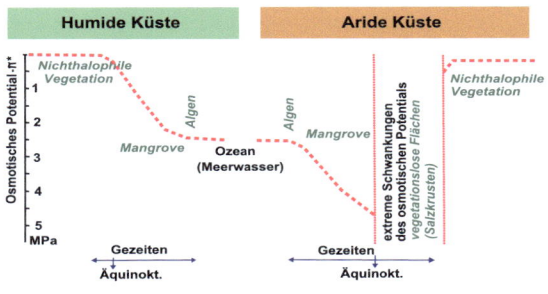

■ **Abb. E-39** Schema der Salzkonzentration (rote Kurve) im Boden und der Mangrovengliederung an humiden und ariden Küsten.

Hier werden die freiliegenden Flächen dauernd vom Regenwasser ausgelaugt, das heißt die Konzentration des Bodenwassers muss landeinwärts abnehmen, was auch für die Flussmündungsmangroven flussaufwärts gilt. Die Mangroven gehen somit über eine Brackwasserzone mit dem Farn *Acrostichum*, der *Nipa*-Palme, *Acanthus ilicifolius* und vielen anderen Arten in die Süßwassergemeinschaften über, ohne dass sich eine deutliche vegetationslose Zone dazwischenschiebt (▶ Abb. E-35 bis Abb. E-38). Obgleich die Mangroven eine azonale Vegetation sind, so wird ihre Zonierung doch auch vom Klima bestimmt. Sie ist im humiden ZB I anders als in einem Klima mit einer ausgesprochenen Dürrezeit (▶ Abb. E-39). In dieser Hinsicht unterscheidet sich die Zonierung der Mangroven zwischen ZB I und ZB II oder gar ZB III fundamental.

Alle in Salzböden wurzelnden Pflanzen nehmen eine gewisse Menge an Salzen auf, die im Zellsaft gespeichert werden. Das gilt auch für die Mangroven mit ihren stark sukkulenten Blättern, in deren Zellsaft die Salzkonzentration etwa der im Boden entspricht; dazu kommen noch die Nichtelektrolyten in einer bei tropischen Arten üblichen Konzentration. Die typische Zonierung und den potentiellen osmotischen Druck im Boden sowie in den Blättern der Mangroven zeigt ▶ Abb. E-36, während das Schema auf ▶ Abb. E-39 die Unterschiede zwischen den Mangroven im ariden und im humiden Gebiet hervorhebt.

Die Zonierung kommt durch den Wettbewerb der einzelnen Mangrovenarten zustande, für den in E-Afrika der Salzfaktor ausschlaggebend ist. *Avicennia* als wettbewerbsschwächste Art besitzt zugleich die höchste Salzresistenz; Kümmerexemplare dieser Art bilden deshalb die Innengrenze. *Sonneratia* dürfte die wettbewerbsstärkste Art sein, kann jedoch eine Zunahme der Salzkonzentration über die des Meerwassers am wenigsten vertragen. Sie kann sich infolgedessen nur am Außenrand halten. Bei der Mangrove dauernd humider Gebiete ist die Zonierung komplizierter. *Avicennia* scheint an Sandboden gebunden zu sein, während *Sonneratia* Schlickboden bevorzugt. Hier dürften die Bodenart und die Durchlüftung, die Überschwemmungsdauer, die Wasserbewegung und der Grad der Aussüßung bzw. die Schwankungen der Konzentration von größerer Bedeutung sein.

Ein interessantes Problem ist der Salzhaushalt der Mangroven. Sie können nicht einfach das Meerwasser als solches aufnehmen, denn es würde sich in kürzester Zeit eine gesättigte Salzlösung in den Blättern bilden, da die Pflanzen bei der Transpiration nur Wasser abgeben und die Salze zurückbleiben. Inzwischen ist der direkte Nachweis gelungen, dass in den Blättern der Mangroven Saugkräfte von 3,5 bis 5,5 MPa entstehen, die höher sind als der potentielle osmotische Druck der Bodenlösung. Diese Saugkräfte werden durch die Kohäsionsspannung in den Gefäßen auf die Wurzeln übertragen, die zugleich einen Ultrafilter darstellen, das heißt praktisch reines Wasser durchlassen und dieses den Blättern zuführen. Nur eine sehr kleine Salzmenge dringt in die Pflanze ein und wird in den Vakuolen der Blattzellen in gelöster Form gespeichert. Sie ist notwendig, um die Saugkräfte zu erzeugen.

Wie die Regulierung der Salzkonzentration erfolgt, ist noch nicht ganz klar. Ein Überschuss an Salzen ließe sich beim Abfallen der alten Blätter aus der Pflanze ausscheiden. Dies ist ein allgemeines Prinzip bei fast allen Arten auf Salzböden. Bei *Avicennia* ist auch eine Regulierung durch die auf der Blattunterseite befindlichen Salzdrüsen möglich. Die Konzentration der ausgeschiedenen Salzlösung erreicht bei *Avicennia* 4,1% und ist somit höher als die des Meerwassers. Die ausgeschiedenen Salze sind zu 90% NaCl und zu 4% KCl, was dem Verhältnis im Meerwasser entspricht. Die Ausscheidung unterbleibt im Dunkeln und ist mittags am intensivsten. Sie erreicht in 24 Stunden 0,2 bis 0,35 mg pro 10 cm^2 Blattfläche. In Trockenzeiten reichert sich das Salz auf der Blattunterseite in Form von Kochsalzkristallen an, die bei hoher Luftfeuchtigkeit in der Nacht zerfließen und abtropfen.

Es ist interessant, dass die viviparen Keimlinge von *Rhizophora* fast salzfrei sind und einen potentiellen osmotischen Druck von nur 1,3 bis 1,8 MPa besitzen. Ihnen muss somit das Wasser durch ein Drüsengewebe im Kotyledonarkörper zugeführt werden. Sobald die Keimlinge abfallen und sich im Salzboden bewurzeln, nimmt der Salzgehalt zu und der potentielle osmotische Druck steigt auf die normale Höhe an. Die Keimwurzel scheint zunächst für Salz permeabel zu sein.

Auch die Funktion der Atemwurzeln (Pneumatophoren) konnte aufgeklärt werden. Sie besitzen Lentizellen mit feinen Öffnungen, die unbenetzbar und deshalb zwar für Luft, nicht jedoch für Wasser durchlässig sind. Wenn die Atemwurzeln ganz ins Wasser tauchen, wird der Sauerstoff in ihren Interzellularen durch die Atmung verbraucht und es entsteht ein Unterdruck, weil das leicht lösliche CO_2 ins Wasser entweicht. Sobald die Atemwurzeln aus dem Wasser auftauchen, tritt ein Druckausgleich ein und Luft mit Sauerstoff wird eingesaugt. Der O_2-Gehalt in den Interzellularen der Atemwurzeln schwankt deshalb periodisch zwischen 10 bis 20%.

Die Mangroven sind zusammen mit ihrer Tierwelt, den vielen Winkerkrabben und mit dem auf die Bäume kriechenden Mangrovenfisch (*Periophthalmus*) ein besonders interessantes Ökosystem, das weder zum Meere noch zum Festland gehört. Durch Holzausbeutung (Köhlerei) und Ausweitung der Krabbenzucht sind die Mangroven vielerorts stark gefährdet und die Küstenregionen der immerfeuchten Tropen desertifiziert worden sind (▫ Abb. E-40a). Somit fehlt ein Schutz gegen Tsunamis. Dazu kommt Verseuchung durch küstennahe Öl- und Gasförderung (▫ Abb. E-40b).

9 Strandformationen – Psammobiome

Die Strandformation der tropischen Küsten bietet geringere Besonderheiten. Hinter der vegetationslosen, dem Wellenschlag ausgesetzten Zone folgen auf dem Sand Pflanzen mit langen Ausläufern, von denen *Ipomoea pes-caprae* und *Canavalia rosea* (▫ Abb. E-41) weit verbreitet ist, ebenso die Halophyten *Sesuvium*

Abb. E-40 a: Schrimps-Zucht-Becken bei Playa in der Nähe der Stadt Machala, Pazifikküste Ecuador, nach totaler Abholzung der Mangrove (Foto: Rafiqpoor); **b:** abgestorbene Mangrovenbäume durch Ölverschmutzung in Venezuela (Foto: Breckle).

Abb. E-41 Eine auf dem Kalksand kriechende, sehr salztolerante Fabaceae (*Canavalia rosea*) mit bis zu 6 m langen Ausläufern (**a**), mit Blütenstand (**b**) am Strand einer kleinen Insel vor Saba, Borneo (Fotos: Rafiqpoor).

portulacastrum, Batis maritima und *Sporobolus virginicus*. Landeinwärts, außerhalb des Salzwassereinflusses, wird der Sand in den Tropen sehr rasch durch Sträucher und Bäume festgelegt. Es sind Arten, deren schwimmfähige Früchte im Driftauswurf aller tropischen Küsten zu finden sind. *Terminalia catappa* (Abb. E-42**a**; ihre Früchte in Abb. E-42**b**) ist ein typischer Vertreter; auch die Kokospalme könnte man hinzurechnen (Abb. E-42**c**), allerdings sind heute die Palmen fast alle gepflanzt.

Für die östlichen Weltmeere sind *Barringtonia, Calophyllum, Hibiscus tiliaceus* sowie *Pandanus*, für die westlichen *Coccoloba uvifera* (Polygonaceae), *Chrysobalanus icaco* und die giftige *Hippomane manicinella* (Euphorbiaceae) typisch.

Große Dünengebiete fehlen den Tropen. Eine der Ausnahmen bildet die Nordküste von Venezuela. Hier wird bei Coro in einem Halbwüstenklima durch den ständig aus Nordost bis Ostnordost wehenden Passat viel Sand vom Strande angeweht, der von *Prosopis juliflora* aufgefangen wird. Es kommt zur Bildung von Dünen, die in der Windrichtung weiterwachsen und immer wieder von dem *Prosopis*-Busch bedeckt werden (Abb. E-43). Auf diese Weise entsteht eine Reihe von Dünenrücken, die alle nebeneinander parallel zur Windrichtung verlaufen und eine beträchtliche Höhe erreichen. In einem Teil des Dünengebietes sind, wahrscheinlich infolge von Holznutzung, Wanderdünen entstanden (Barchane), die sich wieder zu Dünenrücken zusammenschließen, wobei diese jedoch senkrecht zur Windrichtung orientiert sind.

Abb. E-42 *Terminalia catappa* (**a, b**) und die Frucht einer Kokospalme (**c**), die durch die Meeresströmung an den Strand einer Insel in Saba, Borneo, gespült worden ist und dort angefangen hat zu keimen (Fotos: Rafiqpoor).

Abb. E-43 Die großen Sanddünen auf der Halbinsel Paraguana in Nord-Venezuela sind nicht mit *Prosopis*, sondern vor allem mit *Conocarpus*-Gebüsch bewachsen (Foto mit Prof. E. Medina, Caracas: Breckle).

10 Orobiom II - tropische Gebirge mit einem Jahresgang der Temperatur

Während beim Orobiom I eine kurze regenlose Periode in der alpinen Stufe die Wasserversorgung der Pflanze noch nicht beeinflusst, wirkt sich die Dürrezeit des ZB II je nach der Dauer selbst in großen Höhen deutlich aus.

Zwar nimmt in der montanen Stufe die Niederschlagshöhe so stark zu und die Sonnenscheindauer infolge der Bewölkung ab, dass ein immergrüner montaner Wald auftritt, der aber eine Trockenzeit in der kühlen Jahreszeit aufweist, auch wenn sich darüber im Passat- oder Monsungebiet sogar ein Nebelwald entwickeln kann ▶ Abb. D-45).

Im Monsungebiet Indiens wirkt sich auch ein kleineres Gebirge bereits sehr stark auf die Niederschlagshöhe, weniger auf die Verteilung über das Jahr aus (◻ Abb. E-44).

Die ganze Höhenstufenfolge des Orobioms II kann man am Südhang des östlichen Himalaya, am sehr feuchten Sikkim-Profil von Darjeeling nach Norden verfolgen, wobei sich die Waldstufen nur schwer unterscheiden lassen. Es wird noch dadurch komplizierter, dass in den höheren Stufen die paläotropischen Florenelemente immer mehr durch holarktische verdrängt werden.

Am Gebirgsfuß herrscht ein feuchter laubabwerfender Wald mit *Shorea robusta* vor und auf nassen Böden ein solcher mit Bambus sowie Palmen. In etwa 900 m NN beginnt ein immergrüner tropischer montaner Wald (*Schima, Castanopsis*) mit Baumfarnen, wobei im oberen Teil bereits holarktische Baumgattungen (*Quercus, Acer, Juglans*), auch *Vaccinium* und andere vertreten sind.

Darüber kommt ein Nebelwald mit Hymenophyllaceen und Moosen. Je höher man steigt, desto mehr überwiegen holarktische Gattungen (*Betula, Alnus, Prunus, Sorbus* und andere).

Die Frostgrenze wird in 1.800 bis 2.000 m NN erreicht (potentieller Frost).

In der nächst höheren Stufe findet man viele hohe *Rhododendron*- und *Arundinaria*-Arten, die weiter oben durch Nadelhölzer (*Tsuga, Taxus* und andere) abgelöst werden.

In 3.000 bis 3.900 m NN wächst ein *Abies densa*-Tannenwald mit Laubhölzern. Die Waldgrenze wird von *Abies* und *Juniperus* gebildet. Die subalpine Stufe zeichnet sich wieder durch hohe *Rhododendren* aus, die in der alpinen Stufe mit blütenreichen Matten immer niedriger werden, bis *Rhododendron nivale* in 5.400 m NN nur ein winziges Sträuchlein ist.

Ab 5.100 m NN treten vorwiegend Halbkugelpolster auf (*Arenaria, Saussurea, Astragalus, Saxifraga* und andere); die Schneegrenze liegt bei 5.700 m NN.

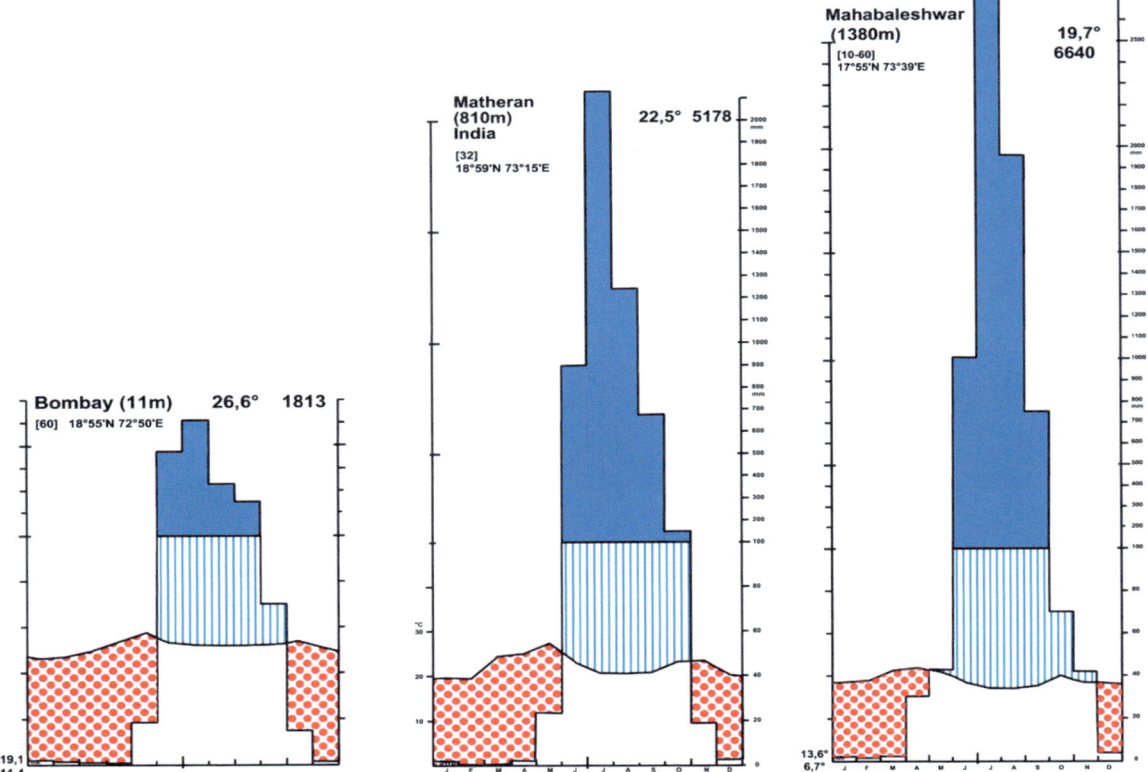

◦ **Abb. E-44** Zunahme der Niederschlagsmenge mit der Höhe im Monsungebiet Indiens: Klimadiagramm von Bombay und zwei Stationen darüber im Gebirge. Bei der oberen Station in 1380 m NN fallen im Juli fast 3.000 mm Regen. Die Dauer der Regenzeit ist jedoch nur um einen Monat verlängert, obgleich die jährliche Niederschlagsmenge 6.000 mm übersteigt.

Dieses Orobiom-System der Himalaya-Gebirgsketten ist besonders kompliziert (Troll 1967, Meusel et al. 1971, Miehe in Walter & Breckle 1994, Miehe et al. 2015).

In den Anden sind die Höhenstufenfolgen des West- und Osthanges verschieden, ebenso in den inneren Gebirgstälern. Eine kurze schematische Übersicht hat Ellenberg (1975) gegeben.

Die Hochebene des Altiplano (◦ Abb. E-45) ist besiedelt und wird von Lama-Herden beweidet, ist somit anthropogen verändert. Aber auch die wildvorkommenden Vicuña-Herden spielen bei der Devastation der Landschaft eine Rolle. Dem Klima entsprechend werden am Westhang die Stufenfolgen nach Süden zu immer xerophytischer. Die regengrünen laubabwerfenden Waldstufen reichen immer höher hinauf und die immergrünen werden hartlaubiger und kleinblättriger.

Das Vorhandensein einer warmen Jahreszeit hat eine Hebung der Waldgrenze bis auf 4.000 m NN zur Folge; einzelne *Polylepis*-Bestände reichen bis auf 4.500 (5.300) m NN hinauf (◦ Abb. E-46a). Anstelle der Páramos tritt die Puna, zunächst die feuchte Puna mit Polsterpflanzen wie z.B. *Azorella compacta* (◦ Abb. E-47), südlicher die trockene Puna mit xerophytischen Büschelgräsern wie *Festuca orthophylla* (◦ Abb. E-48), *Stipa ichu* und andere, bis im Bereich von Orobiom III eine Wüstenpuna mit vielen Salaren (Salzpfannen) vorherrscht (Lauer 1975, Chong-Diaz 1988) (▶ Abb. E-46c,d). Entsprechend ändern sich die Böden der alpinen Stufe in südlicher Richtung von torfigen Böden zu Kastanienerden und Serosemen bis zu Solonez und Solontschak.

Eine sehr genaue ökologische und auch mikroklimatische Untersuchung der Puna in NW-Argentinien zwischen 22 bis 24 1/2°S liegt von Ruthsatz (1977) vor.

11 Der Mensch in der Savanne

Großflächig ist die Savanne heute vielerorts durch Rinderweiden ersetzt worden. Auch schon früher waren Hirtennomaden in den weiten Savannengebieten unterwegs und haben mit ihren ausgedehnten Herden den Wildtieren erhebliche Konkurrenz um die Futterquellen gemacht.

In den neotropischen Savannen sind großflächig afrikanische Gräser eingeführt worden, die die ursprüngliche Artenvielfalt drastisch vermindert haben. Die Produktivität ist allerdings teilweise zum Nutzen weitflächiger Rinderweiden gestiegen (Solbrig et al. 1996).

◻ **Abb. E-45 a**: Blick vom bolivianischen Altiplano (4.100 m) auf die Cordillera Real mit dem vergletscherten Vulkan Huaina Potosi bei La Paz. **b**: Blick vom Altiplano auf die vergletscherten Vulkane Parinacota und Pumarape an der Chilenisch-bolivianischen Grenze (West-Cordillere, Südbolivien). Der Altiplano in Bolivien ist als eine breite intermontane Fläche von beiden Seiten mit Gebirgsketten (West- und Ost-Cordillere) umsäumt. Weite Teile dieser Hochfläche sind mit einer semiariden Graspuna bedeckt. Vor allem in der Umgebung des Titicacasees bei La Paz wird der Altiplano (Feuchtpuna) ackerbaulich intensiv genutzt; nach Süden nimmt infolge der Abnahme der Humidität des Klimas auch das Ausmaß der Feldbautätigkeit ab, die Beweidung bleibt in nahezu gleicher Intensität erhalten (Fotos: Rafiqpoor).

Aufgrund der häufigen Gras- und Buschbrände, die meist kurz vor Beginn der Regenzeit absichtlich gelegt werden, soll das Wachsen neuen Grüns verbessert werden. Über längere Zeit führt dies aber zu einer immer stärkeren Nährstoffverarmung der Böden mit größerer Erosionsgefahr und damit zunehmender Desertifikation.

12 Zonoökoton II/III

12.1 Sahelzone

Zu diesem Zonoökoton gehören die offenen, klimatischen Savannen, wie Namibia. Ähnliche Verhältnisse findet man südlich der Sahara in der Sahelzone, die den Übergang zum Sommerregengebiet des Sudan bildet (ZB II). Aber die Sahelzone ist durch die zu starke Besiedlung und Überweidung als Folge der für diese Zone typischen und immer wiederkehrenden Dürrejahre vollkommen degradiert worden (MÜLLER et al. 2006). Sie verträgt nur eine sehr dünne Besiedlung und entsprechend geringe Viehzahlen, die durch die wenigen natürlichen Wasserstellen in diesem Gebiet früher erzwungen wurde. Im Rahmen der Entwicklungshilfe wollte man jedoch das Land erschließen und erbohrte viele Brunnen. Dadurch konnten größere Herden getränkt werden, und entsprechend stieg auch die Bevölkerungszahl, solange die Jahresregenmengen über dem langjährigen Mittel lagen. Dann folgten jedoch mehrere Dürrejahre, die zur Katastrophe führten. Wasser für Menschen und Tiere war vorhanden, aber keine Weide, denn die Gräser verdorrten. Das hungernde Vieh verendete, und die Menschen mussten fluchtartig das Land verlassen oder sie wurden durch Hilfsmaßnahmen von außen unterstützt. Doch erlitt die Weide irreparable Schäden und wurde zu einer 'man made desert' als schlimmste Auswirkung der Desertifikation.

Im heutigen Namibia mit einem ähnlichen Klima wirken sich mehrere Dürrejahre hintereinander ebenfalls verheerend aus, aber die geringe Zahl der Farmer kann diese Jahre durch rechtzeitige Verringerung der Viehbestände überstehen, und die Wirtschaft erholt sich nach einigen guten Regenjahren rasch wieder, vielleicht, weil die Dürreperioden kürzer sind als im Sahel.

◻ **Abb. E-46** Die Waldgrenze liegt an den hohen Vulkanen der Westkordillere in Bolivien (z.B. am Sajama) in ca. 5.300 m NN (**a**, Foto Breckle; ▶ Abb. F-53b) und wird von *Polylepis tarapacana* gebildet mit *Lepidophyllum quadrangulare* und den Büschelgräsern aus *Festuca orthophylla, Stipa ichu* etc. (**b,** Foto Rafiqpoor). Teils gefrorene Salaroberfläche der Laguna Hediona (3.900 m NN) im Altiplano von Bolivien mit Flamingos, Salzkrusten und Vulkanen (**c**, Foto: Breckle). In Bereich der Wüsten-Puna im südlichen Altiplano kommen große Salzseen wie der Salar de Uyuni vor (**d,** Foto: Breckle). In diesem Salar wird in 3.900 m NN beim Dorf Uyuni die Salzkruste herausgehauen, zerkleinert und an der Luft vollends getrocknet zur weiteren Nutzung (Lithium-Gewinnung).

◻ **Abb. E-47** *Azorella compacta* (Apiaceae) an einem Felsenstandort auf dem bolivianischen Altiplano 4.500 m NN (Foto: Breckle).

◻ **Abb. E-48** *Festuca orthophylla* über verwittertem vulkanischem Feinmaterial an einem leicht geneigten Hang in Südbolivien (4.750 m NN). Durch die Einwirkung des Frostwechsels und die leichte Hangneigung sind die Grasbüschel in Grasgirlanden-Strukturen angeordnet (Foto: Breckle).

12.2 Thar- oder Sindwüste

Ein weiteres Zonoökoton II/III befindet sich im Grenzgebiet zwischen Indien und Pakistan - die Thar- oder Sind-Wüste. Es handelt sich um ein einheitliches arides Gebiet zwischen dem Aravalli-Gebirge im Osten und den Höhen von Baluchistan im Westen, das auch als „Great Indian Desert" bezeichnet wird (◻ Abb. E-49). Die Aridität nimmt dabei von Osten nach Westen zu.

Im Gebiet mit über 250 mm Regen werden die Savannen beweidet und sind infolge zu starker Bestockung mit Vieh degradiert, wobei die einjährige Grasart *Aristida adscensionis* als Weideunkraut überhand nimmt.

Wenn in der Literatur oft von einer Saharo-Sindischen Wüstenzone gesprochen wird, so ist das nicht richtig. Denn die Sahara gehört zum größten Teil als regenloses Gebiet oder eines mit geringen Winterregen floristisch zur Holarktis und setzt sich nach Osten in die Ägyptisch-arabische Wüste bis nach Mesopotamien fort. Die Sind-Wüste dagegen ist der letzte trockenste Ausläufer des indischen Monsungebietes und muss floristisch zur Paläotropis gerechnet werden. Die indische Wüste Thar ist klimatisch schon ein Zonoökoton II/III, das man mit dem Übergangsgebiet vom Sudan zur südlichen Sahara, dem „Sahel", vergleichen kann. Beide erhalten leichte Sommerregen, aber das indische Gebiet liegt schon nördlich des Wendekreises, die Jahrestemperaturen sind deshalb um 2 bis 3 °C tiefer als im Sahel und Fröste können in den Monaten Dezember bis Februar auftreten (▶ Abb. E-49). Nur das Gebiet in der Indusniederung erhält im Mittel weniger als 100 mm Regen im Jahr, wäre also klimatisch eine Wüste; doch ist es durch den Indus und seine Zuflüsse ein wasserreiches Bewässerungsgebiet. Die 'Great Indian Desert' dagegen ist weitgehend eine 'man made desert'. Das Gebiet war schon vor viertausend Jahren bewohnt, wurde seit dem Zuge Alexanders des Großen immer dichter besiedelt und ist heute infolge von Überweidung, Holznutzung und teilweiser Beackerung völlig degradiert (MANN 1977). Von Natur aus war das Gebiet mit 400 bis 150 mm Regen im Jahr eine *Prosopis*-Savanne auf tiefgründigen sandigen rötlichbraunen Savannenböden, wie eine seit mehreren Jahrzehnten geschützte Fläche unweit von Jodhpur beweist (RODIN et al. 1977).

Die Dornsträucher sind dort: *Prosopis cineraria, Ziziphus nummularia, Capparis decidua (= C. aphylla)* und andere. *Prosopis* wird bei einer Jahresregenmenge von 500 bis 600 mm bis 8 m hoch und bildet Bestände mit 150 bis 200 Exemplaren pro Hektar, bei 300 bis 400 mm nur 5 bis 6 m hoch (Bestände mit 50 bis 100 Expl. pro ha) und bei 200 mm nur noch 3 bis 4 m hoch (Bestände mit 25 bis 30 Expl. pro ha). Ebenso werden bei abnehmenden Regenmengen in der Grasschicht die hohen Gräser *(Lasiurus, Desmostachya)* durch niedrige *(Aristida)* ersetzt (GAUSSEN et al. 1972). Es sind somit Verhältnisse wie im Südwesten Afrikas (▶ Abb. E-7).

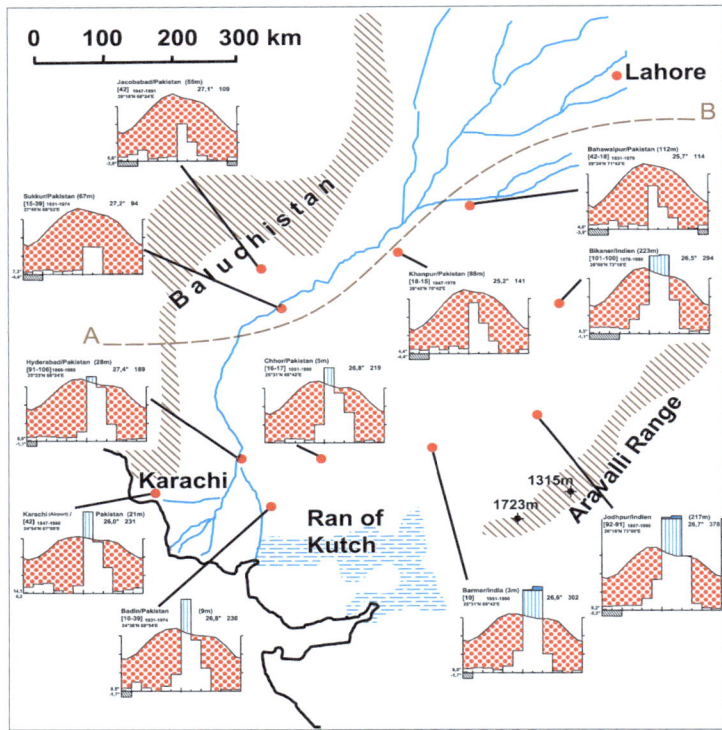

Abb. E-49 Klimadiagrammkarte der Sind-Thar-Wüste. Nordwestlich der Linie A-B das extrem aride Gebiet.

◘ Abb. E-50 zeigt eine sehr offene Grasflur mit *Lasiurus*, *Desmostachya*, *Panicum* und *Aristida*-Arten, mit einigen Sukkulenten und der weit verbreiteten *Calotropis procera*, während in ◘ Abb. E-51 eine dichte *Prosopis*-Savanne gezeigt wird, im Vordergrund auf Fels mit großen Säulen-Euphorbien (*Euphorbia caducifolia*); die Bestandesstruktur der Dornsavanne mit *Prosopis*, *Acacia*, *Capparis decidua*, *Salvadora persica*, mit der kletternden *Coccinea grandis* wird durch ◘ Abb. E-52 verdeutlicht.

Im Bikaner-Distrikt (► Abb. E-47) sind die Böden sehr sandig. In der Nähe von Ortschaften bilden sich als Folge von Beweidung bewegliche Barchane, also vegetationslose Dünen, die den Eindruck einer echten Wüste machen (◘ Abb. E-53). Tatsächlich ist jedoch der Wassergehalt des Sandes von solchen unbewachsenen Dünen viel höher als der von bewachsenen, wie die Daten (◘ Tab. E-5) aus einem Gebiet mit 260 mm Regen im Jahr zeigen.

◘ **Abb. E-50** überweidete Halbwüste bei Jodhpur mit *Calotropis procera* (Foto: Breckle).

◘ **Abb. E-51** Dornsavanne und offene Felsplatten bei Jodhpur, im Übergangsbereich des Zöno-Ökotons II/III zur Wüste Thar (Foto: Breckle).

Dieser Unterschied ist verständlich, weil ein *Prosopis*-Bestand im Jahr etwa 220 mm Wasser für die Transpiration dem Boden entnimmt und das oft angepflanzte Gras *Pennisetum typhoides* auch etwa 160 bis 180 mm.

◘ **Tab. E-5** Wassergehalt (in mm) des Sandes von unbewachsenen (I) und bewachsenen (II) Dünen bei Jaisalmer (nach MANN 1976)

Tiefenbereiche	Zeitraum							
	März		Juni		Sept.		Januar	
Tiefe (in cm)	I	II	I	II	I	II	I	II
0-105	41	10	33	17	45	10	34	7
0-210	106	39	94	48	120	33	105	28

◘ **Abb. E-52** offener artenreicher Dornbuschbestand bei Jodhpur während der Trockenzeit im Dezember (Foto: Breckle).

◘ **Abb. E-53** In Bewegung geratenes Sandgebiet (Barkhane) im „Desert National Park" in der Umgebung des Dorfes Huri ca. 40 km von Jaisalmer entfernt mit einzelnen *Acacia*- und *Calotropis*-Sträuchern (Foto: http://bit.do/bFP6P).

Die Bevölkerung nutzt den Wassergehalt im Sand der unbewachsenen Dünen aus, indem sie Wassermelonen in 2 x 2 m Entfernung auspflanzt und das Verwehen des Sandes durch Reisig verhindert. Über die natürliche Vegetation des trockensten Teiles, der Sind-Wüste in der Indusniederung lassen sich keine Angaben machen. Dieses Bewässerungsgebiet ist dicht besiedelt; Flächen mit natürlicher Vegetation gibt es nicht. Durch unrationelle Bewässerung ist der Grundwasserspiegel stark gestiegen, so dass die feuchten Böden sekundär versalzen. Dadurch sind jährlich 40.000 Hektar an Kulturland verloren gegangen, wodurch die Steigerung der Nahrungsmittelproduktion stark hinter dem Bevölkerungszuwachs zurückbleibt. Eine Wiederinstandsetzung der verbrackten Böden ist in dem ebenen Gelände mit sehr großen Kosten verbunden.

Natürliche Salzböden sind im Süden der Wüste Thar am Golf of Kutch sehr verbreitet. Im Gezeitenbereich wachsen Mangroven, dahinter folgen Salzmarschen mit *Salicornia, Suaeda, Atriplex* und dem Salzgras *Urochondra*. Im Gebiet des Ran of Kutch (▶ Abb. E-49) mit hohem Grundwasserstand breiten sich fast sterile tonige Salzböden mit wenigen Holzpflanzen an günstigen Stellen und mit Halophyten (*Haloxylon salicornicum, Aeluropus, Sporobolus*) bzw. *Cenchrus* spp., *Cyperus rotundus* und andere (BLASCO 1977) aus.

12.3 Die Caatinga

Ökologisch schwierig einzureihen ist die Caatinga NE-Brasiliens, das aride Gebiet, „Polygono da Seca". Es zeichnet sich durch extreme Niederschlagsschwankungen von Jahr zu Jahr aus. Bei dem trockensten Ort Cabaceiras folgten zum Beispiel nach den guten Regenjahren 1940 bis 1946 mit Niederschlägen von 664 bis 150 mm die Dürreperioden 1948 bis 1958 mit Niederschlägen unter 80 mm (1952 nur 24 mm, 1958 nur 22 mm) mit Ausnahme von 1954 mit 170 mm und 1955 mit 187 mm. Ein solch unzuverlässiges Klima überstehen am besten große sukkulente Säulenkakteen und große am Boden wachsende stachelige Bromeliaceen sowie viel Wasser speichernde Flaschenbäume (*Ceiba* und andere) oder laubabwerfende Sträucher, die lange Zeit blattlos sind (◘ Abb. E-54). Das Gebiet lässt sich schwer nutzen und ist schwach besiedelt, denn die Dürreperioden lassen sich nicht voraussehen und zwingen die Bevölkerung, das Land zu verlassen. Ähnliche Verhältnisse findet man auch in der Passatwüste an der Nordküste Südamerikas im Grenzgebiet Venezuela-Kolumbien

Abb. E-54 Caatinga bei Rodelas in Sertão NE-Brasiliens (Foto: Glauco Umbelino, http://t1p.de/mb49).

oder auf den Galapagosinseln. Auch in diesem Trockengebiet kommen Jahre mit sehr hohen Niederschlägen vor.

12.4 Tropisches Ostafrika

Schließlich seien noch die ausgedehnten zur Paläotropis gehörenden ariden Gebiete im tropischen Bereich E-Afrikas erwähnt sowie ein kleines Gebiet im Regenschatten zwischen Pare- und W-Usambaragebirge mit sehr merkwürdigen Sukkulenten [*Adenia globosa*, felsblockähnliche *Pyrenacantha*, *Euphorbia tirucalli* (▶ Abb. E-17), *Caralluma*, *Cissus quadrangularis*, *Sansevieria* (▶ Abb. E-18) und andere]; bei einer Jahrestemperatur von 28 °C und nur 100 bis 200 mm Regen dürfte es das trockenste Gebiet am Äquator sein. Viel ausgedehnter sind die ariden Gebiete in N-Kenya, W-Äthiopien, Somali und auf Sokotra mit dem *Adenium socotranum* (Apocynaceae) (◻ Abb. E-55a), das unförmige sukkulente Stämme von 2 m Durchmesser besitzt und *Dracaena cinnabari* (◻ Abb. E-55b) mit einem Stammdurchmesser von 1,6 m. Die verschiedenen Lebensformen der Dornsukkulentensavanne sind in ◻ Abb. E-56 schematisch wiedergegeben. Die meisten Lebensformen lassen sich als typische Anpassung an lange Trockenzeiten verstehen, sie sind aber doch nicht in der Lage gewesen, in die eigentlichen Wüsten des Zonobioms III vorzudringen.

12.5 SW-Madagaskar

Madagaskar mit seiner eigenständigen Flora und Fauna weist an der Ostküste Regenwald des Zonobioms I auf mit bis zu 2.000 mm Regen im Jahr. Der größte Teil der Insel hat aber ein Sommerregenklima und trug laubwerfenden Wald. Auch die Baum- und Strauchflora Madagaskars ist insgesamt sehr einmalig, etwa 94 % der Arten sind endemisch. Die Flora Madagaskars war sehr artenreich, heute sind viele Wälder und Savannen abgeholzt. Große Flächen sind degradiert. Riesige Grasflächen werden jährlich abgebrannt, um angeblich bessere Weiden für die mindestens 10 Millionen Zeburinder zu bekommen, in den trockenen Teilen werden Ziegen gehalten.

Die trockenste SW-Ecke von Madagaskar zeichnet sich neben Baobab-Bäumen (◻ Abb. E-57) durch die nur hier vorkommenden und an Säulenkakteen erinnernde endemische Familie der Didiereaceae (vier Gattungen mit elf Arten) (◻ Abb. E-58) aus. Bei etwa 350 mm Regen im Jahr, die zudem noch meist sehr unregelmäßig fallen, entwickelt sich hier eine Dornbusch-Sukkulenten-Halbwüste. Zahlreiche Sukkulenten aus den Gattungen *Euphorbia*, *Aloe*, *Kalanchoe*, *Crassula* kommen vor, dazu Flaschenbäume der Gattungen *Adansonia*, *Moringa* und *Pachypodium* (▶ Abb. E-58). Andere Arten sind sehr kleinblättrig, dornig oder blattlos. Auch poikilohydre Gefäßpflanzen und Farne treten auf.

◘ **Abb. E-55 a:** *Adenium socotranum* (Apocynaceae) mit einem Stammdurchmesser von 2 m auf West-Sokotra. **b)** *Dracaena cinnabari* am Weg zwischen dem Wadi Dirham und dem Dicksam-Plateau auf Sokotra. Die Stämme der Drachenbäume haben Narben, die vom Anzapfen des Harzes (Drachenblut) zurückgeblieben sind. Die Vegetation am Wegrand weist starke Verbiss-Schäden (durch freilaufende Ziegen) auf. Im Hintergrund ist degradierter Drachenbaum-Wald zu erkennen. Junge Bäume fehlen weitgehend. Im Hintergrund links sind andeutungsweise die von Wolken umgebenen Haghir-Berge zu erkennen (Photos: Ernst Kluge).

◘ **Abb. E-56** Charakteristische Lebensformen der Dorn-Sukkulenten-Savanne (nach TROLL 1960). **1** Dornige Feinfiederlaub-Schirmbäume (*Acacia*-Typ); **2** Stammsukkulente Kerzen- oder Kandelaberbäume (Kakteentyp); **3** Sukkulent- und dornblättrige Schopfpflanzen (*Aloe*-Typ); **4** Sukkulent- und dornblättrige Schopfbäume (*Dracaena*-Typ); **5** Wasserholzige, tonnenstämmige Fallaubbäume (*Adansonia*-Typ); **6** Sklerophylle Bäume mit Dornen (*Balanites*-Typ); **7** Falllaubbäume mit Xylopodien oder Lignotuber; **8** Sklerophylle Büsche und Baumsträucher (*Capparis*-Typ); **9** Stammsukkulente, niedere Gewächse (Stapelien-Typ); **10** Gräser überall dazwischen (nach TROLL 1960).

Abb. E-57 *Adansonia digitata* aus Madagaskar (Foto: E. Fischer)

Abb. E-58 *Didierea madagascariensis* (Didiereaceae) aus Madagaskar (**a**, Foto: E. Fischer); **b**: *Pachypodium lamerei* aus Tsimanampetsotsa, Madagaskar (Foto: HTTP://T1P.DE/Z8V0).

13 Literatur

ANDERSON, G.D. & HERLOCKER, D.J. 1973: Soil factors affecting the distribution of the vegetation types and their utilization by wild animals in Ngorongoro crater, Tanzania. J. Ecol. **61**: 627-651

BEADLE, N.C.W. 1981: The Vegetation of Australia, Vegetationsmonographien der einzelnen Großräume Bd. IV. Stuttgart 690 p.

BELSKY, A.J. & CANHAM, C.D. 1994: Forest gaps and isolated savanna trees. BioScience **44**: 77-84

BLASCO, F. 1977: Outlines of ecology, botany and forestry of the mangals of Indien subcontinent. Ecosystems of the World, (ed. V. J. CHAPMAN), Vol. **1**: 241-260

BOURLIÈRE, F. (ed.) 1983: Tropical savannas. Ecosystems of the World **13**: 730 S.

BUCHER, E. H. 1982: Chaco and Caatinga - South American arid savannas, woodlands an thickets, 48-79. In: HUNTLEY, B. J. and WALKER, B. H. (eds.), s. there.

CANNEL, M. G. R. 1982: World forest biomass and primary production dates. Academic Press, London, New York, 391 p.

CHAMPION, H.H. & SETH, S.K. 1968: A revised survey of the forest types of India. Governm. of India, New Delhi 404 p.

CHAPMAN, V.J. 1976: Mangrove vegetation. Vaduz, 477 p.

COUTINHO, L.M. 1982: Ecological effect of fire in Brazilian Cerrado, 273-291. In: HUNTLEY, B. J. & WALKER, B.H. (eds.) s. there

CUMMING, D.H.M. 1982: The influence of large herbivores on savanna structure in Africa, 217-245. In: HUNTLEY, B. J., & WALKER, B. H. (eds.), s. there

EITEN, G. 1982: Brazilian „savannas": 25-79. In: HUNTLEY, B. J. & WALKER, B. H. (eds.), s. there

ELLENBERG, H. 1975: Vegetationsstufen in perhumiden bis perariden Bereichen der tropischen Anden. Phytocoenologia **2**: 368-387

ERNST, W. & WALKER, G. H. 1973: Studies on hydrature of trees in miombo woodland in South Central Africa. J. Ecol. **61**: 667-686

GAUSSEN, H., MEHER-HOMJI, V.M., LEGRIS, P. et al. 1972: Notice de la feuille Rajasthan (1:1 Mill.). Travaux Sect. Sc. et Techn., Inst. Français de Pondichéry, Serie No 12

HENRY, A.N., KUMARI, G.R. & CHITRA, V. 1987: Flora of Tamil Nadu, India, ser.1, vol. **2**. Botanical Survey of India, Coimbatore

HOPKINS, B. 1974: Forest and Savanna (West Africa). 2. edit., 154 S., Ibadan/London

HUECK, K. 1966: Die Wälder Südamerikas. Vegetationsmonographien der einzelnen Großräume, Bd. II, Fischer, Stuttgart, 296 S.

INCHAUSTI, P. 1995: Competition between perennial grasses in a neotropical savanna: the effect of fire and of hydric-nutritional stress. J. Ecol. **83**: 231-243

LAMOTTE, M. 1975: The structure and function of a tropical savanna ecosystem. Ecol. Stud. **11**: 179-222

MANN, H.S. (ed.) 1977: The spectre of desertification. Ann. Arid Zone, Jodhpur **16**: 279-394

MEDINA, E. 1968: Bodenatmung und Stoffproduktion verschiedener tropischer Pflanzengemeinschaften. Ber. Dtsch. Bot. Ges. **81**: 159-168

MENAULT, J.C. & CESAR, J. 1982: The structure and dynamics of a West African Savanna: 80-100. In: Huntley, B. J., and Walker, B. H. (eds.), s. there

MEUSEL, H., SCHUBERT, R., et al. 1971: Beiträge zur Pflanzengeographie des Westhimalajas. Flora **160**: 137-194, 370-432, 573-606

MIEHE, G., PENDRY, C. & CHAUDHARY, R. (eds.) 2015: Nepal. An introduction to the natural history, ecology and human environment of the Himalayas. A companion to the Flora of Nepal. – Royal Botanic Garden Edinburgh. Edinburgh, VIII + 561 p.

MÜLLER, H.J. 1991: Ökologie. 2. Aufl. UTB 318 Fischer/Stuttgart 415 S.

MÜLLER, J.V., VESTE, M., WUCHERER, W. & BRECKLE, S.-W. 2006: Desertifikation und ihre Bekämpfung - eine Herausforderung an die Wissenschaft. Naturwiss. Rundschau **59**: 585-593

NAI, N.C. & HENRY, A.N. 1983: Flora of Tamil Nadu, India, ser.1, vol.1. Botanical Survey of India, Coimbatore

OGAWA, H., YODA, K. & KIRO, T. 1961: A preliminary survey on vegetation of Thailand. Nature Life SE Asia **1**: 21-157.

PASCAL, J.P. 1988: Wet evergreen forests of the Western Ghats of India. Inst Français de Pondicherry, Ashram Press/Pondicherry 345 p.

RAWITSCHER, F. 1948: The water economy of the „Campos Cerrados" in southern Brazil. J. Ecol. **36**: 237-268

RODIN, L.E., BAZILEVICH, N.I., GRADUSOV, B.P. & YARILOVA, E.A. 1977: Trockensavanne von Rajputan (Wüste Thar). Aridnyepochvy, ikhgenesis, geokhimia, ispol'novaniye: 195-225, Moskva (Russ.)

RUGGIERO, P.G.C., BATALHA, M.A., PIVELLO, V.R. & MEIRELLE, S.T. 2002: Soil-Vegetation relationships in cerrado (Brazilian savanna) and semideciduous forest, Southeastern Brazil. Plant Ecology **160**: 1–16

RUTHSATZ, B. 1977: Pflanzengesellschaften und ihre Lebensbedingungen in den andinen Halbwüsten Nordwest-Argentiniens. 168 S. Diss. Bot., **39**, J. Cramer, Vaduz

SARMIENTO, G. 1996 Biodiversity and water relations in tropical savannas. Ecol. Stud. **121**: 61-75

SCHULTZ, J. 1995: Die Ökozonen der Erde. 2. Aufl. Ulmer, Stuttgart

SOLBRIG, O.T., MEDINA, E. & SILVA, J. F. (eds.) 1996: Biodiversity and savanna ecosystem processes. Ecol. Stud. **121**, 233 p.

THOMAS, M.F. 1974: Tropical geomorphology. London.

TINLEY, K.L. 1982: The influence of soil moisture balance on ecosystem patterns in Southern Africa. 175-192. In: HUNTLEY, B. J., and WALKER, B. H. (eds.), s. there

TROLL, C. 1960: Die Physiognomik der Gewächse als Ausdruck der ökologischen Lebensbedingungen. Verhdl. Dt. Geographentag **32**: 97-122

TROLL, C. 1967: Die klimatische und vegetationsgeographische Gliederung des Himalaya-Systems. Ergeb. Forsch. Untern. Nepal Himalaya **1**: 353-388

WALKER, J. & GILLISON, A.N. 1982: Australian Savannahs. 5-24. In: HUNTLEY, B. J., & WALKER, B. H., s. there

WALTER, H. 1939: Grasland, Savanne und Busch der ariden Teile Afrikas in ihrer ökologischen Bedingtheit. Jb. Wiss. Bot. **87**: 750-860

WALTER, H. 1990: Vegetationszonen und Klima. 6. Aufl., Ulmer/Stuttgart 382 S.

WALTER, H. & BRECKLE, S.-W. 1994: Ökologie der Erde, Bd. 3: Spezielle Ökologie der Gemäßigten und Arktischen Zonen Euro-Nordasiens. UTB Große Reihe, 2. Aufl., Fischer, Stuttgart. 726 S.

WALTER, H. & BRECKLE, S.-W. 2004: Ökologie der Erde. Bd. 2: Spezielle Ökologie der tropischen und subtropischen Zonen. 3. Aufl. Spektrum, Heidelberg 764 S.

WALTER, H. & STEINER, M. 1936: Die Ökologie der ostafrikanischen Mangroven. Ztschr. f. Bot. **30**: 63-193

WILSON, E.O. 1988: Biodiversity. National Academy Press, Washington D.C. ISBN 0-309-03783-2

Sandwüste (Erg) mit ausgeprägten Sanddünen in Merzouga (Zonobiom III), in S-Marokko (Foto: Rafiqpoor)

Hochgebirgswüste in Ost-Pamir (Orobiom VII [rIII]) mit kümmerlichem Hemikryptophyten-Bewuchs (Foto: C. Opp)

II Spezieller Teil

Teil F - ZB III: Zonobiom der heißen Wüsten bzw. des subtropischen ariden Klimas

1. Klimatische Subzonobiome
2. Die Böden und ihr Wasserhaushalt
3. Substratabhängige Wüstentypen
4. Wasserversorgung der Wüstenpflanzen
5. Ökologische Typen der Wüstenpflanzen
6. Produktivität der Wüstenvegetation
7. Die Wüstenvegetation in den verschiedenen Florenreichen
8. Orobiom III - die Wüstengebirge der Subtropen
9. Der Mensch in der Wüste
10. Zonoökoton III/IV - die Halbwüste
11. Literatur

Dichtes Dünensystem mit wenigen verstreuten Gräsern (*Panicum*) und Sträuchern (*Tamarix, Calligonum*) sowie verwilderten Kamelen in der Rub al Khali (Zonobiom III) im südlichen Oman (Foto: Breckle)

1 Klimatische Subzonobiome

Auf die Wüsten entfallen zusammen mehr als 35% der festen Erdoberfläche. In der subtropischen Wüstenzone, im **Zonobiom III**, fehlt eine kalte Winterzeit, die für die ariden Gebiete der gemäßigten Zone so bezeichnend ist.

Der Begriff Wüste (desert) ist relativ. Für denjenigen, der aus dem humiden Osten Nordamerikas kommt, ist der Südwesten des Landes schon eine Wüste, obwohl in Tucson (Arizona) jährlich mehr als 300 mm Niederschlag fällt; ein Ägypter aber, der im trockenen Kairo wohnt, wird die Mittelmeerküste nicht mehr als Wüste betrachten, obgleich die jährliche Regenmenge dort kaum 150 mm erreicht.

Die Wüstensysteme der Erde sind das Ergebnis der atmosphärischen Zirkulation. Sie entstehen generell in den Übergangszonen der großen Wind- und Niederschlagssysteme. Um dieses Phänomen zu veranschaulichen, möchten wir die Dynamik der Atmosphäre im Zuge der Wüstenbildung am Beispiel von Afrika betrachten (◘ Abb. F-1).

In den **inneren Tropen** im Kongobecken (ca. 0°–10° beiderseits des Äquators) entstehen durch die Konvergenz der NE- und SE-Passate im Bereich der Innertropischen Konvergenzzone (ITCZ) hochreichende Gewitterzellen (Cumulonimbus-Wolken) mit regelmäßigen nachmittäglichen Schauer-Niederschlägen. Durch den großen vertikalen Luftmassentransport in die höhere Atmosphäre entsteht über dem Äquator in der höheren Troposphäre ein Gebiet hohen, am Bodenniveau hingegen ein Gebiet niedrigen Drucks (äquatoriale Tiefdruckrinne). Zum Ausgleich strömen in Bodennähe monsunartige westliche Winde mit ergiebigen Niederschlägen an den Westseiten der Kontinente (z.B. Chocó >8000 mm, Kamerun-Berg, Südostasien) nach. Durch die hohe Einstrahlung und den Abtransport der Luftmassen aus den Gebieten nahe den Wendekreisen entsteht ein Massendefizit. Entsprechend strömen aus der Troposphäre kalte, schwere Luftmassen nach, die sich aber auf dem weiteren Weg nach unten erwärmen und austrocknen. Im Bodenniveau erzeugen diese Luftmassen hohen Druck.

In diesem quasi-stationären Hochdruckgürtel nahe den Wendekreisen zwischen den Tropen (mit Sommerregen) und den Subtropen (mit Winterregen) befinden sich die ausgedehnten Halbwüsten- und Wüstengebiete der Erde. Zentrale Bereiche der Wüsten werden von keinem der beiden Regenregimes erreicht (◘ Abb. F-2). In „regenreicheren" Wüsten kommt es hingegen zur Verzahnung beider Niederschlagstypen (Überschneidungsgebiete). Dieses Phänomen begünstigt das Wachstum einer artenreichen Flora (z.B. Namaqua-Land in SW-Afrika; Sonora-Wüste in den USA).

Im Allgemeinen wird man also ein heißes Gebiet als Wüste bezeichnen, wenn der Jahresniederschlag unter 200 mm und die potentielle Verdunstung dabei über 2.000 mm (bis 5.000 mm in der Zentralsahara) liegt.

In den ariden Gebieten der Erde fallen die spärlichen Niederschläge zu verschiedenen Jahreszeiten. Dementsprechend wird das Zonobiom III in folgende Subzonobiome (sZB) unterteilt:

1. sZB mit zwei Regenzeiten (Sonora-Wüste, Karoo)
2. sZB mit einer Winterregenzeit (nördliche Sahara, Mojave Desert, Vorderasiatische Wüsten)
3. sZB mit einer Sommerregenzeit (südliche Sahara, Innere Namib, Atacama)
4. sZB mit spärlichen zu jeder Jahreszeit möglichen Regen (Zentral Australien)
5. sZB der Küstenwüsten fast ohne Regen, aber mit viel Nebel (nordchilenisch-peruanische Küstenwüste, äußere Namib)
6. sZB der regenlosen vegetationslosen Wüsten (Zentrale Sahara, Zentrale Atacama).

In ◘ Abb. F-3 sind die Klimadiagramme der verschiedenen sZB gezeigt mit Ausnahme von sZB 5, weil die Nebel als Niederschläge kaum messbar und somit aus den Diagrammen nicht ersichtlich sind (▶ Abb. F-36). Eine sehr wichtige Besonderheit aller ariden Gebiete ist die große Variabilität der Regenmenge in den einzelnen Jahren. Die mittleren Werte besagen deshalb nicht viel. Jahre mit Regen unter dem Mittel sind am häufigsten; es kommen aber wenige Jahre mit sehr hohen Niederschlägen vor, welche die Wasserreserven im Boden für Jahrzehnte wieder auffüllen.

Box F-1 Die Wüsten in den Trockengebieten

Wüsten sind aride Gebiete. In diesen ist die potentielle Evaporation sehr viel höher als die jährliche Niederschlagsmenge. Man kann semiaride, aride und extrem aride Gebiete unterscheiden. Im Zonobiom III werden die "heißen Wüsten", im Zonobiom VII die "winterkalten Wüsten" zusammengefasst.

234 Zonobiom der heißen Wüsten

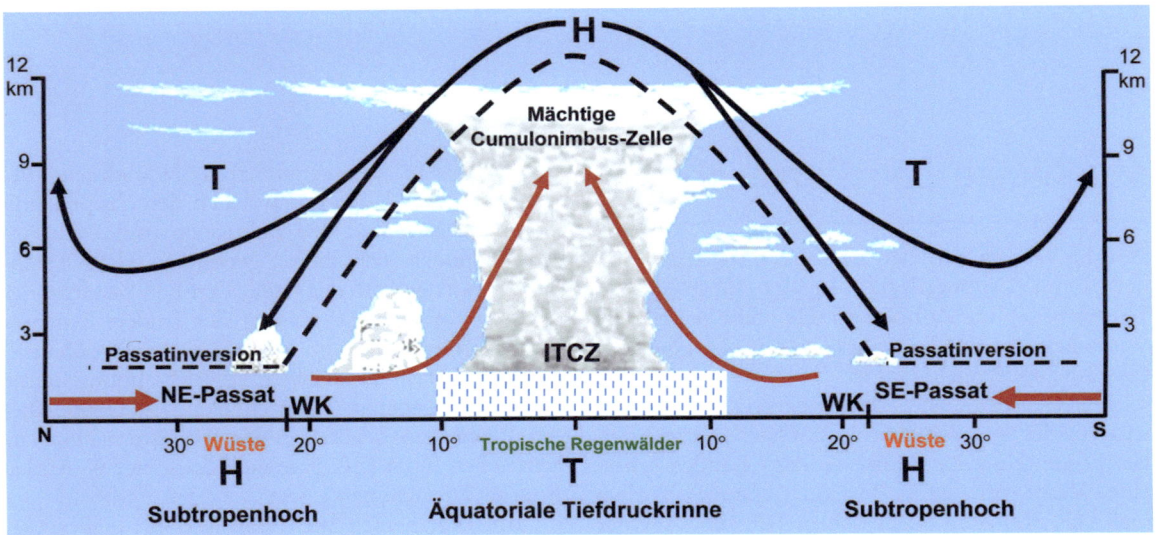

◘ **Abb. F-1** Die atmosphärische Zirkulation über Afrika im Juli und die Entstehung von Feucht- und Trockengebieten. Die roten Pfeile muss man sich als schräg nach hinten verlaufend vorstellen. WK = Wendekreis.

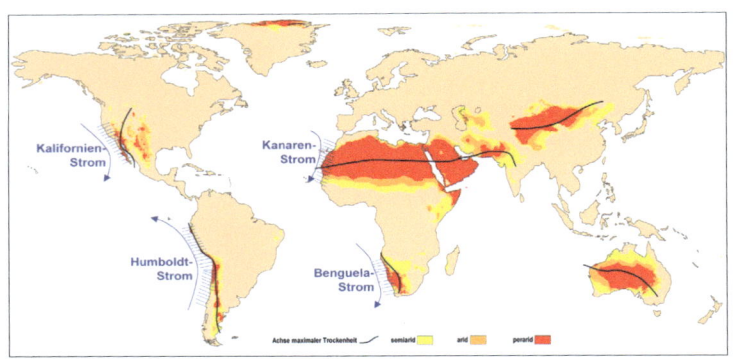

◘ **Abb. F-2** Die Trockengebiete der Erde mit den Achsen maximaler Trockenheit (wie im zentralen Teil der Sahara) oder die Verschneidungsgebiete der tropischen und subtropischen Regen-Regime (z.B. im Namaqualand, in der Sonora-Wüste oder in Zentral-Australien).

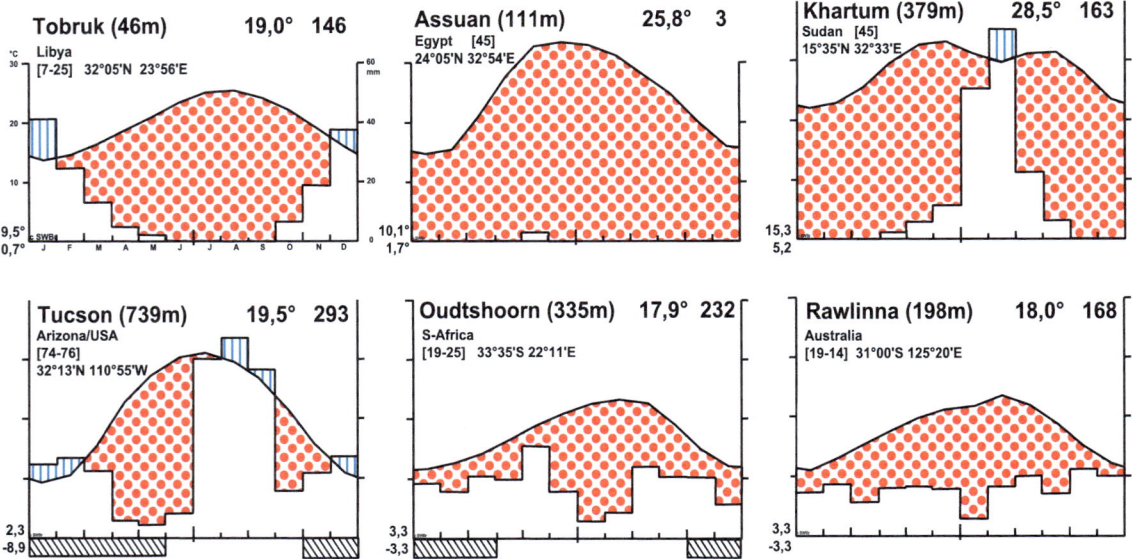

◘ **Abb. F-3** Klimadiagramme von Wüstenstationen. Obere Reihe aus Nordafrika mit Winterregen, ohne Regen und mit Sommerregen; untere Reihe mit 2 Regenzeiten (Sonora-Wüste und Karroo) und zu jeder Jahreszeit mögliche Regen (Rawlinna, Australien). ▶ Abb. F-33.

Die Variabilität der Niederschläge für Kairo (Winterregengebiet) zeigt ◘ Abb. F-4. Eine ähnliche schiefe Verteilung hat auch die von Mulka, der aridesten Station in Zentralaustralien, nur ist der Mittelwert 100 mm und die Extremwerte 18 und 344 mm, in Swakopmund (äußere Namib): der entsprechende Mittelwert ist 15, Extremwerte Null und 140 mm.

Die ökologischen Verhältnisse in den einzelnen Jahren sind so verschieden, dass nur langjährige Beobachtungen ein richtiges Bild von den Ökosystemen in Wüsten vermitteln. Jede Wüste muss dabei für sich betrachtet werden, doch wollen wir zunächst die wenigen Gemeinsamkeiten besprechen.

In allen Wüsten ist die Luft sehr trocken (Ausnahme Nebelwüsten), entsprechend stark sind die Ein- und Ausstrahlung und damit auch die Tagesschwankungen der Lufttemperatur. Nur während der meist sehr kurzen Regenzeit sind die Extreme gemildert.

ist die Niederschlagshöhe nur indirekt von Bedeutung. Ausschlaggebend ist vielmehr die Haftwassermenge im Boden, die ihnen zur Verfügung steht. Sie bildet nur einen Teil des Wassers, das als Regen auf den Boden fällt, weil ein Teil abfließt und ein anderer Teil wieder verdunstet (◘ Abb. F-5). Der Anteil des Haftwassers hängt von der Struktur des Substrats ab. Im humiden Gebiet gelten die Sandböden als trocken, weil sie wenig Haftwasser zurückhalten, die Tonböden dagegen als feucht. In ariden Gebieten müssen wir umlernen; dort ist es gerade umgekehrt.

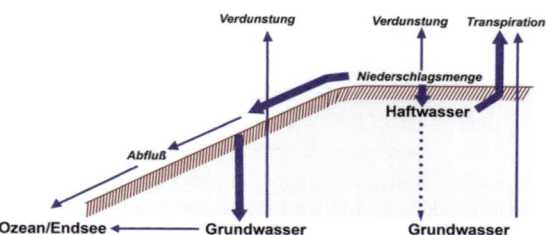

◘ **Abb. F-5** Schema des Schicksals der Niederschlagsmenge in ariden Gebieten. Für die Pflanzen ist das Haftwasser von Bedeutung. Das abfließende Wasser versickert in den Trockentälern und speist das Grundwasser, das außer in Wadis nur selten von den Pflanzenwurzeln erreicht wird.

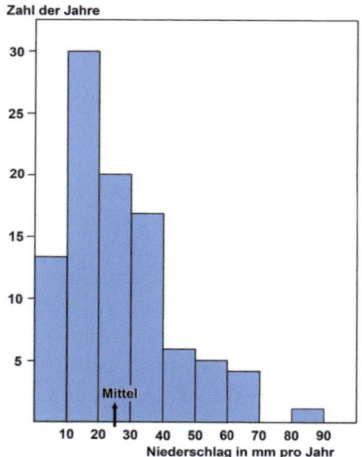

◘ **Abb. F-4** Variabilität der Jahresniederschläge bei Kairo in den Jahren 1906 bis 1953 (verändert nach WALTER 1973) – eine ausgesprochen schiefe Verteilung.

2 Die Böden und ihr Wasserhaushalt

Von Böden im eigentlichen Sinne kann man in den Wüsten kaum sprechen, denn es sind Rohböden (Syroseme), die aus dem Verwitterungsschutt der anstehenden Gesteine bestehen, zum Teil durch Wind oder Wasser verändert. Deswegen sind die Eigenschaften der oft lockeren Muttergesteine ausschlaggebend, das heißt, wir können nicht von **klimatischen Böden** sprechen. Es gibt auch keine definierbare klimatische zonale Vegetation, sondern nur Pedobiome (Lithobiome, Psammobiome, Halobiome und andere).

Auch die Wasserversorgung der Pflanzen hängt vom Substrat ab. Für die Pflanzen in ariden Gebieten

Eine Versickerung in größere Tiefen bis zum Grundwasser findet bei ebenem Gelände im ariden Gebiet nicht statt. Es werden nur die oberen Bodenschichten befeuchtet. Dabei hängt die Tiefe, bis zu der das Wasser eindringt, von der Feldkapazität des Bodens ab. Nehmen wir an, dass auf einen trockenen Wüstenboden 50 mm Regen fallen und dass er vollständig in den Boden eindringt. Bei einem sandigen Boden werden in diesem Falle die oberen 50 cm bis zur Feldkapazität befeuchtet. Bei einem feinkörnigen tonigen Boden mit einer fünfmal so hohen Feldkapazität wird das Wasser nur 10 cm tief eindringen, bei einem Felsboden mit nur kleinen Spalten dagegen sehr viel tiefer, vielleicht 100 cm bis mehrere Meter (◘ Abb. F-6).

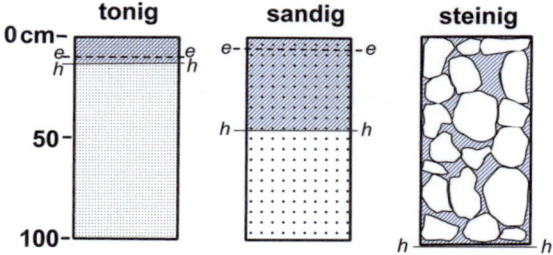

◘ **Abb. F-6** Schematische Darstellung der Wasserspeicherung bei verschiedenen Bodenarten nach einem Regen von 50 mm in ariden Gebieten. h–h = untere Grenze der Bodendurchfeuchtung; e---e = untere Grenze bis zu der der Boden wieder austrocknet. Der tonige Boden speichert 25 %, der sandige 90 % und der steinige 100 %.

Nach dem Regen setzt die Verdunstung ein. Wenn dabei beim tonigen Boden die oberen 5 cm austrocknen, so gehen 50% des eingedrungenen Regenwassers verloren. Der sandige Boden trocknet weniger stark aus. Aber selbst wenn auch hierbei die oberen 5 cm ihr Wasser verlieren, so würden nur 10% des Wassers verdunsten. Beim Felsboden findet praktisch überhaupt keine Verdunstung statt, das heißt alles Wasser wird gespeichert. Daraus folgt, dass im Gegensatz zu den Verhältnissen im humiden Gebiet die Tonböden für die Pflanzen im ariden Gebiet die trockensten Standorte sind, die Sandböden dagegen eine bessere Wasserversorgung gewährleisten. Zerklüftete Felsböden sind die feuchtesten Standorte, sofern der Regen in sie ungehindert eindringt und in den Felsspalten so viel Feinerde vorhanden ist, dass das Wasser gespeichert wird.

Diese Überlegungen werden durch Messungen in der Negev-Wüste bestätigt. Bei gleichem Jahresniederschlag fand man eine im Lössboden für Pflanzen ausnutzbare Wassermenge von 35 mm, an felsigen Standorten mit einem relativ beträchtlichen Abfluss 50 mm, im Sandboden 90 mm und in Trockentälern mit starkem Zufluss 250 bis 500 mm. Dass die Sandböden in ariden Gebieten für die Pflanzen günstiger sind, erkennt man daran, dass derselbe Vegetationstypus auf Sand bei geringeren Niederschlägen vorkommt als auf tonigen Böden. Im Sudan findet man die *Acacia tortilis*-Halbwüste auf Sandböden in einer Zone mit 50 bis 250 mm Regen, auf Tonböden dagegen erst bei 400 mm, oder die *Acacia mellifera*-Savanne auf Sandböden bei 250 bis 400 mm, auf Tonböden erst bei 400 bis 600 mm Jahresniederschlag. Im Kurzgraspräriegebiet der Great Plains findet man auf Sandböden in W-Nebraska eine Langgrasprärie, die sonst nur weiter östlich bei Höheren Niederschlägen vorkommt. Die günstigeren Wasserverhältnisse von Felsböden fallen in ariden Gebieten oft durch ihren Baumbestand auf inmitten einer niedrigen Vegetation auf feinkörnigen Böden.

Wird bei Sandböden oder in Felsspalten der Boden bis zum Grundwasser durchfeuchtet, dann können die Wurzeln so tief wachsen, dass sie das Grundwasser erreichen; die Wasserversorgung der Pflanzen ist dann gesichert. Folgendes Beispiel sei hier erwähnt:

Nördlich von Basra in Mesopotamien ist in 15 m Tiefe Grundwasser vorhanden, das durch Kiesschichten vom Euphrat und Tigris ständig gespeist wird. Da jedoch die Regenmenge nur 120 mm im Jahr beträgt, werden nur die oberen Bodenschichten befeuchtet, die Wurzeln der Pflanzen können das Grundwasser nicht erreichen; der Boden bedeckt sich nach dem im Winter fallenden Regen mit einer dürftigen ephemeren Vegetation. Die einheimische Bevölkerung hat jedoch Brunnen gegraben und benutzt das Wasser, um Gemüse zu ziehen, wobei die Pflanzen in Furchen gepflanzt und bei Tagesmaxima bis zu 50 °C mehrmals am Tage bewässert werden. Infolge der stärkeren Verdunstung verbrackt der Boden rasch, so dass das Gemüse nur ein Jahr angebaut werden kann.

Aber zwischen die Gemüsepflanzen werden salztolerante *Tamarix*-Stecklinge gesteckt, die sich leicht bewurzeln. Wenn im zweiten Jahr die Furche kein Wasser erhält, so ist der Boden doch durch die starke Bewässerung im vorhergehenden Jahr bis zum Grundwasser durchfeuchtet. Infolgedessen wachsen die Wurzeln von *Tamarix* in den nächsten Jahren immer tiefer, bis sie das Grundwasser erreichen. Es entwickeln sich dann Bäume, die alle 25 Jahre für Brennholz geschlagen werden, aber wieder vom Stumpf als Stockausschläge austreiben. Alles frühere Gemüseland verwandelt sich auf diese Weise in einen *Tamarix*-Wald. Man kann somit Wüsten mit Grundwasser in größeren Tiefen aufforsten, wenn man die ersten Jahre nach dem Pflanzen der Bäume so stark bewässert, dass der ganze Boden bis zum Grundwasser durchfeuchtet wird. Offen bleibt aber die Frage, wie lange der Grundwasservorrat reicht.

Dieses Beispiel gibt uns die Erklärung dafür, dass Phreatophyten, die an Grundwasser gebunden sind, dieses mit den Wurzeln erreichen, obgleich darüber viele Meter an trockenem Boden liegen. Sie können das nur nach sehr günstigen Regenjahren tun, wenn der Boden von der Oberfläche bis zum Grundwasser durchfeuchtet ist, halten sich dann aber so lange, bis die Holzpflanzen ihre Altersgrenze erreichen. Es braucht sich dabei nicht immer um Grundwasser zu handeln. Oft ist es nur Grundfeuchtigkeit, das heißt Haftwasser, das im Boden gespeichert wird. Sobald es tiefer als 1 m liegt, bleibt es sehr lange erhalten, sofern keine oder nur sehr wenige Pflanzen es mit ihren Wurzeln erreichen und verbrauchen. Sehr häufig und vor allem in den Depressionen treten in den Wüsten Salzböden auf. Wir wollen sie gesondert besprechen.

3 Substratabhängige Wüstentypen

Die Wüstenbiome kann man nach der Bodenbeschaffenheit in Biogeozönkomplexe unterteilen, die in der Sahara zuerst studiert wurden. Daher wurden meist die dortigen lokalen Bezeichnungen allgemein übernommen.

Box F-2 Wüstenböden als verborgene Wasserreserven

Die verborgenen Wasserreserven in Wüstenböden sind größer, als es der oberflächliche Beobachter glaubt.

3.1 Die Steinwüste (Hamada)

Wenn das im Laufe der geologischen Geschichte entstandene Muttergestein an der Oberfläche ansteht, so spricht man von einer Felswüste. Eine solche ist ziemlich selten anzutreffen, weil durch die physikalische Verwitterung aride Gebirge oft fast völlig in ihrem eigenen Grobschutt versunken sind. Grobgestein ist insbesondere auch auf den Erhebungen der Tafelberge zu finden, von denen alle feinen Verwitterungsprodukte ausgeweht worden sind, wobei durch das Sandgebläse eine starke Winderosion an allen herausragenden Felsen erfolgt (Abb. F-7a). An der Oberfläche reichern sich die Gesteinsstücke an. Sie bilden ein Steinpflaster. Die Steine sind oft von dunklem Wüstenlack überzogen (Abb. F-7b). Dies verleiht der Landschaft einen düsteren Eindruck. Unter dem Steinpflaster kann eine wasserabstoßende Stauberde vorhanden sein, die bei anstehenden Meeressedimenten reich an Gips und Salz ist, wodurch Pflanzenwuchs verhindert wird. Die Hamada-Flächen sind durch tiefe Erosionstäler mit steilen, von Schutt überdeckten Hängen zerklüftet (Abb. F-8). In den Felsspalten und Felsklüften können sich einige Pflanzen halten, es sind nicht selten Xerohalophyten.

3.2 Die Kieswüste (Serir bzw. Reg)

Diese entsteht, wenn das Muttergestein heterogen, zum Beispiel ein Konglomerat ist. Die leichter verwitternde Kittsubstanz zerfällt und wird durch Wind entfernt. Die harten Kiesel reichern sich wiederum an der Oberfläche an (Abb. F-9).

Diesen autochthonen Kieswüsten stehen die allochthonen gegenüber, bei denen es sich um alluviale Ablagerung früherer Regenzeiten handelt, aus denen das feine Material ausgeblasen wurde. Unter der durch Wüstenlack dunkel gefärbten Kiesschicht kann eine durch Gips und Kalk verbackene, harte Kruste vorhanden sein. Die besonders eintönige Kieswüste ist nur leicht gewellt. Die flachen, breiten Täler sind mit Sand gefüllt und bieten den Pflanzen eher die Möglichkeit, Fuß zu fassen. Unter diesen findet man Pflanzen des Sandbodens, aber auch Xerohalophyten.

F-7 Hamada-Typen in Ägypten (**a**, Foto: Breckle) und in Fuerteventura, Kanarische Inseln (**b**, Foto: Rafiqpoor). Die Steine der Hamada sind mit Wüstenlack überzogen und meistens düster und dunkel.

Abb. F-8 Fischfluss-Canyon in der Wüste im Süden Namibias (Foto: Rudi Bosbouer, https://bit.ly/2zmkONe).

◘ **Abb. F-9** Serir in Marokko. Das Feinmaterial ist aus den Zwischenräumen der Gerölle und Steinchen herausgeblasen und abtransportiert worden. Die Steine tragen einen Wüstenlacküberzug. Auch diese Wüste sieht düster und dunkel aus wie die Hamada (Fotos: Rafiqpoor).

3.3 Sandwüste (Erg bzw. Areg)

Sie entstehen in den großen Beckenlandschaften, in denen der von den Erhebungen abgeblasene Sand zur Ablagerung kommt und zur Dünenbildung beiträgt. Überwiegt eine Windrichtung, dann bilden sich Sicheldünen oder Barchane aus, die auf der Luvseite flach und auf der Leeseite steil abfallen. Sie bewegen sich in der Windrichtung fort. Ändert sich die Windrichtung periodisch, so wird nur der Kamm der Düne jeweils umgebaut, während die Basis festliegt. Die Sandkörner sind an der Oberfläche mit einem Eisenoxidhäutchen überzogen, wodurch die Dünen in trockenen heißen Gegenden leuchtend orange oder rot gefärbt erscheinen (◘ Abb. F-10), wie auch in der Inneren Namib. In Küstennähe bei höherer Luftfeuchtigkeit ist die Färbung dagegen gelbbräunlich, z.B. in der Äußeren Namib.

◘ **Abb. F-10** Erg bzw. Areg (Sandwüste) nehmen im Vergleich zu den beiden erst genannten Wüstentypen meistens größere Areale ein. In der Wahiba-Wüste in Oman sind große Flächen von Sandwüsten bedeckt mit charakteristischen Sicheldünen, Rippelmarken etc. (Foto: Breckle).

Bewegliche und deshalb vegetationslose Dünen sind Wasserspeicher, da der Regen leicht eindringt und nur zum geringsten Teil verdunstet. Selbst bei nur 100 mm Jahresregenmenge entsteht ein Grundwasserhorizont, so dass die Wassergewinnung aus Brunnen möglich ist oder das Wasser im Interdünenbereich austritt.

Ist die Sanddecke nicht sehr mächtig, so kann eine Besiedlung durch Pflanzen (Nichthalophyten, wie Dünengräser, *Ziziphus* und andere) erfolgen. Perennierende Arten oder Sträucher dienen dann als Sandfänger. Aus dem um sie abgelagerten Sand wachsen die Pflanzen wieder heraus, so dass immer neuer Sand angelagert wird. Auf diese Weise bildet jede Pflanze eine Haufendüne (von mehreren Metern Höhe), **Nebkha** genannt (◘ Abb. F-11) Die ganze Landschaft erhält durch diese Miniaturdünen ein sehr charakteristisches Gepräge.

◘ **Abb. F-11** Die Nebkhas entstehen in den Sandwüsten durch die Sandakkumulation an den mehrjährigen Pflanzen. Dadurch bilden sich um jede Pflanze Sandhügel, die in weiten Abständen voneinander liegen. Hier ein Salsola-Nebkha am Kreuzkap in der Namib mit Nebelbank im Bildhintergrund (Foto: Breckle).

3.4 Die Trockentäler (Wadis bzw. Oueds)

Man nennt diese in S-Afrika Riviere (◘ Abb. F-12), in Amerika auch Washes oder Arroyos. Sie sind ein wichtiges Landschaftselement aller Wüsten. Ihre Entstehung ist meistens in der Vergangenheit zu suchen, als die Regenmengen höher waren (Pluvialzeiten). Aber auch heute kann alle paar Jahre oder Jahrzehnte so viel Regen im Einzugsgebiet fallen, dass eine breite Flut das Wadi-Tal weiter ausfurcht. Die Trockentäler beginnen als kaum merkliche Erosionsrinnen, die sich zu tieferen Gräben oder Tälchen vereinigen, bis sie oft in tiefe Canyons einmünden.

Das nach einem Regen abfließende Wasser lagert Kies und Sand ab. Die Salze werden teilweise ausgewaschen und der Boden tief durchfeuchtet; es entstehen insbesondere für halophytische Pflanzen *(Tamarix,*

◘ **Abb. F-12** Wadis sind die Trockentäler in den Wüsten, die nur bei einem plötzlichen Regenereignis Wasser führen (Flussoasen). Näheres im Text (**a**: Kuiseb-Rivier Südwestafrika, Foto: Breckle; **b**: Marokko, Foto: Rafiqpoor).

Box F-3 Hamada - Serir - Erg - Takyr - Sabkha
dies ist oft eine geomorphologische Abfolge von Wüstentypen, die in ihrer Anordnung einer großen Catena (hier durch Abtragungs- und Ablagerungsprozesse verbundene Landschaftsglieder) entspricht mit einem Substrat, das der Korngröße nach sortiert ist.

Nitraria) günstige Wuchsverhältnisse. In den großen Trockentälern ist das Bett vegetationslos, weil der Boden von den seltenen Wasserfluten umgelagert wird. Die Vegetation beschränkt sich auf die vor den Fluten geschützten Ränder und ist umso üppiger, je mehr Wasser in den alluvialen Ablagerungen gespeichert wird. Oft ist ein ständiger Grundwasserstrom vorhanden, dann findet man als extrazonale Vegetation dichte nicht-halophytische phreatophytische Gehölze, die oft in einer Reihe stehen (kontrahierte Vegetation).

3.5 Pfannen (Sabkhas, Dayas oder Schotts) und Takyre

Es sind dies die kleinen Mulden und Senken oder großen Depressionen, in denen die vom Wasser der Wadis mitgeführten Schluff- oder Tonteilchen abgelagert werden. Haben diese Pfannen einen unterirdischen Abfluss (in verkarsteten Gebieten), dann tritt keine Verbrackung ein.

Dasselbe gilt für die **Takyre**, den deltaähnlichen Bildungen am Ausgang der Täler, von denen ein Teil des Wassers nach besonders starken Niederschlägen in breiter Front langsam abfließt. Ihre schweren Tonböden sind jedoch ungünstige Standorte; meist dringt das Wasser kaum in den Boden ein, der nach einer Überschwemmung bald wieder austrocknet. Deshalb wachsen auf den Takyrböden vorwiegend nur Algen, Flechten oder ephemere Arten (◘ Abb. F-13).

Findet kein Abfluss statt und verdunstet alles Wasser aus dem Becken, so ist eine Salzanreicherung die Folge. In solchen Salzpfannen, also Halobiomen kommt es auf den tiefsten Stellen zur Ausbildung von festen Salzschichten. Am Rande, wo die Salzkonzentration niedriger ist, stellen sich Hygrohalophyten ein. Oft ist das Grundwasser weniger salzhaltig und nur an der Oberfläche bilden sich Salzkrusten. Wird auf die Oberfläche einer solchen Salzpfanne eine dünne Sandschicht lokal abgelagert, so unterbleibt der kapillare Aufstieg und damit die Salzanreicherung. Auf diesen Sandablagerungen siedeln sich Pflanzen an, die dann als Sandfänger dienen, wodurch wiederum eine Haufendünen- oder auch **Nebkha**-Landschaft um die Pfanne herum entsteht.

◘ **Abb. F-13** Trockene Takyr-Fläche mit Luftspiegelung und Hitzeflimmern in der Verneukpan-Tonfläche in der großen Karoo, Südafrika. (Foto: Breckle).

3.6 Oasen

Die mit dichtem Pflanzenwuchs ausgestatteten Stellen in der Wüste, wo salzarmes Wasser in Form von ge-

> **Box F-4** Was ist die Gemeinsamkeit aller Wüsten?
>
> So verschiedenartig die einzelnen Wüsten der Erde sind, eines haben alle gemeinsam: die geringe Dichte der Pflanzendecke.

wöhnlichen oder artesischen Quellen an die Oberfläche tritt, werden Oasen genannt (◘ Abb. F-14), oft auch entlang von Trockentälern (▶ Abb. F-12b). Hier können hygrophile Arten wachsen. Heute sind solche Oasen alle dicht besiedelt. Die natürliche Vegetation ist durch Kulturpflanzen oder Unkräuter ersetzt. An die Oasen mit starken Quellen schließen sich oft Salzpfannen (Schotts, Sabkhas) an, in denen sich das überschüssige Wasser ansammelt und verdunstet (Südtunesien, Algerien).

◘ **Abb. F-14** Die Sandwüste Rub Al Khali in Saudi-Arabien und Oman ist die größte Sandwüste der Welt. Breite Dünentäler, die locker bewachsen sein können, sind von hohen Dünen umsäumt (Foto: Breckle).

4 Wasserversorgung der Wüstenpflanzen

Die große Trockenheit der ariden Gebiete verleitet Forscher, die die Wüste nicht aus eigener Erfahrung kennen, zu der Annahme, dass die Wüstenpflanzen besondere physiologische Eigenschaften - eine physiologische Dürreresistenz - besitzen, die es ihnen ermöglicht, unter ariden Verhältnissen zu wachsen. Insbesondere werden immer wieder die angeblich hohen Zellsaftkonzentrationen hervorgehoben, welche die Pflanzen befähigen, selbst aus fast trockenem Boden Wasser aufzunehmen. Eingehende ökophysiologische Untersuchungen haben jedoch gezeigt, dass diese Ansichten nicht richtig sind. Die Wasserversorgung der Wüstenpflanzen ist nicht so schlecht, wie man auf Grund der geringen Niederschlagshöhe anzunehmen geneigt ist. Denn die Niederschläge in Millimeter bedeuten Liter Wasser pro Quadratmeter Bodenoberfläche; man muss deshalb für die Beurteilung der Wasserversorgung der Pflanze auch die transpirierende Oberfläche pro Quadratmeter Bodenoberfläche berechnen.

Das Landschaftsbild in den Wüsten wird deshalb nicht von den Pflanzen, sondern vom nackten Gestein geprägt. Will man die genaue Beziehung zwischen der Regenmenge und der Vegetationsdichte bestimmen, so muss man Pflanzen gleicher Lebensform vergleichen (zum Beispiel Gräser oder Bäume mit ähnlichem Laub) und ein Gebiet auswählen, in dem zwar der Niederschlag sich auf relativ kurze Entfernung ändert, aber die Temperaturverhältnisse annähernd gleich bleiben; es soll sich dabei um flache, große Flächen mit ähnlichem Boden handeln und die Vegetation darf nicht durch menschliche Eingriffe gestört sein.

Geeignete Gebiete sind SW-Afrika mit einer Grasdecke bei Niederschlägen von 100 bis 500 mm im Jahre und SW-Australien mit *Eucalyptus*-Wäldern bei Regenmengen von 500 bis 1.500 mm. Das Ergebnis der entsprechenden Untersuchungen war eine lineare Funktion zwischen der Niederschlagshöhe und der Produktion an Pflanzenmasse, bzw. der Größe der transpirierenden Fläche (◘ Abb. F-15). Sie gilt auch für Kreosot-Buschbestände *(Larrea divaricata)* in SE-Kalifornien ebenso wie für die ephemere Vegetation der ariden Gebiete mit Jahresniederschlägen bis 100 mm.

Nur verbrauchen zunächst die Graskeimlinge 16 bis 17 mm für den Keimungsvorgang und nutzen das

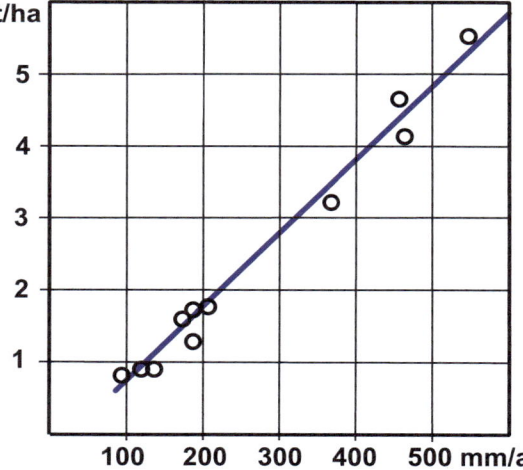

◘ **Abb. F-15** Stoffproduktion (oberirdische Trockenmasse in $t \cdot ha^{-1}$) des Graslandes im südwestlichen Afrika in Abhängigkeit von der Jahresregenmenge (in mm).

> **Box F-5** Beziehung von Wasserversorgung und transpirierender Oberfläche
>
> Daraus folgt, dass die Wasserversorgung in Bezug auf die Einheit der transpirierenden Fläche in ariden und humiden Gebieten (Niederschlag 100 bis 1500 mm pro Jahr) mehr oder weniger gleichbleibt.

Wasser weniger gut aus als die mehrjährigen Gräser, so dass die Gerade flacher ansteigt.

Je trockener ein Gebiet ist, desto weiter rücken die Pflanzen auseinander, desto mehr Bodenraum braucht die einzelne Pflanze für die Wasseraufnahme.

Diese Regel wird in Nordafrika für Ölbaumkulturen bestätigt: Die Zahl der Bäume pro Hektar wird von den Bauern intuitiv proportional zur Abnahme der Regenmenge verringert, bis schließlich nur noch 25 Bäume je Hektar stehen (▶ Abb. A-47). Dabei bleibt der Ertrag pro Baum im Wesentlichen gleich, ein Zeichen, dass sich seine Wasserversorgung nicht wesentlich ändert. Auch für den Getreideanbau gilt, dass die Saatdichte mit abnehmenden Niederschlägen geringer sein muss. Um das Wasser aus einem größeren Bodenraum entnehmen zu können, muss die Pflanze ein größeres Wurzelsystem besitzen.

Das zweite wesentliche Merkmal ist, dass die Pflanzen mit zunehmender Aridität ihre transpirierende Oberfläche immer mehr reduzieren, aber das Wurzelsystem stärker entwickeln. Es zeigt sich nämlich, dass bei einer Erhöhung der Zellsaftkonzentration das Sprosswachstum sofort stark gehemmt wird, während das Wurzellängenwachstum anfangs sogar eine Förderung erfährt. Während in humiden Gebieten der größere Teil der Phytomasse sich über dem Boden befindet, gilt das im ariden Gebiet für den unterirdischen Teil. Dabei dringen die Wurzeln in Trockengebieten oft nicht tiefer in den Boden ein, wie es meist dargestellt wird, sondern das Wurzelsystem wird immer flacher und weitverzweigter. Denn je spärlicher der Regen ist, desto weniger tief durchfeuchtet er den Boden. Unter der oberen wasserhaltigen Bodenschicht ist überhaupt kein Wasser vorhanden, das die Pflanzen aufnehmen könnten. Nur bei Pflanzen, die an Grundwasser gebunden sind (Phreatophyten) oder deren Wurzeln in Felsspalten eindringen, hat man sehr tiefgehende Pfahlwurzeln beobachtet. Aber das darf man nicht verallgemeinern.

Kommen wir in extrem aride Gebiete mit Niederschlägen unter 100 mm, so ändert sich die Pflanzendecke: Die **diffuse Vegetation** mit einer gleichmäßigen Verteilung der ausdauernden Pflanzen über eine fast ebene Fläche geht in extrem ariden Gebieten in eine **kontrahierte Vegetation** über, das heißt die ausdauernden Pflanzen wachsen nur noch in oft kaum merklichen Erosionsrinnen oder Senken, während die höheren Flächen vegetationslos bleiben. Dies hängt mit der Wasserverteilung im Boden zusammen.

In den extremen Wüsten haben die Böden, mit Ausnahme von beweglichem Sand, an der Oberfläche meistens eine schwer benetzbare biologische Kruste

Abb. F-16 In allen Wüsten, insbesondere in den Nebel-Küstenwüsten (z.B. Namib oder in der Atacama) kann auf der Bodenoberfläche ein Film aus Feinstaub entstehen, der für Regenwasser undurchlässig ist, vor allem, weil sich stets eine biologische Kruste entwickelt, die hydrophob ist (aus Cyanobakterien und einzelligen Algen), später auch mit Moosen und Flechten. Dann kann das seltene Regenwasser oberflächlich abfließen wie hier von Sanddünen der Negev (Foto: Breckle).

(▢ Abb. F-16), die durch Tau aufquillt. Infolgedessen dringt der zwar seltene, aber meist in Güssen fallende Regen kaum in den Boden ein, sondern fließt zum größten Teil selbst auf Sand oberflächlich ab. Die sandigen Erosionsrinnen und die Senken erhalten deshalb viel mehr Wasser, als dem Niederschlag entspricht, und dieses dringt tief in den Boden ein. Die Pflanzen wurzeln hier so tief, wie der Boden durchfeuchtet wird, oft mehrere Meter tief. Es kann sich sogar stellenweise in den Tälern Grundwasser ansammeln. Selbst in der Wüste bei Kairo-Heluan mit 25 mm/Jahr Regen ist in allen Tälern eine Vegetation vorhanden. Nimmt man an, dass 40% des Regenwassers in die tiefen Teile des Reliefs abfließen und dass auf die letzteren nur 2% der gesamten Fläche entfallen, so steht den Pflanzen bei 25 mm Regen durch Zufluss an diesen Wuchsorten dieselbe Wassermenge zur Verfügung wie auf einer Ebene

Abb. F-17 Flache Rinne mit etlichen Querdämmen, um Regenwasser aufzustauen und Feinmaterial als Boden zu halten. Die Dämme sind hier mit *Opuntien* bepflanzt, die Parzellen sind neu eingesät mit Melonen und Ackerbohnen. Tunesien bei Sidi Mansour (Foto: Breckle).

bei einem Niederschlag von 500 mm. Tatsächlich wurde gemessen, dass die jährliche Wasserabgabe der Pflanzendecke an einem solchen Standort bei Heluan durch Transpiration 400 mm beträgt. Die Zellsaftkonzentration der Pflanzen steigt auch im regenlosen Sommer nur leicht an, was ein Zeichen für die gute Wasserversorgung ist. Die sandigen Depressionen in der Kieswüste an der Kairo-Suez-Straße enthalten schon in 75 cm Tiefe ständig 2,4% Wasser (Welkepunkt 0,8%), trocknen also niemals aus und tragen eine spärliche ausdauernde Vegetation. In einzelnen Erosionsrinnen können die Wurzeln der Pflanzen über 5 m in die Tiefe gehen. Das hängt von der Durchfeuchtung ab. Ungeachtet der hohen Aridität weist die Flora in der Umgebung von Kairo noch 200 Arten auf.

Somit ist die Wasserversorgung der Pflanzen in den extremen Wüsten ebenfalls nicht so schlecht, wie meistens angenommen wird. Wo Pflanzen in der Wüste wachsen, ist wenigstens zu bestimmten Zeiten immer etwas Wasser vorhanden, selbst wenn der Boden oberflächlich noch so trocken aussieht. Die Pflanzen müssen nur die Fähigkeit besitzen, lange Dürrezeiten durchzuhalten. Das wird vor allem durch besondere morphologische Anpassungen ermöglicht. Eine wesentliche plasmatische Dürreresistenz besteht nicht. Die Zellsaftkonzentration ist im Allgemeinen niedrig (die Halophyten ausgenommen).

Das Prinzip der kontrahierten Vegetation wird von der Berber-Bevölkerung in S-Tunesien seit undenklicher Zeit für Kulturen bei 200 mm und weniger Regen im Jahr verwendet: Jede kleine Rinne ist mit einem das abfließende Wasser stauenden Damm versehen (► Abb. F-17) und in dem vor dem Damm angeschwemmten feuchten Boden werden Dattelpalmen oder Getreide bzw. Ackerbohnen kultiviert.

Einen ähnlichen Ackerbau auf Abfluss ("run-off") in vorarabischer Zeit durch die Nabatäer hat man auch in der Negev-Wüste festgestellt. Die alten Dämme wurden wieder erneuert und der versuchsweise Anbau von verschiedenen Kulturpflanzen führte zum Erfolg (EVENARI at al. 1982).

5 Ökologische Typen der Wüstenpflanzen

Man hat alle Pflanzen, die in Trockengebieten wachsen, als **Xerophyten** bezeichnet. Das ist nicht zweckmäßig. Denn in jedem ariden Gebiet gibt es Standorte, die den Pflanzen eine dauernd sehr gute Wasserversorgung gewährleisten, zum Beispiel in den Oasen. An solchen Standorten können Arten selbst der feuchten Tropen wachsen. In der regenlosen Wüste bei Assuan (► Abb. F-3) kultiviert man auf einer Insel im Nil mit künstlicher Bewässerung zum Beispiel Kokospalmen, Mango, Mate, Papaya, Bataten, Maniok, Kampferbaum, Mahagonibaum, Kaffee, Granatapfel und viele Arten der indischen Monsunwälder. In dem dichten Bestand ist das Mikroklima weniger extrem als in der offenen Wüste. Auch unter natürlichen Verhältnissen können in grundwasserführenden Trockentälern Pflanzen wachsen, die keinem Wassermangel ausgesetzt sind und deshalb keine Anpassungen an die Trockenheit aufweisen. Außerdem gibt es in den meisten Wüsten wenigstens vorübergehend eine kurze feuchte Jahreszeit. Sie fehlt nur der Zentralen Sahara, der Namib und der peruanisch-chilenischen Wüste. Arten, die sich in diesen feuchten Perioden entwickeln (Therophyten, Ephemere) und die übrige Zeit als Samen (Therophyten) oder im Boden (Geophyten = Ephemeroide) überdauern, weisen ebenfalls keine besonderen Anpassungen an Wassermangel auf, abgesehen von dem erwähnten stark ausgebildeten Wurzelsystem.

Eine Unterscheidung von dürreausweichenden und dürreertragenden Arten ist ökologisch unlogisch. Alle ertragen Dürre, die einen als Samen (Ephemere) oder Knollen, bzw. Zwiebeln (Ephemeroiden), die anderen im latenten Lebenszustand wie die poikilohydren niedrigen Pflanzen (Algen, Flechten), aber auch eine Reihe von Farnen (*Cheilanthes, Notholaena*) oder *Selaginella*-Arten und sogar Blütenpflanzen, von denen *Myrothamnus flabellifolia* (Rosales) die bekannteste ist (► Abb. F-18). Die Sukkulenten und Xerophyten überdauern im reduziert-aktiven Zustand.

Als **Xerophyten** bezeichnet man die ökologischen Gruppen, die während der Dürrezeit eine gewisse, wenn auch minimale Wasseraufnahme benötigen, da sie über keine großen Wasserspeicher verfügen. Es sind drei durch Übergänge miteinander verbundene Untergruppen:

1. **Malakophylle** Xerophyten, die mehr für semiaride Gebiete charakteristisch sind. Sie besitzen weiche Blätter, die bei Trockenheit welken, wobei die Zellsaftkonzentration sich stark erhöht; bei länger andauernder Dürre werfen sie die Blätter ab, so dass nur die jüngsten Blattanlagen in den dicht

behaarten Knospen erhalten bleiben. Typische Beispiele sind viele Labiaten, Compositen und Cistrosen arider Gebiete.

2. **Sklerophylle** Xerophyten mit kleinen, harten durch mechanische Gewebe ausgesteiften Blättern. Man findet sie insbesondere in Gebieten mit einer langen Sommerdürre. Sie können bei Wassermangel ihre Transpiration auf ein Minimum reduzieren; die Zellsaftkonzentration steigt nur unter extremen Verhältnissen an. Beispiele sind die immergrünen Eichen, der Ölbaum und andere.

3. **Stenohydre** Xerophyten, die bei Wassermangel sofort ihre Stomata schließen und dadurch einen Anstieg der Zellsaftkonzentration verhindern; doch kommen dadurch der Gaswechsel und somit die Photosynthese zum Stillstand, das heißt die Pflanzen geraten in einen Hungerzustand. Bei lange anhaltender Dürre vertrocknen die Blätter dieser Arten nicht, sondern sie vergilben und fallen ab. Als Beispiel können einige nicht sukkulente Wolfsmilchgewächse dienen, doch gehören die meisten extremen Wüstenpflanzen gerade zu dieser Gruppe.

Das Überleben wird mit unglaublicher Zähigkeit oft nur als elende Krüppel erreicht. Pflanzen können dabei sehr alt werden, oft hundert Jahre und mehr. Viele Äste sterben ab, aber es genügt, wenn einige überleben, die nach Regen wieder weiterwachsen.

Eine Gruppe für sich bilden die **Sukkulenten**, die Wasser speichern und während der Dürre dieses Wasser sehr sparsam verbrauchen; ihre kleinen Saugwurzeln sterben oft ab, so dass während der Dürre keinerlei Wasseraufnahme aus dem Boden erfolgt. Je nach den Organen, in denen das während der Regenzeit aufgenommene Wasser gespeichert wird, unterscheidet man:

1. **Blattsukkulenten** (*Agave* und *Aloë* oder *Cotyledon*, *Crassula*, *Sansevieria* und andere), die auch baumförmig werden können (◘ Abb. F-18b)
2. **Stammsukkulenten** (Kakteen, viele *Euphorbia*-Arten, Stapelien, *Kleinia*, *Aloë dichotoma* und andere)
3. **Wurzelsukkulenten** mit nicht sichtbaren unterirdischen Speichern, wie *Asparagus*-Arten, *Pachypodium* und andere, aber es gibt auch einige Leguminosen mit riesigen Knollen in den Sandgebieten der Kalahari.

Eine genauere Gliederung der Sukkulenten hat v. WILLERT et al. (1990) gegeben. Er unterscheidet aufgrund der jahreszeitlichen Entwicklung die in ◘ Tab. F-1 angegebenen Typen.

◘ **Abb. F-18a** *Myrothamnus flabellifolius* (links) im latenten Lebenszustand (Zweige zusammengelegt, Blätter gefaltet) und eine *Notholaena*-Art (rechts), zwei poikilohydre Arten am Steilabfall zur Namib-Wüste (Foto: Breckle), sowie **b** die baumförmige *Aloë dichotoma* in der Namib mit geringen Sommerniederschlägen (Foto: Rafiqpoor).

Box F-6 Wüstenpflanzen und Trockenzeit

In den Wüsten kommt es den Pflanzen weniger auf eine große Stoffproduktion an, sondern vielmehr darauf, die Dürrezeiten überhaupt zu überleben. Ein Wettbewerb zwischen den oberirdischen Teilen besteht nicht.

Die Zellsaftkonzentration aller Sukkulenten ist sehr niedrig und steigt auch bei großen Wasserverlusten während langer Trockenzeit nicht oder nur langsam an. Denn die Sukkulenten verlieren gleichzeitig organische Verbindungen (Zucker, Säuren und andere) infolge der Atmung, so dass der Wassergehalt auf Trockensubstanz berechnet unverändert bleiben kann. Viele Sukkulenten vermögen über ein Jahr ohne Wasseraufnahme am Leben zu bleiben. Bei vielen wurde der diurnale Säurestoffwechsel (CAM - **C**rassulacean **A**cid **M**etabolism) nachgewiesen, das heißt sie öffnen ihre Stomata nur nachts, wenn die Transpirationsverluste gering sind, nehmen CO_2 auf, wobei diese zur Bildung von organischen Säuren führt, so dass die Acidität des Zellsaftes stark ansteigt. Am Tage werden die Stomata geschlossen und bei Licht das nachts gebundene CO_2 assimiliert, wodurch der Säuregrad wieder abnimmt. Der notwendige Gaswechsel erfolgt auf diese Weise unter minimalen Wasserverlusten (DINGER & PATTEN 1974).

Tab. F-1 Lebensformen der Sukkulenten in den Wüsten des südlichen Afrika (verändert nach VON WILLERT et al. 1990)

Gruppe	Lebensform
1	Ephemere (Keimung nach jedem Regenereignis möglich)
2	Annuelle • Sommerannuelle (Keimung nur bei Sommerregen) • Winterannuelle (Keimung nur bei Winterregen)
3	Paucienne (wenige Jahre lebend)

4	Perenne (Ausdauernde, viele Jahre)
	• Geophyten
	  ▪ Blüten und Blätter gleichzeitig
	  ▪ Blüten und Blätter zu verschiedenen Jahreszeiten
	• Wurzelsystem ausdauernd
	  ▪ Oberirdisch nur Blüten
	• Oberirdisch persistente Pflanzen
	  ▪ Außer Keimblättern keine grünen Blätter
	  ▪ Mit jährlichem Blattwechsel (regengrün)
	  ▪ Immergrün

Bei den annuellen Sukkulenten sind Sommerannuelle überwiegend C4-Pflanzen (zum Beispiel *Zygophyllum simplex*), die winterannuellen CAM-Pflanzen (zum Beispiel *Opophytum aquosum*).

Eine in vielen Wüsten sehr wichtige Gruppe sind die **Salzpflanzen** oder **Halophyten**. Sie sind aber mehr an das Auftreten von Salzböden als an das Klima gebunden. Ihre Verbreitung geht oft weit über Zonobiomgrenzen hinaus.

6 Produktivität der Wüstenvegetation

Wenn die Einzelpflanzen in Dürrezeiten ihre transpirierende und zugleich photosynthetisch wirksame Oberfläche einschränken, so nimmt die Produktion ab. Bei lange andauernder Dürre kommt sie zum Stillstand. Andererseits entwickeln sich die Pflanzen in guten Regenjahren zwar üppiger, aber alles zur Verfügung stehende Wasser können sie doch nicht ausnutzen. Der Überschuss kommt dann den Ephemeren zugute, die sich besonders stark entwickeln und gewissermaßen einen Vegetationspuffer darstellen, durch den die großen Schwankungen der Jahresniederschläge ausgeglichen werden.

In schlechten Regenjahren entwickeln sich die Ephemeren fast nicht oder sie sind nur durch Zwergpflanzen vertreten. Genügt die Reduktion der Oberfläche bei den ausdauernden Arten nicht, um einen Ausgleich ihrer Wasserbilanz zu erreichen, so sterben große Teile der Pflanzen ab, weil der maximale π^* überschritten wird. Zum Überleben genügt es, wenn das Sprossmeristem eines Zweiges am Leben bleibt und nach Regen wieder austreibt. Bei allen holzigen Pflanzen der Wüsten sieht man viele tote Äste als Zeichen früherer Dürrejahre. Eine Vermehrung durch Samen erfolgt auch nur nach einem guten Regenjahr oder wenn mehrere aufeinander folgen, was selten mehr als einmal im Jahrhundert der Fall ist. Jungwuchs fehlt daher meist ganz. Unter diesen Umständen ist es kaum möglich, mittlere Werte der Produktion anzugeben.

Der Blattflächenindex der ausdauernden Arten liegt selbst in günstigen Jahren sehr weit unter 1. Nur eine sehr üppige Ephemerenvegetation kann in guten Jahren eine gewisse Produktion erzielen.

In der Wüste bei Kairo ist die Produktion der ephemeren Vegetation bestimmt worden, und zwar nach einem Winterregen von 23,4 mm, der die oberen 25 cm des Bodens durchfeuchtete. Von dieser Wassermenge gingen 68% durch Verdunstung unproduktiv verloren; die Transpiration der Ephemeren während der Wintermonate entsprach 7,3 mm, also 32% der Regenmenge, das sind auf 100 m² Bodenfläche berechnet 730 kg Wasser. Erzeugt wurden von den Ephemeren auf derselben Fläche 9,834 kg an Frischmasse oder 0,518 kg an Trockensubstanz. Daraus ergibt sich ein Transpirationskoeffizient von 730:0,518 = 1.409, der gegenüber den Werten von unseren Feldfrüchten in Mitteleuropa (400 bis 700) sehr hoch ist. Das ist auf die sehr geringe Luftfeuchtigkeit in der Wüste zurückzuführen.

Ähnliche Werte erhielt SEELY (1978) für annuelle Gräser in der Namib bei sehr geringen Niederschlägen. Verschwindend gering ist die Zoomasse in der Wüste und somit die sekundäre Produktion; doch sind die Nahrungsketten als Regelkreise für das Ökosystem auch in der Wüste nicht ohne Bedeutung.

Als Beispiel führen wir noch die speziellen Produktionsuntersuchungen an Agaven und Kugelkakteen an. Sie wurden im westlichsten Teil der Sonora-Wüste in Kalifornien mit einer Sommerdürrezeit durchgeführt.

a) Quantitative Angaben (alles Mittelwerte) macht NOBEL (1976) für *Agave deserti*, die auch in der östlichen Sonora-Wüste vorkommt. Für Pflanzen mit im Mittel 29 Blättern wird angegeben: Länge der Blätter 30 cm, Fläche 380 cm², Gewicht eines Blattes frisch 348 g, trocken 47 g. Stomata, das heißt Spaltöffnungen 30 pro mm². Zahl der Wurzeln pro Pflanze 88, ihre Länge 46 cm, radial ganz flach streichend, so dass jeder Regenfall zur Wasseraufnahme genutzt werden kann.

Das Öffnen der Stomata erfolgt während der Regenzeit (November bis Mai) bei einem Bodenwasserpotential von -0,1 bar an 154 bis 175 Tagen.

Fällt dieses Potential zu Beginn der Dürre auf -3 bar ab, dann findet keine Wasseraufnahme mehr statt, aber die Stomata öffnen sich nachts an weiteren acht Tagen. Dann bleiben sie geschlossen; ein diurnaler Säurestoffwechsel (CAM) findet erst wieder nach einem Regenfall statt.

Die Transpirationsverluste betrugen 1975 pro Pflanze 20,3 kg, was auf die durchwurzelte Bodenfläche umgerechnet einem Regenfall von 26,9 mm entspricht = 35% der Jahresniederschlagsmenge. Der Transpirationskoeffizient, das heißt das Verhältnis von transpirierter Wassermenge zu der erzeugten Trockensubstanzmenge (beide in Kilogramm), war 25, also sehr niedrig, was eine außerordentlich sparsame Wassernutzung bedeutet.

Pro Pflanze wurden 0,8 kg Trockensubstanz im Jahr erzeugt. Das Wachstum erfolgt also sehr langsam und nur ältere Pflanzen blühen einmal und sterben dann ab, weil zur Erzeugung des großen Blütenstandes alle Stoff- und Wasserreserven der Pflanze verbraucht werden.

Folgende Bestimmungen bestätigen das (NOBEL 1977a): Die blühende alte Pflanze hatte 68 Blätter, die 4,1 cm dick waren, als der Blütenstand gerade sichtbar wurde. Nach Ausbildung des Blütenstandes waren sie zusammengeschrumpft, ausgeblichen und nur noch 1,4 cm dick.

Die gesamten Blätter verlieren während der Blüte 24,9 kg an Frischgewicht und 1,84 kg an Trockengewicht. Die Wasseraufnahme aus dem Boden genügte nicht; 17,8 kg erhielt der Blütenstand aus den Blättern. Das Trockengewicht des Blütenstands betrug 1,25 kg und 0,59 kg an Trockengewicht veratmete er. Eine blühende Pflanze produziert 65.000 Samen, 85% derselben wurden durch Tiere vernichtet. Auf einer Fläche von 400 m², auf der 300 Agavenpflanzen standen, fand man keine einzige Jungpflanze. Vermehrung durch Samen findet nur in günstigen Jahren statt, sonst nur vegetativ durch Ausläufer. Diese Zahlenwerte machen es verständlich, warum Agaven hapaxanthe (monokarpische) Arten sind, das heißt nur einmal zur Blüte und Frucht gelangen und dann absterben.

b) Eine ebenso eingehende Produktionsanalyse wurde in demselben Gebiet mit dem Kugelkaktus *Ferocactus acanthoides* durchgeführt (NOBEL 1977b). Es handelt sich ebenfalls um eine Art mit diurnalem Säurestoffwechsel (CAM), bei der jedoch der Aufwand für die Blütenorgane so gering ist, dass sie jedes Jahr blüht (▶ Abb. F-25).

Die 34 cm hohe Pflanze mit einem Durchmesser von 26 cm wog 10,8 kg mit einem Wassergehalt von 8,9 kg. Die Transpirationsverluste betrugen in einem Jahr 14,8 kg; dazu kamen 0,6 kg für die Transpiration und den Aufbau der generativen Organe. Bei der CO_2-Assimilation wurde 1,6 kg in einem Jahr erzeugt, davon wurde ein Drittel veratmet. Das gemessene Jahreswachstum wurde mit 9% bestimmt. Der Transpirationskoeffizient betrug 70. Er lag somit höher als bei der Agave, war aber immer noch sehr niedrig. Das Öffnen der Stomata entsprach dem der Agaven.

7 Die Wüstenvegetation in den verschiedenen Florenreichen

Die Eroberung der Wüsten durch die Pflanzen erfolgte in der Vorzeit, als sich bereits die verschiedenen Florenreiche differenziert hatten. Die Pflanzenfamilien oder allgemein die Taxa der einzelnen Florenreiche besitzen einen unterschiedlichen Artenbestand; infolgedessen haben sich die Anpassungen an die Lebensweise unter ariden Bedingungen bei den Pflanzen der einzelnen Florenreiche in verschiedener Richtung entwickelt. Die Wüsten sind nicht nur floristisch verschieden, sondern auch die Lebensformen brauchen nicht die gleichen zu sein, wenn auch viele Konvergenzen vorkommen.

7.1 Sahara

Zur Holarktis gehört nur der nördliche Teil der größten subtropischen Wüste - die nördliche saharoarabische Wüste, die im Osten direkt in die iranoturanischen und zentralasiatischen Wüsten mit kalten Wintern übergeht. Als Grenze zwischen beiden dient die nördliche Verbreitungsgrenze der produktiven Dattelkultur (z.B. im nördlichen Zentral-Iran). In dieser Wüste sind die Chenopodiaceen besonders stark vertreten, was zum Teil mit der starken Verbreitung der Salzböden zusammenhängt. Sukkulente *Euphorbia*-Arten findet man nur in W-Marokko (▢ Abb. F-19a). Die meisten Arten sind xerophytische Zwergsträucher, zum Teil Rutensträucher. Gräser sind nur durch xeromorphe Formen mit harten Blättern vertreten: *Stipa tenacissima* und *Lygeum spartum* (Übergangszone), *Panicum turgidum*, *Aristida pungens* und andere. Nach guten Winterregen treten viele ephemere Arten auf.

In der riesigen Sahara ist, zumindest heute, der mittlere Teil keine Überlappungszone zwischen den nördlichen Winterregengebieten am Mittelmeer und den südlichen Sommerregenregionen, sondern dieser zentrale Teil ist eine weitgehend regenlose Wüste, eine Extremwüste mit sehr seltenen Regenereignissen (▶ Abb. F-2). Trotzdem gibt es, wenn auch nur auf Rinnen und Wadis beschränkt, durchaus noch eine, wenn auch artenarme Flora. Kleine lokal eng begrenzte Schauer können in einem eng umgrenzten Gebiet plötzlich einige Annuelle zum Keimen bringen, insbesondere *Zygophyllum simplex* (▢ Abb. F-19b) kommt dann vereinzelt vor.

Abb. F-19 Die Sukkulenten-Wüste mit *Euphorbia officinarum* am Cap Rhir nördlich von Agadir, Marokko (**a**: Foto Rafiqpoor) und *Zygophyllum simplex* (**b**, Foto: http://bit.ly/2fkTT4S) typisch für flache Rinnen selbst in der Zentral-Sahara bei Aswan.

Die Landschaftsformen werden weitgehend durch die geologisch vorgegebenen Gesteinsschichten mit ihren spezifischen Eigenschaften gegenüber der physikalischen Verwitterung bestimmt (Abb. F-20), wobei oft große Blöcke oder gar kleine Inselberge herausmodelliert werden, die durch Wüstenlack-Überzüge sehr dunkel sind.

Abb. F-20 Extremwüste der südägyptischen Sahara südlich von Aswan (Ägypten) mit langjährigem, mittlerem Jahresniederschlag von nur 1-3 mm, dunkle Blockfelder und Felswüsten (Hamada) mit einzelnen Sanddünen (Erg) (Foto: Breckle).

Als Sträucher, die an feuchte Standorte gebunden sind, also kontrahiert in kleinen Rinnen oder Wadis auftreten, wären *Tamarix*, *Nitraria* und *Ziziphus* zu nennen. Es sind schon mehr paläotropische Elemente, wie auch die *Acacia*-Arten in den grundwasserführenden Trockentälern.

Zur Paläotropis gehört die südliche Sahara mit dem Sahel, als Übergang zu dem sudanischen Sommerregengebiet. Hier spielen Gräser (*Aristida*, *Eragrostis*, Paniceen) mit weniger harten Blättern eine viel größere Rolle. Auch die Sträucher und Kräuter sind zahlreicher (*Acacia*, *Commiphora*, *Maerua*, *Grewia*, *Calotropis*, *Crotalaria*, *Aerva* und andere), die man auch in der Wüste Thar oder Sind findet.

7.2 Negev und der Sinai

Sie schließen sich im Osten an die Sahara als Brücke zu den arabischen Wüsten an. Auf der Sinai-Halbinsel überwiegen Gebirgswüsten, in denen in den Hochlagen auch schon irano-turanische Pflanzen vorkommen. Der nördliche Sinai und die Negev sind gekennzeichnet durch ausgedehnte Sandfelder, die nur bei starker Beweidung bewegliche Sanddünen aufweisen (BRECKLE et al. 2008).

Die Niederschläge weisen von Nord nach Süd einen sehr starken Gradienten auf, wie die Niederschlagskarte zeigt (Abb. F-21).

Der nordöstliche Teil der Sinai-Halbinsel und die Negevwüste leiten über den Grabenbruch der Arawa-Senke, dem Toten Meer und dem Jordangraben zur jordanischen Wüste über. Ökologische Forschungen wurden in diesem Gebiet seit mehreren Jahrzehnten sehr intensiv betrieben. Die Negevwüste ist daher eine der besterforschten Wüsten (vgl. WALTER & BRECKLE 1991, BRECKLE et al. 2008).

So klein die Negevwüste flächenmäßig ist, so groß ist ihre Bedeutung in floristischer Hinsicht als Übergangsgebiet zwischen verschiedenen Florenregionen. Auf kurze Entfernung treffen hier die mediterrane von Norden, die irano-turanische Vegetation von Nordosten, die saharische von Westen und Südwesten und die arabische Wüstenvegetation von Osten her zusammen. Zudem gibt es sogar noch sudanische Enklaven, vor allem im tiefgelegenen Grabenbruch, zum Beispiel mit *Salvadora persica*, *Cordia gharaf*, *Maerua crassifolia*. *Cyperus papyrus* kommt noch in den Huleh-Sümpfen am oberen Jordan vor, wo gleichzeitg *Nymphaea alba* (als holarktische Pflanze) ihren südlichsten Punkt erreicht.

7.3 Arabische Halbinsel

In der gleichen Breitenlage wie die Sahara setzt die Arabische Halbinsel den Wüstengürtel nach Osten fort.

Spezielle Teil

Der östliche Teil der Halbinsel wird von der Rub-al-Khali eingenommen, einem riesigen Sandwüstengebiet (► Abb. F-13). Es tritt auch hier die gleiche geomorphologisch bedingte Vegetationsdifferenzierung auf, wie in der Sahara. Die Vegetation ist fast ausschließlich kontrahiert. Die größeren Wadis sind mit Akazienreihen gekennzeichnet, unter die sich auch noch eine ganze Reihe anderer Gehölze, vor allem *Prosopis* mischen können. In kleineren Mulden treten *Tamarix*-Arten, *Calotropis procera* und *Calligonum comosum* auf. In den südlichen Gebieten gibt es schon Übergänge zur Akaziendornsavanne (ZÖ III/II). Gelegentlich fällt hier Niederschlag auch schon im Sommer (zum Beispiel in Sana oder in Salala im Oman). Dementsprechend treten sukkulente Euphorbien und viele andere tropisch-subtropische Floren-Elemente auf, wie *Adenium* (◘ Abb. F-22), *Jatropha* etc. Auf den felsigen Hängen der Hochgebirge oberhalb 1500 m NN findet man Holzpflanzen u.a. *Juniperus* spec. (HALL 1984, FISHER 2000) und vereinzelt *Olea europaea* (FUELLNER 1997); an feuchten nebelexponierten Stellen sogar Moose (FREY & KÜRSCHNER 1988; KÜRSCHNER & BÖER 1999). Floristisch am reichhaltigsten ist die Flora von Jemen. Prominente Florenelemente der Gebirge sind die Gattungen *Euphorbia, Euryops, Dodonaea, Themeda, Lavandula, Solanum, Abutilon* u.a. (◘ Abb. F-23).

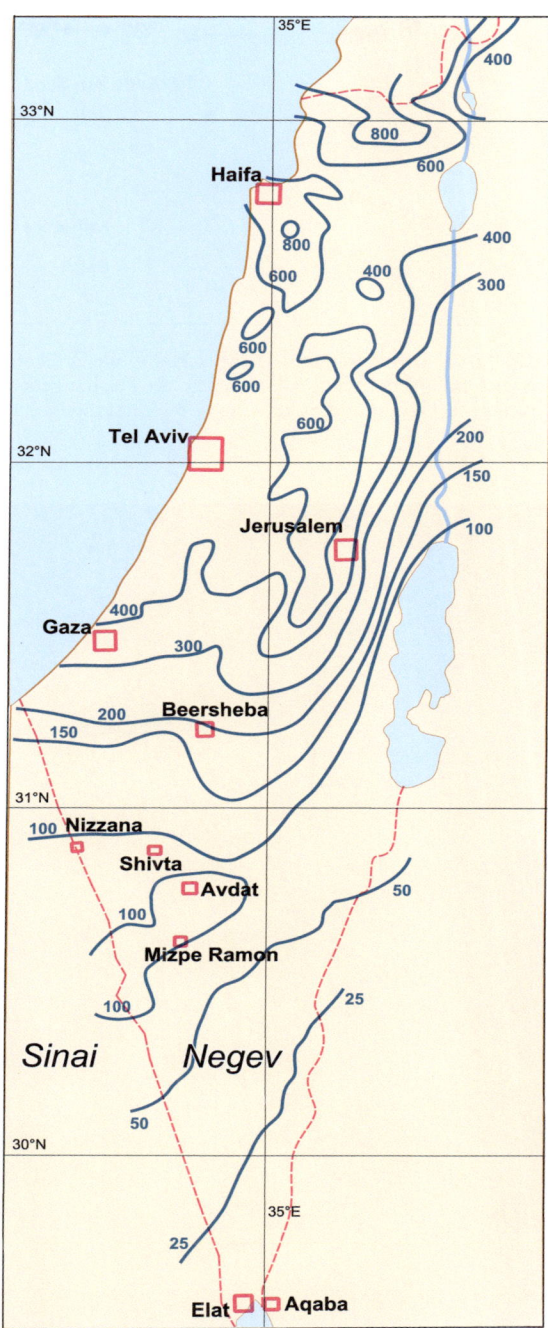

◘ **Abb. F-21** Jahresniederschläge in der Negev-Wüste und in Israel. Man beachte den erheblichen Gradienten von Süd nach Nord.

◘ **Abb. F-22** *Boswellia sacra* wächst in der südlichen Arabischen Halbinsel, in Oman, Yemen und auf Sokotra. Sie wächst aus einer knollenartigen Wurzel, der einem Lignotuber ähnelt; manchmal bildet dieser Baum sogar Stämme, die Wasser speichern (Foto: Breckle).

Die Niederschläge sind fast auf der gesamten Halbinsel zwischen 15 und 100 mm, an einigen Steilstufen gehen sie teilweise etwas über 100 mm hinaus und an regenreicheren Gebirgslagen oberhalb 2000 m werden 250 bis 650 mm gemessen. Im Nordjemen ist eine ausgeprägte Höhenstufenfolge erkennbar mit einer reichen Vegetation, mit immergrünem Hartlaubbuschwald, in dem schon zahlreiche tropische Gattungen vorkommen, ebenso im südöstlichen Oman.

7.4 Sonora

In N-Amerika kann man nur die Wüsten in S-Kalifornien und S-Arizona zu den subtropischen Wüsten rechnen, aber mit holarktischen Florenelementen. Die ariden Gebiete in N-Arizona, Utah und Nevada haben schon sehr kalte Winter (ZB VII).

Neotropisch sind mehrere Halbwüsten bis Wüstengebiete: Die Sonora-Wüste (N-Mexiko und Süd-

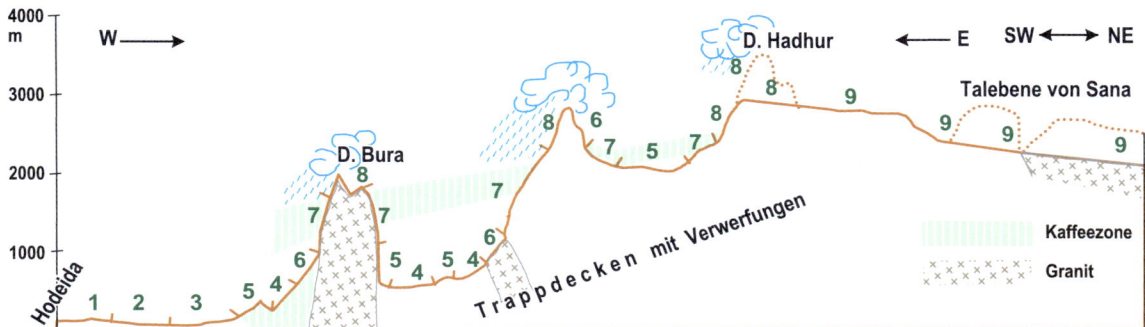

◘ **Abb. F-23** West-Ost-Profil der Vegetation im mittleren Jemen (n. H. von Wissmann 1972): **1** Halophile Wüstenvegetation; **2** Haufendünen; **3** Schirmakazienbestände; **4** Halbwüste auf Alluvionen; **5** Halbwüste an Felshängen; **6** Galerie- und Schluchtwälder; **7** Tropischer immergrüner Buschwald mit Lianen und Sukkulenten; **8** Hartlaubgehölze; **9** Halbwüste, z.T. mit mediterranen Arten.

◘ **Abb. F-24 a-b** *Carnegiea gigantea* in der Sonora-Wüste in Arizona, USA. Die gigantischen Kakteen bilden kandelaberartige „Bäume", die 10-15 m hoch werden können. Die Mechanismen der Wasseraufnahme sind in ▶ Abb. F-25 dargestellt (Fotos: Barthlott).

Arizona) liegt zwar in N-Amerika, aber floristisch gehört sie schon zur Neotropis. Über diese Wüste (vielleicht besser Halbwüste) liegen ausgedehnte Untersuchungen vor, die am Desert Laboratory in Tucson (Arizona) ausgeführt wurden. Die Bestände mit hohen Kandelaberkakteen (*Carnegiea gigantea*) werden als „Cacti forest" bezeichnet (◘ Abb. F-24). Diese Sukkulenten können so viel Wasser speichern, dass sie ohne Wasseraufnahme über ein Jahr durchzuhalten vermögen (◘ Abb. F-25).

Die Kakteen wurzeln sehr flach. Sobald die oberen Bodenschichten befeuchtet werden, bilden sie innerhalb von 24 Stunden feine Saugwurzeln aus und füllen ihre Wasserspeicher auf. Aber außer den sukkulenten Kakteen sind hier auch die anderen ökologischen Typen vertreten: Winter- und Sommerephemere, poikilohydre Farngewächse, malakophylle Halbsträucher *(Encelia)*, sklerophylle Arten, stenohydre und die regengrüne *Fouquieria*, die nach jedem stärkeren Regen neue Blätter bildet.

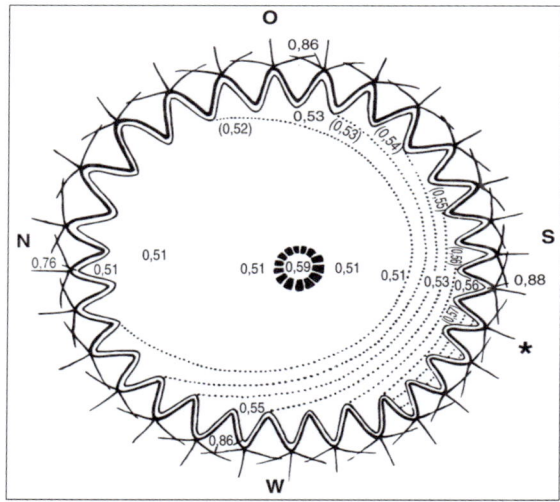

Abb. F-25 Verteilung des osmotischen Potentials bzw. des potentiellen osmotischen Druckes (-π*) auf dem Querschnitt von *Ferocactus wislizenii*. Isosmosen = Linien gleichen Druckes (Zellsaftkonzentration, Zahlen in atm, höchster Druck bei * im Südwesten).

Bei Wassermangel vergilben viele Arten nach kurzer Zeit. Weite trockene Flächen werden vom Kreosotbusch *(Larrea divaricata)* bedeckt, der beim Befeuchten der Blätter durch Regen nach Kreosot riecht und besonders dürreresistent ist. Er ist auch für die Mohave-Wüste charakteristisch, die nur Winterregen erhält und arm an Sukkulenten ist. Zur *Larrea* gesellt sich meist noch *Franseria*, eine weichblättrige Composite, aber auch viele Opuntien mit flachen oder zylindrischen Sprossen.

Abb. F-26 Halbwüste mit *Larrea divaricata* (Zygophyllaceae) in Arizona, USA (Fotos: M. Neumann).

Eine *Larrea*-Wüste zieht sich auch im Windschatten am Ostfuß der Hochanden über 2000 km von N-Argentinien bis zum kalten Patagonien hin. Die Hauptart *Larrea divaricata* dürfte mit der in Arizona identisch sein (Abb. F-26).

Eine Monographie zur Familie der Cactaceae als eine gut untersuchte Modellgruppe der neotropischen Trockengebiete, in der das Verbreitungsgebiet jeder Kakteen-Art (insgesamt über 1.400 Arten) kartographisch festgehalten ist und Diversitätskarten der Familien Gattungen und Triebe enthält, ist 2014 veröffentlicht worden. Quantitative Analysen zu den Diversitätszentren der Kakteen ergaben, dass sie auf Artebene ihr Zentrum in der Chihuahua-Sonora-Wüste in Nordamerika und in Mexiko haben, während auf Gattungsebene Südamerika und hier speziell die Anden und Nordostbrasilien hervorstechen (BARTHLOTT et al. 2015).

Abb. F-27 *Tidestroemia oblongifolia* ist resistent gegen Überhitzung im Death Valley, USA (Foto: Breckle).

Die tiefe tektonische Senke des „Death Valley" an der Grenze Californiens zu Nevada ist durch extrem hohe Temperaturen im Sommer gekennzeichnet. Man hat dort bis zu 57°C Lufttemperatur gemessen. Das Becken ist stark versalzt, an einigen Stellen gibt es Süßwasserquellen. Dort siedeln *Tamarix*-Arten, aber auch die sehr hitzeresistente Amaranthacee *Tidestroemia oblongifolia* (Abb. F-27) und *Cleomella obtusifolia* (Capparidaceae), beide weisen ein Photosynthese-Optimum von über 40°C auf. Die felsigen Steilhänge am Beckenrand sind eine typische Hamada, die bizarren Felsen sind von Wüstenlack überzogen (Abb. F-28), ganz vereinzelt stehen hitze- und trockenresistente Zwergsträucher, wie die völlig weiß aussehende *Atriplex hymen-elytra*, bei der die typischen Blasenhaare zu einem Strahlungsschutz gegen Überhitzung verklebt sind.

◘ **Abb. F-28** Die bizarren Felsen an den Hängen des Death Valley (USA) sind von Wüstenlack überzogen (Foto: Breckle).

7.5 Australische Wüsten

Sehr abweichende Verhältnisse weisen die ariden Gebiete in der Australis auf. Ganz Zentralaustralien ist arid. Wüstencharakter tragen die Sanddünengebiete (Gibson desert, Simpson desert), die aber nicht die klimatisch trockensten Teile Australiens sind, und die „Gibber plains", kahle, durch starke Überweidung entstandene Flächen mit Steinpflaster. Die Vegetation der trockensten Teile mit seltenen Niederschlägen zu jeder Jahreszeit sind der „Saltbush" (◘ Abb. F-29) (*Atriplex vesicaria*) und der „Blue bush" *Maireana (Kochia) sedifolia*, beides Chenopodiaceen. Sie kommen in Reinbeständen vor, aber auch gemischt (◘ Abb. F-30).

◘ **Abb. F-29** Salt Bush-Formation mit Einzelbäumen aus *Eucalyptus* (mit einigen Emus) bei Port Augusta in Australien (Foto: Breckle).

Die Böden unter *Atriplex* enthalten nur wenig Chlorid, etwa 0,1% des Trockengewichtes. Da jedoch die lehmigen Böden stark austrocknen, kann die Konzentration hoch sein. Dem entsprechen die hohen Zellsaftkonzentrationen von *Atriplex* (meist 4 bis 5 MPa), wobei der Anteil der Chloride 60-70% erreicht. *Atriplex vesicaria* ist somit ein Euhalophyt; das Wachstum wird durch Salz gefördert. Eine gewisse Salzausscheidung ist durch die kurzlebigen und immer wieder neu gebildeten Blasenhaare möglich. Dieser Halbstrauch wird etwa zwölf Jahre alt; er besitzt wie die meisten Halophyten schwach sukkulente Blätter und ein Wurzelsystem, das in etwa 10 bis 20 cm Tiefe sich über einer Kalkkruste weit seitlich erstreckt. Die Büsche stehen deshalb ziemlich weit auseinander.

Im Gegensatz dazu soll *Maireana sedifolia* sehr alt werden und ein tiefgehendes Wurzelsystem besitzen, das in den Spalten der Kalkkruste 3 bis 4 m hinunter, aber auch etwa ebenso weit seitlich reicht. Die Art wächst dort, wo das Regenwasser tiefer einsickert (leichtere oder steinige Böden). Die Zellsaftkonzentration dieser Art ist nur halb so hoch wie bei *Atriplex* und der Chloridanteil ebenfalls viel geringer (etwa 20 bis 40%). Es ist deshalb möglich, dass sie ein fakultativer Halophyt ist und bei zunehmender Feuchtigkeit des Klimas zur Vorherrschaft gelangt.

Im Salzbuschgebiet kommen zerstreut Sanddünen oder Sandflächen vor mit günstigeren Wasserverhältnissen; der Boden ist hier frei von Chloriden. Hier wachsen Sträucher (*Acacia, Casuarina, Eremophila*).

◘ **Abb. F-30** Blue Bush-Formation aus *Maireana (Kochia) sedifolia* in Südaustralien (Foto: Breckle).

Die baumförmigen *Heterodendron*- und *Myoporum*-Arten zusammen mit *Eremophila*- und *Cassia*-Arten sind an schluffige Böden gebunden. Die wichtigste Art Zentralaustraliens ist die als „Mulga" bezeichnete *Acacia aneura*. Sie dominiert auf weiten Flächen, die vom Flugzeug aus wie ein graues Meer aussehen. Der Strauch erreicht 4 bis 6 m Höhe und besitzt mit Harz überzogene Phyllodien, die dünn zylindrisch oder etwas abgeflacht sind (◘ Abb. F-31). Das Wurzelsystem ist stark ausgebildet und dringt durch die harten Bodenschichten ca. 2 m tief ein. Bei der Unregelmäßigkeit der Niederschläge ist die Blüte an keine Jahreszeit gebunden, sondern nur an Regen. Nach starken Niederschlägen reifen die Früchte und Samen. Zugleich entwickelt sich dann am Boden ein blühender Teppich von weißen, gelben und rosafarbigen Immortellen (Everlastings, Strohblumen), mehrere Gattungen, die zu den Compositen gehören (◘ Abb. F-32).

■ **Abb. F-31** In Australien kommen über 500 *Acacia*-Arten vor. Wir stellen hier einige Beispiele vor. **a**: *Acacia cf lasiocalyx*; **b**: *Acacia cf cuneata*, **c**: *Acacia* sp., **d**: *Acacia aneura*, **e**: *Acacia maidlandii*; **f**: *Acacia dyctiophylla*, **g**: *Acacia tetragonophylla*; **h**: *Acacia pyrifolia* (Fotos: Breckle).

Abb. F-32 Mulga-Vegetation im Inneren Australiens bei Wiluna nach Regen. Große Sträucher - *Acacia aneura*, kleiner Busch - *Eremophila* spec., Boden dicht mit kurzlebigen Immortellen bedeckt, wie *Waitzia aurea* und weiße *Helipterum*-Arten (Foto: Breckle).

Acacia aneura ist gegen Salz empfindlich, kann aber lange Dürrezeiten vertragen. An trockenen Standorten stehen die Büsche weit voneinander entfernt, während sie in feuchten Senken ein Dickicht bilden. Diese Art sowie *Rhagodia baccata* und *Acacia craspedocarpa* wurden ökophysiologisch untersucht.

Eine weitere wichtige Gruppe sind die Igelgräser (*Triodia, Plectrachne*), die als „Spinifex-Grasland" zusammengefasst werden. Sie besitzen zusammengerollte, ausdauernde und sehr harte Blätter mit Harzüberzug, die in eine scharfe Spitze auslaufen, und sie bilden große, runde Polster, bei *Triodia pungens* bis 2 m hohe Halbkugeln (Abb. F-33). Wir können diese Arten zu den Sklerophyllen rechnen.

Abb. F-33 *Triodia pungens*-Grasland beim Ayers Rock Australien ist in einzelne Büsche aufgelöst (Foto: Breckle).

Triodia basedowii herrscht auf Sandflächen im aridesten Teil von Westaustralien vor. Ihr dichtes Wurzelsystem geht 3 m senkrecht in die Tiefe. Ältere Polster lösen sich in einzelne Girlanden auf. Andere charakteristische Gattungen, durch viele Arten vertreten, sind *Eremophila, Dodonaea, Hakea, Grevillea* und andere. Die Gliederung der Vegetation wird durch die Bodenbeschaffenheit und durch Schichtfluten nach starken Regen bedingt, wodurch ein kompliziertes Vegetationsmosaik entsteht.

Die Quartärgeschichte, die CROWLEY (1994) aus Pollendiagrammen zahlreicher Seesedimente ableitet, ergibt am Ende der letzten Glazialzeit für die australischen Wüstengebiete eine Zunahme der Regenmengen und eine damit einhergehende verringerte Salinität, die vor 5.000 Jahren wieder zunahm und sich besonders stark nach Ankunft der europäischen Siedler bemerkbar gemacht hat.

7.6 Namib und Karoo

Von den südafrikanischen Wüsten sind die Namib und die Karoo ebenfalls paläotropisch. Vereinzelt treten bereits capensische Florenelemente auf. Die Namib erstreckt sich entlang der Küste von SW-Afrika. Diese nebelreiche Küsten-Namib muss man von der südlichen Namib im Übergangsbereich zur Karoo unterscheiden, die als eigentliche Wüste zwischen dem südlichen Winterregen- und dem nordöstlichen Sommerregenbereich liegt und zwei Regenzeiten aufweisen kann.

Die **Karoo** reicht bis in den Oranje-Freistaat hinein. Die zwei Regenzeiten begünstigen die Entwicklung unzähliger Sukkulenten, an Felsstandorten mit den größeren *Euphorbia-, Portulacaria-* und *Cotyledon*-Arten sowie vielen kleinen Crassulaceen und Mesembryanthemen auf Quarzitgängen (Abb. F-34). Die weiten Flächen sind mit Zwergsträuchern (hauptsächlich Compositen) bedeckt (Abb. F-35). In den Trockentälern findet man Holzpflanzen, wie *Acacia, Rhus, Euclea, Olea, Diospyros,* aber auch *Salix capensis*. Im Übergangsgebiet der Oberen Karoo wächst auf tiefgründigen feinkörnigen Böden schon das Grasland des Sommerregengebietes, während man auf den flachgründigen Felsflächen noch Karoo-Sukkulente findet (Abb. F-36).

Als Beispiel eines Bioms des Zonobioms III und des Subzonobioms der Nebelwüsten soll die **Namib** an der Küste Südwestafrikas ausführlicher besprochen werden, weil sie sich stark von den übrigen Wüsten unterscheidet. Obgleich es sich um eine subtropische und extrem regenlose Wüste handelt, zeichnet sich der Küstenstreifen durch hohe Luftfeuchtigkeit mit etwa 200 Nebeltagen im Jahr und geringen Temperaturschwankungen aus wie in ozeanischen Klimagebieten.

Die Jahresmitteltemperatur (16 °C) an der Küste Namibias ist für die Breitenlage um etwa 5K zu kühl wegen des kalten Benguela-Stroms. Das quasistationäre Hochdruckgebiet und der kalte Benguela-Strom sorgen hier, wie an den Chilenischen Küsten der Humboldt-Strom, in etwa 600 bis 1.000 m NN für eine ausgeprägte Temperaturinversion mit der Bildung

◘ **Abb. F-34** In der Karoo ist auf den verwitterten weißen Quarzitgängen eine überaus exotisch anmutende Blattsukkulenten-Formation der Knersvlakte (**a** mit *Oophytum nanum*) aus verschiedenen *Mesembryanthemum*-Arten und anderen Gattungen der Aizoaceae („Lebende Steine") etc. entstanden. Einige Beispiele: **b**: *Mesembryanthemum crystallinum*; **c**: *Malephora purporeo-crocea* (Aizoaceae); **d**: *Drosanthemum diversifolium*; **e**: *Argyroderma delaetii*; **f**: *Mesembryanthemum nodiflorum* (Aizoaceae) (Fotos: Rafiqpoor).

Abb. F-35 Große Karoo bei Laingsburg (Südafrika) mit sukkulenten Euphorbien, *Rhigozum obovatum*, *Rhus burchellii* und Zwergsträuchern (Foto: Breckle).

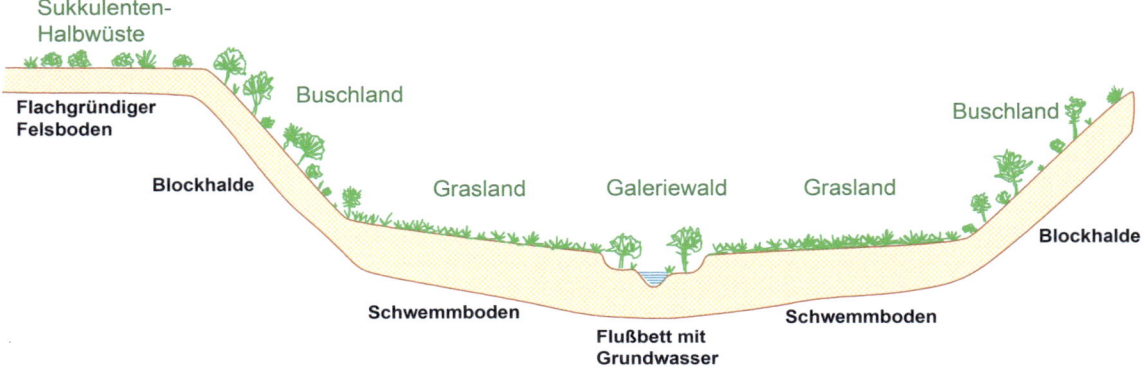

Abb. F-36 Vegetationsprofil durch ein Tal der Upper Karoo bei Fauresmith (Südafrika). Gliederung der Pflanzendecke bedingt durch Unterschiede des Bodens. Buschland mit *Olea*, *Rhus* und *Euclea*.

einer Hochnebeldecke an der Inversionsuntergrenze (▫ Abb. F-37). Die Mächtigkeit des Hochnebels beträgt etwa 300 m und ist abhängig von der Abkühlung von unten. Landeinwärts steigt die Temperatur, so dass sich die Nebeldecke in etwa 50-70 km im Landesinnern auflöst. Die Vegetation hat sich an diese ökologischen Vorgaben bestens angepasst. Im Bereich der Nebelwüste (▫ Abb. F-38) kommt eine reiche kleinwüchsige Blattsukkulenten-Flora vor. Außerhalb des Nebelbereichs, wo sich periodische Sommerniederschläge einschalten, dominiert eher eine Stammsukkulenten-Flora (▶ Abb. F-38).

Die Temperaturen sind immer kühl, heiße Tage gibt es nur wenige im Jahr. Diese merkwürdigen Verhältnisse werden durch den kalten Benguela-Strom (Wassertemperatur 12 bis 16°C) bedingt. Über ihm lagert eine 600 m hohe kalte Luftschicht mit einer Nebelbank, so dass infolge der Inversion die warme Ostströmung den Boden nicht erreicht. Vielmehr setzt täglich von Südwesten eine Seebrise ein, die den Nebel und die kühle Luft in die Wüste hereinführt (LOGAN 1960, BESLER 1972).

Abb. F-37 An der peruanisch-chilenischen Küste entsteht wegen der Auswirkung des kalten Humboldt-Stroms eine dichte Nebeldecke. Sie ist derart mit Feuchtigkeit gesättigt, dass daraus bei Berührung mit Gegenständen Wasser ausgeschieden wird. Diese Nebelfeuchtigkeit führt an den Nebelküsten der Erde (Südwestafrika, Nordwest-Afrika) zur Entstehung einer nebeladaptieren Flora (Foto: Rafiqpoor).

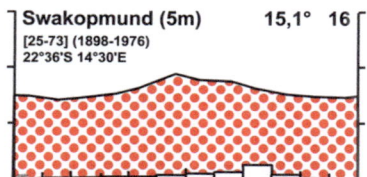

◫ **Abb. F-38** Klimadiagramm von Swakopmund in der Namib. Fast regenloses Gebiet, aber mit 200 Nebeltagen im Jahr (nicht messbare Niederschläge)

Wenn die Inversionsschicht durchbrochen wird, kommt es zur Gewitterbildung und Regen, was in den wenigsten Jahren der Fall ist. Ausnahmen sind selten, starke Regen nur ein- bis zweimal im Jahrhundert, wie 1934/35 mit 140 mm Regen und 1975/76 mit über 100 mm und 2006 und 2011 gab es ebenfalls reichlich Niederschlag. Das langjährige Jahresmittel von 16 mm für Swakopmund besagt daher wenig (▶ Abb. F-38).

Die Befeuchtung des Bodens durch Tau oder Nebel ist minimal, im Mittel 0,2 mm, maximal 0,7 mm pro Tag; die Jahressumme der Nebelniederschläge von etwa 40 mm bleibt wirkungslos, weil die einzelnen Nebelniederschläge wieder verdunsten, ohne vom Boden gespeichert zu werden. Sie kommen nur den poikilohydren Flechten und Bodenalgen zugute (◫ Abb. F-39b), die bei der hohen Luftfeuchtigkeit alle Steine in der Nebelzone mit bunten Farben bedecken, ebenso wie den **Fensteralgen**, die man auf der Unterseite von durchsichtigen Quarzkieseln findet (▶ Abb. F-39a), wo sich die Nebelfeuchtigkeit länger hält. Echte Nebelpflanzen, wie die Tillandsien in der peruanischen Wüste, die dem Boden kein Wasser entnehmen, gibt es in der Namib nicht.

Nur dort, wo der Treibnebel gegen eine Felswand prallt, kondensiert Wasser und kann tief in die Felsspalten eindringen. Dort können Pflanzen (meist Sukkulenten, ◫ Abb. F-40) Fuß fassen. Das ist bei den Inselbergen der Fall, die sich über die fast ebene Rumpfplattform der Namib erheben.

Diese Rumpfebene steigt mit einem Gefälle 1:100 von der Küste nach Osten an und besitzt bis zum Fuß des Steilabfalls vom afrikanischen Hochland (Escarpment) eine Breite von 100 km. Die Nebel machen sich bis zu einer Tiefe von 50 km bemerkbar. Sie enthalten auch von der Brandung versprühte Meerwassertröpfchen, die zur Ablagerung kommen, so dass die Böden der äußeren Namib verbrackt sind.

◫ **Abb. F-40** Zwischen weißen Marmorfelsen (Witportberge, Namibia) vorn blühende *Hoodia currorii* (Foto: Rafiqpoor).

Ausdauernde Pflanzen findet man in der Namib nur dort, wo der Boden in einer Tiefe unter 1 m Wasser enthält. Diese Wasservorräte stammen aus guten Regenjahren. Nach den 140 mm des Jahres 1934 war die Wüste grün und mit Blüten übersät (◫ Abb. F-41a). Es waren vorwiegend Ephemeren, darunter besonders viele sukkulente Mesembryanthemen (◫ Abb. F-41b). Diese speicherten im Spross so viel Wasser, dass sie noch im nächsten Jahr blühten und fruchteten, obgleich die Wurzel und die Sprossbasis schon vertrocknet waren (◫ Abb. F-42). Bei ihnen wird fast der gesamte Vorrat an Assimilaten und an Wasser zur Bildung der Früchte und Samen genutzt (V. WILLERT et al. 1990). Auch von den ausdauernden Arten wachsen in solchen Jahren viele Keimlinge heran, deren Wurzeln rasch in die Tiefe vordringen und die unteren, länger feucht bleibenden Bodenschichten erreichen. Sie können sich jedoch die nächsten Jahrzehnte nur dort halten, wo im Boden größere Wasservorräte gespeichert werden.

◫ **Abb. F-39** In der Äußeren Namib in SW-Afrika kommen im Bereich des Nebel-Einflusses hier und da Fensteralgen auf der Unterseite der Quarzkieseln vor (**a**). Wanderflechten *Omphalodium convolutum* (**b**) konzentrieren sich in den Senken und Rinnen (Fotos: Breckle).

■ **Abb. F-41** Die blühende Namib-Wüste in Namaqualand im Oktober 2008. Die leicht geneigten Hänge und die gesamte Fläche wird nach den ersten episodischen Regen in ein Blumenmeer verwandelt aus einjährigen Asteraceen, Mesembryanthemaceen etc. (Fotos: Rafiqpoor).

■ **Abb. F-42** *Mesembryanthemum cryptanthum* in der Skelettküste bei Möve Bay, Namib auch nach vielen Monaten Trockenheit mit dick-fleischigen Blättern und Früchten (Foto: Breckle).

Nach seltenen starken Regen fließt das Wasser in breiten, sanderfüllten Rinnen, den Rivieren (Wadis) zum Meere, ohne es zu erreichen. Vielmehr versickert es in mit Schwemmboden ausgefüllten Senken und dringt tief in den Boden ein. Nur die oberen Bodenschichten trocknen bis zu einer Tiefe von 1 m (bei Sandboden weniger tief) aus. Darunter bleibt das Wasser Jahrzehnte erhalten und kann von tiefwurzelnden Pflanzen ausgenutzt werden. In den Rinnen ist der Sand durch das abfließende Regenwasser entsalzt; in die Senken wird dagegen das Salz hereingeschwemmt. So ergeben sich zwei verschiedene Standorte - in den kleinen und großen Erosionsrinnen mit nicht halophilen Biogeozönen (*Citrullus, Commiphora, Adenolobus* und, wo mehr Grundwasser vorhanden ist, die Sträucher *Euclea, Parkinsonia* und *Acacia* spp.), während sich auf den weiten ebenen Senken halophile Arten ansiedeln. Es sind vor allem *Arthraerua* (Amaranthaceae), *Zygophyllum stapffii* und *Salsola*-Arten (Chenopodiaceae), wobei an jede Pflanze Sand angeweht wird, aus dem sie darüber hinauswächst. Es entstehen niedrige Haufendünen, die eine typische Nebkha-Landschaft bilden (■ Abb. F-43; ▶ Abb. F-11). Anzunehmen ist, dass alle Pflanzen im selben Regenjahr keimten; sie sind auch ziemlich gleich groß und können sich solange halten, wie die Wasservorräte im Boden reichen; kommt lange Zeit kein neues Regenjahr, so sterben sie langsam ab, und der Dünensand wird verweht. Wenn sie dagegen rechtzeitig wieder guten Regen erhalten, dann wachsen sie weiter.

■ **Abb. F-43** *Arthraerua leubnitzia*-Nebkha (Amaranthaceae) in der Namib bei Swakopmund (Foto: M. Loris).

Für das Überleben dieser Pflanzen spielt der Nebel (bedingt durch kalte Meeresströmungen) eine große Rolle; denn in wassergesättigter Luft können die Pflanzen CO_2 assimilieren, ohne wesentliche Transpirationsverluste. Ihr Wasserverbrauch ist somit gering. Für *Arthraerua* wird inzwischen angenommen, dass sie durchaus Nebelfeuchtigkeit aus der Luft aufnehmen kann mit besonders gebauten, tiefliegenden Spaltöffnungen am Ende von Kapillargängen.

Außer den drei Biogeozönkomplexen mit salzfreiem Sandboden und den verbrackten Senken in Küstennähe sind noch die Oasen der großen Riviertäler (Trockentäler) zu nennen: Omaruru, Swakop und Kuiseb in der Zentralen Namib (■ Abb. F-44), in der nördlichen Namib: Ugab, Huab, Uniab, Hoanib, Hoarusib und Khumib bis zur angolanischen Grenze am Kunene. In der Sand-Namib erreicht nur der Kuiseb (Grenzfluß zwischen Fels- und Sandnamib) den Atlantik, Tsondab und Tsauchab versickern vorher in den Sandmassen.

Abb. F-44 Das trockene Flussbett des Kuiseb (Wadi, Rivier) bei Gobabeb mit Baumbestand von *Acacia albida, A. erioloba, Tamarix usneoides* und *Salvadora persica*. Im Hintergrund die mächtigen Dünen der Sand-Namib (Foto: Breckle).

Die Riviers entspringen alle auf dem Hochland mit Sommerregen (im Mittel 300 mm) und sind zum Teil tief in die Namibplattform eingeschnitten. Das Flussbett ist mit Sand ausgefüllt, in dem das Wasser nach Regen auf dem Hochland versickert und nur nach sehr guten Regen bis in das Meer abfließt. Aber die übrige Zeit ist doch ein ständiger Grundwasserstrom im Sande vorhanden, so dass man aus Brunnen Wasser gewinnen kann. Zum Teil ist es durch die Zuflüsse aus der Namib leicht brackig. Dieses Grundwasser schafft die Möglichkeit zur Entwicklung von Galeriewäldern aus *Acacia albida, A. erioloba, Euclea pseudebenus, Salvadora persica* oder an etwas brackigen Stellen *Tamarix*- und *Lycium*-Arten. Dort, wo die Holzpflanzen vor den Hochfluten geschützt sind, können die Wälder ein hohes Alter erreichen. Auf dem oft umgelagerten Sand wachsen *Ricinus, Nicotiana glauca, Argemone, Datura* und andere, auf Sanddünen die dornigen und blattlosen *Acanthosicyos* (Naras-Kürbis) und *Eragrostis spinosa* - ein verholztes dorniges Gras; wo das Grundwasser Tümpel bildet, stehen *Phragmites, Diplachne, Sporobolus* und *Juncellus*.

Alle diese Pflanzen sind reichlich mit Wasser versorgt und besitzen eine hohe Produktionskraft. In diesen Oasen herrscht auch ein reiches Tierleben: Vögel, Nagetiere, Reptilien, Arthropoden und andere. Auch noch heute wandern Elefanten (Abb. F-45) und Giraffen in den Riviertälern. Früher waren Elefant und Nashorn reichlich vertreten. Sie sind vom Menschen fast ausgerottet worden. Nur die Paviane haben sich in den Felsklüften gehalten.

Arm ist die Fauna der Nebkha-Landschaft. Es kommen vor: Einige Nager, Reptilien und Skorpione, als Saprophagen und Käferarten. Mehr Arten findet man in den Inselbergen, namentlich, wenn sie weiter landeinwärts liegen und schon öfters Sommerregen erhalten, so dass zwischen den Felsen Wasserstellen vorhanden sind und in Felsspalten Sträucher wachsen können. Auch in der Sandnamib ist die Fauna viel artenreicher.

Die gegebene Darstellung bezog sich auf die Äußere Namib. Sobald man sich weiter als 50 km vom Meere entfernt, beginnt die Innere Namib mit spärlichen Sommerregen und wechselndem Graswuchs. Die Wüstenbedingungen sind nicht so extrem und geben dem beweglichen Wild die Möglichkeit, Nahrung zu finden und einzelne Wasserstellen aufzusuchen. Dieser Teil ist wildreich. Häufig sind: Zebra, Oryx-Antilope, Springbock, Hyäne, Schakal, vereinzelt Löwen sowie Strauße und andere Vögel. Denn dieses unbesiedelte Gebiet ist in der Zentralen Namib zum Naturschutzpark erklärt worden; es wird von der Namib Desert Station Gobabeb aus erforscht.

In der Zentralen Namib kommt an der Grenze zwischen Äußerer und Innerer Namib die berühmte *Welwitschia mirabilis* in zahlreichen Exemplaren vor. Sie wächst in breiten und sehr flachen Erosionsrinnen mit kaum merklichem Gefälle (Abb. F-46), in denen die spärlichen Sommerregen zusammenfließen und tiefer in den Boden eindringen. Dieses Wasser nimmt *Welwitschia* mit ihren weit über 1,5 m tief reichenden Wur-

Abb. F-45 Großwild an der Wasserstelle in der Etoscha-Pfanne im nördlichen Namibia (**a**); Elefantenfamilie im Huanib-Rivier, Namibia (Fotos: Breckle).

zeln auf. Darunter ist eine harte Kalkkruste. Wenn diese Art in den tieferen Erosionsrinnen fehlt, so ist wohl der Grund, dass die *Welwitschia*-Keimlinge sehr empfindlich gegen spülendes Wasser und gegen Zuschütten mit Sand sind. Derzeit verjüngt sie sich nur in der nördlichen Namib.

Welwitschia besitzt nur zwei bandförmige Blätter, die von einem Meristem am rübenförmigen Stamm dauernd nachwachsen und an der Spitze vertrocknen. In guten Regenjahren ist der lebende Teil ziemlich lang, in schlechten trocknen die Blätter fast bis zum Meristem ab, so dass die transpirierende Fläche stark reduziert wird, wodurch die Transpiration fast auf Null sinkt. Die Blätter sind sehr xeromorph gebaut und besitzen eingesenkte Spaltöffnungen. Die Aufnahme von Tau ist nicht nachgewiesen. Eine Altersbestimmung mit der C14-Methode ergab beim ältesten gemessenen Exemplar ein Alter von etwa 2.000 Jahren. Das Holz weist Jahresringe und Tracheen auf.

Die Transpiration und Photosynthese wurden von v. WILLERT et al. (1982) untersucht: *Welwitschia* ist eine C3-Pflanze; der Wasserverbrauch einer mittelgroßen Pflanze ist etwa ein Liter pro Tag. Auf die durchwurzelte Fläche berechnet, würde das einer Regenmenge von 2 mm pro Jahr entsprechen. Somit ist die Wasserversorgung selbst in diesem ariden Gebiet gewährleistet. Ihre Bestäubung erfolgt sowohl durch den Wind als auch durch eine Wanzenart (*Probergrothius sexpunctatis*), die sich vom Nektar der weiblichen Blüten ernährt (◘ Abb. F-47).

Einzigartig sind besondere Ökosysteme der Namib:
1. die nahezu vegetationslosen Dünen südlich vom Kuiseb (▶ Abb. F-43)
2. die Guano-Inseln
3. die Paarungsplätze der Robben
4. die Lagunen hinter dem Strand.

In den Dünentälern findet man organischen Detritus aus hereingewehten Grasresten, eiweißreichen tierischen Resten und umgekommenen Insekten (Schmetterlingen). Der Detritus wird von psammophilen flügellosen Tenebrioniden (Schwarz- oder Dunkelkäfer) gefressen, diese wiederum von kleinen Räubern (Spinnen, Solifugen) oder von größeren Eidechsen, im Sande lebenden Schlangen und Goldmullen (Chrysochloridae) (KÜHNELT 1975).

◘ **Abb. F-46** *Welwitschia mirabilis* auf der Welwitschia-Vlakte zwischen Khan- und Swakop-Rivier (Fotos: Breckle).

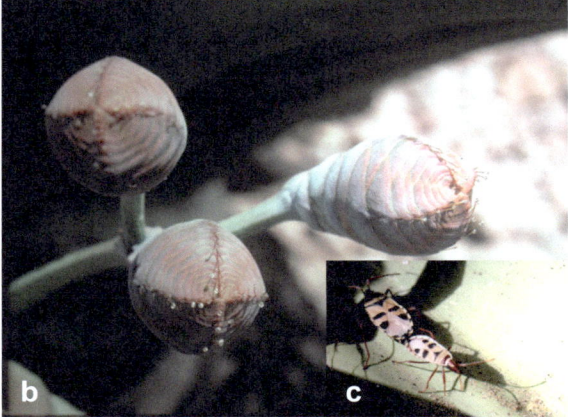

◘ **Abb. F-47** Männlicher (**a**) und weiblicher Blütenstand (**b**) von *Welwitschia mirabilis* sowie ihr Bestäuber die Wanze *Probergrothius sexpunctatis* (**c**) (Fotos: Breckle).

Abb. F-48 Ein nebelfangender Tenebrionide auf Sanddünen der Namib am frühen Morgen (Foto: M. Seely).

Da sich der Sand am Tage bis über 60°C erhitzt, verbergen sich fast alle Tiere im kühlen Sande und kommen erst nachts heraus. Als Wasserquelle dient der Nebel, den sie auf besondere Weise aufnehmen (Seely & Hamilton 1976, Hamilton & Seely 1976). Manche Arten weisen kammartige Fortsätze an den Hinterbeinen auf, mit denen die Nebeltröpfchen ausgekämmt werden können, andere stellen sich senkrecht in den Wind und saugen die Nebeltröpfchen auf, die an den Hinterbeinen und am Hinterleib kondensieren und dann zum Kopf hin tropfen (Abb. F-48). Die Fauna ist reich an Endemiten.

Die Guano-Inseln sind die Nistplätze, u.a. der Kormorane, die ihre Nahrung in dem fischreichen kalten Meerwasser finden. Im regenlosen Klima häufen sich die Exkremente der Vögel an und verhindern jeden Pflanzenwuchs, aber sie werden als Guano (Phosphatdünger) abgebaut. Ähnliche Verhältnisse herrschen auf den Paarungsplätzen der Robben.

Die Lagunen sind vom Meer durch Sandbarren abgeschnitten, nur bei Sturm schlagen gelegentlich Wellen über. Das verdunstete Wasser wird durch Meerwasser ersetzt, das vom Meer durch den Sand sickert. Es sind deshalb aquatische Ökosysteme mit sehr hoher Salzkonzentration, auf die wir nicht näher eingehen. Ebenso wie die Namib hat jede Wüste ihre ökologische Besonderheit und muss monographisch behandelt werden (vgl. Walter 1973 sowie Walter & Breckle, Bd. 2).

7.7 Atacama

Die peruanisch-chilenische Küstenwüste ist sehr stark in Teilregionen gegliedert (Abb. F-49). In ihrem extremen Teil ist sie ebenso regenlos wie die Namib, aber der Nebel wirkt sich hier nur im Küstenbereich stärker aus, weil die Küste zum Teil steil ansteigt. Hier kommen als einzige bekannte echte Nebelpflanzen unter den Blütenpflanzen Tillandsien (Bromeliaceae) vor, die zwar das Wasser nicht aus feuchter Luft aufnehmen können wie die Flechten, aber doch die Kondensationströpfchen bei Nebel direkt mit besonderen Schuppen auf den Blättern einsaugen. Sie sitzen als Epiphyten auf Säulenkakteen oder liegen als Rosetten locker auf dem Sandboden (Abb. F-50).

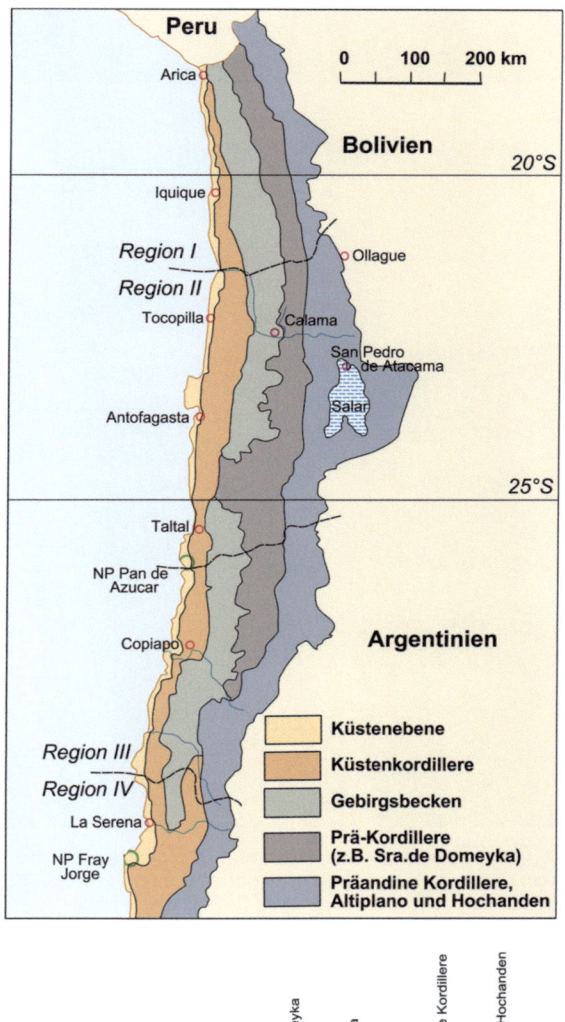

Abb. F-49 Übersichtskarte (oben) und Transekt (unten) von Nordchile und Region der eigentlichen Atacama-Wüste zwischen Pazifik und Anden (verändert nach Wickens 1993).

In 600 m Höhe liegt die in Peru als „Garua" bezeichnete Nebeldecke monatelang während der kühle-

■ **Abb. F-50** *Tillandsia straminea* (**a**), *Tillandsia purpurea* (**b**) in der Atacama-Wüste von Süd-Peru bildet Girlanden Strukturen (**c**) aber ohne im Boden Wurzeln zu bilden. Sie kämmen das benötigte Wasser mit speziellen Saugschuppen aus dem Nebel aus (Fotos: Rafiqpoor).

■ **Abb. F-51** *Echinopsis atacamensis* (**a**: auf einer Insel im Salar de Uyuni, Bolivien) wird in der Atacama-Wüste ca. 8 m hoch. Wenn sie nebelexponiert sind, werden sie von epiphytischen Tillandsien und Flechten als Grundlage genutzt (**b**: Chile). In den geschlossenen Beckenlandschaften haben sich Salzseen gebildet (Fotos: Breckle).

ren Jahreszeit. Der Boden der Hänge wird so stark benetzt, dass sich ein Kräuterteppich - die „Loma-Vegetation" - entwickelt, die beweidet wird. Holzpflanzen fehlen, waren jedoch früher vorhanden. Unter angepflanzten Eucalypten konnten durch Abtropfen des kondensierten Nebels Wassermengen gesammelt werden, die einem Niederschlag von 600 mm entsprachen. In der Küstenkordillere selbst in N-Chile finden sich vereinzelt mächtige, bis 8 m hohe Säulenkakteen (*Echinopsis atacamensis*), die dicht mit Flechten überzogen sind (◘ Abb. F-51), aber nur an den dem Nebel ausgesetzten Hängen. Weiter südlich bei Fray Jorge (heute ein Nationalpark in Mittel-Chile) kommt sogar ein echter Nebelwald vor.

In N-Chile im Gebiet der großen Salpeterlager, abgeschirmt vom Küstennebel durch die Küstenkordillere, ist die Wüste vegetationslos. Pflanzenbestände und Kulturen findet man nur längs der Flussläufe, die von den Schneefeldern der Hochanden gespeist werden.

Die inneren Becken liegen in größeren Höhen. Sie sind aber bis in die Hochlagen der Anden und nach Südbolivien hinein gekennzeichnet durch riesige Salzpfannen (▶ Abb. F-51a): Salare, in denen nicht nur NaCl, sondern eine Reihe weiterer Mineralien (wohl aufgrund des überaus aktiven Vulkanismus und des ariden Klimas) akkumuliert sind. Die extremen Bedingungen erlauben nur wenigen Arten ein kümmerliches Auskommen (◘ Abb. F-52). Erst oberhalb 3500 m, wo auch schon gelegentliche Sommerregen auftreten, findet sich eine kümmerliche Zwergstrauchhalbwüste (mit *Baccharis, Fabiana, Parastrephia* etc.), die ab 4100 m in die Büschelgrasgebirgswüste (Ichu-Gras: *Festuca chrysophylla, F, orthophylla, Stipa venusta*) übergeht, in der Lama und Guanaco, aber auch Nandu weiden.

Für den Westhang der Anden in N-Chile gibt ELLENBERG (1975) bis in die montane Stufe eine peraride Vollwüste an, dann eine subalpine Zwergstrauchhalbwüste und über 4.500 m NN in der alpinen Höhenstufe eine tropisch-andine Grashalbwüste oder „Wüsten-Puna". Aber selbst zwischen 5.200 und 5.500 m gibt es noch Zwergsträucher, zum Beispiel am Vulkan Ollagué (ca. 5.900 m) und im Lageröll sogar gelegentlich bis 4 m hohe Gebüsche oder Bäumchen von *Polylepis tarapacana* (WICKENS 1993). Eine Schneegrenze ist kaum feststellbar (◘ Abb. F-53).

◘ **Abb. F-52** Salzverkrustete extrem halophile polsterförmige *Salicornia pulvinata* in den Salar-Gebieten Boliviens (Foto: Breckle).

◘ **Abb. F-53** Im Hochland der Anden am Ostrand der Atacama: Vulkan Ollague (5.900 m) (**a**). Gebirgsflanke mit Hochgebirgswüste. Selbst auf 5.800 m sind kaum Schneereste: das Gebiet ist so trocken, dass eine klimatische Schneegrenze nicht festlegbar ist. **b**: Am Vulkan Sajama (6.542 m), der etwas nördlicher im bolivianischen Altiplano liegt, steigt die obere Waldgrenze auf 5.300 m (**b**), eine untere Waldgrenze liegt bei ca. 4.400 m (▶ Abb. E-46a) (Fotos: Breckle).

8 Orobiom III – die Wüstengebirge der Subtropen

In extremen Wüsten enthält die Luft so wenig Wasserdampf, dass es selbst in großen Höhen zu keinen Steigungsregen kommt. Auch in den vorigen Abschnitten haben wir bereits Orobiome kennengelernt. Im Tibesti-Gebirge (3.415 m NN) in der Zentralen Sahara wurden in 2450 m Höhe nur Jahresniederschläge von 9 bis 190 mm gemessen (vier Jahre) bei häufiger Bewölkung in den Wintermonaten. Entsprechend bleiben die ariden Verhältnisse bis in große Höhen erhalten; doch deutet das Auftreten einer Reihe mediterraner Elemente etwas humidere Verhältnisse an. In Schluchten wurde in 2.500 bis 3.000 m NN *Erica arborea* gefunden, im Hoggar-Gebirge in 2.700 m als Relikt die dem Ölbaum nahe verwandte Wildform *Olea cuspidata*.

Bei der Stufenfolge in der weniger ariden Sonora-Wüste in S-Arizona findet man über der *Larrea*- oder Riesenkakteenwüste eine Stufe mit *Prosopis*-Grassavannen und vielen Blattsukkulenten (*Agave, Dasylirion, Nolina*), dann mehrere Stufen mit immergrünen *Quercus*-Arten und *Arctostaphylos-, Arbutus*- sowie eine *Juniperus*-Strauchschicht, worauf Nadelwaldstufen folgen: *Pinus ponderosa* ssp. *scopulorum* (höher mit *Pinus strobiformis*), *Pseudotsuga menziesii* mit *Abies concolor* und nur auf dem San-Francisco-Peak in N-Arizona an Nordhängen bis fast 3700 m NN *Picea engelmannii*. Hier nehmen die Jahresniederschläge mit der Höhe sehr rasch zu. Dies ist in den einzelnen Wüsten sehr unterschiedlich. So gilt dies aber nicht für die Höhenstufen in den Anden auf der Atacama-Seite (▶ s. 259).

9 Der Mensch in der Wüste

Die unwirtlichen Bedingungen lassen es erstaunlich erscheinen, dass in allen Wüsten Menschen zum Teil schon seit sehr langen Zeiten leben. Sie haben sich mit ihrer Lebensweise angepasst, sie sind fast stets als Nomaden unterwegs, um sich in einem größeren Raum eine Lebensgrundlage zu erhalten (▫ Abb. F-54). Sesshaftigkeit war jeweils nur auf die Oasen beschränkt, diese dienten daher als Basisstationen für die weiten Wanderungen. Dabei diente Vieh als Nahrungsreserve (Hirtennomaden mit Schafen und Ziegen) und das Kamel als vielseitiges Transport- und Nutztier.

In den Randbereichen der Wüsten, wie auch in den Gebirgen, war ein einfacher Ackerbau als Regenfeldbau möglich (run-off, Lalmi). Bewässerungskulturen wurden Grundlage sich entwickelnder Frühkulturen nur im Bereich der großen Fremdlingsflüsse (Ägypten: Nil; Mesopotamien: Euphrat und Tigris).

▫ **Abb. F-54** Beduinenzelte in der südägyptischen Sahara, beim Wadi Allaqui, heute nahe dem Ostufer des Nasser-Stausees des Nils. Die Vorräte werden auf Stelzen gelagert (Foto: Breckle).

10 Das Zonoökoton III/IV – die Halbwüsten

Dort, wo am Rande der Wüsten infolge der zunehmenden Winterregen die kontrahierte Vegetation in eine diffuse übergeht, kann man die Grenze zwischen der eigentlichen Wüste und der Halbwüste ziehen. Sie ist jedoch nicht immer scharf markiert. Die Bodenbedeckung in der Halbwüste beträgt bis zu etwa 25% der Gesamtfläche. Die floristische Zusammensetzung dieser Vegetation ist in den einzelnen Florenreichen genau so verschieden wie die der Wüsten. Nördlich der Sahara sind die wichtigsten Arten die malakophylle *Artemisia herba-alba* und die sklerophyllen Gräser *Stipa tenacissima* (Halfagras) und *Lygeum spartum* (Espartogras). *Artemisia* wächst meist auf schweren Lössböden oder lehmigen Böden. In Tunesien wurden in 10 cm Tiefe Kalkausscheidungen festgestellt. In 5 bis 10 cm Tiefe war eine dichte Durchwurzelung vorhanden, wobei einzelne Wurzeln bis 60 cm tief gingen. *Stipa* wächst eher auf mit Steinpflaster bedeckten Erhebungen. Ein Bodenprofil zeigt folgendes: 2 bis 5 cm Steinpflaster, darunter bis 30 cm lehmiger Boden gut durchwurzelt, worauf ein fest verkrusteter Schotter folgt, der für die Wurzeln ein Hindernis zu sein scheint, aber wahrscheinlich auch einen Wasserspeicher darstellt (viel Kapillarwasser, das von Wurzeln durch engen Kontakt aufgenommen werden kann). Die büschelig von der Horstbasis ausgehenden Wurzeln streichen in 10 bis 20 cm Tiefe weit horizontal, so dass die 0,5 bis 1 m (2 m) voneinander entfernt stehenden Horste sich mit ihren Wurzelsystemen berühren. In beiden Fällen findet man vereinzelte *Arthrophytum*-Pflanzen dazwischen. Die Böden sind nicht verbrackt, *Lygeum spartum* dagegen ist für Gipsböden charakteristisch und verträgt auch etwas Salz.

Halfagras-Bestände werden geschnitten und liefern Material für Flechtarbeiten, zur Herstellung von groben Stricken oder zur Papierfabrikation. *Stipa tenacissima* ist von SE-Spanien und E-Marokko nur bis Al-Khums in Libyen verbreitet; der natürliche Standort sind lichte Aleppo-Kiefernwälder. *Artemisia herba-alba s.l.* kommt auch in Vorderasien vor; sie hat sich vielfach auf Kosten des früheren Graslandes infolge von Überweidung ausgebreitet.

Bei weiterer Zunahme der Niederschläge treten in Nordafrika einzeln stehende Bäume auf, wie *Pistacia atlantica* im Westen und *P. mutica* im Osten oder *Juniperus phoenicea*. Die lichten Baumbestände leiten schließlich zu den Hartlaubgehölzen über (ZB IV).

In Kalifornien tritt in der Übergangszone *Artemisia californica* auf zusammen mit halbstrauchigen *Salvia*- und *Eriogonum*-Arten (Polygonaceae).

In N-Chile findet man in der Übergangszone eine Zwergstrauchhalbwüste mit Compositen *(Haplopappus)* sowie Säulenkakteen und *Puya* (große Bromeliacee), worauf eine Savanne mit *Acacia caven* beginnt: Die Grasschicht wird heute aus annuellen europäischen Gräsern gebildet.

In S-Afrika kann man die Renosterformation (Renosterbos mit *Elytropappus rhinocerotis*, Asteraceae) als typisch für das niederschlagsarme Winterregengebiet betrachten.

In Australien bildet die Mallee-Formation den Übergang (■ Abb. F-55), bestehend aus strauchigen *Eucalyptus*-Arten, deren Zweige einem unterirdischen, knolligen Stamm (■ Abb. F-56) entspringen. Es können aber auch lichte *Eucalyptus*-Bestände mit *Maireana sedoides*-Unterwuchs auftreten.

■ **Abb. F-55** Mallee-Formation in Australien mit strauchigen Eucalypten (Foto: Breckle).

Abb. F-56 In Australien bilden *Eucalyptus*-Arten vielerorts einen mächtigen Lignotuber, aus dem nach Feuer dann neue Austriebe entstehen (Foto: Breckle).

11 Literatur

BARTHLOTT, W., BURSTEDDE, K., GEFFERT, J.L., IBISCH, P.L., et al. 2015: Biogeography and Biodiversity of Cacti. Schumannia **7**: 205 S.

BESLER, H. 1972: Klimaverhältnisse und klimamorphologische Zonierung der zentralen Namib. Stuttgarter Geogr. Stud. **83**

BRECKLE, S.-W, VESTE, M., YAIR, A. (eds.): 2008: Arid dune ecosystems - The Nizana Sands in the Negev desert. Ecol. Stud., vol. **200**, 475p.

CROWLEY, G. M. 1994: Quaternary soil salinity events and Australian vegetation history. Quarternary Science Reviews **13**: 15-22

DINGER, B.E. & PATTEN, D.T. 1974: Carbon dioxide exchange and transpiration in species of *Echinocereus* (Cactaceae) as related to their distribution within the Pialeno Mountains, Arizona. Oecologia **14**: 389-411.

ELLENBERG, H. 1975: Vegetationsstufen in perhumiden bis perariden Bereichen der tropischen Anden. Phytocoenologia **2**: 368-387

EVENARI, M., SHANAN, L. & TADMOR, N. 1982: The Negev. The challenge of a desert. 2. ed. Cambridge, Mass, 437 p.

FISHER, M. 2000: Dieback in the montane woodlands of Arabia: a conservation matter of gravest concern. In: ABUZINADA, A.H. & JOUBERT, E. (eds.): Proceed of the workshop on the conservation of the flora of the Arabian Peninsula. NCWCD, Riyadh; IUCN, Gland: 86-92

FREY, W. & KÜRSCHNER, H. 1988: Bryophytes of the Arabian Peninsula and Sokotra. Floristics, phytogeography and definition of the xerothermic Pangean element. Stud in Arabian bryophytes 12. Nova Hedwigia **46**: 37-120

FUELLNER, G. 1997: First observation of *Olea* cf. *europaea* (the Wild Olive) and *Ehretia obtusifolia* in the Arab Emirates. In: Tribulus **7** (1): 12-14

HALL, J.B. 1984: *Juniperus excelsa* in Africa; a biogeographical study of an afromontane tree. J. Biogeography **11**: 47-61

HAMILTON III, W.J. & SEELY, M.K. 1976: Fog basking by the Namib Desert beetle, *Onymacri sunguicularis*. Nature **262**: 284-285

KÜHNELT, W. 1975: Beiträge zur Kenntnis der Nahrungsketten in der Namib (Südwestafrika).

Verh. Ges. f. Ökologie/Wien **4**: 197-210

KÜRSCHNER, H. & BÖER, B. 1999: New records of bryophytes from the southern Musandam Peninsula and Jebel Hafit (United Arab Emirates). Studies in Arabian bryophytes 23. Nova Hedwigia **68**: 409-419

LOGAN, R.F. 1960: The Central Namib Desert, South West Africa. Publication **758**, 162 S. Nat. Ac. Sc., Washington D.C.

NOBEL, P.S. 1976: Water relations and photosynthesis of a desert CAM plant *Agave deserti*. Plant Physiol. **58**: 576-582

NOBEL, P.S. 1977a: Water relations of flowering *Agave deserti*. Bot. Gaz. **138**: 1-6

NOBEL, P.S. 1977b: Water relations and photosynthesis of a Barrel Cactus, *Ferocactus acanthoides* in Colorado Desert. Oecologia **27**: 117-133

SEELY, M.K. 1978: Grassland productivity. S. Afric. J. of Sci. **74**: 295-297

SEELY, M.K. & HAMILTON III, W.J. 1976: Fog catchment sand trenches by Tenebrionid beetles, *Lepidochora*, from the Namib Desert. Science **193** (4252): 484-486

WALTER, H. 1973: Die Vegetation der Erde, Bd. I: Tropische und subtropische Zonen. 3. Aufl., Fischer, Jena, Stuttgart, 743 S.

WALTER, H. & BRECKLE, S.-W. 1991: Ökologie der Erde, Bd. 4: Spezielle Ökologie der Gemäßigten und Arktischen Zonen außerhalb Euro-Nordasiens. UTB Große Reihe, Fischer, Stuttgart. 586 S.

WICKENS, G. E. 1993: Vegetation and ethnobotany of the Atacama desert and adjacent Andes in northern Chile. Opera Botanica **121**: 291-307

WILLERT, J. VON, ELLER, B.M., BRINCKMANN, E. & BAASCH, R. 1982: CO_2 gas exchange and transpiration of *Welwitschia mirabilis* Hook fil. in the Central Namib Desert. Oecologia **55**: 1 21-29

WILLERT, J. VON, ELLER, B.M., WERGER, M.J.A. & BRINCKMANN, E. 1990: Desert succulents and their life strategies. Vegetatio **90**: 133-143

Typische Macchie auf dem Cap Corse der Insel Korsika (Zonobiom IV) mit weißblühenden *Cistus salvifolius*, *C. monspeliensis* und den immergrünen Eichen *Quercus coccifera* und *Qu. ilex* im Hintergrund (Foto: Rafiqpoor)

Fruchtender Drachenbaum (*Dracaena draco* var. *ajgal*) in Süd-Marokko (Zonoökoton III/IV). Er wurde erst vor kurzem als neues Taxon aus dem Anti-Atlas (östlich von Agadir) beschrieben (Foto: Breckle)

II Spezieller Teil

Teil G - ZB IV: Zonobiom der Hartlaubgehölze der mediterranen Winterregengebiete

1. Allgemeines, Klima und Böden
2. Über die Entstehung des ZB IV und ihre Beziehungen zum ZB V
3. Das Mediterrangebiet
4. Bedeutung der Sklerophyllie im Wettbewerb
5. Arides mediterranes Subzonobiom, Nord-Afrika, Anatolien, Iran
6. Kalifornien und Nachbarregionen
7. Mittelchilenisches Winterregengebiet mit den Zonoökotonen
8. Das Kapland in Südafrika
9. SW- und S-Australien
10. Mediterrane Orobiome
11. Klima und Vegetation der Kanarischen Inseln
12. Afghanistan am Ostrand des Winterregengebietes im Osten
13. Der Mensch in den Mediterrangebieten
14. Literatur

Mediterrane Felsen-Garrigue (Zonobiom IV) auf Kalkstein mit hoher Biodiversität an Kräutern, Geophyten (Orchideen) und Einjährigen in Süd-Albanien (Foto: Breckle)

1 Allgemeines, Klima, Böden

Es ist zweckmäßig, das **Zonobiom IV** nach den Florenreichen, die starke floristische Unterschiede bedingen, in fünf floristische Biomgruppen zu gliedern, die jeweils typische, oft ähnlich aussehende Vegetationseinheiten bilden (Abb. G-1). Von diesen ist das mediterrane das größte, denn die Winterregen reichen vom Atlantischen Ozean bis nach Afghanistan hinein. Allerdings treten in Anatolien und weiter östlich bereits heftige Winterfröste auf, so dass man diese Gebiete zum ZB VII stellen muss.

Den eigentlich mediterranen Klimagebieten des ZB IV schließen sich meist aride Zonoökotone an, in denen auch noch das Winterregenregime vorherrscht, die Trockenheit oder die Winterfröste sich aber stärker auswirken. Doch wird auch dieser Klimatypus ganz allgemein als mediterran bezeichnet. Im südlichen Australien weist der Südwesten, aber auch der Süden mediterrane Züge auf, hier sind es zwei getrennte Teilgebiete (Abb. G-1).

Die Klimadiagramme für die einzelnen Biomgruppen ähneln sich sehr, nur ist die Sommerdürre bald stärker, bald schwächer ausgeprägt. Aber auch im westlichen Mittelmeergebiet ist die Spanne verschiedener Ausprägungen dieses Klimatyps sehr groß (Abb. G-2).

Die für die Winterregengebiete mit nur sporadischen Frösten typische Hartlaubvegetation des ZB IV erträgt keine länger anhaltende Kälte. Die günstigste Wachstumszeit ist das Frühjahr, wenn der Boden feucht ist und die Temperaturen ansteigen, sowie der Herbst nach den ersten Regen. Die Winterzeit ist bei Temperaturen um 10 °C oder darunter schon zu kühl für ein gutes Wachstum.

> **Box G-1** Die fünf Mediterrangebiete der Erde
>
> Die fünf Winterregengebiete: **1.** das mediterrane (mit Hartlaubwald, Macchie, Garigue, Affodillflur etc.) **2.** das kalifornische (mit Hartlaubwald, Chaparral, zum Teil Encinal etc.) **3.** das chilenische (mit Matorral, Espinal etc.) **4.** das capensische (mit Fynbos, Renosterbos etc.) **5.** das australische (mit Jarrahwald, Hartlaubbusch = Mallee etc.).

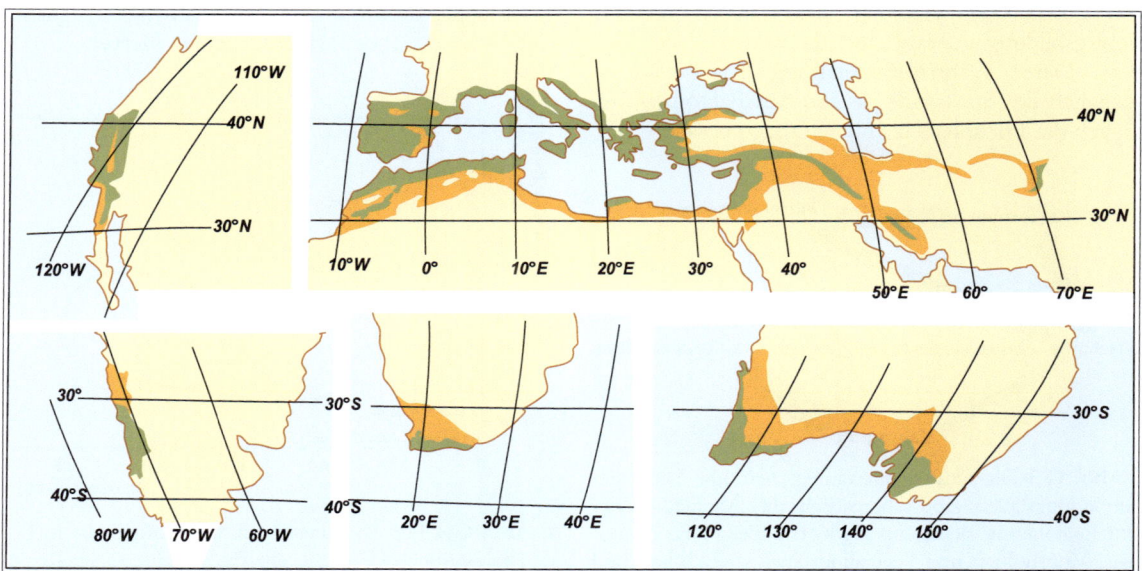

Abb. G-1 Gebiete mit mediterranem Klima, angeordnet auf vergleichbarer Breitenlage. Sie liegen bevorzugt an der Westseite der Kontinente. **Grün**: mediterraner Klimatypus mit mediterranem Zonobiom IV; **Orange**: aride Gebiete mit vorwiegend Winterregen, verschiedene ZÖ des ZB IV, insbesondere ZÖ III/IV; ZÖ III/VII (verändert nach WALTER & BRECKLE 1991).

> **Box G-2** Ähnlichkeiten und Unterschiede mediterraner Gehölzfluren
>
> In der mediterranen Vegetation dominieren Hartlaubgehölze, die äußerlich ähnlich sind, aber in den verschiedenen Gebieten zu meist völlig verschiedenen Gattungen gehören.

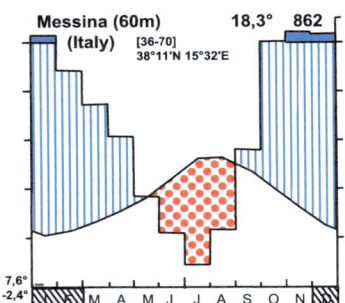 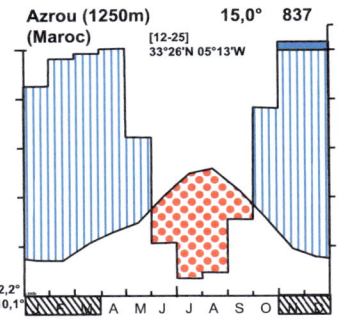 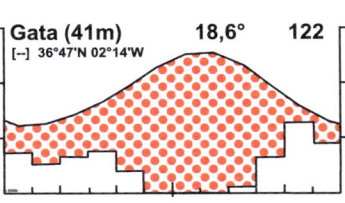

Abb. G-2 Klimadiagramme von Messina auf Sizilien, Azrou in der montanen Stufe des Mittleren Atlas (Marokko) und Cabo de Gata (SE-Spanien) = die trockenste Stelle Europas (Wüste).

Die einzelnen Mediterran-Gebiete liegen geographisch weit voneinander entfernt. Äußerlich sehen die Vegetationseinheiten und die Biotope sich manchmal frappierend ähnlich. Diese äußerliche Ähnlichkeit ist vor allem groß zwischen dem Mittelmeergebiet, Kalifornien und Chile (Abb. G-3), ebenso zwischen Kap-Region und Australien. Diese gewisse Zweiteilung hängt nicht zuletzt auch mit der geologischen Geschichte zusammen. Das Klima als prägender primärer Faktor ist zwar in allen fünf Gebieten ähnlich, aber die Erdgeschichte der Gebiete ist sehr unterschiedlich. Australien und das Kap-Gebiet sind Teile der alten Gondwanamasse, sie sind seit Jahrmillionen ausgelaugt, die Böden sehr nährstoffarm (Abb. G-4). Viel jünger und stark von tertiärer Gebirgsbildung geprägt sind die anderen drei Gebiete. Deren Nährstoffausstattung der Böden ist bezüglich des Stickstoffs bis um den Faktor 10, bezüglich des Phosphats bis über 100fach besser.

als auch der Entwicklungsrhythmus der Hauptvertreter und andere Tatsachen (Fossilien) sprechen dafür, dass im Tertiär das Klima noch tropisch mit Sommerregen war. Erst kurz vor dem Pleistozän vollzog sich die Verlagerung des Regenmaximums auf die Wintermonate. Die Pflanzen mussten sich anpassen: Es fand eine scharfe Auslese statt, und nur die Arten mit kleinen xeromorphen Blättern, die in der vorhergehenden Klimaepoche an trockenen Standorten wuchsen, überlebten. Die heutige Reduktion der Aktivität im Sommer wird durch die Dürre aufgezwungen. Sie fehlt, wenn die Pflanzen genügend Wasser zur Verfügung haben. Die als Vegetationspuffer dienenden Ephemeren und Ephemeroiden beschränken sich in ihrer Entwicklung auf das günstige Frühjahr oder den wieder feuchten Herbst.

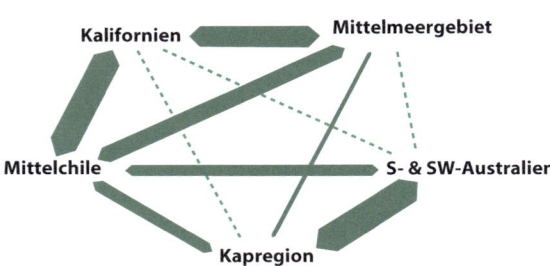

Abb. G-3 Die fünf Mediterranregionen. Die Dicke der Verbindungslinien gibt schematisch die Ähnlichkeit der fünf Regionen in Bezug auf Phylogenie der Flora, Phänologie, Morphologie und Vegetationstypen sowie Klima und Landnutzungsmuster an (verändert nach CASTRI 1981).

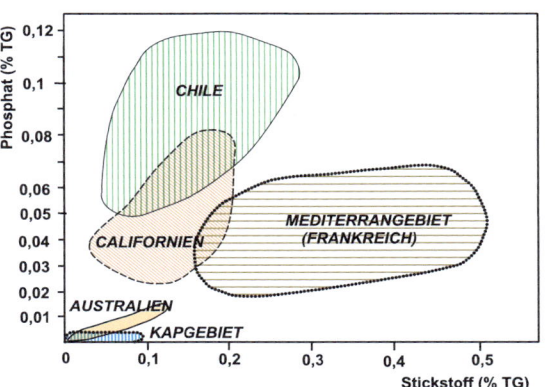

Abb. G-4 Die Phosphat- und Stickstoffgehalte in Böden (Gesamtgehalte in %) der fünf mediterranen Regionen (verändert nach RUNDEL 1982, CASTRI 1981).

Bei der Besprechung der klimatischen Subzonobiome der einzelnen Biomgruppen sollen anschließend auch die Zono-Ökotone (ZÖ) behandelt werden. Der Übergang kann sich vom ZB IV zu den ZB V, VI oder VII vollziehen.

Das heutige Klima vom ZB IV war nicht immer so. Sowohl die weite Verbreitung der fossilen Böden

Die Berücksichtigung dieser historischen Tatsachen erleichtert das Verständnis für das ökologische Verhalten der Vegetation (SPECHT 1973, AXELROD 1973, CASTRI et al. 1981, ARROYO et al. 1995). Zwischen vielen Taxa des ZB IV und ZB V oder ZB II bestehen enge verwandtschaftliche Beziehungen (zum Beispiel Arten der Gattung *Olea*, *Eucalyptus* u.

Spezieller Teil

a.). So wächst *Quercus baloot* (= *Q. ilex* s.l.) in Afghanistan bei zusätzlichem Sommerregen. Die Encinal-Vegetation der Gebirge in Arizona mit Sommerregen entspricht dem Chaparral in Kalifornien mit nur Winterregen.

2 Entstehung des Zonobioms IV und ihre Beziehungen zum Zonobiom V

In dem Sammelband CASTRI & MOONEY (1973) werden neben verschiedenen Problemen des ZB IV auch historische Fragen der Entstehung dieses ZB IV besprochen, die eng mit denen des ZB V verbunden ist. Beide gehen auf eine gemeinsame Wurzel, der bis in die höheren Breiten reichenden tropischen Vegetation des Tertiärs zurück.

Die weitere Entwicklung der Vegetation bis zur Gegenwart hat Axelrod für Kalifornien zusammengefasst und vergleichsweise auf das Mittelmeergebiet übertragen.

Fossilfunde zeigen, dass zu Beginn des Tertiärs im Eozän auf der Nordhemisphäre im Bereich des heutigen gemäßigten Klimas tropisch immer-grüne, aber auch laubabwerfende Arten wuchsen, die auf damals tropisches Klima mit ausgesprochener Sommerregenzeit hinweisen. Untersuchungen fossiler Meeresmollusken erlauben den Schluss, dass in Kalifornien das Temperaturminimum des Oberflächenwassers des Meeres um diese Zeit vor 50 Millionen Jahren etwa 25 °C betrug. Im Laufe des Oligozäns und Miozäns trat eine stete Abkühlung des Meeres ein, und gegen Ende des Tertiärs im Pliozän lag das Minimum nur noch bei 15°C. Entsprechend wurde auch das Klima auf dem Festland immer kühler und die Flora an Arten mit hohen Wärmeansprüchen ärmer. Zugleich änderte sich in Kalifornien aber auch die Regenverteilung. Das Sommermaximum wurde weniger ausgeprägt und gegen Ende des Miozäns verschwand es, im Pliozän machte sich im Sommer bereits ein flaches Minimum bemerkbar. Während des Pleistozäns mit den Eiszeiten entstanden an den Westseiten der Kontinente die kalten Meeresströmungen und zugleich ein Klima mit ausgesprochener Sommerdürre und Regen nur in den Wintermonaten, also der Typus des ZB IV.

Während des Tertiärs wölbten sich auch im Westen Nordamerikas vollends die immer höher werdenden Gebirge auf, in Europa die alpidischen Gebirgsketten. Die Folge davon war, dass in der tertiären tropischen Zone der heutigen höheren Breitenlage aride Klimagebiete und aride lokale Standorte in ungünstiger Exposition entstanden, so dass unter den immergrünen Arten eine Auslese stattfand in Arten mit dem typischen Lederblatt der humiden Tropen (häufig als lorbeerblättrige - Lauriphylle bezeichnet) und in dürreresistentere sklerophylle Arten (Hartlaubarten). Als dann im Pleistozän sich das sommerdürre (als mediterran bezeichnete) Klima auf der Westseite der Kontinente ausbildete, gewannen in diesem Klimagebiet die sklerophyllen Arten die Vorherrschaft und die Holzartenflora verarmte, während auf der Ostseite der Kontinente, die von warmen Meeresströmungen umspült wurden, das humide Klima mit Sommerregen bei etwas tieferen Jahrestemperaturen als Zonobiom V erhalten blieb. An den humiden Ostküsten der Kontinente von N- und S-Amerika, wie auch SE-Afrikas sowie SE-Asiens und E-Australiens vollzieht sich der Übergang von der tropisch humiden zu einer subtropisch humiden und der warmtemperierten artenreichen Flora mit immer-grünen Lederblättern ganz allmählich.

Die Hartlaubvegetation des ZB IV ist nicht durch Anpassung an die Sommerdürre entstanden, sondern die tertiären Arten waren bereits an trockene Standorte präadaptiert. Eine Artenneubildung fand nur in begrenztem Umfange statt, in Kalifornien zum Beispiel bei der Gattung *Ceanothus* mit 40 Arten, *Arctostaphylos* mit 45 Arten, andere breiteten sich, wie erwähnt, stark aus zum Beispiel *Adenostoma*. Ein mehr ledriges Blatt hat *Arbutus* (◘ Abb. G-5).

Von den 113 holzigen Gattungen (mit 169 Arten) des Hartlaubgebiets in Chile sind nur 13 Gattungen mit den 109 Gattungen (mit 272 Arten) in Kalifornien gleich. Australien mit 66 Gattungen (mit 140 Arten) hat gar nur 2 Gattungen mit Kalifornien und 3 mit Chile gemeinsam. Die Artenzahl ist insgesamt aber sehr viel höher. Gerade die teilweise sehr kleinen Gebiete des ZB IV stellen eine gewisse Ausnahme von der Regel dar, dass der Artenreichtum von den Polen zum Äquator zunimmt (◘ Tab. G-1).

Für das entsprechende, aber viel kleinere Gebiet im Kapland werden etwa 8.000 Arten vermutet, für Südwestaustralien ebenso 8.000 Arten, während das viel weitreichendere und reich gegliederte Mittelmeergebiet auf etwa 24.000 Arten an Gefäßpflanzen geschätzt wird.

Box G-3 Zusammenhang von ZB IV mit den benachbarten ZBs

Die Bildung des Zonobioms IV hängt eng mit Zonobiom V zusammen, sie erfolgte erst im Laufe des späten Tertiärs.

◘ **Abb. G-5** Der Erdbeerbaum (*Arbutus*) ist ein typisches Mediterranelement. Dieser Baum kommt mit zwei Arten im Mittelmeergebiet vor: *Arbutus unedo* (**a** und **b**) im Westmediterrangebiet, *Arbutus andrachne* (**c-e**) mit rotem Stamm im Ostmediterrangebiet (Fotos **a-b**: Rafiqpoor; **c** http://bit.ly/2mYGaZd; **d-e**: Breckle).

◘ **Tab. G-1** Zahl an Gattungen und Arten im Zonobiom IV Kaliforniens und Chiles, Winterregengebiet (nach Arroyo et al. 1995)

Parameter	Chile	Kalifornien
Fläche in km²	294 600	278 000
Zahl der Gattungen	681	806
Zahl der Arten	3385	4240

Diese Entwicklungsgeschichte macht auch verständlich, dass zwischen dem ZB IV und ZB V oft dieselben Gattungen, aber durch vikariierende Arten vertreten sind, zum Beispiel sklerophylle *Quercus*-Arten in Kalifornien und die immergrünen *Quercus virginiana* mit Lederblättern im Südosten von Nordamerika (ZB V). In Australien unterscheiden sich die lederblättrigen *Eucalyptus*-Arten des ZB IV in SW- und S-Australien nur wenig von denen im Sommerregengebiet des ZB V der Ostküste. Dort findet man auf trockenen Kalkböden ebenso wie im Westen auch eine reiche Proteaceen-Vegetation, nur die Arten sind andere. Auch das Vorkommen der fossilen „terra rossa"-Böden im Mittelmeergebiet wird verständlich. In diesen findet man Relikte der tropischen Bodenkleintierfauna, die in größeren Tiefen die Sommerdürre nicht zu spüren bekommt. Die übrige Fauna des ZB IV bestätigt die hinsichtlich der Vegetation gemachten Ausführungen (Beiträge in Castri & Mooney 1973).

Wie Axelrod betont, deuten auch die Fossilfunde in Nordafrika auf eine ähnliche Geschichte der Mittelmeervegetation. Allerdings sind die Verhältnisse in Europa komplizierter. Denn seit der Postglazialzeit wird das Klima Westeuropas vom warmen Golfstrom bestimmt.

Der kalte Kanarenstrom (► Abb. F-2) macht sich erst südlich von dieser Inselgruppe bis nach Senegal (Nebelküste) bemerkbar. Das ZB IV erstreckt sich von Westen an den Küsten des Mittelmeeres entlang, aufgrund der weitreichenden Küstenlinien, weit nach Osten.

Die letzten Eiszeiten haben sich in Europa besonders negativ ausgewirkt und die Flora praktisch vernichtet. Reste wanderten erst in der Postglazialzeit aus den wenigen Refugien wieder ein. Die Flora blieb arm, so dass es an kontinuierlichen Fossilfunden seit dem Tertiär bis zur Gegenwart, wie in Kalifornien, fehlt. Aber es herrscht die Ansicht vor, dass die Geschichte des ZB IV im Wesentlichen überall ähnlich verlief, und dass es in der Tertiärzeit ein dem ZB IV entsprechendes Klima mit zonaler Hartlaubvegetation noch nicht gab, wohl aber die Hartlaubarten auf trockenen lokalen Biotopen.

3 Das mediterrane Gebiet

Die Klimaverhältnisse in dieser Zone gehen aus den Diagrammen (▶ Abb. G-2) hervor. Im Winter bringen die Zyklone Regen, während im Sommer das Azorenhoch heiße und trockene Sommer bedingt. Da das Mittelmeergebiet zu den ältesten Kulturländern gehört, musste die zonale Vegetation den Kulturen weichen.

Trotzdem kann kein Zweifel daran bestehen, dass die zonale Vegetation ein immergrüner Hartlaubwald mit *Quercus ilex* war (▶ Abb. G-8).

Auf Grund von kleinen Restbeständen kann man folgende Angaben über die ursprünglichen Wälder machen:

Steineichenwald (Quercetum ilicis):

Baumschicht: 15 bis 18 m hoch, geschlossen, weitgehend durch *Quercus ilex* allein gebildet.

Strauchschicht: 3 bis 5 (bis 12) m hoch,
- *Buxus sempervirens,*
- *Viburnum tinus,*
- *Phillyrea media,*
- *Photo angustifolia,*
- *Pistacia lentiscus,*
- *P. terebinthus,*
- *Rhamnus alaternus,*
- *Rosa sempervirens* u. a.;

als Lianen:
- *Smilax,*
- *Lonicera*
- *Clematis.*

Krautschicht: etwa 50 cm, spärlich, aber artenreich
- *Ruscus aculeatus,*
- *Rubia peregrina,*
- *Asparagus acutifolius,*
- *Asplenium adiantum-nigrum,*
- *Carex distachya* u. a.

Moosschicht: sehr spärlich.

Unter diesen niedrigen Wäldern findet man in Kalkgebieten meist ein Terra rossa-Bodenprofil mit einer Streuschicht, einem schwärzlichen Humushorizont und darunter einem 1 bis 2m mächtigen, tonigen, plastischen, roten Terra rossa-Horizont. Bei den Kulturböden fehlen die oberen Horizonte (Erosion), so dass die Farbe schon an der Bodenoberfläche sichtbar wird. Es sind meist fossile Böden einer mehr tropischen Klimaperiode. Heute bilden sich braune Lehme (ZINKE 1973).

Die Aspektfolge beginnt im März mit der Blüte vieler Sträucher. Die Hauptblütezeit, auch für *Quercus ilex,* ist der Mai; im Juni blühen noch *Rosa, Clematis* und *Lonicera*. Das Zusammentreffen der höchsten Temperaturen mit der größten Trockenheit bedingt eine relative Ruhezeit. Erst mit den Herbstregen setzt neues Wachstum ein und zuweilen eine nochmalige Blüte der Hartlaubgehölze. Die Steineiche (*Quercus ilex*) ist im westlichen Mittelmeergebiet bis zum Peloponnes und Euböa (Griechenland) verbreitet, ganz im Westen kommt auf kalkfreien Böden außerdem die Korkeiche (*Quercus suber*) vor (◘ Abb. G-6). Ihr Wachstum wird durch Kultur gefördert, vor allem dadurch, dass man diese Wälder immer wieder von konkurrierenden Arten freischlägt.

Im östlichen Mittelmeer löst die Kermeseiche (*Quercus coccifera*) die vorher genannten Baumarten ab. In Palästina tritt sie als baumförmige Rasse (*Qu. calliprinos*) auf (◘ Abb. G-7).

◘ **Abb. G-6** Korkeichenwald (*Quercus suber*) in Südspanien. Die Eichen sind frisch entrindet, die Korkplatten werden gesammelt und zur Verarbeitung dann abtransportiert. An älteren Korkeichen kann man etwa alle 10 Jahre Kork gewinnen (Foto: Barthlott).

In der heißen unteren Stufe Spaniens und Nordafrikas wachsen in der Baumschicht der wilde Ölbaum (*Olea oleaster*) und der Johannisbrotbaum (*Ceratonia siliqua*) (◘ Abb. G-8a) mit *Pistacia lentiscus* (▶ Abb. G- 8b); dazu kommen verschiedene *Cistus*-Arten (◘ Abb. G-8c) sowie die europäische Palme (*Chamaerops humilis*) (▶ Abb. G-8d). Besonders interessant sind auf Kreta tertiäre Reliktstandorte einer Wildform der Dattelpalme, die schon Theophrast erwähnt. Ein großer Bestand wächst vor einer kleinen Lagune bei Vai (am Kap Sideron, NE-Ecke von Kreta) über Grundwasser.

Quercus ilex zeigt in N-Afrika von Marokko bis Tunesien eine montane Verbreitung (◘ Abb. G-9) über einer eingeschalteten Nadelwaldstufe mit *Tetraclinis (Callitris)* und *Pinus halepensis* (Aleppo-Kiefer). Die SE-Ecke von Spanien mit 130 bis 200 mm Regen weist schon fast wüstenhafte Verhältnisse auf (▶ Abb. G-2, Gata).

Richtige *Quercus ilex*-Wälder sieht man heute nur noch an wenigen Stellen in den Gebirgen N-Afrikas.

> **Box G-4** Einfluss des Menschen auf die Pflanzendecke
>
> Die Hanglagen wurden abgeholzt und beweidet, so dass eine starke Bodenerosion einsetzte und heute nur noch verschiedene Degradationsstadien vorhanden sind.

◻ **Abb. G-7** Hochwüchsige Macchie und Gebüschfluren mit *Quercus calliprinos* in Galiläa (Keziv-Park) mit artenreicher Krautschicht (**a**, Foto: Breckle). **b**: Die typische Macchie-Formation auf Cap Corse in Korsika. Sie besteht vorwiegend aus *Quercus ilex, Erica arborea, Arbutus unedo, Pistacia lentiscus, Cistus monspeliensis, Cistus albidus, Cistus incanus* etc. mit einer artenreichen Krautschicht (Foto: Rafiqpoor).

◻ **Abb. G-8** Florenelemente der unteren Höhenstufe der mediterranen Vegetation: *Ceratonia siliqua* (**a**), *Pistacia terebinthus* (**b**, Foto: Breckle), *Cistus incanus* und *Cistus albidus* als Unterwuchs (**c**), *Chamaerops humilis* (**d**) (Fotos: Rafiqpoor).

Sonst werden sie als Niederwald alle 20 Jahre geschlagen und durch Stockausschläge verjüngt. Es entsteht dann ein mannshohes Gebüsch mit lichten Stellen dazwischen, das man **Macchie** nennt. Macchien findet man auch an Hängen, wo der flachgründige Boden keinen hohen Wald aufkommen lässt. Die Sklerophyllen, die man gewöhnlich nur als Sträucher kennt, können an günstigen Standorten richtige Bäume bilden, wenn sie ein höheres Alter erreichen; von *Quercus ilex* sieht man mächtige Bäume in alten Gärten oder Parkanlagen. Erfolgen die Schläge alle 6 bis 8 Jahre und werden die Flächen regelmäßig gebrannt und beweidet, dann fehlen höhere Holzarten, und wir erhalten offene Gesellschaften, die man als

Garigue (◘ Abb. G-10) (oder Garrigue, in Griechenland 'Phrygana' in Spanien 'Tomillares', in Palästina 'Batha') bezeichnet.

In der Garigue herrschen oft einzelne Arten vor, wie niedrige Büsche von *Quercus coccifera, Juniperus oxycedrus* (im Osten auch *Sarcopoterium spinosum*-Büsche) oder *Cistus, Rosmarinus, Lavandula, Thymus* u.a. Die günstigsten Verhältnisse für die Beweidung bietet die *Brachypodium ramosum-Phlomis lychnites*-Gesellschaft in Südfrankreich auf Kalk. Im Frühjahr treten an nackten Stellen viele Therophyten (Ephemeren) auf. Auch Geophyten (Ephemeroiden) wie *Iris, Orchideen (Serapias, Ophrys)* und *Asphodelus*-Arten fehlen nicht. Auf sehr stark durch Feuer und Beweidung degradierten Stellen bleibt schließlich eine fast reine **Affodill-Flur** (◘ Abb. G-11) übrig. Die Garigue und die offene Affodill-Flur sind im Frühjahr ein Blütenmeer, während sie im Spätsommer stark ausbrennen. Werden die Kulturen oder die Beweidung aufgegeben, so machen sich Sukzessionen bemerkbar, die in der Richtung zur zonalen Vegetation verlaufen, wie es das Schema (◘ Abb. G-12) für S-Frankreich zeigt.

Auf Sandstein- oder sauren Kiesböden verläuft die Sukzession ähnlich, nur haben die einzelnen Stadien eine andere floristische Zusammensetzung; Charakterarten sind zum Beispiel der Erdbeerbaum *(Arbutus)* und die Baumheide *(Erica arborea)*.

Im östlichen Mittelmeergebiet übernimmt die baumförmige *Quercus calliprinos* (die mit der westmediterranen, meist strauchigen *Qu. coccifera* nahe verwandt ist) die Rolle der *Qu. ilex* und stellt den zonalen Waldtyp (◘ Abb. G-13 und ▶ Abb. G-7). Die Progressions- und Regressionsstadien ähneln denen im westlichen Mittelmeergebiet, meist allerdings dominieren andere Arten in den jeweils vertretenen Gattungen. Der vielfältige Einfluss des Menschen führt oft zu einer kaum mehr nutzbaren dornigen, niedrigwüchsigen Garigue (Batha) mit sparrigen, dornigen Zwergsträuchern (vor allem mit dem auch feuertoleranten *Sarcopoterium*) oder gar zu ganz offenen Felsenheiden (▶ Abb. G-12), bei denen der Boden weitgehend abgespült ist, so dass vielerorts der nackte Fels verbleibt. Eine Progression (Regeneration) erscheint hier ohne entsprechende Maßnahmen fast unmöglich.

Im kontinentalen Mittelmeergebiet S-Anatoliens spielt die Kiefer *Pinus brutia* (nahe *P. halepensis*) eine größere Rolle (◘ Abb. G-14). Oft bildet sie die Baumschicht, während die Hartlaubgewächse als Macchie in der Strauchschicht vorkommen. Da die Kiefer sich

◘ **Abb. G-9** *Quercus ilex*-Wald auf Kalk oberhalb von Azrou im Mittleren Atlas (Marokko) (Fotos: Rafiqpoor).

◘ **Abb. G-10** Garigue ist eine offene Gesellschaft meist aus dornigen Polsterpflanzen, in denen auch hier und dort einige Bäumchen von *Juniperus communis* oder *Pistacia lentiscus* etc. aus der Macchie vorkommen können. Das Bild zeigt den Felsengarigue auf Korsika, im Hintergrund auf den Hängen steht die Macchie als etwas höhere Formation (Foto: Rafiqpoor).

◘ **Abb. G-11** Affodilflur (*Asphodelus aestivus*) als Degradationsform der mediterranen Kulturlandschaft in Cap Corse auf Korsika (Foto: Rafiqpoor).

in der Macchie aus Lichtmangel nicht regeneriert, können sich diese Bestände erst nach Waldbränden verjüngen, was die Gleichaltrigkeit der Baumschicht erklärt. Die im Mittelmeergebiet häufig angepflanzte Pinie *(Pinus pinea)* hatte ihre natürlichen Standorte wahrscheinlich auf armen Sandflächen an der Küste.

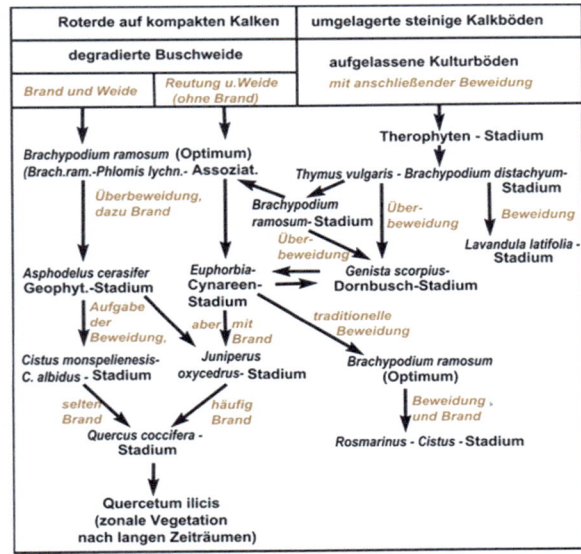

◘ **Abb. G-12** Schema der Regenerationsstadien degradierter Weiden oder Kulturböden auf Kalkböden im Languedoc (Südfrankreich) zum Steineichen-Wald (*Quercus ilex*) bzw. bei anhaltender Beweidung (und Brand) zur *Rosmarinus-Cistus*-Garigue. Angegeben ist die Abhängigkeit der Veränderungen von der Art und Intensität der Nutzung (verändert nach WALTER & BRECKLE 1991).

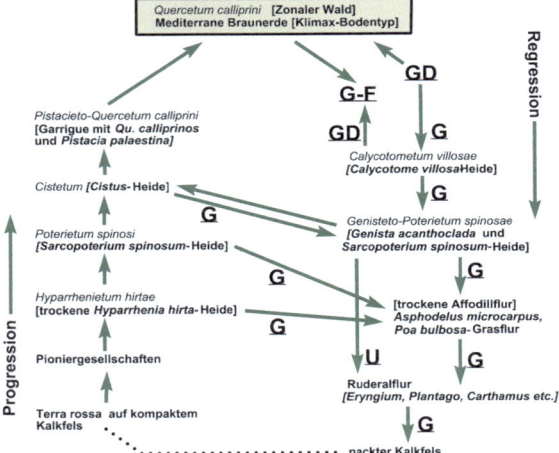

◘ **Abb. G-13** Regression- und Progressionsstadien (Regeneration) in der *Quercus calliprinos*-Zone am Jebel Ansariye in Syrien auf Kalkfels (verändert nach NAHAL 1991). **G** = laufende Beweidung; **GD** = unterbrochene Beweidung; **F** = Abholzung; **U** = Umbruch der Vegetation.

◘ **Abb. G-14** *Pinus brutia*-Wälder an der Gebirgsumrahmung der Anatolischen Hochfläche an der Westabdachung des Taurus-Gebirges in der Türkei (Fotos: Rafiqpoor).

4 Bedeutung der Sklerophyllie im Wettbewerb

Wenn man sich für die ökophysiologischen Verhältnisse im mediterranen Gebiet interessiert, so taucht sofort die Frage auf, in welchem Ausmaß die Pflanzen von der langen Sommerdürre betroffen werden. Man muss zunächst zwischen den Sklerophyllen und den Malakophyllen, die durch *Cistus, Rosmarinus, Lavandula, Thymus* u. a. stark vertreten sind, unterscheiden. Ferner muss man dabei berücksichtigen, dass die günstigen Euklimatope heute von Kulturen, zum Beispiel Wein, eingenommen werden und die mediterranen Arten auf die flachgründigen Standorte zurückgedrängt sind, also unter relativ ungünstigen Verhältnissen wachsen.

Sofern das anstehende Gestein tief zerklüftet ist, dringen die reichlichen Winterregen tief ein und werden im Boden gespeichert. In den Felsspalten lassen sich die Wurzeln der Holzarten 5 bis 10 m tief verfolgen, bis in Schichten, die auch im Sommer noch genügend ausnutzbares Wasser enthalten.

Zellsaftuntersuchungen im Laufe der ganzen Vegetationszeit ergaben bei den Sklerophyllen, dass die Wasserbilanz während der Dürrezeit nicht wesentlich gestört wird. Das kann jedoch bei erschwerter Wasserversorgung nur unter Einschränkung des Gaswechsels durch teilweisen Stomataschluss erreicht werden. Transpirationsmessungen ergaben, dass an trockenen Standorten die Wasserabgabe im Sommer etwa drei- bis sechsmal geringer ist als an feuchten. An extrem trockenen Standorten bei nur kümmerlich wachsenden Exemplaren steigt die Zellsaftkonzentration stark an. Man muss aber bedenken, dass auf den guten Böden, auf denen der Wein im Herbst hohe Erträge bringt, die Wasserverhältnisse viel günstiger sind. Eine durch Dürre verursachte Sommerruhe kam somit bei den ursprünglichen Hartlaubwäldern kaum in Frage.

Im Gegensatz zu den hydrostabilen Sklerophyllen sind die Malakophyllen hydrolabil. *Cistus, Thymus* und *Viburnum tinus* zeigen im Sommer Anstiege der Zellsaftkonzentration bis auf 4,0 MPa. Zugleich tritt bei ihnen eine starke Reduktion der transpirierenden Fläche ein, indem ein großer Teil der Blätter abgeworfen wird. Oft verbleiben nur die Knospen. Diese Arten wurzeln nicht so tief. Der Lorbeer *(Laurus nobilis)*, der nicht zu den Sklerophyllen gehört, hat im Mediterrangebiet seinen natürlichen Wuchsort stets im Schatten oder an Nordhängen. Er bildet heute Waldbestände nur in der Nebelstufe der Kanaren oder eine Macchie im Winterregengebiet ohne ausgesprochene Sommerdürre (N-Anatolien), ebenso verhält sich *Prunus laurocerasus*.

Die ökologische Bedeutung der Sklerophyllie ist wohl darin zu sehen, dass die Hartlaubarten bei guter Wasserversorgung einen regen Gaswechsel betreiben (Zahl der Spaltöffnungen 400 bis 500 pro mm^2), aber bei Wassermangel durch Verschluss der Stomata die Wasserverluste stark drosseln können. Sie haben dadurch die Fähigkeit, monatelang Dürrezeiten unter Aufrechterhaltung der Plasmahydratur und ohne Verluste an Blattfläche bis zur nächsten Regenzeit zu überdauern, um dann im Herbst sofort wieder die Stoffproduktion aufnehmen zu können.

Aber die Verhältnisse ändern sich sofort, wenn in den feuchten Winterregengebieten die Sommer nicht ausgesprochen trocken sind oder wenn bei typisch mediterranem Klima der Standort dauernd feucht ist, zum Beispiel an Nordhängen oder in Auenwäldern. An ersteren werden die Sklerophyllen zunächst von lorbeerähnlichen immergrünen Arten und dann von laubabwerfenden Bäumen verdrängt. An Stelle von *Quercus ilex* tritt die sommergrüne Flaumeiche *(Qu. pubescens)* mit größerem Zuwachs.

In den Auenwäldern des Mittelmeergebietes wachsen laubabwerfende Baumarten, wie *Populus* und *Alnus*-Arten, *Ulmus campestris, Platanus orientalis* und in SW-Anatolien die tertiäre Reliktart *Liquidambar orientalis*. Sobald jedoch die Flüsse im Sommer versiegen, finden wir keine sommergrünen Holzarten, sondern den immergrünen sklerophyllen Oleander *(Nerium oleander)*.

Genauere Angaben zu 1 (Box G-6) liegen nicht vor, doch ist anzunehmen, dass der Anteil der Blattmasse an der gesamten Phytomasse bei den laubabwerfenden Arten günstiger ist als bei den Sklerophyllen. Hinsichtlich 2 ist das Verhältnis bei den dünnen

---

Box G-5 Wettbewerbsfähigkeit sklerophyller Arten

Die Sklerophyllen sind nur in den Winterregengebieten sowohl den nicht-sklerophyllen, eher lauriphyllen immergrünen Arten, die gegen Dürre empfindlich sind, als auch den laubabwerfenden Bäumen im Wettbewerb überlegen.

Box G-6 Abhängigkeit der Stoffproduktion vom Assimilationshaushalt

Die Stoffproduktion hängt hauptsächliche vom Assimilathaushalt der Pflanzen ab; sie ist umso größer:

1. je größer der Anteil der Assimilate ist, der für die Vergrößerung der produktiven Blattfläche verwendet wird,
2. je größer das Verhältnis Blattfläche/Blatttrockengewicht ist, das heißt mit je weniger Substanz die Blattfläche aufgebaut wird,
3. je höher die Intensität der Photosynthese ist,
4. je länger die Zeit ist, während der die Blattfläche CO_2 assimilieren kann.

sommergrünen Blättern zwei Mal größer als bei den immer-grünen, und für 3 zeigen die Messungen, dass die Intensität der Photosynthese bei sommergrünen und immergrünen Blättern, pro Blattflächeneinheit berechnet, keine großen Unterschiede aufweist. Was 4 anbelangt, so ist das immergrüne Blatt natürlich günstiger. Zwei Punkte sind somit zugunsten der laubabwerfenden und ein Punkt für die immergrünen Arten.

Genauere Berechnungen ergaben für das feuchte, milde Klima am Gardasee, wo sowohl *Quercus ilex* als auch *Qu. pubescens* wächst, eine Stoffausbeute in Gramm je Gramm Zweiggewicht von 22,9 für *Qu. pubescens* gegenüber nur 17,9 für *Qu. ilex,* was die Beobachtung der größeren Konkurrenzkraft der laubabwerfenden Arten unter diesen Klima- und Standortsbedingungen bestätigt. Im selben Klima, aber an steilen Felswänden, von denen ein großer Teil des Regenwassers abfließt, so dass der Standort im Sommer trocken ist, finden wir immergrüne *Qu. ilex*-Büsche. An solchen Wuchsorten ist *Qu. pubescens* nicht konkurrenzfähig (FREITAG 1975). Dazu kommt, dass an steilen Felshängen *Qu. ilex* im Winter vor Kaltluftstau geschützt ist. Denn seine Nordgrenze ist vor allem durch die Winterkälte bedingt.

Die Sklerophyllie hat natürlich auch Auswirkungen auf die Bodenbildung, denn der Abbau der Blätter mit hohen Holzanteilen und großem Rohfasergehalt verläuft langsamer als der von malakophyllen Blättern. Die Abbauraten der Blätter sind einerseits abhängig von ihrer mechanischen Festigkeit, andererseits auch von ihrem Mineralstoffgehalt. Aschereiche Blätter werden von den Destruenten im Boden schneller abgebaut.

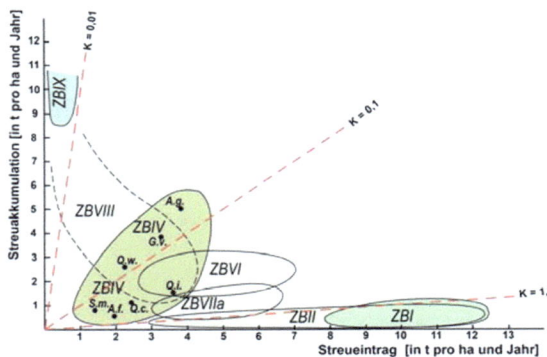

◼ **Abb. G-15:** Streueintrag und Streuakkumulation in verschiedenen Zonobiomen. Herausgehoben ist das ZB IV, hier sind einzelne Arten angegeben (A.f. = *Adenostoma fasciculatum*, A.g. = *Arctostaphylos glauca*, G.v. = *Garrya veatchii*, Q.c. = *Quercus coccifera*, Q.i. = *Qu. ilex*; Q.w. = *Qu. wislizenii*, S.m. = *Salvia mellifera*). Der Bereich einiger anderer Zonobiome ist umgrenzt. k ist die Abbaurate, wenn man einen gleichmäßigen negativ exponentiellen Abbau annimmt (verändert nach READ & MITCHELL 1983).

Im Vergleich mit anderen Zonobiomen liegt das Mediterrangebiet mit den Hartlaubblättern bezüglich der Streuproduktion und der Akkumulation an Streu (aufgrund verminderter Abbauraten der Destruenten) sozusagen im Mittelfeld (▶ Abb. G-15). Die Streu der Nadelhölzer im ZB VIII wird, natürlich auch aufgrund des ungünstigen Klimas mit sehr langen Wintern, ebenso wie die der Tundra (ZB IX) noch wesentlich langsamer mineralisiert, so dass es dort zu Rohhumusansammlungen kommt. Im Mittelmeergebiet hält sich Streueintrag und Akkumulation etwa die Waage, während im ZB I der ständige Streueintrag sehr hoch ist, die Akkumulation aber unbedeutend, dort wird alles Anfallende laufend umgesetzt (k = 1, ▶ Abb. G-15).

5 Arides mediterranes Subzonobiom, N-Afrika, Anatolien, Iran

Kleine aride Gebiete findet man im Ebro-Becken in NE-Spanien (WALTER 1973), wo schon Winterkälte eine Rolle spielt und noch ausgeprägter in SE-Spanien (FREITAG 1971a), dem einzigen Landzipfel Europas, der schon fast zum ZB III gerechnet werden kann (▶ Abb. G-2).

Als Beispiel eines größeren Gebietes sei aber Zentralanatolien erwähnt, das noch ganz dem Winterregengebiet angehört und eine von hohen Randgebirgen umschlossene zentrale Beckenlandschaft in über 900 m NN darstellt. Die Gebirge halten einen großen Teil der Winterniederschläge ab. Im Mai führt die bereits erhitzte, aber noch feuchte aufsteigende Luft zu Gewitterbildungen und einem Regenmaximum (NISANÇI 1973) (◼ Abb. G-16).

Die Gesamtniederschläge liegen unter 350 mm, die Sommerdürre ist sehr ausgeprägt, aber die Monate Dezember bis März sind kalt (Minima bis -25 °C), wenn auch von Tauwetter unterbrochen (ZÖ IV/VII). Unter diesen Verhältnissen kann kein Wald wachsen. Die *Pinus*-Wälder der Randgebirge (montan-mediterrane Stufe) gehen über eine Gebüschzone mit *Juniperus, Quercus pubescens, Cistus laurifolius, Pirus elaeagrifolia, Colutea-, Crataegus-* und *Amygdalus* (Zwergmandel)-Arten in eine Steppe über. Es ist daher ein ZÖ IV/VII. Die Steppe ist heute zum größten Teil Ackerland geworden (Winterweizenanbau als „dry farming = Lalmi"), oder sie wird stark beweidet. Dadurch erfolgt eine Degradation zu einer *Artemisia fragrans-Poa bulbosa*-Halbwüste mit sehr vielen Frühlingstherophyten und Geophyten.

In größeren Höhen treten als Dornkugelpolster viele Arten von *Astragalus (Tragacantha)* und *Acantholimon* (Plumbaginaceae) auf, die besonders für die kalten armenisch-iranischen Hochländer bezeichnend sind.

Ursprünglich herrschte in Zentralanatolien eine krautreiche Grassteppe (*Stipa-Bromus tomentellus-Festuca vallesiaca*-Gesellschaft), die schon an die osteuropäische

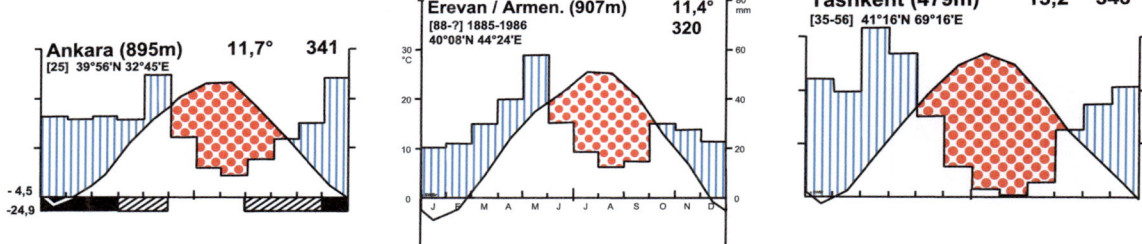

◻ **Abb. G-16** Klimadiagramm von Ankara, arid-mediterran. Homoklimate sind Erevan (Hocharmenien) und Taschkent (Mittelasien, etwas tiefer gelegen und wärmer).

Steppe erinnert, nur dass die Arten mediterrane Elemente sind. Der Boden weist ein typisches Schwarzerdeprofil auf, aber mit einem nicht sehr humusreichen A-Horizont. Die Vegetationszeit in dieser Steppe wird durch die Winterkälte und Sommerdürre auf vier Monate verkürzt. Sehr wichtig ist dabei das Regenmaximum im Mai.

Die günstigste Jahreszeit ist der Frühling. Bereits von Februar bis März blühen die ersten Geophyten *(Crocus, Ornithogalum, Gagea* u. a.). Auf sie folgen, namentlich bei Überweidung, die vielen kleinen Therophyten, die nur in den oberen 20 cm wurzeln und deswegen bereits bis Juni verschwinden. Die eigentlichen perennen Steppenarten erreichen ihr Entwicklungsmaximum im Mai und vertrocknen erst im Juli. Da der Boden im Frühjahr genügend Wasser enthält, ist die Zellsaftkonzentration dieser Arten niedrig (1,0 bis 1,5 MPa) und steigt kurz vor dem Vertrocknen an. Eine Reihe von Arten, zu denen auch die Dornkugelpolster gehören, blüht erst während der Hauptdürre. Diese Arten zeichnen sich durch eine tiefgehende Pfahlwurzel aus, so dass sie aus den tiefen, auch im Sommer noch feuchten Bodenhorizonten Wasser entnehmen können. Beim Kameldorn *(Alhagi)* wurde bei einer 30 Monate alten Pflanze schon eine Wurzeltiefe von 7,65 m gemessen. Die Zellsaftkonzentration liegt ebenfalls unter 1,5 MPa.

Die Randzonen der mediterranen Steppengebiete gehören zu den besonders früh durch den Menschen besiedelten Gegenden und sind die Wiege der menschlichen Kultur. Das gilt nicht nur für die Hethiter in Anatolien, sondern auch für das Gebiet des „Fruchtbaren Halbmonds", das heißt für die Gebirgshänge, die Mesopotamien von Westen, Norden und Osten umgeben. Hier (Jericho, Beidha, Jarmo) hat man die ältesten Spuren des Getreidebaus gefunden, für den die Steppe besonders günstig ist. Zugleich war in dieser eine Viehhaltung möglich. Der benachbarte Wald diente Jagdzwecken und lieferte Holz. In diesen Ursiedlungsgebieten hat der Mensch in den verflossenen Jahrtausenden die natürliche Vegetation besonders gründlich zerstört und zum Teil früher fruchtbare Gebiete in Wüsten umgewandelt. Diese Prozesse werden heute als Desertifikation bezeichnet. Durch die einsetzende Bodenerosion sind viele „bad lands" entstanden, in denen jeder Pflanzenwuchs fehlt.

Auf die sehr verschiedenen Zonoökotone im Norden des sehr weit sich in West-Ost-Richtung erstreckenden mediterranen Gebiets kommen wir noch zurück.

6 Kalifornien und Nachbarregionen

Dieses Gebiet wird im Westen von N-Amerika durch die Gebirgsketten (Kaskaden, Sierra Nevada) auf einen schmalen Streifen an der pazifischen Küste beschränkt. Das Winterregengebiet erstreckt sich an der Westküste von British Kolumbien bis nach Niederkalifornien, aber im Norden sind die Niederschläge so hoch und die Sommerdürre so kurz, dass es sich um artenreiche hygrophile bis mesophile Nadelwälder handelt, die schon als Zonoökoton IV/V zu betrachten sind (BARBOUR & MAJOR 1977). Nur Mittel- und Süd-Kalifornien sind ein Hartlaubgebiet, während Niederkalifornien schon zu arid ist (◻ Abb. G-17 und ◻ Abb. G-18).

Das kalifornische Zonobiom IV entspricht der eigentlichen mediterranen kalifornischen Florenprovinz, die sehr artenreich ist (▶ Tab. G-1). Da die heutige westamerikanische Flora noch weitgehend der pliozänen ähnelt, also keine Verarmung im Pleistozän erfuhr, sind alle Pflanzengesellschaften sehr artenreich; Gattungen wie *Quercus, Arbutus* u. a. sind durch eine große Zahl von Arten vertreten, dazu kommen sehr viele Gattungen, die in Europa ganz fehlen, zum Beispiel die wichtige Gattung *Ceanothus* (Rhamnaceae) mit 40 Arten; von *Arctostaphylos* sind 45 strauchförmige Arten vorhanden. Eine Leitart ist die Rosaceae *Adenostoma fasciculatum* ('Chamise') mit nadelförmigen Blättern. Die Verbreitung dieses Strauches gibt die Ausdehnung des Hartlaubgebiets ziemlich genau wieder.

Ökologisch genauer untersucht wurde eine seit 40 Jahren geschützte Fläche eines *Adenostoma*-Chaparrals bei San Diego im Gebirge (458 bis 1.678 m NN) südlich der Mojave-Wüste von MOONEY & PARSONS (in CASTRI & MOONEY 1973). Die Klimadaten der Station in 815 m NN sind folgende: Mittlere Jahrestempera-

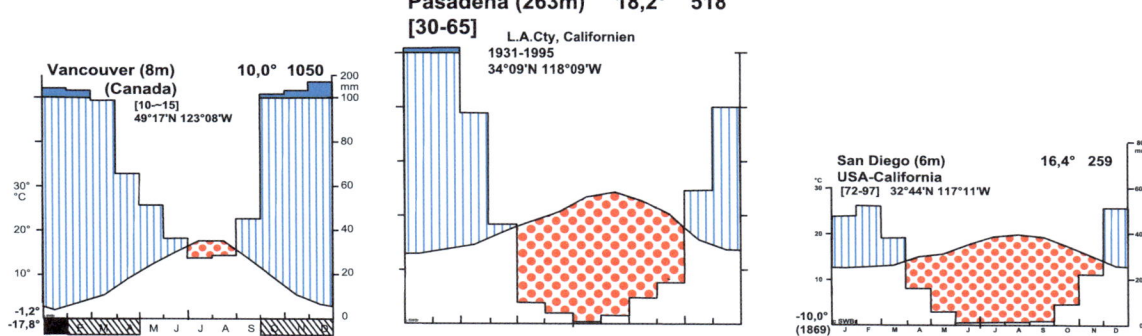

◾ **Abb. G-17** Klimadiagramme von Stationen an der pazifischen Küste N-Amerikas (von N nach S) im Gebiet des Nadelwaldes, der Hartlaubvegetation und des Übergangsgebietes zur Wüste.

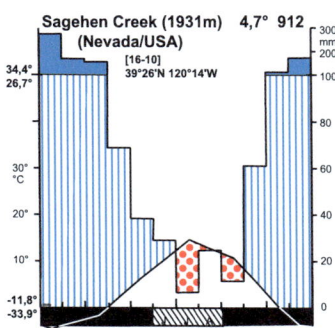

◾ **Abb. G-18** Klimadiagramm von Sagehen Creek auf der Passhöhe (1931 m NN) der Sierra Nevada vor Reno. Das kleine Regenmaximum im August kommt durch Sommergewitter zustande. Absolutes Temperaturmaximum 34,4 °C, -minimum -33,9 °C (aus WALTER 1990).

Box G-7 Die Anordnung der Pflanzendecke ist klimaabhängig

Das Nord-Süd-Gefälle bedingt, dass immergrüne sklerophylle Eichenwälder nur im nördlichen Teil des kalifornischen Hartlaubgebiets vorkommen, zum Teil sogar gemischt mit laubabwerfenden Arten, während im südlichen Teil eine Gebüschformation vorherrscht, die als Chaparral bezeichnet wird. Sie entspricht der mediterraneren Macchie.

---

tur 14,3 °C, abs. Maximum 42,5 °C, abs. Minimum -7,8 °C, Frost kann vorkommen von Oktober bis Mai; Jahresregenmenge im Mittel 670 mm vorwiegend im Dezember bis März; Evaporation 1.625 mm im Jahr, vorwiegend in den vier heißen Sommermonaten. Der Boden kann in schlechten Regenjahren bis 1,2 m tief austrocknen, darunter ist er immer feucht.

Brände nach Blitzschlag sind häufig, dabei erreicht die Temperatur der Flamme 1.100 °C, an der Bodenoberfläche 650 °C und in 5 cm Tiefe 180 bis 290 °C. *Adenostoma* treibt zu über 50% selbst während der Dürrezeit, oft in 10 Tagen nach dem Feuer aus und bildet in 30 Tagen 25 cm lange Triebe. Von *Quercus agrifolia* und *Rhus laurina* schlagen alle Pflanzen aus. *Adenostoma* erreicht die größte Deckung 22 bis 40 Jahre nach einem Brand, nach 60 Jahren hört das Wachstum fast auf. Die Verjüngung des Bestandes erfolgt nach einem neuen Brand. Etwa 50% der Straucharten verjüngen sich durch Austreiben, die anderen durch Samen. Etwa 20 Jahre nach einem Brand ist der Bestand wieder geschlossen. In den ersten Jahren nach dem Brand erfolgt eine starke Bodenerosion an Steilhängen. Die oberirdische Phytomasse erreicht 50 t·ha^{-1}, die unterirdische dürfte doppelt so groß sein. Die oberirdische Nettoproduktion beträgt in einem Jahr etwa 1 t·ha^{-1} in jungen Beständen und nimmt mit dem Alter ab. Die Sträucher sind normalerweise das ganze Jahr photosynthetisch aktiv.

Im Frühjahr entwickelt sich eine sehr reiche Ephemeren-Vegetation. Einige von diesen Arten keimen nur nach einem Brand. *Adenostoma* dominiert an Südhängen, dagegen wächst in den dichteren Beständen der Nordhänge *Quercus dumosa*.

Der unmittelbar an das Meer grenzende Küstenstreifen Kaliforniens nördlich des 36. Breitengrades gehört nicht zur Hartlaubzone, weil die durch den kalten Meeresstrom bedingten Nebel die Sommerzeit kühl und feucht gestalten und den hygrophilen nördlichen Baumarten das Wachstum ermöglichen.

Der Chaparral ist im Gegensatz zur Macchie eine natürliche zonale Vegetation, die den relativ geringen Winterniederschlägen von 500 mm entspricht. Zwar sind auch hier Brände sehr häufig; aber diese Brände waren bereits vor den Eingriffen des Menschen ein natürlicher Faktor. Genaue Statistiken der „National-Forest"-Verwaltung haben gezeigt, dass Brände durch Blitzschlag im Chaparral-Gebiet außerordentlich häufig entstehen, so dass bei Gewittern ein ständiger Brandwachdienst notwendig ist. Man hat festgestellt, dass Brände, die sich etwa alle zwölf Jahre wiederholen, den Chaparral nicht verändern, da die Sträucher immer wieder ausschlagen. Bleiben die Brände sehr lange aus, dann dringen Arten wie *Prunus ilicifolia* und *Rhamnus crocea* ein. Folgt nach einem Brand in zwei Jahren erneut einer, so werden die Sämlinge der Straucharten, die nach Brand nicht ausschlagen, abgetötet und damit die Holzpflanzen zurückgedrängt.

Die Wurzelsysteme der Hartlaubarten dringen sehr tief in den Boden ein, weil dessen oberster Meter im Sommer meist ganz austrocknet. Die maximalen Tiefen der Wurzeln bis weit in die Felsspalten betragen 4 bis 8,5 m (genauere Angaben mit Wurzelsystemprofilen findet man bei KUMMEROW 1981). Eine gewisse Wasseraufnahme ist deshalb im Sommer möglich. Man erkennt das daran, dass nach einem Brand im Hochsommer die Sträucher sehr bald austreiben; nach dem Verlust der transpirierenden Oberfläche genügt schon eine geringe Wasseraufnahme, um die Knospen zum Wachsen zu bringen. Die Herbstregen wirken sich nicht direkt aus. Es dauert über einen Monat, bis das Wasser in eine Tiefe von 1 m gelangt. Inzwischen fällt die Temperatur so stark, dass die Sprosse nicht mehr wachsen. Der Höhepunkt der Entwicklung ist April, wenn bei guter Wasserversorgung die Temperatur ansteigt. Die alten immergrünen Blätter assimilieren bis ins Frühjahr hinein. Sie fallen erst im Juni ab, wenn die jungen voll funktionsfähig werden. Fast alle Arten des Chaparrals besitzen eine Mykorrhiza. Die *Ceanothus*-Arten hingegen bilden Knöllchen, die Stickstoff assimilieren.

Eine sehr ausführliche Vegetationsmonographie mit vielen ökologischen Angaben erschien von BARBOUR & MAJOR (1977).

Immergrüne Eichenhartlaubwälder findet man in N-Amerika außerdem als montane Stufe in den Gebirgen Süd- und Mittelarizonas über der Kakteenwüste in 1.200 bis 1.900 m Höhe. Es ist die **Encinal-Stufe**, die sich auf Grund der verschiedenen *Quercus*-Arten in eine untere und obere gliedert. Letztere wird von der *Pinus ponderosa*-Stufe abgelöst. Die Chaparral-Arten (*Arbutus, Arctostaphylos, Ceanothus*) kommen als Strauchschicht unter der Baumschicht vor. Obgleich es in Arizona zwei Regenzeiten gibt, erinnert die Vegetation sehr stark an die in Kalifornien, doch sind die Hartlaubwälder in den Gebirgen viel besser ausgebildet und noch urwüchsig. Die gelegentlichen Sommergewitter ergänzen die geringen Winterniederschläge. Trotzdem ist die Sommerdürre sehr ausgeprägt. Östlich der Sierra Nevada, im Staate Nevada, nehmen die Winterniederschläge bis auf 150 bis 250 mm ab.

Die kalte Jahreszeit dauert in 1300 m Höhe sechs bis sieben Monate. Das zeigt das Klimadiagramm von Sagehen Creek (▶ Abb. G-18) auf der Passhöhe mit noch relativ hohen Niederschlägen und einer Wald- sowie Moorvegetation. Reno (◘ Abb. G-19) liegt bereits im Windschatten. Dort hält sich nur noch eine *Artemisia tridentata*-Halbwüste, die als „Sagebrush" bezeichnet wird. Wie stark in diesem Gebiet die Niederschlagshöhe vom Relief abhängt, geht aus ◘ Abb. G-20 hervor. Die *Artemisia*-Halbwüste nimmt riesige Flächen in Nevada und Utah sowie in den angrenzenden Staaten ein. Sie löst die südliche *Coleogyne*- und *Larrea*-Halbwüste in dem kalten Klima ab. *Artemisia* bevorzugt die schweren Böden der Beckenlandschaften und wird auf den Erhebungen von dem „Pinyon" abgelöst. Das sind sehr lichte niedrige *Pinus monophylla*- oder *P. edulis-Juniperus*-Baumfluren, zu denen einige kälteresistente Chaparral-Arten gehören. In den Gebirgen bei etwa 2000 m Höhe beginnen die eigentlichen Nadelwälder mit *Pinus flexilis* und *P. albicaulis*, während weiter im Osten *Pinus ponderosa* auftritt, die höher von *Pseudotsuga* und *Abies concolor* abgelöst wird, wogegen *Picea engelmannii* und *Abies lasiocarpa* die Baumgrenze in über 3000 m Höhe bilden. Die trockenen Südhänge bleiben oft unbewaldet, so dass *Artemisia* bis zur alpinen Stufe hinaufreicht; doch kann die Höhenstufenfolge räumlich sehr stark wechseln. Auch spielt die Espe (*Populus tremuloides*) (▶ Abb. K-12) mit ausgedehnten Klonwurzelschösslingen auf wasserzügigen Böden eine große Rolle.

7 Mittelchilenisches Winterregengebiet mit den Zonoökotonen

Der Staat Chile bildet einen etwa 200 km breiten Streifen, der sich am Westfuß der Hochanden von 18 bis 57°S über 4300 km erstreckt und alle Übergänge zeigt, von der regenlosen subtropischen Wüste im Norden über ein Hartlaubgebiet zu den sehr feuchten temperierten und subarktischen Wäldern im Süden. Winterregen herrschen in Mittel-Chile vor (◘ Abb. G-21). Der kalte Humboldtstrom, der die ganze Küste bespült, mildert die Sommerdürre, so dass die Temperaturen gegenüber Kalifornien niedriger sind; die Jahrestemperatur von Pasadena auf dem 34°N ist zum Beispiel 16,8°C, von Santiago auf dem 33°S dagegen nur 13,9°C. Einen Vergleich des Klimas beider Gebiete hat CASTRI (1973) durchgeführt.

Da Chile zur Neotropis gehört, sind die floristischen Verhältnisse von denen im Mittelmeergebiet und in Kalifornien völlig verschieden. Nur die Kulturlandschaft ist sehr ähnlich. Es werden dieselben Arten angebaut und in den Gärten kultiviert.

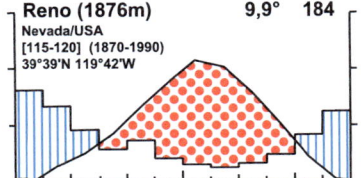 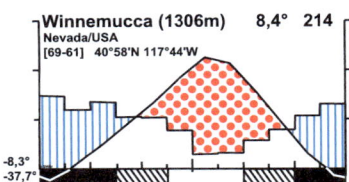 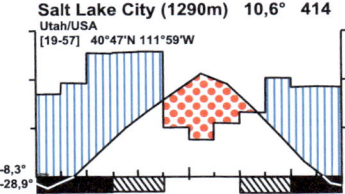

- **Abb. G-19** Klimadiagramme aus dem Sagebrush-Gebiet *(Artemisia tridentata*-Halbwüste): Reno, Winnemuca und Salt Lake City (bereits Übergang zu Grasland).

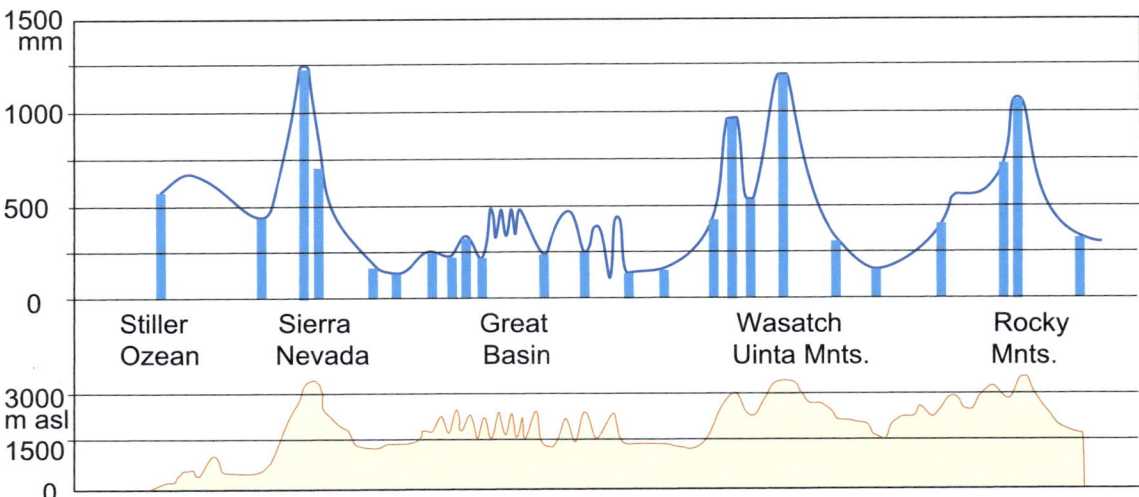

- **Abb. G-20** Die Abhängigkeit der Niederschlagshöhe (oben) vom Relief (unten), gezeigt an einem W-E-Profil durch den westlichen Teil Nordamerikas auf etwa dem 38°N (verändert nach WALTER 1960).

Das Hartlaubgebiet nimmt den mittleren Teil von Chile ein und schließt an die ariden Gebiete im Norden an. Es ist ebenfalls nur in Resten vorhanden.

Es seien genannt die bei Berührung Hautausschlag und Fieber erzeugende *Lithraea caustica* (Anacardiaceae), der Seifenrindenbaum *Quillaja saponaria* (Rosaceae), *Peumus boldus* (Monimiaceae) oder die feuchte Schluchten bevorzugenden Lauraceen *Cryptocarya* und *Beilschmiedia*. Dazu kommen eine Reihe strauchiger Arten. In einem eng begrenzten Gebiet nordöstlich von Valparaiso wächst die endemische Palme *Jubaea chilensis*. An trockenen felsigen Standorten findet man Säulenkakteen *(Neoraimondia arequipensis)* (Abb. G-22) und die großen *Puya*-Arten (Bromeliaceae), zusammen mit den dornigen Rhamnaceen *Colletia* und *Trevoa*.

Äußerlich sehen die Hartlaubarten Kaliforniens, Chiles und Australiens zwar ähnlich aus, es gibt aber beträchtliche Unterschiede beispielsweise bei den Fruchtformen, wie Tab. G-2 zeigt. Danach gibt es besonders viele Arten mit Fruchtfortsätzen, mit Dornen oder Haken in Australien und fast die Hälfte der Arten weist kleine Trockenfrüchte auf, während in Chile und Kalifornien auch viele Arten große und fleischige Früchte besitzen. Auch die Farbe der fleischigen Früchte unterscheidet sich deutlich, dies lässt Rückschlüsse auf die fruchtverbreitenden Tiere zu.

Das eigentliche Matorral-Gebiet ist flächenmäßig sehr klein, denn die Anden fallen auf chilenischer Seite sehr steil ab. Der fast 7.000 m hohe Aconcagua ist nur etwa 100 km von der Meeresküste entfernt.

Im Gebirge herrschen Schuttgesellschaften vor, die Höhenstufen sind schwer zu erkennen. Die Hartlaubvegetation geht nur bis etwa 1500 m hinauf (Abb. G-23). Strauchgesellschaften leiten zur alpinen Stufe über, wobei stellenweise die Nadelholzart *Austrocedrus (Libocedrus) chilensis* auftritt. Weit verbreitet sind alpine Schuttstauer, wie *Tropaeolum*-Arten, *Schizanthus* (eine Solanacee mit zygomorphen Blüten) sowie Amaryllidaceen *(Alstroemeria, Hippeastrum)* und *Calceolaria*-Arten.

Für die obere alpine Stufe sind Flachpolsterpflanzen *(Azorella* und andere Apiaceen) bezeichnend. Die Arten in diesen Höhenstufen des Orobioms, aber auch südlich der Hartlaubzone sind schon antarktische Elemente, zu denen auch die baumförmigen *Nothofagus*-Arten gehören. Südlich von Concepcion beginnt bei abnehmender Sommerdürre der in den kühlen Wintermonaten das Laub abwerfende Wald mit *Nothofagus obliqua* (Zonoökoton IV/V) (Abb. G-24), der noch weiter südlich bei Niederschlägen über 2.000 bis 3.000 mm in das ZB V des immergrünen valdivianischen temperierten Regenwalds übergeht (QUINTANILLA 1974) (Abb. G-25). Er steht dem tropischen

Spezieller Teil

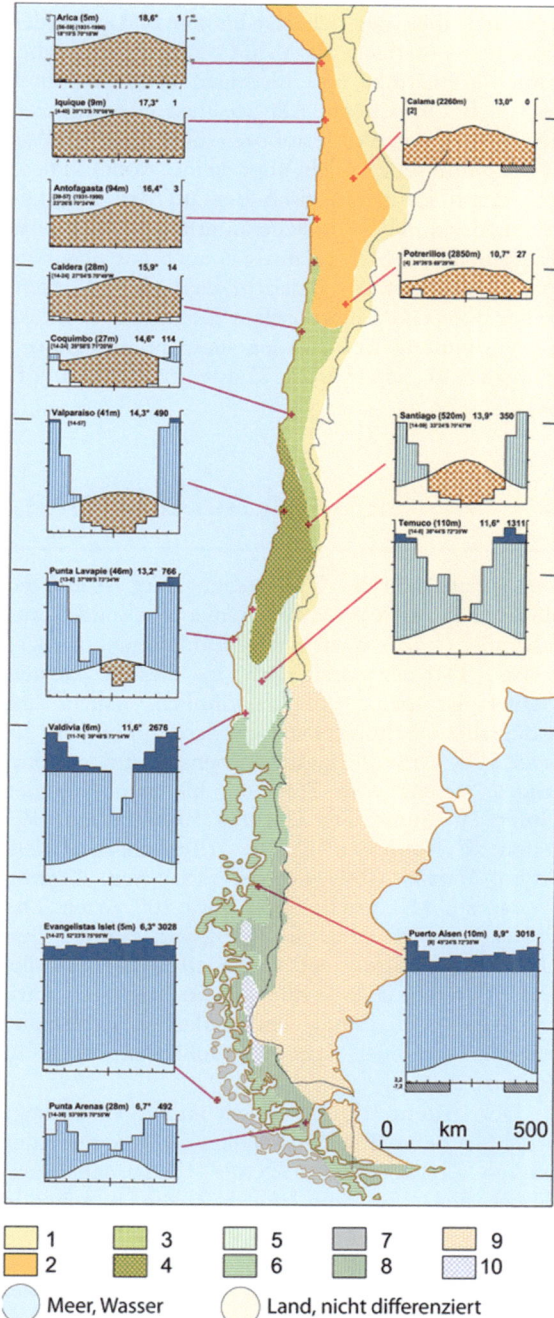

Abb. G-21 Klimadiagrammkarte von Chile mit Vegetationszonen (verändert nach SCHMITHÜSEN 1956): **1** nördliche Hochanden, **2** Wüstengebiet, **3** Zwergstrauch- und xerophytisches Strauchgebiet, **4** Hartlaubgebiet, **5** sommergrüner Wald, **6** immergrüne Regenwälder der gemäßigten Zone, **7** tundraähnliche Vegetation der kalten Zone, **8** subantarktischer sommergrüner Wald, **9** patagonische Steppe, **10** südliche Anden.

Abb. G-22 Landschaftsbild der Kakteenfelswüste mit *Neoraimondia arequipensis* am Fuße der Anden an der Chilenisch-peruanischen Grenze (Foto: Barthlott).

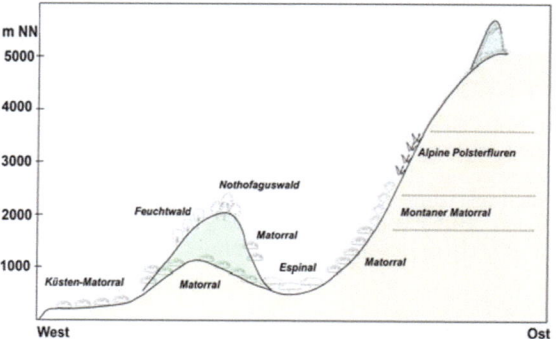

Abb. G-23 West–Ost-Transekt durch Mittel-Chile mit Angabe der wichtigsten Vegetationsformationen bis zu den Anden (verändert nach RUNDEL 1982).

Box G-8 Vegetation von Mittelchile

Die typische Vegetation Mittelchiles stellt ein 10–15 m hohes Gehölz dar, der Matorral, mit xerophytischen Hartlaubarten.

■ **Tab. G-2** Fruchtformen der mediterranen Flora in Mittelchile, Kalifornien und Australien sowie prozentuale Verteilung der Fruchtfarben der fleischigen Früchte (nach HOFFMANN & ARMESTO 1995)

Zustand der Früchte	Chile	Kalifornien	Australien
Kleine, fleischige Früchte	34,2%	29,1%	12,1%
Kleine, trockene Früchte	19,8%	43,7%	45,0%
Große Früchte (> 15 mm)	14,4%	6,3%	0
Anemochore (zum Beispiel geflügelte Früchte)	29,7%	19,4%	23,6%
Sonstige (mit Arillus, Haken, Dornen etc.)	1,8%	1,5%	19,3%
Färbung fleischiger Früchte:			
Schwarz/Violett	48%	27%	-
Rot	16%	43%	-
Grün	12%	2%	-
Sonstige	24%	28%	-

■ **Abb. G-24** Die *Nothofagus*-Wälder (hier ein Beispiel aus Süd-Chile), gehören zu den antarktischen Elementen und kommen in allen Kontinenten der Südhalbkugel vor als Nachweis ihrer einstigen Verbindung (Gondwana-Kontinent). Blätter von *Nothofagus dombeyi* aus Argentinien (Foto: https://t1p.de/gg7j) (Foto klein: https://t1p.de/n714).

an Üppigkeit kaum nach, und die stehende Holzmasse dürfte noch größer sein. Die Holzarten sind zum Teil neotropische Elemente, auch Bambussen *(Chusquea)* spielen eine große Rolle; zum Teil sind es bereits antarktische Elemente wie der immergrüne *Nothofagus dombeyi*. Auch sehr altertümliche Coniferen sind vertreten, insbesondere in montanen Lagen. Außer *Austrocedrus* und *Podocarpus*-Arten sind *Saxegothea, Fitzroya, Araucaria araucana* (= *A. imbricata*) und *Pilgerodendron uviferum* zu nennen. Bei dem sehr feuchten und kühlen, jedoch frostfreien Klima geht dieser immergrüne Wald in den magel-

lanischen über, der sich fast bis zur Südspitze des Kontinents erstreckt (■ Abb. G-26); er wird dabei immer artenärmer und niedriger, schließlich nur noch 6 bis 8 m hoch. Alle westlich vorgelagerten Inseln sind von Polstermooren überzogen *(Sphagnum* kommt vor, spielt aber keine Rolle). Diese Vegetation steht floristisch der auf den antarktischen Inseln nahe. Ähnliche antarktische Elemente findet man auf Neuseeland wie auch auf den Bergen Tasmaniens ein Zeichen, dass diese Gebiete früher über den Antarktischen Kontinent in direkter Verbindung miteinander standen. Die Moore kann man als antarktische Tundra bezeichnen (ZB IX).

8 Das Kapland in Südafrika

Das südafrikanische Winterregengebiet ist auf die äußerste Südwestspitze von Afrika beschränkt, umfasst aber trotzdem ein ganzes Florenreich - die Capensis. Der Artenreichtum in diesem kleinen Gebiet ist ganz außergewöhnlich. Allein im Jonkershoek-Schutzgebiet wurden auf 2.000 ha etwa 2.000 Arten festgestellt, ebenso auf der 50 km langen Strecke vom Tafelberg bis zum Kap der Guten Hoffnung. Die Gattung *Erica* umfasst 963 Arten (■ Abb. G-27), *Restio* (Restionaceae) 108 Arten, *Muraltia* (Polygalaceae) 115 Arten, *Cliffortia* (Rosaceae) 117 Arten, *Protea* etwa 100 Arten. Die Proteaceen (■ Abb. G-28) spielen unter den Hartlaubgewächsen eine besonders wichtige Rolle. Diese Familie ist sonst nur noch in Australien stark vertreten, aber durch eine andere Unterfamilie; wenige Gattungen kommen außerdem noch in Südamerika vor.

Der Artenreichtum ist sicherlich mitbedingt durch die tiefen Täler und steilen Gebirge mit einer starken Zergliederung (KNAPP 1973), aber auch durch die schon seit langen Zeiten bestehende Abschirmung nach Norden durch die klimatische Trockenheit der Karroo-Halbwüste.

Die endemische Gattung *Aspalathus* (Fabaceae) umfasst 43 Arten. Sie liefert u.a. auch den Rooibos-Tee (*Aspalathus linearis*, ■ Abb. G-29). Ihr Verbreitungszentrum ist auf das Kapgebiet konzentriert. Unter unseren Zimmerpflanzen stammen viele vom Kap (*Pelargonium, Zantedeschia* = *Calla, Amaryllis, Clivia* u. a.). Das Klimadiagramm von Kapstadt entspricht dem von Tanger; nur sind die Jahresniederschläge um 260 mm niedriger; der Sommer jedoch etwas weniger trocken (■ Abb. G-30).

Auch der Fynbos weist, wie der Matorral, nur eine sehr kleine Fläche auf (■ Abb. G-31). Die einzige Baumart *Leucadendron argenteum* (Silberbaum: ■ Abb. G-32) hat ein sehr kleines Verbreitungsgebiet an den feuchten Hängen des Tafelberges unter 500 m NN. In feuchten Schluchten kommen wald-

Abb. G-25 Die *Nothofagus*-Wälder im Nationalpark Cangillo, Süd-Chile bestehend aus arktischen Elementen sind in den feuchten Regionen der südlichen Südhemisphäre als Nachweis der Verbindung des Gondwana-Kontinents in der geologischen Vergangenheit (Foto: M. Neumann).

Abb. G-26 Die immerfeuchten kühlen magellanischen Wälder sind an der windgepeitschten Südspitze des südamerikanischen Kontinents in Chile verbreitet (Foto: http://is.gd/cac Yfi).

artige Bestände vor; es handelt sich jedoch um die letzten Ausläufer der feuchten, temperierten Wälder an der Südostküste Afrikas (ZB V). Die Blätter von *Protea* sind zum Teil sehr groß (▶ Abb. G-28); sie haben wenig mechanisches Gewebe, aber eine dicke Kutikula und sind deshalb hart. Die Wasserbilanz der Proteaceen-Sträucher ist, wie bei allen Hartlaubgewächsen, ausgeglichen, das heißt die Zellsaftkonzentration zeigt im Laufe des Jahres nur geringe Schwankungen. Der Boden dürfte auch im Sommer in den durchwurzelten tieferen Schichten immer ausnutzbares Wasser enthalten. Die Böden im Kapland sind sauer und sehr mineralstoffarm, was den Proteaceen und Ericaceen (mit obligater Mycorrhiza) besonders zusagt.

Der wichtigste ökologische Faktor ist das Feuer. Nach einem Brand erscheinen im ersten Jahr unzählige Geophyten (*Gladiolus, Watsonia* u. a.), an denen die Kapflora sehr reich ist (etwa 350 Arten), dann folgen krautige Arten, zusammen mit Zwergsträuchern (▶ Abb. G-33).

Nach etwa sieben Jahren sind die Proteaceen-Sträucher wieder herangewachsen, entweder als Stockausschläge oder als Sämlinge. Sie können ein hohes Alter erreichen, werden dann aber holzig und blühen schwach, scheinen somit an periodisches Ab-

brennen angepasst zu sein. Auch hier dürfte das Feuer durch Blitzschlag ein natürlicher Faktor sein.

Heute werden die Brände bewusst oder aus Nachlässigkeit durch den Menschen verursacht. Interessant ist, dass die Zwiebelpflanzen nur nach einem Feuer zur Blüte gelangen, sonst aber vegetativ wachsen. Eine Düngung durch die Asche spielt dabei keine Rolle, vielmehr scheint die plötzlich für einige Zeit verringerte Wurzelkonkurrenz der abgebrannten Sträucher die auslösende Ursache zu sein. Mit zunehmender Höhe im Gebirge nehmen die Niederschläge namentlich auf den Südosthängen, an denen die feuchte warme Luft vom Indischen Ozean zum Aufstieg gezwungen wird, zu. Die Station Tafelberg, die 750 m über Kapstadt liegt, verzeichnet die dreifache Niederschlagshöhe (▶ Abb. G-30). Das Kapland ist ein gebirgiges Land mit einzelnen Becken zwischen den Gebirgszügen. Auf diesen lagert sehr oft das „Tafeltuch", das heißt eine Wolkendecke, die durch warme feuchte Winde vom Indischen Ozean erzeugt wird und am Südosthang hinaufkriecht, um sich am Nordwesthang wieder aufzulösen (▶ Abb. G-34).

Sie bildet auf den Hochflächen der Tafelberge einen nässenden Nebel, so dass diese feucht sind und zur Verheidung *(Restio, Erica)* oder sogar zur Vermoorung neigen (Moosmatten mit *Drosera-* und *Utricularia*-Arten (◘ Abb. G-35). In trockenen Nischen zwischen Felsblöcken wachsen Sukkulenten *(Rochea coccinea* u. a.). Landeinwärts nehmen die Winterniederschläge ab (▶ Abb. G-30), vor allen Dingen im Regenschatten der einzelnen Gebirgszüge. Im Regenschatten tritt zunächst die trockene Ausbildungsform der Kapvegetation, der Renosterbos auf, mit *Elytropappus rhinocerotis* (Asteraceae) (◘ Abb. G-36) als der dominierenden, rutenförmigen Strauchart. Es ist dies der Übergangsbereich, das ZÖ IV/III. Dieses wird dann durch die Halbwüstenvegetationstypen der Karroo abgelöst.

◘ **Abb. G-27** Die Gattung *Erica* erreicht in der Kapregion als ein kleines aber selbständiges Florenreich mit 936 Arten die größte Artendifferenzierung weltweit. Wir bringen einige Beispiele, die nur auf dem Tafelberg gesammelt worden sind. (Oben **a**: *Erica* spec.; **b**: *E. versicolor*; **c**: *E. galdulosa*; **d**: *Erica sessiliflora*; **e**: *Erica* spec.; **f**: *E. formosa*; **g**: *E. subdivaricata*; **h**: *Erica* spec.; **j**: *E. cerinthoides*) (Fotos: Rafiqpoor).

◘ **Abb. G-28** Auch die Gattung *Protea* ist in der Fynbos-Formation in der Kap-Region zur größten Differenzierung und Artbildung gelangt. Hier einige Beispiele aus der Fynbos-Formation am Kap der Guten Hoffnung: (**a**: *Leucospermum cordifolium*; **b**: *Protea cynaroides*; **c**: *Mimetes fimbriifolius*; **d**: *Leucospermum cordifolium*; **e**: *Leucospermum Cordifolium*; **f**: *Protea aurea* subsp. *aurea*; **g**: *P. eximia* (Fotos **b**: Breckle; Rest: Rafiqpoor).

Box G-9 Fynbos in Südafrika

Die Hartlaubvegetation wird als *Fynbos* bezeichnet. Es ist ein 1 bis 4 m hohes macchieähnliches Proteaceengebüsch.

◘ **Abb. G-29** Der berühmte Rooibos-Tee Südafrikas wird im Kapland aus *Aspalathus linearis* gewonnen. Diese Art ist ein Element des Renosterbos im nördlichen Kapland. Der Strauch wird aber auch großflächig kultiviert (Fotos: Rafiqpoor).

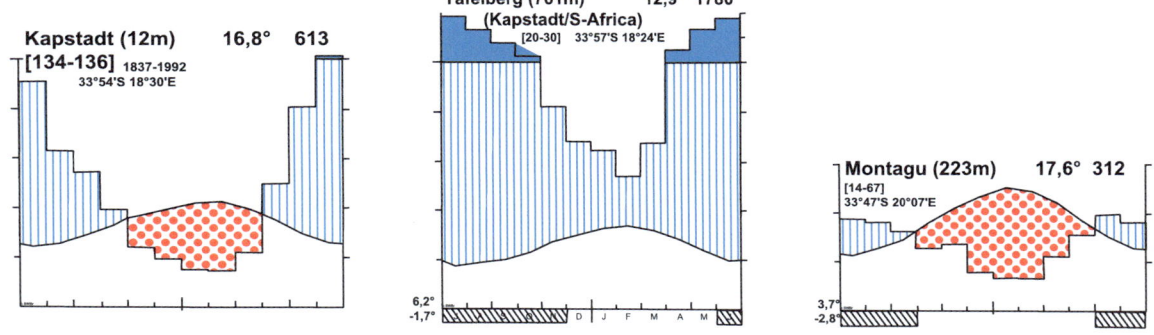

◘ **Abb. G-30** Klimadiagramme aus Südafrika: Typisches Hartlaubgebiet, feuchtes montanes Klima (nebelreich), Übergangsgebiet und typische Karroo.

◘ **Abb. G-31** Die Fynbos-Formation nimmt große Areale im Winterregengebiet des südlichen Kaplands ein. Im Fynbos sind *Restiona* und *Protea* weitverbreitet (Foto: Rafiqpoor).

◘ **Abb. G-32** Der Silberbaum (*Leucadendron argenteum*) ist ein typisches Element des Fynbos im Kapland (Fotos: Rafiqpoor).

■ **Abb. G-33** Die Kap-Region ist reich an Geophyten. Wir bringen hier exemplarisch einige Beispiele aus dem Bereich des Renosterbos. **a**: *Dietes grandiflora*; **b**: *Moraea sisyrinchium*; **c**: *Moraea flaccida* **d**: *Ferraria crispa*; **e**: *Gladiolus alatus*; (Fotos: Rafiqpoor).

■ **Abb. G-34** Das "Tafeltuch" auf dem Tafelberg bei Kapstadt. Es entwickelt sich nicht nur am Tafelberg, sondern auch an anderen höheren Bergrücken an der Südküste Afrikas. Die Nordflanke ist sonnig und die Südflanke ist in dichte Wolken gehüllt, die nach Norden überwallen (Foto: Breckle).

Abb. G-35 Auf den feuchten Stellen der Tafelberge in Südafrika entstehen vermoorte Areale, die mit Restionaceen bedeckt werden. Die Bodenoberfläche ist in diesen moorigen Standorten vielerorts mit Moosmatten überzogen, in denen fleischfressende *Drosera*-Arten (z.B. im Bild *Drosere trinervia* als Endemit auf dem Tafelberg von Kapstadt) wachsen (Fotos: Rafiqpoor).

Die Hartlaubvegetation des Fynbos hat sich seit der Besiedlung des Kaplandes, also nach 1400 n. Chr., stark ausgebreitet. Früher zog sich der immergrüne temperierte Wald mit paläotropischen Elementen an der ganzen Südostküste von Afrika bis über die Südspitze von Afrika (Kap Agulhas) hinaus (ZB V).

schaft, die allerdings durch die Umwelteinflüsse stark modifiziert sein kann. Lignotuber werden als Anpassung zum Überdauern ungünstiger Ereignisse (Feuer, Dürre, Kälte) gedeutet. Sie treten in allen mediterranen Gebieten auf. Besonders viele Arten in Australien haben Lignotuberbildungen.

9 SW- und S-Australien

Fast dieselbe Breitenlage wie Kapstadt nimmt in SW-Australien Perth ein. Auch das Klima ist sehr ähnlich (Abb. G-37). Aber nicht nur die Südwestecke dieses Kontinents hat Winterregen, sondern auch das Gebiet um Adelaide in S-Australien.

Die Hartlaubvegetation zeichnet sich infolge der besonderen floristischen Verhältnisse durch einen anderen Charakter aus als in den übrigen Winterregengebieten der Erde. Dominant ist die Baumform (*Eucalyptus*-Arten), die Proteaceen bilden unter diesen die Strauchschicht oder herrschen auf den Sandheiden vor. Die Eucalypten haben nicht harte, sondern lederige Blätter. In der Mallee wachsen viele strauchige oder niedrige *Eucalyptus*-Arten, die einen Lignotuber bilden (Abb. G-38). Lignotuberbildung ist eine genetisch fixierte Eigen-

Abb. G-36 Die Renosterbos-Formation mit *Elytropappus rhinocerotis* (Asteraceae) ist noch im Bereich des Winterregengebiets im nördlichen Kapland verbreitet (Foto: Rafiqpoor).

Nicht immer ist die ökologische Bedeutung der Lignotuberbildungen klar. In Kalifornien wächst die Lignotuber-bildende *Arctostaphylos glandulosa* neben

Spezieller Teil

Box G-10 sZB IV in Australien
In Australien tritt das ZB IV in Südwestaustralien und Südaustralien auf. Die Hartlaubvegetation wird durch *Eucalyptus*-Wälder (Jarrah) und -gebüsche gebildet (Mallee).

Box G-11 Bedeutung von Lignotuber
Ein Lignotuber ist eine unterirdische Holzknolle (zwischen 5 cm und bis über 2 m im Durchmesser) mit zahlreichen, ruhenden Knospen, aus der Stockausschläge möglich sind.

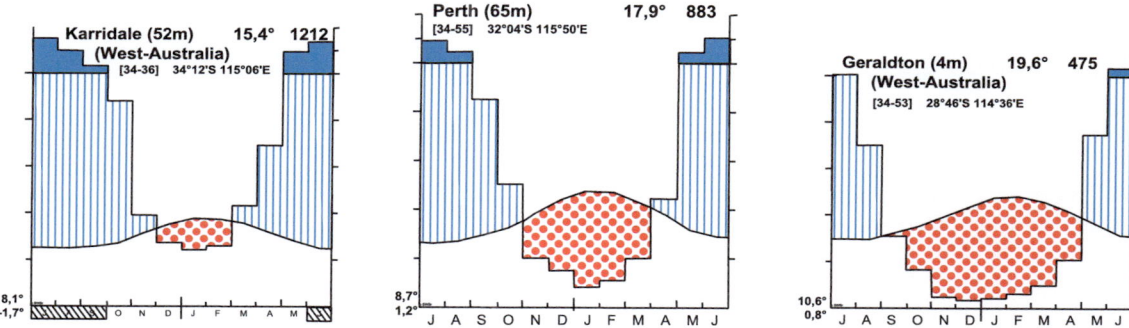

◘ **Abb. G-37** Klimadiagramme aus SW-Australien. Stationen im Karri-Wald, im Jarrah-Wald und in der Strauchheide (▶ Abb. H-10, Adelaide).

◘ **Abb. G-38** In allen Mediterrangebieten der Erde bilden eine große Anzahl von Pflanzenarten Lignotuber. Dies gilt für viele Pflanzenfamilien auch in Australien, vor allem für Myrtaceae, Araliaceae etc. Wir bringen hier zwei Beispiele aus Australien: **a**: *Eucalyptus botryoides* (Foto: P. Woodard, https://t1p.de/ezkh); **b**: *Cussonia paniculata* (Foto: Gent, https://t1p.de/iltx).

der Lignotuber-freien *Arctostaphylos glauca* im gleichen Habitat. Außerdem besitzen in Kalifornien *Adenostoma fasciculatum, A. sparsifolium, Ceanothus, Quercus dumosa, Rhus laurina* u. a. einen Lignotuber. *Eucalyptus camaldulensis* weist in Südaustralien keinen Lignotuber auf, die nördlicher wachsenden sind Ökotypen mit Lignotuber. Zahlreiche Arten der westaustralischen Eucalypten, aber auch *Banksia* etc. bilden Lignotuber. in Chile zum Beispiel *Colliguaja odorifera, Quillaja saponaria, Lithraea caustica, Cryptocarya alba*; im Mittelmeergebiet sind Lignotuber-Bildungen regelmäßig nur von *Quercus suber* bekannt. In allen Fällen spielt die Möglichkeit, dass nach Feuern rasch Stockausschläge möglich sind, sicher eine wichtige Rolle.

Eine Besonderheit von SW-Australien sind die Grasbäume *(Xanthorrhoea, Kingia* ▫ Abb. G-39), die Cycadeae *Macrozamia* und die *Casuarina*-Arten. Die Ericaceen sind durch Epacridaceen ersetzt. Die Böden sind ebenso arm und sauer wie im Kapland. Sie sind quarzreich mit Eisenkonkretionen, die Lateritkrusten aus einer früheren Zeit mit tropischem Klima darstellen. Die Muttergesteine gehören mit zu den ältesten geologischen Formationen der Erde aufgrund ihrer langen Gondwana-Geschichte. Ein Anzeichen der Bodenarmut ist die Tatsache, dass in der Krautschicht des Waldes um Perth 47 karnivore *Drosera*-Arten (Sonnentau), vor allem auch kletternde, vorkommen, die auf nährstoffarmen Standorten gedeihen. Auch der Adlerfarn ist bei genügender Feuchtigkeit weit verbreitet.

Südlich von Perth nehmen die Niederschläge zu (bis über 1.500 mm), nach Norden und landeinwärts dagegen ab. Bei jeder Klimaänderung gelangen andere *Eucalyptus*-Arten zur Vorherrschaft. Je feuchter das Klima ist, desto höher werden die Bäume, desto größer ist auch die Blattfläche pro Hektar. Durch die vertikale Stellung der Blätter dringt viel Licht in den Stammraum ein, so dass die Strauchschicht meist gut entwickelt ist, wenn sie nicht durch die häufigen Brände reduziert wird.

Für das dem mediterranen vergleichbare Klima mit 625 bis 1.250 mm Regen und einer Sommerdürre ist der **'Jarrah'-Wald** bezeichnend, in dem *Eucalyptus marginata* absolut vorherrscht. Diese Art wird 200 Jahre alt und erreicht eine Höhe von 15 bis 20 m (maximal 40 m). In dem feuchteren südlichen Teil findet man den **'Karri'-Wald** mit *Eucalyptus diversicolor*, der 60 bis 75 m (maximal 85 m) hoch wird (Zono-Ökoton IV/V). Bei einem Kronenschluss von 65% ist eine Strauchschicht und eine dichte Krautschicht, oft mit bis zu 1,5 m hohen Wedeln des Adlerfarns entwickelt (▫ Abb. G-40).

Die trockenere **'Wandoo'-Zone** mit *Eucalyptus redunca* erhält nur 500 bis 625 mm Regen. Die Waldungen sind lichter. Sie liegt etwas mehr im Landesinneren, ist aber heute fast gänzlich in Schafweiden umgewandelt. Da geeignete einheimische Gräser fehlen, werden *Lolium rigidum* mit der mediterranen Kleeart *Trifolium subterraneum*, die annuell ist, aber die Früchte im Boden vergräbt, als Stickstofflieferant angesät; eine vorherige Superphosphatdüngung ist bei der Armut der Böden unbedingt notwendig. Düngung und Aussaat erfolgen bei der großen Ausdehnung der Flächen vom Flugzeug aus. Die artenreiche Mallee mit zahlreichen Sträuchern, auch vielen Proteaceen und einem enormen Artenreichtum an Kleinsträuchern, Kräutern und Geophyten ist fast nur noch in Schutzgebieten erhalten geblieben (▫ Abb. G-41).

▫ **Abb. G-39** Grasbäume (*Xanthorrhoea*) sind eine Besonderheit Australiens (Foto: Breckle).

▫ **Abb. G-40** *Eucalyptus diversicolor*-Wald in SW-Australien. Unterwuchs *Acacia pulchella* und Adlerfarn (*Pteridium esculentum*, Bild-Vordergrund links). An den Baumstämmen sind die Feuerspuren erkennbar (Foto: S. Porembski).

◘ **Abb. G-41** Artenreiche Mallee mit mehreren *Eucalyptus*-Arten und strauchigen Proteaceen (*Banksia*), Kräutern und Geophyten westlich Raventhorpe, SW-Australien (Foto: Breckle).

In der Zone mit 300 bis 500 mm Regen treten viele locker stehende *Eucalyptus*-Arten auf (Zono-Ökoton IV/III), doch ist dieses Gebiet heute die Winterweizenzone mit Farmen von mehreren 100 ha Größe, die bei der vollständigen Motorisierung der Betriebe von zwei bis drei Mann bewirtschaftet werden. Ein Anbau des Weizens in den feuchteren Zonen ist infolge des Auftretens von Rostpilzschäden unrentabel.

Sinkt der mittlere Jahresniederschlag unter 300 mm, dann verschwinden die Eucalypten und es beginnt die ganz extensiv beweidete Strauchhalbwüste (◘ Abb. G-42). In S-Australien fehlen die feuchten Winterregengebiete. Die Verhältnisse sind sonst ähnlich wie in SW-Australien, aber komplizierter, weil man verschiedene Mischbestände aus jeweils mehreren *Eucalyptus*-Arten vorfindet. Auch ist das Gebiet gebirgig, was wiederum eine starke Differenzierung der Vegetation bedingt.

◘ **Abb. G-42** Die Trockensavanne im Umfeld von Devils Marbles, Australien, war früher ein *Eucalyptus*-Offenwaldland. Heute ist diese Region zu Weidegebieten umgewandelt worden (Foto: Breckle).

Außer den beschriebenen Wäldern sind auf weiten Flächen ½ bis 1 m hohe Proteaceen-Heiden verbreitet. Sie wachsen auf so armen Sanden, dass selbst die anspruchslosen *Eucalyptus*-Arten auf ihnen nicht wettbewerbsfähig sind. Es sind Peinobiome. Sie werden auch nicht kultiviert und kaum beweidet. Das Merkwürdige ist jedoch, dass der Artenreichtum auf diesen armen Sanden besonders groß ist; auf 100 m² konnten wir 90 Arten zählen, darunter 63 kleine Holzarten, meist Proteaceen oder Myrtaceen; *Drosera*-Arten und eine *Utricularia* mit Knollen fehlten nicht.

Für eine solche Heide mit 450 mm Regen und sieben Dürremonaten im Sommer in S-Australien liegen Ergebnisse aus einer ökophysiologischen Untersuchung vor.

Die Bodentemperaturen in 15 bzw. 30 cm Tiefe schwanken zwischen 4,1 und 36,0 bzw. 5,8 und 29 °C. Von 91 Arten wurden die Wurzelsysteme ausgegraben. Die dominanten Sklerophyllen sind der strauchförmige *Eucalyptus bacteri*, 9 Proteaceen, 2 *Casuarina*-Arten, *Xanthorrhoea*, Leguminosen u. a.

Die Hauptwachstumszeit ist der trockene Sommer, da der Boden in größerer Tiefe feucht bleibt. Die kleineren perennen Arten (42%) wurzeln nur in den oberen 30 bis 60 cm; sie entwickeln sich im Frühjahr. *Drosera* und Orchideen sind ephemere Arten, denn sie wurzeln nur 5 bis 7 cm tief. Es zeigt sich, dass das Wasser im Sandboden mit einem Welkungspunkt von 0,7 bis 1% sehr ungleichmäßig verteilt ist; denn die großen Arten leiten das Regenwasser zum Stamm. Die Zusammensetzung der Heide wird durch die Brände bestimmt. Nach einem Brand treibt zunächst der Grasbaum *Xanthorrhoea* aus; er blüht nur nach einem Feuer. Die Proteacee *Banksia* verjüngt sich nach dem Brand durch Sämlinge. Ihr Anteil an der oberirdischen Phytomasse steigt bis zum 15ten Jahr auf 50% an. Die Hauptmasse der Trockensubstanz entfällt bei 25 Jahre alten Exemplaren auf die großen Fruchtstände, die sich erst nach einem Feuer öffnen.

Banksia gehört somit zu den in Australien sehr verbreiteten **Pyrophyten**, das heißt Arten, die sich nur nach Bränden verjüngen können, weil die holzigen Früchte sich sonst nicht öffnen (▶ Abb. A-33). Diese Tatsache spricht dafür, dass auch in Australien die Brände durch Blitzschlag ein natürlicher Faktor waren. Heute werden Wald und Heide sehr oft gebrannt, weil die Holzpflanzen scheinbar keinen Geldwert haben und sie die Beweidung behindern. „Ein Grashalm ist mehr wert als zwei Bäume" sagt der Farmer - aber wie lange noch?!

Zu den Pyrophyten gehören sehr viele Proteaceen und Myrtaceen, die Conifere *Actinostrobus* u. a. Auch *Eucalyptus* spp. säen sich nach einem Brand besonders reichlich aus. Bei einer lange Zeit nicht abgebrannten Heide werden die Nährstoffe alle festgelegt, und zwar in den Früchten der *Banksia*, in den alten Blättern von *Xanthorrhoea* und in der sich anhäufenden Streu. Ein 50jähriger Bestand degeneriert deshalb. Erst durch das Feuer tritt eine Mineralisierung der Nährstoffe ein, und die Sukzession beginnt von neuem.

Die ökophysiologischen Verhältnisse von *Eucalyptus marginata* entsprechen ziemlich genau denen der Hartlaubhölzer. Die Wurzeln gehen zum Teil durch die Lateritkruste bis über 2 m tief. Eine Sommerruhezeit besteht nicht, die Transpiration wird nur mittags von 10 h bis 15 h durch teilweisen Spaltenschluss eingeschränkt, so dass die Wasserbilanz aufrechterhalten werden kann. Die Zellsaftkonzentration betrug im Winter 1,6 MPa und dürfte im Sommer nur wenig höher sein.

Nicht nur die Flora und damit auch die Vegetation von Australien weicht stark von der anderer Kontinente ab, sondern auch die **Fauna**.

Nur in Australien kommen die urtümlichen Säugetiere - die Kloakentiere (Monotremata) - vor, zu denen das Schnabeltier *(Ornithorhynchus anatinus)* gehört, das noch ein bis drei Eier legt, die vom Muttertier bebrütet werden. Dagegen brütet der Schnabeligel *(Tachyglossus = Echidna)* nur ein Ei im Brutbeutel aus und leitet zu den Beuteltieren *(Marsupialia)* über. Mit wenigen Ausnahmen sind auch diese auf Australien beschränkt. Unter ihnen sind herbivore und carnivore Vertreter. Die bekannteste Gruppe sind die Kängurus *(Macropodidae)* mit dem Großkänguru *(Macropus),* das als weidendes Wild sicher die Vegetation mit beeinflusst.

10 Mediterrane Orobiome

In den Gebirgen des Mittelmeergebietes müssen wir die humide Höhenstufenfolge und die aride Höhenstufenfolge unterscheiden (WALTER 1975):

a) Die humide Höhenstufenfolge der Gebirge tritt am Nordrand der westlichen, maritimen mediterranen Zone auf, bei der mit zunehmender Höhe nicht nur die Temperatur abnimmt, sondern zugleich die Dürrezeit verschwindet. In beiden Fällen bilden mehrere dem Zonobiom entsprechende Vegetationseinheiten (hypsozonale oder orozonale Vegetation) die Höhenstufenfolge.

Hier folgt auf die immergrüne Hartlaubstufe eine sommergrüne submediterrane Laubwaldstufe mit Flaumeiche oder Edelkastanie *(Castanea)* und darüber in der Höhe der sommerlichen Wolkendecke als Nebelwald eine Buchen *(Fagus)*- und Tannen *(Abies)*-Stufe. Die Buche bildet die Baumgrenze im Apennin ebenso in Katalonien (Montseny-Gebirge); sie kommt noch am Ätna vor und in N-Griechenland. In den Seealpen haben wir über der Buchenstufe eine subalpine Fichten *(Picea)*-Stufe, in den Pyrenäen eine solche mit *Pinus sylvestris* und *P. uncinata*.

b) die aride Höhenstufenfolge kommt im kontinentalen Klimabereich mit einer Sommerdürre, die sich bis zur alpinen Stufe hinauf bemerkbar macht, vor. Hier fehlt eine Laubwaldstufe; auf die mediterrane Hartlaubstufe folgen sofort eine Reihe verschiedener Nadelwaldstufen, zum Beispiel am Südhang des Taurus in Anatolien eine obere mediterrane mit *Pinus brutia,* eine schwach ausgebildete montane mit *Pinus nigra* ssp. *pallasiana,* eine hochmontane mit *Cedrus libanotica* und *Abies cilicica* (feuchter) oder *Juniperus*-Arten (trockener) und eine subalpine mit *Juniperus excelsa* und *J. foetidissima*. Aber in der regenreichen Nordostecke des Mittelmeeres mit dem Amanus-Gebirge (= Kohe Nur im türkisch-syrisches Grenzgebiet) ist eine Wolkenstufe mit *Fagus orientalis* vorhanden. *Cedrus libanotica* kommt auch auf Zypern und als kleiner Restbestand im Libanon in 1.400 bis 1.800 m NN vor. Auf Zypern und auf Kreta wie auch in der Cyrenaica tritt in der oberen mediterranen Stufe die Zypresse *(Cupressus sempervirens)* immer in ihrer natürlichen Form mit horizontalen Ästen auf. Die häufig angepflanzte säulenförmige Abart ist eine Mutation. Zedern *(Cedrus atlantica)* bilden auch in den Atlasgebirgen vom östlichen Hohen Atlas bis zur tunesischen Grenze die hochmontane Stufe (>2.300 m NN); (◘ Abb. G-43) doch wechseln die Höhenstufen je nach dem Verlauf des Gebirgszuges und der Hangexposition sehr stark. Die ebenfalls komplizierten Stufenfolgen der spanischen Gebirge sind auf ◘ Abb. G-44 dargestellt.

◘ **Abb. G-43** *Cedrus atlantica*-Wälder am Zeida-Midelt-Pass, bilden in der oberen Montanstufe (2.200 m NN) des Atlas-Gebirges in Marokko eine offene Waldstufe. Darunter kommen *Quercus ilex*-Bestände als montane Wälder vor (Foto: Rafiqpoor).

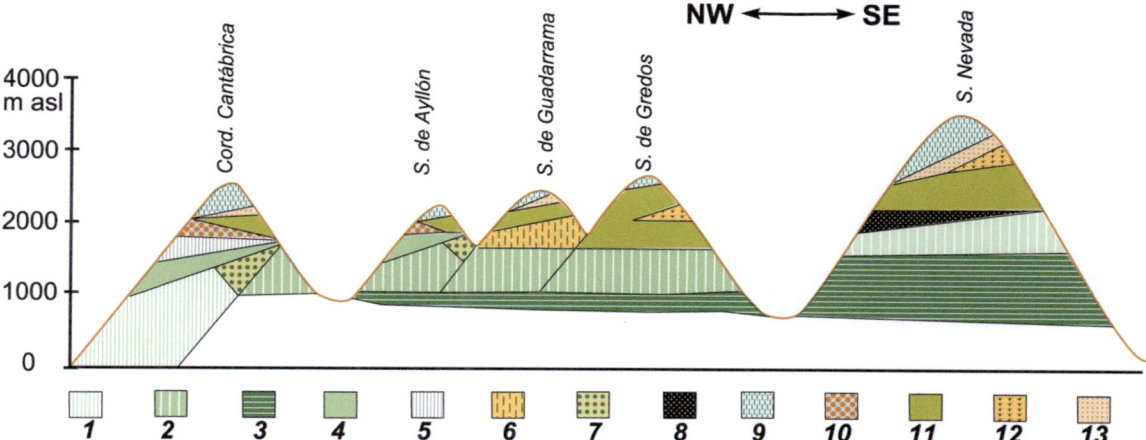

■ **Abb. G-44** Höhenstufen der kristallinen Hochgebirge der Iberischen Halbinsel auf einem NW-SE-Profil (verändert nach ERN 1966). **1** Fallaub-Eichenwald *(Quercus robur, Qu. petraea)*, **2** Filzeichenwald *(Qu. pyrenaica)*, **3** Steineichenwald *(Qu. ilex)*, **4** Buchenwald *(Fagus sylvatica)*, **5** Birkenwald *(Betula verrucosa)*, **6** Kiefernwald *(Pinus sylvestris)*, **7** Laubmischwald *(Quercus, Tilia, Acer)*, **8** Höhenwald der S. Nevada *(Sorbus, Prunus usw.)*, **9** Hochalpine Gras- und Kräuterflur, **10** Zwergstrauchheide *(Calluna, Vaccinium, Juniperus)*, **11** Ginsterheide *(Cytisus, Genista, Erica)*, **12** Dornpolsterstufe, **13** *Festuca indigesta*-Trockenrasen.

Der Unterschied zwischen arider und humider Stufenfolge ist selbst über der Baumgrenze in der alpinen Stufe erkennbar. Während bei der humiden Stufenfolge Verhältnisse wie in den Alpen anzutreffen sind, tritt bei der ariden eine Dornkugelpolsterstufe (■ Abb. G-45) auf, manchmal mit vielen konvergenten Arten verschiedener Familien, die nur im blühenden Zustand leicht zu unterscheiden sind; darauf folgt eine Trockenrasenstufe, und nur an feucht-gehaltenen Stellen durch tauenden Schnee im Sommer findet man hygrophile, meist endemische Arten arktisch-alpiner Verwandtschaftskreise.

Besonders kompliziert sind die Verzahnungen der Mittelmeervegetation in den Gebirgen SE-Europas, wo Übergänge zum ZB VI und zum Teil Einstrahlungen des ZB VII wirksam werden und häufiger Fröste auftreten. Die submediterranen Laubwälder sind dort durch Holznutzung, Brandrodung und Waldweide fast stets zu einem sommergrünen Gebüsch, dem **Schibljak**, degradiert. Nach Osten zu treten in den macchienähnlichen Formationen immer mehr sommergrüne Straucharten hinzu, Vertreter des osteuropäischen Schibljak aus dem ZÖ IV/VI Bulgariens und Jugoslawiens, so zum Beispiel *Ostrya carpinifolia, Cotinus coggygria, Fraxinus ornus, Pyrus spinosa* und andere. Eine solche gemischte Vegetationsformation mit immergrünen Arten der Macchie und sommergrünen Arten des Schibljak nennt man **Pseudomacchie**.

Eine Übersicht der Höhenstufen des Mittelmeerraumes gibt OZENDA (1975). Besonders interessante Verhältnisse weisen die Orobiome Makaronesiens auf, vor allem die Kanaren, die dem NE-Passat ausgesetzt sind.

11 Klima und Vegetation der Kanarischen Inseln

Zu Makaronesien werden die Inselgruppen Azoren, Madeira, Kanaren und Kapverden gerechnet. Die drei ersteren zeichnen sich durch ein Klima mit Winterregen und Sommerdürre aus, gehören somit zum Zonobiom IV, teilweise mit Anklängen an das Zonobiom V, während das Klima auf den Kapverden so trocken und gleichmäßig warm ist, dass man diese Inselgruppe südlich vom Wendekreis schon zum Zonoökoton II/III rechnen muss. Von diesen Inselgruppen sind die Kanaren und insbesondere die Inseln Teneriffa und Gran Canaria die interessantesten. Sie sind auch die botanisch am eingehendsten untersuchten. Seitdem Alexander VON HUMBOLDT 1799 seine Reise nach Venezuela auf Teneriffa unterbrach und auf Grund eines kurzen Überblicks fünf Höhenstufen unterschied, haben sich in der Folgezeit zahlreiche Botaniker mit der Flora dieser Insel beschäftigt.

Die entsprechende Bibliographie führt 1030 Titel an (SUNDING 1973). An pflanzensoziologischen Arbeiten sind die von OBERDORFER (1965) und SUNDING (1972) zu nennen, an ökologischen Untersuchungen (VOGGENREITER 1974, KUNKEL 1976, 1987, KULL 1982, PEINADO & RIVAS-MARTINEZ 1987, LÖSCH 1988, HÖLLERMANN 1991, POTT et al. 2003).

Der Ursprung der vulkanischen Inseln reicht bis in die Kreidezeit zurück. Gran Canaria erhebt sich bis fast 2.000 m über dem Meer, Teneriffa sogar bis etwas über 3.700 m. Es handelt sich um sehr steile Orobiome, die sich von denen der anderen des ZB IV da-

◘ **Abb. G-45** Dornpolsterstufe mit *Erinacea pungens* (Fabaceae) im Bergland von Teruel (Spanien) am Linares-Paß (2000 m NN) (Foto **a**: Breckle) und in der subnivalen Höhenstufe des Atlas-Gebirges am Tubkal-Massiv in Marokko (Foto **b**: Rafiqpoor).

durch unterscheiden, dass sie sich direkt aus dem Ozean erheben sowie um den 28. Breitengrad (Nord) liegen, somit den Passatwinden ausgesetzt sind. Dadurch weist ihr dem Wind ausgesetzter Nordhang andere klimatische Verhältnisse auf, als die im Windschatten liegenden Südhänge.

Am Nordhang stauen sich die Passatwolken, sie bedingen Steigungsregen mit zusätzlichem Nebelniederschlag, so dass eine Sommerdürrezeit fehlt. Aus der Nebeldecke kämmen die *Pinus canariensis*-Bäume die Nebeltröpfchen aus (◘ Abb. G-46). Das warme, feuchte Klima der mittleren Lagen entspricht mehr dem des Zonobioms V mit immergrünen Lorbeerwäldern (◘ Abb. G-47). Demgegenüber ist der Südhang namentlich in den unteren Lagen besonders trocken und häufiger den heißen Saharawinden ausgesetzt. Infolgedessen findet man auf diesen Inseln Standortsverhältnisse, die den Zonobiomen III-V entsprechen und in höheren Lagen noch solche unter zunehmender Frosteinwirkung. Auf Teneriffa ist der Pico de Teide oberhalb 3.000 m NN mit alpinen Schuttwüsten bedeckt, die eigentlich für die tropischen Gebirge typisch sind.

◘ **Abb. G-47** Lorbeerwald aus *Laurus azorica* am nebelexponierten Nordabhang des Anagagebirges in Teneriffa, Kanarische Inseln. Die trockene Leeseite der Gebirge ist generell waldfrei (Foto: Rafiqpoor).

Die vulkanischen Inseln wurden zu verschiedenen Zeiten, vor allem im Tertiär vom benachbarten Afrika aus mit Pflanzen besiedelt, als dort noch immergrüne tertiäre Wälder wuchsen; diese Baumarten blieben auf den feuchten und warmen Nordhängen der Inseln bis auf den heutigen Tag wie in einem lebenden Museum erhalten, während sie auf dem benachbarten Festland ausstarben.

Es ergeben sich daraus floristische Beziehungen zu heute weit entfernten Elementen an der feuchten Südspitze von Afrika *(Ocotea foetens)*, zu Indien *(Apollonias)*, zu anderen Tropen *(Persea, Visnea* - eine Theaceae, *Dracaena draco)* oder zum feuchten Mittelmeergebiet, wie *Laurus azorica, Laurocerasus (Prunus) lusitanica, Phoenix canariensis.* Andererseits sind auch Elemente der ariden Gebiete eingewandert, die in tiefen Lagen und an felsigen Standorten geeignete Nischen fanden *(Launaea, Zygophyllum,* sukkulente *Euphorbia* - und *Kleinia*-Arten) Viele Arten sind Endemiten, zum Beispiel die zahlreichen sukkulenten Crassulaceen, die früher zu *Sempervivum* s.l. gestellt wurden, heute jedoch als endemische Gattungen gelten (*Aeonium* mit 33 Aren, *Aichryson* mit 10, *Greenovia* mit 4, *Monanthes* mit 15 Arten).

◘ **Abb. G-46** An der Nordabdachung der Orobiome der Kanarischen Inseln kämmen die *Pinus canariensis*-Bäume die Feuchtigkeit aus der gesättigten Nebeldecke aus (Foto: http://is.gd/MDOFZ1).

Bei etlichen Arten zeigt sich, dass auf den Inseln in Makaronesien ursprünglichere, nämlich holzige Vertreter vorkommen von Gattungen, die auf dem euro-afrikanischen Festland krautig sind. Beispiele sind: *Plantago arborescens, P. webbii; Centaurea webbiana; Carlina salicifolia; Sonchus congestus; Echium giganteum; Isoplexis canariensis*. Als Ursache werden wohl der geringe Konkurrenzdruck und über die langen Zeiträume hinweg gleichartigen Umweltbedingungen verantwortlich sein. Die verschiedenen Inseln weisen dabei nah verwandte Arten auf, sogenannte vikariierende Arten.

Lösch (1988) hat in umfangreichen Studien gezeigt, wie die sukkulenten Crassulaceen sich an die kleinräumigen Standorte eingenischt haben und wie sich daraus die Evolutionsgeschichte mit der typischen adaptiven Radiation bestimmter Gattungen ableiten lässt. Die angepasste Kälte- und Hitzeresistenz und das Zusammenspiel von Temperatur und Wasserverfügbarkeit haben die vorhandene Fähigkeit der CAM-Photosynthese unterschiedlich ausgeprägt, aber jeweils passend zu den mikroklimatischen Standortsbedingungen. Aufgrund der nach morphologischen Kriterien und ökophysiologischen Befunden zusammengestellten Merkmale hat LÖSCH (1988) die Verwandtschaftskreise und die Stadien der Radiation der Arten stammbaumartig zusammengefasst, in einem Schema, das auch heute noch weitgehend anerkannt ist. Auf Inseln, die vom Festland isoliert sind, ist die Konkurrenz zuwandernder Arten gering oder gar nicht vorhanden, so dass alte Formen eher erhalten bleiben. Die geologische Geschichte solcher Inselgruppen spielt damit für die Entwicklungsvorgänge eine wichtige Rolle (KULL 1982).

Lange diskutiert wurde über das Alter der Drachenbaum-Individuen (*Dracaena draco*). Diese monokotylen Bäume haben keine Jahresringe, nur durch indirekte Methoden konnte MÄGDEFRAU (1975) darlegen, dass keiner über tausend Jahre alt ist, vielmehr sind alle Bäume jünger als 300 Jahre, lediglich der älteste Baum in Icod de los Viños ist etwa 365 Jahre alt.

Dracaena draco wird häufig gepflanzt, er kommt nur noch an wenigen Wildstandorten vor (◘ Abb. G-48). Die Gattung weist eine sehr disjunkte Verbreitung auf, es sind Reliktarten mit isolierten Vorkommen im Anti-Atlas, in Sokotra (► Abb. E-54**b**), auf Inseln des Indischen Ozeans, in West- und Südafrika, in Zentral-Amerika, in Cuba, auf Hawaii etc.

Dazu kamen wohl frühestens im Pleistozän echte mediterrane Elemente.

Seitdem vor 500 Jahren die Inseln von Spanien besiedelt wurden, brachten die Einwanderer weitere mediterrane Arten sowie die Ziegen mit. Die Siedlun-

◘ **Abb. G-48** Dieser stattlicher Drachenbaum *Draceana draco* (**a**, Foto: K. RAFIQPOOR) steht hier auf der Insel Teneriffa seit Alexander von Humboldt-Südamerikareise. *Draceana draco* kommt in einer 1996 neuentdeckten Varietät „*Draceana draco* var. *ajgal*" (**b**, Foto: Breckle) am Jebel Imai/Djebel Imzi, nördlich von Etnine im Anti-Atlas ca. 80 km östl. von Tiznit in einer Höhe von 600-700 m. ü. NN vor in Marokko vor.

Box G-12 Einfluss des Menschen auf Inseln

„Man ist erschüttert, wenn man diese [die Kanaren] nach 40 Jahren wieder besucht und nur zubetonierte Rummelplätze mit Autostraßen vorfindet. Der Naturschutz wird meist erst wirksam, wenn es kaum noch etwas zu schützen gibt. Die heutige Jugend kann die stille und doch so erhabene unberührte Natur nicht mehr kennenlernen" (nach WALTER).

gen mit den Kulturflächen breiteten sich immer mehr aus. Dadurch wurde die ursprüngliche Vegetation stark gefährdet. Das gilt insbesondere für den einzigartigen feuchten immergrünen Lorbeerwald. Dieser Wald wird der wertvollen Hölzer wegen geschlagen, seine Streuschicht und der Humusboden werden zur Verbesserung der Kulturböden abgefahren, wodurch eine Regeneration des Waldes auf den Schlagflächen unmöglich ist. Es breiten sich anspruchslosere Holzarten aus *(Erica arborea, Myrica faya)*, oder es wird mit *Pinus* und sogar mit *Eucalyptus* aufgeforstet. Auf Gran Canaria findet man die Lorbeerwaldreste nur noch auf 2% der ursprünglichen Fläche (▫ Abb. G-49), und auf Teneriffa schrumpfen die Wälder auch immer mehr zusammen.

So wie überall auf der Welt droht den eindrucksvollsten Landschaften in neuester Zeit auch diesen schönen Inseln eine noch größere Gefahr durch den nur auf Profit ausgerichteten Massentourismus.

Mit den klimatischen Verhältnissen auf Teneriffa haben sich KÄMMER (1974) und HÖLLERMANN (1991) sehr eingehend beschäftigt, insbesondere im Hinblick auf die Bedeutung des durch die Bäume in der Wolkenstufe ausgekämmten Nebelniederschlags (▶ Abb. G-47) (KÄMMER) und der Frage der Landnutzung und des Waldbrandes (HÖLLERMANN). Auf Grund seiner über mehrere Jahre ausgedehnten Messungen kommt KÄMMER zum Ergebnis, dass die in der Lorbeerwaldstufe stark erhöhten Steigungsregen von größerer Bedeutung sind als die relativ geringen zusätzlichen Nebelniederschläge. Die Angabe bei SUNDING (1972), dass ein im Lorbeerwald an einer offenen Stelle aufgestellter Regenmesser einen Jahresniederschlag von 956 mm ergab, während ein anderer, der unter Bäumen das abtropfende Wasser auffing, 3038 mm aufwies, darf wohl nicht verallgemeinert werden. KÄMMER schätzt den Nebelniederschlag auf nur etwa 300 mm im Jahr. Für die Epiphyten kommt es, wie wir aus den Tropen wissen, weniger auf die Höhe der Niederschläge an, sondern auf die Häufigkeit der Benetzung und bei den epiphytischen Moosen auch auf die geringe Verdunstung. Die kurze Sonnenscheindauer und infolgedessen hohe Luftfeuchtigkeit in der Wolkenstufe, namentlich im Sommer, ist ebenfalls ein für den Lorbeerwald wichtiger Faktor.

Über den allgemeinen Klimacharakter auf Teneriffa geben die Klimadiagramme auf ▫ Abb. G-50 Auskunft. Das Klima von Sta. Cruz am Meeresufer entspricht einem Halbwüstenklima. An der Südküste dürfte die Regenmenge im Jahr 100 mm nur wenig überschreiten, so dass man von einem Wüstenklima sprechen kann. Das Klima von La Laguna noch unter der Wolkenstufe ist dagegen typisch mediterran und frostfrei (Ausnahme 1869). Izana in 2.367 m NN an der oberen Wolkengrenze erhält wiederum etwas geringere Niederschläge, die in noch größeren Höhen weiter abnehmen. Die obere Waldgrenze ist ebenso wie in Mexiko eine Trockengrenze. Izana hat noch keine kalte Jahreszeit, aber Fröste können in den Monaten Oktober bis April auftreten (genauere Angaben bei KÄMMER 1982).

Die Klimadiagramme von Gran Canaria (SUNDING 1972) weisen denselben Klimacharakter auf, die arideste Station an der Südostküste erhält nur 91 mm Regen im Jahr, Las Palmas 174 mm, die Stationen in über 1.500 m NN mehr als 900 mm Regen. Die Wolken hüllen hier den niedrigeren Gipfel oft ein.

Die Vegetationsgliederung von Teneriffa geht aus der Vegetationskarte und dem Profil (A bis B) auf ▫ Abb. G-51 und ▫ Abb. G-52 hervor. Man unterscheidet am Südufer im Passatschatten ein schmales wüstenhaftes Gebiet mit saharo-arabischen Elementen, wie *Launaea (Zollikoferia) arborescens, Zygophyllum fontanesii* (auf Gran Canaria auch *Suaeda vermiculata*) u. a.; darüber folgt an den Steilhängen die Halbwüste mit Sukkulenten, die namentlich am Südhang stark ausgebildet ist. Die montane Waldstufe besteht in der Wolkenstufe aus den Lorbeerwaldresten und darüber aus *Pinus canariensis*-Wäldern (▫ Abb. G-53, ▶ Abb. G-46), die auf den trockenen Südhängen die ganze Waldstufe bilden. Diese dreinadelige Kiefernart ist mit *Pinus longifolia* im Himalaja verwandt.

Der Gipfel des Teide (3.718 m NN) ragt meist ganz über die Wolkendecke hinaus (▶ Abb. G-53). Er ist oberhalb der Waldgrenze mit strauchförmigen Ginsterarten (*Adenocarpus, Cytisus* spp.) bedeckt; darüber beginnt die alpine Stufe. In ihrem unteren Teil wachsen noch geschlossene Bestände des weißblühenden Ginsters (*Spartocytisus supranubium*), während sich die Pflanzendecke mit zunehmender Höhe immer mehr auflockert und die Endemiten *Sisymbrium bourgaeanum*, der violettblühende *Cheiranthus scoparius* sowie der mehrere Meter hohe Natterkopf (*Echium bourgaeanum*) mit rötlichen Blütenständen (▫ Abb. G-54) auftreten.

Über 2.600 m NN beginnen die alpinen Schuttfluren, die durch **Solifluktion** (frostbedingtes Hangrutschen) an Frostwechseltagen ständig in Bewegung sind. Hier halten sich nur einzelne Schuttkriecher wie *Nepeta teydea, Viola cheiranthifolia* und *Silene nocteolens*. Über 3.300 m NN kommen nur noch Kryptogamen vor: einige Cyanobakterien (*Scytonema*), Moose (*Weissia verticillata* und *Frullania nervosa*) sowie Flechten (*Cladonia* spp. u. a.).

Die Pflanzengesellschaften auf Gran Canaria sind eingehend von SUNDING (1972) untersucht worden. Die Höhenstufengliederung ist dieselbe wie auf Tenerife. Sie reicht aber nur bis 2.000 m NN, also kaum über die Waldgrenze. Durch die Eingriffe des Menschen sind zum Teil irreversible Veränderungen der Standorte eingetreten, zum Beispiel eine starke Bodenerosion auf entwaldeten Flächen, die sich infolgedessen nicht wieder bewalden (▶ Abb. G-49**B**). Auf der Karte der potentiellen Vegetation (▶ Abb. G-49**A**) ist die sehr schmale wüstenhafte Zone am Meeresufer vorwiegend an der Süd- und Ostküste nicht zu erkennen. Darüber folgt über die Hälfte der gesamten Fläche einnehmend die Sukkulentenhalbwüstenstufe auf der Nordseite unterhalb von 400 m NN, auf der trockeneren Südseite unterhalb von 800 m NN. Der Rest wird von der Waldstufe eingenommen und zwar durch den *Pinus canariensis*-Nadelwald; nur im unteren Teil dieser Stufe, aber nur in Nordostexposition, dürfte früher der immergrüne Lorbeerwald im weiteren Sinne (die trockenere Form mit *Myrica faya* und *Erica arborea* inbegriffen) vorgeherrscht haben. Der natürliche Bereich der Ginsterstufe über der Waldgrenze war nach Ansicht von SUNDING auf die kleine Gipfelfläche beschränkt.

Wenn man diese Karte mit der heutigen Vegetation (▶ Abb. G-49**B**) vergleicht und dabei von den Ortschaften mit den kultivierten Flächen auf den unteren flachen Hängen absieht, so erkennt man die gewaltige Veränderung: Die wüstenhafte Vegetation an den flachen Meeresufern dürfte bald ganz von Hotels oder Ferienhäusern mit Badestränden verdrängt werden. Die Sukkulentenhalbwüste hat sich auf Kosten der Waldstufe enorm ausgedehnt und bedeckt heute 78% der gesamten Fläche. Im oberen Teil der Waldstufe ersetzen vor allem Ginsterheiden den ehemaligen Wald, die verbliebene Waldfläche ist sehr zusammengeschrumpft, wobei es heute fast nur noch Kiefernwälder gibt. Vom früher ausgedehnten immergrünen Lorbeerwald sind nur noch in einigen Schluchten auf der Nordseite so kleine Reste verblieben, dass sie auf der verkleinerten Karte nur als Punkte eingetragen werden konnten.

Eine natürliche Vegetation findet man deshalb heute nur noch an den steilen, oft schwer zugänglichen Felshängen der Sukkulentenhalbwüstenstufe. Diese ist ökologisch betrachtet eine höchst heterogene Einheit fast mit Mikromosaikstruktur von trockenen Felsflächen und flachgründigen Böden, über spaltenreichen Felsen und Schutthängen, auf denen tiefwurzelnde Arten relativ gut mit Wasser versorgt werden, bis zu grundwasserführenden Tälern und Schluchten oder triefend nassen Felswänden. Deshalb finden hier die verschiedensten ökologischen Typen

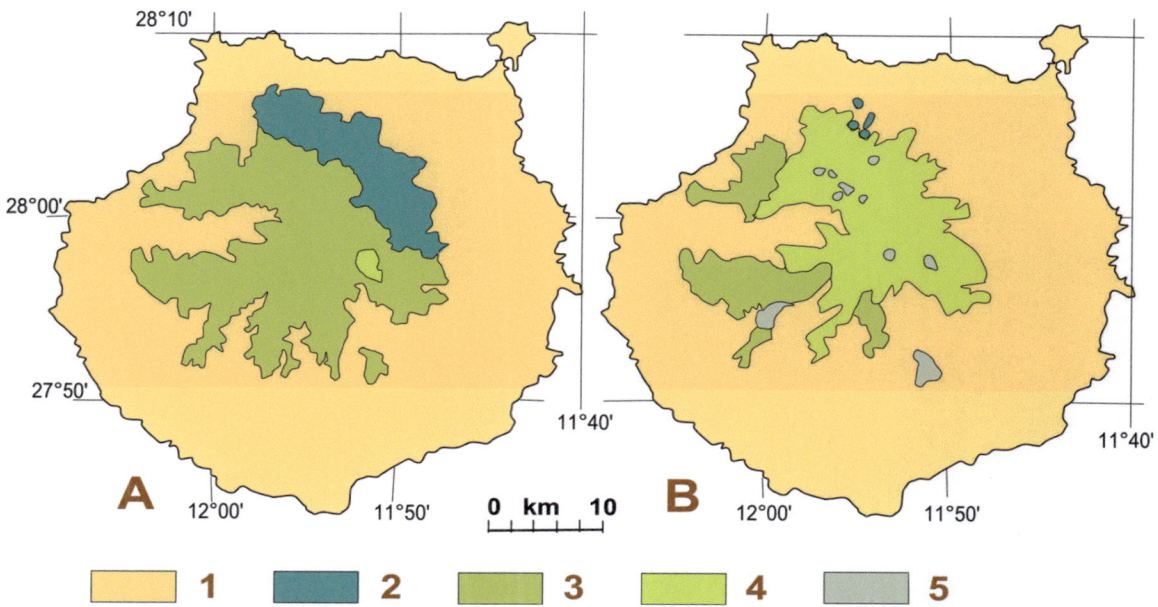

■ **Abb. G-49** Vergleich der ursprünglichen natürlichen Vegetationsgliederung auf der Insel Gran Canaria (**A**) mit der heutigen durch den Menschen veränderten (**B**). Stufen: **1** Sukkulenten-Halbwüste (heute in unteren, flachen Lagen meist Kulturland), **2** Lorbeerwald oder Myrico-Ericetum, **3** Kiefernwald (heute zum Teil *Cistus*-Heiden), **4** Ginsterheiden, **5** *Cistus*-Ginster-Mischbestände (verändert nach SUNDING 1972).

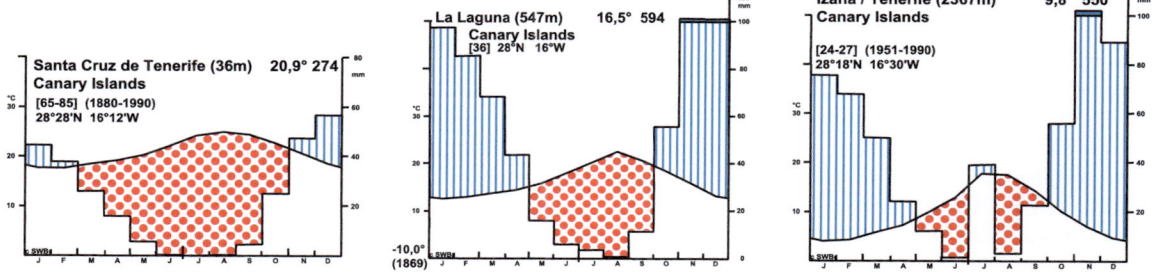

■ **Abb. G-50** Klimadiagramme: Santa Cruz de Teneriffa in Meereshöhe, La Laguna an der unteren Wolkenstufengrenze, Izaña an der oberen Waldgrenze.

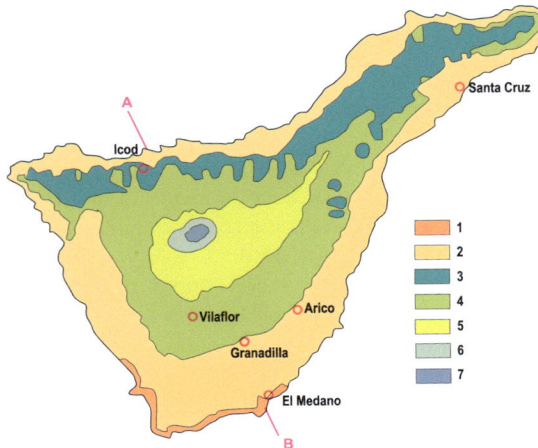
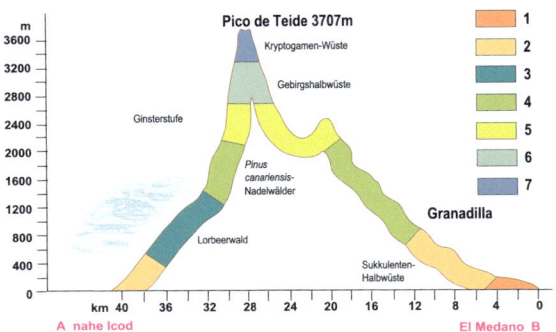

■ **Abb. G-51** Vegetationskarte von Teneriffa: **1** *Zygophyllum-Launea*-Wüste, **2** *Kleinia-Euphorbia*-Stufe der Sukkulenten-Halbwüste, **3** Lorbeerwald- und *Erica*-Stufe im Norden (Passat-Windseite), **4** Kiefernwald-Ginsterheide-Stufe, **5** *Spartocytisus*-Gebirgshalbwüste (temperiert), **6** Steinschuttstufe mit *Viola* und *Silene*, **7** Gebirgswüste mit Kryptogamen (kalt). **A-B** Verlauf des Profils auf ▶ Abb. G-52 (verändert nach WALTER 1968).

■ **Abb. G-52** NNW-SSE-Profil durch die Insel Teneriffa (▶ Abb. G- 51-G) mit Angabe der Höhenstufen. → Farblegende ▶ Abb. G- 51-G (verändert nach WALTER 1968).

■ **Abb. G-53** Passatwolke im Bereich der Nebelwälder aus *Pinus canariensis* auf der Nordabdachung der Insel Teneriffas (ca. 1.800 m NN). Die Leeseite des Gebirges (Fotostandort) ist waldfrei (Foto: Rafiqpoor).

geeignete Nischen und kommen oft nebeneinander, aber unter ganz verschiedenen Bedingungen vor. Das eine Extrem bilden die stammsukkulenten Euphorbien, die lange Dürrezeiten vertragen, das andere der zarte Venusfarn *(Adiantum capillus-veneris)*, der andauernd nassen Felswänden im Schatten vorkommt. Unter ihm findet man Moospolster, die mit Kalk verkrustet sind, der nach Verdunstung des Wassers übrigbleibt. Auch die geringen Mengen an NaCl im Wasser können sich anreichern, so dass sich neben dem Farn sogar eine halophile Art, *Samolus valerandi*, einstellt. Selbst kleinflächige soziologische Bestandsaufnahmen ergeben zufällige Listen mit ganz heterogenen ökologischen Typen, flachwurzelnde und tiefwurzelnde, sukkulente und nicht sukkulente, die an ganz verschiedene Nischen gebunden sind. Annuelle Therophyten haben keinen Aussagewert; denn sie entwickeln sich während der kurzen Regenzeit, wenn alle Böden feucht sind, dort wo sie an einer offenen Stelle vor Konkurrenz geschützt sind, aber sehr variabel von Jahr zu Jahr.

12 Afghanistan am Ostrand des Winterregengebietes

Die Behandlung des ZB IV bleibt unvollständig, wenn man sich mit der Schilderung der Winterregengebiete in Kalifornien, Mittelmeergebiet, Chile, Kapland und SW-Australien begnügt. Die eurasische Winterregenzone erstreckt sich von den Atlantikküsten der Iberischen Halbinsel über das gesamte Mittelmeer-Anrainergebiet in Richtung auf Kleinasien, Vorderen Orient und Iran bis nach Afghanistan. Die Winterregen werden verursacht durch die wandernden Zyklonen des planetarischen Westwindgürtels, der aufgrund der Süd-Verlagerung der ITCZ und damit des gesamten Zirkulationssystems ihre Lage im Winter leicht nach Süden verschiebt.

Die Niederschlagsmengen, die aus dieser Zyklogenese resultieren, zeigen im eurasischen Mittelmeergebiet ein starkes W-E-Gefälle; d.h. je weiter sich die Zyklonen vom Atlantik in Richtung Osten entfernen, abgesehen von den konvektiven Verstärkungseffekten über dem warmen Mittelmeer, umso geringer wird auch ihre Niederschlagsbürtigkeit, so dass sie in Afghanistan nur in abgeschwächter Form ankommen und dort nur spärliche Regenfälle verursachen können (◘ Abb. G-55). Ein wichtiger Unterschied ist aber die größere Kontinentalität, die im Winter zu regelmäßigen Frösten führt. Wir stellen daher Afghanistan großenteils zu ZÖ IV/VII.

Das Klima von Afghanistan und die räumliche Verteilung der Niederschläge werden durch seinen Hochgebirgscharakter stark beeinflusst. Die Verteilung der Niederschläge in Afghanistan gibt ◘ Abb. G-56 wieder. Sie stammen zu einem erheblichen Teil aus den wandernden Zyklonen der Westwinddrift. Aber im Sommer gerät ein schmaler Streifen im Osten des Landes zusätzlich unter den Einfluss des indischen Sommermonsuns. Eine Analyse der Anteile der Sommerniederschläge an der Gesamtniederschlagsmenge zeigt (◘ Abb. G-57), dass mit wachsender Entfernung von der afghanisch-pakistanischen Grenze nach Westen die prozentualen Anteile der Sommerniederschläge sukzessive abnehmen (RAFIQPOOR 1979, LAUER et al. 1983). Im Becken von Khost fallen von den gesamten Jahresniederschlägen ca. 30% (>600 mm) im Sommer; in Kabul hingegen werden weniger als 3% (0-20 mm) der Jahresniederschläge im Sommer registriert. Zentral- und Ost-Hindukusch verzeichnen erhebliche Sommerniederschläge (BRECKLE & FREY 1976), deren genauen Mengen aufgrund mangelnder Messungen bisher leider nicht bekannt sind. Im zentralen Bergland in den Wüsten und Halbwüsten des Nord- und SW-Afghanistan regnet es im Sommer überhaupt nicht.

◘ Abb. G-54 *Echium wildpretii* (Boraginaceae) in der alpinen Stufe des Teide-Massivs, Kanarische Inseln (Foto: Rafiqpoor).

Nur eine sorgfältige ökologische Analyse unter Berücksichtigung der Bewurzelung und der Wasserführung des Bodens in den verschiedenen Jahreszeiten kann das Vorkommen bestimmter ökologischer Typen klären. Eine solche Analyse ist sehr langwierig. Sie setzt sehr sorgfältige Beobachtungen mit gezielten Experimenten im Gelände während eines langen Zeitraums zu allen Jahreszeiten voraus.

In dieser Höhenstufe der Sukkulentenhalbwüsten wuchsen auch früher wohl die Palmen (*Phoenix canariensis*), von denen wilde Exemplare nicht mehr vorhanden sind. Es ist die Palme, die man in den Parkanlagen im Bereich des Zonobioms IV, zum Teil auch ZB V findet. Sie ist ornamentaler als die verwandte Dattelpalme (*Phoenix dactylifera*), hat jedoch ungenießbare Früchte. Sie war sicher an sonnige Standorte mit leicht erreichbarem Grundwasser gebunden, also in den wasserzügigen Schluchten.

Auch der berühmte Drachenbaum der Kanaren (*Dracaena draco*) kam wahrscheinlich auf ähnlichen Biotopen vor. Heute ist er jedoch fast nur noch angepflanzt in Gärten und Parks zu finden.

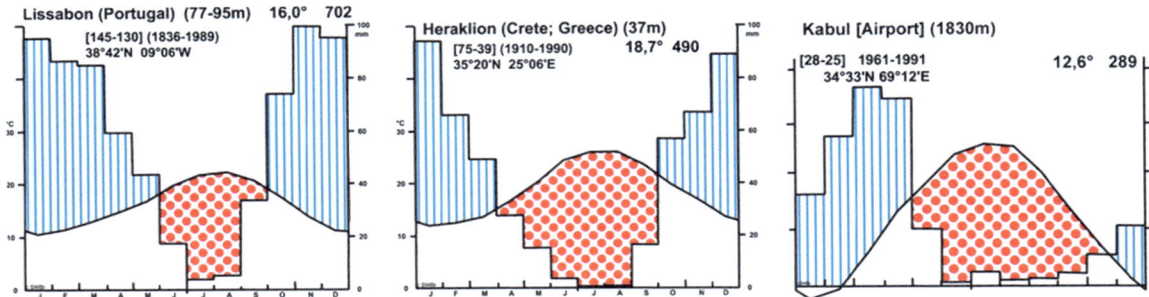

◘ **Abb. G-55** In den Klimadiagrammen Lissabon, Heraklion und Kabul wird die Abnahme der Niederschläge und die Zunahme der Kontinentalität und Winterfröste von West nach Ost in den Winterregengebieten deutlich.

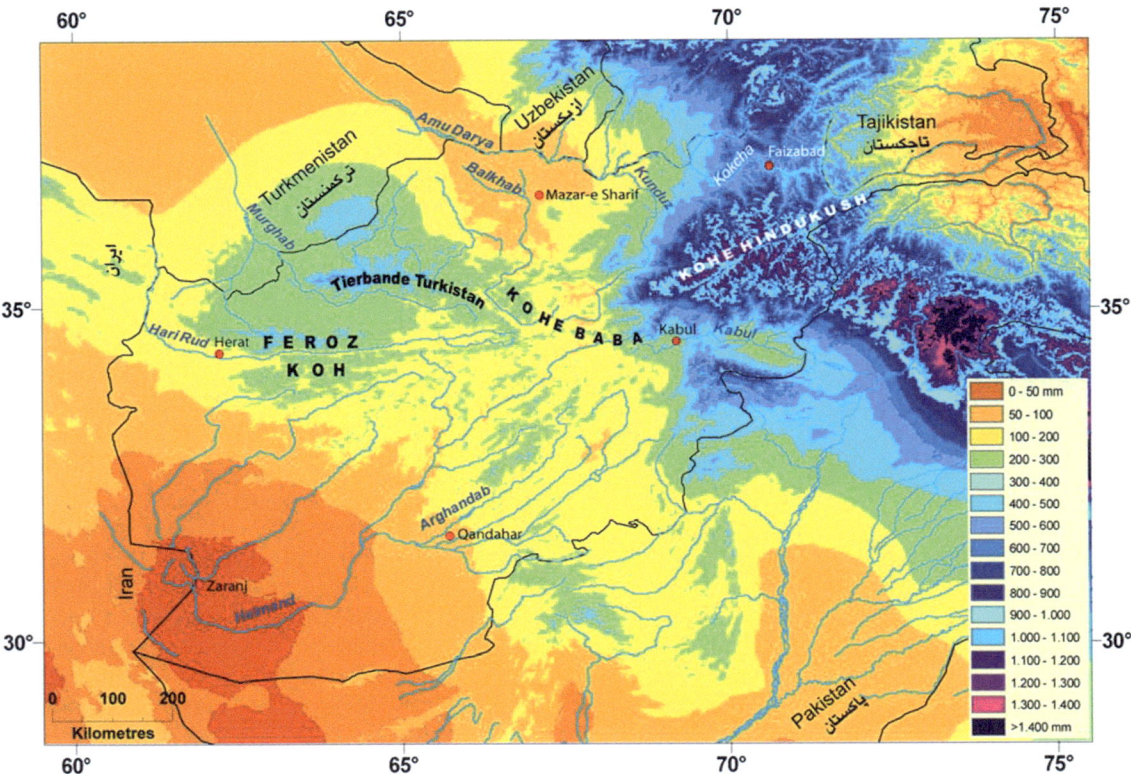

◘ **Abb. G-56** Mittlere Jahresniederschläge in Afghanistan.

Thermisch ist Afghanistan durch eine hohe Kontinentalität gekennzeichnet mit sehr niedrigen Absolut-Temperaturen im Winter (Panjao: -52 °C) und sehr hohen im Sommer (Zaranj: +52 °C) und damit einer Temperaturschwankung von >100 K (BRECKLE, 2004). Eine Karte der Klimadiagramme Afghanistans (◘ Abb. G-58) gibt eine rasche Orientierung über die ökologischen Verhältnisse des Landes, in der die Jahresgänge des Niederschlags und der Temperatur sowie die Monate mit Wasserdefizit in unterschiedlichen Gebieten Afghanistan sichtbar werden.

Die enorme Differenzierung der abiotischen Faktoren (Klima, Topographie, Geologie, Böden) führt in Afghanistan zu einer starken Diversifizierung von Standorten für eine reichhaltige Flora (BRECKLE et al. 2013). Letztere haben festgestellt, dass, bedingt durch die Geodiversität des Landes, nach dem bisherigen Kenntnisstand, in Afghanistan etwa 5.000 verschiedene Pflanzenarten vorkommen, wovon 25% endemisch sind. Damit charakterisieren BRECKLE et al. (2013) Zentral- und Ost-Afghanistan als einen Hotspot der Biodiversität im Vorderen Orient. Die Flora von Afghanistan ist genauso wie sein Klima von West nach Ost, von Nord nach Süd und von den Ebenen zu den Hochgebirgen sehr unterschiedlich und von verschiedenen Florenelementen beeinflusst (◘ Abb. G-59).

◘ Abb. G-60 (BARTHLOTT et at. 2014) gibt die Biodiversität der eurasischen Winterregengebiete wieder. In ◘ Tab. G-2 sind die Diversitätszahlen und der

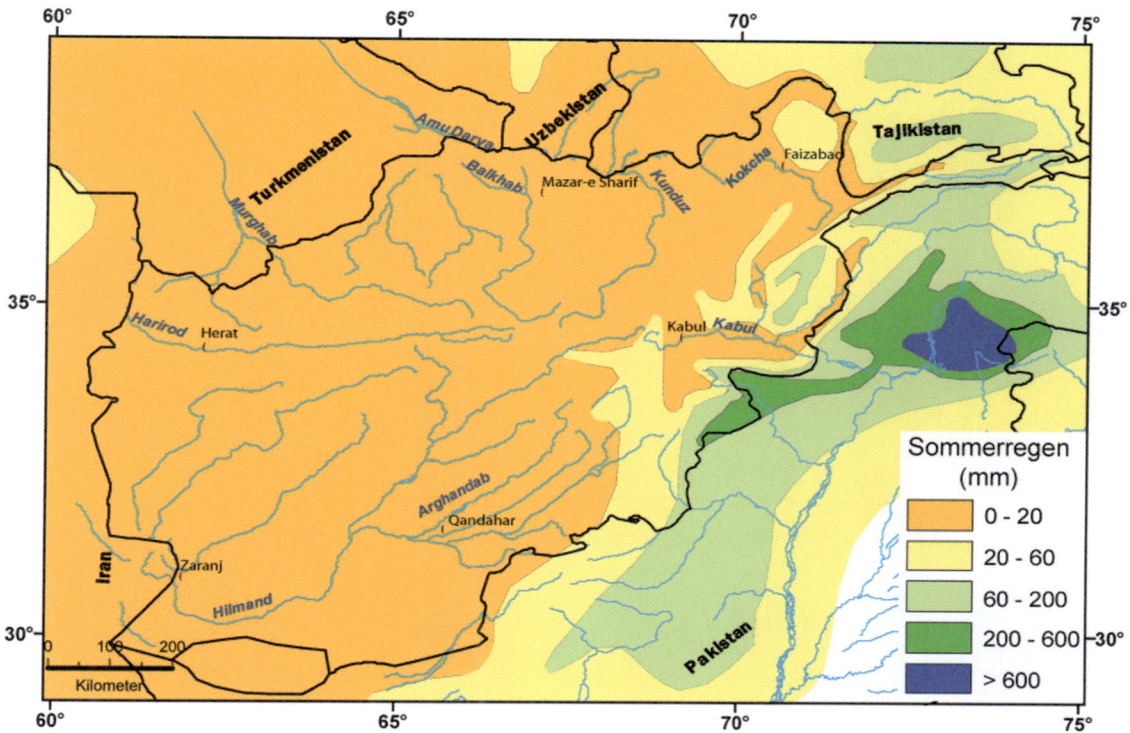

◘ **Abb. G-57** Der Anteil der Sommerregen in der Gesamtjahresniederschläge in Afghanistan.

Grad ihres Endemismus für die in Afghanistan vorkommenden Taxa dargestellt. ◘ Abb. G-61 gibt die Anzahl der Arten in den Familien mit mehr als 40 Arten wieder.

Daraus geht hervor, dass mehr als die Hälfte der Arten in Afghanistan in sieben Familien enthalten sind. ◘ Abb. G-62 gibt die Anzahl der Gattungen und ◘ Abb. G-63 die Anzahl der Arten in den Großfamilien wieder. Auch hier wird ersichtlich, dass die sieben Großfamilien mehr als die Hälfte der Gattungen und Arten beherbergen, auch wenn sich hier nunmehr die Rangliste der Familien ein wenig verschiebt. Die floristische Vielfalt Afghanistans basiert im Wesentlichen auf der Konfiguration der pflanzengeographischen Regionen in diesem Raum: etwa 92% der Landesfläche umfasst die irano-turanische Florenregion, etwa 7% sind Teil der sino-japanischen Florenregion. Zwar sind die Temperaturverhältnisse in beiden Regionen sehr ähnlich kontinental, aber die Niederschläge sind sehr unterschiedlich saisonal verteilt. Die letztere Florenregion ist durch eine zweite sommerliche Regenzeit begünstigt (s.o.). Eine sehr kleine Region (überwiegend das Becken von Jalalabad) ist saharo-sindisch geprägt. Auch in S- und SW-Afghanistan sind saharo-sindische Elemente mit irano-turanischen vermischt. In den Gebirgen kommen in den oberen Stufen zentralasiatische, im Osten himalayische, aber auch euro-sibirische, boreale und sogar arktische Florenelemente vor.

Die pflanzengeographische Gliederung wird von verschiedenen Autoren nicht einheitlich gesehen (HEDGE & WENDELBO 1970, LÉONARD 1988, BROWICZ 1997, BRECKLE 2004). Die hier vorgestellte Differenzierung der Floristischen Regionen Afghanistans beruht im wesentlichen auf FREITAG et al (2010).

12.1 Irano-Turanische Floren-Elemente

In Übereinstimmung mit den sehr unterschiedlichen Standortsbedingungen von den verschiedenen Tieflands-Halbwüsten bis zu den montanen Baumfluren und alpinen Wiesen variiert das Vorkommen der einzelnen Arten erheblich. Viele Gattungen sind zwischen Zentral-Anatolien und dem östlichen Hindukusch an ähnlichen Standorten verbreitet, meist mit sehr unterschiedlichen Arten. Gerade die großen Gattungen, wie *Astragalus, Cousinia, Acanthophyllum, Acantholimon, Allium* und *Eremurus* (◘ Abb. G-64) kommen in allen Höhenstufen vor, aber mit jeweils unterschiedlichen Arten.

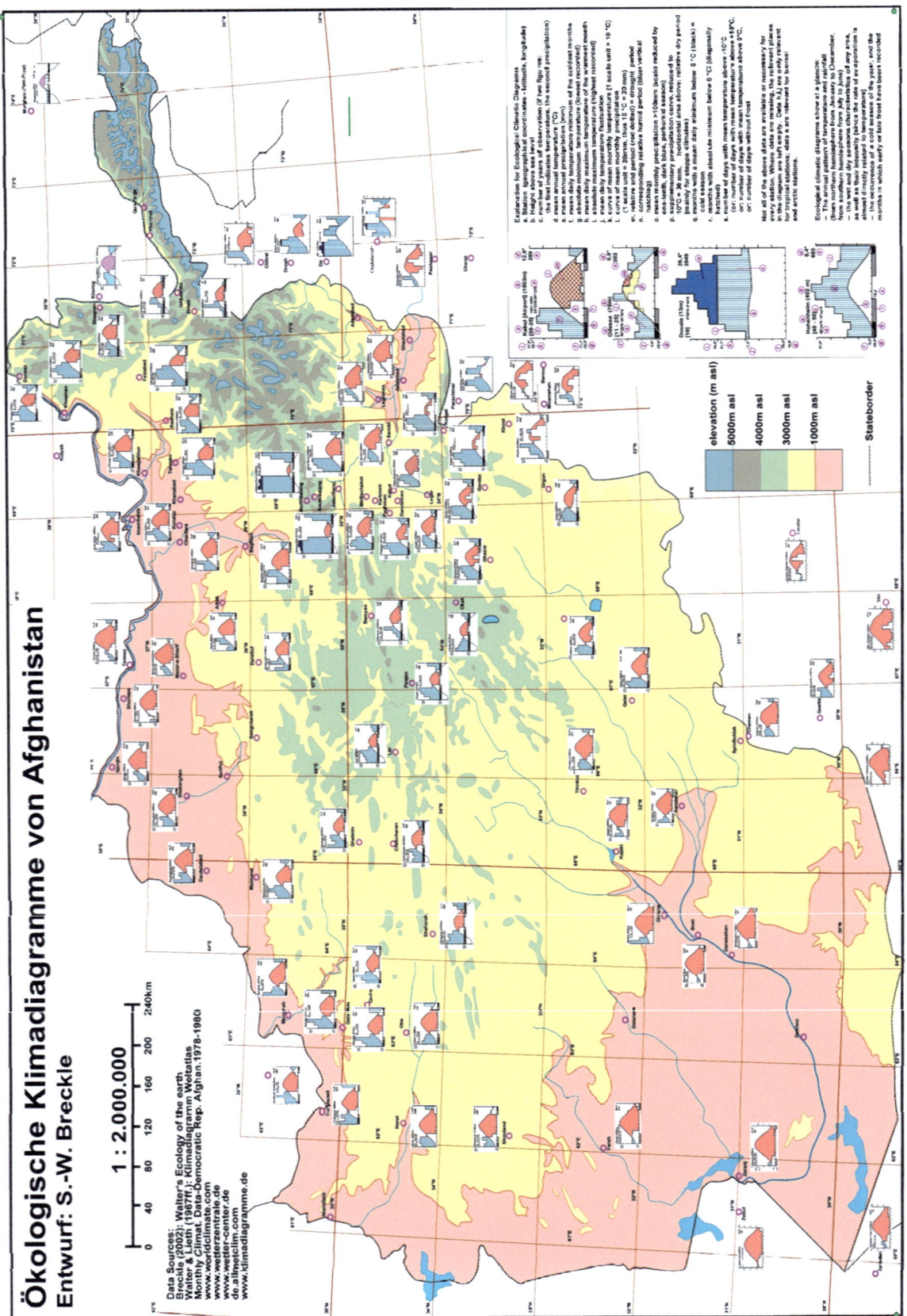

Abb. G-58 Klimadiagrammkarte zur Identifizierung der Regionen gleichen Klimas (Homoklimate) anhand der ökologischen Klimadiagramme in Afghanistan.

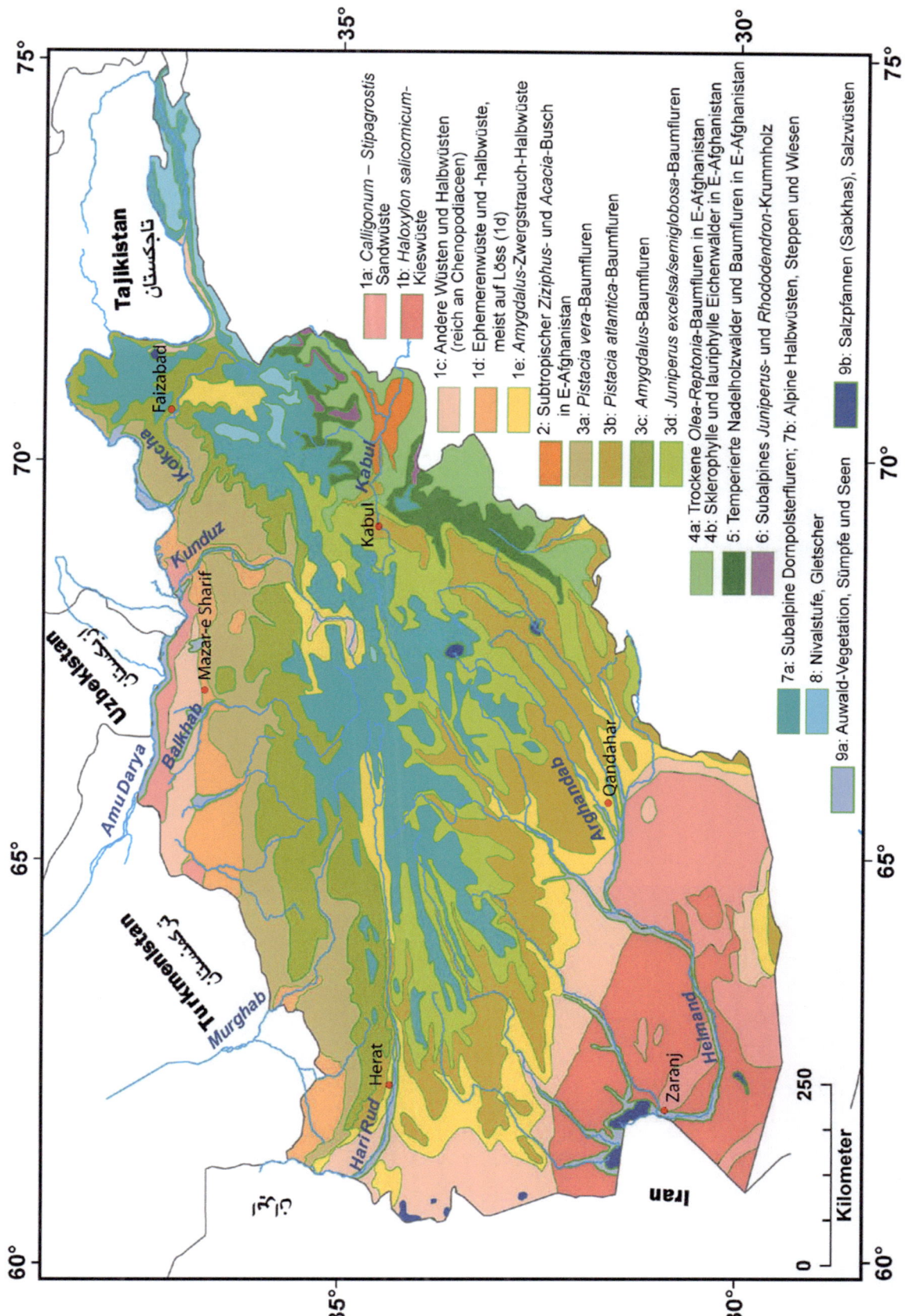

Abb. G-59 Die Verteilung der natürlichen Vegetation in Afghanistan (nach Freitag et. al 2010).

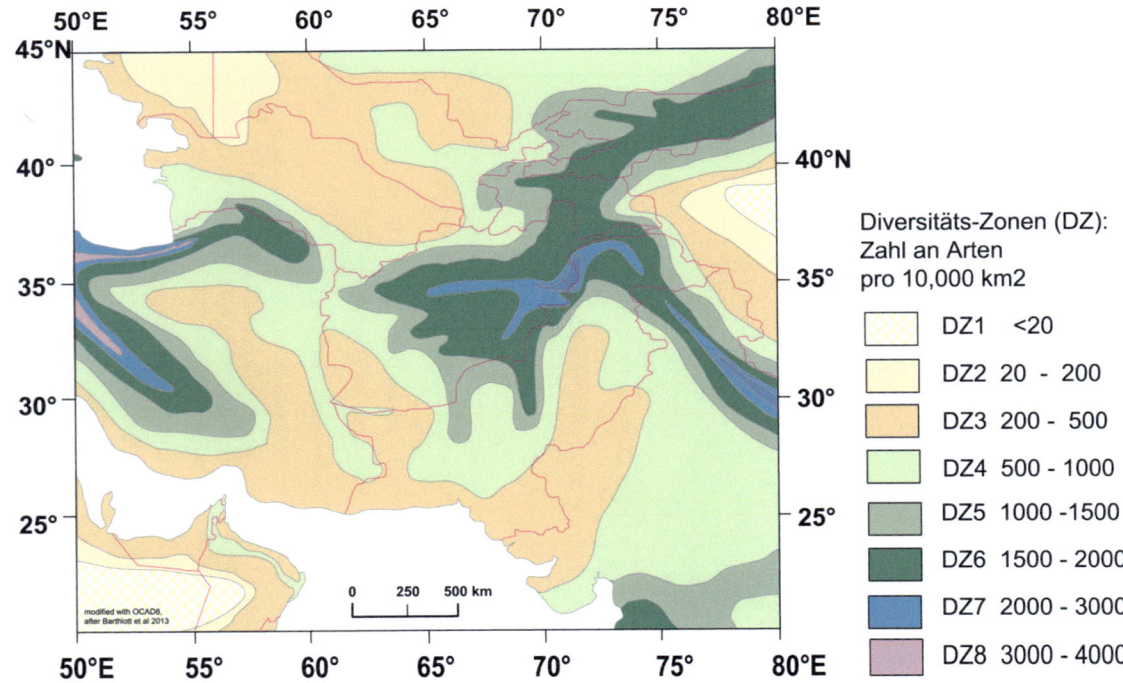

Abb. G-60 Räumliche Diversitätsmuster der Gefäßpflanzen in SW-Asien (aus BARTHLOTT et al. 2014).

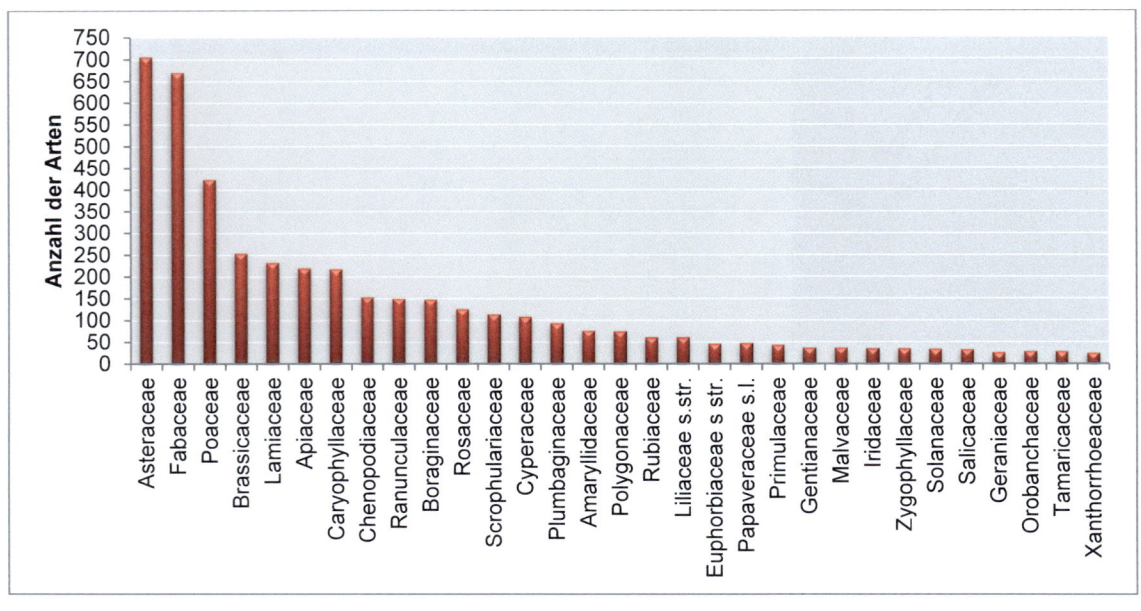

Abb. G-61 Anzahl der Arten in den großen Pflanzenfamilien der afghanischen Flora (aus BRECKLE et al. 2013).

Spezieller Teil

Tab. G-2 Anzahl der Familien, Gattungen, Arten, Taxa und Endemiten in der afghanischen Flora, nach der Checkliste (Breckle et al. 2013)

Taxon group	Anzahl						Endemiten (%)	Sub-Endemiten (%)	Endemiten Total (%)
	Familien	Gattungen	Arten	Taxa	Endemiten und Sub-Endemiten	Eingewanderte Arten			
Pteridophytes (56)	11	23	50	56	0	0	0 (0 %)	0 (0 %)	0 (0 %)
Gymnosperms (24)	4	8	24	24	2	3	0 (0 %)	2 (8.0 %)	2 (8.0 %)
Monocotyledons (840)	28	195	817	840	75	40	57 (6.8 %)	18 (2.1 %)	75 (8.9 %)
Dicotyledons (4,115)	106	860	3,935	4,115	1,138	148	898 (21.9 %)	243 (5.9 %)	1,138 (27.8 %)
Total (5,035)	149	1,086	4,826	5,035	1,215	191	955 (19.0 %)	263 (5.2 %)	1,215 (24.2 %)

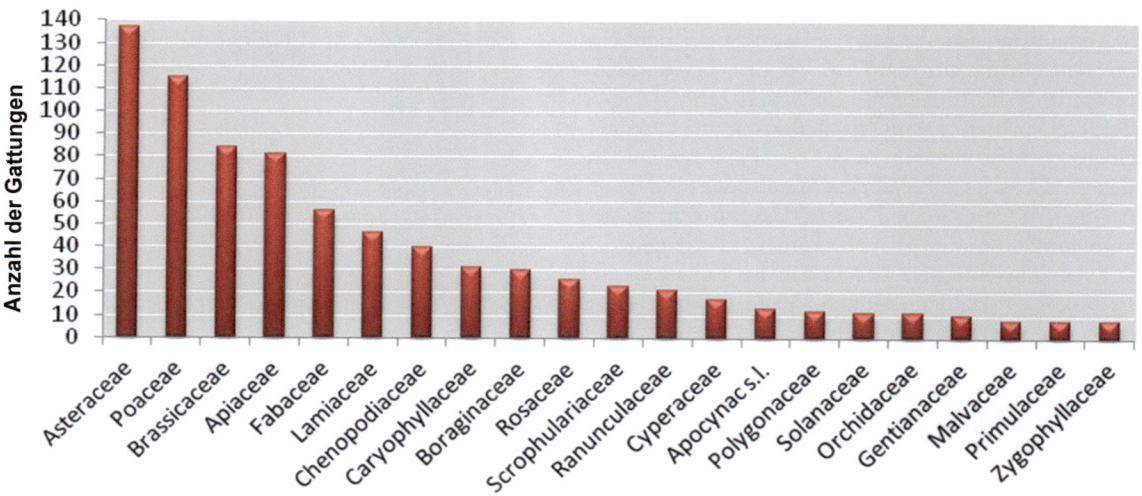

Abb. G-62 Anzahl der Gattungen in den großen Familien der afghanischen Flora

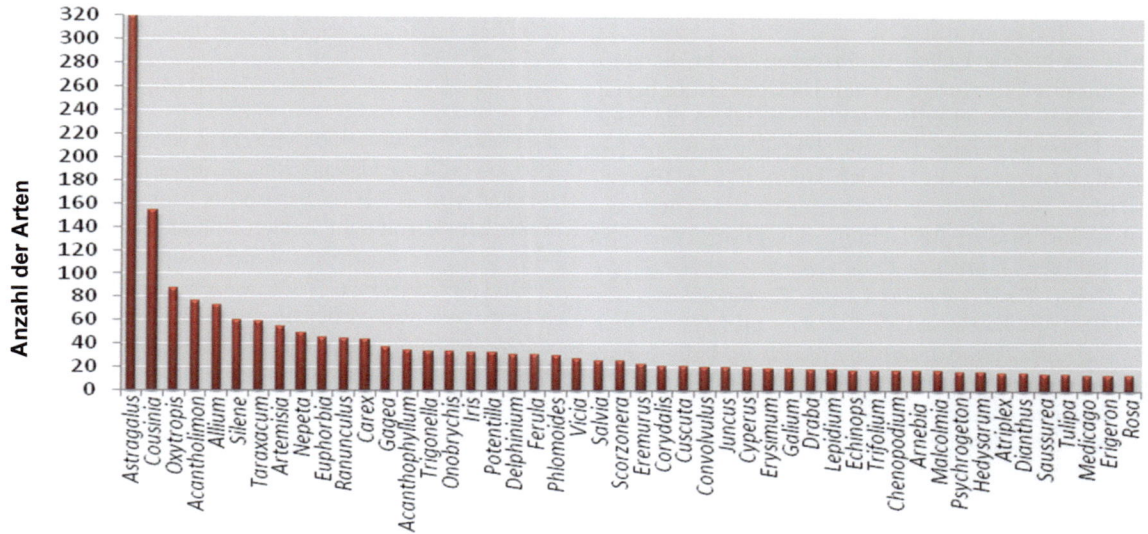

Abb. G-63 Anzahl der Arten in den großen Gattungen der afghanischen Flora

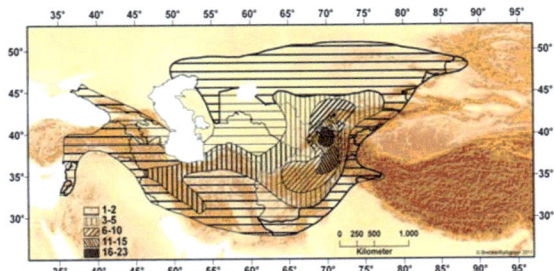

■ **Abb. G-64** Artendichte und Verbreitung von *Eremurus*-Arten als Beispiel für irano-turanische Verbreitung (HEDGE & WENDELBO 1970).

Die Tieflandsarten haben meist eine sehr weite Verbreitung. Die meisten Arten kommen in S- und in N-Afghanistan vor, aber auch in den Nachbarländern Iran, Turkmenistan, Uzbekistan und Tajikistan. Andere reichen aus Mittelasien gerade bis N-Afghanistan, während eine dritte Gruppe vor allem in den südlichen Wüsten von Iranisch-Belutschistan, S-Afghanistan bis Pakistan vorkommt. In den Gebirgsgürteln ist aufgrund der großen Habitatdifferenzierung die floristische Diversität sehr viel größer, die Verbreitungsmuster der Arten viel variabler, einige wenige reichen auch bis Pakistan, andere haben ein sehr viel kleineres Areal oder sind endemisch. Endemisch heißt hier, dass sie nur in den afghanischen Gebirgen vorkommen, allerdings auch auf die benachbarten Bergketten in Tajikistan und Pakistan ausstrahlen können. Viele kommen aber auch nur in einem kleineren Teil des Gebirges vor. So haben sich durch die starke geographische Isolation in jeder Kette andere Arten evolviert; dies erklärt die große Artenzahl in den Gattungen *Astragalus*, *Cousinia*, *Acantholimon*, *Allium* und einigen anderen.

12.2 Sino-Japanische Floren-Elemente

Mit der himalayischen Unterregion reicht die sino-japanische Florenregion nach E-Afghanistan herein (■ Abb. G-65). Hier besetzt sie vor allem die unteren Höhenregionen. Die Biodiversität ist besonders groß, wenn man die an sich kleine Fläche berücksichtigt. Verschiedene Waldtypen kennzeichnen die Ost- und Südost-Abdachung des Hindukusch. So bilden die Himalaya-Zeder *(Cedrus deodara)*, die Kiefern *(Pinus gerardiana* und *P. wallichiana)*, die Eichen *(Quercus baloot, Qu. dilatata* und *Qu. semecarpifolia)*, die Tanne *(Abies spectabilis)* und die Fichte *(Picea smitheana)* jeweils kleinräumige Wälder mit zahlreichen Arten im Unterwuchs, die ebenfalls meist ost-afghanisch-himalayisch verbreitet sind. Die seltene *Rhododendron afghanicum* als Unterwuchs in der oberen Nadelwaldstufe und *Rh. collettianum* im subalpinen *Juniperus*-Gürtel sind Beispiele für endemische Arten der Region (■ Abb. G-66).

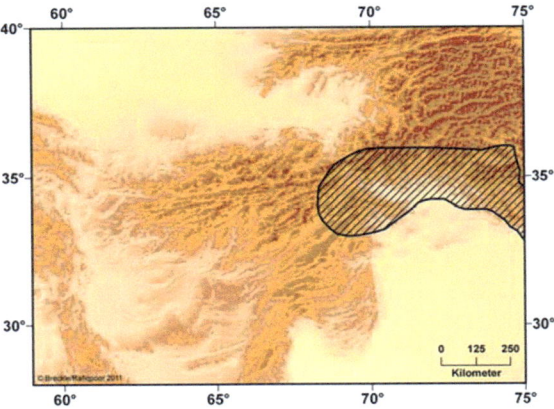

■ **Abb. G-65** Die Verbreitung von *Quercus baloot* als ein sino-japanisches Element aus der montanen Höhenstufe des Himalaya und des östlichen Hindukusch (nach Angaben von BROWICZ 1978).

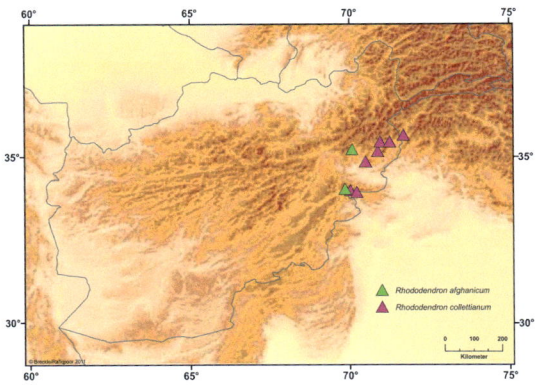

■ **Abb. G-66** Verbreitung von *Rhododendron afghanicum* und *Rh. collettianum* als zwei himalayische Elemente im monsunbeeinflussten Osten Afghanistans (auf der Basis der Angaben der Flora Iranica).

12.3 Saharo-Sindische und andere Florenelemente

Die saharo-sindische Florenregion ist weniger homogen, obwohl die klimatischen Bedingungen mit hoher Aridität von der West-Sahara bis nach Pakistan sehr ähnlich sind mit sehr heißen Sommern und milden, aber nie ganz frostfreien Wintern. Die Verbreitungsmuster der einzelnen Arten weisen erhebliche Unterschiede auf, was vielleicht durch die große Ausdehnung aber auch durch die in historischer Zeit unterschiedliche Klimageschichte zu erklären ist. *Haloxylon salicornicum* (■ Abb. G-67), *Cornulaca monacantha* (beides Chenopodiaceae) und *Gymnocarpus decander* (Caryophyllaceae) sind Beispiele für besonders weit verbreitete Tieflandsarten. Sie überlappen in ihrem Areal mit irano-turanischen Arten oder es sind Arten, die aus irano-turanischen Florenregion weit in die saharo-arabischen Wüsten vorgedrungen sind, wie die Chenopodiaceen-Sträucher *Haloxylon persicum* (Weißer Saxaul) und *Seidlitzia rosmarinus*.

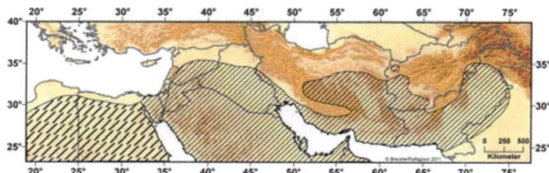

Abb. G-67 Verbreitungsmuster von *Haloxylon salicornicum* als ein Tieflandelement der Saharo-Sindischen Florenregion mit einer großen räumlichen Variationsbreite (nach Angaben von BROWICZ 1978).

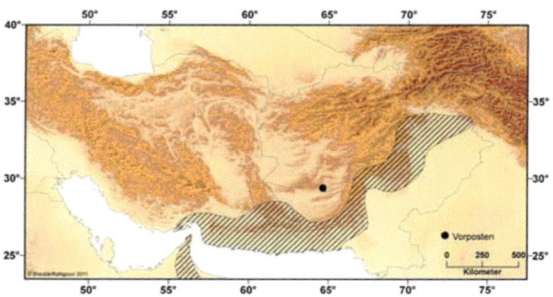

Abb. G-68 Verbreitungsmuster von *Nannorrhops ritchieana* als Vertreter der subtropischen Tiefländer, die gerade bis Ost-Afghanistan hineinreichen (nach Angaben von BROWICZ 1978).

Nur im Becken von Jalalabad und weniger deutlich um Khost (Paktia) findet man etliche saharosindische Arten aufgrund der milden Winter und Sommerregen. Angeführt werden können die Dornsträucher oder kleine Bäume von *Acacia modesta* (Mimosaceae), *Zizyphus nummularia* und *Z. oxyphylla* (Rhamnaceae) sowie die immergrünen Sträucher *Calotropis procera*, *Periploca aphylla* und *Rhazya stricta* (Apocynaceae). Ein anderes südliches Florenelement ist gekennzeichnet durch sklerophylle Bäume und Sträucher wie *Olea ferruginea*, *Reptonia buxifolia* (Sapotaceaae), die Zwergpalme *Nannorrhops ritchieana* (▪ Abb. G-68), *Maytenus royleanus* (Celastraceae), *Ebenus stellatus* (Fabaceae) und *Dodonaea viscosa* (Anacardiaceae). Sie kommen von den trockensten Teilen West-Himalayas, der Suleiman-Ketten und Baluchistan bis in den Osten und Süden der Arabischen Halbinsel vor (▶ Abb. G-68).

12.4 Floristische Elemente der Hochgebirge

Die alpine und nivale Höhenstufe geht im zentralen und östlichen Hindukusch kontinuierlich durch, wird aber im Westen stärker vereinzelt, mit Auslegern im Kohe-Baba. In dieser Höhenlage sind zentralasiatische Florenelemente häufig, nicht selten vermengt mit tibetischen (z.B. *Delphinium brunonianum*, *Sibbaldia cuneata*, *Chorispora macropoda* und *Primula algida*), mit himalayischen (z.B. *Anaphalis nubigena*, *Juncus membranaceus*, *Lamium rhomboideum*, *Primula macrophylla*, *Rheum tibeticum*) und mit irano-turanischen Gebirgsarten. Die obersten Stufen sind vor allem durch euro-sibirische, boreale (z.B. *Androsace villosa*, *Cerastium cerastioides*, *Cystopteris fragilis* incl. *C. dickieana*, *Lloydia serotina*) und arktische Arten (z.B. *Epilobium latifolium* (▪ Abb. G-69), *Smelowskia calycina*, *Koenigia islandica*) gekennzeichnet (BRECKLE 1974, 1988). Neben kosmopolitischen Hochgebirgsarten wie *Luzula spadicea*, *Oxyria digyna*, *Polygonum viviparum*, *Phleum alpinum* gibt es in der alpinen Stufe aber auch eng begrenzt vorkommende Endemiten wie z.B. *Didymophysa fedtschenkoana*, *Papaver involucratum*, *Polygonum myrtillifolium*, *Polygonum chitralicum*, *Aconitum rotundifolium*, *Corydalis metallica*, *Gentiana longicarpa*, *Gynophorea weileri*, *Potentilla coelestis* oder *Potentilla collettiana*.

Zur Veranschaulichung der Höhenstufen der Vegetation werden zwei schematische Profil-Diagramme gezeigt, aus denen jeweils auch der typische asymmetrische Charakter der Höhengürtel hervorgeht (▪ Abb. G-70 und ▪ Abb. G-71). Besonders auffällig ist dies bei der Ausbildung der Höhenstufen auf der SE-Abdachung des Hindukusch und des Safed Koh, wo der Einfluss des indischen Sommermonsuns deutlich wird (BRECKLE & FREY 1976a,b).

Generell wird das Vegetationsmosaik einerseits durch die Gesamtniederschlagsmengen bestimmt, die je nach Luv- oder Leelage sehr unterschiedlich sein können und lokal durch die akzentuierte Topographie, andererseits aber vor allem bei Monsuneinfluss durch das zusätzliche Auftreten von Sommerregen. Nur dann bilden sich dichte Waldstufen aus (NEUBAUER 1954a,b, VOLK 1954, FREITAG 1971a,b). In den übrigen Teilen des Hindukusch findet man (heute fast völlig verschwunden) höchstens sehr offene Baumfluren mit wilden Mandeln und Pistazien. Die meisten Gebirgsteile sind dementsprechend durch offene Gebüschfluren, Gebirgssteppen und -halbwüsten gekennzeichnet. Die Höhenstufen der einzelnen Gebirge sind stark pflanzengeographisch geschichtet (BRECKLE & FREY 1974, BRECKLE 1974, 1983, 1988, AGAKHANJANZ & BRECKLE 2002). Auch in der alpinen Stufe wirkt sich der jeweilige Klimaeinfluss aus. Einerseits Gebirgshalbwüsten bzw. andererseits Matten mit einer Krummholzstufe sind die gegensätzlichen Ausprägungen. ▶ Abb. G-70 gibt eine Übersicht über die Höhenstufung im westlichen im Vergleich zum südöstlichen Hindukusch in ▶ Abb. G-71. Die gut ausgebildeten Waldformationen mit mehreren Höhenstufen in den südöstlichen Gebirgsabdachungen weisen ebenfalls eine pflanzengeographische Schichtung auf.

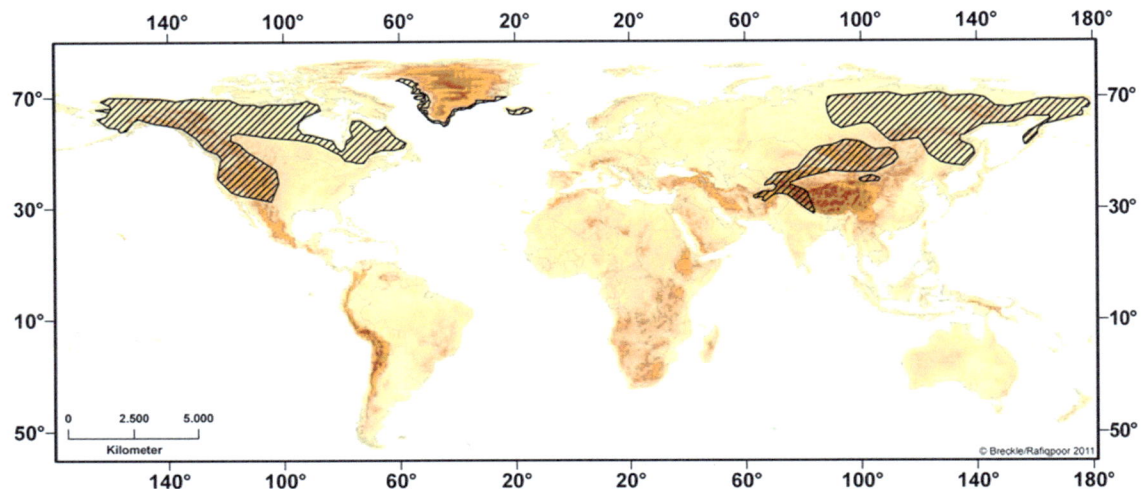

■ **Abb. G-69** Verbreitungsmuster von *Epilobium latifolium* als ein boreales Element, das nur in Europa und Westasien nicht vorkommt (nach Angaben der Flora Iranica).

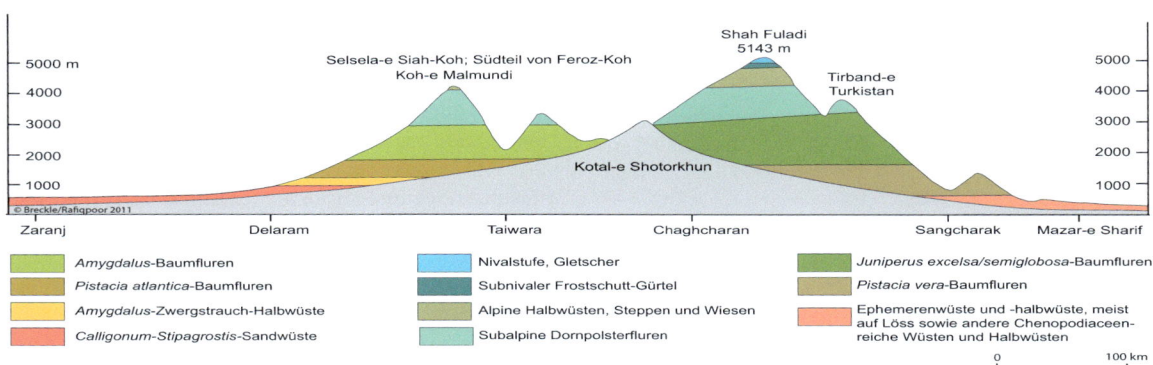

■ **Abb. G-70** Schematische Anordnung der Höhenstufen der Vegetation in den Gebirgen Zentral-Afghanistans zwischen Zaranj und Amu-Darya (nach Angaben von FREITAG 1970 und BRECKLE 2004, 2007).

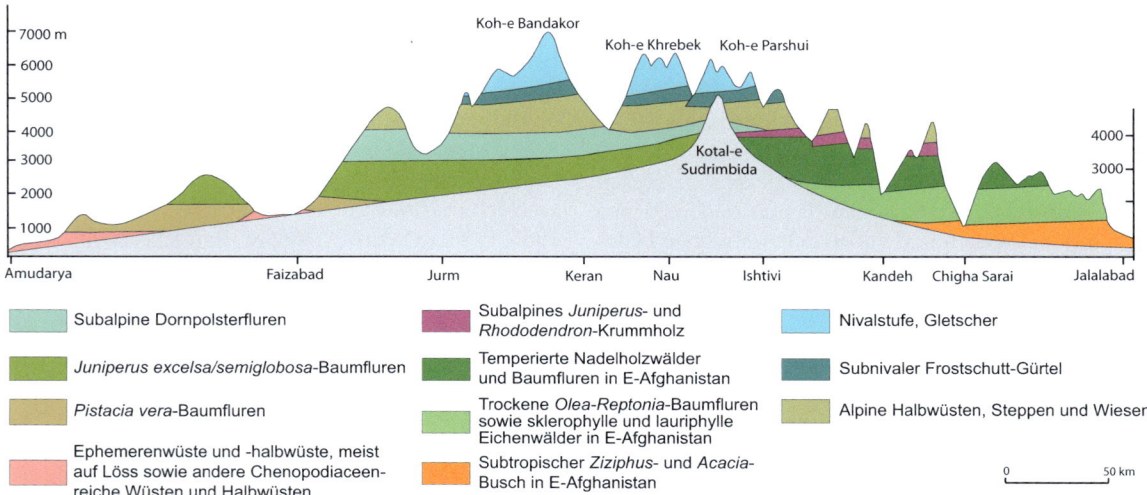

■ **Abb. G-71** Schematische Anordnung der Höhenstufen der Vegetation in den Gebirgen Ost-Afghanistans zwischen Jalalabad und Amu-Darya (nach Angaben von FREITAG 1970 und BRECKLE 2004, 2007).

Abb. G-72 Reste der Gehölzfluren von *Cercis griffithii* bei Topdarah in der Provinz Charikar, Afghanistan, zeigen, dass diese Formation einst sehr weitverbreitet gewesen sein muss (Foto: M. Keusgen).

Tab. G-3 Regionale Vorkommen der 65 Arten aus der Familie Poaceae mit schweren Samen in ihrer Bedeutung für Kultivierung. Es zeigt sich, dass der Großteil der Vorkommen sich in den Mediterrangebieten konzentrieren (nach DIAMOND 2012)

Region	Anzahl der Arten
W-Asien, Europa, N-Afrika	33
davon in Mittelmeergebiet	32
England	1
E-Asien	6
Afrika südl. der Sahara	4
Amerika	11
davon in N-Amerika	4
Mittelamerika	5
Südamerika	2
N-Australien	2
Gesamt	**56**

Besonders deutlich ist der Unterschied in den mittleren Stufen mit den (ursprünglich) dichten Waldgebieten auf der Monsunseite und den trockenen steppen- bis halbwüstenartigen Gebirgsteilen des Nordostens, Nordens und der Westabdachung (▶ Abb. G-71). Aber auch im W- und Zentral-Hindukusch, im Kohe-Baba, im Paghman-Gebirge usw. gibt es teilweise große Unterschiede zwischen N- und S-Abdachung, die sich in unterschiedlichem Auftreten verschiedener offener Gebüschfluren ausdrücken. Im Norden findet man auch heute noch *Pistacia vera*-Baumfluren mit der Wildform der Essbaren Pistazie. In Zentralafghanistan und weiter westlich treten gelegentlich Baumfluren mit Wildmandeln und dornigen Zwergmandelsträuchern (*Amygdalus*-Arten) auf, seltener auch noch mit *Cercis griffithii* (▶ Abb. G-72), eine Baumart, die im vorletzten Jahrhundert in den Bergen um Kabul noch sehr häufig gewesen sein muss. Auf anderen Berghängen trifft auf auf einzelne Reste von *Pistacia cabulica*, eine Art, die ebenfalls durch Brennholzknappheit und durch Überweidung gefährdet ist. Einzelbäume an heiligen Stellen (Ziarat-Vegetation) künden von der einstmals weiteren Verbreitung.

DIAMOND (2012) stellt heraus, dass von den insgesamt 56 Wildgräsern mit schweren Samenkörnen allein 32 in der Mediterranzone des westlichen Eurasiens vorkommen, nur 1 in England, 4 Nordamerika, 2 Südamerika und 2 in Australien (▶ Tab. G-3). Die Samenschwere liegt zwischen 10 mg und 40 mg. DIAMOND betrachtet diesen Vorteil als einer der Gründe, warum dieser Raum sich zu einem frühen Zivilisationszentrum entwickelte.

13 Der Mensch in den Mediterrangebieten

Das eurasische Winterregengebiet weist gegenüber den Winterregengebieten in Kalifornien, Chile, Kapland und SW-Australien große Unterschiede auf. Es nimmt einen erheblich größeren Raum ein und hat wegen der West-Ost-Ausrichtung der tertiären Gebirge der ehemaligen Thethys-Geosynklinale (Pyrenäen, Alpen, Balkan, Karpaten, die Pontiden, Kaukasus, Taurus, Zagros, Suliman-Gebirge bis Hindukusch-Karakorum-Himalaya-System) eine reichhaltige Landschaftsdifferenzierung sowohl in horizontaler als auch in vertikaler Richtung. Dies begünstigt eine enorme floristische Diversität, die von BARTHLOTT et al. (2014) in ein „Caucasus-SW-Asia Centre of Diversity" zusammengefasst werden. Auch kulturhistorisch ist dieses Gebiet gegenüber allen anderen Winterregengebieten der Erde die Wiege der Domestikation von Haustieren und Kulturpflanzen, vor allem von Stärke-haltigen Brotgetreide (Weizen, Gerste), die im Bereich des Fruchtbaren Halbmonds domestiziert wurde und von hier aus in die anderen Regionen der Erde ausstrahlte.

Der Einfluss des Menschen ist also im eurasischen Winterregengebiet schon sehr alt, ausgehend von den frühen Hochkulturen im Nahen Osten und seit Jahrtausenden auch sehr groß (▶ Tab. G-4). Abholzungen schon vor einigen Tausend Jahren (etwa durch die Phönizier in Dalmatien) haben zum großflächigen Verlust der ursprünglichen Hartlaubwälder geführt. Eine Regeneration ist aufgrund des völlig erodierten Bodens nicht mehr möglich. Bodenbildung auf dem freiliegenden nackten Fels erfordert Jahrtausende. Weidewirtschaft und früher Ackerbau im Orient haben zu einer starken Selektion der Arten geführt. Dornige und giftige Pflanzen haben sich ausgebreitet.

Die Artenvielfalt ist wahrscheinlich durch den Menschen zunächst nicht wesentlich verändert worden, manche Arten wurden eingeführt, zusätzlich gefördert, so ist der Ölbaum wahrscheinlich vor etlichen Jahrtausenden aus dem nördlichen Ostafrika und/oder Südarabien gekommen; er gilt aber heute als Charakterbaum der eigentlichen Mediterraneis. Aus der Neuen Welt kamen Agaven und Opuntien, aus Südafrika

■ **Tab. G-4** Zeitskala zum Einfluss des Menschen in mediterranen Ökosystemen; die angegebenen Zahlen sind Jahre vor heute (nach GROVES et al. 1983)

	Mediterraneis	Australien	Südafrika	Chile	Kalifornien
Erstes Auftreten des Menschen: Jäger/Sammler, Feuergebrauch	400.000	40 - 70.000	500.000	11.000	14.000
Erstes Auftreten von Haustieren	10-6.000	150	20.000	400	400
Erstes Auftreten von Landwirtschaft	10-6.000	150	300	1.000?	150
Intensivackerbau	2.000-1.000	50	300-200	400	50

Aloë und Crassulaceen, aus Australien Akazien und Eukalypten. Die "Eucalyptisierung" Portugals hat dort die Waldbrandgefahr gefährlich verstärkt.

Für große Teile des Mittelmeergebietes hatten sich im Laufe der Jahrhunderte meist Nutzungsformen herausgebildet, die ganz gut an die ökologischen Bedingungen angepasst waren. Die im westlichen Mittelmeergebiet weitverbreiteten Kork- und Steineichenbestände (■ Abb. G-73), in denen Brennholz geschlagen wurde, in die Weidetiere hineingetrieben wurden und zudem noch Kork geschält wurde (► Abb. G-6), waren recht feuerresistent. Sie waren mit anderen kleinflächigen Kulturen durchsetzt, was noch zusätzlichen Feuerschutz bot. Heute sind viele dieser Kulturflächen verlassen, sie verbuschen, andere Flächen sind mit schnellwüchsiger *Pinus pinea* oder *Pinus maritima* aufgeforstet, womit die Brandgefahr drastisch zunimmt.

Mit zunehmendem menschlichem Einfluss nimmt die Biodiversität und die Ökosystemdynamik (die Zahl funktioneller Gruppen, interspezifischer Interaktionen etc.) deutlich ab, wie das Schema in ■ Abb. G-74 zeigt. Allerdings dürfte das reiche Mosaik verschiedenster Nutzungsflächen, das Gemisch von kleinbäuerlichem Ackerbau, Viehzucht, Niederwaldwirtschaft, Transhumanz etc. des späten Mittelalters bis zu Beginn dieses Jahrhunderts die höchste Biodiversität gehabt haben (BLONDEL & ARONSON 1995). Auch Macchie, Garigue und Affodill-Felsenheiden sind oft noch sehr artenreich. Die verstärkte Degradierung und Übernutzung, die Industrialisierung der Landwirtschaft hat aber in jüngster Zeit zumindest bei vielen Organismengruppen und in vielen Landschaften zu einer erheblichen Verarmung geführt.

■ **Abb. G-73** *Quercus ilex*-Wälder in ihrem obersten Verbreitungsareal an der Ostabdachung des Hohen Atlas in Marokko (Foto Rafiqpoor).

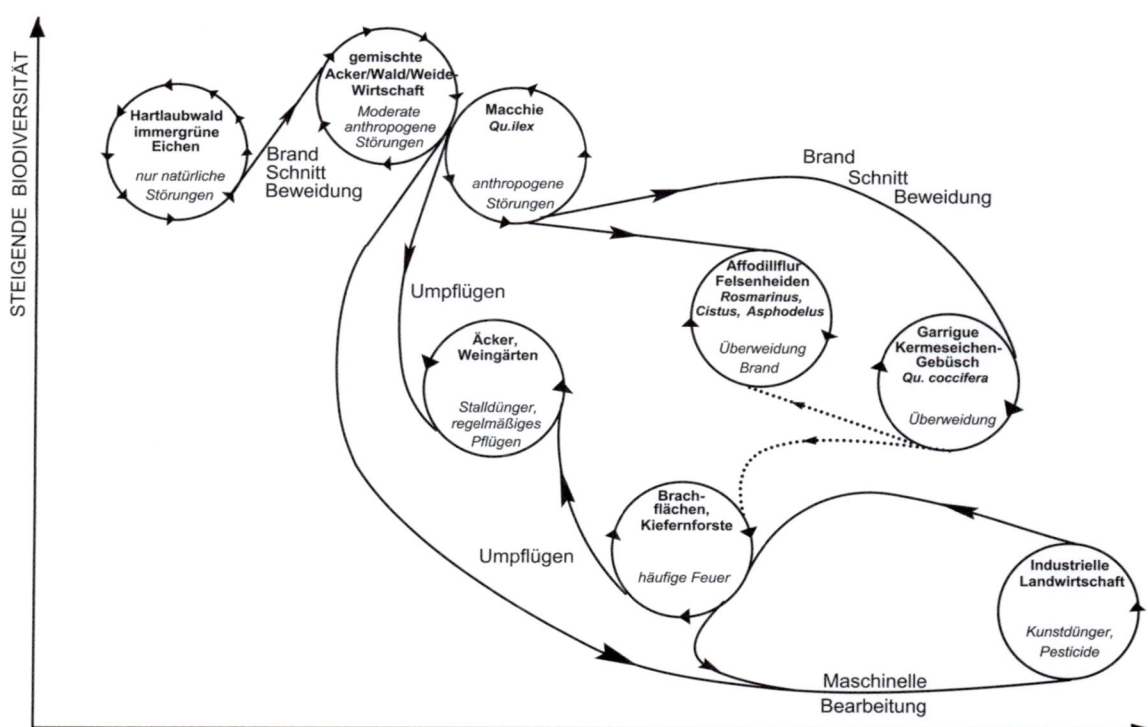

■ **Abb. G-74** Biodiversität, Ökosystemdynamik und menschlicher Einfluss bei mediterranen Formationen im westlichen Mittelmeergebiet (verändert nach BLONDEL & ARONSON 1995).

14 Literatur

AGAKHANJANZ, O.E. & BRECKLE, S.-W. 2002: Plant diversity and endemism in High Mountains of Central Asia, the Caucasus and Siberia. In: KÖRNER, C. & SPEHN, E. (eds.): Mountain Biodiversity - A global assessment. Parthenon Publ. Group, Boca Raton, New York etc., Chapter **9**: 117-127

ARROYO, M.T.K., ZEDLER, P.H. & FOX, M.D. 1995: Ecology and biogeography of Mediterranean ecosystems in Chile, California, and Australia. Ecol. Stud. **108**: 455 S.

AXELROD, D.I. 1973: History of the Mediterranean ecosytems in California. Ecol. Stud. **7**: 225-277

BARBOUR, M.G. & MAJOR, J. 1977: Terrestrial vegetation of California. Wiley-Intersci. Publ. 1002 S.

BARTHLOTT, W., ERDELEN, W. & RAFIQPOOR, M.D. 2014: Biodiversity and Technical Innovations: Biomimicry from the Macro- to the Nanoscale. In: LANZERATH, D. & M. FRIELE (eds.): Concept and Value in Biodiversity. Routledge Studies in Biodiversity Politics and Management, 2014: 300-315. ISBN 978-1-415-66057-0

BLONDEL, J. & ARONSON, J. 1995: Biodiversity and ecosystem function in the Mediterranean basin: human and non-human determinates. Ecol. Stud. **109**: 43-120

BRECKLE, S.-W. 1974: Notes on alpine and nival flora of the Hindu Kush, East Afghanistan. Bot. Notiser (Lund) **127**: 278-284

BRECKLE, S.-W. 1983: Temperate Deserts and Semideserts of Afghanistan and Iran. In WEST, N.E. (ed.): Temperate Deserts and Semideserts. Ecosystems of the World (ed.: GOODALL, D. W.), Elsevier, Amsterdam **5**: 271-319

BRECKLE, S.-W. 1988: Vegetation und Flora der nivalen Stufe im Hindukusch. In: Grötsbach, E. (Hrsg.): Neue Beiträge zur Afghanistanforschung. Schriftenreihe der Stiftung Bibliotheca Afghanica **6**: 133-148

BRECKLE, S.-W. 2004: Flora, Vegetation und Ökologie der alpin-nivalen Stufe des Hindukusch (Afghanistan). In: BRECKLE, S.-W., SCHWEIZER B., FANGMEIER, A. (eds.): Proceed. 2nd Symposium AFW Schimper-Foundation: Results of worldwide ecological studies. Stuttgart-Hohenheim: 97-117

BRECKLE, S.-W. 2007: Flora and vegetation of Afghanistan. Basic and applied Dryland Research (BADR online) **1** (2): 155-194

BRECKLE, S.-W., FREY W 1976a: Beobachtungen zur heutigen Vergletscherung der Hauptkette des Zentralen Hindukusch (Afghanistan). Afghan. J. (Graz) **3**: 95-100

BRECKLE, S.-W., FREY W 1976b: Die höchsten Berge im Zentralen Hindukusch. Afghan. J. **3**: 91-95

BRECKLE, S.-W., HEDGE, I.C. & RAFIQPOOR, M.D. 2013: Vascular Plants of Afghanistan - an augmented Checklist. Scientia Bonnensis, Bonn, Manama, New York, Florianópolis, 598 S.

BRECKLE, S.-W., SCHWEIZER, B., FANGMEIER, A. (Hrsg.) 2004: Ergebnisse weltweiter ökologischer Forschungen (Results of worldwide ecological studies, Proceed. of the 2nd Symposium of the A.F.W. Schimper-Foundation, establ. by H. & E. Walter, Hohenheim) Verlag Günter Heimbach, Stuttgart. 397 S.

BROWICZ K 1982-1997: Chorology of trees and shrubs in SW Asia and adjacent regions. Phytogeographical analysis 1-10 + supplement. Polish Scientific publishers

CASTRI, F. di 1973: Climatographical comparison between Chile and the western coast of North America. Ecol. Stud. **7**: 21-36

CASTRI, DI F. & MOONEY, H.A. (eds.) 1973: Mediterranean type ecosystems. Ecol. Stud. 7

CASTRI, F. DI 1981: Mediterranean-type shrub-lands of the world. In: CASTRI, F. DI, GOODALL, D.W. & SPECHT, R.L. (eds.): Mediterranean-type shrublands. Ecosystems of the World, Amsterdam, vol. **11**: 1-52

DIAMOND, J. 1997: Arm und Reich - Die Schicksale der menschlichen Gesellschaft. Fischer Verlag

ERN, H. 1966: Die dreidimensionale Anordnung der Gebirgsvegetation auf der Iberischen Halbinsel. Bonner Geogr. Abh. **37**: 136 S.

FREITAG, H. 1971a: Die natürliche Vegetation des südostspanischen Trockengebiets. Bot. Jahrb. **91**: 147-208

FREITAG, H. 1971b: Die natürliche Vegetation Afghanistans. Vegetatio 22: 285-344

FREITAG, H. 1975: Zum Konkurrenzverhalten von *Quercus ilex* und *Quercus pubescens* unter mediterran-humidem Klima. Bot. Jb. **96**: 53-70

FREITAG, H., HEDGE, I.C., RAFIQPOOR, M.D. & BRECKLE S.-W. 2010: Flora and Vegetation Geography Afghanistan. In: BRECKLE, S.-W. & RAFIQPOOR, M.D.: Field Guide Afghanistan - Flora and Vegetation. Scientia Bonnensis, Bonn, Manama, New York, Florianópolis: 79-111

GROVES, R.H., BEARD, J.S., DEACON, H.J. et al. 1983: The origins and characteristics of mediterranean ecosystems. In Day, J.A. (ed.): Mineral nutrients in Mediterranean ecosystems. S. Afr. Nat. Sci. Progr. Rep. No. **71**: 1-18

HEDGE, I.C. & WENDELBO, P. 1970: Some remarks on endemism in Afghanistan. Israel J. Bot. **19**: 401-417

HÖLLERMANN, P. 1991: Studien zur Physischen Geographie und zum Landnutzungs-Potential der östlichen Kanarischen Inseln. Erdwissenschaftliche Forschung **25**. F. Steiner Verlag, Stuttgart. 276 S.

KÄMMER, F. 1974: Klima und Vegetation von Teneriffa besonders im Hinblick auf den Nebelniederschlag. Scripta Geobot., Göttingen **7**, 78 S.

KÄMMER, F. 1982: Flora und Fauna von Makaronesien. 179 S., Selbstverlag, Freiburg i. Br.

KULL, U. 1982: Artbildung durch geographische Isolation bei Pflanzen - die Gattung *Aeonium* auf Teneriffa. Natur und Museum **112**: 33-40

KUMMEROW, J. 1981: Structure of roots and root systems. Ecosystems of the World (Amsterdam), vol. **11**: 269-288

KUNKEL, G. (ed.) 1976: Biogeography and ecology in the Canary Islands. Junk, The Hague

LEONARD, J 1988: Contribution à l'étude de la flore et de la végétation des deserts d'Iran. Fasc 8, Meise. Jardin Bot Nat Belgique, 190 p.

LÖSCH, R. 1988: Funktionelle Voraussetzungen der adaptiven Nischenbesetzung in der Evolution makaronesischer Sempervieren. Habil.-Schrift Kiel 491 S.

MOONEY, H.A. & PARSONS, D.J. 1973: Structure and function of the Californian chaparral - an example from San Dimas. Ecol. Stud. **11**: 83-112

NEUBAUER, H.F. 1954a: Die Wälder Afghanistans. Angewandte Pflanzensoziol. Festschr. Aichinger **I**: 494-503

NEUBAUER, H.F. 1954b: Versuch einer Kennzeichnung der Vegetationsverhältnisse Afghanistans. Ann. Naturhist. Mus. Wien **60**: 77-113

NISANÇI, A. 1973: Studien zu den Niederschlagsverhältnissen in der Türkei unter besonderer Berücksichtigung ihrer Häufigkeitsverteilungen und ihrer Wetterlagenabhängigkeit. Dissertation, Bonn

OBERDORFER, E. 1965: Pflanzensoziologische Studien auf Teneriffa und Gomera. Beitr. Naturk. Forsch. SW-Deutschl. **24**: 47-104

OZENDA, P. 1975: Sur les étages de végétation dans les montagnes du bassin méditerranéen. Doc. Cartogr. Ecol., Grenoble **16**: 1-32

POTT, R., HÜPPE, J., WILDPERT DE LA TORRE, W. 2003 : Die Kanarischen Inseln – Natur und Kulturlandschaften. Ulmer, Stuttgart, 320 S.

PEINADO, M. & RIVAS-MARTINES, S. 1987 (eds.): La vegetación des España. Ser. Publ. Univ. Alcalá de Henres, Madrid, 554 P.

READ, D.J. & MITCHELL, D.T. 1983: Decomposition and mineralization processes in mediterranean-type ecosystems and in heath-lands of similar structure. Ecol. Studies **43**: 208-232

RUNDEL, P.W. 1982: The matorral zone of central Chile. Ecosystems of the world **11**: 175-201

SPECHT, R.L. 1973: Structure and functional response of ecosystems in the mediterranean climate of Australia. Ecol. Stud. **7**: 113-120

SUNDING, P. 1972: The vegetation of Gran Canaria. Norske Vid.-Akad. Oslo, I Math.-Nat. Kl. Ny Serie No. **29**, 186 p.

SUNDING, P. 1973: A botanical bibliography of the Canary Islands. 2. ed., Bot. Garden, Univ. of Oslo

VOGGENREITER, F. 1974: Geobotanische Untersuchungen an der natürlichen Vegetation der Kanareninsel Tenerife. Diss. Bot. Cramer/Lehre, **26**, 718 S.,

VOLK, O.H. 1954: Klima und Pflanzenverbreitung in Afghanistan. Vegetatio **5** (6): 422-433

WALTER, H. 1960: Standortslehre. 2. Aufl., Ulmer, Stuttgart. 566 S.

WALTER, H. 1968: Die Vegetation der Erde, Bd. II: Gemäßigte und arktische Zonen. 1001 S., Fischer, Jena-Stuttgart

WALTER, H. 1973: Die Vegetation der Erde, Bd. I: Tropische und subtropische Zonen. 3. Aufl., Fischer, Jena, Stuttgart, 743 S.

WALTER, H. & BRECKLE, S.-W. 1991: Ökologie der Erde, Bd. 4: Spezielle Ökologie der Gemäßigten und Arktischen Zonen außerhalb Euro-Nordasiens. UTB Große Reihe, Fischer, Stuttgart. 586 S.

Lorbeerwälder in Japan mit einem Tempel bei Kyoto, Japan (Foto: Breckle).

Lorbeerwald (Zonobiom V) an den Abhängen des El Bailladero-Gebirges auf der Insel La Gomera, Kanaren mit Girlanden epiphytischer Moose (Foto: E. Fischer)

Tertiär-Reliktwald (Zonobiom V) im Surami-Gebirge in der Kolchis (Georgien) mit endemischem Efeu (*Hedera colchica*) an *Fagus orientalis* (Foto: Rafiqpoor)

II Spezieller Teil

Teil H - ZB V: Zonobiom der Lorbeerwälder bzw. des warmtemperierten humiden Klimas

1 Allgemeines, Klima und Böden
2 Tertiärwälder, Lauriphyllie und Sklerophyllie
3 Humides Subzonobiom an den Ostseiten der Kontinente
4 Subzonobiom an den Westseiten der Kontinente
5 Biome der *Eucalyptus-Nothofagus*-Wälder SE-Australiens und Tasmaniens
6 Warmtemperierte Biome Neuseelands
7 Literatur

Der größte Teil der lauriphyllen Reliktwälder (Zonobiom V) auf den Kanaren ist heute der agrarischen Nutzung und Siedlungen gewichen. Blick von den Vorhügeln östlich La Laguna in Richtung Pico de Teide (3.700 m, rechts oben im Hintergrund; Foto: Rafiqpoor)

1 Allgemeines, Klima, Böden

Das **Zonobiom V** lässt sich nicht scharf abgrenzen, es ist eine Übergangszone zwischen den tropisch-subtropischen (ZB I – III) und den typisch gemäßigten Gebieten (ZB IV, VI, VII). Aber es nimmt doch insgesamt eine zu große Fläche ein, um nur als Ökoton behandelt zu werden.

Das Klima ist ein typisches Übergangsklima, das sehr unterschiedlich ausgeprägt sein kann, generell aber recht mild ist. Die ökologischen Klimadiagramme (◘ Abb. H-1 und ◘ Abb. H-2) zeigen die große Variationsbreite. Man kann zwei Subzonobiome unterscheiden:

1. Das sehr humide **sZB V(s)** mit Regen das ganze Jahr hindurch, mit stärkeren Sommerregen, also mit einem gewissen Minimum in der kühlen Jahreszeit. Die Hauptvegetationszeit ist immer feucht und wegen der hohen Temperatur schwül. Diese Gebiete liegen überwiegend an den Ostseiten der Kontinente etwa zwischen dem 30. und 35. Grad auf der Süd- und Nordhemisphäre und stehen unter der Einwirkung von Passat- oder Monsunwinden. Während der kühlen Jahreszeit sinken die Temperaturen schon ziemlich tief, es können leichte Fröste auftreten, aber eine kalte Jahreszeit mit Temperaturen unter 0 °C fehlt (▶ Abb. H-1); doch ist der Winter schon eine Ruhezeit für die Vegetation.

Zum **sZB V(s)** kann man den größten Teil der Ostküste Australiens, den überwiegenden Teil Neuseelands, die südwestlichen Staaten der USA, die Südostecke Brasiliens und Uruguay, den südlichen Küstenstreifen in Südafrika, einen großen Teil Mittel-Chinas, die Südhälfte Japans und den Südosten Koreas stellen.

2. Das andere **sZB V(w)** ist überwiegend an die Westseiten der Kontinente gebunden, etwas weiter polwärts bis zum 40. Breitengrad, also etwas gegenüber dem ersten sZB V(s) verschoben; es schließt sich meist an das feuchte Subzonobiom des ZB IV an, wo ja die Winterregen überwiegen, aber die Sommerdürrezeit fehlt weitgehend (▶ Abb. H-2). Beide Subzonobiome sind durch lauriphylle Baumarten und/oder großwüchsige Nadelhölzer, jeweils oft reich an Reliktformen aus dem Tertiär, gekennzeichnet.

Zum **sZB V(w)** kann man kleine Teile der nordwestlichen USA und des südwestlichen Kanadas, die Westküstenbereiche in Chile einschließlich und nördlich der Insel Chiloe, kleine Teile Nord-Portugals und Nordwest-Spaniens, die Südostküste des Schwarzen Meeres (Kolchis) und die Südküste des Kaspischen Meeres (Hyrkanien) einbeziehen. Dazu können auch die isolierten Lorbeerwälder Makaronesiens gerechnet werden.

An den Ostseiten der Kontinente haben wir es infolge der Passat- oder Monsunwinde mit einer fast kontinuierlichen Reihe vom Zonobiom II über ein hu-

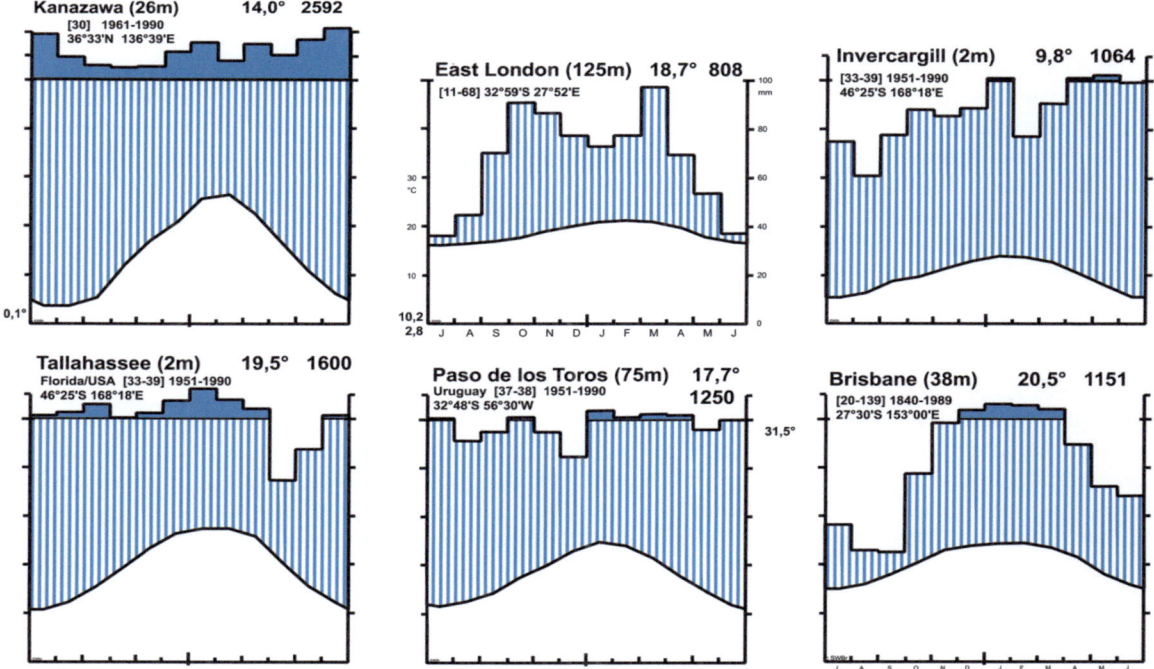

◘ **Abb. H-1** Klimadiagramme des sehr humiden sZB V(s) mit Regen zu allen Jahreszeiten oder besonders im Sommer (Kanazawa in Japan; East London in Südafrika; Invercargill in Neuseeland; sowie Tallahassee in Florida, USA; Paso de los Toros in Uruguay und Brisbane in Ost-Australien).

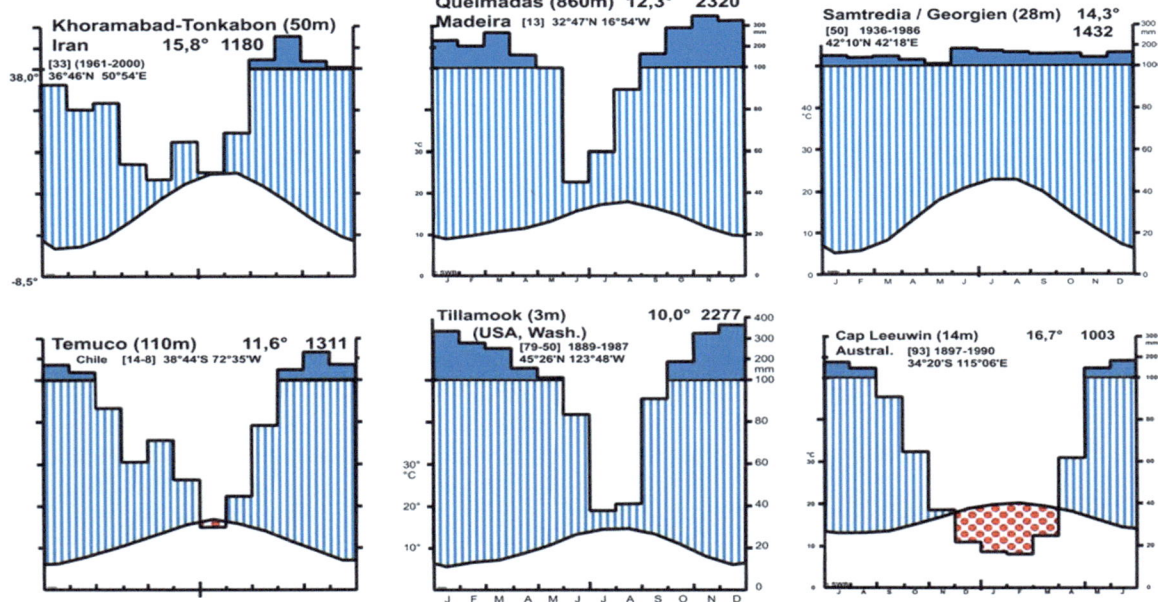

■ **Abb. H-2** Klimadiagramme des sZB V(w) mit Regen zu allen Jahreszeiten oder einem kleinen Maximum im Winter (Khoramabad am Kaspischen Meer, Iran; Queimadas auf Madeira; Samtredia im Kolchisgebiet in Georgien; sowie Temuco in Mittel-Chile; Tillamook in NW-USA, Washington und Cap Leeuwin SW-Australien – letzteres ist ZÖ IV/V).

Box H-1 Das Zonobiom V ist ein Übergangszonobiom
sZB V(s): Auf den Ostseiten der Kontinente Übergang vom ZB I und ZB II eher mit Sommerregen zu den gemäßigten Regionen (ZB VI) mit leichtem Frost.
sZB V(w): Auf der Westseite der Kontinente Übergang vom ZB IV eher mit Winterregen zum ZB VIII mit ozeanischer Prägung

mides subtropisches Zonoökoton II/V zum Zonobiom V und über ein Zonoökoton V/VI zum Zonobiom VI zu tun. Dies ist an mehreren Regionen verwirklicht, und es sind oft artenreiche Übergangsgebiete, die aber auch dicht besiedelt sind.

Sowohl die klimatische als auch vegetationskundlich-ökologische Abgrenzung der genannten Abschnitte ist schwierig. Man lässt die Tropen dort aufhören, wo Fröste sich bemerkbar machen oder die Jahresmitteltemperatur bei Frostfreiheit unter 18 °C sinkt, so dass tropische Kulturen wie Kaffee, Kakao, *Cocos*, Ananas, u. a. nicht mehr rentabel sind und nur Tee, Citrus und einzelne Palmen verbleiben. Im Bereich des Zonobioms V treten schon leichte Fröste auf, aber die mittleren Tagesminima des kältesten Monats sind noch über 0 °C, das heißt eine kalte Jahreszeit kommt nicht vor. Die Jahresmittel liegen etwas über oder unter 15 °C, die Baumarten der Wälder sind wenigstens zum Teil immergrün, während das im ZÖ V/VI nur noch für einige Straucharten gilt. Für das ZB VI ist schon eine kalte Jahreszeit von zwei oder mehr Monaten typisch; die Holzarten werfen fast alle ihr Laub im Herbst ab. Ökologisch sind die verschiedenen Regionen des ZB V wohl noch nicht intensiv untersucht worden, auch über die Ökosysteme lassen sich keine Einzelheiten

angeben. Es ist auch besonders schwierig, denn die meisten Wälder sind artenreich und die Wachstumsbedingungen günstig, so dass die Siedlungsdichte meist hoch und die natürliche Vegetation fast völlig verschwunden ist. Man muss davon ausgehen, dass der entscheidende Faktor sicher der Wettbewerb zwischen den immergrünen und den anderen Arten ist, aber dieser ist schwer fassbar.

2 Tertiärwälder, Lauriphyllie und Sklerophyllie

Wenn die Hartlaubvegetation des ZB IV aus einer Lorbeerblättrigen Vegetationsform in geologisch junger Zeit entstanden ist, dann sollten sich auch noch lorbeerblättrige Reliktarten im Mittelmeergebiet finden lassen. *Laurus nobilis* kommt in den niederschlagsreicheren Gebieten und an diversen geschützten Standorten vor, insbesondere auch in der Westmediterraneis. Auch *Arbutus* (▶ Abb. G-5) ist eher lorbeerblättrig als hartlaubblättrig. Lauriphylle Arten kommen azonal in Schluchtwäldern oder orozonal als Nebelwaldparzellen vor. Die Sklerophyllen mit verholzten Zellelementen im Blatt (Sklereiden) haben nur an sehr gemäßigten Standorten und in nahezu dauerhumiden Gebieten die Lauriphyllen nicht verdrängen können.

Als zonale Vegetation kommt der Lorbeerwald großflächig nur in Ostasien (China, Japan) und in den südöstlichen USA vor. Aber viele der immergrünen gemäßigten Wälder sind heute nur noch in Resten vorhanden, ihr Artenreichtum (zum Beispiel in China, Korea oder Japan, aber auch in den südöstlichen USA) ist bemerkenswert hoch, ganz besonders auch in Südbrasilien. Viele Arten sind endemisch für ihre jeweilige Region.

Als verarmte Restbestände des ZB V werden die oft zu Heiden degradierten Bestände in Nordportugal angesprochen.

Die euxinischen (Kolchis) und hyrkanischen Reliktwälder (◘ Abb. H-3) sind durch ihre Tertiärreliktarten gekennzeichnet (z.B. an der Südküste des Kaspischen Meeres in Iran), wo zahlreiche Gattungen mit den tertiären, durch Fossilien belegten Vertretern nahe verwandt sind. Dies gilt in gleichem Maße auch für die anderen ZB V-Regionen.

◘ **Abb. H-3** Die hyrkanischen Wälder im Nord-Iran entlang des Kaspischen Meeres weisen Tertiärreliktarten auf. Die Wälder sind kleinräumig und stehen unter erheblichem anthropogenem Nutzungsdruck (Foto Breckle).

Die Lorbeerwälder, die heute im Wesentlichen als Bestandteile des sZB V(s) an den Ostküsten der Kontinente noch in nennenswertem Umfang vorkommen, werden von KLÖTZLI (1987) als thermophil (20 bis 25 °C Monatsmittel in der Vegetationsperiode) und frostempfindlich (Minima kaum unter -10 °C) sowie trockenheitsempfindlich (kaum aride Monate im Jahresgang) eingestuft. Die Abgrenzung des ZB V gegenüber subtropisch/tropischen Regenwäldern ist gegeben durch deren mehr und gleichmäßigere Niederschläge sowie ausgeglichenere Temperaturen, gegen die Hartlaubwälder durch deren geringere und sporadischere Niederschläge (Winter) und regelmäßige Feuer, gegen die sommergrünen Laubwälder durch deren kältere Winter mit Spätfrösten und oft trockenere Sommer.

3 Subzonobiom an den Westseiten der Kontinente

3.1 Nord-Amerika, Wälder mit Riesen-Coniferen

Das sZB V(w) mit Winterregen reicht in Nordamerika von Nordkalifornien bis nach Südkanada im Küstengebiet (▶ Abb. G-17, Vancouver). Es ist die Zone der *Sequoia sempervirens*-Wälder, an die sich weiter nördlich Wälder aus *Tsuga heterophylla*, *Thuja plicata* und *Pseudotsuga menziesii* anschließen (◘ Abb. H-4). *Prunus laurocerasus* und *Rhododendron ponticum*, aber auch *Araucaria excelsa* gedeihen hier üppig in den Gartenanlagen – ein Zeichen für die milden Winter. Weiter nach Norden sinken die Temperaturen langsam ab. Das Klima wird immer humider, die Tages- und Jahresschwankungen der Temperatur sind gering. Die maritim getönte und frostempfindliche Sitka-Fichte (*Picea sitchensis*) gelangt zur Vorherrschaft. In dieser meridional verlaufenden Zone, die sich bis in die Subarktis auf Alaska erstreckt, lassen sich Abschnitte, die dem ZB VI oder ZB VIII entsprechen, kaum erkennen. Es ist ein extrem humides ozeanisches Ökoton, in dem kein Ackerbau betrieben werden kann, das deshalb wenig besiedelt ist.

Im Rahmen des International Biological Programm (IBP) wurden hier die wohl ertragreichsten Nadelwälder der Welt, vor allem Douglastannen-Ökosysteme *(Pseudotsuga)*, untersucht. Ein Sammelband (EDMONDS 1982) enthält in elf Beiträgen die Ergebnisse der Arbeiten aus den Jahren 1971 bis 1978. Eine Übersicht über die Verbreitung der immergrünen Wälder hat KLÖTZLI (1987) gegeben.

In den **westlichen USA**, in Oregon und Washington, handelt es sich um humide, wenig frostresistente Nadelwälder, die Bestandshöhen bis über 100 m erreicht haben. Die Reliktart *Sequoia sempervirens* (◘ Abb. H-5), die teilweise gemischt mit *Abies grandis*, *Pseudotsuga menziesii* vorkommt, oder nördlich davon von *Tsuga heterophylla* und *Thuja plicata* abgelöst wird, bildet ein oberes Kronenstockwerk aus. In der unteren Baumschicht sind viele Laubhölzer vertreten (*Acer macrophyllum*, *Alnus rubra* etc.). Viele der Bäume sind reich mit epiphytischen Farnen, Moosen und Flechten überzogen. Man muss diese Coniferenwälder der warmtemperierten Zone, die fast das ganze Jahr über photosynthetisch aktiv sind, als tertiär geprägte Reliktwälder auffassen. Sie wurden von den Eiszeiten aufgrund der nord-süd-verlaufenden Gebirge offenbar wenig betroffen. Weiter südlich sind wohl auch während der Eiszeit größere Refugialgebiete für die Vegetation erhalten geblieben, so dass im Gegensatz zu den west-östlichen Gebirgsbarrieren in Europa, die Ausbreitung nach Norden rasch erfolgen konnte.

◘ **Abb. H-4** Ozeanischer Nadelwald der feucht-milden Westseiten der Kontinente mit *Pseudotsuga menziesii* (Olympic National Park, USA) (Fotos: Barthlott).

◘ **Abb. H-5** Die *Sequoiadendron giganteum*-Wälder sind neben den Wäldern der Mammutbäume (*Sequoia sempervirens*) als Tertiär-Relikte berühmte und gewaltige Wälder der gemäßigten Zonen der Erde. Die Höhe der Mammutbäume übertrifft mit >100 m die höchsten Regenwaldbäume der Erde (Foto: M. Neumann).

3.2 Valdivianischer Regenwald in Süd-Chile

In **Südchile** herrschen ganz analoge Verhältnisse. Das sZB mit Winterregen, aber ohne Sommerdürrezeit, entspricht dem ebenfalls sehr üppigen valdivianischen immergrünen Regenwald. Das Klima ist dauernd humid mit hohen Jahresniederschlägen (◘ Abb. H-6).

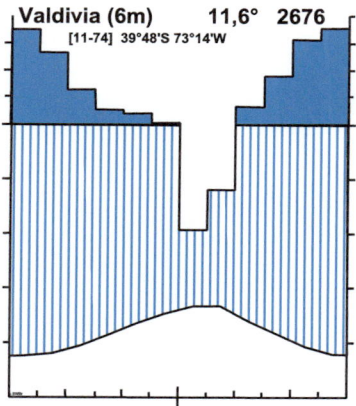

◘ **Abb. H-6** Das Klimadiagramm von Valdivia demonstriert die ökologischen Verhältnisse der Valdivianischen Regenwälder in Süd-Chile.

◘ **Abb. H-7** *Nothofagus*-Wald mit *N. dombeyi* und anderen *Nothofagus*-Arten im Nationalpark Nahuelbuta mit großen Araukarien (*Araucaria araucana*) (Foto: J. Renz).

Hier im südlichen **Chile** entspricht der Valdivianische Regenwald dem ZB V(w). Er ist artenreich und seine Üppigkeit erinnert an tropische Regenwälder. Das Klima ist aber kühl, ohne Frost und dauerhumid. Mehrere Reliktnadelhölzer treten auf (u.a. *Fitzroya cupressoides*, *Austrocedrus chilensis*, *Podocarpus nubigenus*, *Dacrydium foncki*, *Araucaria araucana*), allerdings nie dominant. Waldbildend sind *Nothofagus*-Arten (◘ Abb. H-7, ► Abb. H-26); die laubwerfende *N. obliqua* kann über 40 m hoch werden, und die immergrünen *N. dombeyi*, *Eucryphia cordifolia* und andere erreichen 35 bis 40 m. Der südlich anschließende magellanische Wald mit immergrünen, aber auch laubabwerfenden *Nothofagus*-Arten und der starken Ausbildung von Mooren bildet die perhumide Übergangszone zur Subantarktis des Feuerlandes und der Inseln.

3.3 West-Australien

In **Australien** gehört die Südwestspitze zu diesem sZB mit Winterregen ohne Sommerdürre (Karri-Wald). Dies wird durch das Klimadiagramm von Dwellingup gekennzeichnet (► Abb. H-1). Der Karri-Baum (*Eucalyptus diversicolor*) (◘ Abb. H-8) erreicht Wuchshöhen, die nicht selten 60m übertreffen, teilweise bis 90 m; es sind Baumriesen. Der berühmte Gloucester-Tree (► Abb. H-8**b**) bei Pemberton hat z.B. eine Aussichtsplattform auf 61 m Höhe, die früher als Überwachungshütte diente, um rechtzeitig Waldbrände in der Umgebung ausmachen zu können. Aber nicht nur diese Art ist endemisch für SW-Australien. Auch die *Eu. calophylla* (bis 60 m) und *Eu. jacksonii* (bis 70 m), die ebenfalls mächtige Stämme bilden, sind die westlichen Baumarten dieses hochwüchsigen Mischwaldes auf teilweise sehr armen und moorigen Böden. Die Bäche und Flüsse führen braunes humusreiches Wasser. Im Unterwuchs des Waldes und auf kleinen eingestreuten Moorflächen kommen carnivore Arten, so mehrere *Drosera*-Arten vor (u.a. die kletternde *Drosera macrantha*) oder an Felsen die rot blühende *Utricularia menziesii* (◘ Abb. H-9), auf größeren Moorflächen die am Boden wachsende australische Kannenpflanze *Cephalotus follicularis*. In der meist sehr offenen Strauchschicht wächst die Myrtacee *Calytris* und Grasbäume wie *Dasypogon hookeri* und *Kingia australis*.

3.4. West-Europa

In **Westeuropa** fehlen die frostempfindlichen großen Coniferen der pazifischen Küste Nordamerikas vollständig. Sie sind während der Eiszeiten des Pleistozäns

◘ **Abb. H-8** Karri-Wälder des Australischen Winterregengebietes mit *Eucalyptus jacksonii*, *Eu. calophylla* (**a**) (Foto: Breckle) und *Eu. diversicolor* (**b**: hier der 72m hohe berühmte Gloucester-Baum; Foto: Sean Mack, http://t1p.de/gxpo) an der SW-Spitze des Kontinents bei Nornalup bestehen teilweise aus Baumriesen, die Wuchshöhen von nicht selten 60 m, teilweise sogar bis 90 m übertreffen.

◘ **Abb. H-9** In SW-Australien erreichen auf den alten nährstoffarmen Böden die karnivoren Pflanzen ihre höchste Diversität. Hier zwei Beispiele: *Utricularia menziesii* (**a**) und die australische Kannenpflanze *Cephalotus follicularis* (**b**) (Fotos: Breckle).

ausgestorben (Fossilien in der Rheinischen Braunkohle). Dem sZB entspricht am ehesten die nordspanische und südwestfranzösische Küste mit Heideformationen (Les Landes). Die perhumide Übergangszone ist ebenso zersplittert wie das westeuropäische Küstengebiet. Sie verteilt sich auf Wales, Westschottland, die Inselgruppen mit Irland und die feuchtesten Teile der norwegischen Westküste mit den Lofoten und reicht bis in die Subarktis. Heidemoore mit Birken und Weidenarten sind heute die vorherrschende Vegetation.

In Westeuropa fehlt daher eine dem ZB V entsprechende Vegetation, obwohl das Klima heute eine solche Vegetation zulassen würde. Reste einiger Reliktarten finden sich im Gebirge bei Algeciras (Campo de Gibraltar), wo noch die immergrünen

Rhododendron ponticum ssp. *baeticum, Quercus lusitanica* und *Prunus lusitanica* vorkommen. Dazu tritt der teils epiphytische Farn *Davallia canariensis* und der urtümliche Farn *Psilotum nudum* auf. Auch die carnivore Pflanze *Drosophyllum lusitanicum* zeigt an, dass diese Böden nährstoffarm sind.

3.5 Die Kolchis und Hyrkanien

Im euxinischen Waldgebiet Nordanatoliens und Georgiens findet man nur laubwerfende Bäume, im Unterwuchs treten allerdings eine ganze Reihe immergrüner Arten auf (*Prunus laurocerasus, Ilex, Buxus, Daphne pontica, Vaccinium arctostaphylos, Ruscus* etc.). Ähnliches gilt für die **Kolchis** am Ostufer des Schwarzen Meeres und die hyrkanischen Wälder am Südufer des Kaspischen Meeres. Dieses zum sZB V(w) gehörende Gebiet von **Nord-Anatolien** und **West-Georgien** mit kolchischen Wäldern, in denen *Rhododendron ponticum* und *Prunus laurocerasus* beheimatet sind (◘ Abb. H-10), ist ein Ausläufer der üppigen Wälder im Kolchischen Dreieck zwischen den kaukasischen Gebirgen und dem Schwarzen Meer mit gleichmäßig verteilten Niederschlägen bis 4000 mm. In diesem tertiären Reliktwald ist der immergrüne Unterwuchs erhalten geblieben, aber die Baumschicht mit den Reliktarten *Zelkowa* und *Pterocarya* sowie *Dolichos* und den Lianen *(Vitis, Periploca)* wirft das Laub ab. Einzelne Kälteeinbrüche kommen vor, doch sind *Citrus*- und Tee-Kulturen (*Camellia sinensis*) vorhanden (◘ Abb. H-11), die zeigen, dass das Klima mild ist, wie das Klimadiagramm von Rize (◘ Abb. H-12) erkennen lässt. Auch das Vorkommen der zarten Hautfarne (*Hymenophyllum*, ◘ Abb. H-13) dokumentiert dies. Hautfarne kommen auch in den meisten anderen Regionen des ZB V vor.

Ähnlich ist der hyrkanische Reliktwald (▶ Abb. H-3) an der Südküste des Kaspischen Meeres (▶ Abb. H-12) ausgebildet mit der Reliktart *Parrotia* (Hamamelidaceae) und *Albizzia julibrissin* (Mimosaceae) u. a.

◘ **Abb. H-10** Die *Fagus orientalis*-Wälder (**a**) mit *Rhododendron ponticum* (**b, d**), *Rhododendron luteum* (**e**) *Prunus laurocerasus* (**c, f**) im isolierten sZB V in der Kolchis, Georgien (Fotos: Rafiqpoor).

328 Zonobiom der Lorbeerwälder

■ **Abb. H-11** In der Kolchis wird auch Tee (*Camellia sinensis*), eine Pflanze der kühl-feuchten tropischen Regionen, angebaut als Zeichen fehlender längerer und strenger Frostperioden im Winter (Fotos: Rafiqpoor).

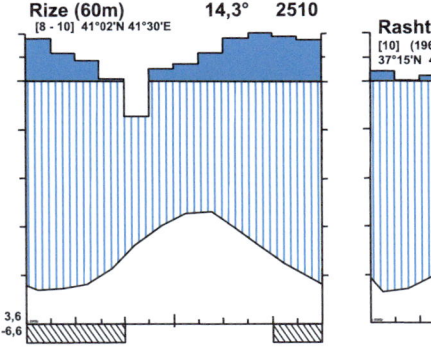
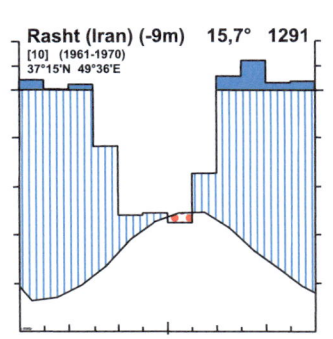

■ **Abb. H-12** Klimadiagramme von Rize als Beispiel für das milde Klima der Kolchis und der hyrkanischen Wälder im Süden des Kaspischen Meeres (Rasht).

■ **Abb. H-13** Die Hautfarne aus der Hymenophyllaceae kommen in den immerfeuchten Wäldern von Batumi am östlichen Schwarzen Meer in der Kolchis (Georgien) vor (Foto: Rafiqpoor)

4. Humides Subzonobiom an den Ostseiten der Kontinente

4.1 Ost-Asien, China, Japan

In **Ostasien**, das dem ostasiatischen Monsun ausgesetzt ist und deshalb ein ZB II besitzt, nimmt dieses humide sZB des ZB V einen besonders großen Raum ein. Die Nordgrenze bei etwa 35°N erreicht noch die Südspitze der koreanischen Halbinsel mit den vielen Inseln, biegt im Japanischen Meer nach Norden aus und verläuft durch den südlichen Teil der japanischen Hauptinsel Honschu (▶ Abb. H-1, Kanazawa). Die Insel Cheju-Do und Ullung-Do (◻ Abb. H-14) im südwestlichen Korea (◻ Abb. H-15, ◻ Abb. H-16) weisen eine entsprechende laurophylle Waldvegetation auf, soweit die noch erhalten geblieben sind. Hier kommen neben immergrünen Fagaceen *Cyclobalanopsis*, *Quercus* und *Castanopsis* die Myrsinacee *Ardisia* sowie die Lauracee *Machilus* u.a. als waldbildende Baumarten vor. Aber auch die in Norditalien (Insubrien) häufigen Ziersträucher *Aucuba japonica*, *Euonymus japonica*, *Ligustrum japonicum* und die frostempfindlichen *Camellia* stammen von da. Weiter nördlich gewinnen laubabwerfende Baumarten die Oberhand (NUMATA et al. 1972), ebenso wie in höheren Lagen (▶ Abb. H-16), sogar mit Buchenarten, auf Ullung-Do die Reliktart *Fagus multinervis*, auf Japan mit *Fagus japonica* und *F. crenata*. Erstaunlicherweise ist auch auf Taiwan (oberhalb der tropischen Tieflandswälder) eine Höhenstufe (>2.800 m) mit der Reliktart *Fagus hayatae* ausgebildet.

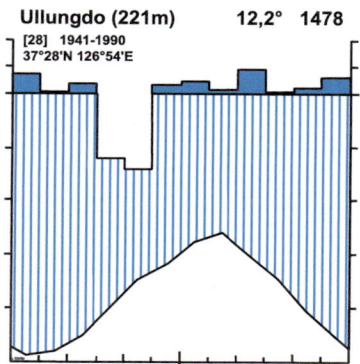

◻ **Abb. H-14** Klimadiagramm von Ullung-Do als Beispiel für das Klimagebiet der laurophylle Waldvegetation in Süd-Korea.

◻ **Abb. H-16** Offener, junger Buchenwald auf oberen Berghängen der Insel Ullung-do (Südkorea) mit zahlreichen *Fagus multinervis*-Stämmen. Im Unterwuchs kommen noch einzelne immergrüne Lorbeerwald-Arten vor (z.B. *Euonymus japonicus*), aber auch viele krautige Arten (vgl. auch ALBERT 1997) aus den Gattungen *Helleborus*, *Hepatica*, *Maianthemum* und *Sasa* (Foto: Breckle).

◻ **Abb. H-15** Lorbeerwaldreste auf der Insel Ullung-do (Süd-Korea) in einzelnen Tälern, an den oberen Berghängen übergehend in einen Buchenwald mit *Fagus multinervis*, als Reliktwald (Foto: Breckle).

In **China** weicht die Nordgrenze landeinwärts etwas nach Süden zurück, soweit sich im Winter die Kälteeinbrüche vom sibirischen Hoch bemerkbar machen. Viel weniger scharf ist die Südgrenze gegen die immergrünen tropisch-subtropischen Wälder des südlichen China ausgeprägt. Kanton gehört noch zum ZB II. Wir bringen hier die Gliederung nach AHTI & KONEN (1974) (◻ Abb. H-17). Dort wird auch auf das Orobiom in Japan eingegangen.

In **Japan** wird wie in China – beides dichtbesiedelte Länder – jeder gut kultivierbare Fleck für Landwirtschaft genutzt. Es ist daher verständlich, dass alle tiefgründigen, zonalen Böden heute Kulturland sind. Die ursprüngliche Vegetation ist völlig zurückgedrängt; sie findet sich in Resten an unteren Hängen, die sich weder für Ackerbau noch für Beweidung eignen. Diese geben eine gewisse Vorstellung der ursprünglichen Vegetation und zeigen, dass diese äußerst artenreich war mit zahlreichen laurophyllen Arten. Das Klima ist dauerhumid (▶ Abb. H-1, Kanazawa). Das Gebiet des immergrünen Waldes

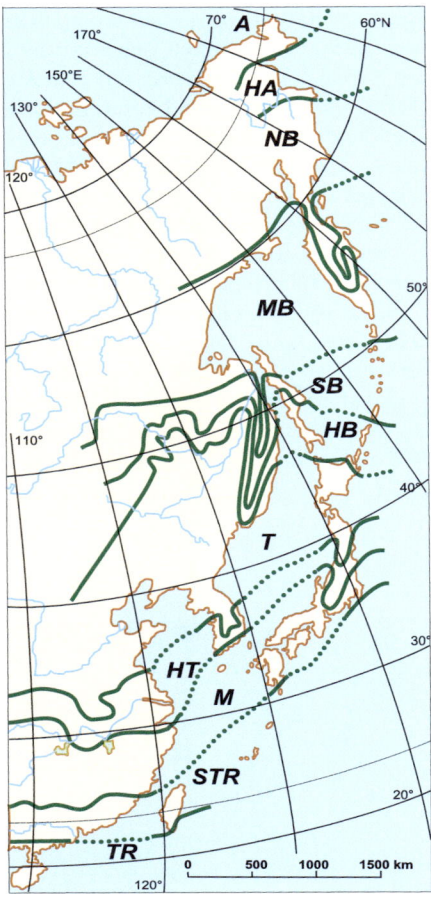

■ **Abb. H-17** Bioklimatische Gliederung von Ostasien (verändert nach AHTI & KONEN 1974). TR = humide Tropen, STR = humide Subtropen. M = maritim-warm-temperiertes ZB V. HT = ZÖ V/VI und T = temperiertes ZB VI. HB = hemi-boreale Mischwald-Zone. SB, MB und NB = südliche, mittlere und nördliche boreale Zone (= ZB VIII). HA und A = hemi-arktische und arktische Zone (= ZB IX).

erstreckt sich in Japan über fast 13 Breitengrade. Entsprechend ändert sich auch die floristische Zusammensetzung. In Kyushu reicht der immergrüne Laubwald bis 800 m hoch und wird dann von einem coniferenreichen Wald abgelöst, aber auch mit sommergrünen Laubwaldarten, die dann ab 1.500 m dominieren und einem Laubwald des ZB VI entsprechen. Die immergrünen Wälder bestehen dort überwiegend aus *Distilium racemosum*, *Castanopsis sieboldii*, *Cyclobalanopsis acuta* und *C. salicina* in der Kronenschicht und denselben Arten sowie *Camellia japonica*, *C. sasanque*, *Machilus japonicus* und *Cleyera japonica* in der unteren Baumschicht.

4.2 Südöstliche Nord-Amerika

Im **Südosten Nordamerikas** ist die Südspitze von Florida noch tropisch, aber selbst in Miami und Palm Beach kommen leichte Fröste vor. Die immergrünen Eichenwälder mit *Quercus virginiana* reichen längs der Küste bis North Carolina hinein. Die Gesamtfläche des ZB V ist nicht sehr groß, weil im Inland die Kälteeinbrüche bis zum Golf von Mexico reichen (KLAUS 1975, LAUER 1999). Auf dem Klimadiagramm (■ Abb. H-18) ist zu erkennen, dass der Temperaturgang schon deutlich kontinental ist. Außerdem sind auf weitverbreiteten Sandflächen Psammo-Biome vorhanden, und zwar Kiefernwälder aus *Pinus clausa*, *P. taeda*, *P. australis* u.a. zum Teil mit immergrünem Unterwuchs. Dazu kommen die ausgedehnten *Taxodium-Nyssa*-Sumpfwälder (Hydrobiome) und die immergrünen *Persea-Magnolia*-Moorwälder sowie Heidemoore mit der Venusfliegenfalle *(Dionaea muscipula)* als Helobiome. Direkt an der Küste nehmen Salzmarschen (Halobiome) große Flächen ein.

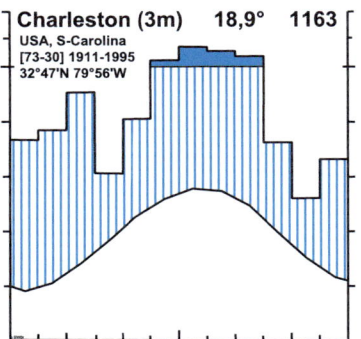

■ **Abb. H-18** Klimadiagramm von **Charleston** als Beispiel für das rand-tropische Klimagebiet des südöstlichen Nordamerika mit einem bereits ausgeprägten Jahresgang der Temperatur.

4.3 Araucarienwälder Südost-Brasiliens

In **Südamerika** reichen in Ostbrasilien die immergrünen Wälder von den tropischen zu den subtropischen und warm-temperierten weit nach Süden. Die Tropen hören an der Küste zwischen Porto Alegre und Rio Grande auf. Selbst in Nordargentinien, in Misiones und Corrientes spricht man von subtropischen Wäldern. Längs den großen Flussläufen des Paraná und Uruguay dringen sie als Galeriewälder in das Pampagebiet vor. An der Küste hört das ZB V bei la Plata auf, das ZB VI fehlt. Das Klimadiagramm aus Uruguay (▶ Abb. H-1, Paso de los Toros) verdeutlicht das typische ganzjährig humide Klima.

Auf der Hochfläche über 500 m ist namentlich in Südbrasilien das Gebiet der Coniferenwälder aus *Araucaria angustifolia* anzutreffen (■ Abb. H-19). Diese müsste man auf jeden Fall zum ZB V rechnen. Im Allgemeinen ist gerade in diesem Teil die Waldfläche durch Rodung stark reduziert.

◘ **Abb. H-19** Die *Araucaria angustifolia*-Wälder im Südosten Brasiliens nehmen zwar größere Areale ein, sind aber heute zunehmend der Entwaldung ausgesetzt (Foto: Barthlott).

4.4 Süd-Afrika

In Afrika, dessen Südostküste ebenfalls dem SE-Passat ausgesetzt ist und durch den Windstau vor den Drakensbergen sehr starke Niederschläge erhält, sind immergrüne tropisch-subtropische Wälder in Küstennähe bis East London verbreitet. Den Abschnitt längs der Südküste kann man als warm-temperiert bezeichnen. Früher reichten die Wälder ohne Unterbrechung bis zum Osthang des Tafelberges bei Kapstadt. Der größte Teil ist jedoch gerodet oder sekundär von dem Fynbos des ZB IV eingenommen. Ein größeres Waldreservat mit alten hohen *Podocarpus*-Bäumen und einer großen Zahl von immergrünen Laubbäumen, unter denen der „Stinkboom" *(Ocotea foetens)* wertvolles Holz liefert, ist nur bei Knyshna erhalten (◘ Abb. H-20 und ◘ Abb. H-21).

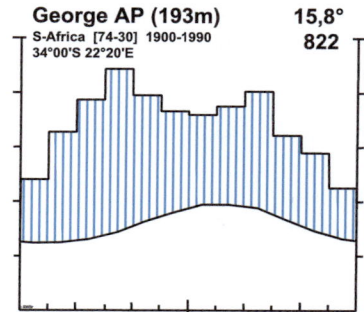

◘ **Abb. H-21** Klimadiagramm von **George** als Beispiel für das immerfeuchte Klimagebiet der Knyshna-Forest im südlichen Afrika.

◘ **Abb. H-20** Reste der immerfeuchten Knyshna-Wälder sind an der Südspitze Afrikas in der Umgebung von Knyshna erhalten. Ihre Existenz verdanken diese Wälder der Kombination von Sommer- und Winterregen, die eine ganzjährige Wasserversorgung garantieren. Einen Teil ihre Feuchtigkeit erhalten die Wälder aus der häufigen Nebelkondensation (Fotos: Breckle).

4.5 Biome der *Eucalyptus-Nothofagus*-Wälder in Südost-Australien und Tasmanien

Die feuchten tropisch-subtropischen immergrünen Wälder an der Ostküste Australiens, die sich auf nährstoffreichen meist vulkanischen Böden bis in das südliche New South Wales erstrecken, bestehen vorwiegend aus indomalaiischen Elementen, die der Australis fremd sind. Erst im südlichen New South Wales, in Victoria und auf Tasmanien herrscht das australische Element mit der Gattung *Eucalyptus* vor. Zugleich mischen sich jedoch schon einige bedeutsame antarktische Elemente bei. Hier im feuchten Klima ohne Kältezeit (◘ Abb. H-22) erreichte *Eucalyptus regnans* eine nachgewiesene Höhe bis 110 m (ältere Angaben von 145 m sind nicht sicher nachprüfbar).

Heute findet man Baumhöhen zwischen 75 und 95 m (◘ Abb. H-23). Es waren wahrscheinlich früher die neben den Mammutbäumen Kaliforniens die höchsten Baumriesen der Erde.

Fast ebenso hoch werden *Eu. gigantea* und *Eu. obliqua*. Die wichtigsten antarktischen Arten sind die immergrüne *Nothofagus cunninghamii* und der Baumfarn *Dicksonia antarctica*, auf Tasmanien auch noch eine Reihe anderer Arten.

Die besonders perhumide Übergangszone dagegen umfasst nur W-Tasmanien mit kleinen *Eucalyptus*-Arten und Mooren sowie den Südwesten von der neuseeländischen Südinsel mit der vorgelagerten Stewart-Insel. Damit ist der Übergang zu den subantarktischen Inseln gegeben.

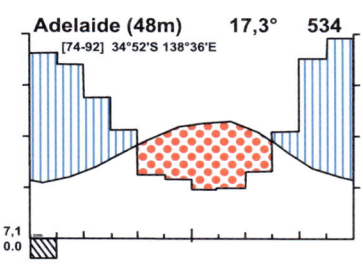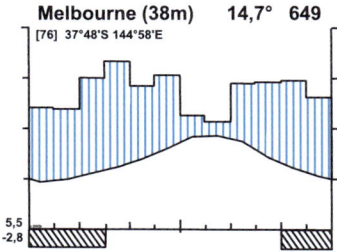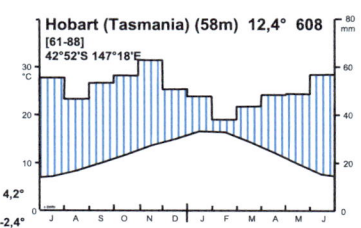

◘ **Abb. H-22** Klimadiagramme aus dem Hartlaubgebiet S-Australiens und dem warmtemperierten Gebiet Viktorias und Tasmaniens.

◘ **Abb. H-23** *Eucalyptus regnans*-Hochwald im Nationalpark Russel Falls 60 km nordwestlich von Hobart auf Tasmanien (Foto: Amiri).

Die Zusammensetzung der Wälder hängt von der Häufigkeit der Waldbrände ab.

1. In den feuchten Teilen des westlichen Tasmaniens, wo keine Waldbrände entstehen, entwickelt sich eine Baumschicht aus *Nothofagus* mit *Atherosperma moschata* (Monimiaceae) von 40 m Höhe und darunter eine 3 m hohe Schicht mit dem Baumfarn *Dicksonia*, der noch bei einer Beleuchtung von 1 % des Tageslichtes wachsen kann. In diesen feuchten Wäldern sind Hymenophyllaceen (▶ Abb. H-14) und Moose als Epiphyten sehr verbreitet.
2. Wiederholen sich Waldbrände etwa alle 200 bis 350 Jahre, dann bilden sich Mischwälder, die dreischichtig sind. Zu den obengenannten zwei Schichten kommt noch eine 75 m (bis 90 m) hohe aus den drei größten *Eucalyptus*-Arten hinzu. Diese Schicht ist gleichaltrig, ein Zeichen, dass die Keimung der Bäume auf größeren Flächen nach einem Waldbrand erfolgte. Nach einem solchen Waldbrand wird zwar die Baumschicht aus *Eucalyptus* und *Nothofagus* vernichtet, aber die Früchte öffnen sich, die unversehrten Samen fallen aus und keimen. Da *Eucalyptus* rascher wächst, überholt er *Nothofagus*, so

dass sich zwei Baumschichten ausbilden. Die Baumfarne verlieren durch Brand ihre Blätter, aber bilden am Stammgipfel wieder neue aus. Eine Verjüngung von *Eucalyptus* unter *Nothofagus* ist wegen Lichtmangel nicht möglich. Sie tritt erst wieder nach einem erneuten Brand ein.

3. Kommen Waldbrände ein- bis zweimal im Jahrhundert vor, dann wird *Nothofagus* durch andere rascherwüchsige niedrige Baumarten *(Pomaderris, Olearia, Acacia)* ersetzt.
4. Nach Waldbränden alle 10 bis 20 Jahre entstehen reine niedrige *Eucalyptus*-Bestände.
5. Noch häufigere Brände verursachen eine Degradation der Wälder; es bildet sich eine offene Moorlandschaft mit dem „Knopfgras" *Mesomelaena sphaerocephala* (Cyperaceae) aus, in der Myrtaceen-Büsche eingestreut sind und *Drosera* sowie *Utricularia* neben Restionaceen vorkommen.

4.6 Warmtemperierte Biome Neuseelands

Eine besondere Erwähnung verdienen die Wälder Neuseelands. Obgleich die beiden Inseln relativ nahe zum australischen Kontinent liegen und in der geologischen Vergangenheit wahrscheinlich eine direkte Verbindung bestand, muss sich diese gelöst haben, noch ehe sich die Flora der Australis entwickelt hatte. Auf Neuseeland gibt es keine einzige einheimische *Eucalyptus*- oder *Acacia*-Art. Auch die Proteaceen sind nur durch zwei Arten vertreten.

Im Norden der Nordinsel findet man noch subtropische Wälder mit den Coniferen *Agathis australis* sowie *Agathis microstachya* (◘ Abb. H-24) und Palmen; selbst Mangroven aus niedrigen *Avicennia*-Büschen wachsen an der Küste. Die Arten der Wälder sind melanesische Elemente der Paläotropis. Auch *Agathis* ist eine Riesen-Conifere, bei der Stammdurchmesser von bis zu 8,54m und ein Umfang (BHD) von 26,6m! gemessen wurden, allerdings mit nicht sehr hohem Kronenwachstum bis etwa 50m.

Wälder mit diesem Charakter greifen selbst auf die Südinsel über, obgleich das Klima dort ausgesprochen gemäßigt ist, aber in niedrigen Lagen ohne kalte Winterzeit. Eine große Rolle spielen die auf der ganzen Südhemisphäre verbreiteten Coniferengattungen *Podocarpus* und *Dacrydium*.

Zugleich ist jedoch das antarktische Element mit fünf immergrünen *Nothofagus*-Arten in den Wäldern nicht nur auf der Südinsel von großer Bedeutung, sondern auch auf der Nordinsel. Diese sich gegenseitig ausschließenden Waldtypen sind mosaikartig angeordnet, ohne dass man die Verbreitung eindeutig klimatisch oder ökologisch erklären kann. Man gewinnt den Eindruck, dass die Pflanzendecke sich nicht mit der heutigen Umwelt im Gleichgewicht befindet, sondern dass historische Faktoren eine sehr große Rolle spielen.

Große Teile der Nordinsel wurden vor 1830 Jahren mit einer mächtigen Schicht von heißer vulkanischer Asche bedeckt durch den gewaltigen Ausbruch des

◘ **Abb. H-24 a**: Kauri-Wälder mit Riesenexemplaren von *Agathis microstachya* im nördlichen Neuseeland; **b**: Fruchtstand von *Agathis* (Fotos: Breckle).

Taupo. Als Pioniere traten zuerst die durch Vögel verbreiten Podocarpaceen auf. Sie werden langsam durch die Wälder mit tropischen Elementen verdrängt, im Gebirge zum Teil auch durch *Nothofagus*-Wälder. Die Südinsel war im Pleistozän von großen Gletschern bedeckt, so dass auch dort die Wiederbesiedlung noch im Gange ist, zumal *Nothofagus* sich nur langsam ausbreitet (◘ Abb. H-25).

Im extrem feuchten südwestlichen Fjordland mit über 6000 mm Regen entsprechen die *Nothofagus*-Wälder schon ganz den südchilenischen. Eine Besonderheit sind hier die an Lawinen erinnernden **Waldsturzstreifen**, die jedoch mitten im Wald an Steilhängen beginnen und 2 bis 6 m breit sind (◘ Abb. H-26). Wenn das Gewicht des an Felswänden wachsenden Baumbestandes zu groß wird, erfolgt durch die Schwerkraft eine Abtragung der gesamten Vegetationsschicht mit dem Wurzelwerk und der Bodenschicht. Der zurückbleibende nackte Fels wird wieder mit Flechten, Moosen und Farngewächsen besiedelt, bis sich Strauchwerk und schließlich ein Baumbestand entwickelt, worauf ein erneuter Absturz erfolgt.

Eine schwere Gefahr für die Wälder auf Neuseeland, wo ursprünglich außer Fledermäusen keine Säugetierart vorhanden war, bedeuten die ausgesetzten europäischen Rothirsche, deren Vermehrung sich jeder Kontrolle entzieht und die eine Verjüngung der oft unzugänglichen *Nothofagus*-Wälder verhindern, wodurch im Gebirge sehr große Schäden durch Bodenerosion und Hochwasser entstehen. Ebenso gefährlich ist das als Pelztier eingeführte australische Opossum (Kuzu: ◘ Abb. H-27), das sich auf eine Baumart spezialisiert hat, die die Baumgrenze bildet, diese völlig entblättert und zum Absterben bringt, was ebenfalls die Gefahr der Bodenerosion an den Steilhängen erhöht.

Neuseeland ist ein Beispiel dafür, wie gefährlich es ist, wenn der Mensch in das natürliche Gleichgewicht durch die Einführung neuer Tiere oder Pflanzen eingreift. Die Schäden lassen sich oft nicht wieder beseitigen.

◘ **Abb. H-25** Die *Nothofagus*-Wälder in Tianau, Südinsel Neuseelands (**a**), gehören zu den antarktischen Elementen und kommen in allen Kontinenten der Südhalbkugel vor als Nachweis ihrer einstigen Verbindung (Gondwana-Kontinent). **b**: Blätter von *Nothofagus* von links nach rechts *Loranthus micranthus* (als Parasit), *Nothofagus fusca*, *Nothofagus menziesii* und die kleinblättrige *Nothofagus solandri*. In diesen Wäldern kommen alle drei Arten vor mit einer leichten Dominanz von *Nothofagus fusca* (Fotos: Breckle).

◘ **Abb. H-26** Waldsturz-Bahnen in den *Nothofagus*-Wäldern der Südinsel (Milford) in Neuseeland (Foto: Breckle).

◘ **Abb. H-27** Opossum, eine invasive importierte Art, die für Neuseeland zu einer ökologischen Gefahr geworden ist (Foto: http://bit.do/bjTw6).

5 Literatur

AHTI, L., T. & KONEN, T. 1974: A scheme of vegetation zones for Japan and adjacent regions. Ann. Bot. Fenn. **11**: 59-88

EDMONDS, R.L. (ed.) 1982: Analysis of coniferous forest ecosystems in the Western United States. US/IBP Synthesis Series **14**: 419 p.

KLAUS, D. 1975: Niederschlagsgenese und Niederschlagsverteilung im Hochbecken von Puebla-Tlaxcala. Ein Beitrag zur Klimatologie der randtropischen Gebirgsregionen. Bonner Geogr. Abhandlungen **53**

KLÖTZLI, F. 1987: On the global position of the evergreen broadleaved (non ombrophilous) forest in the subtropical and temperate zones. Veröff. Geobot. Inst. ETH, Stift. Rübel, Zürich **98**

LAUER, W. 1999: Klimatologie. Das Geographische Seminar. Westermann Verlag Braunschweig

NUMATA, M., MIYAWAKI, A. & ITOW, D. 1972: Natural and semi-natural vegetation in Japan. Blumea **20**: 435-481

Gemäßigt nemoraler Laubwald mit Buche, Eichen und Hainbuche (Zonobiom VI) in der Eifel, Deutschland (Foto: E. Fischer)

Das neuseeländische Edelweiß (*Leucogenes leontopodium*) in der alpinen Höhenstufe der neuseeländischen Alpen (Orobiom V) zwischen dicht mit Flechten überzogenen Felsen (Foto: Breckle)

II Spezieller Teil

Teil I - ZB VI: Zonobiom der winterkahlen Laubwälder bzw. des gemäßigten nemoralen Klimas

1. Laubabwurf als Anpassung an die Winterkälte
2. Bedeutung der Winterkälte für die Arten der nemoralen Zone
3. Verbreitung des ZB VI
4. Atlantische Heidegebiete
5. Der Laubwald als Ökosystem in Mitteleuropa
6. Orobiom VI - die Nordalpen und die alpine Wald- und Baumgrenze
7. Zonoökoton VI/VII - die Waldsteppe
8. Literatur

Alte Buchen in der Nähe von Lemgo (Teutoburger Wald) in einem nemoralen Eichen-Mischwald (Zonobiom VI) mit Baumpilzen am linken Stamm im Winter; die Baumwurzeln sind durch Bodenerosion im Laufe der Jahrzehnte z.T. freigelegt (Foto: Breckle)

1 Laubabwurf als Anpassung an die Winterkälte

Eine gemäßigte Klimazone, das **Zonobiom VI**, mit einer deutlichen, aber nicht zu langen kalten Jahreszeit (◘ Abb. I-1) ist nur auf der Nordhemisphäre deutlich ausgebildet. Sie fehlt der südlichen Halbkugel mit Ausnahme von bestimmten Gebirgslagen der südlichsten Anden und Neuseelands. Wir hatten fakultativ laubabwerfende Baumarten schon in den Tropen kennengelernt, deren Blätter bei gestörter Wasserbilanz während einer längeren Dürrezeit abfallen, wodurch die Wasserverluste der Bäume verringert werden.

Der auslösende Faktor, der das Vergilben des Laubes im Herbst vor den ersten Frösten verursacht, ist meist nicht genauer bekannt. Es dürfte zum Teil die Verkürzung der Tageslänge sein. Auffallenderweise vollzieht sich die Laubverfärbung der verschiedenen Baumarten in einer relativ kurzen Zeitspanne. Nach dem phänologischen Kalender im 20. Jhdt. ist das Vergilben in Mitteleuropa zwischen dem 10. und 20. Oktober festzustellen, wobei kein scharfer Unterschied zwischen Orten im Westen und im Osten, ebenso nicht zwischen tiefen und hohen Gebirgslagen zu erkennen ist. Bäume in der Nähe von Straßenlaternen bleiben länger grün. In den letzten Jahren beobachtet man eine Verlängerung der Vegetationszeit in Mitteleuropa zum 20. bis 30. Oktober

Das immergrüne Laubblatt ist weder resistent gegen Kälte noch gegen Frosttrocknis, also länger anhaltende Temperaturen unter 0 °C. Der immergrüne Kirschlorbeer (*Prunus laurocerasus*) friert in Mitteleuropa in Gärten und Parks bei strenger Kälte immer wieder zurück (▶ Abb. H-10 **c,f**). Mehrere Unterarten davon haben sich vielleicht auch im Zuge des inzwischen doch merklichen Klimawandels in den mitteleuropäischen Vorgärten, an Waldrändern etc. weitgehend etabliert.

Schon bei mäßigem Frost zeigen die Blätter bei Licht eine CO_2-Ausscheidung, das heißt die Atmung geht weiter, aber die Photosynthese wird blockiert. *Ilex aquifolium* (Stechpalme) besitzt eine atlantische Verbreitung. *Hedera helix* (Efeu) ist eine subatlantische, immergrüne Art, die die östlichen kontinentalen Gebiete mit kalten Wintern meidet. Dasselbe gilt für die Ginsterarten *Ulex* und *Sarothamnus*. Die immergrünen Alpenrosen *(Rhododendron)* und die Preiselbeere *(Vaccinium vitis-idaea)* halten die Winterkälte in Mitteleuropa nur unter Schneeschutz aus.

Der Abwurf der dünnen, sommergrünen Blätter im Winter und der Schutz der Knospen vor Wasserverlusten bedeuten gegenüber dem Erfrieren von dicken immergrünen Blättern eine Stoffersparnis. Voraussetzung ist allerdings, dass die im Frühjahr neugebildeten Blätter eine genügend lange und warme Sommerzeit von mindestens vier Monaten zur Verfügung haben, um das Wachstum und das Ausreifen der verholzenden Achsenorgane und die Anlage von Stoffreserven für das Fruchten und für den Austrieb im nächsten Jahr zu gewährleisten. Aber auch im blattlosen Zustand verlieren die Zweige im Winter Wasser und zwar bei den verschiedenen Laubholzarten in verschiedenem Ausmaße. Die mitteleuropäische Buche meidet deshalb die Zone der kalten osteuropäischen Winter. Die Eiche dagegen erreicht sogar den Ural. Im extrem kontinentalen Sibirien fehlen Laubbäume bis auf die kleinblättrigen Baumarten Birke *(Betula)* und Zitterpappel *(Populus tremula)* sowie die Eberesche *(Sorbus aucuparia)* mit ihren kleinen Fiederblättchen.

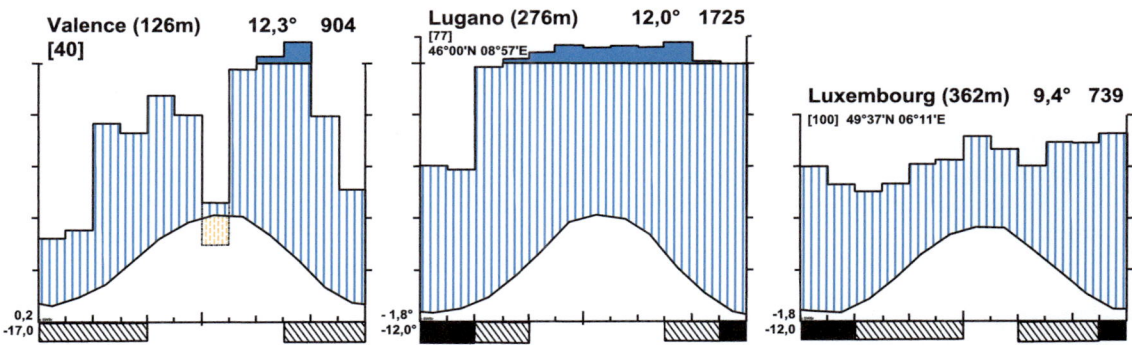

◘ **Abb. I-1** Klimadiagramme aus der submediterranen Zone (ohne kalte Winter: Valence), aus der warmen und feuchten Laubwaldzone (Lugano) sowie der mitteleuropäischen Buchenwaldzone (Luxembourg).

Box I-1 Anpassungsformen des ZB der Laubwälder

Im ZB VI, dem Zonobiom der gemäßigten Laubwälder, stellt der Blattabwurf eine Anpassung an eine kalte Jahreszeit dar. Er ist jedoch nicht fakultativ, sondern obligat, tritt also auch dann ein, wenn man die Baumpflanzen in einem Gewächshaus vor der Winterkälte schützt.

Sind die Sommer zu kurz und zu kühl, so treten an die Stelle der Laubbäume die immergrünen Nadelhölzer. Ihre xeromorphen Nadeln erlangen im Winter eine höhere Kälteresistenz und sind bei Eintritt der warmen Witterung im Frühjahr wieder produktionsfähig. Die kurze Vegetationszeit wird dadurch besser ausgenutzt. Während Laubbäume eine Dauer der Vegetationszeit mit Tagesmitteln über 10 °C von mindestens 120 Tagen verlangen, kommen Nadelbäume bereits mit 30 Tagen aus. Aber auch bei ihnen ist die Resistenz der einzelnen Arten verschieden. Die Eibe *(Taxus baccata)* geht in Europa nicht weiter nach Osten als der Efeu. *Pinus sylvestris* (Kiefer) und *Picea abies* (Fichte) sind sehr resistent. *Abies sibirica* und *Pinus sibirica (P. cembra)* halten in Sibirien durch, aber am weitesten in die kontinentale Arktis (bis 72° 40' N) stößt der sommergrüne Nadelbaum, die Lärche *(Larix dahurica)* vor, die im kurzen Sommer eine sehr hohe Produktionskraft besitzt. Wir sehen somit, dass je nach den äußeren Verhältnissen und nach den ökophysiologischen Eigenschaften der Arten bald diejenigen mit immergrünen Assimilationsorganen, bald jene mit kurzlebigen sommergrünen im Wettbewerb besser abschneiden und zur Vorherrschaft gelangen (▶ vergleiche ZB II, 2).

2 Bedeutung der Winterkälte für die Arten der nemoralen Zone

Im Zonobiom VI spielt, wie wir gesehen haben, die Winterkälte, auch wenn sie meist nur kurz ist, eine wichtige Rolle bei der Anpassung der Arten. Die Schäden, die in kalten Wintern auftreten, können zweierlei Ursachen haben:

1. Es sind direkte Kälteschäden, die mit dem Gefrieren des Wassers in den Geweben zusammenhängen; man spricht dann von **Frostschäden**.
2. Es tritt ein Vertrocknen der oberirdischen Organe ein, die eine gewisse Transpiration auch bei tiefen Temperaturen aufweisen und die Wasserverluste aus dem gefrorenen Boden infolge Blockierung der Leitbahnen durch Eis nicht zu decken vermögen. Es handelt sich also in diesem Fall um **Frosttrocknis**.

Gegen die Einwirkung von tiefen Temperaturen gibt es für die Pflanzen keinen Schutz. Ihre Temperatur gleicht sich der jeweiligen Lufttemperatur an. Die einzige Anpassung, um die Schäden durch tiefe Temperaturen zu verhindern, ist die **Abhärtung**. Prüft man die Kälteresistenz von Pflanzenteilen im Sommer, indem man sie im Gefrierschrank verschiedenen Temperaturen unter 0 °C zum Beispiel zwei Stunden aussetzt, so zeigt es sich, dass bereits geringe Frosttemperaturen genügen, um irreversible Schäden hervorzurufen. Dieselben Pflanzenteile halten dagegen im Winter die Einwirkung von viel tieferen Temperaturen ohne Schädigung aus, weil sie abgehärtet sind. Die Abhärtung ist ein physiologischer Vorgang, der sich im Herbst vollzieht, wenn die ersten kalten Nächte beginnen. Er wird im warmen Frühjahr durch den entgegengesetzten Vorgang der **Enthärtung** abgelöst.

Die Abhärtung ist mit bestimmten physikalisch-chemischen Veränderungen im Protoplasma verbunden. Die Stabilität der Membranen (zum Beispiel durch zusätzliche Schwefelbrücken -S-S-) nimmt zu, ebenso die Viskosität des Plasmas. Man erkennt es daran, dass beim Plasmolysieren (Schrumpfung des Protoplasten einer pflanzlichen Zelle) an Stelle der Konvex- eine Konkavplasmolyse eintritt. Diese Veränderung wird durch einen plötzlichen Anstieg der Zellsaftkonzentration infolge einer Zunahme der Zuckerkonzentration und anderer Osmotica begleitet. Im abgehärteten Zustand ist das Protoplasma weitgehend inaktiviert. Die Kälteresistenz kann sich bei den überwinternden Knospen unserer Laubbäume von -5°C im Herbst bis auf über -25°C, ja selbst -35°C im Januar bis Februar erhöhen. Die Erhöhung der Kälteresistenz ist in kalten Wintern größer als in milden, bei verwandten Arten einer Gattung umso größer, je weiter eine Art in das kontinentale Gebiet vorstößt.

Die Abhärtung ist ein sehr komplizierter Vorgang, der in mehreren Stufen verläuft. Die erste, die zu einem gewissen Ruhezustand führt, wird im Herbst durch die kürzere Tageslänge eingeleitet. Eine weitere Abhärtung erfolgt, wenn die Temperatur auf wenige Grade über 0 °C absinkt. Die stärkste Abhärtung stellt man bei Arten fest, die schon sehr tiefen Temperaturen ausgesetzt waren, also nach Auftreten der ersten starken Fröste. Wenn man abgehärtete Pflanzenteile plötzlich extrem stark abkühlt, so dass eine **Verglasung** des Protoplasmas eintritt (ohne Eiskristallbildung), gelingt sogar ein Einfrieren im flüssigen Stickstoff (bei -190 °C), ja sogar bei -238 °C. Man muss allerdings die Erwärmung in mehreren Stufen bis zum Auftauen durchführen, so dass nachträglich keine plasmaschädigende Eiskristallbildung eintritt. Dann bleiben die abhärtungsfähigen Arten der kalten Klimazonen am Leben. In Ostsibirien um den Kältepol herum ist die Waldvegetation normalerweise im Winter Temperaturen von -60 °C oder tiefer ausgesetzt. Tropische Arten und selbst die des ZB IV oder V lassen sich nicht abhärten.

Die Abhärtung verhindert im Allgemeinen Frostschäden an einheimischen Bäumen selbst in strengen Wintern, während angepflanzte Exoten aus wärmeren Heimatgebieten ohne Abhärtungsfähigkeit solche oft erleiden. Frostschäden treten dagegen häufig auf, wenn Frühfröste einsetzen, bevor die Pflanzen abgehärtet sind, oder ein Spätfrost eintritt, nachdem die Enthärtung bereits erfolgte. Besonders häufig sieht man Spätfrostschäden an jungem ausgetriebenem Laub, das gegen Fröste sehr empfindlich ist. Auch Kambiumschäden durch Spätfrost kommen vor, wenn die Bäume bereits „im Saft" sind, das Plasma sich also schon im aktiven Zustand befindet.

Die Ostgrenze des Buchenareals ist wohl durch häufige Spätfrostschäden, die die Wettbewerbsfähigkeit mindern, bedingt. Für die Kräuter des Waldes lässt sich ebenfalls eine Zunahme der Kälteresistenz im Winter durch Abhärtung feststellen. Sie sind allerdings unter einer Streu- und Schneedecke nicht so tiefen Temperaturen ausgesetzt. In Übereinstimmung damit steigt die Kälteresistenz (zum Beispiel von *Hepatica triloba*) selbst bei den immergrünen Blättern nur bis −15 °C, bei den besser geschützten Blütenknospen bis −10 °C und bei den Rhizomen nur bis -7,5 °C.

Schwieriger ist die Feststellung von Schäden durch die Frosttrocknis. Durch den Abwurf der stark transpirierenden Blätter, den Schutz der Knospen durch harte Knospenschuppen und der Zweige durch Korkschichten werden größere Wasserverluste bei Laubbäumen im Winter vermieden. Trotzdem lässt sich eine gewisse Transpiration der unbelaubten Zweige im Winter nachweisen; sie ist höher als bei den immergrünen Nadelhölzern, bei den Laubholzarten mit südlicher Verbreitung höher als bei solchen, die weiter im Norden vorkommen. Diese Transpirationsverluste werden kritisch, wenn im Frühjahr die Intensität der Einstrahlung zunimmt und die Lufttemperatur ansteigt, aber der Boden noch fest gefroren ist. Es kann dann zu einem Vertrocknen von Knospen und Zweigen kommen. Besonders empfindlich sind in dieser Hinsicht immergrüne Arten, wie die Stechpalme *(Ilex)* oder Rutensträucher wie die Ginsterarten.

Im Allgemeinen treten Frostschäden während der kältesten Jahreszeit ein, Frosttrocknisschäden dagegen in der Übergangszeit zum Frühjahr und an warmen Südhängen (an der Nordhalbkugel). Man darf sie nicht mit Spätfrostschäden verwechseln.

3 Verbreitung des Zonobioms VI

Das Klima des ZB VI mit einer warmen Vegetationszeit von vier bis sechs Monaten, in denen genügend Regen fällt und einer nicht zu langen und nicht extrem kalten Winterzeit von drei bis vier Monaten ist für die laubabwerfenden Baumarten der gemäßigten Klimazone besonders geeignet (ELLENBERG & LEUSCHNER 2010). Diese Bäume meiden die extrem maritimen, wie auch die extrem kontinentalen Gebiete. Wir sprechen von der nemoralen Zone. Ein solches Klima mit einem Niederschlagsmaximum im Sommer findet man auf der Nordhemisphäre im Osten von N-Amerika und in E-Asien zwischen den warmtemperierten und den kalten oder ariden gemäßigten Klimazonen. In West- und Mitteleuropa ist es die Region nördlich der mediterranen Zone, wo unter dem Einfluss des Golfstromes die Winterregen durch gleichmäßig verteilte Niederschläge bzw. solche mit Sommermaximum abgelöst werden und die kalte Jahreszeit relativ kurz ist.

Das mediterrane Winterregengebiet mit einer Hartlaubvegetation erstreckt sich südlich davon sehr weit von Westen nach Osten und geht nach Norden in sehr verschiedene Vegetationszonen über. In dem sehr maritimen Gebiet in Südwest- und Südspanien (zum Beispiel bei Gibraltar) findet man, wie schon erwähnt, Elemente der immergrünen warmtemperierten Lorbeerwälder. Diese Vegetation geht jedoch in Portugal in die atlantischen Heiden über, die sich im Küstengebiet bis nach Skandinavien hineinziehen (▶ Abb. I-2). Sie werden ganz im Norden von Birkenwäldern abgelöst. Richtige Lorbeerwälder findet man nur auf der feuchten Luvseite der Kanarischen Inseln (z.B. Teneriffa) als Nebelwald (▶ Abb. G-48) oder in dem sehr ähnlichen Zonoökoton IV/V in Nordanatolien (Kolchis). Zwischen die mediterrane und nemorale Zone ist eine submediterrane Zone eingeschaltet. In ihr herrschen noch Winterregen vor, aber die Sommerdürre ist nicht mehr ausgeprägt und milde Fröste treten in allen Wintermonaten regelmäßig auf (▶ Abb. I-1, Valence).

Nordöstlich der submediterranen Zone schließt in Südosteuropa die Steppenzone an, die erst weiter nördlich von Wäldern verschiedener Art abgelöst wird. In Vorderasien schließlich leitet die mediterrane Hartlaubzone zu den mediterranen Steppen und Halbwüsten über.

4 Atlantische Heidegebiete

Die atlantischen Heidegebiete (▶ Abb. I-1, ◘ Abb. I-2) sind fast stets Degradationsstadien von Laubwäldern. Die Vernichtung der Wälder in diesem Gebiet reicht in die prähistorische Zeit zurück; sie ist heute so vollständig, dass man die Heiden lange Zeit für die zonale Vegetation hielt. Die historische Entwicklung lässt sich in Pollendiagrammen gut verfolgen (◘ Abb. I-3). Einhergehend mit der Rodung nahm zunächst die Vermoorung zu, sehr bald trat *Calluna* großflächige auf, parallel mit Holzkohleresten.

Die Böden in diesem Gebiet sind meist äußerst arm und sauer und man nahm an, dass sie als Folge des humiden Klimas auf natürliche Weise ausgelaugt wurden und nur eine ärmliche Heidevegetation tragen können. Aber es gilt in diesem Falle dasselbe, was wir hinsichtlich des ebenfalls sehr humiden tropischen Regenwaldes ausführten. Solange die natürliche Waldvegetation nicht angetastet wird, findet eine Auswaschung der Nährstoffe aus dem Biogeozön nicht statt; der Nährstoffvorrat bleibt zum größten Teil in der oberirdischen Phytomasse gespeichert. Sobald jedoch der Wald gerodet und gebrannt wird, geht der größte Teil der nunmehr mineralisierten Nährstoffe verloren und es bleibt nur der arme Boden. Wird die Heidevegetation anschließend genutzt oder immer wieder gebrannt, so kann die hier schon schwierige Wiederbewaldung nicht erfolgen. Man kennt unbesiedelte sehr extrem ozeanische Klimagebiete mit ähnlichen Temperaturverhältnissen und sogar der doppelten bis zu vierfachen Niederschlagsmenge an der pazifischen Küste von NW-Nordamerika, im Südwesten von S-Amerika, auf Tasmanien und auf Neuseeland, wo die unberühr-

> **Box I-2** Nahezu alle Pflanzen der submediterranen Zone sind keine Hartlaubholzarten
>
> In der submediterranen Zone fehlen die immergrünen Holzarten bis auf *Buxus*. Die Baumarten wie Flaumeiche *(Quercus pubescens)*, Manna-Esche *(Fraxinus ornus)*, Französischer Ahorn *(Acer monspessulanum)*, Hopfenbuche *(Ostrya carpinifolia)* oder die häufig kultivierte Echte Kastanie *(Castanea sativa)* sind alle laubabwerfend, daher zählt man diese Zone zur gemäßigten Laubwaldzone und nicht zu der mediterranen. Man kann sie als Zonoökoton IV/VI bezeichnen.

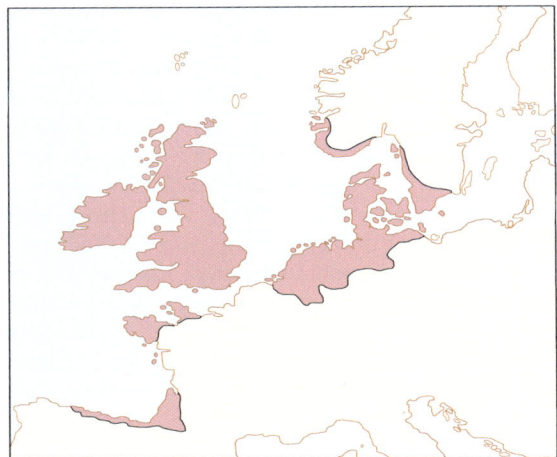

■ **Abb. I-2** Verbreitung der atlantischen Heidegebiete in West-Europa (verändert nach HÜPPE 1993).

■ **Abb. I-3** Atlantische Heidegebiete in den Nebelküsten von NW-Norwegen bei Bergen (Foto: D. Killmann).

Plaggenhiebs (dabei werden die oberen 10 cm der Rohhumusauflage in viereckigen Stücken abgestochen, im Stall als Streu verwendet und dann als Stallmist zur Düngung auf den Acker gebracht) verläuft je nach Flächenausstattung unterschiedlich. Darauf hat LEUSCHNER (1993) hingewiesen (■ Abb. I-5) und hat die entsprechenden Verjüngungsstadien mit den ursprünglich vor der Heidebildung maßgeblichen rekonstruiert (■ Abb. I-6). Angegeben sind auch die Faktoren, die für die Regeneration der Wälder auf den Heideflächen und die umgekehrt zum Erhalt der Heide führen.

Im südlichen Teil dieser Küstenzone (▶ Abb. I-2) spielen Ginsterarten *(Ulex-, Sarothamnus-* und *Genista-*Arten) die Hauptrolle, dazu kommen verschiedene *Erica*-Arten. Im mittleren Teil treten die Ginsterarten mehr zurück; es bleiben *Ulex europaeus, Sarothamnus scoparius* und *Genista anglica* als wichtigste Vertreter übrig; dafür treten mengenmäßig die Ericaceen stärker hervor, neben *Erica cinerea* und *E. tetralix* vor allem das Heidekraut *(Calluna vulgaris)*. Im Norden dominieren *Empetrum, Vaccinium, Phyllodoce* und *Cassiope*.

Auf die *Calluna*-Heiden entfallen in Schottland ¼ bis ½ der Gesamtfläche (▶ Abb. I-3); der Bodentypus sind Eisenpodsole mit einem häufig als **Ortstein** ausgebildeten harten B-Horizont. Die Heide wird periodisch abgebrannt. *Calluna vulgaris* ist die absolut dominierende Art. Es ist ein Zwergstrauch, der etwa 50 cm hoch wird, einen dichten Wurzelfilz in den oberen 10 cm des Bodens bildet, wobei einzelne Wurzeln 75 bis 80 cm tief bis zum Ortstein hinuntergehen. Die sehr kleinen Blätter von *Calluna* sitzen dicht an Kurzsprossen, von denen ein großer Teil im Herbst abgeworfen wird, wodurch die Gefährdung durch Frosttrocknis während der Kälteperioden reduziert wird. Die jährliche Streuproduktion in einem dichten Bestand beträgt 421 kg pro Hektar.

Erfolgt das Abbrennen alle 30 Jahre, so lassen sich drei Phasen (jede 10jährig) der Bestandsentwicklung unterscheiden:

1. die Aufbauphase der Zwergstrauchschicht nach dem Brand; ein Teil der Nährstoffe wird in der Streu festgelegt,
2. die Reifephase mit zunehmender Streuproduktion, aber einem sich verringernden Zuwachs der Phytomasse,
3. die Degenerationsphase, in der die Streuproduktion konstant bleibt und der Streuabbau ansteigt, bis ein Gleichgewichtszustand erreicht wird. Nach 35 Jahren beträgt die stehende Phytomasse 24.000 kg/ha und die Streumenge 17.000 kg/ha.

ten Wälder in großer Üppigkeit wachsen und keinerlei Anzeichen einer Degradation durch ein Auswaschen der Nährstoffe zeigen.

Wie die ursprünglichen Wälder in W-Europa zusammengesetzt waren, ist nicht leicht zu sagen. Es dürften Eichen *(Quercus petraea* und *Qu. robur)* die Hauptrolle gespielt haben, im Norden auch Birken *(Betula)*; dazu kam als immergrüne Art *Ilex aquifolium*. Die Heide *(Calluna)* war früher als Unterwuchs in diesen Wäldern vorhanden und bildete nur an lichten Stellen auf flachgründigen oder torfigen Böden selbständige Gesellschaften. Nach der Vernichtung der Wälder hat sie dann Besitz von der Gesamtfläche ergriffen (■ Abb. I-4). Die Regeneration der Waldformationen nach Aufhören der Beweidung und des

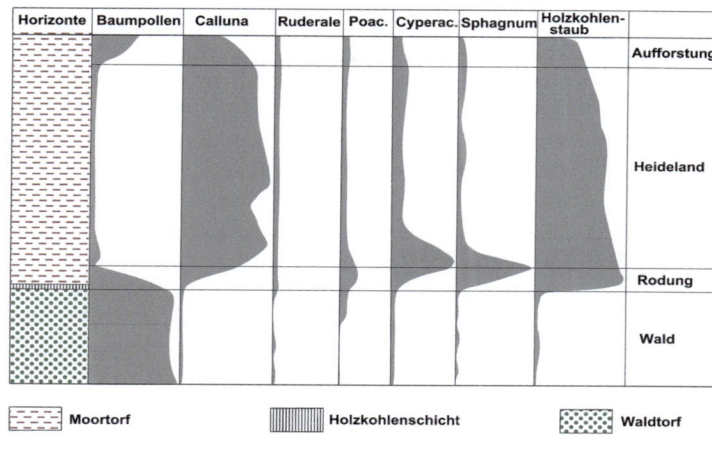

Abb. I-4 Entwicklung der Heide im Postglazial ablesbar anhand eines vereinfachten Pollendiagramms aus dem Hochmoor (verändert nach HÜPPE 1993).

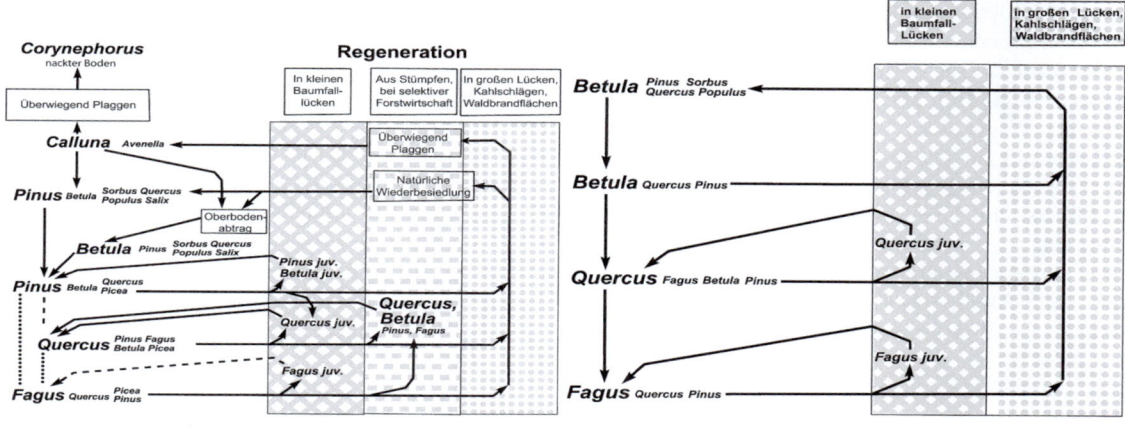

Abb. I-5 Hypothetisches Schema der heutigen Regenerationsstadien und Walddynamik der Lüneburger Heide auf nährstoffarmen Sanden bei unterschiedlichen menschlichen Eingriffen (nach LEUSCHNER 1993). Durch hohe Wilddichten gehemmte Prozesse sind mit gestrichelter Linie gezeichnet, solche bei fragmentierter Waldbedeckung punktiert gestrichelt (verändert nach LEUSCHNER 1993).

Abb. I-6 Hypothetisches Schema der Regenerationsstadien und Walddynamik der Lüneburger Heide unter natürlichen Bedingungen vor der Waldzerstörung (ca. 800 v. Chr.) (verändert nach LEUSCHNER 1993).

Meist wartet man die Degenerationsphase nicht ab, sondern brennt bereits nach 8 bis 15 Jahren die Heide nieder. In diesem humiden Gebiet werden die Brände nur durch den Menschen verursacht. Natürliche Brände durch Blitzschlag kamen in den ursprünglichen Wäldern kaum vor, deshalb findet ohne menschliche Eingriffe keine Degradation des Waldes statt. Von der Heide zum Moor gibt es alle Übergänge. Wir führen vier Stadien einer zunehmenden Vernässung an, wobei in jedem die Arten nach der abnehmenden Menge genannt werden:

1. *Erica cinerea - Calluna vulgaris – Deschampsia flexuosa – Vaccinium myrtillus*,
2. *Calluna vulgaris - Erica tetralix – Juncus squarrosus*,
3. *Erica tetralix – Molinia coerulea – Nardus stricta - Calluna vulgaris – Narthecium ossifragum*,
4. *Erica tetralix – Trichophorum caespitosum – Eriophorum vaginatum – Myrica gale – Carex echinata*.

In Schottland wird die Heide für die Jagd und als extensive Schafweide genutzt, wobei man für ein Schaf 1,2 bis 2,8 ha an Weidefläche rechnet. Durch die Beweidung und durch den heute aus der Atmosphäre kommenden anthropogenen Stickstoffeintrag ist das Wachstum der Gräser stärker gefördert. Aber auch schon früher gab es in den Heiden einen Zyklus zwischen einer *Calluna*- und einer *Avenella*-Phase (Abb. I-7).

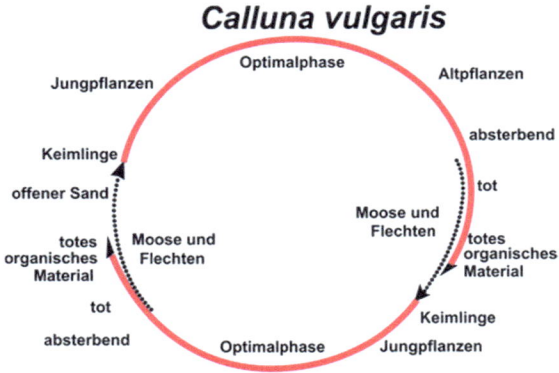

◽Abb. I-7 Möglicher zyklischer Wechsel in der Dominanz zwischen *Calluna* und *Avenella* auf niederländischen Heideflächen (verändert nach KAAGMAN & FANTA 1993).

In der Lüneburger Heide (◽ Abb. I-8a), die auch rein anthropogenen Ursprungs ist, wurde früher Ackerbau auf sandigen Podsolböden (◽ Abb. I-8b) mit Buchweizen (◽ Abb. I-9) getrieben; dabei wurde die Heide abgeplaggt. Der Plaggenhieb verhinderte die Wiederbewaldung. Heute, nachdem die Heide nicht mehr genutzt wird, bewaldet sie sich durch Anflug von Birken- und Kiefernsamen, es tritt eine Verbuschung ein, oder sie wird systematisch aufgeforstet.

Im extrem maritimen Gebiet spielen außer der Heide auch **Deckenmoore** eine große Rolle. Das Klima ist sehr ausgeglichen; auf Irland beträgt zum Beispiel die Temperatur des Januars 3,5 bis 3,7 °C, die des Julimonats 14 bis 16°C. Frost kann vorkommen, aber Schnee liegt nur an 3 bis 10 Tagen im Jahr. Die Niederschläge betragen 350 bis 1.000 mm im Jahr und sind sehr regelmäßig über das Jahr verteilt. Sie schwanken auch von Jahr zu Jahr um höchstens 25%. Bei der starken Bewölkung beträgt die Sonnenscheindauer nur 31% der maximal möglichen. Unter diesen Umständen ist die Gefahr der Vermoorung nach einer Waldvernichtung sehr groß. Der Wald gibt durch die Transpiration der Baumschicht mehr Wasser ab als eine niedrige krautige Vegetation. Deshalb kann man nach einem Kahlschlag im humiden Gebiet einen Anstieg des Grundwasserspiegels feststellen, was das Wachstum von Torfmoosen begünstigt. Neben *Sphagnum*-Arten spielt *Racomitrium lanuginosum* eine große Rolle. In Gebieten mit mehr als 235 Regentagen können die Moore auch in einem welligen Gelände die gesamte Fläche überdecken. Solche **Deckenmoore** findet man in W-Irland, Wales und Schottland, wo das größte Moor 2.500 km² umfasst.

In Gebieten, die von der atlantischen Küste weiter entfernt sind, ist die Verheidung keine Gefahr, weil alle Heidearten eine geringe Resistenz gegen Frosttrocknis besitzen, obgleich die Blätter von *Calluna* sehr klein sind und eine dicke Kutikula haben; die Spalten liegen in einer mit Haaren ausgekleideten Rinne. *Calluna* unterscheidet sich durch die sehr lockere Struktur des Mesophylls von den eigentlichen xeromorphen Blättern. Die Transpiration kann bei guter Wasserversor-

◽ **Abb. I-8** Landschaftsbild der Lüneburger Heide in Niedersachsen (**a**) auf den nährstoffarmen sandigen Podsol-Böden (**b**) (Fotos: Breckle).

Abb. I-9 Buchweizen (*Fagopyrum esculentum,* Polygonaceae) war einst eines der wichtigsten Nahrungsmittel im Mitteleuropa. Heute ist er weitgehend von Weizen, vor allem aber Kartoffeln ersetzt (Foto **a**: Breckle; **b**: http://bit.do/6nfR).

gung im Sommer relativ lebhaft sein, an schattigen Standorten kommt sie bei Berechnung auf Frischgewicht der von Sauerklee *(Oxalis acetosella)* gleich; sie kann bei Wassermangel stark eingeschränkt werden. Doch genügen diese Eigenschaften nicht, um Wasserverluste bei lang andauernden Frösten zu verhindern. Selbst im milden Winter des Oberrheintals vertrocknet *Calluna* ohne Schneeschutz sehr oft. Auch im Norden trifft man sie nur dort an, wo eine Schneedecke jedes Jahr vorhanden ist.

Heide kommt im Inland an den Westhängen der Mittelgebirge mit ozeanischem Klima auch inselartig vor (Ardennen, Hohes Venn, Eifel, Vogesen und selbst im Schwarzwald am Feldberg). Sie reicht außerdem als schmaler Streifen bis zur Ostsee.

5 Der Laubwald als Ökosystem

5.1 Allgemeines

Der Laubwald ist eine mehrschichtige Pflanzengemeinschaft. Sie besteht oft aus einer oder zwei Baumschichten, einer Strauchschicht und einer Krautschicht. In letzterer findet man Hemikryptophyten, aber auch viele sich nur im Frühjahr entwickelnde Geophyten. Für Therophyten, also einjährige Pflanzen, sind die Entwicklungsbedingungen bei den schlechten Lichtverhältnissen am Waldboden zu ungünstig. Eine Bodenschicht aus Moosen fehlt; sie würde von den abfallenden Blättern zugedeckt werden. Moose wachsen deshalb nur auf über die Bodenoberfläche herausragenden Felsblöcken, Baumstümpfen etc. (◘ Abb. I-10) Diese Pflanzengruppen bilden jeweils Synusien.

Abb. I-10 Urwald von Bialowiez (Polen). Die Moose wachsen auf Baumrinden und kaum auf dem Waldboden. Im Mischwaldbereich wachsen zahlreiche Eschen, Hainbuchen und Eichen dichtgedrängt hoch (Foto: E. Fischer).

Im europäischen Laubwaldgebiet kennen wir auf Euklimatopen, auf ebenen Flächen mit normalen Böden, keinen Urwaldbestand (vielleicht abgesehen von dem Gebiet bei Bialowieca in Ostpolen), wo aber die Buche schon nicht mehr vorkommt (▶ Abb. I-10, ◘ Abb. I-11, ◘ Abb. I-12).

◘ **Abb. I-11** Urwald von Bialowiez (Polen). Ein offener Waldbereich mit sehr alten Eichen (*Quercus robur*) und jüngeren Hainbuchen (*Carpinus betulus*). Im Hintergrund eine Waldlücke mit zahlreichem Baumjungwuchs (Foto: Breckle).

◘ **Abb. I-12** Urwald von Bialowiez (Polen). Im Winter sind die dort „halbwild gehaltenen" Wisente in großen Herden zusammen. Auf Sammelplätzen ist die Strauch- und Krautschicht des hochstämmigen, alten Eichenwaldes erheblich degradiert (Foto: Breckle).

an der Waldsteppengrenze genauer untersucht.

Beim Laubwald ist das Kronendach die aktive Schicht, in der die direkte Sonnenstrahlung (auch die diffuse Strahlung) zum größten Teil in Wärme umgesetzt wird. Nur ein kleiner Bruchteil des Tageslichtes dringt in den Waldbestand ein.

Im ZB VI Mitteleuropas ist die Buche der dominierende Waldbaum (◘ Abb. I-13). Im ZB VI Ostasiens und Nordamerikas kommen zwar ebenfalls Buchenarten vor, dort ist aber die Baumartenzahl um ein Mehrfaches höher, (wiederum aufgrund der glazialen Refugialgeschichte), so dass die Zahl der Waldtypen viel größer ist (PETERS 1997). Dort kommen *Fagus*-Arten oft nur reliktisch auf sehr kleinem Raum vor (▶ Abb. I-7). *Fagus sylvatica* weist von allen zwölf Buchenarten das größte Areal auf, das von Skandinavien bis Nordspanien und von England bis in die Türkei reicht (◘ Abb. I-14) und eine Reihe verschiedener Buchenwälder bildet.

◘ **Abb. I-13** Der Herbst-Aspekt eines Laubwaldes der Mittel-Mosel (Deutschland), in dem *Fagus* das dominierende Element darstellt und sich durch gelb-rote Laub-Färbung kenntlich macht (Foto: Rafiqpoor).

Die Struktur der Wälder wird in Mitteleuropa völlig durch die Art der Bewirtschaftung bestimmt. Für die Forstwirtschaft sind die Holzarten von Bedeutung; die Krautschicht wird von ihr nur indirekt beeinflusst. Bei der Waldweide dagegen ist gerade die Krautschicht dem selektiven Viehverbiß ausgesetzt, unter dem auch der Baumjungwuchs leidet (▶ Abb. I-12). Rationell betriebene Hochwälder kommen den Urwäldern nahe, unterscheiden sich jedoch wesentlich durch die geringe Artenzahl der Baumschicht, deren Gleichaltrigkeit, das Fehlen von totem am Boden vermoderndem Holz und die homogene Struktur. Urwälder zeigen dagegen meistens einen mosaikartigen Aufbau.

Die bewirtschafteten Buchenwälder sind Reinbestände, die nur noch eine Krautschicht haben. Eichenwälder sind häufig Mischbestände aus verschiedenen Laubholzarten und besitzen eine Strauchschicht (▶ Abb. I-10, ▶ Abb. I-11). Von den verschiedenen Laubwaldbiogeozönen wurden u.a. ein westlicher Mischwald in Belgien, Buchenwälder und Fichtenforste im Solling und Eichenwälder im Osten

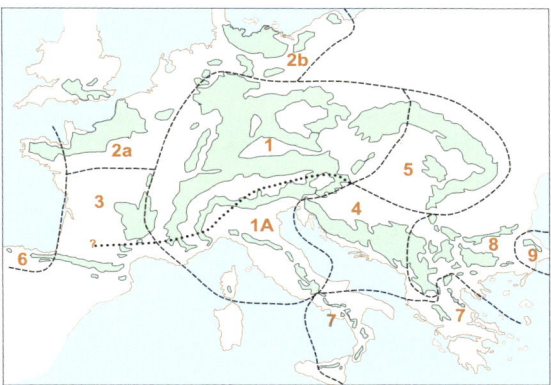

◘ **Abb. I-14** Die Areale der Buchenwälder Europas (verändert nach OZENDA 1994).

Außer den Buchenwäldern kommen in Mitteleuropa auch noch einige andere Waldtypen vor, die allerdings häufig sehr stark vom Menschen beeinflusst sind. Die sehr bodensauren Eichen-Birkenwälder (*Quercus-Betula*-Wälder) oder die kontinentalen Eichen-

Hainbuchenwälder (*Quercus-Carpinus*-Wälder) (◘ Abb. I-15) können als Beispiel angeführt werden. Insbesondere aber die Nadelhölzer wurden durch die Forstwirtschaft im letzten Jahrhundert sehr stark gefördert (◘ Abb. I-16), so dass heute Kiefernwälder (◘ Abb. I-17), in die aber wieder allmählich Buchen und Eichen einwandern, auf armen Sandböden die Regel sind.

◘ **Abb. I-15** Hochstämmiger Eichen-Hainbuchenwald auf basischen Böden aus Muschelkalk im Nationalpark Wölmisse im Thüringer Wald bei Jena (Foto: Rafiqpoor).

◘ **Abb. I-16** Waldbewirtschaftung in einem *Picea abies*-Wald bei Ulm, Süddeutschland (Foto: Barthlott).

◘ **Abb. I-17** Offener Kiefernforst mit einwandernden Birken und Eichen in der Senne, südlich Bielefelds, im Augustdorfer Dünenfeld mit späteiszeitlichen fossilen Dünen. Die Sämlinge tun sich anfangs schwer gegen die Konkurrenz des dichten *Avenella flexuosa*-Teppichs (Foto: Breckle).

Während man in den Jahren nach 1980 vor allem erhebliches Absterben der Fichtenforste beobachtet hat, im Erzgebirge und in den Sudeten sind auch schon früher ganze Hänge abgestorben, im Harz später (◘ Abb. I-18), wurden vor allem seit 1990 auch deutliche Schäden an Laubbäumen erkannt. Die Ursachen dieser Waldschäden sind allerdings sehr vielschichtig und können sicher nicht nur auf die Luftverschmutzung und veränderte Einträge von Schadstoffen oder übermäßige Stickstofffracht allein zurückgeführt werden. Auch die zusätzliche Beschleunigung der Auswaschung von Nährstoffen aus den Blättern und den oberen Bodenschichten (Kryptopodsolierung) verstärkte die Effekte, ebenso wie die Bodenermüdung durch waldbaulich einseitige Kulturen. Über die Auswirkungen des Klimawandels kann man nur spekulieren (BRECKLE 2005).

◘ **Abb. I-18** Montaner fast abgestorbener Fichtenwald im westlichen Hochharz (höchste Waldschadensklasse). Im Hintergrund der Brocken (Foto: Breckle).

5.2 Der Buchenwald im Solling als Ökosystem

Im Rahmen des IBP (Internationales Biologisches Programm und nachfolgend) wurden von 1966 bis 1986 im Solling drei Buchenwald- und drei Fichtenforstparzellen mit verschieden gedüngten Wiesen und einem Acker sehr genau untersucht und verglichen. Auch in anderen Ländern wurden jeweils charakteristische Vegetationstypen über viele Jahre hinweg erforscht. Als Beispiel für die wesentlichen Strukturen und Prozesse in einem nemoralen Wald des ZB VI wählen wir Ergebnisse aus dem Solling und geben gelegentlich Vergleichszahlen von Untersuchungen eines kontinentalen Eichenwaldes an der Worskla, dem linken Nebenfluss des mittleren Dnjepr (IBP-Projekt der damaligen Leningrader Universität). Bei dem Eichenmischwald handelt es sich um eine 1.000 ha große Waldfläche für Forstversuche, von der 160 ha ein geschützter urwaldartiger 300jähriger Bestand sind.

Bei dem Buchenwald im Solling (ELLENBERG et al. 1986) handelt es sich um einen bodensauren Buchenwald (Luzulo-Fagetum) in etwa 500 m NN. Die Böden sind überwiegend schwach podsolige Braunerden, entstanden aus Lößlagen, die dem Buntsandstein aufliegen.

Das Klima im Sollingbuchenwald ist durch eine hohe Ozeanität gekennzeichnet, allerdings gibt es zwischen den einzelnen Jahren doch bedeutsame Unterschiede. Die mittleren Niederschläge (1967 bis 1981) betragen 1.045 mm im Jahr, dies entspricht dem typischen deutschen regenreichen Mittelgebirgsklima (◘ Abb. I-19). Das trockenste Jahr 1976 brachte aber nur 706 mm, das feuchteste mehr als das Doppelte, nämlich 1.479 (1970). Trockenere Perioden treten immer wieder auf, sie sind aber in Mitteleuropa keiner bestimmten Jahreszeit zuzuordnen. Entsprechend treten zu allen Jahreszeiten Tage mit relativ dichter Wolkendecke auf und dementsprechend geringer Einstrahlung. Einige typische Tagesgänge der Globalstrahlung (◘ Abb. I-20) verdeutlichen dies. Bei wolkenverhangenem Himmel (► Abb. I-20, 3.7.1972) kann die Globalstrahlung oft kaum 1/10 der Strahlung eines heiteren Tages (► Abb. I-20, 13.7.1972) erreichen.

Dies wirkt sich dann auch als limitierender Faktor für die Photosynthese der Buchen aus.

Die Wetterlagen werden vorwiegend durch West- und Südwestwindlagen bestimmt, wie die Windrosen (◘ Abb. I-21) verdeutlichen. Ostwind tritt gelegentlich bei Hochdruckwetter im Winter auf, Nordwind gibt es praktisch nicht.

5.3 Ökophysiologie der Baumschicht

Ein Baum ist wegen seiner Größe kein günstiges Objekt zum Experimentieren. Seine Gestalt hängt sehr stark vom Stand ab. Ein freistehender Baum hat eine kuppelförmige bis kugelige Krone, während diese im dichten Bestand sehr klein ist. Da jedoch die Blätter sich in mehreren Schichten anordnen, sind die äußeren dem vollen Tageslicht ausgesetzt, während die inneren sich im Schatten entwickeln. Man unterscheidet deshalb **Sonnenblätter** und **Schattenblätter**, die durch Übergänge miteinander verbunden sind. Die anatomisch-morphologischen und ökophysiologischen Eigenschaften sind bei beiden verschieden.

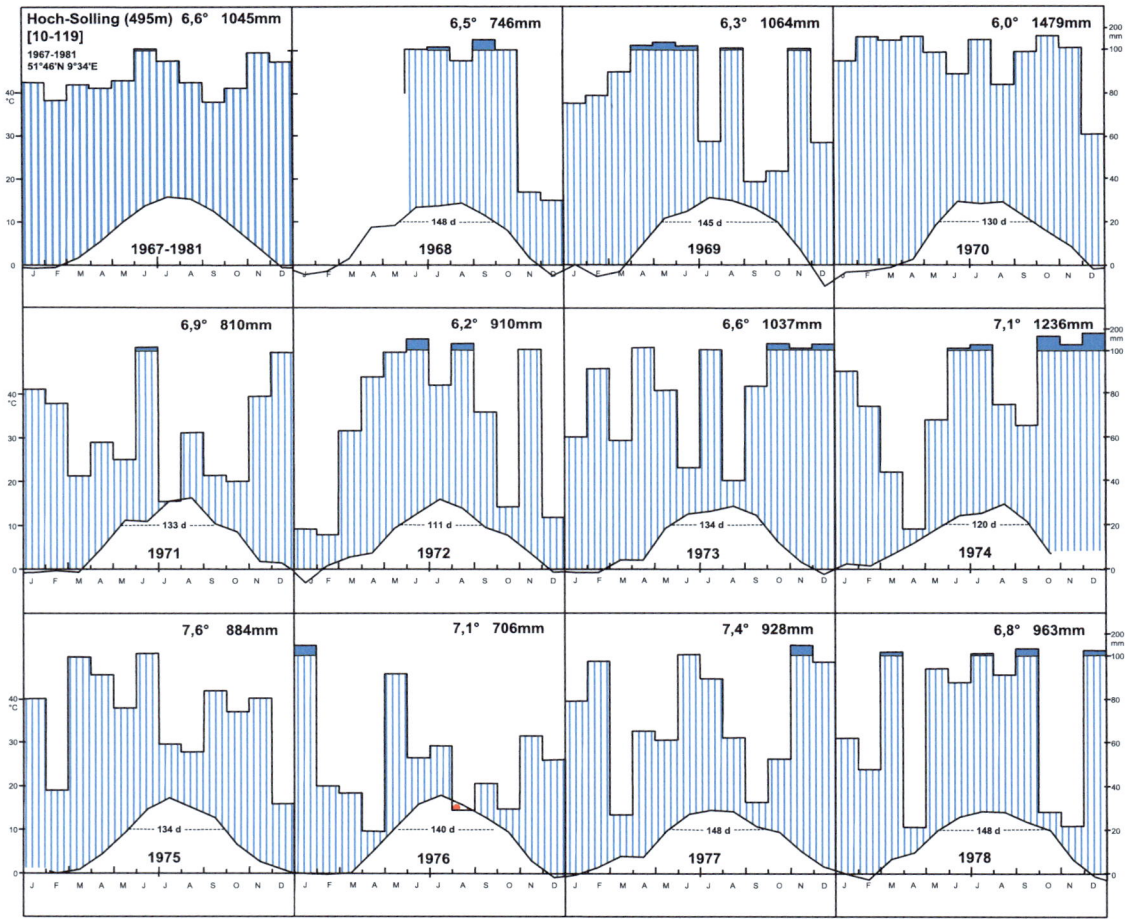

◘ Abb. I-19 Klimadiagramm und Klimatogramme (1967-81) vom Solling, mittig ist die Zahl der Tage im Jahr mit Temperaturmitteln über 10 °C angegeben (aus ELLENBERG et al. 1986).

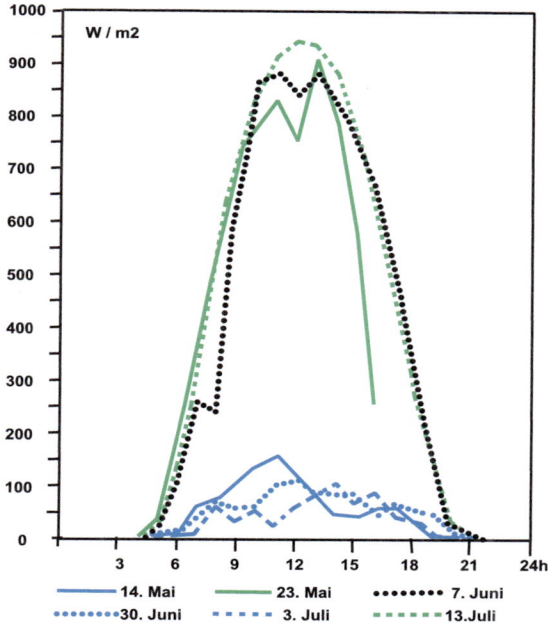

Abb. I-20 Tagesgänge der Einstrahlung (Globalstrahlung) im Frühsommer und Sommer 1972 für je drei heitere und bewölkte Tage (verändert nach ELLENBERG et al. 1986).

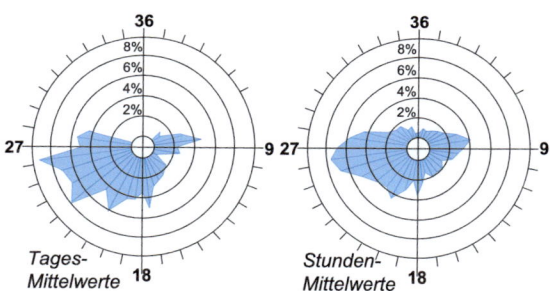

Abb. I-21 Tages- und Stunden-Mittelwerte der prozentualen Häufigkeit vorherrschender Windrichtungen im Solling (verändert nach ELLENBERG et al. 1986).

unterseite pro Quadratmillimeter, das heißt sie sind xeromorpher als die großen und dünnen Schattenblätter.

Die Strukturunterschiede werden durch die ungünstigere Wasserbilanz bei der Anlage der im nächsten Frühjahr austreibenden Knospen infolge der stärkeren Transpiration der Sonnenzweige gesteuert, die durch die erhöhte Zellsaftkonzentration angezeigt wird; letztere beträgt zum Beispiel bei einer Buche für Sonnenblätter 1,6 MPa, für Schattenblätter 1,2 MPa. Unterschiede machen sich ebenfalls hinsichtlich der CO_2-Assimilation bemerkbar. Bei Laborversuchen wurde festgestellt, dass im Dunkeln die Schattenblätter pro Quadratdezimeter Oberfläche weniger intensiv atmen als die Sonnenblätter, zum Beispiel scheiden Schattenblätter der Buche nur 0,2 mg CO_2 pro dm²/h aus gegenüber 1,0 mg der Sonnenblätter. Deswegen liegt im Frühjahr der Lichtkompensationspunkt (Atmung = Bruttophotosynthese) der Schattenblätter schon bei 350 Lux, der von Sonnenblättern dagegen bei 1.000 Lux. Bei steigender Beleuchtung nimmt die Photosynthese proportional mit der Lichtintensität zu, bis ein Maximum erreicht wird (◘ Abb. I-22). Dieses liegt bei Schattenblättern und Schattenpflanzen schon bei weniger als 20% des maximalen Tageslichts, bei Sonnenblättern dagegen erst bei etwa 40%. Schattenblätter nutzen somit geringe Lichtintensitäten besser aus, Sonnenblätter dagegen die höheren.

Bei den Sonnenblättern hat es merkwürdigerweise den Anschein, als ob sie das volle Tageslicht nicht genügend ausnutzen. Doch gelten diese Zahlen nur für senkrecht zum Licht orientierte Blätter, während die Sonnenblätter an der Baumkrone immer ziemlich steil aufgerichtet sind. Dadurch wird vermieden, dass sie sich in der Sonne zu stark überhitzen, das heißt zu große Wasserverluste erleiden, zugleich aber wird erreicht, dass mehr Licht durch die äußere Krone hindurchfällt, was den tiefer stehenden Blättern zugutekommt. Außerdem werden die morgendlichen (von Osten) und die abendlichen (von Westen kommenden) Einstrahlungen besser ausgeschöpft.

Sonnenblätter sind kleiner, dicker, haben eine dichtere Nervatur und mehr Stomata auf der Blatt-

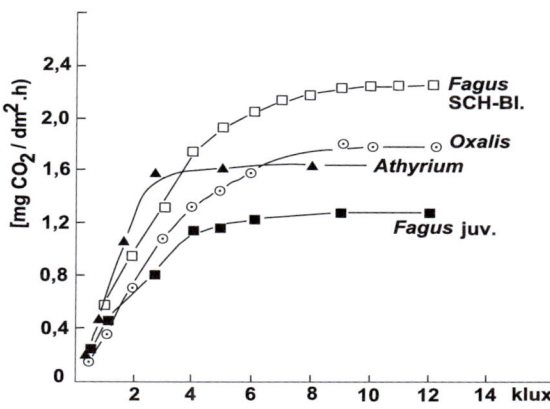 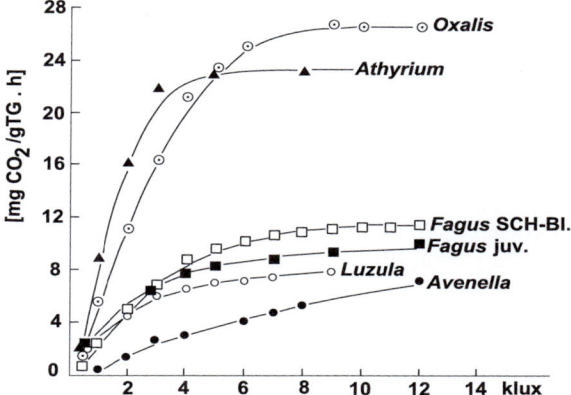

Abb. I-22 Lichtsättigungskurve der Photosynthese (links: blattflächenbezogen; rechts: gewichtsbezogen) einiger Arten des Buchenwaldes in Solling (SCH-BL = Schattenblätter; juv. = Jungwuchs) (aus ELLENBERG et al. 1986).

> **Box I-3** Aufrichtung der Sonnen- und Schattenblätter
>
> Sonnenblätter stehen meist steil aufgerichtet zum Licht, Schattenblätter dagegen oft senkrecht zu den einfallenden Strahlen.

Die im tiefen Schatten stehenden Blätter sind stets senkrecht zum einfallenden Licht orientiert, wodurch selbst bei einem BFI = 5 oder mehr eine im Mittel positive Stoffbilanz möglich ist.

Eine genaue Produktionsanalyse durch direkte Messungen der CO_2-Assimilation der Buche am Standort wurde von SCHULZE (1970) durchgeführt. Ein einzelner Tagesgang ist in ◘ Abb. I-23 gezeigt. Es ließ sich ableiten, dass die Produktion der Sonnen- und Schattenblätter pro Trockengewicht während der gesamten Vegetationszeit gleich ist, weil die Schattenblätter im Herbst länger tätig bleiben (◘ Abb. I-24).

Tageslichts ausgedrückt, ist bei den einzelnen Baumarten verschieden. Man unterscheidet Schattenhölzer mit sehr dichter Krone und niedrigem Lichtminimum (bei Buche 1,2%) und Lichthölzer mit lichter Krone und hohem Lichtminimum [Birke *(Betula)* und Espe *(Populus tremula)* 11%]. Dazwischen stehen Ahorn *(Acer)* und Eiche *(Quercus)*. Dieses Lichtminimum in der Baumkrone braucht nicht genau mit dem Lichtminimum zusammenzufallen, das überschritten werden muss, damit die Baumsämlinge am Waldboden heranwachsen, aber die Werte gehen doch parallel. Buchenkeimlinge kommen mit wenig Licht aus, Birkenkeimlinge benötigen mindestens 12 bis 15% des Tageslichts.

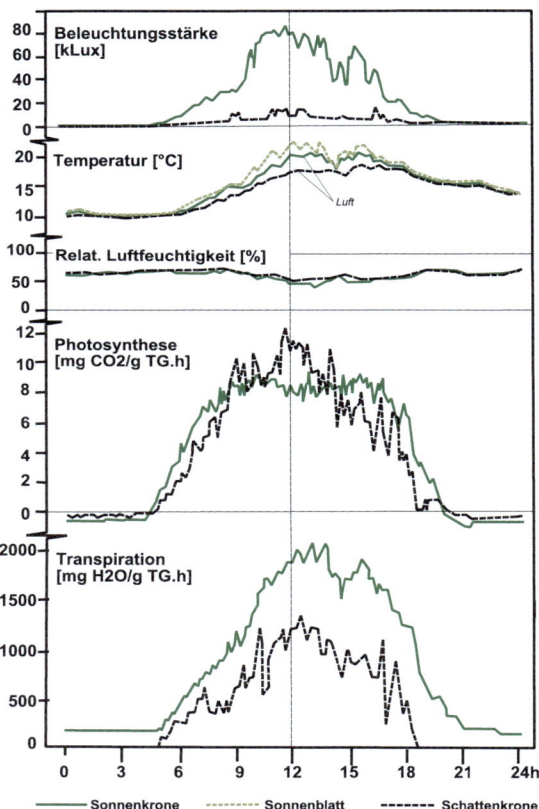

◘ **Abb. I-23** Tagesgänge wichtiger mikroklimatischer und ökophysiologischer Parameter von Sonnen- und Schattenblättern der Buche im Solling an einem Schönwettertag (verändert nach ELLENBERG et al. 1986).

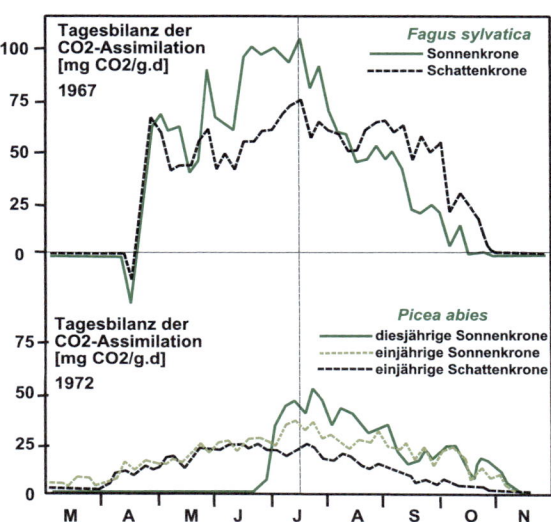

◘ **Abb. I-24** Jahresgänge der Tagesbilanzen des CO_2-Gaswechsels der Buche und Fichte (verändert nach ELLENBERG et al. 1986).

Sinkt die Beleuchtung dauernd unter ein bestimmtes Lichtminimum, so wird die Atmung des Blattes nicht mehr durch die Photosynthese kompensiert, es treten Stoffverluste ein, das Blatt vergilbt und wird abgeworfen. Dieses Lichtminimum, in % des vollen

Ein Eichenwald reflektiert im beblätterten Zustand 17%, im blattlosen nur etwa 11% der einfallenden Strahlung, also bedeutend weniger als Wiesen und Kulturen (25%). In halber Höhe des Bestandes bzw. am Boden misst man im vollbelaubten Zustand bei jungen Beständen nur 1,2% bzw. 0,6% des Tageslichts, bei sehr alten dagegen etwa 20% bzw. 2%.

Die Lichtverhältnisse sind für die Wettbewerbsfähigkeit der Baumarten von ausschlaggebender Bedeutung. Auf einer Lichtung können die Lichthölzer in wenigen Jahren heranwachsen. Unter ihrem Schirm keimen die Schattenhölzer und wachsen langsam immer höher. Ihr Kronendach ist so dicht, dass die Lichthölzer darunter keinen Stoffgewinn erzielen und sich auch nicht verjüngen. Mit der Zeit gelangt die am meisten Schatten ertragende Art zur Vorherrschaft, wenn ihr die sonstigen Standortsbedingungen zusagen.

In Mitteleuropa ist dies die Buche *(Fagus sylvatica)*, sie ist die Art der zonalen Wälder. Nur auf sehr armen Böden oder bei hohem Grundwasserstand, bzw. in den trockensten Beckenlandschaften ist sie nicht konkurrenzfähig. Im westlichen Osteuropa ist das Klima für die Buche zu kontinental, an ihre Stelle tritt dann als Schattenholzart die Hainbuche *(Carpinus betulus)*, noch östlicher wird sie durch die Eiche *(Quercus)* abgelöst.

Die mittlere Tagestemperatur ist am Kronendach im Sommer um 2°C höher als am Boden, das mittlere Tagesmaximum sogar bis zu 11°C höher, das mittlere Tagesminimum dagegen um etwa 2 bis 3°C tiefer. Die mittlere Luftfeuchtigkeit ist am Boden 98% und sinkt mit der Höhe bis auf 77% ab. Die Windgeschwindigkeit ist im Walde gering. Da der Waldboden vor der direkten Strahlung geschützt ist, bleibt es im Wald tagsüber merklich kühler als in offenen Beständen.

Sehr wichtig für die Produktivität der Wälder ist der Blattflächenindex (BFI; leaf area index: **LAI**), das heißt das Verhältnis der gesamten Blattfläche des Baumbestandes zu der von ihm bedeckten Bodenfläche. Er kann nur ein bestimmtes Maximum erreichen, weil sonst die unteren beschatteten Blätter keine positive Stoffbilanz aufweisen würden. Aber dieses Maximum hängt nicht nur von der Tageslichtintensität ab, sondern wird kleiner bei mangelhafter Wasserversorgung und bei Nährstoffmangel. Bei reinen Eichenbeständen ist der BFI = 5 bis 6 (in feuchten Jahren höher), in frischen Mischbeständen kann er, alle Holzarten, auch Sträucher, eingeschlossen, 8 überschreiten.

Die Stoffproduktion (in Tonne pro Hektar und Jahr) eines 40-jährigen Buchen-Bestands in Dänemark:

- Bruttoproduktion der assimilierenden Blätter = 23,5
- Atmungsverluste (Blätter 4,6; Stengel 4,5 und Wurzeln 0,9) = 10,0
- Jährliche Produktion (Blätter 2,7; Stengel 1,0; Streu und Wurzeln 0,2) = 3,9
- Holzproduktion (oberirdisch 8,0; unterirdisch 1,6) = 9,6

Von den maximal 8 t/ha an Stammholz sind im Mittel 6 t/ha forstlich ausnutzbar, was 11 m³ entspricht. Bei der Fichte ist der Holzertrag gewichtsmäßig ebenso groß, aber räumlich ca. 17 m³.

Wie sich die Produktionszahlen mit dem Alter des Buchenbestandes ändern, zeigt ◘ Abb. I-25.

Die Masse des abgehenden toten Holzes ist kaum geringer als der Holzzuwachs im gleichen Zeitraum, das heißt, dass der Nettophytomassezuwachs hier praktisch Null ist, wie es bei einem Urwald in der Optimalphase sein muss.

Auch die Buchenwaldflächen im Solling erreichen etwa 10 t/ha Jahresproduktion, davon sind etwa 3 t Blätter, auf die Blüten und Früchte entfallen von Jahr zu Jahr sehr wechselnde Anteile (Mastjahre). Die Reisigproduktion umfasst etwa 10% der Jahresproduktion, die Produktion an Wurzeln etwa 10% der oberirdischen Produktion.

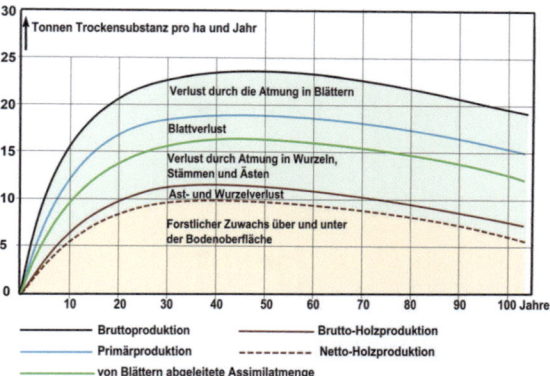

◘ **Abb. I-25** Produktionskurven des Buchenwaldes (verändert nach WALTER 1990).

Für die Primärproduktion pro Jahr wird 8,9 t/ha, inklusive Krautschicht 9,6 t/ha angegeben. Die unterirdische Produktion wurde nicht bestimmt.

Dem semiariden Klima entsprechend ist die Primärproduktion etwas niedriger als bei den westlichen Laubwäldern.

Die jährlich gebildete Blattmasse und Blattfläche nimmt in den ersten 20 Jahren rasch zu. Sobald jedoch ein dichter Kronenschluss erreicht ist, bleiben Blattmasse und der BFI nahezu konstant. Das Kronendach wird nur durch den Höhenzuwachs der Stämme immer mehr über den Erdboden emporgehoben. Die Blätter mit den abfallenden Zweigen bilden die Streu und mit den absterbenden Wurzeln zusammen den Gesamtabfall.

Nur die erzeugte Holzmasse wird gespeichert, so dass die stehende Phytomasse des Waldes bis ins hohe Alter ständig, aber immer langsamer zunimmt, bei 50jährigen Beständen 200 t/ha, bei 200jährigen 400 t/ha überschreiten kann.

Für den Eichenwald wurde folgender mittlerer Holzzuwachs in Abhängigkeit vom Alter des Bestandes (in Klammern) gefunden: 3,8 t/ha (13), 3,6 t/ha (22), 4,3 t/ha (42), 4,7 t/ha (56), 0,4 t/ha (135), 0,0 t/ha (220). Der zunehmende Stammdurchmesser (BHD: Brusthöhendurchmesser) bedeutet einen entsprechend zunehmenden Holzvorrat im Stamm. Diese Beziehung ist in ◘ Abb. I-26 dargestellt.

Box I-4 Phytomasse in einem *Quercus*-Mischwald

Für die Phytomasse des Eichenmischwalds in Russland gibt GORYSCHINA (1974) folgende Werte an: Oberirdische 306,7 t/ha (Blätter 3,7, Zweige und Äste 71,2 und Stämme 230,8); unterirdische 124,9 t/ha; gesamte 431,6 t/ha; dazu Krautschicht 0,7 t/ha.

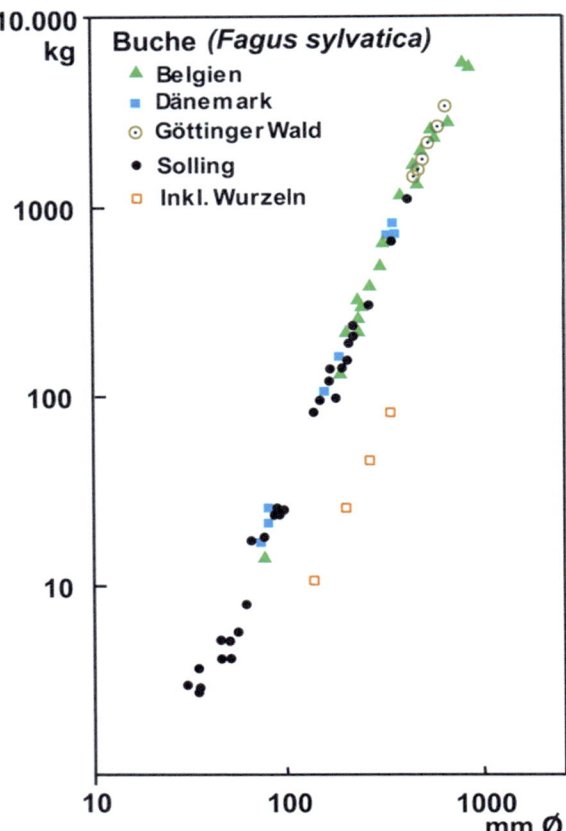

■ **Abb. I-26** Die Abhängigkeit der oberirdischen Biomasse (unterirdisch mit offenen Quadraten gekennzeichnet) vom Stammdurchmesser (BHD) bei der Buche von verschiedenen Standorten (verändert nach ELLENBERG et al. 1986).

hingegen rieseln trockene oder vergilbte Nadeln fast ganzjährig herab, allerdings gibt es hier, wenig später als beim Laubfall der Buche, auch ein kleines Maximum des Nadelfalls (► Abb. I-27, unten).

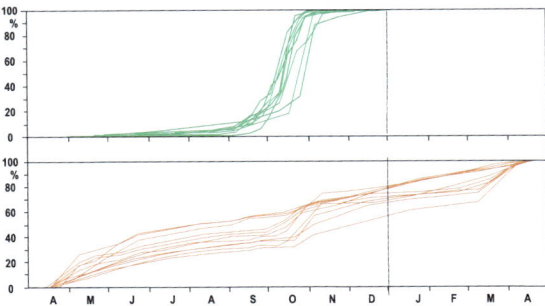

■ **Abb. I-27** Verlauf (in %) des jährlichen Laubfalls der Buche (oben, 1967-1975) und des Nadelfalls der Fichte (unten) (Feinstreu von drei Fichtenparzellen 1968-1971) im Jahreslauf im Solling als Kurvenschar dargestellt (nach ELLENBERG et al. 1986).

5.4 Ökophysiologie der Krautschicht (Synusien)

Das Mikroklima am Waldboden unterscheidet sich sehr stark von dem an offenen Standorten: Nach der Belaubung des Waldes ist die Beleuchtungsstärke am Waldboden geringer, die Temperaturverhältnisse sind ausgeglichener, die Feuchtigkeit der Luft sowie der oberen Bodenschichten ist größer als außerhalb des Waldes. Die Kräuter im Wald sind deshalb Schattenpflanzen und Hygrophyten mit sehr niedriger Zellsaftkonzentration, also günstiger Hydratur des Plasmas.

Die Lichtverhältnisse am Boden eines Laubwaldes können an klaren Tagen sehr heterogen sein, weil einzelne Sonnenstrahlen, die durch die Baumkronen fallen, am Boden Lichtflecken erzeugen. Da die Sonne sich am Himmel bewegt und die Äste der Bäume vom Winde hin und her gebogen werden, ändern die Lichtflecken innerhalb von Sekunden ihre Lage und Intensität.

Wird ein Blatt von einem Lichtfleck getroffen, so kann die Beleuchtungsstärke auf das über 30fache ansteigen, was für die Photosynthese der Kräuter von großer Bedeutung ist. Deswegen werden zur Bestimmung des Lichtgenusses der Krautpflanzen in Prozent des vollen Tageslichts die Vergleichsmessungen am zweckmäßigsten an hellen, gleichmäßig bewölkten Tagen vorgenommen. Aber sie können nur einen gewissen Anhaltspunkt geben. Besser ist es, wenn man die Tageslichtsummen für bestimmte Stellen am Waldboden automatisch registriert. Der Lichtgenuss der Krautschicht vor der Belaubung der Bäume ist sehr groß, er sinkt dann mit der Entwicklung des Laubes rasch ab.

Auch die Streumenge reichert sich im Walde solange an, bis ein Gleichgewicht erreicht ist, das heißt jährlich ebenso viel von der Streu mineralisiert wird, wie neu hinzukommt. In der Streu wird ein Teil der wichtigsten Nährstoffelemente (N, P, K, Ca) festgelegt. Mächtige Rohhumusauflagen sind deshalb ungünstig. Besonders schädlich ist jedoch die Streunutzung; dabei werden die Nährstoffe ganz entfernt, insbesondere der Kalk, wodurch die Waldböden rasch verarmen und versauern, so dass die Holzerträge zurückgehen. Stickstoffverbindungen werden bei der Streuzersetzung mineralisiert. Den Baumwurzeln steht der größte Teil der Nährstoffe in der unteren sich zersetzenden Humusschicht zur Verfügung; diese ist deshalb stets sehr dicht durchwurzelt. Das Bodenleben ist für den Waldbestand neben der Wasserversorgung von besonderer Bedeutung. Dagegen ist der Anteil der tierischen Organismen über dem Boden nur sehr gering; selbst auf Insektenfraß entfallen normalerweise nur wenige Prozent.

Der Streufall selbst erfolgt bei den Laubbäumen sehr periodisch und weist von Jahr zu Jahr nur geringe Unterschiede auf. Über 90% der Blätter der Buche fallen im Oktober (■ Abb. I-27, oben). Bei der Fichte

Die günstigen Lichtverhältnisse vor der Belaubung nützen die **Frühlingsgeophyten** (*Galanthus, Leucojum, Scilla, Ficaria, Corydalis, Anemone* u. a.) aus (◘ Abb. I-28). Es kommt ihnen zugute, dass die wenig geschwächte Sonnenstrahlung die Streu- und Humusschicht, in der die Geophyten wurzeln, schon im April auf 25 bis 30 °C erwärmt. Die lufthaltige Streuschicht hat eine geringe Wärmekapazität und infolgedessen eine sehr gute Temperaturleitfähigkeit. Die Bäume wurzeln in tieferen Schichten, die sich kaum erwärmen, wodurch die Belaubung verzögert wird.

◘ **Abb. I-28** Die Frühlingsgeophyten (z.B. Buschwindröschen, *Anemone nemorosa*) oder wie hier das Leberblümchen (*Anemone hepatica*) nutzen die Lichtphase vor dem Ergrünen des Waldes aus und schließen ihren gesamten generativen Zyklus bis zur Samenreife ab (Foto: Breckle).

In der kurzen Vorfrühlingszeit blühen und fruchten die Geophyten und füllen ihre Reserven in den unterirdischen Speicherorganen wieder für das nächste Jahr auf. Wenn die Belaubung einsetzt, vergilben die Blätter der Geophyten und es setzt eine Ruhepause ein. Aber dieses Vergilben ist nicht nur durch die zunehmende Beschattung bedingt, sondern entspricht einem endogenen Entwicklungsrhythmus. Am Licht ziehen die Geophyten noch früher ein. Es ist somit eine Pflanzengruppe, die befähigt war, eine bestehende ökologische Lücke (Nische) im Entwicklungsablauf der Laubwälder auszufüllen.

Die Frühlingsgeophyten werden auch als **Ephemeroide** bezeichnet; denn sie zeichnen sich durch eine ebenso kurze Vegetationszeit aus wie die annuellen Ephemeren, sind jedoch ausdauernde Arten mit unterirdischen Speicherorganen. Sie verhalten sich ökologisch ähnlich und besitzen fast denselben Entwicklungsrhythmus, bilden somit eine „Arbeitsgruppe", die man als **Synusie** bezeichnet.

Im russischen Eichenmischwald (GORYSCHINA 1974, WALTER 1976) wurden folgende Vertreter von fünf Laubwaldsynusien unterschieden:

1. Ephemeroide: *Scilla sibirica, Ficaria verna, Corydalis solida, Anemone ranunculoides.*
2. Hemi-Ephemeroide: *Dentaria bulbifera.*
3. Frühsommerarten: *Aegopodium podagraria, Pulmonaria obscura, Asperula (Galium) odorata, Stellaria holostea.*
4. Spätsommerarten: *Scrophularia nodosa, Stachys sylvatica, Campanula trachelium, Dactylis glomerata, Festuca gigantea.*
5. Immergrüne Arten: *Asarum europaeum, Carex pilosa.*

Die einzelnen Synusien nutzen die verschiedenen Lichtphasen am Waldboden durch morphologisch/physiologische Anpassungen. So bildet *Aegopodium* zuerst kleine Lichtblätter aus, dann im Sommer große Schattenblätter und schließlich im Herbst bei tieferen Temperaturen sehr kleine xeromorphe, kälteresistente Blätter, die überwintern (*Aegopodium* hat keine Winterruhephase). Dasselbe findet auch bei *Stellaria* und *Asperula* statt, nur bilden sich die verschiedenen Blätter nacheinander an derselben vertikalen Sprossachse.

Sehr verschieden ist bei den einzelnen Synusien der Assimilathaushalt, das heißt die Art, wie sie die Assimilate verwenden:

Scilla verbraucht alle in der Zwiebel gespeicherten Assimilate zum Aufbau des Blütensprosses und der Blätter; erst gegen Ende der kurzen Vegetationszeit werden die neugebildeten Assimilate in die junge Zwiebel geleitet für die Verwendung im nächsten Jahr.

Dentaria dagegen beginnt frühzeitig die Reserven im Rhizom aufzufüllen und braucht deshalb für das Blühen und Fruchten mehr Zeit. *Aegopodium* verbraucht die spärlichen Reserven, um die Lichtblätter auszubilden, die intensiv CO_2 assimilieren und die Reserven schon Anfang Mai auffüllen und zugleich die Assimilate für den Aufbau der Schattenblätter liefern.

Die Spätsommerpflanze *Scrophularia* hat in der großen Knolle nur wenige Reserven zur Ausbildung der ersten Blätter. Deren Assimilatausbeute ist im Schatten gering, so dass es bis zum Herbst dauert, bis der Spross ausgewachsen ist und die Früchte reifen.

Beim Assimilathaushalt von *Asarum* ist kennzeichnend, dass die vorjährigen (immergrünen) Blätter gleich nach dem Winter erneut assimilieren, sie sterben erst im Laufe des Frühsommers ab, lange nachdem die Photosynthese der jungen Blätter voll eingesetzt hat.

Die gesamte Phytomasse der Krautschicht ist nicht groß, aber ihre Bedeutung für das Ökosystem besteht darin, dass sie rasch abgebaut wird und den Stoffumsatz im gesamten Ökosystem auf diese Weise fördert, während die Laubstreu sich langsam zersetzt; die in letzterer enthaltenen Nährstoffe stehen erst im nächsten Jahr zur Verfügung.

Box I-5 Synusien in bestimmten Ökosystemen

Synusien sind nur Teilsysteme innerhalb bestimmter Ökosysteme. Sie besitzen keinen eigenen Stoffkreislauf.

Die meisten Arten der Krautschicht sind Hemikryptophyten, das heißt ihre Erneuerungsknospen werden an der Basis der Sprosse angelegt und überwintern direkt unter der Bodenoberfläche, geschützt durch die im Herbst abgefallenen Laubblätter und eine eventuelle Schneedecke. Allerdings sind sehr viele Vertreter klonal gebaut, das heißt sie vermehren sich auf unterschiedlichste Weise durch Teilung, also vegetativ. Die Teilung der Mutterpflanze, die Bildung von Ausläufern, Spross- oder Wurzelknollen dienen immer auch dem Erhalt der Art und ihrer Verbreitung. Die Vielzahl an klonalen Typen hat VAN GROENENDAEL et al. (1996) vergleichend zusammengestellt, dazu sind in Abb. I-29 jeweils auch Artbeispiele aus dem mitteleuropäischen Laubwald angeführt.

Beispiel für die beiden Grenzwerte in % des Tageslichts sind: *Lamium maculatum* 67 bis 12%, *Lathyrus vernus* 33 bis 20%, *Geranium robertianum* 74 bis 4%, *Prenanthes purpurea* 10 bis 5% (steril bis 3%).

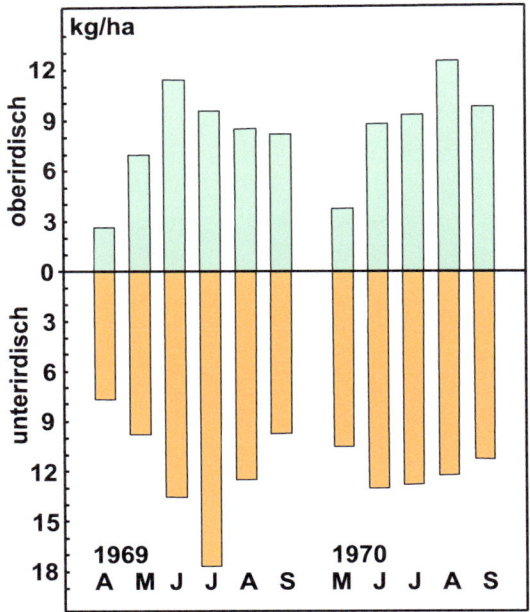

■ **Abb. I-30** Veränderungen der ober- und unterirdischen Biomasse der Krautschicht im Buchenwald im Solling, im Jahre 1969 und 1970. 1970 begann die Vegetationszeit später und das Jahr war regenreicher (verändert nach ELLENBERG et al. 1986).

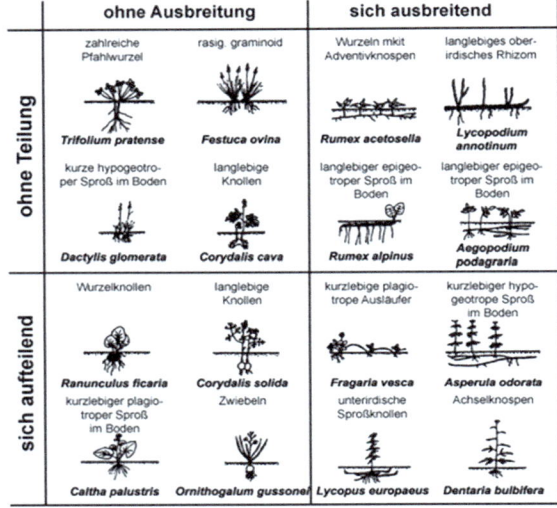

■ **Abb. I-29** Verschiedene klonale Strukturen mit Angaben zur Ausbreitung und Lebensdauer der Verbindungen der Krone (verändert nach VAN GROENENDAEL et al. 1996).

Die Gesamtbiomasse der Krautschicht ist meist sehr gering (■ Abb. I-30), setzt sich aber rasch um. Dabei reagiert Spross und Wurzel, je nach Wasser- und Nährstoffangebot nicht jedes Jahr gleich, wie ■ Abb. I-31 zeigt. Auch die Anzahl der Sprosse schwankt von Jahr zu Jahr sehr stark (▶ Abb. I-31). Die Krautschicht kann sich den wechselnden Bedingungen sehr rasch anpassen.

In Mastjahren, wie 1971, ist aber auch die Zahl der Buchenkeimlinge sehr hoch, geht dann allerdings die nächsten Jahre sehr stark zurück. Die wenigen (von einer Million Bucheckern vielleicht 0,1 bis 1 Jungpflanzen), die verbleiben, reichen aber aus, um eine neue Baumgeneration zu gewährleisten.

Für viele Arten der Krautschicht im Walde wurde der Lichtgenuss festgestellt. Sie haben ein **Lichtgenussmaximum** (L_{max}), weil man sie nicht im vollen Tageslicht findet, und ein **Lichtgenussminimum** (L_{min}), denn sie meiden den tiefsten Waldschatten.

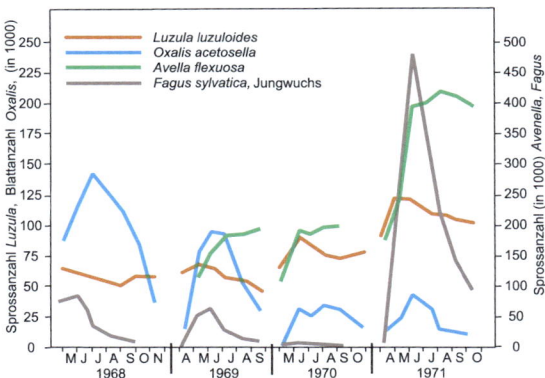

■ **Abb. I-31** Unterschiedliche Zahl der Sprosse einiger Arten des Buchenwalds in vier aufeinanderfolgenden Sommerhalbjahren ab 1968. *Avenella* wurde 1968 noch nicht gezählt (verändert nach ELLENBERG et al 1986).

L_{max} wird durch den Wasserhaushalt bestimmt; denn die hygrophilen Arten verlangen einen feuchten Boden und vertragen keine hohen Sättigungsdefizite der Luft, wie sie bei voller Einstrahlung auftreten.

L_{min} ist für die Pflanzen eine Hungergrenze. Die Lichtintensität reicht gerade noch aus, um die für die Entwicklung notwendige Stoffproduktion zu ermöglichen. Im allgemeinen beginnt im Wald bei 1% des Tageslichts der **tote Waldschatten**, in dem nur die Fruchtkörper der heterotrophen Pilze anzutreffen sind, aber auch Holosaprophyten unter den Blütenpflanzen, zum Beispiel die Vogelnestorchidee *(Neottia nidus-avis)* (◘ Abb. I-32).

◘ **Abb. I-32** *Neottia nidus-avis* (Orchidaceae) ist ein Holosaprophyt, der im toten Waldschatten, z.B. in den Buchenwäldern von Saguramo-Sedaseni in Georgien, aber auch in vielen Buchenwäldern in Deutschland lebt und ohne Tageslicht auskommt, besitzt kein Chlorophyll und assimiliert nicht (Foto: E. Fischer).

Ein weiterer für die Krautschicht sehr wichtiger Faktor ist die Konkurrenz der Baumwurzeln. In den trockenen Waldgebieten an der Grenze zu den Waldsteppen ist der Wasserfaktor von großer Bedeutung. Die Bäume, deren Zellsaftkonzentration höher ist als die der Kräuter, vermögen hohe Saugspannungen in Saugwurzeln zu entwickeln und damit das Wasser dem Boden besser zu entziehen als die Kräuter. Die Folge davon ist, dass in solchen Buchenwäldern der Boden „nackt" ist (▶ Abb. I-15). Wenn man dagegen die Baumwurzeln durchschneidet und damit ihre Konkurrenz ausschaltet, stellen sich Kräuter am Waldboden ein, ein Zeichen, dass nicht die Lichtverhältnisse der begrenzende Faktor waren, sondern das Wasser.

Bei sehr flachgründigen Böden nehmen die Baumwurzeln auch die Nährstoffe für sich in Anspruch, insbesondere den Stickstoff. Die Kräuter müssen sich mit dem begnügen, was die Baumwurzeln übrig lassen. Infolgedessen findet man in solchen Wäldern nur anspruchslose Kräuter wie *Luzula luzuloides, Avenella flexuosa, Potentilla sterilis, Vaccinium myrtillus,* u. a.

5.5 Wasserhaushalt

Die Summe der Niederschläge ist im Solling die einzige Eingabegröße des Wasserumsatzes. Die Abgabe verteilt sich auf Verdunstung und Abfluss, die jeweils aus Teilgrößen bestehen (◘ Abb. I-33). Bei der Wasserhaushaltsgleichung kann man im Wald auch noch interne Wasserflüsse berücksichtigen, wie zum Beispiel Kronentrauf und Stammablauf, der bei der Buche eine Rolle spielt, bei der Fichte aber vernachlässigbar ist (◘ Abb. I-34).

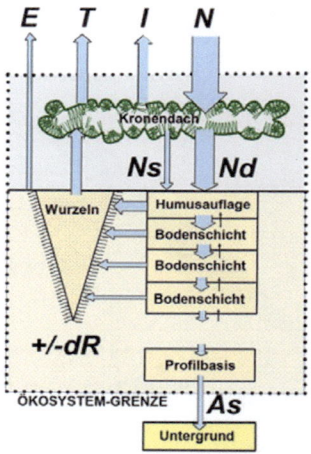

◘ **Abb. I-33** Kompartiment-Modell des Wasserhaushalts im Ökosystem mit ebener Lage im Solling (As = unterirdischer Abfluß; E = Evaporation; I = Interzeption; N = Niederschlag; Nd = Kronentrauf; Ns = Stammablauf; dR = Speichergröße; T = Transpiration). Die Breite der Pfeile deutet die Größenordnung an (verändert nach ELLENBERG et al. 1986).

Die Interzeption ist der Anteil an Wasser, der im Bestand zurückgehalten wird. Im Buchenwald wird der Spaziergänger ab 3 mm Regen richtig nass, im Fichtenwald erst ab etwa 5 mm Niederschlag.

Von den auf den Wald fallenden Niederschlägen werden von den Kronen der Buchen im Mittel 17% (Sommerhalbjahr, da sommergrün), von den Fichten etwa 27% (ganzjährig, da immergrün) zurückgehalten. Der Rest tropft entweder durch oder läuft an den Stämmen ab. In Trockenjahren ist die Interzeption deutlich höher als in Nassjahren.

Der im Winter am Waldboden angereicherte Schnee taut im Frühjahr langsam und das Schmelzwasser versickert fast vollständig in die Streuschicht. Die Transpiration der Baumschicht ist so stark, dass im Sommer unter Wald kein Wasser dem Grundwasser zugeführt wird. Die Wasserabgabe der Krautschicht ist fünf- bis sechsmal geringer. Ein gut ausgebildeter Laubwald im Waldsteppengebiet verbraucht praktisch alles Wasser, das durch die Niederschläge zugeführt wird, ein Buchenwald in Mitteleuropa dagegen nur 50 bis 60% der Niederschläge, wobei in den Sommermonaten auch hier kein Überschuss vorhanden ist.

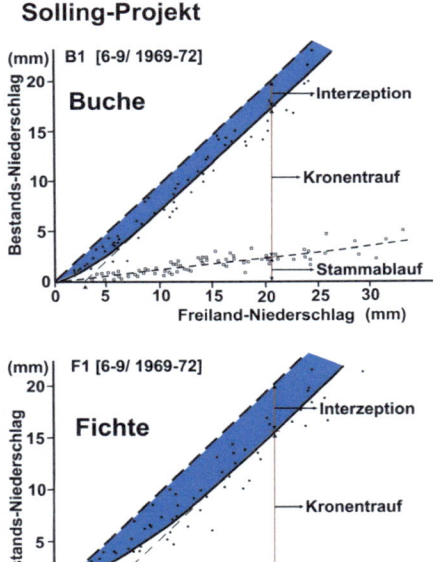

◘ **Abb. I-34** Interzeption, Kronentrauf und Stammablauf in den Monaten voller Belaubung bei Buche und Fichte in Abhängigkeit vom Freilandniederschlag. Bei der Fichte ist der Stammablauf vernachlässigbar (verändert nach ELLENBERG et al. 1986).

Im Solling wurden, entsprechend des in ▶ Abb. I-33 gezeigten Wasserumsatzmodells auch die Durchflüsse durch einzelne Bodenschichten mit Hilfe von Tensiometern (Bodensaugspannung), Lysimetern (mit Absaugvorrichtungen) und mit Tritiumwasser gemessen. Das Infiltrationswasser im Boden, soweit es nicht von den Pflanzenwurzeln aufgenommen wird, dringt im Laufe eines Jahres unter Buchen 1,65 m in die Tiefe vor, unter Fichten 1,20 m.

Setzt man die bei der Produktion festgelegte chemische Energie in Relation zu der auf einen Hektar Wald eingestrahlten Energie, so erhält man etwa 2% für die Bruttoproduktion und 1% für die primäre Produktion. Ein Drittel der eingestrahlten Energie wird für die Transpiration verbraucht, insgesamt etwa 80% für die Verdunstung von Wasser (Evaporation, Interception), der Rest wird in Wärme umgewandelt.

Die Kopplung der CO_2-Assimilation mit der Transpiration, beide Vorgänge werden ja durch ein und dieselben Spalten reguliert, kann quantitativ mit dem **Transpirationskoeffizienten** ausgedrückt werden. Krautige Pflanzen (zum Beispiel Weizen) verbrauchen 540 kg Wasser, um 1 kg Pflanzensubstanz zu produzieren. Die Buche im Solling hat im Mittel einen Transpirationskoeffizienten von nur 180, die Fichte von 220. Auf welche Weise die Buche ihre so besonders rationelle Leistung vollbringt, lässt sich teilweise aus den Gaswechselmessungen ablesen (▶ Abb. I-24). Je nach Beleuchtungsstärke, Luftfeuchte und CO_2-Konzentration regulieren die Blätter die Stomataweite so rasch, dass sie sich jeder Änderung sofort anpassen. Außerdem ist die Photosynthese der dünnen, also mit wenig Substanz gebauten Schattenblätter der Buche im Verhältnis zu ihrem Trockengewicht ebenso effektiv wie die der Sonnenblätter. Infolgedessen vermag die Buche das Sonnenlicht wesentlich besser auszunutzen als die Eiche, die nur etwa drei Schichten von Sonnenblättern ausbildet, während bei der Buche zusätzlich noch drei bis vier Schichten Schattenblätter dazukommen. Darunter ist wegen des Lichtmangels die Stoffproduktion der Kraut- und Moosschicht auf sauren Böden unbedeutend, während sie in Eichenmischwäldern beträchtlich sein kann.

Insgesamt ergibt sich, dass im Solling für die Buche kaum jemals Wassermangel auftritt.

5.6 Der lange Kreislauf (Konsumenten)

Die Rolle der Tiere in einem Ökosystem ist in erster Linie durch ihre Nahrungsbeziehungen geprägt. Die Mannigfaltigkeit der Nahrungsketten mit ihren Verflechtungen ist so groß, dass sie noch für kein Ökosystem vollständig erfasst wurden.

Die Pflanzen werden von verschiedenen Parasiten, vorwiegend Pilzen, und einer großen Zahl von Insektenschädlingen befallen. Ihre einzelnen Organe dienen verschiedenen Phytophagen als Nahrung und diese bilden ihrerseits die Nahrung der Rauborganismen 1. Ordnung und zwar der großen (Vögel, Säugetiere) sowie der kleinen Räuber unter den Wirbellosen. Diese werden von Räubern 2. Ordnung gefressen, zum Beispiel Vögeln oder Spitzmäusen, die Raubinsekten fangen.

Box I-6 Relation von Niederschlagsmenge und Versickerung in einem Fichten- und einem Buchen-Wald

Der Fichtenwald in Solling lässt in nassen Jahren (1970) bis 880 mm ins Grundwasser durch, in Trockenjahren (1971) nur 232 mm. Die entsprechenden Werte für den Buchenwald sind: 1970: 973 mm; 1971: 304 mm. Dies sind die Werte, die letztlich zur Grundwasserneubildung jeweils beitragen.

Einige quantitativ bedeutsame Nahrungsbeziehungen im Buchenwald des Solling sind in Abb. I-35 gezeigt. Allerdings sollte man sich vergegenwärtigen, dass viele der angegebenen Beziehungen nicht eindeutig sind, sondern oft nur fakultativ oder gar episodisch. Insgesamt lassen sich zwei Hauptwege erkennen: eine Phytophagennahrungskette, die von lebender Pflanzensubstanz, hauptsächlich Buchenlaub abhängt und eine Saprophagennahrungskette, die von der hauptsächlich am Boden lagernden toten organischen Substanz ausgeht.

Die chemische Energie in der Nahrung der tierischen Organismen wird nur zu einem sehr kleinen Teil in die sekundäre Produktion, das heißt tierische Körpersubstanz umgewandelt. Zum größten Teil wird sie mit den Exkrementen ausgeschieden oder veratmet.

Wenn man die Blätter oder andere Organe der Pflanzen genauer betrachtet, so erkennt man, wie häufig sie beschädigt sind. Schon allein bei der Eiche wird man leicht über 20 Insektenarten finden, die von den Blättern oder den Knospen, der Rinde oder dem Holz leben; bereits die Zahl der gallenerzeugenden Insekten ist bei der Eiche oder der Buche sehr groß.

Im Solling hat man in jahrelanger Kleinarbeit versucht, eine Übersicht über die vorkommenden Tiergruppen und ihre Nahrungsgrundlage zu erarbeiten. In Abb. I-36 sind die wichtigsten Gruppen nach ihrem zahlenmäßigen Auftreten an Individuen dargestellt. Es ist verständlich, dass die mikroskopisch kleinen Gruppen dabei in riesigen Individuenzahlen auftreten können. In Abb. I-37 ist als Bezugssystem die Biomasse der einzelnen Organismengruppen im Flächenbezug gegenübergestellt. Viele dieser Arten sind Boden- oder Altholzbewohner.

Eine Untersuchung von **Altbäumen** in Bayern ergab für die Käferfauna: von etwa 8000 heimischen Käferarten sind ca. 2.000 Altholzbewohner. Dabei ändern sich die Käfergemeinschaften im Laufe des Lebensalters einer Eiche ganz erheblich, wie dies in Abb. I-38 gezeigt ist. Viele dieser Altholzbewohner sind Urwaldreliktarten, die früher (vor sechs oder acht Baumgenerationen, in den Zeiträumen der Evolution gerechnet vor wenigen Augenblicken), also etwa vor 2000 Jahren weit verbreitet waren und heute auf wenige Standorte zurückgedrängt sind. Damals war wohl Totholz und waren Altbäume die häufigsten organischen Substrate, demzufolge sich so viele Kleintierarten diesen Lebensraum erobert haben (LEICHT 1996). Die Vielfalt der Habitatstrukturen in einem Altbaum ist in Abb. I-39 angegeben. Aber es gibt kaum mehr Altbäume.

> **Box I-7** Wichtige Faktoren bei der Waldpflege
>
> Der Erhalt von Altbäumen braucht viel Zeit und erfordert Abkehr von unnötigen "Pflegemaßnahmen" und "übertriebener Baumsanierung". Verständnis für natürliche Prozesse, aber auch vernünftiges Umgehen mit der Natur, und kein Beharren auf der "Verkehrssicherungspflicht" (LEICHT 1996) ist gefordert.

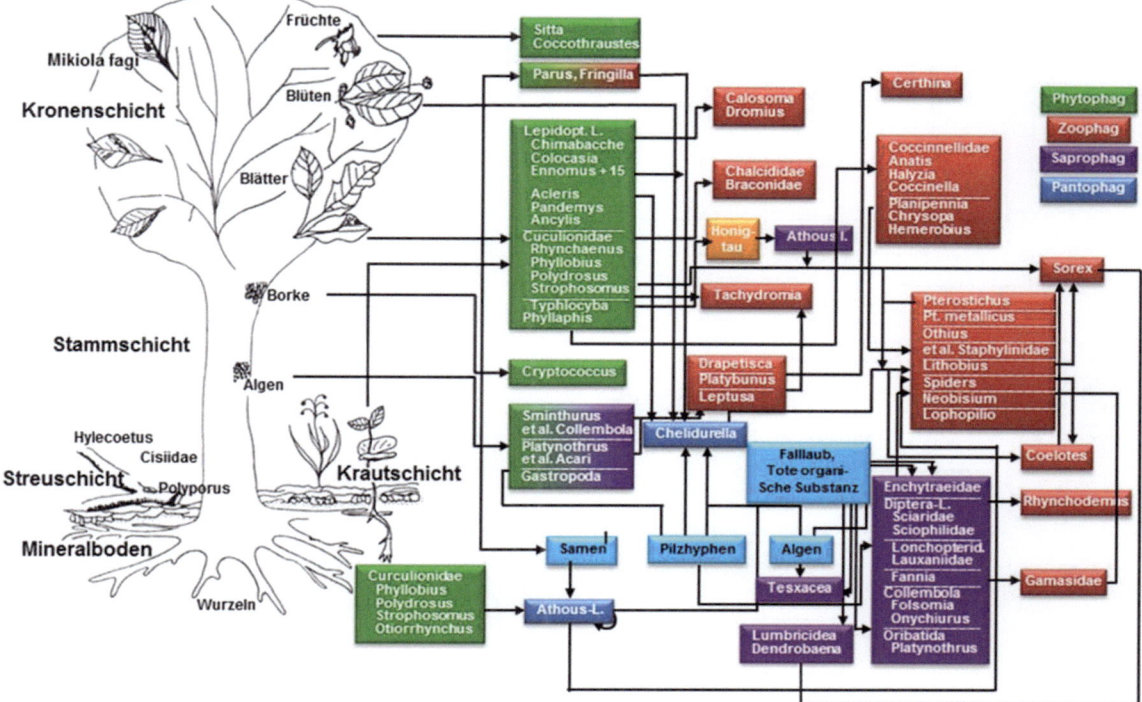

Abb. I-35 Wesentliche Nahrungsbeziehungen im Buchenwald des Solling (verändert nach ELLENBERG et al. 1986).

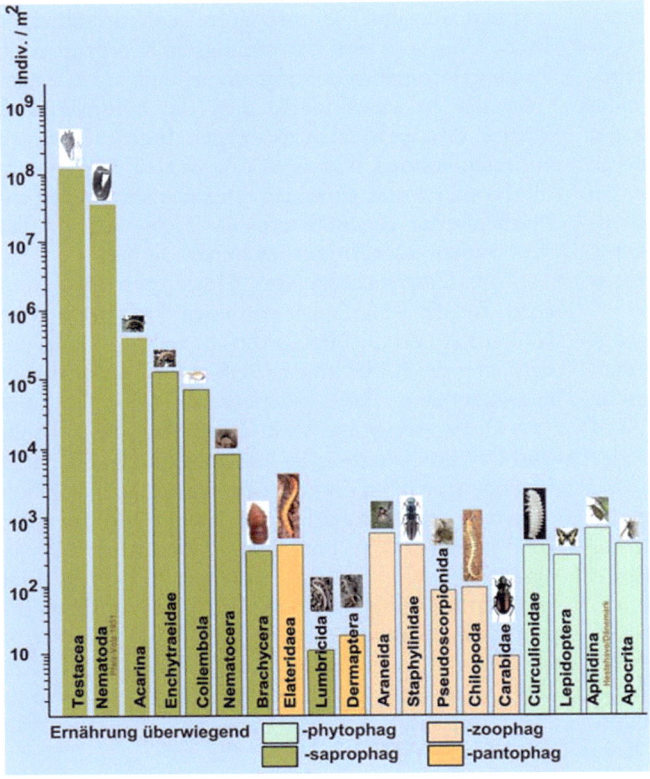

Abb. I-36 Die Individuen-Dichten einzelner Tiergruppen im Buchenwald des Solling mit Angabe der überwiegenden Ernährung (logarithm. Ordinate in Individuen pro m²; Nematoden und Aphidinen mit ergänzenden Daten) (verändert nach ELLENBERG et al. 1986).

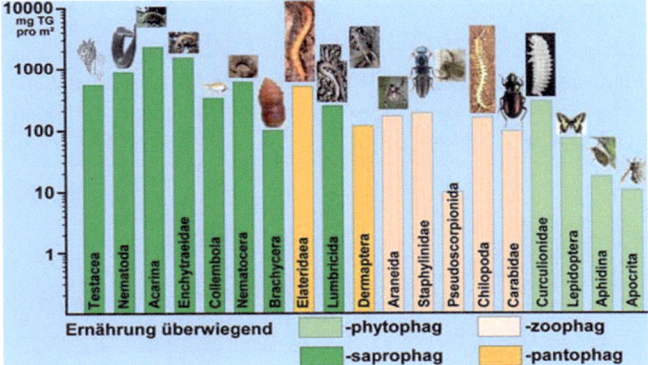

Abb. I-37 Die Zoomasse einzelner Tiergruppen im Buchenwald des Solling (logarithm. Ordinate in mgTG pro m²) (verändert nach ELLENBERG et al. 1986).

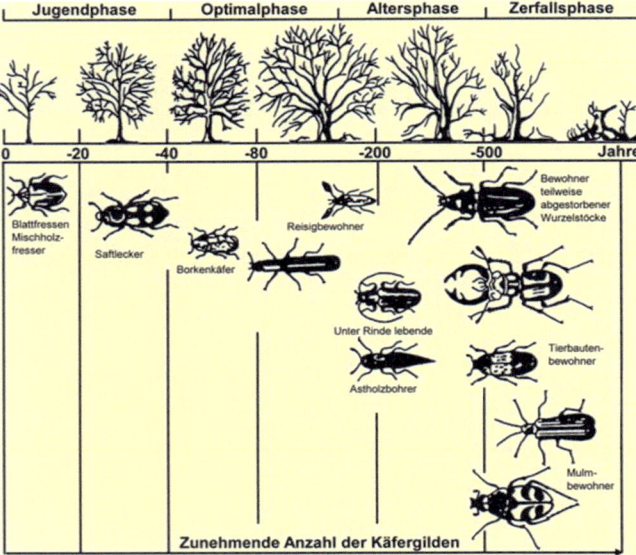

Abb. I-38 Die im Laufe des langen natürlichen Lebenslaufes einer Eiche auftretenden Käfergemeinschaften (verändert nach LEICHT 1996).

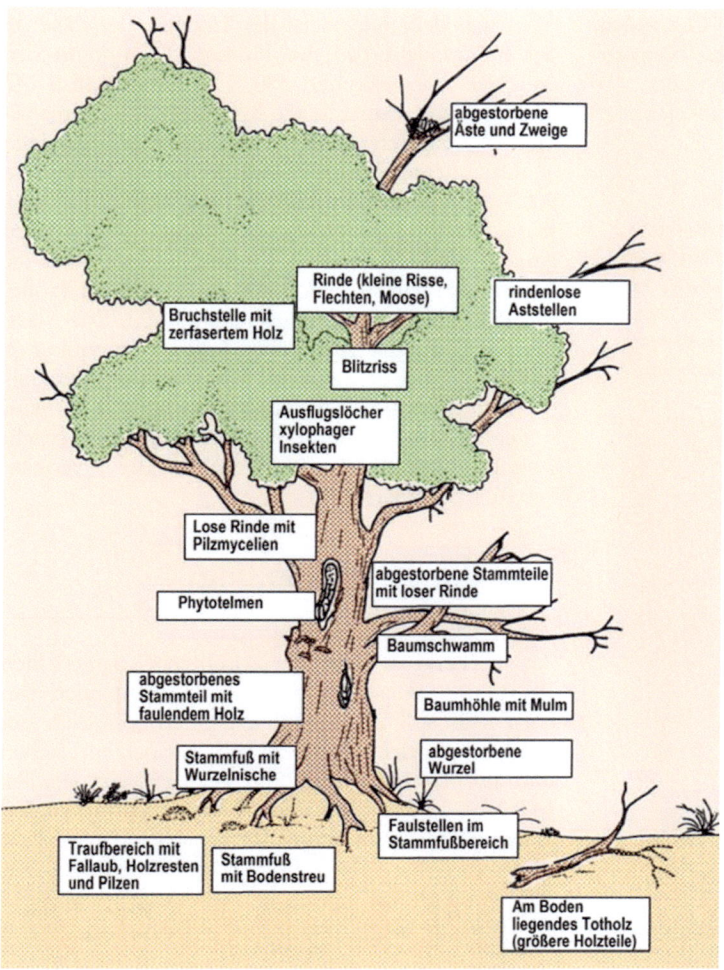

■ **Abb. I-39** Übersicht über die an einem alten Baum bedeutsamen Habitatstrukturen im Alt- und Totholz (verändert nach LEICHT 1996).

5.7 Destruenten in der Streu und im Boden

Der größte Teil des jährlichen Abfalls eines Laubwaldes besteht aus toten, vergilbten Blättern der Streuschicht über dem Boden. Sie wird sofort von Bodenorganismen zerkleinert und dann von Mikroorganismen, Pilzen und Bakterien, befallen und abgebaut. Die Kleintierwelt der Saprophagen ernährt sich von der Streu, durch deren Zerkleinerung erleichtert sie den Mikroorganismen den Zutritt. Neben Insektenlarven und zahllosen anderen Arthropoden sind es, wie oben ausgeführt, vor allem jedoch Regenwürmer, in deren Kotklümpchen die Bakterien eine rege Tätigkeit entfalten.

Genauer, auch quantitativ, wurde die Tätigkeit dieser Tiere in Laubwaldbeständen untersucht (EDWARDS et al. 1970).

Der Laubfall im Herbst ist Ende Oktober, oft innerhalb weniger Tage, abgeschlossen. Aus der Streu werden zunächst Zucker, organische Säuren und Gerbstoffe durch Regen ausgelaugt.

Der weitere Abbau erfolgt umso rascher, je kleiner das C/N-Verhältnis der Streu ist. Bis zum nächsten Juni verliert Birkenstreu etwa 4/5 ihres Trockengewichts, Lindenstreu die Hälfte und die schwer zersetzbare Eichenstreu nur etwa ein Viertel.

Die Mineralisierung der Streu ist keine vollständige, vielmehr bilden sich auch Humusstoffe, die bei Absättigung mit Ca den Mull-Horizont ergeben, der reich an Lumbriciden (Regenwürmern) ist, bei saurer Reaktion den Moder-Horizont mit Oribatiden (Hornmilben) und Collembolen (Springschwänzen). Im Extremfall entsteht bei stark saurer Reaktion eine schwer zersetzbare Rohhumusschicht fast ohne tierische Organismen, aber reich an Pilzhyphen. Die Feinstruktur der obersten organischen Humusauflage und Streu lässt gewisse Unterschiede zwischen Buchenwald und Fichtenforst im Solling deutlich werden (■ Abb. I-40). Im Fichtenhumus ist das Gefüge lockerer, es sind weniger Feinwurzeln, Pilzmycelien und Tiere vorhanden. Der Streuabbau bis zum Fm (dem Vermoderungshorizont mittlerer Zersetzung) dauert im Buchenwald etwa 4½, im Fichtenforst nur 2½ Jahre.

SATCHELL (aus DUVIGNEAUD 1974) gibt für die einzelnen Bodenorganismengruppen eines englischen Eichenwalds auf Kalkboden die Aktivität, das heißt die Atmung in Kilokalorie pro Quadratmeter und Jahr an:

- Wirbellose (Dipteren, Collembolen, Oribatiden, Mollusken, Enchytraeiden, Lumbriciden, Nematoden, Protozoen) zusammen 361 kcal/m²/Jahr.
- Bakterien und Actinomyceten: 77 kcal/m²/Jahr.

Am bedeutendsten ist die Tätigkeit der Pilze: in der Streuschicht 543, im Humus 220 und in den A- sowie B-Horizonten 380, also zusammen 1.143 kcal/m²/Jahr. Dabei ist die Masse der Mikroorganismen im Vergleich zu der der Wirbellosen sehr gering.

Das auf dem Boden liegende tote Holz wird zu 90% durch Mikroorganismen, vor allem Pilze zerstört. Die Pilze haben darüber hinaus ja auch noch eine große Bedeutung als Mycorrhizapartner für die Bäume. Im Solling sind knapp die Hälfte der Höheren Pilze als Mycorrhizapilze einzustufen. Das Maximum der Fruchtkörperbildung liegt im September (◘ Abb. 41-I); bei den anderen Pilzen gibt es allerdings auch im Sommer Fruchtkörperbildungen. Dies wird mit einem unterschiedlichen Wuchsstoffgleichgewicht zwischen Pilzwurzel und Baum bei der Mycorrhizasymbiose erklärt.

5.8 Ökosystem Solling

Abschließend zu der etwas ausführlicher dargestellten Erörterung einiger Phänomene des nemoralen Buchenwalds soll noch kurz auf einen Vergleich der Produktivität der verschiedenen untersuchten Flächen und auf den Energiedurchfluss hingewiesen werden. In ◘ Abb. I-42 ist die jährliche Nettoprimärproduktion der im Solling untersuchten Probeflächen dargestellt.

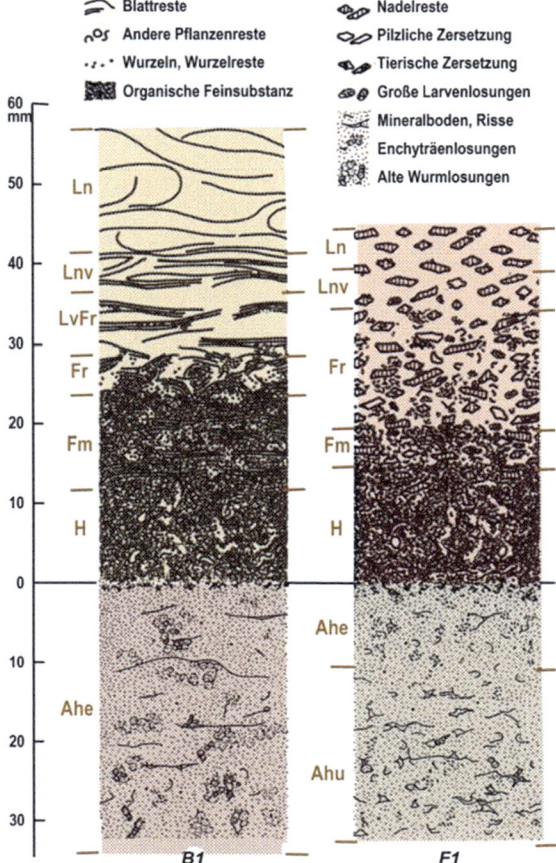

◘ **Abb. I-40** Schematische Zeichnungen der Humusprofile im Buchenwald und Fichtenforst des Solling (verändert nach ELLENBERG et al. 1986).

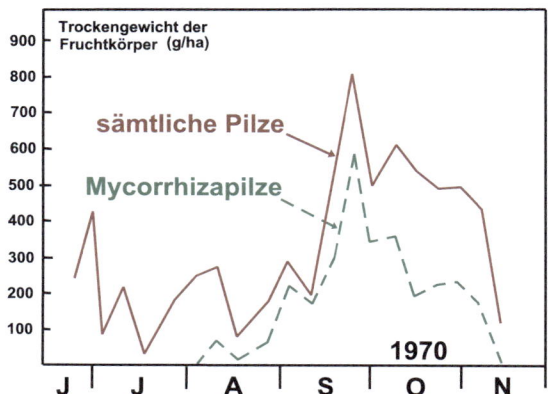

◘ **Abb. I-41** Schwankungen des TG (g/ha) der Fruchtkörper von Mykorrhizapilzen und aller Höheren Pilze zwischen Juni und November im Feuchtjahr 1970 im Buchenwald des Solling (verändert nach ELLENBERG et al. 1986).

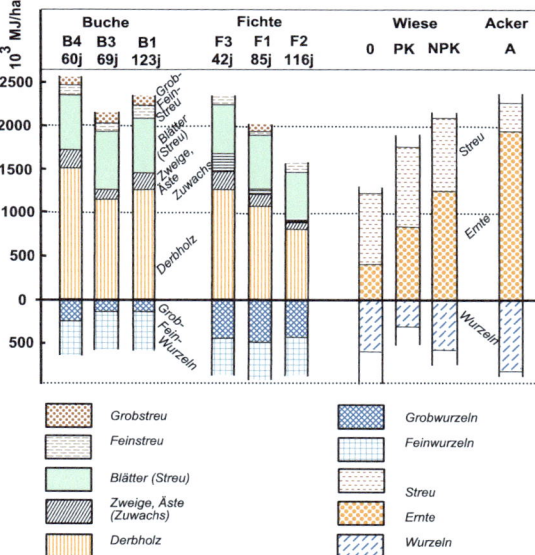

◘ **Abb. I-42** Jährliche Nettoprimärproduktion auf den im Solling untersuchten Probeflächen (Buchenwald, Fichtenforst, Goldhaferwiese, Weidelgrasacker) angegeben in 1.000 MJ pro ha (offene Säulen: Schätzwerte) (verändert nach ELLENBERG et al. 1986).

Erstaunlicherweise ist die Produktivität der gedüngten Wiesen und die eines Ackers etwa gleich groß wie die der Wälder. Unter den im Solling gegebenen Klima- und Bodenbedingungen haben die verschiedenen Pflanzenbestände eine annähernd gleich große Produktivität. Die Produktivität ist in ▪ Abb. I-43 ausgedrückt als Maß der Energiebindung. Dieser Durchfluss an Energie durch die wesentlichen Kompartimente (▶ Abb. I-43) lässt erkennen, dass unter den Heterotrophen die Zersetzer den größten Energieumsatz haben. Dies kennzeichnet den kurzen Kreislauf organischer Substanz, während durch den langen Kreislauf (über Herbivore und Carnivore) wie auch von anderen Landökosystemen bekannt, verschwindend wenig umgesetzt wird. Interessanterweise ist der Anteil der Zoophagen sogar größer als der der Herbivoren; die Nahrungspyramide wird hier durch einen hohen Anteil saprophager Tiere "verfälscht".

6. Orobiom VI - die Nordalpen und die alpine Wald- und Baumgrenze

Die Alpen trennen Mitteleuropa (ZB VI) von Südeuropa (ZB IV) wie ein Querriegel ab. Geologisch sind die Alpen gekennzeichnet durch die "kristallinen" Zentralalpen und durch Kalkgesteine in den randlichen Alpenketten sowohl der Nord- wie der Südalpen (▪ Abb. I-44). Dies hat Auswirkungen auf die Flora und Vegetation.

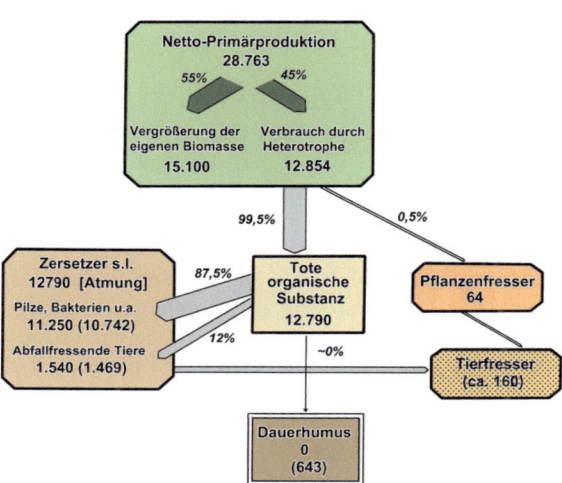

▪ **Abb. I-43** Energiefluss im Solling-Buchenwald (z.T. nach Atmungswerten berechnet (Zahlen in kJ pro m² und a; in Klammern unter der Annahme, dass 5 % der organischen Substanz in Dauerhumus übergeht; bei den Carnivoren wird angenommen, dass sie etwa 10 % der saprophagen und herbivoren Tiere fressen) (verändert nach ELLENBERG et al. 1986).

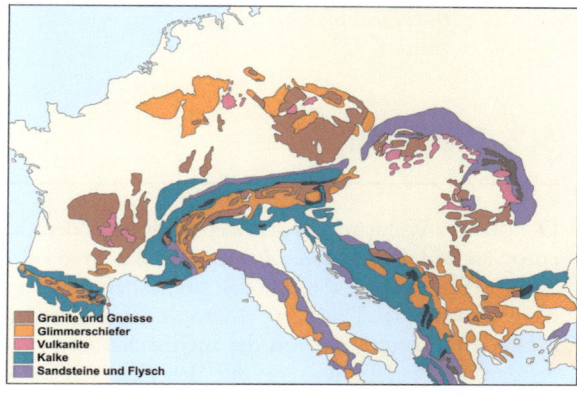

▪ **Abb. I-44** Schema der geologischen Situation der Gebirge im mittleren Europa (verändert nach OZENDA 1994).

6.1 Die Höhenstufen

Die Höhenstufen des Orobioms VI sind am Alpennordrand gut ausgebildet. Mit zunehmender Höhe sinkt im Gebirge die mittlere Jahrestemperatur und verkürzt sich die Vegetationszeit. Die direkte Sonnenstrahlung nimmt mit der Höhe zu, aber die diffuse wird geringer; infolgedessen werden die Wärmeunterschiede zwischen S- und N-Hang immer schärfer. Durch den Windstau am Alpennordrand steigen die Niederschläge mit der Höhe rasch an, zum Beispiel München (569 m NN) 866 mm, Wendelstein (1.727 m NN) 2.869 mm. Entsprechend ändert sich die Vegetation der einzelnen Höhenstufen am Nordrand der Alpen:

Der Solling als niedriges Mittelgebirge weist in gewisser Weise auch schon montane Züge auf, die Niederschläge sind gegenüber dem tiefer liegenden Umland deutlich erhöht, Bewölkung gibt es häufiger und die Temperatur ist etwas erniedrigt. In den anderen Mittelgebirgen und erst recht in den Nordalpen wird aber die dritte Dimension, die orozonale Abfolge, deutlicher.

Höhenstufe	Vegetation
Nivale	Polsterpflanzen, Moose und Flechten
---------- *Klimatische Schneegrenze bei etwa 2600 m NN* ----------	
Alpine	Alpine Matten und Rasen
Subalpine	Krummholz und Zwergsträucher
--------------- *Waldgrenze bei etwa 1800 m NN* -------------------	
Hochmontane	Fichtenwald
Montane	Buchen- und Tannenwald
Submontane	Buchenwald
Colline	Eichenmischwald

Da die Alpen ein interzonales Gebirge sind, haben wir es am Alpensüdrand mit einer Höhenstufenfolge von Orobiom IV zu tun und die Baumgrenze wird von der Buche gebildet. Anders sind auch die Stufenfolgen in den kontinentalen inneralpinen Tälern; die Laubwaldstufen fehlen, unter der Fichtenstufe ist eine Kiefernstufe, über der Fichtenstufe folgt bis zur Waldgrenze eine Lärchen- *(Larix)*-Arven *(Pinus cembra)*-Stufe. Die Waldgrenze liegt hier ebenso wie die Schneegrenze um 400 bis 600 m höher infolge der stärkeren Einstrahlung bei geringerer Bewölkung. Wir unterscheiden eine helvetische (Nordrand), penninische (Zentralalpen) und insubrische (Südrand) Höhenstufenfolge:

Helvetische Höhenstufenfolge (mitteleuropäisch)	Penninische Höhenstufenfolge (kontinental)	Insubrische Höhenstufenfolge (submediterran)
Alpine Stufe	Alpine Stufe	Alpine Stufe
Fichtenwald	Lärchen-Arvenwald	Buchenwald
Buchenwald	Fichtenwald	Flaumeichenwald
Eichenwald	Kiefernwald	Hartlaub (z. Teil)

6.2 Die Waldgürtel

Die oberste Waldstufe in den Zentralalpen bilden die europäische Lärche *(Larix decidua)* und die Arve oder Zirbe *(Pinus cembra)*, die mit der sibirischen Unterart nahe verwandt ist. Die *Larix decidua* ist dabei die lichtliebende Pionierart, die von der mehr schattenvertragenden fünfnadeligen Arve mit der Zeit verdrängt wird. Auf den Lawinenzügen geht die Lärche bis in tiefe Lagen hinunter.

Über der Waldgrenze findet man als Krummholz die zweinadelige Legföhre *(Pinus mugo)* oder Latsche *(Pinus montana)*, die an feuchten Standorten von der strauchförmigen Grünerle *(Alnus viridis)* abgelöst wird.

Über die Ökologie der **Fichten-Biogeozöne** (s. u.).

Man hat sich die Frage vorgelegt, ob der kurze Sommer oder der lange Winter für das Aufhören des Baumwuchses verantwortlich ist. Es zeigte sich, dass beide von Bedeutung sind. Wenn die Vegetationszeit unter drei Monaten liegt, können die jungen Nadeln nicht mehr richtig ausreifen; ihre Cuticula erreicht nicht die endgültige Dicke. Die Folge davon ist, dass während des langen Winters und insbesondere im Frühjahr bei schon starker Sonnenstrahlung, aber noch gefrorenem Boden hohe Wasserverluste eintreten, die durch das Ansteigen der Zellsaftkonzentration bis über 6,5 MPa angezeigt werden. Schäden durch Frosttrocknis machen sich bemerkbar und die Nadeln fallen ab. Unter einer Schneedecke tritt das nicht ein; deshalb gehen die im Winter durch Schnee geschützten Krüppelformen noch etwas über die Waldgrenze hinaus. Durch das Zusammenwirken beider Faktoren, der sich verkürzenden Vegetationszeit und der gleichzeitig sich verschärfenden Frosttrocknisgefahr, kommt die scharfe Grenze in einer bestimmten Höhenlage zustande. Die Latschen, die über der Fichtenwaldgrenze wachsen, halten eine etwas kürzere Vegetationszeit aus, aber einige 100 m höher wiederholt sich für sie dasselbe Phänomen, die Nadeln reifen nicht mehr aus und erleiden Schäden durch Frosttrocknis, die obere Latschengrenze zeichnet sich deshalb ebenso scharf ab wie die Waldgrenze.

Am Nordrand der Alpen hat man die für die **Fichtenwaldgrenze** (◻ Abb. I-45) maßgebenden Ursachen untersucht. Mit der Höhe verkürzt sich die Vegetationszeit, die Sommer werden kühler, die Winter kälter und länger. Diese klimatischen Veränderungen gehen stetig vor sich. Im Gegensatz dazu bildet die Waldgrenze im Hochgebirge eine ziemlich scharfe Linie. Die Wuchskraft der Bäume lässt plötzlich nach und eine nur sehr schmale Zone mit niedrigen Krüppelformen (◻ Abb. I-46) bildet den Übergang zu der waldlosen alpinen Stufe.

◻ **Abb. I-45** Die Wald- und Baumgrenze in Vorarlberg bei Bludenz. Blick von der Saladinaspitze (Freiburger Hütte) nach Süden auf die gegenüberliegenden Nordhänge (Foto: Breckle).

Die Ursachen der **polaren Fichtenwaldgrenze** könnten ähnlicher Natur sein, mit dem Unterschied, dass die Sonnenstrahlung dort während der Polarnacht im Winter keine Rolle für die Schäden durch Frosttrocknis spielt. An ihre Stelle treten die starken und kalten austrocknenden Winde. Die Waldgrenze stößt dementsprechend in den windgeschützten Tälern weiter nach Norden vor als auf den Wasserscheiden. In den Alpen ist es umgekehrt, weil in den Tälern durch Kaltluftseen die Temperaturen tiefere Grade erreichen als auf dem Berggrat, von dem die Kaltluft abfließt.

◘ **Abb. I-46** Die Fichtenwaldgrenze mit windgefegten Krüppelfichten, am Tegelberg bei Füßen (1.600 m NN). Die unteren Äste unter winterlichem Schneeschutz sind grün, darüber führt Wind- und Schneegebläse zum Absterben der Äste (Foto: Breckle).

Am höchsten liegt die Waldgrenze in den Zentralalpen bei 2.000 bis 2.150 m. Sie wird hier, wie wir erwähnten, nicht von der Fichte gebildet, sondern von der nadelabwerfenden Lärche und der immergrünen, relativ zartnadeligen Arve (*Pinus cembra*). Hier wurden fortlaufende Messungen der klimatischen Faktoren und der Photosynthese im Laufe eines ganzen Jahres, also auch den ganzen Winter hindurch, ausgeführt. Dadurch lässt sich die Stoffproduktion der Lärche mit der der Arve genau vergleichen.

Im kalten Winter ruht die Photosynthese auch bei der immergrünen Arve, aber im Frühjahr werden die Nadeln rasch aktiv, während die Lärche in dieser Höhe erst Mitte Juni ergrünt und bereits Ende September vergilbt. Während der Arve 181 Tage für die Stoffproduktion zur Verfügung stehen, sind es bei der Lärche 107 Tage. Bei jungen Lärchen ist jedoch die Nadelmasse etwa drei- bis sechsmal größer als bei jungen Arven; außerdem assimilieren sie trotz der kürzeren Vegetationszeit pro Gramm Nadelmasse im Jahr 47% mehr an CO_2. Deswegen ist die Gesamtproduktion einer 4jährigen Lärche 4,5mal und die einer 12jährigen 8,5mal größer als die von gleichaltrigen Arven. Erst vom 25. Jahr ab ist die Nadelmenge der Lärchen geringer im Vergleich zu der von Arven, so dass sie im Wachstum zurückbleiben, namentlich auf Rohhumusböden. Mit der Zeit setzt sich somit die Arve auch als Schattenholzart durch. Das Lärchen-Arven-Verhältnis erinnert somit an das der Kiefer zur Fichte.

Alle Grenzen lagen während der Wärmezeit im Postglazial in den Alpen um bis zu 400 m höher, wie Holzfunde in subfossilen Torflagern in der subalpinen Stufe beweisen. Die Zwergsträucher, die unter Schnee überwintern, sind deshalb zum Teil Überreste der früheren Bewaldung. Die Wald- und Schneegrenze im Verlaufe des Postglazials ist in ◘ Abb. I-47 angegeben.

Infolge der hohen Niederschläge, die im Winter als Schnee fallen, ist die Schneedecke in der alpinen Stufe sehr mächtig, so dass für die niedrige alpine Vegetation nicht die Lufttemperatur die Hauptrolle spielt, sondern die Aperzeit.

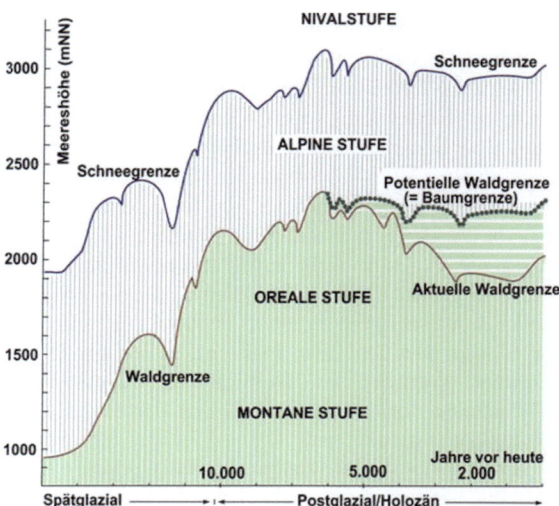

◘ **Abb. I-47** Die Schwankungen der Baum- und Schneegrenze im Spät- und Postglazial in den Schweizer Zentralalpen (verändert nach OZENDA 1994). Durch die menschlichen Aktivitäten ist die aktuelle Waldgrenze heute tiefer als die potentielle Waldgrenze, die der Baumgrenze entspricht.

Diese wird sehr stark durch das Relief, die Windrichtung und die Exposition bestimmt: Der Schnee wird in den Mulden und als Schneewächte auf der Leeseite eines Grates abgelagert, dagegen auf dessen Luvseite abgeweht. Ist die Luvseite zugleich sonnenseitig, so taut der Schnee zusätzlich ab, so dass der Standort das ganze Jahr hindurch aper ist. Dort sind die Pflanzen (Loiseleurietum) extremer Frosttrocknis wie in der Gebirgstundra ausgesetzt und ebenso von den gleichen Flechten begleitet. Auf einem schattenseitigen Luvhang fehlt die Erwärmung durch die Einstrahlung. Bei starken Schneeablagerungen am Fuße eines nach Norden exponierten Hanges wird die Aperzeit auf ein Minimum verkürzt (**Schneetälchen**) oder fehlt dort, wo der Schnee den Sommer über liegenbleibt, ganz. Dabei kann die Aperzeit je nach dem Schneefall in den einzelnen Jahren an demselben Standort bald länger, bald kürzer sein. Mit der Höhe nimmt die Aperzeit im Mittel ab und ist, wenn man die klimatische Schneegrenze erreicht, theoretisch gleich Null (Gebirgsvergletscherung). Im Einzelfall kann sie aber noch hoch über der Schneegrenze an Steilwänden sehr lang sein. Deshalb kommen in den Alpen Blütenpflanzen in der nivalen Stufe, das heißt über der klimatischen Schneegrenze, vor.

Auf jeden Fall zeichnet sich das Mikroklima an Strahlungstagen selbst in großen Höhen durch günstige Temperaturverhältnisse aus. Die Temperatur der Blätter kann in der Sonne bis zu 22 K über der Lufttemperatur liegen. Es gibt überall warme Nischen, die der Bergsteiger kennt, und die insbesondere von den niedrig wachsenden Pflanzen in Bodennähe ausgenützt werden. Bei trübem Wetter gleichen sich die Unterschiede aus.

Aus dem Gesagten geht hervor, dass es in der steilen alpinen Stufe im Hinblick auf die Vegetation kein Standardklima gibt, sondern dass eine Aufgliederung in kleinste Klimaräume besteht; diese können sich auf kürzeste Entfernung, zum Beispiel auf der Sonnen- und Schattenseite eines Felsblockes scharf unterscheiden. Von überragender Bedeutung ist die Schneeablagerung im Winter, die man kennen muss, um die Aperzeit beurteilen zu können; sonst bleibt einem die Vegetationsgliederung unverständlich.

Eine große Rolle spielen Temperaturinversionen und Kaltluftseen, die zu einer Umkehr der Stufenfolge führen (Buchen über Fichten). Selbst im Hochsommer kommen in Dolinen bei Ausstrahlung Nachtfröste vor, so dass am Boden der Doline kein Baumwuchs möglich ist.

Die Höhenstufen werden außerdem durch Lawinenzüge gestört; auf diesen geht die alpine Vegetation tief in die Waldstufe herunter, weil sie dort nicht dem Wettbewerb der Waldvegetation ausgesetzt ist. Auch auf schwerverwitterbarem Dolomit mit ganz flachgründigen, nährstoffarmen Böden findet man alpine Exklaven mitten im Wald. Bekannt sind auch die Reliktstandorte alpiner Arten auf Mooren im Alpenvorland. An solchen Standorten sind die anspruchslosen, aber langsamwüchsigen alpinen Arten weniger dem Wettbewerb anderer ausgesetzt.

6.3 Alpine und nivale Stufe

Die Vegetation der Alpen wurde ökologisch gut untersucht. Bei den immergrünen Arten lässt sich derselbe Jahresgang der Frosthärte mit einer Abhärtung im Spätherbst und einer Enthärtung im Frühjahr beobachten wie bei den Laubwäldern. Während die Fichtennadeln im Sommer schon durch Fröste von -7°C abgetötet werden, halten sie im Winter noch bei -40°C aus. Obgleich die alpinen Arten viel höher hinaufgehen als die Fichte, ist ihre maximale Frosthärte meist geringer (unter -30°C), denn sie überwintern unter Schnee und sind deshalb nicht den tiefen Wintertemperaturen ausgesetzt. Nur bei *Loiseleuria*, die an windexponierten, im Winter aperen Standorten wächst, ist die Frosthärte

größer. Bei starkem Wind werden meist an solchen Standorten die tiefsten Temperaturen nicht erreicht, aber die Gefahr der Frosttrocknis ist erhöht. *Loiseleuria* vertrocknet ungeachtet ihres xeromorphen Blattbaues im Winter innerhalb von 15 Tagen, wenn man sie frei aufhängt. Da sie jedoch am natürlichen aperen Standort dem Boden dicht angepresst wächst, taut selbst im Winter bei Sonneneinstrahlung der zwischen ihren Sprossen festgehaltene Schnee auf, so dass zwischendurch eine Wasseraufnahme möglich ist. Die unter Schnee überwinternden Zwergsträucher sind der Frosttrocknis nicht ausgesetzt.

Im Sommer ist bei den häufigen Niederschlägen die Wasserbilanz ziemlich ausgeglichen. Einer hohen Evapotranspiration sind die Pflanzen nur für Stunden bei starker Einstrahlung oder starkem Wind ausgesetzt. Letzterer ist in Bodennähe abgebremst. Die Wasserführung des Bodens ist immer gut, selbst bei oberflächlich trocken aussehenden Schutthalden oder Felsstandorten. An solchen Standorten haben die Pflanzen ein ausgedehntes Wurzelsystem oder Pfahlwurzeln, die tief in die feuchten Felsspalten eindringen, während normalerweise das Wurzelsystem sehr flach in den oberen Bodenschichten ausgebreitet ist. Die günstige Wasserbilanz spiegelt sich in den niedrigen Zellsaftkonzentrationen von 0,8 bis 1,2 MPa wieder. Selbst bei xeromorphen Arten wie *Dryas octopetala, Carex firma* und *Androsace helvetica* erreicht sie niemals 2,0 MPa. Es ist vielleicht richtiger, von Peinomorphosen zu reden, verursacht durch N-Mangel, da die N-Aufnahme bei tiefen Bodentemperaturen erschwert ist. An stickstoffreichen Standorten, wie Viehlägern, wachsen üppige hygromorphe Kräuter. Berechnet man die gesamte Wasserabgabe der Pflanzendecke der alpinen Rasengemeinschaften, so kommt man auf 200 mm pro Jahr. Die Verdunstungsgröße hängt vor allem vom Wind ab, sie wird deshalb durch das Relief bedingt, aber im umgekehrten Sinne wie die Schneeablagerung.

In der alpinen Stufe stellt sich bei der Kürze der Vegetationszeit die Frage nach einer ausreichenden Stoffproduktion ebenso wie in der Arktis. Die Tageslänge ist kürzer als in der Arktis, dafür ist jedoch die Strahlung stärker und die Nachttemperatur niedriger. Unter günstigen Beleuchtungsverhältnissen werden 100 bis 300 mg/dm² an CO_2 pro Tag assimiliert. Ein Monat mit guter Witterung würde genügen, um ausreichende Reserven für das nächste Jahr anzulegen und die Samen auszureifen. Da die Vegetationszeit drei Monate dauert, ist eine genügende Produktion auf jeden Fall gesichert. Die primäre Produktion der Pflanzengemeinschaften hängt sehr stark von der Vegetationsdichte ab.

Box I-8 Was bedeutet die Aperzeit?
Unter Aperzeit (lat. apertus = offen) versteht man die Zeit ohne Schneebedeckung.

Es wurden gefunden:
- bei geschlossenen Matten .... 50-276 g/m²
- bei einem Dryadeto-Firmetum (Polsterseggen-Rasen) .... 91 g/m²
- bei einem Salicetum herbaceae (Krautweiden-Rasen) .... 85 g/m²
- bei einem Oxyrietum (Säuerlings-Flur) .... 15 g/m²
- auf einer Kalkgeröllhalde .... 1 g/m²

Die Photosynthese der Zwergsträucher ist weniger intensiv als bei den krautigen Arten; da jedoch ihre Gesamtblattfläche größer und die Vegetationszeit in der unteren alpinen Stufe länger ist, kommt eine höhere primäre Produktion zustande.

Die ungünstigsten Verhältnisse findet man bei den Schneetälchen, das heißt dort, wo im Gebiet der Silikatgesteine der Schnee am Nordhang sehr langsam abtaut und die Fläche nach und nach vom Rande her freigibt. Es lässt sich deshalb auf kleinstem Raum eine Zonation mit abnehmender Aperzeit unterscheiden. Der Boden an solchen Standorten ist humusreich und schwach sauer, immer gut mit Schmelzwasser durchfeuchtet, aber deswegen auch relativ kühl. Bei einer Aperzeit von drei Monaten bildet sich ein normaler *Carex curvula*-Rasen aus. Verkürzt sich die Vegetationszeit auf zwei Monate, so wird *Salix herbacea* vorherrschend, eine Weidenart, die nur die Sprossspitzen aus dem Boden herausstreckt, so dass ihre Blätter einen dichten Rasen bilden. Diese Weide fruchtet allerdings nur, wenn nach schneearmen Wintern die Aperzeit drei Monate beträgt. Eine Reihe von sehr kleinen Arten, wie *Gnaphalium supinum, Alchemilla pentaphylla, Arenaria biflora, Soldanella pusilla, Sibbaldia procumbens* u. a., gesellen sich dazu. Bei noch kürzerer Vegetationszeit können Moose wachsen, die keine Blüten und Früchte auszubilden brauchen, und zwar vor allem *Polytrichum sexangulare (P. norvegicum)*. Wird auch für diese grünen Moose die Aperzeit zu kurz, dann wächst nur noch *Anthelia juratzkana,* ein Lebermoos, das wie ein schimmeliger Überzug aussieht, weil das Moos in Symbiose mit einem Pilz wächst und sich zum Teil saprophytisch ernährt. Nach schneereichen Wintern apert diese Zone überhaupt nicht aus.

Auf Firnflächen in der nivalen Stufe findet man als letztes Lebewesen die Alge *Chlamydomonas nivalis,* welche der Schneeoberfläche einen rosa Schimmer verleiht (◘ Abb. I-48).

Da in den Alpen in der alpinen Stufe rohe Gesteinsböden vorherrschen, spielt die chemische Zusammensetzung des Gesteins für die Vegetation eine große Rolle, sie bestimmt die Bodenreaktion. Die floristischen Unterschiede zwischen den Kalkalpen und den Zentralalpen mit silikatischen Gesteinen sind sehr auffallend. Dementsprechend unterscheidet man kalkliebende oder basophile Arten und kalkfliehende oder acidophile Arten. Oft sind es **vikariierende Arten**, wie bei dem bekannten Beispiel der Alpenrosen: *Rhododendron hirsutum* auf Kalk, *Rh. ferrugineum* auf Silikatgestein oder saurem Humusboden.

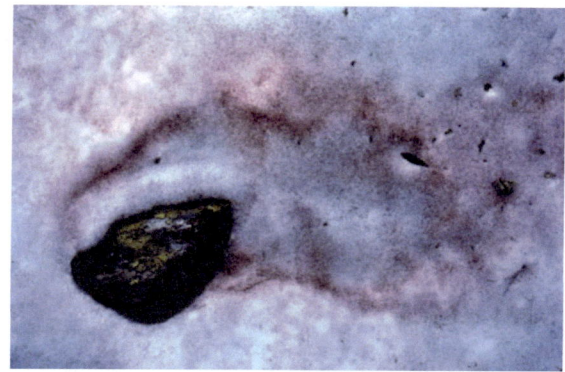

◘ **Abb. I-48** *Chlamydomonas nivalis* als die am höchsten vorkommenden Lebewesen in den Schneefeldern in 5.000 m Höhe am Nordhang des Shah Fuladi, Kohe Baba, Afghanistan. Sie sind in allen Gebirgen auf Altschnee-Feldern zu finden (Foto: Breckle).

In den Jahren 1969 bis 1976 wurden im Rahmen des Internationalen Biologischen Programms (IBP) auf dem Patscherkofel bei Innsbruck die Ökosysteme der Zwergstrauchheiden auf folgenden drei Probeflächen über der heutigen Waldgrenze untersucht (LARCHER 1980):

a. *Vaccinium*-Heide (1.980 m NN), in einer windgeschützten Mulde mit winterlichem Schneeschutz: *Vaccinium myrtillus* 3, *V. uliginosum* 2, *V. vitis-idaea* 1, *Loiseleuria procumbens* 1, *Calluna vulgaris* 1, *Melampyrum alpestre* 1, Moose 1, Flechten 1.

b. *Loiseleuria*-Heide (2.000 m NN), dichter Bestand, der in windexponierter Lage häufig schneefrei ist: *Loiseleuria* 5, *Vaccinium uliginosum* 1, *V. vitis-idaea* 1, andere nur +, Flechten (*Cetraria islandica* 1, *Alectoria ochroleuca* 1, andere nur +).

c. Offener, spalierwüchsiger und flechtenreicher *Loiseleuria*-Bestand (2.175 m NN) in extrem windexponierter Lage: *Loiseleuria* 3, dazu kümmerlich *Vaccinium uliginosum* 2, *V. vitis-idaea* 1, *Calluna* 1, andere +, Moose +, Flechten (*Cetraria islandica* 2, *C. cuculata* 1, *Alectoria ochroleuca* 1, *Cladonia rangiferina* 1, *C. pyxidata* 1, *Thamnolia vermicularis* u.a. +).

Das Klima ist kalt mit einer Jahrestemperatur wenig über 0 °C, Fröste können in jedem Monat auftreten (abs. Minimum um -20 °C, doch erreichen die Tagesmaxima in den Sommermonaten 20 °C). Der Schnee liegt bei Probefläche A etwa sechs Monate, bei Probefläche B etwa vier bis sechs Monate, bei Probefläche C dagegen nur stellenweise und vorübergehend. Das Mikroklima in den Beständen A und B ist etwas wärmer, während bei C sehr scharfe Temperaturunterschiede vorkommen. Die CO_2-Assimilationsdauer beträgt bei den laubabwerfenden Arten etwa 100 Tage, bei den immergrünen etwa 140 Tage. ◘ Abb. I-49 zeigt den Aufbau der Bestände sowie die photosynthetisch aktive Strahlung (PhAR) in diesen, ebenso den kumulativen Blattflächenindex (LAI). Weitere Daten zur Produktionsökologie siehe ◘ Tab. I-1. Der Wind wird in Zwergstrauchheidebeständen

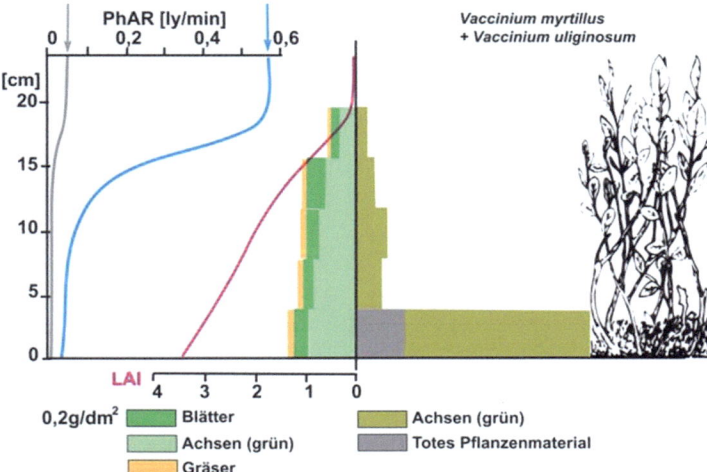

◘ **Abb. I-49** Mitte: Phytomasseschichtung der *Vaccinium*- und der *Loiseleuria*-Heide (links assimilierende Teile, rechts nichtassimilierende und tote Teile). Linke Hälfte: Kummulativer Blattflächenindex (LAI, rote Kurve) und Abschwächung des Lichts (PhAR) im Bestand bei heiterem (blaue Kurve) und bedecktem (graue Kurve) Himmel (verändert nach CERNUSCA 1976; aus LARCHER 1977).

◘ **Tab. I-1** Produktionsökologische Kennwerte alpiner Vegetationseinheiten; lebende stehende Phytomasse, tote Teile und Streu in Gramm Trockensubstanz pro Quadratmeter von der Zwergstrauchheide (A), der dichten *Loiseleuria*-Heide (B), und dem offenen *Loiseleuria*-Bestand (C).

Probefläche	A	B	C
Lebende oberirdische Phytomasse (max.)	983	1105	748
Anhaftende tote Teile	263	123	72
Lebende unterirdische Phytomasse	2443	2200	803
Tote unterirdische Teile	1549	608	56
Gesamte lebende Phytomasse	3426	3305	1551
Zusammen mit toten Teilen	5238	4036	4036
Streu am Boden	819	1080	931
Sproß/Wurzel-Verhältnis	1:2,5	1:2,0	1:1,1
Anteil assim. Teile an lebend. Phytomasse	55 %	68 %	-?-
Oberirdische Nettoprimärproduktion (t·ha^{-1}·a^{-1})	4,8	3,2	1,1

selbst bei Sturm stark abgebremst, so dass die Luftfeuchtigkeit in denselben hoch bleibt. Der Niederschlag im Gebiet, beträgt etwa 900 mm im Jahr, wobei jeder Sommermonat im Mittel über 100 mm erhält.

Die Böden über schieferigen Biotitgneisen sind sandige, saure Eisenpodsole mit mächtiger Rohhumusauflage, die nur bei Bestand C schwach ausgebildet ist. Sie haben sich aus früherem Zirbenwaldboden entwickelt. Der Humus wird sehr langsam mineralisiert (Angebot an Stickstoff etwa 3 bis 4 kg/ha, bei C nur ein Drittel davon).

Die Phytomasse dürfte bis auf gewisse Fluktuationen konstant bleiben, das heißt die Bestände stehen mit ihrer Umwelt in einem ökologischen Gleichgewicht, wobei eine Zunahme der Phytomasse auch durch Fraß (Wild, Schneehühner, Arthropoden) und durch gewisse Substanzverluste im Winter (Abfrieren und Vertrocknen der über den Schnee herausragenden Teile) verhindert wird.

Das Photosynthesevermögen pro Blattfläche ist bei den sommergrünen und immergrünen Zwergstraucharten gleich, bei Bezug auf das Trockengewicht der Blätter ist es bei den sommergrünen Zwergsträuchern ähnlich dem der weichblättrigen sommergrünen Holzarten, bei den immergrünen vergleichbar mit dem der Nadelholzarten. Das flache Temperaturoptimum der Photosynthese liegt bei den Ericaceen zwischen 10 °C und 30 °C und entspricht den an trüben und klaren Tagen üblichen Temperaturen in den Beständen; das Temperaturminimum der CO_2-Assimilation ist bei unterkühlten Blättern -5 °C bis -6 °C. Überhitzung der Blätter kommt kaum vor, ebenso wie eine Einschränkung der Photosynthese infolge von Wassermangel. Zwar ist die Wasserversorgung während der Vegetationszeit ausreichend und die gesamte transpirierte Wassermenge entspricht 100 bis 200 mm, aber während Föhnperioden wurde eine Transpirationseinschränkung beobachtet. Im Winter ist die kutikuläre Transpiration sehr niedrig.

Hitzeschäden während des Sommers werden höchstens bei einzelnen Sprossen über locker liegenden Steinen oder über vegetationslosen Rohhumusdecken beobachtet. Kälteschäden im Winter können nur im aperen Zustand eintreten. Die Abhärtung schützt die Pflanzen vor Frostschäden; Spätfröste nach der Enthärtung können dagegen gefährlich sein. Schäden durch Frosttrocknis sind schwer nachzuweisen; meist werden die Schäden durch das Zusammenwirken mehrerer Faktoren bewirkt. Völlig frosthart sind die arktisch-alpinen Arten *Loiseleuria procumbens* und *Vaccinium uliginosum*.

Die Atmung ist zur Zeit des Hauptwachstums deutlich überhöht. Um diese Zeit sinkt bei der fettspeichernden *Loiseleuria* der Atmungskoeffizient auf 0,8 bis 0,9 und steigt nach Abschluss des intensiven Wachstums wieder auf 1.

Der Wirkungsgrad der Nettoprimärproduktion ist während der Vegetationszeit bei der Zwergstrauchheide 0,9%, bei der dichten *Loiseleuria*-Heide 0,7% und bei dem offenen Bestand 0,3% der photosynthetisch aktiven Einstrahlung.

Die Ericaceen speichern neben Stärke reichlich Fett, doch wird letzteres nur teilweise mobilisiert; der größere Teil bleibt in den abgestorbenen Teilen. Auf die ersten Frostwechseltage reagieren die Zwergsträucher sofort mit der Umwandlung eines großen Teiles der Stärke in Zucker, wobei *Loiseleuria* sich durch Anthocyan rötlich färbt.

Weitere Untersuchungen wurden in der nivalen Stufe, also über der klimatischen Schneegrenze, am hohen Nebelkogel in den Stubaier Alpen unter besonders schwierigen Verhältnissen durchgeführt (MOSER et al. 1977). Eine Versuchshütte musste mit einem Hubschrauber abgesetzt und sorgfältig isoliert sowie geerdet werden, da sie oft mitten in den Gewitterwolken stand.

In dieser Stufe gibt es keine geschlossene Pflanzendecke mehr. Auf der 0,5 ha großen Versuchsfläche wurde in 3184 m NN ein flaches Gratstück mit sieben Blütenpflanzen und mehreren Kryptogamenarten, ein Nordhang mit sehr dürftiger Vegetation und ein Südhang mit elf Phanerogamenarten auf flachen Stufen ausgesucht.

Die klimatischen Verhältnisse entsprechen keineswegs denen in der Hocharktis, sondern im Sommer mehr denen der Páramos in den Tropen. An klaren Tagen beträgt die Blatttemperatur oft über 15°C, um in der Nacht unter Null zu sinken, ohne dass die Photosynthesetätigkeit darunter leidet. Der arktische 24stündige Sommertag mit niedrigstehender Sonne zeichnet sich demgegenüber durch eine ziemlich gleichmäßige Temperatur aus.

Von den drei ausgewählten Standorten hat der Südhang die günstigsten Licht- und Temperaturverhältnisse. Die Phänologie der wichtigsten Arten geht aus Abb. I-50 hervor. Während die Blütezeit bei *Saxifraga oppositifolia* vorgezogen ist (Blütenorgane frostresistent), wird sie bei *Cerastium uniflorum* am weitesten hinausgeschoben.

Die Assimilate werden bei *Primula* spp. und *Ranunculus glacialis* als Stärke gespeichert, die im Winter in Zucker umgewandelt wird, bei den *Saxifraga*-Arten dagegen als Fett. Die Verlagerung der gespeicherten Vorräte geht aus Abb. I-51 hervor. Auffallend ist, dass bei *Ranunculus* eine vorsorgliche Verlagerung aus den Blättern in die unterirdischen Speicherorgane schon bei vorübergehender Wetterverschlechterung stattfindet, die bei Wetterbesserung wieder rückgängig gemacht wird. Jede Schneebedeckung im Sommer könnte ja bis zum nächsten Frühjahr dauern. Im Allgemeinen beträgt die Vegetationszeit am Südhang etwa drei Monate, aber infolge der oft schlechten Witterung kommen für die Produktion nur 60 bis 70 (15 bis 100) Tage in Frage. An den anderen Standorten kann es vorkommen, dass die Pflanzen in einem Jahr überhaupt nicht ausapern.

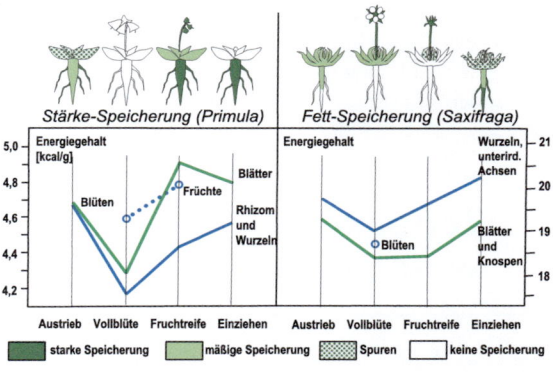

■ **Abb. I-51** Energiegehalt von 2 nivalen Arten und Speicherung der Reservestoffe (verändert nach MOSER et al. 1977).

Die Produktion wird bei *Ranunculus glacialis* zur Hälfte während der wenigen hellen und warmen Tage erzeugt, die andere Hälfte während der vielen kühlen Tage mit geringer Beleuchtung infolge von leichter Schneebedeckung oder Nebel. Die Photosynthese bei dieser Art ist im Bereich von -7° bis 38°C möglich.
Die Assimilationsleistung ist zur Zeit der Vollblüte und Fruchtbildung am größten. Unter optimalen Bedingungen erreicht sie bei *Ranunculus glacialis* bis zu 0,056 g Trockensubstanz pro dm² Blattfläche und Tag, bei *Primula glutinosa* 0,063 g; unter ungünstigen Witterungsbedingungen liegen die Werte bei 0,015 bis 0,020 g. Im Laufe einer Vegetationszeit nahm die Flächenausdehnung von *Androsace alpina*-Polstern um 13,5% zu; ihre durchschnittliche Nettoassimilationsrate während der Vegetationszeit betrug 0,058 g Trockensubstanz pro dm² Polsteroberfläche und Tag. Infolge der geringen Deckung der Pflanzen ist die Primärproduktion in der nivalen Stufe äußerst gering. Unter optimalen Bedingungen kann man bei einer Deckung von 10% die Produktion auf 0,66 g pro m² und Tag an Trockensubstanz veranschlagen. SCHMID (1961) unterscheidet folgende Höhengürtel, die den Höhenstufen entsprechen:

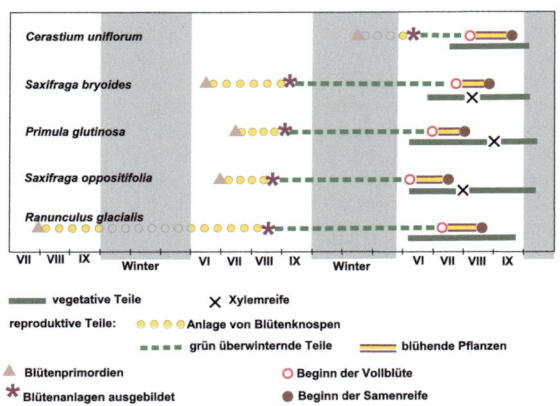

■ **Abb. I-50** Phänologie der Nivalpflanzen. Blütenentwicklung und phänologische Phasen in 2.600-3.200 m NN (verändert nach MOSER et al. 1977).

> **Box I-9** Die wissenschaftliche Durchdringung aller Hochgebirge der Erde ist sehr inhomogen
>
> Von allen Gebirgen der Erde ist keines ökologisch so eingehend untersucht worden wie das im Zentrum des westlichen Europas gelegene komplizierte Gebirgssystem der Alpen.

1. *Quercus pubescens*-Gürtel (auf Kalk) und *Quercus robur-Calluna*-Gürtel mit Kastanien (auf saurem Gestein) in der heißen Höhenstufe,
2. *Quercus-Tilia-Acer*-Laubmischwaldgürtel in der warmen und milden Wärmestufe,
3. *Fagus-Abies*-Gürtel in der kühlen Wärmestufe,
4. *Picea*-Nadelwaldgürtel in der rauhen und unteren kalten Wärmestufe,
5. *Vaccinium uliginosum-Loiseleuria*-Gürtel, der schon ganz die alpine obere Kältestufe einnimmt.

Dazu kommen in den kontinentalen inneren Alpentälern ein *Pulsatilla*-Steppengürtel mit *Pinus sylvestris* in den tiefen Lagen unter dem *Picea*-Gürtel und ein *Larix-Pinus cembra*-Gürtel über diesem bis zu der stark erhöhten Waldgrenze; die trockenen Föhntäler heben sich außerdem durch das Auftreten von *Pinus sylvestris* mit *Erica carnea* heraus.

7 Zonoökoton IV/VII – die Waldsteppe

Während die Laubwälder der gemäßigten Zone sich auf die ozeanisch getönten Klimagebiete mit nicht zu scharfen Temperaturextremen und gleichmäßig verteilten Niederschlägen, meist mit einem Sommermaximum, beschränken, werden auf der Nordhemisphäre viel ausgedehntere kontinentale Teile von Grassteppen und Wüsten eingenommen. Im kontinentalen Klima in Europa von West nach Ost nimmt die Temperaturamplitude zu, die Sommer werden heißer, aber die Winter in viel höherem Ausmaße kälter, so dass die Jahresmitteltemperatur absinkt. Zugleich wird die jährliche Niederschlagsmenge geringer, die Sommer werden in zunehmendem Maße arid.

Das Zonoökoton VI/VII zwischen den Laubwäldern und den Grassteppen ist in Osteuropa die Waldsteppe. Sie ist keine homogene Vegetationsformation wie die klimatische, tropische Savanne, sondern ein Makromosaik von Laubwaldbeständen und Wiesensteppen. Zuerst überwiegen die ersteren und die Steppen treten inselförmig auf. Je arider jedoch das Klima wird, desto mehr kehrt sich das Verhältnis um, bis schließlich nur kleine Waldinseln in einem Steppenmeer übrigbleiben. In diesem Grenzgebiet mit einem Klima, das weder den Wald noch die Grassteppe einseitig begünstigt, gibt das Relief oder die Bodenart (◘ Abb. I-52) den Ausschlag. Die Wälder findet man auf gut dränierten Standorten, auf den leichten Erhebungen, an den Hängen der Flusstäler, auf durchlässigen Böden, während die Wiesensteppen die schlecht dränierten ebenen Lagen auf relativ schweren Böden einnehmen. Dies ist in der Savanne ähnlich. Es spielt auch hier der Wettbewerb zwischen der Grasnarbe und den Baumsämlingen eine Rolle. Werden die Baumpflanzen bei Aufforstungsversuchen in den ersten Jahren vor dem Wettbewerb der Gräser geschützt, so können sie in der Steppe wachsen, aber sich nicht auf natürliche Weise verjüngen. Die Steppen wurden früher durch Grasbrände, die durch Blitzschlag ausgelöst wurden und durch die Beweidung mit Großwild begünstigt. Über die wirkliche Rolle des Großwilds unter natürlichen Verhältnissen kann man nur spekulieren. Die Beweidungsdichte durch die Weidetiere des Menschen (Schafe, Ziegen, Kühe) ist aber sicher viel höher als die des ursprünglichen Großwilds. Trotzdem dürfte in einigen Regionen die Vegetationsausstattung und Mosaikstruktur der ursprünglichen sehr ähnlich sein (◘ Abb. I-53). Heute ist die Steppe vielerorts fast völlig in Ackerland umgewandelt worden.

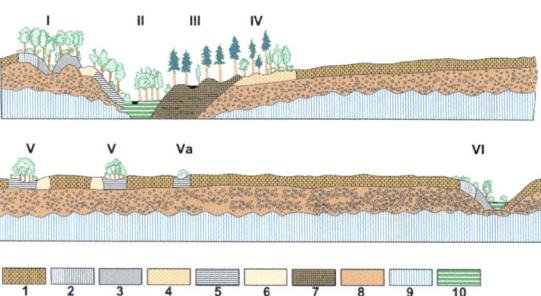

◘ **Abb. I-52** Beziehungen zwischen Vegetation, Boden und Relief in der Waldsteppe (verändert nach WALTER 1990): **1** tiefgründige schlecht dränierte Schwarzerde mit Wiesensteppe. **2** degradierte Schwarzerde und **3** dunkelgraue Waldböden (beide gut dräniert); **4** durchlässige sandig-lehmige Waldböden; **5** hellgraue Waldböden; **6** Solonez auf ebenen Terrassen oder um abflusslose Senken mit Soda-Anreicherung; **7** fluvio-glaziale Sande; **8** Moränen-Ablagerungen oder lößartige Lehme; **9** präglaziale Schichten; **10** Alluvium in den Flusstälern. **I** Eichenwald auf gut entwässerten Erhebungen oder in Hanglage; **II** Auenwälder (Eichen u. a.); **III** Kiefernwälder auf armen Sanden mit *Sphagnum*-Moor in nasser Senke; **IV** Kiefern-Eichenwälder auf lehmigen Böden; **V** Espenhaine in kleinen Senken (Pods), in denen im Frühjahr Wasser steht, das langsam versickert (Böden im zentralen Teil ausgelaugt); **Va** desgl. aber Weidengebüsch; **VI** Schlucht-Eichenwald, am oberen Rand mit Steppenbusch.

Klimatisch kann man in E-Europa die Waldzone, die Waldsteppenzone und die Steppenzone gut unterscheiden. Die Klimadiagramme der Waldzone zeigen keine Dürrezeit, bei denen der Steppenzone ist dagegen eine Dürrezeit immer vorhanden. Den Diagrammen der Waldsteppenzone fehlt zwar eine Dürrezeit, man kann jedoch im Gegensatz zur Waldzone eine Trockenzeit zur Darstellung bringen (► Abb. K-1).

◘ **Abb. I-53** Steppen- und Gebüsch- bzw. Waldparzellen-Mosaik in der Dobrudscha (Rumänien). Eine gewisse Beweidung mit Ziegen und Schafen hält größere Teile als Steppen und artenreiche Trockenrasen offen. Die Gebüsche wachsen nur langsam nach außen weiter, eine Verjüngung ist auch ohne Beweidung kaum gegeben (Foto: Breckle).

Die Grenze zwischen Wald und Steppe hat sich in der Postglazialzeit verschoben. Im Boden unter den heutigen Waldbeständen kann man **Krotowinen** erkennen (► Abb. K-4), das sind die früheren Baue von Steppennagetieren (Zieseln = *Spermophilus*), die niemals Wälder bewohnen. Man muss deshalb annehmen, dass der Wald in der Zeit vor der Besiedlung der Waldsteppe durch den Menschen im Vorrücken begriffen war, weil das Klima nach einem Wärmeoptimum etwas feuchter wurde. Durch die starken Eingriffe des Menschen lassen sich jedoch Grenzverschiebungen in der Folgezeit nicht mehr feststellen.

Die Ursache für die Ablösung der Waldzone im kontinentalen Gebiet durch die Steppenzone ist der Wasserfaktor. In der Waldsteppe vollzieht sich der gesamte Wasserumsatz fast nur in den oberen 2 m des Bodens; ein Absinken von Wasser zum tiefen Grundwasser findet nicht statt. Der Eichenwald verbraucht alles Wasser, der Boden bleibt in größerer Tiefe immer trocken. Das ist auf ebenen Flächen der Fall. An Südhängen mit Abfluss und hoher Verdunstung reicht der Wassergehalt des Bodens für Wald nicht mehr aus, und es stellt sich die Steppe ein. Im August und September brennt die Grassteppe aus, weil auch für sie die Wasservorräte zur Deckung ihrer Transpiration nicht ausreichen. Für die Graspflanzen bedeutet das jedoch keine Schädigung, wohl aber für die Bäume, wenn die Blätter vorzeitig vertrocknen oder ganze Äste absterben.

In südöstlicher Richtung nehmen in der Waldsteppe die Niederschläge ab und die Temperaturen zu. Dementsprechend werden die Waldparzellen immer dürftiger und ziehen sich auf die Nordhänge zurück, bis schließlich an der Südgrenze der Waldsteppe nur noch ein Eichen-Schlehengebüsch *(Prunus spinosa)* in Schluchten verbleibt.

Der Wettbewerb in der Waldsteppe vollzieht sich zwischen den Gräsern und den Baumkeimlingen. CLEMENTS et al. konnten in der 1929 zum Teil noch ursprünglichen Langgrasprärie von Nebraska (► Abb. K-8), die der Waldsteppe entspricht, zeigen, dass sich gepflanzte Baumsämlinge halten, wenn man alle Graswurzeln um sie herum entfernt und diese Baumscheibe freihält.

Der Wasserverbrauch der Waldbestände nimmt mit dem Alter des Bestandes zu. Aufforstungsversuche haben dementsprechend ergeben, dass junge, künstlich angelegte Forstkulturen relativ gut wachsen, aber bei älteren werden die Bäume wipfeldürr, schlagen dann wieder von unten aus, entwickeln sich also als Folge des Wassermangels nicht normal. Gute Bestände erhält man dagegen, wenn den Bäumen zusätzlich Grundwasser zur Verfügung steht. Savannenartige Gemeinschaften fehlen den Waldsteppen, weil die Laubholzarten sich einzeln nicht gegen den Wettbewerb der Gräser durchsetzen können. Nur niedrige Sträucher *(Spiraea, Caragana, Amygdalus)* kommen häufiger vor, aber auch diese mehr auf steinigen Böden, welche für die Steppengräser mit dem intensiven Wurzelsystem weniger geeignet sind. Mit der Steppenkomponente der Waldsteppe - der eigentlichen Wiesensteppe - befasst sich das nächste Kapitel (ZB VII).

8 Literatur

BRECKLE, S.-W. 2005: Möglicher Einfluss des Klimawandels auf die Vegetation Nordwestdeutschlands? LÖFB-Mitteilungen **2** (05): 12-17

CERNUSCA, A. 1976: Bestandesstruktur, Bioklima und Energiehaushalt von alpinen Zwergstrauchbeständen. Oecologia Plantarum **11**: 71-102

CLEMENTS, F.E., WEAVER, J.E. & HANSON, H.C. 1929: Plant Competition. Carnegie Inst. Wash., Publ. **398**

DUVIGNEAUD, P. 1974: La synthèse écologique. Population, communautés, écosystèmes, biosphère, noosphère, Paris, 296 p.

EDWARDS, C.A., REICHLE, D.E. & CROSSLEY, D.A.JR. 1970: The role of soil invertebrates in turnover of organic matter and nutrients. Ecol. Stud. **1**: 147-172

ELLENBERG, L & LEUSCHNER, C. 2010: Vegetation Mitteleuropas mit den Alpen in ökologischer, dynamischer und historischer Sicht. UTB, Ulmer-Stuttgart, 6. Aufl. 1357 S.

ELLENBERG, H., MAYER, R. & SCHAUERMANN, J. 1986: Ökosystemforschung, Ergebnisse des Sollingprojektes 1966-1986. Ulmer, Stuttgart 507 S.

GORYSCHINA, T.K. (Hrsg.) 1974: Biologische Produktion und ihre Faktoren im Eichenwald der Waldsteppe. Arb. Forstl. Versuchsst., Univ. Leningrad. „Wald an der Worskla" **6**: 1-213 (Russ.)

GROENENDAEL, J.M. VAN, KLIMES, L., KLIMESOVA, J. HENDRIKS, R.J.J. 1996: Comparative ecology of clonal plants. Phil. Trans. R. Soc. London, **B 351**: 1331-1339

HÜPPE, J. 1993: Development of NE European heathlands - palaeoecological and historical aspects. Scripta Geobot. **21**: 141-146

KAAGMAN, M. & FANTA, J. 1993: Cyclic succession in heathland under enhanced nitrogen deposition: a case study from the Netherlands. Scripta Geobot. **21**: 29-38

LARCHER, W. 1977: Ergebnisse des IPB-Projekts, Zwergstrauchheide Patscherkofel". Produktivität und Überlebensstrategien von Pflanzen und Pflanzenbeständen im Hochgebirge. Sitz.-Ber. Österr. Akad. d. Wiss., Math.-nat. Kl., Abt., Wien I, **186**: 301-386

LARCHER, W. 1980: Klimastress im Gebirge – Adaptationstraining und Selektionsfilter für Pflanzen. Rheinisch-Westfälische Akad. Wiss., N **291**: 49-88

LEICHT, H. 1996: Altbäume - Tierökologische Bedeutung für die Praxis. Ber. Bayer. Landesamt Umweltschutz **132**: 86-93

LEUSCHNER, C. 1993: Forest dynamics on sandy soils in the Lüneburger Heide area, NW Germany. Scripta Geobot. **21**: 53-60

MOSER, W., BRZOSKA, W., ZACHHUBER, K. & LARCHER, W. 1977: Ergebnisse des IBP-Projekts „Hoher Nebelkogel 3184 m". Sitzungsber. Österr. Akad. d. Wiss., Wien, Math.-nat. Kl., Abt. I, **186**: 387-419

OZENDA, P. 1994: Végétation du continent européen. Delachaux et Nestlé/Lausanne 271 p.

PETERS, R. 1997: Beech Forests. Geobotany **24**, Kluwer Acad. Publ. 169 S.

SCHMID, E. 1961: Vegetationskarte der Schweiz. Geobot. Landesaufnahme Schweiz **39**, 52 S.

SCHULZE, E.-D. 1970: Der CO_2-Gaswechsel der Buche (*Fagus silvatica* L.) in Abhängigkeit von den Klimafaktoren im Freiland. Flora **159**: 177-232

WALTER, H. 1976: Die ökologischen Systeme der Kontinente (Biogeosphäre). Prinzipien ihrer Gliederung mit Beispielen, Fischer, Stuttgart 131 S.

WALTER, H. 1990: Vegetationszonen und Klima. 6. Aufl., Ulmer/Stuttgart 382 S.

Federgrassteppe (Zonobiom VII) in der Umgebung des Klosters Dawit Garedscha, Georgien (Foto: E. Fischer)

Iris iberica, eine für das Kaukasus-Gebiet endemische Schwertlilie und eine der vielen Geophyten der Federgrassteppen (Zonobiom VII) Süd-Georgiens an der azerbeijanischen Grenze (Foto: Rafiqpoor)

II Spezieller Teil

Teil J - ZB VII: Zonobiom der Steppen und kalten Wüsten bzw. des ariden gemäßigten Klimas

1. Klima
2. Böden der Steppenzone Osteuropas
3. Wiesensteppen auf Mächtiger Schwarzerde und die „Federgrassteppen"
4. Nordamerikanische Prärie
5. Ökophysiologie der Steppen- und Präriearten
6. Asiatische Steppen
7. Tierwelt der Steppen
8. Steppen der südlichen Erdhalbkugel
9. Subzonobiom der Halbwüsten
10. Subzonobiom der Mittelasiatischen Wüsten
11. Die Karakum-Sandwüste
12. Die Aralkum-Wüste
13. Orobiom VII (r III) in Mittelasien
14. Subzonobiom der Zentralasiatischen Wüsten
15. Subzonobiom der kalten Hochplateauwüsten von Tibet und Pamir (ZB VII, tIX)
16. Der Mensch in der Steppe
17. Zonoökoton VI/VIII - Boreo-nemorale Zone
18. Literatur

Der Amudarya bei Koreshm (Uzbekistan) mit dem nahezu trockengefallenen Flussbett infolge der intensiven Wasserentnahme zu Bewässerungszwecken im Sommer, was zur schließlichen Austrocknung des Aralsees geführt hat und damit zur Bildung der neuen Wüste Aralkum (Zonobiom VIIa; Foto: Breckle)

1 Klima

Dieses kontinentale **Zonobiom VII** erstreckt sich in Eurasien von der Donaumündung durch Osteuropa und Asien bis fast zum Gelben Meer. In Nordamerika nimmt es den ganzen Mittleren Westen von S-Kanada bis zum Golf von Mexiko ein. Die Aridität ist in den einzelnen Teilen verschieden stark ausgeprägt.

Im ZB VII, der Steppen-, Halbwüsten- und Wüstenregion mit kalten Wintern, kann man sechs Subzonobiome unterscheiden (WALTER 1990):

1. das semiaride sZB mit kurzer Dürrezeit (**Steppen** bzw. Prärien, sZB VII)
2. das aride sZB mit längerer Dürrezeit und Winterregen (**Halbwüsten**, sZB VIIa(w))
3. das stark aride sZB [mit dem Klimatypus VII (rIII)w], das heißt mit ebenso wenig Regen wie beim Klima der subtropischen Wüsten, aber mit Winterregen (**Wüsten**)
4. das aride sZB mit längerer Dürrezeit und Sommerregen [**Halbwüste**, sZB VIIa(s)]
5. das stark aride sZB, mit geringen Sommerregen (**Wüsten**) (VII (rIII)s)
6. die kalten **Hochplateauwüsten** (Tibet und Pamir) sZB VII(tIX).

Die beiden Halbwüstensubzonobiome sind Ökotone, die zwischen die Steppen (▫ Abb. J-1 Chkalov) und eigentlichen Wüsten zwischengeschaltet sind. Diese ariden Ökotone der Halbwüsten sind durch den Klimatypus VIIa gekennzeichnet (▶ Abb. J-1 Astrachan). Die Halbwüsten (in Nordamerika ist es das Sagebrush-Gebiet) sind arider als die Steppen, aber weniger arid als die Wüsten, und ihre Vegetation trägt Übergangscharakter; dabei hält die ausgeprägte Dürrezeit etwa vier bis sechs Monate an (▶ Abb. G-19).

2 Böden der Steppenzone Osteuropas

Die osteuropäische Steppe ist die Wiege der Bodentypenlehre, die von DOKUTSCHAJEV (1898) und GLINKA (1914) begründet wurde. Es gibt auf der Erde kein Gebiet gleicher Fläche, in dem die parallele Zonierung von Klima, Bodentypen und Vegetation so deutlich zu erkennen ist, wobei allerdings gesagt werden muss, dass von der natürlichen Vegetation heute nur sehr geringe Reste übriggeblieben sind. Die günstige Voraussetzung für die Zonierung sind das sehr ebene Relief und ein weitgehend einheitliches Muttergestein (Löss). Das Klima ändert sich von NW nach SE stetig: Die Sommertemperaturen und die potentielle Evaporation steigen, die Niederschläge nehmen dagegen ab, das heißt die Aridität wird immer stärker ausgeprägt. Es tritt also über eine sehr lange Entfernung ein gleichmäßiger Gradient auf, der ideale Transekte ermöglicht.

Die Grenze zwischen Wald und Waldsteppe entspricht der Grenze zwischen humidem und aridem Gebiet, das heißt nördlich dieser Grenze übertreffen die Jahresniederschläge den Jahresbetrag der potentiellen Evaporation, südlich davon ist die letztere höher (▫ Abb. J-2), so dass sich abflusslosen Senken bilden können, die dann Brackböden aufweisen.

Die Verteilung der Bodentypen zeigt stark vereinfacht ▫ Abb. J-3. Im humiden Bereich finden wir typische Podsolböden und leicht podsolierte graue Waldböden, im ariden Bereich Schwarzerden bis zu den ariden Kastanien- und Braunerden (Burosem). Die Bodentypen sind an ihren Bodenprofilen zu erkennen, die schematisch auf ▫ Abb. J-4 dargestellt sind.

Die Schwarzerden (Tschernosem) sind A-C-Böden oder Pedocale, das heißt ihnen fehlt ein toniger Anreicherungshorizont (B). Man unterscheidet die Unterzonen: Nördliche, Mächtige, Gewöhnliche und Südliche Schwarzerde. Der Humushorizont A gliedert sich in den schwarzgefärbten A_1, in den etwas helleren A_2 und den schwach durch Humus gefärbten Löss A_3. Darunter folgt C, der unveränderte Löss mit prismatischer Struktur. Bei der **Mächtigen** Schwarzerde reicht der Humushorizont bis 170 cm tief, seine Mächtigkeit nimmt nach Norden und Süden ab, der Humusgehalt ist bei der **Gewöhnlichen** Schwarzerde mit 7 bis 8% am höchsten (im östlichen Steppengebiet noch höher). Eine Tonverlagerung findet bei der Schwarzerde nicht statt, aber das Schmelzwasser im Frühjahr wäscht aus den oberen Horizonten den Kalk ($CaCO_3$) aus, so dass beim Auftropfen von HCl kein Aufbrausen erfolgt; dieses beginnt erst tiefer, und zwar liegt der Aufbrausungshorizont umso höher, je arider das Klima ist. Etwas unter dem Aufbrausungshorizont wird der ausgewaschene Kalk ausgefällt, zunächst in Form sehr feiner Kalkfäden, die an Schimmel erinnern (Pseudomycelien), weiter südlich auch als weiße Kügelchen (Kalkaugen = Bjeloglaski) und schließlich nur als solche. Außerdem erkennt man am Profil die Querschnitte von Gängen der verlassenen unterirdischen Zieselbauten (Krotowinen), die mit eingeschwemmter schwarzer Humuserde ausgefüllt sind.

Alle diese Änderungen im Transekt vollziehen sich am Bodenprofil in Übereinstimmung mit der Klimaänderung ganz gleitend von Norden nach Süden. Sie spiegeln die zunehmende Aridität wider.

Unter dem Walde in der Waldsteppenzone bleiben die oberen Bodenschichten feuchter; die Streu bildet den A_0-Horizont, die Durchmischung desselben mit dem mineralischen Boden ist geringer, der Humushorizont ist deshalb unter dem feuchten Hainbuchen (*Carpinus*)-Wald nur hellgrau, unter dem trockenen Eichenwald dunkelgrau gefärbt; seine gute krümelige Struktur geht verloren, sie wird plattig; unter der Humusschicht findet man mehlige, gebleichte Sandkörner und darunter einen verdichteten B-Horizont, alles Anzeichen der beginnenden Podsolierung. Diese ist unter dem Eichengebüsch (als den letzten Ausläufern des Waldes gegen die Steppe) bei der degradierten Schwarzerde kaum angedeutet. Gelangt man dann in die feuchteste Ausbildungsform der Wiesensteppen, so findet man unter ihnen schon die **Nördliche** Schwarzerde in typischer Ausbildung, aber mit sehr tiefliegendem Aufbrausungshorizont und ohne Kalkausscheidungen (▶ Abb. J-3 und ▶ Abb. J-4).

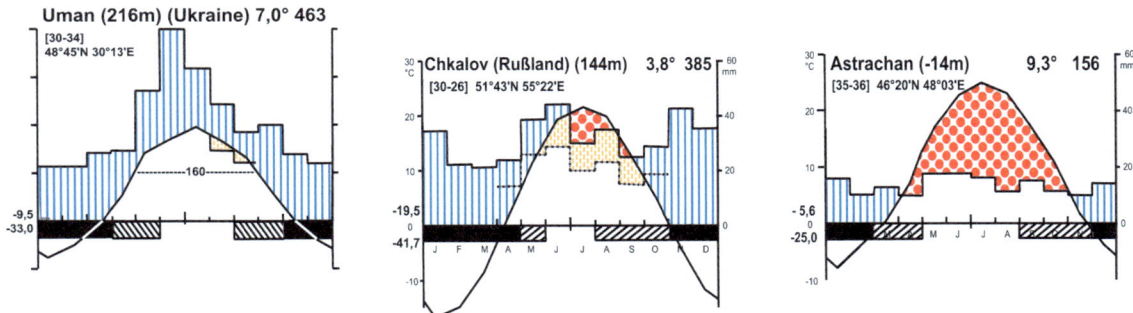

▫ **Abb. J-1** Klimadiagramme aus der Waldsteppenzone (mit Trockenzeit), aus der Steppenzone (mit Dürrezeit und langer Trockenzeit) und aus der Halbwüste (mit langer Sommerdürre).

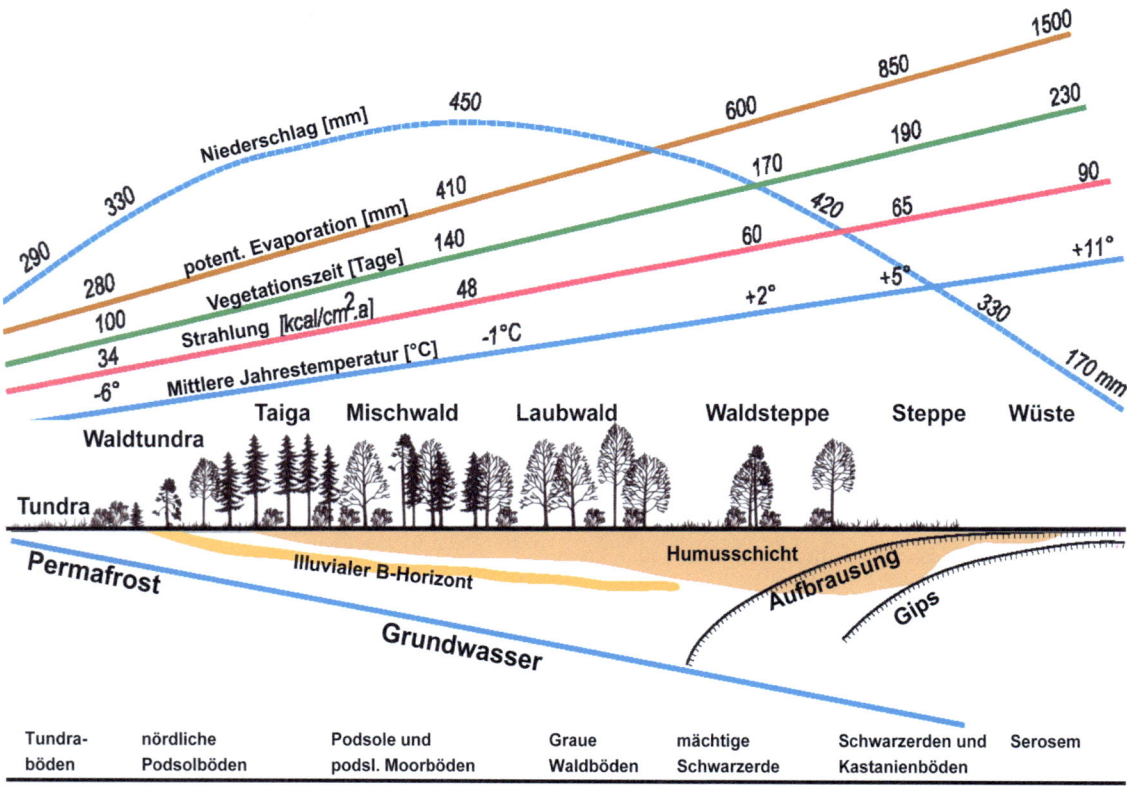

▫ **Abb. J-2** Schematisiertes Klima-, Vegetations- und Bodentransekt durch die osteuropäische Tiefebene von NW nach SE (verändert nach SCHENNIKOV, aus WALTER & BRECKLE 1999). Hellbraun = Humushorizont; gelb = illuvialer B-Horizont; Vegetationszeit in der Tundra = Tagesmittel über 0 °C, sonst über 10 °C.

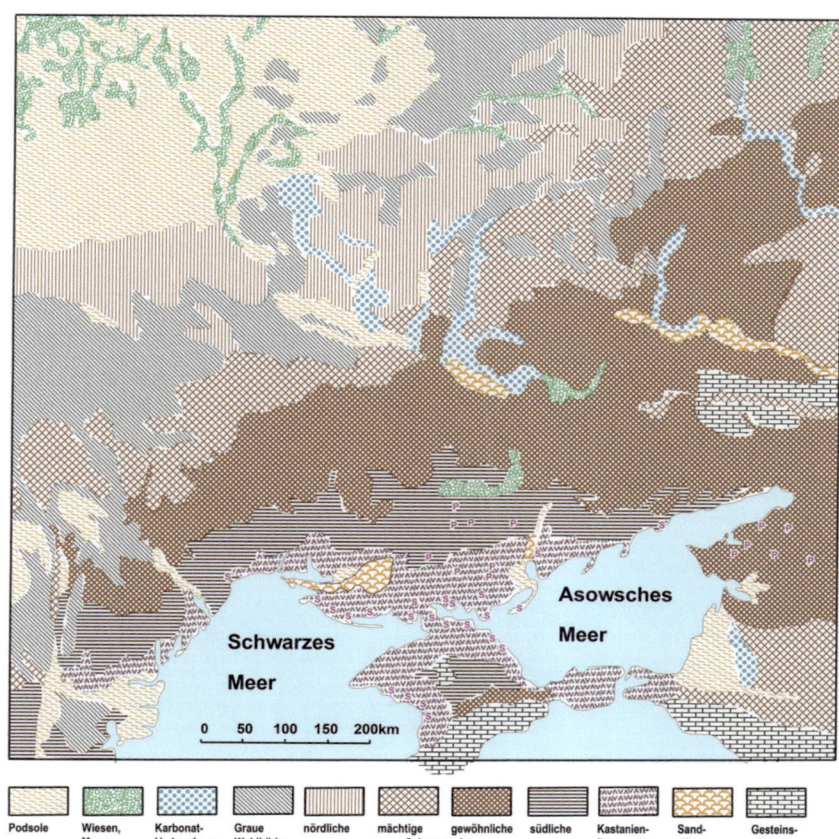

Abb. J-3 Bodentypenkarte des osteuropäischen Steppengebiets und der angrenzenden Waldgebiete. P = Pod (Senken ohne Abfluss in der Steppe), S = Salzböden (Solontschak).

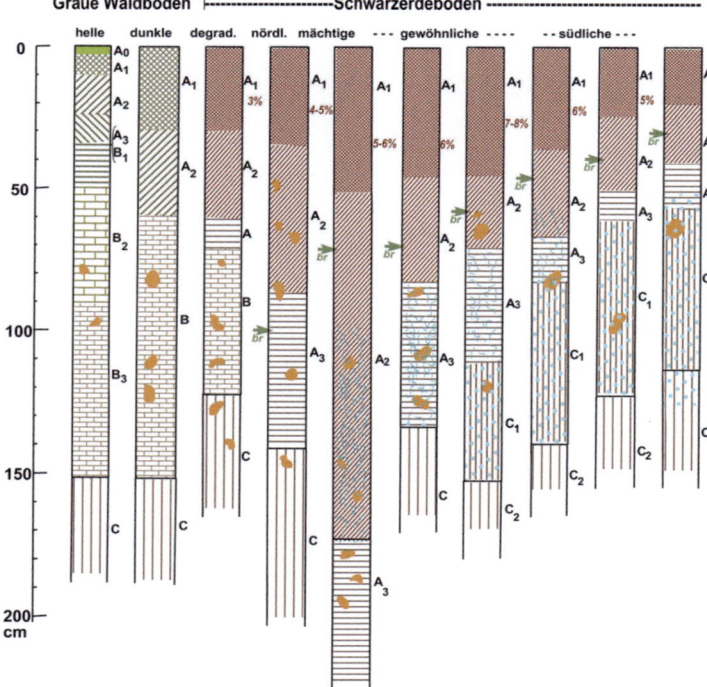

Abb. J-4 Schematische Darstellung der Bodenprofile in der Waldsteppen- und Steppenzone (westl. vom Dnjepr) von N nach S. Prozentzahlen = Humusgehalt des A1, br mit grünem Pfeil = Aufbrausungshorizont, geschlängelte blaue Linien = Pseudomycelien (Kalk), kleine blaue Punkte = Kalkaugen, große gelbe Flecken = Krotowinen (alte Zieselbauten).

Box J-1 Beziehung von Boden und Vegetation
Jedem Bodentyp ist eine bestimmte Pflanzengemeinschaft zugeordnet.

Auf Grund der noch verbliebenen Reste der natürlichen Vegetation konnte man nachweisen, dass jedem Bodentypus eine bestimmte Pflanzengemeinschaft zugeordnet ist, wie es folgende Übersicht zeigt (◘ Tab. J-1).

◘ **Tab. J-1** Zuordnung von Bodentypen zu den Vegetationstypen.

Bodentyp	Vegetationstyp
Graue Waldböden	Eichen-Hainbuchen- und Eichenwald
Degradierte Schwarzerde	Eichen-Schlehengebüsch
Nördliche Schwarzerde	Feuchte, krautreiche Wiesensteppe
Mächtige Schwarzerde	Typische Wiesensteppe
Gewöhnliche Schwarzerde	Krautreiche Federgras (*Stipa*)-Steppe
Südliche Schwarzerde	Trockene, krautarme *Stipa*-Steppe

Diese Zuordnung erlaubt es, auf Grund der Bodenkarte die frühere Vegetationsgliederung zu rekonstruieren.

3 Wiesensteppen auf Mächtiger Schwarzerde und die Federgrassteppen

Das Wort **Steppe** stammt von der russischen Bezeichnung „stepj". Man sollte es deshalb nur für Grassteppen der gemäßigten Zone verwenden, die den osteuropäischen Steppen gleichen, wie die **Prärie** und die **Pampa**. In den Tropen gibt es in diesem Sinne keine Steppen, man spricht deshalb besser vom „tropischen Grasland". Mit dem Begriff Steppe verbindet man vielfach die Vorstellung einer öden, armen Vegetation, zum Beispiel wenn man von einer „Versteppung" der Landschaft spricht. Für die nördlichen Varianten der osteuropäischen Steppen ist aber das Gegenteil der Fall. Sie sind heute die fruchtbarsten Teile des Landes mit den besten Schwarzerdeböden; im natürlichen Zustand übertreffen sie die üppigsten Wiesen der temperierten Zone an Blütenpracht; nur im Herbst machen sie einen trockenen Eindruck.

Die Waldsteppe ist ein Makromosaik von Laubwäldern und Wiesensteppen. Die jahreszeitliche Entwicklung der Wiesensteppen ist in ◘ Abb. J-5 und ◘ Abb. J-6 erläutert und wird im Folgenden beschrieben.

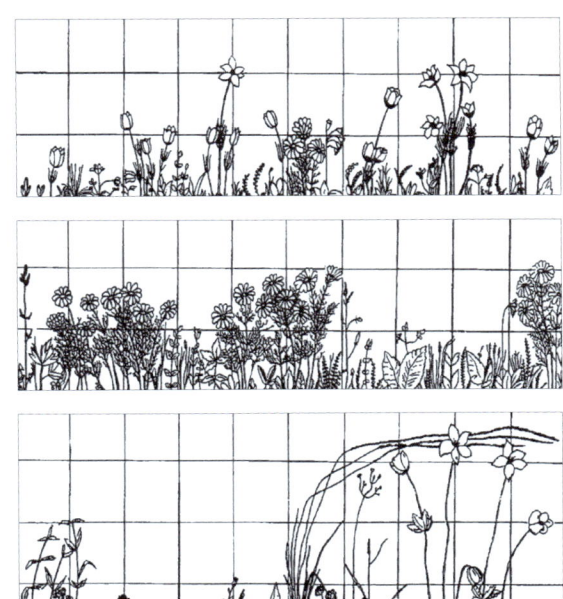

◘ **Abb. J-5** Frühlingsaspekte der Wiesensteppe (nach POKROVSKAJA, aus WALTER 1968). Vertikalprojektion, Quadrate in dm. Oben, Anfang April: Brauner Aspekt mit lila *Pulsatilla patens*-Flecken, *Carex humilis* stäubt. Mitte - Ende April: Gelber *Adonis vernalis*-Aspekt, zartblaue *Hyacinthus leucophaeus*. Unten, Ende Mai: Blauer *Myosotis sylvatica*-Aspekt, weiße *Anemone sylvestris*, gelbe *Senecio campestris*, einige blühende *Stipa*.

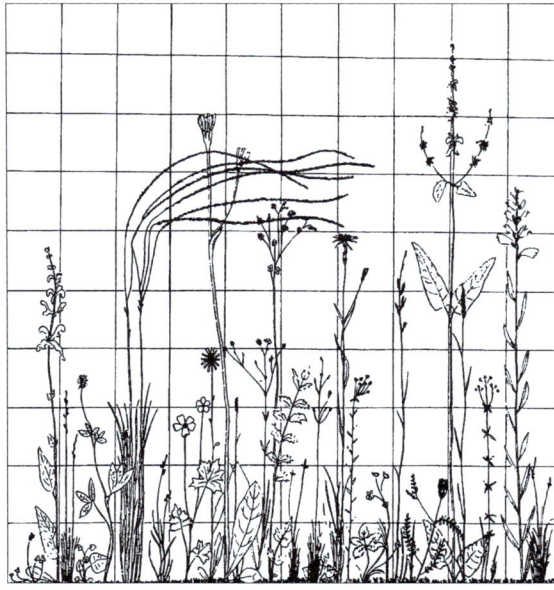

◘ **Abb. J-6** Frühsommer-Aspekt (aus WALTER & ALECHIN 1936). Neben dem Federgras *Stipa ioannis* blühen viele Kräuter (über 40 cm hoch sind: *Salvia pratensis, Hypochoeris maculata, Filipendula hexapetala, Scorzonera purpurea, Phlomis tuberosa* und *Echium rubrum*).

Nach der Schneeschmelze ist der Boden in der Steppe gut durchfeuchtet, die Temperaturen steigen an, so dass sich eine reiche Frühlingsflora entwickelt. Ende April erscheinen die lila Blüten von *Pulsatilla patens*, auch *Carex humilis* beginnt zu stäuben, dazu kommen Anfang Mai die großen goldenen Sterne von *Adonis vernalis* und die hellblauen Blütenstände von *Hyacinthus leucophaeus*. Mitte Mai ergrünt die Steppe; zwischen den sprießenden Gräsern stehen *Lathyrus pannonicus, Iris aphylla* und *Anemone sylvestris*. Anfang Juni ist das bunteste Stadium erreicht mit Mengen von blühender *Myosotis sylvatica, Senecio campestris* und *Ranunculus polyanthemus*, gleichzeitig erscheinen die ersten Federschweife von *Stipa joannis* (◘ Abb. J-7). Im Frühsommer bewegen sich die federigen langen Grannen der *Stipa*-Arten wellenförmig im Wind, und es strecken sich die Rispen von *Bromus riparius* (*B. erectus* nahestehend); dazwischen blühen *Salvia pratensis* und *Tragopogon pratensis*. Gegen Ende Juni färbt sich die Steppe weiß durch die Blüten von *Trifolium montanum, Chrysanthemum leucanthemum, Filipendula hexapetala*, zu denen *Campanula sibirica* und *C. persicifolia, Knautia arvensis* und *Echium rubrum* einen Farbenkontrast bilden. Anfang Juli nähert sich die Farbenpracht mit der rosablühenden *Onobrychis arenaria* und dem gelben *Galium verum* ihrem Ende.

Von Mitte Juli an beginnen die Pflanzen zu vertrocknen; es erscheinen noch die dunkelblauen Rispen von *Delphinium litwinowi* und später die braunroten Kerzen von *Veratrum nigrum*. Ab August sieht die Steppe trocken aus und bleibt so, bis der Schnee sie zudeckt.

Diese Beschreibung zeigt, dass die Trockenwiesen und Steppenheiden in Mitteleuropa so etwas wie die ärmlichen extrazonalen Außenposten der Wiesensteppe im humiden Klima auf trockenen, flachgründigen Standorten darstellen. Die floristische Zusammensetzung ist sehr ähnlich, nur dass in Mitteleuropa submediterrane Elemente hinzukommen, wie zum Beispiel die Orchideen, die der Steppe fehlen.

Weiter südlich beginnen die Federgrassteppen auf **Gewöhnlicher** und **Südlicher** Schwarzerde. In ihnen herrschen verschiedene *Stipa*-Arten vor. Die weniger dürreresistenten Kräuter sind bei der zunehmenden Trockenheit nicht wettbewerbsfähig und treten immer mehr zurück. Die Dichte der Pflanzendecke nimmt ab, so dass der Boden zum Teil vom Moos *Tortula (Syntrichia) ruralis* und der Alge *Nostoc* bedeckt ist. Im Frühjahr sind die Geophyten (*Iris, Gagea, Tulipa*) und einige Winterannuelle (*Draba verna, Holosteum umbellatum*) stärker vertreten. Besonders auffallend ist *Paeonia tenuifolia*. Im Sommer treten andere Kräuter (*Salvia nutans, S. nemorosa, Serratula, Jurinea, Phlomis* u. a.) auf, im Spätsommer kommen Apiaceen (*Peucedanum, Ferula, Seseli, Falcaria*) und Compositen (*Linosyris*) hinzu. Noch südlicher nimmt die Vegetationsdichte weiter ab; neben den langgrannigen Federgräsern spielen das langgrannige *Stipa capillata* und *Festuca sulcata* eine größere Rolle und unter den Kräutern solche mit tiefgehender Pfahlwurzel (*Eryngium campestre, Phlomis pungens, Centaurea, Limonium, Onosma*).

Auf den kastanienfarbigen Böden treten Wermut (*Artemisia*)-Arten stärker hervor, womit der Übergang zur *Artemisia*-Halbwüste eingeleitet wird. Diese ist als Subzonobiom VIIa wiederum zwischengeschaltet zwischen der Steppe und der noch arideren Wüste [VII (rIII)].

4 Nordamerikanische Prärie

Die Verhältnisse in der Prärie entsprechen denen der Steppe; sie sind nur komplizierter. Während sich die Steppe um den 50. Breitengrad von den Ausläufern der Karpaten nach Osten weit über Europa hinaus erstreckt, beginnt die Prärie in Kanada zwar auch südlich vom 55. Breitengrad, aber die Zonen verlaufen in N-S-Richtung bis über den 30. Breitengrad nach Süden und gehen in *Prosopis*-Savannen über. Dazu kommt, dass die weite Ebene in N-Amerika langsam von E nach W bis auf 1.500 m NN ansteigt. Die Niederschläge nehmen von E nach W ab (◘ Abb. J-8), die Temperatur jedoch von N nach S zu. Es ergibt sich dadurch keine so klare Bodenzonierung, sondern mehr eine schachbrettartige Anordnung der Bodentypen (◘ Abb. J-9).

◘ **Abb. J-7** Mai-Aspekt der Federgrassteppen in der Umgebung von Dawit Garedcha in Georgien (Fotos: E. Fischer).

> **Box J-2** Anordnung der Steppenregionen N-Amerikas
>
> Die einzelnen Vegetationszonen wie Langgrasprärie, Gemischte Prärie und Kurzgrasprärie, folgen aufeinander, wenn man von Osten in der Richtung der zunehmenden Aridität nach Westen geht, aber in jeder Zone besteht ein floristisches Gefälle von Nord nach Süd.

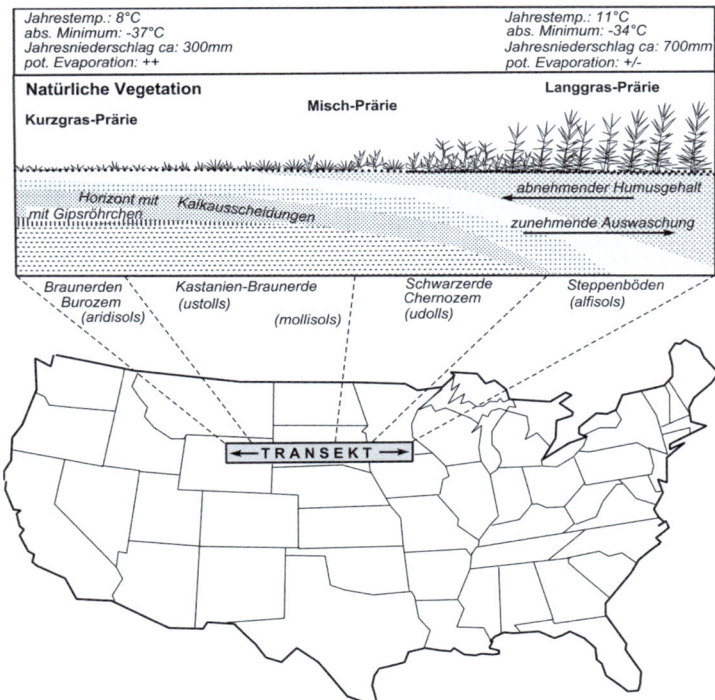

Abb. J-8 Transekt durch die Prärie Nordamerikas mit Vegetations- und Bodengradient (z.T. verändert nach BURROWS 1990).

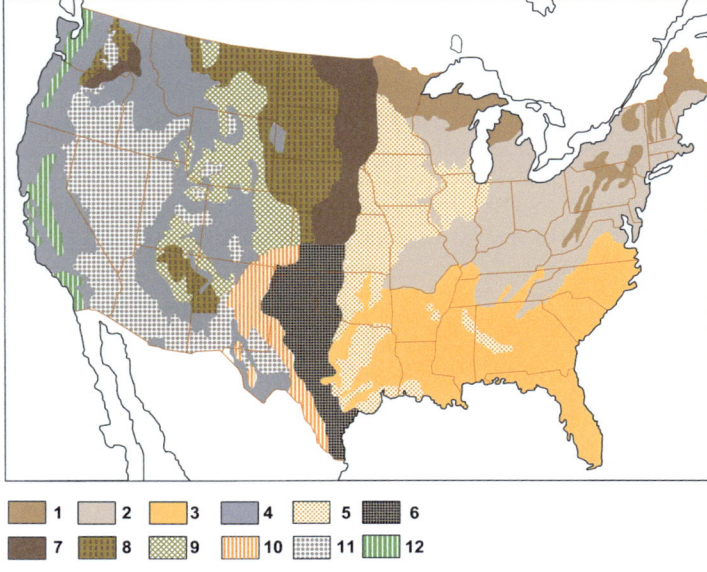

Abb. J-9 Bodentypenkarte der USA (verändert nach US-Dept. of Agric). **1** Podsolböden, **2** graubraune Waldböden, **3** gelbe und rote Waldböden, **4** Gebirgsböden (allgemein), **5** Präriböden, **6** südl. Schwarz- und dunkle Braunerden, **7** nördl. Schwarzerde, **8** Kastanien-Braunerde, **9** nördl. Braunerde, **10** südl. Braunerde, **11** Grauerde (Serosem), **12** pazifische Talböden. Braunerde = Burosem. Es entsprechen: **1** der Nadelwaldzone, **2** u. **3** der Mischwald- und Laubwaldzone, **5** der Langgrasprärie, **6-10** der Gemischten und Kurzgrasprärie, **11** im nördl. Teil der Wermut (Sagebrush)-Halbwüste, im südl. anderen Typen.

Eine größere Rolle als *Stipa* spielen *Andropogon*-Arten, also Grassippen südlicher Abstammung.

Die Übergangszone der Waldsteppe ist in N-Amerika ebenfalls vorhanden mit Wäldern an den Talhängen oder auf leichten Böden und Grasland auf ebenen Wasserscheiden mit schweren Böden. Die Langgrasprärie entspricht der nördlichen Wiesensteppe auf der **Mächtigen Schwarzerde**, aber die Präriböden sind feuchter, der Kalk ist ganz ausgewaschen, ein Aufbrausungshorizont fehlt. Die Frage, weshalb die Prärie trotzdem baumlos ist, wurde experimentell durch Auspflanzen von Baumsämlingen mit und ohne Wettbewerb der Graswurzeln beantwortet. Das Ergebnis war, dass Baumwuchs durchaus möglich ist, wenn die Konkurrenz der Gräser ausgeschaltet wird.

Verhindert man die Präriebrände, rückt der Wald mit einer Gebüschzone als Vorhut langsam, etwa 1 m in drei bis fünf Jahren, gegen die Prärie vor. Aber eine genaue Statistik ergab für das Jahr 1965, dass im Mittel pro Jahr ein Blitzschlagfeuer auf je 5.000 ha Präriefläche kommt; das Feuer ist im Präriegebiet somit ein natürlicher Umweltfaktor zugunsten der Gräser. Man muss auch berücksichtigen, dass die Prärievegetation früher durch die weidenden großen Bisonherden begünstigt wurde. Dazu kommt noch als ein Naturexperiment die katastrophale Dürre 1934 bis 1941, deren Auswirkung auf die Prärievegetation noch 1953 zu erkennen war. Solche periodisch alle Jahrhunderte wiederkehrende Dürreperioden sind sicher für die Baumlosigkeit der Prärie mit verantwortlich zu machen.

Die **Langgrasprärie** ist ebenso krautreich wie die Wiesensteppe, floristisch sogar artenreicher. Während der Hauptblüte im Juni blühen 70 Arten gleichzeitig. Die Hauptgräser (*Andropogon scoparius* und *A. gerardi*) haben jedoch ihre Blütezeit als südliche Elemente mit einer C4-Photosynthese erst im Spätsommer; bei der tiefen Durchfeuchtung der Prärieböden leiden sie in normalen Jahren nicht unter Wassermangel.

Diese Gräser werden 40 bis 100 cm, mit den Blütenständen 1 bis 2 m hoch. In der **Gemischten Präriezone** kommen neben den Langgräsern *(Andropogon scoparius, Stipa comata)* auch reichlich Kurzgräser (*Bouteloua gracilis, Buchloe dactyloides*) vor, die dann in der Kurzgrasprärie allein dominieren; die Kräuter treten ganz zurück, dagegen ist *Opuntia polyacantha*, namentlich auf überweideten Flächen häufig (KÜCHLER 1974). Durch die Beweidung wird überhaupt der Charakter der Prärie leicht in der Richtung einer scheinbaren größeren Aridität verändert, das heißt die **Langgrasprärie** wird zur **Gemischten Prärie**, diese zur **Kurzgrasprärie**. Die nach Westen zunehmende Aridität kommt durch die Kalkausscheidungen im Bodenprofil zum Ausdruck. Die Kalkaugen treten in der Kurzgrasprärie schon in 25 cm Tiefe auf, der Humushorizont ist nur wenig mächtig, die Wurzeltiefe nimmt ab, denn die Wurzeln gehen kaum in den Horizont mit den Kalkausscheidungen hinein, da dieser die mittlere Tiefe der Bodendurchfeuchtung anzeigt.

Im Rahmen vom US-IBP wurden von FRENCH (1979) in einem Sammelband zehn Beiträge mit ökologischen Untersuchungen über die Produktion, die Konsumenten und Beweidungsprobleme veröffentlicht.

Die Nettoproduktion beträgt etwa in der Kurzgrasprärie 2 t/ha, in der gemischten 3 t/ha und in der Langgrasprärie über 5 t/ha und Jahr.

Wie die Steppen Osteuropas sind auch die nordamerikanischen Prärien unter den Pflug genommen worden. Ursprüngliche Prärien gibt es kaum noch. Die Beackerung hat zu einem starken Verlust an Humus geführt, der Anteil an löslichem organischem Kohlenstoff (oC) im Boden hat sich seit der Beackerung halbiert (◘ Abb. J-10). Nicht nur die starken, durch den Umbruch der Prärie in Ackerland verursachten Veränderungen im Humusgehalt, auch die mögliche weitere Entwicklung, die den Erhalt der Tragfähigkeit sichern soll, sind in ▶ Abb. J-10 gezeigt. Umfangreiche Untersuchungen dienen dem Ziel, die Humusverluste aufzuhalten oder gar die Humusgehalte der Böden durch entsprechende Techniken wieder zu erhöhen. Dies soll zum Beispiel durch verminderte Anbauintensität und durch Rückführung von Streu erreicht werden.

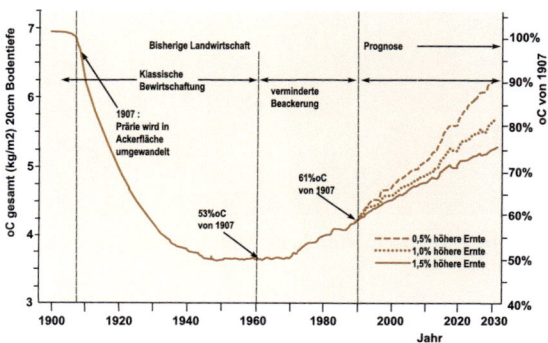

◘ **Abb. J-10** Die Auswirkungen der Landnutzung der Prärien auf den Gehalt an Humus (organ. C) der Great Plains in USA (verändert nach DONIGIAN et al. 1995).

Nach Norden zu im kanadischen Raum, als auch in den Gebirgen zeigen zunehmend größere Waldinseln den Übergang einer Waldsteppe zu den Wäldern der Taiga bzw. der Gebirgswälder an. Dabei spielt im nordamerikanischen Raum *Populus tremuloides* eine bedeutende Rolle. Diese Art ist in der Lage durch weitstreichende Wurzelausläufer große Klone zu bilden. Ganze Wäldchen können so unter Umständen von einer Pflanze ausgehen (◘ Abb. J-11). Auch als Mischwald mit Kiefern (*Pinus banksiana*) kommt diese Art häufig vor (◘ Abb. J-12), wird aber dann auch besonders gerne von Bibern für Dammbaue gefällt.

Als Beispiel für ein nordamerikanisches Orobiom im semiariden Klimagebiet VII bringen wir die Höhenstufenfolge der Front Range der Rocky Mts. bei Colorado Springs: Auf die Kurzgrasprärie am Fuß des Gebirges in 1.500 m NN folgt zunächst ein Gürtel mit Langgrasprärie, dann eine nur 50 m breite Stufe aus Laubgebüsch sowie *Pinus edulis* und *Juniperus* (Pinyon-Stufe), worauf die Waldstufen folgen, in denen nacheinander *Pinus ponderosa*, *Pseudotsuga menziesii* und *Picea engelmannii* die Vorherrschaft erlangen. In 3.700 m NN ist die Waldgrenze erreicht; nach einer schmalen subalpinen Stufe mit *Picea*-Krüppeln und *Dasiphora (Potentilla) fruticosa*-Gebüsch beginnt die alpine Stufe.

Abb. J-11 Inselhafte kleine Haine von *Populus tremuloides* und anderen Gehölzen in den Wasach-Mountains (Utah) (Foto: Breckle).

Abb. J-12 Offener Steppenwald mit *Pinus banksiana* und *Populus tremuloides* im Herbst im Prinz Albert Parc (Saskatchewan, Canada) (Foto: Breckle).

5 Ökophysiologie der Steppen- und Präriearten

Die Vegetationszeit der Steppenpflanzen wird durch den kalten Winter einerseits sowie die Dürre im Spätsommer und Herbst andererseits begrenzt. Den Pflanzen stehen etwa vier Monate mit sehr günstigen Wachstumsbedingungen im Frühjahr und Frühsommer zur Verfügung. Die Arten sind zum größten Teil Hemikryptophyten und müssen in dieser kurzen Zeit eine große produzierende Blattoberfläche mit möglichst geringem Materialaufwand aufbauen. Genaue Bestimmungen der Blattflächenindizes liegen nicht vor, sie dürften jedoch in der Wiesensteppe denen des Laubwaldes entsprechen. Allerdings schwankt die gesamte Blattfläche je nach der Niederschlagshöhe von Jahr zu Jahr stark. Für die krautarme Federgrassteppe wird in feuchten Jahren eine oberirdische Phytomasse von 4.530 bis 6.250 kg/ha angegeben gegenüber 710 bis 2.700 kg/ha in trockenen Jahren. Es findet also eine Reduktion der transpirierenden Blattfläche bei ungünstiger Wasserversorgung statt, und das hat eine geringere Produktion zur Folge. Im Gegensatz dazu bleibt die unterirdische Phytomasse unverändert. Sie ist im Vergleich zur oberirdischen viel größer.

Die jährlich absterbende oberirdische Masse bildet an der Bodenoberfläche die Streuschicht (Steppenfilz), die in der Wiesensteppe 8 bis 10 t/ha erreicht, in der trockenen Steppe nur 3 t/ha. Die absterbende unterirdische Masse wird durch Bodenorganismen in Humus umgewandelt. Die Streuschicht unterliegt im Frühjahr und Sommer einer starken Zersetzung; sie weist zu Beginn der Dürre ein Minimum, zu Beginn des Winters ein Maximum auf. Die jahreszeitliche Veränderung der Umweltfaktoren und der biotischen Größen für das größte Steppenreservat gibt ◘ Abb. J-13 wieder.

Box J-3 Produktionsangaben zu den Steppen
Wiesensteppen: Phytomasse 23,7 t/ha (unterirdisch 84%); Jahresproduktion 10,4 t/ha
Federgrassteppen: Phytomasse 20,0 t/ha (unterirdisch 91%); Jahresproduktion 8,7 t/ha

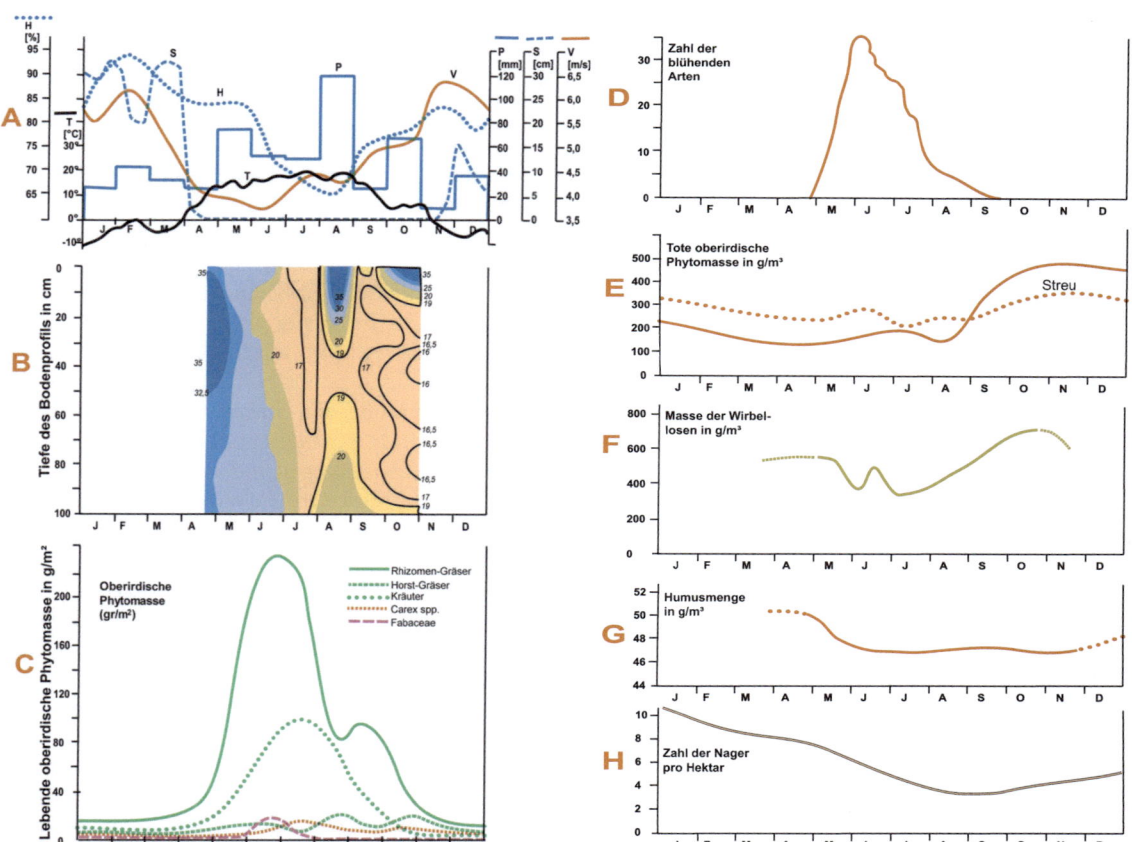

◘ **Abb. J-13** Jahresgang der abiotischen (**A**, **B**) und der biotischen Größen (**C-H**) eines Wiesensteppenökosystems im Zentralen Schwarzerdereservat im Jahre 1957. **A** meteorologische Faktoren, **B** Wassergehalt des Bodens, **C** oberirdische Phytomasse, **D** Phänologie der Pflanzen, **E** tote oberirdische Pflanzenteile. **F** Zahl der Wirbellosen, **G** Humusmasse, **H** Zahl der Nager (vorherrschende Wirbeltiere) (verändert nach WALTER 1990).

Eine zu starke Anreicherung der Streu, zum Beispiel in Schutzgebieten, wirkt sich ungünstig aus. Die Verjüngung der Gräser wird erschwert, in der Pflanzendecke entstehen Lücken, und „Unkraut"pflanzen, wie *Artemisia*, *Centaurea* und Disteln, stellen sich ein. Für die typische Entfaltung der Steppenvegetation ist also eine gewisse Beweidung notwendig, wie sie in der Ursteppe durch Gazellen und Saiga-Antilopen, das Wildpferd und den Wildesel sowie vor allem durch die unzähligen Steppennagetiere (Ziesel u. a.) und Heuschrecken erfolgte. Die Baue der Steppennager tragen neben den Regenwürmern zur guten Durchmischung des Humus mit dem mineralischen Boden bei. Gelegentliche natürliche Steppenbrände hatten auch die Vernichtung der angereicherten Streu zur Folge. In den Steppenreservaten hilft man sich, indem man die Flächen alle drei Jahre mäht.

Zwischen den Steppengräsern und -kräutern herrscht ein ähnliches ökologisches Gleichgewicht wie zwischen den Holzpflanzen und den Gräsern in der Savanne. Alle Gräser haben ein sehr intensives, fein verzweigtes Wurzelsystem, die Kräuter dagegen ein extensives, oft mit einer tiefgehenden Pfahlwurzel, wurzeln im Boden also in verschiedenen Horizonten.

Ihrem Wasserhaushalt nach gehörten die Steppenkräuter zur Gruppe der malakophyllen Xerophyten. Im Frühjahr ist die Zellsaftkonzentration sehr niedrig. Vorübergehende Trockenperioden bewirken ein Welken mit einem steilen Anstieg der Zellsaftkonzentration. Bei den spätblühenden Arten wird zur Zeit der Blüte, wenn die Dürre beginnt, die Transpiration durch Verdorren der Blätter eingeschränkt; die Blüten und die reifen Früchte verbrauchen wenig Wasser und erhalten die Aufbaustoffe aus den vergilbenden Pflanzenteilen.

Sehr typisch für die weiten offenen Steppen sind die **Steppenläufer** (*Eryngium*, *Falcaria*, *Seseli*, *Phlomis*, *Centaurea* u. a.). Bei diesen bleibt der versteifte Stengel mit den trockenen Fruchtständen als ein kugeliges Gebilde erhalten; am Wurzelhals ist eine schwache Stelle, an der der Stengel abbricht und vom Wind über die Steppe gerollt wird, wobei ein Ausstreuen der Samen erfolgt; oft verhaken sich die Fruchtstände, bilden zusammen metergroße Ballen, die in hohen Sprüngen mit dem Wind mit großer Geschwindigkeit über die Steppe dahinjagen (◘ Abb. J-14).

Bei den *Stipa*-Arten erfolgt die Regulierung der Transpiration nicht nur durch Stomataschluss, sondern außerdem durch das Einrollen der Blätter; dadurch wird die Photosynthese beeinflusst. Die einzelnen Arten sind an bestimmte Standortsbedingungen angepasst, wodurch ihre Verbreitung festgelegt wird.

Viele Arbeiten beschäftigten sich mit dem Wasserhaushalt der **Steppenheide** in Mitteleuropa (GRADMANN 1950). Bei dieser handelt es sich um eine extrazonale Reliktvegetation aus einer xerothermen Periode der Postglazialzeit. Die Steppenheide ist an warme und trockene Standorte auf Löss- und Kalkhängen oder Sandböden gebunden und besteht aus malakophyllen Steppenarten, die sehr hydrolabil sind. Die Trockenheit in Mitteleuropa wird nicht durch das Klima, sondern durch die geringe Feldkapazität der Böden und die hohe potentielle Verdunstung an den südexponierten Hängen bedingt. Die lange Dürrezeit des Spätherbstes fehlt, dafür kommen häufiger kurze Trockenperioden vor, wenn die Niederschläge eine Zeitlang ausbleiben.

◘ **Abb. J-14** Der Wind hat die Steppenläufer aus *Salsola kali* als aggressive Neophyten an einem Weidezaun in Ost-Ceduna, Australien, angehäuft (Foto: Breckle).

6 Asiatische Steppen

Die osteuropäische Steppenzone setzt sich unter Umgehung des Südurals in dem kontinentaleren Klima Asiens fort; allerdings wird sie östlich vom Baikalsee durch viele Gebirge unterbrochen und ist mehr auf die Beckenlandschaften und breiten Täler beschränkt. Nur in der Äußeren Mongolei und in der Mandschurei ist sie wieder als Zone ausgebildet. Die westsibirischen Steppen tragen denselben Charakter wie die europäischen mit gewissen floristischen Unterschieden. Häufig tritt *Lilium martagon* ssp. in der Steppe auf und *Hemerocallis* spp. Die transbaikalischen Steppen besitzen dagegen ein extrem kontinentales Klima mit sehr schneearmen Wintern und trockenem Frühjahr. Die Frühlingsflora fehlt, stark vertreten ist *Filifolium* (*Tanacetum*) *sibiricum*, das sich im Herbst leuchtend rot färbt. Auffallend ist auch die starke Beimischung von alpinen Elementen (Arten der Gattungen *Leontopodium*, *Androsace*, *Arenaria*, *Kobresia* u.a.), was mit dem besonders kontinentalen Klima zusammenhängt (WALTER 1975a).

In sehr ebenem Gelände der nördlichen sibirisch-kasachischen Steppe treten zahllose kleine Seen auf als Folge des semiariden Klimas, so paradox es scheint. Im humiden Klima fließt jede Senke über, und es entwickelt sich ein Flusssystem. Im semiariden ist das nicht der Fall. Jede kleine Senke hat ihr kleines Einzugsgebiet. Die Senken bilden sich an der Stelle, wo nach Regen Lachen stehen, und das Wasser langsam tief in den Boden dringt. Dadurch werden die Bodenteilchen umgelagert und rücken dichter zusammen, das Bodenvolumen verkleinert sich, die Oberfläche verdichtet sich, die Senke vertieft sich dadurch. Man sieht solche Seenplatten in anderen semiariden Gebieten vom Flugzeug aus: in N-Dakota (USA), in der Pampa Argentiniens und in W-Australien. Wenn diese Seen einen wenn auch schwachen unterirdischen Abfluss haben, so bleibt das Wasser süß; verdunstet dagegen das ganze Wasser, so verbracken sie (Sodaverbrackung = Soda = $Na_2CO_3 \cdot 10H_2O$) im schwach ariden Gebiet, sonst Chlorid-Sulfat-Verbrackung).

Im östlichen Teil der europäischen Steppen, aber auch in N-Dakota siedeln sich am Rande der kleinen meist kreisrunden Seen Espen an (*Populus tremula* bzw. *P. tremuloides*). Die Steppe erscheint mit kleinen Hainen gespickt. Solche Espenhaine (in Sibirien mit viel Birke) bilden die Waldkomponente in der Waldsteppe dort, wo im kontinentalen Klima die nemorale Zone auskeilt und die Steppe an die boreale Nadelwaldzone grenzt (also im Zonoökoton VII/VIII), wie es in Westsibirien und im kanadischen Steppengebiet der Fall ist.

7 Die Tierwelt der Steppen

Die Ursteppe war das Reich des **Großwildes**, wie auch die amerikanische Prärie. Bis ins 18. Jahrhundert war in der osteuropäisch-asiatischen Steppe noch der Tarpan *(Equus gmelini)* vertreten, das letzte Exemplar wurde 1866 an den zoologischen Garten in Moskau geliefert. Stärker vertreten waren die Paarhufer. Es wird angenommen, dass auch der Auerochse *(Bos primigenius)* ursprünglich die Steppe bevölkerte und sich dann vor den Menschen in die Wälder zurückzog. Die Antilope *(Saiga tatarica)* hielt sich länger und ist selbst heute noch an einigen Stellen (Schutzgebiet bei Astrachan u. a.) vertreten. Hirsche und Rehe gab es früher in der Waldsteppe, und das Wildschwein *(Sus scrofa)* hielt sich um Wasserstellen und im Röhricht auf. Leichte Beweidung gehört zur Erhaltung der Steppenvegetation. Aber das Großwild und die Raubtiere sind vom Menschen restlos vernichtet worden. Geblieben sind die zahlreichen Steppennagetiere. Heute kann man die Tierwelt nur in den wenigen Steppenreservaten und zum Teil noch in den sibirischen und mongolischen Steppen studieren, soweit sie noch von Nomaden beweidet werden.

Wichtig sind vor allem die Bodenorganismen, die bei der Ausbildung der Schwarzerde von großer Bedeutung sind. Hervorzuheben sind die **Regenwürmer**: Die großen *(Dendrobaena mariupolensis)* durchziehen den Boden mit ihren Gängen in allen Richtungen bis in große Tiefen; im oberen Meter wurden 525 Gänge/m² gezählt, in 8 m Tiefe noch 110 Gänge/m². Die kleinen Regenwürmer *(Allophora* spp.) beschränken sich mehr auf die oberen Bodenschichten. Die Regenwürmer durchmischen den Boden und reichern die unteren Schichten mit organischem Material an. Die Gänge erleichtern den Wurzeln das Eindringen in den Boden.

An zweiter Stelle sind die **Ameisen** zu nennen, die ebenfalls die Bodendurchmischung fördern, an dritter die **Nagetiere** mit unterirdischen Bauen. Ihre Tätigkeit ist an jedem Schwarzerdeprofil durch die **Krotowinen** zu erkennen, die Querschnitte der verlassenen Gänge, die von oben mit Humusboden ausgefüllt wurden und im Lössboden auf dem Profil als schwarze Kreise erscheinen. Die von den Nagern ausgeworfene Erde stammt aus den tieferen Schichten. Es wurden 175 Haufen/ha gezählt, die 0,5 bis 2 % der Fläche einnahmen. Durch sie entsteht mit der Zeit ein Mikrorelief mit Kleinsukzessionen der Vegetation. Auf diesen Erdhaufen siedeln sich häufig Steppensträucher (*Caragana frutex, Amygdalus nana* u. a.) an, die hier vor der Konkurrenz der Graswurzeln geschützt sind. Auch die Nager tragen damit zur Lockerung und Durchmischung des Bodens bei.

Solange die Steppen nur von den Herden der Nomaden, die ihren Standort dauernd wechselten, leicht beweidet wurden, wie es noch vor kaum mehr als zwei Jahrhunderten der Fall war, blieb die Steppenvegetation fast unverändert erhalten. Durch die Umwandlung der Steppe in Ackerland oder intensive Viehweiden in den letzten zwei Jahrhunderten wurde jedoch das ganze Steppenökosystem zerstört und die Fauna hat schwere Einbußen erlitten. Nur einige tierische Organismen haben sich an die neuen Verhältnisse angepasst. Nager sind für den Ackerbau zur Plage geworden; in der Steppe harmlose Schädlinge gingen auf Getreide und Zuckerrübe über; sie treten heute in Massen auf und müssen mit chemischen Mitteln bekämpft werden.

Durch die Beweidung mit Vieh wird die Pflanzendecke der Steppe degradiert. Eine Regeneration der Steppenvegetation auf geschützten Flächen erfolgt nur langsam. Auf diese Sekundärsukzessionen können wir hier jedoch nicht eingehen.

8 Steppen der südlichen Erdhalbkugel

Im Vergleich zu den Grassteppen der nördlichen Hemisphäre nehmen die der südlichen nur eine relativ kleine Fläche ein. Das größte zusammenhängende Gebiet ist die ostargentinische Pampa in der Provinz Buenos Aires mit Teilen der benachbarten Provinzen. Man könnte sie auch als semiaride Variante des Zonobioms V betrachten mit relativ hohen Niederschlägen während der heißen Sommerzeit: Die Pampa liegt zwischen 32 und 38° südlicher Breite, dehnt sich über etwa 500.000 km² aus und grenzt direkt an die

Küste des Atlantischen Ozeans. Sie liegt somit im warmtemperierten Gebiet und entspricht dem südlichsten Teil der Prärie in Oklahoma und Texas. Die Niederschläge erreichen im Nordosten des Pampagebiets 1.000 mm und sinken im Südwesten an der Trockengrenze auf unter 500 mm. Diese Werte erscheinen sehr hoch, aber man darf nicht vergessen, dass die Temperaturen und somit die potentielle Evaporation ebenfalls hoch sind (Buenos Aires: mittl. Jahrestemperatur 16,1 °C). Doch galt das Klima der Pampa als humid, und es wurde immer wieder die Frage aufgeworfen, warum die Pampa ein baumloses Grasland ist. Die einfachste, aber unkritische Annahme ist, dass es sich um eine anthropogene Vegetation handelt, die durch die vom Menschen gelegten Brände aus einer früheren Waldvegetation hervorgegangen ist.

Es hat sich jedoch gezeigt, dass die Beurteilung des Klimas nicht richtig ist. Selbst in den feuchtesten Teilen der sehr ebenen Pampa kann man viele abflusslose, seichte Seen (hier Lagunen genannt) beobachten und außerdem zahllose kleine Pfannen, die zwar im Frühjahr Wasser enthalten, aber im Sommer austrocknen. Das Wasser in den Lagunen ist stark alkalisch, es enthält Soda; um die Pfannen sind Sodaböden (Solonez) verbreitet mit dem typischen Gras der Brackböden *(Distichlis)*. Dies spricht dafür, dass das Klima semiarid ist, ähnlich wie in der Waldsteppe Osteuropas. Tatsächlich zeigen die Messungen der potentiellen Evaporation, dass die Verdunstung unmittelbar am Ufer des La Plata gleich der Niederschlagshöhe ist, während sie in der Pampa die letztere übertrifft. Die negative Wasserbilanz beträgt in der feuchten Pampa etwa 100 mm und in den trockensten Teilen der Pampa bis 700 mm. Besonders hoch ist die potentielle Evaporation in den Monaten Januar bis Februar, die auch ein Regenminimum aufweisen. In diesen Monaten treten abends und nachts gelegentlich schwere Gewitter auf, während am Tage die Strahlung sehr intensiv ist. Die im Frühjahr reichlich mit Wasser versorgte Vegetation brennt im Januar stark aus.

In einem Waldsteppenklima kann man auf gut drainierten Böden eine Gehölzvegetation erwarten. Solche Gehölzinseln mit *Celtis spinosa* kommen in Küstennähe auf kleinen Erhebungen mit durchlässigen Kalk- oder Sandböden vor, während die schlecht dränierten Böden eine Grasvegetation tragen. Auf steinigen Erhebungen wächst Gebüsch (FRANGI 1975). Von der ursprünglichen Pampavegetation ist fast nichts übriggeblieben. Auf den beweideten Flächen findet man europäische Gräser, die weicher sind als die Pampagräser und von europäischen Viehrassen lieber gefressen werden. Viele gepflanzte exotische Bäume, deren Wurzeln vor der Konkurrenz des intensiven Graswurzelsystems geschützt sind, wachsen überall gut.

Auf Grund einiger kleiner Reste an unbeweideten Stellen kann man sagen, dass im feuchten nordöstlichen Teil der Pampa eine *Stipa-Bothriochloa laguroides*-Steppe vorherrschte, die sich aus etwa 23 Graminiden und 46 Kräutern zusammensetzte (LEWIS & COLLANTES 1975). Das Bodenprofil unter dieser Pampa hat einen bis 1,5 m mächtigen Humushorizont, erinnert an die **Mächtige Schwarzerde** oder die Prärieböden, lässt aber eine starke Wechselfeuchtigkeit erkennen und leitet zu den subtropischen Graslandböden S-Brasiliens über. Es sind keinerlei Anzeichen einer früheren Bewaldung zu erkennen. Bei höherem Grundwasserstand findet man Bestände mit dichten Horsten von *Paspalum quadrifarium,* die bei sehr hohem Grundwasserstand zu den Sodaböden (pH = 8 bis 9) mit *Distichlis* überleiten.

Die trockene südwestliche Pampa war früher ein Tussock-Grasland mit *Stipa brachychaeta* und *St. trichotoma,* fast ohne Kräuter. Unter **Tussock** versteht man eine Wuchsform der Gräser, die auf der Nordhemisphäre fehlt, aber auf der Südhemisphäre mit den milden Wintern sehr verbreitet ist. Es sind büschelförmige Horste, die über 1 m hoch werden können, aus alten harten Blättern, zwischen denen die jungen grünen stehen; das Tussock-Grasland hat deshalb stets eine gelbliche Färbung (Abb. J-15). Diese Gräser haben einen geringen Weidewert und man versucht sie deshalb umzupflügen und durch europäische zu ersetzen.

 Abb. J-15 Tussock-Grasland aus *Festuca dolichophylla* im oberen Charazani-Tal in NE-Bolivien als Beispiel für eine Tussock-Gras-Formation in Südamerika (Foto: Rafiqpoor); siehe ▶ Abb. J-16, wo auch einzelne Büschelgräser vorkommen.

Wenn die Niederschläge im Westen unter 500 mm im Jahr sinken und hauptsächlich im Sommer fallen, wird die Pampa durch lichte xerophytische *Prosopis caldenia*-Gehölze ersetzt. Dabei treten auch anstelle von Lössböden leichte Sandböden auf. Bei noch geringeren Regenmengen kommt man in die *Prosopis*-Savanne (Abb. J-16), die sehr an die *Accia*-Savanne in SW-Afrika erinnert (ZÖII/VII). Zugleich beginnen ausgedehnte Salzböden mit Halophyten. Bei weniger als 200 mm Regen im Jahr findet man auf steinigen Böden die *Larrea*-Halbwüste mit vielen Rutensträuchern, die zu verschiedenen Familien (Caesalpiniaceae, Scrophulariaceae, Capparaceae, Asteraceae) gehören. Die geringe transpirierende Fläche dieser Bestände und die starke Drosselung der Transpiration während der halbjährigen Dürrezeit erlauben es der Halbwüstenvegetation, mit den an ihrem Standort zur Verfügung stehenden Wassermengen im Boden auszukommen. Diese betragen auf der Fläche etwa 50 bis 80 mm, an den Hängen nur 25 bis 55 mm, dagegen in den Tälchen mit Zufluss über 140 mm.

Die *Larrea*-Halbwüste zieht sich am Ostfuß der Andenkette bis nach Patagonien, wo südlich des 40. Breitengrades die ständigen stürmischen Westwinde beginnen, die über die hier niedrigere Andenkette (Passhöhe etwa 1000 m) herüber wehen. Aber es sind Fallwinde, die trocken sind.

◘ **Abb. J-16** Baumgruppe mit *Prosopis denudans* und den Büschel-Gräsern *Stipa tenuissima* und *S. gynerioides* im Nationalpark La Pampa bei Luro (Argentinien) (Foto: J. Hager).

Während der Ostrand des Gebirges noch 4.000 mm Regen erhält und *Nothofagus*-Wälder trägt, gehen diese ostwärts im Lee in trockene *Austrocedrus*-Wälder und dann in ein Gebüsch mit der prächtig rot blühenden Proteacee *Embotrium coccineum* über, worauf die Holzpflanzen verschwinden und die patagonische Steppe beginnt. Nur 100 km von den Anden entfernt betragen die Niederschläge 300 mm im Jahr und sinken weiter auf 160 mm. Nur der Westrand Patagoniens ist eine Steppe, da wo niedrige Tussock-Gräser *(Stipa* und *Festuca)* vorherrschen; sonst ist es richtiger, von der **patagonischen Halbwüste** zu sprechen, für die xerophytische Polsterpflanzen, die wiederum ganz verschiedenen Familien angehören (Asteraceae, Apiaceae, Verbenaceae, Rubiaceae u. a.) bezeichnend sind (◘ Abb. J-17). Oft ist der Boden zu 60 bis 70% kahl. Die Polsterform dürfte eine Anpassung an den ständigen starken Wind sein (mittlere Windgeschwindigkeit 4 bis 5 m/sec); innerhalb des Polsters stellt sich im Windschutz ein günstiges Mikroklima ein (HAGER 1987).

Das patagonische Tussock-Grasland hat viel Ähnlichkeit mit dem in Otago auf der Südinsel von Neuseeland. Auch dieses liegt südlich 40°S und im Windschatten der Neuseeländischen Alpen mit Niederschlägen um 300 mm. Niedrige Tussock-Gräser *(Festuca novae-zelandiae, Poa caespitosa)* herrschen vor. Sie werden in 750 bis 2.000 m Höhe, wo der Schnee zwei bis drei Monate liegen bleibt, durch 1,5 (bis 2) m hohe Tussock-Gräser ersetzt *(Chionochloa = Danthonia)*. Zum Teil hat sich infolge von Bränden und Beweidung das Tussock-Grasland stark auf Kosten der früheren *Nothofagus*-Wälder ausgebreitet. Ökophysiologische Untersuchungen sind in diesen Grasländern bisher nicht durchgeführt worden (bzw. uns nicht bekannt).

◘ **Abb. J-17** Winderosionsfläche in der patagonischen Wüste bei Manuel Choique, Depártamento Ñorquincó, Argentinien. Ein vollgewehtes *Chuquiraga aureum*-Polster, davor halb abgestorbenes Hart-Polster von *Azorella caespitosa* (Foto: J. Hager).

9 Subzonobiom der Halbwüsten

9.1. Verbreitung

Die Halbwüste unterscheidet sich von der Wüste durch ihre diffuse Vegetation, aber mit einer geringen Deckung von etwa 25%. In der Wüste ist die Vegetationsdichte noch geringer, zugleich vollzieht sich dort der Übergang zur kontrahierten Vegetation (◘ Abb. J-18).

◘ **Abb. J-18** Blick von einem Inselberg in der Nähe von Delaram (S-Afghanistan). Kontrahierte Wüstenvegetation verursacht durch Schwankungen von Wasserverfügbarkeit und Bodentextur. Nur in den kleinen Furchen, wo die Wasseransammlung im Boden möglich ist, kann eine schüttere Vegetation wachsen. Außerhalb dieser Furchen ist die Wüste nahezu vegetationslos (Foto: Breckle).

Die Pflanzendecke der Halbwüsten ist sehr verschiedenartig (DJAMALI et al. 2012). In den frostfreien Subtropen oder Tropen findet man meist Holzpflanzen und Sukkulenten. In der gemäßigten Zone mit kalten Wintern sind es dagegen vor allem Halbsträucher, insbesondere der Gattung *Artemisia*. Das ist sowohl in Eurasien als auch in Nordamerika der Fall. Eine ganze Reihe weiterer Arten kann solche Halbwüsten dominieren, etwa die Gattung *Atriplex* (*A. confertifolia* in Utah), aber auch *Ceratoides* (= *Eurotia*) *lanata* im Mittleren Westen der USA *C. lanata* (◘ Abb. J-19), in Zentralasien *C. latens* und *C. papposa* (= *Karascheninnikovia ceratoides*) sowie andere Arten. Im windigen Patagonien hatten wir die Polsterpflanzen als bezeichnendes Element kennengelernt.

und der anschließenden sehr ausgedehnten vegetationslosen Salzwüste in Utah lag. Die Fläche des Lake Bonneville betrug 32.000 km² bei einer maximalen Länge von 586 km und Breite von 233 km. Die heutige Salzwüste erstreckt sich über 161 km Länge und 80 km Breite. Beim Hochstand des Wasserspiegels von 1906 waren die entsprechenden Zahlen für den Salzsee 120 und 56 km. Seine Konturen schwanken stark, die mittlere Tiefe beträgt wenig über 5 m, der Salzgehalt liegt zwischen 13,7% und 27,7%. Etwa 80% der Salze entfallen auf NaCl, die übrigen 20% auf $MgCl_2$, Na_2SO_4, K_2SO_4, $MgSO_4$ u. a. Um die Salzflächen herum treten Halophyten auf.

◘ **Abb. J-19** Zwergstrauchhalbwüste, bedeckt mit der wollig-grauen *Ceratoides lanata* im Rush-Valley bei Tooele (Utah, USA) (Foto: Breckle).

◘ **Abb. J-20** Sagebrush-Halbwüste aus *Artemisia tridentata* im östlichen Utah, USA (Foto: Breckle).

Die Halbwüste nimmt in Kasachstan große Flächen ein zwischen den südsibirischen Steppen im Norden und den Wüsten im Süden. In **N-Amerika** entspricht ihnen die Sagebrush-Zone mit *Artemisia tridentata* (◘ Abb. J-20). *Artemisia tridentata* ist ein 1,5 bis 2 m hoher Halbstrauch, der 25 bis 50 Jahre alt wird. Die Pfahlwurzel dringt bis zu 3 m tief in den Boden ein. Von ihr gehen flach- und weitstreichende Seitenwurzeln ab. Die Wasserversorgung ist im Frühjahr nach der Schneeschmelze gut. Die Zellsaftkonzentration ist dann mit 1,0 bis 1,5 MPa sehr niedrig. Sie steigt bald auf 2,0 bis 3,5 MPa an. Bei akutem Wassermangel im Sommer kann sie 7,0 MPa erreichen. In diesem Stadium werden, wie bei allen Malakophyllen, die älteren Blätter abgeworfen.

Die Sagebrush-Halbwüste ist an braune Halbwüstenböden, die frei von Salzen sind, gebunden. *Artemisia tridentata* ist die dominante Art. Als Begleiter findet man häufig den Zwergstrauch *Chrysothamnus* (Asteraceae). Das Gebiet gehört zum ariden ZB VIIa. In dem ariden Klima sind jedoch die abflusslosen Senken stets verbrackt. Es handelt sich um Salzpfannen und Salzseen als Reste sehr viel größerer pleistozäner Seen, zum Beispiel des Lake Bonneville, dessen Spiegel 310 m über dem des heutigen Großen Salzsees

Der größeren Aridität der Halbwüsten entsprechend sind verbrackte Böden weit verbreitet. Besonders auffallend ist das in Osteuropa in der Ukraine, wo die weiten Flächen des Faulen Meeres (Sywaschsee) nördlich der Krim im Sommer austrocknen und sich mit einer Salzkruste bedecken, wobei der Salzstaub vom Winde nach Norden verweht und in der Zone der Südlichen Schwarzerde und der **Kastanienerden** abgelagert wird. Diese Zufuhr von Na-Salzen führt zur **Solonzierung** der Böden. Das Salz wird durch das Schmelzwasser im Frühjahr aus den oberen Bodenschichten ausgewaschen, wobei die gebildeten Humussole (Sodabildung) auch die Sesquioxide (Fe_2O_3, Al_2O_3) mit in die tieferen Bodenschichten nehmen, wo eine Ausfällung stattfindet und ein verdichteter B-Horizont mit stark alkalischer Reaktion entsteht (◘ Abb. J-21).

Nach Süden nimmt die Salzzufuhr ständig zu; aus dem A-Horizont werden die Humusstoffe ganz ausgelaugt, während der stark alkalische B-Horizont sich immer mehr verdichtet und durch die Entquellung im Sommer und Quellung während der humiden Jahreszeit eine säulenförmige Struktur annimmt. Dieser **Säulensolonez** erinnert in gewisser Hinsicht an die Podsolböden, die jedoch eine stark saure Reaktion aufweisen, weil bei ihnen die peptisierende Wirkung durch H-Ionen ausgelöst wird. Unter dem B-Horizont des Solonezbodens (Schwarzalkaliboden) fällt zuerst das schwerlösliche $CaCO_3$ aus (Kalkaugen), dann der Gips ($CaSO_4$) als Röhrchen oder Drusen, während die leicht löslichen Salze ins Grundwasser gewaschen werden.

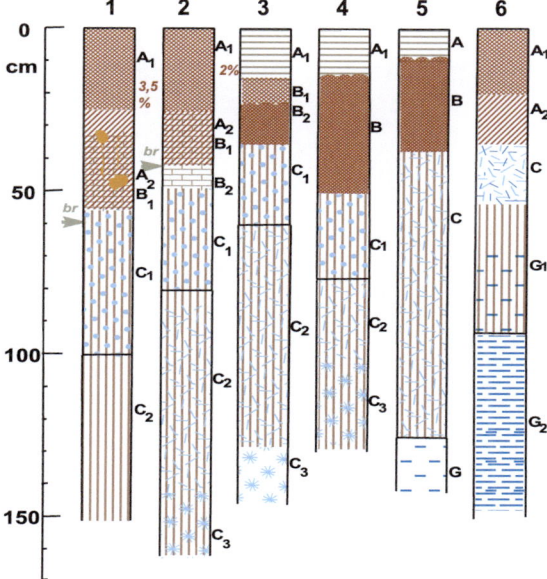

■ Abb. J-21 Bodenprofile in Osteuropa von schwach bis stark verbrackten Böden. **1** schwach solonzierte Südl. Schwarzerde mit leichter Verdichtung (A_2B), **2** Dunkle Kastanienbraunerde mit B-Horizont, **3** Helle Kastanienbraunerde stark solonziert (**A** humusarm und plattig, **B** säulenfärmig und sehr dicht), **4** Typischer Säulen-Solonezboden, **5** Solonez durch steigendes Grundwasser verändert, **6** Typischer Solontschak mit hohem Grundwasser und humusreichem A_1. Kalkaugen C_1, Gipsröhrchen C_2 bei 2-4 und **C** bei 5-6, Gipsdrusen C_3, Gleyhorizont (Grundwasser) **G**, G_1 und G_2.

Steigt das Grundwasser an, was zum Beispiel an der Nordküste des Schwarzen Meeres, die langsam absinkt, der Fall ist, dann bildet sich ein nasser Salzboden, den man als **Solontschak** bezeichnet. Das Grundwasser wird kapillar bis zur Bodenoberfläche heraufgesogen und verdunstet. Entsprechend finden wir über den Gleyhorizonten einen mit Gipsröhrchen und darüber die Humushorizonte mit einer weißen Salzkruste an der Oberfläche in der trockenen Jahreszeit. Bei der hohen Salzkonzentration kommt es nicht zur Bildung von Humussolen, denn die Humusstoffe werden ausgeflockt.

Auf den Solonezböden treten die Steppengräser zurück. Neben *Artemisia maritima-salina* und *A. pauciflora* stellen sich Arten der Gattungen *Camphorosma*, *Limonium*, *Kochia*, *Petrosimonia* u. a. ein (in Nordamerika *Ceratoides lanata*, *Atriplex confertifolia*, *Kochia* spp. u. a.); dazu kommen Bodenflechten (*Aspicilia*), und die Lebermoose *Riccia* sowie *Nostoc* (Cyanobakterien, die kugelige oder gallerthautartige Kolonien bilden) (■ Abb. J-22).

■ Abb. J-22 *Collema*, eine Gallert-Flechte mit *Nostoc* (Cyanobacteriae) auf Lehmboden in der Halbwüste im Pamir (Foto: M. Keusgen).

Auf den kleinen Erhebungen, die nicht versalzt sind, bildet sich die Halbwüsten-Braunerde (Burosem) aus. Die oberen Horizonte haben einen Humusgehalt von nur 2 bis 3% und sind braun gefärbt; der Aufbrausungshorizont liegt 25 cm tief, die Deckung der Pflanzen ist unter 50%. Die Vegetation besteht aus *Festuca sulcata* und den niedrigen Halbsträuchern *Pyrethrum achilleifolium*, *Kochia prostrata* und *Artemisia maritima-incana*, die Salzböden meidet. *Stipa*-Arten findet man nur vereinzelt, aber im Frühjahr entwickeln sich viele Ephemeren. In der Kaspischen Niederung bilden beide Gesellschaften auf Burosem und auf Solonezböden oft ein Mikromosaik, das durch das Mikrorelief verursacht wird. Auf dem ganz nassen Solontschak herrschen *Salicornia* und *Halocnemum* vor, auf weniger nassem *Suaeda*, *Obione*, *Petrosimonia*, *Limonium caspica*, *Atriplex verrucifera* u. a. (vgl. dazu LEVINA 1964, WALTER & BOX 1983).

Der Südliche Teil der Kaspi-Niederung wurde nach dem Rückzug des Meeres im Bereich der Deltabildung des Wolga-Ural-Flusssystems mit alluvialen Sanden bedeckt. Diese waren ursprünglich mit *Artemisia maritima-incana*, *Agropyron cristatum*, *Festuca sulcata*, *Koeleria glauca* u. a. bedeckt. Durch die Beweidung wurde die Vegetationsdecke zerstört, der Sand geriet in Bewegung, so dass große vegetationslose Wanderdünen (Barchane) entstanden. Lässt die Sandbewegung nach, so treten als Pioniere *Elymus giganteus* und die Chenopodiacee *Agriophyllum arenarium* auf, danach *Salsola*- und *Corispermum*-Arten. In den Dünentälern erscheinen *Aristida pennata*, *Artemisia scoparia* u.a. Langsam stellt sich die zonale Vegetation wieder ein.

Die Sanddünen, namentlich die vegetationslosen, sind Wasserspeicher. Unter ihnen ist stets Grundwasser vorhanden, das in den Dünentälern kleine Süßwasserseen bildet, um die herum die Ölweide (*Elaeagnus angustifolia*) sowie Weiden und Pappeln wachsen. Man hat versucht, die Sandflächen mit Pappeln und Weiden (*Salix acuminata*) aufzuforsten. Sie gedeihen anfangs gut auf Kosten der Wasservorräte im Boden; aber diese werden im Laufe von vier Jahren verbraucht und die Kulturen kümmern oder gehen ein.

> **Box J-4** Vegetationszonen am großen Salzsee in Utah
>
> Die Zonierung am Großen Salzsee in Utah ist sehr ausgeprägt:
>
> Am inneren Rand wachsen die Hygrohalophyten *Allenrolfea* und *Salicornia*, es folgen *Suaeda* und *Distichlis;* weitere breite Zonen werden von dem an Grundwasser gebundenen *Sarcobatus* und dem Xero-Halophyten *Atriplex confertifolia* gebildet, während gewisse *Kochia*-Arten und *Ceratoides (Eurotia) lanata* schon zur nicht halophilen *Artemisia tridentata*-Zone überleiten.

Die Halophyten sind mit Ausnahme des absalzenden Grases *(Distichlis)* alles Chenopodiaceen. Die Gesamtfläche ist ein riesiges Halobiom mit Biogeozön-Komplexen. Auch diese Abfolge entspricht weitgehend der Zonierung von Halophytentypen, wie sie in Zentralasien auftritt.

Das Klima von Utah erinnert an das von Ankara. Das starke Vorherrschen von *Artemisia* ist in Anatolien die Folge von Überweidung; früher waren Gräser *(Agropyron-, Stipa-*und *Festuca-*Arten) verbreitet.

9.2 Vegetation in Afghanistan

Abb. J-23 Die Übernutzung der Weidegebiete führt zur Degradierung der Landschaft. Die Viehgangeln in Dare-Ajdahar (Tal des Drachen) in Bamyan, Afghanistan ist ein gutes Beispiel dafür (Foto: Breckle).

Auch in Afghanistan sind Gebiete mit Halbwüsten- und Wüstenvegetation recht ausgedehnt (FREITAG 1970; BRECKLE & RAFIQPOOR 2010). Sie umgibt die zentralen Gebirgsketten in einem weiten Kreis. Im Norden, Westen und Süden sind demgemäß sehr unterschiedliche Ausprägungen ausgebildet. Wie aus der Karte der Vegetation ersichtlich (▶ Abb. G-57), sind es chenopodiaceenreiche, ephemerenreiche oder gebüschreiche Halbwüsten mit *Amygdalus* und anderen Kleinsträuchern. Fast regelmäßig sind verschiedene Wermutarten (*Artemisia*) oder auch Lamiaceen beigemischt; die Halbwüste hat daher immer einen aromatischen Geruch.

Entlang der Gebirge, teilweise auch in den trockenen Gebirgstälern, werden diese Halbwüsten meist sehr intensiv beweidet. Es gibt kaum Hänge, an denen nicht dicht eine Viehtrittspur neben der anderen zu sehen ist (◘ Abb. J-23). Demgemäß kommen auch viele dornige oder giftige Pflanzen vor. Im Frühjahr nach den Regenfällen treten kurzzeitig Ephemeren auf, es sind zahlreiche Arten geophytischer Zwiebel- und Knollenpflanzen zwischen raschwüchsigen Annuellen (◘ Abb. J-24).

Die wichtigsten Halbwüsten- und Wüstenformationen werden im Folgenden besprochen.

9.2.1 *Calligonum-Stipagrostis* Gesellschaften der Sandwüsten (Abb. G-57: 1a)

Sandwüsten mit Dünen sind nur in den niedrigen und trockensten Teilen Süd- und Nord-Afghanistans zu finden, wo der jährliche Niederschlag unter 150 mm liegt. Die Dünen sind zum Teil fixiert durch zerstreut

Abb. J-24 Der Frühlingsaspekt der ephemeren Wüsten und Halbwüsten Nord-Afghanistans mit zahlreichen Geophyten (Foto: M. Flader).

stehende Sträucher (bis 20 % Deckung) von *Haloxylon persicum, Xylosalsola richteri* und einigen *Calligonum*-Arten sowie durch die hohen ausdauernden Gräser *Stipagrostis karelinii* (nur im Norden und Nord-Westen) und *S. pennata*, die mit etlichen Halbsträuchern und tiefwurzelnden Annuellen vergesellschaftet sind. Das Herausreißen der ausdauernden Pflanzen, die durch ihre tiefreichenden Wurzeln eine sehr effektive Sandbindungskapazität aufweisen, führt fast stets zur erneuten sekundären Aktivierung der Dünenbildung, meist durch Bildung von Sicheldünen (Barchane), die völlig vegetationslos sind und sich durch den Wind langsam fortbewegen und dabei Bewässerungsfelder überdecken, Straßen blockieren und Dörfer bedrohen. Es sind die ganz typischen Zeichen einer Desertifikation.

9.2.2 *Haloxylon salicornicum*-Gesellschaften in Kieswüsten (Abb. G-57: 1b)

Die kiesigen Ebenen der ausgesprochen trockenen und heißen Regionen in Südwest- und Süd-Afghanistan, die hohe Anteile an Gips und löslichen Salzen im Oberboden aufweisen, tragen in aller Regel *Haloxylon salicornicum*-Gesellschaften. Sie weisen darüber hinaus einige andere meist zu den Chenopodiaceen gehörende Halbsträucher und eine ganze Reihe von xerohalophytischen Annuellen auf. Dazu gehören auch attraktiv bunte Arten wie die Chenopodiaceen *Halarchon vesiculosus* (endemisch, mit pinkfarbigen, blasenartigen Anhängseln an den Antheren, die weggeblasen werden können und der Landschaft einen lilafarbigen Ton verleihen), *Halocharis*-Arten und die bemerkenswerte endemische Crucifere *Veselskya griffithiana* mit ihren leuchtend purpurnen Blüten. Nach guten Winterregen erscheinen diese Arten in großen Massen. Diese Gesellschaft kommt einer echten Wüste am nächsten, weil sie auf großen Flächen auf die flachen Rinnen oder Vertiefungen konzentriert ist (kontrahierte Vegetation) und damit ein typisches Habitat-Mosaik bildet. Diese offene Wüstenvegetation ist vom Menschen wenig beeinflusst, wenn man von gelegentlichen Aufsammeln der Halbsträucher und gelegentlicher Beweidung absieht.

9.2.3 Andere strauchige und halbstrauchige Chenopodiaceen-Wüsten und Halbwüsten (Abb. G-57: 1c)

Etliche sehr verschiedene Pflanzengesellschaften mit einer Dominanz oder hohen Abundanz von Chenopodiaceen-Sträuchern und Halbsträuchern kommen etwas mehr im Inland, auch in niedriger Höhenlage in Süd-Afghanistan vor, ebenso wie an der westlichen und nördlichen Peripherie der Gebirge, wo die Niederschläge kaum 150 bis 200 mm übersteigen. Sie dominieren teilweise auch die trockenen inneren Täler Zentral- und Ost-Afghanistans, wo lokal Gips aus den Gesteinen an der Oberfläche angereichert ist, wie im Bamyan-und Ajar-Tal, in Teilen des Ghorbandtales und im unteren Gomaltal. Wichtige Arten sind, u.a., strauchige und halbstrauchige Chenopodiaceen, wie *Halothamnus subaphyllus*, *Xylosalsola* [*Salsola*] *arbuscula*, *Salsola montana*, *Caroxylon gemmascens*, *Salsola* [*Seidlitzia*] *rosmarinus*, mehrere Arten von *Artemisia*, insbesondere *A. sieberi* und *A. oliveriana*, und die Sträucher *Zygophyllum atriploides*, *Z. eurypterum*, *Ephedra strobilacea*, *E. sarcocarpa* und *Cousinia deserti*. Abhängig von der Bodenstruktur können im Frühjahr Ephemere und Hemikryptophyten die Diversität dieser Gesellschaften beträchtlich erhöhen.

Auf sandüberdeckten Böden können diese Gesellschaften sehr spektakulär aussehen, wenn die großen Umbelliferen *Ferula assa-foetida* und *Dorema aitchisonii* ihre hapaxanthen Blütenstände treiben und blühen. Die meisten dieser Vegetationseinheiten kommen in der Nähe der Gebirge, auf den Fußflächen, die auch oft recht dicht besiedelt sind, vor. Sie sind nicht selten heftig degradiert, oft zu öden Stadien ohne jegliche Holzpflanzen oder zu Stadien mit wenig Halbsträuchern wie *Haloxylon griffithii*, *Kaviria* [*Salsola*] *tomentosa* und *Artemisia*-Arten, die eine hohe Regenerationskapazität haben. Aber die meiste Zeit des Jahres erschienen diese Flächen fast völlig kahl und vegetationslos.

9.2.4 Ephemeren-Halbwüste auf Lössböden (Abb. G-57: 1d)

Die niedrig liegenden Teile des Lössgürtels in Nord-Afghanistan in Höhenlagen bis 600 m und mit Niederschlägen von 150-300 mm sind durch Gesellschaften der typischen mittelasiatischen Ephemeren-Halbwüsten gekennzeichnet. Im März und April können sie fast aussehen wie ein englischer Golfrasen, gegen Mai erinnern sie fast an eine üppige, bunte Wiese oder Steppe, aber im Verlauf des Juni trocknen sie rasch aus und nur wenige Arten bleiben noch eine Zeitlang aktiv, wie die Annuellen *Salsola leptoclada* und *Diarthron vesiculosus*. Die Pflanzendecke setzt sich im Wesentlichen aus flachwurzelnden Ausdauernden etwa *Poa bulbosa*, *Carex pachystylis* und *C. stenophyllus*, zusammen oft vergesellschaftet mit disteligen *Cousinia microcarpa*, *C. olgae* und *Gundelia tournefortii* (letztere ist eine merkwürdige Composite mit bunten, kugeligen Köpfchen zahlreicher Korbblüten, die nur im Westen und Nordwesten auftritt), mit zahlreichen annuellen Gräsern der Gattungen *Aegilops*, *Bromus*, *Eremopyrum* und *Vulpia*, mit Cruciferen der Gattungen *Malcolmia* und *Torularia*, mit annuellen Leguminosen wie *Trigonella grandiflora* und mit einer Fülle an Geophyten aus den Gattungen *Tulipa*, *Gagea*, *Iris*, *Ixiolirion* und *Allium*.

Diese Ökosysteme sind die wichtigsten Weideflächen im Winter und Frühjahr. In guten Jahren wird zusätzlich Heu gemacht und Brennmaterial gesammelt und in großen Heu-Stapeln um die Winter-Camps der Nomaden gestapelt oder in die Dörfer gebracht und in dicken Schichten auf den Flachdächern aufgeschichtet. Während diese Ökosysteme unter einem moderatem Weideregime intakt bleiben, kann starke Überweidung dazu führen, dass sich ungenießbare Weide-"Unkräuter" stark ausbreiten wie etwa die perennen *Cullen (Psoralea) drupacea* und *Ammothamnus lehmannii*.

9.2.5 Strauchige *Amygdalus*-Halbwüste (Abb. G-57: 1e)

In und um die Fußflächen der Gebirge in Süd- und West-Afghanistan ebenso wie in den trockenen Tälern des Hari Rud, des Kokcha und Surkhab etc., wo der Jahresniederschlag zwischen 150 und 250 mm liegt, kommen verschiedene eng verwandte, dornige *Amygdalus*-Arten vor, die normalerweise 0,5-1,5 m hoch werden können. Sie sind die typischen Pflanzen dieser offenen Strauch-Halbwüste. Sie werden begleitet von einer Reihe anderer niedriger Sträucher wie *Ephedra intermedia*, Zwergsträuchern wie *Acanthophyllum*, *Acantholimon*, *Cousinia* und *Artemisia*, ausdauernder Gräser wie *Stipa hohenackeriana* sowie zahlreichen Annuellen und Geophyten.

Überweidungseffekte sind bei diesen Gesellschaften meist wenig auffällig; wegen der dornigen Beschaffenheit sind die Holzpflanzen gut geschützt gegen Weidevieh wie auch gegen Brennmaterial sammelnde Einwohner. Manchmal ist die Dichte der Dornsträucher sogar erhöht, insbesondere im Falle der weitverbreiteten *Cousinia stocksii* Gesellschaft im Süden und Westen des Landes.

10 Subzonobiom der Mittelasiatischen Wüsten

Dieses Gebiet liegt nördlich der Grenze des Dattelanbaues. Es ist durch regelmäßige Fröste gekennzeichnet.

Das Tsaidam-Becken (◻ Abb. J-26) leitet zu den Hochgebirgswüsten von Tibet mit Pamir im äußersten Westen über.

Mittelasien erhält noch zyklonale Regen vom Atlantischen Ozean, die im südlichen Teil als Winterregen fallen, im nördlichen mehr im Frühjahr und Sommer; auf jeden Fall ist in diesem Teil der Boden im Frühjahr nach der Schneeschmelze immer feucht. Die Niederschläge nehmen von Westen nach Osten ab. Floristisch ist das Irano-Turanische Element stark vertreten. Im Gegensatz dazu stammt in Zentralasien die Feuchtigkeit von den Ausläufern des ostasiatischen Sommermonsuns. Der Winter und das Frühjahr sind extrem trocken (◻ Abb. J-27 Murghab). Die abweichende Regenverteilung bedingt, dass in der Flora ostchinesisch-mongolische Elemente vorherrschen.

Box J-5 Unterschied zwischen den Wüsten Zentral- und Mittelasiens

Man unterscheidet die Mittelasiatischen Wüsten und die Zentralasiatischen (◻ Abb. J-25). Die ersten umfassen das Irano-Turanische Wüstengebiet, das den südlichen Teil der Aralo-Kaspischen Niederung einnimmt, und den südlichen Teil von Kasachstan mit der Dsungarei. Zu den zentralasiatischen Wüsten rechnet man zum Teil die Dsungarei, die Wüste Gobi, den westlichen Teil von Ordos im großen Knie des Hwang-Ho, Ala-Schan, Pei-Schan, das Tarim-Becken (Kaschgarien) mit der Wüste Takla-Makan sowie das schon höhere Becken Tsaidam.

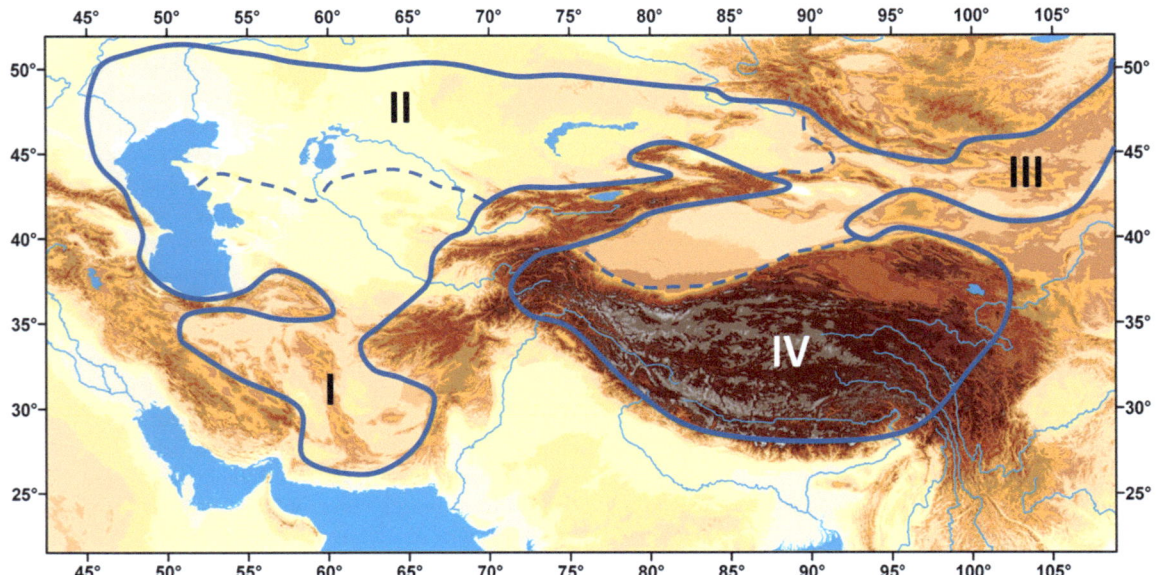

◻ **Abb. J-25** Asiatische Wüsten der gemäßigten Klimazone (Daten aus WALTER 1990). Mittelasiatische Wüsten: **I** Irano-Turanische (z. T. fast subtropisch) und **II** Kazachisch-Dsungarische. Zentralasiatische Wüsten: **III** im engeren Sinne (heiße Sommer) und **IV** Tibetische kalte Hochgebirgswüste.

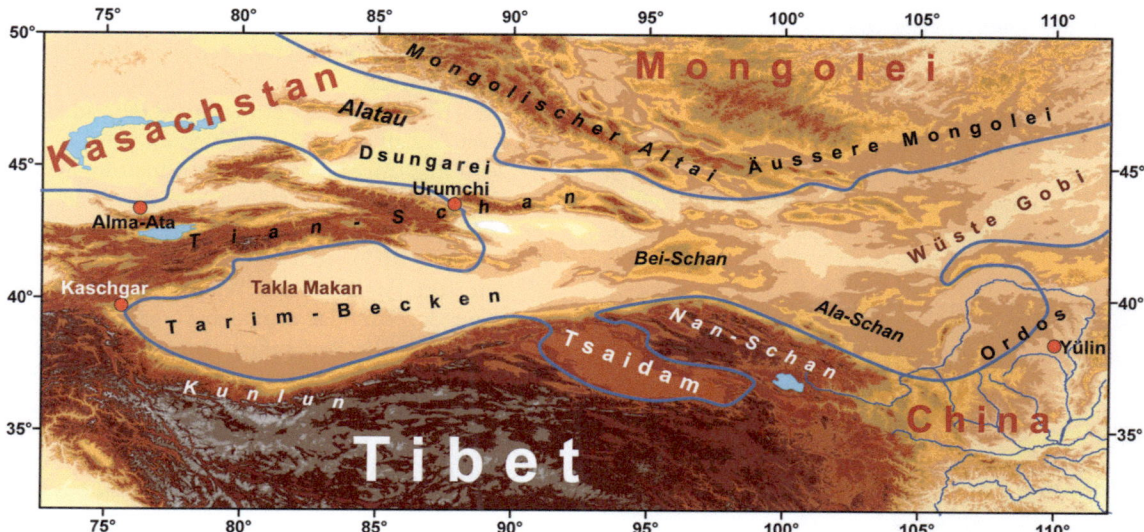

■ **Abb. J-26** Die Gliederung der zentralasiatischen Wüstengebiete (Daten aus WALTER 1990). Die Dsungarei ist ein Übergangsgebiet zu Mittelasien.

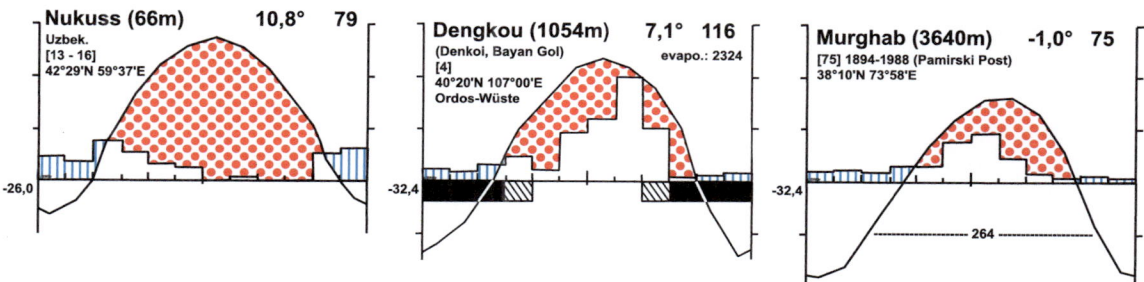

■ **Abb. J-27** Klimadiagramme von Nukuss in Mittelasien mit Winterregen, Denkou in Zentralasien mit Sommerregen und Murghab (= Pamirski Post) in der Kältewüste (hier nur 264 Tagesmittel über -10 °C).

Von diesen Gebieten ist die Vegetation der Mittelasiatischen Wüsten in der Aralo-Kaspischen Niederung (früheres Turkestan) ökologisch am eingehendsten untersucht worden. Im ganzen Gebiet fallen weniger als 250 mm an Niederschlägen. Infolge der kalten Winter ist die Verdunstung in dieser Jahreszeit sehr gering. Deshalb erreicht die Jahresverdunstung des Meerbusenbogas nur 1.100 mm. Die verschiedenen Vegetationstypen werden durch die Böden geprägt (Biogeozönkomplexe):

Die **Ephemerenwüste** findet man auf lössartigen, salzfreien Böden, die im Frühjahr sehr feucht, aber ab Mai trocken sind. In der kurzen Vegetationszeit von Anfang März bis Mitte Mai entwickeln sich annuelle Arten und Geophyten. Die wichtigsten Arten sind *Carex hostii* (*C. stenophylla*) und *Poa bulbosa*. Stellenweise tritt die 2 m hohe *Ferula foetida* auf, die 40 bis 50 annuellen Arten erreichen in 30 bis 45 Tagen die Samenreife. In guten Regenjahren erinnert die Wüste an eine Wiese und erzeugt 0,5 bis 2,5 t/ha an Trockenmasse; sie kann drei Monate beweidet werden, aber neun Monate ist sie völlig tot (▶ Abb. J-24).

Die **Gipswüste** ist eine Steinwüste (Hamada) auf den Hochflächen der Tafelberge. Die Böden enthalten bis zu 50% Gips, der die Feuchtigkeit speichert. Die Verhältnisse erinnern an die Sahara. Im Frühjahr entwickeln sich Therophyten, sonst decken die Gipspflanzen 0,1% und stehen nur in Erosionsrinnen dichter (■ Abb. J-28). Auch einige Halophyten treten auf.

Auf grundwassernahen Böden am Unterlauf der Flüsse, in Depressionen (Schory) oder um Salzseen ist eine **Halophytenwüste** weiter verbreitet. Die meisten Arten sind Hygrohalophyten (*Salicornia, Halocnemum, Haloxylon, Seidlitzia* u. a.). (■ Abb. J-29).

Takyre sind scheinbar vegetationslose tonige ebene Flächen, die im Frühjahr vom Oberflächenwasser, das von den Gebirgen abfließt, überflutet werden, aber bald wieder austrocknen (■ Abb. J-30). In den flachen Lachen, die sich rasch erwärmen, findet man 92 Cyanophyceen (Blaugrüne Algen), 38 Chlorophyceen (Grünalgen) und andere Algen; sie erzeugen 0,5 t/ha an Trockensubstanz mit einem N-Gehalt von 4,5% (Bindung des Luftstickstoffs). Auf etwas höheren Flächen siedeln sich Flechten an (*Diploschistes* u. a.). Blütenpflanzen sind selten.

Sandwüsten spielen eine besonders große Rolle: Karakum (Schwarzer Sand) zwischen Kaspi und Amudarya, Kysylkum (Roter Sand) zwischen Amu- und Syrdarya. Der Sandboden ermöglicht eine dichtere Vegetation. An der Wüstenstation Repetek (▶ Abb. J-31) in der Karakum-Wüste wurden seit 1912 eingehende ökologische Untersuchungen durchgeführt. Diese Wüste wird deshalb anschließend besprochen.

alluvialen Lockergesteinen ausgefüllt wurde; letztere erfuhren durch Wind nachträglich eine Umlagerung. Dabei wurden die Staubteile im Süden am Kopetdag-Hang als Löss abgelagert, während die Sande eine Dünenlandschaft bildeten (◻ Abb. J-32).

Der Fluss Amudarya mündete ursprünglich ins Kaspische Meer, wurde jedoch von den Deltaablagerungen der von Süden kommenden Flüsse Murghab und Tedshen nach Osten abgedrängt, so dass er heute zum Aralsee fließt. Wahrscheinlich hat der Unterlauf des Amudarya in den vergangenen Jahrtausenden sein Bett mehrfach erheblich verändert. Aber er ist auch heute noch für die Karakum bestimmend, weil sein Wasser durch Infiltration einen Grundwassersee speist, dessen Spiegel unter der ganzen zentralen Karakum mit einer leichten Neigung zum Kaspischen Meer liegt. Nur stellenweise tritt Grundwasser an die Oberfläche, was zur Salzpfannenbildung führt.

◻ **Abb. J-28** Nahezu vegetationslose Wüste mit Pflasterböden über Gipsschichten in der Dashte-Margo in Süd-Afghanistan, mit kleinen *Stipagrostis*-Horsten und *Suaeda*-Zwergsträuchern, in deren Windschatten sich etwas Feinmaterial anreichert (Foto: Breckle).

◻ **Abb. J-30** Trockene Takyrfläche nördlich des Balkhash-See, Kazakhstan. Die salzarme, rissige Tonfläche ist in Polygone aufgespalten. Auf der trockenen Tonfläche gibt es nur wenig Pflanzenwuchs; hier einige *Anabasis*-Arten (Foto: Breckle).

◻ **Abb. J-29** Tonige Schwemmfläche in der Halbwüste bei Buchara (Usbekistan), mit dichtem Bewuchs von kräftigen, Saxaul-Sträuchern und bis ca. 6 m hohen Bäumchen (*Haloxylon aphyllum*) (Foto: Breckle).

11 Die Karakum-Sandwüste

Die Karakum nimmt mit einer Fläche von 350.000 km² den südlichen Teil der Turanischen Niederung ein zwischen Kaspischem Meer im Westen und Amudarya im Osten, dem 2.600 km langen Strom, der in fast 5.000 m NN im Pamir entspringt (◻ Abb. J-31).

Die Sandwüste ist ein geographisch gut abgegrenztes Biom des Subzonobioms der gemäßigten Wüsten des Zonobioms VII. Es handelt sich um ein großes Becken, das durch den Amudarya seit dem Tertiär mit

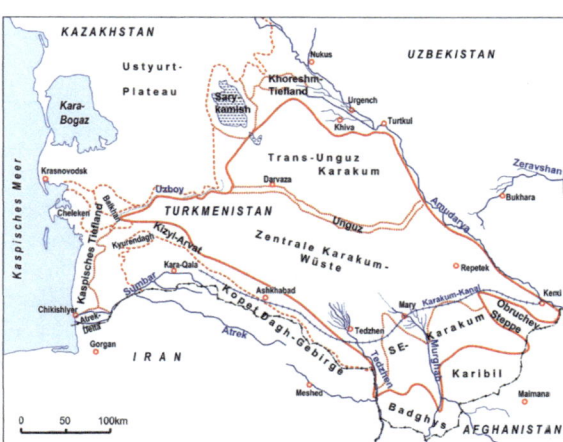

◻ **Abb. J-31** Karte der Karakum (dick umrandet). Maßstab 1 cm = 75 km (verändert nach WALTER 1976).

Man kann die Wasserbilanz für das gesamte Biom aufstellen (◻ Tab. J-2 und ◻ Tab. J-3).

◻ Tab. J-2 Wasserzufluss zum Grundwasser

Zufluss zum Grundwasser durch	Menge
Grundwasserinfiltration vom Amudarya im Mittel	150 m^3/sec
Regenwasserversickerung im Barchanengebiet	30 m^3/sec
Infiltration vom Murghab und Tedshen	21 m^3/sec
Unterirdischer Zufluss vom Kopetdag (aus Süden)	20 m^3/sec
Versickerung von den Anhöhen und Takyren	1 m^3/sec
Gesamter Zufluss zum Grundwassersee	**222 m^3/sec**

◻ Tab. J-3 Wasserverbrauch

Verlust durch	Menge
Verdunstung von nassen Salzpfannen mit hohem Grundwasserstand	165 m^3/sec
Grundwasserverluste durch Phreatophyten (an Grundwasser gebundene Pflanzen)	57 m^3/sec
Gesamtverluste	**222 m^3/sec**

◻ **Abb. J-32** Wüste Karakum mit leicht gewelltem Dünenrelief und spärlichem Strauchbewuchs *(Haloxylon persicum* u. a.). Boden nur im Frühjahr mit Ephemeren und Ephemeroiden bedeckt (Foto: https://t1p.de/9x57).

Im Schutzgebiet bei der Wüstenstation Repetek (SE-Karakum, ▶ Abb. J-31) wurden langjährige ökologische Untersuchungen durchgeführt, die wir sehr knapp zusammenfassen. Das Gebiet ist 34.000 ha groß (14.000 ha vegetationslose Barchanenfelder, 18.000 ha bewachsene Dünen und 2.000 ha Dünentäler). Charakteristisch für die Sandwüsten sind die Baumsträucher *Haloxylon persicum* (weißer Saksaul, sprich Ssaksssa-ul) und *H. ammodendron = aphyllum* (schwarzer Saksaul). Obgleich sich das Grundwasser langsam von Ost nach West bewegt, so zeigen die Beobachtungen, dass kein Wasser in das Kaspische Meer abfließt. Das Grundwasser ist leicht brackig, doch schwimmen Süßwasserlinsen auf demselben unter vegetationslosen Dünen. Sie werden durch einsickerndes Regenwasser gebildet, selbst bei Jahresniederschlägen um nur 100 mm. An solchen Stellen liefern Brunnen gutes Trinkwasser.

Das Klima der Karakum geht aus dem Klimadiagramm von Nukuss (▶ Abb. J-27) hervor. 50 bis 70% der Niederschläge fallen im Frühjahr; es ist die günstigste Jahreszeit. Der Winter ist kalt, doch bleibt keine dauernde Schneedecke liegen. Im heißen Sommer herrscht eine extreme Dürrezeit. Die potentielle Evaporation beträgt 1.500 bis 2.500 mm, also das 10- bis 20-fache der Niederschläge.

Beim Psammophytenkomplex unterscheidet man:
1. das Biogeozön des **Ammodendretum conollyi aristidosum** auf leicht beweglichem Sande mit einer Pioniersynusie aus *Aristida karelinii* auf Dünenkämmen und den Sträuchern (*Ammodendron conollyi, Calligonum arborescens, Eremosparton* u. a.) am oberen Hang
2. das Biogeozön des **Haloxyletum persici caricosum** auf unbeweglichem Sand am unteren Hang und auf den Sandflächen mit den Synusien der Frühlings- und Sommerephemeren sowie der Ephemeroiden (143 Arten, davon 24 häufige). Dazu kommt
3. das Biogeozön der tiefen Dünentäler mit Grundwasser in 5-8 m Tiefe, das von den Wurzeln des salztoleranten *Haloxylon ammodendron* erreicht wird, einem 5 bis 9 m hohen, gehölzebildenden Baum. Auch hier lassen sich mehrere Synusien im Unterwuchs unterscheiden (Ephemeren, Halophyten).

Am verbreitetsten ist das **Haloxyletum persici caricosum** (▶ Abb. J-32) mit einer offenen 3-5 m hohen Strauchschicht (100-300 Exemplare/ha, in der auch die aphyllen *Calligonum* spp. (Polygonaceae) vorkommen. Der Altersaufbau der Sträucher ist in ◻ Tab. J-4 aufgeführt.

Tab. J-4 Altersaufbau der Straucharten in der Saxaul-Halbwüste

Alter in Jahren	1	2	3-5	6-10	11-15	16-20	>20	tote
Exemplare in%	8	3	1	14	20	41	11	2

Box J-5 Biogeozönkomplexe der Karakum-Wüste

Auf Grund der Vegetation und der Böden lassen sich in der Karakum folgende Biogeozönkomplexe unterscheiden:
- Psammophytenkomplex, der über 80 % der Fläche einnimmt
- Takyrkomplex
- Halophytenkomplex

Eingehende ökologische Untersuchungen ergaben, dass die Sträucher das ganze Jahr hindurch aktiv sind, weil die oberen 2 m des Sandes immer aufnehmbares Wasser enthalten. Das osmotische Potential sinkt während der Dürre etwas ab, die Wasserdefizite sind nie hoch, die sehr intensive Transpiration wird während der Dürre auf die Hälfte oder ein Drittel reduziert, die Photosynthese wird im Sommer nicht unterbrochen; sie ist bei den Ephemeren während der kurzen Vegetationszeit besonders intensiv.

Bei den *Ammodendron*-Fluren (*Ammodendron conollyi*) auf beweglichem Sand fand man in den oberen 2 m des Sandes 83 mm an gespeichertem Wasser, am Ende der Vegetationszeit verblieben noch 34 mm; von den verlorenen 49 mm wurden 37 mm für die Transpiration der Pflanzen verbraucht, so dass nur 12 mm vom Boden aus verdunsteten.

Etwas ungünstiger sind die Verhältnisse beim dichter bewachsenen unbeweglichen Sand: Die Sträucher transpirierten 30 mm (*Haloxylon persicum* allein 16 mm), der dichte *Carex physodes*-Unterwuchs 17 mm, zusammen 47 mm. Im Boden waren im Frühjahr 62 mm Wasser gespeichert, im Herbst verblieben nur 8 mm. Die Wasserabnahme betrug somit 54 mm, davon gingen durch die Transpiration der Pflanzen 47 mm verloren und somit 7 mm durch die Verdunstung vom Boden.

In den tiefen Dünentälern über Grundwasser mit Gehölzen betrug die Transpiration insgesamt 149 mm (*Haloxylon aphyllum* 108 mm, andere Sträucher 30 mm, der lichte *Carex physodes*-Teppich 11 mm). Gespeichert wurden im Boden nur 76 mm. Wenn man annimmt, dass *H. aphyllum* die von ihm transpirierten 108 mm dem Grundwasser entnimmt, dann werden die 41 mm aller übrigen Arten durch die Wasservorräte in den oberen 2 m reichlich gedeckt. Bei *H. aphyllum* laufen 14% der Niederschläge am Stamm ab; in regenreichen Jahren erleichtert das der Pfahlwurzel das Vordringen in größere Tiefen.

Wir sehen somit, dass ungeachtet der sehr hohen Transpirationsintensität der Karakum-Sträucher pro Gramm Frischgewicht die Gesamttranspiration pro Fläche infolge der geringen gesamten Blattfläche niedrig ist und durch die Niederschläge gedeckt werden kann. Die Hauptanpassung der Pflanzen besteht in der Aphyllie und dem Abwerfen der kleinen Blätter während der Dürrezeit, soweit solche im Frühjahr gebildet werden.

Für die oberirdische Phytomasse wurden festgestellt: auf noch beweglichem Sande 80 kg/ha (davon 25% *Calligonum* und 12% *Aristida*), auf bewachsenem Sande 2,4 t/ha (davon *Haloxylon persicum* 85%, *Carex physodes* 10%). Viel größer ist die unterirdische Phytomasse, die nur in Dünentälern mit *Haloxylon aphyllum* bestimmt wurde: oberirdisch 6,4 t/ha (davon *Haloxylon* 82%), unterirdisch 19,4 t/ha (davon *Haloxylon* 49%).

Die jährliche Primärproduktion betrug für *Haloxylon aphyllum* oberirdisch 1,17 t/ha und unterirdisch 2,11 t/ha. Diese hohe Produktion in Wüsten wird in diesem Falle nur durch die Wasseraufnahme aus dem Grundwasser ermöglicht.

Den Takyr-Biogeozönkomplex findet man dort, wo abfließendes Regenwasser auf einer weiten Ebene ausläuft und eine Tonschicht ablagert, über der es stehen bleibt, bis es verdunstet. Im Wasser entwickeln sich Algenmassen, vorwiegend Cyanophyta (auch N-bindende), die nach dem Austrocknen ein Algenhäutchen hinterlassen. Der Boden erhält Trockenrisse, die sich beim nächsten Benetzen durch Quellung rasch schließen. An nur feuchten, aber nicht überschwemmten Stellen entwickeln sich Flechten, hangaufwärts auch Ephemeren. Die Phytomasse (zum Teil Primärproduktion) bei diesen drei Biogeozönen ist: Algen = 0,1 t/ha, Flechten = 0,3 t/ha und Ephemeren = 1,2 bis 1,6 t/ha.

Der Halophyten-Biogeozönkomplex tritt dort auf, wo es infolge eines hohen Grundwasserstandes zur Bildung von Salzpfannen kommt. Die oft nur aus einer Art bestehenden Biogeozöne ordnen sich in Kreisen um den zentralen Teil mit einer Salzkruste. Bei der Pionierart *Halocnemum strobilaceum* wurde eine Phytomasse von 1,76 t/ha (davon Wurzeln 1,04 t/ha) ermittelt und eine Jahresproduktion von 0,5 bis 0,7 t/ha.

Im Deltagebiet der Amudarya wuchsen üppige lianenreiche *Populus-Halimodendron*-Auenwälder (als Tugai bezeichnet, mit *Lonicera, Vitis, Clematis* und vielen anderen Arten) und weite Schilf (*Phragmites*)-Bestände, von denen die oberirdische Phytomasse bzw. Primärproduktion bestimmt wurden: Auen 77,8 t/ha bzw. 11,4 t/ha, Schilf 35 t/ha bzw. eine außergewöhnliche Produktion von 18 t/ha. Heute ist diesen Beständen durch die Austrocknung des Aralsees das Grundwasser entzogen (BRECKLE et al. 1998, KLÖTZLI 1997).

Eine sehr wichtige Rolle spielt die Tierwelt. Die früheren Herden von Antilopen, Wildpferden und -eseln sind heute durch drei Millionen Karakulschafe ersetzt worden, die die Sandwüste ganzjährig beweiden und Persianerfelle liefern. Der Viehtritt verhindert das Zuwachsen der Sandflächen mit *Carex physodes* und dem Moos *Tortula desertorum*; zugleich werden die Samen der Strauchkeimlinge in den Sand hineingetreten, was das Keimen erleichtert. Auch die vielen Nager durchwühlen den Boden, ebenso die großen Schildkröten (100 pro Hektar), die sich zehn Wochen bis vier Monate im Frühjahr von den Ephemeren ernähren und sonst im Boden schlafen. In den Tugai-Wäldern waren in den vergangenen Jahrhunderten noch Tiger, Leoparden, Baktrischer Hirsch und andere Großtierarten verbreitet.

Die Zoomasse ist allerdings in den drei Biogeozönen wie immer nicht groß: Säugetiere 0,3 bis 1,4 kg/ha, Vögel 0,02 bis 0,07 kg/ha, Reptilien 0,21 bis 0,7 kg/ha (ohne Schildkröten), Wirbellose maximal 15 kg/ha (ober- und unterirdisch).

Die Kreisläufe der mineralischen Elemente wurden ebenfalls untersucht, die Destruenten jedoch nur summarisch berücksichtigt.

Eine ausführlichere Darstellung über die Karakum-Wüste findet man bei WALTER (1976) und WALTER & BOX (1983).

12 Die Aralkum-Wüste

Der Aralsee war einstmals bis etwa 1960 der viertgrößte See auf der Erde mit einer Oberfläche von etwa 68.300 km². Im Wesentlichen sind es 3 Faktoren, die für die Wasserspiegelschwankungen des endorrheischen (abflusslosen) Aralsees in historischer Zeit verantwortlich gemacht werden können:
1. Klimaschwankungen mit Schwankungen des Wasserzuflusses in das Aralbecken-Hydrotop
2. Entwicklung, Ausweitung und Intensivierung der Bewässerungslandwirtschaft mit immer größerem Wasserverbrauch in den Flussoasen,
3. Variation des Sedimenttransports und der Sedimentation, was zu mehrfachen Änderungen der Flussläufe geführt hat (BRECKLE & GELDYEVA 2012).

Allerdings sind in den vergangenen Jahrzehnten seit 1960 in erster Linie die zunehmenden Bewässerungsflächen und der enorme Wasserverbrauch in vielen Regionen Mittelasiens verantwortlich zu machen für die katastrophale Austrocknung des Aralsees. Beginnend um 1960 ist der Seespiegel des Aralsees ständig zurückgegangen (▫ Abb. J-33). Die Trennung des nördlichen Aralsees (Kleiner Aralsee, Nord-Aralsee) von der Restwasserfläche begann in den neunziger Jahren. Derzeit sind nur 4 Restbecken verblieben (▶ Abb. J-33): der Nord-Aralsee, jetzt ein eigener Wasserkörper, getrennt durch einen künstlichen Damm von 20 km Länge zwischen der ehemaligen Insel Kokaral und der Syrdarya-Mündung, der Süd-Aralsee mit einem westlichen, tiefen Becken, das auch in der Zukunft als Wasserkörper Bestand haben wird, dazu kommt ein westliches, sehr flaches Becken, das derzeit ein ausgedehnter Salzsumpf ist, in regenreichen Jahren aber auch teilweise wieder mit Wasser gefüllt ist, dazu das kleine Tschebas-Becken im Nordwesten, nördlich von Kulandi. Die ganzen trockengefallenen Flächen des ehemaligen Aralsees bezeichnen wir als Aralkum-Wüste (AGACHANJANZ & BRECKLE 1994, BRECKLE et al. 2001, BRECKLE & GELDYEVA 2012), die heute eine Fläche von etwa 60.000 km² umfasst.

Die Aralkum ist eine neue Oberfläche, wo Landpflanzen einschließlich ihrer Samenbank und Landtiere bisher nicht vorhanden waren; es ist eine Oberfläche, die aktiv von Organismen neu besiedelt wird. Die Bildung von Pflanzengesellschaften, Böden, der Aquifere und des Grundwasserspiegels, alle Komponenten und Prozesse des terrestrischen Ökosystems werden neu gebildet und müssen sich einpendeln, dies geschieht alles parallel und gleichzeitig. Es sind dies die typischen Prozesse einer primären Sukzession (WUCHERER et al. 2012). Der ausgetrocknete Seeboden des Aralsees ist die größte Fläche weltweit, wo derzeit eine primäre Sukzession abläuft. Es ist (mehr oder weniger) unabsichtlich das derzeit größte Sukzessionsexperiment der Menschheit. Sie spielt sich auf dem trockenen Seeboden seit mehreren Jahrzehnten ab. Die älteren Flächen, die zwischen 1960 und 1980 trockengefallen sind, weisen großflächige Sandwüsten mit Dünenbildungen auf (▫ Abb. J-34a), die jüngeren Flächen sind überwiegend Salzwüsten mit Salzkrusten (▶ Abb. J-34b), die aus verschiedenen Salzen einschließlich Karbonaten zusammengesetzt sind, die alkalisch reagieren und eine pulverige lockere Kruste bilden, die leicht vom Wind verblasen werden kann. Dies führt in Uzbekistan und Kazakhstan regelmäßig zu verheerenden Salzstaubstürmen, wobei allerdings ein Teil der aufgewirbelten Salze auch von aufgelassenen versalzten Feldern stammen kann.

Spontan sind in der Aralkum bis jetzt 410 Arten an Gefäßpflanzen eingewandert; sie bilden eine neue offene Wüstenvegetation mit einer sehr variablen Zusammensetzung von Jahr zu Jahr. Die Sukzession geht aber letztlich in Richtung einer *Haloxylon aphyllum*-Gesellschaft. Der Rückgang des Seewasserspiegels kann sehr gut an der etwas steileren Nordküste des Nord-Aralsees erkannt werden aufgrund der deutlichen jeweiligen Küstenlinien, die dort durch *Tamarix*-Gürtel gekennzeichnet sind (▫ Abb. J-35).

Der Nord-Aralsee hat sich teilweise wieder mit Wasser angefüllt, seit 2006 ein künstlicher Damm im Kokaral-Bereich fertiggestellt wurde. Damit fließt das Syrdarya-Wasser vollständig zunächst nur in diesen See, dessen Spiegel sich von etwa 33 auf 42m erhöht hat. Der eventuelle Überlauf wird durch ein Niederdruck-Kraftwerk geleitet und fließt dann in Richtung des Tschebas-Beckens.

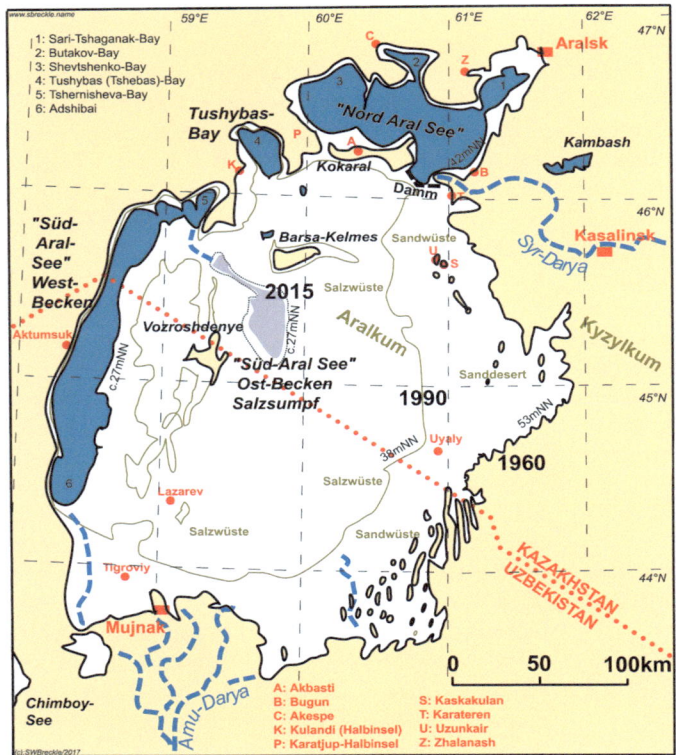

Abb. J-33 Die Austrocknungs-Stadien des Aralsees und die Entstehungsetappen der neuen Aralkum-Wüste.

Abb. J-34 Sandwüste (**a**) und Salzkruste und Deflationsspuren (**b**) in der Aralkum (Fotos: Breckle).

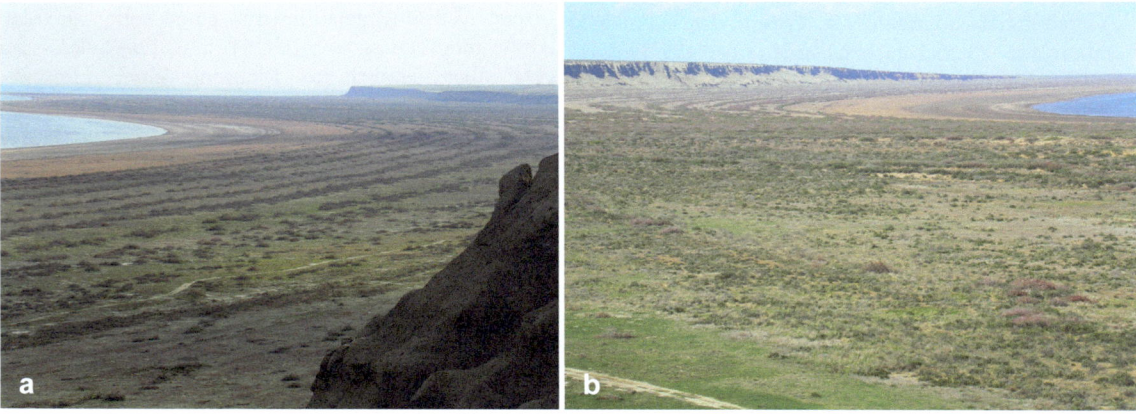

Abb. J-35 a & b: Gürtelförmige Anordnung der Vegetationszonen am heutigen Nordufer des Aralsees nach seiner Austrocknung (Fotos: Breckle).

13 Orobiom VII (rIII) in Mittelasien

13.1 Tienschan

Besonders interessante Verhältnisse weisen die Höhenstufen von diesem Orobiom in Mittelasien auf, wo es in der Klimazone VII (rIII) liegt. Die Gebirge gehören dem Pamiro-Alaischen und dem Tienschan-System an und erheben sich bis über 7.000 m NN. Fast jede Stufenfolge hat hier je nach der Beschaffenheit der lokalen Steigungswinde ihre Eigentümlichkeit; man kann jedoch zwei Haupttypen unterscheiden: 1. aride Stufenfolgen ohne Waldstufe und 2. mehr humide mit ein bis zwei Waldstufen (STANJUKOVITSCH 1973).

Im extremen Fall des Zentralen Tienschan folgt auf die Halbwüstenstufe von 2000 m NN an eine Gebirgssteppenstufe bis 2900 m, wobei in der subalpinen Stufe (ab 2600 m) sich alpine Arten beimischen (*Leontopodium alpinum, Polygonum viviparum, Thalictrum alpinum* u. a.). Die Steppenelemente reichen in die untere alpine Stufe (*Kobresia*-Rasen) bis 3500 m NN hinein und verschwinden erst über 3500 m. Die hochmontanen, subalpinen und alpinen Stufen gehen vollkommen gleitend ineinander über. Die Erklärung für diese merkwürdige Vermischung von Steppen- und alpinen Elementen ist darin zu suchen, dass die Steppenpflanze eine günstige Vegetationszeit von vier Monaten benötigt, die im ariden Gebirgsklima durch die starke Strahlung noch bis 3500 m NN im Sommer gegeben ist. Die übrigen acht Monate können dürr oder aber eben kalt sein. Die alpinen Elemente kommen mit einer kürzeren Vegetationszeit aus, wachsen jedoch auch bei einer längeren, wenn diese so feucht ist, dass sie den Wettbewerb mit den Steppenpflanzen bestehen können (WALTER 1975a).

In weniger extremen Fällen treten in der subalpinen Stufe namentlich an Nordhängen *Juniperus*-Baumfluren auf, die in der alpinen Stufe Spalierform annehmen.

Besonders interessant sind die humiden Stufen, bei denen über einer Halbwüste mit xerophilen Baumfluren (*Pistacia, Crataegus*) und Gebirgssteppen eine Laubholzstufe mit Wildobstarten vorhanden ist (*Amygdalus communis, Juglans regia, Malus sieversii* mit großen Früchten, *Pyrus*- und *Prunus*-Arten). Die Hauptstadt von Kasachstan Almaty, (früher Alma-Ata), heißt „Apfel-Vater", weil über ihr im Transili-Alatau die *Malus*-Stufe sehr deutlich ausgebildet ist. Die Bevölkerung nutzt dies zur Fruchtzeit und kochte an Lagerfeuern Apfelmus und -schnitze ein. Über der Laubholzstufe folgt eine Nadelholzstufe (Abb. J-36) aus *Picea schrenkiana*, eventuell mit *Abies semenovii*. Darüber schließt die alpine Stufe an.

13.2 Die Hochgebirge Afghanistans

Ein gebirgiges Land mit ähnlichen Vegetationsverhältnissen ist Afghanistan mit dem Hindukusch-Gebirge, wo allerdings im Osten auch bereits Monsuneinflüsse auftreten (FREITAG 1971b, BRECKLE 1971, 1973, 1974, 1983, BRECKLE et al. 2013). Andererseits herrschen Winterregen vor, daher wurde ein allgemeiner Überblick bereits im Kapitel G gegeben (Abb. J-37).

Der Arten- und Endemitenreichtum ist im Hindukusch viel größer als im Alatau. Als Beispiel eines besonders artenreichen Gebietes kann Nuristan im Osten Afghanistans angeführt werden (Abb. J-38), wo bereits auch himalayische Florenelemente einstrahlen. Andererseits reichen die Gipfel des Hindukusch auf über 7000 m Höhe, oberhalb 5000 m kommen noch etwa 40 Arten Höherer Pflanzen vor (BRECKLE 1971, 1973, 1974; BRECKLE et al. 2013). Die alpin-nivale Stufe profitiert trotz der Sommertrockenheit von den großen Schnee- und Eisreserven der Gletscher.

Die Abhängigkeit der Artenzahlen von der Höhe zeigt Abb. J-39. Daraus wird ersichtlich, dass die maximalen Artenzahlen der montanen Höhenlagen des Hindukusch ab 2.800 m stark, ab 3.500 m langsamer abnehmen. Danach geht die Artenzahl nur sukzessive zurück; über 5.000 m erreichen nur noch etwa 40 Arten.

In die Ostabdachung des Hindukusch strahlen die sino-japanischen Florenelemente aus dem Himalaya nach Afghanistan, wo sie unterschiedliche ökologische Nischen besitzen. Eine große Anzahl semi-xerophytischer und mesophytischer Bäume und Sträucher gehören zu dieser Region: *Cedrus deodara, Pinus gerardiana, P. wallichiana, Quercus ballot, Qu. semicarpifolia, Indigofera gerardiana, Plectranthus rugosus* und *Syringa emodi*, sowie die Gräser *Stipa brandisii* und *Piptatherum munroi*. Einige der Elemente aus dieser floristischen Region sind in Ostafghanistan endemisch, wie z.B. *Gymnospermium sylvaticum, Pertya aichisonii* und *Saussurea afghana*, die in den mesophytischen Eichenwäldern als Unterwuchs vorkommen, ebenso die subendemischen *Rhododendron afghanicum* (wahrscheinlich ausgestorben?) in den hochmontanen Coniferen-Wäldern sowie *Rh. collettianum* in der subalpinen Juniperus-Stufe der Südost-Abdachung. Von der Südabdachung des Safed Koh ist in Abb. J- 40-J das Vegetations-Transekt gezeigt vom Sikaram-Gipfel bis zu den Tallagen. An die artenreichen Waldgürtel schließen nach oben Krummholzfluren und Dornpolster an.

Besonders hervorzuheben sind diese Dornpolsterfluren im subalpinen Bereich (Abb. J-41, ▶ Abb. G-59, Legende **7a**), auch außerhalb der monsunbeeinflussten Gebirgsteile.

Pflanzengesellschaften, die von Dornpolsterpflanzen dominiert sind, repräsentieren einen breiten Vegetations-Gürtel in den meisten höheren Gebirgssystemen Afghanistans, wo Sommerregen fehlen und die Wasserversorgung der Pflanzen zu einem großen Teil aus dem vom Winter von der Schneeschmelze her

Abb. J-36 Steppenwald im Transili-Alatau, südlich von Almaty (Kasachstan) bei Medeo auf ca. 2.000 m NN, ausschließlich mit *Picea schrenkiana* (Foto: Breckle).

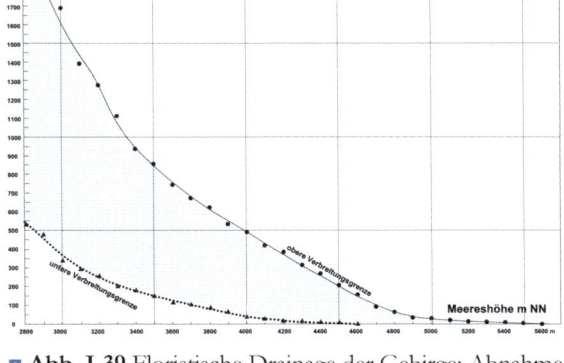

Abb. J-39 Floristische Drainage der Gebirge: Abnahme der Artenzahlen von 3.000 m NN aufwärts bis 5.600 m NN in Afghanistan. Die Untergrenze der Verbreitung der Arten ist ebenfalls markiert. Aus der Differenz zwischen diesen beiden Kurven ergeben sich die realen Artenzahlen für die entsprechenden Höhenlagen.

Abb. J-37 Steppenwald in den tiefen Tälern des östlichen Hindukusch (oberes Nuristan-Tal) mit *Pinus gerardiana* an den Hängen und Auengebüsch auf dem Talboden (Foto: Breckle).

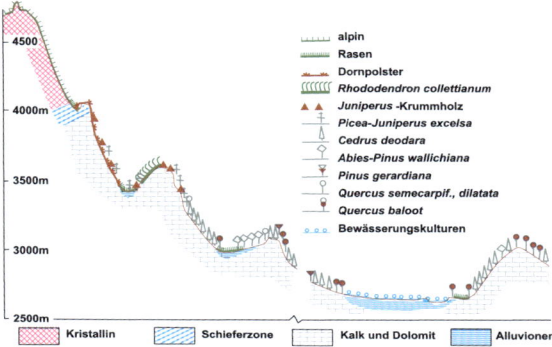

Abb. J-40 Vegetations-Profil an der Südabdachung des Safed Koh von den Bewässerungsfeldern der Tallagen in 2.500 m NN bis zum Schneegipfel des Sikaram.

Abb. J-38 Hochgebirgsgipfel (Kohe-Baba Tangi, 6800 m NN) im nordöstlichen Hindukusch (Wakhan, Afghanistan) mit vergletscherten Flanken und hochreichenden Geröllhalden mit offener alpin-nivaler Vegetation bis über 5000 m NN (Foto: Breckle).

Abb. J-41 Subalpine Hartpolster-Fluren aus der subalpinen Höhenstufe des Kohe Baba, Zentral-Afghanistan, in 3.200 m NN mit *Acantholimon auganum, A. cabulicum, A. leucochlorum* und *Artemisia glanduligera* (Foto: Stefan Michel).

stammenden Wasservorräten im Boden abhängig ist. Diese sehr auffälligen Dornpolsterfluren dehnen sich von der etwa bei 2.800-2.900 m festzulegenden Baumgrenze im Westen, im Nord-Osten und Osten bei 3.300-3.500 m bis etwa 3.800-4.000 m aus und spielen eine bedeutende Rolle als Sommerweiden. Die häufigsten Arten sind dornige Vertreter der Gattungen *Cousinia, Astragalus, Onobrychis, Acantholimon, Acanthophyllum* und *Cicer*, aber die Artenzusammensetzung kann stark variieren zwischen den verschiedenen Gebirgssystemen, der Anteil an Endemiten ist vergleichsweise sehr hoch. *Astragalus* ist die Gattung in Afghanistan mit der größten Artenzahl (320). Weitere häufige Zwergsträucher sind *Artemisia*-Arten, *Ephedra gerardiana*, *Rhamnus prostrata* und *Ceratoides latens*. Die Krautschicht umfasst viel vom Vieh geschätzte Gräser wie u.a., *Piptatherum laterale*, *Poa araratica*, *Koeleria* spp. und *Festuca* spp. Zusammen mit den Leguminosen der Gattungen *Trigonella*, *Astragalus* und *Oxytropis* sind sie eine wichtige Weide-Ressource. Eine der auffälligsten Pflanzen ist die Steppenlilie *Eremurus kaufmannii*. Man muss annehmen, dass der oft hohe Beweidungsdruck dazu geführt hat, dass die Dornpolster als auch das Horstgras *Leucopoa karatavica* eine deutlich größere Fläche und Dichte gegenüber der ursprünglichen Vegetation aufweisen.

13.2.1 Alpine Halbwüsten, Steppen und Wiesen (Fig. G-59: 7b)

Die Grenze zwischen der subalpinen und alpinen Vegetation ist sehr unscharf und schwierig festzulegen, außer in den feuchteren Bergregionen Ost-Afghanistans, wo die Obergrenze der *Juniperus*-Gebüsche als Kennzeichen dienen kann. In den meisten Regionen werden die Dornpolster ganz allmählich durch kleinere Arten der gleichen Gattungen ersetzt und auch die Zusammensetzung der krautigen Arten wechselt nur ganz allmählich. Echte alpine von Gräsern dominierte Wiesen mit einer großen Zahl an Kräutern sind auf die Gebirgsteile des Zentralen und östlichen Hindukusch und den Pamir beschränkt, wo bereits gewisse Anteile an Sommerregen vorkommen. Dementsprechend sind sie heftig genutzt für Sommerweiden während des kurzen Sommers (2 Monate), meist durch die Nomaden (Kuchis). In den anderen Gebirgsteilen, selbst auf tiefgründigeren Böden, ist die Vegetation ziemlich offen, außer an feuchten Stellen, entlang der Rinnen und Bäche, in Sümpfen, wo sich das winterliche Schneeschmelzwasser sammelt, wo dann auch Rasen und Wiesen auftreten. Aufgrund der vielerorts steilen Topographie, der verzögerten Bodenbildung und örtlich lange bestehender Schneefelder kann sich kleinräumig eine große Vielfalt an Pflanzengesellschaften bilden. Weite Hochgebirgsbereiche sehen allerdings völlig vegetationslos aus, da sie mit Felsen, Blöcken, lockeren Moränen und Geröllhalden bedeckt sind.

13.2.2 Nivale Stufe (Fig. G-59:8)

Erreicht man die Schneegrenze, die im Hindukusch bei etwa 4.800 bis 5.000 m (N-Exposition) bis zu 5,400 m (Süd-Exposition) liegt und wo die Nivalstufe beginnt, dann nimmt die Bedeckung und die Anzahl an Pflanzen weiter stark ab. Allerdings erreichen auf südseitigen Felsstandorten im Hindukusch sogar Holzpflanzen, wie *Juniperus semiglobosa* und *Lonicera microphylla* Höhen von über 5.000 m, ebenso der Farn *Cystopteris dickieana*.

Den Höhenrekord der Gefäßpflanzen in Afghanistan hält die auffällige *Primula macrophylla* im zentralen Hindukusch bei 5.600 m. *Sibbaldia cuneata* ist aus 5.500 m nachgewiesen. Moose und Flechten kommen allerdings auch auf den höchsten Gipfeln der Berge noch vor. Ein zusammenhängender Nival-Bereich kommt nur in den höchsten Gebirgen vor, im Pamir, im Hindukusch und im Kohe Baba, wo oft ausgedehnte Schneefelder mit Büßerschnee zu finden sind (◻ Abb. J-42), im Altschnee nicht selten mit Schneealgen (▶ Abb. I-48).

13.2.3 Ökophysiologische Daten aus afghanischen Gebirgen

In einigen alpinen und subalpinen Flächen wurden ökophysiologische Studien mit Messungen von Tagesgängen wesentlicher mikroklimatischer Parameter durchgeführt. Als erstes Beispiel wird ein Tagesgang dieser Parameter aus der **Dashte-Nawor** (3.120 m) erläutert (◻ Abb. J-43: **A-I**). Im Juni ist die Strahlung (▶ Abb. J-43 **E**) sehr stark, die Lufttemperatur erreicht kurz nach Mittag ein Maximum von etwa 21 °C (▶ Abb. J-43 **F**), morgens liegt sie bei nahezu 0 °C. Die Blatt-Temperatur der Blätter von *Nepeta*, jedoch können über 10 K über die Lufttemperatur ansteigen bis über 25 °C. Die Bodentemperatur an der Oberfläche kann mittags 60 °C erreichen.

Dementsprechend ist die Verdunstungsrate um die Mittagszeit sehr hoch (sie kann 1,5 ml/h bei 3 cm Piche-Scheiben erreichen, ▶ Abb. J-43 **H**), Das Sättigungsdefizit der Luft ist mittags größer als 20 mbar (▶ Abb. J-43 **I**), während die Windgeschwindigkeit an diesem Tag recht niedrig bleibt (▶ Abb. J-43 **G**).

Die ökophysiologischen Parameter von *Ceratoides* und *Nepeta* (◻ Abb. J-44: **A-D**), der Cl-Gehalt, die elektrische Leitfähigkeit, der Refraktometerwert und das osmotische Potential des Zellsafts zeigen einen klaren Tagesgang, der bei *Ceratoides* ausgeprägter ist.

Das zweite Beispiel erläutert einen Tagesgang der mikrometeorologischen Daten eines hochalpinen Standortes im Wakhan-Gebiet auf dem **Wazit-Kotal** (4.620 m ü. NN) (▶ Abb. J-44 **A-H**).

Die relative Luftfeuchtigkeit am Wazitpaß (▶ Abb. J-44 **A**, **RF**) ist am Nachmittag sehr gering und erreicht Werte unter 15%. In der Vegetationsschicht, z.B. zwischen *Nepeta pamirensis*-Blättern ist die Luft etwas weniger trocken. Nachts werden Werte nahe 100% erreicht, aber Taufall war nicht feststellbar. Die Blatttemperaturen von *Nepeta*-Sonnenblättern und Schattenblättern (Sch.) und Blüten (Bltn.) sind während des gesamten Messtages höher als die Lufttemperatur, die Differenz kann bis zu 10K (▶ Abb. J-44 **B**) betragen, nachts herrschen meist Untertemperatu-

◻ **Abb. J-42** Nivale Stufe mit Formen des Büsserschnees (Penitentes) am Tölzer Köpfl, Südlich des Mir Samir, Zentral-Hindukusch in 5.100 m NN, die Spitzen der Schneesäulen sind zur Sonne orientiert; sie sind durch die Sublimation entstanden (Fotos: Breckle).

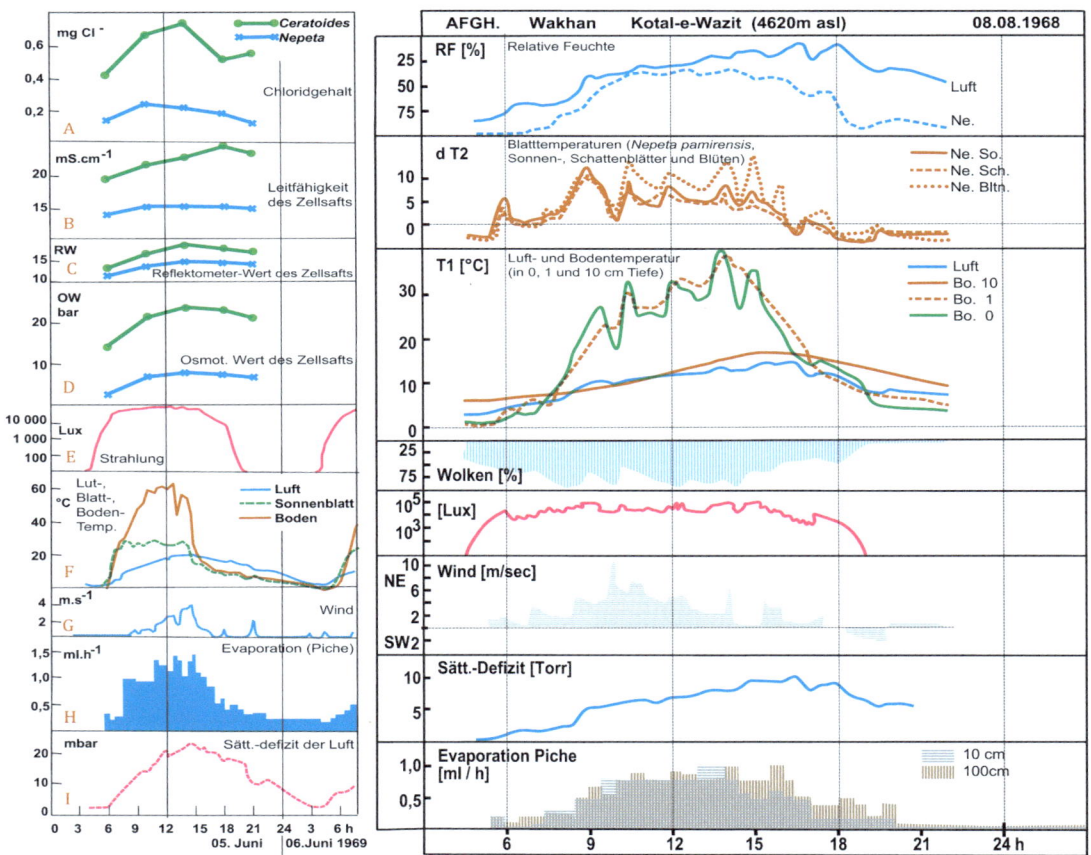

◻ **Abb. J-43:** Ökophysiologische Parameter für *Nepeta* und *Ceratoides*, gemessen in 3.120 m NN in Dashte Nawor, Ghazni-Provinz, Afghanistan, am 5. Juni 1969.

◻ **Abb. J-44:** Tagesgang einiger ökophysiologischer Parameter für einen Standort in der hochalpinen Stufe des Wakhan (Kotale Wazit, 4.620 m NN).

ren an den Blättern von 2–3 K. Die Lufttemperatur (▶ Abb. J-44 C, T$_1$) zusammen mit der Bodentemperatur (Bo.) in unterschiedlichen Bodentiefen (1cm, 10 cm) und an der Oberfläche lässt die Einwirkung der hohen Strahlung erkennen. An der Bodenoberfläche treten innerhalb eines Tages Temperaturextreme auf von 0 °C um 6h und 40 °C um 15h. Rosettenpflanzen müssen an diese hohen Schwankungen angepasst sein. Der Messtag war relativ wolkig mit bis zu 75% Wolkenbedeckung des Himmels (▶ Abb. J-44 D), die von Süden heranzog, wahrscheinlich monsunbeeinflusst. Dementsprechend war die Strahlung nicht immer sehr hoch (▶ Abb. J-44 E) (gemessen in Lux). Der Wind (▶ Abb. J-44 F) kam während des Tages meist von NE, er drehte am Abend auf SW. Das Sättigungsdefizit der Luft (▶ Abb. J-44 G) war am höchsten etwa 16h mit 10 Torr; die Piche-Evaporation (▶ Abb. J-44 H) erreichte etwa 1 ml/h kurz nach Mittag, direkt über der Vegetation (10 cm) als auch höher (100 cm).

14 Subzonobiom der Zentral-asiatischen Wüsten

Wie erwähnt, reichen die letzten Ausläufer der ostasiatischen Tiefdruck-Störungen bis in dieses Gebiet hinein. Die Niederschläge fallen deshalb im Sommer und nehmen von Osten (Ordos 250 mm) nach Westen ab (Lop-Nor-Senke 11 mm). Der Winter und das Frühjahr sind trocken, und die für Mittelasien so charakteristischen Frühlingsephemeren fehlen in Zentralasien ganz. Die Flora ist arm; unter den ostchinesisch-mongolischen Elementen herrschen strauchförmige Psammophyten (*Caragana*, *Hedysarum*, *Artemisia* u. a.) vor. Auch *Stipa* ist durch zentralasiatische Arten vertreten. Verbreitet sind der Sanddorn (*Hippophäe rhamnoides*) und das große Gras Tschij (*Lasiagrostis splendens*). In Auenwäldern findet man neben *Populus diversifolia* und *Elaeagnus* insbesondere *Ulmus pumila*. Beispiele für Halophyten sind *Nitraria schoberi*, *Zygophyllum*-, *Reaumuria*-, *Kalidium*- und *Lycium*-Arten.

Für den Charakter der Wüsten sind der geologische Aufbau und die Gesteinsarten von Bedeutung. Die geographische Lage der Wüsten ist aus ▶ Abb. J-26 zu ersehen.

1. **Ordos**. Das Gebiet liegt im Knie des Hwang-Ho nördlich der großen chinesischen Mauer, die am Rande des Wanderdünengebietes verläuft. Es schließt sich an das Steppengebiet der Lößebene des oberen Hwang-Ho an, das heute kultiviert und von Erosionsschluchten zerschnitten ist. Es handelte sich um eine *Stipa*-Steppe, die sich jedoch durch das trockene Frühjahr stark von der osteuropäischen unterscheidet. Im eigentlichen Ordos stehen weiche Sandsteine an, die zur Ausbildung von weiten Sand- und Dünenflächen führten. Auf diesen ist die *Artemisia ordosica*-Halbwüste mit *Pycnostelma* (Asclepiadaceae) weit verbreitet (Deckung 30 bis 40%). Im abflusslosen zentralen Teil findet man Seen mit Na_2CO_3 und $NaCl$.

2. **Ala-Schan**. Es ist eine hauptsächlich aus Sandflächen mit Barchanen bestehende Wüste; sie schließt sich westlich vom Hwang-Ho an und wird im Süden durch das Njan-Schan-Gebirge begrenzt (▶ Abb. J-26). Im Norden grenzt sie beim Gushun-Nor an die Gobi. Der Niederschlag sinkt in diesem Gebiet von 219 mm im Osten auf 68 mm im Westen, wobei die potentielle Evaporation von 2.400 mm auf 3.700 mm ansteigt. Das Regenmaximum ist im August; die mittlere Temperatur ist 8 °C, die Minima -25 bis -32 °C. Im Dünengebiet ist Grundwasser vorhanden. Die Randgebirge erhalten Höhere Niederschläge. Über einer Wüsten- und Steppenhöhenstufe beginnen in 1.900 bis 2.500 m Höhe mesophile Gebüsche mit *Lonicera*, *Rosa*, *Rhamnus*, *Dasiphora* (*Potentilla*) *fruticosa* u. a.; darüber wächst bis 3.000 m ein Nadelwald mit *Picea asperata*, *Pinus tabulaeformis* und *Juniperus rigida*, worauf subalpine Gebüsche und alpine Matten folgen.

3. **Bei-Schan**. Dieses anschließende Gebiet stellt einen alten gehobenen Block dar und erhebt sich von 1.000 m bis 2.791 m. Es wird im Westen von der Turpan- und der Lop-Nor-Senke und Hami begrenzt (▶ Abb. J-45). Die Niederschläge betragen 39 bis 85 mm, die potentielle Evaporation 3.000 mm. Die Vegetation ist eine niedrige Strauchwüste aus zentralasiatischen Arten mit einigen Halophyten. Auf den höchsten Erhebungen tritt schon *Picea asperata* auf.

▪ **Abb. J-45** Die Turpan-Senke (tektonische Senke bis -100 m NN) mit Bewässerungskulturen zwischen Löss-Ebenen (Foto: Breckle).

4. **Tarim-Becken mit Takla-Makan**. Das Becken hat eine Länge von 1.300 km und eine Breite von 500 km und wird an drei Seiten von

hohen, schneebedeckten Gebirgen umrahmt. Es ist der arideste Teil Zentralasiens mit heißen Sommern und kalten Wintern (Min. -27,6 °C). Trotzdem ist es reich an Grundwasser, das von den Gebirgsflüssen gespeist wird. Der 2.000 km lange Tarim-Fluss führt im Mittel 1.200 m³/sec an Wasser und bildet weite Auen. Im Unterlauf ist er ein nomadisierender Fluss, der ständig seinen Lauf verlegt und in der zentralen Sandwüste versickert, wie auch die Zuflüsse zur Turpan-Senke (▶ Abb. J-45). Der LopNor war früher nicht selten ein Salzsee von 100 km Durchmesser, manchmal fast trocken, heute nahezu vollkommen trocken, da das Wasser für Bewässerung fast völlig abgezweigt wird. Die Sandwüste Takla-Makan ist vegetationslos, aber in den Dünentälern kann man Wasser durch Graben erreichen.

5. **Tsaidam**. Es handelt sich um ein 2.700 bis 3.000 m hoch gelegenes Becken, das von allen Seiten von sehr viel höheren Gebirgen umgeben ist. Der Altyntag trennt es von der Lop-Nor-Senke. Die mittlere Jahrestemperatur liegt bei 0°C, das Minimum unter -30°C. Auch dieses Becken wird von den Randgebirgen bewässert. Der zentrale Teil war im Pleistozän ein großer See und ist heute eine vegetationslose Salzwüste. Am Fuß der Gebirge findet man auf Sandböden eine *Artemisia*-Halbwüste. Tsaidam bildet den Übergang zum noch höheren Tibet.

6. **Gobi** (mongolisch = Wüste). Dieses Gebiet erstreckt sich nördlich von den bisher genannten Wüsten und nimmt den ganzen südlichen Teil der äußeren Mongolei ein. Von den Wäldern und Steppen im Osten wird es durch das Chingan-Gebirge abgetrennt; im Westen stößt es an die Dsungarei, die bereits Niederschläge durch atlantische Zyklone erhält und deshalb mittelasiatische Züge aufweist. Im Norden geht die Gobi allmählich in die mongolischen *Stipa*-Steppen mit *Aneurolepidium* (*Agropyron*)- und *Artemisia*-Arten über. In der Wüste sind Salz- und Gipsböden verbreitet; der zentrale Teil ist vegetationslos und von einem Steinpflaster bedeckt, auch sonst ist die Pflanzendecke spärlich; die Produktion an Trockenmasse erreicht kaum 100 bis 200 kg/ha, in den nördlichen Steppenteilen 400 bis 500 kg/ha. Auf verbrackten Niederungen wachsen *Nitraria sibirica, Lasiagrostis, Kalidium* u. a., auf mit Sand überwehten Flächen der Saksaul *Haloxylon ammodendron*. Im ganzen westlichen Teil tritt das Grundwasser nicht an die Oberfläche. Im Osten sind einige Oasen vorhanden. In die Wüste Gobi reicht von Nordwesten der Gebirgszug Mongolischer Altai hinein, der sich in den Gobi-Altai fortsetzt. In letzterem wird nur eine Steppenhöhenstufe erreicht; im ersten ist schon eine Nadelwaldstufe, namentlich in Nordexposition vorhanden, die aber mit *Larix* schon einen ganz sibirischen Charakter trägt.

15 Subzonobiom der kalten Hochplateauwüsten von Tibet und Pamir (sZB VII, tIX)

Zwischen der Gebirgsmauer des Himalayas im Süden und dem Kuen-Lun sowie Altyntag im Norden liegt Tibet, die größte Massenerhebung der Erde mit einer mittleren Höhe von 4.200 bis 4.800 m NN. Die Hochfläche hat von Ost nach West eine Länge von 2.000 km und von Nord nach Süd eine Breite von 1.200 km. Sie besteht aus mit Schutt angefüllten Becken, die durch zahlreiche, nochmals 1.000 m höhere Gebirgszüge begrenzt werden (◘ Abb. J-46) und (◘ Abb. J-47).

Der südliche und östliche Teil steht noch unter dem Einfluss des Monsuns (◘ Abb. J-47, Nepal), und in den tief eingeschnittenen Tälern, die den Oberlauf der großen süd- und ostasiatischen Flusssysteme bilden, treten südostchinesische und himalayische Waldelemente auf (CHANG 1981, MOSBRUGGER et al. 2008).

Der größere westliche und zentrale Teil, die Wüste Tschangtang (Chang Tan), zeichnet sich durch ein extremes Klima aus. Die mittlere Jahres-Temperatur ist -5 °C, nur der Juli hat ein positives Mittel von +8 °C. Tagesschwankungen der Temperatur von 37 K kommen vor, die Niederschläge übersteigen selten 100 mm. Der ausgeprägte Niederschlagsgradient von S nach N ist aus ▶ Abb. J-47 ersichtlich. Die arme Flora ist erst nach der Eiszeit eingewandert, also sehr jung; es sind zentralasiatische Elemente (*Krascheninnikovia ceratoides, Kochia, Reaumuria, Rheum, Ephedra, Tanacetum, Myricaria* u. a.).

Das westliche Ende der Hochebene, von dem aus die hohen Gebirgszüge ausgehen, ist der Pamir mit der in 3.864 m Höhe liegenden Pamirschen Biologischen Station (Chechekti), an der viele russische Forscher ökophysiologische Untersuchungen durchführten. Hier fallen im Mittel 66 mm an Niederschlägen, hauptsächlich im Mai bis August. Die Luft ist trocken, die Sonnenstrahlung entspricht 90% der Solarkonstante, so dass sich die Bodenoberfläche in den Sommermonaten auf über 52 °C erwärmt. Nur 10 bis 13 Nächte im Jahr sind frostfrei (▶ Abb. J-27 Pamirski Post, heute Murghab). Eine geschlossene Schneedecke ist nicht vorhanden. Die Böden sind so trocken, dass sie nicht gefrieren.

Auf den wüstenhaften Standorten wachsen 10 bis 15 cm hohe Zwergsträucher: *Krascheninnikovia*

Spezieller Teil

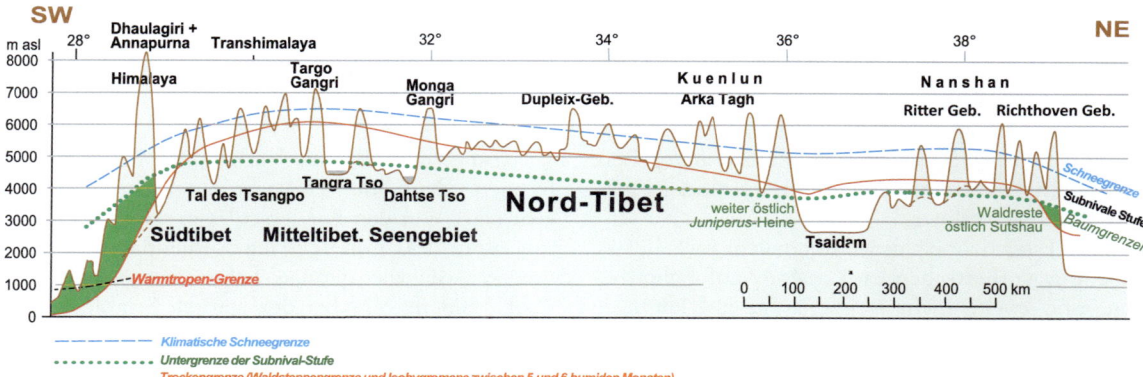

Abb. J-46: Profil durch Tibet von SW nach NE und die etwas tiefer gelegene Tsaidam-Wüste (7½-fach überhöht). Die temperaturbedingte Baumgrenze ist in Tibet und in Tsaidam nur eine theoretische, da die Waldgrenze durch Trockenheit bedingt wird. Wald findet man nur am Südhang des Himalajas und als schmale Höhenstufe im Richthofen-Gebirge (Nanshan), (verändert nach VON WISSMANN 1961).

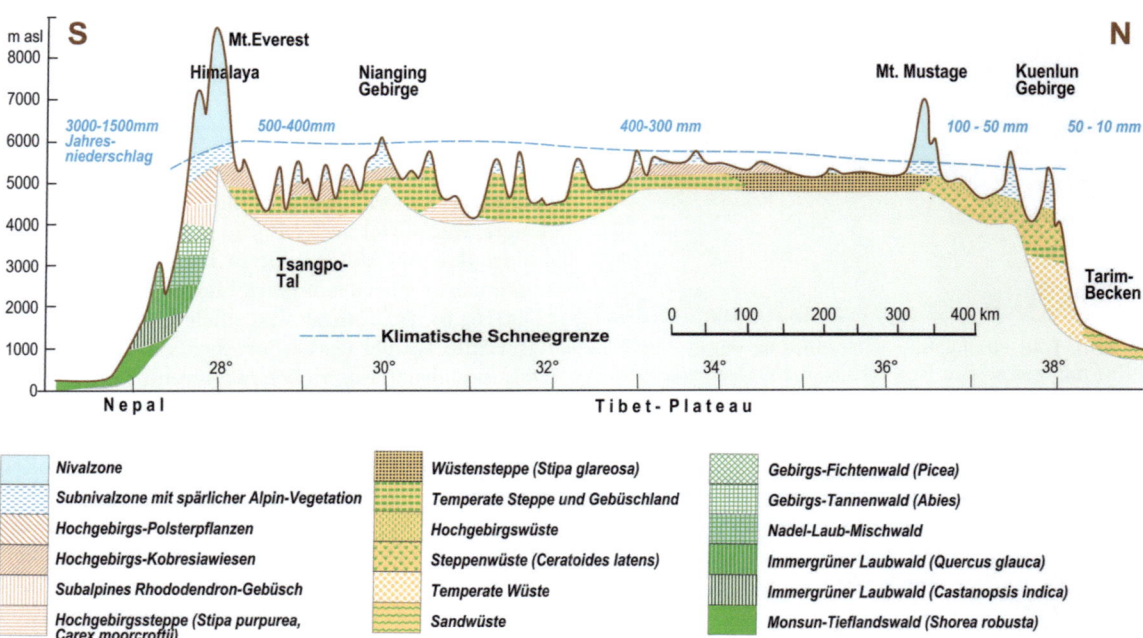

Abb. J-47: Profil durch Tibet von S nach N zwischen den Himalaya-Vorbergen von Nepal und dem Tarim-Becken mit Vegetationsformationen. Die Abnahme der Niederschläge von dem monsunbeeinflussten Süden bis den wüstenhaften Beckenlandschaften im Norden ist mit Zahlenwerten angegeben (verändert n. CHANG 1981).

ceratoides (früher *Ceratoides papposa* oder *Eurotia ceratoides*), *Artemisia rhodantha*, *Tanacetum pamiricum* oder *Stipa glareosa* sowie die Polsterpflanze *Acantholimon diapensioides*. Die Grenzen zwischen Hochgebirgswüsten, Wüstensteppen und den temperierten Steppen und auch anderen Vegetationseinheiten, die in ▶ Abb. J-47 dargestellt sind, sind oft sehr unscharf. Sehr klar abgegrenzt sind die in den Tälern an Bächen auftretenden alpinen Wiesen (▫ Abb. J-48) und in den Hochlagen die offenen *Kobresia*-Wiesen (▫ Abb. J-47). Die abfließenden Schmelzwässer bilden solche vernässten Flächen, Frostschuttsümpfe mit dem Riedgras *Kobresia tibe-*

tica, zum Teil auch „Salzseen". Auch Sanddünengebiete gibt es.

Das Wachstum an den trockenen Standorten ist äußerst langsam. *Krascheninnikovia ceratoides* gelangt erst nach 25 Jahren zur Blüte, erreicht dafür ein Alter von 100 bis 300 Jahren. Die Wurzelsysteme sind mächtig ausgebildet, und ihre Masse ist zehn- bis zwölfmal größer als die der Sprosssysteme. Die meisten Wurzeln findet man in 0 bis 40 cm Tiefe, also in den Bodenschichten, die sich im Sommer auf über 10 °C erwärmen. Seitlich streichen die Wurzeln über 2 m weit. Der Vorrat an ausnutzbarem Wasser in den oberen 100 cm des skelettreichen Bodens beträgt maximal 26 mm und minimal 5 mm. Das ist sehr wenig, reicht jedoch bei der spärlichen Vegetation für eine recht intensive Transpiration aus. Die Photosynthese ist nur in den Vormittagsstunden lebhaft. Die Tagesausbeute wird mit 25 mg/dm² Blattfläche angegeben. Die niedrigen Nachttemperaturen verhindern größere Atmungsverluste.

Drei Biogeozöne wurden untersucht (◘ Tab. J-5): Eine mit vorherrschender *Ceratoides* auf Schuttböden, eine zweite mehr steppenartige auf lehmigen Böden mit *Artemisia* und *Stipa glareosa* und eine dritte mit den niedrigen krautigen Polstern auf steinigen Böden mit relativ günstigen Wasserverhältnissen an Rinnen.

◘ **Abb. J-48** Hochgebirgswüste im Ost-Pamir (4.000 m NN) mit spärlichem Bewuchs von *Krascheninnikovia ceratoides* (Foto: E. Kleinn).

◘ **Tab. J-5** Phytomasse und Wasserverbrauch in Ost-Pamir

Faktoren	Biogeozöne		
	Wüste	Steppe	Polsterpflanzen
Deckung der Pflanzen in %	5-18	15-20	15-30
Phytomasse in t/ha	0,14-0,54	0,09-0,48	0,4-0,89
Transpiration (g·gFG⁻¹·h⁻¹)	0,3-0,9	0,1-0,7	0,1-0,19
Wasserverbrauch in mm während der Vegetationszeit	8-40	6-87	25-446

Man erkennt, dass ungeachtet der relativ hohen Transpirationsintensität der Wasserverbrauch der Biogeozöne in Millimeter so klein ist, dass er durch die Niederschläge gedeckt wird. Nur die krautigen Polsterpflanzen in der Nähe der Bachläufe erhalten zusätzliches Wasser durch Zufluss. Im Allgemeinen wird die Hälfte bis ein Drittel der Niederschläge zur Deckung der Transpiration der Pflanzen verbraucht.

Kompliziert sind die Verhältnisse bei den Orobiomen, denn die Höhenstufengliederung hängt sehr stark von den Niederschlägen ab. In Gebieten mit unter 100 mm fehlt eine eigentliche Schneegrenze, weil die geringe Schneemenge selbst in über 5500 m NN bei der starken Strahlung verdunstet (▶ Abb. J-42). Bis zur oberen Verbreitungsgrenze des Pflanzenwuchses bleibt die Wüste erhalten, während sonst in größeren Höhen alpine Steppen oder bei über 500 mm sogar alpine Wiesen auftreten. In der oberen alpinen Stufe spielen meist Polsterpflanzen eine bedeutende Rolle.

16 Der Mensch in der Steppe und kalten Wüste

Die Steppen bedeckten weite Gebiete der Nordhalbkugel. Sie ernährte unzählige wildlebende Weidetiere, die Büffel in der Prärie in Nordamerika, die Wildrinder und Wildpferde in Eurasien und wahrscheinlich noch viele andere Herbivore (LOZÁN et al. 2016a,b). In Zentralasien spielt auch heute noch das Echte Kamel (zweihöckerig) eine große Rolle. Die nomadisierende Lebensweise und die Möglichkeiten weiter Wanderungen haben in früheren Jahrtausenden und bis ins Mittelalter dazu geführt, dass asiatische Reitervölker bis nach Europa vorstoßen konnten.

Erst in jüngster Zeit wurde die Steppe und die Prärie fast vollständig für den Ackerbau gepflügt. Die Stauberosion der Prärien in den dreißiger Jahren, in Kasachstan in den sechziger Jahren haben zu großen Schäden und zu Desertifikation geführt.

Entscheidend für ein Leben in diesen Gebieten ist die Verfügbarkeit von Wasser, entweder von natürlichen Quellen (und damit Oasen) oder durch Tiefbrunnen, die heute an vielen Stellen gebohrt sind und Zisternen speisen. Darüber hinaus wird die spärliche Vegetation durch Viehherden (meist viele Schafe mit wenigen Ziegen, aber auch Rinder) genutzt, die große Aktionsräume brauchen. Die Beweidung der Steppen und Halbwüsten ist durch Überweidung, Degradierung und Bodenerosion zu einem akuten Problem geworden. Eine Lösung, die am ehesten Abhilfe verspricht, wäre der Ersatz der Haustierherden durch Wildtiere (CAMPBELL 1985). Die Steppenherbivoren sind hervorragend an ihre Umwelt angepasst, sie könnten das Gleichgewicht in den störanfälligen Ökosystemen wieder herstellen. Auf der gleichen Fläche könnten sie, wenn sie sachgemäß gehalten würden, mehr Fleisch liefern als Hausvieh. Rinder sollten den gemäßigten Breiten vorbehalten bleiben, auf Flächen, die auch eine intensive Beweidung vertragen.

17 Zonoökoton VI/VIII – Boreo-nemorale Zone

Im Gegensatz zu den bisher besprochenen Zonen erstreckt sich die boreale Nadelwaldzone mit einem **kalt gemäßigten Klima** auf der Nordhemisphäre im nördlichen Eurasien und Nordamerika (durch Meere unterbrochen) um den ganzen Erdball herum. Im Süden grenzt diese Zone im Bereich des ozeanischen Klimas an die nemorale Laubwaldzone, im Bereich des kontinentalen Klimas dagegen an die ariden Steppen oder Halbwüsten (◘ Abb. J-49).

Die Grenze zwischen der Laubwaldzone und der Nadelwaldzone ist nicht scharf; vielmehr ist hier ein boreo-nemorales Ökoton VI/VIII eingeschaltet, in dem entweder Mischbestände vorkommen von einigen Nadelholzarten (meistens Kiefern) mit Laubholzarten, oder aber eine makromosaikartige Durchmischung stattfindet mit reinen Laubwäldern an günstigen Standorten und auf besseren Böden und reinen Nadelwäldern auf ungünstigen Standorten mit armen Böden. Im östlichen Nordamerika sind es verschiedene *Pinus*-Arten, die in Mischbeständen vorkommen; im Gebiet der Großen Seen vor allen Dingen *Pinus strobus*, aber auch *Tsuga canadensis;* im Südosten *Juniperus virginiana*. Oftmals sind die Kiefern Pionierholzarten nach Waldbränden oder auf aufgelassenem Kulturland. Sie wachsen auf armen Böden rascher in die Höhe als die Laubhölzer und bilden deshalb eine obere Baumschicht. Die Verjüngung der Kiefern in solchen Mischbeständen ist jedoch, wenn der Laubholzunterwuchs dicht ist, schwierig. Die Kiefer hält sich deshalb nur dort, wo Feuer als immer wiederkehrender Faktor eine Rolle spielt. Es konnte nachgewiesen werden, dass Brände in diesen Wäldern namentlich auf sandigen Böden mit einer im Sommer trockenen Streuschicht auch ohne Zutun des Menschen durch Blitzschlag häufig entstehen. In Europa sind die Verhältnisse viel einfacher: Auf den armen fluvioglazialen Sanden, die sich als breiter Streifen vor den Endmoränen in Mittel- und E-Europa hinziehen, findet man im Gebiet, das klimatisch noch der Laubholzzone angehört, reine Kiefernwälder, die in E-Europa als 'Bor' bezeichnet werden. Auf besseren lehmigen

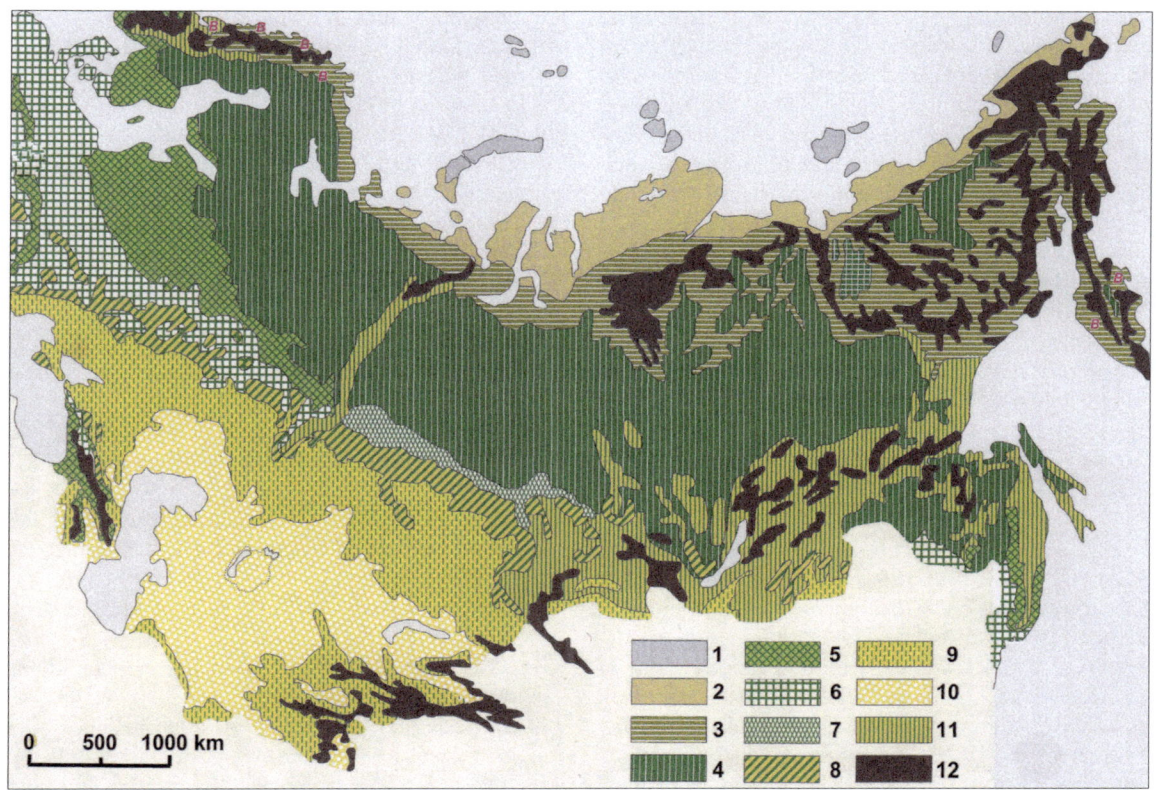

◘ **Abb. J-49** Vegetationszonen Euro-Sibiriens. **1** Arktische Wüste; **2** Tundra; **3** Zwergstrauch- und Waldtundra; **4** boreale Nadelwaldzone; **5** Mischwaldzone; **6** Laubwaldzone; **7** kleinblättrige Laubwälder; **8** Waldsteppe; **9** Grassteppe; **10** Halbwüsten und Wüsten; **11** Gebirgsnadelwälder; **12** alpine Zone.

Sandböden treten als untere Baumschicht Eichen auf; wir erhalten ein Querceto-Pinetum (Eichen-Kiefern-Mischwald) oder 'Subor'.

Auf lehmigen Böden gesellt sich die Hainbuche *(Carpinus betulus)* hinzu, so dass die Wälder, die man 'Sugrudki' nennt, dreischichtig sind (Carpineto-Querceto-Pinetum, Eichen-Hainbuchen-Kiefern-Mischwald). Auf Löss schließlich haben wir die zonalen Laubwälder mit Eiche in der oberen und *Carpinus* in der unteren Baumschicht, als 'Grud' bezeichnet. Eingriffe des Menschen verändern diese Wälder sehr stark: Waldbrände und Brennholzgewinnung durch Schlagen der Laubhölzer fördern die Kiefer; Nutzung der als Bauholz wertvollen Kiefer führt zu reinen Laubwäldern. Dazu kommt die Waldweide. In Mitteleuropa sind durch die Forstwirtschaft selbst in früheren reinen Laubwaldgebieten ausgedehnte Kiefernforste entstanden, zum Beispiel in der Oberrheinischen Tiefebene. Weiter nördlich (in Südskandinavien, mittl. Ost-Europa) spielen die Fichte *(Picea abies)* und die Eiche *(Quercus robur)* eine größere Rolle, die sich meist makromosaikartig durchdringen (KLÖTZLI 1975). Da die besseren Böden (die Eichenwaldstandorte) heute meist kultiviert werden, ist der Anteil der Fichte an den noch verbliebenen Wäldern gestiegen; sie wird außerdem durch die Forstwirtschaft begünstigt. Im eigentlichen Mitteleuropa sind die Fichtenforste in tiefen Lagen alle künstlich angelegt worden. Die „Verfichtung" der Landschaft hatte immer mehr zugenommen, denn die Forstwirtschaft wollte höhere Erträge erzielen. Aber in den letzten Jahrzehnten erkrankten infolge des „sauren Regens" und anderer Schadstoffeinträge sowie zusätzlicher Bodenverarmung nicht nur Tannen, sondern auch Fichten und die Laubbäume immer mehr.

Die Grenze zwischen der boreo-nemoralen und der eigentlichen borealen Zone entspricht in Europa der nördlichen Verbreitungsgrenze der Eiche. Sie verläuft in Südschweden am 60. Breitengrad, zieht sich dann entlang der Südküste von Finnland hin und verläuft von dort zur mittleren Kama, wo die Steppe an die boreale Zone grenzt.

18 Literatur

AGACHANJANZ, O.E. & BRECKLE S.-W. 1994: Umweltsituation in der ehemaligen Sowjetunion. Naturwiss. Rundschau **47**: 99-106

BRECKLE, S.-W. 1971: Vegetation in alpine regions of Afghanistan. In: DAVIS, P.H. et al. (eds.): Plant Life of South-West Asia. Proceed. of the Symposium 1970. Edinburgh: 107-116

BRECKLE, S.-W. 1973: Mikroklimatische Messungen und ökologische Beobachtungen in der alpinen Stufe des afghanischen Hindukusch. Bot. Jahrb. System. **93**: 25-55

BRECKLE, S.-W. 1974: Notes on alpine and nival flora of the Hindu Kush, East Afghanistan. Bot. Notiser (Lund) **127**: 278-284

BRECKLE, S.-W. 1983: Temperate Deserts and Semideserts of Afghanistan and Iran. In WEST, N.E. (ed.): Temperate Deserts and Semideserts. Ecosystems of the World (ed.: Goodall, D. W.), Elsevier, Amsterdam **5**: 271-319

BRECKLE, S.-W., AGACHANJANZ, O.E. & WUCHERER, W. 1998: Der Aralsee: Geoökologische Probleme. Naturwissen. Rundschau **51**: 347-355

BRECKLE, S.-W. & GELDYEVA, G.V. 2012: Dynamics of the Aral Sea in geological and historical times. In: BRECKLE, S.-W., DIMEYEVA, L., WUCHERER, W. & OGAR, N.P. (eds.): Aralkum – a man-made desert. The desiccated floor of the Aral Sea (Central Asia). Ecol. Studies **218**: 13-35

BRECKLE, S.-W., HEDGE, I.C. & RAFIQPOOR, M.D. 2013: Vascular Plants of Afghanistan – an augmented Checklist. Scientia Bonnensis, Bonn, Manama, New York, Florianópolis, 598 S.

BRECKLE, S.-W., WUCHERER, W., AGACHANJANZ, O.E. & GELDYEV, B.V. 2001: The Aral See crisis region. In: BRECKLE, S.-W., VESTE, M. & WUCHERER, W. (eds.): Sustainable land-use in desert. Springer, Berlin: 27-37

BURROWS, C. J. 1990: Processes of vegetation change. U. Hyman/London 551 S.

CAMPBELL, B. 1985: Ökologie des Menschen. Harnack, München 232 S.

CHANG, D.H.S. (1981) The vegetation zonation of the Tibetan Plateau. Mountain Research and Development **1** (1): 29-48. DOI: 10.2307/3672945

DJAMALI, M., BREWER, S., BRECKLE, S.-W., JACKSON, S.T. 2012: Climatic determinism in phytogeographic regionalization: a test from the lrano-Turanian region. SW and Central Asia. Flon-Morphology, Distibution, Functional Ecology of plants **207**: 237-249

DOKUTSCHAJEV, U.V. 1898: Zur Lehre über die Naturzonen. St. Petersburg (Russ.)

DONIGIAN, A.S.j. et al. 1995: Modeling the impacts of agricultural management practices on soil carbon in the central U.S. Soil management and greenhouse effect. CRC Press, Boca Raton: 121-135

FREITAG, H. 1971a: Die natürliche Vegetation des südostspanischen Trockengebiets. Bot. Jahrb. **91**: 147-208

FRENCH, N. R. (ed.) 1979: Perspectives in grassland ecology. Ecol. Stud. **32**: 204 S.

GLINKA, K.D. 1914: Die Typen der Bodenbildung. Berlin 215 S.

GRADMANN, R. 1950: Das Pflanzenleben der Schwäbischen Alb. Albverein, Stuttgart, 449 P.

HAGER, J. 1087: Posterförmige Zwergsträucher auf Kreat und in Patagonien. Natur und Museum **117**: 105-132

KLÖTZLI, F. 1975: Edellaubwälder im Bereich der

südlichen Nadelwälder Schwedens. Ber. Geobot. Inst. Rübel **43**: 23-53

KLÖTZLI, S. 1997: Umweltzerstörung und Politik in Zentralasien - eine ökoregionale Systemuntersuchung. Europäische Hochschulschriften **4** (17); Peter Lang, Bern 292 S.

KÜCHLER, A. W. 1974: A new vegetation map of Kansas. Ecology **55**: 586-604

LEVINA, F.J. 1964: Die Halbwüstenvegetation der nördlichen Kaspischen Ebene. 344 S., Moskau-Leningrad (Russ.).

LEWIS, J.P. & COLLANTES, M.B. 1975: La vegetacion de la Provincia de Santa Fe. Bol. Soc. Argentina de Bot. **16**: 151-179.

LOZÁN, J.L., BRECKLE, S.-W, MÜLLER, R. & RACHOR, E 2016a: Warnsignal Klima: Die Biodiversität. Wissenschaftliche Auswertungen. www.warnsignal-klima.de

LOZÁN, J.L., BRECKLE, S.-W, & RACHOR, E 2016b: Vom Mensch bedingte Biodiversitätsänderungen seit Ende der letzten Eiszeit. In: LOZÁN, J.L., BRECKLE, S.-W., MÜLLER, R. & RACHOR, E 2016 (see below): 68-74

MOSBRUGGER, V., FAVRE, A., MUELLER-RIEHL, A.N, PÄCKERT, M. et al. 2018: Cenozoic Evolution of Geobiodiversity in the Tibeto-Himalayan Region. In: HOORN, C., PERRIGO, A. & ANTONELLI, A. (eds.): Mountains, Climate and Biodiversity. J. Wiley & Sons Ltd.: 429-448

STANJUKOVITSCH, K.V. 1973: Die Gebirge der USSR. 412 S. Duschanbe (Russ.)

VON WISSMANN, H. 1961: Stufen und Gürtel der Vegetation und des Klimas in Hochasien und seinen Randgebieten (Teil B). Erdkunde **15**: 19-44

WALTER, H. 1968: Die Vegetation der Erde, Bd. II: Gemäßigte und arktische Zonen. 1001 S., Fischer, Jena-Stuttgart

WALTER, H. 1975a: Über ökologische Beziehungen zwischen Steppenpflanzen und alpinen Elementen. Flora **164**: 339-346

WALTER, H. 1976: Die ökologischen Systeme der Kontinente (Biogeosphäre). Prinzipien ihrer Gliederung mit Beispielen, Fischer, Stuttgart 131 S.

WALTER, H. 1990: Vegetationszonen und Klima. 6. Aufl., Ulmer/Stuttgart 382 S.

WALTER, H. & ALECHIN, W.W. 1936: Grundlagen der Pflanzengeographie. Moskau-Leningrad (Russ.)

WALTER, H. & BOX, E.O. 1983: Overview of Eurasian continental deserts and semideserts. In: Ecosystems of the World vol. **5**: 3-269, Amsterdam

WALTER, H. & BRECKLE, S.-W. 1999: Vegetation und Klimazonen. 7. Auflage, Ulmer-Stuttgart, 544 S.

WUCHERER, W., BRECKLE, S.-W. & BURAS, A. 2012: Primary Succession in the Aralkum. In: BRECKLE, S.-W., DIMEYEVA, L., WUCHERER, W. & OGAR, N.P. (eds.): Aralkum – a man-made desert. The desiccated floor of the Aral Sea (Central Asia). Ecol. Studies **218**: 161-198

Die Kaiserkrone (*Fritillaria imperialis*) ist in den Gebirgen Irans und Afghanistans (Orobiom VII) nicht selten, hier aus dem Panshirtal aus 2800m Höhe (Foto: M Keusgen)

Kiefern-Fichten-Taiga (Zonobiom VIII) im südlichen Finnland am Nuuksio (Foto: Breckle)

Linnaea borealis in der Krautschicht der nördlichen Taiga (Zonobiom VIII) in Finnland (Foto: Breckle)

II Spezieller Teil

Teil K - ZB VIII: Zonobiom der Taiga bzw. des kaltgemäßigten borealen Klimas

1. Klima und Böden
2. Die Nadelholzarten der borealen Zone
3. Die ozeanischen Birkenwälder im ZB VIII
4. Die europäische boreale Waldzone
5. Zur Ökologie des Nadelwaldes
6. Die sibirische Taiga
7. Extrem kontinentale Lärchenwälder Ostsibiriens mit den Thermokarsterscheinungen
8. Orobiom VIII - Gebirgstundra
9. Der Mensch in der Taiga
10. Zonoökoton VII/IX (Waldtundra) und die polare Wald- und Baumgrenze
11. Literatur

Flechten-Kiefernwald (Zonobiom VIII), eine Taiga mit einem dichten Teppich aus Strauchflechten (*Cetraria, Cladonia, Alectoria* etc.) in der Krautschicht bei Begna-Stormyrhaugen, Ost-Norwegen (Foto: E. Fischer)

1 Klima und Böden

Die eigentliche boreale Zone (▶ Abb. J-49), das **Zonobiom VIII** beginnt dort, wo das Klima für die Hartholz-Laubholzarten zu ungünstig wird, das heißt, wo die Sommer zu kurz und die Winter zu lang werden. Im Klimadiagramm erkennt man es daran, dass die Dauer der Zeit mit Tagesmitteln über 10 °C unter 120 Tage sinkt und die kalte Jahreszeit über sechs Monate dauert (◘ Abb. K-1). Diese Zone ist auf der Karte der Ökoklimate (▶ Abb. A-50) als kaltgemäßigte Region mit 3-4 thermischen Vegetationsmonaten gekennzeichnet und trotz der einheitlichen Vegetationsbedeckung nach den Humiditätsstufen in vier Kategorien unterteilt. Die Nordgrenze der borealen Zone gegen die Arktis liegt dort, wo etwa nur 30 Tage mit Tagesmitteln über 10 °C und eine kalte Jahreszeit von acht Monaten für das Klima typisch sind.

Allerdings darf man bei der weiten Erstreckung dieser Zone nicht von einem einheitlichen Klima sprechen, sondern man muss ein mehr kalt-ozeanisches Klima mit einer relativ geringen Amplitude der Temperaturen und ein kalt-kontinentales unterscheiden, bei dem im extremen Fall die Spanne zwischen dem Temperaturmaximum (+30 °C) und -minimum (-70 °C) 100 K erreichen kann. Ebenso ändern sich die Temperaturverhältnisse von N nach S.

2 Die Nadelholzarten der borealen Zone

Bedingt durch die klimatischen Vorgaben lassen sich folgende Subzonobiome unterscheiden: Ein nördliches, ein mittleres, ein südliches (jeweils mit immergrünen Coniferen) und ein extrem kontinentales (mit der sommergrünen *Larix*). Davon abgetrennt werden müssen die ozeanische Ausprägung mit Birken in NW-Europa und NE-Asien.

Ähnlich gegliedert, aber nicht so ausgedehnt, ist die Taiga auch in Kanada und Alaska.

Im ozeanischen Bereich spielen Birkenarten (*Betula*) eine wichtige Rolle (AHTI & JALAS 1968). Die floristische Zusammensetzung der Baumschicht ist über die riesigen Entfernungen hinweg natürlich verschieden. Für die Nadelwälder gilt, dass die Zahl der Nadelholzarten in N-Amerika und E-Asien sehr groß ist, im eurosibirischen Raum dagegen sehr klein. Als Ursache spiegelt sich hier die gleiche Vegetationsgeschichte wieder, wie schon im ZB VI.

In N-Amerika haben wir sehr viele Arten der Gattungen *Pinus, Picea, Abies, Larix,* aber auch *Tsuga, Thuja, Chamaecyparis* und *Juniperus,* die jedoch mehr der Übergangszone angehören. Die Arten dieser Gattungen an der pazifischen Küste sind andere als im östlichen Teil. Nur die Schimmelfichte (*Picea glauca*) geht von Neufundland bis zur Beringstraße. An der Baumgrenze gegen die Arktis wachsen außerdem die Schwarzfichte (*Picea mariana*), die sonst meist auf armen Böden auftritt, ebenso wie *Larix laricina* in den kontinentalen Gebieten. Dazu kommen *Abies balsamea* und *Thuja occidentalis,* wie auch *Pinus banksiana,* letztere insbesondere auf Brandflächen. Sehr verschiedene Arten findet man in der Nadelwaldstufe der Gebirge.

Im Gegensatz dazu spielen in der borealen Zone Europas nur die Fichte (*Picea abies*) und die Kiefer (*Pinus sylvestris*) eine Rolle. Erst im östlichen Teil wird die Fichte durch die nahe verwandte sibirische Art, *Picea obovata,* abgelöst, und es kommen *Abies sibirica, Larix sibirica* und *Pinus sibirica,* eine Unterart der Arve (*Pinus cembra*) hinzu. Der Anteil der Fichte nimmt ab, im kontinentalen Ostsibirien fehlt sie ganz. Zugleich tritt dort an die Stelle von *Larix sibirica* die *L. dahurica*. Allein die Lärchenwälder bedecken in Sibirien 2,5 Mill. km². Im nordjapanischen Raum nimmt die Zahl der Nadelholzarten wieder stark zu.

Im nordeuropäischen Raum sind die Spuren der Eiszeit allgegenwärtig. Gerade im Gebiet der europäischen Taiga (Skandinavien) ist die Umgestaltung der Landschaft durch die großen Inlandseismassen und deren Abschmelzen vor allem an der Entstehung der Ostsee zu erkennen (◘ Abb. K-2). Erst vor wenigen tausend Jahren ist die Ostsee in der heutigen Form entstanden. In den umliegenden Landschaften sind die glazialen Spuren an der Bildung zahlloser Toteisgewässer (◘ Abb. K-3) und an den verschiedenen Ablagerungen (Moränen, Geschiebe etc.) ablesbar.

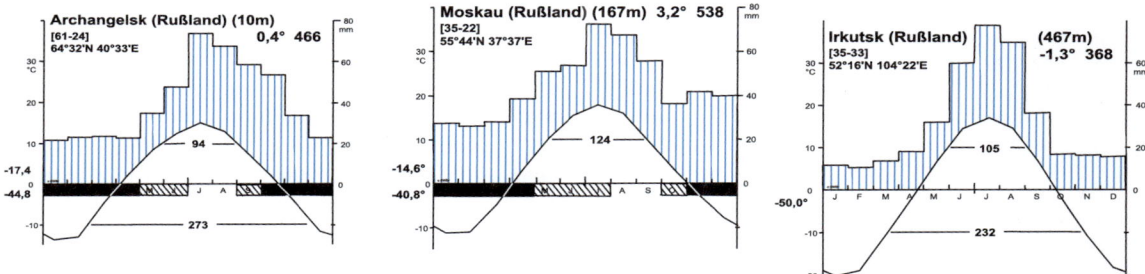

◘ **Abb. K-1** Klimadiagramme aus der borealen Zone N-Europas (Archangalsk), der Mischwaldzone (Moskau) und der borealen Zone Sibiriens (Irkutsk). Bei horizontalen Strichen Zahl der Tage mit Mittel über +10 °C (oben) und über -10 °C (unten).

> **Box K-1** Merkmale des Zonobioms VIII
>
> Das Zonobiom VIII ist gekennzeichnet durch lange, kalte Winter und kurze Sommer, im Laufe des Jahres treten extrem große Temperaturschwankungen auf. ZB VIII nimmt in Eurasien riesige Flächen ein: entsprechend kann man mehrere Subzonobiome unterscheiden.

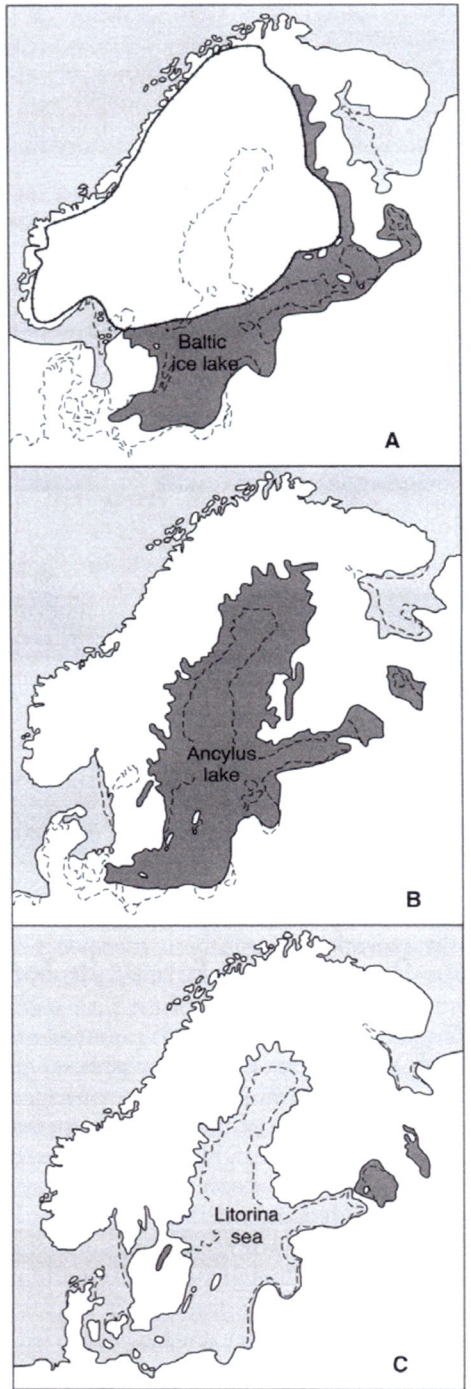

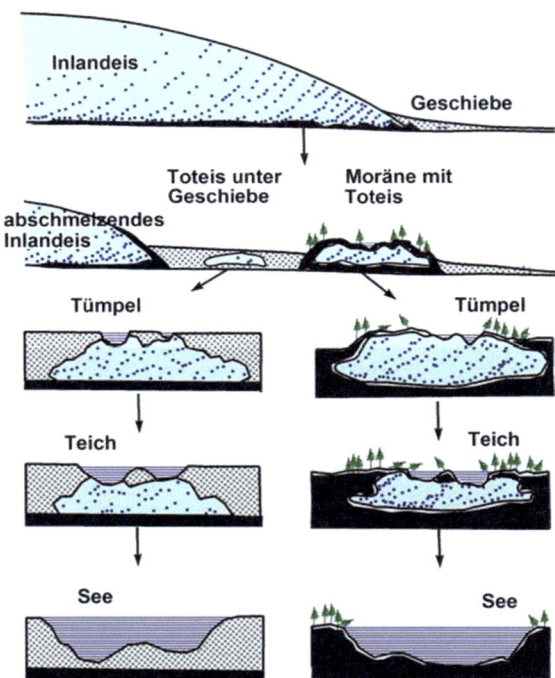

Abb. K-3 Bildung von Gewässern nach Abschmelzen des Toteises im Geschiebe (links) und im Moränenmaterial (rechts).

Abb. K-2 Spätglaziale und holozäne Entwicklung der Ostsee. A Baltischer Eissee mit Süßwasser (vor 10200 Jahren); B Ancylus-See mit Süßwasser (vor 8000 Jahren); C Litorina-Meer (vor etwa 5.000 Jahren) (aus DIERßEN 1996).

3 Die ozeanischen Birkenwälder im ZB VIII

Die starken Unterschiede in der Kontinentalität quer durch die Taigazone Eurasiens machen sich floristisch, wie bereits besprochen, deutlich bemerkbar. Im ozeanischen Klimabereich am Atlantik in Norwegen einerseits, am Pazifik in Kamchatka andererseits, treten lichte Wälder aus Birken und Kiefern auf. In Norwegen fehlt die Fichte fast ganz, eine Taigazone ist somit eigentlich nicht entwickelt. Die Baumgrenze wird in Nordskandinavien von *Betula tortuosa* (mit *B. alba* nahe verwandt) gebildet (◘ Abb. K-4). *Betula tortuosa* ist niederwüchsig mit einem unregelmäßig gekrümmten Stamm ('Betrunkene Bäume') (◘ Abb. K-5).

Ähnlich aussehende lichte Wälder treten in Kamchatka auf. Dort bildet *Betula ermanii*, zum Teil mit der Krummholzkiefer *Pinus pumila*, wiederum die polare Waldgrenze. In den Wäldern Kamchatkas dominiert *Betula ermanii*, die ein sehr schweres Holz bildet (spezifisches Gewicht >1; daher der Name Steinbirke) und die mehrere hundert Jahre alt werden kann. Ihre Verbreitung ist sehr groß, sie erreicht auch Japan und Korea. Vereinzelt sind noch andere Birken (*B. japonica*, *B. middendorfii*) und *Larix*-Arten beigemischt (*L. gmelinii*, *L. kamtschatica*, *L. cajanderii*). Auch die kamchatischen Wälder gehören im strengen Sinne nicht zur Taiga. Nur selten kommen auch Fichtenwälder vor (mit *Picea ajanensis*).

Abb. K-4 Waldtundra in mit einem Mosaik von Waldparzellen aus *Betula tortuosa* und Zwergstrauchtundra bei Abisko (N-Schweden) (Foto: Breckle).

Abb. K-5 Niederwüchsige Bäume von *Betula tortuosa* mit einem unregelmäßig gekrümmten Stamm ('Betrunkene Bäume') in der Baumtundra der Halbinsel Kola (Foto: O. Agachanjanz).

4 Die europäische boreale Waldzone

Typisch für das Zonobiom VIII in N-Europa ist der dunkle Fichtenwald, als Taiga bezeichnet, auf Podsolböden mit einer Rohhumusschicht, einem Bleichhorizont und einem verdichteten B-Horizont (▪ Abb. K-6). Solche Böden bilden sich in der humiden borealen Zone auf jedem Muttergestein aus, aber umso ausgeprägter, je basenärmer dieses ist. Die Streu der Fichte ist schwer zersetzbar und liegt über dem A_0-Horizont, der aus organischer Masse besteht, die durch die Rhizome und Wurzeln der Zwergsträucher sowie Pilzmyzelien verflochten ist und als Rohhumusschicht bezeichnet wird. Sie lässt sich leicht von dem darunter liegenden A_1-Horizont (humushaltiger Mineralboden) abheben (daher auch Auflagehumus oder Trockentorf genannt). Die im Rohhumus gebildeten Humussäuren wandern mit dem Regenwasser in die Tiefe und bewirken eine völlige Auslaugung der Basen und Sesquioxide Fe_2O_3, Al_2O_3), so dass im A_2-Horizont nur ausgebleichter feiner Quarzsand verbleibt (Bleichhorizont). An der Grenze des nicht ausgelaugten Untergrundes werden die Humussole mit den Sesquioxiden infolge der Abnahme der Azidität oder durch den Wasserentzug der Baumwurzeln ausgefällt. Es bildet sich der B-Horizont, der dunkelbraun (Humuspodsole) oder rostrot (Eisenpodsole) gefärbt ist.

Im Fichtenwald kann man außer der Baumschicht noch eine Krautschicht und eine geschlossene Moosschicht unterscheiden. In der Krautschicht herrscht die Heidelbeere (*Vaccinium myrtillus*) vor, in trockenen Waldtypen auch die Preiselbeere (*Vaccinium vitis-idaea*) oder in der südlichen Zone häufig der Sauerklee (*Oxalis acetosella*). Sehr charakteristisch sind außerdem *Lycopodium annotinum*, *Maianthemum bifolium*, *Linnaea borealis*, *Listera cordata*, *Pyrola* (*Moneses*) *uniflora* u.a. Bei hohem Grundwasserstand nimmt die Rohhumusanreicherung zu, leitet zur Torfbildung über und führt zur Hochmoorbildung (▶ Abb. K-18). In der Moosschicht herrscht dabei zuerst *Polytrichum* und im späteren Stadium das Torfmoos (*Sphagnum*) vor. Tritt die Vernässung durch fließendes, sauerstoffreiches Grundwasser ein, dann gehen die Fichtenwälder in Auenwälder über.

Abb. K-6 Podsolböden bilden sich in der humiden borealen Zone auf jedem Muttergestein aus. Ihre Besonderheit ist die Entstehung des Bleichhorizonts A_2 (Foto: Breckle).

Neben den Fichtenwäldern ist in der borealen Zone der Anteil der Kiefernwälder immer sehr groß. Die Kiefer (*Pinus sylvestris*) verdrängt die Fichte an trockenen Standorten. Die Krautschicht dieser lichten Wälder wird von dem Heidekraut (*Calluna vulgaris*) zusammen mit Preiselbeere gebildet, in der Moosschicht stellen sich viele Flechten *(Cladonia, Cetraria)* ein; charakteristische Arten der Krautschicht sind *Pyrola*-Arten, *Goodyera repens, Lycopodium complanatum* u. a. Aber die Kiefer ist oft auch an für die Fichte günstigen Standorten verbreitet, jedoch nur nach Waldbränden, die auch durch Blitzschlag entstehen können. Auf den Brandflächen tritt oft eine Massenentwicklung von *Molinia coerulea, Calamagrostis epigeios* oder *Pteridium aquilinum* auf, wobei diese Reihenfolge einer zunehmenden Trockenheit entspricht.

Von den Baumarten kommen auf solchen Brandflächen die Birke und Espe am raschesten hoch; sie werden dann durch die Kiefer verdrängt. Unter der Kiefer wächst langsam die Fichte heran. In Nordschweden hält sich das Birkenstadium 150 Jahre, das Kiefernstadium 500 Jahre. Oft tritt ein neuer Brand auf, bevor das der zonalen Vegetation entsprechende Fichtenstadium erreicht ist. Der große Anteil der Kiefer ist deshalb verständlich. Die Kiefer fehlt nur an feuchten Standorten mit geringer Feuergefahr. Entsprechende Wälder findet man in Nordamerika, nur sind sie floristisch etwas reicher.

Abb. K-7 Kiefern-Fichten-Taiga, südlich von St. Petersburg, mit großen Windwürfen und dadurch hochstehenden Wurzeltellern (zum Größenvergleich: Prof. Okmir Agachanjanz). In der Krautschicht dominieren *Vaccinium*-Arten, tiefere Stellen sind vermoort, es sind kleine *Sphagnum*-Senken (Foto: Breckle).

5 Zur Ökologie des Nadelwalds

Je dichter der Bestand ist, desto weniger dringen die Sonnenstrahlen bis zum Boden durch. Unter einem Fichtenwald ist deshalb der Boden um 2 K kälter als an offenen Stellen. Auch die Schneedecke ist weniger mächtig, so dass der Boden tiefer gefriert. Die Frosttiefe betrug im Boden eines dichten Bestandes 85 cm gegenüber 50 cm im gelichteten Bestand, in dem der Bodenfrost Anfang Juni verschwand, während er sich im dichten Bestand bis Anfang August hielt.

Die Fichte wurzelt sehr flach in den oberen 20 cm und bei hohem Grundwasserstand noch flacher (◻ Abb. K-7). Eine ständig gute Wasserversorgung bei einem mittleren Grundwasserstand ist für eine hohe Produktion der Fichtenwälder notwendig. Die tiefer wurzelnde Kiefer ist gegen Bodentrockenheit nicht so empfindlich. Die gesamte jährliche Wasserabgabe der typischen Fichtenwälder beträgt in der nördlichen Taiga etwa 250 mm, in der mittleren 350 mm, in der südlichen 450 mm. Die mittlere Produktion an organischer Masse ist 5,5 t/ha im Jahr, der Holzzuwachs 3 t/ha, in der südlichen Taiga dagegen bis 5 t/ha. Der größte jährliche Zuwachs wird im Norden von Waldbeständen erst im Alter von 60 Jahren erreicht, im Süden schon im Alter von 30 bis 40 Jahren. Die Phytomasse der Baumschicht beträgt bei Kiefernwäldern maximal 270 t/ha, die des Unterwuchses in alten Beständen bis zu 20 t/ha. Ähnliche Angaben aus einem Kiefernwald Mittelschwedens sind in ◻ Abb. K-8 zusammengestellt.

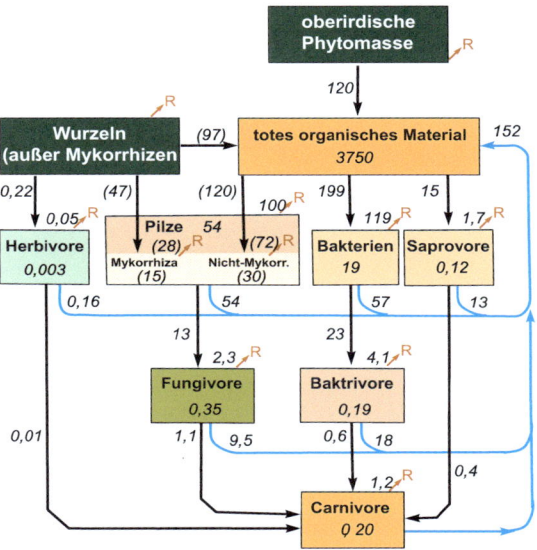

Abb. K-8 Kohlenstoffvorräte (in Kästchen in g C/m^2) und Kohlenstoffflüsse (Pfeile in g C·m^{-2}·J^{-1}) in einem Kiefernwald in Mittelschweden. Der Mineralboden ist bis in 30 cm Tiefe einbezogen. Pfeile mit R: Atmungsverluste. Blaue Linien kennzeichnen den Transport über abgestorbene Organismen oder über Ausscheidungen. Werte in Klammern sind unsicher (verändert nach DIERßEN 1996).

Die Masse der während des Heranwachsens alter Bestände gebildeten Streu kann 1.000 t/ha überschreiten; sie wird jedoch nicht aufgespeichert, sondern ständig abgebaut, bis ein Gleichgewicht zwischen Zugang und Abgang bei einer Streumasse von 50 t/ha erreicht ist. Nur bei der Torfbildung wird organische Masse gespeichert. Unter solchen ungünstigen Verhältnissen ist der jährliche Zuwachs an Trockenmasse der Baumschicht oft geringer als der der übrigen Schichten, zum Beispiel im krautigen Fichten-Sumpfwald bei der Baumschicht 850 kg/ha (insgesamt 1.906 kg/ha), im Kiefernhochmoor bei der Baumschicht 104 kg/ha (insgesamt 1780 kg/ha). Der Blattflächenindex ist relativ hoch, da mindestens zwei Jahrgänge von Nadeln vorhanden sind (bei Kiefernwäldern der boreo-nemoralen Zone LAI = 9 bis 10, bei Fichtenwäldern der Taiga über 11).

Die Nadelbäume besitzen stets eine **ektotrophe Mykorrhiza**, wodurch der Bereich des Wurzelsystems durch die Pilzhyphen stark erweitert wird. Auf diese Weise sind die in der Rohhumusschicht enthaltenen Nährstoffe für die Bäume leichter zugänglich. Die Baumwurzelkonkurrenz ist für die Arten der Krautschicht sehr groß. Auf flachgründigen Granitböden können die Kiefern alles Wasser verbrauchen, so dass die Krautschicht ganz fehlt und der Boden nur mit Flechten bedeckt ist (◘ Abb. K-9). Unter diesen Umständen kann kein Kiefernjungwuchs aufkommen, obgleich die Lichtverhältnisse günstig sind. Er stellt sich nur dort ein, wo ein alter Baum abstirbt (▶ Abb. K-7) und die Wurzelkonkurrenz fehlt. Bei größerer Bodenfeuchtigkeit macht sich die Wurzelkonkurrenz durch den Wettbewerb um den Stickstoff bemerkbar, den die Baumwurzeln aufnehmen, so dass sich nur äußerst anspruchslose Zwergsträucher (*Vaccinium myrtillus*) halten können. Durchschneidet man jedoch die Baumwurzeln, um deren Konkurrenz auszuschalten, so stellen sich bei unveränderten Lichtverhältnissen anspruchsvollere Arten ein, wie *Oxalis acetosella* oder sogar die nitrophile Himbeere (*Rubus idaeus*), die sonst nur auf Lichtungen auftritt, wo ebenfalls die Baumwurzelkonkurrenz fehlt. Es ist also oft nicht der Lichtfaktor, der die Zusammensetzung der Krautschicht bestimmt, sondern die Menge der für die Kräuter zur Verfügung stehenden Nährstoffe.

◘ **Abb. K-9** Trockener Flechten-Kiefernwald in Mittelnorwegen bei Grimsdalen (350 mm Jahresniederschlag). Die Krautschicht besteht fast ausschließlich aus einem dichten bis 25 cm hohen Teppich aus Strauchflechten (*Cetraria, Cladonia, Alectoria* etc.) (Foto: Breckle).

Über den Wasserhaushalt eines Fichtenwaldes in Schweden werden folgende Angaben gemacht:

Von den Niederschlägen geht ein großer Teil durch die Benetzung der Kronen verloren (Interzeption), und zwar sind es etwas über 50% (bei den weniger dichten osteuropäischen Beständen sind es nur 30%). Auch die Moos- und Streuschicht hält weiteres Wasser zurück, so dass nur etwa ⅓ der Niederschläge den Wurzeln zur Verfügung steht. Es waren in den Sommermonaten 90 mm, in den übrigen 202 mm, also zusammen 292 mm. Diese werden fast restlos durch die Transpiration des 40jährigen Bestandes verbraucht. An feuchten Standorten werden sogar 378 mm durch Transpiration an die Atmosphäre abgegeben; aus diesem Grund muss ein Teil der Wasserverluste durch Entnahme aus dem Grundwasser gedeckt werden.

Die meisten ökophysiologischen Untersuchungen wurden in der Fichtenstufe der Alpen ausgeführt, doch dürften die Verhältnisse in der borealen Zone zumindest teilweise analog sein.

Die rege Transpiration geht parallel mit einer entsprechend intensiven Photosynthese. Bei der Fichte kann man Sonnen- und Schattennadeln unterscheiden. Die Verhältnisse erinnern an die der Buche. Als Unterschied zu dieser beginnt die aktive Periode bei der immergrünen Fichte im Frühjahr sehr zeitig und geht im Herbst bis zum Auftreten vereinzelter Fröste weiter. Für den Reingewinn an Trockensubstanz sind die Jahreszeiten mit niedrigen Nachttemperaturen und somit geringen Atmungsverlusten besonders günstig. Nach einer Frostnacht wird die Photosynthese allerdings vorübergehend gehemmt, doch erst nach Beginn der eigentlichen Kälteperiode verfällt die Fichte in eine Dauerruhe und assimiliert selbst an sonnigen Tagen nicht mehr.

Zugleich sinkt aber auch die Atmung auf so niedrige Werte, dass sie kaum messbar ist und keine wesentlichen Stoffverluste verursacht. In dieser Zeit verlieren die Nadeln ihre frische grüne Färbung, und die Chloroplasten sind unter dem Mikroskop schwer erkennbar.

Nach einer langen Kälteperiode braucht die Photosynthese im Frühjahr eine gewisse Anlaufzeit, bis sie wieder normal verläuft. Es muss zunächst der photosynthetische Apparat wieder aktiviert werden. Bei den Arven im Gebirge wurde festgestellt, dass junge Bäumchen unter Schnee mit grünen Nadeln überwintern und dann im Frühjahr bei höheren Temperaturen sofort mit der CO_2-Assimilation beginnen.

Der Übergang zur Winterruhe ist mit einer Abhärtung verbunden, das heißt mit einer starken Zunahme der Frostresistenz. Dieselben Vorgänge wie bei entlaubten Laubbäumen lassen sich bei den immergrünen Nadelbäumen der borealen Zone beobachten. Die Abhärtung ist noch viel eindeutiger. Während die Fichtennadeln im nicht abgehärteten Zustand im Herbst schon durch Fröste von -7 °C abgetötet werden, halten sie im Winter Temperaturen von fast -40 °C ohne Schaden aus. Sehr empfindlich schon gegen leichten Frost sind die ganz jungen Fichtentriebe im Frühjahr. Sie können daher durch Spätfröste geschädigt werden.

Die Frosthärte der Nadeln lässt sich auch künstlich verändern, und zwar die Abhärtung durch Einwirkung tiefer Temperatur vor allem im Spätherbst und Frühjahr, die Enthärtung durch normale Zimmertemperatur insbesondere im Dezember und Spätwinter. Die Abhärtung bedingt, dass Frostschäden bei Nadelhölzern am natürlichen Standort nicht beobachtet werden, selbst nicht in Sibirien bei Temperaturen unter -60 °C. Infolge der Winterruhe halten die Nadelbäume auch den polaren Winter bei völliger Dunkelheit aus. Die Anpassungsfähigkeit ist artspezifisch verschieden, was in der Verbreitung der einzelnen Arten zum Ausdruck kommt. Nur wenige Arten halten die extrem kontinentalen sibirischen Winter aus, die nadelabwerfende Lärche besser als die immergrünen Arten. Sicher sind auch innerhalb einer Art Unterschiede je nach der Provenienz vorhanden. Fichten aus den Alpen werden sich anders verhalten als solche aus der nördlichen borealen Zone, Fichten von der oberen Baumgrenze anders als solche tiefer Lagen. Schon die Baumform ist verschieden; je extremer die Bedingungen sind, desto spitzkroniger werden die Bäume, das heißt das Wachstum der Seitenzweige wird stärker gehemmt als das des Haupttriebes. Auch bei der Kiefer lässt sich im polaren Gebiet dasselbe feststellen.

Ob nun diese Baumform durch Auslese von Mutanten zustande kommt, die weniger unter Schneebruchgefahr leiden, ist schwer zu sagen, denn dieselbe Erscheinung wird bei der Tanne in Albanien an der unteren, das heißt der Trockengrenze beobachtet, wo Schneebruchgefahr nicht besteht; es scheint vielmehr, dass bei allgemein ungünstigen Bedingungen die Hemmung der Seitenzweige früher eintritt als beim Haupttrieb (unter ungünstigen Lichtverhältnissen ist es umgekehrt). In Utah (N-Amerika) besaßen zum Beispiel *Picea*, *Abies* und *Pseudotsuga* an trockenen Hängen extrem spitze Kronen, auf dem Talboden dagegen stumpfe bei gleicher Schneebruchgefahr.

Ein weiteres Phänomen muss hier noch erwähnt werden: die **Regenerationswellen**. An Nadelwäldern in Japan hat man schon lange beobachtet, dass breite Streifen abgestorbener Bäume allmählich weiterwandern und durch eine neue Welle von nahezu gleichaltrigem Jungwuchs ersetzt werden. Dieses sogenannte **Shimagare-Phänomen** (Abb. K-10 und Abb. K-11) kommt nur in monospezifischen Wäldern mit einer nahezu gleichaltrigen Altersstruktur der Bäume zustande, die meist als natürliche Monokultur sehr dicht aufwachsen.

Abb. K-10 Schematisches Transekt durch einen *Abies balsamea*-Wald (Maine, NE-USA), der eine Regenerationswelle aufweist, wie dies auch als Shimagare-Phänomen (▶ Abb. K-11) aus Japan bekannt ist (verändert nach SPRUGEL 1976, aus BURROWS 1990).

Abb. K-11 *Abies veitchii*-Wald am Shimagare-Hang (Japan. Alpen) mit einer Absterbewelle. Von links beginnt eine Regenerationswelle (Foto: Breckle).

Dieses natürliche Waldsterben setzt nicht nur bestimmte, wenn auch seltene Ereignisse voraus (Stürme, Feuerstreifen), die zu einer Synchronisierung der Altersjahrgänge beitragen, sondern es ist auch ein Beispiel räumlicher Selbstorganisation, wobei gleichaltrige Kohorten von Bäumen synchron absterben und Jungwuchs synchron nachfolgt (MUELLER-DOMBOIS 1987, IWASA et a. 1991, JELTSCH 1992).

6 Die Sibirische Taiga

Im ganzen eurasiatischen Taigagebiet kommt die Kiefer (*Pinus sylvestris*) vor, von der man viele Formen unterscheidet. Sie bildet aber keine zonale Vegetation, sondern füllt nur Lücken aus, zum Beispiel auf Brandflächen, auf armen Sandböden und auf Moorböden. Vielmehr tritt oft dominant *Picea obovata* auf, die mit der europäischen *P. abies* nahe verwandt ist. Zusammen mit der Zirbelkiefer (*Pinus sibirica*, nahe mit der alpinen *P. cembra* verwandt) und mit *Abies sibirica* bildet sie die **Dunkle Taiga**. Reinbestände von *Abies sibirica* kommen aber ebenfalls vor, sie werden als **Schwarze** oder **Finstere Taiga** bezeichnet. Umgekehrt tritt im extrem kontinentalen Ostsibirien *Larix gmelinii* (= *L. dahurica*) in Reinbeständen auf, sie bildet die **Lichte Taiga**. Alle diese Taigatypen enthalten in der mehr nördlichen Zone auch *Larix sibirica*, die in Westsibirien die polare Baumgrenze bildet, in Ostsibirien tritt an ihre Stelle *L. gmelinii*. Aber auch in der Sibirischen Taiga tritt an offenen Stellen immer wieder die Birke auf (◘ Abb. K-12). Sie bildet nicht nur Pionierübergangsstadien auf Brand- oder Sturmflächen, sondern sie hält sich auch lange in ungestörten Beständen.

7 Extrem kontinentale Lärchenwälder Ostsibiriens mit Thermokarst-Erscheinungen

Die schattigen Nadelwälder W-Sibiriens mit *Picea obovata*, *Abies sibirica* und *Pinus sibirica* (Dunkle Taiga) unterscheiden sich wesentlich von den sehr hellen Wäldern der nadelwerfenden *Larix dahurica* (Lichte Taiga) in Ostsibirien. Es handelt sich um ein riesiges Subzonobiom mit extrem kontinentalem borealem Klima (absolute Temperaturschwankung im Jahr bis 100 K), das aus den Klimadiagrammen auf ◘ Abb. K-13 zu erkennen ist. In Nordamerika ist ein ähnliches begrenztes, aber etwas weniger extremes Klimagebiet um Fort Yukon (Alaska) vorhanden.

Die Niederschläge in diesem Gebiet sind sehr gering (unter 250 mm); das wird jedoch durch die langsam auftauende obere Bodenschicht des Permafrostbodens kompensiert. Die Wurzeln nehmen das Schmelzwasser auf, so dass ein Wald wachsen kann. Die Lärchenwälder haben meistens einen Zwergstrauchunterwuchs aus *Vaccinium uliginosum*, *Arctous alpina*, auf trockenen Böden *Vaccinium vitis-idaea*, *Dryas crenulata*, auf feuchten Böden *Ledum palustre* und auf sehr trockenen nur eine Bodenschicht aus Flechten. Weiter im Norden gehen die lichten Wälder in offene Baumfluren (Redkolesje) über und dann in eine Zwergstrauchtundra mit *Betula exilis* (kniehoch) und *Rhododendron parviflorum*.

◘ **Abb. K-12** Ursprüngliche Kiefern-Birken-Taiga zwischen Irkutsk und Kultuk, mit *Rhododendron dahuricum* und *Ledum palustre* in der niedrigen Strauchschicht (Foto: U. Kull).

Besonders beeindruckend sind hier die Ausmaße der Thermokarsterscheinungen im kältesten Teil der Nordhalbkugel.

Über den Thermokarst berichtete Burkhard Frenzel (mündliche Mitteilung):

„Der Permafrost (◘ Abb. K-14) Sibiriens, vermutlich auch Alaskas, entstand seit dem frühen Eiszeitalter. Jede Eiszeit trug zu seiner Ausbreitung bei, in den Warmzeiten wurden hingegen sein Areal und seine Mächtigkeit reduziert. Jedoch auch die warmzeitlichen Klimate sind in diesen Landschaften der Neubildung des Permafrostes günstig, wenn auch die Mächtigkeit des jahreszeitlichen Auftaubodens größer als während der Kalt- oder Eiszeit ist: Vergehen und Entstehen des Permafrostes gehen Hand in Hand. Diese Prozesse werden besonders auf feinkörnigen Sedimentgesteinen ökologisch und geomorphologisch wirksam".

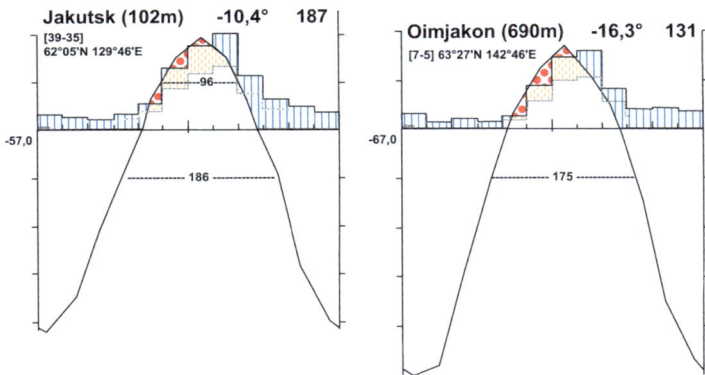

■ **Abb. K-13** Klimadiagramme aus dem extrem kalt-kontinentalen Gebiet Ostsibiriens. Oimjakon ist der Kältepol der Nordhemisphäre.

Box K-2 Der Permafrostboden in Sibirien
Bei tiefen Jahresmitteltemperaturen von -10 °C ist der Boden in E-Sibirien dauernd bis in Tiefen von 250 bis 400 m gefroren: es ist ein Permafrostboden. In den relativ warmen Sommern tauen nur die oberen 10 bis 50 cm auf, bei gut dränierten Böden höchstens 100 bis 150 cm.

■ **Abb. K-14** Die Permafrostdecke in Herschel Island, in der westkanadischen Arktis in Yucon-Territory. Im Sommer tauen nur einige cm der oberen Lage dieser mächtige Permafrostdecke. Die Vegetation nutzt das Schmelzwasser für ihr Wachstum (Foto: Boris Radosavljevic, Alfred-Wegener-Institut für Polarforschung: http://is.gd/JVel2O).

Während der Eiszeiten wurden auf weiten Flächen der damaligen extrem winterkalten Klimazone Lösse (ein äolisches Sediment) und deren Derivate gebildet. In den heutigen hochkontinentalen Klimaten der borealen Nadelwaldzone sind sie bis zu 80 Volumenprozent mit Eis des Permafrostes erfüllt. Lokale Störungen der Strahlungsbilanz und des Wärmeflusses zwischen Atmosphäre und Boden, etwa durch die pro Gebiet ungefähr alle 180 bis 240 Jahre auftretenden natürlichen Waldbrände, durch Flusserosion etc., führen zunächst zu einer Mächtigkeitszunahme des sommerlichen Auftaubodens. Da das Gestein vorher weitaus an Eis übersättigt gewesen war, kommt es nun auf geneigten Landoberflächen zum Abgleiten dieser Schicht. Der Boden wird förmlich aufgezehrt, weshalb in Sibirien von der '**Jedom**'-Serie ('Yedoma') gesprochen wird, also den (russisch) 'zerfressenden' Lockergesteinen. Durch das verstärkte sommerliche Auftauen des Oberbodens hat sich somit eine Volumenabnahme ereignet. Sie wird allgemein als **Thermokarst** bezeichnet (■ Abb. K-15). Auf horizontalen Flächen sackt beim Entstehen des Thermokarsts der Boden in sich zusammen: Es entstehen bis mehrere Kilometer große, abflusslose Senken, die sogenannten '**Alasse**', in denen durch Steigen des Grundwassers der etwa vorher vorhandene Wald ertränkt wird.

■ **Abb. K-15** Durch Thermokarst bedingte Zerstörung des Nadelwaldes in der kanadischen Taiga. Die obersten 5-8 m des den Wald tragenden Bodens tauen auf, und der wasserübersättigte Schlamm transportiert die umgestürzten Bäume hangabwärts (Foto: http://bit.do/bFRC6).

Diese Erscheinungen sind schon von den Reisenden, die in der Mitte des 17. Jahrhunderts Sibirien durchstreift hatten, beschrieben worden, ein klares Zeichen dafür, dass es sich bei der Alass-Bildung um natürliche Prozesse handelt, deren Beginn heute bis an das Ende des Spätglazials (etwa 12.000 bis 10.000 Jahre vor heute) zurückverfolgt werden kann. Gegenwärtig wird die Alass-Bildung durch Rodungen und Bautätigkeit gefördert.

Alasse treten besonders häufig in der unter einem hochkontinentalen Klima stehenden Viljuij-Senke und in ihren Randgebieten Zentral- und Ostjakutiens auf. Sind die Alasse zunächst in der Regel in ihrem Zentrum wassererfüllt, so bieten die steilen, bis 50 m hohen Ränder infolge verbesserter natürlicher Dränage und verstärkter Einstrahlung sehr bunten Steppengesellschaften geeignete Ansatzpunkte (⅓ der etwa 900 Arten Höherer Pflanzen Jakutiens gehören in derartige Pflanzengemeinschaften, deren Gesamtfläche nur wenige Prozent des Landes ausmacht).

Geht die Absenkung der Böden der Alasse langsam vonstatten und sammelt sich nicht zu viel Wasser an, dann treten dort an die Stelle der zu Grunde gegangenen Lärchen- oder Kiefernwälder natürliche Wiesengesellschaften, die heute für die dortige Viehzucht bedeutungsvoll sind. Ihre Artengarnitur verweist oft auf versalzte Standorte.

Alass-Seen können verlanden. Hiermit wird erneut der Wärmefluss geändert, und der Permafrost breitet sich aus. Da jetzt aber in den Alassen sehr viel Wasser vorhanden ist, bilden sich in ihnen große, eiskernerfüllte Hügel, die '**Bulgunnjachi**' oder '**Pingos**', die auch in der Tundra (ZB IX) auftreten können (◘ Abb. K-16). Sie wachsen so lange in die Höhe, bis die sommerliche Einstrahlung das weitere Anwachsen ihrer Eiskerne verhindert, oder bis sie infolge ihres Hochwachsens aufreißen und die sommerliche Wärme tief in die Bulgunnjachi einwirken kann, was zu ihrem Zerfall führt. Derartige Hügel haben eine Lebensdauer von einigen Jahrzehnten bis zu maximal wenigen Jahrtausenden. Stets aber gilt, dass auch sie zur Erhöhung der Biotopmannigfaltigkeit beitragen, da ihre steilen Hänge oft wegen der guten Dränage und der erhöhten Insolation bunten Steppengesellschaften reichlich Ansatzpunkte geben.

◘ **Abb. K-16** Bulgunnjachs oder Pingos in einem wassererfüllten Alass in der Tundra in der Nähe von Tuktoyaktut, Nothwest Territories, Kanada. Die Hänge des bereits wieder zerspaltenen und damit zerfallenden Pingos werden von einer Grassteppenvegetation eingenommen (Foto: Emma PIKE: http://bit.do/bFT5R).

Das Auftreten von Steppengesellschaften ist in Jakutien für alle trockenen und im Sommer sehr warmen, steilen Südhänge bezeichnend, zum Beispiel an den zu den großen Flüssen abfallenden Flanken.

Ganz allgemein ist das Klima Jakutiens mindestens als semiarid zu bezeichnen. Das geht deutlich aus dem Klimadiagramm auf ▶ Abb. K-12 hervor, das heißt die potentielle Evaporation ist auch auf Euklimatopen höher als die geringen Jahresniederschläge.

In Übereinstimmung damit findet man in den Lärchenwäldern baumfreie Stellen - die „**Tscharany**" (Charani) - auf denen durch die starke Verdunstung eine Salzanreicherung stattfindet. Auf solchen verbrackten, solonzierten Böden wachsen Salzpflanzen, die auch an Meeresküsten vorkommen, wie *Atriplex litoralis*, *Spergularia marina* und *Salicornia europaea*, auf nassen Salzböden auch die Gräser *Puccinellia tenuiflora* und *Hordeum brevisubulatum* (WALTER 1974).

Da im hohen Norden die steilen Südhänge von den Strahlen der tiefstehenden Sonne mittags senkrecht getroffen werden, können einzelne Steppenarten sogar noch auf der Insel Wrangel (71° N) wachsen (YURTSEV 1981). Folgende typische Arten werden angeführt: *Ephedra monostachya*, *Stipa krylovii*, *Koeleria cristata*, *Festuca* spp. u. a. Gräser, *Pulsatilla* spp., *Potentilla* spp., *Astragalus* und *Oxytropis* spp., *Linum perenne*, *Veronica incana*, *Galium verum*, *Artemisia frigida*, *Leontopodium campestre*, *Aster alpinus* (für sibirische Steppen typisch) u. a.

Diese Steppeninseln kommen heute extrazonal an warmen Südhängen vor. Sie sind Relikte von zonalen Steppen der Glazialzeiten, als das Klima noch stärker kontinental war. Damals kamen von der riesigen Eiskuppe im Sommer föhnartige sich stark erwärmende Fallwinde, die nach Osten abgelenkt über die eisfreien periglazialen Flächen wehten und die mächtigen Lössschichten ablagerten. Die Sommer waren offensichtlich so heiß, dass sich im Löss große Trockenrisse bildeten, in denen es durch den Permafrost zur Reifbildung und Ausfüllung mit Eis kam (Jedome-Serie). Auf Grund der neueren russischen Untersuchungen muss man annehmen, dass während der Glazialzeit solche periglaziale Steppen sich zonal über ganz Eurasien und Nordamerika zogen und eine reiche Steppenfauna ermöglichten mit Steppennagern, Antilopen, Wildpferden bis zum Wolligen Nashorn und Mammut. Und erst mit dem Auftreten des Menschen verschwanden die Großsäuger.

Die Tundravegetation war wohl nur an moorige und sumpfige Stellen um Seen herum, also als Pedobiome an die tieferen Stellen des Reliefs gebunden. Das häufige Vorkommen von *Ephedra*- und *Artemisia*-Pollen in den Pollenspektren der Torfproben aus der Glazialzeit beweist, dass ringsherum Steppen mit diesen Arten wuchsen, Kältesteppen, wie man sie heute an wenigen Stellen, vor allem in Jakutien findet.

> **Box K-3** Die Dynamik der Permafrostgebiete
>
> Das Permafrostgebiet, in dem alles Leben der winterlichen Kälte wegen so stark reduziert zu sein scheint, ist voller Dynamik

Erst als in der Postglazialzeit das Eis abschmolz, der Meeresspiegel anstieg, das Eismeer entstand, die Landverbindung zwischen Ostasien und Alaska unterbrochen wurde, der Golfstrom im Nordatlantik warmes Wasser dem Eismeer zuführte, änderte sich die gesamte atmosphärische Zirkulation. Die von den Aleuten einerseits und von Island andererseits westwärts wandernden Luftfronten gestalteten das Klima der nördlichen Breiten um, es wurde humid und an den Westflanken der Landmassen stark ozeanisch getönt. Im nördlichen Teil der früheren periglazialen Steppen breitete sich nun die Tundravegetation aus und eroberte auch die eisfrei gewordenen Flächen, ihr folgte von den Refugien ausgehend die Waldvegetation, bis die Tundra- und Waldzone die heutige Lage annahmen.

Die periglaziale Steppenvegetation zog sich in das aride Gebiet der heutigen kontinentalen Steppen zurück und mit ihr auch die entsprechende Fauna. Aber die Tierarten, die nicht mit den Veränderungen Schritt halten konnten, vielleicht auch durch das Auftreten des Menschen, starben aus. Das waren gerade die größten Formen wie Mammut, Wolliges Nashorn, Riesenhirsch *(Megaloceros)* u. a. (vgl. WALTER & BRECKLE 1991).

Diese Ausführungen sollen andeuten, dass die heutige zonale Tundravegetation, aber auch die boreale Nadelwaldzone mit den vielen Mooren in der jetzigen Form junge Neubildungen sind. Auch die heutigen Hochmoore hat es früher wahrscheinlich nicht gegeben. Gewisse Relikte der periglazialen Steppen findet man in Mittelrussland an Kreidefelsen. Auch *Carex humilis* mit seinem verstreuten Vorkommen in den Steppenheiden gilt als periglaziales Relikt. In den Alpenmatten wachsen viele Arten, die genetisch zu typischen Steppengattungen gehören, wie *Astragalus, Oxytropis, Potentilla, Pulsatilla, Festuca, Avena* s.l., insbesondere auch *Artemisia,* das Edelweiß *(Leontopodium)* und *Aster alpinus.*

8 Orobiom VIII – Gebirgstundra

Die Höhenstufenfolge ist in diesen nördlichen Breiten des ZB VIII sehr kurz. Schon in geringer Höhe ist die Waldgrenze erreicht, je nach geographischer Lage durch *Picea, Pinus sibirica* oder *Larix* gebildet. Darüber in der alpinen Stufe findet man jedoch keine typische Tundra, sondern eine Gebirgstundra (STANJUKOVITSCH 1973).

In den Alpen fällt der erste Schnee auf noch nicht gefrorenen Boden, und die Temperatur am Boden liegt unter einer mächtigen Schneedecke den ganzen Winter hindurch um 0 °C. Die ausdauernden Kräuter sind deshalb weder tiefen Frösten noch einer Frosttrocknis ausgesetzt und die Vegetation besteht aus dichten Alpenmatten.

Anders in der **Gebirgstundra**: Der Schnee fällt auf schon gefrorenen Boden, die Schneedecke ist dünn und wird von den Gipfeln abgeblasen. Es herrscht Permafrost, den es in den Alpen kaum gibt. Die Winterstürme sind sehr stark, die Frostverwitterung ist sehr intensiv; der Schutt bewegt sich langsam abwärts (Solifluktion), und die Feinerde wird ausgeblasen. Das alles führt dazu, dass die Berggipfel in der Gebirgstundra kahl sind und als '**Golzy**' (russ. golyj = kahl) bezeichnet werden. Sie sind nur von Flechten und wenigen Moosen bedeckt sowie vereinzelten Zwergsträuchern zwischen den Felsen. Die Verhältnisse erinnern an die windgefegten Grate der Alpen mit *Loiseleuria* und denselben Flechten.

Etwas günstiger sind die Verhältnisse in der subalpinen oder '**Podgolez**'-Stufe, wo der abgewehte Schnee sich anreichern kann. Die Gebirgstundra findet man im kontinentalen Klimabereich bis zum 50° N nach Süden, selbst noch im Altai. Im ozeanischen Gebiet der borealen Zone (Skandinavien, Kamchatka) fehlt die Gebirgstundra, und die alpine Stufe erinnert etwas mehr an die Verhältnisse in den Alpen. Die Winter sind hier sehr schneereich. Die Waldgrenze wird von Birken (*Betula ermanii, B. tortuosa*) gebildet.

9 Moortypen der borealen Zone (Peinohelobiome)

Das Klima der borealen Zone ist großenteils humid, das heißt die Niederschläge übertreffen die potentielle Evaporation wegen Energiemangel für die Verdunstung, die Wasserbilanz ist also positiv trotz geringer Niederschlagsmengen. Wenn der Abfluss des überschüssigen Wassers zu den Flüssen erschwert ist, steigt der Grundwasserspiegel an und es kommt zur Vermoorung. Da die Böden in der borealen Zone arm und sauer sind (Podsole), hat auch das Grundwasser eine saure Reaktion und enthält nur wenige mineralische Bestandteile. Meist ist das Grundwasser durch Humussole braun gefärbt. Nur bei anstehendem Kalkstein sind die Verhältnisse anders. Da weite Gebiete der borealen Zone sowohl in Eurosibirien als auch in N-Amerika sehr eben sind, ist der Grundwas-

Box K-4 Moore der borealen Zone

Ausgedehnte Flächen sind in der borealen Zone nicht durch die zonale Vegetation der Nadelwälder eingenommen, sondern durch Moore.

serspiegel hoch. Solange er den größten Teil des Jahres mehr als 50 cm unter der Bodenoberfläche bleibt, ist Baumwuchs möglich, sonst wird er gehemmt und die Wälder gehen in Moore über.

In Teilregionen Finnlands entfallen auf die Moore über 40%, zum Teil sogar über 60% der Gesamtfläche. Dasselbe gilt für die boreale Zone E-Europas und insbesondere W-Sibiriens, das bis auf die flussnahen Teile ganz von Mooren bedeckt ist. Ähnliche Verhältnisse finden wir teilweise in Kamchatka (◘ Abb. K-17), Alaska sowie Labrador und in den Gebieten südlich der Hudson Bay. Es ist deshalb notwendig, im Anschluss an die Nadelwälder auch das Pedobiom der Moore zu behandeln. Oft ist die Grenze zwischen Nadelwald und Moor schwer zu ziehen. Die bereits erwähnten Fichtenwälder mit *Polytrichum* und *Sphagnum* weisen schon starke Torfbildung auf.

◘ Abb. K-17 Moorseen in West-Kamchatka mit artenreichen Moordämmen, teilweise mit *Myrica tomentosa*, *Rubus chamaemorus* zwischen niedrigem *Salix fuscescens*-Spalier, vor allem aber Cyperaceen wie *Carex rotundata*, *C. middendorfii*, dazu *Comarum palustre*, *Drosera rotundifolia*, *Pedicularis labradorica*, *Hammarbya paludosa*, *Platanthera tipuloides* und *Sphagnum*, im Wasser flutend *Sparganium* (Foto: Breckle).

Unter Mooren versteht man im geologischen Sinne eine Lagerstätte von Torf mit einer Mächtigkeit von mindestens 20 bis 30 cm. Ist die Torfschicht geringer oder der Gehalt an verbrennbarer Substanz nur 15 bis 30%, so spricht man von Anmooren. Im ökologischen Sinne sind Moore Lebensgemeinschaften, die an hohes Grundwasser gebunden sind, unabhängig von der Mächtigkeit der Torfschicht, auf der sie wachsen. Bei der schlechten Durchlüftung des Bodens wurzeln die Moorpflanzen sehr flach, so dass für sie nur die Beschaffenheit der obersten Torfschichten von Bedeutung ist. Es lassen sich die folgenden Moortypen unterscheiden:

1. **Topogene Moore**, die an einen sehr hohen Grundwasserspiegel gebunden sind und deshalb die tiefsten Teile des Reliefs einnehmen oder dort auftreten, wo Quellwasser austritt. Hierher gehören die Niedermoore (engl. Fen) verschiedenster Art.
2. **Ombrogene Moore**, die ausschließlich durch das auf die Oberfläche fallende Niederschlagswasser vernässt werden und sich über die Umgebung erheben. Es sind Hochmoore (engl. raised bogs) (▶ Abb. K-18).
3. **Soligene Moore**, die ebenfalls durch die Niederschläge vernässt werden, sich jedoch nicht über die Umgebung erheben und zusätzlich von Wasser überrieselt werden, das von den Hängen bei der Schneeschmelze abfließt.

Das Grundwasser der topogenen Moore kann viele mineralische Stoffe enthalten und nährstoffreich sein. Solche Moore sind deshalb eutroph oder minerotroph. Das Regenwasser ist dagegen sehr rein und nährstoffarm; deswegen sind die ombrogenen Moore oligotroph oder ombrotroph Das Rieselwasser, das die soligenen Moore erhalten, ist, wenn es sich nicht nur um Schmelzwasser handelt, wieder nährstoffreicher; diese Moore sind deswegen meist minerotroph, sonst oligotroph

In der borealen Zone ist das Grundwasser mineralsalzarm, so dass es schwer ist, zwischen Niedermooren und Hochmooren zu unterscheiden; man spricht häufig von mesotrophen Übergangsmooren. Wenn das Wasser weniger als 1 mg Ca/Liter enthält, dann findet man schon die anspruchslosen Arten der oligotrophen Moore.

Box K-5 Die Moortypen

Nach Herkunft und Beschaffenheit des Wassers im Moorboden können topogene, ombrogene und soligene Moore unterschieden werden.

> **Box K-6 Klimatische Typen oligotropher Moore**
>
> Die nährstoffarmen, das heißt oligotrophen Moore, die man nur im kühlen bis kalten humiden Klima findet, sind Peinohelobiome. Nach ihrem Aufbau und ihrer Topographie kann man mehrere an bestimmte klimatische Verhältnisse gebundene Typen unterscheiden (◘ Abb. K-19): Deckenmoore - Hochmoore - Aapamoore - Palsenmoore.

Die eutrophen Moore, in denen Seggen (*Carex*-Arten) die Hauptrolle spielen, treten in der gemäßigten Zone unabhängig vom Klima überall auf, wo der Boden durch kalkhaltiges, aber nicht brackiges Grundwasser vernässt ist. Sie gehören alle zu den Pedobiomen, und zwar den Helobiomen.

1. **Deckenmoore.** Wir hatten diese bereits im extrem ozeanischen Klima der atlantischen Heidegebiete auf den Britischen Inseln und an der ganzen Westküste Skandinaviens erwähnt. Sie überziehen das ganze Terrain.

2. **Hochmoore.** Sie sind für die etwas weniger ozeanische Nordwestecke Mitteleuropas mit Heidegebieten, die ganze boreonemorale Zone und den südlichen Teil der borealen Zone (◘ Abb. K-18, ◘ Abb. K-19) bezeichnend. Bei typischer Ausbildung sind sie baumlos. Wird jedoch das Klima etwas kontinentaler und trockener, so findet man auch Kiefern auf diesen Mooren, man spricht dann von Waldhochmooren (◘ Abb. K-20). Sie ziehen sich an der ganzen Südgrenze des borealen Hochmoorgebietes entlang (◘ Abb. K-21).

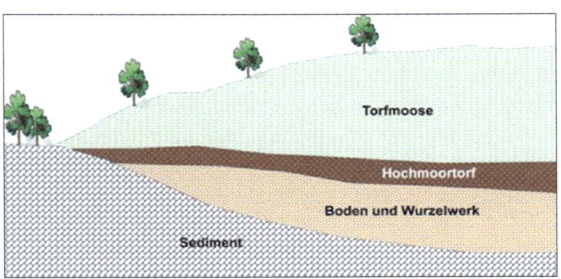

◘ **Abb. K-18** Schematische Darstellung eines Hochmoors und die Ausbildung der Schichtung.

◘ **Abb. K-19** Moorseen und Taiga wechseln sich ab, Mittelschweden bei Sunnersta (Foto: Breckle).

3. **Aapamoore oder Strangmoore.** Man findet sie nördlich von der Hochmoorzone in Fennoskandien und Westsibirien. Es sind soligene Moore mit flachem Gefälle. Sie bestehen aus etwas erhöhten Strängen, die senkrecht zum Gefälle verlaufen und ombrotroph sind; zwischen ihnen befinden sich langgestreckte vertiefte Stellen, die mit minerotrophem Wasser gefüllt sind (finnisch „Rimpis", schwedisch „Flarke"). Das ganze Moor fällt in Stufen ab und erinnert an die Terrassen beim Reisanbau (BRD). Bei der Aufwölbung der Stränge spielt die Schubwirkung der Eisdecke eine Rolle, die die Rimpis im Winter bedeckt und sie in horizontaler Richtung ausdehnt (◘ Abb. K-22).

4. **Palsenmoore** der Torfhügeltundra. Diese treten schon außerhalb der borealen Zone in der Waldtundra auf in Gebieten mit einer mittleren Jahrestemperatur unter -1°C. An der Bildung der Torfhügel, die 20 bis 35 m lang und 10 bis 15 m breit sein können und eine Höhe von 2 bis 3 m (bis 7 m) erreichen, spielt das Bodeneis eine wesentliche Rolle. Wenn auf leicht erhöhten Stellen weniger Schnee abgelagert wird, so dringt der Frost rascher in den Torfboden ein. Es bilden sich Eisschichten, und diese ziehen Wasser aus dem nicht gefrorenen, umgebenden Torfboden an. Die Eislinsen werden dicker und heben den Torf empor. Da im Sommer nicht das ganze Eis schmilzt, bleibt die Erhebung zum Teil erhalten. Infolgedessen ist die Schneebedeckung im nächsten Jahr noch geringer, der Boden gefriert noch rascher; die Eismassen werden von Jahr zu Jahr größer und der Torfhügel mit dem Eiskern immer höher. Im Sommer sinkt das Ganze ein, so dass um den Torfhügel eine grabenartige, mit Wasser gefüllte Vertiefung entsteht, in der die Zwergbirke *(Betula nana)* und Wollgräser *(Eriophorum)* wachsen (◘ Abb. K-23). Die Kuppe der Torfhügel (Palsen) kann im Sommer austrocknen, dann erhält sie Risse. Sie wird dann vom Wind erodiert und kann ganz abgetragen werden. Man nimmt an, dass die meisten Palsen subfossile Gebilde aus einer kälteren Klimaperiode sind und sich in Auflösung befinden. Es handelt sich um Thermokarsterscheinungen kleineren Ausmaßes (▶ Kap. J).

5. **Polygonmoore:** Diese sind typisch für die Arktis (ZB IX). Sie werden weiter unten besprochen.

Abb. K-20 Waldhochmoor im Saamaa-Gebiet in Estland (Foto: Breckle).

Abb. K-22 Endlose Weite der westsibirischen Moore: Nojabrsk-Moor mit einem sehr großen Anteil an offenen Wasserflächen (Foto: M. Succow).

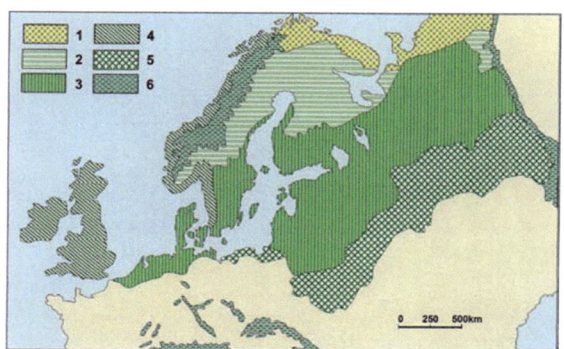

Abb. K-21 Verbreitungsgebiet der Moortypen in N-Europa (verändert nach WALTER 1990). **1** Palsenmoore; **2** Aapamoore; **3** typische Hochmoore; **4** Deckenmoore; **5** Waldhochmoore; **6** Moore der Gebirge. Helle Flächen der südlichen Gebiete mit vorwiegend topogenen Mooren.

Abb. K-23 Palsen- oder Torfhügelmoore bei Abisko in Schweden (Foto: Breckle).

9.1 Ökologie der Hochmoore

Die wichtigsten Pflanzen, die den Aufbau eines Hochmoores bewirken, sind die Torfmoose *(Sphagnum*-Arten). Da sie zum größten Teil aus großen toten Zellen bestehen, die sich leicht kapillar mit Wasser füllen, wirken sie bei dem polsterförmigen Wuchs wie Schwämme und halten das Vielfache ihres Trockengewichts an Wasser fest. Am oberen Ende wachsen sie in die Höhe, am unteren sterben sie ab und vertorfen (Abb. K-24). Die Polster werden immer größer, verschmelzen miteinander, und schließlich entsteht ein sich uhrglasförmig über die Oberfläche wölbendes Hochmoor (▶Abb. K-18). Da die Torfmoose kein Austrocknen vertragen, sind gleichmäßig feuchte und kühle Sommer die Voraussetzung für die Hochmoorbildung. Torfmoose siedeln sich nur auf armen sauren Böden an; Podsolböden sind dafür sehr geeignet. Hochmoore gehen deshalb oft aus vernässenden Nadelwäldern hervor.

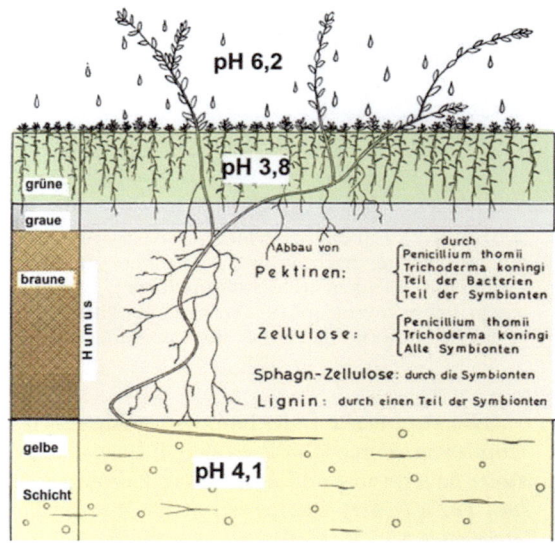

Abb. K-24 Torfprofil von einem typischen Hochmoor mit Angabe der biologischen Vorgänge in verschiedener Tiefe (verändert nach BURGEFF 1961). Die Kreise in der gelben Schicht deuten Gasblasen (Methan) an.

> **Box K-7** Abhängigkeit der Moore vom Klima
>
> Die echten Hochmoore sind sowohl in Eurasien als auch in N-Amerika an ein ozeanisches Klima gebunden, Aapa- und Palsenmoore sind dagegen zirkumpolar verbreitet.

Abb. K-25 macht als Beispiel für ein typisches Hochmoor die Struktur deutlich. Bei einem großen wachsenden Hochmoor unterscheidet man die sehr nasse und wenig gewölbte Hochfläche, das besser entwässerte und relativ steil abfallende Randgehänge und ein das Hochmoor umsäumendes, minerotrophes Moor, als **Lagg** bezeichnet. Die Hochfläche ist nicht völlig eben, sondern besteht aus kleinen Erhebungen, den **Bulten**, die über die Moosfläche herausragen, und aus in den Moosteppich eingesenkten **Schlenken**, in denen das Wasser bis dicht an die Oberfläche steht; in ihnen wachsen hygrophile Torfmoose sowie *Carex limosa* oder *Scheuchzeria*. Wenn sich mehrere Schlenken vereinigen, bilden sich Moorseen, **Blänken** oder **Kolke** genannt (▶ Abb. K-19). Ihre Tiefe ist meistens nur 1,5 bis 2 m; sie besitzen jedoch keinen festen Boden, sondern sind mit weichem Detritus gefüllt. Das überschüssige Wasser fließt von der Hochfläche in kleinen Rinnen, den Rüllen, ab. Die Hochmoortypen sind in Abb. K-26 gezeigt.

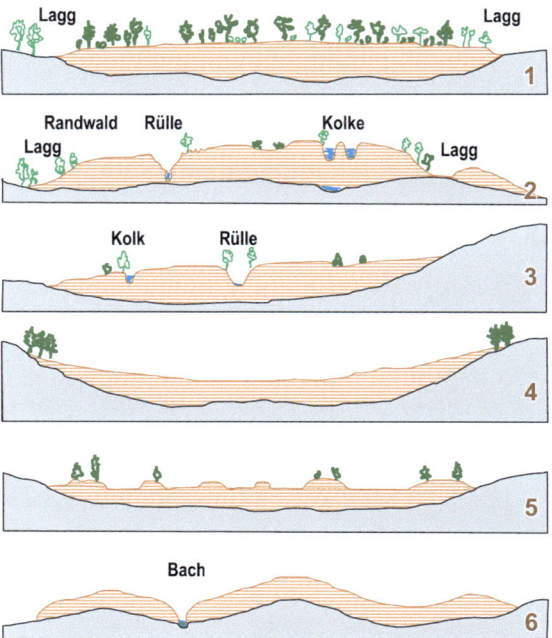

Abb. K-26 Schematische Darstellung der verschiedenen oligotrophen Moore (nach OSVALD, verändert aus OVERBECK 1975): **1** = Waldhochmoor, **2** = Typisches Hochmoor, **3** = Planhochmoor, **4** = soligenes Moor, **5** = Aapamoor (Strangmoor, ein nördlicher Typus), **6** Deckenmoor. Von **1** bis **6** zunehmende Humidität des Klimas oder der Vernässung.

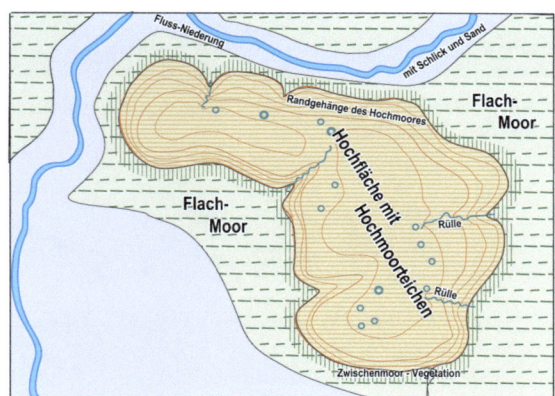

Abb. K-25 Ein typisches Hochmoor (Augstumalmoor im Memeldelta, nach WEBER, verändert aus WALTER 1968) mit Blänken (Hochmoorteichen), Rüllen und einem Lagg (mesotrophes Zwischenmoor in ein eutrophes Niedermoor, Flachmoor übergehend).

Die Zahl der auf Hochmooren wachsenden Blütenpflanzen ist nicht groß, es sind in Bezug auf Nährstoffe äußerst anspruchslose Arten: *Eriophorum vaginatum, Trichophorum caespitosum* sowie die Zwergsträucher *Andromeda polifolia, Vaccinium oxycoccus, V. vitis-idaea, V. uliginosum, Calluna vulgaris* und *Empetrum*; im atlantischen Gebiet kommen *Narthecium,* im Osten *Ledum palustre* und *Chamaedaphne calyculata,* im Norden *Rubus chamaemorus, Betula nana* und *Scheuchzeria palustris* dazu.

Neben der Nährstoffarmut ist der zweite ökologische Faktor, der die Verbreitung der Arten bestimmt, das Überwachsen durch Torfmoose. Das Substrat, auf dem die Blütenpflanzen keimen, sind die wachsenden lebenden Spitzen der Torfmoose. Je nach Wasserversorgung beträgt das Höhenwachstum der Torfmoose 3,5 bis 10 cm pro Jahr. Um diesen Betrag müssen die Blütenpflanzen jedes Jahr ihre Sprossbasis durch Streckung der Rhizome oder Bildung von Adventivwurzeln höher legen, sonst werden sie von den Torfmoosen überwuchert (Abb. K-27). Sie können dem Überwachsen umso leichter entgehen, je langsamer die Moose wachsen, was auf den relativ trockenen Bulten bzw. auf dem gut entwässerten Randgehänge der Fall ist. An diesen Stellen findet man die meisten Zwergsträucher. Jeder Bult zeigt eine gewisse Zonierung: An der Basis wachsen *Eriophorum vaginatum* und *Andromeda,* höher *Vaccinium oxycoccus,* ganz oben andere Zwergsträucher. Oft ist die Spitze vom Bult so trocken, dass an Stelle von *Sphagnum* andere Moose (*Polytrichum strictum, Entodon schreberi*) oder sogar Flechten (*Cladonia*-Arten, *Cetraria*) gedeihen.

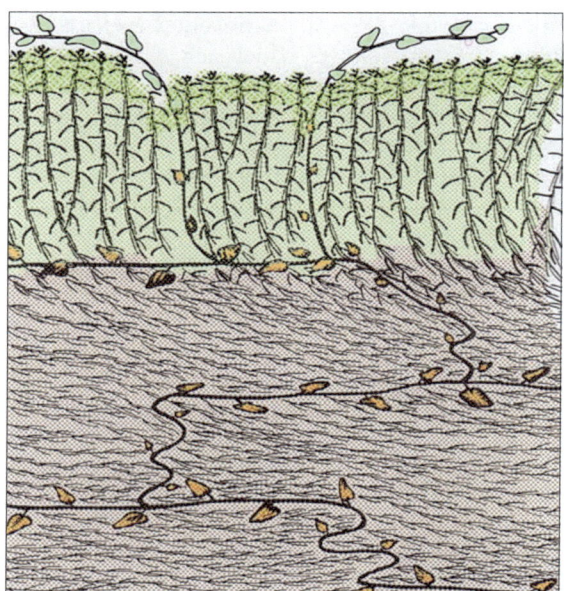

Abb. K-27 Wachstum von *Vaccinium oxycoccus* in einem *Sphagnum*-Rasen. Die jungen Sprosse wachsen im Frühjahr zunächst senkrecht aus der *Sphagnum*-Schicht, die sie im Vorjahr überwachsen hat, und legen sich dann auf die Moosoberfläche. Die älteren Sprosse werden durch die Verdichtung des Torfes knickig zusammengepreßt (nach GROSSE-BRAUCKMANN, verändert aus WALTER 1968).

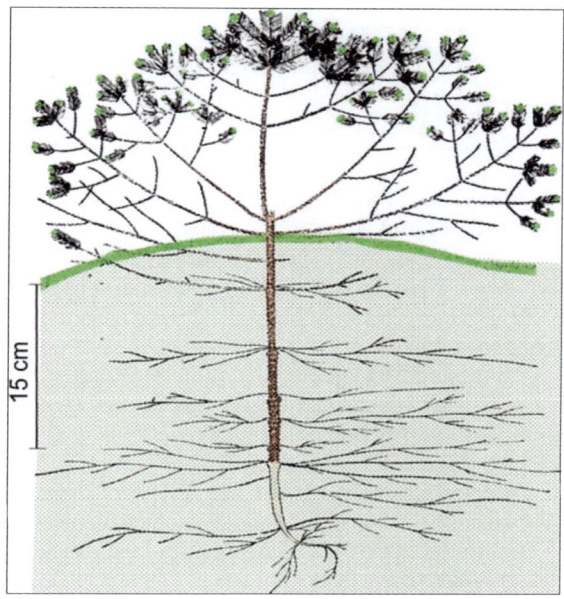

Abb. K-28 Eine etwa 9-jährige Fichte, deren Stamm 20 cm tief von der vertorften Moosschicht eingehüllt ist (nach BERTSCH, verändert aus WALTER 1927).

Am schwierigsten haben es die Bäume (Kiefer, Fichte), die ihre Stammbasis nicht verlegen können und auf dem armen Substrat nur ein geringes Höhenwachstum aufweisen (Abb. K-28). Oft ragen aus den Moorbulten nur die obersten Zweigspitzen heraus. Waldhochmoore findet man deshalb nur dort, wo infolge des trockenen Klimas das Wachstum der Torfmoose gering ist. Sobald die Moore entwässert werden und das Wachstum der Torfmoose zum Stillstand kommt, tritt eine rasche Verheidung ein, das heißt die Zwergsträucher gelangen zur Vorherrschaft. Bald kommen Baumarten hinzu wie Birken, Kiefern oder Fichten. In diesem Zustand befinden sich die meisten Moore in Mitteleuropa, verstärkt wird dieser Effekt noch durch den zusätzlichen Stickstoffeintrag aus der Atmosphäre.

Auffallend ist, dass längs der Rüllen oder am Rande der Kolke oft Arten des minerotrophen Bodens wachsen, obgleich das Wasser ebenso nährstoffarm ist wie im übrigen Moor. Es zeigt sich, dass fließendes oder durch Wellen bewegtes Wasser eine günstigere Versorgung mit Nährstoffen ermöglicht als ruhiges Wasser, in dem nur eine Diffusion der Nährstoffe stattfindet. Bei dem hohen Wassergehalt der Moorböden erwärmen sie sich sehr langsam. Moore sind deshalb kalte Standorte, und es ist verständlich, dass sich auf ihnen nordisch-arktische Florenelemente, darunter viele Relikte der Glazialzeit, halten können; dazu kommt, dass sie auf den Hochmooren vor der Konkurrenz der raschwüchsigen anspruchsvollen Arten geschützt sind.

Mit Ausnahme der *Drosera*-Arten, die ihre Stickstoffversorgung durch die Verdauung der auf den Blättern gefangenen Insekten ergänzen, sind alle anderen Arten xeromorph gebaut, obgleich ihnen Wasser im Überfluss zur Verfügung steht. Man führt das auf eine mangelnde Stickstoffversorgung zurück. Es hat sich allgemein gezeigt, dass eine **Xeromorphie** dann zu beobachten ist, wenn das Wachstum der Pflanzen gehemmt wird, zum Beispiel durch Wassermangel, aber auch bei Wasserüberschuss, also Sauerstoffmangel im Boden, durch tiefe Bodentemperaturen, die die Aufnahme von Stickstoff erschweren, oder durch direkten Stickstoffmangel. Die Xeromorphosen sind hier also Mangelerscheinungen; es ist deshalb zweckmäßiger, von **Peinomorphosen** zu sprechen.

Eine zusammenfassende Darstellung über die Moore in NW-Europa stammt von OVERBECK (1975), eine neue Übersicht von SUCCOW & JOOSTEN (2001).

Box K-8 Westsibirien – das größte Moor der Erde

40% der Torflager der ganzen Erde befinden sich in der Westsibirischen Niederung. Die Moore mit über 100.000 Moorseen speichern eine Wassermenge, die dem zweijährigen Abfluss des riesigen Ob-Irtysch-Fluss-Systems entsprechen soll.

9.2 Die Westsibirische Niederung, das größte Moorgebiet der Erde

Dieses Gebiet mit dem Ob-Irtysch-Becken ist ein Peinohelobiom von schwer vorstellbar großem Ausmaß. Es erstreckt sich von der Waldtundra im Norden bis zur Steppe im Süden über 800 km und vom Ural im Westen bis zum Jenissej im Osten über etwa 1800 km.

In diesem Moorgebiet liegen die Siedlungen nur an den Flüssen, die dem Verkehr dienen. Das eigentliche Moorgebiet wurde erst von POPOV (1971 bis 75) eingehend erforscht.

Als Ursachen der Vermoorung kann man die Topographie, das Klima und die hydrologischen Verhältnisse nennen. Die Moore sind an die Stelle der dunklen Taiga getreten.

Das große Becken ist von meso-neozoischen Schichten unterlagert. Die Eiszeiten im Pleistozän wirkten sich wenig aus. Es kam zur Ablagerung von alluvialen, zum Teil wasserundurchlässigen Sedimenten, die den Wasserstau förderten. Auf den vernässten nährstoffarmen Podsolböden siedeln sich leicht Torfmoose (*Sphagnum*-Arten) an, die die Torfbildung einleiten. Das Klima ist mit Jahresniederschlägen von 500 mm humid, denn die Evaporation beträgt nur 240 bis 300 mm und der Abfluss 127 bis 270 mm. Temperaturmäßig ist das Klima sehr kontinental; die frostfreie Periode beträgt 174 Tage, trotzdem liegen die Tagesmittel an 100 Tagen über 10°C. Die Sommer sind also relativ warm und infolgedessen die Pflanzenproduktion und der Torfzuwachs beträchtlich. Es kommen sogar kurze heiße Dürreperioden vor, so dass Waldbrände nicht unbedingt ausgeschlossen sind. Die Brandflächen vermooren leicht.

Von besonderer Bedeutung sind jedoch die hydrologischen Verhältnisse. Die wenig eingeschnittenen Flüsse mäandrieren stark, was den Abfluss hemmt. Das Frühlingshochwasser beginnt am Oberlauf des Ob und Irtysch 1,5 Monate früher als die Schneeschmelze am Unterlauf, also dann, wenn im Norden die Flüsse noch vom Eis bedeckt sind. Beim Eisgang entstehen hohe Eisdämme; flussaufwärts von diesen wird das Wasser zusätzlich gestaut. Da die Quellen des Ob von den Gletschern des Altai-Gebirges gespeist werden, folgt gleich das Sommerhochwasser, das heißt der hohe Wasserstand der Flüsse (12 m über Niedrigwasser) dauert praktisch den ganzen sibirischen Sommer an. Es werden auch die niedrigen Wasserscheiden überschwemmt und es bildet sich mit den Moorseen eine einzige große Wasserfläche.

Die Vermoorung begann schon in der subarktischen Periode der Postglazialzeit. Den Ausgangspunkt bildeten weite flache Senken mit mineralsalzarmem Wasser. In ihnen entwickelten sich *Scheuchzeria*-Moore mit *Eriophorum vaginatum* und verschiedenen *Sphagnum*-Arten. Entsprechende mesotrophe *Scheuchzeria*-Torfe findet man an der Basis der ältesten 4 bis 7 m tiefen Torfprofile. Die oligotrophe Phase wird durch das Auftreten der wichtigsten Torfmoosart, *Sphagnum fuscum,* angezeigt. Sie beginnt im mittleren Postglazial. Die Moore wölbten sich empor, und der Grundwasserspiegel wurde gehoben. Das führte zur Vernässung der benachbarten Wälder; *Sphagnum*-Arten siedelten sich unter den absterbenden Bäumen an, und die Moore breiteten sich rasch in horizontaler Richtung aus. Alle jüngeren Moorprofile, und das sind die Mehrzahl, haben eine Torfmächtigkeit von 3 bis 4 m und weisen im untersten Horizont immer Torfe mit viel Kiefernholz und Rindenresten auf; gleich danach beginnt die oligotrophe Phase mit *Fuscum*-Torf.

Die Moore Westsibiriens sind Strangmoore (◘ Abb. K-29, ▶ Abb. K-20) mit einer mittleren Neigung von nur 0,0008 bis 0,004°. Auf den mehr oder weniger breiten Strängen wachsen *Pinus sylvestris* in der Kümmerform *P. willkommii* und *Ledum palustre* sowie die Zwergsträucher *Chamaedaphne calyculata, Andromeda polifolia, Oxycoccus microcarpus,* zerstreut auch *Rubus chamaemorus* sowie *Drosera rotundifolia.* Die Moosschicht besteht aus *Sphagnum fuscum;* Flecken mit Flechten *(Cladonia* spp., *Cetraria)* sind selten.

In den Schlenken findet man *Eriophorum vaginatum* mit *Sphagnum balticum* oder *Scheuchzeria,* respektive *Carex limosa* mit *Sphagnum majus,* aber auch *Rhynchospora alba* mit *Sphagnum cuspidatum* kommen vor.

Die Strangmoore erleiden auf den vernässten Wasserscheiden meist eine Regression, die zur Ausbildung von Moorseen führt (▶ Abb. K-22). Das findet insbesondere überall dort statt, wo die rezenten tektonischen Bewegungen mit einer Senkung verbunden sind. Neuere aero-geologische Vermessungen ergaben in verschiedenen Gebieten eine Senkung von 0,07 bis 0,25 mm pro Jahr. Das genügt, um das sehr labile Gleichgewicht zwischen Strängen und Schlenken zu stören und zu einer zunehmenden Vernässung zu führen. Dieser Wasserüberschuss leitet die Regressionserscheinungen ein. Er führt zu einer Sauerstoffarmut selbst in den oberen Torfschichten und zur Bildung von Methangas.

Box K-9 Die Vermoorung Westsibiriens

Die Flüsse Westsibiriens entwässern also die Niederung nicht, sondern im Gegenteil, sie überstauen sie mit Wasser und fördern die Vermoorung.

Abb. K-29 Stärker bewaldete Teile der Moorflächen des Wasjugan-Moores in W-Sibirien (Foto: Succow).

Beim Bohren an solchen Stellen verursacht das ausströmende Methangas Fontänen aus flüssigem Torf. Beim natürlichen Austritt der Gase stirbt die Pflanzendecke ab. Es bilden sich tote Moorflächen, die zu Moorseen werden. Die zunächst kleinen Seen vereinigen sich zu größeren, bei denen der Wellenschlag die Torfufer zum Einsturz bringt, so dass sich immer größere Wasserflächen bilden. Die Moorseen der verschiedensten Größen bilden alle zusammen mit den Moorschlenken ein einziges hydrologisches System – eine ökologische Einheit, die wir, da sie nährstoffarm (Aschengehalt der Torfe nur 2 bis 4%) und nass ist, als Peinohydrobiom bezeichnen (▶ Abb. K-20, ▶ WALTER 1977).

Stellenweise können die Strangmoore auch austrocknen, wenn ein solches vernässtes Gebiet ein eigenes Abflusssystem ausbildet und die Moorbäche sich in den Torf einschneiden, so dass die Ufer besser dräniert werden. Auf solchen Ufern kann ein schmaler Waldstreifen entstehen mit Kiefer, Birke und der Zirbe (*Pinus cembra* ssp. *sibirica*).

Die hier gegebene Beschreibung der Moore gilt für die Taigazone. Die Torfmächtigkeit nimmt nach Norden wegen Verkürzung der Vegetationszeit und der geringeren Pflanzenproduktion ab. Südlich von der Taiga ändern sich die Moortypen.

Im Gebiet der Waldsteppen, also in Sibirien im Zonoökoton VII-VIII mit Birken-Espenwäldern, ist der Ca-Gehalt des Grundwassers schon hoch, und es herrschen schwachgewölbte eutrophe Hypnaceen-Moore mit *Carex*-Arten (Seggen) vor. Oligotrophe Moore können sich aber auch auf diesen Waldmoorinseln bilden („Rjamy"). Das Torfwachstum ist durch die größere Trockenheit des Klimas gehemmt. Im südlichen Teil gibt es nur noch Niederungsmoore in den tiefsten Teilen des Reliefs, vor allem in den breiten Flusstälern. Der Aschengehalt des Torfs kann sehr hoch (19%) sein. Oft findet man typische Bultenniederungsmoore, wobei die Bulten aus alten Horsten der *Carex caespitosa* und *C. omskiana* bestehen. Es handelt sich um ein Helobiom.

Noch südlicher in der nördlichen Steppenzone ist das Klima semiarid. In der Baraba-Niederung bildet sich kein Flusssystem aus, sondern es sind wie in der Pampa zahllose kleine abflusslose Seen vorhanden, die zum Teil brackig sind. Um diese herum findet man eutrophe Moore oder sogar Halophytensümpfe mit Salzpflanzen, also schon Übergänge zu einem Halo-Helobiom.

10 Der Mensch in der Taiga

Die riesige Weite der Taiga hat sie in diesem Jahrhundert nicht davor bewahrt, an vielen Stellen zerschnitten, großflächig sogar zerstört zu werden. Verursacht wird dies durch großflächige Öl- und Gasprospektion, Pipelines und Erzgewinnung und die dazu erforderliche flächenintensive Infrastruktur (◘ Abb. K-30). Die Ausbeutung hat riesige Ausmaße erreicht; zwar ist die Biodiversität nicht irreversibel zerstört, wie in manchen tropischen Regionen.

In den vergangenen Jahrhunderten war die Sibirische Taiga ein schwer zugängliches Gebiet. Pelzjäger und einzelne Siedler durchstreiften das Gebiet, das an vielen Stellen aber auch von ursprünglichen Stämmen kleinräumig in weiten Abständen besiedelt war.

Diese ursprüngliche Nutzung der Taiga als Lebensraum durchziehender Nomaden und weit verstreuter Einzelsiedlungen ist in jeder Hinsicht nachhaltig. Andererseits muss man festhalten, dass viele Großsäuger die ganzen Eiszeiten überdauerten und erst im Spätglazial ausstarben. Vieles spricht sehr dafür, dass dies bereits ein Effekt des destruktiven Einflusses des Menschen war. Heute: Öl, Gas, Bergbau, Diamanten, Holz!

11 Zonoökoton VIII/IX (Waldtundra) und die polare Wald- und Baumgrenze

Ähnlich wie sich zwischen Wald und Steppe als Zonoökoton VI/VII die Waldsteppe einschiebt, haben wir auch zwischen der borealen Waldzone und der baumlosen Tundra als Zonoökoton VIII/IX die Waldtundra, in der Wald und Tundra makromosaikartig verzahnt sind. Zunächst treten im Waldgebiet einzelne baumlose Flecken auf, meistens auf Erhebungen. Sie nehmen nach Norden zu, bis vom Walde nur einzelne Inseln übrigbleiben, die schließlich nur noch aus buschförmigen Krüppeln bestehen. Im Gebirge ist diese Krüppelzone ganz schmal, hier im flachen Gelände kann sie sich dagegen über Hunderte von Kilometern ausdehnen. Die Baumarten im ozeanischen Gebiet sind Birken (◘ Abb. K-31), im extrem kontinentalen Bereich Lärchen (◘ Abb. K-32), sonst Fichten.

Als Ursachen für das Zustandekommen der polaren Baumgrenze können wir dieselben wie bei der alpinen Waldgrenze annehmen. Die Frosttrocknis wird durch die Winterstürme erhöht. Der Wald stößt am weitesten an den Talhängen der Flusstäler vor, wo er Wind- und Schneeschutz hat, wo auch die gut dränierten Böden im Sommer tiefer auftauen und die von Süden kommenden Flüsse wärmeres Wasser führen. Aber auch die fehlende Verjüngung wird als Ursache genannt. An der nördlichen Verbreitungsgrenze erzeugen die Bäume nur selten keimfähige Samen. Dazu kommt, dass die meisten von Tieren gefressen werden. Stürme können sie (auf der Schneefläche gleitend) weit nach Norden transportieren, wo eine Entwicklung nicht mehr möglich ist.

■ **Abb. K-31** Die arktisch-polare Baumgrenze mit *Betula tortuosa* oberhalb des Torneträsk (ozeanische Ausprägung) in Nordschweden (Foto: Breckle).

Box K-10 Die Zerstörung der Taiga

Die Eingriffe und die Ausmaße der Zerstörung in der Sibirischen Taiga übertreffen teilweise diejenigen in den tropischen Regenwäldern.

■ **Abb. K-30** Die Diamantenmine von Mirny in Sacha (Jakutien) mit einem Durchmesser von 1.200 m und einer Tiefe von 500 m sowie den dazugehörigen Infrastrukturbauten mit weitreichender Abraumhalde. Hier ist eine großflächige Zerstörung der Taiga zu sehen (Foto Breckle).

◘ **Abb. K-32** Die arktisch-polare Baumgrenze mit *Larix gmelinii* (extrem kontinentale Ausprägung) in Nordost-Sibirien, auskeilender Lichtwald im Momatal der Tscherski-Kette (Foto: O. Agachanjanz).

◘ **Abb. K-33** Querschnitt durch den Stamm (knapp 10 cm ⌀) einer (etwa über 100-jährigen) *Larix gmelinii* (= *L. dahurica*) von Arymas (72° 30' N) (Foto: Agachanjanz/Breckle).

Auch sind in der Waldtundra dichte Flechten- und Moosdecken vorhanden, die ein ungünstiges Keimbett darstellen. Sehr groß ist die Bedeutung des Menschen und seiner Rentierherden (▶ Abb. K-4). Neben der Beschädigung durch die Tiere ist namentlich die Holznutzung von Bedeutung, denn der natürliche Zuwachs der Holzpflanzen ist äußerst gering. Meist gelingt es einem Baumsämling nur Fuß zu fassen, wenn zwei Jahre hintereinander besonders günstige Temperaturverhältnisse herrschen. Selbst dann ist das weitere Wachstum äußerst langsam. 20- bis 25-jährige Bäumchen ragen kaum aus der Krautschicht hervor; der jährliche Höhenzuwachs beträgt 1 bis 2 cm. Das Dickenwachstum der Bäume zeigt eine sehr enge Korrelation zu den Julitemperaturen. Die nördlichsten echten Wälder, eine Taiga mit 2 bis 5 m hohen Bäumen finden sich heute auf der Taimyr-Halbinsel, in Arymas, neben der Chatanga-Mündung bei 72° 30' N, mit *Larix gmelinii*. Das Wachstum ist sehr langsam, zum Beispiel hat ein 104-jähriger Stamm einen Durchmesser von 9,5 cm (◘ Abb. K-33) (WALTER & BRECKLE 1990).

Die offenen Flächen in der Waldtundra werden meist von der Zwergstrauchtundra eingenommen. Diese bildet zugleich die südliche Subzone der echten Tundra (▶ Abb. J-49).

Die Waldgrenze lag während der Warmzeit des Postglazials bedeutend weiter nördlich. Als Beweis dienen die in der heutigen Tundra im Torf eingeschlossenen Baumstümpfe. Die Folgen des sich in den letzten Jahrtausenden ständig abspielenden Klimawandels sind in der Waldtundra besonders klar erkennbar.

12 Literatur

AHTI, T., L. & JALAS, J. 1968: Vegetation zones and their sections in Northwestern Europe. Ann. Bot. Fenn. **5**: 169-211

BURGEFF, H. 1961: Mikrobiologie des Hochmoores. Fischer/Stuttgart 207 S.

BURROWS, C. J. 1990: Processes of vegetation change. U. Hyman/London 551 S.

DIERẞEN, K. 1996: Vegetation Nordeuropas. Ulmer, Stuttgart 838 S.

IWASA, Y., SATO, K. & NAKASHIMA, S. 1991: Dynamic modeling of wave regeneration (Shimagare) in subalpine *Abies* forests. J. of Tjeor. Biol. **152** (2): 143-158

JELTSCH, F. 1992: Modelle zu natürlichen Waldsterbephänomenen. Dissertation Univ. Marburg.

MUELLER-DOMBOIS, D. 1987: Natural dieback in forests. BioScience **37**: 575-583

OVERBECK, F. 1975: Botanisch-geologische Moorkunde. 719 S., Neumünster

POPOV, A. I. (Hrsg.) 1971-75: Die natürlichen Verhältnisse Westsibiriens. Lief. I-V. Verlag d. Moskauer Univ. (Russ.)

SPRUGEL, D.G. 1976: Dynamic structure of wave-generated *Abies balsamea* forest in the northeastern United States. J. Ecology **64**: 889-912

STANJUKOVITSCH, K.V. 1973: Die Gebirge der USSR. 412 S. Duschanbe (Russ.)

SUCCOW, M. & JOOSTEN, H. 2001 Landschaftsökologische Moorkunde. Verlag Nägele & Obermiller, Stuttgart. 622 S. ISBN 978-3-510-65198-6

WALTER, H. 1927: Einführung in die allgemeine Pflanzengeographie Deutschlands. Fischer, Jena 458 p.

WALTER, H. 1968: Die Vegetation der Erde, Bd. II: Gemäßigte und arktische Zonen. 1001 S., Fischer, Jena-Stuttgart

WALTER, H. 1974: Die Vegetation Osteuropas, Nord- und Zentralasiens., Vegetationsmonographien, Fischer, Stuttgart. 452 S.

WALTER, H. 1977: The oligotrophic peatlands of Western Siberia - The largest peino-helobiom in the world. Vegetatio **34**: 167-178

WALTER, H. 1990: Vegetationszonen und Klima. 6. Aufl., Ulmer/Stuttgart 382 S.

WALTER, H. & BRECKLE, S.-W. 1990: Ökologie der Erde, Bd. **1**: Ökologische Grundlagen in globaler Sicht. UTB Große Reihe, 2. Aufl. Fischer, Stuttgart. 238 S.

WALTER, H. & BRECKLE, S.-W. 1991: Ökologie der Erde, Bd. 4: Spezielle Ökologie der Gemäßigten und Arktischen Zonen außerhalb Euro-Nordasiens. UTB Große Reihe, Fischer, Stuttgart. 586 S.

YURTSEV, B. A. 1981: Relikte von Steppenkomplexen in Nordostasien. 168 S. „Nauka", Novosibirsk (Russ.)

Streifentundra (Zonobiom IX) mit spalierwüchsigen *Salix*-Arten und Frostschutt-Streifen an der Grenze Finnland-Norwegen (Foto: Breckle)

Cassiope hypnoides zwischen *Salix polaris* in der nördlichen Tundra Finnlands (Zonobiom IX, Foto: Breckle)

II Spezieller Teil

Teil L - ZB IX: Zonobiom der Tundra bzw. des arktischen Klimas

1 Klima und Böden
2 Die Vegetation der Tundra
3 Ökophysiologische Untersuchungen
4 Tierwelt der Arktischen Tundra
5 Der Mensch in der Tundra
6 Arktische Kältewüste und die Solifluktion
7 Antarktis und subantarktische Inseln
8 Literatur

Tundra (Zonobiom IX) in der Umgebung des Soresby Sund, Ost-Grönland (Foto: Hannes Grobe, https://commons.wikimedia.org/wiki/File:Greenland-sydkap-hg.jpg)

1 Klima und Böden

Das **Zonobiom IX** umfasst zwei sehr weit voneinander getrennte Teilgebiete, die sich aufgrund der sehr unterschiedlichen Verteilung der Land- und Ozeanflächen im Norden und Süden und in den entsprechenden Breitenlagen stark voneinander unterscheiden. Jeweils von Süd nach Nord nimmt die Kontinentalität stark ab.

Das größte waldlose Tundragebiet nimmt in N-Sibirien eine Fläche von drei Millionen Quadratkilometern ein. Die Zahl der Tage mit einem Temperaturmittel über 0 °C beträgt dort 188 bis nur 55. Dies hängt mit dem stets niedrigen Sonnenstand zusammen. Die geringe Sommerwärme ist zum Teil aber auch auf den Wärmeverbrauch für das Abtauen des Schnees und das Auftauen des Permafrost-Bodens zurückzuführen (▶ Abb. L-15). Die Winter sind im ozeanischen Bereich ziemlich mild, im kontinentalen extrem kalt (◘ Abb. L-1). Doch liegt der Kältepol bei Oimekon (bei Verchojansk) noch im Waldgebiet, obgleich dort die mittlere Jahrestemperatur -16,3 °C beträgt und der Permafrost tief in den Boden reicht (▶ Abb. K-14). Die Bodengefrornis hat auf die Vegetationsverhältnisse keinen großen Einfluss. Es kommt nur auf die Mächtigkeit der im Sommer auftauenden oberen Bodenschichten an.

Die Vegetationszeit beginnt in der südlichen Tundra im Juni und endet im September. Von großer Bedeutung ist der Wind, auf den die unregelmäßige Ablagerung des Schnees zurückzuführen ist, was das Vegetationsmosaik bedingt. Die Stürme im Winter erreichen 15 bis 30 m pro sec. Die Niederschläge sind gering, oft sogar unter 20 mm pro Monat.

Trotzdem ist das Klima bei der sehr geringen potentiellen Verdunstung humid. Das überschüssige Wasser kann infolge des Permafrostes im Boden nicht einsickern. Die Folge ist eine starke Versumpfung; doch kommt es zu keiner nennenswerten Torfbildung, weil die Produktion der Pflanzen zu gering ist. Die Schneehöhe beträgt 20 bis 50 cm, wobei die Erhebungen freigelegt werden, so dass Schnee- und Eisschliff als mechanische Faktoren für die Vegetation eine große Rolle spielen.

Bei dem tiefen Sonnenstand im Sommer werden steile, steinige Südhänge relativ stark erwärmt. Sie bilden deshalb häufig richtige „Blumengärten". Solche Südhänge und die Bach- sowie Flussufer sind die günstigsten Standorte. Flache Erhebungen mit Steinnetzböden (Polygonböden) werden nur schwach besiedelt, ebenso leichte Hänge, die der Solifluktion unterliegen. Die Böden sind oft Mini-Podsole und Ranker (◘ Abb. L-2).

2 Die Vegetation der Tundra

In der Tundra sind endlose Flächen mit Zwergbirken und -weiden sowie *Eriophorum*- und *Carex*-Arten bedeckt. Auf trockenen Böden findet man eine reine Flechtentundra, auf feuchten spielen Moose eine große Rolle, nicht aber die *Sphagnum*-Arten. Die in 2 m Höhe ausgeführten Messungen der Lufttemperatur sind für den niedrigen Pflanzenteppich nicht maßgebend. Wenn die Lufttemperatur 0 °C erreicht, ist der Boden meist schon einen halben Meter aufgetaut und die Vegetationsentwicklung in vollem Gange. Die Temperatur der Pflanzen liegt am Tage oft 10 K über der Lufttemperatur. Trotzdem reicht die kurze Sommerzeit häufig nicht für das Ausreifen der Samen aus. Deswegen werden zum Beispiel auf Grönland, bei der Hälfte aller Arten die Blüten im Jahr vorher ange-

> **Box L-1 Verbreitung der Tundra auf beiden Hemisphären**
>
> Das ZB IX umfasst die Gebiete um die Pole der Erde. Im Norden sind es die Tundrengebiete und die Kältewüsten nördlich der arktischen Baumgrenze, im Süden südlich der antarktischen Baumgrenze kommt Tundra nur kleinflächig und auf einzelnen Inseln vor. Die Antarktis selbst ist von einer riesigen Eiswüste bedeckt.

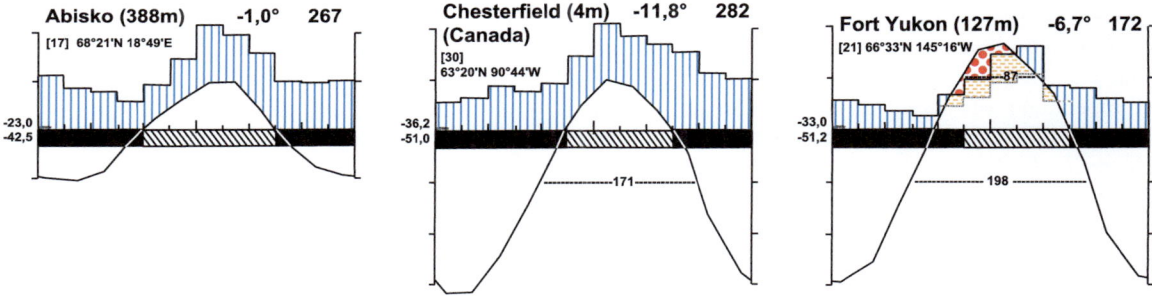

◘ **Abb. L-1** Klimadiagramme aus der Waldtundra Schwedens (ozeanisch), aus der Tundra N-Amerikas und aus dem extrem kontinentalen borealen Gebiet Alaskas (▶ Abb. A-5, Verchojansk und ▶ Abb. K-13).

Abb. L-2 Ein Mini- oder Zwergpodsol von geringer Profilmächtigkeit in den Subpolargebieten der Nordhemisphäre. Er entsteht auf unterschiedlichen Muttergesteinen und ist in der Vergesellschaftung mit Permafrost verbreitet (Foto: Breckle).

legt, so dass das Aufblühen sehr früh erfolgen kann. Die Knospen und auch die grünen Blätter überwintern meist unter dem Schnee, die offenen Blüten sterben dagegen ab.

Besonders interessant sind die aperiodischen Arten, wie zum Beispiel die kleine Brassicacee *Braya humilis*. Ihre Entwicklung wird über mehrere Jahre ausgedehnt und während des Winters auf einem beliebigen Stadium vorübergehend unterbrochen. Diese Arten sind somit unabhängig vom kurzen Sommer und blühen entweder zu Beginn der Vegetationszeit oder später auf, wobei die Knospen schon zwei Jahre vorher angelegt sein können.

Die Frucht- oder Samenverbreitung erfolgt bei 84 % der Arten durch den Wind (auf dem Schnee gleitend), bei 10 % durch das Wasser. Beerenfrüchte kommen nur in der Waldtundra vor. Bei der geringen Produktivität in der Tundra sind die Samen klein; bei 75 % der Arten wiegen sie unter 1 mg. Die meisten Pflanzen sind Frostkeimer, das heißt sie erlangen die Keimfähigkeit erst nach der Einwirkung der tiefen Wintertemperatur, keimen dann gleich im Frühjahr und haben Zeit, bis zum Herbst gewisse Reserven anzulegen. Vivipar sind 1,5 % der Arten, verschiedene Gräser, aber auch *Polygonum*-, *Stellaria*-, *Cerastium*-Arten u.a. Bei der reichlichen Samenproduktion werden offene Stellen, zum Beispiel an der unteren Lena, rasch besiedelt. Die meisten Arten sind Hemikryptophyten und Chamaephyten. Einjährige Arten (Therophyten) sind nur *Koenigia islandica*, drei *Gentiana*-Arten, *Montia lamprosperma*, zwei *Pedicularis*-Arten und wenige andere. Die kurze Vegetationszeit hier mit niedrigen Temperaturen ist für die Annuellen nicht günstig (vgl. dagegen die Wüste). Die meisten Arten haben dicke Wurzeln als Reservespeicher. Das Alter der Einzelpflanze kann selbst bei krautigen Arten 100 Jahre überschreiten. Bei Zwergsträuchern liegt es zwischen 40 und 200 Jahren.

Eine große Rolle spielt der Stickstoffhaushalt. Mineralisierung und Stickstoffaufnahme sind aufgrund der niedrigen Temperaturen sehr gehemmt. Die Leguminosen (*Oxytropis, Hedysarum, Astragalus*) besitzen Wurzelknöllchen, die direkt unter der sich erwärmenden Bodenoberfläche liegen. Wo fast kein Stickstoff im Boden vorhanden ist, findet man nur Moose und Flechten. Düngung durch tierische Exkremente ist von Bedeutung. Von *Dryas drummondii*, die als Pionierart in Alaska wächst, wird angegeben, dass sie ähnlich wie *Alnus* Wurzelknöllchen besitzt. Während des *Dryas*-Pionierstadiums erhöht sich der Stickstoffgehalt des Bodens von 33 kg/ha bis auf 400 kg/ha.

Von der übrigen Arktis abweichende Klimaverhältnisse findet man in einigen Trogtälern im Inneren von Peary-Land (N-Grönland) auf dem 80. Breitengrad. Im Sommer fehlen hier durch die vom Inland wehenden Fallwinde die Niederschläge, und es herrschen wüstenartige Verhältnisse mit Salzausblühungen an der Bodenoberfläche mit alkalischen Böden, wo sogar einige Halophyten vorkommen. Auch sonst fehlt eine Vegetation nicht ganz, weil sich im Winter Flugschnee von den Bergen ansammelt, der im Frühjahr schmilzt. Das Wasser versickert, da die Böden 1 m tief auftauen. Entsprechend hat auch *Braya purpurascens* eine Pfahlwurzel von über 1 m Länge. Die Zahl der frostfreien Tage erreicht 59, die Julitemperatur beträgt 6 °C.

3 Ökophysiologische Untersuchungen

Die Temperatur der niedrigen Pflanzen und des Bodens ist während des Polartags bei 24 h lang tiefstehender Sonne ziemlich gleichmäßig, die Einstrahlungsrichtung wirkt sich dennoch aus. Die Unterschiede zur Lufttemperatur können an Schönwettertagen dann sehr deutlich werden (Abb. L-3). Ausreichende Temperaturen stellen für die Pflanzen eine Voraussetzung für aktive Stoffwechselvorgänge dar.

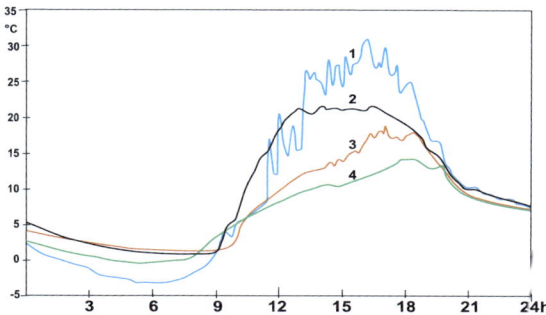

Abb. L-3 Tagesgänge der Temperatur an der Bodenoberfläche in einer Catena vom Carici rupestris-Dryadetum (CD) zum Salicetum polaris am 29.8.1990, einem Schönwettertag am Liefdefjord in NW-Spitzbergen (90 m NN) (verändert nach DIERSSEN 1996). **1** CD/*Carex nardina*-Fazies; **2** CD/*Dryas*-Fazies; **3** CD/*Carex misandra*-Fazies; **4** Salicetum polaris.

Die Wasserbilanz der arktischen Pflanzen ist ausgeglichen, ihre Zellsaftkonzentration beträgt 0,7 bis 2,0 MPa. Wenn die Arten trotzdem im Bau oft xeromorphe Züge aufweisen, so dürfte es sich ebenso wie bei den Hochmoorpflanzen um durch Stickstoffmangel bedingte, erblich fixierte Peinomorphosen handeln.

Besonders wichtig ist die Frage der Photosynthese und damit der Stoffproduktion. Die maximale Intensität der CO_2-Assimilation beträgt 12 mg/$dm^2 \cdot h^{-1}$. An trüben Tagen sinkt die CO_2-Aufnahme vorübergehend unter Null. Da sie jedoch meistens 24 Stunden hindurch fortgesetzt werden kann, mit einem Minimum parallel zum Lichtminimum um Mitternacht, erreicht die Ausbeute an einem Sommertag 100 mg CO_2/dm^2 = rund 60 mg Stärke.

Diese Ausbeute genügt, um ausreichende Stoffreserven im Sommer anzulegen. Die primäre Produktion der Vegetationsdecke in einem Jahr beträgt im subarktischen Gebiet in Schwedisch-Lappland bei Abisko (Vegetationszeit 111 Tage) 2500 kg/ha, in Alaska (Vegetationszeit 70 Tage) 830 kg/ha, in der Hocharktis (Vegetationszeit 60 Tage) nur 30 kg/ha. Die Phytomasse eines arktischen Weidengebüsches auf Grönland erreicht 5,5 t/ha.

Das „Tundrabiom" (Zonobiom IX) wurde im Rahmen des I.B.P. in Alaska sehr intensiv untersucht (vgl. BLISS & WIELGOLASKI 1973).

4 Tierwelt der Arktischen Tundra

Die weiten Tundraflächen Sibiriens sind eines der wenigen Gebiete unserer Erde, in denen man noch ursprüngliche Tierwelt einigermaßen ungestört durch den Menschen antrifft und somit ihren Einfluss auf die Vegetation studieren kann. Im Winter verlassen die meisten großen Wirbeltiere die Tundra, die Vögel ziehen nach Süden. Nur die Lemminge (*Lemmus*) und Ziesel (*Spermophilus lateralis*) bleiben in der Tundra. Polarfuchs und Schnee-Eule ziehen sich aus den nördlichsten, beutearmen Gegenden zurück.

Die Lemminge verfallen nicht in Winterschlaf, legen auch keine Nahrungsvorräte an, sondern bleiben unter dem harten Panzer der Schneedecke aktiv und ernähren sich hauptsächlich von den Erneuerungsknospen der Cyperaceen. Ein Lemming braucht pro Jahr, obgleich er nur 50 g wiegt, etwa 40 bis 50 kg an frischer Pflanzensubstanz. Er besiedelt meist gut dränierte Südhänge und baut im Winter ein Nest aus Cyperaceen-Sprossen in der Nähe seines Weidegebietes, das für eine Familie etwa 100 bis 200 m^2 groß ist. Eine ganze Siedlung umfasst etwa 1 bis 1,5 ha, auf denen 90 bis 94% der Pflanzen abgeweidet werden. *Eriophorum angustifolium* gelangt auf solchen Flächen nicht zur Blüte. Ein Maximum der Lemminge tritt im Mittel alle drei Jahre auf. Die trockenen Pflanzenteile werden nicht gefressen; sie bilden im Frühjahr das „Heu" (1 bis 2 t/ha), das zusammengeschwemmt wird und sich zu torfigen Bulten aufhäuft. Nach Verlassen der Winterquartiere legen die Lemminge ihre Baue auf höher gelegenen Stellen an, wobei sie bis zu 250 kg/ha an Erde herauswerfen.

An solchen gestörten Standorten findet man eine charakteristische Pflanzengemeinschaft, die eine sekundäre Sukzession einleitet. Dasselbe gilt für die Zieselbaue, vergleichbar in Mitteleuropa mit einer Maulwurfswiese. Auf diese Weise wird eine ständige Dynamik innerhalb der Pflanzendecke aufrechterhalten. Auch die Scharen von Wasservögeln, vor allem Gänse, die im Frühjahr kommen, zerstören die Pflanzendecke zu 50 bis 80%, indem sie die jungen Triebe von *Oxytropis* abbeißen und die stärkehaltigen Rhizome von *Eriophorum* herausreißen. Auf dem nackten Boden macht sich die Solifluktion bemerkbar, bis ihn eine dichte Moosdecke bedeckt.

Die Nist- und Sammelplätze der Vögel werden stark gedüngt, so dass sich nitrophile Arten (*Rhodiola, Stellaria, Polemonium, Myosotis, Draba, Papaver* u. a.) einstellen.

Zur Tierwelt der Tundra gehört auch das Rentier (*Rangifer tarandus*) (Abb. L-4), das im Winter nur dann in der Tundra bleibt, wenn weite apere, das heißt nicht vom Schnee bedeckte Flächen vorhanden sind.

Abb. L-4 Das Rentier (*Rangifer tarandus*) ist ein Säugetier aus der Familie der Hirsche. Es lebt im Zirkumpolargebiet im Sommer in der Tundra und im Winter in der Taiga (Fotos links: Breckle; rechts: E. Fischer).

Im Sommer weiden die Rentiere zerstreut und beeinflussen die Vegetation wenig. Wenn sie sich jedoch im Herbst zu großen Herden sammeln, macht sich der Tritt bemerkbar. Dabei werden die Flechten und Zwergsträucher gefressen und zerstört, während sich die Rasengesellschaften mit *Deschampsia* und *Poa* ausbreiten. Das Fressverhalten ist allerdings sehr anpassungsfähig entsprechend des Nahrungsangebots (◻ Abb. L-5). Die Zahl der wilden Rentiere nimmt heute zugunsten der domestizierten ab. Die Rentiere sind in der Tundra das wichtigste herbivore Tier, in der nordamerikanischen Tundra ist es das Karibu (*Rangifer caribou*), während in der eurosibirischen Tundra das eigentliche Rentier (*Rangifer tarandus*) vorkommt. Die Wirkung der Raubtiere (Polarfuchs, vereinzelt Bär und Luchs) auf die Pflanzenwelt ist gering.

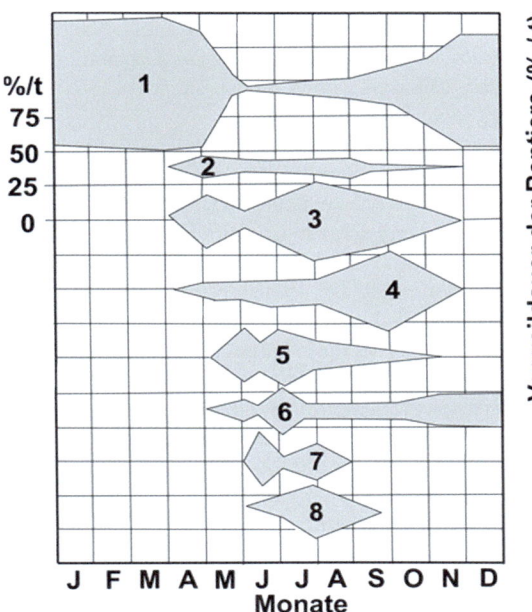

◻ **Abb. L-5** Jahreszeitliches Freßverhalten wilder Rentiere in der Hardangervidda (verändert nach SKOGLAND 1983) **1** Loiseleurio-Diapension; **2** Cladonio-Juncetum trifidi; **3** Phyllodoco-Vaccinion myrtilli und Potentillo-Polygonion vivipari; **4** Nardo-Caricion gigelowi; **5** Adenostylion alliariae; **6** Caricion nigrae; **7** Ranunculo-Salicetum herbaceae; **8** Cassiopo-Salicetum herbaceae.

Man weiß heute, dass erst in den letzten 20.000 Jahren zahlreiche Arten der Megafauna ausgestorben sind (MARTIN 1984, SIMMONS 1996). Man geht sogar davon aus, dass bis zu 200 Gattungen großer Säuger und Vögel bis zum Ende der letzten Eiszeit verschwunden sind. In Nordamerika sind etwa ⅔ der großen Säuger, die noch gegen Ende der letzten Eiszeit nachzuweisen sind (also vor etwa 13.000 Jahren), ausgestorben. Dazu gehören 3 Elephantenartige, 15 Huftierarten, zahlreiche große Nagetiere und Räuber, 6 Edentatenarten (Riesenfaultiere, Gürteltier, Ameisenbär etc.). Es gibt keinerlei Anhaltspunkte für ähnliche Aussterberaten aus früheren eiszeitlichen Epochen, die als Ursache eiszeitliche Klimaänderungen annehmen ließen. Vielmehr muss man davon ausgehen, dass gerade am Ende der letzten Eiszeit die großen Einwanderungswellen der Indianer über die Beringstraße die Hauptursache für diesen Massenexodus waren. Die Eroberung des Kontinents von Kanada bis Mexiko kann in 350 bis 500 Jahren stattgefunden haben. Innerhalb einer Zeitspanne von 500 Jahren sind die meisten Arten auch ausgestorben. Ähnliche Aussterbezeiten sind von Neuseeland, von Madagaskar, von Java, jeweils nach Ankunft des Menschen bekannt.

In Eurasien ist die Aussterberate nicht ganz so dramatisch gewesen. Während in Nordamerika mindestens 24 Gattungen verschwunden sind, waren es in Eurasien wahrscheinlich neun Arten, dazu gehören das Mammut (*Mammuthus primigenius*), das Woll-Nashorn (*Coelodonta antiquitatis*), der Große Elch (*Megaloceros giganteus*), der Moschus-Ochse (*Ovibus moschatus*), der Steppen-Bison (*Bison priscus*), eine Büffelart (*Homoioceros antiquus*) sowie drei Carnivoren (SIMMONS 1996). Moschus-Ochsen hat man heute an einigen Stellen wieder eingebürgert.

Neben den verbesserten Jagdtechniken zur Blütezeit des prähistorischen Menschen dürften auch die rasche Erwärmung und das Vorrücken der Waldvegetation mitverantwortlich sein für die plötzlich hohe Aussterberate der Megafauna.

5 Der Mensch in der Tundra

Die jahreszeitlichen Wanderzüge der Rentierherden haben das Jagdverhalten der Menschen der Tundra nachhaltig geprägt. Die domestizierten Rentierherden, zum Beispiel bei den Tungusen (Volksstamm in Sibirien) wandern im Sommer aus der Taiga in die Tundra und im Frühherbst wieder zurück in die Taiga. In der Tundra Nordamerikas wohnen verschiedene Eskimostämme, die sich ganz an die arktischen Verhältnisse angepasst haben. Dabei treiben die einzelnen Stämme auch untereinander Handel, die einen jagen vorwiegend Wale und Robben, die anderen sind landeinwärts aktiv als Karibujäger, erbeuten aber auch Bergschafe, Elche, Biber, Bären, Schneehasen, Enten und Gänse. Walfleisch, Walspeck und Tran werden dann gegen Karibufleisch und Beeren getauscht (CAMPBELL 1985).

Die Lebensweise der Eskimo in Nordalaska und vor allem ihre Wohnweise in meist kreisrunden Hütten ist ein Beispiel für die mögliche Lebensweise der Menschen während der Eiszeit in Europa, zum Beispiel zur Magdalénienzeit.

Die Hütten sind halbunterirdisch gebaut, dick mit Grassoden eingepackt, mit einem Dach aus Walrippen, die mit Tierfellen abgedeckt sind, so dass eine hervorragende Wärmeisolierung zustande kommt.

> **Box L-2** Die Subzonobiome der Tundra
>
> Von Süden nach Norden kann man in der arktischen Tundra drei Subzonobiome unterscheiden:
> 1. die Zwergstrauchtundra im Bereich der postglazialen Bewaldung,
> 2. die eigentliche Moos- und Flechtentundra und
> 3. die Kältewüste, die dort beginnt, wo der Pflanzenwuchs sehr spärlich wird.

Ähnliche Bauweisen kennt man von zahlreichen Ausgrabungen aus der Magdalénienzeit, mit ersten Nachweisen des Cro Magnon-Menschen schon 30.000 vor heute, mit einer Blütezeit in Südfrankreich (Dordogne) zwischen 19.000 bis 13.000 Jahren vor heute. Noch heute gibt es in Island oder Nord-Finnland (Lappland) solche Bauten.

Das Rentier war auch der Hauptfleischlieferant des Cro Magnon-Menschen. Aber auch Reste von Wisenten (*Bison bonasus*), Mammute, Pferden, Wildrinder hat man aus den Wohnstätten ausgegraben. Es ist sehr wahrscheinlich, dass die systematische Ausbeutung des reichen Wildtierbestandes durch den Cro Magnon-Menschen forciert wurde. Auf jeden Fall war diese Form des Nahrungserwerbs, die sich hauptsächlich auf eine Wildtierart stützte, am Ende des Oberen Pleistozäns bereits voll ausgebildet. Sie ist noch heute in ähnlicher Weise bei Stämmen der Tundra erkennbar, wenn auch heute mit verbesserten technologischen Methoden und der Verfügbarkeit von Hunden, Booten und Schlitten. Doch sowohl die Steinzeitmenschen in der eiszeitlichen Tundra Mitteleuropas als auch die Eskimos verfügten über hochentwickelte technische Hilfsmittel: wärmeisolierte Hütten, Bekleidung, Fallen etc. und auch bereits einfache Maschinen wie Harpunen und Speerschleudern.

Heute hat die westliche Zivilisation tiefgreifende Veränderungen verursacht. Alkohol ist ein großes Problem. Schneemobile ersetzen die Hundeschlitten, die Jäger benützen Gewehre. Heute können wenige Eskimos eine ganze Karibu-Herde an einem Tag dezimieren. Die Jagd ist so einfach geworden, dass es nicht mehr darauf ankommt, sämtliche Teile eines erlegten Tieres zu verwerten; man nimmt nur noch die besten Stücke. Überzähliges Wild wird verkauft.

6 Arktische Kältewüste und die Solifluktion

Die Arktische Kältewüste ist das nördlichste der drei Subzonobiome des ZB IX. Auch hier lassen sich ozeanische und kontinentale Gebiete zusätzlich unterscheiden (Aleksandrova 1971).

In der Kältewüste sind Frostwechseltage, an denen die Temperatur den Nullpunkt zweimal überschreitet, sehr häufig; dadurch wird die Erscheinung der Solifluktion, des Bodenfließens, hervorgerufen. Schon in der Tundra selbst, wie auch in den alpinen und nivalen Höhenstufen der Gebirge, entstehen durch lokale Eisbildung mit starker Volumenvergrößerung unter der Pflanzendecke im nassen Boden die Torfhügel- und Frostbuckel- oder Bultentundra. Selbst an sehr wenig geneigten Hängen wird der Boden abwärts geschoben, wobei der Hang ein Aussehen annimmt, als ob er mit Viehtreppen bedeckt wäre. Die Frosttreppen sind niedrige Stufen, die parallel zu den Isohypsen verlaufen. ◘ Abb. L-6 zeigt den Querschnitt durch eine solche Stufe. Diese Bodenbewegung wird nach Norden zu immer auffallender.

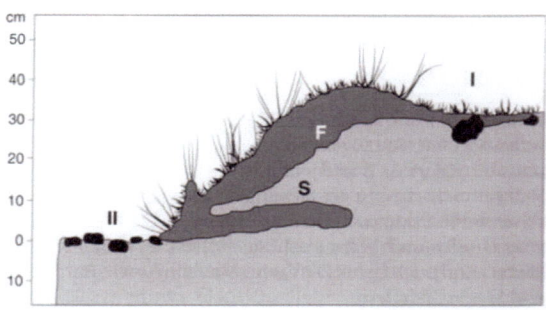

◘ **Abb. L-6** Erdfließen an einem flachen Hang in der Arktis (Alaska). Die faserige Torfschicht (F) mit der lebenden Pflanzendecke hat sich um etwa 30 cm von I nach II bewegt und dabei eine Falte gebildet, in die der freie Schluffboden (S) zum Teil eingeschlossen ist (verändert nach Walter 1960).

Dort, wo im Herbst eine nicht gefrorene vernässte Schicht zwischen dem Permafrostboden unten und einer gefrierenden Schicht oben zusammengepresst wird, sprengt sie stellenweise die obere Gefrierschicht und ergießt sich als flüssiger Lehmbrei über die Pflanzendecke, einen vegetationslosen Fleck bildend, der einige Zentimeter höher ist (◘ Abb. L-7). Es entsteht die Fleckentundra.

Eine Folge des Frostes ist auch die Herausarbeitung der Steine aus dem Boden. ◘ Abb. L-8 erläutert diesen Vorgang: Beim Gefrieren der oberen Bodenschicht saugt diese Wasser von unten an und nimmt an Volumen zu; sie hebt dabei die Steine mit empor, die in der gefrierenden Schicht stecken. Unter dem Stein bildet sich eine Höhlung, in die feiner Sand fällt; nach dem Auftauen bleibt deshalb der Stein auf einem gegenüber früher etwas höheren Niveau liegen. Wiederholt sich das vielmals an den Frostwechseltagen, so liegt der Stein schließlich über der Bodenober-

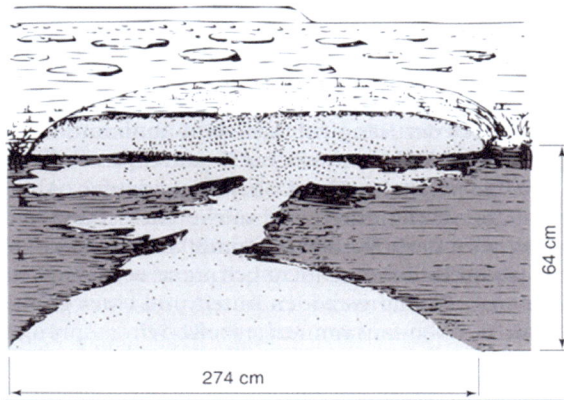

Abb. L-7 Fleckentundra mit vertikalem Schnitt durch einen Flecken. Die Flecken entstehen durch Hochpressen des zwischen Permafrostboden unten und gefrierender Schicht oben eingeschlossenen flüssigen Lehmbreis, der sich dann über die Oberfläche ergießt und einen vegetationslosen Lehmfleck bildet, der einige cm höher ist (nach WALTER 1990).

Abb. L-8 Oben: Schematische Darstellung der Vorgänge beim Gefrieren und Auftauen des Bodens. **1** vor dem Gefrieren; **2** Boden oben gefroren, Stein wird angehoben; **3** nach dem Auftauen, der Stein ist bis an die Oberfläche gerückt. Unten: Steinnetzbildung. **A**: bei x Gefrierzentrum; **B**: Pfeile zeigen die Richtung, in der sich die Steine bewegen; **C**: ursprüngliche Lage der Steine im Boden; **D**: deren endgültige Lage, wenn sich das Froststeinnetz oder der Polygonboden (im Schnitt) gebildet hat (nach WALTER 1990).

Abb. L-9 Tundra mit größeren Steinringen (**a**) und Erdpolygonen (**b**) in Spitzbergen (Fotos: Jaroslav Obu, Alfred-Wegener-Institute for Polar Research, http://is.gd/JVeI2O).

fläche. Meist geht das Gefrieren des Bodens von einzelnen Punkten aus, die einen oder mehrere Meter auseinanderliegen. Dann werden die Steine nicht nur herausgehoben, sondern zugleich zur Seite geschoben. Im Endresultat bilden sie zwischen den Gefrierzentren ein Steinnetz, das heißt einen Polygonboden (▶ Abb. L-9). Die Pflanzen finden vereinzelt Zuflucht zwischen den Steinen des Polygonbodens, wo die Bewegung am geringsten ist. Vollzieht sich dieser Vorgang an einem Hang, so werden die Steine nicht nur gehoben, sondern auch hangabwärts geschoben; es bilden sich dann die Steinströme oder Streifenböden (▶ Abb. D-67).

Diese ständige Bodenbewegung in der Arktis lässt die Pflanzendecke nicht zur Ruhe kommen und wirkt sich ungünstig aus. Man kann dies schon auf Island beobachten (LÖTSCHERT 1974), viel deutlicher auf Spitzbergen.

Die Solifluktion ist von gleicher Bedeutung auch im Gebirge, und zwar in der oberen alpinen und subnivalen Stufe, aber nur lokal und nicht über so weite Flächen hinweg wie in der Arktis (▶ Abb. D-67).

Was die Zusammensetzung der Vegetation anbelangt, so sind die floristischen Unterschiede um den ganzen Nordpol herum relativ gering. Ein relativ großer Prozentsatz der wenigen Arten ist zirkumpolar verbreitet.

7 Antarktis und subantarktische Inseln

Auf dem eisbedeckten antarktischen Kontinent hat man im Randgebiet nur zwei Blütenpflanzen gefunden: *Colobanthus crassifolius* (Caryophyllaceae) (▶ Abb.

L-10) und das Gras *Deschampsia antarctica* (◘ Abb. L-11). Neuerdings wurde *Poa pratensis* und *P. annua* eingeschleppt. Sonst kommen nur Moose, Flechten und Landalgen vor, insgesamt einige hundert Arten. Sie beschränken sich auf zeitweilig schneefreie Stellen an der Küste, auf steile Felswände und Geröllhalden (◘ Abb. L-12). Quantitativ hat ihre Biomasse eine sehr geringe Bedeutung.

In Bodenproben konnte man auch Bakterien und Pilze nachweisen. Für die Tierwelt spielt diese geringe Phytomasse keine Rolle. Die Pinguine und viele andere Tiere, die im Küstenbereich der Antarktis zeitweilig vorkommen, haben ihre Nahrungsgrundlage im Meer. Ob es Invertebraten gibt, die von den Krustenflechten oder den Gesteinsalgen leben, ist uns nicht bekannt.

Im Meer um die Antarktis herum mit seinen ständigen Weststürmen sind viele kleine Inseln zerstreut, die meisten südlich vom 50. Breitengrad. Sie zeichnen sich alle durch ihre Baumlosigkeit aus, denn die Sommer sind kühl, die Winter nicht kalt; auf diesen Inseln herrscht fast Isothermie, zum Beispiel schwanken die Werte der Temperatur fast das ganze Jahr hindurch auf den Macquarie-Inseln (54° 3' S) nur zwischen 2,8 °C und 7,7 °C (◘ Abb. L-13). Nieselregen und Nebel sind für die Witterung typisch. Man hat von einer **Windwüste** gesprochen; denn nur im Windschutz ist die Vegetation üppiger.

Abb. L-10 *Deschampsia antarctica*, die einzige Grasart der Antarktis, Penguin Island, Antarktische Halbinsel (Foto: O. Krüger).

Abb. L-11 *Colobanthus crassifolius* (Caryophyllaceae), Hannah Point, Livingston Island, Antarktische Halbinsel (Foto: O. Krüger).

◘ **Abb. L-12** Antarktische Felseiswüste mit dünnen Flechtenüberzügen auf den Felsen (Admirality Bay, King George Island). Auf den flachen Terrassenbänken sammeln sich Pinguine zur Brutkolonie (Foto: L. Kappen).

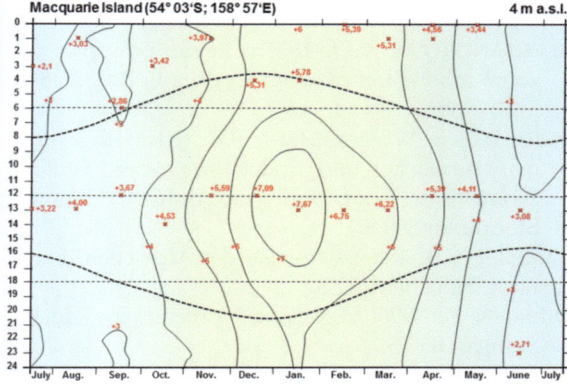

◘ **Abb. L-13** Thermoisoplethen-diagramm von Macquarie-Inseln mit dem Verlauf der Isothermen parallel zu der Y-Achse als Zeichen für ein ausgesprochenes Jahreszeitenklima der Polarregionen (verändert nach TROLL 1943).

Die häufigste Pflanze auf den Kerguelen ist die dichte Rosetten bildende *Azorella selago* (Apiaceae). Den Seeleuten als Frischgemüse gegen Skorbut (Vitamin-C-Mangelkrankheit) diente früher der Kerguelen-Kohl, *Pringlea antiscorbutica* (Brassicaceae) mit seinen großen Blättern (◘ Abb. L-14). *Acaena*-Arten (Rosaceae) sind auf allen Inseln verbreitet. Auch Tussock-Grasland (*Festuca*- und *Poa*-Arten) kommt vor, außerdem viele Moose, Farne und Flechten. Verschiedene polsterbildende Arten sind für die Subantarktis, wie stets für sehr windige Standorte, bezeichnend.

◘ **Abb. L-14** Der Kerguelen-Kohl (*Pringlea antiscorbutica*, Brassicaceae), der früher für die Seefahrer lebensnotwendige Gemüse zur Vitamin-C-Versorgung darstellte (Foto: http://bit.do/6wEV).

8 Literatur

ALEKSANDROVA, V.D. 1971: On the principles of zonal subdivision of arctic vegetation. Bot. Z. **56**: 3-21 (Russ.)

BLISS, L.C. & WIELGOLASKI, F.E. (eds.) 1973: Primary production and production process, Tundra Biome. Proc. Conf. Dublin, Swedish IBP Comm., Stockholm 250 S.

CAMPBELL, B. 1985: Ökologie des Menschen. Harnack, München 232 S.

DIERßEN, K. 1996: Vegetation Nordeuropas. Ulmer, Stuttgart 838 S.

LÖTSCHERT, W. 1974: Über die Vegetation frostgeformter Böden auf Island. Ber. Forschungsstation Neori As (Island) **16**: 1-15

MARTIN, P.S. 1984: Prehistoric overkill: the global model. In: MARTIN, P.S. & KLEIN, R.G. (eds.): Quaternary extinctions: a prehistoric revolution. Tucson, Univ. of Arizona Press: 354-403

SIMMONS, I.G. 1996: Changing the face of the earth. Blackwell Public., Oxford

TROLL, C. 1943: Thermische Klimatypen der Erde. In: Petermanns Mitteilungen **89**: 81-89

WALTER, H. 1990: Vegetationszonen und Klima. 6. Aufl., Ulmer/Stuttgart 382 S.

Die Mega-City Tokyo als Beispiel für Verstädterung und Globalisierung. Eine Großstadt, die sich ständig nicht nur nach außen zu den Peripherien, sondern auch in die dritte Dimension ausdehnt (Foto: Breckle)

Kohlekraftwerk bei Leipzig betrieben durch den Braunkohle-Tagebau, einer der anthropogenen Beiträge zum zusätzlichen Treibhauseffekt (Foto: Breckle)

II Spezieller Teil

Teil M - Zusammenfassung, Schlussfolgerungen

1. Phytomasse und Primärproduktion der einzelnen Vegetationszonen und der gesamten Biosphäre
2. Schlussfolgerung aus ökologischer Sicht
3. Die Bevölkerungsexplosion
4. Die Übertechnisierung
5. Nachhaltige Landnutzung
6. Bekenntnisse
7. Literatur

Gartenkunst im Orient, Shiraz, Iran (Foto: Breckle).

1 Phytomasse und primäre Produktion der einzelnen Vegetationszonen und der gesamten Biosphäre

Die Geo-Biosphäre überzieht als dünne Hülle, als dünnstes Häutchen, die Erdoberfläche; sie umfasst die oberste durchwurzelte Bodenschicht und die bodennahe Luftschicht, soweit die Organismen in diese hineinragen, sowie alle Gewässer. In ihr vollzieht sich somit auch der gesamte biologische Stoffkreislauf.

Von der totalen **Biomasse** auf dem Lande entfallen über 99% auf die **Phytomasse**, so dass wir uns auf die Verteilung derselben bei unseren Betrachtungen beschränken können. Sie zeigt deutliche Beziehungen zu den Zonobiomen.

Die genaue Bestimmung der Phytomasse und der primären Produktion stößt auf Schwierigkeiten. Schon 1970 veröffentlichten BAZILEVICH et al. Berechnungen unter Auswertung der einschlägigen Literatur für die einzelnen thermischen Zonen und bioklimatischen Gebiete der Erde. Berechnet werden für die einzelnen Gebiete als Trockenmasse in Tonnen (t) die mittlere Phytomasse und die mittlere jährliche primäre Produktion pro Hektar (t/ha). Nach Ausmessung der Flächen von den einzelnen Gebieten, wobei die Fläche von Flüssen, Seen und Gletschern sowie Firnflächen nicht inbegriffen sind, werden außerdem noch die gesamte Phytomasse und die gesamte jährliche primäre Produktion für die einzelnen Gebiete angegeben. Die Summierung dieser Zahlen ergibt die Phytomasse und die jährliche Produktion der Landoberfläche der Erde. Dazu werden in der ▫ Tab. M-1 auch noch die entsprechenden Angaben für die Gewässer hinzugefügt. Es handelt sich dabei um potentielle Werte, das heißt unter Zugrundelegung der natürlichen, durch den Menschen nicht veränderten Vegetation.

BAZILEVICH et al. (1970) unterscheiden fünf thermische Zonen: **1.** die polare (arktische), **2.** die boreale, **3.** die gemäßigte, **4.** die subtropische und **5.** die tropische. Die ersten zwei Zonen besitzen ein humides Klima, bei den drei anderen werden jeweils drei Gebiete unterschieden: ein humides (**h**), ein semiarides (**s**) und ein arides (**a**) (vgl. Karte in ▫ Abb. M-1, und ▫ Tab. M-1).

Diese Gliederung unterscheidet sich etwas von der Zonobiom-Gliederung, wie die Gegenüberstellung zeigt (▫ Tab. M-2).

Vergleicht man die Verhältnisse auf dem Land mit denen in den Ozeanen, so sieht man, dass die Produktion der letzteren mit 60·10^9 t nur etwa ein Drittel von der auf dem Lande ausmacht, obgleich ihre Fläche fast dreimal größer ist. Außerdem fällt auf, dass die

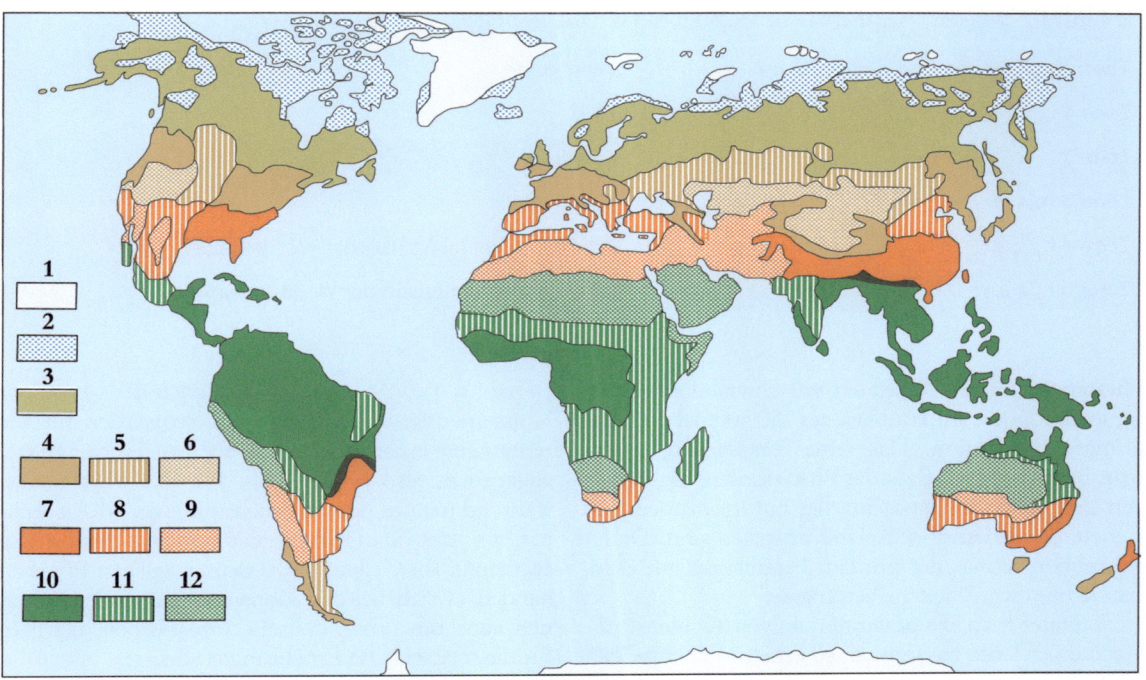

▫ **Abb. M-1** Thermische Zonen und bioklimatische Gebiete (verändert nach BAZILEVICH et al. (1970): **1** Gletscher und Firnflächen; **2** arktische Zone; **3** boreale Zone; **4-6** gemäßigte Zone: **4** humide Gebiete, **5** semiaride Gebiete, **6** aride Gebiete; **7-9** subtropische Zone: **7** humide Gebiete, **8** semiaride Gebiete, **9** aride Gebiete; **10-12** tropische Zone: **10** humide Gebiete, **11** semiaride Gebiete, **12** aride Gebiete.

◘ Tab. M-1 Verteilung der potentiellen Produktivität der Erde (nach BAZILEVICH et al. 1970)

Klimazonen	Fläche [10^6 km^2]	Phytomasse		Primärproduktion	
		gesamt [10^9 t]	mittlere [10^9 t·ha^{-1}]	gesamt [10^9 t·ha^{-1}]	mittlere [10^9 t·ha^{-1}·a^{-1}]
Polare	8,05	13,8	17,1	1,33	1,6
Boreale	2,20	439	189	15,2	6,5
Gemäßigte					
humid	7,39	254	342	9,34	12,8
semiarid	8,1	16,8	20,8	6,64	8,2
arid	7,04	8,24	11,7	1,99	2,8
Subtropische					
humid	6,24	228	366	15,9	25,5
semiarid	8,29	81,9	98,7	11,5	13,8
arid	9,73	13,6	13,9	7,14	7,3
Tropische					
humid	26,5	1166	440	77,3	29,2
semiarid	16,0	172	107	22,6	14,1
arid	12,8	9,01	7,0	2,62	2,0
Geobiosphäre					
Landmasse	133	2400	180	172	12,8
Gletscher	13,9	0	0	0	0
Hydrobiosphäre					
Seen/Flüsse	2,0	0,04	0,2	1,0	5,0
Ozeane	361	0,17	0,005	60,0	1,7

◘ Tab. M-2 Vergleich der thermischen Klimazonen von BAZILEVICH (1970) mit den Zonobiomen.

Thermische Zonen und Klimagebiete	Zonobiome
Zone 1	ZB IX
Zone 2	ZB VIII
Zone 3 h, s, a	ZB VI und VII
Zone 4 h, s, a	ZB V, IV und III (außerhalb der Wendekreise)
Zone 5 h, s, a	ZB I, II und III (innerhalb der Wendekreise)

Phytomasse in den Ozeanen verschwindend gering ist, insbesondere im Hinblick auf die 300mal größere primäre Produktion. Das wird verständlich, wenn man berücksichtigt, dass die Produzenten, die Pflanzen des Planktons, aus einzelligen Organismen bestehen, die dauernd in Teilung begriffen sind. Demgegenüber beträgt die primäre Produktion auf dem Lande nur etwa 7% der Phytomasse.

Rechnet man die gesamten aktiven Kohlenstoffvorräte der Erde zusammen, so erhält man etwa 790 Gt C (vor allem CO_2) in der Atmosphäre, etwa 700 Gt C in der Biosphäre, 35.000 Gt C in der Hydrosphäre und 1.500 Gt C in der Pedosphäre. Der Anteil der Kohlenstoffvorräte in der Lithosphäre ist enorm (◘ Tab. M-3). Fragt man nach der Masse der Konsumenten und Destruenten, so werden für alle Kontinente zusammen nur 20·10^9 t an Trockenmasse angegeben, also weniger als 1% der Phytomasse, während man in den Ozeanen mit etwa 3·10^9 t rechnet, was das über 15fache der dortigen Phytomasse ausmacht. Im Gegensatz zu den einzelligen Pflanzen handelt es sich bei den Konsumenten in den Ozeanen auch um große tierische Organismen, die man für die menschliche Ernährung ausbeutet.

Wie gering demgegenüber die Zoomasse der großen Konsumenten auf dem Lande ist, haben wir an verschiedenen Beispielen gezeigt. Die Phytomasse auf dem Lande besteht vorwiegend aus der Holzmasse in

Spezieller Teil

Tab. M-3 Die Kohlenstoffmengen [Gt C] in den einzelnen globalen Speichern (nach ITTEKKOT et al. 2002)

Speicher	Form	CO_2-Menge [Gt C]
Atmosphäre	Kohlenstoffdioxid (CO_2), Kohlenstoffmonoxid (CO), Methan (CH_4)	790
Biosphäre	Organische Verbindungen in terrestrischen bzw. in marinen Organismen	700 3
Hydrosphäre	Kohlenstoffdioxid (CO_2), Hydrogenkarbonat (HCO_3^-), Carbonat (CO_3^{2-})	35.000
Lithosphäre	Calciumkarbonat ($CaCO_3$, Calcit), Calcium-Magnesium-Carbonat ($CaMg(CO_3)_2$, Dolomit	mind. 60.000.000
Sediment	Kerogen Gashydrate	mind. 15.000.000 10.000
fossile Brennstoffe	Kohle, Erdöl, Erdgas	4.100
Pedosphäre Boden	Tote Biomasse (Humus, Torf)	1.500

Kerogen: Das polymere organische Material, aus dem bei zunehmender geologischer Versenkung und Aufheizung Kohlenwasserstoffe gebildet werden.

Box M-1 Primärproduktion unterschiedlicher Ökosysteme

Die gesamte jährliche potentielle primäre Produktion der Biosphäre auf dem Lande, in den Ozeanen sowie Seen und Flüssen beträgt etwa $233 \cdot 10^9$ t. Davon entfallen auf die Landmasse $172 \cdot 10^9$ t, auf die Seen und Flüsse $1 \cdot 10^9$ t und auf die Ozeane $60 \cdot 10^9$ t.

---

den Wäldern, auf die 82% der gesamten Phytomasse auf allen Kontinenten entfallen, obgleich die Wälder nur 39% der Fläche einnehmen. Die Hauptmenge der Waldphytomasse mit etwa 50% findet man in den tropischen Wäldern, etwa 20% in den borealen und etwa je 15% in den subtropischen und gemäßigten. Diese Zahlen sollte man auch im Gedächtnis behalten für die "Global-Change"-Diskussion.

Die Phytomasse der Wüsten ist mit 0,8% sehr gering im Vergleich zu der großen Fläche von mehr als 22%, die sie auf der gesamten Landfläche einnehmen.

Die mittlere Phytomasse in t/ha der Wälder (humide Gebiete) steigt bei zunehmend günstigeren Temperaturverhältnissen von 189 t/ha in der borealen Zone ständig bis auf 440 t/ha in den Tropen an. Im Gegensatz dazu ist die mittlere Phytomasse in den tropischen ariden Gebieten mit 7 t/ha am geringsten; denn Trockenheit mit dauernd hohen Temperaturen ist für den Pflanzenwuchs besonders ungünstig.

Betrachtet man die mittlere jährliche primäre Produktion, so ist sie auf dem Lande mit 12,8 t/ha mehr als siebenmal so hoch wie in den Ozeanen und beträgt etwa das Zweieinhalbfache von der in den Seen und Flüssen mit ihren Wasser- und Sumpfpflanzenbeständen.

Die primäre Produktion der humiden Gebiete pro Hektar steigt auf dem Lande ebenfalls äquatorwärts, wobei sie sich von der borealen zur gemäßigten Zone und von dieser zur subtropischen jeweils verdoppelt, dann aber weiter zur tropischen Zone nur noch wenig ansteigt. Die Unterschiede zwischen den humiden und semiariden Gebieten sind nicht so groß, wie bei den Werten für die Phytomasse, da die Holzmassen in den Wäldern nicht produzieren und es mehr auf die Blattfläche ankommt (Vergleich Wiese und Wald im Solling). Auffallend ist die relativ hohe Produktion in den subtropischen semiariden und ariden Gebieten mit 13,8 bzw. 7,3 t/ha; sie ist auf die oft sehr üppige und produktive ephemere Vegetation zurückzuführen, die sich während der günstigen kühleren Jahreszeit entwickeln kann.

Zu etwas anderen Werten gelangten LIETH & WHITTAKER (1975). Sie gehen von den Vegetationsformationen aus und berechnen nicht die potentielle, sondern eher die reale Produktion unter Berücksichtigung der kultivierten Flächen. Deshalb sind die Werte für die terrestrische Produktion geringer. Als genaueste Zahl gibt LIETH eine primäre Produktion von $121,7 \cdot 10^9$ t an Trockenmasse auf einer Landfläche von $149 \cdot 10^6$ km^2 an.

Fragt man sich zum Schluss, wie hoch der Konsum der Menschheit bei einer Bevölkerungszahl von drei Milliarden mit einer Biomasse von $0,2 \cdot 10^9$ t war, so kann man ihn etwa gleich der damaligen gesamten landwirtschaftlichen Produktion setzen, auf die 0,7% der primären Produktion der Biosphäre entfielen. Der Energieverbrauch wird mit $2,8 \cdot 10^{18}$ cal angegeben, da nur ein Teil der mit der Nahrung aufgenommenen Energie ausgenutzt wird. Diese Zahlen erscheinen nicht hoch, doch ist der Konsum bei der rapiden Bevölkerungszunahme auf über sieben Milliarden inzwischen stark angestiegen.

2 Folgerungen aus ökologischer Sicht

Die vorangegangenen Kapitel geben in knapper Form einen Überblick über die großen, natürlichen ökologischen Zusammenhänge der Geo-Biosphäre. Ihre Kenntnis ist die Voraussetzung für eine richtige Beurteilung der Gefahren, die durch die zunehmenden Eingriffe des Menschen in das Naturgeschehen entstehen.

Diese sind so mannigfaltig und tiefgreifend, dass man sie im Rahmen dieser Übersicht nicht behandeln kann. Der Mensch hat sich dank seiner geistigen Fähigkeiten neben der natürlichen eine eigene, scheinbar unabhängige Welt aufgebaut, die einer technisch orientierten Weltwirtschaft.

Durch die fortschreitende Urbanisierung wurde er der Natur immer mehr entfremdet. Dabei verliert er den Boden unter den Füßen, hält alles für technisch machbar und glaubt an ein unbegrenztes Wirtschaftswachstum.

Der Club of Rome (http://www.clubofrome.org) hat bereits 1972 auf Grund vieler Untersuchungen auf das Utopische dieser Einstellung hingewiesen und eine wirtschaftliche Krise vorausgesagt, wenn nicht sofort Gegenmaßnahmen ergriffen würden (vgl. auch GRUHL 1975). Aber nichts Wesentliches geschah. Die Krise ist inzwischen eingetreten, lokal schon lange, regional an vielen Orten. Noch immer wird Ausschau nach den ersten rosa Streifen am Horizont des Wirtschaftswachstums gehalten. Zwar ist „Ökologie" in aller Munde, aber eine grundlegende Umstellung der Denkweise erfolgt nicht. Die sogenannten wirtschaftlichen Zwänge haben immer noch Priorität. Fast alle Wirtschaftstheorien gehen von notwendigem Wachstum aus. Wie soll ständiges Wachstum aufrechterhalten werden? Nachhaltig kann das nicht sein. Nur ein Wirtschaftssystem im dynamischen Gleichgewicht (steady state) ohne Ausbeutung der Natur kann langfristig Bestand haben. Die Zerstörung der Umwelt, von der die Existenz des Menschen abhängt, geht auf der ganzen Welt nahezu unvermindert weiter. Man versucht nur, mit kosmetischen Mitteln lokale Schäden zu vertuschen. Aber es handelt sich um globale Probleme. Auf die beiden größten Gefahren muss hier kurz hingewiesen werden:
- die Bevölkerungsexplosion
- die Übertechnisierung

Man muss die Frage stellen und klären, wie eine nachhaltige Landnutzung möglich ist, also eine Landnutzung, die für viele Generationen des Menschen (also für Jahrhunderte bis Jahrtausende) die Lebensgrundlagen des Menschen erhält. Dies geht nur über Bildung, rationale Einsicht und Bescheidenheit.

3 Die Bevölkerungsexplosion

AURELIO PECCIO, Präsident des Club of Rome, hat 1981 in der deutschen Ausgabe seiner Schrift „Die Zukunft in unserer Hand" erneut darauf hingewiesen, dass die Weltbevölkerung mit einer derartigen Geschwindigkeit ansteigt, dass sofort etwas dagegen geschehen muss. Nach PECCIO werden jede Minute auf der Welt 223 Kinder geboren, das sind an einem Tag 321.000 oder im Jahr 120 Millionen. Diese Zahl ist aber 2017 deutlich höher! Allerdings hat sich der exponentielle Anstieg in den letzten Jahren etwas abgeflacht. Zwischen 2010 und 2014 stieg die Bevölkerungszahl jährlich um 82 Millionen, so dass Ende 2014 genau 7 Milliarden Menschen auf unserem Planeten lebten. Diese Zahl steigt Ende 2016 um etwa 160 Millionen (UN 2014).

Augenblicklich nimmt die Bevölkerung der Erde in weniger als 15 Jahren um eine Milliarde zu. Wenn es gelingen würde, alle geborenen Kinder am Leben zu erhalten, und das wird ja angestrebt, dann würde es in kaum 10 Jahren 1,2 Milliarden Kinder unter 10 Jahren auf der Welt geben. Diese müssten versorgt und geschult werden. Nach weiteren 10 Jahren wäre die Beschaffung von Arbeitsplätzen für sie notwendig, und bald darauf würden sie ihrerseits weitere Kinder in die Welt setzen.

Die Bevölkerungsexplosion erfolgt mit exponentiellem Zuwachs (Abb. M-2). Vor 2.000 Jahren gab es schätzungsweise 200 bis 300 Millionen Menschen auf der ganzen Erde. Bis zum Jahre 1800 nahm die Bevölkerung nur langsam zu.

Katastrophal ist heute die Lage in sehr vielen Ländern. Krankheiten und Epidemien wurden auch dort erfolgreich bekämpft. Die Sterberate sank, kaum jedoch die Geburtenrate. Als Folge davon nahm und nimmt die Bevölkerung rasant zu und das innerhalb weniger Jahrzehnte. Dies ist im Rahmen der Menschheitsentwicklung nur ein Moment. Wenn durch die heutige katastrophale Lage in diesen Ländern Millionen unterernährt sind oder verhungern, so ist die Bevölkerungsexplosion die direkte Ursache, die man vor allem bekämpfen muss. Der Hunger ist nur ein Symptom - die naturgesetzliche Folge, die für alle Lebewesen der ökologischen Systeme gilt, auch für den Menschen, dass keine Art sich unbegrenzt auf Kosten der anderen Lebewesen vermehren darf. Keine Entwicklungshilfe kann dieses Gesetz ausschalten. Der Mensch mit seinem irdischen Leibe, der ernährt werden muss, ist und bleibt ein Teil der Natur. Deswegen ist die gutgemeinte Lebensmittelhilfe besonders schädlich, denn sie heizt die Bevölkerungszunahme noch mehr an, so als wollte man einen Brand mit Öl löschen (Walter 1990).

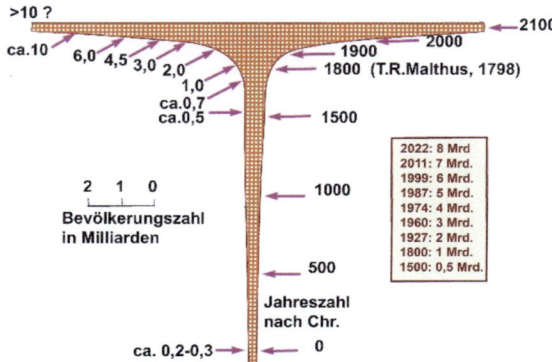

◼ **Abb. M-2** Die Bevölkerungsexplosion auf der Erde (als Atombombenpilz dargestellt) vom Jahre Null unserer Zeitrechnung an: Es hat seit dem Auftreten des Menschen Millionen von Jahren gedauert, bis es Mitte des 19. Jahrhunderts eine Milliarde Menschen auf der Erde gab. Nach weiteren 100 Jahren waren es bereits 2 Milliarden, dann nach weiteren 37 Jahren 3 Milliarden, aber schon 13 Jahre später 4 Milliarden. Um das Jahr 2000 waren es 6 Milliarden und um das Jahr 2030 muss man mit 8 - 10 Milliarden rechnen. Die Zahl um 2100 konnte nicht dargestellt werden, denn bei Gleichbleiben der Zunahme müsste man die Breite des Pilzes oben verdoppeln auf über 20 Milliarden. Nach neueren Berechnungen dürfte sich die Zahl aber schon ab 2050 bei 11-14 Milliarden einpendeln (BIRG, mündl. Mitt.), während in Europa schon ab 2005 (ohne Zuwanderungen) die Bevölkerungszahl schrumpft.

Ein in Hohenheim ausgebildeter Diplom-Landwirt, der später in seinem Land als Hochschulprofessor der Landwirtschaftswissenschaften tätig war, rief in einem Rundfunkvortrag aus: „Hände weg von den Entwicklungsländern, sie müssen selbst ihre Gesundung durchführen; jede Entwicklungshilfe verhindert das".

Bemerkenswert ehrlich ist auch in dieser Hinsicht die Stellungnahme des Entwicklungsberaters des Weltkirchenrats JONATHAN FREYERS auf Grund von seinen Erfahrungen. Sie löste Empörung in weiten ahnungslosen Kreisen aus. Denn in einem Zeitungsartikel vertrat er die Ansicht, dass Lebensmittelsendungen verheerende Schäden verursachen. Sie würden an die Ärmsten verteilt, die Käufer auf den Märkten blieben weg, was die Ackerbautreibenden veranlasste, sich nicht mehr abzumühen, sondern auch Hilfsempfänger zu werden. Die heimische Produktion breche zusammen und die Zahl der Hilfsempfänger stiege immer mehr an - ein Teufelskreis!

Wenn man die Losung ausgibt „Hilfe zur Selbsthilfe" oder „Anregung zur Selbstinitiative", so verkennt man wiederum die Einstellung sowie die Denkweise vieler Einheimischen. Durch Jahrtausende hindurch wurde ihre Lebensweise durch strenge Sittengesetze geregelt, und diese waren optimal an die Umwelt, entsprechend der Kulturstufe angepasst, also nachhaltig. Sonst wäre durch Jahrtausende ein Überleben nicht möglich gewesen.

Auch die Kolonialherrschaft änderte daran wenig, die Machtkämpfe unter den Stämmen wurden unterbunden, auf noch unbesiedelten Flächen entstanden Farmen oder Plantagen mit gewissen Verdienstmöglichkeiten für die Arbeiter. Eine langsame Einbeziehung in das europäische Wirtschaftssystem bahnte sich an. Die übereilte Entlassung in die Unabhängigkeit mit der Auflage, unter Einhaltung der früheren Kolonialgrenzen Einheitsstaaten nach demokratischen Regeln zu schaffen, führte überall zu Chaos und Stammeskämpfen. Die nicht geschulten Massen konnten das Überspringen einer im Westen über ein Jahrtausend dauernden Entwicklung nicht verkraften. Das wäre wohl auch unseren Vorfahren zu Beginn unserer Zeitrechnung nicht gelungen. Die den Geschlechtsverkehr und die Bevölkerungszahl regelnden, sehr strengen Sittengesetze wurden aufgehoben, der ungezügelte Vermehrungstrieb setzte ein und damit der enorme Anstieg der Geburtenzahl. Privateigentum in unserem Sinne war unbekannt, alles gehörte der Großsippe und wurde von dieser geregelt; somit fehlte ein Ansporn zur Eigeninitiative. Die meisten Entwicklungshelfer kehren tief enttäuscht zurück. Solange man bei einem Projekt die notwendige Anleitung gibt, wird sehr willig und eifrig mitgearbeitet. Hört jedoch die Anleitung auf, dann geschieht in den meisten Fällen nichts mehr, nur die äußere Fassade wird gewahrt, doch die genügt nicht. „Aber man muss doch etwas tun, man muss doch den Entwicklungsländern helfen", so wird von denen argumentiert, die nie selber in den Entwicklungsländern praktisch arbeiteten. Man darf jedoch nicht vergessen, dass es sich um souveräne Staaten handelt, die sehr misstrauisch sind und einschneidende Ratschläge gleich als Neokolonialismus auslegen. Das gilt besonders in Bezug auf Ratschläge zur Eindämmung der Bevölkerungsexplosion. Solange jedoch dieses Problem nicht gelöst wird, ist jede Hilfe umsonst oder schädlich. Natürlich ist die Einrichtung von Gewerbebetrieben, SOS-Kinderdörfern, Blindenbetreuung etc. für die dabei erfassten Menschen eine Hilfe und lobenswert. Sie ändert jedoch nichts an der katastrophalen Gesamtlage, die immer schlimmer wird und eine Lawine der Flüchtlinge in die Industrieländer auslöst. Auch wenn (mehr nebenbei) darauf hingewiesen wird, dass die Entwicklungshilfe den Zweck mit verfolgt, neue Absatzmärkte für unsere Industrieprodukte zu erschließen, für die ein unbegrenzter Bedarf in den Entwicklungsländern besteht, so dürfte diese Rechnung nicht aufgehen.

> **Box M-2** Das exponentielle Wirtschaftswachstums als ein „interglazialer Irrtum"
>
> Kolonialismus und Kommunismus sowie der Kapitalismus mit dem Dogma des exponentiellen Wirtschaftswachstums sind vielleicht nichts anderes als ein „interglazialer Irrtum" (sinngemäß nach Succow).

Die Lieferung kann nur auf Kredit erfolgen, mit deren Rückzahlung oder Verzinsung kaum zu rechnen ist. Die Beispiele von rohstoffreichen Ländern wie Brasilien und Mexiko machen es deutlich. Dazu kommt, dass den Entwicklungsländern eine Wirtschaftsform und Monopolisierung aufgedrängt wird, von der man heute nicht sagen kann, ob sie dem Menschen eine dauernde Existenz überhaupt garantiert, oder ob sie nicht selbst wie eine schillernde Seifenblase zerplatzen wird. Alle der Natur entfremdeten Zivilisationen der Vergangenheit brachen zusammen und wurden von naturnahen „Barbaren" abgelöst. Allerdings ist heute die Entfremdung, und das Problem des grenzenlosen Egoismus nicht mehr nur regional, sondern global.

4 Die Übertechnisierung

Die technische Entwicklung ermöglicht es, den Lebensstandard in den Industrieländern immer mehr zu heben, was als großer Fortschritt angesehen wird. Dieser Fortschritt wird an der Höhe des Bruttosozialprodukts (einschließlich zum Beispiel aller Unfallautoreparaturen) oder des mittleren Pro-Kopf-Einkommens (das zwischen kaum 500 € Rente und Millionenhonoraren in Europa liegt) gemessen.

Angestrebt wird auch eine möglichst starke Arbeitszeitverkürzung und damit Freizeitverlängerung, um allen Menschen die Möglichkeit zur „Selbstverwirklichung" zu geben.

Dieses Ideal war bereits erreicht, aber nicht in einem Industrieland, sondern bei dem kleinen Inselstaat auf der Koralleninsel Nauru im Pazifischen Ozean (etwa 2° S und 164° E). Dort müssten die glücklichsten Menschen leben. Ihr mittleres Pro-Kopf-Einkommen übertraf das der reichsten Industrieländer. Die Wochenarbeitsstunden waren Null, Freizeit das ganze Jahr (Bericht IWZ vom 8.-14. Januar 1983). Die Kinder werden dort als Rentner geboren.

Die Insel ist 21,4 km² groß und erhebt sich bis zu 60 m über den Meeresspiegel. Sie wird von 4000 Nauruanern (2015: 10.000) bewohnt. Auf ihr befanden sich viele Meter mächtige fossile Guanoablagerungen. Es sind die reinsten Phosphatvorkommen, die man kennt.

Diese wurden 1900 von der deutschen Kolonialverwaltung entdeckt, die auch mit dem Abbau begann. Nach dem ersten Weltkrieg setzten Großbritannien, Australien und Neuseeland den Abbau abwechselnd in verstärktem Ausmaß fort. 1968 gelang es dem Nauruaner-Häuptling HAMMER DE ROBURT, die Selbständigkeit der Insel innerhalb des British Commonwealth durchzusetzen, und 1979 wurden die Phosphatvorkommen Eigentum der Nauruaner. Seitdem brauchte kein Nauruaner zu arbeiten. Das besorgten Gastarbeiter aus Australien, Neuseeland, Hongkong, Taiwan u.a., die jedoch nicht die Staatsangehörigkeit erlangen durften. Jährlich wurden rund zwei Millionen Tonnen Phosphat abgebaut und zum Weltmarktpreis verkauft.

Die Hauptbeschäftigung der Nauruaner war das Schlafen, das Essen (Körperfülle ist Schönheitsideal) und das Sitzen vor dem Fernsehapparat (am beliebtesten waren Mickymaus-, Wildwest- und australische Werbefilme). Sport ist bei der Körperfülle zu anstrengend. Nauru ist weltweit das Land mit dem höchsten Anteil an Diabetes-Kranken. Man fuhr in modernsten Automodellen auf der 18 km langen Autostraße um die Insel herum. Leere Bierdosen verzieren die Landschaft. Ein Hobby war der Fischfang mit PS-starken Motorbooten. Man erlaubte sich den Luxus einer defizitären „Air-Nauru" mit sechs Düsenjets, die von australischen Piloten nach Melbourne, Hongkong, Manila und Samoa geflogen wurden, und einer luxuriösen Schifffahrtslinie. Aktuell (2015) sieht es nun so aus (nach Wikipedia): „ Die Einwohner von Nauru konnten lange Zeit vom Abbau der reichen Phosphatbestände leben. Als diese zur Neige ging, zeigt es sich, dass der Staat und die meisten Bürger die Gewinne nicht zukunftssicher investiert hatten. Nauru, das zur Zeit des Phosphatabbaus noch das höchste Pro-Kopf-Einkommen weltweit vorweisen konnte, verarmte nach dem vollständigen Abbau der einzigen Ressource zunehmend. Regelmäßig bewegen sich die Staatsfinanzen daher am Rande des Bankrotts, konnten aber in den letzten Jahren durch vom Pazific Islands Forum koordinierte Unterstützungsmaßnahme stabilisiert werden".

Naru war vom Dezember 2005 bis September 2006 nur auf dem Seeweg erreichbar, da mit Air Nauru die einzige Fluggesellschaft, die die Insel anflog, ihren Betrieb einstellen musste. Im September 2006 konnte die gleichzeitig in Our Airlines (heute Nauru Airlines) umbenannte Fluggesellschaft mit Hilfe taiwanischer Finanzmittel den Flugbetrieb aber wieder aufnehmen".

Zur Zukunftssicherung wurden zwei Drittel der Einnahmen dem Nauru Royalties Trust überwiesen und im Ausland in Grundstücken, Hotels und Geschäftshäusern angeblich sicher angelegt. Das „Nauru House" in Melbourne mit 50 Stockwerken ist das höchste Geschäftshaus in Australien. Doch es gibt ein

„aber": Nach Schätzungen reichen die Phosphatvorkommen nur noch wenige Jahre, einige neue Vorkommen wurden entdeckt, aber was nachbleibt, ist eine sterile Korallenlandschaft mit 10 bis 20 m hohen zahnförmigen Felsen. Auf die Frage, warum nicht sparsamer abgebaut wird, lautet die Antwort, die Nauruaner unterschieden sich nicht von der übrigen Welt, sie liebten das Geld wie die Europäer und Amerikaner und lebten egoistisch in den Tag hinein, solange sie es hätten.

So viel anders ist es in den Industrieländern tatsächlich nicht. Alle Warnungen, dass die Ressourcen zu Ende gehen, haben nichts geändert, man denkt nur bis zum nächsten Wahltermin und schiebt unangenehme Entscheidungen hinaus, auch die immer drängenderen Umwelt- und Klimaprobleme.

Es ist kaum zu leugnen, dass die meisten Menschen in den Industriestaaten die Freizeit selber nicht richtig zu nutzen wissen. Freizeitgestaltung ist durchorganisiert und kommerzialisiert. Freizeitgestaltung ist zu einem lukrativen Gewerbe geworden („Tourismus-Industrie"). Man denke nur an die vielen Reisebüros und die Massenunterkünfte in den rasch heranwachsenden in- und ausländischen „Erholungsorten" mit den Vergnügungslokalen. Der Feriengast braucht sich um nichts zu kümmern, er kann alles passiv über sich ergehen lassen und muss nur den Preis dafür bezahlen. In fremden Ländern lebt er in einem Ghetto, möglichst so wie er es gewohnt ist, obgleich das Elend in den Entwicklungsländern nicht zu übersehen ist.

Was ist der Gewinn dieses Massentourismus? Die Kosten für Speicherkarten der Digitalkameras. Sonst nur ein passives Aufnehmen wie der Strom manipulierter Informationen durch die Massenmedien. Er rauscht vorüber und kann gar nicht verarbeitet werden. Dasselbe gilt auch für den Unterricht, sowohl in den Schulen als auch an den Hochschulen. Die Menge der Informationen wächst ständig, zur kritischen Verarbeitung der Probleme fehlt die Zeit immer mehr.

Das selbständige Denken wird nicht nur nicht angeregt, sondern durch neue Studienreformen vorsätzlich verhindert. Denken, glauben viele, kann man dem Computer überlassen. Die Wissenschaft, in Spezialfächer aufgesplittert, droht zu einem Turm von Babel zu werden. Durch die "Vermassung" ist eine fruchtbare Diskussion in kleineren Kreisen nicht mehr möglich. Eine Massenvorlesung ist nicht viel anders als eine Fernsehdarbietung. Die Hörer lassen alles passiv über sich ergehen und büffeln erst einige Wochen vor der Prüfung. Ein Wissen, das nicht lange anhält. Das Verständnis fehlt. Neben all diesen Unzulänglichkeiten werden die Studenten in einigen Bundesländern (z.B. in NRW) per Gesetz (http://is.gd/qwf7fL) unter dem Vorwand der „Freiheit des Studiums" sogar von der Teilnahmepflicht an Lehrveranstaltungen befreit und bei Prüfungen kann man nicht mehr durchfallen.

Man macht auf eine zunehmend feindliche Haltung der Menschen gegenüber der Technik aufmerksam. Aber richtiger wäre es, von einer zunehmend menschenfeindlichen Technisierung aller Lebensbereiche zu sprechen. Die Technik, die dem Menschen helfen sollte, den Lebensablauf zu erleichtern und angenehmer zu gestalten, hat eine Eigendynamik entwickelt und zwingt die Menschenmassen immer mehr in ihren Bann und in ein Abhängigkeitsverhältnis.

Man darf nicht vergessen, dass der Zweck der Technik von jeher vor allem der Herstellung von Waffen galt. Kriegerische Handlungen gaben der Technik immer die größten Impulse zur Weiterentwicklung. Neue Erfindungen wurden sofort für die Waffentechnik verwendet. Ohne die zwei Weltkriege hätten die Technik und die Massenfabrikation ihren heutigen Stand nicht erreicht. Obgleich der Vorrat an Vernichtungswaffen genügt, um die Menschheit zehnmal auszumerzen, geht die Aufrüstung noch immer weiter und ein Ende ist nicht abzusehen. Leider lehrt die Erfahrung, dass neu entwickelte Waffen meist auch verwendet wurden, neuerdings in den eigenkreierten Konfliktgebieten wie im Nahen Osten.

Die Menschenfeindlichkeit der Technik kommt auch in der Umweltzerstörung zum Ausdruck. Während weltweit fast überall jährlich große Waldflächen der Technik zum Opfer fallen, versuchen in Japan umweltbewusste Großkonzerne, die Waldflächen zu vergrößern: Alle Stahlwerke der Nippon Steel Coop., alle Betriebskomplexe und Forschungszentren der Honda Motors Co. und der Topay Industries, die Kraftwerke der Tokyo Electric Co. und der Kansai Electric Co. u. a. forsten die Flächen um ihre Betriebskomplexe als Luftfilter und Erholungsräume auf. Die einheimischen Baumarten haben bereits eine Höhe von 10 m erreicht (MIYAWAKI 1983). Holz kann man ja in Borneo holen.

In Deutschland sind die Betonklötze von asphaltierten Parkplätzen und meist nackten Rasenflächen umgeben. Der Rest der verbliebenen Umwelt wird vergiftet. Zwar sollen Höchstwerte für die einzelnen Giftstoffe nicht überschritten werden, aber ob sie auch bei der Summierung vieler Giftstoffe noch Gültigkeit haben, weiß niemand. Man denke an die Zunahme der Allergien oder an die Schadstoff- und Schwermetallanreicherungen in den Kulturböden. Die Schadstoffe waren in den 1970er Jahren endlich selbst in der Muttermilch so hoch, dass man vom Stillen der Kinder nur deshalb nicht abgeraten hat, weil die Ersatzmittel nicht schadstoffärmer waren bzw. die Vorteile auch bedacht werden mussten.

In den 1990er Jahren ist die Belastung der Muttermilch allerdings dank entsprechend bewusster Ernährung und niedrigerer Grenzwerte auf erheblich geringere Werte abgesunken.

Besonders gravierend ist die Technisierung der Landwirtschaft. Die größeren, weitgehend autarken Bauernhöfe, die ohne Fremdenergie auskamen, waren die einzigen Betriebe, die mit der Umwelt in einem

> **Box M-3** Bescheidenheit tut not
>
> Eine neue Bescheidenheit tut not: Lieber ärmer und gesund als reich und halb tot.

gewissen harmonischen Gleichgewicht standen. Sie werden jetzt durch landwirtschaftliche Fabriken ersetzt mit riesigen, schwer zu beseitigenden organischen Abfallmassen. Ausgeräumte, eintönige Landschaften entstanden.

Eine der gravierenden Folgen ist der seit 1960 auch in Deutschland stark beschleunigte Rückgang der Vielfalt heimischer Arten. Die "Roten Listen" zeigen nicht nur eine zunehmende Gefährdung seltener, meist spezialisierter Arten, sondern auch einen Rückgang von früher weit verbreiteten und häufigen Arten (RUCKDESCHEL 1996). Landwirtschaft, aber auch Forstwirtschaft und Jagd, Tourismus, Tagebau, Industrie sind die Hauptverursacher, die vor allem einen starken Rückgang der Vielfalt der Kleinlebensräume bedingen (► Abb. J-35 und ► Abb. J-39).

Die landwirtschaftlichen Betriebe wurden in den Strudel der Weltwirtschaft hineingezogen, womit die Landwirtschaft ihre Krisenfestigkeit verliert. Die Technik entzieht dem Menschen immer mehr die natürliche Lebensgrundlage. Deshalb kann man von den Ökologen nicht erwarten, dass sie der Übertechnisierung freundlich gesonnen sind. Es ist ihre Pflicht, auf die drohenden Gefahren immer wieder hinzuweisen.

Der Mensch kann, wenn er muss, auf vieles verzichten und mit sehr wenig auskommen, aber er braucht reine Luft zum Atmen, sauberes Wasser zum Trinken und eine giftfreie Nahrung sowie einen natürlichen Einsatz seiner körperlichen Kräfte.

Was die Technik produziert, sind in der Mehrzahl Dinge, die nicht lebensnotwendig sind und nur der Bequemlichkeit oder dem Prestige dienen. Die Bedürfnisse werden künstlich durch eine weltweite Propaganda und aufdringliche Werbung geschürt. Jeder soll alles haben können. Millionen Tonnen an Nahrungsmitteln werden in Deutschland jährlich vernichtet. Nicht die Interessen der Menschen stehen bei der Technik im Vordergrund, sondern das Profitdenken und die rein wirtschaftlichen Interessen, vor allem der Großkonzerne. Immer mehr wird der Mensch durch Rationalisierung (Roboter, Mikroelektronik) aus dem Produktionsprozess als Arbeitskraft hinausgedrängt und zum reinen Konsumenten der Massenproduktion degradiert. Aber wie sollen die Massen Industrieprodukte kaufen, wenn man ihnen nicht einen Verdienst garantiert und sie arbeitslos werden? Man spricht von wirtschaftlichen Zwängen des Wettbewerbs - ein Teufelskreis!

Die Menschen sind durch die Technik weder glücklicher noch gesünder geworden. Die Zivilisationskrankheiten körperlicher oder psychischer Natur nehmen ständig zu. Wenn das mittlere Lebensalter ansteigt, so geschieht das durch immer mehr Arzneimittel und teure Behandlungen, deren Kosten ins Unermessliche steigen.

WALTER äußerte sich dazu folgendermaßen: "Wenn man die acht Jahrzehnte seines eigenen Lebens überschaut und ein Urteil über die Segnungen der Technik abgeben sollte, so kann das nur ein sehr Subjektives sein. Nach welchen Kriterien sollte es geschehen? Auf jeden Fall fehlte der Stress. Auch die Überquerung der Weltmeere bei den Forschungsreisen mit dem Schiff waren eine schöne Erholung vor und nach der Arbeit und erlaubten eine langsame Umstellung, während bei den heutigen Flugreisen das nicht der Fall ist; selbst die Umstellung auf das andere Klima, die andere Umwelt, die andere Uhrzeit erfolgt zu plötzlich".

Ohne die Technik wäre die "Vermassung" nicht möglich gewesen. Sie hat jetzt zu der wachsenden Zahl der Arbeitslosen geführt, die eine schwere Belastung der Zukunft sind. Dabei ist die Lösung des Problems eine einfache Milchmädchenrechnung, die nur etwas mehr Solidarität und weniger Egoismus erfordern würde, um den vorhandenen „Kuchen" gleichmäßiger aufzuteilen. Aber auch bei uns ist die Bevölkerungszahl bereits zu groß.

5 Nachhaltige Landnutzung

Jedes Lebewesen wird von seiner Umwelt beeinflusst, umgekehrt beeinflusst jedes Lebewesen aber auch seine Umwelt. Letzteres wird umso deutlicher, je größer die Populationsdichte einer Art ist.

Der Mensch hat inzwischen eine erschreckende Populationsdichte erreicht. Man denke an die Zukunftspläne für die Stadt Peking. Die Beeinflussung der Umwelt steigt dabei exponentiell mit der Bevölkerungsdichte an (► Abb. M-2 und ◘ Abb. M-3).

Landnutzung verändert stets auch die Böden und fördert die Erosion. Die Bodenbildung ist aber ein langwieriger Prozess. Bodenerosion vernichtet auf Jahrhunderte oder Jahrtausende wertvolle Ressourcen. Dies ist allerdings in den einzelnen Zonobiomen sehr unterschiedlich. Ein weltweites Problem ist Wassermangel und Versalzung (BRECKLE 2009).

Eine solche nachhaltige Landnutzung ist nur zu erreichen, wenn die Populationsdichte (einschließlich der Städte) ein bestimmtes Maß nicht überschreitet und wenn sich die Landnutzungsmethoden für Ackerbau, Viehzucht und Forstwirtschaft an natürlichen Prozessen orientieren, also eine Kreislaufwirtschaft konsequent auf allen Ebenen eingeführt wird. Dies schließt notwendigerweise auch industrielle Verfahren ein.

> **Box M-4** Nachhaltige Landnutzungssysteme
>
> Nur in den Gebieten, in denen über viele Generationen hinweg eine Nutzung, eine Besiedlung und ein Auskommen im Einvernehmen mit der vorhandenen Vegetation und Fauna möglich ist, kann man von einer nachhaltigen Landnutzung sprechen. Dies schließt auch die Erhaltung der Ertragsfähigkeit der Böden über lange Zeiträume mit ein.

Die inzwischen erkennbaren globalen Veränderungen (Global Change) deren wesentliche Effekte in ▶ Abb. M-3 zusammengestellt sind, umfassen insbesondere auch die Änderungen in der chemischen Zusammensetzung der Atmosphäre. Die Zunahme an CO_2 und auch anderer Spurengase (CH_4, N_2O, FCKW, etc.) muss zu einer veränderten Gleichgewichtslage des Strahlungshaushalts der Erde führen. Die saisonalen Schwankungen durch die Jahreszeiten auf der Nordhemisphäre, die die sogenannte Mauna-Loa-Kurve zeigt (◘ Abb. M-4), sind schon lange bekannt, aber die stetige Zunahme des CO_2-Gehalts von etwa 280 ppm (in vorindustrieller Zeit) auf derzeit etwa 410 ppm CO_2 ist weltweit nachweisbar. Dass daneben auch andere globale Stoffkreisläufe durch die wachsenden anthropogenen Aktivitäten inzwischen eine Veränderung erfahren, ist bislang weniger zur Kenntnis genommen worden. ◘ Abb. M-5 stellt die natürliche N-Bindung der durch den Menschen bedingten gegenüber.

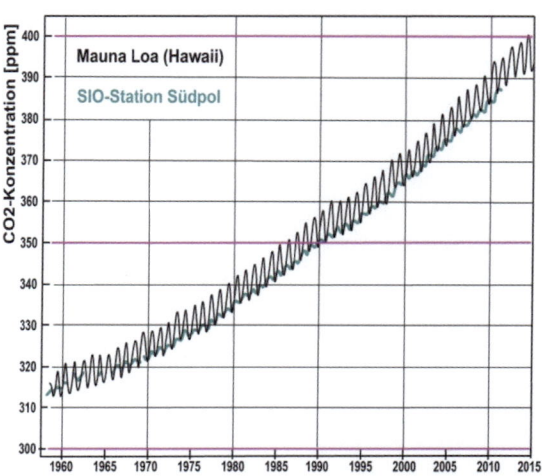

◘ **Abb. M-4** Die Konzentration an CO_2 in der Atmosphäre auf dem Mauna Loa in Hawaii (A) und am Südpol (B). Die jährlichen Schwingungen kommen durch die saisonale Aktivität der Landpflanzen der nördlichen Hemisphäre zustande, die stetige Zunahme durch die Verfeuerung fossiler Brennstoffe und Abholzung der Wälder (ergänzt und verändert nach KEELING & WHORF 1994).

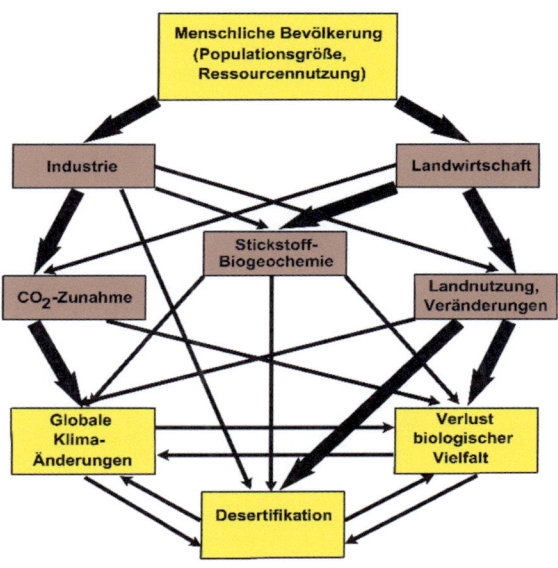

◘ **Abb. M-3** Die Komponenten des "Global Change". Die dicken Pfeile kennzeichnen starke Effekte (verändert nach VITOUSEK 1994).

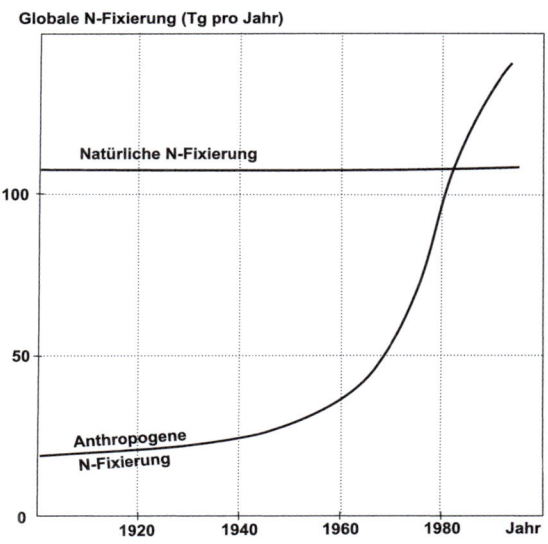

◘ **Abb. M-5** Der globale N-Haushalt ist gekennzeichnet durch die weitgehend konstante natürliche N-Fixierung (biologische Stickstofffixierung in terrestrischen Ökosystemen und Bindung von N in elektrischen Entladungen) sowie durch die stark gestiegene anthropogene N-Fixierung (industrielle Düngerherstellung z.B. Haber-Bosch-Verfahren, N-Bindung bei der Verbrennung fossiler Treibstoffe und N-Bindung durch Leguminosen-Anbau) (nach VITOUSEK 1994).

Neben den Änderungen der globalen Stoffkreisläufe sind die Auswirkungen der klimarelevanten Gase in der Atmosphäre (H_2O, CO_2, CH_4, usw.) nicht nur für die (schon immer wirksamen) Einwirkungen auf das Klimasystem zu beachten, sondern auch die Auswirkungen auf das Gleichgewicht in der Kryosphäre. Die Änderungen der Eismassen auf den Landflächen (in der Arktis, Antarktis, Hochgebirgsgletscher) aufgrund der Temperatur- und Niederschlagsänderungen der letzten Jahrzehnte hat dazu geführt, dass seit Mitte des 19. Jahrhunderts ein deutlicher Meeresspiegelanstieg zu beobachten ist. Der Meeresspiegelanstieg beruht im Wesentlichen auf zwei Phänomenen: Die Erwärmung der Ozeane führt zur Ausdehnung des Wassers (Ausdehnungskoeffizient 1,0002 pro K, bezogen auf das Volumen ungefähr das Dreifache), die gestiegenen Lufttemperaturen zum Abschmelzen von Gletschern und Eisschilden, wodurch Wasser vom Festland in die Ozeane gelangt.

Zwischen 1901 und 2010 stieg der Meeresspiegel um 1,7 mm pro Jahr, im Zeitraum 1993 bis 2010 waren es durchschnittlich 3,2 mm pro Jahr (IPCC 2014). Für das Jahr 2018 wurde der Rekordwert von 3,7 mm gemessen (NEREM et al 2018).

Am Ende der letzten Eiszeit (vor 20.000 Jahren) lag der Meeresspiegel etwa 130m tiefer als heute und ermöglichte über Landbrücken (Doggerbank, Beringstraße etc.) vielfältigen Floren- und Faunenaustausch. Heute, da viele große Städte und dicht besiedelte Gebiet direkt an den Küsten liegen, ist ein Anstieg um nur 1 oder gar 2,5 Metern ein riesiges Problem; ein Problem, mit dem man sich bis 2100 wird beschäftigen müssen. Der Meeresspiegelanstieg bedroht besonders Inselstaaten und Länder mit breiter Küstenfläche sowie tief liegende Hinterländer, etwa Bangladesch und die Niederlande.

Das exponentielle Wirtschaftswachstum wird dazu logischerweise keine Lösungen anbieten können; da kann nur ein Umdenken in weltweit nachhaltige und bescheidenere Wirtschaftsweisen helfen.

Nachhaltige Nutzung von Wäldern ist in den gemäßigten Breiten unter klimatischen Bedingungen, die keine besonderen Extreme aufweisen, für Jahrhunderte möglich, aber selbst in Mitteleuropa gibt es die Probleme der Wildschäden. In stärker wechselfeuchten Gebieten ist die Erosionsrate auf abgeholzten Flächen ein großes Problem. Die Böden werden nach der Abholzung stark verspült, eine Wiederbewaldung ist dadurch schwieriger. In den tropischen Regenwäldern ist Holznutzung mit europäischen Methoden ökonomisch ein Unsinn.

Nahezu zwei Drittel der ursprünglichen Wälder der Erde insgesamt sind für immer verloren. Von den $8,08 \cdot 10^9$ ha, die vor etwa 8000 Jahren noch von Wald bedeckt waren, sind heute noch $3,04 \cdot 10^9$ ha übriggeblieben (Abb. M-6). Zu diesem erschreckenden Ergebnis kommt eine Untersuchung des WWF (World Wild Life Fund) über den globalen Zustand der Wälder. Der Erhalt des Rests ist keineswegs sicher. Heutzutage werden jährlich etwa $17 \cdot 10^6$ ha Urwälder durch großangelegte Rodungen, industriellen Holzeinschlag, Straßenbau und andere Eingriffe des Menschen zerstört oder durch artenarme Holzplantagen oder Sojaäcker mit geringem ökologischem Wert ersetzt. Besorgniserregend ist vor allem die Tatsache, dass sich die Vernichtung in den letzten Jahren nicht verringert, sondern beschleunigt hat. Der WWF schlägt daher vor, ein weltumspannendes Netz von Schutzzonen zu schaffen, das je 10% der tropischen und subtropischen Wälder sowie der gemäßigten und borealen Wälder umfassen soll. Allein für Europa werden 100 Waldgebiete dafür vorgeschlagen. Wer kann dies durchsetzen?

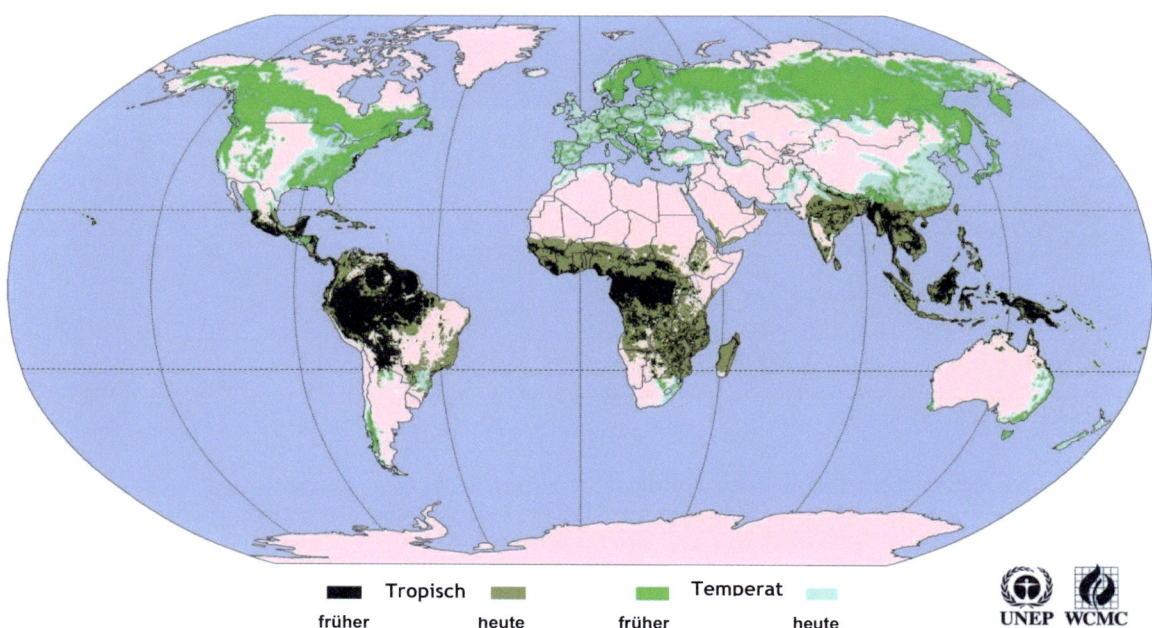

Abb. M-6 Die ursprüngliche und gegenwärtige Waldbedeckung auf der Erde (Quelle: http://tinyurl.com/n4p6bm9).

> **Box M-5** Schließen sich Artenschutz und Klimaschutz aus?
>
> Wo bleibt die Einsicht, dass Artenschutz noch wichtiger ist als Klimaschutz? Klimaänderungen sind reversibel, ausgestorbene Arten sind aber irreversibel verschwunden!

6 Bekenntnisse

Wie kann man abhelfen und eine Entwicklung zu einer nachhaltigen Nutzung erreichen, die auch noch den Kindeskindern ein lebenswertes Leben ermöglicht?

Dies ist kein naturwissenschaftliches Problem, sondern eine Frage des soziologisch-politischen Systems wie auch der herrschenden jeweiligen Religion. Natur und ihr Erhalt spielen in den Schriften und Vorstellungen aller Weltreligionen eine bedeutende Rolle (BARTHLOTT 2019). Religionen prägen bewusst oder unbewusst die Wertesysteme und Handlungen vieler Menschen. Aber man hat weder von Politik noch Religion den Eindruck, die Masse der Bevölkerung als mündige Bürger zu behandeln. Man scheut sich vor den längst fälligen einschneidenden Maßnahmen und nimmt dafür lieber ständig "Kredite" im weitesten Sinne auf Kosten der Enkel auf und betrachtet den Staat als Selbstbedienungsladen. Positive Vorbilder sind sehr rar geworden, ebenso wie wegweisende Parlamentsbeschlüsse und Gerichtsentscheidungen. Dabei ist Abhilfe nur möglich, wenn alle an einem Strang ziehen und mit Respekt und Empathie miteinander umgehen und Alleinvertretungsansprüche zurückstellen. Abhilfe ist auf der Ebene des Einzelnen möglich, auf der Ebene der intakten Familie können nachhaltige Verhaltensweisen von Generation zu Generation tradiert werden.

Der Verlust von Wertvorstellungen und Tradition führt aber zu bedenklichen Entwicklungen. In Ungarn, Taiwan, Afghanistan und vielen anderen Ländern sind für rund 90% der Bevölkerung Kinder die Voraussetzung für ein erfülltes Leben. In USA (46%) und in Deutschland (49%) schreiben nur knapp die Hälfte der Erwachsenen Kindern eine sinngebende Bedeutung zu. Aber diese sogenannte Selbstverwirklichung des Einzelnen, die übertriebene Liberalisierung und grenzenloser Lustgewinn führen zum Chaos.

Dabei hat man gerade in den letzten Jahren im Rahmen neurophysiologischer Forschungen in den USA zeigen können, wie enorm groß die Prägbarkeit des menschlichen Gehirns in den frühen Stadien der Entwicklung und Entfaltung ist.

Es ist in früherer Zeit völlig klar gewesen, dass der Beruf der Mutter in einer intakten Familie der beste Garant für das geistig-seelische Gedeihen der Kinder und damit für die Zukunft der Menschheit ist. Dies hat man in manchen westlichen Ländern in den letzten Jahrzehnten vergessen.

Die Menschlichkeit und der enge Kontakt der Menschen untereinander geht immer mehr verloren, er beschränkt sich auf kurze und meist nichtssagende Telefongespräche oder gar auf kurze E-Mail-Notizen und SMSs. Der einzelne Mensch wird zu einer Nummer: zu einer Personalnummer, einer Steuernummer, einer Krankenkassennummer, vielen Kundennummern etc. Der Name erscheint nur noch auf den Briefsendungen, die inzwischen rasant an Bedeutung verloren haben. Wie lange noch? Was früher den meisten Menschen noch das Verhältnis zur Natur bedeutete, das kennt die heutige Jugend in den mit Technik durchsetzten Landschaften nicht mehr; sie weiß nicht, was man ihr genommen hat. Denn es kommt nicht auf den materiellen Lebensstandard an, sondern auf die **Lebensqualität** - nicht auf den äußeren Schein, sondern auf das **innere Sein**.

Der Staat, aber noch viel mehr der Einzelne ist gefordert. Dazu hat WALTER in hohem Alter Gedanken formuliert, die im abschließenden Abschnitt kurz aufgegriffen werden sollen. Sie sind mehr denn je relevant.

Lebensstandard und Lebensqualität brauchen keine Gegensätze zu sein. Aber die Erfahrung lehrt, dass **je mehr man Wert auf den äußeren Schein legt, desto mehr verarmt meist das Innenleben**, von dem man deshalb nicht spricht.

Auch äußerlich kommt Lebensqualität zum Ausdruck, durch eine gesunde und natürliche Lebensführung, den sinnvollen Gebrauch seiner Lebenskräfte und den Verzicht auf alle Suchtmittel, die Bevorzugung einer stillen Lebensweise in Bescheidenheit und mit Selbstbeherrschung. Dazu braucht man keinen Gott und erst recht nicht in dessen Namen geführte Kriege. Wer wirklich mit der Natur verbunden ist und sie in ihrer ganzen Mannigfaltigkeit und gewaltigen Größe kennt, der fühlt sich nicht als Mittelpunkt der Schöpfung. Der weiß, dass er nur ein winziges Eiweißklümpchen ist in der Unendlichkeit des Alls.

Dazu WALTER sinngemäß:

"Dem eröffnet sich nicht nur die **Außenwelt** (die Thema dieses Buches ist) zu der wir mit unserem Leibe gehören und die wir mit unserem Denkvermögen erforschen, sondern auch die andere Seite des Menschen, seine Innenwelt, die nicht der Logik unterliegt, für die von den Philosophen verschiedene komplizierte Bezeichnungen verwendet werden, die aber gemeinhin „Seele" genannt wird.

Dies lässt sich nicht in Worte fassen, auch nicht beweisen. Sich dazu zu bekennen, ist ein Akt der freien Entscheidung eines jeden Einzelnen, ohne die es für den Menschen keine wahre Freiheit gibt. Erst sie verschafft ihm Unabhängigkeit vom Urteil der anderen und damit innere Sicherheit, Ruhe und Gelassenheit sowie innere Fröhlichkeit. Es handelt sich dabei nicht um ein Diesseits oder Jenseits. Das Absolute kennt keine Grenzen. Es ist in uns und auch außerhalb von uns. Das ist die wichtigste Schlussfolgerung für die nach dem Sinn des Lebens suchende Jugend, das Ergebnis eines langen Lebens, das der Erforschung des Lebendigen auf der ganzen Erde gewidmet war, eines Lebens voller Wunder, in einer Zeit, die nicht an Wunder glaubt und die Verbindung mit dem Mittelpunkt aller Dinge verloren hat. Man muss stets gegen den verschmutzten Strom schwimmen bis an die reine Quelle, die aus der Tiefe kommt" (▶ WALTER 1989: "Bekenntnisse eines Ökologen").

Box M-6 Die Grundlage der Persönlichkeit eines Menschen wird in den frühen Phasen seiner Entwicklung gelegt

Ob klug oder lahm, ob kraftvoll oder schlapp, ob seelisch belastbar oder beeinträchtigt, ob willensstark oder anfällig für Süchte, Kriminalität und seelische Erkrankungen, ob optimistisch oder verzagt, ob also glücklich oder lebenslang unglücklich - das hängt weitgehend davon ab, was das menschliche Gehirn in seiner Frühphase an Eindrücken speichert.

---

7 Literatur

BARTHLOTT, W. 2019: Naturschutz und Religion – Gedanken zu einer mächtigen Partnerschaft beim Erhalt der Biodiversität. Ein streitbares Essay. In: Koenigiana **13** (1): 35-42

BAZILEVICH, N.I., RODIN, L.E. & ROZOV, N.N. 1970: Untersuchungen der biologischen Produktivität in geographischer Sicht. V. Tag. Geogr. Ges. USSR, Leningrad (Russ.)

BRECKLE, S.-W. 2009: Is sustainable agriculture with seawater realistic? In: ASCHRAF, M., OZTURK, M. & ATHAR, H.R, (eds.): Tasks for Vegetation Science, Vol. **44**: 187-196

IPCC, 2014: Climate Change 2014: Synthesis Report. Contribution of Working Groups I, II and III to the Fifth Assessment Report of the Intergovernmental Panel on Climate Change [Core Writing Team, R.K. Pachauri & L.A. Meyer (eds.)]. IPCC, Genf, S. 42

ITTEKKOT, V., RIXEN, T., SUTHHOF, A. & UNGER, D. 2002: Der globale Kohlenstoffkreislauf. In: WEFER, G. (ed.): Expedition Erde. Beiträge zum Jahr der Geowissenschaften. Universität Bremen: 202-209

KEELING, C.D. & WHORF, T.P. 1994: Atmospheric CO_2 records from sites in the SIO air sampling network. p. 16-26. In: BODEN, T.A. et al. (eds.): Trends 93: A compendium of data on global change. ORNL/CDIAC-65. Carbon Dioxide Information Analysis Center, Oak Ridge Nat. Lab., Oak Ridge

LIETH, H. & WHITTAKER, R.H. (eds.) 1975: Primary productivity of the biosphere. Ecol. Stud. **14**

MIYAWAKI, A. 1983: Conservation and recreation of vegetation and its importance to human existence. Look Japan **28** (323): 10.2.83

NEREM, R.S., BECKLEY, B.D., FASULLO, J.T., HAMLINGTON, B.D. et al. 2018: Climate-change driven accelerated sea-level rise detected in the altimeter era. PNAS **115**: 2022-2025; doi.org/10.1073/pnas.1717312115

RUCKDESCHEL, W. 1996: Landbewirtschaftung als ökologische Schlüsselfunktion. Ber. Bayer. Landesamt für Umweltschutz **132**: 61-72

VITOUSEK, P.M. 1994: Beyond global warming: ecology and global change. Ecology **75**: 1861-1876

WALTER, H. 1989: Bekenntnisse eines Ökologen. Erlebtes in acht Jahrzehnten und auf Forschungsreisen in allen Erdteilen. 6. Aufl., Fischer, Stuttgart. 353 S.

WALTER, H. 1990: Vegetationszonen und Klima. 6. Aufl., Ulmer/Stuttgart 382 S.

Adenium obesum (Apocynaceae) im Dhofar-Gebirge (Zonobiom III) in Süd-Oman (Foto: Breckle)

Kulturlandschaft im mittleren Moseltal (Zonobiom VI) mit intensivem Weinanbau, Rheinland-Pfalz (Foto: Rafiqpoor)

III Finaler Teil

1 Taxonomisches Register
2 Sachregister

Dornbusch- und Sukkulenten-Puna mit großen Säulenkakteen (arides Orobiom II), die von Kolibries bestäubt werden, auf einer der Inseln im Salar de Uyuni, dem mit 10.000 km² größten Salzsee der Erde auf 3900 m Höhe (Foto: Breckle)

1 Taxonomisches Register (Organismen)

A

Abies balsamea 422
Abies veitchii 422
Acacia aneura 250ff.
Acacia cuneata 251
Acacia drepanolobium 195
Acacia dyctiophylla 251
Acacia lasiocalyx 251
Acacia maidlandii 251
Acacia pulchella 292
Acacia pyrifolia 251
Acacia tetragonophylla 251
Acacia xanthophloea 184
Acacia 181
Adansonia digitata 191,226
Adansonia fony 159
Adenium obesum 465
Adenium socotranum 225
Adenostoma fasciculatum 279
Aegopodium 355
Aepyornis maximus 92
Agathis microstachya 333
Agave deserti 244
Allobophora 387
Aloe dichotoma 242
Aloe 206
Ameisen 149
Ammodendron conollyi 398
Anabasis 396
Anaphalis triplinervis 171
Androsace alpina 369
Angiospermen 82
Angraecum sesquipedale 85 f.
Aphanolejeunea 153
Araceen 147
Araucaria angustifolia 331
Arbutus andrachne 272
Arbutus unedo 272
Arbutus 322
Argania spinosa 55
Argyroderma delaetii 253
Artemisia tridentata 281,390
Asarum 355
Aspalathus linearis 284,288
Asphodelus aestivus 275
Asplenium nidus 149
Atriplex hymen-elytra 249
Atriplex vesicaria 250
Atriplex 52
Avenella 346
Avicennia 212,215
Azorella caespitosa 389
Azorella compacta 218,220
Azorella selago 447
Azorella 169

B

Banksia 56,293
Baobab 191,199,224
Betula ermanii 115,418
Betula tortuosa 418f.,434
Blattschneiderameisen 109 f.
Blütenpflanzen 82
Boswellia sacra 247
Braya humilis 442
Bromelien 146
Buche 340
Burkea 211

C

Cactaceae 249
Calamagrostis effusa 164
Calamagrostis 169
Calamus 146
Calligonum 55,397f.
Calluna vulgaris 344
Calluna 346
Calotropis procera 222
Camellia sinensis 328
Canavalia rosea 216
Carex physodes 398
Carnegiea gigantea 248
Cassiope hypnoides 438
Catophractes alexandri 194
Catophractes 193, 199
Cavanillesia arborea 159
Cecropia 109,111
Cedrus atlantica 294
Celtis spinosa 388
Cephalotus follicularis 326
Cerastium uniflorum 369
Ceratoides lanata 390
Ceratoides papposa 403f.
Ceratonia siliqua 274
Cercis griffithii 311
Cereus macrostibas 84
Cereus 158
Ceriops 214
Chamaerops humilis 274
Chlamydomonas nivalis 367
Chuquiraga aureum 389
Cistus albidus 274
Cistus incanus 274
Cistus salvifolius 266
Cleomella obtusifolia 249
Clusia 151
Cocos 217
Cola 142
Collema 391
Colobanthus crassifolius 447
Conocarpus 217
Corydalis cava 107
Crassulaceen 297
Curatella 203
Cussonia paniculata 291

D

Dendrobaena mariupolensis 387
Dendrobium crumenatum 141
Dendrolimus pini 110
Dentaria 355
Deschampsia antarctica 447
Didierea madagascariensis 84,226
Didiereaceae 224
Dietes grandiflora 289
Dipterocarpaceae 132
Dracaena ajgal 266,297
Dracaena cinnabari 225
Dracaena draco 297
Drachenbaum 225,266,297
Drosanthemum diversifolium 253
Drosera trinervia 290
Dryas drummondii 442

E

Echinopsis atacamensis 260,261
Echium wildpretii 301
Elefantenvogel 92
Elytropappus rhinocerotis 290
Encelia farinosa 43
Epilobium latifolium 310
Epiphyllum 148
Equus gmelini 387
Eremurus 308
Erica cerinthoides 286
Erica formosa 286
Erica galdulosa 286
Erica sessiliflora 286
Erica versicolor 286
Erica 284
Erinacea pungens 295f.
Eriophorum angustifolium 443
Erythrina 177
Espeletia hartwegiana 171
Espeletien 163
Eucalyptus botryoides 291
Eucalyptus calophylla 326

Eucalyptus diversicolor 292,325f.
Eucalyptus jacksonii 326
Eucalyptus marginata 292
Eucalyptus redunca 292
Eucalyptus regnans 332
Eucalyptus 209,250,263,290,293
Euphorbia officinarum 246
Euphorbia resinifera 84
Eurygaster maura 36

F

Fagopyrum esculentum 347
Fagus hayatae 329
Fagus multinervis 329
Fagus orientalis 318,327
Fagus sylvatica 80,112,353ff.
Ferocactus acanthoides 245
Ferocactus wislizenii 249
Ferraria crispa 289
Festuca dolichophylla 388
Festuca orthophylla 218,221
Ficus 151f.
Filipendula camtschatica 115
Flagellaria 147
Flamingo 472
Flötenakazie 195
Fragaria 140
Frankia 86
Fritillaria imperialis 412

G

Ginster 344
Gladiolus alatus 289
Guzmannia 148

H

Halarchon vesiculosus 393
Haloxylon ammodendron 397
Haloxylon aphyllum 396ff.
Haloxylon persicum 397f.
Haloxylon salicornicum 309,393
Hedera colchica 318
Hedera helix 147,152
Helianthus annuus VI,112
Heliconia 145,153,155
Hoodia currorii 255
Huperzia saururus 172
Hymenophyllaceae 328
Hypera postica 36

I

Iris iberica 374
Ixora cauliflora 142

J

Juncus 52

K

Kaffee 138
Kakao 142
Karibu 444
Kerguelenkohl 448
Kigelia africana 192
Kobresia tibetica 406
Kochia sedifolia 250
Kolibri 81,153,155
Korkeiche 57
Krascheninnikovia ceratoides 403f., 407f.
Kreosotbusch 249

L

Lampranthus 484
Larix dahurica 423
Larix decidua 364
Larix gmelinii 423,435
Larrea divaricata 249
Laurus azorica 296
Laurus nobilis 322
Ledum palustre 423
Lemming 443
Lemmus 443
Lepidophyllum quadrangulare 220
Leucadendron argenteum 284,288
Leucogenes leontopodium 338
Leucospermum cordifolium 287
Limonium 52
Linnaea borealis 414
Liriodendron 110
Lobelia deckenii 171
Löwe 182
Loiseleuria procumbens 76,367
Loranthus micranthus 334
Lupinus humilis 171
Luzerne-Rüssler 36
Lycopodium crassum 172
Lygeum spartum 262
Lymantria dispar 112

M

Macaranga 109
Macrozamia 117
Maireana sedifolia 250
Malephora purpureo-crocea 253
Mammutbaum 324
Mango 141
Mesembryanthemum cryptanthum 256
Mesembryanthemum crystallinum 253

Mesembryanthemum nodiflorum 253
Mimetes fimbriifolius 287
Moraea flaccida 289
Moraea sisyrynchium 289
Musa 145
Myrothamnus flabellifolius 242

N

Nadelhölzer 82
Nannorrhops ritchieana 309
Nektarvogel 81
Neobootia paniculata 193
Neoraimondia arequipensis 283
Nepenthes vieillardii 151
Nepeta 403f.
Nostoc 391
Nothofagus dombeyi 284

Nothofagus fusca 334
Nothofagus menziesii 334
Nothofagus obliqua 282
Nothofagus solandri 334
Nothofagus 333
Notholaena 242

O

Ocotea foetens 331
Omphalodium convolutum 255
Oophytum nanum 253
Opossum 334f.
Opuntia moniliformis 193

P

Pachypodium lamerei 226
Panicum 232
Panogena lingens 85 f.
Papyrus 115
Peireskia guamacho 156,158
Phragmites 115
Picea abies 354
Pinguine 447
Pinus banksiana 384
Pinus brutia 275,276
Pinus canariensis 296,299f.
Pinus cembra 365
Pinus monophylla 281
Pinus sylvestris 419f.,423
Pistacia terebinthus 274
Plantago major 55
Platycerium 149
Poaceae 311
Polygonum sachalinense 115
Polylepis tarapacana 261
Polylepis 169ff.,218,220

Populus tremuloides 383f.
Primula glutinosa 369
Pringlea antiscorbutica 447f.
Probergrothius sexpunctatis 258
Prosopis denudans 389
Prosopis 216,221
Protea aurea 287
Protea cynaroides 287
Protea eximia 287
Protea 285
Prunus laurocerasus 327,341
Pseudotsuga menziesii 324
Puya clava-hercules 171
Pyrethrum 140

Q

Quebracho-Arten 205
Quercus baloot 308
Quercus calliprinos 274ff.
Quercus coccifera 275
Quercus ilex 77,273f.,276,312
Quercus suber 56 f.,273

R

Rafflesia arnoldii 128
Rangifer caribou 444
Rangifer tarandus 443f.
Ranunculus glacialis 369
Regenwürmer 387
Renosterbos 290
Rentier 443
Restionaceen 290
Rhigozum obovatum 254
Rhigozum 193
Rhipsalis 148
Rhizobium 86
Rhizophora mangle 212f.,215
Rhododendron afghanicum 308

Rhododendron collettianum 308
Rhododendron dahuricum 423
Rhododendron luteum 327
Rhododendron ponticum 327
Rhus burchellii 254
Rothirsch 334

S

Saiga tatarica 387
Salicornia europaea 51
Salicornia pulvinata 261
Salix sachalinensis 115
Salix 437
Salsola kali 386
Saxaul 396
Saxifraga bryoides 369
Saxifraga oppositifolia 369
Schlumbergera 148
Schwammspinner 112
Scilla 355
Scrophularia 355
Senecio keniodendron 171
Sequia sempervirens 324
Sequiadendron giganteum 324
Sesuvium 214
Silberbaum 288
Solidago altissima 114
Sonneratia 214
Spermophilus lateralis 443
Sphagnum fuscum 432
Sphagnum 429ff.
Stachytarpheta 81
Stipa gynerioides 389
Stipa ichu 218
Stipa tenacissima 262
Stipa tenuissima 389
Stipa 386
Strauchflechten 416
Sus scrofa 387

T

Tabebuia 159
Tamarix 52,236
Terminalia catappa 217
Tidestroemia oblongifolia 249
Tillandsia purpurea 260
Tillandsia straminea 260
Tillandsia usneoides 149
Torfmoos 429ff.
Trichocaulon pedicellatum 84
Triodia basedowii 252
Triodia pungens 252

U

Usnea barbata 149
Utricularia menziesii 326

V

Vaccinium myrtillus 367
Vaccinium oxycoccus 431

W

Welwitschia mirabilis 257f.
Widdringtonia 117 f.
Wisent 348
Witheringia solanacea 109

X

Xanthorrhoea 292
Xenophyllum 169

Z

Zygophyllum dumosum 44,52
Zygophyllum simplex 245f.

Laguna Colorada im bolivianischen Altiplano (arides Orobiom II), morgens teils zugefroren, mit den verschiedenen Flamingo-Arten, mit salzverkrusteten Uferrändern (Foto: Breckle)

2 Sachregister

A

Aapamoore 428
Abhärtung 342, 421
Abholzung 92, 174ff.
Abkühlungsempfindlich 36
Abraumhalde 434
Absorption 34
Absterbewelle 422
Abtragung 47
   Boden 47
Adaptation 35
   Evolutive 35
   Modifikative 35
   Modulative 35
Adiabatisch 103f.
Affodill-Flur 275
Afghanistan XI, 51, 80, 93, 301ff.
   Artenzahlen 307
   Diversität Gefäßpflanzen 306
   Endemismus 303, 307, 401
   Florenelemente 308ff.
   Frühlingsaspekt 392
   Geodiversität 302
   Hochgebirge 309ff., 401
   Höhenstufen 309f.
   Jahresniederschläge 302
   Klimadiagrammkarte 304
   kontrahierte Vegetation 389, 393
   Nivale Stufe 403f.
   Schneegrenze 403
   Sommerregen 303
   Übernutzung 392
   Vegetation 305, 392
   Vegetationsprofil 310
   Viehgangeln 392
Afrika 124, 134, 234
   atmosphärische Zirkulation 234
Ägypten 53
Agrarische Nutzung 320
Akazien-Savanne 198
Ala Schan 405
Alass 424f.
Albanien 268
Albedo 58
Alkalihalophyten 51f.
Alpen 363ff
Alpine Halbwüsten 403
Alpine Stufe 365f.
Alpine Wiesen 403
Altbäume 359, 361
Altbuchen 340
Alterungsphase 173
Altiplano 30, 218ff., 261, 472
Amazonien 175
Ameisengärten 150

Ammodendretum conollyi 397
Amphibiom 104, 199
Amudarya 376, 396ff.
Amygdalus-Halbwüste 394
Anatolien 278, 327
Ancylus-See 418
Anden 218ff., 261, 283
Andine Stufe 167
Anemochor 80
Anemogam 79f.
Anomales Dickenwachstum 145
Antagonismus Gräser-Holzpflanzen 190
Antarktis 82f., 87, 441, 446f.
Antiboreal 101
Aperzeit 366f.
Aphel 58
Aphyllie 398
Aprilwetter 56
Äquatorial 101
Äquatoriale Tiefdruckrinne 233f.
Äquinoktiallinie 58
Arabische Halbinsel 246
Aralkum 376, 399f.
   Austrocknung 400
   Deflation 400
   Salzkruste 40
   Sandwüste 400
   Vegetationszonen 400
Aralsee 399
Araukarienwälder 330
Arbeitszeitverkürzung 458
Arecife 202f.
Areg 238
Arid 64, 101, 185
Aridität 71
Arido-humid 101
Arizona 248f., 262
Arktis 441
   Tierwelt 443
Arktisch 101
Arroyo 238
Artengarnitur 78
Artenschutz 463
Artenschwund 26
Artenvielfalt 26, 88, 93
Artenzahl 26, 89ff., 93, 153f., 174
Asien 126
Aspektfolge 273
Assimilathaushalt 277
Assimilation 352
Assoziation 106
Assuan 242
Assuan-Staudamm 53
Atacama 259ff.
Atemwurzeln 215
Atlantische Heide 343ff.

Atlasgebirge 294
Atmosphäre 455, 461
Atmosphärische Zirkulation 234
   Afrika 234
Atmung 368
Auferstehungspflanzen 42
Aufforstung 371
Ausbreitung 80
Auslaugung 187
Außenwelt 463
Austauschkapazität 48
Australien 121, 188, 209, 290f., 293f., 332
   Fauna 294
Australis 82f.
Australische Wüsten 250
Azonal 93ff.

B

Bachaue 94
Ballonnetz 150
Baltischer Eissee 418
Baraba-Niederung 433
Barchane 238, 397
Batha 275
Baumgrenze 165, 364
   Arktische 441
Baumlücke 201
Baumparzelle 201
Baumpilze 340
Baumriesen 326
Baumsanierung 359
Baumsavanne 192, 210f.
Baumschicht 105
Baumwurzeln 357
Befruchtung 79f.
Bei-Schan 405
Benefit-Sharing 89
Benguela-Strom 252ff.
Bergregenwald 138
Bergwald 165ff.
Bescheidenheit 460
Bestandesstruktur 88, 138
Bestäuber 86
Bestäubung 79ff.
   Welwitschia 258
Betalaine 51
Bevölkerungsexplosion 456ff.
Bewässerung 54
Beweidung 55, 196f., 387
Bialowiez 347ff.
Bikaner-Distrikt 222
Biodiversität 88ff., 92ff., 143, 153, 313
   globale Verteilung 89
   Nutzung 92
   Ökosystemarer Wert 92

Verlust 91
Zentren 91
Bio-Elemente 45
Biogeochemie 461
Biogeozön 105f.
Biogeozönose 107f.
Bioglobularisierung 92
Bioklimatische Gebiete 453
Biologische Kruste 241
Biom 105
Biomasse 89,112,354
Biosphäre VII,25,99,455
Biotop 33
Biotopwechsel 81
Biozönose 107
Birkenwälder 418
Bjeloglaski 377
Blänken 430
Blatt 34,152
   Langlebigkeit 152
Blattfläche 353
Blattflächenindex 112,172,353
Blattmasse 353
Blattsukkulenten 242
Blitzschlag 117,280f.,285
Blockhalde 170
Blue Bush Formation 250
Blühperiodik 137
Blumengärten 441
Blütenpflanzen 86ff.
   Evolution 86
Blütezeit 140
Boden 33,44,47,135
   Abtragung 47
   Nordamerika 382
   Osteuropa 378
Bodenatmung 108,173,190,209
Bodenbildung 460
Bodendurchfeuchtung 235
Bodenerosion 340,460
Bodengefrornis 441
Bodengenese 48f.
Bodenlösung 53
Bodenprofile
   Osteuropa 391
Bodentemperatur 162ff.
Bodentypen 102,379
Bodentypenlehre 377
Bodenversalzung 52
Bodenvolumen 65
Bodenwasser 39
Bogor 134
Bor 409
Boreal 101
Boreale Zone 417
Borneo 128
Brackböden 388

Brand 116f.,280f.,285,293
Brandrodung 117,176
Braunkohle 450
Brasilien 204,330f.
Brennholz 197
Brettwurzel 139
Bruttoproduktion 108,172
Bruttosozialprodukt 458
Brutvogelarten 154
Buchenareal 343
Buchenwald 348ff.
   Produktionskurven 353
   Solling 350,363
Buitenzorg 134
Bulgunnjachi 425
Bulten 430
Bultentundra 445
Büschelgrasgebirgswüste 261
Büßerschnee 404

C

Caatinga 176,223f.
Cacti Forest 248
CAM 242,245
CAM-Photosynthese 297
Campo de Gibraltar 326
Campos Cerrados 187,204
Capensis 82f.,284
Ceja de la Montaña 168
Cerrados 189
Chaco 204f.
Chaparral 269,279ff.
Charani 425
Chechekti 406
Chemische Faktoren 33,44
Chenopodiaceen-Halbwüste 393
Chile 261,272,281ff.,325
   Artenzahl 272
   Klimadiagrammkarte 283
   Vegetationszonen 283
   West-Ost-Transekt 283
China 329
Chionosphäre 99f.
Chiropterochor 141
Chiropterogam 141
Chlorid 49
Chloridhalophyten 50f.
Chlorose 45
Chang Tan 406
CO_2-Konzentration 461
Coleopterogamie 79
Compatible solutes 49
Coniferenwälder 323
Convention on Biol. Diversity 88
Costa Rica 130,165f.,174f.
   Eichenwald 165f.
Cotopaxi 163

D

Dammbau 242
Dampfdruck 64
   Wasser 64
Dashte Margo 396
Dashte Nawor 64,403f.
Daya 239
Death Valley 249f.
Deckenmoor 346,428
Degenerationsphasen 345
Desert 233
Desertifikation 219,279,408
Destruenten 108,211,361
Detritus 258
Diamantenmine 434
Diasporen 79
Dichtemaximum 143
Diffuse Vegetation 241
Dipterocarpaceen-Regenwald 138
Diurnaler Säurestoffwechsel 151,242,245
Diversitätsmuster 90
Diversitätsrekord 153
Diversitätsstufen 89,93
Dobrudscha 371
Dokumentation 26f.
Domestikation 311
Dominante 105
Dornbusch 157f.
Dornbusch-Savanne 210
Dornbuschwald 178
Dornkugelpolster 278
Dornpolster 401
Dornpolsterflur 296
Dornsavanne 176,186,193,199,222f.
Dorn-Sukkulenten-Savanne 225
Dsungarei 395
Dünen 397
Dünenbildung 399
Dünengebiete 217
Dunkle Taiga 423
Durchströmungsmodell 42
Dürre 43f.,53,68,270,398
Dürreresistenz 38
Dürrezeit 177,203,242

E

Ecuador 165,167ff.
Eichen-Hainbuchenwald 349
Eichen-Mischwald 340
Eichenwald 112,144,165f.
   Costa Rica 144,165f.
   Tropisch 144
Einfluß des Menschen 312
Einstrahlung 60f.,351
Einwanderungswellen 444

Eis 99f.
Eisenkonkretionen 200
Eiskern 428
Eislinsen 428
Eiszeit 417,444,462
Eiszeiten 272
Ekliptik 58
Ektotrophe Mykorrhiza 421
Elektrolyte 49
Embryonalentwicklung 36
Emission 34
Encinal 269,281
Endemismus 80,85,91,303,307
Endozoochor 80
Endsee 64
Energiefluss 363
   Solling 363
Enthärtung 342
Entomogam 79
Entwaldung 174
Entwässerung 54
Entwicklungshilfe 457
Ephemeren 244
Ephemeren-Halbwüste 393,395
Ephemeroide 355
Epiphylle 152
Epiphyten 146,148ff.
Epiphytenhumus 150
Episodisch 87,201
Erdachse 58f.
Erde 64
   Wasserbilanz 64
Erdfließen 445
Erdgeschichte 82
Erdoberfläche 58
Erg 230,238f.
Erkältungsempfindlich 36
Ernährung 93
Erosion 47
Erosionsfurchen 197
Erosionsrate 462
Eskimo 444f.
Espenhaine 387
Espinal 269
Essentialität 45
Etoscha-Pfanne 257
Euhalophyten 50ff.
Euklimatope 104
Europa 125
   geologische Situation 363
Eurosibirien
   Vegetationszonen 409
Euxinisch 323
Evaporation 64
Evaporite 53
Evapotranspiration 64ff.
Evolution 86

Blütenpflanzen 86
Exkursion 27
Exozoochor 80
Extrazonal 93,95
Extremwüste 245

F

Fauna 294
   Australien 294
Federgrassteppe 373f.,380f.,384f.
Feinsand 48
Feinstaub 46
Feldkapazität 39
Felsböden 160,235f.
Felseiswüste 447
Felsen-Garrigue 268
Fensteralgen 255
Ferntransport 48
Felswüste 237
Feuchtigkeit 64
Feuchtpuna 219
Feuchtsavanne 157
Feuer 54,56,116f.,195f.,280f.285
Feuerrodung 171
Fichten-Biogeozön 364
Fichtengrenze 77
Fichtenwald 349,353
Fichtenwaldgrenze 364f.
Finstere Taiga 423
Fischfluss-Canyon 237
Flarke 428
Flaschenbaum 190
Flechten-Kiefernwald 416,421
Flechtensynusie 106f.
Flechtentundra 445
Fleckentundra 446
Florenreiche 83
Floristische Drainage
   afghanische Gebirge 402
Flussmündungsmangroven 213
Föhn 103f.
Formationsgliederung 202
   Andenvorland 202
Forstversuche 349
Fossile Brennstoffe 455
Freilandbiologie 27
Freizeitgestaltung 459
Frost 36ff.
Frostbuckeltundra 445
Frostgrenze 165,217
Frosthärte 422
Frostmusterböden 168ff.
Frostresistenz 421
Frosttrocknis 342f.
Frostschäden 189,342f.
Frostschuttböden 168

Frostschuttstreifen 437
Froststeinnetz 446
Frosttreppen 445
Frostwechsel 221
Fruchtbarer Halbmond 279,311
Fruchtformen 284
Frühfröste 342
Frühlingsaspekt 380
Frühlingsflora 381
Frühlingsgeophyten 106f.,355
Frühsommersapekt 380
Funktionale Netzwerke 155
Fynbos 117f.,269,287f.,290

G

Galeriewald 94,202,257
Gap 88,141ff.,201
Gardasee 278
Garrigue 268,269,275
Gartenkunst XVIII,452
Garua 259
Gebirge 104
Gebirgs-Podsol 164
Gebirgsstation 72
Gebirgstundra 426
Geburtenzahl 457
Gebüschpáramo 169
Gefrierbeständig 37
Gefrierempfindlich 36
Gefriertolerant 37
Gemischte Prärie 382
Geo-Biosphäre 99,453
Geodiversität 90
Geologische Situation
   Mitteleuropa 363
Geophyten 355
Georgien 327,373
Gesetz der relativen Standortskonstanz 81
Gewässer 116
Gewöhnliche Schwarzerde 377
Gezeiten 212f.
Gibber Plains 250
Gebirgswüste 412
Gilde 174
Ginsterstufe 299
Gipswüste 395
Global Change 461
Globalisierung 92,450
Globalstrahlung 58ff.,350f.,
Gobabeb 257
Gobi 406
Golf of Kutch 223
Golzy 426
Gondwana-Reste 187
Gradient Grasland-Savanne 192
Gran Canaria 298f.

Grasbrände 196
Grasland 186,192
Grasparamó 167ff.
Graspuna 219
Great Indian Desert 221
Grobsand 48
Grönland 440
Großer Salzsee 50,390f.
    Halophyten 392
    Utah 50
Großwild 196f.,257,387
Grundwasser 65,236
Grundwassersee 396
Guano 458
Guano-Inseln 259
Guinea 209
Guttation 144

H

Habitatheterogenität 90
Habitatstruktur 359ff.
Haftwasser 236
Halbimmergrüner Wald 176
Halbwüste 157,192,262,377f.
Halfagras-Bestände 262
Halobiom 49,104
Halo-Catena 52
Halophobe 50
Halophyten 49ff.,82,244
Halophytenwüste 395
Halosukkulenz 50
Haloxyletum persici-caricosum 397
Hamada 237ff.
Hapaxanth 245
Hartlaub 282,290
    Wurzelsystem 280
Hartlaubgehölze 269,271,273
Heide 343ff.
    Pollendiagramm 345
    Regeneration 345
    Schottland 345
    zyklischer Wechsel 346
Heliophyten 35
Helobiom 104
Hemi-Epiphyten 146,151
Hemikryptophyten 356
Herbarium 27
Herbivore 54,80,143,211
Himalaya 209,217,407
    Transekt 407
Hindukusch 301,311,401f.
    Nivale Stufe 403
    Schneegrenze 403
Hirtennomaden 262
Hitzeschaden 37,368
Hochkulturen in Nahost 311
Hochmoor 428ff.
Hochnebel 254

Hochplateauwüste 377,406ff.
Hochstauden 113f.
Hochwald 348
Höhengrenze 168
Höhenstufen 81,103f.,160ff.,363,366
Höhenstufenfolge 217,364
    Helvetische 364
    Iberien 295
    Insubrische 364
    Mittelmeergebiet 294
    Penninische 364
    Teneriffa 300
Höhenwald 168
Holarktis 82f.
Holzertrag 172
Holzmasse 353
Holzvolumen 175
Holzwert 175
Holzzuwachs 353
Homoiohydr 42
Homoiotherm 36
Homoklimate 68,71,73
    Bombay 73
    Karachi 73
Huanib-Rivier 257
Humboldt-Strom 254
Humid 64,68,101
Humidität 68
Humido-arid 101,185,198
Humus 383
Humussole 136
Humusstoffe 361
Hungergrenze 356
Huston Hypothese 143
Hydratur 41ff.
    Grenze 41
    Minimum 41
Hydraulic lift 65
Hydrobiom 211
Hydro-Biosphäre 99
Hydrosphäre 100,455
Hygrische Vegetationszeit 65f.
Hygro-Halophyten 392
Hygrophyten 38,71
Hyrkanien 323,327

I

Iberien 295
    Höhenstufenfolge 295
IBP 349ff.
Idiotop 201
Igelgräser 252
Illit 49
Indien 178,206ff.
    Fallaubwald 208
    Flora 206
    Monsunwald 206f.,
    Vegetation 206f.

Infrarot 35
Inlandeis 418
Insektivore 151
Inselberg 198
Inselbiotop 201
Inselsysteme 91
Interspezifisch 78
Interzeption 65,357f.
Intraspezifisch 78
Invasive Arten 92
Inversionsschicht 255
Investitionsstrategie 112
Irano-Turanische Florenelemente 303ff.
Ironstone 188
Isohygromenen 66
Isothermomenen 63

J

Jagd 444
Jahreszeiten 58
Jahreszeitenklima 68
Jakutien 425,434
Janzen-Hypothese 143
Japan 329
Jarrah-Wald 292
Jedom-Serie 424
Jemen 248
Jugendphase 173

K

Käferfauna 359f.
Kahlfraß 110
Kakteen-Felswüste 283
Kakteenwald 193
Kalifornien 272,279,284
    Artenzahl 272
Kalkaugen 377
Kalkhorizont 377
Kältepol 441
Kälteresistenz 342f.
Kälteschaden 37
Kältewüste 445
Kaltluftsee 366
Kalttropen 133
Kamchatka 114,427
Kammeis 170
Kanarenstrom 272
Kanarische Inseln 295,296
Kandelaber Kakteen 248
Kaolinit 49
Kapillarer Wasserstrom 54
Kapland 284f.,288
Kapregion 286,298
Kapstadt 290
Karakum 396ff.,
Karnivore 326
Karoo 239,252ff.

Karri-Wald 292, 326
Karst 137
Kasachstan 390
Kaspi-Niederung 391
Kaspisches Meer 396
Kastanienerden 390
Kationenaustauschkapazität 189
Kaukasus 115
Kauliflorie 141
Kauriwald 333
Kegelkarst 136
Kerguelen 447
Kernverschmelzung 80
Kerogen 455
Kiefern-Fichten-Taiga 413
Kiefernforst 349
Kiefernwald 416, 420
    Kohlenstoffflüsse 420
    Kohlenstoffvorräte 420
Kieswüste 237, 393
Kilimandscharo 172
Kilimanjaro 205
Kleinmosaik 173
Klettertechnik 150
Klima 33, 56f.
    Osteuropa 378
Klimadiagramm 39
  Abisko 441
  Acajutla 73
  Adelaide 332
  Aishihik 72
  Ankra 279
  Archangelsk 70, 417
  Assuan 234
  Astrachan 70, 378
  Azrou 270
  Belgaum 177
  Bidar 177
  Bogor 70
  Bombay 73, 218
  Brisbane 321
  Cairns 73
  Cairo 70
  Calabozo 156
  Calama 72
  Cap Leeuwin 322
  Cedres 72
  Charleston 330
  Cheju 70
  Cherrapunchi 39
  Chesterfield 441
  Chkalov 378
  Dengkou 395
  East London 321
  Erevan 279
  Essen 70
  Fort Yukon 441
  Gata 270
  George 331
  Guyamas 73
  Harare 70
  Heraklion 302
  Hobart 332
  Hotham Heights 72
  Invercargill 321
  Iquique 39
  Irkutsk 417
  Izana 299
  Jaipur 177
  Jakutsk 424
  Kabul 302
  Kanazawa 321
  Kapstadt 288
  Karachi 73
  Karskije Vorota 70
  Khartum 234
  Khoramabad 322
  La Guaira 156
  La Laguna 299
  La Orchila 156
  Lillamook 322
  Lissabon 302
  Lugano 341
  Luxembourg 341
  Mahabaleshwar 218
  Marmagoa 177
  Matheran 218
  Mayumba 73
  Melbourne 332
  Messina 270
  Montagu 288
  Moskau 417
  Murghab 395
  Nukuss 70, 395
  Odessa 70
  Oimjakon 424
  Oudtshoorn 234
  Paramo de Mucuchies 72
  Pasadena 280
  Paso de los Toros 321
  Pikes Peak 72
  Queimadas 322
  Rasht 328
  Rawlinna 234
  Reno 282
  Rize 328
  Rosborne 73
  Sagehen Creek 280
  Salt Lake City 282
  Samtredia 322
  San Antonio de los Cobres 72
  San Carlos de Rio Negro 156
  San Diego 280
  Santa Cruz de Tenerife 299
  Solling 350
  Stanleyville 134
  Suva 134
  Swakopmund 255
  Tafelberg 288
  Tallahassee 321
  Tashkent 279
  Temuco 322
  Timbuktu 73
  Tobruk 234
  Tucson 234
  Tulear 73
  Tunis 70
  Uaupes 134
  Ulling-do 329
  Uman 378
  Valdivia 325
  Valence 341
  Vancouver 280
  Vostok 72
  Winnemuca 282
  Yangambi 70
  Ziguinchor 73
  Zugspitze 72
Klimadiagrammkarte 71, 73
  Afghanistan 304
  Afrika 73
  Chile 283
  Sind-Thar-Wüste 222
Klimagliederung 71
Klimaklassifikation 66, 101
Klimaschutz 463
Klimasystem 461
Klimatische Schneegrenze 369
Klimatogramm
  Solling 350
Klimazonen 82, 454
Knersvlakte 253
Knospenschutz 139f.
Knyshna-Wald 331
Kobresia-Wiesen 406
Koevolution 85
Kohe Baba 311, 402
Kohlekraftwerk 450
Kohlenstoffvorräte 454f.
Kokaral 399
Kola 419
Kolchis 323, 327
Kolke 430f.
Kolonialherrschaft 457
Komplexitätsebenen 25
Kondensation 103f., 161ff.
Konkurrenz 78, 357
Konkurrenzdruck 77
Konsum 456
Konsumenten 88, 108, 358
Kontinental 101
Kontinentalverschiebung 82
Kontinentostseite 322
Kontinentwestseite 322f.
Kontrahierte Vegetation 239ff.
Kontrollierte Feuer 195
Konvergenz 84

Koprophage 210
Koreshm 376
Korngröße 47f.
Korngrößenverteilung 39
Körpertemperatur 36
Korsika 265,266,274
Krautschicht 144,354f.
Kronentrauf 357f.
Krotovinen 371,377
Krummholz 364
Krüppelfichte 365
Kruste 186,194,241
Kryosphäre 99f.
Küstenmangroven 213f.
   arider Innenrand 213f.
   humide Küsten 214
   Salzhaushalt 215
   Zonierung 214f.
Kuiseb 239,257
Kulturböden 459
Kulturflächen 312
Kulturland 329,466
Kulturpflanzen 63
   Temperaturanspruch 63
Kurzer Kreislauf 108f.
Kurzgrasprärie 382f.
Kurztag 141
Küstenwüste 233
Kyoto XVIII,316
Kyzylkum 396

L

La Gomera 318
La Laguna 320
Lagg 430
Laguna Colorada 472
Lagunen 259,388
Lake Bonneville 390
Lalmi 262
Lamto-Savanne 209
Landbrücken 462
Landeis 100
Landnutzung 383
Landpflanzen 82
Langer Kreislauf 108f.,358
Langgrasprärie 382f.
Langtagpflanzen 140
Lärchenwald 423
Larrea-Halbwüste
   Argentinien 388f.
   Arizona 249
Latente Wärme 62
Laterite 48
Lateritisierung 135,186
Lateritkruste 187,202
Laubabwurf 189
Laubfall 354,361
Laubwald 109,337,338,341,347ff.,409

Laubwaldökosystem 116
Laubwaldzone 409
Laubabwerfender Wald 159f.,176
Lauriphyllie 322f.
Lebende Steine 253
Lebensformen 84,155,202
   Andenvorland 202
Lebensqualität 463
Lehmflecken 170
Lepidopterogamie 79
Les Landes 326
Lianen 144ff.,151
Liberalisierung 463
Licht 33
Lichte Taiga 423
Lichtgenuß 354
Lichtgenußmaximum 356
Lichtgenußminimum 356
Lichtkrone 34
Lichtminum 352
Lichtsättigungskurve 351
Lichtwald 435
Lignotuber 263,290ff.
Lithobiom 104,136
Lithosphäre 82,455
Litoral 115
Litorina-Meer 418
Llanos de Orinoco 160
Llanos 189,201ff.
   Wasserverhältnisse 203
Loiseleuria-Heide 367f.
Loma 261
Lopnor 405f.
Lorbeerwald 299,316,317,318,323
Lorbeerwaldreste 298
Löss 46
Lössboden 236,393
Lücke 88,141ff.
Lückenparzelle 201
Lüneburger Heide 345f.

M

Macchie 265,266,269,274
Macquarie-Inseln 447
   Thermoisoplethen 447
Mächtige Schwarzerde 377
Madagaskar 92,129,137,224
Makaronesien 295ff.
Makro-Nährstoffe 45
Malakophylle 242,277
Mallee 269,293
Mallee-Formation 263
Man made desert 219
Mangelböden 136
Mangelsymptome 45
Mangrove 212f.
Marktwert 175
Marokko 229

Massai-Land 198
Massenexodus 444
Massentourismus 298,459
Mastjahr 80,356
Mata 202
Matorral 269,282f.
Mauna Loa 461
Mbuga 199
Mechanische Faktoren 33,54
Medeo 402
Mediterrangebiete 269f.
Mediterran 101
Mediterrane Orobiome 294
Medizinische Wirkstoffe 93
Meereis 100
Meeresspiegelanstieg 100,462
Megacity 449
Megadiversitätszentren 91
Megafauna 444
Menschheitsentwicklung 456
Menschlicher Einfluß 312f.
Menschlichkeit 463
Mesophyten 38
Mesopotamien 236,279
Meteorologie 102
Methangas-Fontänen 433
Mikroklima 33,366f.
Mikro-Nährstoffe 45
Milford 336
Mineralisierer 108
Mineralisierung 361
Mineralstoffe 44ff.
Miombowald 190f.
Mir Samir 404
Mittelamerika 122
Mittelasien 394,401
Mittelbreiten 67,101
Mittelmeergebiet 294
Mittelozeanischer Rücken 83
Modelle 107
Monokarpisch 245
Monopolisierung 458
Monsun 406
Monsunwald 177f.,191,206ff.
   Indien 206
   Klima 206
   Produktionsdaten 191
Montane Stufe 365
Montmorillonit 49
Moore 427
Moorseen 427,431f.
Moortypen 427ff.
Moosschicht 431
Moossynusie 106f.
Moostundra 445
Mosaik 88,144,371
Mosaikstruktur 141ff.
Mozambik 186
Mulga 250ff.

Murghab 406
Museum 27
Muttergestein 33,49
Mykorrhiza 77,116

N

Nachhaltige Landnutzung 460f.
Nachhaltigkeit 456
Nadelfall 354
Nadelholz 417
Nadelwaldzone 409
Nahost-Hochkulturen 311
Nährelemente 44
Nährstoffarmut 430
Nährstoffe 45ff.,48
Nahrungskette 173
Namaqualand 256
Namib 54,116,252,255,259
Namibia 194,219
Naturschutz 297
Nauru 458
Nebelfang 259
Nebelfeuchtigkeit 256
Nebelkogel 369
Nebeltage 252
Nebelwald 148,163f.,168,17
Nebkha 238,256f.
Negev 236,246f.
   Florenregionen 246
   Niederschlag 247
Nemoral 101,337
Nemorale Zone 341ff.
Neotropis 82f.
Nepal 407
Nettoprimärproduktion 113f.,368
Nettoproduktion 108
   Prärie 383
Neuseeland 121,333ff.
Ngorongoro 196,198,199
N-Haushalt 461
Nichthalophyten 50ff.
Niederschlag 38f.,64f.,155,235,357
   Kairo 235
   Südamerika 155
   Variabilität 235
Nil 53
Nischenblätter 149
Nivale Stufe 163,365f.
   Hindukusch 403f.
Nivalpflanzen 369
   Phänologie 369
Nojabrsk-Moor 429
Nordalpen 363
Nordamerika 122,330
   Transekt 382
   Bodentypen 382
Nordchile 259
Nord-Süd-Gefälle 91,280

Nord-Süd-Gradient 154
Nuristan 402
Nylsvley 210

O

Oase 239f.
Ob-Irtysch-Becken 432
Obstgartensteppe 205
Ohm'sches Gesetz 42
Ökogramm 49,77f.
Ökoklima 66
Ökologische Benachteiligung 174
Ökologische Faktoren 25,33
Ökologische Systeme 103
Ökologisches Gleichgewicht 190
Ökologisches Klimadiagramm 68,101
Ökologisches Optimum 77
Ökosystembiologie 107f.
Ökosystemdynamik 313
Ökosystem 107ff.,116
   aquatisch 116
   Darstellung 108,111
   Kompartimente 108
   Prozesse 111
   Strukturen 111
   terrestrisch 116
Ökosystemmosaik 105
Ökoton 101
Ökotop 33
Ökotypen 81
Olduvai-Schlucht 198
Oligotrophe Moore 430
Ollague 261
Ölverschmutzung 216
Oman 247,465
Ombrogene Moore 427
Opossum 335
Optimalphase 173
Ordos 405
Oreale Stufe 365
Orinoko 201
Orobiom I 160ff.
Orobiom II 217ff.
Orobiom III 262
Orobiom IV 294
Orobiom VI 363ff.
Orobiom VII (rIII) 401ff.
Orobiom VIII 426
Orobiom 68,72,103f.,
Orozonale Abfolge 363
Ortstein 344
Ostafrika 185f.,205,224
Ostasien 329
   bioklimatische Gliederung 330
Osteuropa 370
   Boden 378
   Bodenprofile 379,391
   Klima 378

   Transekt 378
   Vegetation 378
Ostsee 418
Ost-Sibirien 423
Otago 389
Oued 238
Ozeanisch 101
Ozeanische Birkenwälder 418

P

Paghmangebirge 311
Paläotropis 82f.
Palmares 200
Palmsavannen 200ff.,203
Palsen 428f.
Palsenmoore 428
Pamir 408,412
   Phytomasse 408
   Wasserverbrauch 408
Pamirski Pst 406
Pampa 380,387f.
Pantanal 212
Paraguana 217
Paraguay 205
Paramó de Papallacta 168
Paramó 162ff.,165ff.,168,171
   Lebensformen 171
Parasiten 108
Parklandschaft 194,205
Partikelverfrachtung 48
Passatinversion 234
Passatwind 156,160
Passatwolke 296,300
Patagonische Halbwüste 389
Pedobiom 103f.,135,160
Pedosphäre 455
Peinobiom 104,136,187
Peinohelobiom 426,432f.
Peinohydrobiom 433
Peinomorphosen 431
Penitentes 404
Perhumid 71
Periglaziale Steppengebiete 426
Perihel 58
Permafrost 100,423ff.,441ff.
Permanenter Welkepunkt 39
Persönlichkeit 464
Pfanne 239f.
Pflanzengemeinschaft 78f.
Pflanzengemeinschaft 105f.
Pflanzengesellschaft 105f.
Pflasterböden 396
pF-Wert 39f.
Phänologie
   Nivalpflanzen 369
Phosphat 270
Phosphatvorkomen 458
Photosynthese 365,368,443

Phreatophyten 236,241
Phrygana 275
Physiologisches Optimum 77
Phytochrom 35
Phytomasse 108ff.,112ff.,172f.,353ff., 368, 398,453ff.
Phytotelmen 151
Phytozönose 78
Pingo 425
Pinyon 281
Plaggen 343,346
Plakor 104
Plankton 115
Plasma 41ff.
Plattentektonik 83
Plinthit 188
Pluvialzeit 154
Pneumatophoren 215
Podgolez-Stufe 426
Podsol 346
Podsolböden 419
Podsolierung 48
Poikilohydr ,42
Poikilotherm 36
Polare Baumgrenze 433f.
Polare Fichtenwaldgrenze 364
Polare Waldgrenze 433
Polarnacht 60
Polarregion 67,101
Polartag 58,60
Polstermoor 284
Polsterparamó 167ff.,172
Polygonboden 446
Polygonmoore 428
Population 87
Populationsgröße 87
Populationsökologie 87
Postglazial 365,426,432
Postglazialzeit 371
Potentielle Evaporation 53
Potentieller osmotischer Druck 43f.
Prärie 377,380ff.
    Nettoproduktion 383
    Ökophysiologie 384
Präriebrände 383
Primäre Sukzession 399
Primärproduktion 108ff.,112,398,453ff.
Primärsukzession 136
Produktionskurven 353
Produktionsökologische Kennwerte 368
Produktivität 113
Produzenten 88,108
Profildiagramm 144
Pro-Kopf-Einkommen 458
Prosopis-Savanne 388
Psammobiom 104,215
Pseudohalophyten 50ff.
Pseudomacchie 295
Pseudomycelien 377

Puna 218
Pyrophyten 56,117,204,293

Q

Quarzitgänge 253
Quellkörper 41
Quellung 42
Quercetum ilicis 273
Quercus-Carpinus-Wälder 349
Quercus-Mischwald 353
Querzsand 204
Quito 161

R

Radiation 85
Rankkletterer 145ff.
Raubbau 174
Redkolesje 423
Reflexion 34
Reg 230,237,239
Regelkreis 43
Regen 134
Regeneration 87
Regenerationstadien 276
Regenerationswelle 422
Regenwald 111,137,149,153f.,157,174f.
    Prognose 176
Regenwaldprofil 138
Regenwaldrefugien 155
Regenwaldschutz 175
Regenzeit 186
Rekretohalophyten 52
Reliktarten 297,326
Relikte 82
Reliktwald 318
Remission 34
Renosterbos 269,286
Renosterformation 263
Rentiere
    Fressverhalten 444
Rentierherden 444
Repetek 396f.
Reservestoffe 369
Réunion 98
Riesen-Coniferen 323
Riffmangroven 213
Rimpi 428
Rivier 238
Rjamy 433
Rodung 174
Rohhumus 361,419
Rooibos-Tee 288
Rotation 142f.
Rote Liste 460
Rot-Grün-Schatten 35
Rothwald bei Lunz 79
Rub al Khali 232,240,247

Rückzugsgebiet 154
Rülle 430f.
Rummelplätze 297
Run-off 242,262

S

Sabkha 239f.
Sachalin 115
Safed Koh 402
Sagebrush 281
Sagebrush-Halbwüste 390
Sahara 245f.
Saharastaub 46
Saharo-Sindische Florenelemente 308
Sahelzone 219ff.
Saisonregenwald 156
Sajama 220,261
Salar de Uyuni 230,260
Salar 220
Salt Bush Formation 250
Saltation 47f.
Saltzgradient 52
Salz 49
Salzanreicherung 54,239
Salzausscheidung 52
Salzbelastung 53
Salzboden 49,53
Salzgehalt 53f.
Salzhaushalt 215
Salzkonzentration 53
Salzkruste 54
Salzpfanne 239f.,390
Salzpflanzen 244
Salzresistenz 50ff.,53,395
Salzstaub 53,399
Salzverlagerung 54
Samen 80
Samenverbreitung
    Tundra 442
Sammlung 27
Sandboden 236
Sanddünen 229,232,391
Sandwüste 157,230,238,396
Saprophage 211
Sättigungsdefizit 135
Säugetierfauna im Chaco 205
Saugspannung 42f.
Säulensolonez 390
Savanne 185f.,187ff.
    Artenzahl 189,210,192,210
    Beweidung 197
    Biomasse 210
    Dornsukkulenten 225
    Edaphische 197
    Fossile 197
    Klimatische 197
    Mensch 218
    Ostafrika 205

Palm- 200,203
Sekundäre 197
Termiten- 199
Tierwelt 210
Saxaul-Halbwüste 398
Schattenblätter 350ff.
Schattenkrone 34
Schattenpflanzen 35
Schibljak 295
Schlenken 430
Schluff 48
Schnee 100
Schneebruch 54,422
Schneegrenze 217,363,369
Schneetälchen 365,367
Schopfbaumform 169
Schott 239f.
Schottland 345
Schrimps-Zucht 216
Schüttellaub 139f.
Schwarze Taiga 423
Schwarzerde 377,381f.
Sediment 455
Sedimentation 46
Sedimentfolge 53
Sedimentfracht 47
Seilbahnsystem 150
Sekundärproduktion 108
Selbstinitiative 457
Selbstverwirklichung 458
Semiarid 185
Semihumid 185
Sensible Wärme 62
Serengeti 180,182,184,198,206
Serir 237ff.
Shifting cultivation 136,190,197
Shimagare 422
Shiraz 452
Sicheldünen 238
Sierra de Talamanca 166
Sikaram 401
Sinai 246
Sindwüste 221
Sino-Japanische Florenelemente 308
SiO_2-Auswaschung 189
Sittengesetze 457
Skalengröße 103
Skelettküste 256
Sklerophyllie 242,277f.,322f.
Sodaböden 388
Sodaverbrackung 387
Solarkonstante 58,60
Solifluktion 298,445f.
Soligene Moore 427
Solling 349ff.
   Assimilation 352
   Biomasse 356
   Einstrahlung 351
   Energiefluß 363

Humusprofile 362
Interzeption 358
Käfergemeinschaften 360
Konsumenten 358ff.
Laubfall 354
Lichtsättigungskurven 351
Mikroklima 352
Mykorrhizapilze 362
Nadelfall 354
Nahrungsbeziehungen 359
Nettoprimärproduktion 362
Ökosystem 362ff.
Tagesgänge 352
Tiergruppen 360
Wasserhaushalt 357
Windrichtungen 351
Zoomasse 360
Solontschak 391
Solonzierung 390
Solstiziallinie 58
Somerannuelle 244
Sommermonsun 206
Sommerregen 321
Sommerweiden 402
Sonnenblätter 350ff.
Sonnenpflanzen 35
Sonnenstand 103
Sonnenstrahlung 58
Sonora-Wüste 43,247f.
Spalierstrauch-Tundra 437
Spätfrost 342f.
Spätglazial 365
Sphingophil 79
Spinifex-Grasland 252
Spitzbergen 446
Spreizklimmer 144
Spurenelemente 44f.
Spurengase 461
Srickstoffversorgung 431
Stammablauf 357,358
Stammdurchmesser 354
Stammholz 353
Stammsukkulenten 84,242
Standort 33ff.
Standortsfaktoren 33
Standortskonstanz 81
Starklichtpflanzen 35
Staub 46
Stauberosion 408
Stauschicht 185f.
Steineichenwald 273
Steinpflaster 237
Steinringboden 446
Steinwüste 237
Stelzwurzel 139
Stenohydre 242
Steppe 377ff.,380
   Tierwelt 387
Steppengräser 391

Steppenheide 386
Steppeninseln 425
Steppenläufer 386
Steppenwald 384,402
Steppenzone 370
Stickstoff 270
Stickstoffzeiger 46
Stoffproduktion 277,365
Stomata 277
Störgröße 43
Störung 143
Strahlung 33f.,57
Strahlungsbilanz 59f.
Strahlungsdurchlässigkeit 35
Strahlungsgürtel 66
Strahlungsnutzung 61
Strandformationen 215
Strangmoor 432f.,428
Stratosphäre 58f.
Strauchflechten 416
Strauchsavanne 192,211
Streifenboden 170,446
Streifentundra 437
Streu 135,361,420
Streuakkumulation 278
Streuanreicherung 386
Streueintrag 278
Streufall 354
Streuschicht 385
Subor 409
Subtropen 67,101
Subtropenhoch 234
Subtropisch 101
Südafrika 284,331
Südamerika 123,155
   Niederschläge 155
Sudd 212
Sugrudki 409
Sukkulenten 242
Sukkulentenhalbwüste 299,301
Sukkulenz 49f.
Sukzession 79
Sukzessionszyklus 79
Sulfathalophyten 50
Super-Paramó 167
Süßwasser 100
Swakop-Rivier 258
Symbiose 85f.
Synthetische Zusammenhänge 27
Synusie 105f.,144,355
Syrdarya 399
Systematik 26

T

Tafelberg 284f.,289f.
Tafelbergbildung 188,195
Tafeltuch 289
Tag/Nachtwechsel 59

Tagebau 450
Tagesgang
   Bogor 134
   Sonnenstrahlung 60
   Witterung 134
Tageslänge 59f.
Tageszeitenklima 68,133f.,160,165
Taiga 37,416ff.,419ff.,423f.
   Zerstörung 434
Taimyr Halbinsel 435
Takla-Makan 405f.
Takyr 239,395,398
Takyrfläche 396
Tarim-Becken 405,407
Tasmanien 332
Tau 135
Taupo 334
Taurus 294
Taxonomie 26
Technisierung 459
Tee-Kultur 327
Teide 298,320
Tektonische Platten 83
Temperatur 62
   Schwellenwerte 62
Temperaturinversion 366
Temperaturresistenz 37
Teneriffa 296ff.,300
Termiten 211
Termitensavanne 199f.
Terra rossa 273
Tertiärreliktformen 321
Tertiärwald 318,322
Tharwüste 221,223
Thermische Uniformität 133
Thermische Vegetationszeit 63
Thermische Zonen 453f.
Thermischer Höhengradient 160
Thermoisoplethen 68f.,161
Thermoisoplethendiagramm
   Macquarie-Inseln 447
   Quito 161
Thermokarst 423,428
Tibesti-Gebirge 262
Tibet 407
Tiden 212
Tienschan 401
Tierra fria 168
Tierra helada 168
Tierra nevada 168
Tierra templada 168
Tierwelt
   Arktis 443
   Savanne 210
Tilmans Hypothese 143
Tokyo 449
Tomillares 275
Tonboden 39
Tonfläche 200

Tonmineralien 48f.,49
Topogene Moore 427
Torfbildung 420,432
Torfhügel 428f.
Torflager 431
Torfmoose 429
Torfprofil 429
Toteis 418
Totholz 361
Tourismusindustrie 459
Trampelpfade 55
Transbaikal-Steppe 386
Transekt 377
Transmission 34f.
Transpiration 64
Transpirationskoeffizient 245,358
Transport 47
Träufelspitze 139
Tritt 54
Trittpfade 54
Trockensavanne 182,293
Trockensubstanzproduktion 113
Trockental 238
Trockentorf 419
Trockenwald 191
   Produktionsdaten 191
Trockenzeit 68,177
Tropen 67,101,134
   dreidimensionale Anordnung 161
   feuchte 134
   hygrische 134
   thermische 134
   trockene 134
   Umsatzraten 172
Tropisch 101
Troposphäre 58f.
Tsaidam 406f.,394
Tsaidam-Becken 394
Tschangtang 406
Tscharany 425
Tschernosem 377
Tundra 37,76,425,438,440ff.
   Samenverbreitung 442
   Stickstoffhaushalt 442
   Subzonobiome 445
   Temperatur 442
   Vegetationszeit 441
Tunesien 242
Turgordruck 43
Turpan 405
Tussock 388
Tussock-Grasland 389

U

Übergangszonobiom 322
Übertechnisierung 456ff.
Übertemperatur 134
Ullung-do 329

Ultrafilter 50
Ultraviolette Strahlung 34
Umlagerbarkeit 45
Umwelt 33,77
Umweltzerstörung 459
Urbanisierung 456
Ureinwohner 173
Urwald 79,135,141,173.347ff,
Utah 390

V

Vaccinium-Heide 367f.
Vakuole 42
Valdivianischer Regenwald 325
Vegetation 392
   Afghanistan 392
   azonal 93,95
   extrazonal 93,95
   Osteuropa 378
   zonal 93,95
Vegetationsformationen 62
Vegetationskarte
   Afghanistan 305
Vegetationsprofil 50
Vegetationstypen 102
Vegetationszeit 62,366
Vegetationszonen 40f.
   Aralkum 400
   Chile 283
   Eurosibirien 409
   Gran Canaria 299
   Teneriffa 300
   Venezuela 157f.
Venezuela 156ff.,160,167
   Vegetationszonen 157
   Höhenstufenfolge 164
Verbrackung 53,79ff.,87
Verbreitungsgrenze 77
Verbuschung 193
Verdunstung 64,167,236
Verfichtung 410
Vergilben 341
Verglasung 342
Vergletscherung 365
Verheidung 346
Vermassung 459f.
Vermehrung 79
Vermoorung 286
Versalzung 52,53
Versickerung 235,358
   Buchenwald 358
   Fichtenwald 358
Verstädterung 450
Verwitterung 46ff.,53,135
Viehverbiß 55
Vikariierende Arten 367
Vivipar 215
Vogel Roc 92

Vogelgemeinschaften 174
Vorderasien 125
Vulkane 160

W

Wachstum 77
Wadi 238f.
Waffentechnik 459
Wahiba-Wüste 238
Wakhan 402ff.
Waldbedeckung 462
Waldbewirtschaftung 349
Waldbrand 117ff.,332
Walddynamik 345
Waldgesellschaft 105
Waldgrenze 162,164f.,170,363ff.,
Waldgürtel 364
Waldhochmoor 429
Waldpflege 359
Waldschäden 349
Waldschatten 357
Waldsteppe 370f.,378ff.,433
    Wettbewerb 371
Waldsterben 423
Waldsturzstreifen 334f.
Waldtundra 419,433ff.
Wanderackerbau 190,197
Wanderflechten 255
Wandoo-Zone 292
Wärme 33,62
Wärmegürtel 133
Wärmehaushalt 62
Wärmestrahlung 58
Wärmezeit 365
Warmtropen 133
Wasach-Mountain 384
Wasser 33,38f.,64,99
    Dampfdruck 64
Wasserbilanz 44,64,351,366,443
    Erde 64
Wasserdampfsättigung 4
Wassergehalt 41
Wasserhaushalt 38,43,63,191,357
    Gräser 191
    Holzpflanzen 191
Wasserhaushaltsgleichung 65,357
Wasserkreislauf 65
Wasserpotential 39ff.,42f.
Wasserspannung 39
Wasserspeicherung 235
Wasserstrom 42
Wasserversorgung 44
Wasservolumen 100
    Erde 100

Wasserzustand 41
    Zelle 41
Wazit-Kotal 403f.
Weinanbau 466
Weltreligionen X
Weltwirtschaft 456
Wendekreis 59
Westaustralien 325
Westeuropa 325
West-Ost-Profil 282
Westsibirien 431f.
Wettbewerb 77f.,78,190,193,371
Wetter 56f.
Wiesensteppe 380f.,384f.
Wildgräser 311
Wildpfade 197
Wind 47f.,54f.
Winder 145,147
Winderosion 237,389
Windwüste 447
Winterannuelle 244
Winterkälte 37
Winterregen 321
Winterregengebiete 269
Winterruhe 421
Wirtschaftssystem 456
Wirtschaftswachstum 458,462
Witterung 57
Wolkenbildung 104
Wolkenstufe 164
Wolkenwald 103,148,163
Wollkerzenform 169
Wrangel Insel 425
Wuchsort 33
Würger 146,152
Würgerbaum 152
Wurzelkletterer 144,147,151
Wurzelkonkurrenz 77
Wurzelmasse 138
    Wurzelnetzwerk 152
Wurzelsukkulenten 242
Wurzelsystem 65,190
Wüste 233ff.,250,377
    Australien 250
    Zentralasien 405
Wüstenboden 235f.
Wüstenlack 237,250
Wüstenpflanzen 240
    Ökologische Typen 242
    roduktivität 244
    Stoffproduktion 240
    Wasserversorgung 240f.
Wüstenpuna 220,261
Wüstentypen 236

X

Xero-Halophyten 392
Xeromorphie 431
Xerophyten 38,42,72,242

Y

Yedoma 424

Z

Zelle 25,41
    Wasserzustand 41
Zellenböden 170
Zellsaft 42,49
Zellsaftkonzentration 214
    Mangrove 214
Zenit 59
Zentralalpen 365
Zentralasien 394
    Wüsten 405
Zieselbauten 377
Zimmerpflanzen 144
Zinseszins-Effekt 112
Zonal 93ff.
Zonobiom I 133ff.,156
Zonobiom II 185ff.
Zonobiom III 233ff.
Zonobiom IV
    Entstehung 271
Zonobiom IX 441ff.
Zonobiom V 321ff.
Zonobiom VI 341ff.
Zonobiom VII 377ff.
Zonobiom VIII 417ff.
Zonobiom 66,68,70,73,85,99,101f.,117f.,
    121ff.
Zonobiom-Gliederung 453f.
Zonoökoton I/II 176
Zonoökoton II/III 219ff.
Zonoökoton III/IV 262ff.
Zonoökoton VI/VII 370ff.
Zonoökoton VI/VIII 08ff.
Zonoökoton VIII/IX 33ff.
Zonoökoton 101f.,118
Zoochor 80
Zoogam 79,80
Zoomasse 108,110,360,399,454,
Zwergpodsol 442
Zwergsträucher 367
Zwergstrauchhalbwüste 261,390
Zwergstrauchheiden 67
Zwergstrauchtundra 435,445
Zyklische Verjüngung 142
Zyklischer Platzwechsel 143
Zyklisches Salz 53

Lampranthus spec. (Aizoaceae) in der kleinen Karoo (Südafrika) (Zonobiom III) nach der Regenzeit (Foto: Rafiqpoor).

MIX
Papier aus verantwortungsvollen Quellen
Paper from responsible sources
FSC® C105338

If you have any concerns about our products,
you can contact us on
ProductSafety@springernature.com

In case Publisher is established outside the EU,
the EU authorized representative is:
**Springer Nature Customer Service Center GmbH
Europaplatz 3, 69115 Heidelberg, Germany**

Printed by Libri Plureos GmbH
in Hamburg, Germany